13e
Calculus
微積分

楊精松　莊紹容

東華書局

國家圖書館出版品預行編目資料

微積分 / 楊精松, 莊紹容編著. --13 版. -- 臺北市：臺灣東華, 2017.03

816 面；19x26 公分

ISBN 978-957-483-890-5（平裝）

1. 微積分

314.1   106002421

微積分

編 著 者	楊精松 • 莊紹容
發 行 人	謝振環
出 版 者	臺灣東華書局股份有限公司
地　　址	臺北市重慶南路一段一四七號三樓
電　　話	(02) 2311-4027
傳　　眞	(02) 2311-6615
劃撥帳號	00064813
網　　址	www.tunghua.com.tw
讀者服務	service@tunghua.com.tw
門　　市	臺北市重慶南路一段一四七號一樓
電　　話	(02) 2371-9320

2027 26 25 24 23 HJ 10 9 8 7 6 5

ISBN　　978-957-483-890-5

版權所有 • 翻印必究

編輯大意

一、今日科學進步甚速，微積分是理工科系學生學習專業課程之基礎，惟國內有關微積分之教科書，皆採用英文本，中文本適合理工科系學生者頗不易得，編者從事微積分教學工作多年，頗具教學心得，乃憑多年之教學經驗編著此書。

二、本書內容適用於大學理工醫學院以及科技大學，四年制技術學院工科各學系與師範學院數理教育學系一學年講授之用。

三、本書係合併理工微積分第 3 版與微積分第 10 版 (修訂) 並取其精華。本書理論與實用並重，編排條理分明，循序漸近，書中敘述簡明扼要，先介紹代數函數之微分與應用及積分，再介紹超越函數之微分與積分。俾使學生養成正確之數學觀念，進而培養出完整的推理能力。

四、本書每一章節中都附有各類型的例題，可讓授課老師依學生的程度，選擇適當的例題來講授，以達教學成效。

五、本書第 0 章部份為預備數學係複習高中數學，內含：實數的性質、直角坐標平面中的直線與圓錐曲線、函數與圖形、反函數、超越函數。有關第 0 章部份，授課老師可視學生的程度予以刪除或做為複習之用。而直接由第一章函數的極限與連續開始講授，可以節省教學時間。

六、本書共計十五章，第 15 章係向量函數之微分與積分，已經連同書中重要定理之證明以及全部習題參考答案一併置於東華書局網站，以供讀者下載研讀，增進學習效果。

七、本書雖經編者精心編著，惟謬誤之處在所難免，尚祈學者先進大力斧正，以匡不逮。

八、本書得以順利出版，要感謝東華書局董事長卓劉慶弟女士的鼓勵與支持，並承蒙編輯部全體同仁的鼎力相助，在此一併致謝。

目次

第 0 章　預備數學　1
- 0-1　實數的性質　2
- 0-2　坐標平面　5
- 0-3　圓錐曲線　8
- 0-4　函　數　17
- 0-5　函數的圖形　22
- 0-6　函數的運算　28
- 0-7　反函數　33
- 0-8　三角函數　36
- 0-9　反三角函數　43
- 0-10　指數函數　50
- 0-11　對數函數　53

第 1 章　函數的極限與連續　57
- 1-1　極　限　58
- 1-2　有關極限的一些定理　67
- 1-3　單邊極限　76
- 1-4　連續性　81
- 1-5　函數圖形的漸近線　94

第 2 章　代數函數的導函數　117
- 2-1　導函數　118
- 2-2　求導函數的法則　129
- 2-3　視導函數為變化率　140
- 2-4　連鎖法則　144
- 2-5　隱微分法　149
- 2-6　微　分　153
- 2-7　反函數的導函數　163

第 3 章　微分的應用　169
- 3-1　極大值與極小值　170
- 3-2　均值定理　175
- 3-3　單調函數，相對極值判別法　185

3-4 凹性，反曲點　191
3-5 函數圖形的描繪　198
3-6 極值的應用問題　204
3-7 相關變化率　212
3-8 牛頓法求方程式之近似根　217

第 4 章　積　分　223

4-1 面　積　224
4-2 定積分的定義　229
4-3 定積分的性質　239
4-4 反導函數，不定積分　247
4-5 不定積分的應用　254
4-6 微積分基本定理　262
4-7 利用代換求積分　270

第 5 章　三角函數、反三角函數的微分與積分　277

5-1 三角函數的極限　278
5-2 三角函數的導函數　286
5-3 與三角函數有關的積分　300
5-4 反三角函數的導函數　306
5-5 與反三角函數有關的積分　310

第 6 章　對數函數、指數函數的微分與積分　315

6-1 指數函數與對數函數　316
6-2 與對數函數有關的積分　326
6-3 指數函數的導函數　330
6-4 與指數函數有關的積分　336
*6-5 應用 (指數的成長律與衰變律)　339
*6-6 雙曲線函數　343

第 7 章　積分的方法　351

7-1 不定積分的基本公式　352
7-2 分部積分法　357
7-3 三角函數乘冪的積分　368
7-4 三角代換法　376
7-5 配方法　381
7-6 部分分式法　383
7-7 其它的代換　392
7-8 積分近似值的求法　395

第 8 章　不定型，瑕積分　403

8-1　不定型 $\frac{0}{0}$ 與 $\frac{\infty}{\infty}$　404

8-2　不定型 $0 \cdot \infty$ 與 $\infty - \infty$　415

8-3　不定型 $0°$，$\infty°$ 與 1^∞　419

8-4　瑕積分　423

第 9 章　積分的應用　437

9-1　平面區域的面積　438

9-2　體　積　446

9-3　平面曲線的長度　464

9-4　旋轉曲面的面積　470

9-5　液壓與力　475

9-6　功　480

9-7　平面區域的力矩與形心　485

第 10 章　參數方程式，極坐標　495

10-1　平面曲線的參數方程式　496

10-2　參數方程式圖形的切線　503

10-3　面積與弧長　509

10-4　極坐標　512

10-5　利用極坐標求面積與弧長　525

第 11 章　無窮級數　533

11-1　無窮數列　534

11-2　無窮級數　548

11-3　正項級數　555

11-4　交錯級數　573

11-5　絕對收斂　578

11-6　冪級數　583

11-7　泰勒級數與麥克勞林級數　596

11-8　二項級數　615

第 12 章　三維空間，向量　619

12-1　三維直角坐標系　620

12-2　向　量　623

12-3　點　積　626

12-4　叉　積　633

12-5 直線與平面 641
12-6 二次曲面 646
12-7 柱面坐標與球面坐標 651

第 13 章　偏導函數　659

13-1 多變數函數 660
13-2 極限與連續 664
13-3 偏導函數 676
13-4 全微分 695
13-5 連鎖法則 700
13-6 方向導數，梯度 712
13-7 極大值與極小值 722
13-8 拉格蘭吉乘數 733

第 14 章　重積分　743

14-1 二重積分 744
14-2 用極坐標表二重積分 767
14-3 曲面面積 774
14-4 三重積分 778
14-5 用柱面坐標與球面坐標表三重積分 785
*14-6 重積分的應用 792
*14-7 重積分的變數變換 801

第 15 章　向量函數的微分與積分　809

附錄 I　一些基本定理之證明　887

附錄 II　公式彙集　905

習題答案　907

此部分的內容已置於東華書局網站（www.tunghua.com.tw），供讀者下載研讀。

第 0 章　預備數學

本章學習目標

- 認識實數的性質
- 認識坐標平面中的直線與圓錐曲線
- 瞭解函數與其圖形
- 能夠求函數的反函數
- 瞭解超越函數

0-1 實數的性質

在微積分以前的數學中，實數就已經使用得相當廣泛了．若自然數全體所成的集合記為 N，整數全體所成的集合記為 Z，有理數全體所成的集合記為 Q，而實數全體所成的集合記為 $I\!R$，則可知

$$N \subset Z \subset Q \subset I\!R$$

今於直線上任取一點，以表實數 0，稱為**原點**，並另取一點以表實數 1，稱為**單位點**，直線上以原點為起點，我們規定指向單位點的方向稱為**正方向**，另一方向為**負方向**．以原點和單位點為基準，並取單位長度作為量測距離．對於每一實數，我們能在直線上賦予一點如下：

- 對於每一正數 r，在正方向賦予一點使其與原點的距離為 r 單位．
- 對於每一負數 $-r$，在負方向賦予一點使其與原點的距離為 r 單位．

於是，直線上的每一點恰有一實數代表它，而每一實數亦恰有直線上的一點與之對應，這一佈滿實數的直線就稱為**數線**，或有時稱為**坐標線**．很顯然地，從實數與坐標線上之點的關係，我們可知實數與坐標線上的點是一一對應．

設 a 與 b 皆為實數，且 $a<b$，則下面數線上的點集合 (或各實數的集合) 均稱為**有限區間**，a, b 稱為其**端點**．

$$\text{閉區間}：[a, b] = \{x \mid a \leq x \leq b\}$$
$$\text{開區間}：(a, b) = \{x \mid a < x < b\}$$
$$\text{右半開 (或左半閉)區間}：[a, b) = \{x \mid a \leq x < b\}$$
$$\text{左半開 (或右半閉)區間}：(a, b] = \{x \mid a < x \leq b\}$$

同理，我們稱下面的集合為**無限區間**．設 $a \in I\!R$，則

$$[a, \infty) = \{x \mid x \geq a\}$$
$$(a, \infty) = \{x \mid x > a\}$$
$$(-\infty, a] = \{x \mid x \leq a\}$$
$$(-\infty, a) = \{x \mid x < a\}$$
$$(-\infty, \infty) = \{x \mid x \in I\!R\}$$

例如，$(1, \infty)$ 表示所有大於 1 的實數，符號 ∞ 表示"無限大"，僅為一符號而已，並非一個實數．

實數是有大小次序的，關於實數的次序關係，有下述重要的基本性質：

定理 0.1

設 a、b、c 與 d 皆為實數.
(1) 若 $a<b$，且 $b<c$，則 $a<c$.
(2) 若 $a<b$，則 $a+c<b+c$.
(3) 若 $a<b$，則 $a-c<b-c$.
(4) 若 $a<b$，且 $c<d$，則 $a+c<b+d$.
(5) 若 $a<b$，且 $c>0$，則 $ac<bc$.
(6) 若 $a<b$，且 $c<0$，則 $ac>bc$.

另外有關**絕對值**的觀念在微積分上十分有用，必須深熟其技巧. 定義 a 的**絕對值**，記為 $|a|$，如下：

$$|a|=\begin{cases} a, & \text{當 } a\geq 0 \\ -a, & \text{當 } a<0 \end{cases}$$

並由此定義得知，對任意 $a\in\mathbb{R}$ 而言，恆有

$$\sqrt{a^2}=|a|.$$

由幾何的觀點而言，$|a|$ 表數線上坐標為 a 之點與原點的**距離**. 一般而言，數線上任意二點 a，b 之距離為 $|a-b|$.

定理 0.2　絕對值的性質

設 $a, b\in\mathbb{R}$，則
(1) $|a|=|-a|$
(2) $|ab|=|a||b|$
(3) $|a^2|=|a|^2$
(4) $\left|\dfrac{a}{b}\right|=\dfrac{|a|}{|b|}$，$b\neq 0$
(5) $-|a|\leq a\leq |a|$
(6) $|a|\leq r \Leftrightarrow -r\leq a\leq r \ (r\geq 0)$
(7) $|a|>r \Leftrightarrow a>r$ 或 $a<-r \ (r\geq 0)$
(8) $|a+b|\leq |a|+|b|$ （三角不等式）
(9) $|a-b|\geq ||a|-|b||$

【例題 1】　利用定理 0.2(7)

解不等式 $|2x-7|\geq 1$.

【解】
$$|2x-7| \geq 1 \Rightarrow 2x-7 \geq 1 \text{ 或 } 2x-7 \leq -1$$
$$\Rightarrow 2x \geq 1+7 \text{ 或 } 2x \leq -1+7$$
$$\Rightarrow 2x \geq 8 \text{ 或 } 2x \leq 6$$
$$\Rightarrow x \geq 4 \text{ 或 } x \leq 3$$

故解集合為 $\{x | x \geq 4 \text{ 或 } x \leq 3\} = (-\infty, 3] \cup [4, \infty)$.

【例題 2】 利用定理 0.2(6)

解不等式 $|3-2x| \leq |x+4|$.

【解】
$$|3-2x| \leq |x+4| \Rightarrow \sqrt{(3-2x)^2} \leq \sqrt{(x+4)^2}$$
$$\Rightarrow (3-2x)^2 \leq (x+4)^2$$
$$\Rightarrow 9-12x+4x^2 \leq x^2+8x+16$$
$$\Rightarrow 3x^2-20x-7 \leq 0$$
$$\Rightarrow (x-7)(3x+1) \leq 0$$
$$\Rightarrow -\frac{1}{3} \leq x \leq 7$$

故解集合為 $\left\{x \mid -\dfrac{1}{3} \leq x \leq 7\right\} = \left[-\dfrac{1}{3}, 7\right]$.

習題 0.1

1. 試將集合 $\{x \mid |x+3| \geq 1, x \in \mathbb{R}\} = \{x \mid x \geq -2 \text{ 或 } x \leq -4, x \in \mathbb{R}\} = (-\infty, -4] \cup [-2, \infty)$ 以數線表示之.

2. 設 $D_1 = \{x \mid |x+3| \geq 1\}$, $D_2 = \{x \mid |x-1| \leq 2\}$, 試求 $D_1 \cap D_2 = ?$

3. 試解不等式：$\begin{cases} |x+1| > 4 \\ |x-2| \leq 6 \end{cases}$

4. 試求下列各不等式的解集合.

   (1) $|2x+1| > 5$ (2) $-1 < \dfrac{3-7x}{4} \leq 6$ (3) $2x^2-9x+7 < 0$

   (4) $2x^2+9x+4 \geq 0$ (5) $2x^2 < 5x-3$ (6) $\left|\dfrac{x}{2}+7\right| \geq 2$

(7) $|3x+1|<2|x-6|$ (8) $\dfrac{2x-1}{x-3}>1$

5. 試證明：$\left|\dfrac{x-3}{x^2+10}\right| \leqslant \dfrac{|x|+3}{10}$.

∑ 0-2 坐標平面

正如直線上的點與實數構成一一對應一樣，平面上的點也與利用交於原點的兩垂直坐標線所成實數對構成一一對應。通常，其中一條直線為水平而向右為正方向，另一條直線為垂直而向上為正方向；兩直線稱為 坐標軸，其中水平線稱為 x-軸，垂直線稱為 y-軸，兩坐標軸合併形成所謂的 直角坐標系 或 笛卡兒坐標系，兩坐標軸的交點記為 O 而稱為坐標系的 原點。

引進直角坐標系的平面稱為 坐標平面 或 笛卡兒平面，而分別使用 x 與 y 標記水平軸與垂直軸的坐標平面稱為 xy-平面。若 P 是坐標平面上的點，則我們畫出通過 P 的兩條直線，一條垂直於 x-軸，而另一條垂直於 y-軸。若第一條直線交 x-軸於具有坐標 a 的點而第二條直線交 y-軸於具有坐標 b 的點，則我們對於 P 賦予有序數對 (a, b)。數 a 稱為 P 的 x-坐標 或 橫坐標，而數 b 稱為 P 的 y-坐標 或 縱坐標；我們稱 P 為具有坐標 (a, b) 的點而記為 $P(a, b)$，如圖 0-1 所示。

在坐標平面上的每一點決定唯一的有序數對。反之，我們以一對實數 (a, b) 開始，作出垂直 x-軸於具有坐標 a 之點的直線，垂直 y-軸於具有坐標 b 之點的直線；這兩條直線的交點決定了在坐標平面上具有坐標 (a, b) 的唯一點 P。於是，在有序數對與坐標平面上之點間有一個一一對應。

兩坐標軸將平面分成四個部分，稱為 象限，分別為第一象限、第二象限、第三象

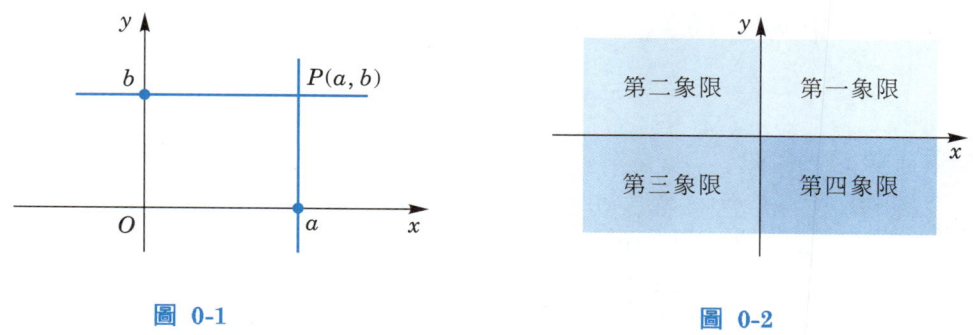

圖 0-1   圖 0-2

限與第四象限．x-坐標與 y-坐標皆爲正的點位於第一象限，具有負的 x-坐標與正的 y-坐標的點位於第二象限，x-坐標與 y-坐標皆爲負的點位於第三象限，具有正的 x-坐標與負的 y-坐標的點位於第四象限，如圖 0-2 所示。

一個僅含兩變數 x 與 y 的方程式的圖形 (或稱平面曲線) 爲滿足該方程式的所有序數對 (x, y) 所組成的集合。若圖形具有某對稱性質，則作方程式圖形所需的工作可簡化。今提出下面的對稱性判別法。

定理 0.3　對稱性判別法

(1) 若在平面曲線的方程式中以 $-x$ 代 x，可得同樣的方程式，則曲線對稱於 y-軸。
(2) 若在平面曲線的方程式中以 $-y$ 代 y，可得同樣的方程式，則曲線對稱於 x-軸。
(3) 若在平面曲線的方程式中，以 $-x$ 代 x 且 $-y$ 代 y，可得同樣的方程式，則曲線對稱於原點。

定義 0.1

通過兩點 $P_1(x_1, y_1)$ 與 $P_2(x_2, y_2)$ 的非垂直線的斜率 m 定義爲

$$m = \frac{y_2 - y_1}{x_2 - x_1}.$$

註：垂直線的斜率沒有定義或無斜率。

如果 $y_1 = y_2$，且 $x_1 \neq x_2$，則通過 (x_1, y_1) 及 (x_2, y_2) 之直線與 x-軸平行，其斜率爲零。如直線向右上方傾斜，則其斜率爲正；如直線向左上方傾斜，則其斜率爲負。

已知一直線的斜率 m 且通過點 (x_0, y_0)，則其方程式爲

$$y - y_0 = m(x - x_0)$$

此方程式稱爲直線的**點斜式**。

已知一直線的斜率 m 且通過點 $(0, b)$，則其方程式爲

$$y = mx + b$$

此處 b 稱為直線的 y-截距。此方程式稱為直線的 斜截式，其圖形如圖 0-3 所示。

直線方程式的 一般式為

$$ax+by+c=0$$

其中 a、b 與 c 均為常數，a、b 不全為零。如 $b=0$，則 $ax+c=0$，$x=-\dfrac{c}{a}$，此為與 y-軸平行的直線。如 $a=0$，則 $by+c=0$，$y=-\dfrac{c}{b}$，此為與 x-軸平行的直線。如 $a\neq 0$，$b\neq 0$，則 $y=-\dfrac{a}{b}x-\dfrac{c}{b}$，此表示斜率為 $-\dfrac{a}{b}$ 且 y-截距為 $-\dfrac{c}{b}$ 的直線方程式。

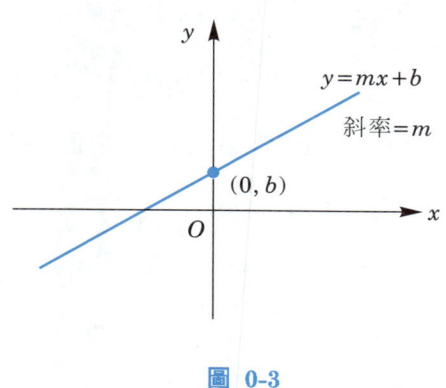

圖 0-3

定理 0.4

兩條非垂直線互相平行，若且唯若它們有相同的斜率。

定理 0.5

斜率分別為 m_1 與 m_2 的兩條非垂直線互相垂直，若且唯若 $m_1 m_2 = -1$。

【例題 1】 利用點斜式

已知一直線通過點 $(3, -3)$ 且平行於通過兩點 $(-1, 2)$ 及 $(3, -1)$ 的直線，求其方程式。

【解】 所求直線的斜率為 $m=\dfrac{(-1)-2}{3-(-1)}=-\dfrac{3}{4}$，故該直線的方程式為

$$y-(-3)=-\dfrac{3}{4}(x-3)$$

即

$$y=-\dfrac{3}{4}x-\dfrac{3}{4}.$$

【例題 2】 利用兩斜率的乘積

試證：$A(1, 3)$、$B(3, 7)$ 與 $C(7, 5)$ 為直角三角形的三個頂點．

【解】 通過 A 與 B 之直線的斜率為 $m_1 = \dfrac{7-3}{3-1} = 2$，而通過 B 與 C 之直線的斜率為 $m_2 = \dfrac{5-7}{7-3} = -\dfrac{1}{2}$．因 $m_1 m_2 = -1$，故通過 A 與 B 的直線垂直於通過 B 與 C 的直線．所以，ABC 為直角三角形．

習題 0.2

1. 一直線通過點 $(2, 3)$ 且斜率為 4，試求其方程式．
2. 一直線之 y-截距為 4 且斜率為 -2，試求其方程式．
3. 一直線通過兩點 $(2, 3)$ 與 $(4, 8)$，試求其方程式．
4. 一直線通過點 $(3, -3)$ 且平行於直線 $2x + 3y = 6$，試求其方程式．
5. 試求直線 $4x + 5y = 4$ 的斜率與 y-截距．
6. 一直線平分兩點 $(-2, 1)$ 與 $(4, -7)$ 之間所連線段且垂直於此線段，試求此直線的方程式．
7. 試求過 $P(3, -1)$，$Q(-2, 4)$ 之直線在 x-軸與 y-軸上之截距．

0-3 圓錐曲線

設 L 與 M 是兩相交但不垂直的直線，將 L 固定而 M 繞 L 旋轉一周，則直線 M 旋轉所成的曲面，就是一個**正圓錐面**，如圖 0-4 所示．

令 S 表示 M 繞 L 旋轉一周所成的正圓錐面，又設 E 是一個平面，則 E 與 S 的截痕形成各種不同的圖形，至於是哪一種圖形，我們分別討論如下：

情況 1：若 E 與 L 垂直，但不通過 L 與 M 的交點 V（V 稱為正圓錐面 S 的頂點），則 E 與 S 的截痕是一個**圓**，如圖 0-5 所示．

情況 2：若將 E 稍作轉動，使呈傾斜，且與 L 不垂直，也不通過頂點 V，將 S 分成兩部分，則 E 與 S 的截痕是一個**橢圓**，如圖 0-6 所示．

情況 3：將平面 E 繼續轉動，使 E 與直線 M 平行，則 E 與 S 的截痕是一個**拋物線**，如圖 0-7 所示．

第 0 章 預備數學

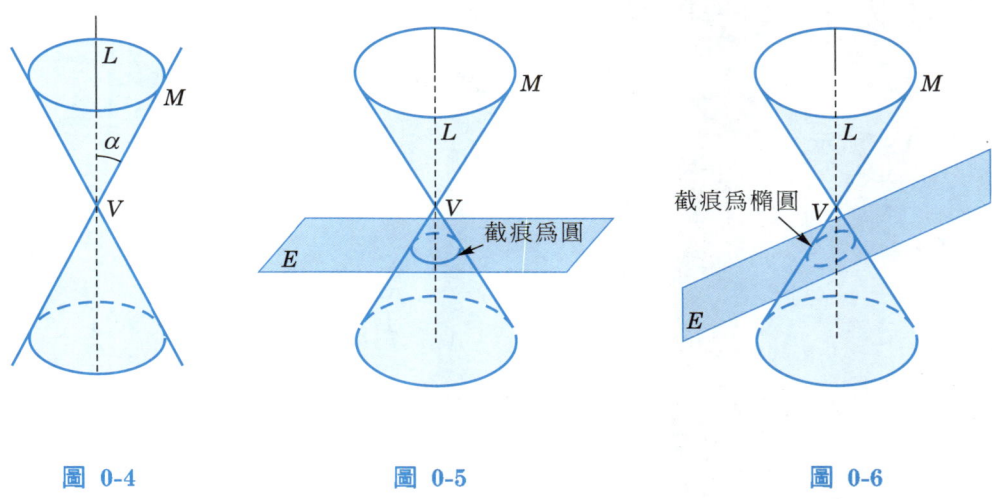

圖 0-4　　　　　圖 0-5　　　　　圖 0-6

情況 4：將平面 E 再繼續轉動，使 E 與正圓錐面 S 的上下兩部分都相交且不通過頂點 V，則 E 與 S 的截痕是一個**雙曲線**，如圖 0-8 所示。

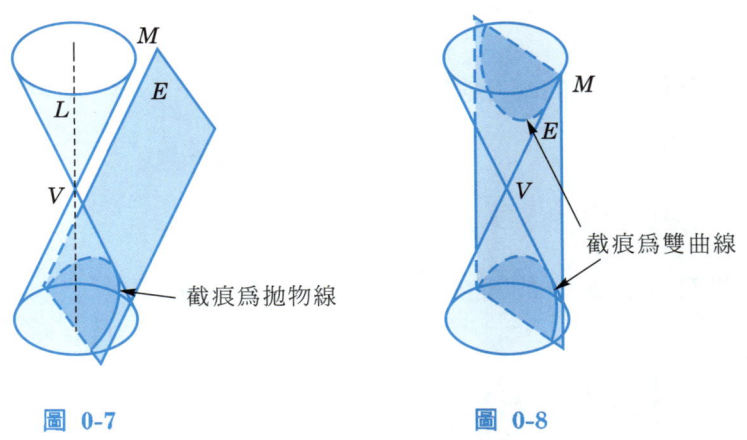

圖 0-7　　　　　圖 0-8

　　圓、橢圓、拋物線及雙曲線的圖形，都可由一個平面與一個正圓錐面相截而得，因此合稱為**圓錐曲線**（或稱為**二次曲線**），或簡稱為**錐線**。

定義 0.2

　　在坐標平面上，與一定點等距離的所有點所成的軌跡稱為**圓**，此定點稱為**圓心**，圓心與圓上各點的距離稱為**半徑**。

圓心為 (h, k) 且半徑為 r 之圓的方程式為

$$(x-h)^2+(y-k)^2=r^2 \tag{0-1}$$

圖形如圖 0-9 所示.

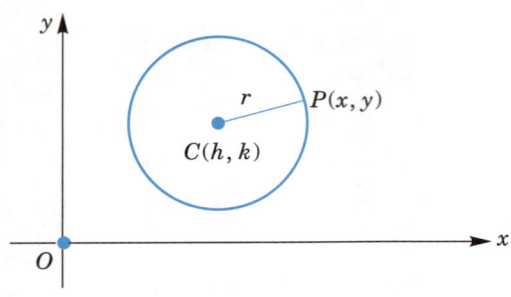

圖 0-9

若令 $h=0$, $k=0$, 則上式可化為

$$x^2+y^2=r^2$$

故圓心為原點且半徑為 r 的圓方程式為

$$x^2+y^2=r^2 \tag{0-2}$$

(0-1) 與 (0-2) 式皆稱為 **圓的標準式**.

註：圓心在原點且半徑為 1 的圓 $x^2+y^2=1$ 稱為 **單位圓**.

【例題 1】 化成圓的標準式

　　求圓 $x^2+y^2-2x+2y-14=0$ 的圓心與半徑.

【解】 因 $x^2+y^2-2x+2y-14=x^2-2x+1+y^2+2y+1-16$
$\qquad\qquad\qquad\qquad\qquad =(x-1)^2+(y+1)^2-16=0$

故原式可改寫成

$$(x-1)^2+(y+1)^2=4^2$$

由 (0-1) 式知, 此圓的圓心為 $(1, -1)$, 半徑為 4.

定義 0.3

在同一個平面上，與兩個定點的距離和等於定數 $2a\ (a>0)$ 的所有點所成的軌跡，稱為**橢圓**，此兩個定點稱為橢圓的**焦點**。

設 $a>b>0$。

橢圓方程式	中心	焦點	長軸的長	短軸的長
$\dfrac{x^2}{a^2}+\dfrac{y^2}{b^2}=1$	$(0, 0)$	$(c, 0),\ (-c, 0)$	$2a$	$2b$
$\dfrac{x^2}{b^2}+\dfrac{y^2}{a^2}=1$	$(0, 0)$	$(0, c),\ (0, -c)$	$2a$	$2b$
$\dfrac{(x-h)^2}{a^2}+\dfrac{(y-k)^2}{b^2}=1$	(h, k)	$(h+c, k),\ (h-c, k)$	$2a$	$2b$
$\dfrac{(x-h)^2}{b^2}+\dfrac{(y-k)^2}{a^2}=1$	(h, k)	$(h, k+c),\ (h, k-c)$	$2a$	$2b$

註：$c^2=a^2-b^2$。

1. 在橢圓方程式 $\dfrac{x^2}{a^2}+\dfrac{y^2}{b^2}=1$ 中，以 $-y$ 代 y，所得方程式不變，可知橢圓對稱於 x-軸。

2. 在橢圓方程式 $\dfrac{x^2}{a^2}+\dfrac{y^2}{b^2}=1$ 中，以 $-x$ 代 x，所得方程式不變，可知橢圓對稱於 y-軸。

3. 在橢圓方程式 $\dfrac{x^2}{a^2}+\dfrac{y^2}{b^2}=1$ 中，以 $-x$ 代 x，以 $-y$ 代 y，所得方程式不變，可知橢圓對稱於原點。

【例題 2】 化成橢圓的標準式

求橢圓 $25x^2+16y^2-100x+96y-156=0$ 的中心、焦點、頂點及長軸、短軸的長。

【解】
$$25x^2+16y^2-100x+96y-156=0$$
$$\Rightarrow 25(x^2-4x+4)+16(y^2+6y+9)=156+100+144$$

微積分

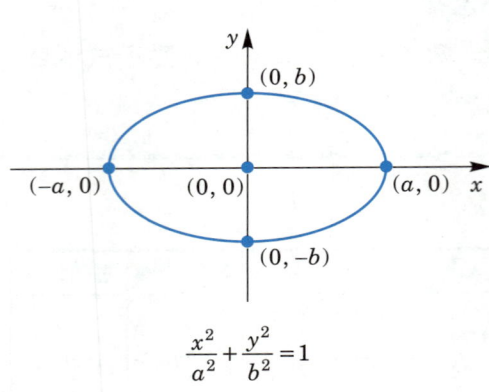
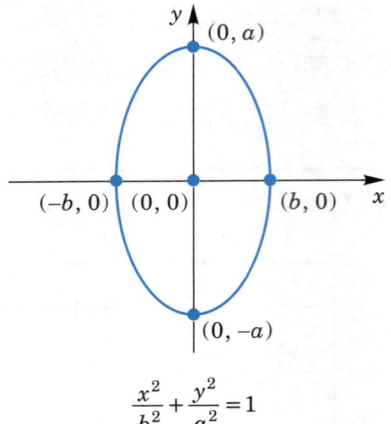
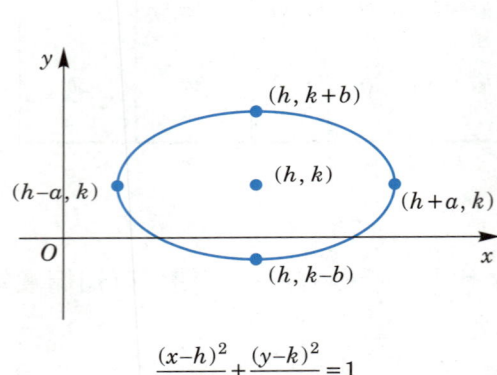
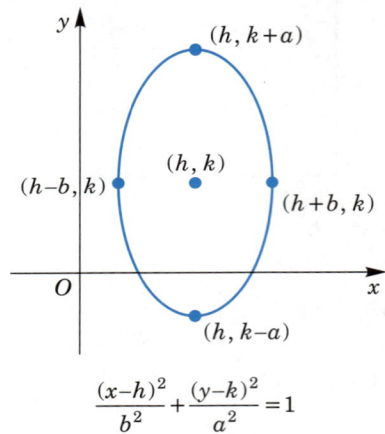

圖 0-10

$$\Rightarrow \frac{(x-2)^2}{16}+\frac{(y+3)^2}{25}=1$$

可得 $a=5$，$b=4$，$c=\sqrt{a^2-b^2}=\sqrt{25-16}=3$。

(1) 中心：$(2, -3)$。
(2) 焦點：$(2, 0)$ 及 $(2, -6)$。
(3) 頂點：$(2, 2)$、$(2, -8)$、$(6, -3)$ 及 $(-2, -3)$。
(4) 長軸的長 $=2a=10$。
(5) 短軸的長 $=2b=8$。

定義 0.4

在同一個平面上，與一個定點及一條定直線的距離相等之所有點所成的軌跡，稱為 拋物線，定點稱為 焦點，定直線稱為 準線．

拋物線方程式	頂點	焦點	對稱軸	準線	開口
$x^2=4cy$	$(0, 0)$	$(0, c)$	$x=0$	$y=-a$	向上 $(c>0)$，向下 $(c<0)$
$y^2=4cx$	$(0, 0)$	$(c, 0)$	$y=0$	$x=-a$	向右 $(c>0)$，向左 $(c<0)$
$(x-h)^2=4c(y-k)$	(h, k)	$(h, k+c)$	$x=h$	$y=k-a$	向上 $(c>0)$，向下 $(c<0)$
$(y-k)^2=4c(x-h)$	(h, k)	$(h+c, k)$	$y=k$	$x=h-a$	向右 $(c>0)$，向左 $(c<0)$

【例題 3】 化成拋物線的標準式

求拋物線 $y^2+12x+2y-47=0$ 的頂點、軸、焦點、準線．

【解】
$$y^2+12x+2y-47=0$$
$$\Rightarrow (y+1)^2=-12(x-4)$$
$$\Rightarrow (y+1)^2=4(-3)(x-4)$$

故 $c=-3$
(1) 頂點：$V(4, -1)$．
(2) 軸：$y-k=y+1=0$，即 $y=-1$．
(3) 焦點：$F(-3+4, -1)$，即 $F(1, -1)$．
(4) 準線：$x=-c+h=3+4=7$．

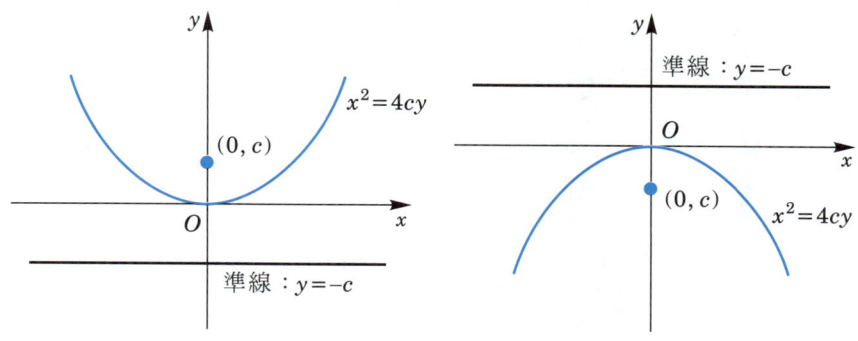

圖 0-11

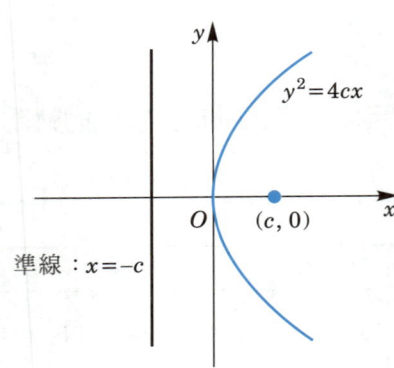
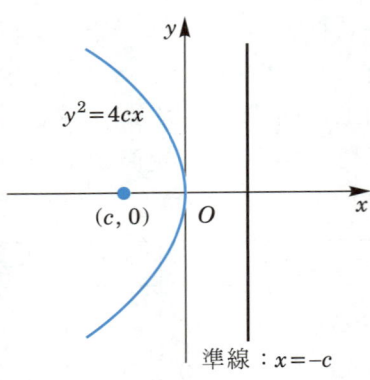

圖 0-12

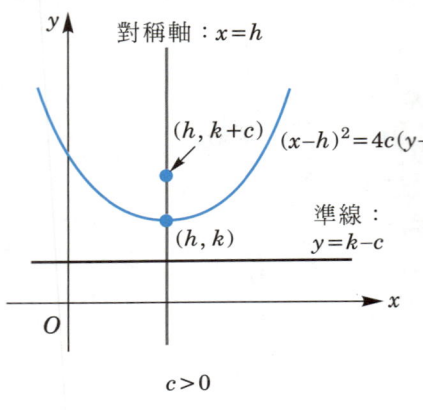

$c > 0$

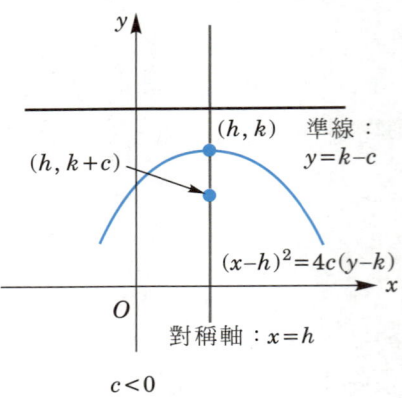

$c < 0$

圖 0-13

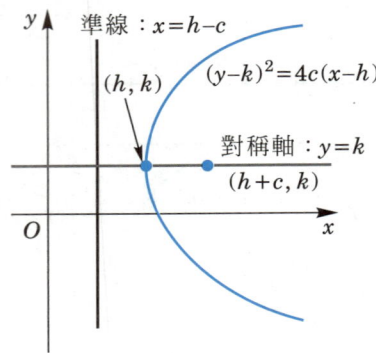
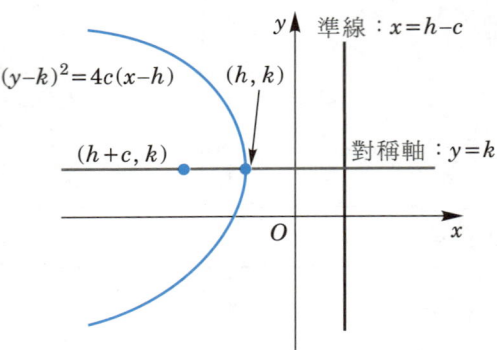

圖 0-14

定義 0.5

在同一個平面上,與兩定點之距離的差等於定數 $2a\ (a>0)$ 的所有點所成的軌跡,稱為**雙曲線**,此兩定點稱為雙曲線的**焦點**。

雙曲線方程式	頂點	中心	焦點	漸近線
$\dfrac{x^2}{a^2}-\dfrac{y^2}{b^2}=1$	$(a, 0), (-a, 0)$	$(0, 0)$	$(c, 0), (-c, 0)$	$y=\pm\dfrac{b}{a}x$
$\dfrac{y^2}{a^2}-\dfrac{x^2}{b^2}=1$	$(0, a), (0, -a)$	$(0, 0)$	$(0, c), (0, -c)$	$y=\pm\dfrac{a}{b}x$
$\dfrac{(x-h)^2}{a^2}-\dfrac{(y-k)^2}{b^2}=1$	$(h+a, k), (h-a, k)$	(h, k)	$(h+c, k), (h-c, k)$	$y=k\pm\dfrac{b}{a}(x-h)$
$\dfrac{(y-k)^2}{a^2}-\dfrac{(x-h)^2}{b^2}=1$	$(h, k+a), (h, k-a)$	(h, k)	$(h, k+c), (h, k-c)$	$y=k\pm\dfrac{a}{b}(x-h)$

註:$c^2=a^2+b^2$。

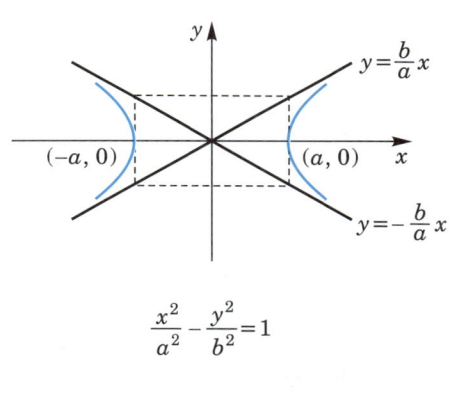

圖 0-15

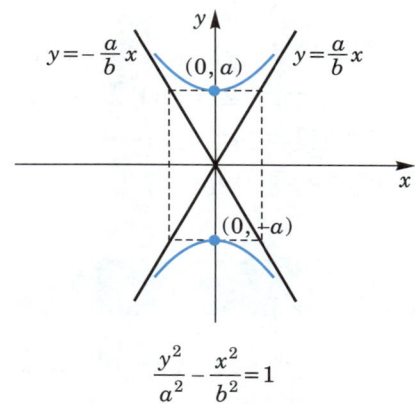

圖 0-16

【例題 4】 化成雙曲線的標準式

求雙曲線 $4x^2-y^2+8x+4y+4=0$ 的中心、頂點、焦點、貫軸的長、共軛軸的長。

【解】
$$4x^2-y^2+8x+4y+4=0$$
$$\Rightarrow 4(x^2+2x+1)-(y^2-4y+4)=-4$$
$$\Rightarrow (y-2)^2-4(x+1)^2=4$$
$$\Rightarrow \frac{(y-2)^2}{2^2}-\frac{(x+1)^2}{1}=1$$

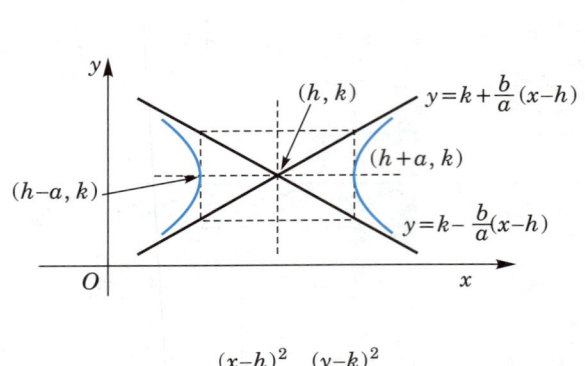
$$\frac{(x-h)^2}{a^2} - \frac{(y-k)^2}{b^2} = 1$$

圖 0-17

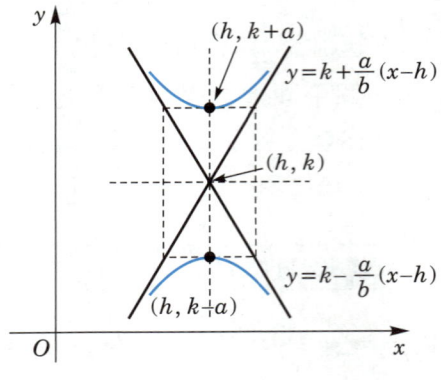
$$\frac{(y-k)^2}{a^2} - \frac{(x-h)^2}{b^2} = 1$$

圖 0-18

$a=2$，$b=1$，$c^2=a^2+b^2=5 \Rightarrow c=\sqrt{5}$，貫軸與 y-軸平行.
(1) 中心：$(-1, 2)$.
(2) 頂點：$(-1, 4)$ 及 $(-1, 0)$.
(3) 焦點：$(-1, 2+\sqrt{5})$ 及 $(-1, 2-\sqrt{5})$.
(4) 貫軸的長 $=2a=4$.
(5) 共軛軸的長 $=2b=2$.

習題 0.3

1. 試求圓 $x^2+y^2-2x+2y-14=0$ 的圓心與半徑.
2. 已知一圓之圓心為 $(-1, -2)$，半徑為 $\sqrt{5}$，試求此圓的方程式並作其圖形.
3. 已知一圓通過 $P_1(-1, 1)$，$P_2(1, -1)$ 及 $P_3(0, -2)$ 等三點，試求其方程式.
4. 試求頂點為原點，軸是 y-軸且通過點 $(4, -3)$ 的拋物線方程式.
5. 設拋物線 $x^2=4cy$ 的切線斜率為 m，試證其切線方程式為 $y=mx-cm^2$.
6. 試求拋物線方程式 $y^2-6y=4x+3$ 之頂點，焦點，準線及對稱軸.
7. 求橢圓 $4x^2+9y^2=36$ 的焦點、頂點、長軸的長、短軸的長及正焦弦的長，並作其圖形.
8. 求焦點為 $F(0, 3)$ 及 $F'(0, -3)$ 且離心率為 $\dfrac{3}{5}$ 的橢圓方程式.
9. 試求中心為原點，一焦點為 $F(4, 0)$，長軸的長為 10 的橢圓方程式.

10. 已知橢圓之一正焦弦的兩端點為 $(\sqrt{6}, 1)$ 與 $(\sqrt{6}, -1)$，試求此橢圓的方程式。

11. 求雙曲線 $40x^2 - 9y^2 = 360$ 的頂點、焦點、貫軸與共軛軸的長、正焦弦的長，並作其圖形。

12. 一雙曲線的兩焦點為 $(0, 3)$ 及 $(0, -3)$，頂點為 $(0, 1)$，試求此雙曲線的方程式。

13. 一雙曲線的中心在原點，貫軸在 x-軸上，正焦弦的長為 18，兩焦點之間的距離為 12，求此雙曲線的方程式。

14. 試求 $\dfrac{x^2}{9} - \dfrac{y^2}{16} = 1$ 的漸近線方程式。

15. 若雙曲線的中心在原點，貫軸在 x-軸上，其長為 8，一漸近線的斜率為 $\dfrac{3}{4}$，求此雙曲線的方程式。

0-4 函　數

函數在數學上是一個非常重要的觀念，也是學習微積分之基礎，許多數學理論皆需要用到函數的觀念。函數可以想成是兩個集合之間元素的對應。

定義 0.6

設 A、B 是兩個非空集合，若對每一個 $x \in A$，恰有一個 $y \in B$ 與之對應，將此對應方式表為

$$f : A \to B$$

則稱 f 為由 A 映到 B 的**函數**。集合 A 稱為函數 f 的**定義域**，記為 D_f，集合 B 稱為函數 f 的**對應域**。元素 y 稱為 x 在 f 之下的**像**或 f 在 x 的**值**，以 $f(x)$ 表示之，即，$y = f(x)$；f 在定義域 A 中所有 x 的值所成的集合稱為 f 的**值域**，記為 R_f，即，

$$R_f = f(A) = \{f(x) | x \in A\}$$

x 稱為**自變數**，而 y 稱為**因變數**。

此定義的說明如圖 0-19 所示。

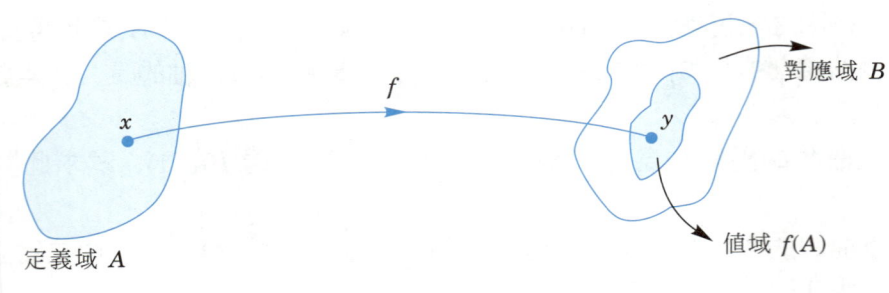

圖 0-19

若兩函數 f 與 g 的定義域相同，且值域也相同，則稱這兩函數相等，記為 $f=g$，即，

$$f=g \Leftrightarrow D_f=D_g \text{ 且 } R_f=R_g.$$

例如，
$$f(x)=x^3+x, \ x\in\{-1, 0, 1\}$$
$$g(x)=2x, \ x\in\{-1, 0, 1\}$$

因這兩函數的定義域皆為 $\{-1, 0, 1\}$，且值域同為 $\{-2, 0, 2\}$，故

$$f=g.$$

定義 0.7

設 f 為由 A 映到 B 的函數，若對 A 中任意兩相異元素 a 與 b，恆有 $f(a)\neq f(b)$，則稱 f 為**一對一函數**。若 $f(A)=B$，則稱 f 為**映成函數**。

註：在定義 0.7 中，"$a\neq b \Rightarrow f(a)\neq f(b)$" 可改寫成 "$f(a)=f(b) \Rightarrow a=b$"。

若 f 為一對一且映成，則集合 A 與 B 稱為**一一對應**。實數與數線上的點的對應，就是一個一一對應的例子。

微積分中所討論的函數的定義域及值域都是實數系 $\mathbb{R}$ 的子集，這種函數稱為**實函數**。如果以 $y=f(x)$ 定義的函數的定義域沒有明確說明，則一般是指 $\mathbb{R}$ 的子集，而這集合中的每一個元素 x 都使 $f(x)$ 為一確定的實數。

【例題 1】 判斷函數的定義域

確定函數 $f(x)=\sqrt{x-x^2}$ 的定義域。

【解】 因 $x-x^2 \geq 0$，即，$x(1-x) \geq 0$，可得 $0 \leq x \leq 1$，故定義域為 $D_f = \{x | 0 \leq x \leq 1\} = [0, 1]$.

一些常在微積分課程裡出現的實函數如下：

1. 常數函數：$f(x)=c$，其中 c 為常數.
2. 恆等函數：$f(x)=x$.
3. 多項式函數：$P(x)=a_n x^n + a_{n-1} x^{n-1} + \cdots + a_1 x + a_0$，$n$ 為正整數.
4. 冪函數：$f(x)=cx^r$，其中 c 為非零常數且 r 為實數.
5. 有理函數：$R(x)=\dfrac{P(x)}{Q(x)}$，其中 $P(x)$ 與 $Q(x)$ 皆為多項式函數，$Q(x) \not\equiv 0$.
6. 高斯函數：$f(x)=[\![x]\!]$，其中 $[\![x]\!]$ 表示小於或等於 x 的最大整數. 換句話說，

$$f(x)=[\![x]\!]=\begin{cases} n-1, & \text{若 } n-1 \leq x < n \\ n, & \text{若 } n \leq x < n+1 \end{cases}, n \in \mathbf{Z}.$$

7. 超越函數：三角函數、反三角函數、指數函數與對數函數.

註：若一函數僅由常數函數與恆等函數透過加法、減法、乘法、除法與開方等五種運算中的任意運算而獲得，則稱為**代數函數**. 例如，上面 1～5 所述的函數皆為代數函數，又 $f(x)=3x^{2/5}$，$g(x)=\dfrac{\sqrt{x}}{x+\sqrt[3]{x^2-2}}$ 亦為代數函數. 非代數函數者稱為**超越函數**.

定義 0.8

對任意 $x \in D_f$，若 $f(-x)=f(x)$，則稱 f 為**偶函數**；又若 $f(-x)=-f(x)$，則稱 f 為**奇函數**.

圖 0-20 分別表示偶函數與奇函數的圖形，偶函數的圖形對稱於 y-軸，奇函數的圖形對稱於原點.

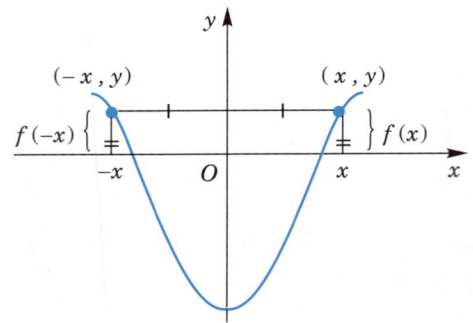
偶函數圖形對稱於 y-軸

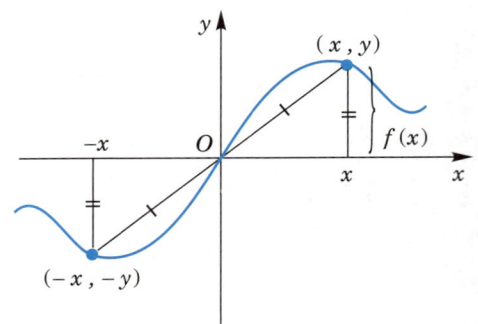
奇函數圖形對稱於原點

圖 0-20

【例題 2】 判斷偶函數、奇函數

(1) 絕對值函數 $f(x)=|x|$ 為偶函數.
(2) 函數 $f(x)=3x^4+2x^2+1$ 為偶函數.
(3) 餘弦函數 $f(x)=\cos x$ 為偶函數.
(4) 函數 $f(x)=x^3$ 為奇函數.
(5) 正弦函數 $f(x)=\sin x$ 為奇函數.

習題 0.4

1. 若 $f(x)=\sqrt{x-1}+2x$，求 $f(1)$，$f(3)$ 與 $f(10)$.
2. 試確定下列各函數的定義域與值域.
   (1) $f(x)=4-x^2$
   (2) $f(x)=\sqrt{x^2-4}$
   (3) $f(x)=|x-9|$
   (4) $f(x)=|x|-4$
   (5) $f(x)=\dfrac{x}{|x|}$
   (6) $f(x)=\dfrac{1}{\sqrt{x^2-2x-3}}$
3. 下列式子中，哪一個決定 f 為函數？何故？並求 $f(x)$.
   (1) $x^2+y^2=4$
   (2) $xy+y+3x=4$
   (3) $x=\sqrt{3y+1}$
   (4) $3x=\dfrac{y}{y+1}$

4. 下列各函數是否為一對一函數？
   (1) $f(x)=2x+9$
   (2) $f(x)=\dfrac{1}{5x+9}$
   (3) $f(x)=5-3x^2$
   (4) $f(x)=2x^2-x-3$
   (5) $f(x)=|x|$

5. 下列何者滿足 $f(x+y)=f(x)+f(y)$，$\forall x, y \in \mathbb{R}$？
   (1) $f(t)=2t$
   (2) $f(t)=t^2$
   (3) $f(t)=2t+1$
   (4) $f(t)=-3t$

6. 若 $G(t)=\dfrac{t}{t+4}$，試化簡 $\dfrac{G(a+h)-G(a)}{h}$ 並求其值。

7. 設函數 $f(x)=|x|+|x-1|+|x-2|$，求 $f\left(\dfrac{1}{2}\right)$ 與 $f\left(\dfrac{3}{2}\right)$。

8. 求函數 $f(x)=\sqrt{x-x^2}$ 的定義域 D_f 與值域 R_f。

9. 試判斷下列敘述是奇函數、偶函數，或兩者皆非？
   (1) 兩個偶函數的和
   (2) 兩個奇函數的和
   (3) 兩個偶函數的積
   (4) 兩個奇函數的積
   (5) 一個偶函數和一個奇函數的積。

10. 試判斷下列何者為奇函數或偶函數或兩者皆非？
    (1) $f(x)=0$
    (2) $g(x)=(x^3+x)^{1/3}$
    (3) $h(x)=x|x|$
    (4) $k(x)=\dfrac{e^x+e^{-x}}{2}$
    (5) $F(x)=3x-\sqrt{2}$
    (6) $G(x)=2x+1$
    (7) $f(x)=-|x+3|$
    (8) $f(x)=\begin{cases} 1, & \text{若 } x \leq 0 \\ x+1, & \text{若 } 0<x<2 \\ x^2-1, & \text{若 } 2 \leq x \end{cases}$

11. 試證：任意一個從 $\mathbb{R}$ 映到 $\mathbb{R}$ 的函數 f 均可表為一偶函數與一奇函數的和。

12. 設 $f: \mathbb{R} \to \mathbb{R}$ 定義為 $f(x)=x^2-4x+5$。
    (1) 判斷 f 是否為一對一且映成？
    (2) 若 f 非一對一且映成，則應如何限制 f 的定義域及對應域使其為一對一且映成的函數？

13. 設 $f(x)=ax^2+bx+c$，已知 $f(0)=1$，$f(-1)=2$，$f(1)=3$，求 a, b, c。

0-5　函數的圖形

> **定義 0.9**
>
> 設 $f: A \to B$ 為一從 $\mathbb{R}$ 的子集合 A 映到 $\mathbb{R}$ 的子集合 B 的函數，則坐標平面上一切以 $(x, f(x))$ 為坐標的點所構成的集合
>
> $$\{(x, f(x)) | x \in A\}$$
>
> 稱為**函數 f 的圖形**，而函數 f 的圖形也叫做方程式 $y=f(x)$ 的圖形。

若 x 在 f 的定義域中，我們稱 f 在 x 有定義，或稱 $f(x)$ 存在；反之，"f 在 x 無定義"意指 x 不在 f 的定義域中。如以 $(x, f(x))$ 作為一有序數對，即可在坐標平面上描出若干點 $P(x, f(x))$，然後再適當地連接之，則可得函數的概略圖形。

【例題 1】　絕對值函數的圖形

作絕對值函數 $f(x)=|x|$ 的圖形。

【解】
$$f(x) = \begin{cases} x, & \text{若 } x \geq 0 \\ -x, & \text{若 } x < 0 \end{cases}$$

先作 $y=x$ 的圖形，再作 $y=-x$ 的圖形，則得 f 之圖形，如圖 0-21 所示。

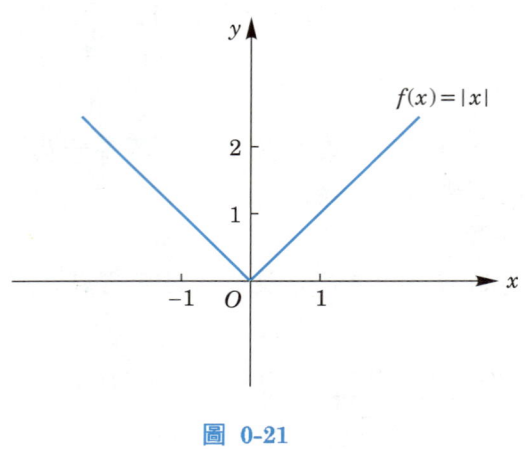

圖 0-21

【例題 2】　符號函數的圖形

作符號函數

$$\text{sgn}(x) = \begin{cases} \dfrac{|x|}{x}, & \text{若 } x \neq 0 \\ 0, & \text{若 } x = 0 \end{cases}$$

的圖形．

【解】　（i）若 $x > 0$，則

$$\text{sgn}(x) = \frac{|x|}{x} = \frac{x}{x} = 1 \text{；}$$

（ii）若 $x < 0$，則

$$\text{sgn}(x) = \frac{|x|}{x} = \frac{-x}{x} = -1 \text{；}$$

圖 0-22

（iii）若 $x = 0$，則 $\text{sgn}(x) = 0$．其圖形如圖 0-22 所示．

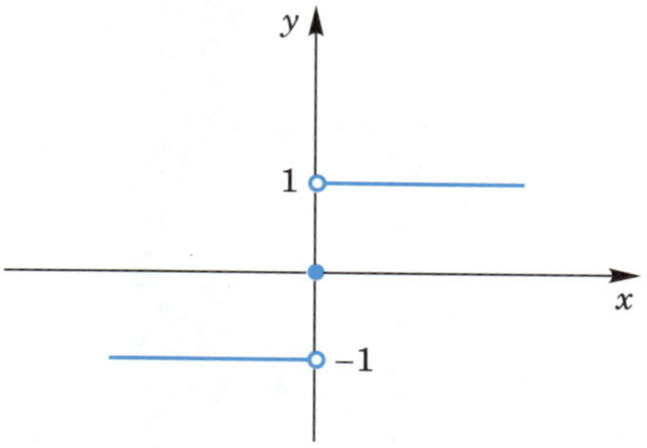

【例題 3】　**高斯函數的圖形**

作高斯函數 $f(x) = [\![x]\!]$ 的圖形．

【解】

$$f(x) = [\![x]\!] = \begin{cases} n-1, & \text{若 } n-1 \leq x < n \\ n, & \text{若 } n \leq x < n+1 \end{cases}$$

其中 n 為整數．

圖形上一些點的橫坐標與縱坐標可列表如下：

x	$f(x)$
………………	………………
$-3 \leq x < -2$	-3
$-2 \leq x < -1$	-2
$-1 \leq x < 0$	-1
$0 \leq x < 1$	0
$1 \leq x < 2$	1
$2 \leq x < 3$	2
$3 \leq x < 4$	3
………………	………………

高斯函數 $f(x) = [\![x]\!]$ 的圖形為階梯狀，如圖 0-23 所示．

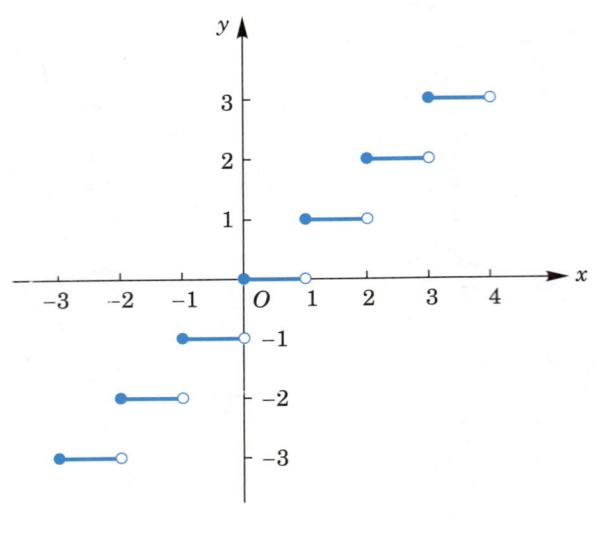

圖 0-23

高斯函數之重要性質如下：

1. 高斯不等式
   (1) 任意 $x \in \mathbb{R}$，$[\![x]\!] \leq x < [\![x]\!] + 1$．
   (2) 任意 $x \in \mathbb{R}$，$x - 1 < [\![x]\!] \leq x$．
   (3) $0 \leq x - [\![x]\!] < 1 \Rightarrow [\![x - [\![x]\!]]\!] = 0$

2. 高斯等式
   (1) 任意 $x \in \mathbb{R}$，$m \in \mathbb{Z}$，$[\![x + m]\!] = [\![x]\!] + m$．
   (2) 任意 $x \in \mathbb{R}$，$m \in \mathbb{Z}$，$[\![x - m]\!] = [\![x]\!] - m$．

【例題 4】 分段作圖

作函數 $f(x) = x - [\![x]\!]$ 的圖形．

【解】 當 $-2 \leq x < -1$，則 $f(x) = x + 2$．
當 $-1 \leq x < 0$　　，則 $f(x) = x + 1$．
當 $0 \leq x < 1$　　，則 $f(x) = x$．
當 $1 \leq x < 2$　　，則 $f(x) = x - 1$．
當 $2 \leq x < 3$　　，則 $f(x) = x - 2$．
其圖形如圖 0-24 所示．

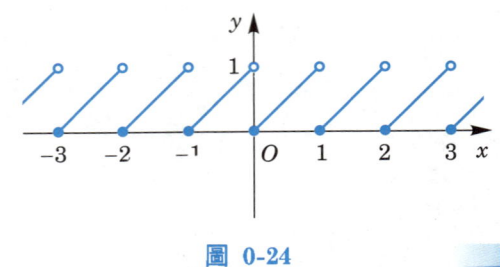

圖 0-24

某些較複雜之函數圖形可由較簡單之函數圖形，利用平移的方法而得之．例如，對

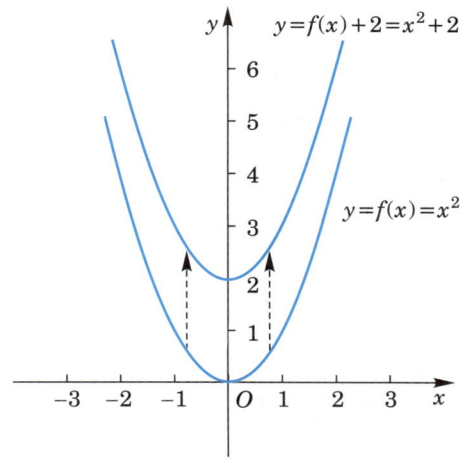

圖 0-25

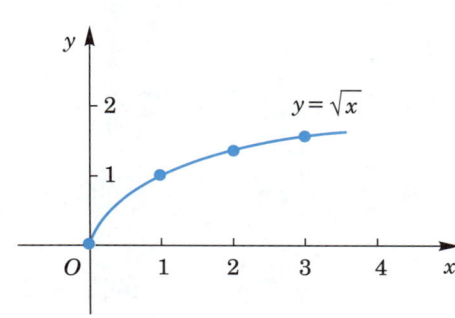

圖 0-26

相同的 x 值，$y=x^2+2$ 的 y 值較 $y=x^2$ 的 y 值多 2，故 $y=x^2+2$ 之圖形在形狀上與 $y=x^2$ 之圖形相同，但位於 $y=x^2$ 圖形上方 2 個單位，如圖 0-25 所示。

一般而言，垂直平移 ($c>0$) 敘述如下：

$y=f(x)+c$ 的圖形位於 $y=f(x)$ 的圖形上方 c 個單位。
$y=f(x)-c$ 的圖形位於 $y=f(x)$ 的圖形下方 c 個單位。

現在，我們考慮水平平移，例如，平方根函數 $f(x)=\sqrt{x}$ 的定義域為 $\{x|x\geq 0\}$，其圖形"開始"處在 $x=0$，如圖 0-26 所示。

考慮函數 $y=f(x)=\sqrt{x-1}$，其定義域為 $\{x|x\geq 1\}$，圖形的"開始"處在 $x=1$，如圖 0-27 所示。$y=f(x)=\sqrt{x-1}$ 之圖形是將 $y=\sqrt{x}$ 之圖形向右平移一個單位而得。$y=f(x)=\sqrt{x+4}$ 之圖形是將 $y=\sqrt{x}$ 之圖形向左平移 4 個單位而得，如圖 0-28 所示。

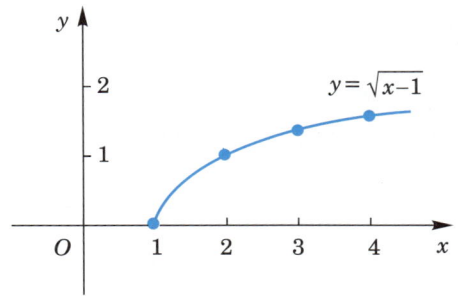

圖 0-27

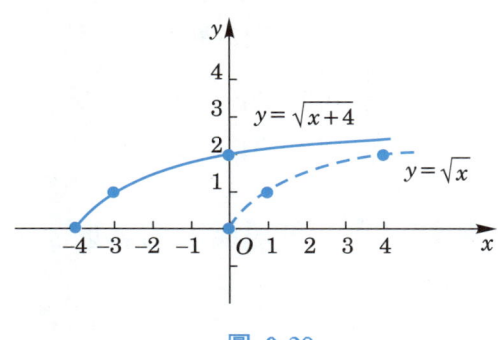

圖 0-28

一般而言，水平平移 $(c>0)$ 敘述如下：

$y=f(x-c)$ 之圖形是在 $y=f(x)$ 的圖形右邊 c 個單位．
$y=f(x+c)$ 之圖形是在 $y=f(x)$ 的圖形左邊 c 個單位．

【例題 5】 利用平移

試繪出 $y=2+\dfrac{1}{x+1}$ 的圖形．

【解】 首先將 $y=\dfrac{1}{x}$ 的圖形向左平移 1 個單位，然後再向上平移 2 個單位，可得 $y=2+\dfrac{1}{x+1}$ 的圖形，如圖 0-29 所示．

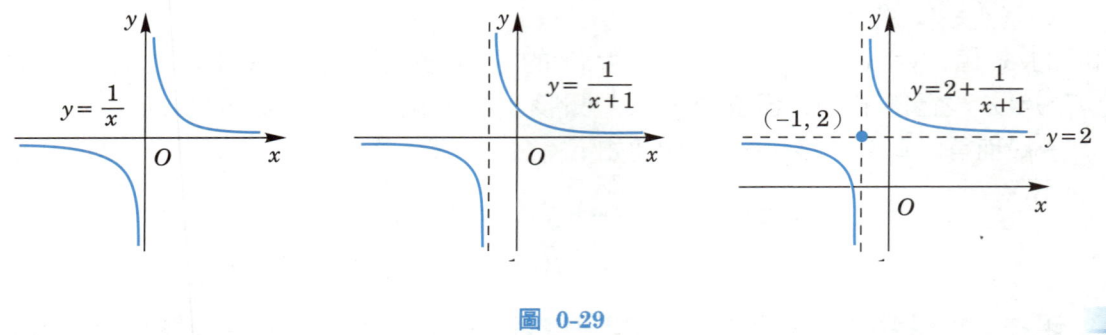

圖 0-29

下面是有關分段定義函數圖形的例子．

【例題 6】 寫出分段定義函數

在某遊樂區租馬車的費用是 10 分鐘以內 (10 分鐘) 為 100 元，而 10 分鐘之後，每 1 分鐘須多付 20 元，若 $f(x)$ 為 x 分鐘的全部費用，則 $f(x)$ 的值為

$$f(x)=\begin{cases} 100, & 0<x\leqslant 10 \\ 100+20(x-1), & 1<x \end{cases}$$

← 10 分鐘以內且含 10 分鐘為 100 元

← 第一個 10 分鐘為 100 元加上第一個 10 分鐘之後的每 1 分鐘 20 元

【例題 7】 分段函數的圖形

作函數

$$f(x)=\begin{cases} x-1, & \text{若 } -2<x\leqslant 1 \\ 2, & \text{若 } 1<x<2 \\ -x+2, & \text{若 } 2\leqslant x\leqslant 4 \end{cases}$$

的圖形.

【解】　函數 f 之定義域為 $\{x \mid -2<x\leqslant 4\}$，其圖形由三部分所組成：

在 $-2<x\leqslant 1$ 之部分，與直線 $y=x-1$ 相同；

在 $1<x<2$ 之部分，與直線 $y=2$ 相同；

在 $2\leqslant x\leqslant 4$ 之部分，與直線 $y=-x+2$ 相同.

其圖形如圖 0-30 所示.

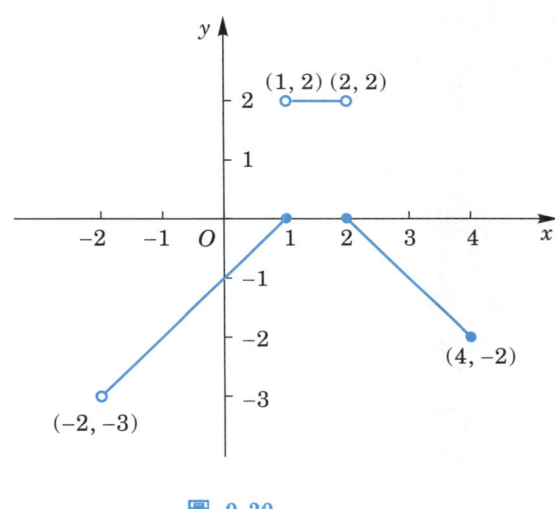

圖 0-30

習題 0.5

1. 試作下列各函數之圖形.

(1) $f(x)=\begin{cases} -x, & \text{若 } x<0 \\ 2, & \text{若 } 0\leqslant x<1 \\ x^2, & \text{若 } x\geqslant 1 \end{cases}$
(2) $f(x)=\begin{cases} x, & \text{若 } x\leqslant 1 \\ -x^2, & \text{若 } 1<x<2 \\ x, & \text{若 } x\geqslant 2 \end{cases}$

(3) $f(x)=\begin{cases} 2x-4, & \text{若 } x\geqslant 3 \\ |x|, & \text{若 } -5<x<3 \\ 1+x, & \text{若 } x\leqslant -5 \end{cases}$
(4) $f(x)=\begin{cases} x^2, & \text{若 } x\leqslant 0 \\ 2x+1, & \text{若 } x>0 \end{cases}$

(5) $f(x)=\begin{cases} x^2 & ,\text{若 } x<-1 \\ 2 & ,\text{若 } x=-1 \\ -3x+2 & ,\text{若 } x>-1 \end{cases}$ 　　(6) $f(x)=\begin{cases} -x+1 & ,\text{若 } x<0 \\ -x^2+3x & ,\text{若 } 0\leqslant x\leqslant 3 \\ x-2 & ,\text{若 } x>3 \end{cases}$

(7) $f(x)=\begin{cases} \dfrac{[\![x]\!]}{2} & ,\text{若 } 0\leqslant x<5 \\ \sqrt{x-1} & ,\text{若 } x\geqslant 5 \end{cases}$ 　　(8) $f(x)=\begin{cases} x+5 & ,\text{若 } x<-3 \\ \sqrt{9-x^2} & ,\text{若 } -3\leqslant x\leqslant 3 \\ 5-x & ,\text{若 } x>3 \end{cases}$

(9) $f(x)=\sqrt{x-[\![x]\!]}$, $0\leqslant x<4$ 　　(10) $h(x)=|x^2-6|x|+8|$

2. 先作 $g(x)=\sqrt{x}$ 之圖形後，再利用平移方法作出 $f(x)=\sqrt{x-2}-3$ 之圖形．

3. 先作 $h(x)=|x|$ 之圖形後，再利用平移方法作出 $g(x)=|x+3|-4$ 之圖形．

4. 用平移的方法作 $f(x)=(x-2)^2-4$ 之圖形．

∑ 0-6　函數的運算

兩函數 f 與 g 的和、差、積、商函數，分別記作 $f+g$，$f-g$，fg，$\dfrac{f}{g}$，其意義如下：

設 f 是由 $\mathbb{R}$ 的子集 A 映至 $\mathbb{R}$ 的子集 C，g 是由 $\mathbb{R}$ 的子集 B 映至 $\mathbb{R}$ 的子集 D，且 $A\cap B\neq\phi$，則

$$(f+g)(x)=f(x)+g(x), \quad x\in A\cap B$$
$$(f-g)(x)=f(x)-g(x), \quad x\in A\cap B$$
$$(fg)(x)=f(x)g(x), \quad x\in A\cap B$$
$$\left(\dfrac{f}{g}\right)(x)=\dfrac{f(x)}{g(x)}, \quad x\in A\cap B,\ g(x)\neq 0$$

【例題 1】　函數的四則運算

若 $f(x)=\sqrt{x}$，$g(x)=\sqrt{9-x^2}$，求 $(f+g)$，$f-g$，fg 與 $\dfrac{f}{g}$．

【解】　函數 f 的定義域為 $[0,\infty)$，函數 g 的定義域為 $[-3,3]$．故 f 與 g 的定義域的交集為

$$[0,\infty)\cap[-3,3]=[0,3]$$

於是，

$$(f+g)(x)=\sqrt{x}+\sqrt{9-x^2}, \quad 0\leqslant x\leqslant 3$$

$$(f-g)(x)=\sqrt{x}-\sqrt{9-x^2}, \quad 0\leqslant x\leqslant 3$$

$$(fg)(x)=\sqrt{x}\sqrt{9-x^2}, \quad 0\leqslant x\leqslant 3$$

$$\left(\frac{f}{g}\right)(x)=\frac{\sqrt{x}}{9-x^2}, \quad 0\leqslant x<3.$$

讀者應注意 $\dfrac{f}{g}$ 的定義域為 [0, 3)，因 $g(x)\neq 0$。

二實函數除了可作上述的結合外，二者亦可作一種很有用的結合，稱其為**合成**。現在我們考慮函數 $y=f(x)=(x^2+1)^3$，如果我們將它寫成下列的形式

$$y=f(u)=u^3$$

其中

$$u=g(x)=x^2+1$$

則依取代的過程，我們可得到原來的函數，亦即，

$$y=f(x)=f(g(x))=(x^2+1)^3$$

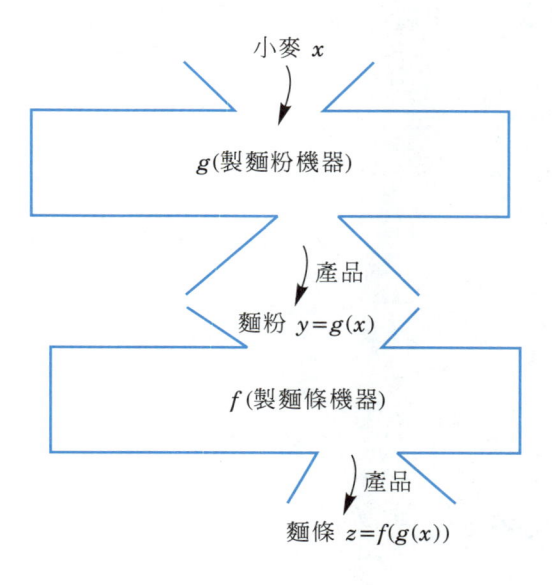

圖 0-31

此一過程稱為合成，故原來的函數可視為一合成函數。

一般而言，如果有二函數 $g:A\to B$，$f:B\to C$，且假設 x 為 g 函數定義域中之一元素，則可找到 x 在 g 之下的像 $g(x)$。若 $g(x)$ 在 f 的定義域內，我們又可在 f 之下找到 C 中的像 $f(g(x))$。因此，就存在一個從 A 到 C 的函數：

$$f\circ g:A\to C$$

其對應於 $x\in A$ 的像為

$$(f\circ g)(x)=f(g(x))$$

此一函數稱為 g 與 f 的合成函數。

上述合成函數的作用，可以視為原料 x 經由工廠 g 製造出產品 $g(x)$，而 $g(x)$ 又是工廠 f 的原料，故可再經由工廠 f 製造出產品 $f(g(x))$，整個合起來，從 x 到 $f(g(x))$ 的過程就是合成函數 $f\circ g$ 的作用，可以圖解如下：

定義 0.10

給予二函數 f 與 g，則合成函數 $f\circ g$（讀作" f circle g "）定義為

$$(f\circ g)(x)=f(g(x)),\quad x\in D_g,\ g(x)\in D_f.$$

此處 $f\circ g$ 的定義域是由 $g(x)$ 在 f 的定義域中的所有 x 所組成。

合成函數 $f\circ g$ 的對應，可示於圖 0-32 中。

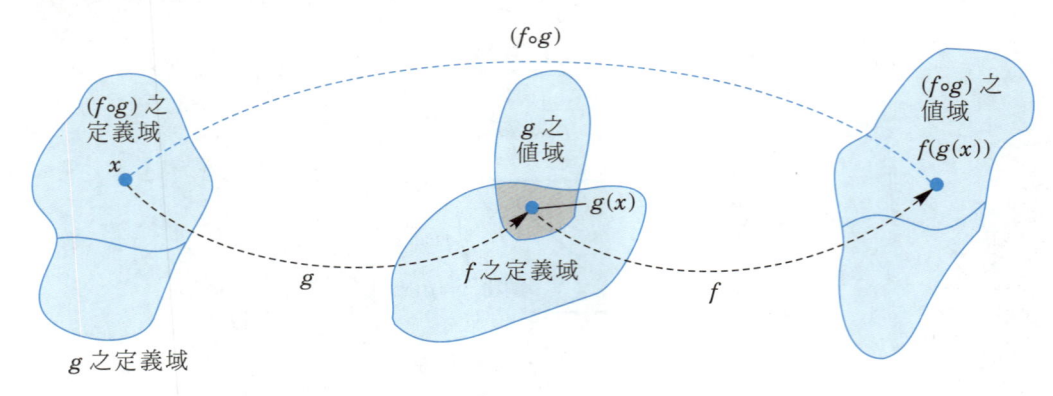

圖 0-32

【例題 2】 求函數的合成

若 $f(x)=\dfrac{6x}{x^2-9}$，且 $g(x)=\sqrt{3x}$，求 $(f\circ g)(4)$，並求 $(f\circ g)(x)$ 及其定義域。

【解】 $(f \circ g)(4) = f(g(4)) = f(\sqrt{12}) = \dfrac{6\sqrt{12}}{(\sqrt{12})^2 - 9} = \dfrac{6\sqrt{12}}{3} = 2\sqrt{12} = 4\sqrt{3}$

$(f \circ g)(x) = f(g(x)) = f(\sqrt{3x}) = \dfrac{6\sqrt{3x}}{(\sqrt{3x})^2 - 9} = \dfrac{6\sqrt{3x}}{3x - 9} = \dfrac{2\sqrt{3x}}{x - 3}$

$(f \circ g)(x)$ 之定義域為 $[0, 3) \cup (3, \infty)$，定義域中須除去 3，以避免分母為 0。

讀者應注意，任何兩個函數的合成不一定有意義。例如，$f(x) = \sqrt{9 - x^2}$，$D_f = [-3, 3]$，$R_f = [0, 3]$；$g(x) = x^2 + 4$，$D_g = (-\infty, \infty)$，$R_g = [4, \infty)$。由於 $R_g \cap D_f = \phi$，故 $f(g(x)) = \sqrt{9 - (x^2 + 4)^2}$ 無意義。

【例題 3】 求函數的合成

若 $f(x) = x^2 - 2$，$g(x) = 3x + 4$，求 $(f \circ g)(x)$ 與 $(g \circ f)(x)$。

【解】 $(f \circ g)(x) = f(g(x)) = f(3x + 4) = (3x + 4)^2 - 2 = 9x^2 + 24x + 14$

$(g \circ f)(x) = g(f(x)) = g(x^2 - 2) = 3(x^2 - 2) + 4 = 3x^2 - 2$。

讀者應注意，在例題 3 中，$f(g(x))$ 與 $g(f(x))$ 不同，亦即，$f \circ g \neq g \circ f$。

【例題 4】 利用函數的合成

若 $f(x) = x^2$，求一函數 g 使得 $f(g(x)) = x$；並問 $g(f(x)) = x$ 是否也成立？

【解】 因 $f(g(x)) = [g(x)]^2 = x \geq 0$，故 $g(x) = \sqrt{x}$，$x \geq 0$。

$$g(f(x)) = g(x^2) = \sqrt{x^2} = |x|$$

因此，$g(f(x)) = x$ 不恆成立。

【例題 5】 求函數的合成

若 $f(x) = x^2 + 1$，$g(x) = \sqrt{x}$，$h(x) = 1 - x$，求 $((f \circ g) \circ h)(x)$ 及 $(f \circ (g \circ h))(x)$。

【解】 $((f \circ g) \circ h)(x) = (f \circ g)(h(x)) = f(g(h(x))) = f(g(1 - x)) = f(\sqrt{1 - x})$

$= (\sqrt{1 - x})^2 + 1 = 2 - x$，$x \leq 1$

$(f \circ (g \circ h))(x) = f((g \circ h)(x)) = f(g(h(x))) = f(g(1 - x)) = f(\sqrt{1 - x})$

$= (\sqrt{1 - x})^2 + 1 = 2 - x$，$x \leq 1$

兩者的定義域皆為 $\{x \mid x \leq 1\}$。

習題 0.6

1. 設 $f(x)=\sqrt{x+2}$, $g(x)=\sqrt{4-x}$, 試求 f 與 g 之和, 差, 積與商.

2. 已知 $f(x)$ 與 $g(x)$ 之函數值如下：

x	1	2	3	4
$f(x)$	2	3	1	4

x	1	2	3	4
$g(x)$	4	3	2	1

試求 $(f \circ g)(2)$, $(f \circ g)(4)$, $(g \circ f)(1)$ 與 $(g \circ f)(3)$.

3. 已知兩函數 $f(x)=\sqrt{x}$ 與 $g(x)=x^2+1$, 則 $g \circ f$, $f \circ g$ 是否有意義？若有意義, 則求之.

4. 在下列各小題中, 求 $(f \circ g)(x)$ 與 $(g \circ f)(x)$.
   (1) $f(x)=\sqrt{x^2+4}$, $g(x)=\sqrt{7x^2+1}$
   (2) $f(x)=3x^2+2$, $g(x)=\dfrac{1}{3x^2+2}$
   (3) $f(x)=x^3-1$, $g(x)=\sqrt[3]{x+1}$

5. 若 $g(x)=x^2+1$, 求 $g^3(x)$, $(g \circ g \circ g)(x)$.

6. 若 $f(x)=3x+5$, $h(x)=3x^2+3x+2$, 試求一函數 g 使得 $f \circ g = h$.

7. 在下列各小題中, 求 f 與 g 使得 $(f \circ g)(x)=H(x)$.
   (1) $H(x)=\sqrt{x^2+x-1}$
   (2) $H(x)=\left(1-\dfrac{1}{x^2}\right)^2$
   (3) $H(x)=\sqrt[3]{2-3x}$
   (4) $H(x)=\sqrt[3]{\sqrt{x}-1}$

8. 若 $h(x)=x^{1/3}$, $g(x)=(x^9+x^6)^{1/2}$, $Q(x)=x(x+1)^{1/2}$, 試證 $g(h(x))=Q(x)$.

9. 設 $f(x)=2x+1$, $g(x)=x^2$, $h(x)=5x+2$, 試求
   (1) $((g \circ f) \circ h)(1)$
   (2) $((h \circ f) \circ g)(0)$

10. 設 $f(x)=\dfrac{x+|x|}{2}$, $x \in \mathbb{R}$, $g(x)=\begin{cases} x^2, & \text{若 } x \geq 0 \\ x, & \text{若 } x < 0 \end{cases}$, 試求 $f \circ g$ 及 $g \circ f$, 並問 $f \circ g$ 與 $g \circ f$ 是否相等？

11. 若 $f(x)=3x+2$, $g(x)=2x-p$, 試求 p 使得 $(f \circ g)(x)=(g \circ f)(x)$.

12. 令 $f(x)=\dfrac{ax+b}{cx-a}$, 試證當 $a^2+bc \neq 0$ 且 $x \neq \dfrac{a}{c}$ 時, $f(f(x))=x$.

0-7 反函數

在本節中，我們將討論如何求代數函數的反函數，依照函數的定義，若兩實數子集之間的逆對應如果能符合函數的關係，這就產生了 **反函數** 的觀念。

定義 0.11

若兩函數 f 與 g 滿足：
對於 g 的定義域中的每一 x，恆有 $f(g(x))=x$，且對於 f 的定義域中的每一 x，恆有 $g(f(x))=x$，則我們稱 f 為 g 的 **反函數** 或 g 為 f 的 **反函數**。我們又稱 f 與 g **互為反函數**。

【例題 1】 利用反函數的定義

兩函數 $f(x)=\sqrt{2x-3}$，$x \geqslant \dfrac{3}{2}$ 與 $g(x)=\dfrac{x^2+3}{2}$，$x \geqslant 0$ 互為反函數，因為

$$f(g(x))=f\left(\frac{x^2+3}{2}\right)=\sqrt{2\cdot\frac{x^2+3}{2}-3}=\sqrt{x^2}=x$$

$$g(f(x))=\frac{(f(x))^2+3}{2}=\frac{(\sqrt{2x-3})^2+3}{2}=\frac{2x-3+3}{2}=x$$

滿足定義 0.11。

函數 f 的反函數通常記為 f^{-1}（唸成 "f inverse"）；於是，

$$f(f^{-1}(x))=x,\ \forall\ x\in D_{f^{-1}},\ f^{-1}(f(x))=x,\ \forall\ x\in D_f.$$

注意：符號 f^{-1} 並不表示 $1/f$。

依定義 0.11，我們得知

$$f^{-1}\ \text{的定義域}=f\ \text{的值域}$$
$$f^{-1}\ \text{的值域}=f\ \text{的定義域}$$

已知函數 f，我們將對下面兩個問題感到興趣：

1. f 有反函數嗎？
2. 若有，我們如何求它？

欲回答第一個問題，我們必須瞭解在 f 有反函數時，f 與 f^{-1} 的圖形之間有何關係是很有用的.

定理 0.6　反函數的鏡射性質

f 的圖形包含 (a, b) 若且唯若 f^{-1} 的圖形包含點 (b, a).

證　若 (a, b) 位於 f 的圖形上，則 $f(a)=b$ 且

$$f^{-1}(b)=f^{-1}(f(a))=a.$$

於是，(b, a) 位於 f^{-1} 之圖形上. 同理可證明，若 (b, a) 位於 f^{-1} 的圖形上，則 (a, b) 位於 f 的圖形上. 因此，f^{-1} 的圖形是由 f 的圖形對直線 $y=x$ 作鏡射而獲得. 如圖 0-33 所示.

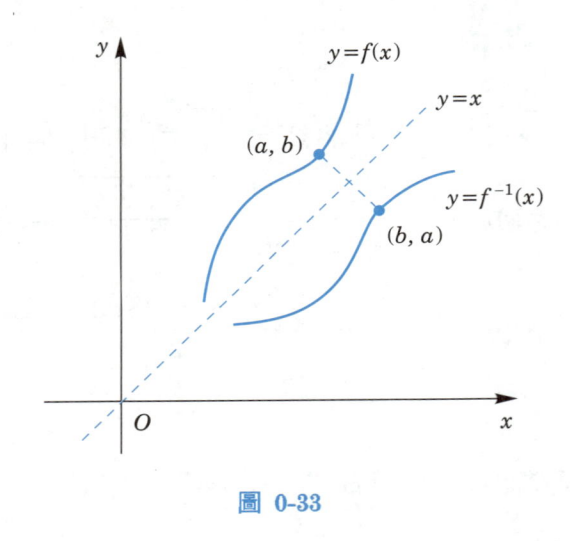

圖 0-33

定理 0.7　反函數存在定理

f 為一對一且映成 $\Leftrightarrow$ 函數 f 具有反函數 f^{-1}. 若 f 具有反函數 f^{-1}，則此反函數是唯一的.

我們由定理可知具有反函數的函數恰為那些是一對一的函數. 設 f 為這種函數，則如何求 $f^{-1}(x)$ 呢？今列出三個步驟，如下：

步驟 1：寫成 $y=f(x)$.

步驟 2：求解方程式 $y=f(x)$ 的 x（以 y 表之）。
步驟 3：x 與 y 互換，可得 $f^{-1}(x)$。

【例題 2】　找反函數

求 $f(x)=\sqrt{2x-3}$ 的反函數，並繪反函數的圖形。

【解】　令 $\sqrt{2x-3}=y$，則 $2x-3=y^2$，解得

$$x=\frac{y^2+3}{2}$$

將 x 與 y 互換，得

$$y=\frac{x^2+3}{2}$$

故

$$f^{-1}(x)=\frac{x^2+3}{2}$$

$D_{f^{-1}}=R_f=[0, \infty)$。

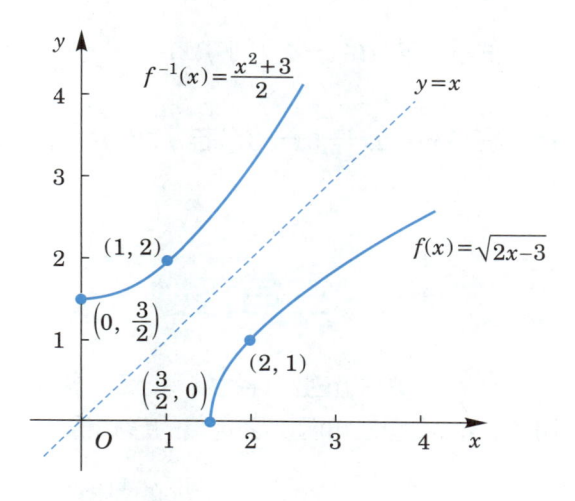

圖 0-34

習題 0.7

在 1～2 題中，證明 f 與 g 互為反函數。

1. $f(x)=x^3+1$，$g(x)=\sqrt[3]{x-1}$
2. $f(x)=\dfrac{1}{x-1}$，$x>1$；$g(x)=\dfrac{1+x}{x}$，$x>0$

在 3～7 題中，求 f 的反函數。

3. $f(x)=6-x^2$，$0 \leq x \leq \sqrt{6}$
4. $f(x)=2x^3-5$
5. $f(x)=\sqrt{1-4x^2}$，$0 \leq x \leq \dfrac{1}{2}$
6. $f(x)=\sqrt[3]{x}+2$
7. $f(x)=\dfrac{1}{\sqrt{x-3}}$

8. 求 $f(x)=\dfrac{x^3+1}{x^3+2}$ 的反函數，並證明 $f^{-1}(f(x))=x$ 與 $f(f^{-1}(x))=x$．

9. (1) 試證：$f(x)=\dfrac{3-x}{1-x}$ 為其本身的反函數．

   (2) (1) 中的結果告訴您 f 的圖形如何？

10. 試證：若 $d=-a$，則 $f(x)=\dfrac{ax+b}{cx+d}$ 的圖形對稱於直線 $y=x$．

11. 設 $f(x)=2x^3+5x+3$，若 $f^{-1}(x)=1$，試求 x．

0-8　三角函數

　　正銳角 θ 的正弦、餘弦、正切、餘切、正割與餘割定義為直角三角形之邊的比．利用圖 0-35，這些三角函數之定義的形式為：

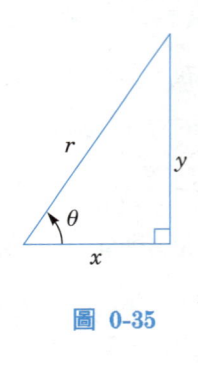

正弦函數　　$\sin\theta=\dfrac{\theta\text{ 的對邊}}{\text{斜邊}}=\dfrac{y}{r}$

餘弦函數　　$\cos\theta=\dfrac{\theta\text{ 的鄰邊}}{\text{斜邊}}=\dfrac{x}{r}$

正切函數　　$\tan\theta=\dfrac{\theta\text{ 的對邊}}{\theta\text{ 的鄰邊}}=\dfrac{y}{x}$

餘切函數　　$\cot\theta=\dfrac{\theta\text{ 的鄰邊}}{\theta\text{ 的對邊}}=\dfrac{x}{y}$

正割函數　　$\sec\theta=\dfrac{\text{斜邊}}{\theta\text{ 的鄰邊}}=\dfrac{r}{x}$

餘割函數　　$\csc\theta=\dfrac{\text{斜邊}}{\theta\text{ 的對邊}}=\dfrac{r}{y}$

圖 0-35

註：三角函數的值僅僅與 θ 的大小有關，而與斜邊 r 的大小無關．

　　因直角三角形不可能有大於 $90°$ 的角，故假使 θ 為鈍角，則上述定義中的三角函數不適用．欲獲得適合所有角 θ 的三角函數的定義，我們取下列的方法：在 xy-平面上讓 θ 角位於標準位置，然後作出圓心在原點且半徑為 r 的圓，令該角的終邊與圓的交點為 $P(x,y)$，如圖 0-36 所示．

第 0 章　預備數學

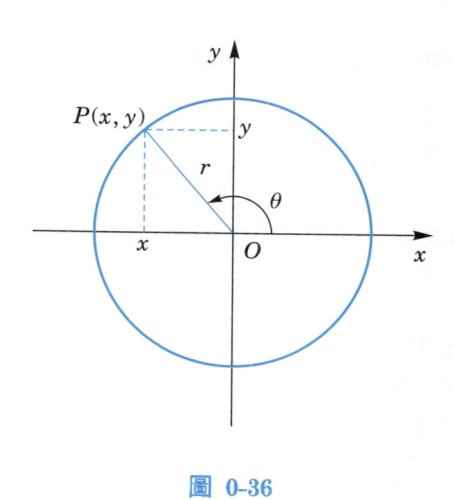

圖 0-36

因此，我們給出下面的定義：

定義 0.12

$$\sin \theta = \frac{y}{r} \qquad \cos \theta = \frac{x}{r} \qquad \tan \theta = \frac{y}{x}$$

$$\cot \theta = \frac{x}{y} \qquad \sec \theta = \frac{r}{x} \qquad \csc \theta = \frac{r}{y}$$

定義 0.12 適合所有的角——正角（即，逆時鐘方向的角）、負角（即，順時鐘方向的角）、銳角與鈍角。若 θ 的終邊在 y-軸上，則 $\tan \theta$ 與 $\sec \theta$ 無定義（因 $x=0$），而若 θ 的終邊在 x-軸上，則 $\cot \theta$ 與 $\csc \theta$ 無定義（因 $y=0$）。

由於 r 恆為正，故 θ 角之三角函數的正、負號與 θ 所在象限有關，今列表如下：

函數＼象限	一	二	三	四
$\sin \theta$　$\csc \theta$	＋	＋	－	－
$\cos \theta$　$\sec \theta$	＋	－	－	＋
$\tan \theta$　$\cot \theta$	＋	－	＋	－

此外，

$$\cot\theta=\frac{1}{\tan\theta}, \quad \sec\theta=\frac{1}{\cos\theta}, \quad \csc\theta=\frac{1}{\sin\theta},$$

$$\tan\theta=\frac{\sin\theta}{\cos\theta}, \quad \cot\theta=\frac{\cos\theta}{\sin\theta}.$$

在微積分裡，角是用弧度（或弳）來度量而不是用度、分與秒來度量，因它簡化了許多重要公式．

$$180°=\pi \text{ 弧度} \approx 3.14159\cdots \text{ 弧度}$$

$$1°=\frac{\pi}{180} \text{ 弧度} \approx 0.01745 \text{ 弧度}$$

$$1 \text{ 弧度}=\left(\frac{180}{\pi}\right)° \approx 57°17'44.8''$$

度	0°	30°	45°	60°	90°	120°	135°	150°	180°	270°	360°
弧度	0	$\frac{\pi}{6}$	$\frac{\pi}{4}$	$\frac{\pi}{3}$	$\frac{\pi}{2}$	$\frac{2\pi}{3}$	$\frac{3\pi}{4}$	$\frac{5\pi}{6}$	π	$\frac{3\pi}{2}$	2π

下面列舉一些常用的三角公式：

1. $\sin^2\theta+\cos^2\theta=1$, $1+\tan^2\theta=\sec^2\theta$, $1+\cot^2\theta=\csc^2\theta$.

2. $\sin\left(\frac{\pi}{2}-\theta\right)=\cos\theta$, $\tan\left(\frac{\pi}{2}-\theta\right)=\cot\theta$, $\sec\left(\frac{\pi}{2}-\theta\right)=\csc\theta$.

3. $\sin(-\theta)=-\sin\theta$, $\cos(-\theta)=\cos\theta$, $\tan(-\theta)=-\tan\theta$,
   $\cot(-\theta)=-\cot\theta$, $\sec(-\theta)=\sec\theta$, $\csc(-\theta)=-\csc\theta$.

4. $\sin(\alpha+\beta)=\sin\alpha\cos\beta+\cos\alpha\sin\beta$
   $\sin(\alpha-\beta)=\sin\alpha\cos\beta-\cos\alpha\sin\beta$
   $\cos(\alpha+\beta)=\cos\alpha\cos\beta-\sin\alpha\sin\beta$
   $\cos(\alpha-\beta)=\cos\alpha\cos\beta+\sin\alpha\sin\beta$.

5. $\sin 2\theta=2\sin\theta\cos\theta$, $\cos 2\theta=2\cos^2\theta-1=1-2\sin^2\theta$.

6. $\sin\alpha\cos\beta=\frac{1}{2}[\sin(\alpha+\beta)+\sin(\alpha-\beta)]$

   $\cos\alpha\cos\beta=\frac{1}{2}[\cos(\alpha+\beta)+\cos(\alpha-\beta)]$

$$\sin\alpha \sin\beta = \frac{1}{2}[\cos(\alpha-\beta) - \cos(\alpha+\beta)].$$

在微積分裡，角的大小通常用弧度表示，例如，sin 3 表示 3 弧度的正弦函數值. 因此，我們列出六個三角函數的定義域與值域及其圖形，如圖 0-37 所示.

$y = \sin x$

$y = \cos x$

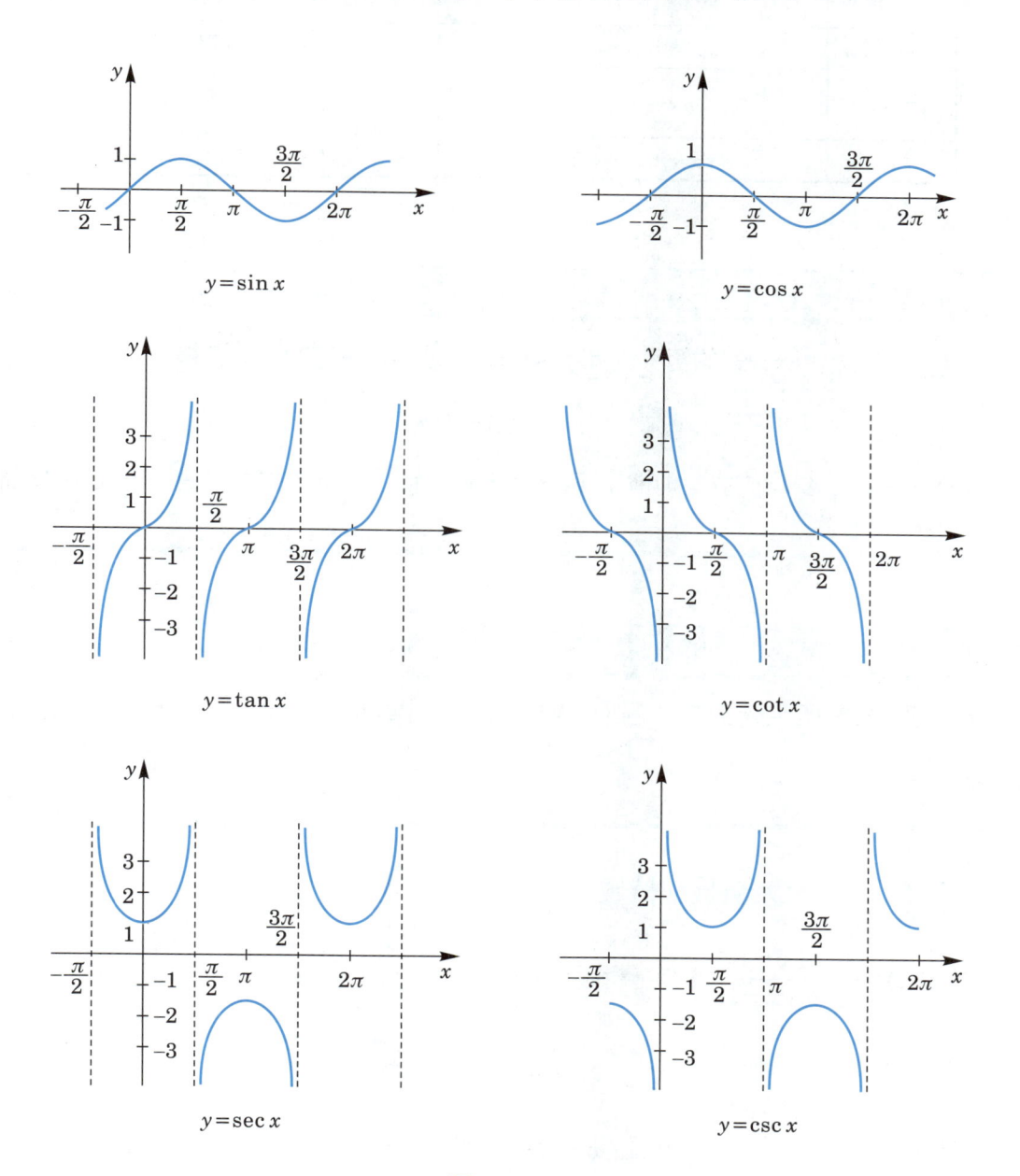

$y = \tan x$

$y = \cot x$

$y = \sec x$

$y = \csc x$

圖 0-37

函數	定義域	值域
$y=\sin x$	$\{x\mid x\in \mathbb{R}\}$	$\{y\mid -1\leq y\leq 1\}$
$y=\cos x$	$\{x\mid x\in \mathbb{R}\}$	$\{y\mid -1\leq y\leq 1\}$
$y=\tan x$	$\left\{x\mid x\neq \left(n+\dfrac{1}{2}\right)\pi,\ n\in \mathbb{Z}\right\}$	$\{y\mid y\in \mathbb{R}\}$
$y=\cot x$	$\{x\mid x\neq n\pi,\ n\in \mathbb{Z}\}$	$\{y\mid y\in \mathbb{R}\}$
$y=\sec x$	$\left\{x\mid x\neq \left(n+\dfrac{1}{2}\right)\pi,\ n\in \mathbb{Z}\right\}$	$\{y\mid y\leq -1\ 或\ y\geq 1\}$
$y=\csc x$	$\{x\mid x\neq n\pi,\ n\in \mathbb{Z}\}$	$\{y\mid y\leq -1\ 或\ y\geq 1\}$

定義 0.13

設 f 為定義於 $A\subset \mathbb{R}$ 的函數，且 $f(A)\subset \mathbb{R}$，若存在一正數 p，使得

$$f(x+p)=f(x)$$

對於任一 $x\in A$ 均成立，則稱 f 為**週期函數**，而使得上式成立的最小正數 p 稱為函數 f 的**週期**。

定理 0.8

若 p 為 $f(x)$ 所定義函數的週期，則 $f(kx)$ 所定義的函數亦為週期函數，其週期為 $\dfrac{p}{k}$ $(k>0)$。

【例題 1】 確定定義域與值域

求 $f(x)=\dfrac{\sin x+1}{2\sin x-1}$ 的定義域與值域。

【解】 令
$$y=f(x)=\dfrac{\sin x+1}{2\sin x-1} \quad \cdots\cdots\cdots\cdots\cdots\cdots ①$$

因 $\qquad 2\sin x-1\neq 0$，即 $\sin x\neq \dfrac{1}{2}$

故 $x \neq n\pi+(-1)^n \dfrac{\pi}{6}$, $n \in \mathbb{Z}$

所以，f 的定義域為 $D_f = \left\{ x \mid x \in \mathbb{R} \text{ 且 } x \neq n\pi+(-1)^n \dfrac{\pi}{6},\ n \in \mathbb{Z} \right\}$.

由 ① 式得 $2y \sin x - y = \sin x + 1$

即 $(2y-1) \sin x = y+1$

故 $\sin x = \dfrac{y+1}{2y-1}$, $y \neq \dfrac{1}{2}$

因 $|\sin x| \leq 1$，故 $\left| \dfrac{y+1}{2y-1} \right| \leq 1$，可得 $y(y-2) \geq 0$，故 $y \geq 2$ 或 $y \leq 0$.

因此，f 的值域為 $R_f = \{ y \mid y \geq 2 \text{ 或 } y \leq 0 \}$.

【例題 2】 週期的計算

求 $f(x) = \tan\left(3x + \dfrac{\pi}{5}\right)$ 的定義域與週期．

【解】 因 $3x + \dfrac{\pi}{5} \neq n\pi + \dfrac{\pi}{2}$ $(n \in \mathbb{Z})$，

即 $x \neq \dfrac{n\pi}{3} + \dfrac{\pi}{10}$

故 f 的定義域為 $D_f = \left\{ x \mid x \in \mathbb{R} \text{ 且 } x \neq \dfrac{n\pi}{3} + \dfrac{\pi}{10},\ n \in \mathbb{Z} \right\}$.

$$f\left(x + \dfrac{\pi}{3}\right) = \tan\left[3\left(x + \dfrac{\pi}{3}\right) + \dfrac{\pi}{5}\right] = \tan\left(3x + \pi + \dfrac{\pi}{5}\right)$$

$$= \tan\left(\pi + \left(3x + \dfrac{\pi}{5}\right)\right) = \tan\left(3x + \dfrac{\pi}{5}\right) = f(x)$$

即 $f\left(x + \dfrac{\pi}{3}\right) = f(x)$．因此，$f$ 的週期為 $\dfrac{\pi}{3}$．

【例題 3】 利用平移

作 $y = \dfrac{3}{2} \sin 2\left(x - \dfrac{\pi}{4}\right)$ 的圖形.

【解】 函數的值域為 $\left[-\dfrac{3}{2}, \dfrac{3}{2}\right]$, 週期為 $\dfrac{2\pi}{2} = \pi$.

我們先將 $y = \dfrac{3}{2} \sin 2x$ 的圖形描出, 然後向右平移 $\dfrac{\pi}{4}$ 即可得 $y = \dfrac{3}{2} \sin 2\left(x - \dfrac{\pi}{4}\right)$ 的圖形, 如圖 0-38 所示.

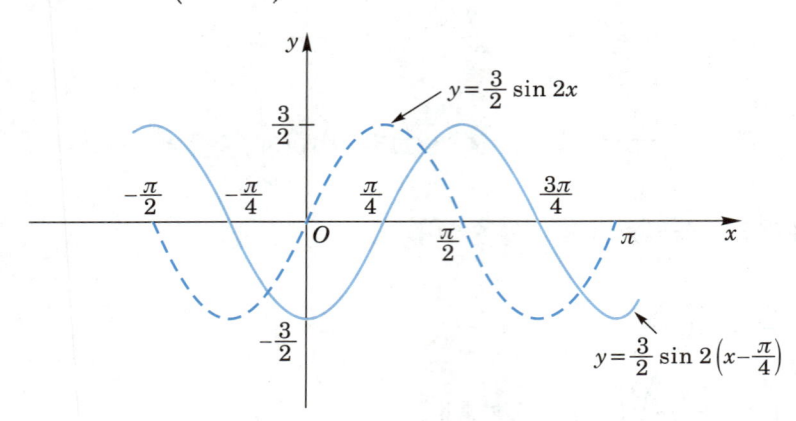

圖 0-38

習題 0.8

1. 試作下列各函數的圖形.

    (1) $y = \sin 4x$　　(2) $y = 2 \cos 3x$　　(3) $y = \tan \dfrac{x}{2}$

    (4) $y = \csc x + |\csc x|$　　(5) $y = |\cos x|$　　(6) $y = |\tan x|$

2. 試求下列各函數的週期.

    (1) $y = \sin \dfrac{x}{2}$　　(2) $y = \tan 2x$　　(3) $y = |\tan 3x|$　　(4) $y = |\csc 2x|$

    (5) $y = \sin^2 x$　　(6) $y = \cos\left(3x + \dfrac{\pi}{3}\right)$　　(7) $y = \dfrac{3}{2} \sin 2\left(x - \dfrac{\pi}{4}\right)$

0-9 反三角函數

因三角函數是週期函數，不為一對一函數，故它們沒有反函數．若想使三角函數的逆對應符合函數關係，我們須將三角函數的定義域加以限制，以使三角函數成為一對一的映成函數，如此我們的逆對應就能符合一對一．我們在限制條件下建立三角函數的反函數，也就是反三角函數．

定義 0.14

反正弦函數，記為 $\sin^{-1}$，定義如下：

$$\sin^{-1} x = y \Leftrightarrow \sin y = x$$

其中 $-1 \leq x \leq 1$ 且 $-\frac{\pi}{2} \leq y \leq \frac{\pi}{2}$．

反餘弦函數，記為 $\cos^{-1}$，定義如下：

$$\cos^{-1} x = y \Leftrightarrow \cos y = x$$

其中 $-1 \leq x \leq 1$ 且 $0 \leq y \leq \pi$．

反正切函數，記為 $\tan^{-1}$，定義如下：

$$\tan^{-1} x = y \Leftrightarrow \tan y = x$$

其中 $-\infty < x < \infty$ 且 $-\frac{\pi}{2} < y < \frac{\pi}{2}$．

反餘切函數，記為 $\cot^{-1}$，定義如下：

$$\cot^{-1} x = y \Leftrightarrow \cot y = x$$

其中 $-\infty < x < \infty$，$0 < y < \pi$．

反正割函數，記為 $\sec^{-1}$，定義如下：

$$\sec^{-1} x = y \Leftrightarrow \sec y = x$$

$$|x| \geq 1, \ 0 \leq y < \frac{\pi}{2} \ \text{或} \ \pi \leq y < \frac{3\pi}{2}$$

反餘割函數，記為 $\csc^{-1}$，定義如下：

$$\csc^{-1} x = y \Leftrightarrow \csc y = x$$

$$|x| \geqslant 1,\ 0 < y \leqslant \frac{\pi}{2}\ \text{或}\ \pi < y \leqslant \frac{3\pi}{2}.$$

六個反三角函數的圖形如圖 0-39 所示.

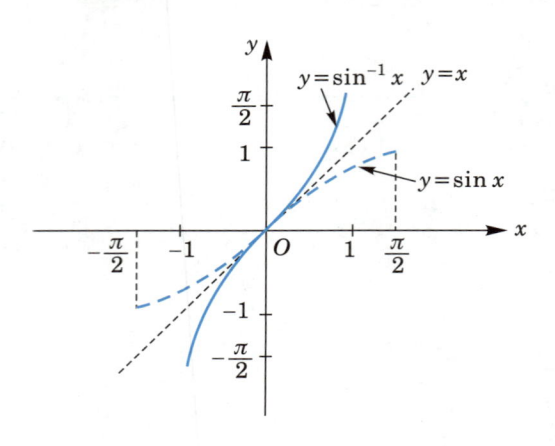

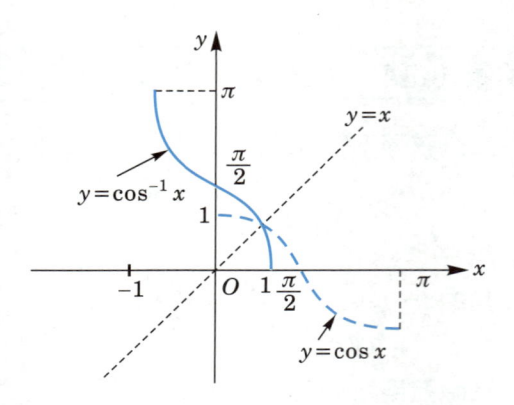

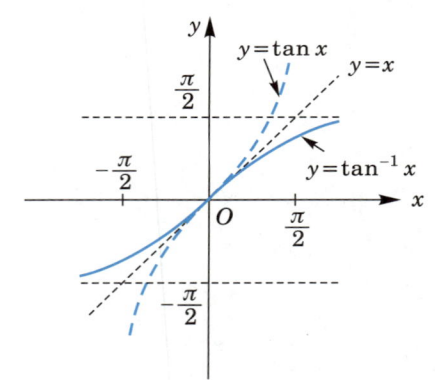

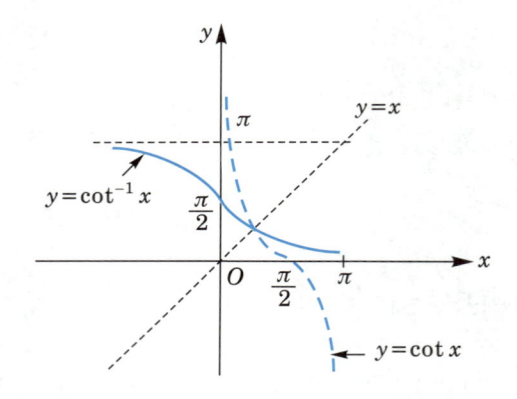

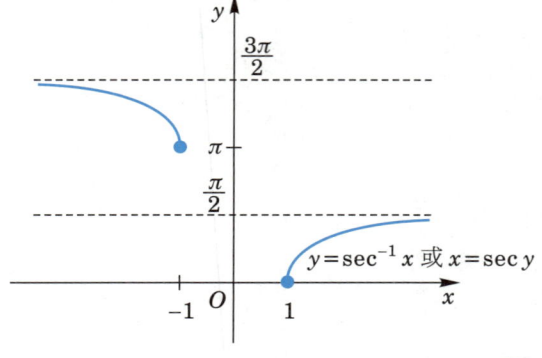

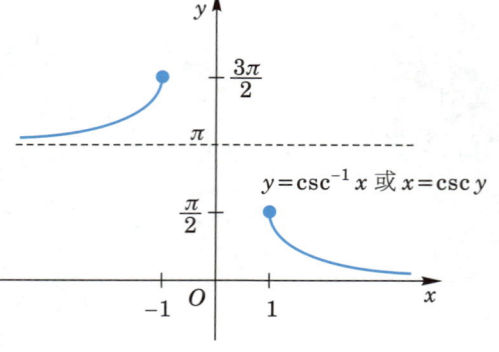

圖 0-39

註：1. 符號 $\sin^{-1} x$ 絕不是用來表示 $1/\sin x$，若需要，$1/\sin x$ 可寫成 $(\sin x)^{-1}$ 或 $\csc x$。$\sin^{-1}$ 唸成 "arcsine"。

2. 為了定義 $\sin^{-1} x$，我們將 $\sin x$ 的定義域限制在區間 $\left[-\dfrac{\pi}{2}, \dfrac{\pi}{2}\right]$ 而得到一對一且映成的函數。此外，有其它的方法限制 $\sin x$ 的定義域而得到一對一且映成的函數；例如，我們或許需要 $\dfrac{3\pi}{2} \leqslant x \leqslant \dfrac{5\pi}{2}$ 或 $-\dfrac{5\pi}{2} \leqslant x \leqslant -\dfrac{3\pi}{2}$。然而，習慣上選取 $-\dfrac{\pi}{2} \leqslant x \leqslant \dfrac{\pi}{2}$。

3. 對於 $\sec^{-1} x$（或 $\csc^{-1} x$）的定義沒有一致的看法。例如，有些作者限制 x 使得 $0 \leqslant x < \dfrac{\pi}{2}$ 或 $\dfrac{\pi}{2} < x \leqslant \pi$ 來定義 $\sec^{-1} x$。

【例題 1】 找出定義域與值域

求 $f(x) = \sin^{-1}(2x^2 - x)$ 的定義域與值域。

【解】 因 $-1 \leqslant 2x^2 - x \leqslant 1$，故

(1) 當 $2x^2 - x \leqslant 1$ 時，$2x^2 - x - 1 \leqslant 0$，可得 $(2x+1)(x-1) \leqslant 0$，所以，$-\dfrac{1}{2} \leqslant x \leqslant 1$。

(2) 當 $2x^2 - x \geqslant -1$ 時，$2x^2 - x + 1 \geqslant 0$，可得 $2\left(x - \dfrac{1}{4}\right)^2 + \dfrac{7}{8} \geqslant 0$，

即 $\forall x \in \mathbb{R}$．$2x^2 - x + 1 \geqslant 0$ 成立。

由 (1) 與 (2) 得 $-\dfrac{1}{2} \leqslant x \leqslant 1$，所以，$f$ 的定義域為

$$D_f = \left\{ x \mid -\dfrac{1}{2} \leqslant x \leqslant 1 \right\}$$

令 $y = \sin^{-1}(2x^2 - x)$。因 $-1 \leqslant 2x^2 - x \leqslant 1$，故

$$-\dfrac{\pi}{2} \leqslant \sin^{-1}(2x^2 - x) \leqslant \dfrac{\pi}{2}, \quad 即 \quad -\dfrac{\pi}{2} \leqslant y \leqslant \dfrac{\pi}{2}。$$

因此，f 的值域為 $R_f = \left\{ y \mid -\dfrac{\pi}{2} \leqslant y \leqslant \dfrac{\pi}{2} \right\}$。

【例題 2】 計算合成函數的值

求 (1) $\sin\left(\sin^{-1}\dfrac{2}{3}\right)$, (2) $\sin\left[\sin^{-1}\left(-\dfrac{1}{2}\right)\right]$,

(3) $\sin^{-1}\left(\sin\dfrac{\pi}{4}\right)$, (4) $\sin^{-1}\left(\sin\dfrac{2\pi}{3}\right)$.

【解】 (1) 因 $\dfrac{2}{3}\in[-1, 1]$, 故 $\sin\left(\sin^{-1}\dfrac{2}{3}\right)=\dfrac{2}{3}$.

(2) 因 $-\dfrac{1}{2}\in[-1, 1]$, 故 $\sin\left[\sin^{-1}\left(-\dfrac{1}{2}\right)\right]=-\dfrac{1}{2}$.

(3) 因 $\dfrac{\pi}{4}\in\left[-\dfrac{\pi}{2}, \dfrac{\pi}{2}\right]$, 故 $\sin^{-1}\left(\sin\dfrac{\pi}{4}\right)=\dfrac{\pi}{4}$.

(4) $\sin^{-1}\left(\sin\dfrac{2\pi}{3}\right)=\sin^{-1}\dfrac{\sqrt{3}}{2}=\dfrac{\pi}{3}$.

【例題 3】 利用三角恆等式

求 (1) $\tan\left(\sin^{-1}\dfrac{\sqrt{3}}{2}\right)$, (2) $\cos\left(\sin^{-1}\dfrac{4}{5}\right)$,

(3) $\sin\left(2\sin^{-1}\dfrac{3}{5}\right)$, (4) $\cos\left[\cos^{-1}\dfrac{4}{5}+\cos^{-1}\left(-\dfrac{5}{13}\right)\right]$.

【解】 (1) $\tan\left(\sin^{-1}\dfrac{\sqrt{3}}{2}\right)=\tan\dfrac{\pi}{3}=\sqrt{3}$.

(2) 設 $\theta=\sin^{-1}\dfrac{4}{5}$, 則 $\sin\theta=\dfrac{4}{5}$.

由於 $\theta\in\left[-\dfrac{\pi}{2}, \dfrac{\pi}{2}\right]$, 可知 $\cos\theta\geqslant 0$,

故 $\cos\theta=\sqrt{1-\sin^2\theta}=\sqrt{1-\left(\dfrac{4}{5}\right)^2}=\dfrac{3}{5}$,

即, $\cos\left(\sin^{-1}\dfrac{4}{5}\right)=\dfrac{3}{5}$.

(3) $\sin\left(2\sin^{-1}\dfrac{3}{5}\right) = 2\sin\left(\sin^{-1}\dfrac{3}{5}\right)\cos\left(\sin^{-1}\dfrac{3}{5}\right)$

$$= 2\times\dfrac{3}{5}\times\sqrt{1-\left(\dfrac{3}{5}\right)^2} = 2\times\dfrac{3}{5}\times\dfrac{4}{5} = \dfrac{24}{25}.$$

(4) 設 $\alpha = \cos^{-1}\dfrac{4}{5}$，則 $\cos\alpha = \dfrac{4}{5}$，$\alpha$ 在第一象限，可得

$$\sin\alpha = \sqrt{1-\cos^2\alpha} = \sqrt{1-\left(\dfrac{4}{5}\right)^2} = \dfrac{3}{5}$$

又設 $\beta = \cos^{-1}\left(-\dfrac{5}{13}\right)$，則 $\cos\beta = -\dfrac{5}{13}$，$\beta$ 在第二象限，可得

$$\sin\beta = \sqrt{1-\cos^2\beta} = \sqrt{1-\left(-\dfrac{5}{13}\right)^2} = \dfrac{12}{13}$$

故 $\cos\left[\cos^{-1}\dfrac{4}{5} + \cos^{-1}\left(-\dfrac{5}{13}\right)\right]$

$$= \cos(\alpha+\beta) = \cos\alpha\cos\beta - \sin\alpha\sin\beta$$

$$= \dfrac{4}{5}\times\left(-\dfrac{5}{13}\right) - \dfrac{3}{5}\times\dfrac{12}{13} = -\dfrac{56}{65}.$$

【例題 4】 利用二倍角公式

試證：$\cos(2\tan^{-1}x) = \dfrac{1-x^2}{1+x^2}$.

【解】 令 $\theta = \tan^{-1}x$，則

$$\cos(2\tan^{-1}x) = \cos 2\theta = 2\cos^2\theta - 1 = \dfrac{2}{\sec^2\theta} - 1$$

$$= \dfrac{2}{1+\tan^2\theta} - 1 = \dfrac{2}{1+x^2} - 1$$

$$= \dfrac{1-x^2}{1+x^2}.$$

三角函數與反三角函數之合成函數有下列的關係：

$$\begin{cases} \sin(\sin^{-1} x)=x, & \forall\, x \in [-1,\, 1] \\ \sin^{-1}(\sin x)=x, & \forall\, x \in \left[-\dfrac{\pi}{2},\, \dfrac{\pi}{2}\right] \end{cases}$$

$$\begin{cases} \cos(\cos^{-1} x)=x, & \forall\, x \in [-1,\, 1] \\ \cos^{-1}(\cos x)=x, & \forall\, x \in [0,\, \pi] \end{cases}$$

$$\begin{cases} \tan(\tan^{-1} x)=x, & \forall\, x \in I\!R \\ \tan^{-1}(\tan x)=x, & \forall\, x \in \left(-\dfrac{\pi}{2},\, \dfrac{\pi}{2}\right) \end{cases}$$

$$\begin{cases} \cot(\cot^{-1} x)=x, & \forall\, x \in I\!R \\ \cot^{-1}(\cot x)=x, & \forall\, x \in (0,\, \pi) \end{cases}$$

$$\begin{cases} \sec(\sec^{-1} x)=x, & \forall\, |x| \geqslant 1 \\ \sec^{-1}(\sec x)=x, & \forall\, x \in \left[0,\, \dfrac{\pi}{2}\right) \cup \left[\pi,\, \dfrac{3\pi}{2}\right) \end{cases}$$

$$\begin{cases} \csc(\csc^{-1} x)=x, & \forall\, |x| \geqslant 1 \\ \csc^{-1}(\csc x)=x, & \forall\, x \in \left(0,\, \dfrac{\pi}{2}\right] \cup \left(\pi,\, \dfrac{3\pi}{2}\right] \end{cases}$$

定理 0.9

(1) $\sin^{-1} x = \csc^{-1} \dfrac{1}{x}$, $\cos^{-1} x = \sec^{-1} \dfrac{1}{x}$, $\forall\, |x| \leqslant 1$ 但 $x \neq 0$.

(2) $\csc^{-1} x = \sin^{-1} \dfrac{1}{x}$, $\sec^{-1} x = \cos^{-1} \dfrac{1}{x}$, $\forall\, |x| \geqslant 1$.

(3) $\tan^{-1} x = \cot^{-1} \dfrac{1}{x}$, $\cot^{-1} x = \tan^{-1} \dfrac{1}{x}$, $\forall\, x > 0$.

(4) $\tan^{-1} x = \cot^{-1} \dfrac{1}{x} - \pi$, $\cot^{-1} x = \tan^{-1} \dfrac{1}{x} + \pi$, $\forall\, x < 0$.

定理 0.10

(1) $\sin^{-1} x + \cos^{-1} x = \dfrac{\pi}{2}$, $\forall x \in [-1, 1]$.

(2) $\tan^{-1} x + \cot^{-1} x = \dfrac{\pi}{2}$, $\forall x \in \mathbb{R}$.

(3) $\sec^{-1} x + \csc^{-1} x = \dfrac{\pi}{2}$, $\forall |x| \geq 1$.

證 (1) 令 $\alpha = \sin^{-1} x$, $\beta = \cos^{-1} x$, 則 $\sin \alpha = x$, $\cos \beta = x$,

此處 $-\dfrac{\pi}{2} \leq \alpha \leq \dfrac{\pi}{2}$, $0 \leq \beta \leq \pi$.

因 $x = \sin \alpha = \cos\left(\dfrac{\pi}{2} - \alpha\right) = \cos \beta$, 又 $0 \leq \dfrac{\pi}{2} - \alpha \leq \pi$, 故

$\dfrac{\pi}{2} - \alpha = \beta$, 可得 $\alpha + \beta = \dfrac{\pi}{2}$, 即 $\sin^{-1} x + \cos^{-1} x = \dfrac{\pi}{2}$.

其餘留給讀者自證.

習題 0.9

1. 試求下列各函數值.

   (1) $\sin^{-1}\left(-\dfrac{1}{2}\right)$
   (2) $\sin\left(\sin^{-1}\dfrac{2}{3}\right)$
   (3) $\sin^{-1}\left(\sin\dfrac{2\pi}{3}\right)$

   (4) $\tan\left(\sin^{-1}\dfrac{\sqrt{3}}{2}\right)$
   (5) $\cos\left(\sin^{-1}\dfrac{4}{5}\right)$
   (6) $\sin\left(2\sin^{-1}\dfrac{3}{5}\right)$

   (7) $\cos\left[\cos^{-1}\dfrac{4}{5} + \cos^{-1}\left(-\dfrac{5}{13}\right)\right]$
   (8) $\sin\left[2\tan^{-1}\left(-\dfrac{3}{4}\right)\right]$

   (9) $\sec^{-1}\sqrt{2}$
   (10) $\tan\left(2\sec^{-1}\dfrac{3}{2}\right)$
   (11) $\sec^{-1}\left(-\dfrac{2}{\sqrt{3}}\right)$

2. 試將下列各式表為 x 的代數式.

(1) $\sin(\cos^{-1} x)$ (2) $\tan(\cos^{-1} x)$ (3) $\cos(2\tan^{-1} x)$ (4) $\sin(\tan^{-1} x)$
(5) $\tan(\sin^{-1} x)$ (6) $\sin(\sec^{-1} x)$ (7) $\sin(2\cos^{-1} x)$

3. 試求下列各函數的定義域與值域.

(1) $y = \sin^{-1} 3x$ (2) $y = \dfrac{1}{3}\sin^{-1}(x-1)$ (3) $y = \dfrac{3}{5}\sin^{-1}(2-x)$

(4) $y = \dfrac{\pi}{2} + \sin^{-1}\dfrac{x}{2}$ (5) $y = \cos^{-1}\left(\dfrac{1}{2} - x\right)$ (6) $y = \tan^{-1}\sqrt{x}$

(7) $y = \sqrt{\cot^{-1} x}$

4. 試證：

(1) $\sin(\csc^{-1} x) = \dfrac{1}{x}$, $|x| \geqslant 1$ (2) $\cos(\sec^{-1} x) = \dfrac{1}{x}$, $|x| \geqslant 1$

0-10 指數函數

我們先回溯一下已學過的一般指數函數.

定義 0.15

若 $a > 0$, 且 $a \neq 1$, 則函數 $y = a^x$ 稱為以 a 為底且 x 為指數的**一般指數函數**.

一般指數函數 $y = a^x$ 具有下列的特性：

1. 定義域為 $(-\infty, \infty)$，值域為 $(0, \infty)$.

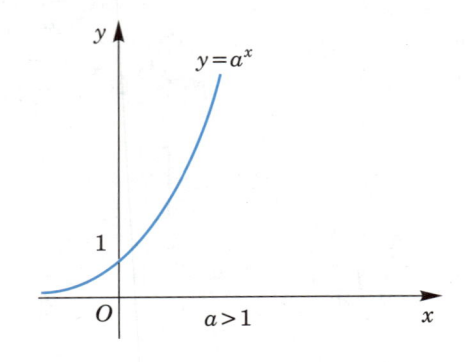

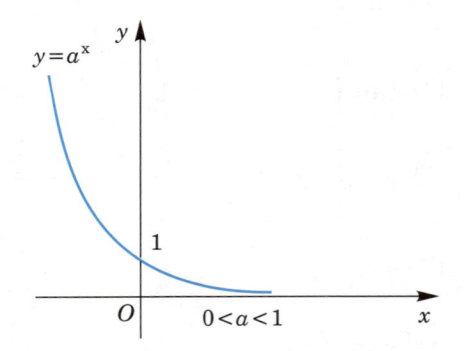

圖 0-40

2. 它是一對一函數.
3. 它的圖形必通過點 (0，1).
4. 若 $a>1$，則函數在 $(-\infty, \infty)$ 上為遞增；若 $0<a<1$，則函數在 $(-\infty, \infty)$ 上為遞減. 圖形如圖 0-40 所示.

【例題 1】 描繪圖形

作函數 $y=2^x$ 與 $y=2^{-x}$ 的圖形.

【解】

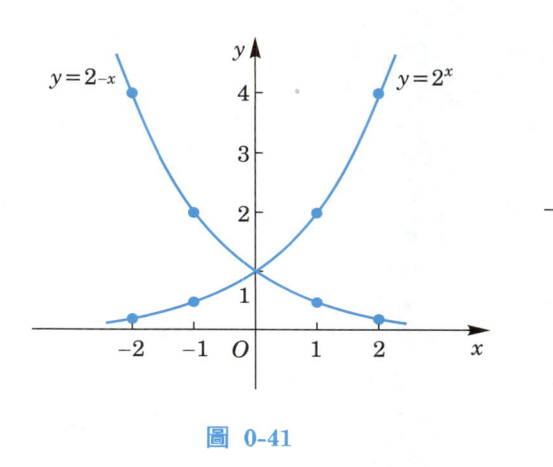

圖 0-41

定理 0.11 指數律

設 a、$b>0$，且 x、$y \in \mathbb{R}$，則

(1) $a^{x+y}=a^x a^y$ (2) $a^{x-y}=\dfrac{a^x}{a^y}$ (3) $(a^x)^y=a^{xy}$ (4) $(ab)^x=a^x b^x$.

函數 $y=(1+x)^{1/x}$ 的圖形示於圖 0-42 中，若利用計算機計算 $(1+x)^{1/x}$ 是很有幫助的，一些近似值列於下表：

x	$(1+x)^{1/x}$	x	$(1+x)^{1/x}$
0.1	2.593742	-0.1	2.867972
0.01	2.704814	-0.01	2.731999
0.001	2.716924	-0.001	2.719642
0.0001	2.718146	-0.0001	2.718418
0.00001	2.718268	-0.00001	2.718295
0.000001	2.718280	-0.000001	2.718283

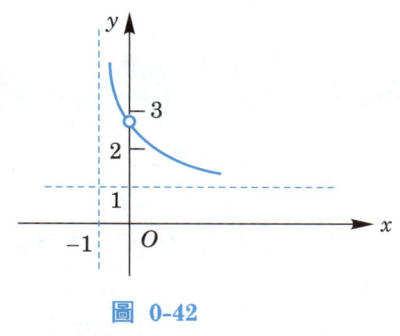

圖 0-42

由表中可以看出，當 $x \to 0$ 時，$(1+x)^{1/x}$ 趨近一個定數，這個定數是一個無理數，記為 e (稱為自然底數)，其值約為 $2.71828\cdots$。

定義 0.16

以 e 為底數的指數函數 $y = e^x = \exp(x)$ 稱為自然指數函數．

【例題 2】 描繪圖形

作函數 $y = e^x$ 與 $y = e^{-x}$ 的圖形．

【解】

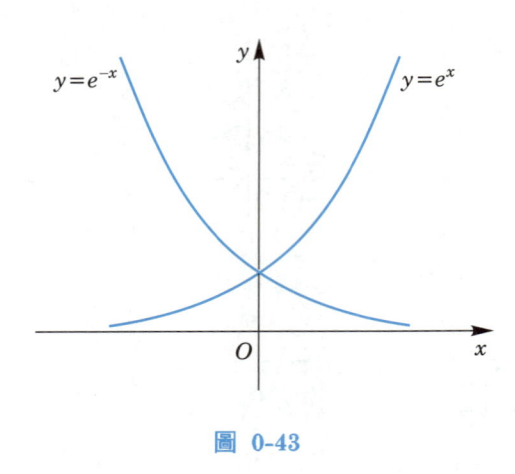

圖 0-43

定理 0.12　指數律

(1) $e^{x+y} = e^x e^y$　　(2) $e^{x-y} = \dfrac{e^x}{e^y}$　　(3) $(e^x)^y = e^{xy}$．

習題 0.10

1. 試解下列各方程式．
   (1) $e^{3x-4} = 2$　　(2) $e^{e^x} = 10$　　(3) $7e^x - e^{2x} = 12$
2. 試以 $y = 2^x$ 的圖形為基礎，作下列的圖形．
   (1) $y = 2^{x-3}$　　(2) $y = 2^x + 2$　　(3) $y = 4 \cdot 2^x - 2$
3. 試求下列各函數的反函數．

(1) $y=2^{10^x}$ (2) $y=e^{\sqrt{x}}$ (3) $y=\dfrac{10^x}{10^x+1}$ (4) $y=\dfrac{1+e^x}{1-e^x}$

0-11 對數函數

由於指數函數為一對一且映成的函數，所以其反函數存在．我們定義指數函數的反函數為 對數函數．

定義 0.17

$$y=\log_a x \Leftrightarrow x=a^y, \ (a>0, \ a\neq 1)$$

y 稱為以 a 為底的 對數函數．

一般對數函數 $y=\log_a x$ 的定義域為 $(0, \infty)$，值域為 $(-\infty, \infty)$，且具有下列的特性：

1. 它是一對一函數．
2. 它的圖形必通過點 $(1, 0)$．
3. 若 $a>1$，則函數在 $(0, \infty)$ 上為遞增；若 $0<a<1$，則函數在 $(0, \infty)$ 上為遞減．圖形如圖 0-44 所示．

以 e 為底的對數稱為 自然對數，記為 ln．於是，$\ln x = \log_e x$，$y=\ln x$ 稱為自

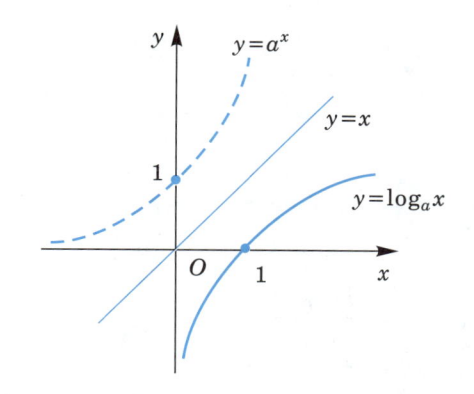

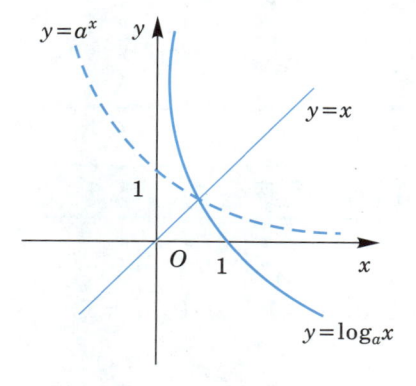

圖 0-44

然對數函數.

由於指數函數與對數函數互為反函數，故可得出下列二個關係式：

定理 0.13

$$a^{\log_a x} = x, \quad \forall\, x > 0$$
$$\log_a a^x = x, \quad \forall\, x \in \mathbb{R}.$$

註：在定理 0.13 中，若 a 換成 e，則關係亦成立．

定理 0.14

設 $a > 0$，$a \neq 1$，$x > 0$，$y > 0$，則
(1) $\log_a (xy) = \log_a x + \log_a y$
(2) $\log_a \dfrac{x}{y} = \log_a x - \log_a y$
(3) $\log_a x^r = r \log_a x$，$r \in \mathbb{R}$．

定理 0.15

設 $x > 0$，$y > 0$，則
(1) $\ln(xy) = \ln x + \ln y$
(2) $\ln \dfrac{x}{y} = \ln x - \ln y$
(3) $\ln x^r = r \ln x$，$r \in \mathbb{R}$．

定理 0.16　換底公式

設 $a > 0$，$a \neq 1$，$b > 0$，$b \neq 1$，$c > 0$，則 $\log_a c = \dfrac{\log_b c}{\log_b a}$．

定理 0.17

設 $a>0$, $x\in \mathbb{R}$，則 $a^x=e^{x\ln a}$.

【例題 1】 利用反函數的定義

試證：$f(x)=2+e^x$ 與 $g(x)=\ln(x-2)$ 互為反函數．

【解】 $f(g(x))=2+e^{g(x)}=2+e^{\ln(x-2)}=2+x-2=x$, $\forall\ x>2$.

$g(f(x))=\ln(f(x)-2)=\ln(2+e^x-2)=\ln e^x=x$, $\forall\ x\in\mathbb{R}$.

故 $f(x)$ 與 $g(x)$ 互為反函數．

【例題 2】 找反函數

求函數 $f(x)=3^{x+2}$ 的反函數．

【解】 令 $y=f(x)=3^{x+2}$，則 $x+2=\log_3 y$，故 $x=-2+\log_3 y$．

x 與 y 互換，可得 $y=-2+\log_3 x$，故 $f^{-1}(x)=-2+\log_3 x$．

【例題 3】 奇函數的判斷

(1) 試證：函數 $f(x)=\ln(x+\sqrt{x^2+1})$ 為一奇函數 (2) 求 f 的反函數．

【解】 (1) 我們必須證明 $-f(x)=f(-x)$

因 $-f(x)=-\ln(x+\sqrt{x^2+1})=\ln[(x+\sqrt{x^2+1})^{-1}]=\ln\dfrac{1}{x+\sqrt{x^2+1}}$

$=\ln\left(\dfrac{1}{x+\sqrt{x^2+1}}\cdot\dfrac{x-\sqrt{x^2+1}}{x-\sqrt{x^2+1}}\right)=\ln\dfrac{x-\sqrt{x^2+1}}{x^2-x^2-1}$

$=\ln(\sqrt{x^2+1}-x)=f(-x)$

故 f 為奇函數．

(2) 令 $y=\ln(x+\sqrt{x^2+1})$，則 $e^y=x+\sqrt{x^2+1}$，可得

$$(e^y-x)^2=x^2+1$$

即 $e^{2y}-2xe^y+x^2=x^2+1$, $2xe^y=e^{2y}-1$

故 $$x=\dfrac{e^{2y}-1}{2e^y}=\dfrac{1}{2}(e^y-e^{-y})$$

於是，反函數為 $f^{-1}(x) = \dfrac{1}{2}(e^x - e^{-x})$.

習題 0.11

1. 化簡下列各式.
   (1) $\ln(e^{x^2-x})$
   (2) $e^{\ln 3 - \ln x}$
   (3) $\ln(x^2 e^{-2x})$
   (4) $\ln(e^{2x}) - \ln(e^{-x})$

2. 試求下列各函數的定義域與值域.
   (1) $f(x) = \log_{10}(1-x)$
   (2) $g(x) = \ln(4-x^2)$
   (3) $F(x) = \sqrt{x}\,\ln(x^2-1)$
   (4) $G(x) = \ln(x^3-x)$

3. 試求下列各函數之反函數.
   (1) $y = \ln(x+3)$
   (2) $y = (\ln x)^2,\ x \geq 1$

4. 試解下列各方程式.
   (1) $\ln(2x-1) = 3$
   (2) $\ln(\ln x) = 1$

5. 試作下列的圖形.
   (1) $y = -\ln x$
   (2) $y = \ln(x-2)$
   (3) $y = 1 + \ln(x-2)$

第 1 章　函數的極限與連續

本章學習目標

- 瞭解函數極限的意義
- 能夠利用極限之嚴密定義證明函數的極限
- 熟悉極限的性質
- 瞭解單邊極限的意義及極限存在定理
- 瞭解函數連續的意義
- 瞭解無窮極限與在正（負）無限大處極限的意義
- 瞭解函數圖形漸近線的求法

1-1 極限

函數極限的概念為學習微積分的基本觀念之一，但它並不是很容易就能熟悉的．的確，初學者必須由各種不同的角度，多次研習其定義，始可明瞭其意義．

首先，我們用直觀的方式來介紹極限的觀念．

設 $f(x)=x+2$，$x \in \mathbb{R}$ (實數系)．當 x 趨近 2 時，看看函數 f 的變化如何？我們選取 x 為接近 2 的數值，作成下表：

	x 自 2 的左邊趨近 2					x 自 2 的右邊趨近 2		
x	1.8	1.9	1.99	1.999	2	2.001	2.01	2.1	2.2
$f(x)$	3.8	3.9	3.99	3.999	4	4.001	4.01	4.1	4.2

$f(x)$ 趨近 4　　　　$f(x)$ 趨近 4

函數 f 的圖形如圖 1-1 所示．

由上表與圖 1-1 可以看出，若 x 愈接近 2，則函數值 $f(x)$ 愈接近 4．此時，我們說，"當 x 趨近 2 時，$f(x)$ 的極限為 4"，記為

$$當\ x \to 2\ 時，f(x) \to 4$$

或

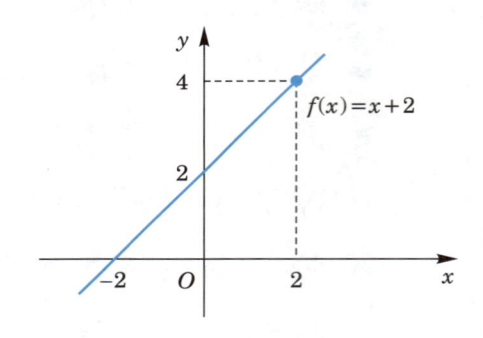

$$\lim_{x \to 2} f(x) = 4$$

圖 1-1　$f(x)=x+2$

其次，考慮函數 $g(x)=\dfrac{x^2-4}{x-2}$，$x \neq 2$．因為 2 不在 g 的定義域內，所以 $g(2)$ 不存在，但 g 在 $x=2$ 之近旁的值皆存在．若 $x \neq 2$，則

$$g(x)=\frac{x^2-4}{x-2}=\frac{(x+2)(x-2)}{x-2}=x+2$$

故 g 的圖形，除了在 $x=2$ 外，與 f 的圖形相同．g 的圖形如圖 1-2 所示．

當 x 趨近 2 ($x \neq 2$) 時，$g(x)$ 的極限為 4，即

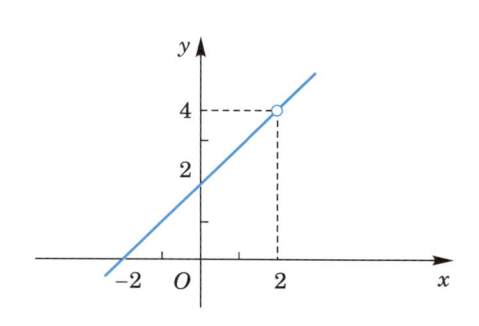

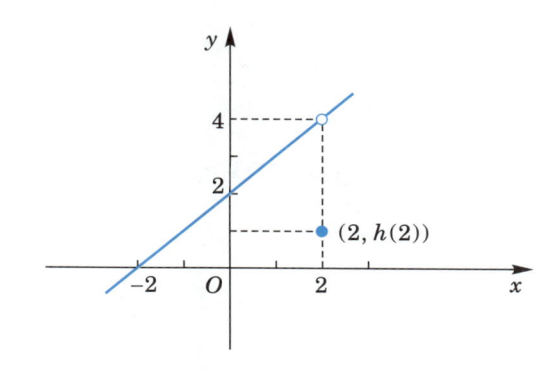

圖 1-2 $g(x)=\dfrac{x^2-4}{x-2}$, $x \neq 2$

圖 1-3 $h(x)=\begin{cases}\dfrac{x^2-4}{x-2}, & x \neq 2 \\ 1, & x=2\end{cases}$

$$\lim_{x \to 2} g(x) = 4$$

最後，定義函數 h 如下：

$$h(x)=\begin{cases}\dfrac{x^2-4}{x-2}, & x \neq 2 \\ 1, & x=2\end{cases}$$

函數 h 的圖形如圖 1-3 所示。

由上面的討論，f、g 與 h 除了在 $x=2$ 處有所不同外，在其它地方皆完全相同，即

$$f(x)=g(x)=h(x)=x+2, \ x \neq 2$$

當 x 趨近 2 時，這三個函數的極限皆為 4，因此，我們可以給出下面的結論：

> 在 x 趨近 2 時，函數的極限僅與函數在 $x=2$ 之近旁的定義有關，至於 2 是否屬於函數的定義域，或者其函數值為何，完全沒有關係。

在一般函數的極限裡，此結論依然成立，它是函數極限裡之一個非常重要的觀念。

定義 1.1 （直觀的定義）

設函數 f 定義在包含 a 的某開區間，但可能在 a 除外，且 L 為一實數。
當 x 趨近 a 時，$f(x)$ 的**極限** (或稱**雙邊極限**) 為 L，記為：

$$\lim_{x \to a} f(x) = L$$

其意義為：當 x 充分靠近 a (但不等於 a) 時，$f(x)$ 的值充分靠近 L。

圖 1-4　$\lim_{x \to a} f(x) = L$.

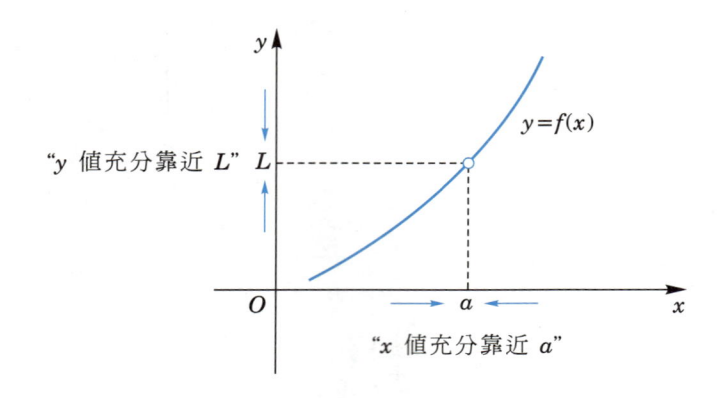

讀者應注意，若有一個定數 L 存在，使 $\lim_{x \to a} f(x) = L$，則稱當 x 趨近 a 時，$f(x)$ 的極限存在，或稱 f 在 a 的極限為 L，或 $\lim_{x \to a} f(x)$ 存在。

現在，我們看看幾個以直觀的方式來計算函數極限的例子。

【例題 1】　函數在某一點附近的變化

求 $\lim_{x \to 1} \dfrac{x^3 - 1}{x - 1}$.

【解】　$f(x) = \dfrac{x^3 - 1}{x - 1}$ 在 $x = 1$ 無定義，現在我們來看看當 x 趨近 1 時，函數 f 的變化如何？我們選取 x 為接近 1 的數值，作成下表：

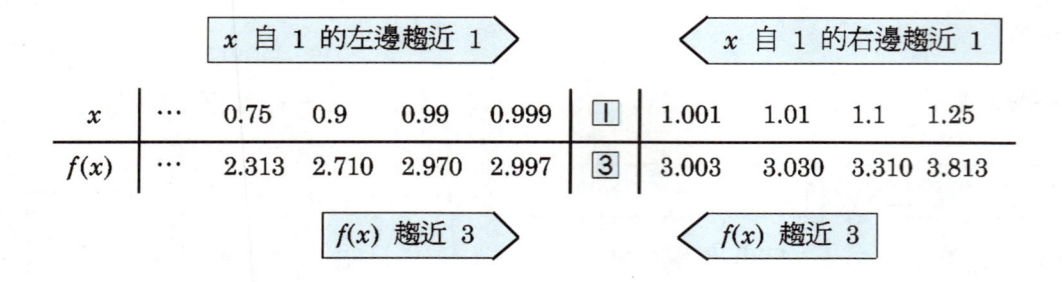

		x 自 1 的左邊趨近 1					x 自 1 的右邊趨近 1			
x	⋯	0.75	0.9	0.99	0.999	1	1.001	1.01	1.1	1.25
$f(x)$	⋯	2.313	2.710	2.970	2.997	3	3.003	3.030	3.310	3.813
		$f(x)$ 趨近 3					$f(x)$ 趨近 3			

如圖 1-5 所示。

故 $\lim_{x \to 1} \dfrac{x^3 - 1}{x - 1} = 3$.

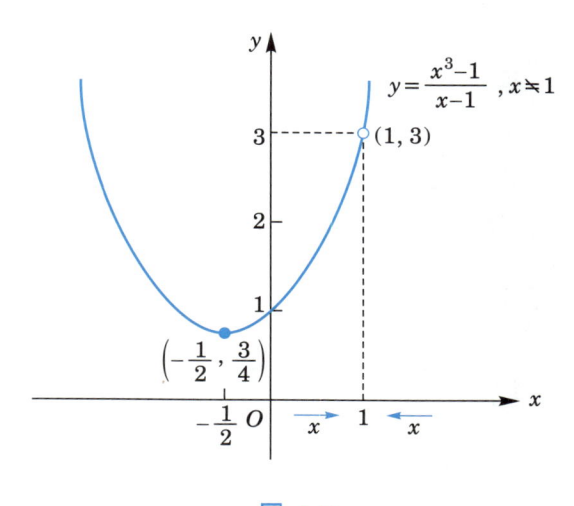

圖 1-5

【例題 2】 函數在原點附近的變化

求 $\lim\limits_{x \to 0} \dfrac{\sin x}{x}$。

【解】 $f(x) = \dfrac{\sin x}{x}$ 在 $x=0$ 無定義，我們作成下表，可看出當 x 趨近 0 時，函數 f 的變化情形。

x	$\cdots$	-1.0	-0.5	-0.1	-0.01	0	0.01	0.1	0.5	1.0
$f(x)$	$\cdots$	0.84147	0.95885	0.99833	0.99998	1	0.99998	0.99833	0.95885	0.84147

故 $\lim\limits_{x \to 0} \dfrac{\sin x}{x} = 1$。

【例題 3】 約分

設 $f(x) = \dfrac{x^2 - x - 12}{x + 3}$，求 $\lim\limits_{x \to -3} f(x)$。

【解】 若 $x \neq -3$，則 $f(x) = \dfrac{x^2 - x - 12}{x + 3} = \dfrac{(x+3)(x-4)}{x+3} = x - 4$。

在直觀上，當 $x \to -3$ 時，$x - 4 \to -7$。所以，

$$\lim_{x \to -3} f(x) = \lim_{x \to -3} (x - 4) = -7.$$

【例題 4】 約分

設 $f(x) = \dfrac{\dfrac{x}{x-3} - 4}{x-4}$，求 $\lim\limits_{x \to 4} f(x)$.

【解】 若 $x \neq 4$，則

$$f(x) = \dfrac{\dfrac{x}{x-3} - 4}{x-4} = \dfrac{x - 4(x-3)}{(x-3)(x-4)} = \dfrac{3(4-x)}{(x-3)(x-4)} = \dfrac{3}{3-x}$$

當 $x \to 4$，$3 - x \to -1$. 所以，

$$\lim\limits_{x \to 4} f(x) = \lim\limits_{x \to 4} \left(\dfrac{3}{3-x} \right) = -3.$$

【例題 5】 有理化分子

設 $f(x) = \dfrac{\sqrt{x+4} - 2}{x}$，求 $\lim\limits_{x \to 0} f(x)$.

【解】 若 $x \neq 0$，則

$$f(x) = \dfrac{\sqrt{x+4} - 2}{x} = \dfrac{(\sqrt{x+4} - 2)(\sqrt{x+4} + 2)}{x(\sqrt{x+4} + 2)}$$

$$= \dfrac{(x+4) - 4}{x(\sqrt{x+4} + 2)} = \dfrac{x}{x(\sqrt{x+4} + 2)} = \dfrac{1}{\sqrt{x+4} + 2}$$

當 $x \to 0$ 時，$\sqrt{x+4} \to 2$. 所以，

$$\lim\limits_{x \to 0} f(x) = \lim\limits_{x \to 0} \dfrac{1}{\sqrt{x+4} + 2} = \dfrac{1}{2+2} = \dfrac{1}{4}.$$

【例題 6】 通分

求 $\lim\limits_{x \to 1} \left(\dfrac{1}{x-1} - \dfrac{2}{x^2-1} \right)$.

【解】 若 $x \neq 1$，則 $\dfrac{1}{x-1} - \dfrac{2}{x^2-1} = \dfrac{(x+1) - 2}{(x-1)(x+1)} = \dfrac{x-1}{(x-1)(x+1)} = \dfrac{1}{x+1}$

當 $x \to 1$ 時，$x+1 \to 2$。所以，

$$\lim_{x \to 1} \left(\frac{1}{x-1} - \frac{2}{x^2-1} \right) = \frac{1}{2}.$$

以上對函數極限的討論，都是建立在直觀的基礎上。當然，這種直觀的極限顯然不夠嚴謹，所以，我們要用嚴密的數學方法來定義函數的極限。

定義 1.2　嚴密的定義

設函數 f 定義在包含 a 的某開區間，但可能在 a 除外，且 L 為一實數。當 x 趨近 a 時，$f(x)$ 的極限為 L，記為：

$$\lim_{x \to a} f(x) = L，其意義如下：$$

對每一 $\varepsilon > 0$，存在一 $\delta > 0$，使得

若 $0 < |x-a| < \delta$，則 $|f(x) - L| < \varepsilon$ 恆成立。

$|f(x) - L|$ 表示 $f(x)$ 與 L 的接近程度，其大小由 ε 來決定，而 ε 是事先予以給定者。δ 表示 x 趨近 a 的程度，其值乃是根據我們事先給定的 ε 值，以確保 $|f(x) - L| < \varepsilon$ 而決定的。定義中說明了，若是對"每一" ε 值（注意：不是"某些"），皆可找到對應的 δ 值，使得

若 $0 < |x-a| < \delta$，則 $|f(x) - L| < \varepsilon$

恆成立的話，我們就說，當 x 趨近 a 時，$f(x)$ 的極限為 L。定義 1.2 中有幾點需特別注意：

1. δ 可視為 ε 的函數。
2. $0 < |x-a| < \delta$ 又可寫成 $a - \delta < x < a + \delta$，$x \neq a$。

這說明了，在討論函數 f 在 a 的極限時，並不考慮 a 是否在 f 的定義域內；換句話說，$f(a)$ 的存在與否，皆與函數 f 在 a 的極限無關。

3. δ 不是唯一的。

【例題 7】　解絕對值不等式

設 $f(x) = 2x - 1$，若我們希望 $f(x)$ 與 3 之差小於 0.004，試決定 x 的範圍。

【解】
$$|f(x)-3|<0.004 \Leftrightarrow |(2x-1)-3|<0.004$$
$$\Leftrightarrow |2x-4|<0.004$$
$$\Leftrightarrow |x-2|<0.002$$
$$\Leftrightarrow 2-0.002<x<2+0.002$$
$$\Leftrightarrow 1.998<x<2.002$$

【例題 8】 利用定義 1.2

試證：$\lim\limits_{x \to 2} \dfrac{2x^2-3x-2}{x-2}=5$。

【解】 令 $f(x)=\dfrac{2x^2-3x-2}{x-2}$，$a=2$，$L=5$，依定義 1.2，我們必須證明，對每一 $\varepsilon>0$，存在一 $\delta>0$，使得

若 $0<|x-2|<\delta$，則 $\left|\dfrac{2x^2-3x-2}{x-2}-5\right|<\varepsilon$ 成立。

檢驗上式含有 ε 的不等式，可得出選取 δ 的線索。

若 $x \neq 2$，則 $\left|\dfrac{2x^2-3x-2}{x-2}-5\right|<\varepsilon \Leftrightarrow \left|\dfrac{(2x+1)(x-2)}{x-2}-5\right|<\varepsilon$
$$\Leftrightarrow |(2x+1)-5|<\varepsilon$$
$$\Leftrightarrow |2(x-2)|<\varepsilon$$
$$\Leftrightarrow |x-2|<\dfrac{\varepsilon}{2}$$

由最後的不等式，若令 $\delta=\dfrac{\varepsilon}{2}$，則當 $0<|x-2|<\delta$ 時，上列最後的不等式成立，第一個不等式也成立，因此，證得

$$\lim\limits_{x \to 2} \dfrac{2x^2-3x-2}{x-2}=5.$$

因為上例中的函數 f 在 $x \neq 2$ 時，可化成線性函數，故應用極限定義也很簡單。比較複雜的函數之極限也可直接應用定義來驗證，但是，在證明"對每一 $\varepsilon>0$，存在一 $\delta>0$"的過程中常常會需要用到很多的技巧。在 1-2 節中，我們將會介紹一些定理，而利用這些定理，就不需要借助 ε 與 δ，便能求出極限。

註：定義 1.2 也可敘述如下：

$\lim_{x \to a} f(x) = L$ 意指：對每一 $\varepsilon > 0$，存在一 $\delta > 0$，使得若 $x \in (a-\delta, a+\delta)$，$x \neq a$，則 $f(x) \in (L-\varepsilon, L+\varepsilon)$。

為使大家對極限的定義有進一步的瞭解，我們現在利用函數的圖形給出極限的幾何說明。

假設 $\lim_{x \to a} f(x) = L$，a 是否屬於函數 f 的定義域或 $f(a)$ 為何，皆不予考慮。

給定任意 $\varepsilon > 0$，考慮 y-軸上的開區間 $(L-\varepsilon, L+\varepsilon)$ 與兩條水平線 $y = L \pm \varepsilon$，如圖 1-6 所示，若對開區間 $(a-\delta, a+\delta)$ 中的所有 x，$x \neq a$，可使點 $P(x, f(x))$ 落在兩條水平線之間，則 $L-\varepsilon < f(x) < L+\varepsilon$。

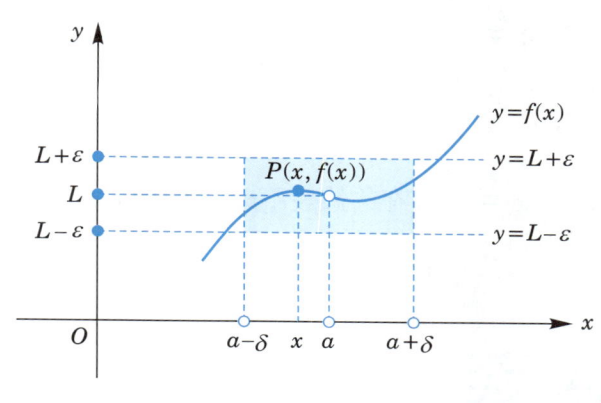

圖 1-6　$\lim_{x \to a} f(x) = L$

【例題 9】　利用定義 1.2

試證：$\lim_{x \to 3} (x^2 + x - 5) = 7$。

【解】　依極限的定義，我們必須證明，對每一 $\varepsilon > 0$，存在一 $\delta > 0$，使得若 $0 < |x-3| < \delta$，則 $|(x^2+x-5)-7| < \varepsilon$ 成立。今

$$|(x^2+x-5)-7| = |x^2+x-12| = |(x+4)(x-3)| = |x+4||x-3|$$

暫定 $|x-3| < 1$（即 $\delta_1 = 1$），則 $|x+4| = |x-3+7| \leqslant |x-3| + 7 < 1+7 = 8$

又 $|(x^2+x-5)-7| = |x+4||x-3| < 8|x-3| < \varepsilon$，即 $|x-3| < \dfrac{\varepsilon}{8}$，取 $\delta_2 = \dfrac{\varepsilon}{8}$。

對任意 $\varepsilon > 0$，取 $\delta = \min\left\{1, \dfrac{\varepsilon}{8}\right\}$（min 意指兩者中較小者）。

$$0<|x-3|<\delta \Rightarrow |(x^2+x-5)-7|=|x+4||x-3|<8\delta\leq\varepsilon.$$

故
$$\lim_{x\to 3}(x^2+x-5)=7.$$

【例題 10】 極限皆不存在的函數

設 $f(x)=\begin{cases}1, & \text{若 } x \text{ 為有理數}\\0, & \text{若 } x \text{ 為無理數}\end{cases}$，試證：對每一實數 a，$\lim_{x\to a}f(x)$ 皆不存在．

【解】 先假設 $\lim_{x\to a}f(x)=L$ 存在而證明此假設導致矛盾．令 $\varepsilon\leq\dfrac{1}{4}$ 且 δ 滿足定義 1.2，則區間 $(a-\delta, a+\delta)$ 包含有理數與無理數．又令 x_1 與 x_2 分別為此區間中的有理數與無理數，則

$$1=|f(x_1)-f(x_2)|=|(f(x_1)-L)-(f(x_2)-L)|\leq|f(x_1)-L|+|f(x_2)-L|$$

$$<\varepsilon+\varepsilon\leq\dfrac{1}{2}.$$

上式為矛盾，故 $\lim_{x\to a}f(x)=L$ 存在的假設不成立．因此，

$$\lim_{x\to a}f(x)=L \text{ 不存在．}$$

習題 1.1

1. 設 $f(x)=\dfrac{x-1}{x^3-1}$，令 $x=0.2, 0.4, 0.6, 0.8, 0.9, 0.99, 1.8, 1.6, 1.4, 1.2, 1.1, 1.01$，計算 $f(x)$ 的值（精確到小數第六位），並利用此一結果猜出 $\lim_{x\to 1}\dfrac{x-1}{x^3-1}$ 的值，或說明此極限不存在．

2. 設 $g(x)=\dfrac{1-x^2}{x^2+3x-10}$，令 $x=3, 2.1, 2.01, 2.001, 2.0001, 2.00001$，計算 $g(x)$ 的值（精確到小數第六位），並利用此一結果猜出 $\lim_{x\to 2^+}\dfrac{1-x^2}{x^2+3x-10}$ 的值，或說明此極限不存在．

3. 設 $h(x)=\dfrac{1-\cos x}{x^2}$，令 $x=1, 0.5, 0.4, 0.3, 0.2, 0.1, 0.05, 0.01$，計算 $h(x)$ 的值（精確到小數第六位），並利用此一結果猜出 $\lim_{x\to 0}\dfrac{1-\cos x}{x^2}$ 的值，或說明此極

限不存在.

在 4~7 題中，已知 $\lim_{x \to a} f(x) = L$ 與 ε 的值。在每一題中，當 $0 < |x-a| < \delta$ 時，求一數 δ 使得 $|f(x) - L| < \varepsilon$.

4. $\lim_{x \to 4} 2x = 8$；$\varepsilon = 0.1$

5. $\lim_{x \to 3} (5x - 3) = 12$；$\varepsilon = 0.01$

6. $\lim_{x \to -1} \dfrac{x^2 - 1}{x + 1} = -2$；$\varepsilon = 0.05$

7. $\lim_{x \to 9} \sqrt{x} = 3$；$\varepsilon = 0.001$

8. 設 a、b 為兩實數，若對任意正數 ε，恆有 $|a - b| < \varepsilon$，試證 $a = b$.

9. 試利用定義 1.2 證明下列各極限.

   (1) $\lim_{x \to 2} x^2 = 4$ (2) $\lim_{x \to 3} x^3 = 27$

   (3) $\lim_{x \to 4} \dfrac{1}{\sqrt{x}} = \dfrac{1}{2}$ (4) $\lim_{x \to 3} \dfrac{x-1}{2(x+1)} = \dfrac{1}{4}$

10. 設 $f(x) = \begin{cases} x - 1, & \text{若 } x < 0 \\ 1 + x, & \text{若 } x > 0 \end{cases}$，試利用定義 1.2 證明 $\lim_{x \to 0} f(x)$ 不存在.

11. 試證：$\lim_{x \to a} f(x) = L \Leftrightarrow \lim_{x \to a} (f(x) - L) = 0$.

12. 試證：$\lim_{x \to a} f(x) = 0 \Leftrightarrow \lim_{x \to a} |f(x)| = 0$.

13. 若 $\lim_{x \to a} f(x) = L > 0$，則存在一個開區間 $(a - \delta, a + \delta)$，當 $x \in (a - \delta, a + \delta)$ 且 $x \neq a$ 時，$f(x) > 0$，試證之.

14. 試找一個例子說明：

    (1) 若 $\lim_{x \to a} (f(x) + g(x))$ 存在，但並不蘊涵 $\lim_{x \to a} f(x)$ 或 $\lim_{x \to a} g(x)$ 存在.

    (2) 若 $\lim_{x \to a} (f(x) g(x))$ 存在，但並不蘊涵 $\lim_{x \to a} f(x)$ 或 $\lim_{x \to a} g(x)$ 存在.

∑ 1-2 有關極限的一些定理

在上一節的例題中可以看出，利用定義去驗證函數的極限時，即使是很簡單的函數，其過程也相當繁複．對於比較複雜的函數，其困難程度也相對增加．本節的目的在介紹一些定理，以簡化此過程，為了要證明這些定理，則必須要引用定義 1.2；然而，一旦定理建立了，即可用這些定理來求出許多極限，而不必借助 ε 與 δ。我們在本節中證明一些定理，其它定理的證明可在東華書局網站中找到。

定理 1.1　唯一性

若 $\lim\limits_{x \to a} f(x) = L_1$，$\lim\limits_{x \to a} f(x) = L_2$，$L_1$ 與 L_2 皆為某實數，則 $L_1 = L_2$。

定理 1.2

若 m 與 b 皆為常數，則

$$\lim_{x \to a} (mx + b) = ma + b.$$

證　依定義 1.2，我們必須證明，對每一 $\varepsilon > 0$，存在一 $\delta > 0$，使得
若 $0 < |x - a| < \delta$，則 $|(mx + b) - (ma + b)| < \varepsilon$。
選取 δ 的線索可由檢驗含 ε 的不等式中得到。

(1) 若 $m \neq 0$，則 $|(mx+b)-(ma+b)| < \varepsilon \Leftrightarrow |mx - ma| < \varepsilon$
$$\Leftrightarrow |m||x-a| < \varepsilon$$
$$\Leftrightarrow |x-a| < \frac{\varepsilon}{|m|}$$

最後的不等式暗示，我們選取 $\delta = \dfrac{\varepsilon}{|m|}$，因此，對每一 $\varepsilon > 0$，若 $0 < |x-a| < \delta$，其中 $\delta = \dfrac{\varepsilon}{|m|}$，則上列最後的不等式成立，所以，第一個不等式也成立。

(2) 若 $m = 0$，則對每一 $\varepsilon > 0$，不論正數 δ 取何值，均可使

$$|(mx+b)-(ma+b)| = |b-b| = 0 < \varepsilon$$

恆成立。

由以上的討論可知 $\lim\limits_{x \to a} (mx + b) = ma + b$。

下面是定理 1.2 的特例：

$$\lim_{x \to a} b = b,\ b\ \text{為常數}$$
$$\lim_{x \to a} x = a$$

定理 1.3

若 $\lim\limits_{x\to a} f(x)=L$ 且 $\lim\limits_{x\to a} g(x)=M$，則

(1) $\lim\limits_{x\to a} [cf(x)]=c\lim\limits_{x\to a} f(x)=cL$，$c$ 為常數

(2) $\lim\limits_{x\to a} [f(x)\pm g(x)]=\lim\limits_{x\to a} f(x)\pm\lim\limits_{x\to a} g(x)=L\pm M$

(3) $\lim\limits_{x\to a} [f(x)g(x)]=[\lim\limits_{x\to a} f(x)][\lim\limits_{x\to a} g(x)]=LM$

(4) $\lim\limits_{x\to a} \dfrac{f(x)}{g(x)}=\dfrac{\lim\limits_{x\to a} f(x)}{\lim\limits_{x\to a} g(x)}=\dfrac{L}{M}$ $(M\neq 0)$

定理 1.3 的證明頗為技巧，可在東華書局網站中找到。

定理 1.3 可以推廣為：若 $\lim\limits_{x\to a} f_i(x)$ 存在，$i=1, 2, \cdots, n$，則

(1) $\lim\limits_{x\to a} [c_1 f_1(x)+c_2 f_2(x)+\cdots+c_n f_n(x)]$

$=c_1 \lim\limits_{x\to a} f_1(x)+c_2 \lim\limits_{x\to a} f_2(x)+\cdots+c_n \lim\limits_{x\to a} f_n(x)$

其中 $c_1, c_2, \cdots, c_n$ 皆為任意常數。

(2) $\lim\limits_{x\to a} [f_1(x)\cdot f_2(x)\cdot\cdots\cdot f_n(x)]$

$=[\lim\limits_{x\to a} f_1(x)][\lim\limits_{x\to a} f_2(x)]\cdots[\lim\limits_{x\to a} f_n(x)]$。

定理 1.4

設 $P(x)$ 為 n 次多項式函數，則對任意實數 a，

$$\lim\limits_{x\to a} P(x)=P(a).$$

證 設 $P(x)=c_0+c_1 x+c_2 x^2+\cdots+c_n x^n$，$c_n\neq 0$，依定理 1.3 的推廣，可得

$$\lim\limits_{x\to a} x^n=(\lim\limits_{x\to a} x)^n=a^n$$

故 $\lim\limits_{x\to a} P(x)=\lim\limits_{x\to a} (c_0+c_1 x+c_2 x^2+\cdots+c_n x^n)$

$=c_0+c_1 \lim\limits_{x\to a} x+c_2 \lim\limits_{x\to a} x^2+\cdots+c_n \lim\limits_{x\to a} x^n$

$=c_0+c_1 a+c_2 a^2+\cdots+c_n a^n=P(a)$。

定理 1.5

設 $R(x)$ 為有理函數，且 a 在 $R(x)$ 的定義域內，則
$$\lim_{x \to a} R(x) = R(a).$$

證 令 $R(x) = \dfrac{P(x)}{Q(x)}$，$Q(x) \not\equiv 0$，其中 $P(x)$ 與 $Q(x)$ 皆為多項式．

因 a 在 $R(x)$ 的定義域內，故 $Q(a) \neq 0$．依定理 1.3(4) 與定理 1.4，

$$\lim_{x \to a} R(x) = \lim_{x \to a} \frac{P(x)}{Q(x)} = \frac{\lim_{x \to a} P(x)}{\lim_{x \to a} Q(x)} = \frac{P(a)}{Q(a)} = R(a).$$

【例題 1】 約分

求 $\lim\limits_{x \to 3} \dfrac{x^3 - 27}{x^2 - 2x - 3}$．

【解】 $\lim\limits_{x \to 3} \dfrac{x^3 - 27}{x^2 - 2x - 3} = \lim\limits_{x \to 3} \dfrac{(x-3)(x^2+3x+9)}{(x-3)(x+1)} = \lim\limits_{x \to 3} \dfrac{x^2+3x+9}{x+1} = \dfrac{27}{4}$．

【例題 2】 作代換再約分

求 $\lim\limits_{x \to 1} \dfrac{\sqrt[3]{x} - 1}{\sqrt{x} - 1}$．

【解】 令 $t = \sqrt[6]{x}$，當 $x \to 1$ 時，$t \to 1$，

故 $\lim\limits_{x \to 1} \dfrac{\sqrt[3]{x} - 1}{\sqrt{x} - 1} = \lim\limits_{t \to 1} \dfrac{t^2 - 1}{t^3 - 1} = \lim\limits_{t \to 1} \dfrac{(t-1)(t+1)}{(t-1)(t^2+t+1)}$

$= \lim\limits_{t \to 1} \dfrac{t+1}{t^2+t+1} = \dfrac{2}{3}$．

【例題 3】 分子與分母同時趨近 0

是否有一數 a 使得 $\lim\limits_{x \to -2} \dfrac{3x^2 + ax + a + 3}{x^2 + x - 2}$ 存在？若有的話，試求 a 值及此極限值．

【解】
$$\lim_{x\to -2}(x^2+x-2)=(-2)^2+(-2)-2=0$$

若此極限存在，則分子之極限也應等於 0，

即
$$\lim_{x\to -2}(3x^2+ax+a+3)=0,$$

故
$$3(-2)^2+a(-2)+a+3=0$$

得
$$a=15$$

$$\lim_{x\to -2}\frac{3x^2+15x+15+3}{x^2+x-2}=\lim_{x\to -2}\frac{3(x^2+5x+6)}{x^2+x-2}=3\lim_{x\to -2}\frac{(x+2)(x+3)}{(x+2)(x-1)}$$

$$=3\lim_{x\to -2}\frac{x+3}{x-1}=-1.$$

【例題 4】 分子與分母同時趨近 0

求 a 與 b 的值使得 $\lim_{x\to 0}\dfrac{\sqrt{ax+b}-2}{x}=1$.

【解】 首先將分子有理化，可得

$$\lim_{x\to 0}\frac{\sqrt{ax+b}-2}{x}=\lim_{x\to 0}\frac{ax+b-4}{x(\sqrt{ax+b}+2)}$$

因分母之極限為 0，且極限為 1，故分子之極限也應等於 0，

即
$$\lim_{x\to 0}(ax+b-4)=0$$

$$a(0)+b-4=0$$

得
$$b=4$$

所以，
$$\lim_{x\to 0}\frac{\sqrt{ax+b}-2}{x}=\lim_{x\to 0}\frac{ax}{x(\sqrt{ax+4}+2)}=\lim_{x\to 0}\frac{a}{\sqrt{ax+4}+2}$$

因而
$$\frac{a}{\sqrt{4}+2}=1$$

可得
$$a=4$$

故
$$a=b=4.$$

定理 1.6

(1) 若 n 為正奇數，則 $\lim\limits_{x \to a} \sqrt[n]{x} = \sqrt[n]{a}$．

(2) 若 n 為正偶數，且 $a > 0$，則 $\lim\limits_{x \to a} \sqrt[n]{x} = \sqrt[n]{a}$．

若 m 與 n 皆為正整數，且 $a > 0$，則可得

$$\lim_{x \to a} (\sqrt[n]{x})^m = (\lim_{x \to a} \sqrt[n]{x})^m = (\sqrt[n]{a})^m$$

利用分數指數，上式可表示成

$$\lim_{x \to a} x^{m/n} = a^{m/n}$$

定理 1.6 的結果可推廣到負指數及分數指數．

【例題 5】 約分

求 $\lim\limits_{x \to 1} \dfrac{\sqrt{x} - x^2}{1 - \sqrt{x}}$．

【解】 方法 1：

$$\lim_{x \to 1} \frac{\sqrt{x} - x^2}{1 - \sqrt{x}} = \lim_{x \to 1} \frac{\sqrt{x}(1 - x^{3/2})}{1 - \sqrt{x}} = \lim_{x \to 1} \frac{\sqrt{x}(1 - \sqrt{x})(1 + \sqrt{x} + x)}{1 - \sqrt{x}}$$

$$= \lim_{x \to 1} [\sqrt{x}\,(1 + \sqrt{x} + x)] = \lim_{x \to 1} [1(1 + 1 + 1)] = 3.$$

方法 2：

$$\lim_{x \to 1} \frac{\sqrt{x} - x^2}{1 - \sqrt{x}} = \lim_{x \to 1} \frac{(\sqrt{x} - 1) + (1 - x^2)}{1 - \sqrt{x}} = \lim_{x \to 1} \left[-1 + \frac{(1 - x)(1 + x)}{1 - \sqrt{x}} \right]$$

$$= \lim_{x \to 1} \left[-1 + \frac{(1 - \sqrt{x})(1 + \sqrt{x})(1 + x)}{1 - \sqrt{x}} \right]$$

$$= \lim_{x \to 1} [-1 + (1 + \sqrt{x})(1 + x)] = -1 + 4 = 3.$$

定理 1.7

(1) 若 n 為正奇數，則 $\lim\limits_{x \to a} \sqrt[n]{f(x)} = \sqrt[n]{\lim\limits_{x \to a} f(x)}$.

(2) 若 n 為正偶數，且 $\lim\limits_{x \to a} f(x) > 0$，則 $\lim\limits_{x \to a} \sqrt[n]{f(x)} = \sqrt[n]{\lim\limits_{x \to a} f(x)}$.

【例題 6】 利用根式函數的極限

求 $\lim\limits_{x \to 7} \dfrac{\sqrt[5]{3-5x}}{(x-5)^3}$.

【解】
$$\lim_{x \to 7} \frac{\sqrt[5]{3-5x}}{(x-5)^3} = \frac{\lim\limits_{x \to 7} \sqrt[5]{3-5x}}{\lim\limits_{x \to 7} (x-5)^3} = \frac{\sqrt[5]{\lim\limits_{x \to 7}(3-5x)}}{\lim\limits_{x \to 7}(x-5)^3}$$

$$= \frac{\sqrt[5]{3-35}}{(7-5)^3} = \frac{-2}{8} = -\frac{1}{4}.$$

下面的定理稱為夾擠定理或三明治定理，在證明極限時常常會用到，是一個非常有用的定理.

定理 1.8　夾擠定理

設在一包含 a 的開區間中的所有 x（可能在 a 除外），恆有 $f(x) \leqslant h(x) \leqslant g(x)$，如圖 1-7 所示.

若 $\qquad \lim\limits_{x \to a} f(x) = \lim\limits_{x \to a} g(x) = L$

則 $\qquad \lim\limits_{x \to a} h(x) = L.$

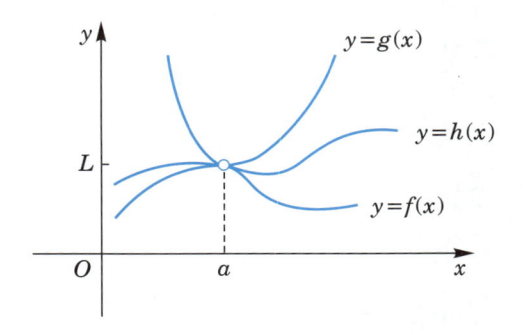

圖 1-7

【例題 7】 利用夾擠定理

試證：$\lim\limits_{x \to 0} \dfrac{|x|}{\sqrt{x^4+3x^2+7}} = 0$.

【解】 對任意實數 x 而言，$\sqrt{x^4+3x^2+7} \geqslant \sqrt{7} > 1$，可得

$$0 \leqslant \dfrac{|x|}{\sqrt{x^4+3x^2+7}} \leqslant |x|$$

因 $\lim\limits_{x \to 0} 0 = 0$，且 $\lim\limits_{x \to 0} |x| = 0$，故

$$\lim\limits_{x \to 0} \dfrac{|x|}{\sqrt{x^4+3x^2+7}} = 0.$$

【例題 8】 利用夾擠定理

試證：$\lim\limits_{x \to 0} x \sin \dfrac{1}{x} = 0$.

【解】 若 $x \neq 0$，則 $\left| \sin \dfrac{1}{x} \right| \leqslant 1$，所以，

$$\left| x \sin \dfrac{1}{x} \right| = |x| \left| \sin \dfrac{1}{x} \right| \leqslant |x|$$

$$-|x| \leqslant x \sin \dfrac{1}{x} \leqslant |x|$$

因 $\lim\limits_{x \to 0} |x| = 0$，故由夾擠定理可知

$$\lim\limits_{x \to 0} x \sin \dfrac{1}{x} = 0.$$

【例題 9】 利用高斯不等式

求 $\lim\limits_{x \to 0} x [\![x]\!]$.

【解】 因 $x - 1 < [\![x]\!] \leqslant x$，則

$$x(x-1) < x [\![x]\!] \leqslant x^2$$

又因 $\lim\limits_{x \to 0} x(x-1) = 0$, $\lim\limits_{x \to 0} x^2 = 0$

由夾擠定理知，$\lim\limits_{x\to 0} x[\![x]\!]=0$.

習題 1.2

求 1～17 題中的極限.

1. $\lim\limits_{x\to 3}\{(x^2-3x-8)(3x-1)\}$

2. $\lim\limits_{x\to 1}\dfrac{6x-7}{x^3-12x+3}$

3. $\lim\limits_{t\to 1}\dfrac{t^3+t^2-5t+3}{t^3-3t+2}$

4. $\lim\limits_{x\to 9}\dfrac{x^2-81}{\sqrt{x}-3}$

5. $\lim\limits_{x\to 0}\dfrac{x}{1-\sqrt[3]{x+1}}$

6. $\lim\limits_{x\to 3}\sqrt[3]{\dfrac{2+5x-3x^3}{x^2-1}}$

7. $\lim\limits_{h\to 0}\dfrac{(1+h)^n-1}{h}$

8. $\lim\limits_{x\to 0}\left(\dfrac{1}{x\sqrt{1+x}}-\dfrac{1}{x}\right)$

9. $\lim\limits_{x\to 27}\dfrac{\sqrt{1+\sqrt[3]{x}}-2}{x-27}$

10. $\lim\limits_{x\to 2}\dfrac{\sqrt{6-x}-2}{\sqrt{3-x}-1}$

11. $\lim\limits_{h\to 0}\dfrac{\sqrt[3]{a+h}-\sqrt[3]{a-h}}{h}$

12. $\lim\limits_{x\to 0} x^2\left[\!\!\left[\dfrac{1}{x}\right]\!\!\right]$

13. $\lim\limits_{x\to -2}\dfrac{\sqrt{4-x}-\sqrt{6}}{x+2}$

14. $\lim\limits_{t\to 0}\dfrac{\sqrt{4+t+t^2}-2}{t}$

15. $\lim\limits_{x\to 1}\dfrac{x+x^2+x^3+\cdots+x^n-n}{x-1}$

16. $\lim\limits_{x\to n}[\![[\![x]\!]-x]\!]\ (n\in \mathbf{Z})$

17. $\lim\limits_{x\to n}[\![x-[\![x]\!]]\!]\ (n\in \mathbf{Z})$

試利用夾擠定理證明 18～20 題的極限.

18. $\lim\limits_{x\to 0}\dfrac{|x|}{1+x^2}=0$

19. $\lim\limits_{x\to 0}\dfrac{x^2}{1+(1+x^4)^{5/2}}=0$

20. $\lim\limits_{x\to 0} x^2\sin\dfrac{1}{x^2}=0$

21. 求 $\lim\limits_{x\to 1}\dfrac{(1-\sqrt{x})(1-\sqrt[3]{x})(1-\sqrt[4]{x})\cdots(1-\sqrt[n]{x})}{(1-x)^{n-1}}$.

22. 設 $\lim\limits_{x\to 0}\dfrac{\sqrt{1+x+x^2}-(1+ax)}{x^2}=b$ $(a\neq 0)$，求 a 與 b 的值。

1-3　單邊極限

當我們在定義函數 f 在 a 的極限時，我們很謹慎地將 x 限制在包含 a 之開區間內（a 可能除外），但是函數 f 在點 a 的極限存在與否，與函數 f 在點 a 兩旁之定義有關，而與函數 f 在點 a 之值無關。

如果我們找不到一個定數 L 為 $f(x)$ 所趨近者，那麼我們就稱 f 在點 a 的極限不存在，或者說當 x 趨近 a 時，f 沒有極限。

【例題 1】　在 0 的左極限與右極限

已知 $f(x)=\dfrac{|x|}{x}$，求 $\lim\limits_{x\to 0} f(x)$。

【解】　因 (1) 若 $x>0$，則 $|x|=x$。
　　　　　　(2) 若 $x<0$，則 $|x|=-x$。

故　　$f(x)=\dfrac{|x|}{x}=\begin{cases} 1, & x>0 \\ -1, & x<0 \end{cases}$

f 的圖形如圖 1-8 所示。因此，當 x 分別自 0 的右邊及 0 的左邊趨近 0 時，$f(x)$ 不能趨近某一定數，所以 $\lim\limits_{x\to 0} f(x)$ 不存在。

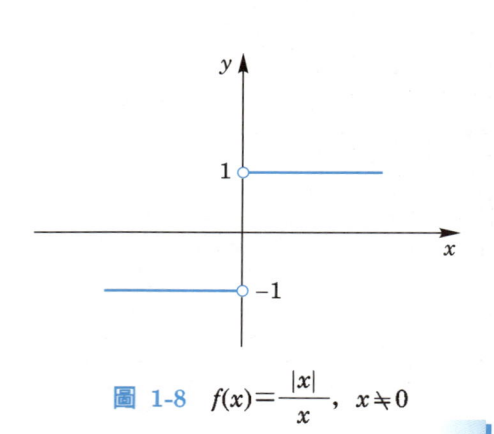

圖 1-8　$f(x)=\dfrac{|x|}{x}$，$x\neq 0$

由上面的例題，我們引進了單邊極限的觀念。

定義 1.3　直觀的定義

(1) 當 x 自 a 的右邊趨近 a 時，$f(x)$ 的**右極限**為 M，即，f 在 a 的右極限為 M，記為：

$$\lim_{x\to a^+} f(x)=M$$

其意義為：當 x 自 a 的右邊充分靠近 a 時，$f(x)$ 的值充分靠近 M．

(2) 當 x 自 a 的左邊趨近 a 時，$f(x)$ 的左極限為 L，即，f 在 a 的左極限為 L，記為：

$$\lim_{x \to a^-} f(x) = L$$

其意義為：當 x 自 a 的左邊充分靠近 a 時，$f(x)$ 的值充分靠近 L．
右極限與左極限皆稱為單邊極限．

如圖 1-8 所示，$\lim_{x \to 0^+} f(x) = 1$，$\lim_{x \to 0^-} f(x) = -1$，在定義 1.3 中，符號 $x \to a^+$ 用來表示 x 的值恆比 a 大，而符號 $x \to a^-$ 用來表示 x 的值恆比 a 小．

定義 1.4　嚴密的定義

(1) 設函數 f 定義在開區間 (a, b)，且 L 為一實數．當 x 自 a 的右邊趨近 a 時，$f(x)$ 的右極限為 L，記為：

$$\lim_{x \to a^+} f(x) = L，其意義如下：$$

對每一 $\varepsilon > 0$，存在一 $\delta > 0$，使得

若 $a < x < a + \delta$，則 $|f(x) - L| < \varepsilon$．

(2) 設函數 f 定義在開區間 (b, a)，且 L 為一實數，當 x 自 a 的左邊趨近 a 時，$f(x)$ 的左極限為 L，記為：

$$\lim_{x \to a^-} f(x) = L，其意義如下：$$

對每一 $\varepsilon > 0$，存在一 $\delta > 0$，使得

若 $a - \delta < x < a$，則 $|f(x) - L| < \varepsilon$．

依極限的定義可知，若 $\lim_{x \to a} f(x)$ 存在，則右極限與左極限皆存在，且

$$\lim_{x \to a^+} f(x) = \lim_{x \to a^-} f(x) = \lim_{x \to a} f(x)$$

反之，若右極限與左極限皆存在，並不能保證極限存在．

下面定理談到單邊極限與 (雙邊) 極限之間的關係．且單邊極限同樣滿足 1-2 節所有定理列出的性質．

定理 1.9

$$\lim_{x \to a} f(x) = L \Leftrightarrow \lim_{x \to a^+} f(x) = \lim_{x \to a^-} f(x) = L.$$

【例題 2】 高斯函數在所有整數點的極限不存在

試證：$\lim\limits_{x \to n} [\![x]\!]$ 不存在，此處 n 為任意整數.

【解】 因 $\lim\limits_{x \to n^+} [\![x]\!] = n$, $\lim\limits_{x \to n^-} [\![x]\!] = n - 1$, 可得

$$\lim_{x \to n^+} [\![x]\!] \neq \lim_{x \to n^-} [\![x]\!],$$

故 $\lim\limits_{x \to n} [\![x]\!]$ 不存在.

【例題 3】 利用高斯函數的值

求 $\lim\limits_{x \to 2^+} \dfrac{x - [\![x]\!]}{x - 2}$.

【解】 當 $x \to 2^+$ 時，$[\![x]\!] = 2$, 故

$$\lim_{x \to 2^+} \frac{x - [\![x]\!]}{x - 2} = \lim_{x \to 2^+} \frac{x - 2}{x - 2} = \lim_{x \to 2^+} 1 = 1.$$

【例題 4】 利用夾擠定理

求 $\lim\limits_{x \to 0^+} x \left[\!\left[\dfrac{1}{x} \right]\!\right]$.

【解】 若 $x \neq 0$, 則 $\dfrac{1}{x} - 1 < \left[\!\left[\dfrac{1}{x} \right]\!\right] \leq \dfrac{1}{x}$.

當 $x \to 0^+$ 時，$x \left(\dfrac{1}{x} - 1 \right) < x \left[\!\left[\dfrac{1}{x} \right]\!\right] \leq \dfrac{x}{x}$,

即，$1 - x < x \left[\!\left[\dfrac{1}{x} \right]\!\right] \leq 1$

因 $\lim\limits_{x \to 0^+} (1 - x) = 1$, 故依夾擠定理可得

$$\lim_{x \to 0^+} x \left[\!\!\left[\frac{1}{x} \right]\!\!\right] = 1.$$

【例題 5】 左極限不等於右極限

若 $f(x) = \dfrac{x - [\![x]\!]}{x-1}$，則 $\lim\limits_{x \to 3} f(x)$ 為何？

【解】 $\lim\limits_{x \to 3^+} f(x) = \lim\limits_{x \to 3^+} \dfrac{x - [\![x]\!]}{x-1} = \lim\limits_{x \to 3^+} \dfrac{x-3}{x-1} = 0$

$\lim\limits_{x \to 3^-} f(x) = \lim\limits_{x \to 3^-} \dfrac{x - [\![x]\!]}{x-1} = \lim\limits_{x \to 3^-} \dfrac{x-2}{x-1} = \dfrac{1}{2}$

因 $\lim\limits_{x \to 3^-} f(x) \neq \lim\limits_{x \to 3^+} f(x)$，故 $\lim\limits_{x \to 3} f(x)$ 不存在.

【例題 6】 左極限不等於右極限

令 $f(x) = \dfrac{x^2 - 1}{|x-1|}$.

(1) 求 $\lim\limits_{x \to 1^+} f(x)$ 與 $\lim\limits_{x \to 1^-} f(x)$.　(2) $\lim\limits_{x \to 1} f(x)$ 是否存在？

【解】
(1) $\lim\limits_{x \to 1^+} f(x) = \lim\limits_{x \to 1^+} \dfrac{x^2-1}{|x-1|} = \lim\limits_{x \to 1^+} \dfrac{x^2-1}{x-1} = \lim\limits_{x \to 1^+} (x+1) = 2$

$\lim\limits_{x \to 1^-} f(x) = \lim\limits_{x \to 1^-} \dfrac{x^2-1}{|x-1|} = \lim\limits_{x \to 1^-} \dfrac{x^2-1}{-(x-1)} = \lim\limits_{x \to 1^-} [-(x+1)] = -2.$

(2) 因 $\lim\limits_{x \to 1^+} f(x) \neq \lim\limits_{x \to 1^-} f(x)$，故由定理 1.9 可知 $\lim\limits_{x \to 1} f(x)$ 不存在.

【例題 7】 左極限不等於右極限

令 $f(x) = \begin{cases} x^2 - 2x + 2, & \text{若 } x < 1. \\ 3 - x, & \text{若 } x \geq 1. \end{cases}$

(1) 求 $\lim\limits_{x \to 1^+} f(x)$ 與 $\lim\limits_{x \to 1^-} f(x)$.　(2) $\lim\limits_{x \to 1} f(x)$ 為何？

(3) 繪 f 的圖形.

【解】

(1) $\lim\limits_{x \to 1^+} f(x) = \lim\limits_{x \to 1^+} (3-x) = 3-1 = 2$

$\lim\limits_{x \to 1^-} f(x) = \lim\limits_{x \to 1^-} (x^2 - 2x + 2)$
$= 1 - 2 + 2 = 1$

(2) 因 $\lim\limits_{x \to 1^+} f(x) \neq \lim\limits_{x \to 1^-} f(x)$，

故 $\lim\limits_{x \to 1} f(x)$ 不存在。

(3) f 的圖形如圖 1-9 所示。

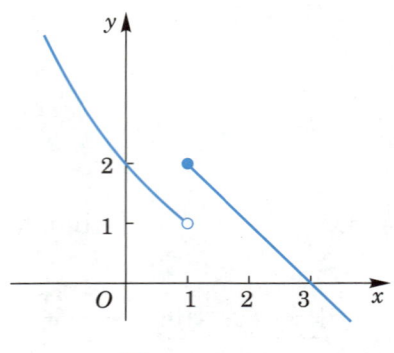

圖 1-9

【例題 8】 利用夾擠定理

試證：$\lim\limits_{x \to 0^+} \left[\sqrt{x} \left(1 + \sin^2 \left(\dfrac{2\pi}{x} \right) \right) \right] = 0$。

【解】 $-1 \leq \sin \left(\dfrac{2\pi}{x} \right) \leq 1 \Rightarrow 0 \leq \sin^2 \left(\dfrac{2\pi}{x} \right) \leq 1$

$$\Rightarrow 1 \leq 1 + \sin^2 \left(\dfrac{2\pi}{x} \right) \leq 2$$

$$\Rightarrow \sqrt{x} \leq \sqrt{x} \left[1 + \sin^2 \left(\dfrac{2\pi}{x} \right) \right] \leq 2\sqrt{x}$$

因 $\lim\limits_{x \to 0^+} \sqrt{x} = 0$，$\lim\limits_{x \to 0^+} 2\sqrt{x} = 0$

故 $\lim\limits_{x \to 0^+} \left[\sqrt{x} \left(1 + \sin^2 \left(\dfrac{2\pi}{x} \right) \right) \right] = 0$。

習題 1.3

求 1～14 題中的極限。

1. $\lim\limits_{x \to 5^+} (\sqrt{x^2 - 25} + 6)$

2. $\lim\limits_{x \to 3^+} \dfrac{x^2 - 9}{|x - 3|}$

3. $\lim\limits_{x \to 3^-} \dfrac{x^2 - 9}{|x - 3|}$

4. $\lim\limits_{x \to -5^-} \dfrac{x + 5}{\sqrt{(x+5)^2}}$

5. $\lim\limits_{x \to a^+} \dfrac{\sqrt{x} - \sqrt{a} + \sqrt{x - a}}{\sqrt{x^2 - a^2}}$

6. $\lim\limits_{x \to 1^+} \dfrac{[\![x^2]\!] - [\![x]\!]^2}{x^2 - 1}$

7. $\lim_{x \to 0^+} x(-1)^{[\![1/x]\!]}$
8. $\lim_{x \to 0^+} x[\![1/x]\!]$
9. $\lim_{x \to 0^+} x^5[\![1/x^3]\!]$
10. $\lim_{x \to 0^-} \dfrac{[\![x+1]\!]+|x|}{x}$
11. $\lim_{x \to 0} \dfrac{x}{\sqrt{x^3+x^2}}$
12. $\lim_{x \to 1} (1-x+[\![x]\!]+[\![1-x]\!])$
13. $\lim_{x \to 2^+} \dfrac{[\![x-1]\!]^2+3-[\![x^2]\!]}{x^2-4}$
14. $\lim_{x \to 0^-} x^2 \left[\!\!\left[\dfrac{1}{x} - \dfrac{1}{x^2} \right]\!\!\right]$

15. 試舉例說明 $\lim_{x \to a} |f(x)|$ 存在，並不蘊涵 $\lim_{x \to a} f(x)$ 存在。

在 16～17 題中，求 $\lim_{x \to 2^+} f(x)$ 與 $\lim_{x \to 2^-} f(x)$，並繪 f 的圖形。

16. $f(x) = \begin{cases} 3x, & x \leqslant 2 \\ x^2, & x > 2 \end{cases}$

17. $f(x) = \begin{cases} x^3, & x \leqslant 2 \\ 4-2x, & x > 2 \end{cases}$

18. 設 $f(x) = \begin{cases} x^2+4, & x \leqslant 2 \\ x+2, & x > 2 \end{cases}$，$g(x) = \begin{cases} x^2, & x \leqslant 2 \\ 8, & x > 2 \end{cases}$，則 $\lim_{x \to 2} f(x)$ 與 $\lim_{x \to 2} g(x)$ 是否存在？

又 $\lim_{x \to 2} (f(x)g(x))$ 是否存在？

19. 求 $\lim_{x \to 0} x\sqrt{1+\dfrac{1}{x^2}}$。

在 20～21 題中，n 為任意整數，試繪 f 的圖形，並求 $\lim_{x \to n^+} f(x)$ 與 $\lim_{x \to n^-} f(x)$。

20. $f(x) = \begin{cases} 0, & x = n \\ 1, & x \neq n \end{cases}$

21. $f(x) = \begin{cases} x, & x = n \\ 0, & x \neq n \end{cases}$

22. 若 $f(x) = [\![4x-2x^2]\!]$，求 $\lim_{x \to 2} f(x)$。

∑ 1-4 連續性

在介紹極限 $\lim_{x \to a} f(x)$ 的定義的時候，我們強調 $x \neq a$ 的限制，而並不考慮 a 是否在 f 的定義域內；縱使 f 在 a 沒有定義，$\lim_{x \to a} f(x)$ 仍可能存在。若 f 在 a 有定義，且 $\lim_{x \to a} f(x)$ 存在，則此極限可能等於，也可能不等於 $f(a)$。

現在，我們用極限的方法來定義函數的連續。

定義 1.5

若下列條件：

(1) $f(a)$ 有定義

(2) $\lim\limits_{x \to a} f(x)$ 存在

(3) $\lim\limits_{x \to a} f(x) = f(a)$

皆滿足，則稱函數 f 在 a 為連續．

若在此定義中有任何條件不成立，則稱 f 在 a 為不連續，a 稱為 f 的不連續點，如圖 1-10 所示．

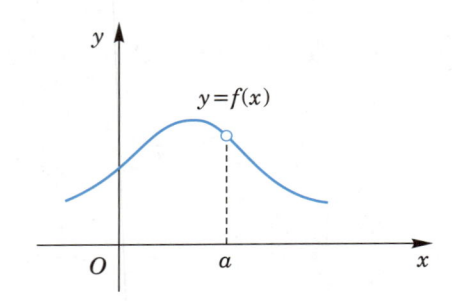

$f(x)$ 在 $x=a$ 為不連續，
其中 $f(a)$ 無定義．
（ i ）

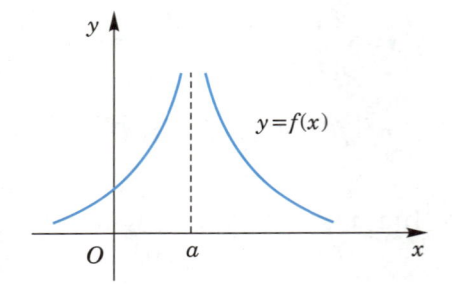

$f(x)$ 在 $x=a$ 為無窮不連續，
其中 $f(a)$ 無定義．
（ ii ）

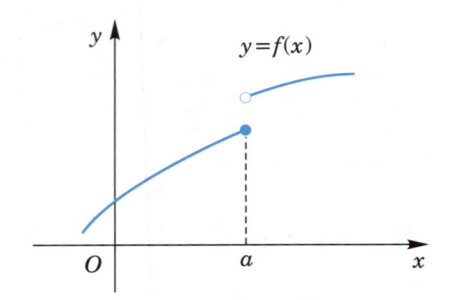

$f(x)$ 在 $x=a$ 為跳躍不連續，
其中 $\lim\limits_{x \to a} f(x)$ 不存在．
（iii）

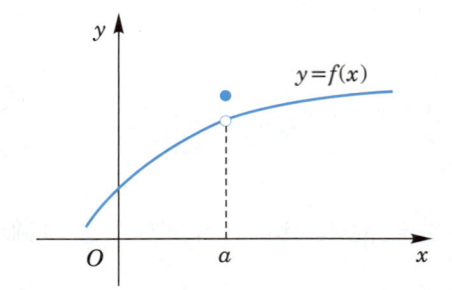

$f(x)$ 在 $x=a$ 為可移去不連續，
其中 $\lim\limits_{x \to a} f(x) \neq f(a)$．
（iv）

圖 1-10

定義 1.5 中的三項通常又歸納成一項，即

$$\lim_{x \to a} f(x) = f(a)$$

或

$$\lim_{h \to 0} f(a+h) = f(a)$$

【例題 1】 常數函數與恆等函數的連續性

(1) 常數函數為處處連續。
(2) 恆等函數為處處連續。

【例題 2】 多項式函數與有理函數的連續性

(1) 多項式函數為處處連續。
(2) 有理函數在除了使分母為零的點以外皆為連續。

【例題 3】 找出使有理函數連續的範圍

函數 $f(x) = \dfrac{x^2-9}{x^2-x-6}$ 在何處連續？

【解】 因 $x^2-x-6=(x+2)(x-3)=0$ 的解為 $x=-2$ 與 $x=3$，故 f 在這些點以外皆為連續，即 f 在 $\{x | x \neq -2, 3\} = (-\infty, -2) \cup (-2, 3) \cup (3, \infty)$ 為連續。

【例題 4】 高斯函數在所有整數點不連續

我們從 1-3 節例題 2 可知，高斯函數 $f(x) = [\![x]\!]$ 在所有整數點不連續。

【例題 5】 絕對值函數為處處連續

設 $f(x) = |x|$，試證：f 在所有實數 a 皆為連續。

【解】
$$\lim_{x \to a} f(x) = \lim_{x \to a} |x| = \lim_{x \to a} \sqrt{x^2}$$
$$= \sqrt{\lim_{x \to a} x^2} = \sqrt{a^2}$$
$$= |a| = f(a)$$

故 f 在 a 為連續。

我們可將例題 5 推廣如下：

若函數 f 在 a 為連續，則 $|f|$ 在 a 為連續，即，

$$\lim_{x \to a} |f(x)| = |\lim_{x \to a} f(x)| = |f(a)|$$

註：若 $|f|$ 在 a 為連續，則 f 在 a 不一定連續。例如，設 $f(x) = \begin{cases} \dfrac{|x|}{x}, & x \neq 0 \\ 1, & x = 0 \end{cases}$，

則 $|f(x)| = 1$，可知 $|f|$ 在 $x = 0$ 為連續。然而，$\lim\limits_{x \to 0} f(x) = \lim\limits_{x \to 0} \dfrac{|x|}{x}$ 不存在（見 1-3 節例題 1）。所以 f 在 $x = 0$ 為不連續。

【例題 6】 計算帶有絕對值符號的函數

(1) $\lim\limits_{x \to 3} |5 - x^2| = |\lim\limits_{x \to 3} (5 - x^2)| = |5 - 9| = |-4| = 4$

(2) $\lim\limits_{x \to 2} \dfrac{x}{|x| - 3} = \dfrac{\lim\limits_{x \to 2} x}{\lim\limits_{x \to 2} (|x| - 3)} = \dfrac{2}{|2| - 3} = \dfrac{2}{-1} = -2$

定理 1.2 可用來建立下面的基本結果。

定理 1.10

若兩函數 f 與 g 在 a 皆為連續，則 cf、$f + g$、$f - g$、fg 與 f/g ($g(a) \neq 0$) 在 a 也為連續。

上面的定理可以推廣為：若 $f_1, f_2, \cdots, f_n$ 在 a 為連續，則

(1) $c_1 f_1 + c_2 f_2 + \cdots + c_n f_n$ 在 a 也為連續，其中 $c_1, c_2, \cdots, c_n$ 皆為任意常數。
(2) $f_1 \cdot f_2 \cdot \cdots \cdot f_n$ 在 a 也為連續。

定理 1.11

若函數 g 在 a 為連續，且函數 f 在 $g(a)$ 為連續，則合成函數 $f \circ g$ 在 a 也為連續，即，

$$\lim_{x \to a} f(g(x)) = f(\lim_{x \to a} g(x)) = f(g(a))$$

【例題 7】 利用連續函數的合成

試證 $h(x)=|x^2-3x+2|$ 在每一實數皆為連續．

【解】 令 $f(x)=|x|$ 且 $g(x)=x^2-3x+2$．因為 $f(x)$ 與 $g(x)$ 在每一實數皆連續，所以此兩函數之合成函數

$$h(x)=f(g(x))=|x^2-3x+2|$$

在每一實數也連續．

定義 1.6

若下列條件：

(1) $f(a)$ 有定義　(2) $\lim\limits_{x \to a^+} f(x)$ 存在　(3) $\lim\limits_{x \to a^+} f(x)=f(a)$

皆滿足，則稱函數 f 在 a 為**右連續**．
若下列條件：

(1) $f(a)$ 有定義　(2) $\lim\limits_{x \to a^-} f(x)$ 存在　(3) $\lim\limits_{x \to a^-} f(x)=f(a)$

皆滿足，則稱函數 f 在 a 為**左連續**．
右連續與左連續皆稱為**單邊連續**．

【例題 8】 高斯函數為右連續而非左連續

對每一整數 n，高斯函數 $f(x)=[\![x]\!]$ 為右連續而非左連續．因為

$$\lim_{x \to n^+} f(x)=\lim_{x \to n^+} [\![x]\!]=n=f(n)$$

但

$$\lim_{x \to n^-} f(x)=\lim_{x \to n^-} [\![x]\!]=n-1 \neq f(n).$$

如同定理 1.9，我們可得到下面的定理．

定理 1.12

函數 f 在 a 為連續，若且唯若 $\lim\limits_{x \to a^+} f(x)=\lim\limits_{x \to a^-} f(x)=f(a)$．

【例題 9】 利用定理 1.12

函數 $f(x)=\begin{cases} 4-3x^2 &, 若\ x<0 \\ 4 &, 若\ x=0 \\ \sqrt{16-x^2} &, 若\ 0<x<4 \end{cases}$，在 $x=0$ 是否連續？

【解】 因為 $f(0)=4$，又

$$\lim_{x\to 0^+} f(x)=\lim_{x\to 0^+}\sqrt{16-x^2}=\sqrt{16}=4$$

$$\lim_{x\to 0^-} f(x)=\lim_{x\to 0^-}(4-3x^2)=4$$

所以，$\lim_{x\to 0^-} f(x)=\lim_{x\to 0^+} f(x)=f(0)$

可知 $\lim_{x\to 0} f(x)=f(0)=4$

故 f 在 $x=0$ 處為連續。

【例題 10】 利用定理 1.12

求常數 k 的值使得函數

$$f(x)=\begin{cases} kx^2 &, x\leqslant 2 \\ 2x+k &, x>2 \end{cases}$$

為處處連續。

【解】 依題意，f 在兩區間 $(-\infty, 2)$ 與 $(2, \infty)$ 皆為連續，今只要再使 f 在 $x=2$ 連續，則 f 即為處處連續。

$$\lim_{x\to 2^+} f(x)=\lim_{x\to 2^+}(2x+k)=4+k$$

$$\lim_{x\to 2^-} f(x)=\lim_{x\to 2^-} kx^2=4k=f(2)$$

由 $4+k=4k$，可得 $3k=4$，即 $k=\dfrac{4}{3}$。所以，若 $k=\dfrac{4}{3}$，則 f 為處處連續。

【例題 11】 利用定理 1.12

試決定 a 與 b 的值使得函數

$$f(x)=\begin{cases} ax-b &, x<1 \\ 5 &, x=1 \\ 2ax+b &, x>1 \end{cases}$$

在 $x=1$ 為連續。

【解】 依題意，$\lim\limits_{x\to 1^+}(2ax+b)=\lim\limits_{x\to 1^-}(ax-b)=5$，

可得 $2a+b=5$，$a-b=5$。

由方程組 $\begin{cases}2a+b=5\\a-b=5\end{cases}$，解得 $a=\dfrac{10}{3}$，$b=-\dfrac{5}{3}$。所以，

當 $a=\dfrac{10}{3}$，$b=-\dfrac{5}{3}$ 時，f 在 $x=1$ 為連續。

定義 1.7

若下列條件：

(1) f 在 (a,b) 為連續
(2) f 在 a 為右連續
(3) f 在 b 為左連續

皆滿足，則稱**函數 f 在閉區間 $[a,b]$ 為連續**。

【例題 12】 利用定義 1.7

試證：函數 $f(x)=1-\sqrt{1-x^2}$ 在閉區間 $[-1,1]$ 為連續。

【解】

(1) 若 $-1<a<1$，利用極限定理可得

$$\lim_{x\to a}f(x)=\lim_{x\to a}(1-\sqrt{1-x^2})=\lim_{x\to a}1-\lim_{x\to a}\sqrt{1-x^2}$$
$$=1-\sqrt{1-a^2}=f(a)$$

故 f 在 $(-1,1)$ 為連續。

(2) $\lim\limits_{x\to -1^+}f(x)=\lim\limits_{x\to -1^+}(1-\sqrt{1-x^2})=1=f(-1)$

故 f 在 $x=-1$ 為右連續。

(3) $\lim\limits_{x\to 1^-}f(x)=\lim\limits_{x\to 1^-}(1-\sqrt{1-x^2})=1=f(1)$

故 f 在 $x=1$ 為左連續。

依定義 1.7 知 f 在 $[-1,1]$ 為連續。

許多我們所熟悉的函數在它們定義域內的每一點皆為連續．例如，前面所提到的多項式函數、有理函數與根式函數即是．

在幾何上，$y=\sin x$ 與 $y=\cos x$ 的圖形為連續的曲線．我們現在要說明 $\sin x$ 與 $\cos x$ 的確為處處連續．為了此目的，考慮圖 1-11，它指出點 P 的坐標為 $(\cos\theta, \sin\theta)$．顯然，當 $\theta\to 0$ 時，P 趨近點 $(1, 0)$．(雖然所畫的 θ 是正角，但是對負角 θ 有相同的結論．) 所以，$\cos\theta\to 1$ 且 $\sin\theta\to 0$，即，

$$\lim_{\theta\to 0}\cos\theta=1$$

$$\lim_{\theta\to 0}\sin\theta=0$$

因 $\cos 0=1$，$\sin 0=0$，故 $\cos x$ 與 $\sin x$ 在 0 皆為連續．$\sin x$ 的加法公式與 $\cos x$ 的加法公式可分別用來推導出它們是處處連續．我們證明 $\sin x$ 是處處連續，如下：

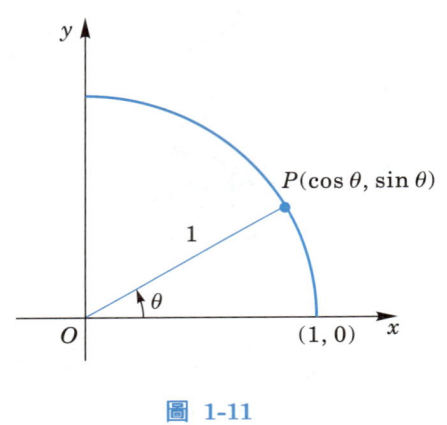

圖 1-11

證 對任意實數 a，

$$\lim_{h\to 0}\sin(a+h)=\lim_{h\to 0}(\sin a\cos h+\cos a\sin h)$$
$$=\lim_{h\to 0}(\sin a\cos h)+\lim_{h\to 0}(\cos a\sin h)$$

因 $\sin a$ 與 $\cos a$ 皆不含 h，故它們在 $h\to 0$ 時保持一定．這允許我們將它們移到極限外面，而寫成

$$\lim_{h\to 0}\sin(a+h)=\sin a\lim_{h\to 0}\cos h+\cos a\lim_{h\to 0}\sin h$$
$$=(\sin a)(1)+(\cos a)(0)=\sin a$$

$\cos x$ 是處處連續的證明類似．

用 $\sin x$ 與 $\cos x$ 來表示 $\tan x$, $\cot x$, $\sec x$ 與 $\csc x$ 等函數，可推導出這四種函數的連續性質。例如，$\tan x = \dfrac{\sin x}{\cos x}$ 在除了使 $\cos x = 0$ 的點以外皆為連續，其中不連續點為 $x = \pm\dfrac{\pi}{2}$, $\pm\dfrac{3\pi}{2}$, $\pm\dfrac{5\pi}{2}$, $\cdots$。

若函數 f 在其定義域為連續，且 f^{-1} 存在，則 f^{-1} 為連續（f^{-1} 的圖形是藉由 f 的圖形對直線 $y = x$ 作鏡射而獲得。）因此，反三角函數在其定義域為連續。

指數函數 $y = a^x$ 為處處連續，所以它的反函數（即，對數函數）$y = \log_a x$ 在定義域 $(0, \infty)$ 為連續。

下列的函數類型在它們的定義域內每一點皆為連續。
- 多項式函數
- 有理函數
- 根式函數
- 三角函數
- 反三角函數
- 指數函數
- 對數函數

【例題 13】 找出使函數連續的範圍

下列各函數在何處為連續？

(1) $f(x) = \dfrac{3x}{x + \sqrt{x}}$ (2) $f(x) = \cos\left(\dfrac{x}{x - \pi}\right)$ (3) $f(x) = \dfrac{\tan^{-1} x}{x^2 - 1}$

【解】

(1) 函數 $y = x$ 在 $\mathbb{R} = (-\infty, \infty)$ 為連續，而 $y = \sqrt{x}$ 在 $[0, \infty)$ 為連續，於是，$y = x + \sqrt{x}$ 在 $[0, \infty)$ 為連續。又，$y = 3x$ 在 $\mathbb{R} = (-\infty, \infty)$ 為連續，故依定理 1.10，f 在 $(0, \infty)$ 為連續。

(2) f 在 $\{x \mid x \neq \pi\} = (-\infty, \pi) \cup (\pi, \infty)$ 為連續。

(3) $y = \tan^{-1} x$ 在 $(-\infty, \infty)$ 為連續，$y = x^2 - 1$ 在 $(-\infty, \infty)$ 為連續，所以 f 在 $\{x \mid x \neq \pm 1\} = (-\infty, -1) \cup (-1, 1) \cup (1, \infty)$ 為連續。

【例題 14】 利用三角函數的連續性

(1) $\lim\limits_{x\to\pi}\left[\sin\left(\dfrac{x^2}{x+\pi}\right)\right]=\sin\left[\lim\limits_{x\to\pi}\left(\dfrac{x^2}{x+\pi}\right)\right]$

$=\sin\dfrac{\pi^2}{2\pi}=\sin\dfrac{\pi}{2}=1$

(2) $\lim\limits_{x\to 1}\sin^{-1}\left(\dfrac{1-\sqrt{x}}{1-x}\right)=\sin^{-1}\left(\lim\limits_{x\to 1}\dfrac{1-\sqrt{x}}{1-x}\right)$

$=\sin^{-1}\left[\lim\limits_{x\to 1}\dfrac{1-\sqrt{x}}{(1-\sqrt{x})(1+\sqrt{x})}\right]$

$=\sin^{-1}\left(\lim\limits_{x\to 1}\dfrac{1}{1+\sqrt{x}}\right)$

$=\sin^{-1}\dfrac{1}{2}=\dfrac{\pi}{6}$

在閉區間連續的函數有一個重要的性質，如下面定理所述．

定理 1.13 介值定理

若函數 f 在閉區間 $[a, b]$ 為連續，且 k 為介於 $f(a)$ 與 $f(b)$ 之間的一數，則在開區間 (a, b) 中至少存在一數 c 使得 $f(c)=k$．

此定理雖然直觀上很顯然，但是不太容易證明，其證明可在高等微積分書本中找到。

設函數 f 在閉區間 $[a, b]$ 為連續，即，f 的圖形在 $[a, b]$ 中沒有斷點。若 $f(a)<f(b)$，則定理 1.13 告訴我們，在 $f(a)$ 與 $f(b)$ 之間任取一數 k，應有一條 y-截距為 k 的水平線，它與 f 的圖形至少相交於一點 P，而 P 點的 x-坐標就是使 $f(c)=k$ 的實數，如圖 1-12 所示。

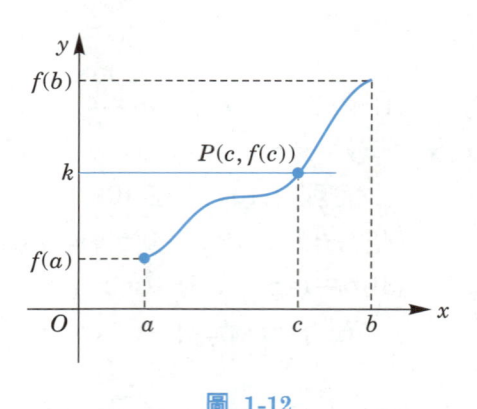

圖 1-12

【例題 15】 利用介值定理

試證：若 $f(x)=x^3-x^2+x$，則必存在一數 c 使得 $f(c)=10$。

【解】 我們可知 $f(x)=x^3-x^2+x$ 在 $[2, 3]$ 為連續，$f(2)=6$，$f(3)=21$。因 $6<10<21$，故依介值定理，在 $(2, 3)$ 中存在一數 c 使得 $f(c)=10$。

下面的定理很有用，它是介值定理的直接結果。

定理 1.14 勘根定理

若函數 f 在閉區間 $[a, b]$ 為連續，且 $f(a)f(b)<0$，則方程式 $f(x)=0$ 在開區間 (a, b) 中至少有一解。

證 由於 $f(a) \cdot f(b)<0$，因此 0 是介於 $f(a)$ 與 $f(b)$ 之間，由定理 1.13 可知至少存在介於 a 與 b 之間的一數 c，使得

$$f(c)=0$$

故定理得證。

【例題 16】 利用勘根定理

試證：方程式 $x^3+3x-1=0$ 在開區間 $(0, 1)$ 中有解。

【解】 令 $f(x)=x^3+3x-1$，則 f 在閉區間 $[0, 1]$ 為連續。
又 $f(0) \cdot f(1)=(-1) \cdot 3=-3<0$，故依定理 1.14，方程式 $f(x)=0$ 在開區間 $(0, 1)$ 中有解，即方程式 $x^3+3x-1=0$ 在 $(0, 1)$ 中有解。

【例題 17】 利用勘根定理

試證：方程式 $\cos x=x$ 在開區間 $(0, 1)$ 中有解。

【解】 令 $f(x)=\cos x-x$，則 f 在 $[0, 1]$ 為連續。又 $f(0)f(1)=(1)(\cos 1-1)<0$，故依勘根定理，方程式 $f(x)=0$ 在 $(0, 1)$ 中至少有一解，即，方程式 $\cos x=x$ 在 $(0, 1)$ 中有解。

習題 1.4

在 1～8 題中，函數 f 在何處為連續？

1. $f(x) = \dfrac{3x-7}{2x^2-x-3}$ 	2. $f(x) = \dfrac{3x}{x+\sqrt{x}}$ 	3. $f(x) = \dfrac{x+2}{\sqrt{x^2-1}}$

4. $f(x) = \dfrac{x}{\sqrt{1-x^2}}$ 	5. $f(x) = \dfrac{|x+9|}{x+9}$ 	6. $f(x) = |x^2-1|$

7. $f(x) = \begin{cases} 3-x, & \text{若 } x \leqslant 1 \\ x^2-2x+2, & \text{若 } x > 1 \end{cases}$ 	8. $f(x) = x - [\![x]\!]$

9. 設 $f(x) = \begin{cases} c^2 x, & x < 1 \\ 3cx - 2, & x \geqslant 1 \end{cases}$，試決定 c 的值使得 f 在 $\mathbb{R}$ 為連續.

10. 設 $f(x) = \begin{cases} 4x, & x \leqslant -1 \\ cx + d, & -1 < x \leqslant 2 \\ -5x, & x \geqslant 2 \end{cases}$，試決定 c 與 d 的值使得 f 在 $\mathbb{R}$ 為連續.

求 11～23 題各極限.

11. $f(x) = \left(\dfrac{x^2}{x+1}\right)^{3/2}$，$g(x) = \sqrt{x^2+1}$，$\lim\limits_{x \to 2} f(g(x)) = ?$

12. $\lim\limits_{x \to 2} \left(\dfrac{x^{3/2}}{\sqrt{x^2+1}}\right)^2$ 	13. $\lim\limits_{x \to 1} \sqrt{(\sin^{-1} x)^2 + \pi^2}$

14. $\lim\limits_{x \to \pi} \sin(x + \sin x)$ 	15. $\lim\limits_{x \to 1} e^{x^2 - x}$

16. $\lim\limits_{x \to 1} \sin^{-1}\left(\dfrac{1-\sqrt{x}}{1-x}\right)$ 	17. $\lim\limits_{x \to 1} \sin^{-1}\left(\dfrac{x}{x+1}\right)$

18. $\lim\limits_{x \to 0} \cos \pi(x + |x|)$ 	19. $\lim\limits_{x \to \frac{\pi}{2}} \cos(\pi + x)$

20. $\lim\limits_{x \to 0} \sin\left(\dfrac{\pi}{2} \cos(\tan x)\right)$ 	21. $\lim\limits_{x \to 1} \sec(x \sec^2 x - \tan^2 x - 1)$

22. $\lim\limits_{x \to 0} \cos\left(\dfrac{\pi}{\sqrt{19 - 3 \sec 2x}}\right)$ 	23. $\lim\limits_{x \to 1^-} \dfrac{\sin^{-1} x}{\tan(\pi x/2)}$

24. 函數 $f(x)$ 定義為 $f(x) = \begin{cases} \dfrac{kx^2 + x - 4k - 2}{x - 2}, & \text{若 } x \neq 2 \\ 3, & \text{若 } x = 2 \end{cases}$

若 f 在 $x=2$ 為連續，則 k 值為何？

25. 設 $f(x)=\begin{cases} [\![2x+1]\!]+a, & \text{若 } x<1 \\ b, & \text{若 } x=1 \\ [\![1-2x]\!]+1, & \text{若 } x>1 \end{cases}$

   (1) 若 $\lim_{x\to 1} f(x)$ 存在，則 a 的值為何？ (2) 若函數 f 在 $x=1$ 連續，則 b 的值為何？

26. 函數 $f(x)$ 定義如下：

$$f(x)=\begin{cases} \dfrac{9-x^2}{3+x}, & \text{若 } x<-3 \\ \dfrac{6x}{6+x}, & \text{若 } -3\leqslant x<0 \\ \dfrac{6x}{6-x}, & \text{若 } 0\leqslant x\leqslant 3 \\ \dfrac{9-x^2}{3-x}, & \text{若 } 3<x \end{cases}$$

   試討論其連續性．

27. 若函數 f 定義為 $f(x)=\begin{cases} x, & \text{若 } x \text{ 為有理數} \\ 1-x, & \text{若 } x \text{ 為無理數} \end{cases}$，則 f 在何處連續？

28. 試證：$f(x)=\begin{cases} 1, & x \text{ 是有理數} \\ 0, & x \text{ 是無理數} \end{cases}$，在每一實數 a 皆為不連續．

29. 試繪函數 $f(x)=\dfrac{[\![x]\!]}{2}+x$ 的圖形，並說明 f 在 $x=-2$ 不連續．

30. 設 $f(x)=\begin{cases} 0, & x \text{ 是有理數} \\ x, & x \text{ 是無理數} \end{cases}$，則 f 在 0 是否為連續？

31. 討論函數 $f(x)=[\![1/x]\!]$ 的連續性，並作其圖形．

32. 試證：函數 f 在 a 為連續，若且唯若 $\lim_{h\to 0} f(a+h)=f(a)$．

33. 若 $f(x+y)=f(x)+f(y)$ 對所有實數 x 及 y 皆成立，且 f 在 0 為連續，試證 f 為處處連續．

34. 試證：若 f 與 g 皆為連續函數，且 $f(x)=g(x)$ 對所有有理數皆成立，則 $f(x)=$

$g(x)$ 對所有實數皆成立.

35. (1) 若 $f:[0,1]\to(0,1)$ 為一連續函數，試證存在一數 $c\in(0,1)$ 使得 $f(c)=c$.
    (2) 設 $f(x)$ 及 $g(x)$ 在 $[0,1]$ 上連續，且 $f(0)<g(0)<g(1)<f(1)$，試證：存在 $c\in(0,1)$ 使得 $f(c)=g(c)$.

36. 試證：方程式 $x^3-x-1=0$ 有一根介於 1 與 2 之間.

37. 試證：方程式 $x^5-3x^4-2x^3-x+1=0$ 有一根介於 0 與 1 之間.

38. 試證：若函數 f 在 $[0,1]$ 為連續，且對所有 $x\in[0,1]$，滿足 $0\leqslant f(x)\leqslant 1$，則 f 有一個固定點，即，存在一數 $c\in[0,1]$ 使得 $f(c)=c$. [提示：對 $g(x)=f(x)-x$ 應用介值定理.]

1-5 函數圖形的漸近線

在微積分中，除了所涉及的數是實數之外，常採用兩個符號 ∞ 與 $-\infty$，分別讀作 (正) 無限大與負無限大，但它們並不是數.

首先，我們考慮函數 $f(x)=\dfrac{1}{(x-1)^2}$. 若 x 趨近 1 (但 $x\neq 1$)，則分母 $(x-1)^2$ 趨近 0，故 $f(x)$ 會變得非常大. 的確，藉選取充分接近 1 的 x，可使 $f(x)$ 大到所需的程度，$f(x)$ 的這種變化以符號記為

$$\lim_{x\to 1}\frac{1}{(x-1)^2}=\infty.$$

一、無窮極限

定義 1.8 直觀的定義

設函數 f 定義在包含 a 的某開區間，但可能在 a 除外.

$$\lim_{x\to a}f(x)=\infty$$

的意義為：當 x 充分靠近 a 時，$f(x)$ 的值變成任意大.

$\lim_{x\to a}f(x)=\infty$ 常讀作：

"當 x 趨近 a 時，$f(x)$ 的極限為無限大".

或"當 x 趨近 a 時，$f(x)$ 的值變成無限大"．
或"當 x 趨近 a 時，$f(x)$ 的值無限遞增"．
此定義的幾何說明如圖 1-13 所示．

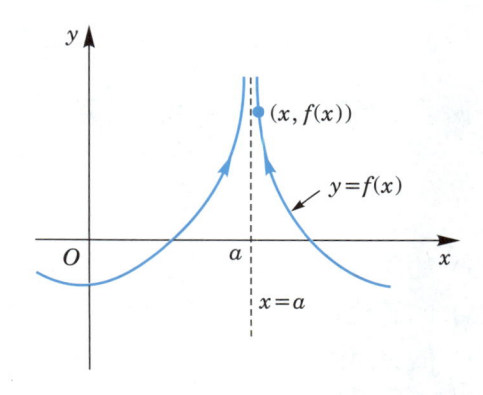

圖 1-13　$\lim\limits_{x \to a} f(x) = \infty$

定義 1.9　嚴密的定義

設函數 f 定義在包含 a 的開區間，但可能在 a 除外．

$$\lim\limits_{x \to a} f(x) = \infty \text{ 的意義如下：}$$

對每一 $M > 0$，存在一 $\delta > 0$，使得

若 $0 < |x - a| < \delta$，則 $f(x) > M$．

此定義的幾何說明如圖 1-14 所示．

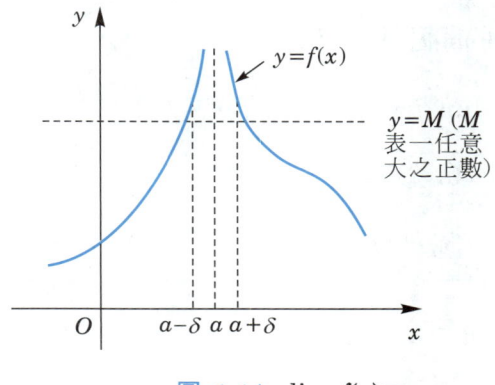

圖 1-14　$\lim\limits_{x \to a} f(x) = \infty$

定義 1.10　直觀的定義

設函數 f 定義在包含 a 的某開區間，但可能在 a 除外．

$$\lim_{x \to a} f(x) = -\infty$$

的意義為：當 x 充分靠近 a 時，$f(x)$ 的值變成任意小．

$\lim\limits_{x \to a} f(x) = -\infty$ 可讀作：

"當 x 趨近 a 時，$f(x)$ 的極限為負無限大"．
或"當 x 趨近 a 時，$f(x)$ 的值變成負無限大"．
或"當 x 趨近 a 時，$f(x)$ 的值無限遞減"．
此定義的幾何說明如圖 1-15 所示．

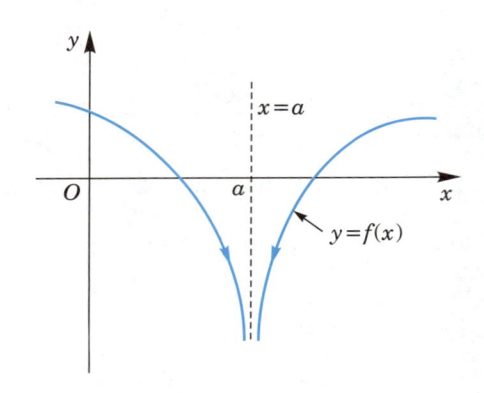

圖 1-15　$\lim\limits_{x \to a} f(x) = -\infty$

定義 1.11　嚴密的定義

設函數 f 定義在包含 a 的開區間，但可能在 a 除外．

$$\lim_{x \to a} f(x) = -\infty \text{ 的意義如下：}$$

對每一 $M<0$，存在一 $\delta>0$，使得

　若 $0<|x-a|<\delta$，則 $f(x)<M$．

此定義的幾何說明如圖 1-16 所示．

圖 1-16　$\lim\limits_{x \to a} f(x) = -\infty$

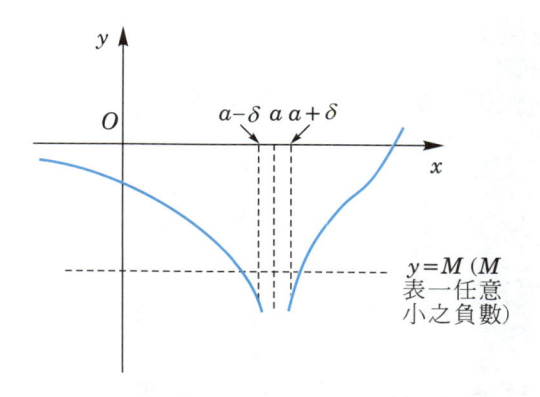

依照單邊極限的意義，讀者不難了解下列單邊極限的意義。

$$\lim_{x \to a^+} f(x) = \infty,$$

$$\lim_{x \to a^+} f(x) = -\infty,$$

$$\lim_{x \to a^-} f(x) = \infty,$$

$$\lim_{x \to a^-} f(x) = -\infty.$$

下面定理用於求某些極限時相當好用，我們僅敘述而不加以證明。

定理 1.15

(1) 若 n 為正偶數，則

$$\lim_{x \to a} \frac{1}{(x-a)^n} = \infty.$$

(2) 若 n 為正奇數，則

$$\lim_{x \to a^+} \frac{1}{(x-a)^n} = \infty, \quad \lim_{x \to a^-} \frac{1}{(x-a)^n} = -\infty.$$

讀者應特別注意，由於 ∞ 與 $-\infty$ 並非是數，因此，當 $\lim\limits_{x \to a} f(x) = \infty$ 或 $\lim\limits_{x \to a} f(x) = -\infty$ 時，我們稱 $\lim\limits_{x \to a} f(x)$ 不存在。

【例題 1】　利用定義 1.9

試證：$\lim\limits_{x \to -3} \dfrac{1}{(x+3)^4} = \infty$.

【解】　給予 $M > 0$，須求得一數 $\delta > 0$，使得

$$|x+3| < \delta \Rightarrow \dfrac{1}{(x+3)^4} > M.$$

而 $\dfrac{1}{(x+3)^4} > M \Leftrightarrow (x+3)^4 < \dfrac{1}{M} \Leftrightarrow |x+3| < \dfrac{1}{\sqrt[4]{M}}$.

令 $\delta = \dfrac{1}{\sqrt[4]{M}}$，則對每一 $M > 0$，存在一 $\delta > 0$，使得

$$0 < |x+3| < \delta \Rightarrow \dfrac{1}{(x+3)^4} > M.$$

故 $\lim\limits_{x \to -3} \dfrac{1}{(x+3)^4} = \infty$.

定理 1.16

若 $\lim\limits_{x \to a} f(x) = \infty$ 且 $\lim\limits_{x \to a} g(x) = M$，則

(1) $\lim\limits_{x \to a} [f(x) \pm g(x)] = \infty$.

(2) $\lim\limits_{x \to a} [f(x)g(x)] = \infty$，$\lim\limits_{x \to a} \dfrac{f(x)}{g(x)} = \infty$ (若 $M > 0$).

(3) $\lim\limits_{x \to a} [f(x)g(x)] = -\infty$，$\lim\limits_{x \to a} \dfrac{f(x)}{g(x)} = -\infty$ (若 $M < 0$).

(4) $\lim\limits_{x \to a} \dfrac{g(x)}{f(x)} = 0$.

上面定理中的 $x \to a$ 改成 $x \to a^+$ 或 $x \to a^-$ 時，仍可成立. 對於 $\lim\limits_{x \to a} f(x) = -\infty$，也可得出類似的定理.

【例題 2】　利用定理 1.16

設 $f(x) = \dfrac{x+3}{x^2-4}$，試討論 $\lim\limits_{x \to 2^+} f(x)$ 與 $\lim\limits_{x \to 2^-} f(x)$.

【解】　首先將 $f(x)$ 寫成

$$f(x)=\frac{x+3}{(x-2)(x+2)}=\frac{1}{x-2}\cdot\frac{x+3}{x+2}$$

因 $$\lim_{x\to 2^+}\frac{1}{x-2}=\infty,\ \lim_{x\to 2^+}\frac{x+3}{x+2}=\frac{5}{4}$$

故由定理 1.16(2) 可知

$$\lim_{x\to 2^+}f(x)=\lim_{x\to 2^+}\left(\frac{1}{x-2}\cdot\frac{x+3}{x+2}\right)=\infty$$

因 $$\lim_{x\to 2^-}\frac{1}{x-2}=-\infty,\ \lim_{x\to 2^-}\frac{x+3}{x+2}=\frac{5}{4}$$

故 $$\lim_{x\to 2^-}f(x)=\lim_{x\to 2^-}\left(\frac{1}{x-2}\cdot\frac{x+3}{x+2}\right)=-\infty.$$

定義 1.12 函數圖形的垂直漸近線

若
(1) $\lim\limits_{x\to a^+}f(x)=\infty$ (2) $\lim\limits_{x\to a^-}f(x)=\infty$
(3) $\lim\limits_{x\to a^+}f(x)=-\infty$ (4) $\lim\limits_{x\to a^-}f(x)=-\infty$

中有一者成立，則稱直線 $x=a$ 為函數 f 之圖形的垂直漸近線。

【例題 3】 找垂直漸近線

求函數 $f(x)=\dfrac{x^2+2x-8}{x^2-4}$ 之圖形的垂直漸近線。

【解】 $f(x)=\dfrac{x^2+2x-8}{x^2-4}=\dfrac{(x-2)(x+4)}{(x-2)(x+2)}=\dfrac{x+4}{x+2}$, $x\ne 2$.

對所有異於 $x=2$ 之 x 值，f 之圖形與 $g(x)=\dfrac{x+4}{x+2}$ 之圖形一致。因

$$\lim_{x\to -2^-}\frac{x^2+2x-8}{x^2-4}=-\infty\ \text{且}\ \lim_{x\to -2^+}\frac{x^2+2x-8}{x^2-4}=\infty$$

故 $x=-2$ 為 f 之圖形的垂直漸近線，但 $x=2$ 並非垂直漸近線。如圖 1-17 所示。

$f(x) = \dfrac{x^2+2x-8}{x^2-4}$

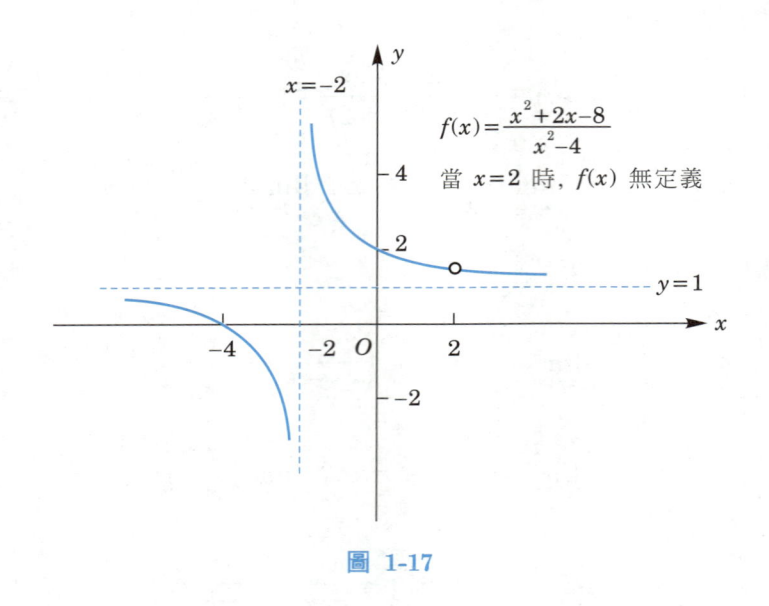

當 $x=2$ 時，$f(x)$ 無定義

圖 1-17

我們從函數 $y=\tan x$ 的圖形可知，當 $x \to \left(\dfrac{\pi}{2}\right)^{-}$ 時，$\tan x \to \infty$；即

$$\lim_{x \to \left(\frac{\pi}{2}\right)^{-}} \tan x = \infty$$

或當 $x \to \left(\dfrac{\pi}{2}\right)^{+}$ 時，$\tan x \to -\infty$；即，

$$\lim_{x \to \left(\frac{\pi}{2}\right)^{+}} \tan x = -\infty$$

這說明了直線 $x=\dfrac{\pi}{2}$ 是一條垂直漸近線．同理，直線 $x=(2n+1)\pi/2$（n 為整數）是所有的垂直漸近線．

另外，自然對數函數 $y=\ln x$ 有一條垂直漸近線．我們可從其圖形得知

$$\lim_{x \to 0^{+}} \ln x = -\infty$$

故直線 $x=0$ （即，y-軸）是一條垂直漸近線．事實上，一般對數函數 $y=\log_a x$ （$a>1$）的圖形有一條垂直漸近線 $x=0$ （即，y-軸）．

【例題 4】 利用 $\lim\limits_{x \to 0^{+}} \ln x = -\infty$

求 $\lim\limits_{x \to 0^{+}} \dfrac{\ln x}{1+(\ln x)^2}$．

【解】
$$\lim_{x \to 0^+} \frac{\ln x}{1+(\ln x)^2} = \lim_{x \to 0^+} \frac{\frac{1}{\ln x}}{\frac{1}{(\ln x)^2}+1}$$

$$= \frac{\lim_{x \to 0^+} \frac{1}{\ln x}}{\lim_{x \to 0^+} \left[\frac{1}{(\ln x)^2}+1\right]}$$

$$= \frac{0}{0+1} = 0.$$

二、在正或負無限大處的極限

現在，考慮 $f(x)=1+\dfrac{1}{x}$，可知

$$f(100)=1.01$$
$$f(1000)=1.001$$
$$f(10000)=1.0001$$
$$f(100000)=1.00001$$

換句話說，當 x 為正且夠大時，$f(x)$ 趨近 1，記為

$$\lim_{x \to \infty}\left(1+\frac{1}{x}\right)=1$$

同理，

$$f(-100)=0.99$$
$$f(-1000)=0.999$$
$$f(-10000)=0.9999$$
$$f(-100000)=0.99999$$
$$\vdots \qquad \vdots$$

當 x 為負且 $|x|$ 夠大時，$f(x)$ 趨近 1，記為

$$\lim_{x \to -\infty}\left(1+\frac{1}{x}\right)=1.$$

定義 1.13　直觀的定義

設函數 f 定義在開區間 (a, ∞)，且令 L 為一實數．

$$\lim_{x \to \infty} f(x) = L$$

的意義為：當 x 充分大時，$f(x)$ 的值可任意靠近 L．

$\lim_{x \to \infty} f(x) = L$ 常讀作：

"當 x 趨近無限大時，$f(x)$ 的極限為 L"．
或"當 x 變成無限大時，$f(x)$ 的極限為 L"．
或"當 x 無限遞增時，$f(x)$ 的極限為 L"．

此定義的幾何說明如圖 1-18 所示．

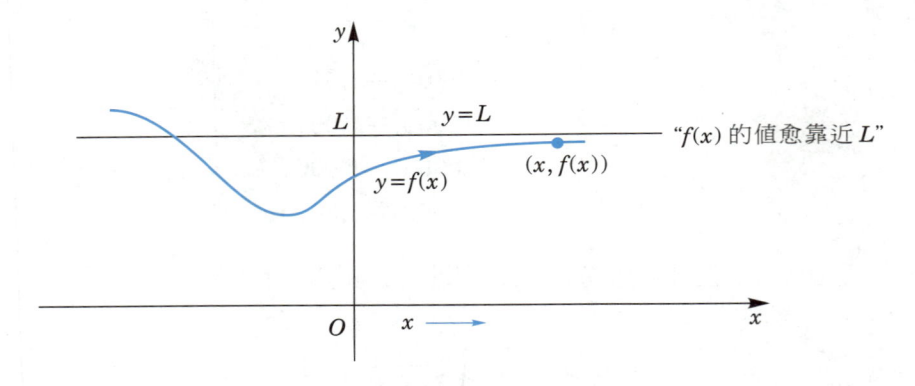

圖 1-18　$\lim_{x \to \infty} f(x) = L$

定義 1.14　嚴密的定義

設函數 f 定義在開區間 (a, ∞)，且 L 為一實數．

$$\lim_{x \to \infty} f(x) = L \text{ 的意義如下：}$$

對每一 $\varepsilon > 0$，存在一 $N > 0$，使得

若 $x > N$，則 $|f(x) - L| < \varepsilon$．

此定義的幾何說明如圖 1-19 所示．

圖 1-19 $\lim_{x \to \infty} f(x) = L$

定義 1.15　直觀的定義

設函數 f 定義在開區間 $(-\infty, a)$，且令 L 為一實數。

$$\lim_{x \to -\infty} f(x) = L$$

的意義為：當 x 充分小時，$f(x)$ 的值可任意趨近 L。

$\lim_{x \to -\infty} f(x) = L$ 可讀作：

"當 x 趨近負無限大時，$f(x)$ 的極限為 L"。
或"當 x 變成負無限大時，$f(x)$ 的極限為 L"。
或"當 x 無限遞減時，$f(x)$ 的極限為 L"。

此定義的幾何說明如圖 1-20 所示。

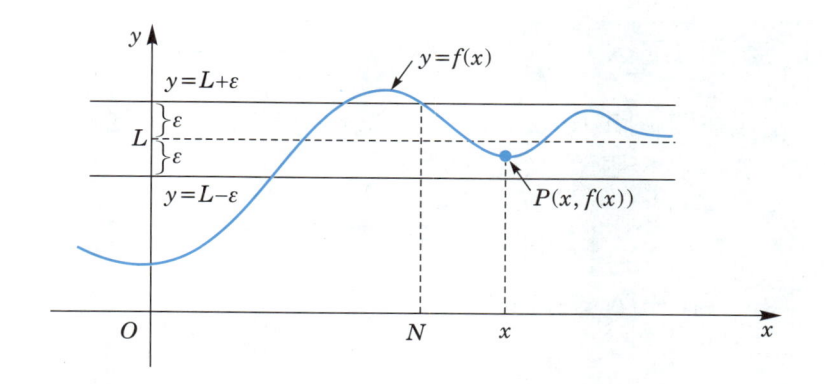

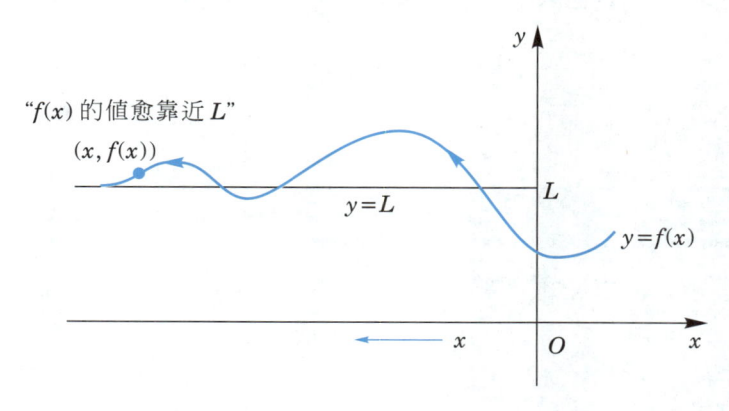

圖 1-20　$\lim_{x \to -\infty} f(x) = L$

定義 1.16　嚴密的定義

設函數 f 定義在開區間 $(-\infty, a)$，且 L 為一實數。當 x 變成負無限大 (或無限遞減) 時，$f(x)$ 的極限為 L，記為

$$\lim_{x \to -\infty} f(x) = L, \text{ 其意義如下：}$$

對每一 $\varepsilon > 0$，存在一 $N < 0$，使得

若 $x < N$，則 $|f(x) - L| < \varepsilon$。

此定義的幾何說明如圖 1-21 所示。

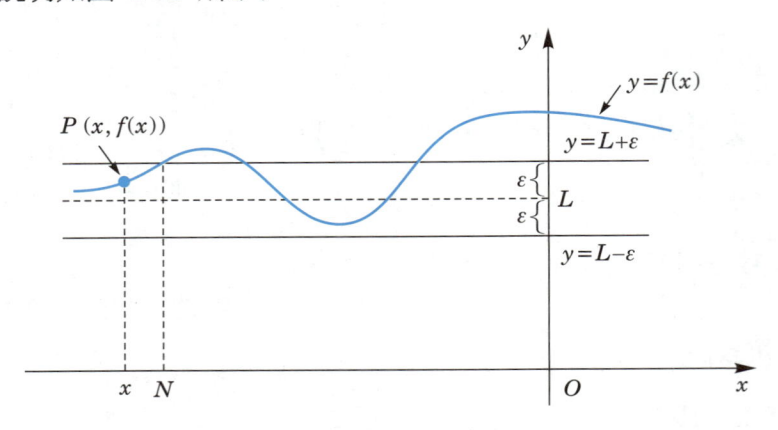

圖 1-21　$\lim\limits_{x \to -\infty} f(x) = L$

定理 1.3 對 $x \to \infty$ 或 $x \to -\infty$ 的情形仍然成立。同理，定理 1.7 與夾擠定理對 $x \to \infty$ 或 $x \to -\infty$ 的情形也成立。我們不用證明也可得知

$$\lim_{x \to \infty} c = c, \quad \lim_{x \to -\infty} c = c$$

此處 c 為常數。

定理 1.17

若 r 為正有理數，c 為任意實數，則

(1) $\lim\limits_{x \to \infty} \dfrac{c}{x^r} = 0$　　(2) $\lim\limits_{x \to -\infty} \dfrac{c}{x^r} = 0$

此處假設 x^r 有定義。

【例題 5】 利用定義 1.14

試證：$\lim\limits_{x \to \infty} \dfrac{1}{x^n} = 0$，其中 $n > 0$。

【解】
$$\left| \dfrac{1}{x^n} - 0 \right| < \varepsilon \Leftrightarrow \dfrac{1}{x^n} < \varepsilon \ (因\ x > 0)$$

$$\Leftrightarrow x^n > \dfrac{1}{\varepsilon}$$

$$\Leftrightarrow x > \left(\dfrac{1}{\varepsilon} \right)^{1/n} = \varepsilon^{-1/n}$$

$\forall\, \varepsilon > 0$，取 $L = \varepsilon^{-1/n} > 0$，可知

當 $x > L$ 時，$\left| \dfrac{1}{x^n} - 0 \right| < \varepsilon$

故 $\lim\limits_{x \to \infty} \dfrac{1}{x^n} = 0$。

【例題 6】 分子與分母同次

求 $\lim\limits_{x \to \infty} \dfrac{x^2 + x + 1}{3x^2 - 4x + 5}$。

【解】
$$\lim\limits_{x \to \infty} \dfrac{x^2 + x + 1}{3x^2 - 4x + 5} = \lim\limits_{x \to \infty} \dfrac{1 + \dfrac{1}{x} + \dfrac{1}{x^2}}{3 - \dfrac{4}{x} + \dfrac{5}{x^2}}$$

$$= \dfrac{\lim\limits_{x \to \infty} \left(1 + \dfrac{1}{x} + \dfrac{1}{x^2} \right)}{\lim\limits_{x \to \infty} \left(3 - \dfrac{4}{x} + \dfrac{5}{x^2} \right)}$$

$$= \dfrac{\lim\limits_{x \to \infty} 1 + \lim\limits_{x \to \infty} \dfrac{1}{x} + \lim\limits_{x \to \infty} \dfrac{1}{x^2}}{\lim\limits_{x \to \infty} 3 - \lim\limits_{x \to \infty} \dfrac{4}{x} + \lim\limits_{x \to \infty} \dfrac{5}{x^2}}$$

$$= \dfrac{1}{3}.$$

【例題 7】 有理化分子

求 $\lim_{x\to\infty}(\sqrt{x^2+1}-\sqrt{x^2-1})$.

【解】
$$\lim_{x\to\infty}(\sqrt{x^2+1}-\sqrt{x^2-1}) = \lim_{x\to\infty}\frac{(\sqrt{x^2+1}-\sqrt{x^2-1})(\sqrt{x^2+1}+\sqrt{x^2-1})}{\sqrt{x^2+1}+\sqrt{x^2-1}}$$

$$= \lim_{x\to\infty}\frac{(x^2+1)-(x^2-1)}{\sqrt{x^2+1}+\sqrt{x^2-1}}$$

$$= \lim_{x\to\infty}\frac{2}{\sqrt{x^2+1}+\sqrt{x^2-1}}$$

$$= \lim_{x\to\infty}\frac{2/x}{\sqrt{1+\frac{1}{x^2}}+\sqrt{1-\frac{1}{x^2}}}$$

$$= \frac{0}{1+1} = 0.$$

【例題 8】 以 x 同時除分子與分母

求 $\lim_{x\to\infty}\frac{\sqrt{x^2+2}}{3x-5}$.

【解】 我們以 x 同時除分子與分母。在分子中，我們將 x 寫成 $x=\sqrt{x^2}$（因 x 為正值，故 $\sqrt{x^2}=|x|=x$），於是，

$$\lim_{x\to\infty}\frac{\sqrt{x^2+2}}{3x-5} = \lim_{x\to\infty}\frac{\sqrt{x^2+2}/\sqrt{x^2}}{(3x-5)/x} = \lim_{x\to\infty}\frac{\sqrt{1+2/x^2}}{3-5/x}$$

$$= \frac{\lim_{x\to\infty}\sqrt{1+2/x^2}}{\lim_{x\to\infty}(3-5/x)} = \frac{\sqrt{\lim_{x\to\infty}(1+2/x^2)}}{\lim_{x\to\infty}(3-5/x)} = \frac{1}{3}.$$

【例題 9】 以 x 同時除分子與分母或利用代換

求 $\lim_{x\to-\infty}\frac{\sqrt{x^2+2}}{3x-5}$.

【解】 方法 1

我們以 x 同時除分子與分母，但在分子中，我們將 x 寫成 $x=-\sqrt{x^2}$（因 x 為

負值，故 $\sqrt{x^2}=|x|=-x$)，於是，

$$\lim_{x\to-\infty}\frac{\sqrt{x^2+2}}{3x-5}=\lim_{x\to-\infty}\frac{\sqrt{x^2+2}/(-\sqrt{x^2})}{3-5/x}=\lim_{x\to-\infty}\frac{-\sqrt{1+2/x^2}}{3-5/x}=-\frac{1}{3}$$

方法 2：
令 $y=-x$，當 $x\to-\infty$ 時，則 $y\to\infty$

$$\lim_{x\to-\infty}\frac{\sqrt{x^2+2}}{3x-5}=\lim_{y\to\infty}\frac{\sqrt{y^2+2}}{-3y-5}=-\lim_{y\to\infty}\frac{\sqrt{y^2+2}}{3y+5}$$

$$=-\lim_{y\to\infty}\frac{\sqrt{1+\frac{2}{y^2}}}{3+\frac{5}{y}}=-\frac{1}{3}.$$

【例題 10】 作代換

求 $\lim\limits_{x\to-\infty}\dfrac{x\sqrt{-x}}{\sqrt{1-9x^3}}$.

【解】 令 $y=-x$，則當 $x\to-\infty$ 時，$y\to\infty$.

$$\lim_{x\to-\infty}\frac{x\sqrt{-x}}{\sqrt{1-9x^3}}=\lim_{y\to\infty}\frac{-y\sqrt{y}}{\sqrt{1+9y^3}}=-\lim_{y\to\infty}\frac{\sqrt{y^3}}{\sqrt{1+9y^3}}=-\lim_{y\to\infty}\sqrt{\frac{y^3}{1+9y^3}}$$

$$=-\lim_{y\to\infty}\sqrt{\frac{1}{\frac{1}{y^3}+9}}=-\frac{1}{3}.$$

【例題 11】 利用夾擠定理

求 (1) $\lim\limits_{x\to\infty}\dfrac{[\![x]\!]}{x}$ (2) $\lim\limits_{x\to\infty}\dfrac{\sin x}{x}$.

【解】
(1) 依高斯函數的定義，可知 $x-1<[\![x]\!]\leq x$，故

$$\frac{x-1}{x}<\frac{[\![x]\!]}{x}\leq\frac{x}{x}=1\text{ (因 }x>0)$$

又 $\lim\limits_{x\to\infty}\dfrac{x-1}{x}=1$，故依夾擠定理可得 $\lim\limits_{x\to\infty}\dfrac{[\![x]\!]}{x}=1$。

(2) 因 $-1\leqslant\sin x\leqslant 1$，可知 $-\dfrac{1}{x}\leqslant\dfrac{\sin x}{x}\leqslant\dfrac{1}{x}$ $(x>0)$，又 $\lim\limits_{x\to\infty}\dfrac{1}{x}=0$，故依夾擠定理可得 $\lim\limits_{x\to\infty}\dfrac{\sin x}{x}=0$。

【例題 12】 作代換

求 $\lim\limits_{x\to\infty}\sin\left(\dfrac{\pi x}{2-3x}\right)$。

【解】 令 $t=\dfrac{1}{x}$，則

$$\lim_{x\to\infty}\sin\left(\dfrac{\pi x}{2-3x}\right)=\lim_{t\to 0^+}\sin\left(\dfrac{\dfrac{\pi}{t}}{2-\dfrac{3}{t}}\right)$$

$$=\lim_{t\to 0^+}\sin\left(\dfrac{\pi}{2t-3}\right)$$

$$=\sin\left(\lim_{t\to 0^+}\dfrac{\pi}{2t-3}\right)$$

$$=\sin\left(-\dfrac{\pi}{3}\right)=-\dfrac{\sqrt{3}}{2}.$$

定理 1.18

若

$$f(x)=a_nx^n+a_{n-1}x^{n-1}+a_{n-2}x^{n-2}+\cdots+a_1x+a_0\ (a_n\neq 0)$$

$$g(x)=b_mx^m+b_{m-1}x^{m-1}+b_{m-2}x^{m-2}+\cdots+b_1x+b_0\ (b_m\neq 0)$$

則

$$\lim_{x\to\pm\infty}\dfrac{f(x)}{g(x)}=\begin{cases}\pm\infty, & \text{若 } n>m\\ \dfrac{a_n}{b_m}, & \text{若 } n=m\\ 0, & \text{若 } n<m\end{cases}$$

【例題 13】 有理函數在正無限大處的極限

(1) $\lim\limits_{x \to \infty} \dfrac{2x^4 - 3x^2 + 4x + 6}{3x^4 + x^3 - x^2 + 2x + 1} = \dfrac{2}{3}.$

(2) $\lim\limits_{x \to \infty} \dfrac{3x^3 + x^2 + 2x + 4}{4x^4 + x^3 + x} = 0.$

定義 1.17 函數圖形的水平漸近線

若 (1) $\lim\limits_{x \to \infty} f(x) = L$ (2) $\lim\limits_{x \to -\infty} f(x) = L$

中有一者成立，則稱直線 $y = L$ 為函數 f 之圖形的水平漸近線．

【例題 14】 求水平漸近線

求 $f(x) = \dfrac{2x^2}{x^2 + 1}$ 之圖形的水平漸近線．

【解】 因 $\lim\limits_{x \to \infty} f(x) = \lim\limits_{x \to \infty} \dfrac{2x^2}{x^2 + 1} = \lim\limits_{x \to \infty} \dfrac{2}{1 + \dfrac{1}{x^2}} = 2$

故直線 $y = 2$ 為 f 之圖形的水平漸近線．

【例題 15】 求水平漸近線

求 $f(x) = \dfrac{2x}{\sqrt{x^2 + 5}}$ 之圖形的水平漸近線．

【解】

(1) 因 $\lim\limits_{x \to \infty} f(x) = \lim\limits_{x \to \infty} \dfrac{2x}{\sqrt{x^2 + 5}} = \lim\limits_{x \to \infty} \dfrac{2}{\sqrt{1 + \dfrac{5}{x^2}}} = 2,$

故直線 $y = 2$ 為 f 之圖形的水平漸近線．

(2) 因 $\lim\limits_{x \to -\infty} f(x) = \lim\limits_{x \to -\infty} \dfrac{2x}{\sqrt{x^2 + 5}} = \lim\limits_{x \to -\infty} \dfrac{\dfrac{2x}{x}}{\sqrt{x^2 + 5}/(-\sqrt{x^2})}$

$$= \lim_{x \to -\infty} \frac{2}{-\sqrt{1+\dfrac{5}{x^2}}} = -2$$

故直線 $y=-2$ 為 f 之圖形的水平漸近線.

我們從自然指數函數 $y=e^x$ 的圖形可知

$$\lim_{x \to -\infty} e^x = 0$$

故其圖形有一條水平漸近線 $y=0$ (即, x-軸). 事實上, 一般指數函數 $y=a^x$ $(a>0)$ 的圖形有一條水平漸近線 $y=0$ (即, x-軸).

【例題 16】 作代換

求 (1) $\lim\limits_{x \to \infty} e^{-x}$　(2) $\lim\limits_{x \to \infty} \dfrac{e^x+e^{-x}}{e^x-e^{-x}}$

【解】

(1) 令 $t=-x$, 則當 $x \to \infty$ 時, $t \to -\infty$, 故

$$\lim_{x \to \infty} e^{-x} = \lim_{t \to -\infty} e^t = 0$$

(2) $\lim\limits_{x \to \infty} \dfrac{e^x+e^{-x}}{e^x-e^{-x}} = \lim\limits_{x \to \infty} \dfrac{1+e^{-2x}}{1-e^{-2x}}$

$$= \frac{\lim\limits_{x \to \infty} (1+e^{-2x})}{\lim\limits_{x \to \infty} (1-e^{-2x})}$$

$$= \frac{1+0}{1-0} = 1$$

【例題 17】 作代換

求 (1) $\lim\limits_{x \to 0^-} e^{1/x}$　(2) $\lim\limits_{x \to \infty} e^{-x^2}$.

【解】

(1) 令 $t=\dfrac{1}{x}$, 則當 $x \to 0^-$ 時, $t \to -\infty$, 故

$$\lim_{x \to 0^-} e^{1/x} = \lim_{t \to -\infty} e^t = 0$$

(2) 令 $t=-x^2$，則當 $x\to\infty$ 時，$t\to-\infty$，故

$$\lim_{x\to\infty} e^{-x^2} = \lim_{t\to-\infty} e^t = 0$$

定義 1.18　函數圖形的斜漸近線

若 $\lim\limits_{x\to\infty}[f(x)-(mx+b)]=0$ 或 $\lim\limits_{x\to-\infty}[f(x)-(mx+b)]=0$ $(m\neq 0)$ 成立，則稱直線 $y=mx+b$ 為 f 之圖形的斜漸近線。

此定義的幾何意義，即，當 $x\to\infty$ 或 $x\to-\infty$ 時，介於圖形上點 $(x,f(x))$ 與直線上點 $(x,mx+b)$ 之間的垂直距離趨近於零，如圖 1-22 所示。

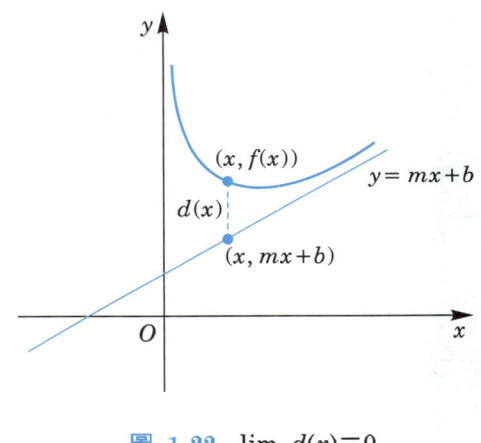

圖 1-22　$\lim\limits_{x\to\infty} d(x)=0$

若 $f(x)=\dfrac{P(x)}{Q(x)}$ 為一有理函數，且 $P(x)$ 的次數較 $Q(x)$ 的次數多 1，則 f 之圖形有一條斜漸近線。欲知理由，我們可利用長除法，得到 $f(x)=\dfrac{P(x)}{Q(x)}=mx+b+\dfrac{G(x)}{Q(x)}$，此處餘式 $G(x)$ 的次數小於 $Q(x)$ 的次數。又 $\lim\limits_{x\to\infty}\dfrac{G(x)}{Q(x)}=0$，$\lim\limits_{x\to-\infty}\dfrac{G(x)}{Q(x)}=0$，此告訴我們，當 $x\to\infty$ 或 $x\to-\infty$ 時，$f(x)=\dfrac{P(x)}{Q(x)}$ 的圖形接近斜漸近線 $y=mx+b$。

【例題 18】　求斜漸近線

求 $f(x)=\dfrac{x^2+x-1}{x-1}$ 之圖形的斜漸近線.

【解】 首先將 $f(x)$ 化成

$$f(x)=x+2+\dfrac{1}{x-1}$$

則 $\lim\limits_{x\to\infty}[f(x)-(x+2)]=\lim\limits_{x\to\infty}\dfrac{1}{x-1}=0$,

故直線 $y=x+2$ 為斜漸近線.

我們亦可利用下列二式求得 m 與 b 之值, 以決定函數圖形之斜漸近線.

(1) 先求 $m=\lim\limits_{x\to\pm\infty}\dfrac{f(x)}{x}$.

(2) 再求 $b=\lim\limits_{x\to\pm\infty}(f(x)-mx)$.

【例題 19】 **斜漸近線的另一求法**

求曲線 $f(x)=\sqrt{x^2-x+6}$ 的漸近線.

【解】 因 $\lim\limits_{x\to\pm\infty}f(x)=\lim\limits_{x\to\pm\infty}\sqrt{x^2-x+6}=\infty$, 故無水平漸近線.

設 $y=mx+b$ 為曲線之斜漸近線, 則

$$m=\lim\limits_{x\to\infty}\dfrac{f(x)}{x}=\lim\limits_{x\to\infty}\dfrac{\sqrt{x^2-x+6}}{x}=1.$$

$$b=\lim\limits_{x\to\infty}(f(x)-mx)=\lim\limits_{x\to\infty}(\sqrt{x^2-x+6}-x)=\lim\limits_{x\to\infty}\dfrac{x^2-x+6-x^2}{\sqrt{x^2-x+6}+x}$$

$$=\lim\limits_{x\to\infty}\dfrac{-x+6}{\sqrt{x^2-x+6}+x}=\lim\limits_{x\to\infty}\dfrac{-1+\dfrac{6}{x}}{\sqrt{1-\dfrac{1}{x}+\dfrac{6}{x^2}}+1}=-\dfrac{1}{2}.$$

故曲線的斜漸近線為 $y=x-\dfrac{1}{2}$.

同理, 可求得曲線的另一條斜漸近線為 $y=-x+\dfrac{1}{2}$.

三、在正或負無限大處的無窮極限

符號 $\lim\limits_{x \to \infty} f(x) = \infty$ 的意義為：當 x 充分大時，$f(x)$ 的值變成任意大。其他的符號還有：

$$\lim_{x \to -\infty} f(x) = \infty, \lim_{x \to \infty} f(x) = -\infty, \lim_{x \to -\infty} f(x) = -\infty$$

例如：$\lim\limits_{x \to \infty} x^3 = \infty$，$\lim\limits_{x \to -\infty} x^3 = -\infty$，$\lim\limits_{x \to \infty} \sqrt{x} = \infty$，$\lim\limits_{x \to \infty}(x + \sqrt{x}) = \infty$，

$\lim\limits_{x \to -\infty} \sqrt[3]{x} = -\infty$，$\lim\limits_{x \to \infty} e^x = \infty$，$\lim\limits_{x \to \infty} \ln x = \infty$。

【例題 20】 在正無限大處的無窮極限

求 (1) $\lim\limits_{x \to \infty}(x^2 - x)$　　(2) $\lim\limits_{x \to \infty}(x - \sqrt{x})$。

【解】

(1) 注意，我們不可寫成

$$\lim_{x \to \infty}(x^2 - x) = \lim_{x \to \infty} x^2 - \lim_{x \to \infty} x = \infty - \infty$$

極限定理無法適用於無窮極限，因為 ∞ 不是一個數（$\infty - \infty$ 無法定義）。但是，我們可以寫成

$$\lim_{x \to \infty}(x^2 - x) = \lim_{x \to \infty} x(x - 1) = \infty。$$

(2) $\lim\limits_{x \to \infty}(x - \sqrt{x}) = \lim\limits_{x \to \infty} \sqrt{x}(\sqrt{x} - 1) = \infty$。

【例題 21】 在正無限大處的極限

求 $\lim\limits_{x \to \infty} \dfrac{\ln x}{1 + (\ln x)^2}$。

【解】 $\lim\limits_{x \to \infty} \dfrac{\ln x}{1 + (\ln x)^2} = \lim\limits_{x \to \infty} \dfrac{\dfrac{1}{\ln x}}{\dfrac{1}{(\ln x)^2} + 1} = \dfrac{\lim\limits_{x \to \infty} \dfrac{1}{\ln x}}{\lim\limits_{x \to \infty}\left[\dfrac{1}{(\ln x)^2} + 1\right]}$

$= \dfrac{0}{0 + 1} = 0$。

【例題 22】 在正無限大處的極限

求 $\lim_{x \to \infty} \tan^{-1}(x - x^2)$.

【解】 $\lim_{x \to \infty} \tan^{-1}(x - x^2) = \lim_{x \to \infty} \tan^{-1}[x(1-x)]$

令 $t = x(1-x)$，則當 $x \to \infty$ 時，$1 - x \to -\infty$，因而 $t \to -\infty$.

所以，$\lim_{x \to \infty} \tan^{-1}(x - x^2) = \lim_{t \to -\infty} \tan^{-1} t = -\dfrac{\pi}{2}$.

習題 1.5

求 1~26 題中的極限.

1. $\lim\limits_{x \to \infty} \dfrac{3x^2 + 2x + 1}{5x^2 - x + 2}$

2. $\lim\limits_{x \to -\infty} \dfrac{2x + 1}{x^2 - 2x - 1}$

3. $\lim\limits_{t \to \infty} \sqrt[3]{\dfrac{3t^7 - 4t^5}{2t^7 + 1}}$

4. $\lim\limits_{x \to \infty} \left(\sqrt{x + \sqrt{x + \sqrt{x}}} - \sqrt{x} \right)$

5. $\lim\limits_{y \to -\infty} \dfrac{2 - y}{\sqrt{7 + 6y^2}}$

6. $\lim\limits_{x \to \infty} \dfrac{\sqrt{3x^4 + x}}{x^2 - 8}$

7. $\lim\limits_{x \to -\infty} \dfrac{\sqrt{3x^4 + x}}{x^2 - 8}$

8. $\lim\limits_{x \to \infty} \dfrac{4x + 5}{[\![x]\!] + 6}$

9. $\lim\limits_{x \to \infty} \left(\sqrt{x^2 + x} - x \right)$

10. $\lim\limits_{x \to \infty} \left(\sqrt{x^2 + ax} - x \right)$

11. $\lim\limits_{x \to \infty} \left(\sqrt{x^2 + ax} - \sqrt{x^2 + bx} \right)$

12. $\lim\limits_{x \to -\infty} \dfrac{1 + \sqrt[5]{x}}{1 - \sqrt[5]{x}}$

13. $\lim\limits_{x \to \infty} \dfrac{[\![x]\!] - 3}{2x + 1}$

14. $\lim\limits_{x \to -\infty} \left(\sqrt{x^2 + 3x - 1} - \sqrt{x^2 - 3x - 1} \right)$

15. $\lim\limits_{x \to \infty} \left(\sqrt[3]{x + 1} - \sqrt[3]{x} \right)$

16. $\lim\limits_{x \to \infty} x \left[\!\!\left[\dfrac{1}{x} \right]\!\!\right]$

17. $\lim\limits_{x \to \infty} \dfrac{\sin^2 x}{x^2}$

18. $\lim\limits_{x \to -\infty} \dfrac{\cos\left(\dfrac{1}{x}\right)}{1 + \dfrac{1}{x}}$

19. $\lim\limits_{x\to\infty} \csc^{-1}\left(\dfrac{x+1}{x-1}\right)$ 20. $\lim\limits_{x\to\infty} \dfrac{2x+\sin 2x}{x}$

21. $\lim\limits_{x\to-\infty} \dfrac{2-x}{x+\cos x}$ 22. $\lim\limits_{x\to\infty} [\ln(2+x)-\ln(1+x)]$

23. $\lim\limits_{x\to\infty} \sin^{-1}\left(\dfrac{x+3}{2x+1}\right)$ 24. $\lim\limits_{x\to-\infty} \cos\left(\dfrac{\pi x^2}{3+2x^2}\right)$

25. $\lim\limits_{x\to\infty} \tan^{-1}(x^2-x^4)$ 26. $\lim\limits_{x\to-\infty} \dfrac{e^x+e^{-x}}{e^x-e^{-x}}$

試利用夾擠定理求 27～28 題的極限。

27. $\lim\limits_{\theta\to\infty} \dfrac{\theta-\cos\theta}{\theta}$ 28. $\lim\limits_{x\to\infty} e^{-x}\cos x$

在 29～43 題中，找出各函數圖形的所有漸近線。

29. $f(x)=\dfrac{2x}{(x+2)^2}$ 30. $f(x)=\dfrac{2x^2-3}{x^2-1}$ 31. $f(x)=\dfrac{1}{x^2-2}$

32. $f(x)=\dfrac{x^2-2}{x^2+5}$ 33. $f(x)=\dfrac{2x}{\sqrt{x^2+5}}$ 34. $f(x)=\dfrac{2x^2-x-1}{x-2}$

35. $f(x)=\dfrac{8-x^3}{2x^2}$ 36. $f(x)=\sqrt[3]{x^3-9x}$ 37. $f(x)=\csc x$

38. $f(x)=\cot^{-1}\left(\dfrac{x}{2}\right)$ 39. $f(x)=\ln(x-5)$ 40. $f(x)=\csc^{-1} x$

41. $f(x)=4-2^x$ 42. $f(x)=\dfrac{1}{2}e^{-x}-1$ 43. $f(x)=2+\dfrac{\sin x}{x}$

44. 試證：一函數的圖形最多有兩條相異的水平漸近線。

45. 若 $\lim\limits_{x\to\infty}(\sqrt{x^4+x^3+1}-ax^2-bx-c)=0$，求常數 a、b 與 c 的值。

46. 已知 $\lim\limits_{x\to\infty}(\sqrt{x^2-x+3}-ax-b)=0$，求 a 與 b 的值。

第 2 章　代數函數的導函數

本章學習目標

- 瞭解什麼是導數以及導數之幾何意義
- 瞭解單邊導數的觀念
- 瞭解可微分與連續的關係
- 熟悉導函數的基本公式
- 瞭解變化率之意義
- 熟悉高階導函數之運算
- 瞭解增量與微分以及線性近似
- 熟悉連鎖法則
- 瞭解隱函數微分法
- 能夠求反函數的導函數並瞭解幾何意義

2-1 導函數

在介紹過極限與連續的觀念之後，從本章開始，正式進入微分學的範疇．在本章中，我們將詳述導函數——它是研究變化率的基本數學工具——的觀念．

首先，我們考慮如何求在曲線 C 上一點 P 之切線的斜率．若 $P(a, f(a))$ 與 $Q(x, f(x))$ 為函數 f 之圖形上的相異兩點，則連接 P 與 Q 之割線的斜率為

$$m_{\overleftrightarrow{PQ}} = \frac{f(x)-f(a)}{x-a} \tag{2-1}$$

(見圖 2-1(i))．若令 x 趨近 a，則 Q 將沿著 f 的圖形趨近 P，且通過 P 與 Q 的割線將趨近在 P 的切線 L．於是，當 x 趨近 a 時，割線的斜率將趨近切線的斜率 m，所以，由 (2-1) 式，知

$$m = \lim_{x \to a} \frac{f(x)-f(a)}{x-a} \tag{2-2}$$

另外，若令 $h = x - a$，則 $x = a + h$，而當 $x \to a$ 時，$h \to 0$．於是，(2-2) 式又可寫成

$$m = \lim_{h \to 0} \frac{f(a+h)-f(a)}{h} \tag{2-3}$$

(見圖 2-1(ii))．

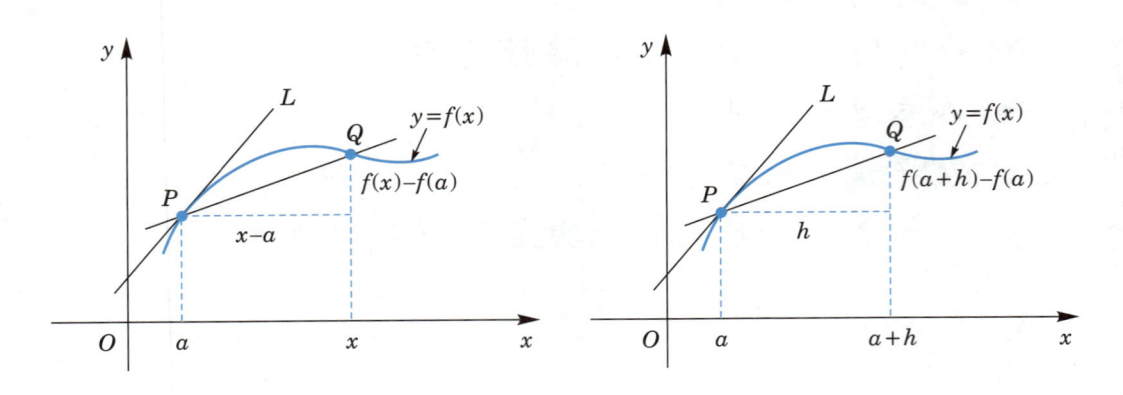

(i) $m_{\overleftrightarrow{PQ}} = \dfrac{f(x)-f(a)}{x-a}$　　　　(ii) $m_{\overleftrightarrow{PQ}} = \dfrac{f(a+h)-f(a)}{h}$

圖 2-1

定義 2.1

若 $P(a, f(a))$ 為函數 f 的圖形上一點，則在點 P 之切線的斜率為

$$m = \lim_{h \to 0} \frac{f(a+h) - f(a)}{h}$$

倘若上面的極限存在.

由點斜式知，曲線 $y = f(x)$ 在點 $(a, f(a))$ 的切線方程式為

$$y - f(a) = f'(a)(x - a)$$

或

$$y = f(a) + f'(a)(x - a) \tag{2-4}$$

而法線方程式為

$$y = f(a) - \frac{1}{f'(a)}(x - a) \tag{2-5}$$

【例題 1】 **利用斜率求切線方程式**

設 $f(x) = x^2$，試求在 f 的圖形上點 $(2, 4)$ 之切線的斜率與切線方程式.

【解】 利用定義 2.1，可得

$$m = \lim_{h \to 0} \frac{f(2+h) - f(2)}{h} = \lim_{h \to 0} \frac{(2+h)^2 - 2^2}{h} = \lim_{h \to 0} \frac{4h + h^2}{h} = \lim_{h \to 0} (4 + h) = 4$$

故利用點斜式可得切線方程式為

$$y - 4 = 4(x - 2) \quad \text{或} \quad 4x - y - 4 = 0.$$

定義 2.2

函數 f 在 a 的導數，記為 $f'(a)$，定義如下：

$$f'(a) = \lim_{h \to 0} \frac{f(a+h) - f(a)}{h} \quad \text{或} \quad f'(a) = \lim_{x \to a} \frac{f(x) - f(a)}{x - a}$$

倘若極限存在.

若 $f'(a)$ 存在，則稱函數 f 在 a 為可微分或有導數. 若在開區間 (a, b) 或 $(a,$

∞) 或 (−∞, a) 或 (−∞, ∞) 中之每一數皆為可微分，則稱在該區間為**可微分**。特別注意，若函數 f 在 a 為可微分，則由定義 2.1 與定義 2.2 可知

$$f'(a) = \lim_{h \to 0} \frac{f(a+h) - f(a)}{h} = m$$

換句話說，$f'(a)$ 為曲線 $y = f(x)$ 在點 $(a, f(a))$ 的切線的斜率．

【例題 2】 利用導數的定義

若 $f(x) = \dfrac{x(1+x)(2+x)(3+x)}{(1-x)(2-x)(3-x)}$，求 $f'(0)$．

【解】 利用定義 2.2，

$$\begin{aligned}
f'(0) &= \lim_{x \to 0} \frac{f(x) - f(0)}{x - 0} \\
&= \lim_{x \to 0} \frac{\dfrac{x(1+x)(2+x)(3+x)}{(1-x)(2-x)(3-x)}}{x} \\
&= \lim_{x \to 0} \frac{(1+x)(2+x)(3+x)}{(1-x)(2-x)(3-x)} \\
&= \frac{1 \cdot 2 \cdot 3}{1 \cdot 2 \cdot 3} = 1
\end{aligned}$$

【例題 3】 利用導數的定義

若 $f'(a)$ 存在，求

(1) $\lim\limits_{h \to 0} \dfrac{f(a+2h) - f(a)}{h}$　　(2) $\lim\limits_{h \to 0} \dfrac{f(a-h) - f(a)}{h}$

【解】

(1) $\lim\limits_{h \to 0} \dfrac{f(a+2h) - f(a)}{h} = 2 \lim\limits_{h \to 0} \dfrac{f(a+2h) - f(a)}{2h}$

$= 2 \lim\limits_{t \to 0} \dfrac{f(a+t) - f(a)}{t}$

$= 2f'(a)$

(2) $\displaystyle\lim_{h\to 0}\frac{f(a-h)-f(a)}{h}=-\lim_{h\to 0}\frac{f(a-h)-f(a)}{-h}$

$\displaystyle\qquad\qquad\qquad\quad=-\lim_{t\to 0}\frac{f(a+t)-f(a)}{t}$

$\displaystyle\qquad\qquad\qquad\quad=-f'(a)$

定義 2.3

函數 f' 稱為函數 f 的**導函數**，定義如下：

$$f'(x)=\lim_{h\to 0}\frac{f(x+h)-f(x)}{h}$$

倘若上面的極限存在。

在定義 2.3 中，f' 的定義域是由使得該極限存在之所有 x 所組成的集合，但與 f 之定義域不一定相同。

【例題 4】 比較函數與其導函數的定義域

若 $f(x)=\sqrt{x-1}$，求 $f'(x)$，並比較 f 與 f' 的定義域。

【解】 $\displaystyle f'(x)=\lim_{h\to 0}\frac{f(x+h)-f(x)}{h}=\lim_{h\to 0}\frac{\sqrt{x+h-1}-\sqrt{x-1}}{h}$

$\displaystyle\qquad=\lim_{h\to 0}\frac{(\sqrt{x+h-1}-\sqrt{x-1})(\sqrt{x+h-1}+\sqrt{x-1})}{h(\sqrt{x+h-1}+\sqrt{x-1})}$

$\displaystyle\qquad=\lim_{h\to 0}\frac{x+h-1-(x-1)}{h(\sqrt{x+h-1}+\sqrt{x-1})}=\lim_{h\to 0}\frac{1}{\sqrt{x+h-1}+\sqrt{x-1}}$

$\displaystyle\qquad=\frac{1}{2\sqrt{x-1}}$

f 的定義域為 $D_f=\{x|x\geq 1\}$，而 f' 的定義域為 $D_{f'}=\{x|x>1\}$。

【例題 5】 利用導函數的定義

假設函數 f 對於所有實數 x 及 y，滿足下列條件：

(1) $f(x+y)=f(x)f(y)$；(2) $f(x)=1+xg(x)$，此處 $\lim\limits_{x\to 0}g(x)=1$.

試證：$f'(x)=f(x)$.

【解】 $f'(x)=\lim\limits_{h\to 0}\dfrac{f(x+h)-f(x)}{h}=\lim\limits_{h\to 0}\dfrac{f(x)f(h)-f(x)}{h}=f(x)\lim\limits_{h\to 0}\dfrac{f(h)-1}{h}$

$=f(x)\lim\limits_{h\to 0}\dfrac{hg(h)}{h}=f(x)\lim\limits_{h\to 0}g(h)=f(x)\cdot 1=f(x)$.

求導函數的過程稱為微分，其方法稱為微分法。通常，在自變數為 x 的情形下，常用的微分算子有 $\dfrac{d}{dx}$ 與 D_x，當它作用到函數 f 上時，就產生了新函數 f'。因而，$f'(x)=\dfrac{d}{dx}f(x)=\dfrac{df(x)}{dx}=D_xf(x)$。$\dfrac{d}{dx}f(x)$ 或 $D_xf(x)$ 唸成"f 對 x 的導函數"或"f 對 x 微分"。若函數寫成 $y=f(x)$ 的形式，則 $f'(x)$ 又可寫成 y'，$\dfrac{dy}{dx}$ 或 D_xy。

註：符號 $\dfrac{dy}{dx}$ 是由萊布尼茲所提出。

又，我們對函數 f 在 a 的導數 $f'(a)$ 常常寫成如下：

$$f'(a)=f'(x)|_{x=a}=D_xf(x)|_{x=a}=\dfrac{d}{dx}f(x)\bigg|_{x=a}$$

故依定義 2.3，函數 f 在 a 的導數 $f'(a)$ 即為導函數 f' 在 a 的值。

【例題 6】 利用導數的定義

求一函數 f 及實數 a 使得

$$\lim\limits_{h\to 0}\dfrac{(2+h)^6-64}{h}=f'(a).$$

【解】 令 $f(x)=x^6$，則

$$\lim\limits_{h\to 0}\dfrac{f(2+h)-f(2)}{h}=\lim\limits_{h\to 0}\dfrac{(2+h)^6-64}{h}=f'(2)$$

故 $f(x)=x^6$，$a=2$.

第 2 章 代數函數的導函數

【例題 7】 利用導數的定義

設 $f(x)=\dfrac{(x^5-1)(x^2-4)(x+1)}{x-4}$，試求 $f'(2)$。

【解】 因 $f(x)$ 之分子含有 (x^2-4)，故使用 $f'(a)=\lim\limits_{x\to a}\dfrac{f(x)-f(a)}{x-a}$ 去求 $f'(2)$ 較方便。

$$f'(2)=\lim_{x\to 2}\dfrac{f(x)-f(2)}{x-2}=\lim_{x\to 2}\dfrac{\dfrac{(x^5-1)(x^2-4)(x+1)}{x-4}-0}{x-2}$$

$$=\lim_{x\to 2}\dfrac{(x^5-1)(x+2)(x+1)}{x-4}=\dfrac{(31)(4)(3)}{-2}=-186.$$

我們在前面曾討論到，若 $\lim\limits_{h\to 0}\dfrac{f(a+h)-f(a)}{h}$ 存在，則定義此極限為 $f'(a)$。如果我們只限制 $h\to 0^+$ 或 $h\to 0^-$，此時就產生**單邊導數**的觀念了。

定義 2.4

(1) 若 $\lim\limits_{h\to 0^+}\dfrac{f(a+h)-f(a)}{h}$ 或 $\lim\limits_{x\to a^+}\dfrac{f(x)-f(a)}{x-a}$ 存在，則稱此極限為 f 在 a 的**右導數**，記為：

$$f'_+(a)=\lim_{h\to 0^+}\dfrac{f(a+h)-f(a)}{h} \quad \text{或} \quad f'_+(a)=\lim_{x\to a^+}\dfrac{f(x)-f(a)}{x-a}$$

(2) 若 $\lim\limits_{h\to 0^-}\dfrac{f(a+h)-f(a)}{h}$ 或 $\lim\limits_{x\to a^-}\dfrac{f(x)-f(a)}{x-a}$ 存在，則稱此極限為 f 在 a 的**左導數**，記為：

$$f'_-(a)=\lim_{h\to 0^-}\dfrac{f(a+h)-f(a)}{h} \quad \text{或} \quad f'_-(a)=\lim_{x\to a^-}\dfrac{f(x)-f(a)}{x-a}$$

由定義 2.4，讀者應注意到，若函數 f 在 (a,∞) 為可微分且 $f'_+(a)$ 存在，則稱函數 f 在 $[a,\infty)$ 為可微分。若函數 f 在 $(-\infty,a)$ 為可微分且 $f'_-(a)$ 存在，則稱函數 f 在 $(-\infty,a]$ 為可微分。又，若函數 f 在 (a,b) 為可微分，且 $f'_+(a)$ 與 $f'_-(b)$ 皆存在，則稱 f 在 $[a,b]$ 為可微分。很明顯地，

$$f'(c) \text{ 存在} \Leftrightarrow f'_+(c) \text{ 與 } f'_-(c) \text{ 皆存在，且 } f'_+(c)=f'_-(c).$$

一般，我們所遇到的不可微分處 a 所對應的點 $(a, f(a))$ 有三類（見圖 2-2）：

(1) 尖點（含折角）
(2) 具有垂直切線的點
(3) 不連續點

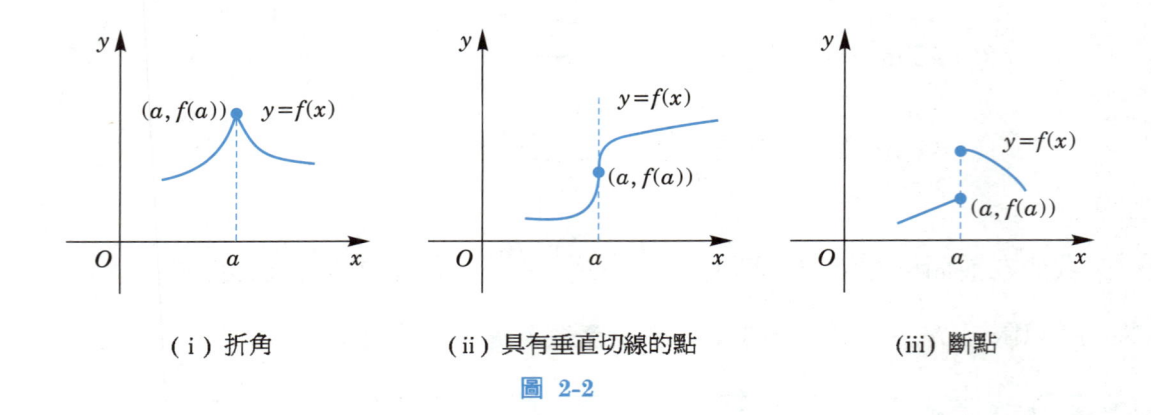

（ⅰ）折角　　　　　　（ⅱ）具有垂直切線的點　　　　　（ⅲ）斷點

圖 2-2

定義 2.5　垂直切線

若函數 f 在 a 為連續，且 $\lim\limits_{x \to a} |f'(x)| = \infty$，則曲線 $y=f(x)$ 在點 $(a, f(a))$ 具有一條 垂直切線，如圖 2-3 所示。

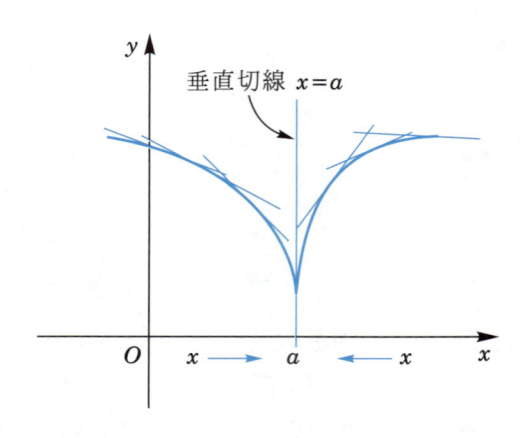

圖 2-3

【例題 8】 垂直切線

試證 $f(x)=x^{1/3}$ 在 $x=0$ 處不可微分，並說明其幾何意義．

【解】 依定義，$f'(a)=\lim\limits_{h\to 0}\dfrac{f(a+h)-f(a)}{h}$，可得

$$f'(0)=\lim_{h\to 0}\dfrac{h^{1/3}}{h}=\lim_{h\to 0}h^{-2/3}=\infty$$

因為 $f'(0)$ 不存在，所以 $f(x)=x^{1/3}$ 在 $x=0$ 不可微分．其幾何意義說明 $f(x)=x^{1/3}$ 的圖形在 $x=0$ 處之切線的斜率為無限大，因此，曲線在原點有一條垂直切線，即 $x=0$ (y-軸)，如圖 2-4 所示．

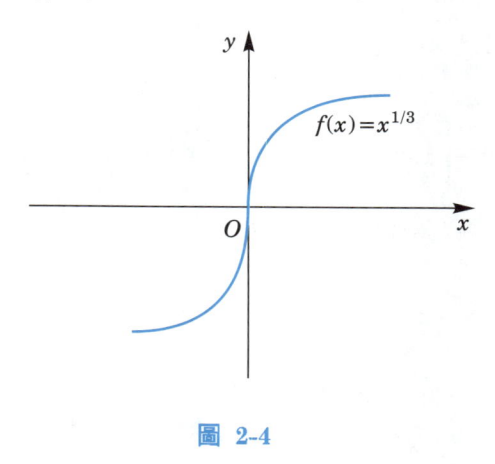

圖 2-4

【例題 9】 右導數不等於左導數

設函數 f 定義如下：

$$f(x)=\begin{cases}-2x^2+4, & \text{若 } x<1 \\ x^2+1, & \text{若 } x\geq 1\end{cases}$$

求 $f'_-(1)$ 與 $f'_+(1)$．f 在 $x=1$ 是否可微分？

【解】 $f'_-(1)=\lim\limits_{x\to 1^-}\dfrac{f(x)-f(1)}{x-1}=\lim\limits_{x\to 1^-}\dfrac{-2x^2+4-2}{x-1}=\lim\limits_{x\to 1^-}\dfrac{-2(x^2-1)}{x-1}=-4$

$f'_+(1)=\lim\limits_{x\to 1^+}\dfrac{f(x)-f(1)}{x-1}=\lim\limits_{x\to 1^+}\dfrac{x^2+1-2}{x-1}=\lim\limits_{x\to 1^+}(x+1)=2$

由於 $f'_-(1)\neq f'_+(1)$，故 $f'(1)$ 不存在，亦即，f 在 $x=1$ 不可微分．但 f 在 $x=1$

為連續.

下面定理說明可微分性蘊涵連續性的關係.

定理 2.1

若函數 f 在 a 為可微分，則 f 在 a 為連續.

證　設 $x \neq a$，則
$$f(x) = \frac{f(x) - f(a)}{x - a}(x - a) + f(a)$$

對上式等號兩邊取極限，可得
$$\lim_{x \to a} f(x) = \left[\lim_{x \to a} \frac{f(x) - f(a)}{x - a}\right][\lim_{x \to a}(x - a)] + \lim_{x \to a} f(a)$$
$$= f'(a) \cdot 0 + f(a) = f(a)$$

故 f 在 a 為連續.

定理 2.1 之逆敘述不一定成立，即，雖然函數 f 在 a 為連續，但不能保證 f 在 a 為可微分．例如，函數 $f(x) = |x|$ 在 $x = 0$ 為連續，但不可微分.

註：若 $f(x)$ 在 $x = a$ 為可微分 $\Rightarrow$ $f(x)$ 在 $x = a$ 為連續 $\Rightarrow$ $\lim\limits_{x \to a} f(x)$ 存在.

【例題 10】　可微分蘊涵函數的連續

求 p 與 q 的值，使函數
$$f(x) = \begin{cases} px + q, & x < a \\ x^2, & x \geq a \end{cases}$$

在 $x = a$ 為可微分.

【解】　若 f 在 $x = a$ 為可微分，則 f 在 $x = a$ 為連續.
$$\lim_{x \to a^+} f(x) = \lim_{x \to a^+} x^2 = a^2$$
$$\lim_{x \to a^-} f(x) = \lim_{x \to a^-} (px + q) = pa + q$$
$$pa + q = a^2 \cdots\cdots\cdots\cdots\cdots\cdots\cdots\cdots\cdots\cdots\cdots\cdots\cdots\cdots\cdots ①$$

$$f'_+(a)=\lim_{x\to a+}\frac{f(x)-f(a)}{x-a}=\lim_{x\to a+}\frac{x^2-a^2}{x-a}=\lim_{x\to a+}(x+a)=2a$$

$$f'_-(a)=\lim_{x\to a-}\frac{f(x)-f(a)}{x-a}=\lim_{x\to a-}\frac{px+q-a^2}{x-a} \quad (由 ① 式得\ a^2=pa+q)$$

$$=\lim_{x\to a-}\frac{px+q-(pa+q)}{x-a}=p$$

$$p=2a \cdots\cdots\cdots\cdots\cdots\cdots\cdots\cdots\cdots\cdots\cdots\cdots\cdots\cdots\cdots\cdots ②$$

① 與 ② 聯立，解得 $p=2a$，$q=-a^2$。

習題 2.1

1. 求 $f(x)=\sqrt{x}$ 的圖形在點 $(4, 2)$ 之切線的斜率。

2. 求 $f(x)=\dfrac{2}{x-2}$ 的圖形在點 $(0, -1)$ 之切線的斜率。

在 3～7 題中，求各曲線在所予點的切線與法線的方程式。

3. $y=2x^2-3x$；$(2, 2)$　　4. $y=\sqrt{x}$；$(4, 2)$　　5. $y=\dfrac{1}{x^2}$；$(1, 1)$

6. $y=\dfrac{1}{\sqrt{x}}$；$\left(\dfrac{1}{2}, \sqrt{2}\right)$　　7. $y=\dfrac{1}{2x}$；$\left(\dfrac{1}{2}, 1\right)$

8. 求曲線 $y=\sqrt{x-1}$ 上切線斜角為 $\dfrac{\pi}{4}$ 之點的坐標。

9. 若 $f'(a)$ 存在，求 $\displaystyle\lim_{x\to a}\dfrac{xf(a)-af(x)}{x-a}$。

10. 若 $f'(a)$ 存在，求 $\displaystyle\lim_{h\to 0}\dfrac{f(a+3h)-f(a-2h)}{h}$。

11. 若 $f(x)=\dfrac{x(1+x)(2+x)\cdots(n+x)}{(1-x)(2-x)\cdots(n-x)}$，求 $f'(0)$。

在 12～17 題中，求各函數的導函數，並確定其定義域。

12. $f(x)=x^2-1$　　13. $f(x)=\dfrac{x}{x-1}$　　14. $f(x)=\sqrt{4-x}$

15. $f(x) = \dfrac{1}{\sqrt{x}}$　　　16. $f(x) = 7x^2 - 5$　　　17. $f(x) = \dfrac{1}{x-2}$

18. (1) 設 $f'(x_0)$ 存在，試證：$\lim\limits_{h \to 0} \dfrac{f(x_0 + h) - f(x_0 - h)}{h} = 2f'(x_0)$.

　　(2) 若 $\lim\limits_{h \to 0} \dfrac{f(x_0 + h) - f(x_0 - h)}{h}$ 存在，則 $f(x)$ 在 $x = x_0$ 處可微分。此一敘述是否成立？若成立，證明它；若不成立，舉例說明之．

19. 已知函數 f 在實數 a 可微分，令 g 定義如下：

$$g(x) = \begin{cases} f(x), & \text{若 } x \leq a \\ f'(a)(x-a) + f(a), & \text{若 } x > a. \end{cases}$$

試證 g 在 a 可微分，並求 $g'(a)$ 的值．

20. 判斷函數 $f(x) = |x^2 - 4|$ 在 $x = 2$ 是否可微分？

21. 判斷函數 $f(x) = x|x|$ 在 $x = 0$ 是否可微分？

22. 試證：$f(x) = \begin{cases} x[\![x]\!], & \text{若 } x < 2 \\ 2x - 2, & \text{若 } x \geq 2 \end{cases}$ 在 $x = 2$ 處不可微分．

23. 設函數 f 對所有 x 及 y，具有下列的性質：

$$f(x+y) = f(x)\,f(y),\ f(0) = f'(0) = 1$$

試證：$f'(x) = f(x)$.

24. 若 $f(x) = [\![|x|]\!]$，求 $f'(3/2)$.

25. 若函數 $f(x) = \begin{cases} x^3, & \text{若 } x \leq 1 \\ x^2 + ax + b, & \text{若 } x > 1 \end{cases}$ 在 $x = 1$ 處可微分，試求 a 與 b 的值．

26. 設 $f : \mathbb{R} \to \mathbb{R}$，且 $f(x+h) = f(x)f(h)$，$f(0) \neq 0$.

　　(1) 試證：$f(0) = 1$.

　　(2) 試證：若 f 在 $x = 0$ 為可微分，則 f 在任意實數 x 皆可微分，且 $f'(x) = f(x)f'(0)$.

27. 設 $f(x) = \dfrac{(3x^2 - 4x + 1)^5}{(2x^4 + 3x^2 - 6)^7}$，求 $f'(1)$.

28. 試證：$g(x) = \begin{cases} x^2 - 2x + 2, & \text{若 } x < 1 \\ -x^2 + 2x + 5, & \text{若 } x \geq 1 \end{cases}$ 在 $x = 1$ 為不連續，亦不可微分．

2-2　求導函數的法則

在求一個函數的導函數時，若依導函數的定義去做，則相當繁雜。在本節中，我們要導出一些法則，而利用這些法則，可以很容易地將導函數求出來。

定理 2.2

若 f 為常數函數，即 $f(x)=k$，則

$$\frac{d}{dx}f(x)=\frac{d}{dx}k=0.$$

證　依導函數的定義，

$$\frac{d}{dx}k=\lim_{h\to 0}\frac{k-k}{h}=\lim_{h\to 0}0=0.$$

定理 2.3　冪法則

若 n 為正整數，則

$$\frac{d}{dx}x^n=nx^{n-1}.$$

證　依定義 2.3，

$$\frac{d}{dx}x^n=\lim_{h\to 0}\frac{(x+h)^n-x^n}{h}$$

利用公式 $a^n-b^n=(a-b)(a^{n-1}+a^{n-2}b+\cdots+ab^{n-2}+b^{n-1})$

故 $\dfrac{d}{dx}x^n=\lim\limits_{h\to 0}\dfrac{h[(x+h)^{n-1}+(x+h)^{n-2}x+\cdots+(x+h)x^{n-2}+x^{n-1}]}{h}$

$\qquad\qquad=\lim\limits_{h\to 0}[(x+h)^{n-1}+(x+h)^{n-2}x+\cdots+(x+h)x^{n-2}+x^{n-1}]$

$\qquad\qquad=nx^{n-1}.$

在定理 2.3 中，若 n 為任意實數時，結論仍可成立，即

$$\frac{d}{dx}x^n = nx^{n-1}, \ n \in \mathbb{R}.$$

定理 2.4　常數倍的導函數

令 c 為一常數，若 f 為可微分函數，則 cf 也為可微分函數，且

$$\frac{d}{dx}[cf(x)] = c\frac{d}{dx}f(x).$$

證　$\displaystyle\frac{d}{dx}[cf(x)] = \lim_{h\to 0}\frac{cf(x+h)-cf(x)}{h} = c\lim_{h\to 0}\frac{f(x+h)-f(x)}{h} = c\frac{d}{dx}f(x).$

定理 2.5　兩函數和的導函數

若 f 與 g 皆為可微分函數，則 $f+g$ 也為可微分函數，且

$$\frac{d}{dx}[f(x)+g(x)] = \frac{d}{dx}f(x) + \frac{d}{dx}g(x).$$

證　$\displaystyle\frac{d}{dx}[f(x)+g(x)] = \lim_{h\to 0}\frac{[f(x+h)+g(x+h)]-[f(x)+g(x)]}{h}$

$\displaystyle\qquad\qquad\qquad\quad = \lim_{h\to 0}\frac{[f(x+h)-f(x)]+[g(x+h)-g(x)]}{h}$

$\displaystyle\qquad\qquad\qquad\quad = \lim_{h\to 0}\frac{f(x+h)-f(x)}{h} + \lim_{h\to 0}\frac{g(x+h)-g(x)}{h}$

$\displaystyle\qquad\qquad\qquad\quad = \frac{d}{dx}f(x) + \frac{d}{dx}g(x).$

利用定理 2.4 與定理 2.5 可得下列的結果：

(1) 若 f 與 g 皆為可微分函數，則 $f-g$ 也為可微分函數，且

$$\frac{d}{dx}[f(x)-g(x)] = \frac{d}{dx}f(x) - \frac{d}{dx}g(x)$$

(2) 若 $f_1, f_2, \cdots, f_n$ 皆為可微分函數，$c_1, c_2, \cdots, c_n$ 皆為常數，則 $c_1f_1+c_2f_2+\cdots+c_nf_n$ 也為可微分函數，且

$$\frac{d}{dx}[c_1f_1(x)+c_2f_2(x)+\cdots+c_nf_n(x)]$$

$$=c_1\frac{d}{dx}f_1(x)+c_2\frac{d}{dx}f_2(x)+\cdots+c_n\frac{d}{dx}f_n(x)$$

【例題 1】 去掉絕對值符號

若 $f(x)=|x^3|$，求 $f'(x)$。

【解】

(1) 當 $x>0$ 時，$f(x)=|x^3|=x^3$，$f'(x)=3x^2$。

(2) 當 $x<0$ 時，$f(x)=|x^3|=-x^3$，$f'(x)=-3x^2$。

(3) 當 $x=0$ 時，依定義，

$$\lim_{x\to 0^+}\frac{f(x)-f(0)}{x-0}=\lim_{x\to 0^+}\frac{x^3}{x}=\lim_{x\to 0^+}x^2=0$$

$$\lim_{x\to 0^-}\frac{f(x)-f(0)}{x-0}=\lim_{x\to 0^-}\frac{-x^3}{x}=\lim_{x\to 0^-}(-x^2)=0$$

可得 $f'(0)=0$。

所以，$f'(x)=\begin{cases}-3x^2, & \text{若 } x<0 \\ 0, & \text{若 } x=0 \\ 3x^2, & \text{若 } x>0\end{cases}$

【例題 2】 去掉絕對值符號

若 $f(x)=|x-1|+|x+2|$，求 $f'(x)$。

【解】 若 $x\geqslant 1$，則 $f(x)=|x-1|+|x+2|=(x-1)+(x+2)=2x+1$

若 $-2<x<1$，則 $f(x)=|x-1|+|x+2|=-(x-1)+x+2=3$

若 $x\leqslant -2$，則 $f(x)=|x-1|+|x+2|=-(x-1)-(x+2)=-2x-1$

綜上討論，

$$f(x)=\begin{cases}-2x-1, & \text{若 } x\leqslant -2 \\ 3, & \text{若 } -2<x<1 \\ 2x+1, & \text{若 } x\geqslant 1\end{cases}$$

所以，$$f'(x)=\begin{cases} -2, & \text{若 } x<-2 \\ 0, & \text{若 } -2<x<1 \\ 2, & \text{若 } x>1 \end{cases}$$

$f'(1)$ 與 $f'(-2)$ 皆不存在．（何故？）

【例題 3】 利用已知斜率

已知直線 $y=x$ 切拋物線 $y=ax^2+bx+c$ 於原點，且該拋物線通過點 $(1, 2)$，求 a, b 與 c．

【解】 依題意，以 $x=0$，$y=0$ 代入 $y=ax^2+bx+c$，可得 $c=0$，因而，$y=ax^2+bx$．再依題意，以 $x=1$，$y=2$ 代入 $y=ax^2+bx$，可得 $a+b=2$．

又，$\dfrac{dy}{dx}=2ax+b$．因直線 $y=x$（其斜率為 1）與拋物線相切於點 $(0, 0)$，故 $\dfrac{dy}{dx}\bigg|_{x=0}=b=1$．因此，$a=1$．

定理 2.6 兩函數積的導函數

若 f 與 g 皆為可微分函數，則 fg 也為可微分函數，且

$$\frac{d}{dx}[f(x)\,g(x)]=f(x)\frac{d}{dx}g(x)+g(x)\frac{d}{dx}f(x).$$

證 $\dfrac{d}{dx}[f(x)\,g(x)]=\lim\limits_{h\to 0}\dfrac{f(x+h)\,g(x+h)-f(x)\,g(x)}{h}$

$=\lim\limits_{h\to 0}\dfrac{f(x+h)\,g(x+h)-f(x+h)\,g(x)+f(x+h)\,g(x)-f(x)\,g(x)}{h}$

$=\lim\limits_{h\to 0}\left[f(x+h)\dfrac{g(x+h)-g(x)}{h}+g(x)\dfrac{f(x+h)-f(x)}{h}\right]$

$=\left[\lim\limits_{h\to 0} f(x+h)\right]\left[\lim\limits_{h\to 0}\dfrac{g(x+h)-g(x)}{h}\right]+\left[\lim\limits_{h\to 0} g(x)\right]\left[\lim\limits_{h\to 0}\dfrac{f(x+h)-f(x)}{h}\right]$

$=f(x)\dfrac{d}{dx}g(x)+g(x)\dfrac{d}{dx}f(x).$

定理 2.6 可以推廣到 n 個函數之乘積的微分．若 $f_1, f_2, \cdots, f_n$ 皆為可微分函數，則 $f_1 f_2 \cdots f_n$ 也為可微分函數，且

$$\frac{d}{dx}(f_1 f_2 \cdots f_n) = \left(\frac{d}{dx} f_1\right) f_2 \cdots f_n + f_1 \left(\frac{d}{dx} f_2\right) f_3 \cdots f_n + \cdots + f_1 f_2 \cdots \left(\frac{d}{dx} f_n\right)$$

$$= f_1 f_2 \cdots f_n \left(\frac{\frac{d}{dx} f_1}{f_1} + \frac{\frac{d}{dx} f_2}{f_2} + \cdots + \frac{\frac{d}{dx} f_n}{f_n}\right)$$

$$= f_1 f_2 \cdots f_n \left(\frac{f_1'}{f_1} + \frac{f_2'}{f_2} + \cdots + \frac{f_n'}{f_n}\right). \tag{2-6}$$

【例題 4】 利用函數積的導函數

若 $f(x) = (5x+6)(4x^3-3x+2)$，求 $f'(x)$．

【解】 $f'(x) = \dfrac{d}{dx}[(5x+6)(4x^3-3x+2)]$

$= (5x+6) \dfrac{d}{dx}(4x^3-3x+2) + (4x^3-3x+2) \dfrac{d}{dx}(5x+6)$

$= (5x+6)(12x^2-3) + 5(4x^3-3x+2)$

$= 80x^3 + 72x^2 - 30x - 8.$

【例題 5】 利用 (2-6) 式

若 $f(x) = (x^2+2)(2x+3)(3x+4)(4x^3+5)$，求 $f'(x)$．

【解】 $f'(x) = \dfrac{d}{dx}[(x^2+2)(2x+3)(3x+4)(4x^3+5)]$

$= (x^2+2)(2x+3)(3x+4)(4x^3+5) \cdot \left(\dfrac{2x}{x^2+2} + \dfrac{2}{2x+3} + \dfrac{3}{3x+4} + \dfrac{12x^2}{4x^3+5}\right).$

定理 2.7　一般冪法則

若 f 為可微分函數，n 為正整數，則 f^n 也為可微分函數，且

$$\frac{d}{dx}[f(x)]^n = n[f(x)]^{n-1} \frac{d}{dx} f(x).$$

本定理在 n 為實數時仍可成立.

證　$\dfrac{d}{dx}[f(x)]^n = \dfrac{d}{dx}\overbrace{f(x)\cdot f(x)\cdot\cdots\cdot f(x)}^{n\text{ 個}}$

$= \overbrace{f(x)\cdot f(x)\cdot\cdots\cdot f(x)}^{n\text{ 個}}\cdot\left(\overbrace{\dfrac{f'(x)}{f(x)}+\dfrac{f'(x)}{f(x)}+\cdots+\dfrac{f'(x)}{f(x)}}^{n\text{ 個}}\right)$ (由 (2-6) 式)

$= [f(x)]^n\left(n\cdot\dfrac{f'(x)}{f(x)}\right) = n[f(x)]^{n-1}f'(x).$

【例題 6】　利用一般冪法則

若 $f(x)=(x^2-2x+5)^{20}$, 求 $f'(x)$.

【解】　$f'(x) = \dfrac{d}{dx}(x^2-2x+5)^{20} = 20(x^2-2x+5)^{19}\dfrac{d}{dx}(x^2-2x+5)$

$= 40(x^2-2x+5)^{19}(x-1).$

【例題 7】　利用一般冪法則

若 $y = x^2\sqrt{1-x^2}$, 求 $\dfrac{dy}{dx}$.

【解】　$\dfrac{dy}{dx} = \dfrac{d}{dx}(x^2\sqrt{1-x^2})$

$= x^2\dfrac{d}{dx}[(1-x^2)^{1/2}] + (1-x^2)^{1/2}\dfrac{d}{dx}x^2$

$= x^2\left[\dfrac{1}{2}(1-x^2)^{-1/2}(-2x)\right] + (1-x^2)^{1/2}(2x)$

$= -x^3(1-x^2)^{-1/2} + 2x(1-x^2)^{1/2}$

$= x(1-x^2)^{-1/2}[-x^2+2(1-x^2)]$

$= x(1-x^2)^{-1/2}(2-3x^2)$

$= \dfrac{x(2-3x^2)}{\sqrt{1-x^2}}.$

【例題 8】 利用一般冪法則

若 $y = \sqrt{x + \sqrt{x}}$，求 $\dfrac{dy}{dx}$。

【解】
$$\frac{dy}{dx} = \frac{d}{dx}\sqrt{x+\sqrt{x}} = \frac{1}{2}(x+\sqrt{x})^{-1/2}\frac{d}{dx}(x+\sqrt{x})$$

$$= \frac{1}{2\sqrt{x+\sqrt{x}}}\left(1+\frac{d}{dx}\sqrt{x}\right) = \frac{1}{2\sqrt{x+\sqrt{x}}}\left(1+\frac{1}{2\sqrt{x}}\right)$$

$$= \frac{2\sqrt{x}+1}{4\sqrt{x}\sqrt{x+\sqrt{x}}}$$

定理 2.8　兩函數商的導函數

若 f 與 g 皆為可微分函數，且 $g(x) \neq 0$，則 $\dfrac{f}{g}$ 也為可微分函數，且

$$\frac{d}{dx}\left[\frac{f(x)}{g(x)}\right] = \frac{g(x)\dfrac{d}{dx}f(x) - f(x)\dfrac{d}{dx}g(x)}{[g(x)]^2}.$$

證
$$\frac{d}{dx}\left[\frac{f(x)}{g(x)}\right] = \lim_{h\to 0}\frac{\dfrac{f(x+h)}{g(x+h)} - \dfrac{f(x)}{g(x)}}{h} = \lim_{h\to 0}\frac{f(x+h)g(x) - f(x)g(x+h)}{h\,g(x)\,g(x+h)}$$

$$= \lim_{h\to 0}\frac{f(x+h)g(x) - f(x)g(x) - f(x)g(x+h) + f(x)g(x)}{h\,g(x)\,g(x+h)}$$

$$= \lim_{h\to 0}\frac{\left[g(x)\dfrac{f(x+h)-f(x)}{h}\right] - \left[f(x)\dfrac{g(x+h)-g(x)}{h}\right]}{g(x)\,g(x+h)}$$

$$= \frac{[\lim_{h\to 0}g(x)]\left[\lim_{h\to 0}\dfrac{f(x+h)-f(x)}{h}\right] - [\lim_{h\to 0}f(x)]\left[\lim_{h\to 0}\dfrac{g(x+h)-g(x)}{h}\right]}{[\lim_{h\to 0}g(x)][\lim_{h\to 0}g(x+h)]}$$

$$= \frac{g(x)\frac{d}{dx}f(x) - f(x)\frac{d}{dx}g(x)}{[g(x)]^2}.$$

【例題 9】 利用函數商的導函數

若 $y = \frac{2-x^3}{1+x^4}$，求 $\frac{dy}{dx}$。

【解】 $\frac{dy}{dx} = \frac{d}{dx}\left(\frac{2-x^3}{1+x^4}\right) = \frac{(1+x^4)\frac{d}{dx}(2-x^3) - (2-x^3)\frac{d}{dx}(1+x^4)}{(1+x^4)^2}$

$$= \frac{(1+x^4)(-3x^2) - 4x^3(2-x^3)}{(1+x^4)^2} = \frac{x^2(x^4 - 8x - 3)}{(1+x^4)^2}.$$

若函數 f 的導函數 f' 為可微分，即，f 為**二次可微分**，則 f' 的導函數記為 f''，稱為 f 的**二階導函數**。只要有可微分性，我們就可以將導函數的微分過程繼續下去而求得 f 的三、四、五、甚至更高階的導函數。它們皆為**高階導函數**。f 的依次導函數記為

f' (f 的一階導函數)

$f'' = (f')'$ (f 的二階導函數)

$f''' = (f'')'$ (f 的三階導函數)

$f^{(4)} = (f''')'$ (f 的四階導函數)

$f^{(5)} = (f^{(4)})'$ (f 的五階導函數)

$\vdots$ $\vdots$

$f^{(n)} = (f^{(n-1)})'$ (f 的 n 階導函數)

在 f 為 x 之函數的情形下，若利用算子 D_x 與 $\frac{d}{dx}$ 來表示，則

$$f'(x) = D_x f(x) = \frac{d}{dx}f(x)$$

$$f''(x) = D_x(D_x f(x)) = D_x^2 f(x) = \frac{d}{dx}\left(\frac{d}{dx}f(x)\right) = \frac{d^2}{dx^2}f(x)$$

$$f'''(x) = D_x(D_x^2 f(x)) = D_x^3 f(x) = \frac{d}{dx}\left(\frac{d^2}{dx^2}f(x)\right) = \frac{d^3}{dx^3}f(x)$$

$$\vdots \qquad \vdots$$

$$f^{(n)}(x) = D_x^n f(x) = \frac{d^n}{dx^n} f(x), \text{ 此唸成 "} f \text{ 對 } x \text{ 的 } n \text{ 階導函數"}.$$

若 $y=f(x)$，則 y 的依次導函數可記為

$$y', \ y'', \ y''', \ y^{(4)}, \ \cdots, \ y^{(n)}, \ \cdots$$

或 $\quad D_x y, \ D_x^2 y, \ D_x^3 y, \ D_x^4 y, \ \cdots, \ D_x^n y, \ \cdots$

或 $\quad \dfrac{dy}{dx}, \ \dfrac{d^2 y}{dx^2}, \ \dfrac{d^3 y}{dx^3}, \ \dfrac{d^4 y}{dx^4}, \ \cdots, \ \dfrac{d^n y}{dx^n}, \ \cdots$

在論及函數 f 的高階導函數時，為方便起見，通常規定 $f^{(0)}=f$，即 f 的零階導函數為其本身．

【例題 10】 求二階導數

若 $f(3)=-4$，$f'(3)=2$，且 $f''(3)=5$，求 $\dfrac{d^2}{dx^2}[f(x)]^2 \bigg|_{x=3}$．

【解】 因 $\dfrac{d^2}{dx^2}[f(x)]^2 = \dfrac{d}{dx}\left(\dfrac{d}{dx}[f(x)]^2\right) = \dfrac{d}{dx}[2f(x)f'(x)]$

$$= 2\left[f(x)\dfrac{d}{dx}f'(x) + f'(x)\dfrac{d}{dx}f(x)\right]$$

$$= 2[f(x)f''(x) + (f'(x))^2]$$

故 $\dfrac{d^2}{dx^2}[f(x)]^2 \bigg|_{x=3} = 2[f(3)f''(3) + (f'(3))^2]$

$$= 2[(-4)5 + 2^2] = -32.$$

【例題 11】 求高階導數

設 $f(x) = \dfrac{1-x}{1+x}$，求 $f^{(100)}(2)$．

【解】 $f(x) = \dfrac{1-x}{1+x} = \dfrac{2-(1+x)}{1+x} = 2(1+x)^{-1} - 1$

$$f'(x) = -2(1+x)^{-2}$$
$$f''(x) = (-2)(-2)(1+x)^{-3}$$
$$f'''(x) = (-2)(-2)(-3)(1+x)^{-4}$$
$$\vdots$$
$$f^{(n)}(x) = (-2)(-2)(-3)(-4)\cdots(1+x)^{-(n+1)}$$
$$= 2(-1)^n \, n! \, (1+x)^{-(n+1)}, \quad n \in \mathbf{N}$$

故 $f^{(100)}(2) = 2(-1)^{100} \, 100! \, (1+2)^{-101} = 2 \cdot 100! \, (3)^{-101}$.

習題 2.2

在 1～11 題中，求各函數的一階導函數．

1. $f(x) = 6x^3 - 5x^2 + x + 9$
2. $f(x) = (x^3 + x - 7)(2x^2 + 3)$
3. $f(x) = \sqrt{\dfrac{x+1}{x-2}}$
4. $f(t) = \dfrac{8t + 15}{t^2 - 2t + 3}$
5. $g(x) = \dfrac{1}{1 + x + x^2 + x^3}$
6. $h(x) = \dfrac{x^2 + 2}{\sqrt{x^2 + 4}}$
7. $f(x) = (1+x)(2+x^2)^{1/2}(3+x^3)^{1/3}$
8. $g(z) = (z+1)(2z^3 - 5z - 1)(6z^2 + 7)$
9. $f(x) = x(x^2 + 1)^4$
10. $f(x) = \left(\dfrac{3x^2 - 1}{2x + 1}\right)^3$
11. $f(x) = (5x^2 - 4x + 1)^6$
12. 若 $f(x) = |x+1| + |x-5| - |4x-3|$，求 $f'(-5)$．
13. 若 $y = |x+1| + |x-5|$，求 $\dfrac{dy}{dx}$．
14. 兩拋物線 $y = x^2 + ax + b$ 與 $y = cx - x^2$ 在點 $(1, 0)$ 有一條公切線，求 a、b 與 c．
15. (1) 試證：$\dfrac{d}{dx}|x| = \dfrac{x}{|x|} = \dfrac{|x|}{x}$ $(x \neq 0)$．　(2) 求 $\dfrac{d}{dx}\left(\dfrac{|x|}{x}\right)$．
16. 設 $f(x) = \begin{cases} x^2, & x \leq 1 \\ ax + b, & x > 1 \end{cases}$，且 $f'(1)$ 存在，求 a 與 b 的值．
17. 設 $g(x) = \sqrt[3]{x + |x|}$，試求 $g'(x)$．

18. 求切於 $y=3x^2+4x-6$ 上的圖形，且平行於直線 $5x-2y-1=0$ 之切線的方程式。

19. 已知在曲線 $y=x^2+4x+2$ 上某點的切線垂直於直線 $2x-4y+5=0$，求在該點處之切線與法線的方程式。

20. 曲線 $y=f(x)=x^2-2x+5$ 上哪一點的切線垂直於直線 $y=x$？

21. 曲線 $y=x^4-2x^2+2$ 在何處有水平切線？

22. 試求在 $f(x)=\sqrt[3]{(x^2-1)^2}$ 的圖形上使 $f'(x)=0$ 與 $f'(x)$ 不存在之所有點的 x-坐標。

23. 若 $y=\dfrac{\sqrt{x+1}-\sqrt{x}}{\sqrt{x+1}+\sqrt{x}}$，求 $\dfrac{dy}{dx}$。

24. 求切於曲線 $y=4x-x^2$ 且通過點 $(2,5)$ 之切線的方程式。

25. 令 $P(a,b)$ 為第一象限中曲線 $y=\dfrac{1}{x}$ 上的一點，且在 P 的切線交 x-軸於 A，試證三角形 AOP 為等腰，並求其面積。

26. 如右圖所示，蒼蠅停在點 $(3,0)$ 處，而蜘蛛自左至右沿著曲線 $y=5-x^2$ 的頂端爬行，求它們第一次互相看見時的距離。

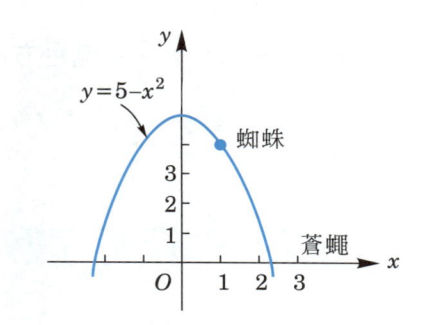

27. 求下列各題的 $\dfrac{dy}{dx}$ 與 $\dfrac{d^2y}{dx^2}$。

　(1) $y=\dfrac{1}{x^2}$　　(2) $y=x-\sqrt{x}$　　(3) $y=(1+\sqrt{x})^3$

　(4) $y=(3x-2)^{4/3}$　(5) $y=x^2+\sqrt{x+1}$。

28. 若 $f(x)=\dfrac{x}{x^2+1}$，求 $f''(2)$。

29. 若 $f(x)=\dfrac{1-x}{1+x}$，導出 $f^{(n)}(x)$ 的公式，其中 n 為正整數。

30. 若 $f(x)=\sqrt{x}$，導出 $f^{(n)}(x)$ 的公式，其中 n 為正整數。

31. 若 $f(x)=\dfrac{1}{(1-x)^2}$，導出 $f^{(n)}(x)$ 的公式，其中 n 為正整數。

32. 試證：$f(x)=x^{4/3}$ 在 $x=0$ 可微分，但在 $x=0$ 為二次不可微分。

33. 若 $f(x)=\begin{cases} x^2, & 若\ x\leq 1 \\ 2x-1, & 若\ x>1 \end{cases}$，求 $f'(x)$ 與 $f''(x)$.

34. 若 $f(x)=x^4-x^3-6x^2+7x$，求 f' 之圖形上一點 $P(2, 3)$ 的切線方程式與法線方程式.

35. 設 $f(x)=x^8-2x+3$ 且 $x_0=2$，求

$$\lim_{h\to 0}\frac{f'(x_0+h)-f'(x_0)}{h}.$$

36. 試證：$y=x^3+3x+1$ 滿足方程式 $y'''+xy''-2y'=0$.

37. 試證：若 $x\neq 0$，則 $y=\dfrac{1}{x}$ 滿足方程式 $x^3y''+x^2y'-xy=0$.

38. 試證：$y=ax+\dfrac{b}{x}$ 滿足方程式 $x^2y''+xy'-y=0$.

39. 已知 $f(x)=|x^2-x|$，求 $f''(x)$ 並作其圖形.

∑ 2-3 視導函數為變化率

　　大部分在日常生活中遇到的量皆隨時間而改變，特別是在科學研究的領域中．舉例來說，化學家或許會對某物在水中的溶解速率感到興趣，電子工程師或許希望知道電路中電流的變化率，生物學家可能正在研究培養基中細菌增加或減少的速率，除此，尚有許多其它自然科學領域以外的例子．

定義 2.6

設 $w=f(t)$ 為可微分函數，且 t 代表時間.
(1) $w=f(t)$ 在時間區間 $[t, t+h]$ 上的**平均變化率**為

$$\frac{f(t+h)-f(t)}{h}$$

(2) $w=f(t)$ 對 t 的 (瞬時) **變化率**為

$$\frac{dw}{dt}=f'(t)=\lim_{h\to 0}\frac{f(t+h)-f(t)}{h}.$$

【例題 1】 平均變化率與變化率

一科學家發現某物被加熱 t 分鐘後的攝氏溫度為 $f(t)=30t+6\sqrt{t}+8$，其中 $0 \leq t \leq 5$。

(1) 求 $f(t)$ 在時間區間 $[4, 4.41]$ 上的平均變化率。
(2) 求 $f(t)$ 在 $t=4$ 的變化率。

【解】

(1) f 在 $[4, 4.41]$ 上的平均變化率為

$$\frac{f(4.41)-f(4)}{0.41} = \frac{30(4.41)+6\sqrt{4.41}+8-(120+12+8)}{0.41}$$

$$= \frac{12.9}{0.41} \approx 31.46 \ °C/分$$

(2) 因 f 在 t 的變化率為 $f'(t)=30+\dfrac{3}{\sqrt{t}}$，故

$$f'(4)=30+\frac{3}{2}=31.5 \ °C/分。$$

利用變化率的觀念，我們可以研究質點的直線運動。如圖 2-5 所示，L 表坐標線（即 x-軸），O 表原點，若質點 P 在時間 t 的坐標為 $s(t)$，則稱 s 為 P 的**位置函數**。

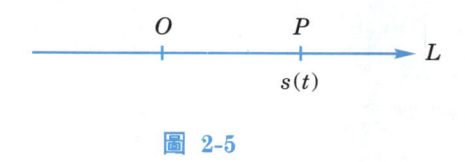

圖 2-5

定義 2.7

令坐標線 L 上一質點 P 在時間 t 的位置為 $s(t)$。
(1) P 的速度函數為 $v(t)=s'(t)$。
(2) P 在時間 t 的速率為 $|v(t)|$。
(3) P 的加速度函數為 $a(t)=v'(t)$。

【例題 2】 求速度與加速度

若沿著直線運動的質點的位置（以呎計）為 $s(t)=4t^2-3t+1$，其中 t 是以秒計，

求它在 $t=2$ 的位置、速度與加速度．

【解】
(1) 在 $t=2$ 的位置為 $s(2)=16-6+1=11$ 呎．
(2) $v(t)=s'(t)=8t-3$ 在 $t=2$ 的速度為 $v(2)=16-3=13$ 呎/秒．
(3) $a(t)=v'(t)=8$，在 $t=2$ 的加速度為 $a(2)=8$ 呎/秒^2．

【例題 3】 求速度與加速度

某砲彈以 400 呎/秒的速度垂直向上發射，在 t 秒後離地面的高度 (以呎計) 為 $s(t)=-16t^2+400t$，求該砲彈撞擊地面的時間與速度．它達到的最大高度為何？在任何時間 t 的加速度為何？

【解】 設砲彈的路徑在垂直坐標線上，原點在地上，而向上為正．
由 $-16t^2+400t=0$ 可得 $t=25$，因此，砲彈在 25 秒末撞擊地面．在時間 t 的速度為 $v(t)=s'(t)=-32t+400$，故 $v(25)=-400$ 呎/秒．最大高度發生在 $s'(t)=0$ 之時，即 $-32t+400=0$，解得 $t=25/2$．所以，最大高度為 $s(25/2)=-16(25/2)^2+400(25/2)=2500$ 呎．

最後，在任何時間的加速度為 $a(t)=v'(t)=-32$ 呎/秒^2．

我們可以研究對於除了時間以外的其它變數的變化率，如下面定義所述．

定義 2.8

設 $y=f(x)$ 為可微分函數．
(1) y 在區間 $[x, x+h]$ 上對 x 的平均變化率為

$$\frac{f(x+h)-f(x)}{h}.$$

(2) y 對 x 的變化率為

$$\frac{dy}{dx}=f'(x)=\lim_{h\to 0}\frac{f(x+h)-f(x)}{h}.$$

【例題 4】 求變化率

在某一電路中，電流 (以安培計) 為 $I=\dfrac{100}{R}$，其中 R 為電阻 (以歐姆計)．當電

阻為 20 歐姆時，求 $\dfrac{dI}{dR}$．

【解】 因 $\dfrac{dI}{dR}=-\dfrac{100}{R^2}$，故當 $R=20$ 歐姆時，

$$\dfrac{dI}{dR}=-\dfrac{100}{400}=-\dfrac{1}{4} \text{ 安培/歐姆．}$$

習題 2.3

1. 當一圓球形氣球充氣時，其半徑（以厘米計）在時間 t（以分計）時為 $r(t)=3\sqrt[3]{t+8}$，$0\leqslant t\leqslant 10$．試問在 $t=8$ 時，
   (1) $r(t)$　　(2) 氣球的體積　　(3) 表面積
   對時間 t 的變化率為何？

2. 氣體的波義耳定律為 $PV=k$，其中 P 表壓力，V 表體積，k 為常數．假設在時間 t（以分計）時，壓力為 $20+2t$ 克/平方厘米，其中 $0\leqslant t\leqslant 10$，若在 $t=0$ 時，體積為 60 立方厘米．試問在 $t=5$ 時，體積對 t 的變化率為何？

3. 一砲彈以 144 呎/秒的速度垂直向上發射，在 t 秒末的高度（以呎計）為 $s(t)=144t-16t^2$，試問 t 秒末的速度與加速度為何？3 秒末的速度與加速度為何？最大高度為何？

4. 一球沿斜面滾下，在 t 秒內滾動的距離（以吋計）為 $s(t)=5t^2+2$．試問 1 秒末，2 秒末的速度為何？何時速度可達 28 吋/秒？

5. 作直線運動之質點的位置函數為 $s(t)=2t^3-15t^2+48t-10$，其中 t 是以秒計，$s(t)$ 是以米計，求它在速度為 12 米/秒時的加速度，並求加速度為 10 米/秒^2 時的速度．

6. 光源的照度 I 與光源的強度 S 成正比，而與距該光源的距離 d 的平方成反比．當在 2 呎處時，照度為 120 單位．試問在 20 呎處時，I 對 d 的變化率為何？

7. 試證：圓的半徑對其周長的變化率與該圓的大小無關．

8. 試證：球體積對其半徑的變化率為其表面積．

9. 已知華氏溫度 F 與攝氏溫度 C 的關係為 $C=\dfrac{5}{9}(F-32)$，求 F 對 C 的變化率．

10. 若總額為 P_0 的資金以年利率 $100r$ % 投資，按月計息，則在一年後的本金為

$$P=P_0\left(1+\dfrac{r}{12}\right)^{12}$$

當 $P_0=1000$ 元，$r=0.12$ 時，求 P 對 r 的變化率．

11. 在光學中，$\dfrac{1}{f}=\dfrac{1}{p}+\dfrac{1}{q}$，其中 f 為凸透鏡的焦距，p 與 q 分別為物與像到透鏡的距離。若 f 固定，求 q 對 p 的變化率的一般公式。

12. 一個電阻器的電阻 $R=6000+0.002\,T^2$（單位為歐姆），其中 T 為溫度（°C）。若其溫度以 0.2 °C/秒增加，試求當 $T=120$ °C 時，電阻的變化率為若干？

13. 已知一串聯交流電路的共振頻率為

$$f=\dfrac{1}{2\pi\sqrt{LC}}$$

其中 L 與 C 分別表電路的電感與容量，試求 f 對 C 的變化率，假設 L 為常數。

14. 在電路中，某一點的瞬時電流 $I=\dfrac{dq}{dt}$，其中 q 為電量（庫倫），t 為時間（秒），求 $q=1000t^3+50t$ 在 $t=0.01$ 秒時的 I（安培）。

15. 假設在 t 秒內流過一電線的電荷為 $\dfrac{1}{3}t^3+4t$，求 2 秒末電流的安培數。一條 20 安培的保險絲於何時燒斷？

∑ 2-4　連鎖法則

我們已討論了有關函數之和、差、積及商的導函數。在本節中，我們要利用**連鎖法則**來討論如何求得兩個（或兩個以上）可微分函數之合成函數的導函數。

定理 2.9　連鎖法則

若 $y=f(u)$ 與 $u=g(x)$ 皆為可微分函數，則合成函數 $y=(f\circ g)(x)=f(g(x))$ 為可微分，且

$$\dfrac{d}{dx}f(g(x))=f'(g(x))g'(x) \tag{2-7}$$

上式亦可用**萊布尼茲**符號表成

$$\dfrac{dy}{dx}=\dfrac{dy}{du}\dfrac{du}{dx} \tag{2-8}$$

在公式 (2-7) 中，我們稱 f 為"外函數"而 g 為"內函數"。因此，$f(g(x))$ 的導

函數為外函數在內函數的導函數乘以內函數的導函數．

公式 (2-8) 很容易記憶，因為，若我們"消去"右邊的 du，則恰好得到左邊的結果．當使用 x、y 與 u 以外的變數時，此"消去"方式提供一個很好的方法去記憶．

【例題 1】 利用連鎖法則

求 $\dfrac{d}{dx}[(2x^2+3x+1)^5]$．

【解】 令 $f(x)=x^5$ 且 $g(x)=2x^2+3x+1$（於是，$f(g(x))=(2x^2+3x+1)^5$），則 $f'(x)=5x^4$，$g'(x)=4x+3$，故由公式 (2-7)，可得

$$\dfrac{d}{dx}[(2x^2+3x+1)^5]=\dfrac{d}{dx}[f(g(x))]=f'(g(x))\,g'(x)$$
$$=5[g(x)]^4\,g'(x)$$
$$=5(2x^2+3x+1)^4(4x+3)$$

【例題 2】 利用連鎖法則

若 $y=u^3+1$，$u=\dfrac{1}{x^2}$，求 $\dfrac{dy}{dx}$．

【解】 $\dfrac{dy}{dx}=\dfrac{dy}{du}\cdot\dfrac{du}{dx}=\dfrac{d}{du}(u^3+1)\,\dfrac{d}{dx}\left(\dfrac{1}{x^2}\right)$

$$=(3u^2)\left(-\dfrac{2}{x^3}\right)$$
$$=3\left(\dfrac{1}{x^2}\right)^2\left(-\dfrac{2}{x^3}\right)$$
$$=-\dfrac{6}{x^7}$$

【例題 3】 先去掉絕對值符號

已知 $y=|x^2-1|$，求 $\dfrac{dy}{dx}$．

【解】 $\dfrac{dy}{dx}=\dfrac{d}{dx}|x^2-1|=\dfrac{d}{dx}\sqrt{(x^2-1)^2}=\dfrac{1}{2}[(x^2-1)^2]^{-1/2}\dfrac{d}{dx}(x^2-1)^2$

$$= \frac{1}{2}[(x^2-1)^2]^{-1/2} \cdot 2(x^2-1) \cdot 2x = \frac{2x(x^2-1)}{\sqrt{(x^2-1)^2}} = \frac{2x(x^2-1)}{|x^2-1|}, \quad x \neq \pm 1$$

【例題 4】 利用連鎖法則

若 $y = f\left(\dfrac{2x-1}{x+1}\right)$ 且 $f'(x) = x^2$，求 $\dfrac{dy}{dx}$。

【解】 $\dfrac{dy}{dx} = \dfrac{d}{dx} f\left(\dfrac{2x-1}{x+1}\right) = f'\left(\dfrac{2x-1}{x+1}\right) \dfrac{d}{dx}\left(\dfrac{2x-1}{x+1}\right)$

$$= f'\left(\frac{2x-1}{x+1}\right) \frac{(x+1)(2)-(2x-1)}{(x+1)^2} = f'\left(\frac{2x-1}{x+1}\right) \frac{3}{(x+1)^2}$$

$$= \left(\frac{2x-1}{x+1}\right)^2 \frac{3}{(x+1)^2} = \frac{3(2x-1)^2}{(x+1)^4}.$$

若 y 為 u 的可微分函數，u 為 v 的可微分函數，u 為 x 的可微分函數，則 y 為 x 的可微分函數，且

$$\frac{dy}{dx} = \frac{dy}{du} \frac{du}{dv} \frac{dv}{dx} \tag{2-9}$$

或可寫成

$$\frac{d}{dx} f(g(h(x))) = f'(g(h(x)))\, g'(h(x))\, h'(x) \tag{2-10}$$

例如，$y = [3+(x^3-2x)^5]^8$，

令　$y = f(u) = u^8$（"外層"函數），

　　$u = g(v) = 3 + v^5$（"中層"函數），

　　$v = h(x) = x^3 - 2x$（"內層"函數），

則 $y = f(g(h(x)))$，且 $\dfrac{dy}{dx} = \underbrace{8(3+(x^3-2x)^5)^7}_{\frac{dy}{du}} \underbrace{(5(x^3-2x)^4)}_{\frac{du}{dv}} \underbrace{(3x^2-2)}_{\frac{dv}{dx}}$。

【例題 5】 利用連鎖法則

若 $y = u^3 - 1$，$u = -\dfrac{2}{v}$，$v = x^3$，求 $\dfrac{dy}{dx}$。

【解】 $\dfrac{dy}{dx}=\dfrac{dy}{du}\dfrac{du}{dv}\dfrac{dv}{dx}=(3u^2)(2v^{-2})(3x^2)$

$=3\left(-\dfrac{2}{v}\right)^2(2)(x^3)^{-2}(3x^2)=3\left(-\dfrac{2}{x^3}\right)^2(6x^{-4})=72x^{-10}$

【例題 6】 利用連鎖法則

若 $y=\sqrt{x+\sqrt{x+\sqrt{x}}}$，求 $\dfrac{dy}{dx}$。

【解】 $\dfrac{dy}{dx}=\dfrac{d}{dx}\sqrt{x+\sqrt{x+\sqrt{x}}}=\dfrac{1}{2}(x+\sqrt{x+\sqrt{x}})^{-1/2}\dfrac{d}{dx}(x+\sqrt{x+\sqrt{x}})$

$=\dfrac{1}{2\sqrt{x+\sqrt{x+\sqrt{x}}}}\left(1+\dfrac{1}{2}(x+\sqrt{x})^{-1/2}\dfrac{d}{dx}(x+\sqrt{x})\right)$

$=\dfrac{1}{2\sqrt{x+\sqrt{x+\sqrt{x}}}}\left(1+\dfrac{1}{2\sqrt{x+\sqrt{x}}}\left(1+\dfrac{1}{2\sqrt{x}}\right)\right)$

$=\dfrac{1+2\sqrt{x}+4\sqrt{x}\sqrt{x+\sqrt{x}}}{8\sqrt{x+\sqrt{x+\sqrt{x}}}\sqrt{x+\sqrt{x}}\sqrt{x}}$。

【例題 7】 利用連鎖法則

已知 $f(0)=0$，$f'(0)=2$，求 $f(f(f(x)))$ 在 $x=0$ 的導數。

【解】 $\dfrac{d}{dx}[f(f(f(x)))]=f'(f(f(x)))\,f'(f(x))\,f'(x)$

故 $\dfrac{d}{dx}[f(f(f(x)))]\Big|_{x=0}=f'(f(f(0)))\,f'(f(0))\,f'(0)=f'(f(0))\,f'(0)(2)$

$=f'(0)(2)(2)=(2)(2)(2)=8$

習題 2.4

1. 求方程式 $y=(2x-1)^{10}$ 的圖形在點 $(1, 1)$ 的切線方程式。

2. 若質量 m 的一物體以速度 v 作直線運動，則其動能 K 為 $K=\dfrac{1}{2}mv^2$。若 v 為

時間 t 的函數，試利用連鎖法則求 $\dfrac{dK}{dt}$ 的公式．

3. 已知 $h(x)=f(g(x))$，$g(2)=2$，$f'(2)=3$ 與 $g'(2)=5$，求 $h'(2)$．

4. 試證：若 $(ax+b)^2$ 為多項式 $P(x)$ 的因式，則 $ax+b$ 為 $P'(x)$ 的因式．

5. 若 f 為可微分函數，且 $f\left(\dfrac{x^2-1}{x^2+1}\right)=x$，$f'(0)>0$，求 $f'(0)$．

6. 若 $f(x)=x|2x-1|$，求 $f'(x)$．

7. 設 f 是一可微分函數，且 $f(1)=1$，$f(2)=2$，$f'(1)=1$，$f'(2)=2$，$f'(3)=3$．若 $g(x)=f(x^3+f(x^2+f(x)))$，求 $g'(1)$．

8. 已知 $f(0)=0$，$f'(0)=2$，求 $f(f(f(f(x))))$ 在 $x=0$ 的導數．

9. 假設 f 為可微分，試利用連鎖法則證明：
   (1) 若 f 為偶函數，則 f' 為奇函數．
   (2) 若 f 為奇函數，則 f' 為偶函數．

10. 利用連鎖法則，證明公式 $\dfrac{d}{dx}(x^n)=nx^{n-1}$ 對下列函數 x^n 成立．
    (1) $x^{1/4}=\sqrt{\sqrt{x}}$　　　　(2) $x^{3/4}=\sqrt{x\sqrt{x}}$

11. 設 $y=f(u)$，$u=g(x)$ 皆為二次可微分函數，試證
$$\dfrac{d^2y}{dx^2}=\dfrac{d^2y}{du^2}\left(\dfrac{du}{dx}\right)^2+\left(\dfrac{dy}{du}\right)\dfrac{d^2u}{dx^2}$$

12. 求合成函數 $f(x)=g(h(x))$ 的二階導函數 $f''(x)$．

13. 假設 f 為可微分函數，且 $f'(x)=\dfrac{1}{x^2+1}$，$g(x)=f(x^3+2)$，求 $g'(x)$．

14. 令 $y=[g(x)+3x]^2$，$g(x)$ 為可微分函數，$x=t^3-2t$，若 $g(4)=6$，且 $\left.\dfrac{dy}{dt}\right|_{t=2}=180$，求 $g'(4)$．

15. (1) 若 f 為 x 的可微分函數，試證：$\dfrac{d}{dx}(|f(x)|)=\dfrac{f(x)}{|f(x)|}f'(x)$ $(f(x)\neq 0)$．
    (2) 利用 (1) 的結果，求 $\dfrac{d}{dx}|x^2-x|$．

16. 若 $f(x)=\sqrt{1-\sqrt{2-\sqrt{3-x}}}$，求 $f'(x)$．

17. 若 $g(x)=f(a+nx)+f(a-nx)$，此處 f 在 a 為可微分，求 $g'(0)$．

18. 設 f 是一可微分函數，已知 $f(1)=1$，且 $f(2)=2$，$f'(1)=1$，$f'(2)=2$，$f'(3)=3$．若 $g(x)=f(x^3+f(x^2+f(x)))$，試求 $g'(1)$．

2-5 隱微分法

前面所討論的函數皆由 $y=f(x)$ 的形式來定義。例如，方程式 $y=x^2+x+1$ 定義 $f(x)=x^2+x+1$，這種函數的導函數可以很容易求出。但是，並非所有的函數皆是如此定義的。試看下面方程式

$$x^2+y^2=1 \tag{2-11}$$

x 與 y 之間顯然不是函數關係，但是對於函數 $f(x)=\sqrt{1-x^2}$，$x \in [-1, 1]$，其定義域內所有 x 皆可滿足 (2-11) 式，即

$$x^2+(\sqrt{1-x^2})^2=1$$

此時，我們說 f 為方程式 (2-11) 所定義的隱函數。一般而言，由 x 與 y 的方程式所定義的函數並非唯一。例如，$g(x)=-\sqrt{1-x^2}$，$x \in [-1, 1]$，也為方程式 (2-11) 所定義的隱函數。

同理，考慮下面方程式

$$x^2-2xy+y^2=x \tag{2-12}$$

若令 $y=f(x)$，則 $f(x)=x+\sqrt{x}$，$x \in [0, \infty)$，滿足 (2-12) 式，故 f 為方程式 (2-12) 所定義的隱函數。

若我們要求 f 的導函數，依前面學過的微分方法，勢必要先求出 f，但是，有時候要自所給的方程式解出 f 並不是一件很容易的事。因此，我們不必自方程式解出 f，只要對原方程式直接微分就可求出 f 的導函數，這種*求隱函數的導函數的方法，稱為隱微分法*。

【例題 1】 利用隱微分法

設 $x^2-2xy+y^2=x$，定義 $y=f(x)$ 為可微分函數。

(1) 利用隱微分法求 $\dfrac{dy}{dx}$。

(2) 先解 y 而用 x 表之，然後求 $\dfrac{dy}{dx}$。

(3) 驗證 (1) 與 (2) 的解一致。

【解】

(1) 等號兩邊對 x 微分，可得

$$\frac{d}{dx}(x^2-2xy+y^2)=\frac{d}{dx}(x)$$

$$2x-2\left(x\frac{dy}{dx}+y\right)+2y\frac{dy}{dx}=1$$

$$2x-2x\frac{dy}{dx}-2y+2y\frac{dy}{dx}=1$$

$$(2y-2x)\frac{dy}{dx}=1+2y-2x$$

故 $$\frac{dy}{dx}=\frac{1+2y-2x}{2y-2x}\ (x\neq y).$$

(2) 因 $(x-y)^2=x$，可得

$$x-y=\pm\sqrt{x}$$

故 $$y=f_1(x)=x+\sqrt{x}\ \text{或}\ y=f_2(x)=x-\sqrt{x}$$

$$f_1'(x)=\frac{dy}{dx}=\frac{d}{dx}(x+\sqrt{x})=1+\frac{1}{2}x^{-1/2}=1+\frac{1}{2\sqrt{x}}.$$

$$f_2'(x)=\frac{dy}{dx}=\frac{d}{dx}(x-\sqrt{x})=1-\frac{1}{2}x^{-1/2}=1-\frac{1}{2\sqrt{x}}.$$

(3) 將 $y=f_1(x)=x+\sqrt{x}$ 代入 $\dfrac{dy}{dx}$ 中，可得

$$\frac{dy}{dx}=\frac{1+2(x+\sqrt{x})-2x}{2(x+\sqrt{x})-2x}=\frac{1+2\sqrt{x}}{2\sqrt{x}}=1+\frac{1}{2\sqrt{x}}$$

又將 $y=f_2(x)=x-\sqrt{x}$ 代入 $\dfrac{dy}{dx}$ 中，可得

$$\frac{dy}{dx}=\frac{1+2(x-\sqrt{x})-2x}{2(x-\sqrt{x})-2x}=\frac{1-2\sqrt{x}}{-2\sqrt{x}}=1-\frac{1}{2\sqrt{x}}.$$

【例題 2】 利用隱微分法

若 $x^2=\dfrac{x-y}{x+y}$，求 $\dfrac{dy}{dx}$.

【解】 $x^2 = \dfrac{x-y}{x+y} \Rightarrow x^3 + x^2 y = x - y \Rightarrow \dfrac{d}{dx}(x^3 + x^2 y) = \dfrac{d}{dx}(x - y)$

$$\Rightarrow 3x^2 + x^2 \dfrac{dy}{dx} + 2xy = 1 - \dfrac{dy}{dx}$$

$$\Rightarrow (x^2 + 1) \dfrac{dy}{dx} = 1 - 3x^2 - 2xy$$

$$\Rightarrow \dfrac{dy}{dx} = \dfrac{1 - 3x^2 - 2xy}{x^2 + 1}$$

【例題 3】 利用隱微分法

求通過曲線 $x^2 + xy + y^2 = 3$ 上點 $(-1, -1)$ 的切線與法線的方程式.

【解】 $\dfrac{d}{dx}(x^2 + xy + y^2) = \dfrac{d}{dx}(3)$, 可得

$$2x + y + x \dfrac{dy}{dx} + 2y \dfrac{dy}{dx} = 0$$

因而

$$\dfrac{dy}{dx} = -\dfrac{2x + y}{x + 2y}$$

通過點 $(-1, -1)$ 的切線的斜率為 $\dfrac{dy}{dx}\bigg|_{(-1, -1)} = -\dfrac{2x + y}{x + 2y}\bigg|_{(-1, -1)} = -1$,

故切線方程式為 $y + 1 = -(x + 1)$, 即 $x + y + 2 = 0$.

通過點 $(-1, -1)$ 的法線方程式為 $y + 1 = x + 1$, 即 $x - y = 0$.

【例題 4】 利用隱微分法

若 r 為有理數, 試證: $\dfrac{d}{dx} x^r = r x^{r-1}$.

【解】 設 $r = \dfrac{p}{q}$, 其中 p 與 q 皆為整數.

令 $y = x^r = x^{p/q}$, 則 $y^q = x^p$, 可得 $q y^{q-1} \dfrac{dy}{dx} = p x^{p-1}$,

故

$$\dfrac{dy}{dx} = \dfrac{p}{q} x^{p-1} y^{1-q} = \dfrac{p}{q} x^{p-1} (x^{p/q})^{1-q}$$

$$= \dfrac{p}{q} x^{p-1+(p/q)(1-q)} = \dfrac{p}{q} x^{(p/q)-1} = r x^{r-1}.$$

【例題 5】 利用隱微分法求二階導數

若 $xy+y^2=1$，求 $\left.\dfrac{d^2y}{dx^2}\right|_{(0,\,-1)}$.

【解】 $xy+y^2=1 \Rightarrow x\dfrac{dy}{dx}+y+2y\dfrac{dy}{dx}=0$

$$\Rightarrow (x+2y)\dfrac{dy}{dx}=-y$$

$$\Rightarrow \dfrac{dy}{dx}=\dfrac{-y}{x+2y}$$

$$\Rightarrow \dfrac{d^2y}{dx^2}=\dfrac{(x+2y)\left(-\dfrac{dy}{dx}\right)-(-y)\left(1+2\dfrac{dy}{dx}\right)}{(x+2y)^2}$$

因 $\left.\dfrac{dy}{dx}\right|_{(0,\,-1)}=\dfrac{-(-1)}{0+2(-1)}=-\dfrac{1}{2}$，故

$$\left.\dfrac{d^2y}{dx^2}\right|_{(0,\,-1)}=\dfrac{(0-2)\left(\dfrac{1}{2}\right)-(1)\left[1+2\left(-\dfrac{1}{2}\right)\right]}{(0-2)^2}$$

$$=\dfrac{-1-0}{4}=-\dfrac{1}{4}$$

習題 2.5

在 1～5 題中，利用隱微分法求 $\dfrac{dy}{dx}$.

1. $x^2y+2xy^3-x=3$
2. $\dfrac{1}{x}+\dfrac{1}{y}=1$
3. $\sqrt{x}+\sqrt{y}=8$
4. $\sqrt{xy}+1=y$
5. $\dfrac{\sqrt{x}+1}{\sqrt{y}+1}=y$

在 6～7 題中，求所予方程式圖形在指定點的切線方程式.

6. $x+x^2y^2-y=1$；$(1,\,1)$
7. $\dfrac{1-y}{1+y}=x$；$(0,\,1)$

8. 試證：方程式 $x^2+y^2+1=0$ 無法決定函數 f 使 $y=f(x)$.
9. 下列方程式各決定若干隱函數？

(1) $x^4+y^4-1=0$ (2) $x^4+y^4=0$.

在 10~12 題中，以隱微分法求 $\dfrac{d^2y}{dx^2}$.

10. $x^3+y^3=1$ 11. $2xy-y^2=3$ 12. $x^2+y^2=36$

13. 已知方程式 $y^3-3y^2+x=0$ 定義 $x=f(y)$ 為二次可微分函數，求 $\dfrac{d^2x}{dy^2}\bigg|_{(1,\,2)}$.

14. 試證：在拋物線 $y^2=cx$ 上點 (x_0,y_0) 處的切線方程式為 $y_0y=\dfrac{c}{2}(x_0+x)$.

15. 試證：在橢圓 $\dfrac{x^2}{a^2}+\dfrac{y^2}{b^2}=1$ 上點 (x_0,y_0) 處的切線方程式為 $\dfrac{x_0x}{a^2}+\dfrac{y_0y}{b^2}=1$.

16. 試證：在雙曲線 $\dfrac{x^2}{a^2}-\dfrac{y^2}{b^2}=1$ 上點 (x_0,y_0) 處的切線方程式為 $\dfrac{x_0x}{a^2}-\dfrac{y_0y}{b^2}=1$.

17. 若 $s^2t+t^3=2$，求 $\dfrac{ds}{dt}$ 與 $\dfrac{dt}{ds}$.

18. 求通過原點且切於圓 $x^2-4x+y^2+3=0$ 的切線方程式.

19. 試證：$y=(x+\sqrt{x^2+1})^n$ 滿足方程式 $(x^2+1)y''+xy'-n^2y=0$.

20. 設 $ay^2+by+c=x$，試證：$\dfrac{d^2y}{dx^2}+2a\left(\dfrac{dy}{dx}\right)^3=0$.

∑ 2-6 微 分

若 $y=f(x)$，則

$$\Delta y=f(x+\Delta x)-f(x)$$

增量記號可以用在導函數的定義中，我們僅需將定義 2.3 中的 h 以 Δx 取代即可，即

$$f'(x)=\lim_{\Delta x \to 0}\frac{f(x+\Delta x)-f(x)}{\Delta x}=\lim_{\Delta x \to 0}\frac{\Delta y}{\Delta x} \qquad (2\text{-}13)$$

(2-13) 式可以敘述如下：*f 的導函數為因變數的增量 Δy 與自變數的增量 Δx 的比值在 Δx 趨近零時的極限*。注意，在圖 2-6 中，$\dfrac{\Delta y}{\Delta x}$ 為通過 P 與 Q 之割線的斜率。由 (2-13) 式可知，若 $f'(x)$ 存在，則

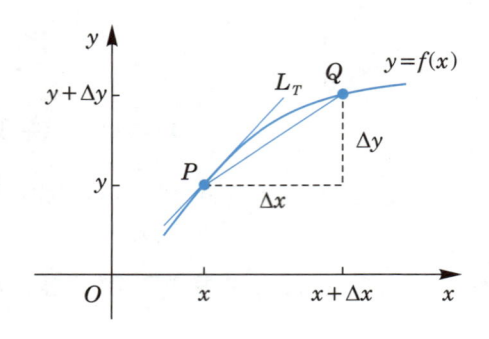

圖 2-6

$$\frac{\Delta y}{\Delta x} \approx f'(x), \text{當 } \Delta x \approx 0.$$

就圖形上而言，若 $\Delta x \to 0$，則通過 P 與 Q 之割線的斜率 $\frac{\Delta y}{\Delta x}$ 趨近在點 P 的切線 L_T 之斜率 $f'(x)$，也可寫成

$$\Delta y \approx f'(x) \Delta x, \text{當 } \Delta x \approx 0.$$

在下面定義中，我們給 $f'(x) \Delta x$ 一個特別的名稱．

定義 2.9

若 $y=f(x)$，其中 f 為可微分函數，且 Δx 為 x 的增量，則
(1) 自變數 x 的**微分**記為 dx 定義為 $dx = \Delta x$．
(2) 因變數 y 的**微分**記為 dy 定義為 $dy = f'(x) \Delta x = f'(x) dx$．

注意，dy 的值與 x 及 Δx 兩者有關．由定義 2.9(1) 可看出，只要涉及自變數 x，則增量 Δx 與微分 dx 沒有差別．

由前面的討論與定義 2.9(2) 可以得出，若 $\Delta x \to 0$，則

$$\Delta y \approx dy = f'(x) dx$$

因此，若 $y=f(x)$，則對微小的變化量 Δx 而言，因變數的真正變化量 Δy 可以用 dy 來近似．因 $\frac{dy}{dx} = f'(x)$ 為曲線 $y=f(x)$ 在點 $(x, f(x))$ 之切線的斜率，故微分 dy 與 dx 可解釋為該切線的對應縱距與橫距．由圖 2-7 可以了解增量 Δy 與微分 dy 的

第 2 章 代數函數的導函數   155

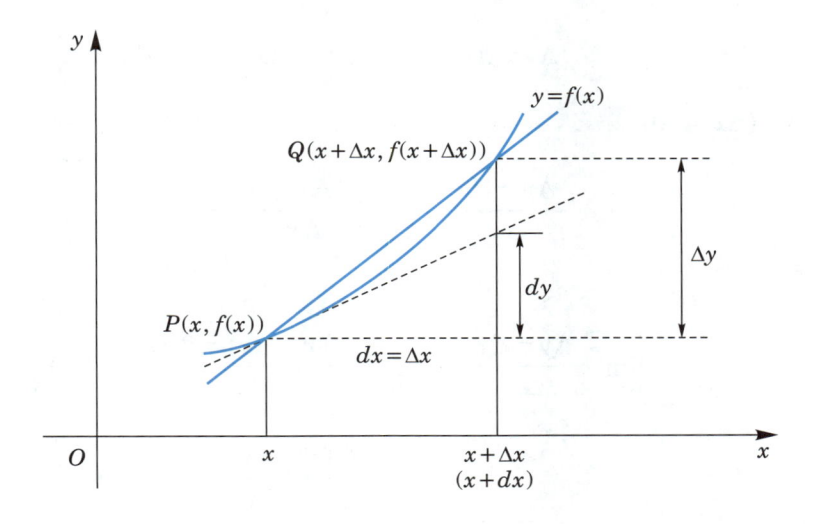

圖 2-7

區別．假設我們給予 dx 與 Δx 同樣的值，即 $dx=\Delta x$．當我們由 x 開始沿著曲線 $y=f(x)$ 直到在 x 方向移動 Δx $(=dx)$ 單位時，Δy 代表 y 的變化量；而若我們由 x 開始沿著切線直到在 x 方向移動 dx $(=\Delta x)$ 單位，則 dy 代表 y 的變化量．

【例題 1】 求 Δy 與 dy 的差

設 $y=x^3$，求 Δy 與 dy．當 x 由 1 變到 1.01 時，$\Delta y-dy$ 的值為何？

【解】
$\Delta y=f(x+\Delta x)-f(x)=(x+\Delta x)^3-x^3=3x^2(\Delta x)+3x(\Delta x)^2+(\Delta x)^3$
$dy=f'(x)\,dx=3x^2\,dx=3x^2(\Delta x)$
$\Delta y-dy=3x^2(\Delta x)+3x(\Delta x)^2+(\Delta x)^3-3x^2(\Delta x)=3x(\Delta x)^2+(\Delta x)^3$

在上式中，代換 $x=1$ 與 $\Delta x=0.01$，可得

$$\Delta y-dy=3(0.0001)+0.000001=0.000301.$$

定理 2.10

設 $y=f(x)$ 為可微分函數，若 $\Delta x\approx 0$，則 $dy\approx\Delta y$．

證　依定義
$$\Delta y=f(x+\Delta x)-f(x)$$
$$dy=f'(x)\Delta x$$

可得

$$\Delta y - dy = f(x+\Delta x) - f(x) - f'(x)\Delta x$$

以 Δx ($\Delta x \neq 0$) 除之，

$$\frac{\Delta y - dy}{\Delta x} = \frac{f(x+\Delta x) - f(x)}{\Delta x} - f'(x)$$

因而

$$\lim_{\Delta x \to 0} \frac{\Delta y - dy}{\Delta x} = \lim_{\Delta x \to 0} \left[\frac{f(x+\Delta x) - f(x)}{\Delta x} - f'(x) \right]$$

$$= \lim_{\Delta x \to 0} \frac{f(x+\Delta x) - f(x)}{\Delta x} - \lim_{\Delta x \to 0} f'(x)$$

$$= f'(x) - f'(x) = 0$$

可得 $\lim_{\Delta x \to 0} (\Delta y - dy) = 0 (\lim_{\Delta x \to 0} \Delta x) = 0$

即，當 $\Delta x \approx 0$ 時，$dy \approx \Delta y$。

通常要計算 Δy，往往不太容易，我們可以改用較容易計算的 $f'(x)\Delta x$ 來代替，換句話說，我們用 dy 來取代 Δy，故

$$f(x+\Delta x) \approx f(x) + f'(x)\Delta x$$

若令 $x=a$，則上式變成

$$f(a+\Delta x) \approx f(a) + f'(a)\Delta x \tag{2-14}$$

由於 f 之圖形在 P 點的切線斜率為 $f'(a)$ 且 Q 點位於該切線上，故 Q 點之 y-坐標應為 $f(a)+f'(a)\Delta x$。當 $\Delta x \to 0$ 時，ε (誤差)$\to 0$，如圖 2-8 所示，此時 $f(a)+f'(a)\Delta x$ 充分接近於 $f(a+\Delta x)$，故稱 (2-14) 式的右端為左端的最佳近似值。此結果稱為 f 在 a 附近的 線性近似 或 切線近似，且函數

$$L(x) = f(a) + f'(a)\Delta x = f(a) + f'(a)(x-a) \tag{2-15}$$

(其圖形為切線) 稱為 f 在 a 的 線性化。

由於 $f'(a)\Delta x$ 為 f 之實際增量 (變化量) $\Delta f = f(a+\Delta x) - f(a)$ 的近似值，故

$$\text{近似誤差} = \Delta f - f'(a)\Delta x$$
$$= f(a+\Delta x) - f(a) - f'(a)\Delta x$$

第 2 章 代數函數的導函數

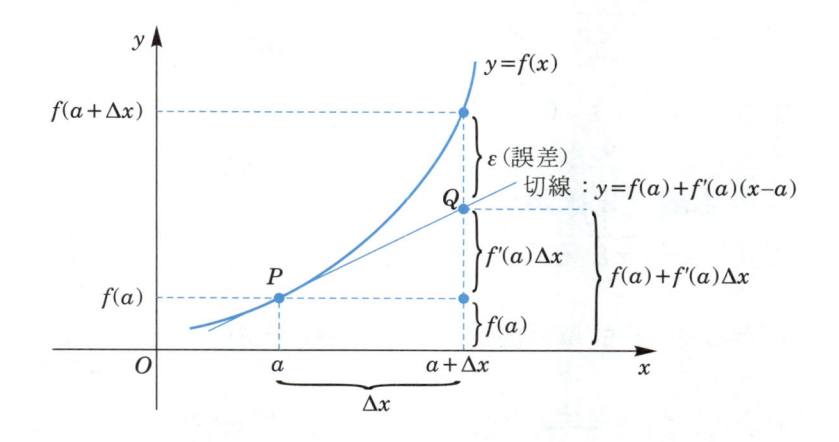

$f(a)+f'(a)\Delta x$ 線性近似於 $f(a+\Delta x)$

圖 2-8

$$=\left(\frac{f(a+\Delta x)-f(a)}{\Delta x}-f'(a)\right)\Delta x \qquad (2\text{-}16)$$

$$\underbrace{\phantom{\frac{f(a+\Delta x)-f(a)}{\Delta x}-f'(a)}}_{\text{稱此部分為 }\varepsilon}$$

$$=\varepsilon\Delta x.$$

當 $\Delta x\to 0$ 時，$\dfrac{f(a+\Delta x)-f(a)}{\Delta x}\approx f'(a)$，故 (2-16) 式括弧內的量變成一微小的數（這就是為什麼稱為 ε 的原因）。事實上，

當 $\Delta x\to 0$ 時，$\varepsilon\to 0$.

於是，當 Δx 很微小時，近似誤差 $\varepsilon\Delta x$ 會更微小。故

$$\Delta f = f'(a)\Delta x + \varepsilon\Delta x \qquad (2\text{-}17)$$

實際變化　估計變化　誤差

定理 2.11

若 $y=f(x)$ 在 $x=a$ 為可微分，且 x 自 a 變化至 $a+\Delta x$，則 f 的實際變化 Δy

為
$$\Delta y = f'(a)\Delta x + \varepsilon \Delta x,$$

其中，當 $\Delta x \to 0$ 時，$\varepsilon \to 0$。

【例題 2】 求線性化函數

求函數 $f(x) = \sqrt{x+3}$ 在 $x=1$ 的線性化，並利用它計算 $\sqrt{4.02}$ 的近似值。

【解】 $f(x) = \sqrt{x+3}$ 的導函數為 $f'(x) = \dfrac{1}{2}(x+3)^{-1/2} = \dfrac{1}{2\sqrt{x+3}}$，

可得 $f(1) = 2$，$f'(1) = \dfrac{1}{4}$，代入 (2-15) 式，故線性化為

$$L(x) = f(1) + f'(1)(x-1)$$
$$= 2 + \dfrac{1}{4}(x-1) = \dfrac{7}{4} + \dfrac{x}{4}$$

(見圖 2-9)。

$$\sqrt{x+3} \approx \dfrac{7}{4} + \dfrac{x}{4}$$

故 $\sqrt{4.02} \approx \dfrac{7}{4} + \dfrac{1.02}{4} = 2.005$。

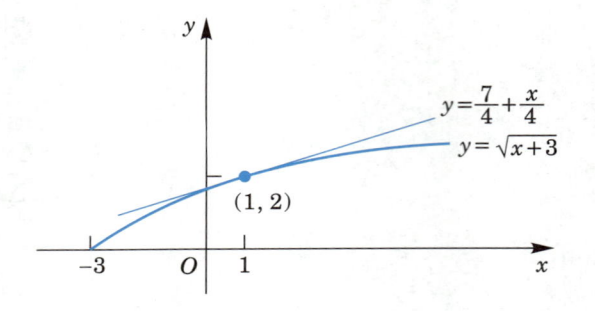

圖 2-9

【例題 3】 $(1+x)^k$ 的線性化函數

試證：函數 $f(x) = (1+x)^k$ 在 $x=0$ 的線性化為 $L(x) = 1 + kx$，此處 k 為任意實數。

【解】 $f'(x) = k(1+x)^{k-1}$，可得 $f'(0) = k$，故線性化為

$$L(x) = f(0) + f'(0)(x-0) = 1 + kx$$

從例題 3 得知，當 $x \to 0$ 時，$(1+x)^k \approx 1+kx$。所以，當 $x \to 0$ 時，

$$\sqrt{1+x} \approx 1 + \dfrac{x}{2} \qquad\qquad \left(k = \dfrac{1}{2}\right)$$

$$\dfrac{1}{1-x} = (1-x)^{-1} \approx 1 + (-1)(-x) = 1 + x \qquad (k=-1 \text{；以 } -x \text{ 代 } x)$$

$$\dfrac{1}{\sqrt{1-x^2}} = (1-x^2)^{-1/2} \approx 1 + \left(-\dfrac{1}{2}\right)(-x^2) = 1 + \dfrac{x^2}{2} \qquad (k=-1/2 \text{；以 } -x^2 \text{ 代 } x)$$

$$\sqrt{2+x^2} = \sqrt{2}\left(1+\frac{x^2}{2}\right)^{1/2} \approx \sqrt{2}\left[1+\frac{1}{2}\left(\frac{x^2}{2}\right)\right] = \sqrt{2}\left(1+\frac{x^2}{4}\right)$$

($k=1/2$；以 $x^2/2$ 代 x)

【例題 4】 利用線性近似

利用微分求 $\sqrt[6]{64.05}$ 的近似值到小數第四位．

【解】 令 $f(x)=\sqrt[6]{x}$，則 $f'(x)=\frac{1}{6}x^{-5/6}$．

取 $a=64$，則 $\Delta x=64.05-64=0.05$，

可得 $f(64.05) \approx 2+f'(64)(0.05)$

即 $\sqrt[6]{64.05} \approx 2+\frac{1}{6(64)^{5/6}}(0.05)=2+\frac{1}{192}(0.05) \approx 2.0003$

我們在前面提過，若 $y=f(x)$ 為可微分函數，當 $\Delta x \approx 0$ 時，$dy \approx \Delta y$，此結果在誤差傳遞的研究裡有很多的應用．例如，在測量某物理量時，由於儀器的限制與其它因素，通常無法得到正確值 x，但會得到 $x+\Delta x$，此處 Δx 為測量誤差．這種記錄值可用來計算其它的量 y．以此方法，測量誤差 Δx 傳遞到在 y 的計算值中所產生的誤差 Δy．

【例題 5】 利用線性近似

若測得某球的半徑為 50 厘米，可能的測量誤差為 ±0.01 厘米，試估計球體積之計算值的可能誤差．

【解】 若球的半徑為 r，則其體積為 $V=\frac{4}{3}\pi r^3$．已知半徑的誤差為 ±0.01，我們希望求 V 的誤差 ΔV，因 $\Delta V \approx 0$，故 ΔV 可由 dV 去近似．於是，

$$\Delta V \approx dV = 4\pi r^2\, dr$$

以 $r=50$ 與 $dr=\Delta r=\pm 0.01$ 代入上式，可得

$$\Delta V \approx 4\pi(2500)(\pm 0.01) \approx \pm 314.16$$

所以，體積的可能誤差約為 ±314.16 立方厘米．

註：在例題 5 中，r 代表半徑的正確值。因 r 的正確值未知，故我們代以測量值 $r=50$ 得到 ΔV。又因為 $\Delta r \approx 0$，所以這個結果是合理的。

若某量的正確值是 q 而測量或計算的誤差是 Δq，則 $\dfrac{\Delta q}{q}$ 稱為測量或計算的**相對誤差**；當它表成百分比時，$\dfrac{\Delta q}{q}$ 稱為**百分誤差**。實際上，正確值通常是未知的，以致於使用 q 的測量值或計算值，而以 $\dfrac{dq}{q}$ 去近似相對誤差。在例題 5 中，半徑 r 的相對誤差 $\approx \dfrac{dr}{r} = \dfrac{\pm 0.01}{50} = \pm 0.0002$，而百分誤差約為 $\pm 0.02\%$；體積 V 的相對誤差 $\approx \dfrac{dV}{V} = 3\dfrac{dr}{r} = \pm 0.0006$，而百分誤差約為 $\pm 0.06\%$。

【例題 6】 估計百分誤差

設某電線的電阻為 $R = \dfrac{k}{r^2}$，此處 k 為常數，r 為電線的半徑。若半徑 r 的可能誤差為 $\pm 5\%$，利用微分估計 R 的百分誤差。

【解】 $R = \dfrac{k}{r^2} \Rightarrow dR = \left(-\dfrac{2k}{r^3}\right)dr$

$$\dfrac{dR}{R} = \dfrac{(-2k/r^3)dr}{k/r^2} = -2\dfrac{dr}{r}$$

因 $\dfrac{dr}{r} \approx \pm 0.05$，可得 $\dfrac{dR}{R} \approx -2(\pm 0.05) = \pm 0.1$

故 R 的百分誤差約 $\pm 10\%$。

在下頁表中，當以 $dx \neq 0$ 來乘遍左欄的導函數公式時，可得右欄的微分公式。

【例題 7】 利用微分公式求 dy

若 $y = \dfrac{x^2}{x+1}$，求 dy。

導函數公式	微分公式
$\dfrac{dk}{dx}=0$	$dk=0$
$\dfrac{d}{dx}x^n=nx^{n-1}$	$d(x^n)=nx^{n-1}\,dx$
$\dfrac{d}{dx}(cf)=c\dfrac{df}{dx}$	$d(cf)=c\,df$
$\dfrac{d}{dx}(f\pm g)=\dfrac{df}{dx}\pm\dfrac{dg}{dx}$	$d(f\pm g)=df\pm dg$
$\dfrac{d}{dx}(fg)=f\dfrac{dg}{dx}+g\dfrac{df}{dx}$	$d(fg)=f\,dg+g\,df$
$\dfrac{d}{dx}\left(\dfrac{f}{g}\right)=\dfrac{g\dfrac{df}{dx}-f\dfrac{dg}{dx}}{g^2}$	$d\left(\dfrac{f}{g}\right)=\dfrac{g\,df-f\,dg}{g^2}$
$\dfrac{d}{dx}(f^n)=nf^{n-1}\dfrac{df}{dx}$	$d(f^n)=nf^{n-1}\,df$

【解】 $dy=d\left(\dfrac{x^2}{x+1}\right)=\dfrac{(x+1)d(x^2)-x^2 d(x+1)}{(x+1)^2}$

$=\dfrac{(x+1)2x\,dx-x^2\,dx}{(x+1)^2}=\dfrac{2x^2+2x-x^2}{(x+1)^2}\,dx$

$=\dfrac{x^2+2x}{(x+1)^2}\,dx.$

【例題 8】 利用微分公式求 dy

若 $x^2+y^2=xy$，求 dy 與 $\dfrac{dy}{dx}$．

【解】 $d(x^2+y^2)=d(xy)$

$d(x^2)+d(y^2)=d(xy)$

可得 $2x\,dx+2y\,dy=x\,dy+y\,dx$

$$(2y-x)\,dy=(y-2x)\,dx$$

故 $dy = \dfrac{y-2x}{2y-x} dx = \dfrac{2x-y}{x-2y} dx$ (若 $x \neq 2y$)

而 $\dfrac{dy}{dx} = \dfrac{2x-y}{x-2y}$ (若 $x \neq 2y$)

習題 2.6

在 1～4 題中，求 Δy、dy 與 $dy - \Delta y$.

1. $y = 3x^2 + 5x - 2$
2. $y = \dfrac{1}{x}$
3. $y = x^4$
4. $y = \dfrac{1}{x^2}$

5. 設 $y = x^3 - 3x^2 + 2x - 7$，若 x 由 4 變到 3.95，試利用 dy 去近似 Δy.

在 6～8 題中，利用微分求各數的近似值.

6. $\sqrt[3]{26.91}$
7. $(3.99)^4$
8. $\sqrt[3]{1.02} + \sqrt[4]{1.02}$

9. 求函數 $f(x) = \sqrt[3]{1+x}$ 在 $x = 0$ 的線性化，並求 $\sqrt[3]{0.95}$ 的近似值.

10. 利用微分求 $\dfrac{\sqrt{4.02}}{2 + \sqrt{9.02}}$ 的近似值.

11. 利用 $(1+x)^k \approx 1 + kx$，計算下列的近似值.
    (1) $(1.0002)^{50}$
    (2) $\sqrt[3]{1.009}$

12. 已知測得正方體的邊長爲 25 厘米，可能誤差爲 ± 1 厘米.
    (1) 利用微分估計所計算體積的誤差.
    (2) 估計邊長與體積的百分誤差.

13. 設圓球形的氣球充以氣體而膨脹，若直徑由 2 米增爲 2.02 米，試利用微分去近似氣球表面積的增量.

14. 若長爲 15 厘米且直徑爲 5 厘米的金屬管覆以 0.001 厘米厚的絕緣體（兩端除外），試利用微分估計絕緣體的體積.

15. 若鐘擺的長度爲 L（以呎計）且週期爲 T（以秒計），則週期爲 $T = 2\pi\sqrt{L/g}$，此處 g 爲常數. 利用微分證明 T 的百分誤差約爲 L 的百分誤差的一半.

16. 波義耳定律爲：密閉容器中的氣體壓力 P 與體積 V 的關係式爲 $PV = k$，其中 k 爲常數. 試證
$$P\, dV + V\, dP = 0.$$

2-7　反函數的導函數

在本節中，我們將討論如何求代數函數之反函數的導函數，作為以後研習 超越函數 之導函數的基礎。

已知 $f(x)=\dfrac{1}{3}x+1$，則其反函數為 $f^{-1}(x)=3x-3$，可得

$$\frac{d}{dx}f(x)=\frac{d}{dx}\left(\frac{1}{3}x+1\right)=\frac{1}{3}$$

$$\frac{d}{dx}f^{-1}(x)=\frac{d}{dx}(3x-3)=3$$

這兩個導函數互為倒數。f 的圖形為直線 $y=\dfrac{1}{3}x+1$，而 f^{-1} 的圖形為直線 $y=3x-3$（圖 2-10），它們的斜率互為倒數。

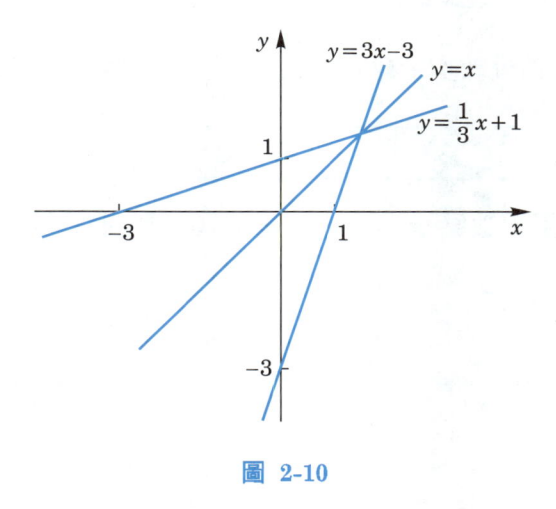

圖 2-10

這並非特殊的情形，事實上，將任一條非水平線或非垂直線關於直線 $y=x$ 作鏡射，一定會顛倒斜率。若原直線的斜率為 m，則經由鏡射所得對稱直線的斜率為 $\dfrac{1}{m}$（圖 2-11）。

上面所述的倒數關係對其他函數而言也成立。若 $y=f(x)$ 的圖形在點 $(a, f(a))$ 的切線斜率為 $f'(a)\neq 0$，則 $y=f^{-1}(x)$ 的圖形在對稱點 $(f(a), a)$ 的切線斜率為 $1/f'(a)$。於是，f^{-1} 在 $f(a)$ 的導數等於 f 在 a 的導數之倒數。

$y = \dfrac{1}{m}x - \dfrac{b}{m}$, 斜率 $= \dfrac{1}{m}$

$y = x$

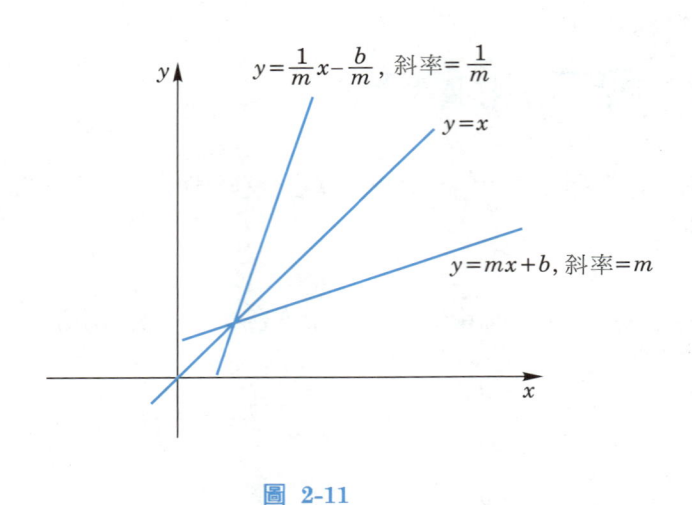

$y = mx + b$, 斜率 $= m$

圖 2-11

定理 2.12

若 f 為定義在某區間的一對一連續函數，則其反函數 f^{-1} 為連續．

上述定理在高等微積分教本中會有正式的證明，我們在此不予證明．

定理 2.13

若可微分函數 f 的反函數為 g，且 $f'(g(a)) \neq 0$，則 g 在 a 為可微分，且

$$g'(a) = \dfrac{1}{f'(g(a))} \tag{2-18}$$

證　依導數的定義，

$$g'(a) = \lim_{x \to a} \dfrac{g(x) - g(a)}{x - a}$$

因 f 與 g 互為反函數，故

$g(x) = y$,　　若且唯若　　$f(y) = x$
$g(a) = b$,　　若且唯若　　$f(b) = a$

因 f 為可微分，故其為連續．因此，依定理 2.12，g 為連續．於是，若 $x \to a$，則 $g(x) \to g(a)$，即 $y \to b$．所以，

$$g'(a) = \lim_{x \to a} \frac{g(x) - g(a)}{x - a} = \lim_{y \to b} \frac{y - b}{f(y) - f(b)} = \lim_{y \to b} \frac{1}{\frac{f(y) - f(b)}{y - b}}$$

$$= \frac{1}{\lim_{y \to b} \frac{f(y) - f(b)}{y - b}} = \frac{1}{f'(b)} = \frac{1}{f'(g(a))}.$$

以 x 代換定理 2.13 中的公式，可得

$$g'(x) = \frac{1}{f'(g(x))} \tag{2-19}$$

令 $y = g(x)$，則 $x = f(y)$，於是，

$$\frac{dy}{dx} = g'(x), \quad \frac{dx}{dy} = f'(y) = f'(g(x)).$$

將此結果代入 (2-19) 式，可得

$$\frac{dy}{dx} = \frac{1}{\frac{dx}{dy}} \tag{2-20}$$

【例題 1】 利用公式 (2-18)

已知 $f(x) = \sqrt{2x - 3}$ 有反函數 g，求 $g'(1)$.

【解】 $f'(x) = \dfrac{d}{dx} \sqrt{2x - 3} = \dfrac{2}{2\sqrt{2x - 3}} = \dfrac{1}{\sqrt{2x - 3}}$

令 $x = g(1)$，則 $f(x) = 1$，即
$$\sqrt{2x - 3} = 1$$
$$2x - 3 = 1$$
可得 $x = 2$.

所以，$g'(1) = \dfrac{1}{f'(g(1))} = \dfrac{1}{f'(2)} = \dfrac{1}{\frac{1}{\sqrt{4 - 3}}} = 1.$

另解 先求得 $f(x) = \sqrt{2x - 3}$ 的反函數 $g(x) = \dfrac{x^2 + 3}{2}$，故 $g'(1) = 1$.

【例題 2】 求反函數圖形上一點的切線方程式

求 $f(x)=x^3-5$ 的反函數圖形 $y=f^{-1}(x)$ 在 $x=3$ 的切線方程式.

【解】 $f'(x)=\dfrac{d}{dx}(x^3-5)=3x^2$. 令 $f^{-1}(3)=a$, 則 $f(a)=3$. 因此, $a^3-5=3$, 可得 $a=2$.

所以, 在反函數 $f^{-1}(x)$ 圖形上點 $(3, 2)$ 之切線斜率為

$$m=\dfrac{d}{dx}f^{-1}(x)\Big|_{x=3}=\dfrac{1}{f'(f^{-1}(3))}=\dfrac{1}{f'(2)}=\dfrac{1}{12}$$

故通過反函數圖形上點 $(3, 2)$ 的切線方程式為

$$y-2=\dfrac{1}{12}(x-3) \quad 或 \quad x-12y+21=0.$$

【例題 3】 $f(g(x))=x$ 的應用

若 $f'(x)=\dfrac{1}{\sqrt{1-[f(x)]^2}}$, $g=f^{-1}$, 求 $g'(x)$.

【解】 因 g 為 f 的反函數, 故 $f(g(x))=x$.

上式等號兩端對 x 微分, 可得 $f'(g(x))\cdot g'(x)=1$, 所以,

$$g'(x)=\dfrac{1}{f'(g(x))}=\dfrac{1}{\dfrac{1}{\sqrt{1-[f'(g(x))]^2}}}=\sqrt{1-x^2}.$$

【例題 4】 利用公式 (2-20)

已知 $f(x)=x^5+7x^3+4x+1$ 具有一反函數 f^{-1}.

(1) 利用 $\dfrac{dy}{dx}=\dfrac{1}{\dfrac{dx}{dy}}$ 求 f^{-1} 的導函數

(2) 利用隱微分法求 f^{-1} 的導函數.

【解】
(1) 令 $y=f^{-1}(x)$, 則 $f(y)=f(f^{-1}(x))=x$.

於是，對已知函數 f，我們有

$$x = f(y) = y^5 + 7y^3 + 4y + 1 \quad \cdots\cdots ①$$

可得 $\dfrac{dx}{dy} = 5y^4 + 21y^2 + 4$

故 $\dfrac{dy}{dx} = \dfrac{1}{\dfrac{dx}{dy}} = \dfrac{1}{5y^4 + 21y^2 + 4} \quad \cdots\cdots ②$

由於①式無法解出 y，故②式中允許以 y 表示之．

(2) 利用隱微分法將①式對 x 微分，可得

$$\dfrac{d}{dx}(x) = \dfrac{d}{dx}(y^5 + 7y^3 + 4y + 1)$$

$$1 = 5y^4 \dfrac{dy}{dx} + 21y^2 \dfrac{dy}{dx} + 4 \dfrac{dy}{dx} = (5y^4 + 21y^2 + 4) \dfrac{dy}{dx}$$

所以，$\dfrac{dy}{dx} = \dfrac{1}{5y^4 + 21y^2 + 4}$，此與②式相同．

習題 2.7

1. 設 $f(x) = x^3 - x$ 的反函數為 f^{-1}，求 $(f^{-1})'(6)$．
2. 設 $f(x) = x^4 + 2x^2 - 3 \ (x > 0)$ 的反函數為 g，求 $g'(0)$．
3. 設 $f(x) = x^5 + 1$ 的反函數為 f^{-1}，求 $(f^{-1})'(2)$．
4. 設 $f(x) = x^5 + x^3 + x + 1$ 的反函數為 f^{-1}，求 $(f^{-1})'(4)$．
5. 求 $f(x) = x^3 + x$ 的反函數圖形在點 $(10, 2)$ 的切線方程式．
6. 利用公式 $\dfrac{dy}{dx} = \dfrac{1}{\dfrac{dx}{dy}}$，求 $f(x) = x^3 + x$ 之反函數圖形在點 $(10, 2)$ 的切線斜率．
7. 利用公式 $\dfrac{dy}{dx} = \dfrac{1}{\dfrac{dx}{dy}}$，求 $f(x) = x^5 + 2x^3 + x + 4$ 之反函數圖形在點 $(0, -1)$ 的切線方程式．
8. 令 $F(x) = f(2g(x))$，此處 $f(x) = x^4 + x^3 + 1$，$0 \leq x \leq 2$，且 $g(x) = f^{-1}(x)$，求 $F'(3)$．

9. 求函數 $f(x)=1+\dfrac{1}{x}$ $(x\neq 0)$ 的反函數．證明：

$$f^{-1}(f(x))=f(f^{-1}(x))=x \quad \text{與} \quad \left.\dfrac{df^{-1}}{dx}\right|_{f(x)}=\dfrac{1}{f'(x)}.$$

第 3 章　微分的應用

本章學習目標

- 能瞭解極大值與極小值的求法
- 能瞭解洛爾定理與均值定理之幾何意義及二者間之關係
- 瞭解遞增函數與遞減函數及單調性定理
- 能夠求函數的相對極值
- 能瞭解圖形之凹性及反曲點
- 瞭解函數圖形的描繪步驟
- 能瞭解極值之應用
- 能瞭解相關變化率及應用
- 能瞭解牛頓法求方程式近似根之原理

3-1 極大值與極小值

在日常生活中，我們對一些問題必須以尋求最佳決策的方法處理之．例如，某人開一家成衣工廠，希望工資越低而產品價格越高，以便獲得更多利潤．但這是行不通的，因為工資低，工人可以怠工，而產品價格過高，則產品會賣不出去，造成庫存過多．如何在可能的狀況下，使工資與價格恰到好處，而又達到利潤最多的目標，這些都是最佳化問題．

最佳化問題可簡化為求函數的最大值與最小值並判斷此值發生於何處．在本節中，我們將對求解這種問題的某些數學觀念作詳細說明．往後，我們將使用這些觀念去求解一些應用問題．

定義 3.1

令函數 f 定義在區間 I，且 $c \in I$．
(1) 若對 I 中的所有 x，恆有 $f(c) \geq f(x)$，則稱 f 在 c 處有極大值或絕對極大值，$f(c)$ 為 f 在 I 上的極大值或絕對極大值．
(2) 若對 I 中的所有 x，恆有 $f(c) \leq f(x)$，則稱 f 在 c 處有極小值或絕對極小值，$f(c)$ 為 f 在 I 上的極小值或絕對極小值．
上述的 $f(c)$ 稱為 f 的極值或絕對極值．

在圖 3-1 中，函數 f 在 d 處有絕對極大值而在 a 處有絕對極小值．注意 $(d, f(d))$ 為圖形的最高點而 $(a, f(a))$ 為最低點．

在圖 3-1 中，若僅考慮 b 附近的 x 值 (例如，考慮區間 (a, c))，則 $f(b)$ 為那些 $f(x)$ 值的最大者而稱為 f 的相對 (或局部) 極大值．同樣，若考慮區間 (b, d)，則

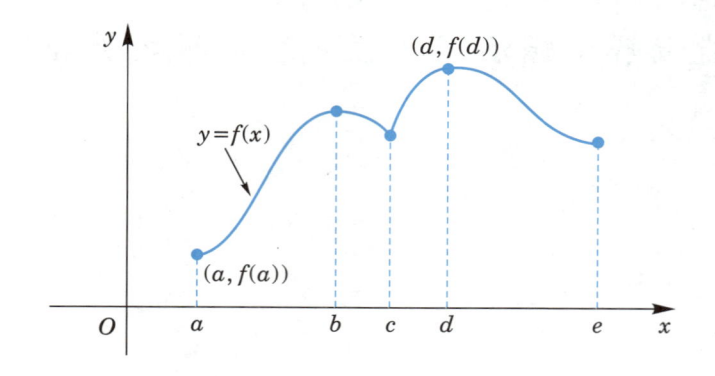

圖 3-1

$f(c)$ 為 f 的相對 (或局部) 極小值.

定義 3.2

令函數 f 定義在某區間, 且 c 在該區間內.
(1) 若存在包含 c 的開區間 I, 使得 $f(c) \geq f(x)$ 對 I 中的所有 x 皆成立, 則稱 f 在 c 處有**相對極大值** (或**局部極大值**).
(2) 若存在包含 c 的開區間 I, 使得 $f(c) \leq f(x)$ 對 I 中的所有 x 皆成立, 則稱 f 在 c 處有**相對極小值** (或**局部極小值**).
上述的 $f(c)$ 稱為 f 的**相對極值** (或**局部極值**).

【例題 1】 極小值存在

若 $f(x)=x^2$, 則 $f(x) \geq f(0)$, 故 $f(0)=0$ 為 f 的絕對極小值. 這表示原點為拋物線 $y=x^2$ 上的最低點. 然而, 在此拋物線上無最高點, 故此函數無極大值.

【例題 2】 不存在任何極值

若 $f(x)=x^3$, 則此函數無絕對極大值也無絕對極小值.

我們已看出有些函數有極值, 而有些則沒有. 下面定理給出保證函數的極大值與極小值存在的條件.

定理 3.1 極值存在定理

若函數 f 在閉區間 $[a, b]$ 為連續, 則 f 在 $[a, b]$ 上不但有極大值且有極小值.

本定理的證明從略. 然而, 若我們想像成質點沿著連續函數在閉區間 $[a, b]$ 的圖形移動, 則結果在直觀上是很顯然的; 在整個歷程中, 質點必須通過最高點與最低點.

在極值存在定理中, f 為連續與閉區間的假設是絕對必要的. 若任一假設不滿足, 則不能保證極大值或極小值存在.

【例題 3】 極小值存在

若函數 $f(x)=\begin{cases} x^2, & 0\leq x<1 \\ \dfrac{1}{2}, & 1\leq x\leq 2 \end{cases}$

定義在閉區間 [0，2]，則它有極小值 0，但無極大值．事實上，f 在 $x=1$ 有不連續點 (見圖 3-2)．

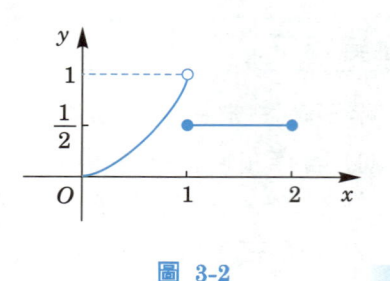

圖 3-2

【例題 4】 不存在任何極值

函數 $f(x)=x^2$ $(0<x<1)$ 在開區間 $(0，1)$ 為連續，但無極大值也無極小值．

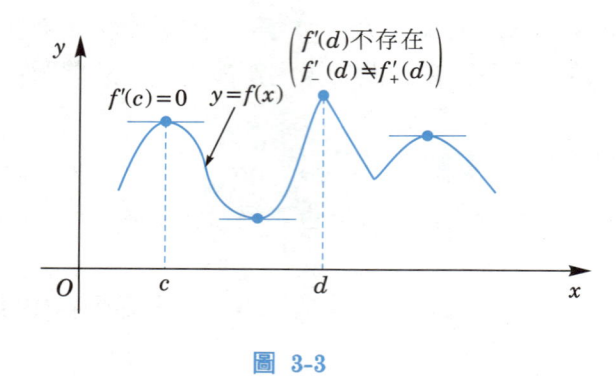

圖 3-3

如圖 3-3 所示，函數 f 的相對極值發生於 f 之圖形的水平切線所在的點或 f 之圖形的尖點或折角處，此為下面定理的要旨．

定理 3.2

若函數 f 在 c 處有相對極值，則 $f'(c)=0$ 抑或 $f'(c)$ 不存在．

證 (1) 設 f 在 c 處有相對極值，若 $f'(c)$ 不存在，則不必再證．
(2) 設 f 在 c 處有相對極大值．依定義 3.2，若 x 充分接近 c，則 $f(c)\geq f(x)$．此蘊涵若 h 充分接近 0，此處 $h>0$ 或 $h<0$，則 $f(c)\geq f(c+h)$，所以，

$$f(c+h)-f(c)\leq 0$$

於是，若 $h>0$ 且 h 夠小，則

$$\frac{f(c+h)-f(c)}{h} \leq 0$$

可得

$$\lim_{h\to 0^+}\frac{f(c+h)-f(c)}{h} \leq \lim_{h\to 0^+} 0 = 0$$

但 $f'(c)$ 存在，故

$$f'(c)=\lim_{h\to 0}\frac{f(c+h)-f(c)}{h}=\lim_{h\to 0^+}\frac{f(c+h)-f(c)}{h}$$

因此，$f'(c) \leq 0$.

若 $h<0$，則

$$\frac{f(c+h)-f(c)}{h} \geq 0$$

可知

$$f'(c)=\lim_{h\to 0}\frac{f(c+h)-f(c)}{h}=\lim_{h\to 0^-}\frac{f(c+h)-f(c)}{h} \geq 0$$

於是，$f'(c)=0$.
同理，可證得 f 在 c 處有相對極小值的情形.
所以，證明完畢.

【例題 5】 **函數在有相對極小值之處不可微分**

函數 $f(x)=|x-1|$ 在 $x=1$ 處有 (相對且絕對) 極小值，但 $f'(1)$ 不存在.

【例題 6】 **導數為零之處無任何相對極值**

若 $f(x)=x^3$，則 $f'(x)=3x^2$，故 $f'(0)=0$. 但是，f 在 $x=0$ 處無相對極大值或相對極小值. $f'(0)=0$ 僅表示曲線 $y=x^3$ 在點 $(0，0)$ 有一條水平切線.

定義 3.3

設 c 為函數 f 之定義域中的一數，若 $f'(c)=0$ 抑或 $f'(c)$ 不存在，則稱 c 為 f 的**臨界數** (或稱**臨界值**，或稱**臨界點**).

依定理 3.2，若函數有相對極值，則相對極值發生於臨界數處；但是，並非在每一

個臨界數處皆有相對極值，如例題 6 所示。

若函數 f 在閉區間 $[a, b]$ 為連續，則求其極值的步驟如下：

1. 在 (a, b) 中，求 f 的所有臨界數，並計算 f 在這些臨界數的值。
2. 計算 $f(a)$ 與 $f(b)$。
3. 從 1 與 2 中所計算的最大值即為極大值，最小值即為極小值。

在步驟 2 中，若 $f(a)$ 與 $f(b)$ 為極大值或極小值，則稱為**端點極值**。

【例題 7】 在閉區間上求極值

求函數 $f(x) = x^3 - 3x^2 + 2$ 在區間 $[-2, 3]$ 上的極大值與極小值。

【解】 $f'(x) = 3x^2 - 6x = 3x(x-2)$。於是，在 $(-2, 3)$ 中，f 的臨界數為 0 與 2。f 在這些臨界數的值為

$$f(0) = 2, \quad f(2) = -2$$

而在兩端點的值為

$$f(-2) = -18, \quad f(3) = 2$$

所以，極大值為 2，極小值為 -18。

【例題 8】 在閉區間上求極值

求函數 $f(x) = (x-2)\sqrt{x}$ 在 $[0, 4]$ 上的極大值與極小值。

【解】 $f'(x) = \sqrt{x} + (x-2)\dfrac{1}{2\sqrt{x}} = \dfrac{3x-2}{2\sqrt{x}}$。

於是，在 $(0, 4)$ 中，f 的臨界數為 $\dfrac{2}{3}$。

因 $f(0) = 0$，$f\left(\dfrac{2}{3}\right) = -\dfrac{4\sqrt{6}}{9}$，$f(4) = 4$，故 $f(4) > f(0) > f\left(\dfrac{2}{3}\right)$。

所以，極大值為 4，極小值為 $-\dfrac{4\sqrt{6}}{9}$。

【例題 9】 在閉區間上求極值

求 $f(x) = \sqrt{|x-4|}$ 在 $[2, 5]$ 上的極大值與極小值。

【解】 因 $f(x)=\sqrt{|x-4|}=\begin{cases}\sqrt{x-4}, & \text{若 } x\geq 4\\ \sqrt{4-x}, & \text{若 } x<4\end{cases}$，故

$$f'(x)=\begin{cases}\dfrac{1}{2\sqrt{x-4}}, & \text{若 } x>4\\ \dfrac{-1}{2\sqrt{4-x}}, & \text{若 } x<4\end{cases}$$

由於 $f'(4)$ 不存在，可知 f 在 $(2, 5)$ 中的唯一臨界數為 4，$f(4)=0$。

又 $f(2)=\sqrt{2}$, $f(5)=1$,

故極大值為 $\sqrt{2}$，極小值為 0。

習題 3.1

在 1～5 題中，求 f 在所予閉區間上的極大值與極小值。

1. $f(x)=2x^3-3x^2-12x$; $[-2, 3]$
2. $f(x)=\dfrac{x}{x^2+2}$; $[-1, 4]$
3. $f(x)=(x^2+x)^{2/3}$; $[-2, 3]$
4. $f(x)=1+|9-x^2|$; $[-5, 1]$
5. $f(x)=|6-4x|$; $[-3, 3]$
6. 求 $f(x)=\begin{cases}4x-2, & x<1\\ (x-2)(x-3), & x\geq 1\end{cases}$ 在 $\left[\dfrac{1}{2}, \dfrac{7}{2}\right]$ 上的極大值與極小值。
7. 令 $f(x)=x^2+px+q$，求 p 與 q 的值使得 $f(1)=3$ 為 f 在 $[0, 2]$ 上的極值。它是極大值或極小值？

∑ 3-2 均值定理

在本節中，我們將討論一個結果，稱為**均值定理**，此定理非常有用，被視為微積分學裡的最重要結果之一。我們先著手於均值定理的特例，稱為**洛爾定理**，是由**法國**

大數學家洛爾 (1652~1719) 所提出，它提供了臨界數存在的充分條件。此定理是對在閉區間 [a, b] 為連續，在開區間 (a, b) 為可微分且 $f(a)=f(b)$ 的函數 f 來討論的，這種函數的一些代表性的圖形如圖 3-4 所示。

參照圖 3-4 中的圖形，可知至少存在一數 c 介於 a 與 b 之間，使得在點 $(c, f(c))$ 處的切線為水平，或者，$f'(c)=0$。

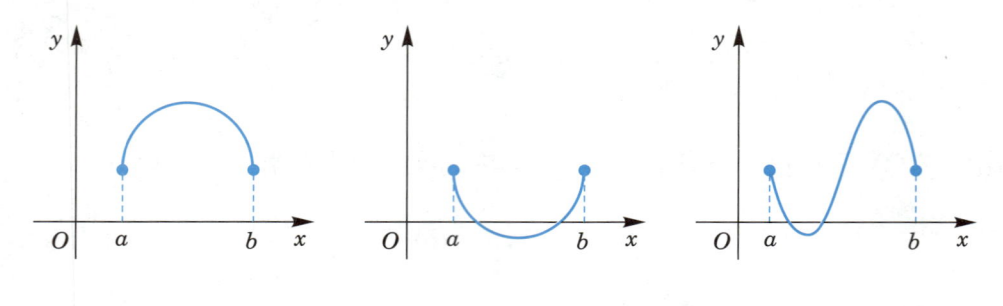

圖 3-4

定理 3.3　洛爾定理

若
(1) f 在 [a, b] 為連續
(2) f 在 (a, b) 為可微分
(3) $f(a)=f(b)$
則在 (a, b) 中存在一數 c 使得 $f'(c)=0$。

證　因 f 在 [a, b] 為連續，故 f 在 [a, b] 上有極大值 M 與極小值 m。
(1) 若 $M=m$，則 f 在 [a, b] 上為常數函數，故對 (a, b) 中的所有 x，恆有 $f'(x)=0$。
(2) 假設 $m<M$。因 $f(a)=f(b)$，故 m 與 M 兩者中至少有一者與 $f(a)$ 或 $f(b)$ 不相等。於是，在 (a, b) 中至少存在一數 c 使得 $f(c)$ 為 f 之一相對極值。又 f 在 (a, b) 為可微分，故依定理 3.2 可知 $f'(c)=0$。

【例題 1】　探究洛爾定理

設 $f(x)=x^4-2x^2-8$，求區間 $(-2, 2)$ 中的所有 c 值使得 $f'(c)=0$。

【解】　因 f 在 [-2, 2] 為連續，在 (-2, 2) 為可微分，且 $f(-2)=0=f(2)$，故滿足洛爾定理的三個條件。所以至少存在一數 c，$-2<c<2$，使得 $f'(c)=0$。

$$f'(x) = 4x^3 - 4x$$
$$f'(c) = 4c^3 - 4c = 0$$

解得 $c = 0, 1, -1$.

故在 $(-2, 2)$ 中的所有 c 值為 -1、0 與 1.

【例題 2】 缺少洛爾定理的可微分條件

試說明函數 $f(x) = 1 - (x-1)^{2/3}$ 在 $[0, 2]$ 中無法滿足洛爾定理．

【解】 因為 $f(0) = f(2) = 0$，又 f 在 $[0, 2]$ 為連續，但 f 於 $x = 1$ 處不可微分，所以無法找到一數 $c \in (0, 2)$ 使得 $f'(c) = 0$，其圖形如圖 3-5 所示．

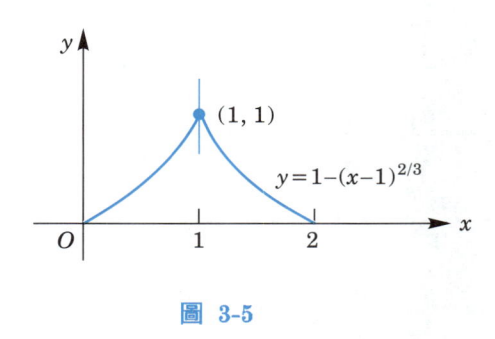

圖 3-5

【例題 3】 洛爾定理的應用

試證：方程式 $x^4 + 3x + 1 = 0$ 在區間 $(-2, -1)$ 中至多有一個實根．

【解】 令 $f(x) = x^4 + 3x + 1$，則 $f'(x) = 4x^3 + 3$，故 f 的唯一臨界數為 $-\sqrt[3]{\dfrac{3}{4}}$，但此數不在 $(-2, -1)$ 中．設方程式 $f(x) = 0$ 在區間 $(-2, -1)$ 中至少有兩個實根，令其兩根為 x_1, x_2，則 $f(x_1) = f(x_2) = 0$．於是，在 x_1 與 x_2 之間存在一數 c 使得 $f'(c) = 0$．因而，$c \in (-2, -1)$．但 $-\sqrt[3]{\dfrac{3}{4}} \notin (-2, -1)$，可知 $c \neq -\sqrt[3]{\dfrac{3}{4}}$．這與 f 有唯一的臨界數 $-\sqrt[3]{\dfrac{3}{4}}$ 不合．證明完畢．

【例題 4】 洛爾定理的應用

試證：方程式 $x^3 + 3x + 1 = 0$ 有唯一的實根．

【解】 令 $f(x) = x^3 + 3x + 1$，則 $f'(x) = 3x^2 + 3 = 3(x^2 + 1) \geqslant 3$．因 $f(-1) = -3 < 0$，

$f(0)=1>0$，故依中間值定理，在 $(-1, 0)$ 中存在一數 c 使得 $f(c)=0$。於是，所予方程式有一實根。

設方程式 $f(x)=0$ 有兩實根 a 與 b，則 $f(a)=0=f(b)$。於是，在 a 與 b 之間存在一數 c 使得 $f'(c)=0$，此為矛盾，因而所予方程式不可能有兩個實根。所以，我們證得所予方程式有唯一實根。

【例題 5】　洛爾定理的應用

若 $a_0, a_1, a_2, \cdots, a_n$ 皆為實數且滿足

$$\frac{a_0}{1}+\frac{a_1}{2}+\frac{a_2}{3}+\cdots+\frac{a_n}{n+1}=0$$

試證：方程式 $a_0+a_1x+a_2x^2+\cdots+a_nx^n=0$ 至少有一個實根。

【解】　令 $F(x)=a_0x+\frac{a_1}{2}x^2+\frac{a_2}{3}x^3+\cdots+\frac{a_n}{n+1}x^{n+1}$，

$F(1)=\frac{a_0}{1}+\frac{a_1}{2}+\frac{a_2}{3}+\cdots+\frac{a_n}{n+1}=0$，

$F(0)=0$。

又因多項式函數 F 在 R 為連續且可微，$F(1)=F(0)=0$，故存在一數 $c\in(0, 1)$ 使得 $F'(c)=0$。

又 $$F'(x)=a_0+a_1x+a_2x^2+\cdots+a_nx^n$$

所以，方程式 $a_0+a_1x+a_2x^2+\cdots+a_nx^n=0$ 至少有一個實根。

下面的定理可以看作是將洛爾定理推廣到 $f(a)\neq f(b)$ 的情形。在討論此一定理之前，先考慮 f 的圖形上的兩點 $A(a, f(a))$ 與 $B(b, f(b))$，如圖 3-6 所示。若 $f'(x)$ 對於所有 $x\in(a, b)$ 皆存在，則從圖中顯然可以看出，在圖形上存在一點 $P(c, f(c))$ 使得在該點的切線與通過 A 及 B 的割線平行。此一事實可用斜率表示如下：

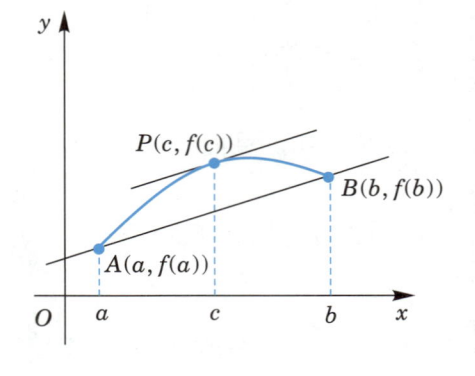

圖 3-6

$$f'(c)=\frac{f(b)-f(a)}{b-a}$$

等號右邊的式子是由通過 A 與 B 之直線的斜率公式求出，若將等號兩邊同時乘以 $b-a$，則可得下面定理中的公式．

定理 3.4　均值定理

若
(1) f 在 $[a, b]$ 為連續
(2) f 在 (a, b) 為可微分
則在 (a, b) 中存在一數 c 使得

$$\frac{f(b)-f(a)}{b-a}=f'(c)$$

或
$$f(b)-f(a)=f'(c)(b-a)$$

證　由圖 3-7 所示，定義函數 h 如下：

$$h(x)=f(x)-f(a)-\frac{f(b)-f(a)}{b-a}(x-a)$$

(1) h 在 $[a, b]$ 為連續且在 (a, b) 為可微分．

(2) $h'(x)=f'(x)-\dfrac{f(b)-f(a)}{b-a}$．

因 $h(a)=0=h(b)$，故依洛爾定理，在 (a, b) 中存在一數 c 使得 $h'(c)=0$．

於是，$h'(c)=f'(c)-\dfrac{f(b)-f(a)}{b-a}=0$．所以，

$$f'(c)=\frac{f(b)-f(a)}{b-a}$$

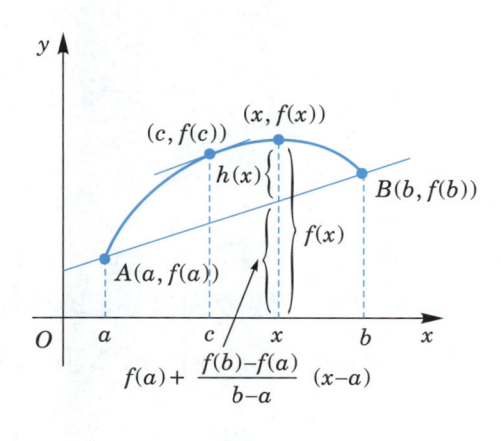

即 $f(b)-f(a)=f'(c)(b-a)$．

圖 3-7

【例題 6】 探究均值定理

令 $f(x)=x^3-x^2-x+1$, $x\in[-1, 2]$, 求所有的 c 值使滿足均值定理的結論。

【解】 $f'(x)=3x^2-2x-1$, 而

$$\frac{f(2)-f(-1)}{2-(-1)}=\frac{3-0}{3}=3c^2-2c-1$$

故 $\qquad 3c^2-2c-1=1.$
解 $\qquad 3c^2-2c-2=0,$

可得 $\qquad c=\dfrac{2\pm\sqrt{4+24}}{6}=\dfrac{1\pm\sqrt{7}}{3}$

即 $c_1=\dfrac{1-\sqrt{7}}{3}$, $c_2=\dfrac{1+\sqrt{7}}{3}$, 兩數皆位於區間 $(-1, 2)$ 中.

如圖 3-8 所示.

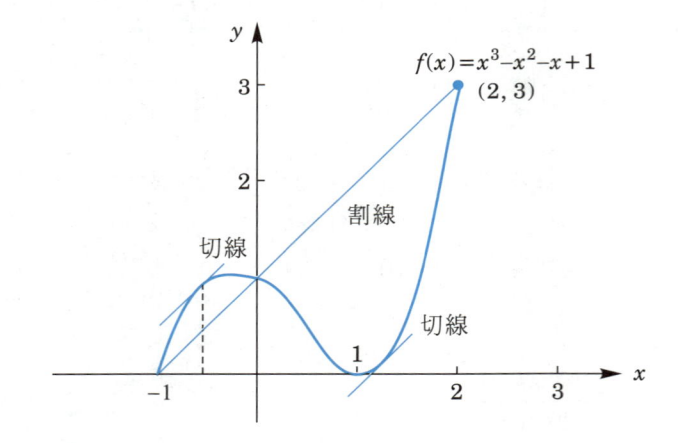

圖 3-8

【例題 7】 缺少均值定理的可微分條件

令 $f(x)=x^{2/3}$, $x\in[-8, 27]$, 試說明 f 不滿足均值定理的結論, 原因何在？

【解】 $f'(x)=\dfrac{d}{dx}x^{2/3}=\dfrac{2}{3}x^{-1/3}$, $x\neq 0$, 且

$$\frac{f(27)-f(-8)}{27-(-8)}=\frac{9-4}{35}=\frac{1}{7}$$

我們必須解
$$\frac{2}{3}c^{-1/3}=\frac{1}{7}$$
可得
$$c=\left(\frac{14}{3}\right)^3=\frac{2744}{27}$$

但 $c=\dfrac{2744}{27}$ 不在區間 $(-8, 27)$ 中．因為 $f'(0)$ 不存在，所以 f 不滿足均值定理的結論．圖形如圖 3-9 所示．

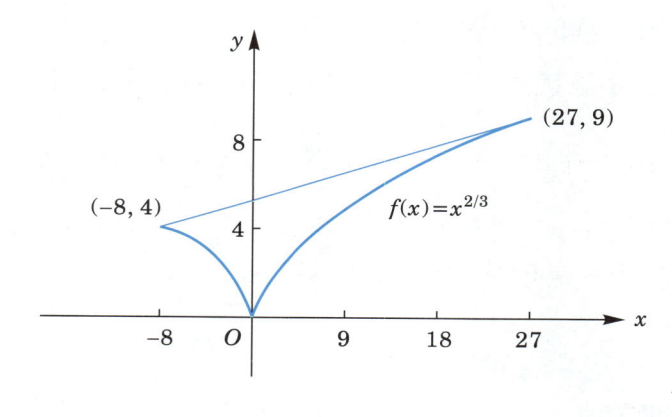

圖 3-9

【例題 8】 均值定理的應用

試證：$3+\dfrac{1}{28}<\sqrt[3]{28}<3+\dfrac{1}{27}$．

【解】 令 $f(x)=\sqrt[3]{x}$，$x\in[27, 28]$，則 $f'(x)=\dfrac{1}{3x^{2/3}}$．

因 f 在 $[27, 28]$ 為連續，且在 $(27, 28)$ 為可微分，故存在 $c\in(27, 28)$ 使得

$$\frac{\sqrt[3]{28}-\sqrt[3]{27}}{28-27}=f'(c)=\frac{1}{3c^{2/3}}$$

$$27<c<28 \Rightarrow (27)^{2/3}<c^{2/3}<(28)^{2/3} \Rightarrow \frac{1}{(28)^{2/3}}<\frac{1}{c^{2/3}}<\frac{1}{(27)^{2/3}}$$

$$\Rightarrow \frac{1}{3\cdot(28)^{2/3}} < \frac{1}{3c^{2/3}} < \frac{1}{3\cdot(27)^{2/3}}$$

$$\Rightarrow \frac{1}{28} < \frac{1}{3\cdot(28)^{2/3}} < \frac{1}{3c^{2/3}} < \frac{1}{27}$$

故 $\quad \dfrac{1}{28} < \sqrt[3]{28} - 3 < \dfrac{1}{27}$,

即 $\quad 3 + \dfrac{1}{28} < \sqrt[3]{28} < 3 + \dfrac{1}{27}$.

【例題 9】 均值定理的物理說明

若一物體的位置函數為 $s=f(t)$，則它在時間區間 $[a, b]$ 中的平均速度為 $\dfrac{f(b)-f(a)}{b-a}$，在 $t=c$ $(a<c<b)$ 的速度為 $f'(c)$. 均值定理告訴我們，在時間 $t=c$ 的瞬時速度 $f'(c)$ 等於平均速度. 例如，若一汽車在 2 小時內行駛了 160 公里，則其速度錶上一定至少一次顯示出時速 80 公里.

【例題 10】 均值定理之應用

試利用均值定理證明

$$\lim_{x\to\infty}(\sqrt{x+2}-\sqrt{x})=0$$

【解】 令 $f(t)=\sqrt{t}$, $t\in[x, x+2]$，則

$$f'(t) = \frac{1}{2}t^{-1/2} = \frac{1}{2\sqrt{t}},$$

利用均值定理，得

$$\frac{f(x+2)-f(x)}{x+2-x} = \frac{\sqrt{x+2}-\sqrt{x}}{x+2-x} = \frac{1}{2\sqrt{c}}, \quad x<c<x+2$$

故 $\quad \sqrt{x+2}-\sqrt{x} = \dfrac{1}{\sqrt{c}}, \quad x<c<x+2$

等號兩端取極限，得

$$\lim_{x\to\infty}(\sqrt{x+2}-\sqrt{x}) = \lim_{x\to\infty}\frac{1}{\sqrt{c}} = \lim_{c\to\infty}\frac{1}{\sqrt{c}} = 0$$

故得證.

【例題 11】 均值定理之應用

試利用均值定理求 $\sqrt[4]{82}$ 之近似值。

【解】 令 $f(x)=\sqrt[4]{x}$，$a=81$，$b=82$。依均值定理，

$$f(b)-f(a)=f'(c)(b-a), \quad a<c<b$$

當 $b\to a$ 時，則 $c\to a$，故

$$f(b)-f(a)\approx f'(a)(b-a)$$

即

$$f(b)\approx f(a)+f'(a)(b-a)$$

故 $\sqrt[4]{82}=f(82)\approx f(81)+f'(81)(82-81)$

$$=3+\frac{1}{4\times(81)^{3/4}}\times 1=3+\frac{1}{108}\approx 3.0093.$$

定理 3.5

若 $f'(x)=0$ 對於區間 I 中的所有 x 皆成立，則 f 在 I 上為常數函數。

證 令 x_1 與 x_2 為 I 中任意兩數，且 $x_1<x_2$。因 f 在 I 為可微分，故它必在 (x_1, x_2) 為可微分且在 $[x_1, x_2]$ 為連續。依均值定理，存在一數 $c\in(x_1, x_2)$ 使得

$$f(x_2)-f(x_1)=f'(c)(x_2-x_1)$$

因 $f'(x)=0$，可知 $f'(c)=0$，故

$$f(x_2)-f(x_1)=0, \quad 即, \quad f(x_1)=f(x_2)$$

但 x_1 與 x_2 為 I 中任意兩數，所以 f 在 I 上為常數函數。

習題 3.2

1. 試說明 $f(x)=x^3-4x$ 在 $[0, 2]$ 中滿足洛爾定理，並求定理中所敘述的 c 值。
2. 洛爾定理是否適用於 (1) $f(x)=\dfrac{x^2-4x}{x-2}$ 與 (2) $f(x)=\dfrac{x^2-4x}{x+2}$？

3. 試說明函數 $f(x)=(x-2)^{2/3}$ 在 $[1, 3]$ 中無法滿足洛爾定理。

4. 利用洛爾定理證明 $4x^3+9x^2-4x-2=0$ 在區間 $(0, 1)$ 中有解。

[提示：$\dfrac{d}{dx}(x^4+3x^3-2x^2-2x)=4x^3+9x^2-4x-2$]

5. 利用洛爾定理證明方程式 $x^3+4x-1=0$ 至多有一個實根。

6. 試證：方程式 $x^7+5x^3+x-6=0$ 恰有一個實根。

7. 試證：方程式 $x^4+4x+c=0$ 至多有兩個實根。

8. (1) 試證：三次方程式至多有三個實根。
   (2) 試證：n 次方程式至多有 n 個實根。

在 9～13 題中，驗證 f 在所予區間滿足均值定理的假設，並求 c 的所有值使其滿足定理的結論。

9. $f(x)=x^2-6x+8$；$[2, 4]$

10. $f(x)=x^3+x-4$；$[-1, 2]$

11. $f(x)=\dfrac{x^2-1}{x-2}$；$[-1, 1]$

12. $f(x)=\sqrt{x+1}$；$[0, 3]$

13. $f(x)=x+\dfrac{1}{x}$；$[3, 4]$

14. 令 $f(x)=x^{2/3}$。
    (1) 試說明在 $(-1, 8)$ 中不存在 c，使得 $f'(c)=\dfrac{f(b)-f(a)}{b-a}$。
    (2) 解釋為何在 (1) 中的結果不抵觸均值定理。

15. 利用均值定理證明 $1.5<\sqrt{3}<1.75$。[提示；在均值定理中令 $f(x)=\sqrt{x}$，$a=3$，$b=4$]

16. 利用均值定理證明 $\dfrac{1}{9}<\sqrt{66}-8<\dfrac{1}{8}$。

17. 利用均值定理求 $\sqrt[6]{64.05}$ 的近似值。

18. 試證：對於二次函數而言，均值定理中的 c 值恆為所予區間 $[a, b]$ 的中點。

19. (1) 試證：設函數 f 在 $[a, b]$ 為連續，在 (a, b) 為可微分。若 $f(a)f(b)<0$，且 $f'(x)\neq 0$ 對於 (a, b) 中的所有 x 皆成立，則方程式 $f(x)=0$ 在 (a, b) 中恰有一個解。
    (2) 試證：方程式 $2x^3-9x^2+1=0$ 在各區間 $(-1, 0)$，$(0, 1)$ 與 $(4, 5)$ 中恰有一個解。[提示：利用 (1) 的結果。]

20. 試證：若 $f(x)=x(x-1)(x-2)(x-3)$，則方程式 $f'(x)=0$ 有三個相異實根。

21. 令 $P_1(x_1, y_1)$ 與 $P_2(x_2, y_2)$ 為拋物線 $y=ax^2+bx+c$ 上的任意兩點，且在弧

P_1P_2 上一點 $P_3(x_3, y_3)$ 的切線平行於弦 P_1P_2，試證：$x_3 = \dfrac{x_1+x_2}{2}$。

22. (1) 試說明均值定理可寫成 $f(a+h) = f(a) + hf'(a+\theta h)$，$0 < \theta < 1$。

    (2) 利用 (1) 的結果證明：若 $-1 < x < 0$，則 $\sqrt{1+x} < 1 + \dfrac{x}{2}$。

23. 試證：對所有 $x \in (a, b)$ 恆有 $|f'(x)| \leq M$ $(M > 0)$，且若 x_1 及 x_2 為 (a, b) 中的任意兩點，則

$$|f(x_2) - f(x_1)| \leq M|x_2 - x_1|$$

註：一函數滿足上面的不等式稱為具有常數 M 的**利普希茲條件**。

3-3　單調函數，相對極值判別法

在描繪函數的圖形時，知道何處上升與何處下降是很有用的。圖 3-10 所示的圖形由 A 上升到 B，由 B 下降到 C，然後再由 C 上升到 D；我們稱函數 f 在區間 $[a, b]$ 為遞增，在 $[b, c]$ 為遞減，又在 $[c, d]$ 為遞增。若 x_1 與 x_2 為介於 a 與 b 之間的任兩數，其中 $x_1 < x_2$，則 $f(x_1) < f(x_2)$。

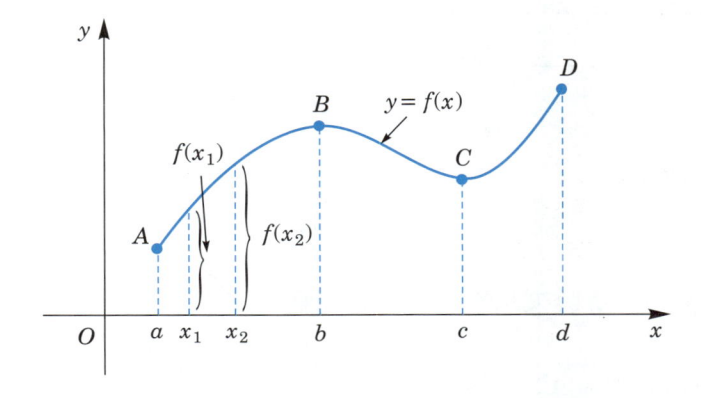

圖 3-10

定義 3.4

設函數 f 定義在某區間 I。
(1) 對 I 中的所有 x_1, x_2，若 $x_1 < x_2$，恆有 $f(x_1) < f(x_2)$，則稱 f 在 I 為**遞增**，而 I 稱為 f 的**遞增區間**。

(2) 對 I 中的所有 x_1, x_2, 若 $x_1 < x_2$, 恆有 $f(x_1) > f(x_2)$, 則稱 f 在 I 為**遞減**, 而 I 稱為 f 的**遞減區間**.
(3) 若 f 在 I 為**遞增**抑或為**遞減**, 則稱 f 在 I 上為**單調**.

註：單調函數必有反函數.

【例題 1】 確定遞增與遞減區間

函數 $f(x) = x^2$ 在 $(-\infty, 0]$ 為遞減而在 $[0, \infty)$ 為遞增, 故在 $(-\infty, 0]$ 與 $[0, \infty)$ 皆為單調, 但它在 $(-\infty, \infty)$ 不為單調.

圖 3-11 暗示若函數圖形在某區間的切線斜率為正, 則函數在該區間為遞增；同理, 若圖形的切線斜率為負, 則函數為遞減.

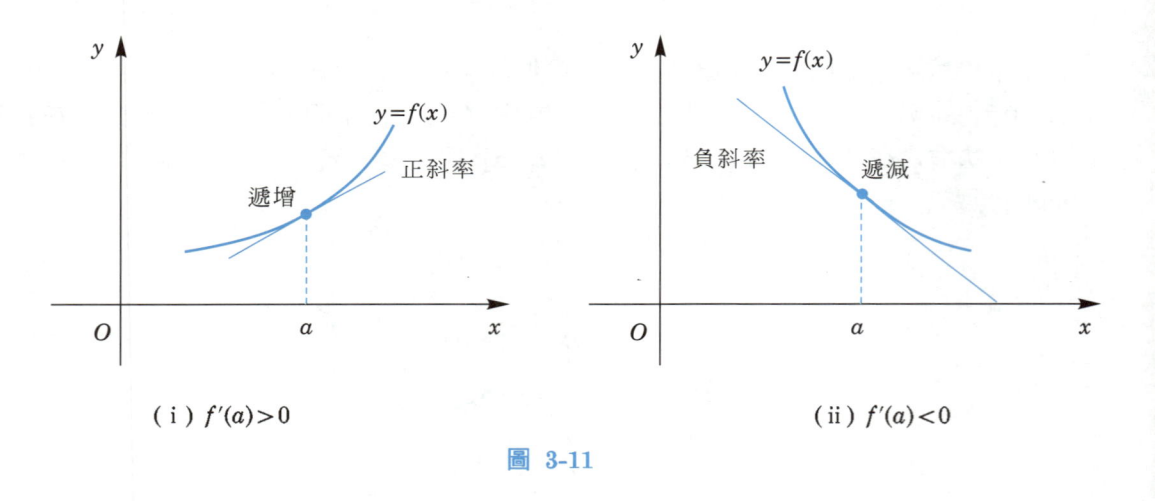

(i) $f'(a) > 0$ (ii) $f'(a) < 0$

圖 3-11

下面定理指出如何利用導數來判斷函數在區間為遞增或遞減.

定理 3.6　單調性判別法

設函數 f 在 $[a, b]$ 為連續, 且在 (a, b) 為可微分.
(1) 若 $f'(x) > 0$ 對於 (a, b) 中的所有 x 皆成立, 則 f 在 $[a, b]$ 為遞增.
(2) 若 $f'(x) < 0$ 對於 (a, b) 中的所有 x 皆成立, 則 f 在 $[a, b]$ 為遞減.

證　我們僅證明 (1), 而 (2) 的證明留給讀者自證之.
假設對 (a, b) 中所有的 x 皆有 $f'(x) > 0$, 且令 x_1 與 x_2 為 (a, b) 中任何兩點使得 $x_1 < x_2$. 我們希望證明 $f(x_1) < f(x_2)$.

在區間 $[x_1, x_2]$ 上應用均值定理，

$$f(x_2)-f(x_1)=f'(c)(x_2-x_1),$$

其中 $c \in (x_1, x_2)$. 因為 $x_2-x_1>0$，並由假設可知 $f'(c)>0$，故上列等式右邊為正，可得 $f(x_2)-f(x_1)>0$，即，

$$f(x_1)<f(x_2), \text{ 故 } f \text{ 在 } [a, b] \text{ 為遞增.}$$

【例題 2】 利用單調性判別法

若 $f(x)=x^3+x^2-5x-5$，則 f 在何區間為遞增？遞減？

【解】
$$f'(x)=3x^2+2x-5=(3x+5)(x-1)$$

得臨界數為 $x=-\dfrac{5}{3}$ 與 $x=1$.

$x<-\dfrac{5}{3}$	$-\dfrac{5}{3}$	$-\dfrac{5}{3}<x<1$	1	$x>1$
$f'(x)>0$	$f'\left(-\dfrac{5}{3}\right)=0$	$f'(x)<0$	$f'(1)=0$	$f'(x)>0$

因 f 為處處連續，故 f 在 $\left(-\infty, -\dfrac{5}{3}\right]$ 與 $[1, \infty)$ 為遞增，在 $\left[-\dfrac{5}{3}, 1\right]$ 為遞減.

【例題 3】 利用單調性判別法

函數 $f(x)=\dfrac{2x}{x^2+1}$ 在何區間為遞增？遞減？求 f 的遞增區間與遞減區間.

【解】 $f'(x)=\dfrac{d}{dx}\left(\dfrac{2x}{x^2+1}\right)=\dfrac{(x^2+1)2-2x(2x)}{(x^2+1)^2}=\dfrac{2(1-x^2)}{(x^2+1)^2}$

$f'(-1)=0, f'(1)=0$.

$x<-1$	-1	$-1<x<1$	1	$x>1$
$f'(x)<0$	$f'(-1)=0$	$f'(x)>0$	$f'(1)=0$	$f'(x)<0$

因 f 為處處連續，故 f 在 $[-1, 1]$ 為遞增，在 $(-\infty, -1]$ 與 $[1, \infty)$ 為遞

減. $[-1, 1]$ 為遞增區間，$(-\infty, -1]$ 與 $[1, \infty)$ 為遞減區間.

【例題 4】　利用單調性判別法

函數 $f(x) = x - x^{2/3}$ 在何區間為遞增？遞減？

【解】　$f'(x) = 1 - \dfrac{2}{3x^{1/3}} = \dfrac{3x^{1/3} - 2}{3x^{1/3}}$

令　　　　　$f'(x) = 0 \Leftrightarrow 3x^{1/3} - 2 = 0 \Leftrightarrow x = \dfrac{8}{27}$

又 $f'(0)$ 不存在，故 f 的臨界數為 0 與 $\dfrac{8}{27}$. 我們僅討論在 $x = 0$ 與 $x = \dfrac{8}{27}$ 附近 f' 之變化情形. 並做出有關 $f'(x)$ 之正負號圖如下：

$-\infty < x < 0$	0	$0 < x < \dfrac{8}{27}$	$\dfrac{8}{27}$	$x > \dfrac{8}{27}$
$f'(x) > 0$	$f'(0)$ 不存在	$f'(x) < 0$	$f'\left(\dfrac{8}{27}\right) = 0$	$f'(x) > 0$

故 f 在 $(-\infty, 0]$ 與 $\left[\dfrac{8}{27}, \infty\right)$ 為遞增，f 在 $\left[0, \dfrac{8}{27}\right]$ 為遞減.

【例題 5】　利用遞增證明不等式

試證：若 $x > 0$，且 $n > 1$，則 $(1+x)^n > 1 + nx$.

【解】　令 $f(x) = (1+x)^n - (1+nx)$，則 $f'(x) = n(1+x)^{n-1} - n = n[(1+x)^{n-1} - 1]$ 若 $x > 0$，且 $n > 1$，則 $(1+x)^{n-1} > 1$，故 $f'(x) > 0$. 又 f 在 $[0, \infty)$ 為連續，故 f 在 $[0, \infty)$ 為遞增. 尤其，若 $x > 0$，則 $f(x) > f(0)$. 但 $f(0) = 0$，故 $(1+x)^n - (1+nx) > 0$，即，

$$(1+x)^n > 1 + nx$$

我們知道，欲求相對極值，首先必須找出函數所有的臨界數，再檢查每一個臨界數，以決定是否有相對極值發生. 做這個檢查的方法有很多，下面的定理是根據 f 的一階導數的正負號來判斷 f 是否有相對極值. 大致說來，這個定理說明了，當 x 遞增通過臨界數 c 時，若 $f'(x)$ 變號，則 f 在 c 處有相對極大值或相對極小值；若 $f'(x)$ 不變號，則在 c 處無極值發生.

定理 3.7　一階導數判別法

設函數 f 在包含臨界數 c 的開區間 (a, b) 為連續．
(1) 當 $a<x<c$ 時，$f'(x)>0$，且 $c<x<b$ 時，$f'(x)<0$，則 $f(c)$ 為 f 的相對極大值．
(2) 當 $a<x<c$ 時，$f'(x)<0$，且 $c<x<b$ 時，$f'(x)>0$，則 $f(c)$ 為 f 的相對極小值．
(3) 當 $a<x<b$ 時，$f'(x)$ 同號，則 $f(c)$ 不為 f 的相對極值．

證　(1) 令 $x \in (a, b)$．當 $a<x<c$ 時，$f'(x)>0$，可知 f 在 $[a, c]$ 為遞增，因此，$f(x)<f(c)$．當 $c<x<b$ 時，$f'(x)<0$，可知 f 在 $[c, b]$ 為遞減，因此，$f(c)>f(x)$．所以，$f(c) \geq f(x)$ 對 (a, b) 中的所有 x 皆成立．於是，$f(c)$ 為 f 的相對極大值．
　　(2) 與 (3) 的證明留給讀者．

圖 3-12 中的圖形可作為記憶一階導數判別法的方法．在相對極大值的情形，如圖

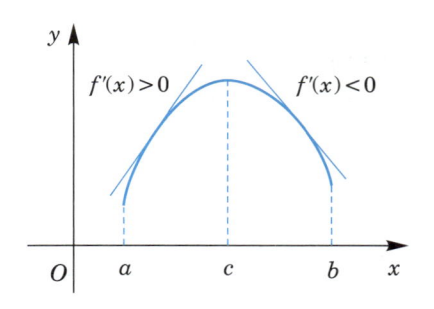

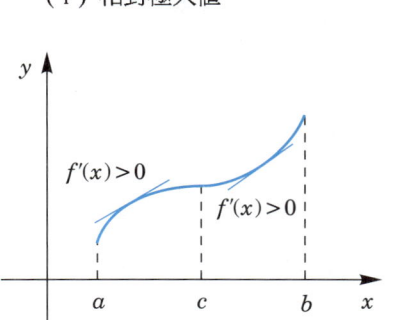

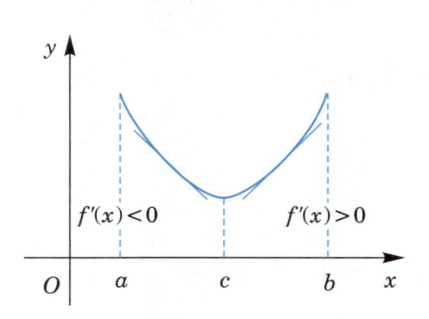

(ⅰ) 相對極大值

(ⅱ) 相對極小值

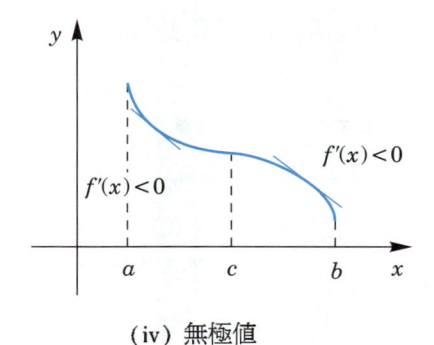

(ⅲ) 無極值

(ⅳ) 無極值

圖 3-12

3-12(ⅰ) 所示，若 $x<c$，則在點 $(x, f(x))$ 處的切線的斜率爲正；若 $x>c$，則斜率爲負。在相對極小值的情形，如圖 3-12(ⅱ) 所示，結果恰好相反。若圖形在點 $(c, f(c))$ 有折角，類似的圖形也可繪出。在無極值的情形，如圖 3-12(ⅲ) 所示，斜率皆爲正；如圖 3-12(ⅳ) 所示，斜率皆爲負。

【例題 6】 利用一階導數判別法

求函數 $f(x)=x^3-3x+3$ 的相對極值。

【解】 $f'(x)=3x^2-3=3(x-1)(x+1)$。於是，f 的臨界數爲 1 與 -1。

我們作一階導數之正負號圖如下：

$x<-1$	-1	$-1<x<1$	1	$x>1$
$f'(x)>0$	$f'(-1)=0$	$f'(x)<0$	$f'(1)=0$	$f'(x)>0$

依一階導數判別法，f 在 $x=-1$ 處有相對極大值 $f(-1)=5$，在 $x=1$ 處有相對極小值 $f(1)=1$。

【例題 7】 利用一階導數判別法

求函數 $f(x)=x-x^{2/3}$ 在 $[-1, 2]$ 上的相對與絕對極值。

【解】 $f'(x)=1-\dfrac{2}{3\sqrt[3]{x}}=\dfrac{3\sqrt[3]{x}-2}{3\sqrt[3]{x}}$。

令 $f'(x)=0$，則 $3\sqrt[3]{x}-2=0$，可得 $x=\dfrac{8}{27}$。

又 $f'(0)$ 不存在，但 $f(0)$ 有定義，故 f 的臨界數爲 0 與 $\dfrac{8}{27}$。

我們作一階導數的正負號圖如下：

-1	$-1 \leq x<0$	0	$0<x<\dfrac{8}{27}$	$\dfrac{8}{27}$	$\dfrac{8}{27}<x \leq 2$	2
	$f'(x)>0$	$f'(0)$ 不存在	$f'(x)<0$	$f'\left(\dfrac{8}{27}\right)=0$	$f'(x)>0$	

依一階導數判別法，$f(0)=0$ 爲 f 的相對極大值，$f\left(\dfrac{8}{27}\right)=-\dfrac{4}{27}$ 爲 f 的相對

極小值.

又 $f(-1)=-2$，$f(2)=2-\sqrt[3]{4}$，可知 $f(-1)<f\left(\dfrac{8}{27}\right)<f(0)<f(2)$，故 $f(-1)=-2$ 為 f 的絕對極小值，$f(2)=2-\sqrt[3]{4}$ 為 f 的絕對極大值。

習題 3.3

1. 試證：函數 $f(x)=x^5+x^3+x+1$ 無相對極大值也無相對極小值。
2. 試求下列各函數的遞增區間與遞減區間。

    (1) $f(x)=3x^3+9x^2-13$
    (2) $f(x)=\dfrac{2x}{x^2+1}$
    (3) $f(x)=\dfrac{x}{2}-\sqrt{x}$
    (4) $f(x)=x^{1/3}(x-3)^{2/3}$

在 3～9 題中，求 f 的相對極值。

3. $f(x)=x^3-x+1$
4. $f(x)=2x^2-x^4$
5. $f(x)=x\sqrt{1-x^2}$
6. $f(x)=\sqrt[3]{x}-\sqrt[3]{x^2}$
7. $f(x)=\dfrac{x}{x^2+1}$
8. $f(x)=x+\dfrac{1}{x}$
9. $f(x)=|4-x^2|$
10. 求三次函數 $f(x)=ax^3+bx^2+cx+d$ 使其在 $x=-2$ 處有相對極大值 3，而在 $x=1$ 處有相對極小值 0。
11. 考慮 $f(x)=ax^2+bx+c$，其中 $a>0$。試證：$f(x)\geq 0$ 對於所有 x 皆成立，若且唯若 $b^2-4ac\leq 0$。
12. 試證：若 $1<a<b$，則 $a+\dfrac{1}{a}<b+\dfrac{1}{b}$。

∑ 3-4 凹性，反曲點

雖然函數 f 的導數能告訴我們 f 的圖形在何處為遞增或遞減，但是它並不能顯示圖形如何彎曲。為了研究這個問題，我們必須探討如圖 3-13 所示切線的變化情形。

圖 3-13

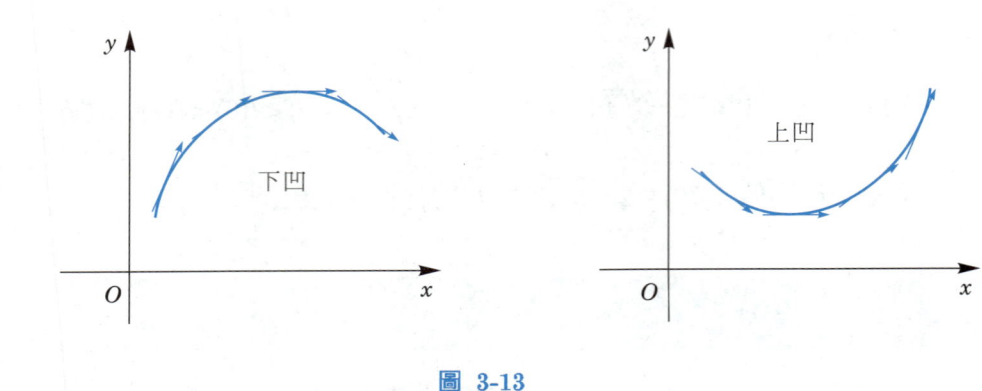

在圖 3-13(i) 中的曲線位於其切線的下方，稱為下凹．當我們由左到右沿著此曲線前進時，切線旋轉，而它們的斜率遞減．對照之下，圖 3-13(ii) 中的曲線位於其切線的上方，稱為上凹．當我們由左到右沿著此曲線前進時，切線旋轉，而它們的斜率遞增．因 f 之圖形的切線斜率為 f'，故我們有下面的定義．

定義 3.5

設函數 f 在某開區間為可微分．
(1) 若 f' 在該區間為遞增，則稱函數 f 的圖形在該區間為上凹；
(2) 若 f' 在該區間為遞減，則稱函數 f 的圖形在該區間為下凹．

如下圖 3-14 所示．

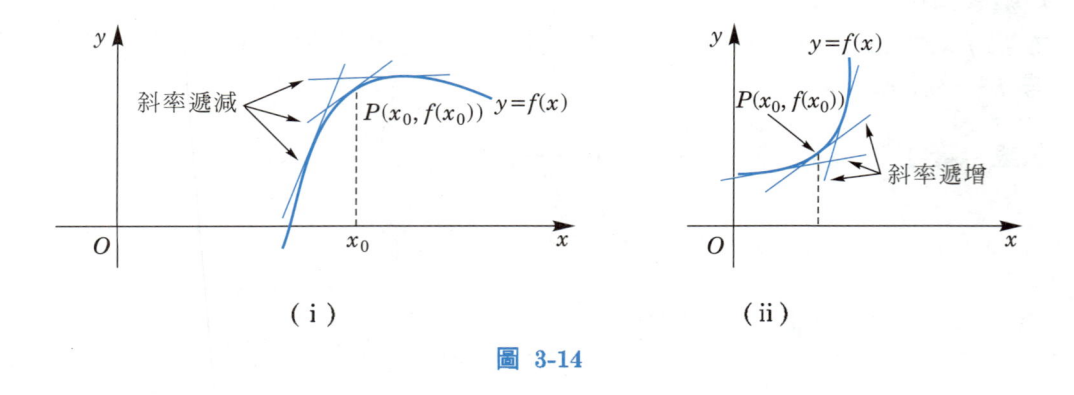

(i)　　　　　(ii)

圖 3-14

因 f'' 是 f' 的導函數，故由定理 3.6 可知，若 $f''(x) > 0$ 對於 (a, b) 中的所有 x 皆成立，則 f' 在 (a, b) 為遞增；若 $f''(x) < 0$ 對於 (a, b) 中的所有 x 皆成立，則 f' 在 (a, b) 為遞減．於是，我們有下面的結果．

定理 3.8　凹性判別法

設函數 f 在開區間 I 為二次可微分.
(1) 若 $f''(x)>0$ 對於 I 中的所有 x 皆成立，則 f 的圖形在 I 為 上凹.
(2) 若 $f''(x)<0$ 對於 I 中的所有 x 皆成立，則 f 的圖形在 I 為 下凹.

【例題 1】　利用凹性判別法確定上凹與下凹區間

函數 $f(x)=\dfrac{1}{1+x^2}$ 的圖形在何處為上凹？下凹？

【解】　$f'(x)=\dfrac{d}{dx}\left(\dfrac{1}{1+x^2}\right)=\dfrac{-2x}{(1+x^2)^2}=-2x(1+x^2)^{-2}$

$f''(x)=-\dfrac{d}{dx}2x(1+x^2)^{-2}=-2(1+x^2)^{-2}+4x(1+x^2)^{-3}(2x)$
$\qquad\;\;=-2(1+x^2)^{-2}+8x^2(1+x^2)^{-3}=2(1+x^2)^{-3}(3x^2-1)$

令 $f''(x)=0$，解 $3x^2-1=0$，得 $x=\pm\dfrac{1}{\sqrt{3}}=\pm\dfrac{\sqrt{3}}{3}$.

我們作 $f''(x)$ 之正負號圖如下：

$x<-\dfrac{\sqrt{3}}{3}$	$-\dfrac{\sqrt{3}}{3}$	$-\dfrac{\sqrt{3}}{3}<x<\dfrac{\sqrt{3}}{3}$	$\dfrac{\sqrt{3}}{3}$	$x>\dfrac{\sqrt{3}}{3}$
$f''(x)>0$	$f''\left(-\dfrac{\sqrt{3}}{3}\right)=0$	$f''(x)<0$	$f''\left(\dfrac{\sqrt{3}}{3}\right)=0$	$f''(x)>0$
上凹		下凹		上凹

故 f 之圖形在 $\left(-\infty,-\dfrac{\sqrt{3}}{3}\right)$ 與 $\left(\dfrac{\sqrt{3}}{3},\infty\right)$ 為上凹，在 $\left(-\dfrac{\sqrt{3}}{3},\dfrac{\sqrt{3}}{3}\right)$ 為下凹.

在例題 1 中，函數圖形上的點 $\left(-\dfrac{\sqrt{3}}{3},\dfrac{3}{4}\right)$ 與 $\left(\dfrac{\sqrt{3}}{3},\dfrac{3}{4}\right)$ 改變圖形的凹性，而對於這種點，我們給予名稱.

定義 3.6

設函數 f 在包含 c 的開區間 (a, b) 為連續，若 f 的圖形在 (a, c) 為上凹且在 (c, b) 為下凹，抑或 f 的圖形在 (a, c) 為下凹且在 (c, b) 為上凹，則稱點 $(c, f(c))$ 為 f 之圖形上的 反曲點。

定理 3.9　反曲點存在的必要條件

若 $(c, f(c))$ 為 f 之圖形上的反曲點，且 $f''(x)$ 對於包含 c 的某開區間中的所有 x 皆存在，則 $f''(c)=0$。

證 依假設，f' 在包含 c 的一開區間為可微分。因 $(c, f(c))$ 為反曲點，故在其左右附近之圖形的凹性不同，因而，f'' 在 c 處左邊附近之 x 的函數值 $f''(x)$ 與 f'' 在 c 處右邊附近之 x 的函數值是異號。依定理 3.7，f' 在 c 處有相對極值，於是，$f''(c)=0$。

由上述定義 3.6 知，反曲點僅可能發生於 $f''(x)=0$ 抑或 $f''(x)$ 不存在的點，如圖 3-15 所示。但讀者應注意，在某處的二階導數為零或不存在，並不一定保證圖形在該處就有反曲點。例如，$f(x)=x^3$，$f''(0)=0$，點 $(0, 0)$ 是 f 之圖形的反曲點。至於 $f(x)=x^4$，雖然 $f''(0)=0$，但點 $(0, 0)$ 並非 f 之圖形的反曲點。

另外，$f(x)=x^{1/3}$，$f''(0)$ 不存在，但點 $(0, 0)$ 是 $f(x)$ 圖形的反曲點，至於 $f(x)=x^{2/3}$，雖然 $f''(0)$ 不存在，但點 $(0, 0)$ 並非 $f(x)$ 圖形的反曲點。

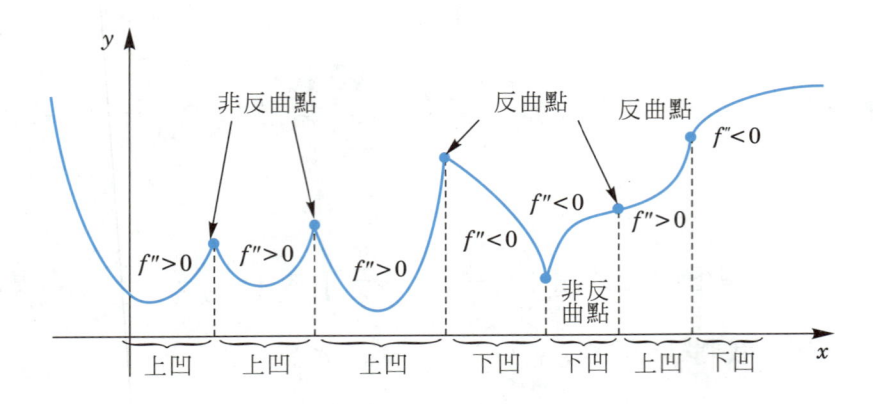

圖 3-15

【例題 2】 找反曲點

判斷 $f(x)=x^{4/3}-4x^{1/3}$ 之圖形在何處為上凹？下凹？並求圖形的反曲點。

【解】
$$f'(x)=\frac{d}{dx}(x^{4/3}-4x^{1/3})=\frac{d}{dx}(x^{4/3})-4\frac{d}{dx}(x^{1/3})$$
$$=\frac{4}{3}x^{1/3}-\frac{4}{3}x^{-2/3}$$
$$f''(x)=\frac{d}{dx}\left(\frac{4}{3}x^{1/3}-\frac{4}{3}x^{-2/3}\right)=\frac{4}{9}x^{-2/3}+\frac{8}{9}x^{-5/3}$$
$$=\frac{4}{9}x^{-5/3}(x+2)$$

我們作出 $f''(x)$ 之正負號圖如下：

$x<-2$	-2	$-2<x<0$	0	$x>0$
$f''(x)>0$	$f''(-2)=0$	$f''(x)<0$	$f''(0)$	$f''(x)>0$
上凹		下凹	不存在	上凹

故 f 的圖形在 $(-\infty, -2)$ 與 $(0, \infty)$ 為上凹，在 $(-2, 0)$ 為下凹。而反曲點分別為 $(-2, 6\sqrt[3]{2})$ 與 $(0, 0)$。

【例題 3】 找反曲點

試求 $f(x)=x^2-1+|x^3-1|$ 圖形的反曲點。

【解】 因
$$f(x)=\begin{cases} x^2-1+x^3-1, & \text{若 } x\geq 1 \\ x^2-1+1-x^3, & \text{若 } x<1 \end{cases}$$

故
$$f'(x)=\begin{cases} 2x+3x^2, & \text{若 } x>1 \\ 2x-3x^2, & \text{若 } x<1 \end{cases}$$

又
$$f''(x)=\begin{cases} 2+6x, & \text{若 } x>1 \\ 2-6x, & \text{若 } x<1 \end{cases}$$

當 $x>1$ 時，$f''(x)=2+6x$。令 $f''(x)=0$，則 $2+6x=0$，求得：

$$x=-\frac{1}{3} \text{ (不合，因 } x>1\text{)}$$

當 $x<1$ 時，$f''(x)=2-6x$。令 $f''(x)=0$，則 $2-6x=0$，求得：

$$x = \frac{1}{3}, \text{ 而 } f\left(\frac{1}{3}\right) = \frac{2}{27}.$$

當 $x < \frac{1}{3}$ 時，$f''(x) > 0$；$\frac{1}{3} < x < 1$ 時，$f''(x) < 0$。
所以，點 $\left(\frac{1}{3}, \frac{2}{27}\right)$ 為 f 圖形的反曲點。

定理 3.10　二階導數判別法

設函數 f 在包含 c 的開區間 (a, b) 為二次可微分，且 $f'(c) = 0$。
(1) 若 $f''(c) > 0$，則 $f(c)$ 為 f 的相對極小值。
(2) 若 $f''(c) < 0$，則 $f(c)$ 為 f 的相對極大值。

證　(1) 假設 $f''(c) = P > 0$，則給予任意 $\varepsilon > 0$，存在一數 $\delta > 0$，使得當 $0 < |h| < \delta$ 時

$$\left| \frac{f'(c+h) - f'(c)}{h} - P \right| = \left| \frac{f'(c+h)}{h} - P \right| < \varepsilon$$

若令 $\varepsilon = \frac{P}{2}$，當 $0 < |h| < \delta$ 時，

$$-\frac{P}{2} < \frac{f'(c+h)}{h} - P < \frac{P}{2} \text{ 或 } \frac{P}{2} < \frac{f'(c+h)}{h}$$

因為 $\frac{P}{2} > 0$，所以當 $0 < h < \delta$ 時，$f'(c+h) > 0$，且當 $-\delta < h < 0$ 時，$f'(c+h) < 0$。於是，在區間 $c - \delta < x < c$ 之切線斜率為負，在 $x = c$ 之切線斜率為零，在區間 $c < x < c + \delta$ 之切線斜率為正，故 $f(c)$ 為相對極小值。同理可證 (2) 成立。

【例題 4】　利用二階導數求相對極值

若 $f(x) = 5 + 2x^2 - x^4$，利用二階導數判別法求 f 的相對極值。

【解】　　　　$f'(x) = 4x - 4x^3 = 4x(1 - x^2)$，$f''(x) = 4 - 12x^2 = 4(1 - 3x^2)$。

解方程式 $f'(x) = 0$，可得 f 的臨界數為 0、1 與 -1，而 f'' 在這些臨界數的值分別為

$$f''(0) = 4 > 0, \ f''(1) = -8 < 0, \ f''(-1) = -8 < 0$$

因此，依二階導數判別法，f 的相對極大值為 $f(1)=6=f(-1)$，相對極小值為 $f(0)=5$。

讀者應注意，當 $f'(c)$ 與 $f''(c)$ 不存在時，點 $(c, f(c))$ 仍可能是反曲點，如下例所示。

【例題 5】 **二階導數不存在之處有反曲點**

若 $f(x)=1-x^{1/3}$，求其相對極值。討論凹性並找出反曲點。

【解】 $f'(x)=-\dfrac{1}{3}x^{-2/3}$, $f''(x)=\dfrac{2}{9}x^{-5/3}$。

$f'(0)$ 不存在，而 0 是 f 唯一的臨界數。因 $f''(0)$ 無定義，故不能利用二階導數判別法。但是，當 $x\neq 0$ 時，$f'(x)<0$；也就是說，f 在其定義域上為遞減，故 $f(0)$ 不是相對極值。

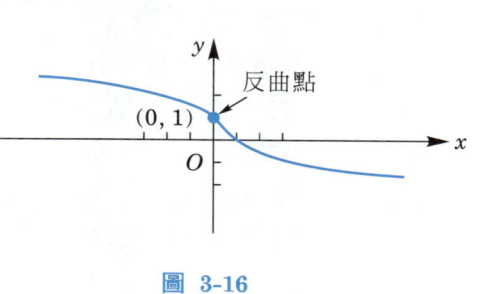

圖 3-16

我們檢查點 $(0, 1)$ 是否為反曲點。若 $x<0$，則 $f''(x)<0$。這蘊涵了 f 的圖形在 $(-\infty, 0)$ 為下凹。若 $x>0$，則 $f''(x)>0$，這蘊涵了 f 的圖形在 $(0, \infty)$ 為上凹。所以，點 $(0, 1)$ 為反曲點。由這些資料，再描出一些點，可得圖 3-16 中的圖形。

習題 3.4

在 1～6 題中，求 f 的相對極值。

1. $f(x)=2x^2-x^4$
2. $f(x)=\dfrac{x^2}{x^2+1}$
3. $f(x)=x^4+2x^3-1$
4. $f(x)=2x-3x^{2/3}$
5. $f(x)=x^4-x^2$
6. $f(x)=|x^2-4|$
7. 試證：二次多項式函數 $f(x)=ax^2+bx+c$ 的圖形無反曲點。
8. 試證：三次多項式函數 $f(x)=ax^3+bx^2+cx+d$ 的圖形恰有一個反曲點。
9. 試求函數 $f(x)=\dfrac{x^2-1}{x^2+1}$ 的凹性區間及反曲點。
10. 若 $f(x)=\dfrac{1}{x^2+1}$，求 f 的相對極值，討論凹性，並作 f 的圖形。
11. 若某未知物理量 x 測得 n 次，則測量值 $x_1, x_2, \cdots, x_n$ 常常由於像溫度、氣壓等等無法控制的因素而改變．於是，科學家常常面對著利用 n 個不同的觀測值去求某未知量 x 之估計值 $\bar{x}$ 的問題．作出這樣估計的一個方法是基於**最小平方原理**，其為選取估計值 $\bar{x}$ 去極小化 $s=(x_1-\bar{x})^2+(x_2-\bar{x})^2+\cdots+(x_n-\bar{x})^2$，此為在估計值 $\bar{x}$ 與觀測值之間的離差平方和．試證從最小平方原理所得估計值為 $\bar{x}=\dfrac{1}{n}(x_1+x_2+\cdots+x_n)$，即 $\bar{x}$ 為觀測值的算術平均．

12. 試求 a 與 b 之值使得 $f(x)=a\sqrt{x}+\dfrac{b}{\sqrt{x}}$ 具有一反曲點 $(4, 13)$．

13. 假設 f 與 g 的圖形在 $(-\infty, \infty)$ 皆為上凹，試問 f 在何條件下，合成函數 $h(x)=f(g(x))$ 的圖形亦為上凹．

14. 試證：n 次多項式函數 $f(x)=a_nx^n+a_{n-1}x^{n-1}+\cdots+a_1x+a_0$ $(n>2)$ 的圖形至多有 $n-2$ 個反曲點．

15. 試證：函數 $f(x)=x|x|$ 的圖形有一個反曲點，但 $f''(0)$ 不存在．

16. 求 a、b 與 c 的值使得函數 $f(x)=ax^3+bx^2+cx$ 的圖形在反曲點 $(1, 1)$ 有一條水平切線．

17. 利用均值定理證明上凹圖形恆位於其切線的上方．

∑ 3-5 函數圖形的描繪

過去描繪函數的圖形，通常使用"按點描圖"法，這與所取點的疏密有關，與圖形的特性無關，因此，所繪的圖形難以達到所要求的標準．

在作函數的圖形時，應注意下列幾點：

1. 確定函數的定義域
2. 找出圖形的截距
3. 確定圖形有無對稱性
4. 確定有無漸近線
5. 確定函數遞增或遞減的區間
6. 求出函數的相對極值
7. 確定凹性並找出反曲點

【例題 1】 多項式函數的圖形

試繪函數 $f(x)=x^4-4x^3+10$ 的圖形．

【解】

(1) $f(x) = x^4 - 4x^3 + 10 \Rightarrow f'(x) = 4x^3 - 12x^2 = 4x^2(x-3)$
$\Rightarrow f$ 的臨界數為 0 與 3。

(2) $f''(x) = 12x^2 - 24x = 12x(x-2)$
$f''(x) > 0 \Leftrightarrow x > 2$ 或 $x < 0$
$f''(x) < 0 \Leftrightarrow 0 < x < 2$

(3) 作表如下：

區間	$f(x)$	$f'(x)$	$f''(x)$	結論
$x < 0$		−	+	遞減；上凹
$x = 0$	10	0	0	(0, 10) 為反曲點
$0 < x < 2$		−	−	遞減；下凹
$x = 2$	−6	−	0	(2, −6) 為反曲點
$2 < x < 3$		−	+	遞減；上凹
$x = 3$	−17	0	+	$f(3) = -17$ 為相對極小值
$x > 3$		+	+	遞增；上凹

(4) 圖示如圖 3-17。

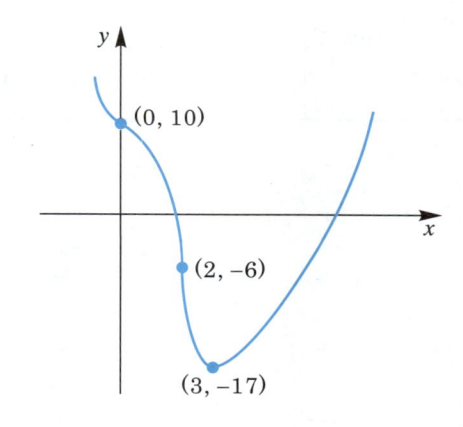

圖 3-17

【例題 2】 有理函數的圖形

試繪函數 $f(x) = \dfrac{x^2 - x + 4}{x + 1}$ 的圖形。

【解】

(1) 函數圖形的垂直漸近線為 $x = -1$ 及斜漸近線 $y = x - 2$。

(2) $f'(x) = \dfrac{d}{dx}\left(\dfrac{x^2-x+4}{x+1}\right) = \dfrac{(x+1)(2x-1)-(x^2-x+4)(1)}{(x+1)^2} = \dfrac{x^2+2x-5}{(x+1)^2}$

$f'(x) > 0 \Leftrightarrow x > -1+\sqrt{6}$ 或 $x < -1-\sqrt{6}$
$f'(x) < 0 \Leftrightarrow -1-\sqrt{6} < x < -1+\sqrt{6}$

(3) $f''(x) = \dfrac{d}{dx}\left(\dfrac{x^2+2x-5}{(x+1)^2}\right) = \dfrac{12}{(x+1)^3} \Rightarrow \begin{cases} ① \ f''(x) > 0 \Rightarrow x > -1 \\ ② \ f''(x) < 0 \Rightarrow x < -1 \end{cases}$

(4) 作表如下：

區　　間	$f(x)$	$f'(x)$	$f''(x)$	結　　論
$x < -1-\sqrt{6} \approx -3.449$		+	−	遞增；下凹
$x = -1-\sqrt{6}$	約 -7.89	0	−	$f(-1-\sqrt{6}) \approx -7.89$ 為相對極大值
$-1-\sqrt{6} < x < -1$		−	−	遞減；下凹
$x = -1$	無定義			$x = -1$ 為垂直漸近線
$-1 < x < -1+\sqrt{6}$		−	+	遞減；上凹
$x = -1+\sqrt{6} \approx 1.449$	約 1.89	0	+	$f(-1+\sqrt{6}) \approx 1.89$ 為相對極小值
$x > -1+\sqrt{6}$		+	+	遞增；上凹

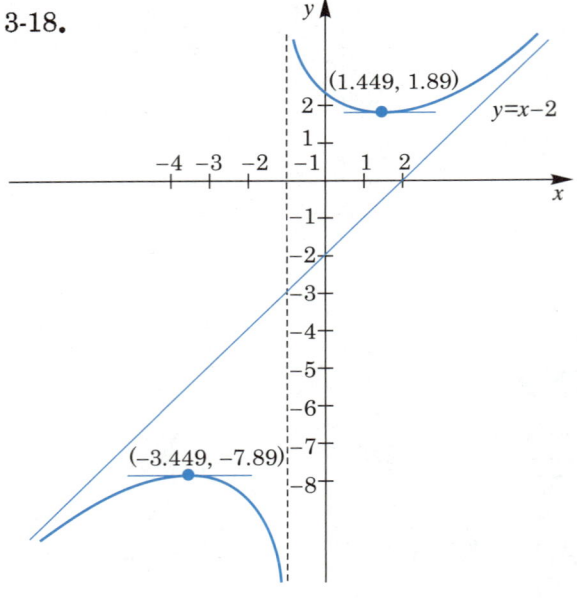

(5) 圖示如圖 3-18。

圖 3-18

【例題 3】 代數函數的圖形

試繪函數 $f(x) = 5(x-1)^{2/3} - 2(x-1)^{5/3}$ 的圖形.

【解】

(1) $f'(x) = 5 \dfrac{d}{dx}(x-1)^{2/3} - 2\dfrac{d}{dx}(x-1)^{5/3}$

$= \dfrac{10}{3}(x-1)^{-1/3} - \dfrac{10}{3}(x-1)^{2/3}$

$= \dfrac{10}{3(x-1)^{1/3}} - \dfrac{10}{3}(x-1)^{2/3}$

$= \dfrac{10 - 10(x-1)}{3(x-1)^{1/3}} = \dfrac{10(2-x)}{3(x-1)^{1/3}}$

令 $f'(x) = 0$，可得 $x = 2$. 又 $f'(1)$ 不存在，故 f 的臨界數為 1 與 2.

(2) $f''(x) = \dfrac{10}{3} \dfrac{d}{dx}\left(\dfrac{2-x}{(x-1)^{1/3}}\right)$

$= \dfrac{10}{9} \dfrac{(1-2x)}{(x-1)^{4/3}}$

(3) 作表如下：

區間	$f(x)$	$f'(x)$	$f''(x)$	結論
$x < \dfrac{1}{2}$		−	+	遞減；上凹
$x = \dfrac{1}{2}$	$3\sqrt[3]{2} \approx 3.78$	−	0	$\left(\dfrac{1}{2}, 3\sqrt[3]{2}\right)$ 為反曲點
$\dfrac{1}{2} < x < 1$		−	−	遞減；下凹
$x = 1$	0	不存在	不存在	圖形在 (1, 0) 有垂直切線
$1 < x < 2$		+	−	遞增；下凹
$x = 2$	3	0	−	$f(2) = 3$ 為相對極大值
$x > 2$		−	−	遞減；下凹

(4) 圖示如圖 3-19.

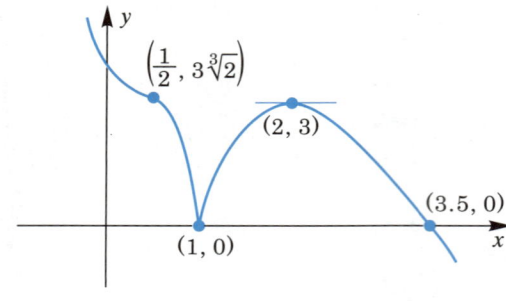

圖 3-19

【例題 4】 有理函數的圖形

作 $f(x)=\dfrac{2x^2}{x^2-1}$ 的圖形.

【解】

1. 定義域為 $\{x|x\neq \pm 1\}=(-\infty,-1)\cup(-1,1)\cup(1,\infty)$.

2. x-截距與 y-截距皆為 0.

3. 圖形對稱於 y-軸.

4. 因 $\lim\limits_{x\to\pm\infty}\dfrac{2x^2}{x^2-1}=2$, 故直線 $y=2$ 為水平漸近線.

   因 $\lim\limits_{x\to 1^+}\dfrac{2x^2}{x^2-1}=\infty$, $\lim\limits_{x\to -1^+}\dfrac{2x^2}{x^2-1}=-\infty$,

   故直線 $x=1$ 與 $x=-1$ 皆為垂直漸近線.

5. $f'(x)=\dfrac{(x^2-1)(4x)-(2x^2)(2x)}{(x^2-1)^2}=\dfrac{-4x}{(x^2-1)^2}$

區間	$f'(x)$	單調性
$(-\infty,-1)$	$+$	在 $(-\infty,-1)$ 為遞增
$(-1,0)$	$+$	在 $(-1,0]$ 為遞增
$(0,1)$	$-$	在 $[0,1)$ 為遞減
$(1,\infty)$	$-$	在 $(1,\infty)$ 為遞減

6. 唯一的臨界數為 0. 依一階導數判別法，$f(0)=0$ 為 f 的相對極大值.

7. $f''(x) = \dfrac{-4(x^2-1)^2 + 16x^2(x^2-1)}{(x^2-1)^4}$

   $= \dfrac{12x^2+4}{(x^2-1)^3}$

區間	$f''(x)$	凹性
$(-\infty, -1)$	$+$	上凹
$(-1, 1)$	$-$	下凹
$(1, \infty)$	$+$	上凹

因 1 與 -1 皆不在 f 的定義域內，故無反曲點.

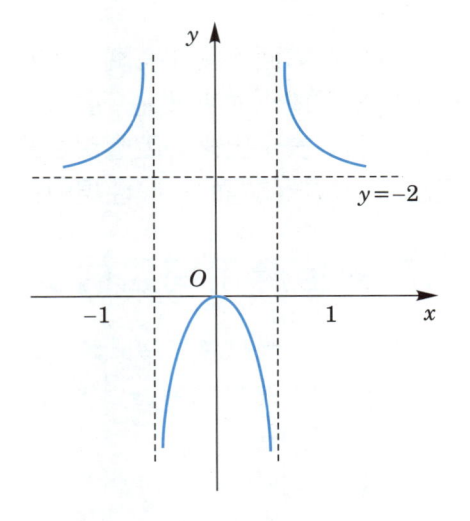

圖 3-20

習題 3.5

在 1～14 題中，作各函數的圖形.

1. $f(x) = x^3 + 3x^2 + 5$
2. $f(x) = x^2 - x^3$
3. $f(x) = (x-1)^5$
4. $f(x) = (x^2-1)^2$
5. $f(x) = x^4 + 2x^3 - 1$
6. $f(x) = x^5 - 4x^4 + 4x^3$
7. $f(x) = \dfrac{x}{x^2-1}$
8. $f(x) = \dfrac{x-1}{x-2}$
9. $f(x) = \dfrac{x^2}{x^2+1}$
10. $f(x) = x^2 - \dfrac{1}{x}$
11. $f(x) = \sqrt{x^2-1}$
12. $f(x) = \dfrac{1}{(x-1)^2}$
13. $f(x) = \dfrac{2x^2}{x^2-1}$
14. $f(x) = \dfrac{x}{x^2+1}$

3-6 極值的應用問題

我們在前面所獲知有關求函數極值的理論可以用在一些實際的問題上,這些問題可能是以語言或以文字敍述。要解決這些問題,則必須將文字敍述用式子、函數或方程式等數學語句表示出來。因應用之範圍太廣,故很難說出一定的求解規則,但是,仍可發展出處理這類問題的一般性規則。下列的步驟常常是很有用的。

求解極值應用問題的步驟:

步驟 1:將問題仔細閱讀幾遍,考慮已知的事實,以及要求的未知量。

步驟 2:若可能的話,畫出圖形或圖表,適當地標上名稱,並用變數來表示未知量。

步驟 3:寫下已知的事實,以及變數間的關係,這種關係常常是用某一形式的方程式來描述。

步驟 4:決定要使那一變數為最大或最小,並將此變數表為其他變數的函數。

步驟 5:求步驟 4 中所得出函數之臨界數,並逐一檢查,看看有無極大值或極小值發生。

步驟 6:檢查極值是否在步驟 4 中所得出函數之定義域的端點發生。

這些步驟的用法在下面例題中說明。

【例題 1】 極值的應用 (內接於橢圓的矩形)

求內接於橢圓 $\dfrac{x^2}{a^2}+\dfrac{y^2}{b^2}=1$ $(a>0,\ b>0)$ 的最大矩形面積。

【解】 如圖 3-21 所示,令 (x, y) 為位於第一象限內在橢圓上的點,則矩形的面積為 $A=(2x)(2y)=4xy$。令 $S=A^2$,

則 $S=16x^2y^2=\dfrac{16b^2}{a^2}x^2(a^2-x^2)$

$=16b^2\left(x^2-\dfrac{x^4}{a^2}\right),\ 0\leq x\leq a$,可得 $\dfrac{dS}{dx}$

$=32b^2x\left(1-\dfrac{2x^2}{a^2}\right),\ S$ 的臨界數為

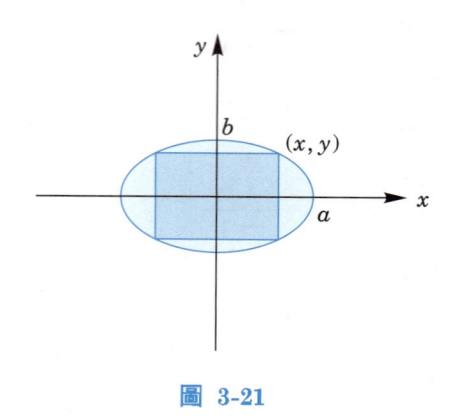

圖 3-21

$\frac{\sqrt{2}}{2}a$。但 $\frac{dS}{dx}=0 \Leftrightarrow \frac{dA}{dx}=0$，可知 A 的臨界數也是 $\frac{\sqrt{2}}{2}a$。

x	0	$\frac{\sqrt{2}}{2}a$	a
A	0	$2ab$	0

於是，最大面積為 $2ab$。

【例題 2】 極值的應用 (製作盒子)

我們欲從長為 30 公分且寬為 16 公分之報紙的四個角截去大小相等的正方形，並將各邊向上折疊以做成開口盒子。若欲使盒子的體積為最大，則四個角的正方形的尺寸為何？

【解】 令
$x=$ 所截去正方形的邊長 (以公分計)
$V=$ 所得盒子的體積 (以立方公分計)

因我們從每一個角截去邊長為 x 的正方形 (如圖 3-22 所示)，故所得盒子的體積為

$$V=(30-2x)(16-2x)x=480x-92x^2+4x^3$$

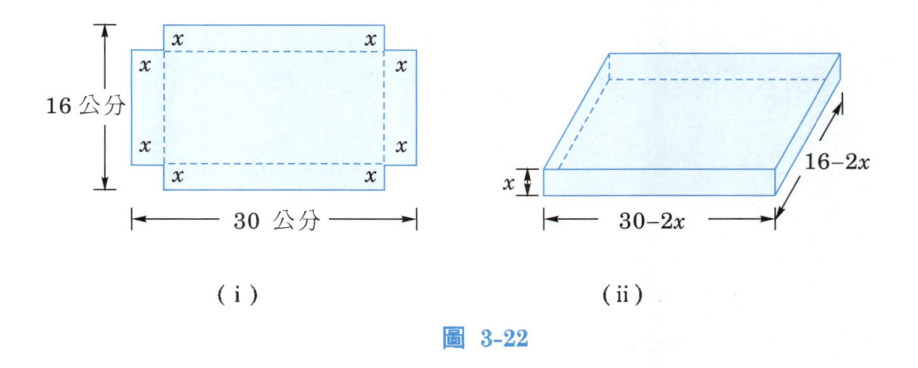

圖 3-22

在上式中的變數 x 受到某些限制。因 x 代表長度，故它不可能為負，且因報紙的寬為 16 公分，我們不可能截去邊長大於 8 公分的正方形。於是，x 必須滿足 $0 \leq x \leq 8$。因此，我們將問題簡化成求區間 $[0, 8]$ 中的 x 值使得 V 有極大值。

因
$$\frac{dV}{dx}=480-184x+12x^2$$

$$= 4(120 - 46x + 3x^2)$$
$$= 4(3x - 10)(x - 12)$$

故可知 V 的臨界數為 $\dfrac{10}{3}$。我們作出下表：

x	0	$\dfrac{10}{3}$	8
V	0	$\dfrac{19,600}{27}$	0

由上表得知，當截去邊長為 $\dfrac{10}{3}$ 公分的正方形時，盒子有最大的體積 $V = \dfrac{19,600}{27}$ 立方公分。

【例題 3】 極值的應用 (內接圓柱體)

一正圓柱體內接於底半徑為 6 吋且高為 10 吋的正圓錐。若柱軸與錐軸重合，求正圓柱體的最大體積。

【解】 令 $r =$ 圓柱體的底半徑 (以吋計)
$h =$ 圓柱體的高 (以吋計)
$V =$ 圓柱體的體積 (以立方吋計)

圓柱體的體積公式為 $V = \pi r^2 h$。利用相似三角形 (圖 3-23(ii)) 可得

$$\dfrac{10-h}{r} = \dfrac{10}{6}$$

即，
$$h = 10 - \dfrac{5}{3}r$$

故
$$V = \pi r^2 \left(10 - \dfrac{5}{3}r\right) = 10\pi r^2 - \dfrac{5}{3}\pi r^3$$

因 r 代表半徑，故它不可能為負，且因內接圓柱體的半徑不可能超過圓錐的半徑，故 r 必須滿足 $0 \leq r \leq 6$。於是，我們將問題簡化成求 [0, 6] 中的 r 值使 V 有極大值。因 $\dfrac{dV}{dr} = 20\pi r - 5\pi r^2 = 5\pi r(4-r)$，故在 (0, 6) 中，$V$ 的臨界數為 4。我們作出下表：

第 3 章　微分的應用

r	0	4	6
V	0	$\dfrac{160\pi}{3}$	0

此告訴我們正圓柱體的最大體積為 $\dfrac{160\pi}{3}$．

(i)　　　　　　　　　　(ii)

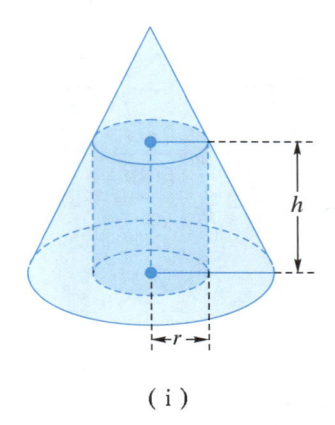

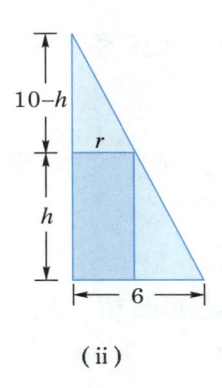

圖 3-23

【例題 4】　極值的應用（設計材料最節省的罐子）

若欲將一密閉圓柱形罐子用來裝 1 升 (1000 立方厘米) 的液體，則我們應該如何選取底半徑與高使得製造該罐子所需的材料為最少？

【解】　令　$h=$ 罐子的高（以厘米計）
　　　　　　$r=$ 罐子的底半徑（以厘米計）
　　　　　　$A=$ 罐子的表面積（以平方厘米計）
　　　則　　$A=2\pi r^2+2\pi rh$

因 $1000=\pi r^2 h$，即 $h=\dfrac{1000}{\pi r^2}$，

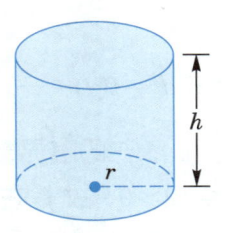

故　$A=2\pi r^2+\dfrac{2000}{r}$．

圖 3-24

因 $0<r<\infty$，故我們將問題簡化成求 $(0,\infty)$ 中的 r 值使得 A 為最小．

因 $\dfrac{dA}{dr}=4\pi r-\dfrac{2000}{r^2}=\dfrac{4(\pi r^3-500)}{r^2}$，故唯一的臨界數為 $r=\sqrt[3]{\dfrac{500}{\pi}}$．

又 $\dfrac{d^2A}{dr^2}=4\pi+\dfrac{4000}{r^3}$，所以，

$$\left.\dfrac{d^2A}{dr^2}\right|_{r=\sqrt[3]{\tfrac{500}{\pi}}}=4\pi+\dfrac{4000}{\left(\sqrt[3]{\tfrac{500}{\pi}}\right)^3}=12\pi>0$$

依二階導數判別法，我們得知相對極小值 (也是極小值) 發生於臨界數 $r=\sqrt[3]{\dfrac{500}{\pi}}$．於是，使用最少表面積的罐子的底半徑為 $r=\sqrt[3]{\dfrac{500}{\pi}}$，其對應的高為

$$h=\dfrac{1000}{\pi r^2}=\dfrac{1000}{\pi\left(\sqrt[3]{\tfrac{500}{\pi}}\right)^2}=2\sqrt[3]{\dfrac{500}{\pi}}=2r.$$

【例題 5】　極值的應用 (最接近的點)

求在拋物線 $y^2=2x$ 上與點 $(1, 4)$ 最接近的點．

【解】　如圖 3-25 所示．在點 $(1, 4)$ 與拋物線 $y^2=2x$ 上任一點 (x, y) 之間的距離為

$$d=\sqrt{(x-1)^2+(y-4)^2},\ \text{因}\ x=\dfrac{y^2}{2},\ \text{故}$$

$$d=\sqrt{\left(\dfrac{y^2}{2}-1\right)^2+(y-4)^2}=\sqrt{\dfrac{y^4}{4}-8y+17}$$

令 $d^2=f(y)=\dfrac{y^4}{4}-8y+17$，則 $f'(y)=y^3-8$．

因此，f 的臨界數為 2．又 $f''(y)=3y^2$，$f''(2)=12>0$，故 f 在 $y=2$ 有極小值．於是，在 $y^2=2x$ 上最接近 $(1, 4)$ 的點為

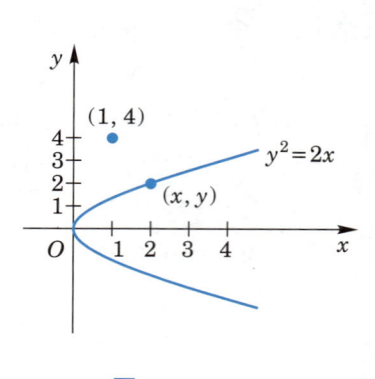

$$(x, y)=\left(\dfrac{y^2}{2}, y\right)=(2, 2).$$

圖 3-25

【例題 6】　極值的應用 (最長的長度)

若寬各為 2 呎及 4 呎的走廊互相垂直，求細棍能水平地橫過直角的最長長度 (見圖 3-26)．

第 3 章　微分的應用

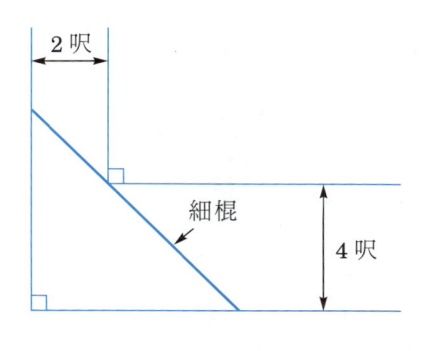

圖 3-26

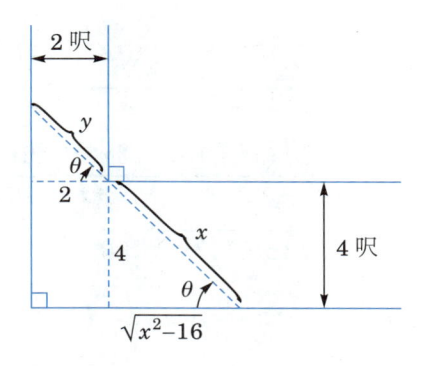

圖 3-27

【解】

本極大值問題乃是藉由考慮極小值問題而獲得解答，圖 3-27 所示的虛線代表細棍能水平地橫過內轉角處兩牆的直線距離．

令 x 與 y 如圖 3-27 所示，細棍的最長長度即為 $L=x+y$ 的最小值．利用相似三角形，

$$\frac{y}{x}=\frac{2}{\sqrt{x^2-16}} \quad 可得 \quad y=\frac{2x}{\sqrt{x^2-16}}$$

所以，

$$L=x+y=x+\frac{2x}{\sqrt{x^2-16}} \quad (x>4)$$

$$L'(x)=1+\frac{2\sqrt{x^2-16}-\frac{2x^2}{\sqrt{x^2-16}}}{x^2-16}=1+\frac{2(x^2-16)-2x^2}{(x^2-16)^{3/2}}=\frac{(x^2-16)^{3/2}-32}{(x^2-16)^{3/2}}$$

令 $L'(x)=0$，即 $(x^2-16)^{3/2}-32=0$，

$$x^2-16=(32)^{2/3}$$

$$x=\sqrt{16+(32)^{2/3}}\approx 5.11$$

又 $L''(x)=\dfrac{d}{dx}\left[\dfrac{(x^2-16)^{3/2}-32}{(x^2-16)^{3/2}}\right]$

$$=\frac{(x^2-16)^{3/2}\dfrac{d}{dx}[(x^2-16)^{3/2}-32]-[(x^2-16)^{3/2}-32]\dfrac{d}{dx}(x^2-16)^{3/2}}{(x^2-16)^3}$$

$$= \frac{(x^2-16)^{3/2} \frac{3}{2}(x^2-16)^{1/2}(2x) - [(x^2-16)^{3/2}-32]\frac{3}{2}(x^2-16)^{1/2}(2x)}{(x^2-16)^3}$$

$$= \frac{3x(x^2-16)^2 - 3x(x^2-16)^2 + 96x(x^2-16)^{1/2}}{(x^2-16)^3} = \frac{96x}{(x^2-16)^{5/2}} \quad (x>4)$$

故 $L''(\sqrt{16+(32)^{2/3}}) > 0$。

所以，當 $x \approx 5.11$ 時，$L \approx 5.11 + \dfrac{(2)(5.11)}{\sqrt{(5.11)^2-16}} \approx 8.33$ 呎爲最小。

習題 3.6

1. 在閉區間 $\left[\dfrac{1}{2}, \dfrac{3}{2}\right]$ 中求一數使得該數與其倒數的和為 (1) 最小；(2) 最大。
2. 我們欲從長度為 30 吋且寬為 16 吋之薄紙板的四個角截去大小相等的正方形，並將各邊向上折疊以做成開口盒子。若欲使盒子的體積為最大，則四個角的正方形的尺寸為何？
3. 我們欲使用兩種籬笆將某塊矩形耕地圍起來。若兩對邊使用 3 元/呎的重籬笆，而其餘兩邊使用 2 元/呎的標準籬笆，則以 6000 元費用所圍成最大面積的矩形耕地的尺寸為多少？
4. 試證：在周長為 p 的所有矩形中，邊長為 $p/4$ 的正方形有最大面積。
5. 求內接於半徑為 r 的圓且具有最大面積之矩形的尺寸。
6. 求內接於半徑為 r 的半圓且具有最大面積之矩形的尺寸。
7. 有一正圓錐內接於一已知體積的另一正圓錐內，其軸相同，但內接圓錐的頂點在外圓錐的底面，欲使內接圓錐有最大體積，其高之比為何？
8. 某矩形的下面兩個角在 x-軸上且其上面兩個角在拋物線 $y=16-x^2$ 上。試問在所有這種矩形當中具有最大面積的矩形尺寸為多少？
9. 已知一三角形內接於半徑為 10 的半圓內，使得其中一邊沿著直徑，求具有最大面積的三角形尺寸。
10. 求內接於橢圓 $\dfrac{x^2}{a^2}+\dfrac{y^2}{b^2}=1$ 且具有最大面積之矩形的尺寸。
11. (1) 某化學製造商以每單位 100 元的價格出售散裝的硫酸。若每天 x 單位的總生產成本 (以元計) 為
    $$C(x) = 100000 + 50x + 0.0025x^2$$
    且每天的生產量最多為 7000 單位，則每天必須製造與出售多少單位的硫酸使得利潤為最大？

(2) 擴大每天的生產量會對製造商有利嗎？
12. 求斜高為 L 之圓錐的底半徑與高使其體積為最大．
13. 求內接於半徑為 r 的球且具有最大體積之正圓柱體的尺寸．
14. 求內接於半徑為 r 的球且具有最大表面積之正圓柱體的尺寸．
15. 若我們從半徑為 r 的紙張截去一扇形並將剩下紙片的切邊黏在一起做成圓錐，則圓錐的最大體積為多少？
16. 試證：點 $(1, 0)$ 是在圓 $x^2+y^2=1$ 上與點 $(2, 0)$ 最接近的點．
17. (1) 求 M 的最小值使得 $|x^2-3x+2| \leq M$ 對於區間 $\left[1, \dfrac{5}{2}\right]$ 中的所有 x 皆成立．
    (2) 求 m 的最大值使得 $|x^2-3x+2| \geq m$ 對於區間 $\left[\dfrac{3}{2}, \dfrac{7}{4}\right]$ 中的所有 x 皆成立．
18. 求內接於半徑為 r 的球且具有最大體積的正圓錐的尺寸．
19. 若兩數的差為 40，其積為最小，則此兩數為何？
20. 若兩正數的和為 40，其積為最大，則此兩正數為何？
21. 若一正圓柱由周長為 p 的矩形對其一邊旋轉所產生，則可產生最大圓柱體積之矩形的尺寸為何？
22. 一窗戶的形狀為一矩形上加一半圓形，若該窗戶的周長為 p，求半圓的半徑使得窗戶的面積為最大．
23. 圓錐形紙杯欲裝 10 立方吋的水，求杯子的底半徑與高使得它需要最少的紙量．
24. 求在雙曲線 $x^2-y^2=1$ 上與點 $(0, 2)$ 最接近的點．
25. 假設具有變動斜率的直線 L 通過點 $(1, 3)$ 且交兩坐標軸於兩點 $(a, 0)$ 與 $(0, b)$，此處 $a>0$，$b>0$，求 L 的斜率使得具有三頂點 $(a, 0)$、$(0, b)$ 與 $(0, 0)$ 的三角形的面積為最小．
26. 求外接於半徑為 r 的球且具有最小體積之正圓錐的尺寸．
27. 蘋果園主人估計，若每公畝種 24 棵果樹，成熟後每棵樹每年可收成 600 個蘋果，若每公畝再多種一棵，則每一棵樹每年會減少收成 12 個．若欲得到最多的蘋果，則每公畝應種多少棵？
28. 一家不動產公司擁有 180 棟公寓，當月租為 300 元時，它們全部被租出去．該公司估計，若月租每增加 10 元，則會有 5 棟空出，為了要得到最大的總收入，月租應為多少？
29. 試證：點 (x_0, y_0) 到直線 $ax+by+c=0$ 的最短距離為

$$d=\dfrac{|ax_0+by_0+c|}{\sqrt{a^2+b^2}}.$$

3-7 相關變化率

在應用上，我們常會遇到二變數 x 與 y 皆為時間 t 的可微分函數，而 x 與 y 之間有一個關係式。若將關係式等號兩邊對 t 微分，並利用連鎖法則，則可得出含有變化率 $\dfrac{dx}{dt}$ 與 $\dfrac{dy}{dt}$ 的關係式，其中 $\dfrac{dx}{dt}$ 與 $\dfrac{dy}{dt}$ 稱為**相關變化率**。在含有 $\dfrac{dx}{dt}$ 與 $\dfrac{dy}{dt}$ 的關係式中，當其中一個變化率為已知時，則可求出另一個變化率。

求解相關變化率問題的步驟如下：

步驟 1：根據題意作出圖形。
步驟 2：設定變數並將已知量與未知量標示在圖形上。
步驟 3：利用已知量與未知量之間的關係導出一關係式。
步驟 4：對步驟 3 所導出關係式等號的兩邊對時間微分。
步驟 5：代入已知量以便求出未知量。

【例題 1】　質點沿著曲線運動

某質點正沿著方程式

$$\frac{xy^3}{1+y^2}=\frac{8}{5}$$

的曲線移動。假設質點在點 (1, 2) 時，x-坐標正以 6 單位/秒的速率增加。
(1) 該質點的 y-坐標在該瞬間的變化率為多少？
(2) 質點在該瞬間是上升或下降？

【解】

(1) 改寫方程式為 $xy^3=\dfrac{8}{5}+\dfrac{8}{5}y^2$，可得

$$3xy^2\frac{dy}{dt}+y^3\frac{dx}{dt}=\frac{16}{5}y\frac{dy}{dt}$$

$$\frac{dy}{dt}=\frac{y^3}{\frac{16}{5}y-3xy^2}\frac{dx}{dt}$$

依題意，　　　　　　　　　$\left.\dfrac{dx}{dt}\right|_{(1,\,2)}=6$。

所以，　　　　　$\dfrac{dy}{dt}\bigg|_{(1,\,2)} = \dfrac{8}{\dfrac{32}{5}-12}(6) = -\dfrac{60}{7}$ 單位/秒．

(2) 因 $\dfrac{dy}{dt} < 0$，故為下降．

【例題 2】　水注入圓錐形水槽

倒立的正圓錐形水槽的高為 12 呎且頂端的半徑為 6 呎．若水以 3 立方呎/分的速率注入水槽，則當水深為 3 呎時，水面上升的速率為多少？

【解】　水槽如圖 3-28 所示．令

$t =$ 從最初觀察所經過的時間 (以分計)
$V =$ 水槽內的水在時間 t 的體積 (以立方呎計)
$h =$ 水槽內的水在時間 t 的深度 (以呎計)
$r =$ 水面在時間 t 的半徑 (以呎計)

在每一瞬間，水的體積之變化率為 $\dfrac{dV}{dt}$，水深的變化率為 $\dfrac{dh}{dt}$．我們要求 $\dfrac{dh}{dt}\bigg|_{h=3}$，此為水深在 3 呎時水面上升的瞬時變化率．若水深為 h，則水的體積為 $V = \dfrac{1}{3}\pi r^2 h$．利用相似三角形，可得

$$\dfrac{r}{h} = \dfrac{6}{12} \text{ 或 } r = \dfrac{h}{2}$$

因此，$V = \dfrac{1}{3}\pi \left(\dfrac{h}{2}\right)^2 h = \dfrac{1}{12}\pi h^3$

上式對 t 微分，可得

$$\dfrac{dV}{dt} = \dfrac{1}{4}\pi h^2 \dfrac{dh}{dt}$$

故　　$\dfrac{dh}{dt} = \dfrac{4}{\pi h^2}\dfrac{dV}{dt}$

當 $h = 3$ 呎時，$\dfrac{dV}{dt} = 3$ 立方呎/分

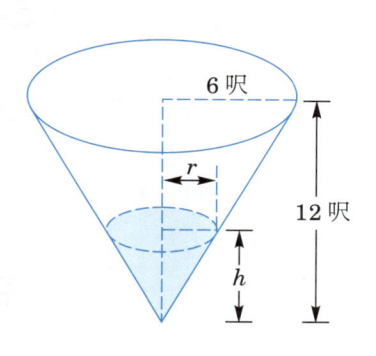

圖 3-28

$$\left.\frac{dh}{dt}\right|_{h=3} = \frac{4}{\pi(3)^2} \cdot 3 = \frac{4}{9\pi} \cdot 3 = \frac{4}{3\pi} \text{ 呎/分}.$$

故當水深為 3 呎時,水面以 $\frac{4}{3\pi}$ 呎/分之速率上升.

【例題 3】 梯子下滑的速率

某 10 呎長的梯子倚靠著牆壁向下滑行,其底部以 2 呎/秒的速率離開牆角移動.當梯子底部離牆角 6 呎時,梯子頂端沿著牆壁向下移動多快?

【解】 令 $t=$ 梯子開始滑行後的時間 (以秒計)

$x=$ 梯子底部到牆角的距離 (以呎計)

$y=$ 梯子頂端到地面的垂直距離 (以呎計)

如圖 3-29 所示.

在每一瞬間,底部移動的速率為 $\frac{dx}{dt}$,而頂端移動的速率為 $\frac{dy}{dt}$. 我們要求 $\left.\frac{dy}{dt}\right|_{x=6}$,此為頂端在底部離牆角 6 呎時瞬間的移動速率.

依畢氏定理,

$$x^2 + y^2 = 100$$

對 t 微分,可得

$$2x\frac{dx}{dt} + 2y\frac{dy}{dt} = 0$$

即, $\frac{dy}{dt} = -\frac{x}{y}\frac{dx}{dt}$

當 $x=6$ 時,$y=8$. 又 $\frac{dx}{dt}=2$,故

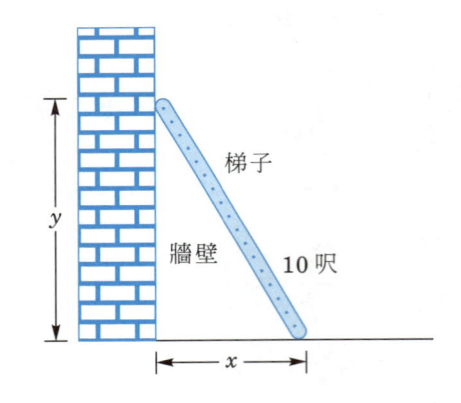

圖 3-29

$$\left.\frac{dy}{dt}\right|_{x=6} = \left(-\frac{6}{8}\right)(2) = -\frac{3}{2} \text{ 呎/秒}$$

答案中的負號表示 y 為減少,其在物理上有意義,因梯子的頂端正沿著牆壁向下移動.

【例題 4】 電阻並聯

當兩電阻 R_1 (以歐姆計) 及 R_2 (以歐姆計) 並聯時,其總電阻 (以歐姆計) 滿足

$\dfrac{1}{R} = \dfrac{1}{R_1} + \dfrac{1}{R_2}$，若 R_1 及 R_2 分別以 0.01 歐姆/秒及 0.02 歐姆/秒的速率增加，則當 $R_1 = 30$ 歐姆且 $R_2 = 90$ 歐姆時，R 的變化多快？

【解】
$$\dfrac{1}{R} = \dfrac{1}{R_1} + \dfrac{1}{R_2} \Rightarrow \dfrac{d}{dt}\left(\dfrac{1}{R}\right) = \dfrac{d}{dt}\left(\dfrac{1}{R_1} + \dfrac{1}{R_2}\right)$$

$$\Rightarrow -\dfrac{1}{R^2}\dfrac{dR}{dt} = -\dfrac{1}{R_1^2}\dfrac{dR_1}{dt} - \dfrac{1}{R_2^2}\dfrac{dR_2}{dt}$$

$$\Rightarrow \dfrac{1}{R^2}\dfrac{dR}{dt} = \dfrac{1}{R_1^2}\dfrac{dR_1}{dt} + \dfrac{1}{R_2^2}\dfrac{dR_2}{dt}$$

已知 $R_1 = 30$ 歐姆，$R_2 = 90$ 歐姆，可得

$$\dfrac{1}{R} = \dfrac{1}{30} + \dfrac{1}{90} = \dfrac{4}{90} = \dfrac{2}{45}$$

又 $\dfrac{dR_1}{dt} = 0.01$ 歐姆/秒，$\dfrac{dR_2}{dt} = 0.02$ 歐姆/秒，

故

$$\left(\dfrac{2}{45}\right)^2 \dfrac{dR}{dt} = \left(\dfrac{1}{30}\right)^2 (0.01) + \left(\dfrac{1}{90}\right)^2 (0.02)$$

$\dfrac{dR}{dt} = \left(\dfrac{45}{2}\right)^2 \left[\dfrac{0.11}{(90)^2}\right] \approx 0.006875$ 歐姆/秒，即，電阻約以 0.006875 歐姆/秒的速率增加。

習題 3.7

1. 令半徑為 r 之圓的面積為 A，且設 r 隨時間 t 改變．
   (1) $\dfrac{dA}{dt}$ 與 $\dfrac{dr}{dt}$ 的關係如何？
   (2) 在某瞬間，半徑為 5 吋且以 2 吋/秒的速率增加，則圓面積在該瞬間增加多快？

2. 令底半徑為 r 且高為 h 的正圓柱的體積為 V，且設 r 與 h 皆隨時間 t 改變．
   (1) $\dfrac{dV}{dt}$、$\dfrac{dh}{dt}$ 與 $\dfrac{dr}{dt}$ 的關係如何？
   (2) 當高為 6 吋且以 1 吋/秒增加而底半徑為 10 吋且以 1 吋/秒減少時，體積變

化多快？體積在當時是增加或減少？

3. 某 13 呎長的梯子倚靠著牆壁，其頂端以 2 呎/秒的速率沿著牆壁向下滑．當頂端在地面上方 5 呎時，底部移離牆角多快？

4. 令邊長為 x 與 y 之矩形的對角線長為 ℓ，且設 x 與 y 皆隨時間 t 改變．

   (1) $\dfrac{d\ell}{dt}$、$\dfrac{dx}{dt}$ 與 $\dfrac{dy}{dt}$ 的關係如何？

   (2) 若 x 以 $\dfrac{1}{2}$ 呎/秒的一定速率增加，y 以 $\dfrac{1}{4}$ 呎/秒的一定速率減少，則當 $x=3$ 呎且 $y=4$ 呎時，對角線長的變化多快？對角線長在當時是增加或減少？

5. 若一塊石頭掉入靜止的池塘產生圓形的漣漪，其半徑以 3 呎/秒的一定速率增加，則漣漪圍繞的面積在 10 秒末增加多快？

6. 從斜槽以 8 立方呎/分的速率流出的穀粒形成圓錐形堆積，其高恆為底半徑的兩倍．當堆積為 6 呎高時，其高在該瞬間增加多快？

7. 從斜槽流出的砂粒形成圓錐形堆積，其高恆為底半徑的兩倍．若高以 5 呎/分的一定速率增加，則當堆積為 10 呎高時，砂從斜槽流出的速率多少？

8. 6 呎高的某人正以 3 呎/秒的速率向 18 呎高的街燈走去．

   (1) 其影子長度減少的速率為何？　　(2) 其影子的頂端移動的速率為何？

9. 假設在下午 1 點時，A 船在 B 船的南方 25 哩處．若 A 船以 16 哩/時的速率向西航行，B 船以 20 哩/時的速率向南航行，則當下午 1 點 30 分時，兩船之間的距離的變化率為何？

10. 一壘球場的內野為邊長是 60 呎的正方形．若跑者以 24 呎/秒的速率從二壘跑向三壘，當她離三壘 20 呎時，她與本壘間的距離的變化率為何？

11. 咖啡以 2 立方厘米/秒的一定速率倒入形狀像截錐的茶杯．若茶杯的上半徑與下半徑分別為 4 厘米與 2 厘米且高為 6 厘米，當咖啡的高為一半時，咖啡的水平面上升多快？〔提示：高為 h 且上半徑與下半徑分別為 r_1 與 r_2 之截錐的體積為 $V=\dfrac{1}{3}\pi(r_1^2+r_1r_2+r_2^2)h$．〕

12. 空氣的隔熱膨脹公式為 $PV^{1.4}=C$，其中 P 表壓力，V 表體積，C 表一常數．在某一瞬間，壓力為 40 公克/平方厘米，且以每秒 3 公克/平方厘米的速率增大．若在該瞬間，其體積是 60 立方厘米，試求其體積的變化率為何？

13. 若有一圓球形的筒，其半徑為 r，盛水最大深度為 h，則水在筒中的體積為 $V=\dfrac{1}{3}\pi h^2(3r-h)$．今假設有一圓球形的筒，其半徑為 16 呎，若以 100 加侖/分的速率注入水，試求當 $h=4$ 呎時，水面上升的速率為何？(1 加侖 ≈ 0.1337 立方呎)．

14. 當兩電阻 R_1 (以歐姆計) 及 R_2 (以歐姆計) 並聯時，其總電阻 (以歐姆計) 滿足 $\dfrac{1}{R}=\dfrac{1}{R_1}+\dfrac{1}{R_2}$。若 R_1 以 1 歐姆/秒的速率減少，而 R_2 以 0.5 歐姆/秒的速率增加，則當 $R_1=75$ 歐姆且 $R_2=50$ 歐姆時，R 的變化多快？

15. 在光學中，薄透鏡方程式為 $\dfrac{1}{p}+\dfrac{1}{q}=\dfrac{1}{f}$，此處 p 為物距，q 為像距，f 為焦距。假設某透鏡的焦距為 6 公分且一物體正以 2 公分/秒的速率朝向透鏡移動。當物體距透鏡 10 公分時，像距在該瞬間的變化多快？該像是遠離或朝向透鏡移動？

3-8 牛頓法求方程式之近似根

在本節中，我們將描述方程式 $f(x)=0$ 的實根 (即一實數 r 使 $f(r)=0$) 的近似求法。欲使用此方法，我們先從實根 r 的第一個近似值開始。因為 r 為 f 之圖形的 x-截距，故由參考函數圖形的略圖通常可發現一個比較適當的數 x_1。若考慮 f 的圖形在點 $(x_1, f(x_1))$ 的切線 L 且 x_1 充分接近 r，則如圖 3-30 所示，L 的 x-截距為 r 的更佳近似值。

因切線 L 的斜率為 $f'(x_1)$，故其方程式為

$$y-f(x_1)=f'(x_1)(x-x_1)$$

若 $f'(x_1) \neq 0$，則 L 不平行於 x-軸，所以，它交 x-軸於點 $(x_2, 0)$。故

$$-f(x_1)=f'(x_1)(x_2-x_1)$$

可得

$$x_2-x_1=-\dfrac{f(x_1)}{f'(x_1)}$$

或

$$x_2=x_1-\dfrac{f(x_1)}{f'(x_1)}$$

若取 x_2 當作 r 的第二個近似值，則利用在點 $(x_2, f(x_2))$ 的切線，重複前面的方法。若 $f'(x_2) \neq 0$，則導出第三個近似值為

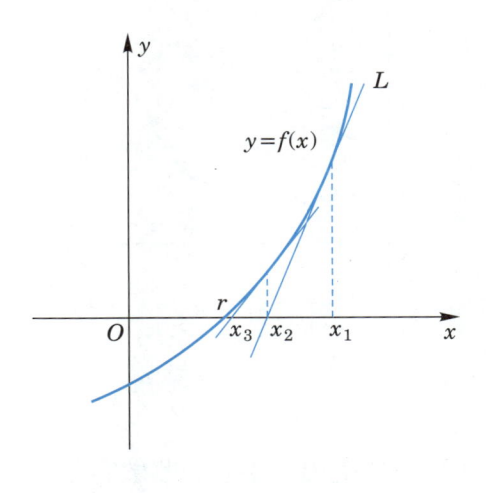

圖 3-30

$$x_3 = x_2 - \frac{f(x_2)}{f'(x_2)}$$

以此方法繼續下去，可產生一連串的值 x_1, x_2, x_3, x_4, x_5, …，直到所要的精確度。這種對 r 求近似值的方法稱為**牛頓法**，敘述如下：

> **牛頓法**
>
> 設 f 為可微分函數且 r 為方程式 $f(x)=0$ 的一實根。若 x_n 為 r 的一個近似值，則下一個近似值 x_{n+1} 為
>
> $$x_{n+1} = x_n - \frac{f(x_n)}{f'(x_n)}, \quad n=1, 2, 3, \cdots \tag{3-1}$$
>
> 假設 $f'(x_n) \neq 0$。

註：若 $f'(x_n)=0$ 對於某 n 成立，則此公式不適合。這是很容易明白的，因切線平行於 x-軸而不與 x-軸相交，無法產生下一個近似值（圖 3-31）。

牛頓法不能保證對每一 n 而言，x_{n+1} 比 x_n 較近似 r。尤其，選取第一個近似值 x_1 必須要小心。的確，若 x_1 沒有充分接近 r，則可能使得第二個近似值 x_2 比 x_1 還糟，如圖 3-32 所示。我們不應該取一數 x_n 使得 $f'(x_n)$ 趨近 0 是很顯然的。

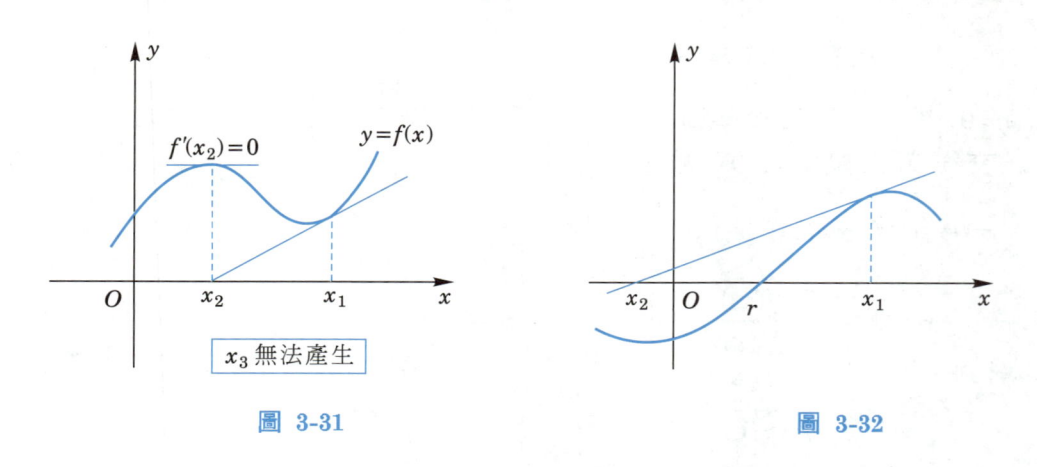

圖 3-31

圖 3-32

下面我們提出一牛頓法收斂的充分條件而非必要條件，但不予證明。

定理 3.11

若對包含實根 r 之區間中的所有 x，

$$\left|\frac{f(x)f''(x)}{[f'(x)]^2}\right|<1$$

恆成立，則**牛頓法**對任意起始值 x_0 均收斂於實根 r。

當利用牛頓法時，我們將使用下面規則：

若近似值需要取到小數第 k 位，則將求 $x_2, x_3, \cdots$ 的近似值到第 k 位，繼續下去直到兩個連續的近似值相同。

【例題 1】 利用牛頓法

求方程式 $x^3-x-1=0$ 的實根到小數第四位。

【解】 令 $f(x)=x^3-x-1$，則 $f'(x)=3x^2-1$，故牛頓法中的公式變成

$$x_{n+1}=x_n-\frac{x_n^3-x_n-1}{3x_n^2-1}$$

可得

$$x_{n+1}=\frac{2x_n^3+1}{3x_n^2-1}$$

我們從圖 3-33 中 f 的圖形得知所予方程式僅有一個實根。因 $f(1)=-1<0$，$f(2)=5>0$，故該根介於 1 與 2 之間。我們取 $x_1=1.5$ 作為第一個近似值，進行如下：

$$x_2=\frac{2(1.5)^3+1}{3(1.5)^2-1}\approx 1.3478$$

$$x_3=\frac{2(1.3478)^3+1}{3(1.3478)^2-1}\approx 1.3252$$

$$x_4=\frac{2(1.3252)^3+1}{3(1.3252)^2-1}\approx 1.3247$$

$$x_5=\frac{2(1.3247)^3+1}{3(1.3247)^2-1}\approx 1.3247$$

於是，所要求的根約為 1.3247。

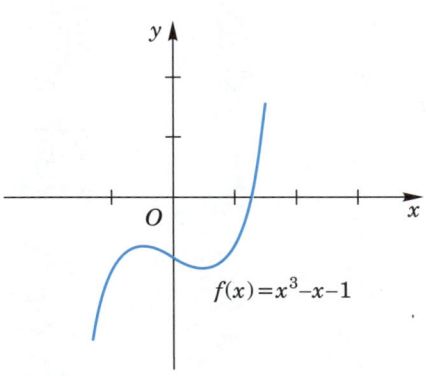

圖 3-33

【例題 2】 利用牛頓法

求 $\sqrt[6]{2}$ 的近似值精確到小數第八位.

【解】 求 $\sqrt[6]{2}$ 的值即相當於求方程式 $x^6-2=0$ 的正根.

令 $f(x)=x^6-2$，則 $f'(x)=6x^5$. 利用 (3-1) 式，可得

$$x_{n+1}=x_n-\frac{f(x_n)}{f'(x_n)}=x_n-\frac{x_n^6-2}{6x_n^5}=\frac{5x_n^6+2}{6x_n^5}$$

我們選取起始值 $x_1=1$，則求得

$$x_2=\frac{7}{6}\approx 1.16666667$$
$$x_3\approx 1.12644368$$
$$x_4\approx 1.12249707$$
$$x_5\approx 1.12246205$$
$$x_6\approx 1.12246205$$

由於 x_5 與 x_6 兩連續近似值到小數第八位完全相同，故

$$\sqrt[6]{2}\approx 1.12246205$$

精確到小數第八位.

【例題 3】 選取不適當的起始值

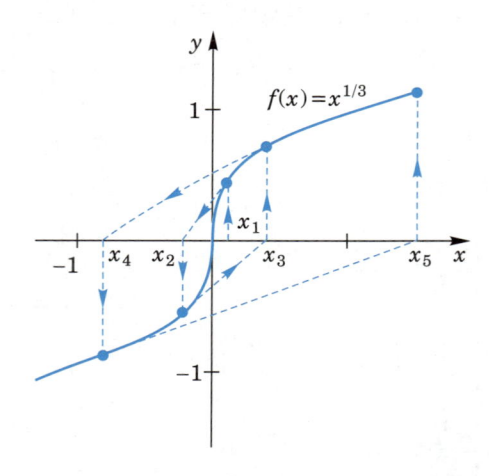

牛頓法對異於 0 的每一 x 值的收斂失效

圖 3-34

令 $x_1=0.1$，試說明牛頓法對 $f(x)=x^{1/3}$ 的收斂失效．

【解】　因 $f'(x)=\dfrac{1}{3}x^{-2/3}$，故可得

$$x_{n+1}=x_n-\dfrac{f(x_n)}{f'(x_n)}=x_n-\dfrac{x_n^{1/3}}{\dfrac{1}{3}x_n^{-2/3}}=x_n-3x_n=-2x_n$$

上式的計算如下表，並配合圖 3-34 所示，我們得知，當 $n\to\infty$ 時，數列的極限不存在．

n	x_n	$f(x_n)$	$f'(x_n)$	$\dfrac{f(x_n)}{f'(x_n)}$	$x_n-\dfrac{f(x_n)}{f'(x_n)}$
1	0.10000	0.46416	1.54720	0.30000	-0.20000
2	-0.20000	-0.58480	0.97467	-0.60000	0.40000
3	0.40000	0.73681	0.61401	1.20000	-0.80000
4	-0.80000	-0.92832	0.38680	-2.40000	1.60000

又由定理 3.11，$f(x)=x^{1/3}$，$f'(x)=\dfrac{1}{3}x^{-2/3}$，$f''(x)=-\dfrac{2}{9}x^{-5/3}$，

且對任何 x 值，$\left|\dfrac{f(x)f''(x)}{[f'(x)]^2}\right|=\left|\dfrac{x^{1/3}\left(-\dfrac{2}{9}\right)(x^{-5/3})}{\left(\dfrac{1}{3}x^{-2/3}\right)^2}\right|=2>1$，

故牛頓法對於 $f(x)=x^{1/3}$ 的收斂失效．

習題 3.8

在 1～3 題中，利用牛頓法求所予數的近似值到小數第四位．

1. $\sqrt{7}$　　　　2. $\sqrt[3]{2}$　　　　3. $\sqrt[5]{3}$

在 4～5 題中，利用牛頓法求所指定的實根到小數第三位．

4. $x^3+5x-3=0$ 的正根　　　　5. $x^4+x-3=0$ 的正根

第 4 章　積　分

本章學習目標

- 能夠利用極限觀念求面積
- 能夠利用定積分的定義求 $\int_a^b f(x)\,dx$ 之值
- 瞭解定積分的性質
- 瞭解反導函數與不定積分的意義及求法
- 瞭解不定積分的應用
- 瞭解微積分基本定理與其應用
- 能夠利用定積分代換定理求定積分

4-1 面　積

　　在本章中，我們將探討微積分的另一個主題，那就是積分學，積分的歷史淵源，就是要尋求面積、體積、曲線長度等等．

　　在敍述定積分的定義之前，考慮平面上某區域的面積是非常有幫助的，要記得的一件事即在本節中所討論的面積並非視為定積分的定義，它僅僅在幫助我們誘導出定積分的定義，就像是我們利用切線的斜率來誘導導函數的定義．

　　對於像矩形、三角形、多邊形與圓等基本幾何圖形的面積公式可追溯到最早的數學記載．例如，矩形的面積是其長與寬之乘積，三角形的面積是底與高的乘積的一半，多邊形的面積可由所分成三角形的面積相加．然而，要計算一個由曲線所圍成區域的面積並不是很容易的．在本節中，我們將說明如何利用極限去求某些區域的面積．

　　現在，我們考慮下面的面積問題：

　　已知函數 f 在區間 $[a, b]$ 為連續且非負值，求由 f 的圖形、x-軸與兩直線 $x=a$ 及 $x=b$ 所圍成區域的面積，如圖 4-1 所示．

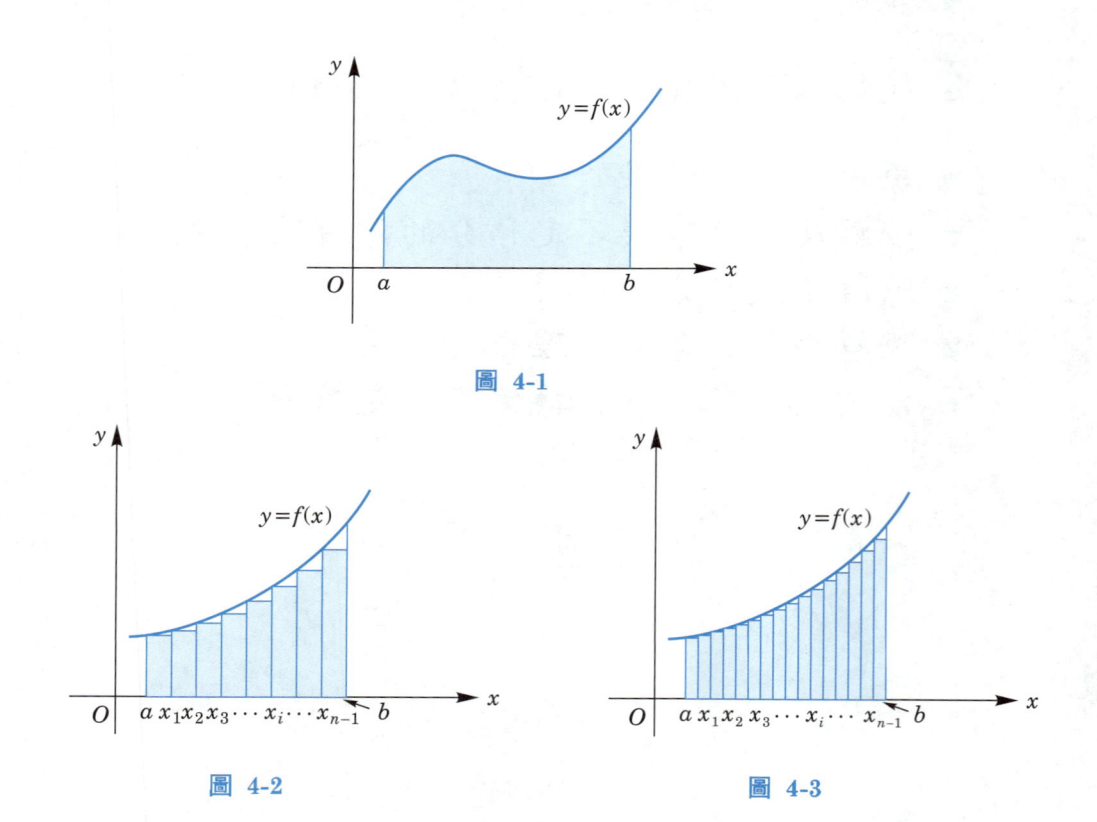

圖 4-1

圖 4-2

圖 4-3

我們進行如下．首先，在 a 與 b 之間插入一些點 $x_1, x_2, \cdots, x_{n-1}$，使得 $a < x_1 < x_2 < \cdots < x_{n-1} < b$，而將區間 $[a, b]$ 分割成相同長度 $(b-a)/n$ 的 n 個子區間，如圖 4-2 所示．其次，通過點 $a, x_1, x_2, \cdots, x_{n-1}, b$，作出垂直線將區域 R 分割成 n 個等寬的長條．若我們以在曲線 $y=f(x)$ 下方且內接的矩形近似每一個長條（圖 4-2），則這些矩形的合併將形成區域 R_n，我們可將它看成是整個區域 R 的近似，此近似的區域面積可由各個矩形面積的和算出．此外，若 n 增加，則矩形的寬會變小，故當較小的矩形填滿在曲線下方的空隙時，R 的近似值 R_n 會更佳，如圖 4-3 所示．於是，當 n 變成無限大時，我們可將 R 的正確面積定義為近似的區域面積的極限，即，

$$A = R \text{ 的面積} = \lim_{n \to \infty} (R_n \text{ 的面積}) \tag{4-1}$$

若我們將內接矩形的高記為 $h_1, h_2, \cdots, h_n$，且每一個矩形的寬為 $(b-a)/n$，則

$$R_n \text{ 的面積} = h_1 \cdot \frac{b-a}{n} + h_2 \cdot \frac{b-a}{n} + \cdots + h_n \cdot \frac{b-a}{n} \tag{4-2}$$

因 f 在 $[a, b]$ 為連續，故由極值存在定理可知 f 在每一個子區間

$$[a, x_1], [x_1, x_2], \cdots, [x_{n-1}, b]$$

上有極小值．若這些極小值發生在點 $c_1, c_2, \cdots, c_n$，則內接矩形的高為

$$h_1 = f(c_1), \ h_2 = f(c_2), \ \cdots, \ h_n = f(c_n)$$

故 (4-2) 式可寫成

$$R_n \text{ 的面積} = f(c_1) \cdot \frac{b-a}{n} + f(c_2) \cdot \frac{b-a}{n} + \cdots + f(c_n) \cdot \frac{b-a}{n} \tag{4-3}$$

若令 $\Delta x = \dfrac{b-a}{n}$，則 (4-3) 式變成

$$R_n \text{ 的面積} = f(c_1) \Delta x + f(c_2) \Delta x + \cdots + f(c_n) \Delta x = \sum_{i=1}^{n} f(c_i) \Delta x$$

故 (4-1) 式變成

$$A = \lim_{n \to \infty} \sum_{i=1}^{n} f(c_i) \Delta x \tag{4-4}$$

【例題 1】 內接矩形法

利用內接矩形求在曲線 $y = x^2$ 下方且在區間 $[0, 1]$ 上方之區域的面積．

【解】 若我們將區間 $[0, 1]$ 分割成 n 個等長的子區間，則每一子區間的長為

$\Delta x = \dfrac{1-0}{n} = \dfrac{1}{n}$，而分點為

$x_0 = 0$，$x_1 = \dfrac{1}{n}$，$x_2 = \dfrac{2}{n}$，$\cdots$，$x_i = \dfrac{i}{n}$，$\cdots$，$x_{n-1} = \dfrac{n-1}{n}$，$x_n = \dfrac{n}{n} = 1$。

如圖 4-4 所示。因 $f(x) = x^2$ 在 $[0, 1]$ 為遞增，故 f 在每一子區間上的極小值發生在左端點，所以

$c_1 = x_0 = 0$，$c_2 = x_1 = \dfrac{1}{n}$，

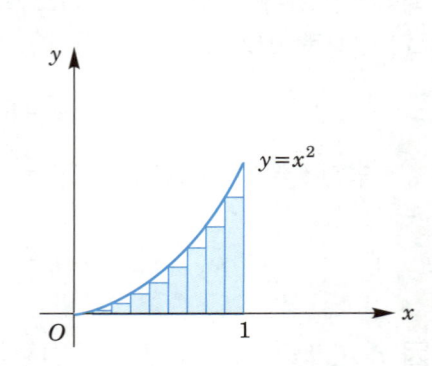

$c_3 = x_2 = \dfrac{2}{n}$，$\cdots$，

$c_i = x_{i-1} = \dfrac{i-1}{n}$，$\cdots$，

$c_n = x_{n-1} = \dfrac{n-1}{n}$。

令 S_n 為這 n 個內接矩形之面積的和，則

圖 4-4

$S_n = \dfrac{1}{n} \cdot 0^2 + \dfrac{1}{n}\left(\dfrac{1}{n}\right)^2 + \dfrac{1}{n}\left(\dfrac{2}{n}\right)^2 + \cdots + \dfrac{1}{n}\left(\dfrac{n-1}{n}\right)^2$

$= \dfrac{1}{n^3}[1^2 + 2^2 + 3^2 + \cdots + (n-1)^2]$

$= \dfrac{1}{n^3} \cdot \dfrac{(n-1)n(2n-1)}{6} = \dfrac{(n-1)(2n-1)}{6n^2}$

$\lim\limits_{n \to \infty} S_n = \lim\limits_{n \to \infty} \dfrac{(n-1)(2n-1)}{6n^2} = \dfrac{1}{3}$

於是，$A = \lim\limits_{n \to \infty} S_n = \dfrac{1}{3}$。

【例題 2】 外接矩形法

利用外接矩形求在曲線 $y = x^2$ 下方且在區間 $[0, 1]$ 上方之區域的面積。

【解】 如例題 1，分點 $x_0 = 0$，$x_1 = \dfrac{1}{n}$，$x_2 = \dfrac{2}{n}$，$\cdots$，$x_n = 1$ 將區間 $[0, 1]$ 分割成長度皆為 $\Delta x = \dfrac{1}{n}$ 的 n 個子區間。因 f 在 $[0, 1]$ 為遞增，故 f 在每一子區間上的極大值發生在右端點，如圖 4-5 所示。所以，

$$d_1 = x_1 = \frac{1}{n},$$

$$d_2 = x_2 = \frac{2}{n}, \cdots,$$

$$d_i = x_i = \frac{i}{n},$$

$$d_n = x_n = \frac{n}{n} = 1.$$

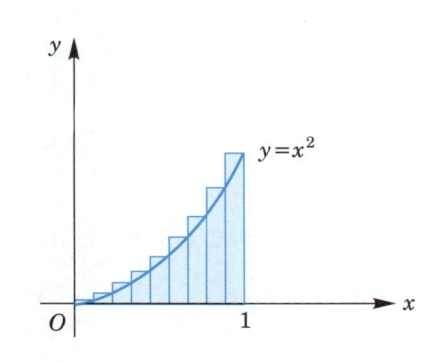

令 S_n 為這 n 個外接矩形之面積的和，則

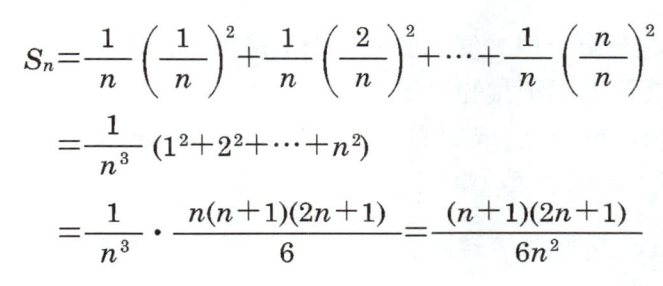

圖 4-5

$$S_n = \frac{1}{n}\left(\frac{1}{n}\right)^2 + \frac{1}{n}\left(\frac{2}{n}\right)^2 + \cdots + \frac{1}{n}\left(\frac{n}{n}\right)^2$$

$$= \frac{1}{n^3}(1^2 + 2^2 + \cdots + n^2)$$

$$= \frac{1}{n^3} \cdot \frac{n(n+1)(2n+1)}{6} = \frac{(n+1)(2n+1)}{6n^2}$$

於是，$A = \lim\limits_{n \to \infty} S_n = \dfrac{1}{3}$

此結果與例題 1 中的結果一致．

註：我們可以證得利用內接矩形的方法與外接矩形的方法皆可得到相同的面積．

我們在前面討論到求連續曲線 $y = f(x)$ 下方且在區間 $[a, b]$ 上方之面積的兩個同義方法：

$$A = \lim\limits_{n \to \infty} \sum_{i=1}^{n} f(c_i)\,\Delta x \quad \text{(內接矩形)}$$

與

$$A = \lim\limits_{n \to \infty} \sum_{i=1}^{n} f(d_i)\,\Delta x \quad \text{(外接矩形)}$$

然而，這些並非是面積 A 之僅有的可能公式．對每一子區間而言，我們可以不選取 f 在該子區間上的極小或極大值作為矩形的高，而是選取 f 在該子區間中任一數的值作為矩形的高．現在，我們在每一子區間 $[x_{i-1}, x_i]$ 中任取一數 x_i^*．因 $f(c_i)$ 與 $f(d_i)$ 分別為 f 在第 i 個子區間上的極小值與極大值，可知

$$f(c_i) \leq f(x_i^*) \leq f(d_i)$$

而
$$f(c_i)\,\Delta x \leq f(x_i^*)\,\Delta x \leq f(d_i)\,\Delta x$$

故
$$\sum_{i=1}^{n} f(c_i)\,\Delta x \leq \sum_{i=1}^{n} f(x_i^*)\,\Delta x \leq \sum_{i=1}^{n} f(d_i)\,\Delta x$$

因 $\lim\limits_{n\to\infty}\sum\limits_{i=1}^{n} f(c_i)\,\Delta x = A$ 且 $\lim\limits_{n\to\infty}\sum\limits_{i=1}^{n} f(d_i)\,\Delta x = A$，故對於 $x_1^*, x_2^*, \cdots, x_n^*$ 之所有可能的選取，可得

$$A = \lim_{n\to\infty} \sum_{i=1}^{n} f(x_i^*)\,\Delta x$$

等寬的矩形在計算上很方便，但是它們不是絕對必要的；我們也可將面積 A 表為具有不同寬度之矩形的面積和的極限。

假設區間 $[a, b]$ 分割成寬為 $\Delta x_1, \Delta x_2, \cdots, \Delta x_n$ 的 n 個子區間，並以符號 $\max \Delta x_i$ 表示這些的最大者（唸成"Δx_i 的最大值"）。若 x_i^* 為第 i 個子區間中的任一數，則 $f(x_i^*)\,\Delta x_i$ 是高為 $f(x_i^*)$ 且寬為 Δx_i 之矩形的面積，故 $\sum\limits_{i=1}^{n} f(x_i^*)\,\Delta x_i$ 為圖 4-6 中色網矩形之面積的和．

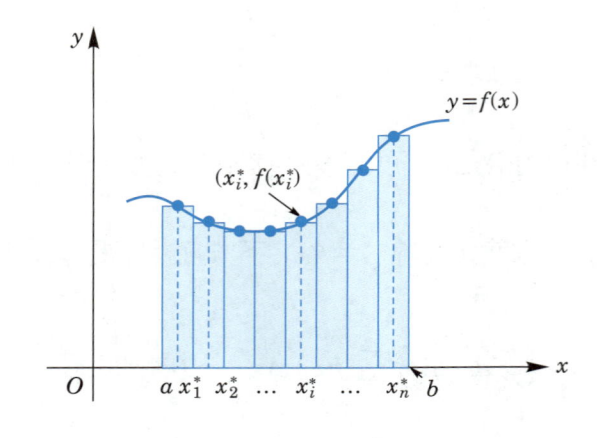

圖 4-6

若我們增加 n 使得 $\max \Delta x_i \to 0$，則每一個矩形的寬趨近零．於是，當 $\max \Delta x_i \to 0$ 時，$A = \lim\limits_{\max \Delta x_i \to 0} \sum\limits_{i=1}^{n} f(x_i^*)\,\Delta x_i$．

定義 4.1

若函數 f 在 $[a, b]$ 為連續且非負值，則在 f 的圖形下方由 a 到 b 的**面積** A 定義為

$$A = \lim_{\max \Delta x_i \to 0} \sum_{i=1}^{n} f(x_i^*) \Delta x_i$$

此處 x_i^* 為子區間 $[x_{i-1}, x_i]$ 中的任一數。

在此定義中，$A = \lim\limits_{\max \Delta x_i \to 0} \sum_{i=1}^{n} f(x_i^*) \Delta x_i$ 的意義為：對每一 $\varepsilon > 0$，存在一 $\delta > 0$，使得若 $\max \Delta x_i < \delta$，則 $\left| \sum_{i=1}^{n} f(x_i^*) \Delta x_i - A \right| < \varepsilon$。

習題 4.1

在 1～4 題中，利用 (1) 內接矩形；(2) 外接矩形，求在 f 的圖形下方由 a 到 b 的面積。

1. $f(x) = x^2 + 2$；$a = 1$，$b = 3$
2. $f(x) = 9 - x^2$；$a = 0$，$b = 3$
3. $f(x) = 4x^2 + 3x + 2$；$a = 1$，$b = 5$
4. $f(x) = x^3 + 1$；$a = 1$，$b = 2$
5. 若 $f(x) = px^2 + qx + r$，且 $f(x) \geq 0$ 對所有 x 皆成立，試證在 f 的圖形下方由 0 到 b 的面積為 $p\left(\dfrac{b^3}{3}\right) + q\left(\dfrac{b^2}{2}\right) + rb$。

∑ 4-2 定積分的定義

在前一節中，關於面積的討論，我們已作出下列的假定。

1. 函數 f 在 $[a, b]$ 為連續。
2. 函數 f 在 $[a, b]$ 為非負值。
3. $[a, b]$ 的子區間皆為等長。
4. 選取的 c_i 使得 $f(c_i)$ 恆為 f 在 $[x_{i-1}, x_i]$ 上的極小值 (或極大值)。

這四個條件並不經常出現在應用問題裡。基於此理由，1～4 改變成下列 1'～4' 是

必須的.

1. 函數 f 在 $[a, b]$ 未必連續.
2. 函數 f 在 $[a, b]$ 不一定為非負值.
3. 子區間的長度可以不同.
4. x_i^* 為 $[x_{i-1}, x_i]$ 中的任一數.

現在，我們對區間 $[a, b]$ 選取分點 $a(=x_0), x_1, x_2, \cdots, x_{n-1}, b(=x_n)$ 使得

$$a < x_1 < x_2 < \cdots < x_{n-1} < b$$

而將 $[a, b]$ 分割成 n 個子區間，則這 n 個子區間為

$$[a, x_1], [x_1, x_2], [x_2, x_3], \cdots, [x_{n-1}, b]$$

這些子區間所成的集合稱為 $[a, b]$ 的一**分割**，記為 P，即 $P=\{[a, x_1], [x_1, x_2], [x_2, x_3], \cdots, [x_{n-1}, b]\}$.

我們使用記號 Δx_i 表示第 i 個子區間 $[x_{i-1}, x_i]$ 的長度，於是

$$\Delta x_i = x_i - x_{i-1}$$

$\Delta x_1, \Delta x_2, \cdots, \Delta x_n$ 的最大值稱為分割 P 的**範數**並記為 $\|P\|$，即，

$$\|P\| = \max\{\Delta x_1, \Delta x_2, \cdots, \Delta x_n\}$$

假設我們在分割 P 的每一個子區間 $[x_{i-1}, x_i]$ 中選取一數 x_i^*, $i=1, 2, \cdots, n$，並作成**黎曼和** (以德國數學家黎曼命名)

$$\sum_{i=1}^{n} f(x_i^*)\Delta x_i = f(x_1^*)\Delta x_1 + f(x_2^*)\Delta x_2 + \cdots + f(x_n^*)\Delta x_n \tag{4-5}$$

注意，一旦區間與函數 f 被選定，則分割 P 的選取是不受限制的. 而且，一旦分割被選定，則 x_i^* 的選取是不受限制的. 黎曼和 (4-5) 的值與所有這些選取有關.

現在，假設 P 為一分割並使 $\|P\| \to 0$，則因 $\|P\|$ 為最大子區間的長度，故在 P 中所有子區間的長度會趨近 0.

就很多函數而言，當 $\|P\| \to 0$ 時，對於 P 的每一黎曼和皆趨近一極限，譬如 I；此時，我們寫成

$$\lim_{\|P\| \to 0} \sum_{i=1}^{n} f(x_i^*)\Delta x_i = I \tag{4-6}$$

我們現在嚴密地敘述 (4-6) 式的意義.

定義 4.2

令 f 為定義在 $[a, b]$ 的函數且 I 為實數. 敘述

$$\lim_{\|P\| \to 0} \sum_{i=1}^{n} f(x_i^*) \Delta x_i = I$$

的意義為：對每一 $\varepsilon > 0$，存在一 $\delta > 0$，使得若 $[a, b]$ 的分割 P 的範數 $\|P\| < \delta$，則對 P 的子區間 $[x_{i-1}, x_i]$ 中的任一數 x_i^*,

$$\left| \sum_{i=1}^{n} f(x_i^*) \Delta x_i - I \right| < \varepsilon$$

恆成立.

其次，我們將定積分定義成黎曼和的極限.

定義 4.3

令 f 為定義在 $[a, b]$ 的函數，則 f 由 a 到 b 的定積分 (或黎曼積分) $\int_a^b f(x)\,dx$ 定義為

$$\int_a^b f(x)\,dx = \lim_{\|P\| \to 0} \sum_{i=1}^{n} f(x_i^*) \Delta x_i$$

倘若此極限存在.

若 f 由 a 到 b 的定積分存在，則稱 f 在 $[a, b]$ 為可積分或黎曼可積分.

定義 4.3 中的符號 $\int$ 稱為積分號，它可想像成一拉長的字母 S (sum 的第一個字母). 在記號 $\int_a^b f(x)\,dx$ 當中，$f(x)$ 稱為被積分函數，a 與 b 稱為積分的界限；其中 a 稱為積分的下限而 b 稱為積分的上限.

定積分 $\int_a^b f(x)\,dx$ 是一個數，它與所使用的自變數符號 x 無關. 事實上，我們

使用 x 以外的字母並不會改變積分的值。於是，若 f 在 $[a, b]$ 為可積分，則

$$\int_a^b f(x)\,dx = \int_a^b f(s)\,ds = \int_a^b f(t)\,dt = \int_a^b f(u)\,du$$

基於此理由，定義 4.3 中的字母 x 有時稱為啞變數（或虛擬變數）。

【例題 1】 表成定積分

在區間 $[-1, 2]$ 上將 $\lim\limits_{\|P\| \to 0} \sum\limits_{i=1}^{n} [2(x_i^*)^2 - 3x_i^* + 5]\, \Delta x_i$ 表成定積分的形式。

【解】 比較所予極限與定義 4.3 中的極限，我們選取

$$f(x) = 2x^2 - 3x + 5,\ a = -1,\ b = 2.\ \text{所以,}$$

$$\lim_{\|P\| \to 0} \sum_{i=1}^{n} [2(x_i^*)^2 - 3x_i^* + 5]\, \Delta x_i = \int_{-1}^{2} (2x^2 - 3x + 5)\, dx$$

在定義定積分 $\int_a^b f(x)\,dx$ 時，我們假定 $a < b$。為了除去這個限制，我們將它的定義推廣到 $a > b$ 或 $a = b$ 的情形如下：

定義 4.4

(1) 若 $a > b$，且 $\int_b^a f(x)\,dx$ 存在，則 $\int_a^b f(x)\,dx = -\int_b^a f(x)\,dx$。

(2) 若 $f(a)$ 存在，則 $\int_a^a f(x)\,dx = 0$。

因定積分定義為黎曼和的極限，故積分的存在與否與被積分函數的性質有關。若 f 在 $[a, b]$ 中的某些點不連續，則 $\int_a^b f(x)\,dx$ 可能存在或不存在，若 f 僅具有有限個不連續點，且這些不連續點皆為跳躍不連續，則稱 f 為分斷連續，將可導致 f 為可積分，如圖 4-7 所示。

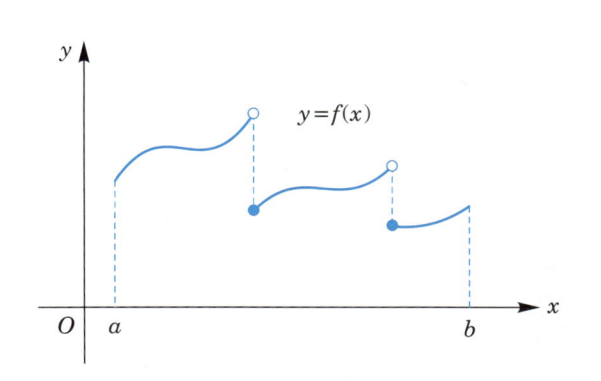

圖 4-7　不連續的可積分函數　　　　圖 4-8　無界的不可積分函數

事實上，並非每一個函數皆為可積分的；稍後，我們僅提出可積分的充分條件 (非必要條件)。

若存在一正數 M 使得 $|f(x)| \leq M$ 對 $[a, b]$ 中的所有 x 皆成立，則稱 f 在 $[a, b]$ 為**有界**。幾何上，這表示 f 的圖形位於水平線 $y=M$ 與 $y=-M$ 之間。尤其，我們可證得，若函數 f 在 $[a, b]$ 為可積分，則 f 在 $[a, b]$ 為有界。因此，若函數 f 在 $[a, b]$ 中某一點的函數值變成無限大，則 f 不為有界，所以不可積分，如圖 4-8 所示。

定理 4.1

若函數 f 在 $[a, b]$ 為有界，且在 $[a, b]$ 中僅有有限個不連續點，則 f 在 $[a, b]$ 為可積分。尤其，若 f 在 $[a, b]$ 為連續，則 f 在 $[a, b]$ 為可積分。

有些函數雖然是有界，但還是不可積分，如下面例子的說明。

【例題 2】　不可積分的有界函數

試證函數

$$f(x) = \begin{cases} 1, & \text{若 } x \text{ 是有理數} \\ -1, & \text{若 } x \text{ 是無理數} \end{cases}$$

在區間 $[0, 1]$ 為不可積分。

【解】　區間 $[0, 1]$ 的分割中每一個子區間 $[x_{i-1}, x_i]$ 包含有理數與無理數。

（ⅰ）若 x_i^* 是有理數，則 $f(x_i^*)=1$，可得

$$\sum_{i=1}^n f(x_i^*)\,\Delta x_i = \sum_{i=1}^n \Delta x_i = 1-0 = 1$$

於是，$\lim\limits_{\|P\|\to 0}\sum_{i=1}^n f(x_i^*)\,\Delta x_i = 1$。

（ⅱ）若 x_i^* 是無理數，則 $f(x_i^*)=-1$，可得

$$\sum_{i=1}^n f(x_i^*)\,\Delta x_i = -\sum_{i=1}^n \Delta x_i = -1$$

於是，$\lim\limits_{\|P\|\to 0}\sum_{i=1}^n f(x_i^*)\,\Delta x_i = -1$。

因（ⅰ）與（ⅱ）的極限值不相等，故 $\int_0^1 f(x)\,dx$ 不存在，即，f 在 $[0,1]$ 為不可積分。

一般，定積分未必代表面積。但對於正值函數，定積分可解釋為面積。事實上，我們比較一下定義 4.1 與定義 4.3，可知對於 $f(x)\geq 0$。

$$\int_a^b f(x)\,dx = \text{在 } f \text{ 的圖形下方由 } a \text{ 到 } b \text{ 的面積}。$$

【例題 3】 將定積分解釋成面積

計算 $\int_0^2 \sqrt{4-x^2}\,dx$。

【解】 因 $y=f(x)=\sqrt{4-x^2}\geq 0$，故可將所予定積分解釋為在曲線 $y=\sqrt{4-x^2}$ 下方由 0 到 2 的面積。又 $y^2=4-x^2$，可得 $x^2+y^2=4$，因此，f 的圖形為半徑是 2 的四分之一圓，如圖 4-9 所示。所以，

$$\int_0^2 \sqrt{4-x^2}\,dx = \frac{1}{4}\pi(2^2) = \pi。$$

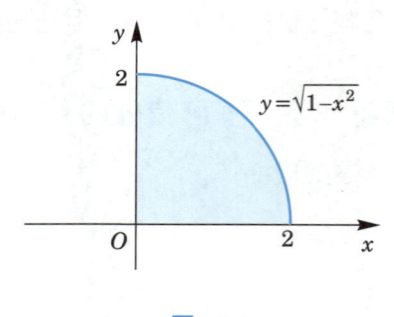

圖 4-9

若 f 在 $[a, b]$ 有正值也有負值，則定積分可解釋為面積的差。欲知其理由，我們可考慮典型的黎曼和

$$\sum_{i=1}^{n} f(x_i^*) \Delta x_i$$

若 $f(x_i^*)$ 為非負值，則 $f(x_i^*) \Delta x_i$ 代表高為 $f(x_i^*)$ 且底為 Δx_i 之矩形的面積 A_i；另一方面，若 $f(x_i^*)$ 為負值，則 $f(x_i^*) \Delta x_i$ 不是矩形的面積，而是這種面積的負值 $-A_i$。我們得知定積分

$$\int_a^b f(x)\, dx = \lim_{\|P\| \to 0} \sum_{i=1}^{n} f(x_i^*) \Delta x_i$$

可解釋為面積的差：在 f 的圖形下方且在 x-軸上方由 a 到 b 的面積減去在 f 的圖形上方且在 x-軸下方由 a 到 b 的面積。例如，見圖 4-10，

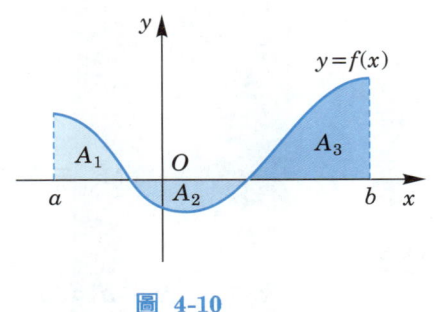

圖 4-10

$$\int_a^b f(x)\, dx = (A_1 + A_3) - A_2$$
$$= (\text{在 } [a, b] \text{ 上方的面積}) - (\text{在 } [a, b] \text{ 下方的面積})。$$

【例題 4】 利用面積

計算 $\displaystyle\int_{-2}^{3} (2-x)\, dx$。

【解】 $y = 2-x$ 的圖形是斜率為 -1 的直線，如圖 4-11 所示。

$$\int_{-2}^{3} (2-x)\, dx = A_1 - A_2 = \frac{1}{2}(4)(4) - \frac{1}{2}(1)(1) = \frac{15}{2}$$

若 f 在 $[a, b]$ 為可積分，則不論如何選取分割 P 以及在 $[x_{i-1}, x_i]$ 中的 x_i^*，當 $\|P\| \to 0$ 時，黎曼和 (4-6) 必定趨近 $\displaystyle\int_a^b f(x)\, dx$。因此，若事先知道 f 在 $[a, b]$ 為可積分，則在計算定積分的當中，我們可以任意選取 P 與 x_i^*，只要 $\|P\| \to 0$ 即可。為了方便計算，通常取 P 為正規分割，即，所有子區間有相同的長度 Δx。於是，

圖 4-11

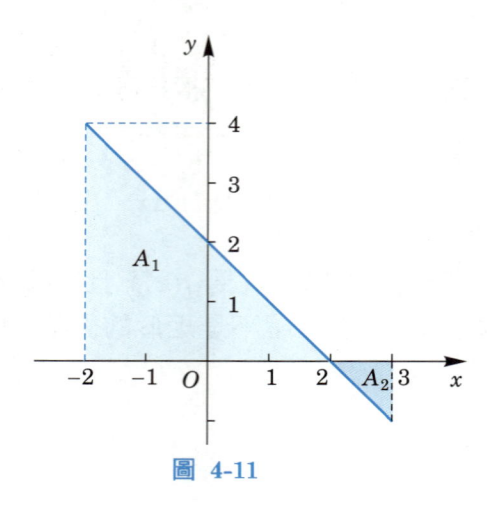

$$\|P\| = \Delta x = \Delta x_1 = \Delta x_2 = \cdots = \Delta x_n = \frac{b-a}{n}$$

且

$$x_0 = a, \ x_1 = a + \Delta x, \ x_2 = a + 2\Delta x, \ \cdots, \ x_i = a + i\Delta x, \ \cdots, \ x_n = b$$

若我們選取 x_i^* 為第 i 個子區間 $[x_{i-1}, x_i]$ 的右端點，則

$$x_i^* = x_i = a + i\Delta x = a + i\frac{b-a}{n}$$

因 P 為正規分割，$\|P\| \to 0$ 與 $n \to \infty$ 為同義，故寫成

$$\int_a^b f(x)\,dx = \lim_{\|P\| \to 0} \sum_{i=1}^n f(x_i^*)\,\Delta x_i = \lim_{n \to \infty} \sum_{i=1}^n f\left(a + i\frac{b-a}{n}\right)\frac{b-a}{n}$$

我們有下面的公式．

定理 4.2

若函數 f 在 $[a, b]$ 為可積分，則

$$\int_a^b f(x)\,dx = \lim_{n \to \infty} \frac{b-a}{n} \sum_{i=1}^n f\left(a + i\frac{b-a}{n}\right)$$

【例題 5】 利用定理 4.2

將 $\displaystyle\lim_{n \to \infty} \sum_{i=1}^n \frac{i^4}{n^5}$ 表成定積分的形式．

【解】 $\lim_{n\to\infty} \sum_{i=1}^{n} \frac{i^4}{n^5} = \lim_{n\to\infty} \frac{1}{n} \sum_{i=1}^{n} \frac{i^4}{n^4}$

$= \lim_{n\to\infty} \frac{1}{n} \sum_{i=1}^{n} \left(i \cdot \frac{1}{n}\right)^4$

$= \lim_{n\to\infty} \frac{1-0}{n} \sum_{i=1}^{n} \left(0 + i \cdot \frac{1-0}{n}\right)^4$

$= \int_0^1 x^4 \, dx.$

【例題 6】 利用定理 4.2

試將 $\lim_{n\to\infty} \frac{1}{n}\left(\sqrt{\frac{1}{n}} + \sqrt{\frac{2}{n}} + \sqrt{\frac{3}{n}} + \cdots + \sqrt{\frac{n}{n}}\right)$ 表成定積分.

【解】 $\lim_{n\to\infty} \frac{1}{n}\left(\sqrt{\frac{1}{n}} + \sqrt{\frac{2}{n}} + \sqrt{\frac{3}{n}} + \cdots + \sqrt{\frac{n}{n}}\right)$

$= \lim_{n\to\infty} \frac{1}{n} \sum_{i=1}^{n} \sqrt{\frac{i}{n}}$

$= \lim_{n\to\infty} \frac{1-0}{n} \sum_{i=1}^{n} f\left(0 + i \cdot \frac{1-0}{n}\right)$, 此處 $f(x) = \sqrt{x}$

$= \int_0^1 \sqrt{x} \, dx$

【例題 7】 利用定理 4.2

計算 $\int_1^4 x^2 \, dx.$

【解】 $f(x) = x^2$, $a = 1$, $b = 4$. 因 f 在 [1, 4] 為連續, 故 f 在 [1, 4] 為可積分.

$\int_1^4 x^2 \, dx = \lim_{n\to\infty} \frac{3}{n} \sum_{i=1}^{n} f\left(1 + \frac{3i}{n}\right)$

$$= \lim_{n\to\infty} \frac{3}{n} \sum_{i=1}^{n} \left(1+\frac{3i}{n}\right)^2 = \lim_{n\to\infty} \frac{3}{n} \sum_{i=1}^{n} \left(1+\frac{6i}{n}+\frac{9i^2}{n^2}\right)$$

$$= \lim_{n\to\infty} \left(\frac{3}{n} \sum_{i=1}^{n} 1 + \frac{18}{n^2} \sum_{i=1}^{n} i + \frac{27}{n^3} \sum_{i=1}^{n} i^2\right)$$

$$= \lim_{n\to\infty} \left[3 + \frac{18}{n^2} \cdot \frac{n(n+1)}{2} + \frac{27}{n^3} \cdot \frac{n(n+1)(2n+1)}{6}\right]$$

$$= \lim_{n\to\infty} \left[3 + 9\left(1+\frac{1}{n}\right) + \frac{9}{2}\left(2+\frac{3}{n}+\frac{1}{n^2}\right)\right]$$

$$= 3+9+9=21.$$

習題 4.2

1. 設 $f(x)=x^2-4$，且 P 為由 $x_0=-2$, $x_1=-\frac{1}{2}$, $x_2=0$, $x_3=1$, $x_4=\frac{7}{4}$ 及 $x_5=3$ 將 $[-2, 3]$ 分成五個子區間的分割。若 $x_1^*=-1$, $x_2^*=-\frac{1}{4}$, $x_3^*=\frac{1}{2}$, $x_4^*=\frac{3}{2}$, $x_5^*=\frac{5}{2}$，求黎曼和。

2. 在區間 $[-4, -3]$ 上將 $\lim_{\|P\|\to 0} \sum_{i=1}^{n} \left(\sqrt[3]{x_i^*}+2x_i^*\right)\Delta x_i$ 表成定積分的形式。

3. 將 $\lim_{n\to\infty} \frac{1}{n} \sum_{i=1}^{n} \frac{1}{1+\left(\frac{i}{n}\right)^2}$ 表成定積分的形式。

4. 將 $\lim_{n\to\infty} \sum_{i=1}^{n} \left[3\left(1+\frac{2i}{n}\right)^5 - 6\right] \frac{2}{n}$ 表成定積分的形式。

5. 計算 $\int_{-2}^{0} (\sqrt{4-x^2}+1)\, dx$。

6. 計算 $\int_{-1}^{2} |2x-3|\, dx$。

7. 令 $f(x)=\begin{cases} \dfrac{1}{x}, & \text{若 } 0<x\leq 1 \\ 0, & \text{若 } x=0 \end{cases}$

   (1) 試證明 f 在 $[0, 1]$ 為不連續。
   (2) 試證明 f 在 $[0, 1]$ 為無界。

(3) 試證 $\int_0^1 f(x)\,dx$ 不存在，亦即，f 在 $[0, 1]$ 上不可積分．

在 8～11 題中，利用定理 4.2 計算積分．

8. $\int_1^4 (2x^3 - 5x)\,dx$ 　　　　9. $\int_{-1}^1 (t^3 - t^2 + 1)\,dt$

10. $\int_0^b (x^3 + 4x)\,dx$ 　　　　11. $\int_0^1 (x^3 - 5x^4)\,dx$

12. 若 $|f|$ 在 $[a, b]$ 為可積分，則 f 在 $[a, b]$ 是否一定可積分？試舉例說明之．

4-3　定積分的性質

本節包含了一些定積分的基本性質，有興趣的讀者可加以證明．

定理 4.3

若 k 為常數，則
$$\int_a^b k\,dx = k(b-a)$$

定理 4.4

若函數 f 在 $[a, b]$ 為可積分，且 k 為常數，則 kf 在 $[a, b]$ 為可積分，且
$$\int_a^b k\,f(x)\,dx = k\int_a^b f(x)\,dx$$

定理 4.4 的結論有時敘述為 "被積分函數中的常數因子可以提到積分號外面"．

定理 4.5

若兩函數 f 與 g 在 $[a, b]$ 皆為可積分，則 $f+g$ 與 $f-g$ 在 $[a, b]$ 為可積分，且

$$\int_a^b [f(x)+g(x)]\,dx = \int_a^b f(x)\,dx + \int_a^b g(x)\,dx$$

$$\int_a^b [f(x)-g(x)]\,dx = \int_a^b f(x)\,dx - \int_a^b g(x)\,dx$$

定理 4.4 與 4.5 也可推廣到有限個函數。於是，若函數 $f_1, f_2, \cdots, f_n$ 在 $[a, b]$ 皆為可積分，且 $c_1, c_2, \cdots, c_n$ 皆為常數，則 $c_1f_1+c_2f_2+\cdots+f_nc_n$ 在 $[a, b]$ 為可積分，且

$$\int_a^b [c_1f_1(x)+c_2f_2(x)+\cdots+c_nf_n(x)]\,dx$$
$$=c_1\int_a^b f_1(x)\,dx + c_2\int_a^b f_2(x)\,dx + \cdots + c_n\int_a^b f_n(x)\,dx$$

定理 4.6　定積分之區間加法性質

若函數 f 在含有任意三數 a, b 與 c 的閉區間為可積分，則

$$\int_a^b f(x)\,dx = \int_a^c f(x)\,dx + \int_c^b f(x)\,dx$$

不論 a, b 及 c 的次序為何。

尤其，若 f 在 $[a, b]$ 為連續且非負值，又 $a<c<b$，則定理 4.6 有一個簡單的幾何解釋，則 $A=$ 在 f 的圖形下方由 a 到 b 的面積 $=A_1+A_2$，如圖 4-12 所示。

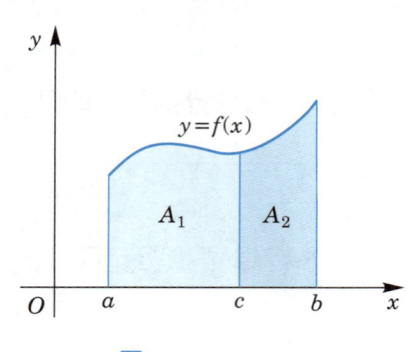

圖 4-12

【例題 1】 利用定理 4.6

(1) $\int_0^2 x^2\,dx = \int_0^1 x^2\,dx + \int_1^2 x^2\,dx.$ (2) $\int_0^2 x^2\,dx = \int_0^3 x^2\,dx + \int_3^2 x^2\,dx.$

皆成立.

定理 4.6 可以推廣如下:

$$\int_a^b f(x)\,dx = \int_a^{c_1} f(x)\,dx + \int_{c_1}^{c_2} f(x)\,dx + \cdots + \int_{c_n}^b f(x)\,dx$$

【例題 2】 高斯函數的定積分

(1) 若 n 為正整數,求 $\int_n^{n+1} [\![x]\!]\,dx.$ (2) 利用 (1) 的結果求 $\int_0^3 [\![x]\!]\,dx.$

【解】 (1) $\int_n^{n+1} [\![x]\!]\,dx = \int_n^{n+1} n\,dx = n(n+1-n) = n.$

(2) $\int_0^3 [\![x]\!]\,dx = \int_0^1 [\![x]\!]\,dx + \int_1^2 [\![x]\!]\,dx + \int_2^3 [\![x]\!]\,dx = \int_0^1 0\,dx + \int_1^2 1\,dx + \int_2^3 2\,dx$
$= 0 + 1 + 2 = 3.$

【例題 3】 高斯函數的應用

求 $\int_{-1}^1 [\![2x]\!]\,dx.$

【解】
$-1 \leqslant x < -\dfrac{1}{2} \Rightarrow -2 \leqslant 2x < -1 \Rightarrow [\![2x]\!] = -2$

$-\dfrac{1}{2} \leqslant x < 0 \Rightarrow -1 \leqslant 2x < 0 \Rightarrow [\![2x]\!] = -1$

$0 \leqslant x < \dfrac{1}{2} \Rightarrow 0 \leqslant 2x < 1 \Rightarrow [\![2x]\!] = 0$

$\dfrac{1}{2} \leqslant x < 1 \Rightarrow 1 \leqslant 2x < 2 \Rightarrow [\![2x]\!] = 1$

故 $\int_{-1}^{1} [\![2x]\!]\, dx = \int_{-1}^{-1/2} [\![2x]\!]\, dx + \int_{-1/2}^{0} [\![2x]\!]\, dx + \int_{0}^{1/2} [\![2x]\!]\, dx + \int_{1/2}^{1} [\![2x]\!]\, dx$

$= (-2)\left[-\dfrac{1}{2} - (-1)\right] + (-1)\left[0 - \left(-\dfrac{1}{2}\right)\right] + 0 + 1\left(1 - \dfrac{1}{2}\right)$

$= -1 - \dfrac{1}{2} + \dfrac{1}{2} = -1$

定理 4.7

若函數 f 在 $[a, b]$ 為可積分，且 $f(x) \geq 0$ 對於 $[a, b]$ 中的所有 x 皆成立，則 $\int_{a}^{b} f(x)\, dx \geq 0$。

我們由定理 4.7 可知，若函數 f 在 $[a, b]$ 為可積分，且 $f(x) \leq 0$ 對於 $[a, b]$ 中的所有 x 皆成立，則 $\int_{a}^{b} f(x)\, dx \leq 0$。

定理 4.8

若兩函數 f 與 g 在 $[a, b]$ 皆為可積分，且 $f(x) \geq g(x)$ 對於 $[a, b]$ 中的所有 x 皆成立，則 $\int_{a}^{b} f(x)\, dx \geq \int_{a}^{b} g(x)\, dx$。

若 $f(x) \geq g(x) \geq 0$ 對於 $[a, b]$ 中的所有 x 皆成立，則在 f 的圖形下方由 a 到 b 的面積大於或等於在 g 的圖形下方由 a 到 b 的面積。

定理 4.9

若函數 f 在 $[a, b]$ 為可積分，則 $|f|$ 在 $[a, b]$ 為可積分，且

$$\left|\int_{a}^{b} f(x)\, dx\right| \leq \int_{a}^{b} |f(x)|\, dx$$

定理 4.9 的逆敘述不一定成立，例如，考慮

$$f(x)=\begin{cases} 1, & \text{若 } x \text{ 是有理數} \\ -1, & \text{若 } x \text{ 是無理數} \end{cases}$$

則 $\int_0^1 |f(x)|\, dx = \int_0^1 dx = 1$，即 $|f|$ 在 $[0, 1]$ 為可積分，但 f 在 $[0, 1]$ 為不可積分。

定理 4.9 可以推廣如下：

若函數 $f_1, f_2, \cdots, f_n$ 在 $[a, b]$ 皆為可積分，則

$$\left|\sum_{i=1}^n \int_a^b f_i(x)\, dx\right| \leq \sum_{i=1}^n \int_a^b |f_i(x)|\, dx.$$

定理 4.10

若函數 f 在 $[a, b]$ 為連續，且 m 與 M 分別為 f 在 $[a, b]$ 上的絕對極小值與絕對極大值，則

$$m(b-a) \leq \int_a^b f(x)\, dx \leq M(b-a)$$

【例題 4】 利用定理 4.10

試證：$2 \leq \int_{-1}^1 \sqrt{1+x^2}\, dx \leq 2\sqrt{2}$。

【解】 若 $-1 \leq x \leq 1$，則 $0 \leq x^2 \leq 1$ 且 $1 \leq 1+x^2 \leq 2$，故 $1 \leq \sqrt{1+x^2} \leq \sqrt{2}$。可得

$$1[1-(-1)] \leq \int_{-1}^1 \sqrt{1+x^2}\, dx \leq \sqrt{2}\,[1-(-1)]$$

即，$2 \leq \int_{-1}^1 \sqrt{1+x^2}\, dx \leq 2\sqrt{2}$。

【例題 5】 利用定理 4.10

試證：$-3 \leq \int_{-3}^0 (x^2+2x)\, dx \leq 9$。

【解】 令 $f(x)=x^2+2x$, $-3 \leqslant x \leqslant 0$, 則 $f'(x)=2x+2$.

$$f'(-1)=0, \text{ 且 } f(-1)=-1.$$

又 $$f(-3)=9-6=3, f(0)=0,$$

於是，f 的絕對極小值為 $m=-1$，而絕對極大值為 $M=3$，可得

$$-1[0-(-3)] \leqslant \int_{-3}^{0} (x^2+2x)\, dx \leqslant 3[0-(-3)],$$

即 $$-3 \leqslant \int_{-3}^{0} (x^2+2x)\, dx \leqslant 9.$$

定理 4.11　積分的均值定理

若函數 f 在 $[a, b]$ 為連續，則在 $[a, b]$ 中存在一數 c 使得

$$\int_{a}^{b} f(x)\, dx = f(c)(b-a)$$

證　因 f 在 $[a, b]$ 為連續，故由極值定理可知 f 在 $[a, b]$ 上有極大值 M 與極小值 m. 於是，對於 $[a, b]$ 中的所有 x，恆有

$$m \leqslant f(x) \leqslant M$$

如圖 4-13 所示.
又由定理 4.10，得

$$m(b-a) \leqslant \int_{a}^{b} f(x)\, dx \leqslant M(b-a)$$

或 $$m \leqslant \frac{1}{b-a} \int_{a}^{b} f(x)\, dx \leqslant M$$

又由中間值定理可知在 $[a, b]$ 中存在一數 c 使得

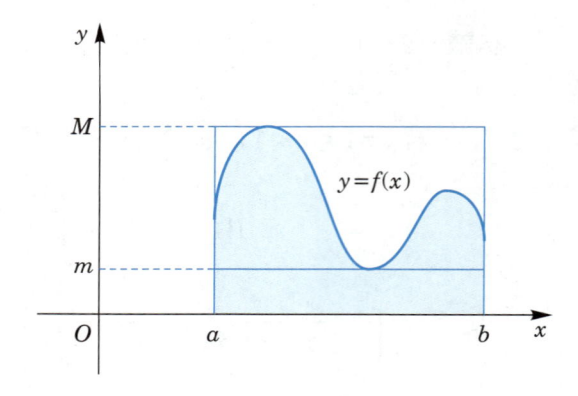

圖 4-13

$$f(c) = \frac{1}{b-a} \int_{a}^{b} f(x)\, dx$$

即
$$\int_a^b f(x)\,dx = f(c)(b-a).$$

若 $f(x) \geq 0$ 對於 $[a, b]$ 中的所有 x 皆成立，則定理 4.11 的幾何意義如下：

$$\int_a^b f(x)\,dx = 底為\ (b-a)\ 且高為\ f(c)\ 之矩形區域的面積$$

(見圖 4-14).

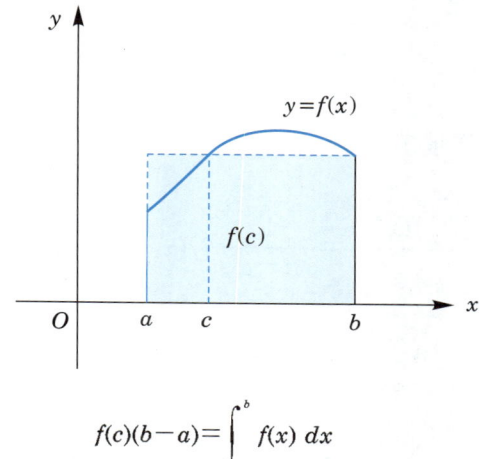

$$f(c)(b-a) = \int_a^b f(x)\,dx$$

圖 4-14

【例題 6】 利用定積分的均值定理

已知 $f(x) = x^2$，試求一數 c 使得 $\int_1^4 f(x)\,dx = f(c)(4-1)$ 成立.

【解】 因 $f(x) = x^2$ 在區間 $[1, 4]$ 為連續，故在 $[1, 4]$ 中存在一數 c 使得

$$\int_1^4 x^2\,dx = f(c)(4-1) = c^2(4-1) = 3c^2$$

但 $\int_1^4 x^2\,dx = 21$ (由 4-2 節例題 7)，故 $3c^2 = 21$，即 $c^2 = 7$.

於是，$c = \sqrt{7}$ 是 $[1, 4]$ 中的數，它的存在由定積分的均值定理來保證.

已知 n 個數 $y_1, y_2, \cdots, y_n$，我們很容易計算它們的平均值 y_{ave}：

$$y_{ave}=\frac{y_1+y_2+\cdots+y_n}{n}$$

一般而言，我們也可計算函數 f 在 $[a, b]$ 的平均值. 首先，我們將區間分割成具有相等長度 $\Delta x=\frac{b-a}{n}$ 的 n 個子區間，然後，在每一個子區間 $[x_{i-1}, x_i]$ 中選取任一數 x_i^*，則 $f(x_1^*)$, $f(x_2^*)$, $\cdots$, $f(x_n^*)$ 的平均值為

$$\frac{f(x_1^*)+f(x_2^*)+\cdots+f(x_n^*)}{n}$$

因 $n=\frac{b-a}{\Delta x}$，故平均值變成

$$\frac{f(x_1^*)+f(x_2^*)+\cdots+f(x_n^*)}{\frac{b-a}{\Delta x}}=\frac{1}{b-a}[f(x_1^*)\Delta x+f(x_2^*)\Delta x+\cdots+f(x_n^*)\Delta x]$$

$$=\frac{1}{b-a}\sum_{i=1}^{n}f(x_i^*)\Delta x$$

令 $n\to\infty$，則 $\displaystyle\lim_{n\to\infty}\frac{1}{b-a}\sum_{i=1}^{n}f(x_i^*)\Delta x=\frac{1}{b-a}\int_{a}^{b}f(x)\,dx$.

定義 4.5

若函數 f 在 $[a, b]$ 為可積分，則 f 在 $[a, b]$ 上的**平均值**定義為

$$f_{ave}=\frac{1}{b-a}\int_{a}^{b}f(x)\,dx.$$

【例題 7】 求平均值

求 $f(x)=\sqrt{4-x^2}$ 在區間 $[-2, 2]$ 上的平均值.

【解】 $\displaystyle\int_{-2}^{2}f(x)\,dx=\int_{-2}^{2}\sqrt{4-x^2}\,dx=\frac{1}{2}(\pi)(2^2)=2\pi$

所以，$\displaystyle f_{ave}=\frac{1}{2-(-2)}\int_{-2}^{2}\sqrt{4-x^2}\,dx=\frac{1}{4}(2\pi)=\frac{\pi}{2}$

習題 4.3

1. 試證：若 n 為正整數，則 $\int_0^n [\![x]\!]\, dx = \dfrac{n(n-1)}{2}$.

2. 計算 $\int_{-1}^{5} [\![x+\dfrac{1}{2}]\!]\, dx$.　　3. 計算 $\int_{1}^{2} [\![x^2]\!]\, dx$.　　4. 計算 $\int_{1}^{3} [\![-x]\!]\, dx$.

5. 試證下列的不等式 (不用計算積分的值).

    (1) $\int_{-2}^{3} (x^2 - 3x + 4)\, dx \geqslant 0$　　(2) $\dfrac{1}{2} \leqslant \int_{1}^{2} \dfrac{1}{x}\, dx \leqslant 1$

    (3) $\int_{1}^{2} (3x^2 + 4)\, dx \geqslant \int_{1}^{2} (2x^2 + 5)\, dx$

    (4) $1 \leqslant \int_{0}^{1} \sqrt{1 + x^4}\, dx \leqslant \dfrac{6}{5}$　　[提示：$1 \leqslant \sqrt{1 + x^4} \leqslant 1 + x^4$]

    (5) $\int_{0}^{5} (4x^4 - 3)\, dx \geqslant \int_{0}^{5} (3x^4 - 4)\, dx$　　(6) $2 \leqslant \int_{0}^{2} \sqrt{x^3 + 1}\, dx \leqslant 6$

6. 在下列各題中，求滿足積分的均值定理中的 c 值.

    (1) $\int_{1}^{4} (2 + 3\sqrt{x})\, dx = 20$　　(2) $\int_{1}^{3} \left(x^2 + \dfrac{1}{x^2}\right) dx = \dfrac{28}{3}$

∑ 4-4 反導函數，不定積分

　　在第二章中，我們已知道如何求解導函數問題：給予一函數，求它的導函數。但是，在許多問題中，常常需要求解導函數問題的相反問題：給予一函數 f，求出一函數 F 使得 $F' = f$. 若這樣的函數存在，則它稱為 f 的一**反導函數**。例如，已知 $\dfrac{dy}{dx} = 2x$，或 $dy = 2x\, dx$，則 $y = x^2$，故 $F(x) = x^2$ 稱為 $f(x) = 2x$ 之反導函數。

定義 4.6

若 $F'=f$，則稱函數 F 為函數 f 的一**反導函數**．

顯然，一個函數的反導函數並不唯一．例如，若 $f(x)=8x^3$，則由多項式 $2x^4+7$ 與 $2x^4+15$ 所定義之函數皆為 f 的反導函數．此一事實，可由下面的定理說明之．

定理 4.12

若 $f(x)$ 與 $g(x)$ 皆為可微分函數，且 $f'(x)=g'(x)$ 對 I 中所有 x 皆成立，則 $f(x)-g(x)$ 在 I 上為**常數函數**，即 $f(x)=g(x)+C$，此處 C 為任意常數．

證 令 $h(x)=f(x)-g(x)$，則由於 $f'(x)=g'(x)$，故 $h'(x)=f'(x)-g'(x)=0$ 對 I 中的所有 x 皆成立．於是，依定理 3.5，可知 h 在 I 中為常數函數，即，$f(x)-g(x)=C$，故 $f(x)=g(x)+C$．如圖 4-15 所示．

求反導函數的過程稱為**反微分**或**積分**．若 $\dfrac{d}{dx}[F(x)]=f(x)$，則形如 $F(x)+C$ 的函數皆是 $f(x)$ 的反導函數．

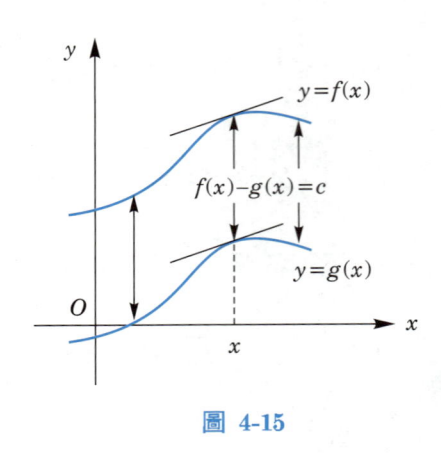

圖 4-15

定義 4.7

函數 f (或 $f(x)$) 的**不定積分**為

$$\int f(x)\,dx = F(x)+C \tag{4-7}$$

此處 $F'(x)=f(x)$，且 C 為任意常數．

不定積分 $\int f(x)\,dx$ 僅是指明 $f(x)$ 的反導函數是形如 $F(x)+C$ 的函數之另一方式而已，$f(x)$ 稱為**被積分函數**，dx 稱為**積分變數 x 的微分**，C 稱為**不定積分常數**．正如定積分一樣，積分變數所用的符號是不重要的．

定理 4.13

(1) $\dfrac{d}{dx}\left(\int f(x)\,dx\right)=f(x)$．　　(2) $\int \dfrac{d}{dx}f(x)\,dx=f(x)+C$．

例如，$\dfrac{d}{dx}\left(\int \sqrt{x^2+3}\,dx\right)=\sqrt{x^2+3}$，$\int \dfrac{d}{dx}\sqrt{x^2+3}\,dx=\sqrt{x^2+3}+C$．

讀者應該能夠分辨定積分 $\int_a^b f(x)\,dx$ 與不定積分 $\int f(x)\,dx$．定積分 $\int_a^b f(x)\,dx$ 是一個數，它與積分的上限 b 以及下限 a 有關；而不定積分 $\int f(x)\,dx$ 是函數．

不定積分的基本性質

求解不定積分問題，須先明瞭不定積分之基本性質：

性質 1：$\int x^n\,dx=\dfrac{x^{n+1}}{n+1}+C$，$n\ne -1$ 　　　　　　　　　　　　　　　　(4-8)

性質 2：$\int dx=x+C$ 　　　　　　　　　　　　　　　　　　　　　　　　　　　(4-9)

證 因 $\dfrac{d}{dx}\left(\dfrac{x^{n+1}}{n+1}\right)=(n+1)\cdot\dfrac{x^{n+1-1}}{n+1}=x^n$，

故 $\int x^n\,dx=\dfrac{x^{n+1}}{n+1}+C$

若令 $n=0$，則 $\int dx=x+C$．

性質 3：$\int k\,f(x)\,dx=k\int f(x)\,dx$，$k$ 為常數． 　　　　　　　　　　　　　　(4-10)

證 令 $F'(x)=f(x)$，則

$$\frac{d}{dx}[k\,F(x)]=k\,F'(x)=k\,f(x)$$

可知 $k\,F(x)$ 為 $k\,f(x)$ 之反導函數，

故 $\int k\,f(x)\,dx = k\int f(x)\,dx$.

性質 4：$\int [f(x)+g(x)]\,dx = \int f(x)\,dx + \int g(x)\,dx$ \hfill (4-11)

證 令 $F'(x)=f(x)$，$G'(x)=g(x)$，則

$$\frac{d}{dx}[F(x)+G(x)]=F'(x)+G'(x)=f(x)+g(x)$$

可知 $F(x)+G(x)$ 為 $f(x)+g(x)$ 之反導函數

故 $\int [f(x)+g(x)]\,dx = \int f(x)\,dx + \int g(x)\,dx$

註：讀者亦可對右式微分，則可得到左式之被積分函數.

$$D_x\left[\int f(x)\,dx + \int g(x)\,dx\right]=D_x\int f(x)\,dx + D_x\int g(x)\,dx = f(x)+g(x)$$

性質 4 可推廣至多個函數和的不定積分，亦即，

$$\int [k_1 f_1(x)+k_2 f_2(x)+\cdots+k_n f_n(x)]\,dx$$

$$=k_1\int f_1(x)\,dx + k_2\int f_2(x)\,dx + \cdots + k_n\int f_n(x)\,dx \tag{4-12}$$

性質 5：$\int [u(x)]^n\,u'(x)\,dx = \dfrac{[u(x)]^{n+1}}{n+1}+C$，$n\neq -1$，$C$ 為常數 \hfill (4-13)

證 由定理 2.7 知，

$$\frac{d}{dx}\left[\frac{[u(x)]^{n+1}}{n+1}\right]=(n+1)\frac{[u(x)]^n\,u'(x)}{n+1}=[u(x)]^n\,u'(x)$$

可得

$$d\left[\frac{[u(x)]^{n+1}}{n+1}\right]=[u(x)]^n\,u'(x)\,dx$$

$$\int d\left[\frac{[u(x)]^{n+1}}{n+1}\right]=\int[u(x)]^n\,u'(x)\,dx$$

$$\int[u(x)]^n\,u'(x)\,dx=\frac{[u(x)]^{n+1}}{n+1}+C,\ n\neq-1.$$

【例題 1】 去絕對值

求 $\int |x|\,dx$.

【解】 若 $x\geq 0$，則 $|x|=x$，所以，

$$\int |x|\,dx=\int x\,dx=\frac{1}{2}x^2+C.$$

若 $x<0$，則 $|x|=-x$，所以，

$$\int |x|\,dx=\int -x\,dx=-\frac{1}{2}x^2+C.$$

故

$$\int |x|\,dx=\begin{cases}\dfrac{1}{2}x^2+C, & \text{若 } x\geq 0\\ -\dfrac{1}{2}x^2+C, & \text{若 } x<0.\end{cases}$$

【例題 2】 利用不定積分的定義證明

(1) 試證 $\int [f(x)\,g'(x)+g(x)\,f'(x)]\,dx=f(x)\,g(x)+C$

(2) 試利用 (1) 的結果求 $\int\left[\dfrac{x^2}{2\sqrt{x-1}}+2x\sqrt{x-1}\right]dx$.

【解】

(1) $\dfrac{d}{dx}[f(x)\,g(x)+C]=f(x)\,\dfrac{d}{dx}g(x)+g(x)\,\dfrac{d}{dx}f(x)+0$

$\qquad\qquad\qquad = f(x)\,g'(x)+g(x)\,f'(x)$

故 $\displaystyle\int [f(x)\,g'(x)+g(x)\,f'(x)]\,dx = f(x)\,g(x)+C$

(2) 令 $f(x)=x^2$, $g(x)=\sqrt{x-1}$,

則 $f'(x)=2x$, $g'(x)=\dfrac{1}{2\sqrt{x-1}}$.

$\displaystyle\int [f(x)\,g'(x)+g(x)\,f'(x)]\,dx = \int\left[\dfrac{x^2}{2\sqrt{x-1}}+2x\sqrt{x-1}\right]dx$

$\qquad\qquad\qquad\qquad\qquad = x^2\sqrt{x-1}+C.$

【例題 3】 有理化被積分函數的分母

求 $\displaystyle\int \dfrac{x-1}{\sqrt{x}+1}\,dx.$

【解】 $\displaystyle\int \dfrac{x-1}{\sqrt{x}+1}\,dx = \int \dfrac{(x-1)(\sqrt{x}-1)}{(\sqrt{x}+1)(\sqrt{x}-1)}\,dx = \int \dfrac{(x-1)(\sqrt{x}-1)}{x-1}\,dx$

$\qquad = \displaystyle\int (\sqrt{x}-1)\,dx = \int \sqrt{x}\,dx - \int dx = \dfrac{2}{3}x^{3/2}-x+C.$

【例題 4】 利用 (4-13) 式

求 $\displaystyle\int \sqrt[3]{\dfrac{1-\sqrt[3]{x}}{x^2}}\,dx.$

【解】 $\displaystyle\int \sqrt[3]{\dfrac{1-\sqrt[3]{x}}{x^2}}\,dx = \int \dfrac{(1-\sqrt[3]{x})^{1/3}}{x^{2/3}}\,dx$

若視 $u(x) = 1 - \sqrt[3]{x}$，則 $u'(x) = -\dfrac{1}{3} x^{-2/3} = -\dfrac{1}{3x^{2/3}}$

故 $\displaystyle\int \sqrt[3]{\dfrac{1-\sqrt[3]{x}}{x^2}} \, dx = -3\int (1-\sqrt[3]{x})^{1/3} \left(-\dfrac{1}{3}x^{-2/3}\right) dx$

$$= -3 \dfrac{(1-\sqrt[3]{x})^{(1/3)+1}}{\dfrac{1}{3}+1} + C$$

$$= -\dfrac{9}{4}(1-\sqrt[3]{x})^{4/3} + C.$$

【例題 5】 利用定理 4-13

若 $f(x) = x\sqrt{x^3+1}$，求 $\displaystyle\int f''(x) \, dx$。

【解】 因 $f''(x) = \dfrac{d}{dx} f'(x)$，故

$$\int f''(x) \, dx = \int \dfrac{d}{dx} f'(x) \, dx = f'(x) + C$$

$$f'(x) = \dfrac{d}{dx} x\sqrt{x^3+1} = x \dfrac{d}{dx} \sqrt{x^3+1} + \sqrt{x^3+1}$$

$$= x \cdot \dfrac{1}{2}(x^3+1)^{-1/2} 3x^2 + \sqrt{x^3+1}$$

$$= \dfrac{3x^3}{2\sqrt{x^3+1}} + \sqrt{x^3+1}$$

所以， $\displaystyle\int f''(x) \, dx = \dfrac{3x^3}{2\sqrt{x^3+1}} + \sqrt{x^3+1} + C$

$$= \dfrac{5x^3+2}{2\sqrt{x^3+1}} + C.$$

習題 4.4

在 1~4 題中，求各函數的反導函數．

1. $f(x)=6x^2-4x+3$

2. $f(x)=3\sqrt{x}+\dfrac{2}{\sqrt{x}}$

3. $f(x)=\left(x-\dfrac{1}{x}\right)^2$

4. $f(x)=\dfrac{x^3+3x^2-9x-2}{x-2}$

5. 求 $\displaystyle\int x^2(x^3-1)^4\,dx$．

6. 求 $\displaystyle\int (5x^2+1)\sqrt{5x^3+3x-2}\,dx$．

7. 求 $\displaystyle\int \dfrac{3x}{\sqrt{2x^2+5}}\,dx$．

8. 求 $\displaystyle\int \dfrac{(\sqrt{x}+3)^2}{\sqrt{x}}\,dx$．

9. 求 $\displaystyle\int \dfrac{x^2}{(x^3-1)^2}\,dx$．

10. 求 $\displaystyle\int \left(1+\dfrac{1}{x}\right)^3 \dfrac{1}{x^2}\,dx$．

11. 求 $\displaystyle\int \dfrac{1}{\sqrt{x}(1+\sqrt{x})^2}\,dx$．

12. 求 $\displaystyle\int \dfrac{1}{x^4}\sqrt{\dfrac{x^3+1}{x^3}}\,dx$．

13. 求 $f(x)=\sqrt[3]{x}$ 的反導函數 $F(x)$ 使其滿足 $F(1)=2$．

14. 試證明：$\displaystyle\int \dfrac{2g(x)f'(x)-f(x)g'(x)}{2(g(x))^{3/2}}\,dx=\dfrac{f(x)}{(g(x))^{1/2}}+C$．

15. 試利用例題 2 (1)，求 $\displaystyle\int\left(\dfrac{-x^3}{\sqrt{(2x+5)^3}}+\dfrac{3x^2}{\sqrt{2x+5}}\right)dx$．

16. 試證明：$\displaystyle\int \dfrac{x^4+1}{x^2\sqrt{x^4-1}}\,dx=x^{-1}\sqrt{x^4-1}+C$．

4-5 不定積分的應用

一、不定積分在微分方程式上的應用

微分方程式為一含有導函數或微分的方程式，一般而言，僅包含一個自變數的微分方程式，稱為**常微分方程式**．例如：

$$\frac{dy}{dx}=\frac{x}{y}$$

$$\frac{dy}{dx}=3x^2+1$$

$$\frac{d^2y}{dx^2}+3\frac{dy}{dx}-2xy=0$$

$$(y-3)dy-(5-x)dx=0$$

其中 x 為**自變數**，y 為**因變數**。

微分方程式中所含導函數的最高階數稱為微分方程式的**階**。例如，前面三個方程式為一階微分方程式，最後一個方程式為二階微分方程式。

由常微分方程式所求出原因變數與其自變數之間的關係可用**顯函數** $y=f(x)$ 表示，亦可用**隱函數** $F(x, y)=0$ 表示，它們皆為微分方程式的**解**。通常，我們以微分方程式的顯函數解或隱函數解稱之。一般而言，常微分方程式之解所包含任意常數的數目等於該微分方程式的階數。若一個二階微分方程式的解包含兩個任意常數，則稱為該微分方程式的**通解**。若由通解中指定任意常數的值，則所求得的解稱為微分方程式的**特解**。有關一階常微分方程式的通解，一般可以寫成

$$y=f(x, C) \text{ 或 } F(x, y, C)=0 \tag{4-14}$$

C 為任意常數。凡由通解求得特解，需另外再加一個條件，例如：

$$y(x_0)=y_0 \tag{4-15}$$

式中 x_0 及 y_0 為特定已知值。(4-15) 式表示當 $x=x_0$ 時，$y=y_0$；利用 (4-15) 式，可由 (4-14) 式中求得 C 的值，故 (4-15) 式稱為**初期**（或**原始**）**條件**。

解微分方程式最簡單的方法為**分離變數法**。一階微分方程式可寫成

$$\frac{dy}{dx}=F(x, y)$$

的形式，若 $F(x, y)$ 為一常數，或僅為 x 的函數，則微分方程式可以一般的積分方法求解，如果 $F(x, y)$ 為 x 及 y 的函數，而微分方程式可以寫成

$$P(x)\,dx+Q(y)\,dy=0$$

或

$$\frac{dy}{dx}=f(x)\,g(y),\ g(y)\neq 0$$

則稱其為**變數可分離的微分方程式**．此種微分方程式之通解只需要分別積分即可，因而可求得

$$\int P(x)\ dx + \int Q(y)\ dy = C \tag{4-16}$$

或

$$\int \frac{dy}{g(y)} = \int f(x)\ dx + C \tag{4-17}$$

式中 C 為任意積分常數．

【例題 1】 利用變數分離法

試解：

$$\begin{cases} \dfrac{dy}{dx} = \dfrac{x+3x^2}{y^2} \\ y(0) = 6 \end{cases}$$

【解】 此一微分方程式是屬於一階變數可分離之微分方程式，因為若將等號兩邊各乘以 $y^2\ dx$，可得

$$y^2\ dy = (x + 3x^2)\ dx$$

上式中變數被分離，即在方程式之一邊含 y 項，在另一邊含 x 項．兩邊積分，可得

$$\int y^2\ dy = \int (x + 3x^2)\ dx$$

$$\frac{1}{3} y^3 + C_1 = \frac{x^2}{2} + x^3 + C_2$$

$$y^3 = \frac{3}{2} x^2 + 3x^3 + (3C_2 - 3C_1)$$

$$= \frac{3}{2} x^2 + 3x^3 + C$$

$$y = \sqrt[3]{3x^3 + \frac{3}{2} x^2 + C}$$

欲求常數 C，可利用 "當 $x=0$ 時，$y=6$" 的條件代入上式，

$$6=\sqrt[3]{C}$$
$$C=216$$

故
$$y=\sqrt[3]{3x^3+\frac{3}{2}x^2+216}.$$

二、不定積分在幾何上的應用

　　斜率函數 $f(x)$ 的反導函數 $F(x)$ 的圖形稱為函數 $f(x)$ 的一**積分曲線**，其方程式以 $y=F(x)$ 表之。因 $F'(x)=f(x)$，故對於積分曲線上的點而言，在 x 處的切線斜率等於 $f(x)$。如果我們將該條積分曲線沿著 y-軸方向上下平移，且平移的寬度為 C，則我們可得到另外一條積分曲線 $y=F(x)+C$。函數 $f(x)$ 的每一條積分曲線皆可用這種方法得到，因此，不定積分的圖形就是這樣得到的全部積分曲線所成的曲線族，稱為**積分曲線族**。另外，如果我們在每一條積分曲線上橫坐標相同之處作切線，則這些切線必定會互相平行 (見圖 4-16)。

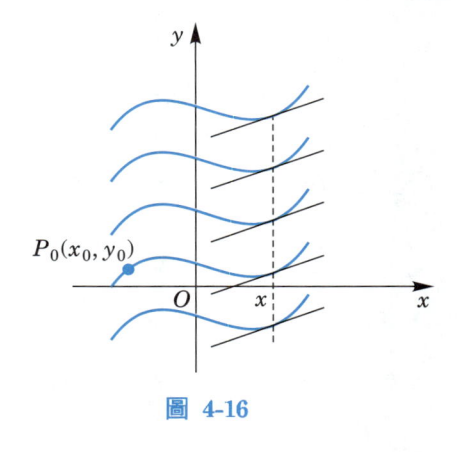

圖 4-16

若此曲線通過某一定點 $P_0(x_0, y_0)$，則可由

$$y=\int f(x)\,dx=F(x)+C$$

決定不定積分常數 C；$C=y_0-F(x_0)$，因此，曲線就可唯一確定。$y(x_0)=y_0$ 用以決定不定積分常數 C，即前述微分方程式中所謂的**初期條件**。

【例題 2】　已知斜率求曲線方程式

一曲線族之斜率為 $\dfrac{5-x}{y-3}$，試求其方程式，並求通過點 $(2,-1)$ 之一條曲線的方程式．

【解】　因已知曲線族之斜率為 $\dfrac{5-x}{y-3}$，故

$$\dfrac{dy}{dx}=\dfrac{5-x}{y-3}$$

即

$$(y-3)\,dy=(5-x)\,dx$$

兩邊積分，可得

$$\dfrac{y^2}{2}-3y=5x-\dfrac{x^2}{2}+C$$

欲求通過點 $(2,-1)$ 之曲線方程式，可用此點代入上式，

$$\dfrac{1}{2}+3=10-2+C,\ \ 即\ \ C=-\dfrac{9}{2},$$

故

$$\dfrac{y^2}{2}-3y=5x-\dfrac{x^2}{2}-\dfrac{9}{2}$$

即所求之一條曲線的方程式為 $(x-5)^2+(y-3)^2=25$．

三、不定積分在物理上的應用

若某質點在時間 t 的位置函數為 $s=f(t)$，則該質點在時間 t 的速度為 $v=\dfrac{ds}{dt}=f'(t)$，而加速度為 $a=\dfrac{dv}{dt}=f''(t)$．反之，如果已知在時間 t 的速度（或加速度）及某一特定時刻的位置，則其運動方程式可由不定積分求得．現舉例說明如下．

【例題 3】　直線運動

設某質點沿著直線運動，其加速度為 $a(t)=6t+2$ 厘米/秒^2，初速為 $v(0)=6$ 厘米/秒，最初位置為 $s(0)=9$ 厘米，求它的位置函數 $s(t)$．

【解】　因 $v'(t)=a(t)=6t+2$，故

$$v(t)=\int a(t)\ dt=\int (6t+2)\ dt=3t^2+2t+C_1$$

以 $v(0)=6$ 代入，可得 $C_1=6$，故

$$v(t)=3t^2+2t+6$$

因 $s'(t)=v(t)=3t^2+2t+6$，故

$$s(t)=\int v(t)\ dt=\int (3t^2+2t+6)\ dt=t^3+t^2+6t+C_2$$

以 $s(0)=9$ 代入，可得 $C_2=9$，故所求位置函數為

$$s(t)=t^3+t^2+6t+9\ (\text{厘米})$$

落體運動在物理學上具有相當重要的地位，地面或接近地面的物體受到重力的作用，產生向下的等加速度，以 g 表示之．對於接近地面的運動，我們假定 g 為常數，其值約為 9.8 米/秒^2 或 32 呎/秒^2．今距離地球表面 s 處，垂直向上拋一球，若不計空氣阻力，則作用於該球的力僅有重力加速度所構成的力，而此力作用於負向 (取垂直向上為正向，原點位於地表面)，故知

$$a(t)=-g$$

則

$$\int a(t)\ dt=\int -g\ dt=-gt+C,\ \text{所以}$$

$$v(t)=-gt+C.$$

我們很容易發現上式中 $C=v(0)$，$v(0)$ 習慣上常記作 v_0，稱為**初速度**．於是，

$$v(t)=-gt+v_0.$$

又

$$\int v(t)\ dt=\int \frac{ds(t)}{dt}\ dt=\int (-gt+v_0)\ dt$$

所以

$$s(t)=-\frac{1}{2}gt^2+v_0t+C. \tag{4-18}$$

(4-18) 式中常數 C 的值為 $s(0)$。$s(0)$ 記為 s_0，稱為**初期位置**。因此，距離地球表面 s_0 處，以初速 v_0 垂直上拋一球，其運動方程式為

$$s(t) = -\frac{1}{2}gt^2 + v_0 t + s_0 . \tag{4-19}$$

【例題 4】 垂直上拋運動

一球在離地面 144 呎高處，以 96 呎/秒的初速垂直上拋。若忽略空氣阻力，求該球在 t 秒後離地面的高度。它何時到達最大高度？它何時撞擊地面？

【解】 球的運動是垂直運動，而我們選取向上為正。在時間 t，球與地面的距離為 $s(t)$，而速度 $v(t)$ 為遞減，所以，加速度為負，我們可知

$$a(t) = \frac{dv}{dt} = -32$$

得到

$$v(t) = \int a(t)\, dt = \int -32\, dt = -32t + C_1$$

以 $v(0) = 96$ 代入，可得 $C_1 = 96$，故

$$v(t) = -32t + 96$$

當 $v(t) = 0$ 時，球會到達最大高度。所以，它在 3 秒後到達最大高度。
因 $s'(t) = v(t) = -32t + 96$，故

$$s(t) = \int v(t)\, dt = \int (-32t + 96)\, dt = -16t^2 + 96t + C_2$$

利用 $s(0) = 144$，可得 $C_2 = 144$，故

$$s(t) = -16t^2 + 96t + 144$$

當 $s(t) = 0$ 時，球撞擊地面。因此，由 $-16t^2 + 96t + 144 = 0$ 可得

$$t = 3 \pm 3\sqrt{2}，但 \ t = 3 - 3\sqrt{2} \ 不合 \ (何故？)$$

所以，球在 $3(1+\sqrt{2})$ 秒後撞擊地面。

習題 4.5

1. 求一函數 $f(x)$ 使得 $f''(x)=(1+2x)^5$，且 $f(0)=0$，$f'(0)=0$。
2. 求一函數 $y=f(x)$ 滿足下列的微分方程式與指定的原始條件。

    (1) $\dfrac{dy}{dx}=\dfrac{2x}{\sqrt{3x^2+4}}$；$y(2)=3$　　(2) $\dfrac{dy}{dx}=\dfrac{1}{x^2y}$；$y(1)=2$

    (3) $\dfrac{dy}{dx}=\sqrt{xy}$；$y(0)=4$　　(4) $\dfrac{dy}{dx}=\dfrac{1}{\sqrt{xy}}$；$y(4)=4$

    (5) $\dfrac{dy}{dx}=(x+1)\sqrt{y}$；$y(1)=1$

3. 已知某曲線滿足 $y''(x)=6x$，且直線 $y=5-3x$ 在點 $(1, 2)$ 與曲線相切，求該曲線的方程式。
4. 已知某曲線族的斜率為 $x\sqrt{2-x^2}$，求該曲線族的方程式，並求通過點 $(1, 2)$ 的曲線方程式。
5. 已知某曲線族的斜率為 $\dfrac{x+1}{y-1}$，求該曲線族的方程式，並求通過點 $(1, 1)$ 的曲線方程式。
6. 已知某曲線族的斜率為 $\dfrac{5-x}{y-3}$，求其方程式，並求通過點 $(2, -1)$ 的曲線方程式。
7. 若一球以初速 56 呎/秒（忽略空氣阻力）垂直上拋，則該球所到達的最大高度為何？
8. 設一球自離地面 144 呎高處垂直拋下（忽略空氣阻力），若 2 秒後到達地面，則其初速為何？
9. 一靜止汽車以多少等加速度於 4 秒內能行駛 200 呎？
10. 設一球以 2 呎/秒^2 的加速度由斜面滾下，若球的初速為零，則 t 秒末所滾的距離為何？欲使該球在 5 秒內滾 100 呎，則初速需多少？
11. 若 C 與 F 分別表示攝氏與華氏溫度計的刻度，則 F 對 C 的變化率為 $\dfrac{dF}{dC}=\dfrac{9}{5}$。若在 $C=0$ 時，$F=32$，試用反微分求出以 C 表 F 的通式。
12. 某溶液的溫度 T 的變化率為 $\dfrac{dT}{dt}=\dfrac{1}{4}t+10$，其中 t 表時間（以分計），T 表攝氏溫度的度數。若在 $t=0$ 時，溫度 T 為 $5°C$，求溫度 T 在時間 t 的公式。
13. 某電路中的電流為 $I(t)=t^3+3t^2-4$ 安培，求 2 秒末通過某一點的電量。
14. 某砲彈自 150 米高的塔上以初速 49 米/秒向上垂直發射。

    (1) 砲彈到達最大高度需時多少？

(2) 最大高度多少？
(3) 砲彈在向下的途中經過起點需時多少？
(4) 當砲彈在向下的途中經過起點時，它的速度多少？
(5) 砲彈撞擊地面需時多久？
(6) 在撞擊地面時的速率多少？

∑ 4-6　微積分基本定理

利用定理 4.2 計算一個定積分的工作即使在最簡單的情形下也是困難多了．本節中包含一個不需利用和的極限而可以求出定積分的原理．由於它在計算定積分中之重要性且因為它表示出微分與積分的關連，該定理適當地稱為**微積分基本定理**．此定理被**牛頓**與**萊布尼茲**分別提出，而這二位突出的數學家被公認為是微積分的發明者．

定理 4.14　微積分基本定理

設函數 f 在 $[a, b]$ 為連續．

第 I 部分：若令 $F(x) = \int_a^x f(t)\, dt$, $x \in [a, b]$, 則 $F'(x) = f(x)$.

第 II 部分：若令 $F'(x) = f(x)$, $x \in [a, b]$, 則

$$\int_a^b f(x)\, dx = F(b) - F(a)$$

證　I　若 x 與 $x+h$ 在 $[a, b]$ 中，則

$$F(x+h) - F(x) = \int_a^{x+h} f(t)\, dt - \int_a^x f(t)\, dt$$

$$= \int_a^{x+h} f(t)\, dt + \int_x^a f(t)\, dt$$

$$= \int_x^{x+h} f(t)\, dt$$

對 $h \neq 0$,

$$\frac{F(x+h)-F(x)}{h}=\frac{1}{h}\int_{x}^{x+h} f(t)\, dt$$

若 $h>0$，則依積分的均值定理，在 $(x, x+h)$ 中存在一數 c（與 h 有關）使得

$$\int_{x}^{x+h} f(t)\, dt = hf(c)$$

因此，
$$\frac{F(x+h)-F(x)}{h}=f(c)$$

因 f 在 $[x, x+h]$ 為連續，可得

$$\lim_{h\to 0^+} f(c) = \lim_{c\to x^+} f(c) = f(x)$$

故
$$\lim_{h\to 0^+} \frac{F(x+h)-F(x)}{h} = \lim_{h\to 0^+} f(c) = f(x)$$

若 $h<0$，則我們可以類似的方法證明

$$\lim_{h\to 0^-} \frac{F(x+h)-F(x)}{h} = f(x)$$

故
$$F'(x)=\lim_{h\to 0} \frac{F(x+h)-F(x)}{h}=f(x)$$

II 令 $G(x)=\int_{a}^{x} f(t)\, dt$，則 $G'(x)=f(x)$. 因 $F'(x)=f(x)$，故 $G'(x)=F'(x)$.

依定理 4.12，$F(x)$ 與 $G(x)$ 僅相差一常數 C，於是，$G(x)=F(x)+C$，即

$$\int_{a}^{x} f(t)\, dt = F(x)+C$$

若令 $x=a$ 並利用 $\int_{a}^{a} f(t)\, dt=0$，則 $0=F(a)+C$，即，$C=-F(a)$.

因此，

$$\int_{a}^{x} f(t)\, dt = F(x)-F(a)$$

以 $x=b$ 代入上式，可得

$$\int_a^b f(t)\,dt = F(b)-F(a)$$

因 t 為啞變數，故以 x 代 t 即可得出所要的結果．
若 $F'(x)=f(x)$，我們通常寫成

$$\int_a^b f(x)\,dx = F(x)\Big|_a^b = F(b)-F(a)$$

符號 $F(x)\Big|_a^b$ 有時記為 $F(x)\Big|_{x=a}^{x=b}$ 或 $[F(x)]_a^b$．

利用連鎖法則可將微積分基本定理的第 I 部分推廣如下：
(1) 若函數 g 為可微分，且函數 f 在 $[a,g(x)]$ 為連續，則

$$\frac{d}{dx}\left(\int_a^{g(x)} f(t)\,dt\right) = f(g(x))\frac{d}{dx}g(x) \tag{4-20}$$

(2) 若函數 g 與 h 皆為可微分，且函數 f 在 $[g(x),a]$ 與 $[a,h(x)]$ 為連續，則

$$\frac{d}{dx}\int_{g(x)}^{h(x)} f(t)\,dt = f(h(x))\frac{d}{dx}h(x) - f(g(x))\frac{d}{dx}g(x) \tag{4-21}$$

證 (2) $\dfrac{d}{dx}\displaystyle\int_{g(x)}^{h(x)} f(t)\,dt = \dfrac{d}{dx}\left[\int_{g(x)}^{a} f(t)\,dt + \int_{a}^{h(x)} f(t)\,dt\right]$

$\qquad = -\dfrac{d}{dx}\displaystyle\int_{a}^{g(x)} f(t)\,dt + \dfrac{d}{dx}\displaystyle\int_{a}^{h(x)} f(t)\,dt$

$\qquad = -f(g(x))\dfrac{d}{dx}g(x) + f(h(x))\dfrac{d}{dx}h(x)$

$\qquad = f(h(x))\dfrac{d}{dx}h(x) - f(g(x))\dfrac{d}{dx}g(x) \tag{4-22}$

【例題 1】 對定積分可變下限的微分

求 $\dfrac{d}{dx}\displaystyle\int_x^2 \sqrt{t+1}\,dt$．

【解】 $\dfrac{d}{dx}\displaystyle\int_x^2 \sqrt{t+1}\,dt = \dfrac{d}{dt}\left(-\int_2^x \sqrt{t+1}\,dt\right)$

$\qquad\qquad\qquad = -\dfrac{d}{dt}\displaystyle\int_2^x \sqrt{t+1}\,dt$

$\qquad\qquad\qquad = -\sqrt{x+1}.$

【例題 2】 利用微積分基本定理求極限

設 $f(x)=\displaystyle\int_1^x \sqrt{t^3-1}\,dt$，$1\leqslant x\leqslant 2$，試求

$$\lim_{h\to 0}\dfrac{f\left(\dfrac{3}{2}+h\right)-f\left(\dfrac{3}{2}\right)}{h}.$$

【解】 因為 $\displaystyle\lim_{h\to 0}\dfrac{f\left(\dfrac{3}{2}+h\right)-f\left(\dfrac{3}{2}\right)}{h}=f'\left(\dfrac{3}{2}\right)$，

又 $f(x)=\displaystyle\int_1^x \sqrt{t^3-1}\,dt$，$1\leqslant x\leqslant 2$，可得 $f'(x)=\sqrt{x^3-1}$，

所以，

$$f'\left(\dfrac{3}{2}\right)=\sqrt{\left(\dfrac{3}{2}\right)^3-1}=\sqrt{\dfrac{19}{8}}$$

【例題 3】 利用微積分基本定理求導數

求函數 $f(x)=2-\displaystyle\int_2^{x+1}\dfrac{9}{1+t}\,dt$ 在 $x=1$ 的線性化.

【解】 $f(x)=2-\displaystyle\int_2^{x+1}\dfrac{9}{1+t}\,dt$

$\qquad\Rightarrow f'(x)=-\dfrac{9}{1+(x+1)}\dfrac{d}{dx}(x+1)=-\dfrac{9}{x+2}$

$\qquad\Rightarrow f'(1)=-\dfrac{9}{3}=-3.$

又 $f(1)=2-\int_2^2 \dfrac{9}{1+t}\,dt=2-0=2$，故

$f(x)$ 在 $x=1$ 的線性化為 $L(x)=f(1)+f'(1)(x-1)=2-3(x-1)$
$$=-3x+5.$$

【例題 4】 利用微積分基本定理的推廣

令 $f(x)=\int_1^{x^2}\sqrt{1+t^2}\,dt\ (x\geqslant 0)$ 且令 f^{-1} 為 f 的反函數，試求 $(f^{-1})'(0)$.

【解】 $f'(x)=\dfrac{d}{dx}\int_1^{x^2}\sqrt{1+t^2}\,dt=2x\sqrt{1+x^4}\ (x>0)$，

可知 f 為遞增函數，故 f 有反函數 f^{-1}.

又 $$f(1)=\int_1^1\sqrt{1+t^2}\,dt=0 \Rightarrow (f^{-1})(0)=1$$

所以 $$(f^{-1})'(0)=\dfrac{1}{f'(f^{-1}(0))}=\dfrac{1}{f'(1)}=\dfrac{1}{2\sqrt{2}}.$$

【例題 5】 微積分基本定理的應用

求一函數 f 及一數 a 使得

$$6+\int_a^x \dfrac{f(t)}{t^2}\,dt=2\sqrt{x},\ \forall\ x>0.$$

【解】 等號兩端對 x 微分，

$$\dfrac{d}{dx}\left[6+\int_a^x \dfrac{f(t)}{t^2}\,dt\right]=\dfrac{d}{dx}(2\sqrt{x})$$

$$\Rightarrow \dfrac{f(x)}{x^2}=\dfrac{1}{\sqrt{x}} \Rightarrow f(x)=\dfrac{x^2}{\sqrt{x}}=x\sqrt{x}$$

令 $x=a$ 代入原方程式，可得

$$6+\int_a^a \frac{f(t)}{t^2} dt = 2\sqrt{a}, \quad 即 \sqrt{a}=3, \quad 故 \ a=9.$$

【例題 6】 微積分基本定理的應用

求 $\displaystyle\lim_{h\to 0} \frac{1}{h} \int_2^{2+h} \sqrt{t^2+2}\ dt.$

【解】 令 $F(x)=\displaystyle\int_2^x \sqrt{t^2+2}\ dt,$

則 $F(2+h)=\displaystyle\int_2^{2+h} \sqrt{t^2+2}\ dt,\ F(2)=0,$

可得 $\displaystyle\lim_{h\to 0} \frac{F(2+h)-F(2)}{h} = \lim_{h\to 0} \frac{\int_2^{2+h} \sqrt{t^2+2}\ dt}{h} = F'(2)$

現在，$F'(x)=\dfrac{d}{dx}\displaystyle\int_2^x \sqrt{t^2+2}\ dt = \sqrt{x^2+2}$

故 $F'(2)=\sqrt{2^2+2}=\sqrt{6}$

即 $\displaystyle\lim_{h\to 0} \frac{1}{h}\int_2^{2+h} \sqrt{t^2+2}\ dt = \sqrt{6}.$

定理 4.15

若 c 為常數，$r \ne -1$，則

$$\int_a^b cx^r\ dx = \frac{cx^{r+1}}{r+1}\bigg|_a^b = \frac{c}{r+1}(b^{r+1}-a^{r+1}).$$

若被積分函數為形如 cx^r（其中 $r \ne -1$）項的和，則定理 4.15 可應用到各項，如下面的例子．

【例題 7】 逐項積分

計算 $\int_1^2 \dfrac{x^3-2}{x^2}\, dx$.

【解】 $\int_1^2 \dfrac{x^3-2}{x^2}\, dx = \int_1^2 \left(x - \dfrac{2}{x^2}\right) dx = \left(\dfrac{1}{2}x^2 + \dfrac{2}{x}\right)\Big|_1^2$

$= (2+1) - \left(\dfrac{1}{2}+2\right) = 3 - \dfrac{5}{2} = \dfrac{1}{2}$.

【例題 8】 去掉絕對值符號

若 $f(x) = 2x - x^2 - x^3$,計算 $\int_{-1}^1 |f(x)|\, dx$.

【解】 $f(x) = x(1-x)(2+x)$
若 $-1 \leq x < 0$,則 $f(x) < 0$;若 $0 \leq x \leq 1$,則 $f(x) \geq 0$.
因此,

$\int_{-1}^1 |f(x)|\, dx = -\int_{-1}^0 f(x)\, dx + \int_0^1 f(x)\, dx$

$= \int_{-1}^0 (x^3 + x^2 - 2x)\, dx + \int_0^1 (2x - x^2 - x^3)\, dx$

$= \left(\dfrac{1}{4}x^4 + \dfrac{1}{3}x^3 - x^2\right)\Big|_{-1}^0 + \left(x^2 - \dfrac{1}{3}x^3 - \dfrac{1}{4}x^4\right)\Big|_0^1$

$= -\left(\dfrac{1}{4} - \dfrac{1}{3} - 1\right) + \left(1 - \dfrac{1}{3} - \dfrac{1}{4}\right) = \dfrac{3}{2}$.

【例題 9】 將黎曼和的極限表成定積分

(1) 若 f 在 $[a, b]$ 為連續,試將下列極限表成一定積分.

$$\lim_{n\to\infty} \dfrac{1}{n}\left[f\left(\dfrac{1}{n}\right) + f\left(\dfrac{2}{n}\right) + \cdots + f\left(\dfrac{n}{n}\right)\right].$$

(2) 利用 (1) 的結果求

$$\lim_{n\to\infty}\frac{1}{n}\left[\left(\frac{1}{n}\right)^4+\left(\frac{2}{n}\right)^4+\left(\frac{3}{n}\right)^4+\cdots+\left(\frac{n}{n}\right)^4\right].$$

【解】

(1) $\lim\limits_{n\to\infty}\dfrac{1}{n}\left[f\left(\dfrac{1}{n}\right)+f\left(\dfrac{2}{n}\right)+\cdots+f\left(\dfrac{n}{n}\right)\right]=\lim\limits_{n\to\infty}\dfrac{1}{n}\sum\limits_{i=1}^{n}f\left(\dfrac{i}{n}\right)$

$=\lim\limits_{n\to\infty}\dfrac{1-0}{n}\sum\limits_{i=1}^{n}f\left(0+\dfrac{i(1-0)}{n}\right)=\int_{0}^{1}f(x)\,dx$

(2) 原式 $=\lim\limits_{n\to\infty}\dfrac{1}{n}\sum\limits_{i=1}^{n}\left(\dfrac{i}{n}\right)^4=\int_{0}^{1}x^4\,dx=\dfrac{1}{5}x^5\Big|_{0}^{1}=\dfrac{1}{5}$。

習題 4.6

計算 1～7 題中的定積分．

1. $\int_{2}^{3}(x+1)(x^2-1)\,dx$

2. $\int_{1}^{3}x\left(\sqrt{x}+\dfrac{1}{\sqrt{x}}\right)^2\,dx$

3. $\int_{0}^{3}|x^3-2|\,dx$

4. $\int_{0}^{8}|x^2-6x+8|\,dx$

5. $\int_{-1}^{2}|x|[\![x]\!]\,dx$

6. $\int_{0}^{3}x[\![x+1]\!]\,dx$

7. $\int_{0}^{4}f(x)\,dx$，其中 $f(x)=\begin{cases}1, & 若\ 0\leqslant x<1\\ x, & 若\ 1\leqslant x<2\\ 4-x, & 若\ 2\leqslant x\leqslant 4\end{cases}$

求 8～9 題的導函數．

8. $\dfrac{d}{dx}\left(\int_{0}^{x^2}\sqrt[3]{1+t^4}\,dt\right)$

9. $\dfrac{d}{dx}\left(\int_{x^2}^{x^3}\dfrac{1}{1+t^3}\,dt\right)$

10. 若 $F(x)=\int_{1}^{x}f(t)\,dt$，且 $f(t)=\int_{1}^{t^2}\dfrac{\sqrt{1+u^4}}{u}\,du$，求 $F''(2)$．

11. 設 $F(x)=\int_0^{x^2}(2t-3)\,dt$，求 F' 的相對極值。

12. 令 $F(x)=\int_0^x \dfrac{t-3}{t^2+7}\,dt$, $x\in(-\infty,\infty)$。

    (1) 求 x 的值使得 F 在該處有極小值。
    (2) F 的圖形在何區間為遞增？遞減？
    (3) F 的圖形在何區間為上凹？下凹？

13. 求 $\displaystyle\lim_{n\to\infty}\sum_{i=1}^n\left[1+\dfrac{2i}{n}+\left(\dfrac{2i}{n}\right)^2\right]\dfrac{2}{n}$。

14. 計算 $\displaystyle\lim_{n\to\infty}\dfrac{1+\sqrt{2}+\sqrt{3}+\cdots+\sqrt{n}}{\sqrt{n^3}}$。

15. 計算 $\displaystyle\lim_{n\to\infty}\left(\sqrt{\dfrac{4}{n}}+\sqrt{\dfrac{8}{n}}+\sqrt{\dfrac{12}{n}}+\cdots+\sqrt{\dfrac{4n}{n}}\right)\dfrac{4}{n}$。

4-7　利用代換求積分

在本節中，我們將討論求積分的一種方法，稱為 **u-代換**，它通常可用來將複雜的積分轉換成比較簡單者。

若 F 為 f 的反導函數，g 為 x 的可微分函數，且 $F(g(x))$ 為合成函數，則由連鎖法則可得

$$\dfrac{d}{dx}F(g(x))=F'(g(x))\,g'(x)=f(g(x))\,g'(x)$$

於是，得到積分公式

$$\int f(g(x))\,g'(x)\,dx=F(g(x))+C,\ \ \text{其中 }F'=f。$$

在上式中，若令 $u=g(x)$，並以 du 代 $g'(x)\,dx$，則可得下面的定理。

定理 4.16　不定積分代換定理

若 F 為 f 的反導函數，且令 $u=g(x)$，則

$$\int f(g(x))\,g'(x)\,dx = \int f(u)\,du = F(u)+C = F(g(x))+C$$

【例題 1】　利用 u-代換

求 $\int 2x\,(x^2+1)^5\,dx$．

【解】　令 $u=x^2+1$，則 $du=2x\,dx$，故

$$\int 2x(x^2+1)^5\,dx = \int u^5\,du = \frac{1}{6}u^6+C = \frac{1}{6}(x^2+1)^6+C$$

【例題 2】　利用 u-代換

求 $\displaystyle\int \frac{x}{\sqrt[3]{1+2x}}\,dx$．

【解】　令 $u=\sqrt[3]{1+2x}$，則 $u^3=1+2x$，$3u^2\,du=2\,dx$，

可得 $x=\dfrac{u^3-1}{2}$，$dx=\dfrac{3u^2}{2}\,du$．

故 $\displaystyle\int \frac{x}{\sqrt[3]{1+2x}}\,dx = \int \left(\frac{u^3-1}{2}\right)\left(\frac{1}{u}\right)\left(\frac{3u^2}{2}\,du\right) = \frac{3}{4}\int (u^4-u)\,du$

$$= \frac{3}{4}\left(\frac{u^5}{5}-\frac{u^2}{2}\right)+C$$

再以 $u=\sqrt[3]{1+2x}$ 代入，即得

$$\int \frac{x}{\sqrt[3]{1+2x}}\,dx = \frac{3}{4}\left[\frac{(1+2x)^{5/3}}{5}-\frac{(1+2x)^{2/3}}{2}\right]+C.$$

定理 4.17　定積分代換定理

設函數 g 在 $[a, b]$ 具有連續的導函數，且 f 在 $g(a)$ 至 $g(b)$ 為連續．令 $u = g(x)$，則

$$\int_a^b f(g(x))\, g'(x)\, dx = \int_{g(a)}^{g(b)} f(u)\, du$$

證　令 F 為 f 的反導函數，即 $F' = f$，則

$$\frac{d}{dx}[F(g(x))] = F'(g(x))\, g'(x) = f(g(x))\, g'(x)$$

故 $\displaystyle\int_a^b f(g(x))\, g'(x)\, dx = F(g(x))\Big|_a^b = F(g(b)) - F(g(a))$

$$= F(u)\Big|_{u=g(a)}^{u=g(b)} = \int_{g(a)}^{g(b)} f(u)\, du$$

【例題 3】　利用定積分的 u-代換

求 $\displaystyle\int_1^4 \frac{\sqrt{x}}{(9-x\sqrt{x})^2}\, dx$．

【解】　令 $u = 9 - x\sqrt{x}$，則 $du = -\dfrac{3}{2}\sqrt{x}\, dx$，故 $\sqrt{x}\, dx = -\dfrac{2}{3}\, du$．

若 $x = 1$，則 $u = 8$；若 $x = 4$，則 $u = 1$．

於是，$\displaystyle\int_1^4 \frac{\sqrt{x}}{(9-x\sqrt{x})^2}\, dx = -\frac{2}{3}\int_8^1 \frac{1}{u^2}\, du = \frac{2}{3}\left(\frac{1}{u}\Big|_8^1\right)$

$$= \frac{2}{3} - \frac{1}{12} = \frac{7}{12}．$$

【例題 4】　利用定積分的 u-代換

試證：若 f 為連續函數，則

$$\int_0^1 f(x)\, dx = \int_0^1 f(1-x)\, dx．$$

【解】　令 $u=1-x$，則 $du=-dx$；當 $x=0$ 時，$u=1$，當 $x=1$ 時，$u=0$．

$$\int_0^1 f(1-x)\,dx = \int_1^0 -f(u)\,du = \int_0^1 f(u)\,du = \int_0^1 f(x)\,dx.$$

故

$$\int_0^1 f(x)\,dx = \int_0^1 f(1-x)\,dx.$$

定理 4.18　對稱定理

設函數 f 在 $[-a, a]$ 為連續．
(1) 若 f 為偶函數，則

$$\int_{-a}^{a} f(x)\,dx = 2\int_0^a f(x)\,dx$$

(2) 若 f 為奇函數，則

$$\int_{-a}^{a} f(x)\,dx = 0$$

證　$\displaystyle\int_{-a}^{a} f(x)\,dx = \int_{-a}^{0} f(x)\,dx + \int_0^a f(x)\,dx$

在 $\displaystyle\int_{-a}^{0} f(x)\,dx$ 中，令 $u=-x$，則 $du=-dx$，可得

$$\int_{-a}^{0} f(x)\,dx = -\int_a^0 f(-u)\,du = \int_0^a f(-u)\,du = \int_0^a f(-x)\,dx$$

所以，$\displaystyle\int_{-a}^{a} f(x)\,dx = \int_0^a f(-x)\,dx + \int_0^a f(x)\,dx$

(1) 若 f 為偶函數，即，$f(-x)=f(x)$，則

$$\int_{-a}^{a} f(x)\,dx = \int_0^a f(x)\,dx + \int_0^a f(x)\,dx = 2\int_0^a f(x)\,dx$$

(2) 若 f 為奇函數，即，$f(-x)=-f(x)$，則

$$\int_{-a}^{a} f(x)\,dx = -\int_{0}^{a} f(x)\,dx + \int_{0}^{a} f(x)\,dx = 0$$

【例題 5】 利用定積分的 u-代換

假設 $\int_{0}^{1} f(x)\,dx = 5$。

(1) 若 f 為奇函數，求 $\int_{-1}^{0} f(x)\,dx$。

(2) 若 f 為偶函數，求 $\int_{-1}^{0} f(x)\,dx$。

【解】

(1) 若 f 為奇函數，則 $f(-x)=-f(x)$。

令 $u=-x$，則 $du=-dx$。當 $x=-1$ 時，$u=1$；當 $x=0$ 時，$u=0$。

$$\int_{-1}^{0} f(x)\,dx = \int_{1}^{0} -f(-u)\,du = \int_{1}^{0} f(-u)\,d(-u) = \int_{1}^{0} (-f(u))(-du)$$

$$= \int_{1}^{0} f(u)\,du = -\int_{0}^{1} f(u)\,du = -5。$$

(2) 若 f 為偶函數，則 $f(-x)=f(x)$。

令 $u=-x$，則 $du=-dx$。當 $x=-1$ 時，$u=1$；當 $x=0$ 時，$u=0$。

$$\int_{-1}^{0} f(x)\,dx = \int_{1}^{0} -f(-u)\,du = \int_{1}^{0} f(-u)\,d(-u) = \int_{1}^{0} f(u)\,(-du)$$

$$= -\int_{1}^{0} f(u)\,du = \int_{0}^{1} f(u)\,du = 5。$$

習題 4.7

試求 1～17 題中的積分．

1. $\displaystyle\int \frac{x^2}{(x^3-1)^2}\,dx$

2. $\displaystyle\int \frac{1}{\sqrt{x}(1+\sqrt{x})^2}\,dx$

3. $\displaystyle\int \frac{x^2-1}{\sqrt{2x-1}}\,dx$

4. $\displaystyle\int x\sqrt[3]{x+2}\,dx$

5. $\displaystyle\int \sqrt[3]{\frac{1-\sqrt[3]{x}}{x^2}}\,dx$

6. $\displaystyle\int \frac{1}{x^4}\sqrt{\frac{x^3+1}{x^3}}\,dx$

7. $\displaystyle\int \frac{x}{\sqrt[3]{1-2x^2}}\,dx$

8. $\displaystyle\int \sqrt{x}\,\sqrt{4+x\sqrt{x}}\,dx$

9. $\displaystyle\int \frac{x}{\sqrt{3x+2}}\,dx$

10. $\displaystyle\int (x+1)\sqrt{2x-3}\,dx$

11. $\displaystyle\int \frac{x+1}{\sqrt{(2x+1)^3}}\,dx$

12. $\displaystyle\int_0^2 \frac{x^3}{\sqrt{x^2+4}}\,dx$

13. $\displaystyle\int_0^{25} \frac{dx}{\sqrt{4+\sqrt{x}}}$

14. $\displaystyle\int_1^4 \frac{1}{x^2}\sqrt{1+\frac{1}{x}}\,dx$

15. $\displaystyle\int_{-2}^{2} (x^2+1)\,dx$

16. $\displaystyle\int_{-5}^{5} \frac{x^5}{x^2+4}\,dx$

17. $\displaystyle\int_{-a}^{a} x\sqrt{x^2+a^2}\,dx$

18. 利用適當的代換，對任意正數 m 與 n，證明：

$$\int_0^1 x^m(1-x)^n\,dx = \int_0^1 x^n(1-x)^m\,dx$$

19. (1) 若 $I=\displaystyle\int_0^a \frac{f(x)}{f(x)+f(a-x)}\,dx$，試證：$I=\dfrac{a}{2}$．(提示：令 $u=a-x$，然後將被積分函數表成兩個分式的和．)

(2) 利用 (1) 的結果求 $\displaystyle\int_0^3 \frac{\sqrt{x}}{\sqrt{x}+\sqrt{3-x}}\,dx$．

20. 試證：對所有之正數 x 與 y，

$$\int_x^{xy} \frac{1}{t}\,dt = \int_1^y \frac{1}{t}\,dt.$$

第 5 章　三角函數、反三角函數的微分與積分

本章學習目標

- 瞭解三角函數之極限並能熟記三角函數之微分公式及與三角函數有關之積分公式
- 瞭解什麼是簡諧運動
- 能熟記反三角函數之微分公式以及與反三角函數有關之積分公式

5-1 三角函數的極限

在求代數函數的導函數之前，我們討論了函數之極限觀念並藉函數之極限去定義什麼是導函數？同理，在求三角函數的導函數之前，也應先討論一些有關基本的三角函數之極限定理，這對以後討論三角函數之導函數非常的重要．

定理 5.1

若 x 表一實數，或一角的弧度量，則
(1) $\lim\limits_{x \to 0} \sin x = 0$
(2) $\lim\limits_{x \to 0} \cos x = 1$

證 (1) 首先，證明 $\lim\limits_{x \to 0^+} \sin x = 0$．假設 $0 < x < \dfrac{\pi}{2}$．令 U 為直角坐標系上圓心在原點且半徑為 1 的單位圓，圖形如圖 5-1 所示．參考該圖，我們得知

$$0 < \sin x < x$$

因 $\lim\limits_{x \to 0^+} x = 0$，故由夾擠定理可得

$$\lim\limits_{x \to 0^+} \sin x = 0$$

我們再證明 $\lim\limits_{x \to 0^-} \sin x = 0$．若 $-\dfrac{\pi}{2} < x < 0$，則 $0 < -x < \dfrac{\pi}{2}$，因此，由證

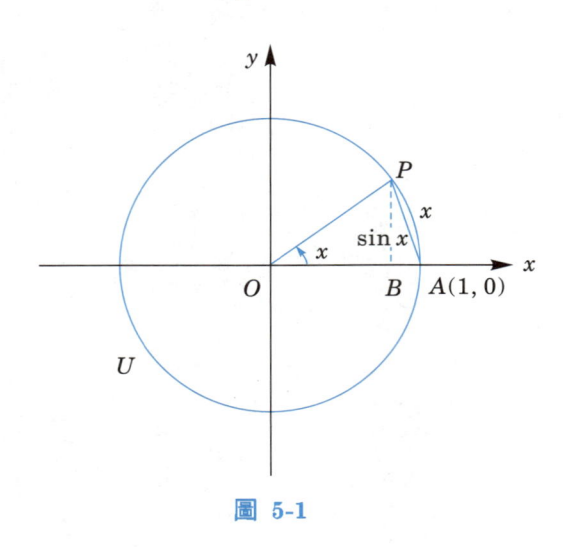

圖 5-1

明的第一部分，

$$0 < \sin(-x) < -x$$

以 -1 乘上面不等式並利用 $\sin(-x) = -\sin x$，可得

$$x < \sin x < 0$$

因 $\lim\limits_{x \to 0^-} x = 0$，故由夾擠定理可得

$$\lim\limits_{x \to 0^-} \sin x = 0$$

所以，$\lim\limits_{x \to 0} \sin x = 0$。

(2) 因 $\sin^2 x + \cos^2 x = 1$，故 $\cos x = \pm\sqrt{1 - \sin^2 x}$。

若 $-\dfrac{\pi}{2} < x < \dfrac{\pi}{2}$，則 $\cos x$ 為正，因此，$\cos x = \sqrt{1 - \sin^2 x}$。所以，

$$\lim\limits_{x \to 0} \cos x = \lim\limits_{x \to 0} \sqrt{1 - \sin^2 x} = \sqrt{\lim\limits_{x \to 0}(1 - \sin^2 x)}$$
$$= \sqrt{1 - 0} = 1.$$

定理 5.2

(1) $\sin x$ 與 $\cos x$ 在 x 為任意實數時皆為連續。
(2) $\tan x$ 與 $\sec x$ 在 $\cos x \neq 0$ 時皆為連續。
(3) $\cot x$ 與 $\csc x$ 在 $\sin x \neq 0$ 時皆為連續。

證　我們僅證明 (1)，其他可由連續的性質證得，欲證明 $\sin x$ 在任意實數 x 皆為連續，必須證明 $\lim\limits_{h \to 0} \sin(x + h) = \sin x$ 對任意實數 x 皆成立。

因 $\sin(x + h) = \sin x \cos h + \cos x \sin h$，故

$$\lim\limits_{h \to 0} \sin(x + h) = \lim\limits_{h \to 0} (\sin x \cos h + \cos x \sin h)$$
$$= \sin x \lim\limits_{h \to 0} \cos h + \cos x \lim\limits_{h \to 0} \sin h$$
$$= \sin x$$

同理，利用恆等式 $\cos(x + h) = \cos x \cos h - \sin x \sin h$，可以證得

$$\lim\limits_{h \to 0} \cos(x + h) = \cos x$$

下面極限在求正弦函數的導函數時需要用到，先予以證明.

定理 5.3

$$\lim_{x \to 0} \frac{\sin x}{x} = 1$$

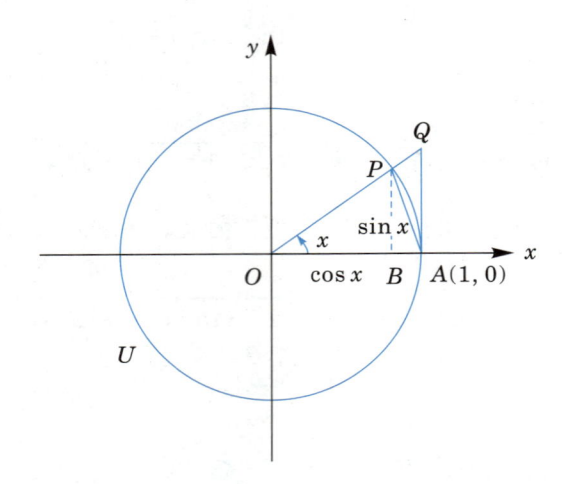

圖 5-2

證　若 $0 < x < \dfrac{\pi}{2}$，則圖形如圖 5-2 所示，其中 U 為單位圓. 我們從該圖可知

$$\triangle OAP \text{ 的面積} < \text{扇形 } OAP \text{ 的面積} < \triangle OAQ \text{ 的面積}$$

但 $\triangle OAP$ 的面積 $= \dfrac{1}{2} \cdot 1 \cdot \sin x = \dfrac{1}{2} \sin x$

扇形 OAP 的面積 $= \dfrac{1}{2} \cdot 1^2 \cdot x = \dfrac{1}{2} x$

$\triangle OAQ$ 的面積 $= \dfrac{1}{2} \cdot 1 \cdot \tan x = \dfrac{1}{2} \tan x$

所以，

$$\frac{1}{2} \sin x < \frac{1}{2} x < \frac{1}{2} \tan x$$

以 $\dfrac{2}{\sin x}$ 乘之，得到

$$1 < \dfrac{x}{\sin x} < \dfrac{1}{\cos x}$$

即
$$\cos x < \dfrac{\sin x}{x} < 1 \qquad (5\text{-}1)$$

若 $-\dfrac{\pi}{2} < x < 0$，則 (5-1) 式仍可成立，故 (5-1) 式對開區間 $\left(-\dfrac{\pi}{2}, \dfrac{\pi}{2}\right)$ 中的所有 x（$x=0$ 除外）皆成立。因 $\lim\limits_{x \to 0} \cos x = 1$，故對 (5-1) 式利用夾擠定理可得

$$\lim_{x \to 0} \dfrac{\sin x}{x} = 1$$

大略說來，定理 5.3 說明了，若 x 趨近 0，則 $(\sin x)/x$ 趨近 1，即當 $x \approx 0$ 時，$\sin x \approx x$。為了說明起見，我們給出下列幾個三角函數值的近似值：

$$\sin (0.06) \approx 0.05996$$
$$\sin (0.05) \approx 0.04998$$
$$\sin (0.04) \approx 0.03999$$
$$\sin (0.03) \approx 0.03000$$

【例題 1】 利用 $\lim\limits_{x \to 0} \dfrac{\sin x}{x} = 1$

求 $\lim\limits_{t \to 0} \dfrac{\sin (1 - \cos t)}{1 - \cos t}$。

【解】 令 $x = 1 - \cos t$，當 $t \to 0$ 時，$x \to 0$，故

$$\lim_{t \to 0} \dfrac{\sin (1 - \cos t)}{1 - \cos t} = \lim_{x \to 0} \dfrac{\sin x}{x} = 1.$$

【例題 2】 利用夾擠定理

試求 $\lim\limits_{x \to 0} x^2 \cos\left(\dfrac{1}{x}\right)$。

【解】　讀者可能引用定理 1.3(3)，求本題之極限，如下：

$$\lim_{x \to 0} x^2 \cos\left(\frac{1}{x}\right) = (\lim_{x \to 0} x^2)\left(\lim_{x \to 0} \cos\left(\frac{1}{x}\right)\right) \quad \cdots\cdots\cdots (*)$$

這是一個錯誤的做法，因為 $\cos\left(\frac{1}{x}\right)$ 在 -1 到 1 之間振盪．尤其，當 x 靠近 0 時，振盪得更快速，如圖 5-3 所示，故 $\lim_{x \to 0} \cos\left(\frac{1}{x}\right)$ 不存在．因此，(*) 式並不成立．正確的方法如下：

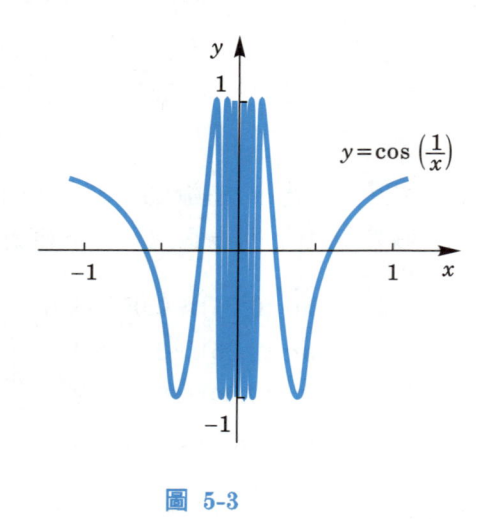

圖 5-3

由於，

$$-1 \leq \cos\left(\frac{1}{x}\right) \leq 1, \ \forall x \neq 0.$$

又 $x^2 \geq 0$，今以 x^2 乘上述不等式，可得

$$-x^2 \leq x^2 \cos\left(\frac{1}{x}\right) \leq x^2, \ \forall x \neq 0.$$

又 $\lim_{x \to 0}(-x^2) = 0 = \lim_{x \to 0} x^2 = 0$．所以，利用夾擠定理得知，

$$\lim_{x \to 0} x^2 \cos\left(\frac{1}{x}\right) = 0.$$

【例題 3】 利用夾擠定理

試證：$\lim\limits_{x \to 0} x \sin \dfrac{1}{x} = 0$。

【解】 若 $x \neq 0$，則 $\left| \sin \dfrac{1}{x} \right| \leq 1$，所以，

$$\left| x \sin \dfrac{1}{x} \right| = |x| \left| \sin \dfrac{1}{x} \right| \leq |x|$$

$$-|x| \leq x \sin \dfrac{1}{x} \leq |x|$$

因 $\lim\limits_{x \to 0} |x| = 0$，故由夾擠定理可知

$$\lim\limits_{x \to 0} x \sin \dfrac{1}{x} = 0.$$

【例題 4】 利用夾擠定理

試利用夾擠定理證明

$$\lim\limits_{x \to 0^+} \left[\sqrt{x} \left(1 + \sin^2 \left(\dfrac{2\pi}{x} \right) \right) \right] = 0$$

【解】 若 $x \neq 0$　$-1 \leq \sin\left(\dfrac{2\pi}{x}\right) \leq 1 \Rightarrow 0 \leq \sin^2\left(\dfrac{2\pi}{x}\right) \leq 1$

$$\Rightarrow 1 \leq 1 + \sin^2\left(\dfrac{2\pi}{x}\right) \leq 2$$

$$\Rightarrow \sqrt{x} \leq \sqrt{x} \left[1 + \sin^2\left(\dfrac{2\pi}{x}\right) \right] \leq 2\sqrt{x}$$

因為 $\lim\limits_{x \to 0^+} \sqrt{x} = 0,\ \lim\limits_{x \to 0^+} 2\sqrt{x} = 0$

故 $\lim\limits_{x \to 0^+} \left[\sqrt{x} \left(1 + \sin^2\left(\dfrac{2\pi}{x}\right) \right) \right] = 0.$

【例題 5】 作代換

試求 $\lim\limits_{x\to\infty} x\left(1-\cos^2\dfrac{1}{x}\right)$.

【解】 原式 $=\lim\limits_{x\to\infty}\dfrac{1-\cos^2\dfrac{1}{x}}{\dfrac{1}{x}}$

令 $u=\dfrac{1}{x}$，當 $x\to\infty$，則 $u\to 0^+$，故

$$\text{原式}=\lim_{x\to\infty}\dfrac{1-\cos^2\dfrac{1}{x}}{\dfrac{1}{x}}=\lim_{u\to 0^+}\dfrac{1-\cos^2 u}{u}=\lim_{u\to 0^+}\dfrac{\sin^2 u}{u}$$

$$=\left(\lim_{u\to 0^+}\dfrac{\sin u}{u}\right)(\lim_{u\to 0^+}\sin u)=0.$$

【例題 6】 利用 $\lim\limits_{x\to 0}\dfrac{\sin x}{x}=1$

設 $f(x)=\begin{cases} x\sin\dfrac{1}{x}, & x\neq 0 \\ 0, & x=0 \end{cases}$

(1) 試證：f 在每一實數皆為連續.
(2) 求 f 之圖形的水平漸近線.

【解】
(1) 我們證明對每一實數 a，$\lim\limits_{x\to a}f(x)=f(a)$. 若 $a\neq 0$，則

$$\lim_{x\to a}f(x)=\lim_{x\to a}\left(x\sin\dfrac{1}{x}\right)=\left(\lim_{x\to a}x\right)\left(\lim_{x\to a}\sin\dfrac{1}{x}\right)=a\sin\dfrac{1}{a}=f(a)$$

但

$$\lim_{x\to 0}x\sin\dfrac{1}{x}=0=f(0)$$

因此，f 在每一實數皆為連續.

(2) $\lim\limits_{x\to\infty} f(x) = \lim\limits_{x\to\infty} x\sin\dfrac{1}{x} = \lim\limits_{x\to\infty}\dfrac{\sin\dfrac{1}{x}}{\dfrac{1}{x}} = \lim\limits_{\theta\to 0^+}\dfrac{\sin\theta}{\theta} = 1,$

又 $\lim\limits_{x\to -\infty} f(x) = \lim\limits_{x\to -\infty} x\sin\dfrac{1}{x} = \lim\limits_{x\to -\infty}\dfrac{\sin\dfrac{1}{x}}{\dfrac{1}{x}} = \lim\limits_{\theta\to 0^-}\dfrac{\sin\theta}{\theta} = 1,$

故直線 $y=1$ 為 f 之圖形的水平漸近線.

習題 5.1

在 1~23 題中，求各極限.

1. $\lim\limits_{\theta\to 0}\dfrac{\sin\theta}{\theta+\tan\theta}$

2. $\lim\limits_{x\to\pi}\dfrac{\tan x}{3(x-\pi)}$

3. $\lim\limits_{x\to 0} x\cot x$

4. $\lim\limits_{x\to 0}\dfrac{1-\cos 2x}{x\sin x}$

5. $\lim\limits_{x\to 0}\dfrac{\sin(a+x)-\sin(a-x)}{x}$

6. $\lim\limits_{x\to 0}\dfrac{\sin ax}{\sin bx}\ (b\ne 0)$

7. $\lim\limits_{x\to 0}\dfrac{\sqrt{1+\tan x}-\sqrt{1+\sin x}}{x^3}$

8. $\lim\limits_{x\to a}\dfrac{\sin x-\sin a}{x-a}$

9. $\lim\limits_{x\to 0}\dfrac{\sin 5x}{\sin 4x}$

10. $\lim\limits_{\theta\to 0}\dfrac{\sin(\sin\theta)}{\sin\theta}$

11. $\lim\limits_{x\to 0}\dfrac{\sin x^2}{x}$

12. $\lim\limits_{\theta\to 0}\dfrac{\sin\theta}{\theta+\tan\theta}$

13. $\lim\limits_{x\to 1}\dfrac{\sin(x-1)}{x^2+x-2}$

14. $\lim\limits_{x\to 0^+}\sqrt{x}\csc\sqrt{x}$

15. $\lim\limits_{\theta\to 0}\cos\left(\dfrac{\pi\theta}{\sin\theta}\right)$

16. $\lim\limits_{x\to 0}\dfrac{x^2-2x}{\sin 3x}$

17. $\lim\limits_{x\to\infty} x\sin\dfrac{1}{x}$

18. $\lim\limits_{x\to\frac{\pi}{2}}(\pi-2x)\sec x$

19. $\lim\limits_{x\to 0}\dfrac{x+x\cos x}{\sin x\cos x}$

20. $\lim\limits_{x\to 0}\dfrac{x^2\sin\dfrac{1}{x}}{\sin x}$

21. $\lim\limits_{x\to 0}\dfrac{x^2\sin\dfrac{1}{x}}{\tan x}$

22. $\lim\limits_{x\to 1}\dfrac{1-x^2}{\sin\pi x}$

23. $\lim\limits_{x \to 0} \dfrac{\tan 3x}{\sin 8x}$

24. 試問 $\lim\limits_{x \to 0} \sin \dfrac{1}{x}$ 是否存在？

25. 函數 f 定義為 $f(x) = \begin{cases} \dfrac{\sin x + \tan x}{\tan x}, & 若 -\dfrac{\pi}{2} < x < \dfrac{\pi}{2} \\ 3, & 若 x = 0 \end{cases}$

    (1) 試問 f 在 $x=0$ 處是否連續？
    (2) 又是否可重新定義 $f(0)$ 的值使 f 為連續函數？

5-2 三角函數的導函數

首先，我們利用三角函數之極限 $\lim\limits_{x \to 0} \dfrac{\sin x}{x} = 1$ 來討論正弦函數與餘弦函數的導函數．依導函數的定義，得知，

$$\dfrac{d}{dx} \sin x = \lim_{h \to 0} \dfrac{\sin(x+h) - \sin x}{h} = \lim_{h \to 0} \left[\dfrac{\sin(h/2) \cos(x+h/2)}{h/2} \right]$$

因餘弦函數為處處連續，故 $\lim\limits_{h \to 0} \cos(x+h/2) = \cos x$．又，依定理 5.3 可證得

$$\lim_{h \to 0} \dfrac{\sin(h/2)}{h/2} = 1．\text{所以，} \dfrac{d}{dx} \sin x = \cos x$$

因 $\cos x = \sin\left(\dfrac{\pi}{2} - x\right)$，故由連鎖法則可得

$$\dfrac{d}{dx} \cos x = \dfrac{d}{dx} \sin\left(\dfrac{\pi}{2} - x\right) = \cos\left(\dfrac{\pi}{2} - x\right) \dfrac{d}{dx}\left(\dfrac{\pi}{2} - x\right)$$
$$= (\sin x)(-1) = -\sin x$$

利用下列的關係式可得其餘三角函數的導函數，

$$\tan x = \dfrac{\sin x}{\cos x}, \quad \cot x = \dfrac{\cos x}{\sin x}, \quad \sec x = \dfrac{1}{\cos x}, \quad \csc x = \dfrac{1}{\sin x}$$

例如，

$$\frac{d}{dx}\tan x = \frac{d}{dx}\left(\frac{\sin x}{\cos x}\right) = \frac{\cos x \frac{d}{dx}\sin x - \sin x \frac{d}{dx}\cos x}{\cos^2 x}$$

$$= \frac{\cos^2 x + \sin^2 x}{\cos^2 x} = \frac{1}{\cos^2 x} = \sec^2 x$$

$\cot x$、$\sec x$ 與 $\csc x$ 的導函數求法皆類似，留作習題.

下面定理中列出六個三角函數的導函數公式.

定理 5.4

若 x 為弧度度量，則

$$\frac{d}{dx}\sin x = \cos x \qquad \frac{d}{dx}\cos x = -\sin x$$

$$\frac{d}{dx}\tan x = \sec^2 x \qquad \frac{d}{dx}\cot x = -\csc^2 x$$

$$\frac{d}{dx}\sec x = \sec x \tan x \qquad \frac{d}{dx}\csc x = -\csc x \cot x$$

若 $u = u(x)$ 為可微分函數，則由連鎖法則可得

$$\frac{d}{dx}\sin u = \cos u \frac{du}{dx} \qquad \frac{d}{dx}\cos u = -\sin u \frac{du}{dx}$$

$$\frac{d}{dx}\tan u = \sec^2 u \frac{du}{dx} \qquad \frac{d}{dx}\cot u = -\csc^2 u \frac{du}{dx}$$

$$\frac{d}{dx}\sec u = \sec u \tan u \frac{du}{dx} \qquad \frac{d}{dx}\csc u = -\csc u \cot u \frac{du}{dx}$$

【例題 1】 利用公式

求 $\dfrac{d}{dx}(\sin x + x^2 \cos x)$.

【解】 $\dfrac{d}{dx}(\sin x + x^2 \cos x) = \dfrac{d}{dx}\sin x + \dfrac{d}{dx}(x^2 \cos x)$

$$= \cos x + x^2 \frac{d}{dx} \cos x + \cos x \frac{d}{dx} x^2$$

$$= \cos x - x^2 \sin x + 2x \cos x.$$

【例題 2】 利用商的導函數公式

若 $y = \dfrac{\sin x}{1 + \cos x}$，求 $\dfrac{dy}{dx}$。

【解】
$$\frac{dy}{dx} = \frac{d}{dx}\left(\frac{\sin x}{1 + \cos x}\right)$$

$$= \frac{(1 + \cos x) \dfrac{d}{dx} \sin x - \sin x \dfrac{d}{dx}(1 + \cos x)}{(1 + \cos x)^2}$$

$$= \frac{(1 + \cos x) \cos x - \sin x (-\sin x)}{(1 + \cos x)^2}$$

$$= \frac{\cos x + \cos^2 x + \sin^2 x}{(1 + \cos x)^2}$$

$$= \frac{1 + \cos x}{(1 + \cos x)^2} = \frac{1}{1 + \cos x}$$

【例題 3】 利用連鎖法則

若 $f(x) = \sin(\cos(\tan x^2))$，求 $f'(x)$。

【解】
$$f'(x) = \frac{d}{dx} \sin(\cos(\tan x^2)) = \cos(\cos(\tan x^2)) \frac{d}{dx} \cos(\tan x^2)$$

$$= \cos(\cos(\tan x^2))[-\sin(\tan x^2)] \frac{d}{dx} \tan x^2$$

$$= -\cos(\cos(\tan x^2)) \sin(\tan x^2) \sec^2 x^2 \cdot 2x$$

$$= -2x \cos(\cos(\tan x^2)) \sin(\tan x^2) \sec^2 x^2.$$

【例題 4】 導函數在一點的值存在但不連續

令 $f(x) = \begin{cases} x^2 \sin \dfrac{1}{x}, & \text{若 } x \neq 0 \\ 0, & \text{若 } x = 0 \end{cases}$

(1) 求 $f'(x)$ $(x \neq 0)$　　(2) 求 $f'(0)$　　(3) 試證 f' 在 $x=0$ 不連續.

【解】

(1) $f'(x) = \dfrac{d}{dx}\left(x^2 \sin \dfrac{1}{x}\right) = x^2 \dfrac{d}{dx} \sin \dfrac{1}{x} + \sin \dfrac{1}{x} \cdot \dfrac{d}{dx} x^2$

$= x^2 \cos \dfrac{1}{x} \left(-\dfrac{1}{x^2}\right) + 2x \cdot \sin \dfrac{1}{x}$

$= -\cos\left(\dfrac{1}{x}\right) + 2x \sin\left(\dfrac{1}{x}\right) = 2x \sin\left(\dfrac{1}{x}\right) - \cos\left(\dfrac{1}{x}\right)$.

(2) $f'(0) = \lim\limits_{x \to 0} \dfrac{f(x) - f(0)}{x - 0} = \lim\limits_{x \to 0} \dfrac{x^2 \sin \dfrac{1}{x} - 0}{x} = \lim\limits_{x \to 0} x \sin \dfrac{1}{x} = 0$.

(3) 因 $\lim\limits_{x \to 0} f'(x) = \lim\limits_{x \to 0} \left[2x \sin\left(\dfrac{1}{x}\right) - \cos\left(\dfrac{1}{x}\right)\right]$ 不存在，故 f' 在 $x=0$ 不連續.

【例題 5】 求切線方程式

求曲線 $y = \sin(\sin x)$ 在點 $(\pi, 0)$ 的切線方程式.

【解】 $\dfrac{dy}{dx} = \cos(\sin x) \dfrac{d}{dx} \sin x = \cos(\sin x) \cos x$

$\Rightarrow \left.\dfrac{dy}{dx}\right|_{x=\pi} = 1(-1) = -1$.

所以，在點 $(\pi, 0)$ 的切線方程式為 $y - 0 = (-1)(x - \pi)$，
即, $x + y - \pi = 0$.

【例題 6】 利用隱微分法

求曲線 $y + \sin y = x$ 在點 $(0, 0)$ 的切線方程式.

【解】
$$\dfrac{dy}{dx} + \dfrac{d}{dx} \sin y = \dfrac{d}{dx} x$$

$$\dfrac{dy}{dx} + \cos y \dfrac{dy}{dx} = 1$$

$$\frac{dy}{dx} = \frac{1}{1+\cos y}$$

可得
$$\left.\frac{dy}{dx}\right|_{(0,0)} = \frac{1}{1+1} = \frac{1}{2}$$

故在點 (0, 0) 的切線方程式為 $y - 0 = \frac{1}{2}(x - 0)$，即，

$$x - 2y = 0.$$

【例題 7】 利用線性近似公式

利用微分求 $\cos 31°$ 的近似值.

【解】 設 $f(x) = \cos x$，則 $f'(x) = -\sin x$.

令 $a = 30° = \frac{\pi}{6}$，則 $\Delta x = 1° = \frac{\pi}{180}$. 將這些值代入 (2-14) 式中，可得

$$f\left(\frac{\pi}{6} + \frac{\pi}{180}\right) = f\left(\frac{31\pi}{180}\right) \approx f\left(\frac{\pi}{6}\right) + f'\left(\frac{\pi}{6}\right)\left(\frac{\pi}{180}\right)$$

即，
$$\cos\frac{31\pi}{180} \approx \cos\frac{\pi}{6} - \left(\sin\frac{\pi}{6}\right)\left(\frac{\pi}{180}\right)$$

故，$\cos 31° \approx \frac{\sqrt{3}}{2} - \left(\frac{1}{2}\right)\left(\frac{\pi}{180}\right) \approx 0.8573.$

【例題 8】 度度量的三角函數的導函數

試證：若 x 為度度量，則 $\frac{d}{dx}\sin x° = \frac{\pi}{180}\cos x°$.

【解】 因 $1° = \frac{\pi}{180}$ 弧度，可得 $x° = \frac{\pi x}{180}$ 弧度，故 $\sin x° = \sin\frac{\pi x}{180}$.

$$\frac{d}{dx}\sin x° = \frac{d}{dx}\sin\frac{\pi x}{180} = \cos\frac{\pi x}{180} \cdot \frac{d}{dx}\left(\frac{\pi x}{180}\right)$$

$$= \frac{\pi}{180}\cos\frac{\pi x}{180} = \frac{\pi}{180}\cos x°$$

【例題 9】 利用均值定理

試利用均值定理證明 $\lim\limits_{x\to\infty}(\sin\sqrt{x+4}-\sin\sqrt{x})=0$.

【解】 令 $f(t)=\sin\sqrt{t}$, $t\in[x, x+4]$

由均值定理知,

$$\frac{f(x+4)-f(x)}{x+4-x}=\frac{\sin\sqrt{x+4}-\sin\sqrt{x}}{4}=f'(c)=\frac{\cos\sqrt{c}}{2\sqrt{c}}, \quad x<c<x+4.$$

$$\sin\sqrt{x+4}-\sin\sqrt{x}=2\frac{\cos\sqrt{c}}{\sqrt{c}}.$$

$$\lim_{x\to\infty}(\sin\sqrt{x+4}-\sin\sqrt{x})=2\lim_{x\to\infty}\frac{\cos\sqrt{c}}{\sqrt{c}}=2\lim_{c\to\infty}\frac{\cos\sqrt{c}}{\sqrt{c}}$$

由於,$|\cos\sqrt{c}|\leqslant 1$,故 $-1\leqslant\cos\sqrt{c}\leqslant 1$,

$$-\frac{1}{\sqrt{c}}\leqslant\frac{\cos\sqrt{c}}{\sqrt{c}}\leqslant\frac{1}{\sqrt{c}}.$$

因 $\lim\limits_{c\to\infty}\left(-\frac{1}{\sqrt{c}}\right)=\lim\limits_{c\to\infty}\left(\frac{1}{\sqrt{c}}\right)=0$,由夾擠定理知,

$$\lim_{c\to\infty}\frac{\cos\sqrt{c}}{\sqrt{c}}=0.$$

所以,$\lim\limits_{x\to\infty}(\sin\sqrt{x+4}-\sin\sqrt{x})=0$.

【例題 10】 利用微積分基本定理

已知 $F(x)=\int_{2}^{\sin x}f(t)dt$,且 $f(t)=\int_{1}^{t^3}\sqrt{1+u^3}\,du$,求 $F''(\pi)$.

【解】 $F'(x)=\dfrac{d}{dx}\int_{2}^{\sin x}f(t)dt=f(\sin x)\cos x$

則 $F''(x)=-f(\sin x)\sin x+f'(\sin x)\cos^2 x$

又 $f'(t)=\dfrac{d}{dt}\int_{1}^{t^3}\sqrt{1+u^3}\,du=\sqrt{1+t^9}\cdot 3t^2=3t^2\sqrt{1+t^9}$,可得

$$F''(x) = -f(\sin x)\sin x + 3\sin^2 x \cos^2 x \sqrt{1+\sin^9 x}$$

故 $F''(\pi) = 0$.

【例題 11】 求函數的相對極值

求 $f(x) = 2\sin x + \cos 2x$ 在區間 $(0, 2\pi)$ 上的相對極值.

【解】 $f'(x) = 2\cos x - 2\sin 2x = 2\cos x(1 - 2\sin x)$
$f''(x) = -2\sin x - 4\cos 2x$

解 $f'(x) = 0$，可得 f 的臨界數為 $\dfrac{\pi}{6}$、$\dfrac{\pi}{2}$、$\dfrac{5\pi}{6}$ 與 $\dfrac{3\pi}{2}$. f'' 在這些臨界數的值分別為

$$f''\left(\frac{\pi}{6}\right) = -3 < 0,\ f''\left(\frac{\pi}{2}\right) = 2 > 0,\ f''\left(\frac{5\pi}{6}\right) = -3 < 0,\ f''\left(\frac{3\pi}{2}\right) = 6 > 0.$$

$f(x)$ 在各臨界數之值分別為

$$f\left(\frac{\pi}{6}\right) = \frac{3}{2},\ f\left(\frac{5\pi}{6}\right) = \frac{3}{2},\ f\left(\frac{\pi}{2}\right) = 1 \text{ 與 } f\left(\frac{3\pi}{2}\right) = -3$$

利用二階導數判別法，我們得知 f 的相對極大值為 $\dfrac{3}{2}$，相對極小值為 1 與 -3. f 的圖形如圖 5-4 所示.

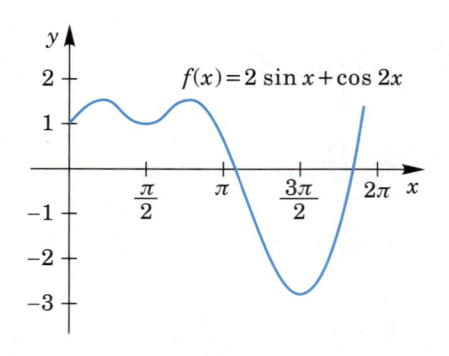

圖 5-4

【例題 12】 利用遞增證明不等式

試證：若 $0<x<\dfrac{\pi}{2}$，則 $\sin x<x<\tan x$。

【解】 (1) 先證：若 $0<x<\dfrac{\pi}{2}$，則 $\sin x<x$。

令 $f(x)=\sin x-x$，則 $f'(x)=\cos x-1$。當 $0<x<\dfrac{\pi}{2}$ 時，$f'(x)<0$。又 f 在 $\left[0,\dfrac{\pi}{2}\right]$ 為連續，故 f 在 $\left[0,\dfrac{\pi}{2}\right]$ 為遞減。尤其，若 $0<x<\dfrac{\pi}{2}$，則 $f(0)>f(x)$。但 $f(0)=0$，故 $\sin x-x<0$，即，$\sin x<x$。

(2) 次證：若 $0<x<\dfrac{\pi}{2}$，則 $x<\tan x$。

令 $f(x)=x-\tan x$，則 $f'(x)=1-\sec^2 x$。當 $0<x<\dfrac{\pi}{2}$ 時，$f'(x)<0$。又 f 在 $\left[0,\dfrac{\pi}{2}\right]$ 為連續，故 f 在 $\left[0,\dfrac{\pi}{2}\right]$ 為遞減。尤其，若 $0<x<\dfrac{\pi}{2}$，則 $f(0)>f(x)$。但 $f(0)=0$，故 $x-\tan x<0$，即，$x<\tan x$。

綜合 (1) 與 (2)，證明完畢。

正弦函數與餘弦函數在擺動或涉及波，如聲波、放射波之研究中，佔有非常重要的地位，最簡單的波動是一物體在一坐標線 l 上移動，而其**加速度**與**位移**滿足下列之條件：

$$a(t)=-kx(t)\quad (k\ 為常數)$$

這種運動稱為**簡諧運動** (simple harmonic motion)。

因
$$a(t)=x''(t)$$
所以
$$x''(t)=-kx(t)$$
$$x''(t)+kx(t)=0 \tag{5-2}$$

因 k 為正數可設 $k=\beta^2$，上式變為

$$x''(t)+\beta^2 x(t)=0 \tag{5-3}$$

我們很容易證得，凡形如 $x(t)=c_2\sin(\beta t+c_1)$ 的函數都滿足上列微分方程式。由微分得

$$x'(t) = c_2\beta\cos(\beta t + c_1)$$
$$x''(t) = -c_2\beta^2\sin(\beta t + c_1) = -\beta^2 x(t)$$

所以，
$$x''(t) + \beta^2 x(t) = 0.$$

方程式 (5-3) 的每一個解能夠寫成
$$x(t) = c_2\sin(\beta t + c_1) \tag{5-4}$$

對於方程式 (5-4) 我們知，
$$x\left(t + \frac{2\pi}{\beta}\right) = c_2\sin\left[\beta\left(t + \frac{2\pi}{\beta}\right) + c_1\right] = c_2\sin(\beta t + c_1) = x(t)$$

這說明此一運動是有週期的，其 週期 為
$$p = \frac{2\pi}{\beta} \tag{5-5}$$

如圖 5-5 所示.

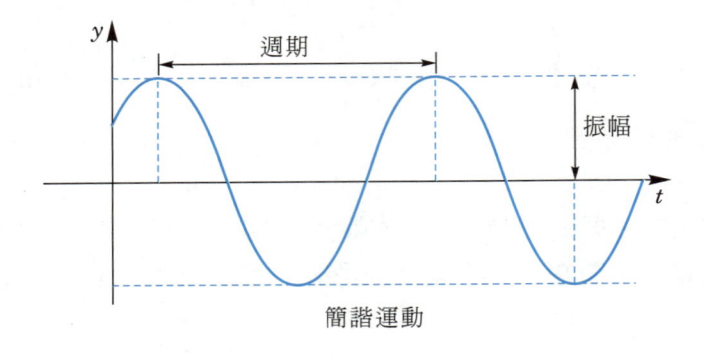

圖 5-5

若 t 是以秒計，則作一次完全振動所需的時間為 $\dfrac{2\pi}{\beta}$ 秒. $\dfrac{\beta}{2\pi}$ 為每秒鐘內振動之次數，這個數稱為 頻率：

$$f = \frac{\beta}{2\pi} \tag{5-6}$$

又因為 $\sin(\beta t + c_1)$ 在 -1 與 1 之間擺動，所以
$$x(t) = c_2\sin(\beta t + c_1)$$

在 $-|c_2|$ 與 $|c_2|$ 之間擺動，$|c_2|$ 稱為此運動的**振幅** (amplitude)：

$$a=|c_2| \tag{5-7}$$

如圖 5-5 所示．

【例題 13】 求簡諧運動方程式

若一簡諧運動的週期為 $\dfrac{2\pi}{3}$，在 $t=0$ 時 $x=1$ 及 $v=3$，求此運動的方程式．

【解】 令簡諧運動的方程式為

$$x(t)=c_2 \sin(\beta t+c_1)$$

取 $c_2 \geq 0$ 及 $0 \leq c_1 < 2\pi$．因週期為 $\dfrac{2\pi}{\beta}=\dfrac{2\pi}{3}$，則 $\beta=3$．

所以，

$$x(t)=c_2 \sin(3t+c_1)$$

微分，

$$v(t)=x'(t)=3c_2 \cos(3t+c_1)$$

由 $t=0$ 時之條件得

$$1=x(0)=c_2 \sin c_1, \quad 3=v(0)=3c_2 \cos c_1$$

所以，

$$1=c_2 \sin c_1, \quad 1=c_2 \cos c_1 \cdots\cdots\cdots\cdots\cdots\cdots (*)$$

平方後相加得 $2=c_2^2$，所以 $c_2=\sqrt{2}$．

代入 (*) 式，得

$$1=\sqrt{2} \sin c_1, \quad 1=\sqrt{2} \cos c_1$$

所以，

$$c_1=\dfrac{\pi}{4}$$

故運動方程式為 $x(t)=\sqrt{2} \sin\left(3t+\dfrac{1}{4}\pi\right)$．

習題 5.2

在 1~10 題中，求 $f'(x)$.

1. $f(x) = \sin^2 x \cos x$

2. $f(x) = \dfrac{\cos x}{x \sin x}$

3. $f(x) = \dfrac{\sec x}{2 + \tan x}$

4. $f(x) = \csc \sqrt{x} \cot \sqrt{x}$

5. $f(x) = \dfrac{1 - \cos x}{1 - \sin x}$

6. $f(x) = \sin \sqrt{x} + \sqrt{\sin x}$

7. $f(x) = \cos^4 (\sin x^2)$

8. $f(x) = \sqrt{\cos \sqrt{x}}$

9. $f(x) = x \sin x \cos x$

10. $f(x) = \dfrac{x^2 \tan x}{\sec x}$

在 11~14 題中，求 $\dfrac{dy}{dx}$.

11. $\cos(x - y) = y \sin x$

12. $x \cos y + y \cos x = 2$

13. $x \sin y + \cos 2y = \cos y$

14. $xy = \tan(xy)$

15. 利用微分求 $\sin 31°$ 的近似值.

16. 試利用微分求 $\dfrac{\sin 31° + 1}{\cot 31°}$ 的近似值.

17. 若 $f(x) = \dfrac{\sin(\sin(\sin 2x))}{\cos(\sin x)}$，試求 $f(0.02)$ 之近似值.

18. 設 $f(x)=\begin{cases} x^2 \sin \dfrac{1}{x}, & \text{若 } x \neq 0 \\ 0, & \text{若 } x=0 \end{cases}$

   (1) 試問 f 在 $x=0$ 是否連續？理由為何？
   (2) 試問 f 在 $x=0$ 是否可以微分，理由為何？

19. 求曲線 $y=\dfrac{1}{8} \csc^3 x$ 在點 $\left(\dfrac{\pi}{6}, 1\right)$ 的切線與法線的方程式．

20. 試求曲線 $y^3 - xy^2 + \cos xy = 2$ 在點 $(0, 1)$ 之切線方程式．

21. 求曲線 $xy^2 = \sin(x+2y)$ 在原點的切線方程式．

在 22～24 題中，求 f 在所予閉區間上的極大值與極小值．

22. $f(x) = \sin x - \cos x$；$[0, \pi]$

23. $f(x) = 2 \sec x - \tan x$；$\left[0, \dfrac{\pi}{4}\right]$

24. $f(x) = \sin^2 x + \cos x$；$[-\pi, \pi]$

25. 試證明 $|\sin x - \cos x| \leq \sqrt{2}$, $\forall x$．

26. 已知 $f(x) = \cos x$，試驗證 f 在區間 $\left[\dfrac{\pi}{2}, \dfrac{3\pi}{2}\right]$ 滿足均值定理的假設，並求 c 的所有值使其滿足定理的結論．

27. 令 $f(x) = \tan x$．
   (1) 試說明在 $(0, \pi)$ 中不存在 c 使得 $f'(c) = 0$，縱使 $f(0) = f(\pi) = 0$．
   (2) 解釋為何在 (1) 中的結果不違背洛爾定理．

28. 利用均值定理證明
$$|\sin x - \sin y| \leq |x - y|$$

29. 利用均值定理證明 $|\tan x + \tan y| \geq |x+y|$ 對於區間 $\left(-\dfrac{\pi}{2}, \dfrac{\pi}{2}\right)$ 中的所有實數 x 與 y 皆成立．

30. 試證：$\sin x \leq x$ 對於 $[0, 2\pi]$ 中的所有 x 皆成立．（提示：求 $x - \sin x$ 在 $[0, 2\pi]$ 上的極小值．）

31. 試求 $\dfrac{d}{dx}\left(\displaystyle\int_0^{\sin x^2} \dfrac{1}{1+t^2} dt\right)$．

32. 若 $f(x)=\int_0^{g(x)} \dfrac{1}{\sqrt{1+t^3}}\, dt$, 且 $g(x)=\int_0^{\cos x}[1+\sin(t^2)]\, dt$, 求 $f'\left(\dfrac{\pi}{2}\right)$.

33. 若 $\int_0^{x^2} f(t)dt = x\cos \pi x\ (x>0)$ 求 $f(4)$ 的值.

34. 試證：若 $0<a<b<\dfrac{\pi}{2}$, 則 $\dfrac{b}{a}<\dfrac{\tan b}{\tan a}$.

35. 試證：若 $x>0$, 則 $\sin x > x - \dfrac{x^3}{6}$.

36. 試證：若 $0<x<\dfrac{\pi}{2}$, 則 $\tan x > x$.

37. 斜邊為 h 的直角三角形的面積 A 可由公式 $A=\dfrac{1}{4}h^2\sin 2\theta$ 來計算，此處 θ 為其中一個銳角。若 $h=4$ 厘米（正確）且 $\theta=30°\pm 15'$, 求 A 的誤差.

在 38～40 題中，求 f 的相對極值.

38. $f(x)=\tan(x^2+1)$

39. $f(x)=\dfrac{\sin x}{2+\cos x},\ 0<x<2\pi$

40. $f(x)=|\sin 2x|,\ 0<x<2\pi$

在 41～42 題中，作各函數的圖形.

41. $f(x)=\sin x+\cos x$

42. $f(x)=x\tan x,\ -\dfrac{\pi}{2}<x<\dfrac{\pi}{2}$

43. 若忽略空氣阻力，則從與水平成 θ 角的砲管發射之砲彈的射程為 $R=\left(\dfrac{v_0^2}{g}\right)\sin 2\theta$, 此處 v_0 與 g 分別為初速與重力加速度，試證它在 $\theta=45°$ 時達到最大射程.

44. 如圖所示，物體的重量為 W, 繫在物體的繩索與水平線成 θ 角，拖曳物體的力的大小為 $F=\dfrac{\mu W}{\mu \sin\theta + \cos\theta}$, 此處 μ 為一正常數，稱為摩擦係數且 $0\leqslant\theta\leqslant\dfrac{\pi}{2}$. 試證當 $\tan\theta=\mu$ 時, F 有極小值.

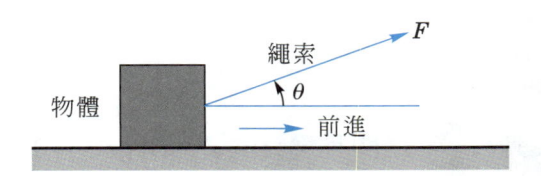

45. $y = \dfrac{x}{2}$ 與 $y = \sin x$ 等圖形在區間 $[0, \pi]$ 的何處離開最遠？

46. 試利用三角函數的方法求內接於半徑為 r 的半圓且具有最大面積之矩形的尺寸。

47. 令 v_1 為光在空氣中的速度，v_2 為光在水中的速度．根據費瑪原理，光自空氣中的 A 點移動到水中的 B 點是沿著花費最少時間的路徑 ACB，如下圖所示．試證：

$$\frac{\sin \theta_1}{\sin \theta_2} = \frac{v_1}{v_2}$$

此點 θ_1 為入射角，θ_2 為折射角．

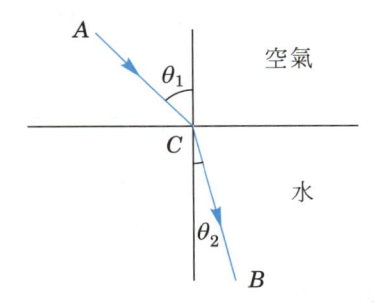

48. 一旋轉燈 L 置於距海岸線上最靠近 P 點 200 呎處的燈塔內並以每 15 秒鐘旋轉一周，試求一光線在距 P 為 400 呎處沿著海岸線移動的速率．

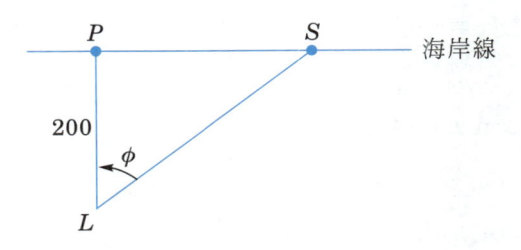

試利用牛頓法求下列方程式的實根到小數第三位．

49. $x+\cos x=2$ 的根.

50. $\sin x=x^2$ 的正根.

51. 利用牛頓法求介於 π 與 $\dfrac{3\pi}{2}$ 之間且為 $\sin x - x\cos x=0$ 的根的近似值到小數第三位.

52. 一簡諧運動中, 若週期為 $\dfrac{\pi}{4}$ 且在 $t=0$ 時 $x=1$ 及 $v=0$. 求其運動的方程式. 其振幅與頻率如何？

53. 一簡諧運動中, 若頻率為 $\dfrac{1}{\pi}$ 且在 $t=0$ 時 $x=0$ 及 $v=-2$. 求其振幅與週期.

5-3 與三角函數有關的積分

在本節中，我們只要利用每一三角函數的導函數及不定積分的定義，不難獲得三角函數的積分公式. 如下：

$$\int \cos x\, dx = \sin x + C$$

$$\int \sin x\, dx = -\cos x + C$$

$$\int \sec^2 x\, dx = \tan x + C$$

$$\int \csc^2 x\, dx = -\cot x + C$$

$$\int \sec x \tan x\, dx = \sec x + C$$

$$\int \csc x \cot x\, dx = -\csc x + C$$

若以 u 代 x，則有下列的積分公式.

第 5 章　三角函數、反三角函數的微分與積分

$$\int \cos u \, du = \sin u + C \tag{5-8}$$

$$\int \sin u \, du = -\cos u + C \tag{5-9}$$

$$\int \sec^2 u \, du = \tan u + C \tag{5-10}$$

$$\int \csc^2 u \, du = -\cot u + C \tag{5-11}$$

$$\int \sec u \tan u \, du = \sec u + C \tag{5-12}$$

$$\int \csc u \cot u \, du = -\csc u + C \tag{5-13}$$

【例題 1】　利用 u-代換

求 $\int \dfrac{\cos \sqrt{x}}{\sqrt{x}} \, dx$.

【解】　令 $u = \sqrt{x}$，則 $du = \dfrac{dx}{2\sqrt{x}}$，

故 $\int \cos \sqrt{x} \, \dfrac{1}{\sqrt{x}} \, dx = \int \cos u \cdot 2 \, du = 2 \int \cos u \, du = 2 \sin u + C$

$= 2 \sin \sqrt{x} + C$

【例題 2】　利用 u-代換

求 $\int \dfrac{dx}{(1-\sin^2 x)\sqrt{1+\tan x}}$.

【解】　$\int \dfrac{dx}{(1-\sin^2 x)\sqrt{1+\tan x}} = \int \dfrac{dx}{\cos^2 x \sqrt{1+\tan x}} = \int \dfrac{\sec^2 x}{\sqrt{1+\tan x}} \, dx$

令 $u = 1 + \tan x$，則 $du = d(1+\tan x) = \sec^2 x \, dx$，

故 $\int \dfrac{\sec^2 x}{\sqrt{1+\tan x}}\, dx = \int \dfrac{du}{\sqrt{u}} = \int u^{-1/2}\, du = 2\sqrt{u} + C$

$\qquad\qquad\qquad\qquad = 2\sqrt{1+\tan x} + C$

【例題 3】 利用定積分之 u-代換

求 $\displaystyle\int_0^\pi 5(5-4\cos x)^{1/4} \sin x\, dx.$

【解】 令 $u = 5 - 4\cos x$，則 $du = 4\sin x\, dx$，$\dfrac{du}{4} = \sin x\, dx$，

當 $x = 0$ 時，$u = 5 - 4 = 1$；當 $x = \pi$ 時，$u = 5 + 4 = 9$。

$\displaystyle\int_0^\pi 5(5-4\cos x)^{1/4} \sin x\, dx = \int_1^9 5u^{1/4}\left(\dfrac{du}{4}\right) = \dfrac{5}{4}\int_1^9 u^{1/4}\, du$

$\qquad\qquad\qquad\qquad\qquad\qquad = \dfrac{5}{4}\left(\dfrac{4}{5} u^{5/4}\, \Big|_1^9\right) = 9^{5/4} - 1.$

【例題 4】 將黎曼和的極限表成定積分

試將 $\displaystyle\lim_{n\to\infty} \dfrac{1}{n}\left(1 + \sec^2 \dfrac{\pi}{4n} + \sec^2 \dfrac{2\pi}{4n} + \cdots + \sec^2 \dfrac{n\pi}{4n}\right)$ 表成一定積分並求其值。

【解】 $\displaystyle\lim_{n\to\infty} \dfrac{1}{n}\left(1 + \sec^2 \dfrac{\pi}{4n} + \sec^2 \dfrac{2\pi}{4n} + \cdots + \sec^2 \dfrac{n\pi}{4n}\right)$

$= \dfrac{4}{\pi}\displaystyle\lim_{n\to\infty} \dfrac{\frac{\pi}{4}-0}{n}\sum_{k=0}^n \left(\sec^2 k\,\dfrac{\frac{\pi}{4}-0}{n}\right)$

$= \dfrac{4}{\pi}\displaystyle\int_0^{\pi/4} \sec^2 x\, dx = \dfrac{4}{\pi} \tan x\, \Big|_0^{\pi/4} = \dfrac{4}{\pi}.$

三角函數皆為大家所熟悉的 週期函數，利用週期函數之特性我們有下列的定理。

定理 5.5

若 f 為含有週期為 p 的週期函數，則

$$\int_{a+p}^{b+p} f(x)\,dx = \int_a^b f(x)\,dx.$$

證 利用代換積分，令 $u = x - p$ 則 $du = dx$，因此

$$\int_{a+p}^{b+p} f(x)\,dx = \int_a^b f(u+p)\,du$$

由於 f 為週期函數，以 $f(u)$ 取代 $f(u+p)$，故

$$\int_{a+p}^{b+p} f(x)\,dx = \int_a^b f(u+p)\,du = \int_a^b f(u)\,du = \int_a^b f(x)\,dx.$$

【例題 5】 利用定理 5.5

求 $\int_0^{2\pi} |\sin x|\,dx$ 之值.

【解】 $f(x) = |\sin x|$ 為週期為 π 之週期函數，其圖形如圖 5-6 所示：

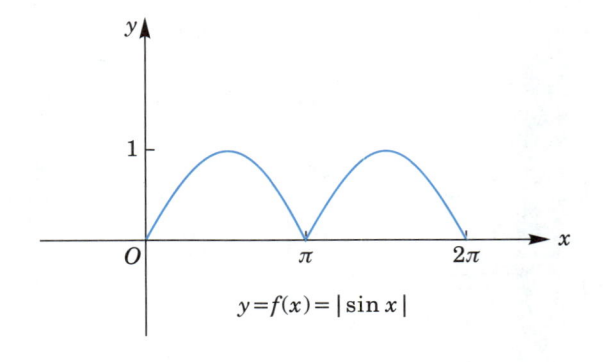

$y = f(x) = |\sin x|$

圖 5-6

$$\int_0^{2\pi} |\sin x|\, dx = \int_0^{\pi} |\sin x|\, dx + \int_{\pi}^{2\pi} |\sin x|\, dx$$

$$= \int_0^{\pi} |\sin x|\, dx + \int_0^{\pi} |\sin x|\, dx$$

$$= 2\int_0^{\pi} \sin x\, dx = -2\cos x \Big|_0^{\pi}$$

$$= -2(\cos \pi - \cos 0) = 4.$$

習題 5.3

1. 求下列各題的反導函數.

    (1) $f(x) = (\sin x + \cos x)^2$ 　　(2) $f(x) = \dfrac{\sin 4x}{\cos 2x}$

2. 求函數 f 使得 $f'(x) + \sin x = 0$ 且 $f(0) = 2$.
3. 求函數 f 使得 $f''(x) = x + \cos x$ 且 $f(0) = 1$, $f'(0) = 2$.
4. 求下列各積分.

    (1) $\displaystyle\int \dfrac{1}{1-\sin x}\, dx$ 　　(2) $\displaystyle\int \dfrac{\cos x}{\sec x + \tan x}\, dx$

    (3) $\displaystyle\int_0^{\pi/2} (\cos \theta + 2\sin \theta)\, d\theta$ 　　(4) $\displaystyle\int \dfrac{\sin \sqrt{x}}{\sqrt{x}}\, dx$

    (5) $\displaystyle\int_0^{\pi/6} \sin 2x \sqrt{\cos 2x}\, dx$ 　　(6) $\displaystyle\int \dfrac{\sec^2 x}{\sqrt{2-\tan x}}\, dx$

    (7) $\displaystyle\int_{-\pi/2}^{\pi/2} \dfrac{x^2 \sin x}{x^6 + 1}\, dx$ 　　(8) $\displaystyle\int_{-1}^{1} \dfrac{\tan x}{x^4 + x^2 + 1}\, dx$

    (9) $\displaystyle\int \dfrac{\sec^2\left(\dfrac{1}{x^3}+1\right)}{x^4} \sqrt[5]{\tan\left(\dfrac{1}{x^3}+1\right)}\, dx$

    (10) $\displaystyle\int_{\pi/3}^{\pi/2} \sqrt{1+\cos x}\, dx$

5. 求函數 $f(x)=\sin^2 x \cos x$ 在 $\left[-\dfrac{\pi}{2}, \dfrac{\pi}{4}\right]$ 上的平均值．

6. 若 $F(x)=\displaystyle\int_x^2 f(t)\,dt$，且 $f(t)=\displaystyle\int_1^{2t}\dfrac{\sin u}{u}\,du$，求 $F''\left(\dfrac{\pi}{4}\right)$．

7. 計算 $\displaystyle\lim_{n\to\infty}\sum_{i=1}^{n}\left[\sin\left(\dfrac{\pi i}{n}\right)\right]\dfrac{\pi}{n}$．

8. 計算 $\displaystyle\lim_{n\to\infty}\dfrac{\pi}{n}\sum_{k=1}^{n}\cos\dfrac{k\pi}{2n}$．

9. 計算 $\displaystyle\lim_{x\to 3}\dfrac{x\displaystyle\int_3^x\dfrac{\sin t}{t}\,dt}{x-3}$ $\left(\text{提示：令 } F(x)=\displaystyle\int_3^x\dfrac{\sin t}{t}\,dt\right)$

10. 設函數 f 在 $[0,\pi]$ 為連續．

   (1) 試證：$\displaystyle\int_0^\pi x\,f(\sin x)\,dx=\dfrac{\pi}{2}\displaystyle\int_0^\pi f(\sin x)\,dx$．

   (2) 利用 (1) 計算 $\displaystyle\int_0^\pi x\sin x\cos^4 x\,dx$．

11. 利用適當的代換，對任意正數 n，證明
$$\int_0^{\pi/2}\sin^n x\,dx=\int_0^{\pi/2}\cos^n x\,dx$$

12. 若 $I=\displaystyle\int_0^a\dfrac{f(x)}{f(x)+f(a-x)}\,dx$，我們在習題 4-7 第 19 題中已證得 $I=\dfrac{a}{2}$．試利用此結果求 $\displaystyle\int_0^{\pi/2}\dfrac{\sin x}{\sin x+\cos x}\,dx$．

13. 試求下列各積分．

   (1) $\displaystyle\int_0^{4\pi}|\cos x|\,dx$ 　　(2) $\displaystyle\int_0^{4\pi}|\sin 2x|\,dx$

   (3) $\displaystyle\int_{-\pi}^{\pi}|\sin^5 x|\cos x\,dx$

14. 求 $\int_0^{2\pi} [\![2x/\pi]\!] \cos x \, dx$，其中 $[\![\ ]\!]$ 表高斯符號．

5-4 反三角函數的導函數

我們知道函數 $x = \sin y$ 在區間 $-\dfrac{\pi}{2} < y < \dfrac{\pi}{2}$ 為可微分，所以，其反函數 $y = \sin^{-1} x$ 在區間 $-1 < x < 1$ 亦為可微分．現在，我們列出六個反三角函數的導函數公式．

定理 5.6

$\dfrac{d}{dx} \sin^{-1} x = \dfrac{1}{\sqrt{1-x^2}}$, $|x| < 1$　　　$\dfrac{d}{dx} \cos^{-1} x = \dfrac{-1}{\sqrt{1-x^2}}$, $|x| < 1$

$\dfrac{d}{dx} \tan^{-1} x = \dfrac{1}{1+x^2}$, $-\infty < x < \infty$　　　$\dfrac{d}{dx} \cot^{-1} x = \dfrac{-1}{1+x^2}$, $-\infty < x < \infty$

$\dfrac{d}{dx} \sec^{-1} x = \dfrac{1}{x\sqrt{x^2-1}}$, $|x| > 1$　　　$\dfrac{d}{dx} \csc^{-1} x = \dfrac{-1}{x\sqrt{x^2-1}}$, $|x| > 1$

證 我們僅對 $\sin^{-1} x$、$\tan^{-1} x$ 與 $\sec^{-1} x$ 等的導函數公式予以證明，其餘留給讀者去證明．

(1) 令 $y = \sin^{-1} x$，則 $\sin y = x$，可得 $\cos y \dfrac{dy}{dx} = 1$，故 $\dfrac{dy}{dx} = \dfrac{1}{\cos y}$．

因 $-\dfrac{\pi}{2} < y < \dfrac{\pi}{2}$，故 $\cos y > 0$，所以，$\cos y = \sqrt{1 - \sin^2 y} = \sqrt{1 - x^2}$．

於是，$\dfrac{d}{dx} \sin^{-1} x = \dfrac{1}{\sqrt{1-x^2}}$，$|x| < 1$．

(2) 令 $y = \tan^{-1} x$，則 $\tan y = x$，可得 $\sec^2 y \dfrac{dy}{dx} = 1$，

故 $\dfrac{d}{dx} \tan^{-1} x = \dfrac{dy}{dx} = \dfrac{1}{\sec^2 y} = \dfrac{1}{1 + \tan^2 y}$

$$= \frac{1}{1+x^2}, \quad -\infty < x < \infty.$$

(3) 令 $y = \sec^{-1} x$，則 $\sec y = x$，可得 $\sec y \tan y \dfrac{dy}{dx} = 1$，

故 $\dfrac{d}{dx} \sec^{-1} x = \dfrac{dy}{dx} = \dfrac{1}{\sec y \tan y} = \dfrac{1}{x\sqrt{x^2-1}}.$

若 $u = u(x)$ 為可微分函數，則由連鎖法則可得

$$\frac{d}{dx} \sin^{-1} u = \frac{1}{\sqrt{1-u^2}} \frac{du}{dx}, \quad |u| < 1$$

$$\frac{d}{dx} \cos^{-1} u = -\frac{1}{\sqrt{1-u^2}} \frac{du}{dx}, \quad |u| < 1$$

$$\frac{d}{dx} \tan^{-1} u = \frac{1}{1+u^2} \frac{du}{dx}, \quad -\infty < u < \infty$$

$$\frac{d}{dx} \cot^{-1} u = -\frac{1}{1+u^2} \frac{du}{dx}, \quad -\infty < u < \infty$$

$$\frac{d}{dx} \sec^{-1} u = \frac{1}{u\sqrt{u^2-1}} \frac{du}{dx}, \quad |u| > 1$$

$$\frac{d}{dx} \csc^{-1} u = -\frac{1}{u\sqrt{u^2-1}} \frac{du}{dx}, \quad |u| > 1$$

【例題 1】 利用公式

若 $y = \sin^{-1}(x^3)$，求 $\dfrac{dy}{dx}$。

【解】 $\dfrac{dy}{dx} = \dfrac{d}{dx} \sin^{-1}(x^3) = \dfrac{1}{\sqrt{1-(x^3)^2}} \dfrac{d}{dx} x^3 = \dfrac{3x^2}{\sqrt{1-x^6}}$

【例題 2】 利用公式

設 $y = \tan^{-1}(x - \sqrt{x^2+1})$，求 $\dfrac{dy}{dx}$。

【解】 $\dfrac{dy}{dx} = \dfrac{d}{dx} \tan^{-1}(x - \sqrt{x^2+1}) = \dfrac{1}{1+(x-\sqrt{x^2+1})^2} \dfrac{d}{dx}(x - \sqrt{x^2+1})$

$$= \frac{1}{1+(x-\sqrt{x^2+1})^2}\left(1-\frac{x}{\sqrt{x^2+1}}\right) = \frac{\sqrt{x^2+1}-x}{2(1+x^2-x\sqrt{x^2+1})\sqrt{x^2+1}}$$

$$= \frac{\sqrt{x^2+1}-x}{2(1+x^2)(\sqrt{x^2+1}-x)} = \frac{1}{2(1+x^2)}.$$

【例題 3】 利用公式

設 $y=\cot^{-1}(\cos x)$，求 $\dfrac{dy}{dx}$。

【解】
$$\frac{dy}{dx} = \frac{d}{dx}\cot^{-1}(\cos x)$$

$$= \frac{-1}{1+(\cos x)^2}\frac{d}{dx}\cos x$$

$$= \frac{-1}{1+\cos^2 x}(-\sin x)$$

$$= \frac{\sin x}{1+\cos^2 x}$$

【例題 4】 利用定理 3.5

試證：$\tan^{-1} x + \cot^{-1} x = \dfrac{\pi}{2}$，$x \in \mathbb{R}$。

【解】 令
$$f(x) = \tan^{-1} x + \cot^{-1} x,$$

則
$$f'(x) = \frac{1}{1+x^2} + \frac{-1}{1+x^2} = 0,$$

可知 f 為常數函數，即
$$f(x) = C,\ x \in \mathbb{R}.$$

令 $x=0$，可得 $f(0) = \tan^{-1} 0 + \cot^{-1} 0 = 0 + \dfrac{\pi}{2} = \dfrac{\pi}{2} = C$

故
$$f(x) = \frac{\pi}{2},\ x \in \mathbb{R}.$$

因此，
$$\tan^{-1} x + \cot^{-1} x = \frac{\pi}{2}.$$

習題 5.4

在 1～16 題中，求 $\dfrac{dy}{dx}$.

1. $y = \dfrac{x}{\sin^{-1} x}$

2. $y = (1 + \cos^{-1} 3x)^3$

3. $y = \tan^{-1}\left(\dfrac{x+1}{x-1}\right)$

4. $y = \cos^{-1}(\cos x)$

5. $y = \sqrt{\cot^{-1} x}$

5. $y = \sec^{-1}\sqrt{x^2 - 1}$

7. $y = x \tan^{-1}\sqrt{x}$

8. $y = 2\sqrt{x-1}\,\sec^{-1}\sqrt{x}$

9. $y = \tan^{-1}(\sin 2x)$

10. $y = \sqrt{\sec^{-1} 3x}$

11. $y = \csc^{-1}(\sec x),\ 0 < x < \dfrac{\pi}{2}$

12. $y = x^3 \sin^{-1} x + \cos^{-1}\sqrt{x}$

13. $y = \sin^{-1}\left(\dfrac{\cos x}{1 + \sin x}\right)$

14. $y = \cos^{-1}(\sin^{-1} x)$

15. $y = [\sin^{-1}(\tan^{-1} x)]^4$

16. $y = \tan^{-1}\left(\dfrac{1-x}{1+x}\right)$

17. 若 $y = x(\cos^{-1} x)^2 - 2\sqrt{1-x^2}\,\cos^{-1} x - 2x$，求 $\dfrac{dy}{dx}$.

18. 若 $y = \cos(2 \tan^{-1} 3x)$，求 $\dfrac{dy}{dx}$.

19. 若 $f(x) = \tan^{-1} x + \tan^{-1}\left(\dfrac{1}{x}\right)$，求 $f'(x)$.

20. 若 $\sin^{-1}(xy) = \cos^{-1}(x-y)$，求 $\dfrac{dy}{dx}$.

21. 若 x 由 0.25 變到 0.26，利用微分求 $\sin^{-1} x$ 的變化量的近似值。

22. 求 $y = \tan^{-1} 2x$ 的圖形上的點使得通過該點的切線平行於直線 $2x - 13y - 5 = 0$.

23. 利用微分求 $(0.98)^2 \tan^{-1}(0.98)$ 的近似值。

24. 有時候，$\sec^{-1}$ 採用下列的定義：

$$y = \sec^{-1} x \Leftrightarrow \sec y = x \text{ 且 } 0 \leq y \leq \pi,\ y \neq \dfrac{\pi}{2},\ |x| \geq 1.$$

試證：

$$\frac{d}{dx}\sec^{-1} x = \frac{1}{|x|\sqrt{x^2-1}}, \quad |x|>1.$$

25. 令 $f(x)=\begin{cases} x^2 \tan^{-1}\left(\dfrac{1}{x^2}\right), & x\neq 0 \\ 0, & x=0 \end{cases}$

    (1) f 在 0 連續嗎？(2) f 在 0 可微分嗎？(3) 求 $f'(x)$.

26. 令 $f(x)=\begin{cases} x \tan^{-1}\left(\dfrac{1}{x}\right), & \text{若 } x\neq 0 \\ 0, & \text{若 } x=0 \end{cases}$，試證 $f(x)$ 在 $x=0$ 不可微分.

5-5 與反三角函數有關的積分

我們可利用反三角函數的微分公式去導出與反三角函數有關之積分公式，下列三積分公式留給讀者自證之．

$$\int \frac{dx}{\sqrt{1-x^2}} = \sin^{-1} x + C = -\cos^{-1} x + C, \quad |x|<1 \tag{5-14}$$

$$\int \frac{dx}{1+x^2} = \tan^{-1} x + C = -\cot^{-1} x + C, \quad x\in \mathbb{R} \tag{5-15}$$

$$\int \frac{dx}{x\sqrt{x^2-1}} = \sec^{-1} x + C = -\csc^{-1} x + C, \quad |x|>1 \tag{5-16}$$

上面三式可推廣如下：設 $a>0$.

$$\int \frac{dx}{\sqrt{a^2-x^2}} = \sin^{-1}\frac{x}{a} + C, \quad |x|<a \tag{5-17}$$

$$\int \frac{dx}{a^2+x^2} = \frac{1}{a}\tan^{-1}\frac{x}{a} + C, \quad x\in\mathbb{R} \tag{5-18}$$

$$\int \frac{dx}{x\sqrt{x^2-a^2}} = \frac{1}{a}\sec^{-1}\frac{x}{a} + C, \quad |x|>a \tag{5-19}$$

我們僅證明 (5-17) 公式，如下：

證 因 $a>0$，可得 $\sqrt{a^2-x^2}=|a|\sqrt{1-\left(\dfrac{x}{a}\right)^2}=a\sqrt{1-\left(\dfrac{x}{a}\right)^2}$，

故 $\displaystyle\int\dfrac{dx}{\sqrt{a^2-x^2}}=\int\dfrac{dx}{a\sqrt{1-\left(\dfrac{x}{a}\right)^2}}=\int\dfrac{d\left(\dfrac{x}{a}\right)}{\sqrt{1-\left(\dfrac{x}{a}\right)^2}}$

$\displaystyle=\int\dfrac{du}{\sqrt{1-u^2}}\quad\left(\text{令 } u=\dfrac{x}{a}\right)$

$=\sin^{-1}u+C=\sin^{-1}\dfrac{x}{a}+C$

公式 (5-18) 與 (5-19) 的證明留給讀者.
在此，若以 u 代 x，則

$$\int\dfrac{du}{\sqrt{a^2-u^2}}=\sin^{-1}\dfrac{u}{a}+C,\quad |u|<a \tag{5-20}$$

$$\int\dfrac{du}{a^2+u^2}=\dfrac{1}{a}\tan^{-1}\dfrac{u}{a}+C,\quad u\in\mathbb{R} \tag{5-21}$$

$$\int\dfrac{du}{u\sqrt{u^2-a^2}}=\dfrac{1}{a}\sec^{-1}\dfrac{u}{a}+C,\quad |u|>a \tag{5-22}$$

【例題 1】 利用公式 (5-21)

求 $\displaystyle\int\dfrac{\sin x}{1+\cos^2 x}\,dx.$

【解】 $\displaystyle\int\dfrac{\sin x}{1+\cos^2 x}\,dx=\int\dfrac{-d(\cos x)}{1+\cos^2 x}=-\tan^{-1}(\cos x)+C$

【例題 2】 將分母配成平方和並利用公式 (5-21) 及定積分基本定理

求 $\int_2^4 \dfrac{2}{x^2-6x+10}\,dx$.

【解】
$$\int_2^4 \dfrac{2}{x^2-6x+10}\,dx = 2\int_2^4 \dfrac{dx}{1+(x^2-6x+9)} = 2\int_2^4 \dfrac{dx}{1+(x-3)^2}$$

$$= 2\left[\tan^{-1}(x-3)\Big|_2^4\right] = 2\left[\tan 1 - \tan^{-1}(-1)\right]$$

$$= 2\left[\dfrac{\pi}{4} - \left(-\dfrac{\pi}{4}\right)\right] = \pi.$$

【例題 3】 利用公式 (5-22)

求 $\int \dfrac{dx}{x\sqrt{x^6-9}}$.

【解】
$$\int \dfrac{dx}{x\sqrt{x^6-9}} = \int \dfrac{dx}{x\sqrt{(x^3)^2-3^2}} = \dfrac{1}{3}\int \dfrac{3x^2\,dx}{x^3\sqrt{(x^3)^2-3^2}}$$

$$= \dfrac{1}{3}\int \dfrac{d(x^3)}{x^3\sqrt{(x^3)^2-3^2}} = \dfrac{1}{3}\int \dfrac{du}{u\sqrt{u^2-3^2}} \quad (\text{令 } u=x^3)$$

$$= \dfrac{1}{3}\cdot\dfrac{1}{3}\sec^{-1}\left(\dfrac{u}{3}\right)+C = \dfrac{1}{9}\sec^{-1}\left(\dfrac{x^3}{3}\right)+C.$$

【例題 4】 利用 u-代換及公式 (5-21)

求 $\int \dfrac{dx}{(x+1)\sqrt{x}}$.

【解】 令 $u=\sqrt{x}$，則 $x=u^2$, $dx=2u\,du$，故

$$\int \dfrac{dx}{(x+1)\sqrt{x}} = \int \dfrac{2u}{u(u^2+1)}\,du = 2\int \dfrac{du}{1+u^2} = 2\tan^{-1} u + C$$

$$= 2\tan^{-1}\sqrt{x}+C.$$

【例題 5】 利用定積分之 u-代換

求 $\int_0^{1/\sqrt{2}} \dfrac{\sin^{-1} x}{\sqrt{1-x^2}}\, dx.$

【解】 令 $u=\sin^{-1} x$，則 $du=\dfrac{1}{\sqrt{1-x^2}}\, dx.$

當 $x=0$ 時，$u=0$；當 $x=\dfrac{1}{\sqrt{2}}$ 時，$u=\dfrac{\pi}{4}.$

$$\int_0^{1/\sqrt{2}} \dfrac{\sin^{-1} x}{\sqrt{1-x^2}}\, dx = \int_0^{\pi/4} u\, du = \dfrac{u^2}{2}\bigg|_0^{\pi/4} = \dfrac{\pi^2}{32}.$$

習題 5.5

求 1~18 題中的積分.

1. $\int \dfrac{dx}{(1+x^2)\sqrt{\tan^{-1} x}}$

2. $\int \dfrac{\sin\theta}{\sqrt{4-\cos^2\theta}}\, d\theta$

3. $\int \dfrac{\cos x}{\sqrt{3+\cos^2 x}}\, dx$

4. $\int_0^{\pi/6} \dfrac{\sec^2 x}{\sqrt{1-\tan^2 x}}\, dx$

5. $\int \dfrac{dx}{x\sqrt{4x^2-9}}$

6. $\int \dfrac{x}{x^4+16}\, dx$

7. $\int \dfrac{dx}{\sqrt{1-4x^2}}$

8. $\int \dfrac{\tan^{-1} x}{1+x^2}\, dx$

9. $\int \dfrac{dx}{x^2+2x+5}$

10. $\int \dfrac{x+2}{\sqrt{4-x^2}}\, dx$

11. $\int \dfrac{dx}{\sqrt{2+\tan^2 x}}$

12. $\int \dfrac{dx}{2+\tan^2 x}$

13. $\int_{-\pi/2}^{\pi/2} \dfrac{2\cos\theta}{1+\sin^2\theta}\, d\theta$

14. $\int_1^3 \dfrac{1}{\sqrt{y}(1+y)}\, dy$

15. $\int_{1/2}^{3/4} \dfrac{1}{\sqrt{s}\sqrt{1-s}}\, ds$

16. $\int_2^4 \dfrac{1}{2y\sqrt{y-1}}\, dy$

17. $\displaystyle\int \frac{\sec x \tan x}{1+\sec^2 x}\, dx$

18. $\displaystyle\int \frac{dx}{x^2+6x+25}$

19. 令 $f(x)=\displaystyle\int_0^x \frac{1}{1+t^2}\, dt + \int_0^{1/x} \frac{1}{1+t^2}\, dt$，$x>0$，試證：$f(x)=\dfrac{\pi}{2}$.

第 6 章　對數函數、指數函數的微分與積分

本章學習目標

- 能熟記對數函數之微分公式以及與對數函數有關之積分公式
- 能熟記指數函數之微分公式以及與指數函數有關之積分公式
- 瞭解指數的成長率與衰變率
- 瞭解雙曲線函數之意義及其性質
- 能熟記雙曲線函數之微分公式及積分公式

6-1 指數函數與對數函數

在第零章預備數學中，我們曾討論到函數 $y=(1+x)^{1/x}$ 的圖形示於圖 0-42，此函數當 $x\to 0$ 時之極限值，對於我們探討 $\ln x$ 的導函數公式有著重要的關係。

定義 6.1

$$e=\lim_{x\to 0}(1+x)^{1/x} \text{ 或 } e=\lim_{n\to\infty}\left(1+\frac{1}{n}\right)^n.$$

定理 6.1

$$\frac{d}{dx}\ln x=\frac{1}{x},\ x>0$$

證 利用導函數之定義，

$$f'(x)=\lim_{h\to 0}\frac{f(x+h)-f(x)}{h}$$

令 $f(x)=\ln x$，得

$$f'(x)=\lim_{h\to 0}\frac{\ln(x+h)-\ln x}{h}=\lim_{h\to 0}\frac{1}{h}\ln\left(\frac{x+h}{x}\right)$$

$$=\lim_{h\to 0}\left[\frac{1}{x}\cdot\frac{x}{h}\ln\left(1+\frac{h}{x}\right)\right]=\frac{1}{x}\lim_{h\to 0}\ln\left(1+\frac{h}{x}\right)^{x/h}$$

$$=\frac{1}{x}\ln\left[\lim_{h\to 0}\left(1+\frac{h}{x}\right)^{x/h}\right] \text{（依對數函數的連續性）}$$

$$=\frac{1}{x}\ln e=\frac{1}{x}.$$

故 $\dfrac{d}{dx}\ln x=\dfrac{1}{x}$.

註：有些教科書將自然對數函數定義為 $\ln x = \int_1^x \dfrac{1}{t}\,dt$，$x>0$，利用微積分基本定理，可證得 $\dfrac{d}{dx}\ln x = \dfrac{d}{dx}\int_1^x \dfrac{dt}{t} = \dfrac{1}{x}$。

若 $u = u(x)$ 為可微分函數，則由連鎖法則可得

$$\dfrac{d}{dx}\ln u = \dfrac{1}{u}\dfrac{du}{dx},\quad u>0 \tag{6-1}$$

定理 6.2

若 $u = u(x)$ 為可微分函數，則

$$\dfrac{d}{dx}\ln |u| = \dfrac{1}{u}\dfrac{du}{dx}$$

證 若 $u>0$，則 $\ln|u| = \ln u$，故

$$\dfrac{d}{dx}\ln|u| = \dfrac{d}{dx}\ln u = \dfrac{1}{u}\dfrac{du}{dx}$$

若 $u<0$，則 $\ln|u| = \ln(-u)$，故

$$\dfrac{d}{dx}\ln|u| = \dfrac{d}{dx}\ln(-u) = \dfrac{1}{-u}\dfrac{d}{dx}(-u) = \dfrac{1}{u}\dfrac{du}{dx}.$$

【例題 1】 利用公式

求 $\dfrac{d}{dx}\ln|x^3-1|$。

【解】 $\dfrac{d}{dx}\ln|x^3-1| = \dfrac{1}{x^3-1}\dfrac{d}{dx}(x^3-1)$

$\qquad\qquad = \dfrac{3x^2}{x^3-1}$

【例題 2】 利用公式

若 $y = \ln \sqrt{\dfrac{x^2+1}{x^2-1}}$，求 $\dfrac{dy}{dx}$。

【解】 $\dfrac{dy}{dx} = \dfrac{d}{dx} \ln \sqrt{\dfrac{x^2+1}{x^2-1}} = \dfrac{1}{2} \dfrac{d}{dx} \left(\ln \left| \dfrac{x^2+1}{x^2-1} \right| \right)$

$= \dfrac{1}{2} \dfrac{d}{dx} (\ln |x^2+1| - \ln |x^2-1|)$

$= \dfrac{1}{2} \left[\dfrac{1}{x^2+1} \dfrac{d}{dx}(x^2+1) - \dfrac{1}{x^2-1} \dfrac{d}{dx}(x^2-1) \right]$

$= \dfrac{1}{2} \left(\dfrac{2x}{x^2+1} - \dfrac{2x}{x^2-1} \right) = -\dfrac{2x}{x^4-1} = \dfrac{2x}{1-x^4}$。

【例題 3】 利用連鎖法則

求 $\dfrac{d}{dx} \ln(\ln(\ln x))$。

【解】 $\dfrac{d}{dx} \ln(\ln(\ln x)) = \dfrac{1}{\ln(\ln x)} \dfrac{d}{dx} \ln(\ln x)$ （令 $u = \ln(\ln x)$）

$= \dfrac{1}{\ln(\ln x)} \cdot \dfrac{1}{\ln x} \cdot \dfrac{1}{x}$

$= \dfrac{1}{x \ln x \ln(\ln x)}$

【例題 4】 利用公式

求 $\dfrac{d}{dx} \ln|\sec x + \tan x|$。

【解】 $\dfrac{d}{dx} \ln|\sec x + \tan x| = \dfrac{1}{\sec x + \tan x} \dfrac{d}{dx}(\sec x + \tan x)$

$= \dfrac{1}{\sec x + \tan x} (\sec x \tan x + \sec^2 x)$

$= \sec x$

【例題 5】 利用導數的定義
(1) 試證：$\lim_{x \to 0} (1+x)^{1/x} = e$.
(2) 利用 (1) 的結果，求 $\lim_{x \to 0} (1+5x)^{1/x}$ 的值.

【解】 令 $f(x) = \ln x$，則 $f'(x) = \dfrac{1}{x}$，而 $f'(1) = 1$.

又 $f'(1) = \lim_{h \to 0} \dfrac{f(1+h) - f(1)}{h} = \lim_{x \to 0} \dfrac{f(1+x) - f(1)}{x}$

$= \lim_{x \to 0} \dfrac{\ln(1+x) - \ln 1}{x} = \lim_{x \to 0} \dfrac{1}{x} \ln(1+x)$

$= \lim_{x \to 0} \ln(1+x)^{1/x} = \ln [\lim_{x \to 0} (1+x)^{1/x}]$ (因為 ln 是連續函數)

$= \ln [\lim_{x \to 0} (1+x)^{1/x}] = 1$

故 $\lim_{x \to 0} (1+x)^{1/x} = e$

(2) $\lim_{x \to 0} (1+5x)^{1/x} = \lim_{x \to 0} [(1+5x)^{1/5x}]^5 = [\lim_{x \to 0} (1+5x)^{1/5x}]^5 = e^5$.

【例題 6】 利用微積分基本定理

若 $y = \displaystyle\int_{x^2/2}^{x^2} \ln \sqrt{t} \, dt$，求 $\dfrac{dy}{dx}$.

【解】 $\dfrac{dy}{dx} = \dfrac{d}{dx} \displaystyle\int_{x^2/2}^{x^2} \ln \sqrt{t} \, dt$

$= (\ln \sqrt{x^2}) \dfrac{d}{dx}(x^2) - \left(\ln \sqrt{\dfrac{x^2}{2}} \right) \cdot \dfrac{d}{dx}\left(\dfrac{x^2}{2} \right)$

$= 2x \ln |x| - x \ln \dfrac{|x|}{\sqrt{2}}$.

【例題 7】 利用均值定理

試利用均值定理，證明

$$\dfrac{x-1}{x} < \ln x < x - 1, \ \forall \ x > 1.$$

【解】 當 $x>1$ 時，設 $f(x)=\ln x$，則 $f'(x)=\dfrac{1}{x}$ 且 $f(1)=0$。

依均值定理存在一數 $c\in(1, x)$ 使

$$\dfrac{f(x)-f(1)}{x-1}=f'(c)$$

即 $\dfrac{\ln x-0}{x-1}=\dfrac{1}{c}$，$1<c<x$

或 $\ln x=\dfrac{x-1}{c}$ ……………………………①

又因 $1<c<x \Rightarrow 1>\dfrac{1}{c}>\dfrac{1}{x} \Rightarrow \dfrac{1}{x}<\dfrac{1}{c}<1$

因 $x>1 \Rightarrow x-1>0$，故 $\dfrac{x-1}{x}<\dfrac{x-1}{c}<x-1$ ……………………②

由 ① 與 ② 得知，$\dfrac{x-1}{x}<\ln x<x-1$，$\forall\, x>1$。

定理 6.3

$$\dfrac{d}{dx}\log_a x=\dfrac{1}{x\ln a}$$

證 $\dfrac{d}{dx}\log_a x=\dfrac{d}{dx}\left(\dfrac{\ln x}{\ln a}\right)=\dfrac{1}{\ln a}\dfrac{d}{dx}\ln x=\dfrac{1}{\ln a}\cdot\dfrac{1}{x}=\dfrac{1}{x\ln a}$

若 $u=u(x)$ 為可微分函數，則由連鎖法則可得

$$\dfrac{d}{dx}\log_a u=\dfrac{1}{u\ln a}\dfrac{du}{dx} \qquad (6\text{-}2)$$

定理 6.4

若 $u=u(x)$ 為可微分函數，則

$$\dfrac{d}{dx}\log_a |u|=\dfrac{1}{u\ln a}\dfrac{du}{dx}$$

【例題 8】 利用公式

求 $\dfrac{d}{dx} \log_2 \sqrt{\dfrac{x^2+1}{x^2-1}}$.

【解】
$$\dfrac{d}{dx} \log_2 \sqrt{\dfrac{x^2+1}{x^2-1}} = \dfrac{d}{dx} \left(\dfrac{1}{2} \log_2 \left| \dfrac{x^2+1}{x^2-1} \right| \right)$$

$$= \dfrac{1}{2} \left[\dfrac{d}{dx} \log_2 |x^2+1| - \dfrac{d}{dx} \log_2 |x^2-1| \right]$$

$$= \dfrac{1}{2} \left(\dfrac{2x}{x^2+1} - \dfrac{2x}{x^2-1} \right) \dfrac{1}{\ln 2}$$

$$= \dfrac{2x}{1-x^4} \dfrac{1}{\ln 2}$$

【例題 9】 利用隱微分法

求曲線 $3y - x^2 + \ln(xy) = 2$ 在點 $(1, 1)$ 的切線方程式.

【解】 $3y - x^2 + \ln(xy) = 2 \Rightarrow 3\dfrac{dy}{dx} - 2x + \dfrac{1}{xy}\left(x\dfrac{dy}{dx} + y \right) = 0$

$$\Rightarrow \dfrac{dy}{dx} = \dfrac{2x - \dfrac{1}{x}}{3 + \dfrac{1}{y}}$$

可得 $\left.\dfrac{dy}{dx}\right|_{(1,1)} = \dfrac{2-1}{3+1} = \dfrac{1}{4}$.

所以，在點 $(1, 1)$ 的切線方程式為 $y - 1 = \dfrac{1}{4}(x-1)$，即

$$x - 4y + 3 = 0$$

已知 $y = f(x)$，有時我們利用所謂的 **對數微分法** 求 $\dfrac{dy}{dx}$ 是很方便的. 若 $f(x)$ 牽涉到複雜的積、商或乘冪，則此方法特別有用.

對數微分法的步驟：

1. $\ln |y| = \ln |f(x)|$

2. $\dfrac{d}{dx} \ln |y| = \dfrac{d}{dx} \ln |f(x)|$

3. $\dfrac{1}{y} \dfrac{dy}{dx} = \dfrac{d}{dx} \ln |f(x)|$

4. $\dfrac{dy}{dx} = f(x) \dfrac{d}{dx} \ln |f(x)|$

【例題 10】 利用對數微分法

若 $y = x(x-1)(x^2+1)^3$，求 $\dfrac{dy}{dx}$。

【解】 我們首先寫成

$$\ln |y| = \ln |x(x-1)(x^2+1)^3|$$
$$= \ln |x| + \ln |x-1| + 3 \ln |x^2+1|$$

將上式等號兩邊對 x 微分，可得

$$\dfrac{d}{dx} \ln |y| = \dfrac{d}{dx} \ln |x| + \dfrac{d}{dx} \ln |x-1| + 3 \dfrac{d}{dx} \ln |x^2+1|$$

$$\dfrac{1}{y} \dfrac{dy}{dx} = \dfrac{1}{x} + \dfrac{1}{x-1} + \dfrac{6x}{x^2+1}$$

$$= \dfrac{(x-1)(x^2+1) + x(x^2+1) + 6x^2(x-1)}{x(x-1)(x^2+1)}$$

$$= \dfrac{8x^3 - 7x^2 + 2x - 1}{x(x-1)(x^2+1)}$$

故

$$\dfrac{dy}{dx} = y \cdot \dfrac{8x^3 - 7x^2 + 2x - 1}{x(x-1)(x^2+1)}$$

$$= x(x-1)(x^2+1)^3 \cdot \dfrac{8x^3 - 7x^2 + 2x - 1}{x(x-1)(x^2+1)}$$

$$= (x^2+1)^2 (8x^3 - 7x^2 + 2x - 1)$$

【例題 11】 利用對數微分法

若 $y = \dfrac{x \sqrt[3]{x-5}}{1 + \sin^3 x}$，求 $\dfrac{dy}{dx}$。

【解】 $\ln |y| = \ln \left| \dfrac{x\sqrt[3]{x-5}}{1+\sin^3 x} \right| = \ln |x| + \dfrac{1}{3} \ln |x-5| - \ln |1+\sin^3 x|$

$\dfrac{d}{dx} \ln |y| = \dfrac{d}{dx} \ln |x| + \dfrac{1}{3} \dfrac{d}{dx} \ln |x-5| - \dfrac{d}{dx} \ln |1+\sin^3 x|$

可得 $\dfrac{1}{y} \dfrac{dy}{dx} = \dfrac{1}{x} + \dfrac{1}{3x-15} - \dfrac{3 \sin^2 x \cos x}{1+\sin^3 x}$

故 $\dfrac{dy}{dx} = y \left(\dfrac{1}{x} + \dfrac{1}{3x-15} - \dfrac{3 \sin^2 x \cos x}{1+\sin^3 x} \right)$

$= \dfrac{x\sqrt[3]{x-5}}{1+\sin^3 x} \left(\dfrac{1}{x} + \dfrac{1}{3x-15} - \dfrac{3 \sin^2 x \cos x}{1+\sin^3 x} \right)$

【例題 12】 利用對數微分法

若 $y = (\ln x)^{1/\ln x}$，求 $\dfrac{dy}{dx}$。

【解】 $\ln y = \ln (\ln x)^{1/\ln x} = \left(\dfrac{1}{\ln x} \right) \ln (\ln x)$

$\dfrac{d}{dx} \ln y = \dfrac{d}{dx} \left[\left(\dfrac{1}{\ln x} \right) \ln (\ln x) \right]$

$\dfrac{1}{y} \dfrac{dy}{dx} = \left(\dfrac{1}{\ln x} \right) \dfrac{d}{dx} [\ln (\ln x)] + \ln (\ln x) \dfrac{d}{dx} \left(\dfrac{1}{\ln x} \right)$

$= \left(\dfrac{1}{\ln x} \right) \left(\dfrac{1}{\ln x} \right) \left(\dfrac{1}{x} \right) + \ln (\ln x) \left[\dfrac{-1}{(\ln x)^2} \right] \left(\dfrac{1}{x} \right)$

$= \dfrac{1}{x(\ln x)^2} - \dfrac{\ln (\ln x)}{x(\ln x)^2}$

故 $\dfrac{dy}{dx} = (\ln x)^{1/\ln x} \left[\dfrac{1-\ln (\ln x)}{x(\ln x)^2} \right]$.

對數微分法也可證明

$$\dfrac{d}{dx} u^r = r u^{r-1} \dfrac{du}{dx}$$

其中 r 為實數，$u=u(x)$ 為可微分函數.

證明如下：令 $y=u^r$，則 $\ln y = \ln u^r = r \ln u$，可得

$$\frac{d}{dx} \ln y = \frac{d}{dx} (r \ln u)$$

$$\frac{1}{y} \frac{dy}{dx} = \frac{r}{u} \frac{du}{dx}$$

$$\frac{dy}{dx} = u^r \cdot \frac{r}{u} \cdot \frac{du}{dx} = r u^{r-1} \frac{du}{dx}.$$

故

$$\frac{d}{dx} u^r = r u^{r-1} \frac{du}{dx}.$$

習題 6.1

在 1～18 題中，求 $f'(x)$.

1. $f(x) = \ln (x^4+1)$
2. $f(x) = \ln (5x^2+1)^3$
3. $f(x) = \ln \sqrt{6x+7}$
4. $f(x) = \dfrac{x^2}{\ln x}$
5. $f(x) = \log_5 \left| \dfrac{x^2+1}{x-1} \right|$
6. $f(x) = \ln \sqrt{x} + \sqrt{\ln x}$
7. $f(x) = \ln (\ln x)$
8. $f(x) = \ln (x + \sqrt{x^2-1})$
9. $f(x) = \ln |\csc x - \cot x|$
10. $f(x) = \cos (\ln x)$
11. $f(x) = \ln |\sin x|$
12. $f(x) = \ln |\cos x|$
13. $f(x) = \ln |\tan x|$
14. $f(x) = \ln \sqrt[3]{\dfrac{x^2-1}{x^2+1}}$
15. $f(x) = (x^2+1)[\ln (x^2+1)]^2$
16. $f(x) = \dfrac{\ln x}{2 + \ln x}$
17. $f(x) = \ln (\tan^{-1} x^2)$
18. $f(x) = \ln \sqrt{\dfrac{1+\sin x}{1-\sin x}}$

在 19～22 題中，求 $\dfrac{dy}{dx}$.

19. $y+\ln(xy)=1$
20. $y=\ln(x\tan y)$
21. $x\sin y=1+y\ln x$
22. $\ln(x+y)=\tan^{-1}(xy)$
23. 若 g 為 $f(x)=2x+\ln x$ 的反函數，求 $g'(2)$.
24. 若 g 為 $f(x)=\ln x+\tan^{-1}x$ 的反函數，求 $g'\left(\dfrac{\pi}{4}\right)$.
25. 若 $\ln(2.00)\approx 0.6932$，利用微分求 $\ln(2.01)$ 的近似值.
26. $y=\ln(x^2)$ 與 $y=2\ln x$ 的圖形有何不同？
27. 求 $x^3-x\ln y+y^3=2x+5$ 的圖形在點 $(2,1)$ 的切線方程式.
28. 化學家利用 pH 值描述溶液的酸鹼度。依定義，$\mathrm{pH}=-\log[\mathrm{H}^+]$，此處 $[\mathrm{H}^+]$ 為每升中氫離子的濃度（以莫耳計）。若對某廠牌的醋，估計（百分誤差為 $\pm 0.5\%$）$[\mathrm{H}^+]\approx 6.3\times 10^{-3}$，試計算 pH 值，並利用微分估計計算中的百分誤差.
29. 若 $y=\dfrac{(5x-4)^3}{\sqrt{2x+1}}$，利用對數微分法求 $\dfrac{dy}{dx}$.
30. 若 $y=\dfrac{(2x-3)^4(3x+5)^5}{(5x+4)^6}$，利用對數微分法求 $\dfrac{dy}{dx}$.
31. 若 $y=\dfrac{1+2\cos x}{x^3(2x+1)^7}$，利用對數微分法求 $\dfrac{dy}{dx}$.
32. 試證：若 $x>0$，則 $\ln(1+x)>x-\dfrac{x^2}{2}$.
33. 試證：$\forall\, x>0$，$\ln\left(1+\dfrac{1}{x}\right)>(1+x)^{-1}$.
34. 試證：$\lim\limits_{x\to 0}(1+x)^{1/x}=e$.
35. 試證：對 $x>e$，且 $n>0$，$f(x)=\dfrac{\ln x^n}{x}$ 為遞減函數.
36. 試證：$y=x(\ln x)-4x$ 為微分方程式 $x+y-xy'=0$ 的解.
37. 試求下列函數的相對極值.

 (1) $f(x)=\ln(x^2+2x+3)$ (2) $f(x)=\dfrac{\ln x}{1+(\ln x)^2}$

 (3) $f(x)=x^2\ln x$ (4) $y=x\ln x$

 (5) $y=\dfrac{x^2}{2}-\ln x$

38. 利用均值定理證明：若 $x > -1$，則 $\dfrac{x}{x+1} \leq \ln(x+1) \leq x$。

39. 試利用對數微分法求下列各函數的導函數。

    (1) $y = x^{x^2+4}$ $(x > 0)$
    (2) $y = (x^2+1)^{e^x}$
    (3) $y = x^{\ln x}$ $(x > 0)$
    (4) $y = x^{\sin x}$ $(x > 0)$

6-2　與對數函數有關的積分

定理 6.5

(1) $\displaystyle\int \dfrac{dx}{x} = \ln|x| + C$, $x \neq 0$

(2) $\displaystyle\int \dfrac{du}{u} = \ln|u| + C$, $u \neq 0$

【例題 1】　利用定積分之 u-代換

求 $\displaystyle\int_{-\pi/2}^{\pi/2} \dfrac{4\cos\theta}{3 + 2\sin\theta}\, d\theta$。

【解】　令 $u = 3 + 2\sin\theta$，則 $du = 2\cos\theta\, d\theta$。

當 $\theta = -\dfrac{\pi}{2}$ 時，$u = 1$；當 $\theta = \dfrac{\pi}{2}$ 時，$u = 5$，

故 $\displaystyle\int_{-\pi/2}^{\pi/2} \dfrac{4\cos\theta}{3 + 2\sin\theta}\, d\theta = \int_{1}^{5} \dfrac{2}{u}\, du = 2\ln|u|\Big|_{1}^{5} = 2\ln 5$。

【例題 2】　利用定理 6.5(2) 與定積分基本定理

求 $\displaystyle\int_{0}^{9} \dfrac{2\log(x+1)}{x+1}\, dx$。

【解】 $\displaystyle\int_0^9 \frac{2\log(x+1)}{x+1}dx = \frac{2}{\ln 10}\int_0^9 \frac{\ln(x+1)}{x+1}dx$

$\displaystyle= \frac{2}{\ln 10}\int_0^9 \ln(x+1)\,d(\ln(x+1))$

$\displaystyle= \frac{2}{\ln 10}\left[\frac{(\ln(x+1))^2}{2}\right]\Big|_0^9$

$\displaystyle= \frac{2}{\ln 10}\left[\frac{(\ln 10)^2}{2} - \frac{(\ln 1)^2}{2}\right]$

$= \ln 10.$

【例題 3】 利用 u-代換

求 $\displaystyle\int \frac{4\ln(\ln(x^2))}{x\ln(x^2)}dx.$

【解】 令 $u = \ln(\ln(x^2))$，則

$\displaystyle du = \frac{1}{\ln(x^2)}d(\ln(x^2)) = \frac{1}{\ln(x^2)} \cdot \frac{1}{x^2} \cdot 2x\,dx = \frac{2}{x\ln(x^2)}dx$

故 $\displaystyle\int \frac{4\ln(\ln(x^2))}{x\ln(x^2)}dx = 2\int u\,du = u^2 + C = (\ln(\ln(x^2)))^2 + C.$

定理 6.6　與對數函數有關之三角函數積分

$\displaystyle\int \tan u\,du = -\ln|\cos u| + C = \ln|\sec u| + C$

$\displaystyle\int \cot u\,du = \ln|\sin u| + C = -\ln|\csc u| + C$

$\displaystyle\int \sec u\,du = \ln|\sec u + \tan u| + C$

$\displaystyle\int \csc u\,du = \ln|\csc u - \cot u| + C$

【例題 4】 利用定理 6.6

求 $\int x \sec x^2 \, dx$.

【解】 $\int x \sec x^2 \, dx = \frac{1}{2} \int \sec x^2 \, 2x \, dx = \frac{1}{2} \int \sec x^2 \, d(x^2)$

$= \frac{1}{2} \ln |\sec x^2 + \tan x^2| + C.$

【例題 5】 將分母化成正弦函數的形式

求 $\int_0^{\pi/2} \frac{1}{\sin x + \cos x} \, dx$.

【解】 原積分 $= \int_0^{\pi/2} \frac{1}{\sqrt{2} \left(\frac{1}{\sqrt{2}} \sin x + \frac{1}{\sqrt{2}} \cos x \right)} \, dx$

$= \int_0^{\pi/2} \frac{1}{\sqrt{2} \left(\sin x \cos \frac{\pi}{4} + \cos x \sin \frac{\pi}{4} \right)} \, dx$

$= \frac{1}{\sqrt{2}} \int_0^{\pi/2} \frac{1}{\sin \left(x + \frac{\pi}{4} \right)} \, dx$

$= \frac{1}{\sqrt{2}} \int_0^{\pi/2} \csc \left(x + \frac{\pi}{4} \right) dx$

$= \frac{1}{\sqrt{2}} \ln \left| \csc \left(x + \frac{\pi}{4} \right) - \cot \left(x + \frac{\pi}{4} \right) \right| \Big|_0^{\pi/2}$

$= \frac{1}{\sqrt{2}} [\ln |\sqrt{2} + 1| - \ln |\sqrt{2} - 1|] = \frac{1}{\sqrt{2}} \ln \left| \frac{\sqrt{2} + 1}{\sqrt{2} - 1} \right|.$

習題 6.2

求 1~14 題的積分.

1. $\displaystyle\int \frac{1}{2x-1}\,dx$

2. $\displaystyle\int \frac{dx}{x(\ln x)^2}$

3. $\displaystyle\int \frac{2x}{(x+1)^2}\,dx$

4. $\displaystyle\int_1^e \frac{(1+\ln x)^2}{x}\,dx$

5. $\displaystyle\int \frac{dx}{x\sqrt{\log x}}$

6. $\displaystyle\int_1^{10} \frac{(\log x)^3}{x}\,dx$

7. $\displaystyle\int_0^{\pi/2} \tan \frac{x}{2}\,dx$

8. $\displaystyle\int_2^4 \frac{dx}{9-2x}$

9. $\displaystyle\int [\ln(\ln x)]^4 \frac{1}{(x \ln x)}\,dx$

10. $\displaystyle\int \frac{x \ln(1-x^2)}{1-x^2}\,dx$

11. $\displaystyle\int \frac{\log_2 x}{x}\,dx$

12. $\displaystyle\int \frac{dx}{\sqrt{1-x^2}\left(\dfrac{\pi}{4}+\sin^{-1} x\right)}$

13. $\displaystyle\int \frac{dx}{x\sqrt{x^2-1}\,(\sec^{-1} x)}$

14. $\displaystyle\int_1^e \frac{1-\ln x}{x}\,dx$

15. 試證：$\displaystyle\int \csc x\,dx = \ln|\csc x - \cot x| + C$

16. 試利用定積分之定義求 $\displaystyle\lim_{n\to\infty}\left(\frac{1}{n+1}+\frac{1}{n+2}+\frac{1}{n+3}+\cdots+\frac{1}{2n}\right).$

17. 若 f 在 [0, 1] 為連續的正值函數，試證：

$$\log_a\left(\int_0^1 f(x)\,dx\right) \geqslant \int_0^1 \log_a f(x)\,dx$$

6-3 指數函數的導函數

因指數函數與對數函數互為反函數，故可以利用對數函數的導函數公式去求指數函數的導函數公式．首先，我們考慮以 e 為底的指數函數．

設 $y=e^x$，則 $\ln y=x$，可得

$$\frac{1}{y}\frac{dy}{dx}=1$$

故

$$\frac{dy}{dx}=y$$

定理 6.7

$$\frac{d}{dx}e^x=e^x$$

若 $u=u(x)$ 為可微分函數，則由連鎖法則可得

$$\frac{d}{dx}e^u=e^u\frac{du}{dx} \tag{6-3}$$

對以正數 a ($a \neq 1$) 為底的指數函數 a^x 微分時，可先予以換底，即

$$a^x=e^{\ln a^x}=e^{x\ln a}$$

再將它微分，可得到下面的定理．

定理 6.8

$$\frac{d}{dx}a^x=a^x\ln a$$

若 $u=u(x)$ 為可微分函數，則由連鎖法則可得

$$\frac{d}{dx} a^u = a^u (\ln a) \frac{du}{dx} \tag{6-4}$$

【例題 1】 令 $f(x)=e^x$，利用 $f'(0)$ 之定義

試利用導數之定義，證明：$\lim\limits_{h \to 0} \dfrac{e^h-1}{h}=1$.

【解】 令 $f(x)=e^x$，因為 $f'(0)=\lim\limits_{h \to 0} \dfrac{f(0+h)-f(0)}{h}=\lim\limits_{h \to 0} \dfrac{e^{0+h}-e^0}{h}$

$$=\lim_{h \to 0} \frac{e^h-1}{h}$$

而 $f'(0)=\dfrac{d}{dx} e^x \Big|_{x=0}=e^x \Big|_{x=0}=e^0=1$，故 $\lim\limits_{h \to 0} \dfrac{e^h-1}{h}=1$.

【例題 2】 利用微積分基本定理

若 f 為一連續函數使得

$$\int_0^x f(t)\,dt = xe^{3x} + \int_0^x e^{-t} f(t)\,dt, \; \forall\, x \in \mathbb{R} \; \text{且}\; x \neq 0.$$

試求 $f(x)$ 之顯函數表示式.

【解】 等號兩端對 x 微分，得：

$$\frac{d}{dx} \int_0^x f(t)\,dt = \frac{d}{dx} \left[xe^{3x} + \int_0^x e^{-t} f(t)\,dt \right]$$

$$f(x) = x \frac{d}{dx} e^{3x} + e^{3x} + e^{-x} f(x) = 3xe^{3x} + e^{3x} + e^{-x} f(x)$$

$$(1-e^{-x}) f(x) = e^{3x}(3x+1)$$

故 $$f(x) = \frac{e^{3x}(3x+1)}{1-e^{-x}}.$$

【例題 3】 利用微分基本定理

若 $y = \displaystyle\int_{e^{4\sqrt{x}}}^{e^{2x}} \ln t\,dt$，求 $\dfrac{dy}{dx}$.

【解】 $\dfrac{dy}{dx} = \dfrac{d}{dx}\displaystyle\int_{e^{\sqrt[4]{x}}}^{e^{2x}} \ln t \, dt = \ln e^{2x} \dfrac{d}{dx} e^{2x} - \ln e^{\sqrt[4]{x}} \dfrac{d}{dx} e^{\sqrt[4]{x}}$

$= (2x)(2e^{2x}) - \sqrt[4]{x} \, (e^{\sqrt[4]{x}}) \dfrac{d}{dx} \sqrt[4]{x} = 4xe^{2x} - \sqrt[4]{x} \, e^{\sqrt[4]{x}} \left(\dfrac{2}{\sqrt{x}}\right)$

$= 4xe^{2x} - 8e^{\sqrt[4]{x}}.$

【例題 4】 隱函數微分法

求曲線 $2e^{xy} = x + y$ 在點 $(0, 2)$ 之切線方程式.

【解】 利用隱微分法, 等號兩邊對 x 微分,

$$2\dfrac{d}{dx} e^{xy} = \dfrac{d}{dx}(x+y)$$

$$2e^{xy} \dfrac{d}{dx}(xy) = 1 + \dfrac{dy}{dx}$$

$$2e^{xy}\left(x\dfrac{dy}{dx} + y\right) = 1 + \dfrac{dy}{dx}$$

$$(2xe^{xy} - 1)\dfrac{dy}{dx} = 1 - 2ye^{xy}$$

$$\dfrac{dy}{dx} = \dfrac{1 - 2ye^{xy}}{2xe^{xy} - 1}$$

可得 $m = \dfrac{dy}{dx}\bigg|_{(0,2)} = \dfrac{1-4}{-1} = 3$

故切線方程式為 $y - 2 = 3(x - 0)$
即 $3x - y + 2 = 0$

【例題 5】 隱函數微分法

已知 $\ln(\ln y) = \displaystyle\int_{1}^{e^{x^2}} \sqrt{t} \, dt$, 求 $\dfrac{dy}{dx}$.

【解】 由隱函數微分法，得

$$\frac{d}{dx}\ln(\ln y)=\frac{d}{dx}\int_{1}^{e^{x^2}}\sqrt{t}\,dt$$

$$\Rightarrow \frac{1}{\ln y}\frac{d}{dx}\ln y=\sqrt{e^{x^2}}\frac{d}{dx}e^{x^2}$$

$$\Rightarrow \frac{1}{\ln y}\frac{1}{y}\frac{dy}{dx}=\sqrt{e^{x^2}}\cdot e^{x^2}\frac{d}{dx}(x^2)$$

$$\Rightarrow \frac{dy}{dx}=(\sqrt{e^{x^2}}\,e^{x^2}\cdot 2x)(y\ln y)=2xy\sqrt{e^{x^2}}\,e^{x^2}\ln y$$

【例題 6】 化 $y=x^{2x}$ $(x>0)$ 為自然指數函數或利用對數微分法

若 $y=x^{2x}$ $(x>0)$，求 $\dfrac{dy}{dx}$。

【解】 因 x^{2x} 的指數為一變數，故不可利用冪法則；同理，因底不為常數，故無法利用 (6-4) 式．

方法 1：$y=x^{2x}=e^{2x\ln x}$

$$\Rightarrow \frac{dy}{dx}=\frac{d}{dx}e^{2x\ln x}=e^{2x\ln x}\frac{d}{dx}(2x\ln x)$$

$$=e^{2x\ln x}\left(2x\frac{d}{dx}\ln x+2\ln x\frac{d}{dx}x\right)$$

$$=x^{2x}(2+2\ln x)=2x^{2x}(1+\ln x)$$

方法 2： $y=x^{2x}\Rightarrow \ln y=2x\ln x\Rightarrow \dfrac{d}{dx}\ln y=\dfrac{d}{dx}(2x\ln x)$

$$\Rightarrow \frac{1}{y}\frac{dy}{dx}=2x\frac{d}{dx}\ln x+2\ln x\frac{d}{dx}x=2+2\ln x$$

故 $$\frac{dy}{dx}=y(2+2\ln x)=2x^{2x}(1+\ln x)$$

【例題 7】 求函數之極值

求 $f(x)=e^{-x^2}$ 的相對極值，討論凹性並找出反曲點。

【解】 $f'(x)=-2xe^{-x^2}$，$f''(x)=2e^{-x^2}(2x^2-1)$，解方程式 $f'(x)=0$，可得 f 的臨界數為 0，因 $f''(0)=-2<0$，故由二階導數判別法可知 $f(0)=1$ 為 f 的相對極大值。

解方程式 $f''(x)=0$，可得 $x=\pm\dfrac{\sqrt{2}}{2}$，我們作出二階導數之正負符號圖：

$f''(x)>0$	$-\dfrac{\sqrt{2}}{2}$	$f''(x)<0$	$\dfrac{\sqrt{2}}{2}$	$f''(x)>0$
上凹		下凹		上凹

因此，反曲點為 $\left(-\dfrac{\sqrt{2}}{2},\dfrac{\sqrt{e}}{e}\right)$ 與 $\left(\dfrac{\sqrt{2}}{2},\dfrac{\sqrt{e}}{e}\right)$，如圖 6-1 所示。

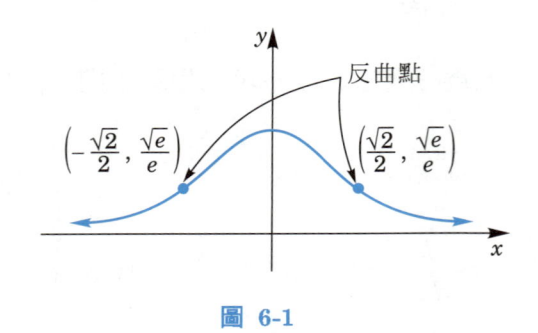

圖 6-1

習題 6.3

在 1～13 題中，求 $f'(x)$。

1. $f(x)=e^{1-x^3}$
2. $f(x)=\sqrt{1+e^{2x}}$
3. $f(x)=e^{(\cos x+\ln x)}$
4. $f(x)=7^{\sqrt{x^2+9}}$
5. $f(x)=\dfrac{e^x-e^{-x}}{e^x+e^{-x}}$
6. $f(x)=3^{\log_2 x}$
7. $f(x)=4^{\cos 3x}$
8. $f(x)=x^\pi \pi^x$
9. $f(x)=2^{3^x}$
10. $f(x)=\ln(\cos e^{-x})$
11. $f(x)=\dfrac{e^x}{\ln x}$

12. $f(x) = \dfrac{a}{1+be^{-x}}$ (a 與 b 皆為常數)

13. $f(x) = \log(2^{x^2})$

14. 若 $x^y = y^x$ ($x>0$, $y>0$)，求 $\dfrac{dy}{dx}$.

在 15～23 題中，試利用例題 6 的方法，求 $\dfrac{dy}{dx}$.

15. $y = (x^e)^x$
16. $y = x^{(e^x)}$
17. $y = (x^x)^x$
18. $y = x^{x^x}$
19. $y = (\ln x)^x$
20. $y = x^{\ln x}$
21. $y = (1+x)^{1/x}$
22. $y = x^{\sin x}$
23. $y = (\ln x)^{\tan x}$

24. 試證：對於任意常數 A 與 B，函數 $y = Ae^{2x} + Be^{-4x}$ 滿足方程式

$$y'' + 2y' - 8y = 0.$$

25. 試證：方程式 $e^{1/x} - e^{-1/x} = 0$ 無任何解.

26. 求一函數 $y = f(x)$ 使得 $e^y - e^{-y} = x$.

27. 設 $f(x) = xe^{x^2}$，若 x 由 1.00 變到 1.01，利用微分求 f 的變化量的近似值. $f(1.01)$ 的近似值為何？

28. 令 $f(x) = e^{|x|}$.
    (1) f 在 $x=0$ 為連續嗎？
    (2) f 在 $x=0$ 為可微分嗎？
    (3) 作 f 的圖形.

在 29～32 題中，利用導數的定義求極限.

29. $\lim\limits_{x \to 0} \dfrac{e^{2x} - e^x}{x}$

30. $\lim\limits_{x \to 0} \dfrac{1 - e^{-x}}{x}$

31. $\lim\limits_{x \to 0} \dfrac{a^x - 1}{x}$ ($a>0$, $a \neq 1$)

32. $\lim\limits_{x \to \infty} x(e^{1/x} - 1)$

33. 某電路中的電流在時間 t 為 $I(t) = I_0 e^{-Rt/L}$，其中 R 為電阻，L 為電感，I_0 為在時間 $t=0$ 的電流，試證：電流在任何時間 t 的變化率與 $I(t)$ 成比例.

34. 若 $f(x) = x + x^2 + e^x$ 且 $g(x) = f^{-1}(x)$，試求 $g'(1)$.

35. 令 $f(x) = e^{2x} + 2e^x + 1$.
    (1) 試證 f 有反函數 f^{-1}.
    (2) 求 $f^{-1}(x)$ 與 $(f^{-1})'(x)$.
    (3) 求在 f^{-1} 的圖形上點 $(4, 0)$ 之切線方程式.

36. 求下列函數的相對極值.
    (1) $f(x) = e^{2x} + e^{-2x}$

(2) $f(x)=x^x$

(3) $f(x)=x^2e^{-x}$

37. 試證：$e^\pi > \pi^e$.

38. 試證：$\lim_{n\to\infty}\left(1+\dfrac{x}{n}\right)^n=e^x$, $\forall\, x>0$.

39. 試證：$f(x)=\dfrac{x}{e^x-1}-\ln(1-e^{-x})$ 為遞減函數.

40. 若 $f(x)=\displaystyle\int_1^{e^x}\dfrac{2\ln t}{t}\,dt$，試求：

(1) $\dfrac{df}{dx}$

(2) $f(0)$

(3) 有關 $f(x)$ 之圖形為何？並說明理由.

41. 試證：$y=x\displaystyle\int_0^x e^{t^2}\,dt$ 滿足微分方程式 $xy'-y=x^2e^{x^2}$.

42. 在統計學裡，**常態分配函數** f 定義為

$$f(x)=\dfrac{1}{\sqrt{2\pi}\,\sigma}e^{(-1/2)[(x-\mu)/\sigma]^2}$$

其中 μ 與 σ 皆為常數，而 $\sigma>0$，$-\infty<\mu<\infty$.
(1) 求 f 的相對極值與反曲點.
(2) 作 f 的圖形.

6-4　與指數函數有關的積分

由於自然指數函數 $f(x)=e^x$ 的導函數為其本身，故其不定積分亦為其本身，只需加上一個不定積分常數.

定理 6.9

(1) $\displaystyle\int e^x\,dx=e^x+C$　　(2) $\displaystyle\int e^u\,du=e^u+C$

【例題 1】 利用 u-代換

求 $\displaystyle\int \frac{xe^{\tan^{-1}x^2}}{1+x^4}\,dx$.

【解】 令 $u=\tan^{-1}x^2$，則 $du=\dfrac{2x}{1+x^4}\,dx$，

故
$$\int \frac{xe^{\tan^{-1}x^2}}{1+x^4}\,dx = \frac{1}{2}\int e^u\,du$$
$$= \frac{1}{2}e^u + C = \frac{1}{2}e^{\tan^{-1}x^2} + C.$$

【例題 2】 利用定積分之 u-代換

求 $\displaystyle\int_0^{\ln 5} e^x(3e^x+1)^{-3/2}\,dx$.

【解】 令 $u=3e^x+1$，則 $du=3e^x\,dx$。
當 $x=0$ 時，$u=4$；當 $x=\ln 5$ 時，$u=16$。

故
$$\int_0^{\ln 5} e^x(3e^x+1)^{-3/2}\,dx = \int_4^{16} \frac{1}{3}u^{-3/2}\,du = -\frac{2}{3}u^{-1/2}\Big|_4^{16}$$
$$= -\frac{2}{3}(16^{-1/2}-4^{-1/2})$$
$$= -\frac{2}{3}\left(\frac{1}{4}-\frac{1}{2}\right) = \frac{1}{6}.$$

【例題 3】 將黎曼和之極限表成定積分

試求 $\displaystyle\lim_{n\to\infty}\frac{1}{n}(e^{1/n}+e^{2/n}+\cdots+e^{(n-1)/n}+e^{n/n})$.

【解】 $\displaystyle\lim_{n\to\infty}\frac{1}{n}(e^{1/n}+e^{2/n}+\cdots+e^{(n-1)/n}+e^{n/n}) = \lim_{n\to\infty}\frac{1}{n}\sum_{i=1}^{n}e^{i/n}$

$$= \lim_{n \to \infty} \frac{1-0}{n} \sum_{i=1}^{n} e^{0+i\frac{1-0}{n}}, \text{ 而 } f(x)=e^x$$

$$= \int_0^1 e^x \, dx = e^x \Big|_0^1 = e - e^0$$

$$= e - 1.$$

由於一般指數函數的導函數公式為 $\dfrac{d}{dx} a^x = a^x \ln a$，我們可推出其不定積分公式．

定理 6.10

(1) $\displaystyle\int a^x \, dx = \dfrac{a^x}{\ln a} + C, \ a \neq 1$

(2) $\displaystyle\int a^u \, du = \dfrac{a^u}{\ln a} + C, \ a \neq 1$

【例題 4】 利用定積分之 u-代換

求 $\displaystyle\int_0^{\pi/4} \left(\dfrac{1}{3}\right)^{\tan x} \sec^2 x \, dx$．

【解】 令 $u = \tan x$，則 $du = \sec^2 x \, dx$．

當 $x=0$ 時，$u=0$；當 $x=\dfrac{\pi}{4}$ 時，$u=1$．

$$\int_0^{\pi/4} \left(\dfrac{1}{3}\right)^{\tan x} \sec^2 x \, dx = \int_0^1 \left(\dfrac{1}{3}\right)^u du = \dfrac{\left(\dfrac{1}{3}\right)^u}{\ln\left(\dfrac{1}{3}\right)} \Bigg|_0^1$$

$$= \left(-\dfrac{1}{\ln 3}\right)\left[\left(\dfrac{1}{3}\right)^1 - \left(\dfrac{1}{3}\right)^0\right] = \dfrac{2}{3 \ln 3}.$$

【例題 5】 利用定積分之 u-代換

求 $\displaystyle\int_{1}^{2}\frac{2^{\ln x}}{x}dx$.

【解】 令 $u=\ln x$，則 $du=\dfrac{1}{x}dx$.

當 $x=1$ 時，$u=0$；當 $x=2$ 時，$u=\ln 2$.

$$\int_{1}^{2}\frac{2^{\ln x}}{x}dx=\int_{0}^{\ln 2}2^{u}\,du=\left.\frac{2^{u}}{\ln 2}\right|_{0}^{\ln 2}=\frac{1}{\ln 2}(2^{\ln 2}-2^{0})=\frac{2^{\ln 2}-1}{\ln 2}.$$

習題 6.4

求 1～13 題中的積分.

1. $\displaystyle\int e^{3x+1}\,dx$
2. $\displaystyle\int \sin x e^{\cos x}\,dx$
3. $\displaystyle\int_{0}^{2}\frac{e^{x}}{1+e^{x}}\,dx$

4. $\displaystyle\int \frac{e^{\sqrt[3]{x}}}{\sqrt[3]{x^{2}}}\,dx$
5. $\displaystyle\int_{1}^{2}\frac{e^{4/x}}{x^{2}}\,dx$
6. $\displaystyle\int \frac{e^{2x}}{e^{x}+1}\,dx$

7. $\displaystyle\int \frac{10^{\sqrt{x}}}{\sqrt{x}}\,dx$
8. $\displaystyle\int (x^{\sqrt{3}}+\sqrt{3}^{x})\,dx$
9. $\displaystyle\int x^{4x}(1+\ln x)\,dx$

10. $\displaystyle\int (4-x)^{2}\,5^{(4-x)^{3}}\,dx$
11. $\displaystyle\int_{1}^{4}\frac{dx}{\sqrt{x}\ e^{\sqrt{x}}}$
12. $\displaystyle\int \frac{10^{x}+10^{-x}}{10^{x}-10^{-x}}\,dx$

13. $\displaystyle\int \frac{dx}{e^{x}+2}$

14. 利用定積分之定義求 $\displaystyle\lim_{n\to\infty}\left(\frac{1+\sqrt[n]{e}+\sqrt[n]{e^{2}}+\cdots+\sqrt[n]{e^{n-1}}}{n}\right)$.

∑ *6-5 應用（指數的成長律與衰變律）

在許多應用問題裡，例如，細菌繁殖問題、人口成長問題、放射性物質之衰退問題，都會用到與時間 t 有關的指數函數.

定理 6.11

設某數量 y 為 t 的函數，且其變化率 (對於時間) 與當時的數量成正比，即 $\dfrac{dy}{dt} \propto y$，設比例常數為 k，則

$$\frac{dy}{dt} = ky$$

(若 y 隨 t 增加而增加，則 $k>0$；否則 $k<0$) 此一**微分方程式**的解為：

$$y = y_0 e^{kt} \tag{6-5}$$

其中 y_0 表 $t=0$ 時的數量。

在定理 6.11 中，當 $k>0$ 時，k 稱為**成長常數**，故 (6-5) 式稱為**自然指數成長**；當 $k<0$ 時，k 稱為**衰變常數**，故 (6-5) 式稱為**自然指數衰變**，如圖 6-2 所示。

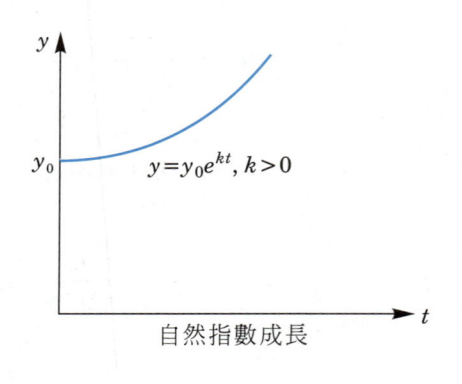

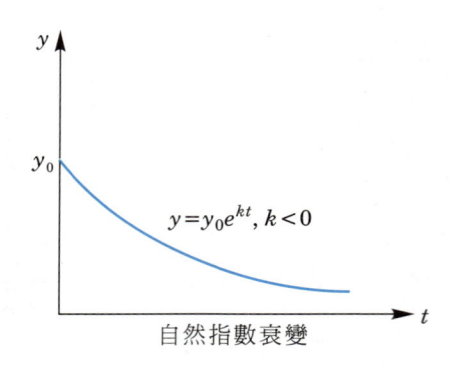

自然指數成長　　　　　　　自然指數衰變

圖 6-2

證 我們假設 $y \neq 0$，利用變數分離法，可得

$$\frac{dy}{y} = k\, dt$$

$$\int \frac{dy}{y} = \int k\, dt$$

$$\ln |y| = kt + C_1$$

即
$$|y|=e^{kt+C_1}=e^{C_1}e^{kt}$$
故
$$y=\pm e^{C_1}e^{kt}$$

此 y 值代表所有不爲零之解（而 $y=0$ 亦爲一解），故我們可將通解寫成

$$y=Ce^{kt}, \quad C \text{ 爲任意常數}.$$

又當 $t=0$ 時，$y=y_0$，代入上式可得

$$y(0)=y_0=Ce^0=C$$

故 $y=y_0e^{kt}$ 爲

$$\begin{cases} \dfrac{dy}{dt}=kt \\ y(0)=y_0 \end{cases} \text{的解}.$$

【例題 1】 自然指數成長

在某一適合細菌繁殖的環境中，中午 12 點時，細菌數估計約爲 10000 個，2 個小時後約爲 40000 個，問在下午 5 點時，細菌總數爲多少？

【解】 假設微分方程式 $\dfrac{dy}{dt}=ky$ 滿足此條件，其通解爲 $y=Ce^{kt}$。現有兩個條件，即 $t=0$ 時，$y=10000$；$t=2$ 時，$y=40000$。

故
$$C=10000$$

由此得到
$$40000=10000e^{2k}$$

解得
$$k=\frac{1}{2}\ln 4 \approx 0.693$$

故
$$y=10000e^{0.693t}$$

當 $t=5$ 時，求得 $y=10000e^{0.693\times 5} \approx 319765$。

【例題 2】 自然指數衰變

C^{14} 的半衰期為 5730 年，亦即經過 5730 年 C^{14} 的量會衰減至原有量的一半。如果 C^{14} 的現有量為 50 克，

(1) 2000 年後，C^{14} 的剩餘量將是多少？

(2) 多少年後，C^{14} 會衰減至 20 克？

【解】

(1) 假設 t 年後，C^{14} 的剩餘量為

$$y(t) = y_0 e^{kt} = 50 e^{kt}$$

則

$$y(5730) = 50 e^{5730k} = 25$$

$$e^{5730k} = \frac{1}{2}$$

$$5730\, k = \ln \frac{1}{2} = \ln 1 - \ln 2 = -\ln 2$$

$$k = \frac{-\ln 2}{5730}$$

故

$$y(t) = 50\, e^{(-\ln 2/5730)t}$$

將 $t = 2000$ 代入上式，可得

$$y(2000) = 50\, e^{(-\ln 2/5730) \times 2000} \approx 39.26$$

(2)

$$20 = 50\, e^{(-\ln 2/5730)t}$$

$$e^{(-\ln 2/5730)t} = 0.4$$

$$-\frac{\ln 2}{5730}\, t = \ln 0.4$$

$$t = -\frac{5730 \times \ln 0.4}{\ln 2} \approx 7574.6$$

習題 6.5

1. 試解下列之初期值問題.

(1) $\begin{cases} \dfrac{dy}{dt} = -5y \\ y(0) = 4 \end{cases}$ (2) $\begin{cases} \dfrac{dy}{dt} = 0.006y \\ y(10) = 2 \end{cases}$

2. 某一培養基中細菌的數目在 10 小時內從 5000 增加到 15000，設其增加的速率與目前細菌的數目成正比，求培養基中細菌在任何時間 t 的數目表示式，並估計 20 小時末的數目。
3. 假設某城鎮於 1970 年 1 月的人口數為 200 萬，並假設人口的成長率與當時的人口數成正比，亦即比例常數為每年 0.01，試問該城鎮的人口數何時會超過 300 萬？
4. 有一種放射性物質的半衰期為 810 年，現有此物質 10 克，問 300 年後剩下多少？

*6-6 雙曲線函數

在本節中，我們將研究 e^x 與 e^{-x} 的某些組合，稱為**雙曲線函數**，這些函數有很多工程上的應用。因它們的性質與三角函數有許多類似，故其名稱與符號皆仿照三角函數。

定義 6.2

雙曲線正弦函數，記為 sinh，與**雙曲線餘弦函數**，記為 cosh，定義如下：

$$\sinh x = \frac{e^x - e^{-x}}{2}, \quad -\infty < x < \infty$$

$$\cosh x = \frac{e^x + e^{-x}}{2}, \quad -\infty < x < \infty$$

$y = \sinh x$ 與 $y = \cosh x$ 的圖形如圖 6-3 所示。

我們舉出雙曲線餘弦函數如何發生在物理問題中的例子來說明。考慮懸掛在同一高度的兩點之間的均勻柔軟電纜 (例如，懸掛在兩桿之間的電線)，此電纜構成一條曲線，稱為**懸鏈線**。若我們引進一坐標系使得電纜的最低點發生在 y-軸上的 $(0, a)$ 處，此處 $a > 0$，則利用物理的原理，可得電纜所形成曲線的方程式為

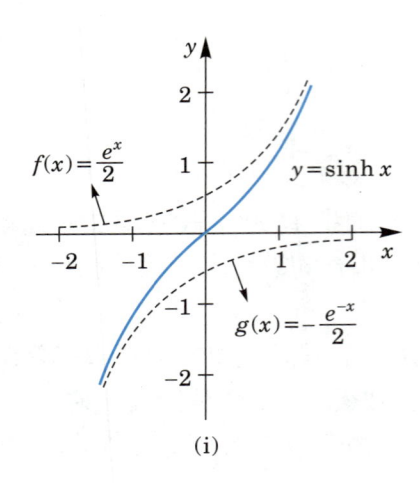

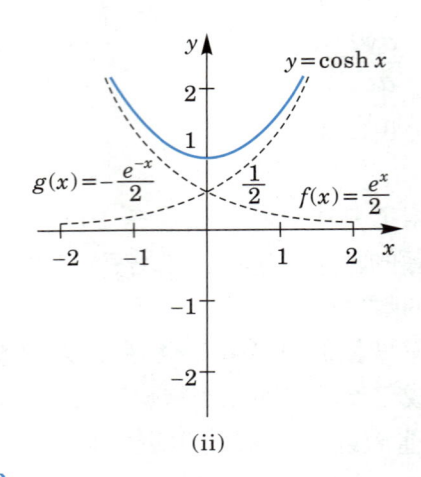

圖 6-3

$$y = a \cosh \frac{x}{a}$$

此處 a 與電纜的張力以及物理性質有關 (圖 6-4)。

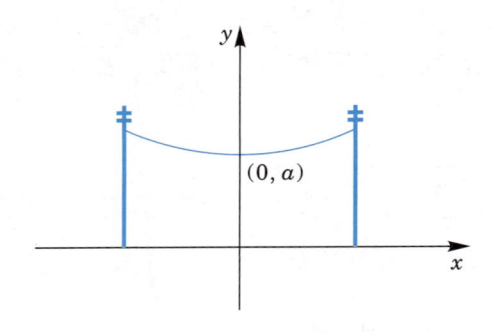

圖 6-4　$y = a \cosh \dfrac{x}{a}$

如同三角函數，我們可依次將**雙曲線正切函數 tanh**、**雙曲線餘切函數 coth**、**雙曲線正割函數 sech** 與 **雙曲線餘割函數 csch**，定義如下：

定義 6.3

$$\tanh x = \frac{\sinh x}{\cosh x} = \frac{e^x - e^{-x}}{e^x + e^{-x}}, \quad -\infty < x < \infty$$

$$\coth x = \frac{\cosh x}{\sinh x} = \frac{e^x + e^{-x}}{e^x - e^{-x}}, \quad x \neq 0$$

$$\text{sech } x = \frac{1}{\cosh x} = \frac{2}{e^x + e^{-x}}, \quad -\infty < x < \infty$$

$$\text{csch } x = \frac{1}{\sinh x} = \frac{2}{e^x - e^{-x}}, \quad x \neq 0$$

其圖形如圖 6-5 所示．

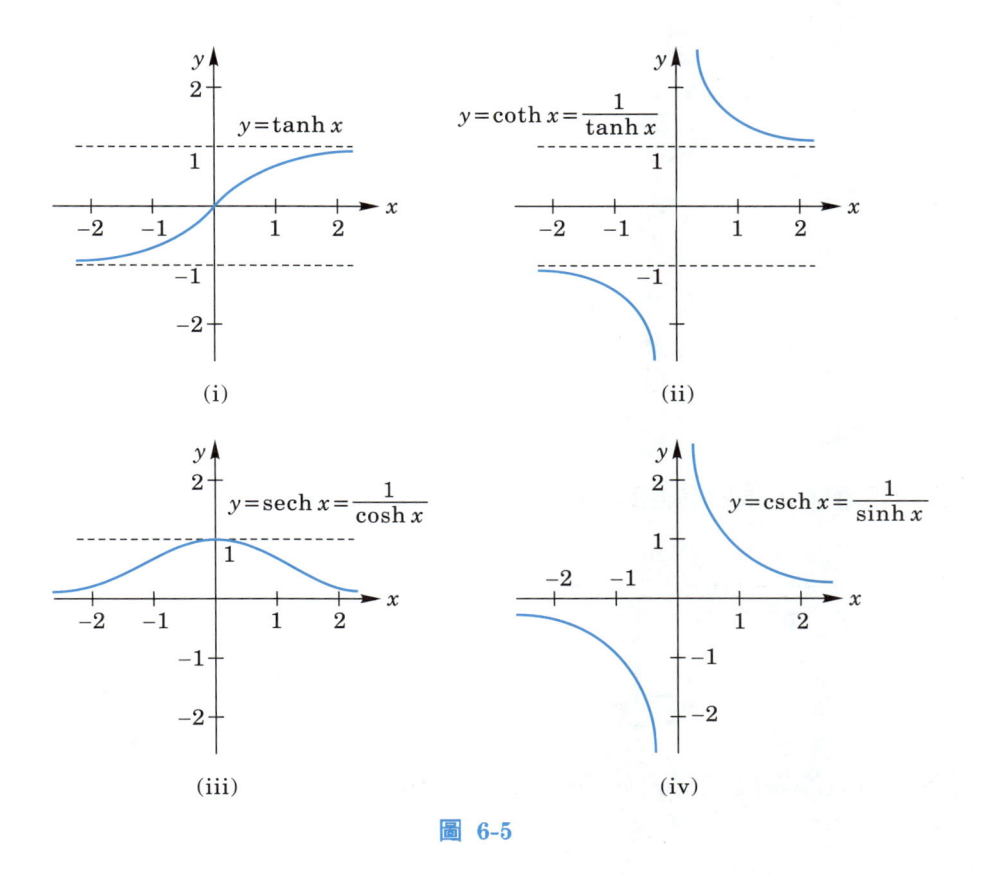

圖 6-5

雙曲線函數的一些恆等式與三角函數的恆等式也很類似，我們僅予以列出，其證明留給讀者．

$$\sinh(-x) = -\sinh x, \quad \cosh(-x) = \cosh x$$
$$\cosh^2 x - \sinh^2 x = 1$$
$$\tanh^2 x + \text{sech}^2 x = 1$$
$$\coth^2 x - \text{csch}^2 x = 1$$

$$\sinh(x\pm y) = \sinh x \cosh y \pm \cosh x \sinh y$$
$$\cosh(x\pm y) = \cosh x \cosh y \pm \sinh x \sinh y$$
$$\sinh 2x = 2\sinh x \cosh x$$
$$\cosh 2x = \cosh^2 x + \sinh^2 x = 2\cosh^2 x - 1 = 1 + 2\sinh^2 x$$

註：恆等式 $\cosh^2 x - \sinh^2 x = 1$ 告訴我們點 $(\cosh\theta, \sinh\theta)$ 在雙曲線 $x^2 - y^2 = 1$ 的右枝上，這就是取名為雙曲線函數的緣故（見圖 6-6）。

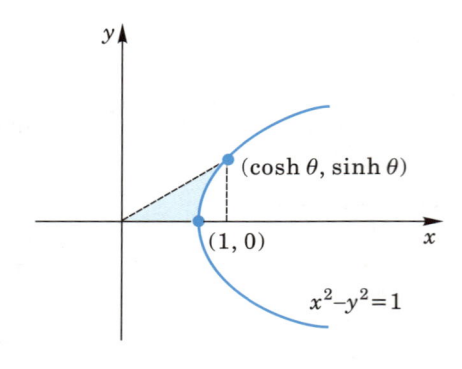

圖 6-6

我們由定義 6.2 很容易得到 $\sinh x$ 與 $\cosh x$ 的導函數公式。例如，

$$\frac{d}{dx}\sinh x = \frac{d}{dx}\left(\frac{e^x - e^{-x}}{2}\right) = \frac{e^x + e^{-x}}{2} = \cosh x$$

同理，
$$\frac{d}{dx}\cosh x = \sinh x$$

其餘雙曲線函數的導函數可由先將這些雙曲線函數用 $\sinh x$ 與 $\cosh x$ 來表示再求得。

$$\frac{d}{dx}\tanh x = \frac{d}{dx}\left(\frac{\sinh x}{\cosh x}\right)$$
$$= \frac{\cosh x \frac{d}{dx}\sinh x - \sinh x \frac{d}{dx}\cosh x}{\cosh^2 x}$$
$$= \frac{\cosh^2 x - \sinh^2 x}{\cosh^2 x} = \frac{1}{\cosh^2 x} = \operatorname{sech}^2 x$$

定理 6.12

若 $u=u(x)$ 為可微分函數，則

$$\frac{d}{dx}\sinh u = \cosh u \frac{du}{dx} \qquad \frac{d}{dx}\cosh u = \sinh u \frac{du}{dx}$$

$$\frac{d}{dx}\tanh u = \operatorname{sech}^2 u \frac{du}{dx} \qquad \frac{d}{dx}\coth u = -\operatorname{csch}^2 u \frac{du}{dx}$$

$$\frac{d}{dx}\operatorname{sech} u = -\operatorname{sech} u \tanh u \frac{du}{dx} \qquad \frac{d}{dx}\operatorname{csch} u = -\operatorname{csch} u \coth u \frac{du}{dx}$$

註：除了正負號形式的差異外，這些公式與三角函數的導函數公式相似．

由雙曲線函數的公式，可導出不定積分公式．

定理 6.13

$$\int \cosh u \, du = \sinh u + C$$

$$\int \sinh u \, du = \cosh u + C$$

$$\int \operatorname{sech}^2 u \, du = \tanh u + C$$

$$\int \operatorname{csch}^2 u \, du = -\coth u + C$$

$$\int \operatorname{sech} u \tanh u \, du = -\operatorname{sech} u + C$$

$$\int \operatorname{csch} u \coth u \, du = -\operatorname{csch} u + C$$

【例題 1】 利用定理 6.12

若 $y = \cosh \sqrt{x}$，求 $\dfrac{dy}{dx}$．

【解】 $\dfrac{dy}{dx} = \dfrac{d}{dx} \cosh \sqrt{x} = \sinh \sqrt{x} \; \dfrac{d}{dx} \sqrt{x} = \dfrac{\sinh \sqrt{x}}{2\sqrt{x}}.$

【例題 2】 利用公式

若 $y = \ln \tanh x$，求 $\dfrac{dy}{dx}$.

【解】 $\dfrac{dy}{dx} = \dfrac{d}{dx} \ln \tanh x = \dfrac{1}{\tanh x} \; \dfrac{d}{dx} \tanh x = \dfrac{\operatorname{sech}^2 x}{\tanh x}$

$\qquad\qquad = \dfrac{2}{\sinh 2x}.$

【例題 3】 隱函數微分法

若 $\sinh(xy) = ye^x$，求 $\dfrac{dy}{dx}$.

【解】 $\dfrac{d}{dx} \sinh(xy) = \dfrac{d}{dx}(ye^x)$

$$\cosh(xy)\left(x\dfrac{dy}{dx} + y\right) = ye^x + e^x \dfrac{dy}{dx},$$

即，
$$[x\cosh(xy) - e^x]\dfrac{dy}{dx} = y[e^x - \cosh(xy)]$$

故
$$\dfrac{dy}{dx} = \dfrac{y[e^x - \cosh(xy)]}{x\cosh(xy) - e^x}.$$

【例題 4】 u-代換

求 $\displaystyle\int \sinh 4x \cosh^3 4x \, dx.$

【解】 令 $u = \cosh 4x$，則 $du = 4\sinh 4x \, dx$，$\sinh 4x \, dx = \dfrac{du}{4}$，

故 $\displaystyle\int \sinh 4x \cosh^3 4x \, dx = \dfrac{1}{4}\int u^3 \, du = \dfrac{1}{16} u^4 + C$

$$= \frac{1}{16} \cosh^4 4x + C$$

【例題 5】 定積分之 u-代換

求 $\displaystyle\int_0^3 \sinh \frac{x}{3} dx$.

【解】 令 $u = \dfrac{x}{3}$, 則 $du = \dfrac{1}{3} dx$, 當 $x=0$ 時, $u=0$; 當 $x=3$, $u=1$.

故 $\displaystyle\int_0^3 \sinh \frac{x}{3} dx = 3 \int_0^1 \sinh u\, du = 3 \cosh u \Big|_0^1$

$$= 3 \cosh(1) - 3 \cosh(0) = 3\left(\frac{e + e^{-1}}{2}\right) - 3$$

習題 6.6

在 1~6 題中, 求 $\dfrac{dy}{dx}$.

1. $y = \sinh(2x^2 + 3)$
2. $y = \operatorname{csch}\left(\dfrac{x}{2}\right)$
3. $y = \sqrt{\operatorname{sech} 5x}$
4. $y = e^{3x} \operatorname{sech} x$
5. $y = \dfrac{1}{1 + \tanh x}$
6. $y = \dfrac{1 + \cosh x}{1 - \cosh x}$

7. 若 $x^2 \tanh y = \ln y$, 求 $\dfrac{dy}{dx}$.

8. 試證：圖 6-6 中有色部分的面積 $A(\theta)$ 為 $\dfrac{\theta}{2}$.

   $\left(\text{提示：} A(\theta) = \dfrac{1}{2} \cosh \theta \sinh \theta - \displaystyle\int_1^{\cosh \theta} \sqrt{x^2 - 1}\, dx,\ \text{然後利用微積分學基本定理}\right.$

   $\left.\text{證明 } A'(\theta) = \dfrac{1}{2} \text{ 對所有 } \theta \text{ 皆成立.}\right)$

求下列各不定積分.

9. $\displaystyle\int x \operatorname{sech}^2(x^2)\, dx$
10. $\displaystyle\int \dfrac{\cosh \sqrt{x}}{\sqrt{x}}\, dx$
11. $\displaystyle\int \tanh x\, dx$
12. $\displaystyle\int \sinh x \cosh x\, dx$

第 7 章　積分的方法

本章學習目標

- 能夠利用積分基本公式與變數變換求不定積分
- 瞭解分部積分法
- 瞭解三角函數乘冪的積分法
- 瞭解三角代換積分法
- 能夠利用部分分式求有理函數的積分
- 瞭解代換積分法
- 瞭解積分近似值 (數值積分) 的求法

7-1　不定積分的基本公式

在本節中，我們將複習前面學過的積分公式．我們以 u 為積分變數而不以 x 為積分變數，重新敍述那些積分公式，因為當使用代換時，若出現該形式，則可立即獲得結果．今列出一些基本公式，如下：

1. $\int u^r \, du = \dfrac{u^{r+1}}{r+1} + C \ (r \neq -1)$　　2. $\int \dfrac{du}{u} = \ln |u| + C$

3. $\int e^u \, du = e^u + C$　　4. $\int a^u \, du = \dfrac{a^u}{\ln a} + C \ (a>0, \ a \neq 1)$

5. $\int \sin u \, du = -\cos u + C$　　6. $\int \cos u \, du = \sin u + C$

7. $\int \tan u \, du = -\ln |\cos u| + C = \ln |\sec u| + C$

8. $\int \cot u \, du = \ln |\sin u| + C = -\ln |\csc u| + C$

9. $\int \sec u \, du = \ln |\sec u + \tan u| + C$　　10. $\int \csc u \, du = \ln |\csc u - \cot u| + C$

11. $\int \sec^2 u \, du = \tan u + C$　　12. $\int \csc^2 u \, du = -\cot u + C$

13. $\int \sec u \tan u \, du = \sec u + C$　　14. $\int \csc u \cot u \, dt = -\csc u + C$

15. $\int \dfrac{du}{\sqrt{a^2 - u^2}} = \sin^{-1} \dfrac{u}{a} + C \ (a>0)$　　16. $\int \dfrac{du}{a^2 + u^2} = \dfrac{1}{a} \tan^{-1} \dfrac{u}{a} + C \ (a \neq 0)$

17. $\int \dfrac{du}{u\sqrt{u^2 - a^2}} = \dfrac{1}{a} \sec^{-1} \dfrac{u}{a} + C \ (a>0)$

18. $\int \cosh u \, du = \sinh u + C$　　19. $\int \sinh u \, du = \cosh u + C$

20. $\int \text{sech}^2 u \, du = \tanh u + C$　　21. $\int \text{csch}^2 u \, du = -\coth u + C$

22. $\int \operatorname{sech} u \tanh u\, du = -\operatorname{sech} u + C$ 23. $\int \operatorname{csch} u \coth u\, du = -\operatorname{csch} u + C$

【例題 1】 作 u-代換

求 $\int \dfrac{4x+2}{x^2+x+5}\, dx$.

【解】 令 $u = x^2+x+5$，則 $du = (2x+1)\, dx$，

故 $\int \dfrac{4x+2}{x^2+x+5}\, dx = \int \dfrac{2(2x+1)\, dx}{x^2+x+5} = 2\int \dfrac{du}{u} = 2\ln|u| + C$

$\qquad\qquad = 2\ln(x^2+x+5) + C.$

【例題 2】 作 u-代換

求 $\int \dfrac{dx}{x(\ln x)^2}$.

【解】 令 $u = \ln x$，則 $du = \dfrac{1}{x}dx$，

故 $\int \dfrac{dx}{x(\ln x)^2} = \int \dfrac{du}{u^2} = -\dfrac{1}{u} + C = -\dfrac{1}{\ln x} + C$

【例題 3】 作 u-代換

求 $\int \sec x \tan x \sqrt{2+\sec x}\, dx$.

【解】 令 $u = 2+\sec x$，則 $du = \sec x \tan x\, dx$，

故 $\int \sec x \tan x \sqrt{2+\sec x}\, dx = \int \sqrt{u}\, du = \dfrac{2}{3}u^{3/2} + C$

$\qquad\qquad = \dfrac{2}{3}(2+\sec x)^{3/2} + C.$

【例題 4】 作 u-代換

求 $\int \dfrac{dx}{1+e^x}$.

【解】 方法 1：$\int \dfrac{dx}{1+e^x} = \int \left(1 - \dfrac{e^x}{1+e^x}\right)dx = x - \int \dfrac{e^x}{1+e^x}dx$

令 $u = 1+e^x$，則 $du = e^x\,dx$，

可得 $\int \dfrac{e^x}{1+e^x}dx = \int \dfrac{du}{u} = \ln|u| + C = \ln(1+e^x) + C'$

故 $\int \dfrac{dx}{1+e^x} = x - [\ln(1+e^x) + C'] = x - \ln(1+e^x) + C$

方法 2：$\int \dfrac{dx}{1+e^x} = \int \dfrac{e^{-x}}{1+e^{-x}}dx$

令 $u = 1+e^{-x}$，則 $du = -e^{-x}\,dx$.

$$\int \dfrac{dx}{1+e^x} = \int \dfrac{e^{-x}}{1+e^{-x}}dx = -\int \dfrac{du}{u}$$

$$= -\ln|u| + C' = -\ln(1+e^{-x}) + C' = x - \ln(1+e^x) + C$$

【例題 5】 利用定積分的 u-代換

求 $\int_0^1 \dfrac{\tan^{-1} x}{1+x^2}\,dx$.

【解】 令 $u = \tan^{-1} x$，則 $du = \dfrac{1}{1+x^2}\,dx$.

當 $x=0$ 時，$u=0$；當 $x=1$ 時，$u = \dfrac{\pi}{4}$.

$$\int_0^1 \dfrac{\tan^{-1} x}{1+x^2}\,dx = \int_0^{\pi/4} u\,du = \dfrac{u^2}{2}\bigg|_0^{\pi/4} = \dfrac{\pi^2/16}{2} = \dfrac{\pi^2}{32}.$$

【例題 6】 作 u-代換

求 $\int \sqrt{\dfrac{2+3\sqrt{x}}{x}}\, dx.$

【解】 令 $u=\sqrt{2+3\sqrt{x}}$，則 $u^2=2+3\sqrt{x}$，$2u\, du=\dfrac{3}{2\sqrt{x}}\, dx$，$\dfrac{dx}{\sqrt{x}}=\dfrac{4}{3} u\, du$

故 $\int \sqrt{\dfrac{2+3\sqrt{x}}{x}}\, dx=\dfrac{4}{3}\int u^2\, du=\dfrac{4}{9}u^3+C$

$=\dfrac{4}{9}(2+3\sqrt{x})^{3/2}+C.$

【例題 7】 將分母寫成兩個式子的乘積

求 $\int \dfrac{dx}{x-\sqrt{x}}.$

【解】 $\int \dfrac{dx}{x-\sqrt{x}}=\int \dfrac{dx}{\sqrt{x}(\sqrt{x}-1)}$

令 $u=\sqrt{x}-1$，則 $du=\dfrac{dx}{2\sqrt{x}}$，$2du=\dfrac{dx}{\sqrt{x}}$，

故 $\int \dfrac{dx}{x-\sqrt{x}}=\int \dfrac{dx}{\sqrt{x}\,(\sqrt{x}-1)}=\int \dfrac{2\, du}{u}$

$=2\ln |u|+C=2\ln |\sqrt{x}-1|+C.$

【例題 8】 作 u-代換

求 $\int \dfrac{dx}{\sqrt{x}\sqrt{1-x}}.$

【解】 令 $u=\sqrt{x}$，則 $u^2=x$，$2u\, du=dx$，故

$\int \dfrac{dx}{\sqrt{x}\sqrt{1-x}}=\int \dfrac{2u}{u\sqrt{1-u^2}}\, du=2\int \dfrac{du}{\sqrt{1-u^2}}$

$=2\sin^{-1} u+C=2\sin^{-1}\sqrt{x}+C$

習題 7.1

求下列各積分.

1. $\displaystyle\int \frac{x+2}{\sqrt{4-x^2}}\, dx$

2. $\displaystyle\int \frac{dx}{2+\tan^2 x}$

3. $\displaystyle\int_1^3 \frac{1}{\sqrt{y}(1+y)}\, dy$

4. $\displaystyle\int_1^4 \frac{e^{\sqrt{x}}}{\sqrt{x}}\, dx$

5. $\displaystyle\int_2^4 \frac{1}{2y\sqrt{y-1}}\, dy$

6. $\displaystyle\int_2^4 \frac{2}{x^2-6x+10}\, dx$

7. $\displaystyle\int_0^9 \frac{2\log(x+1)}{x+1}\, dx$

8. $\displaystyle\int x\sec x^2\, dx$

9. $\displaystyle\int_0^{\pi/2} \tan\frac{x}{2}\, dx$

10. $\displaystyle\int \frac{[\ln(\ln x)]^4}{x\ln x}\, dx$

11. $\displaystyle\int \frac{dx}{\sqrt{1-x^2}\left(\frac{\pi}{4}+\sin^{-1} x\right)}$

12. $\displaystyle\int \frac{dx}{x\sqrt{x^2-1}\,\sec^{-1} x}$

13. $\displaystyle\int \frac{dx}{\sqrt{x}(\sqrt{x}+1)}$

14. $\displaystyle\int \frac{2^{\ln x}}{x}\, dx$

15. $\displaystyle\int e^x \csc(e^x+1)\, dx$

16. $\displaystyle\int x^2 \cos(1-x^3)\, dx$

17. $\displaystyle\int \frac{x-2}{(x^2-4x+3)^3}\, dx$

18. $\displaystyle\int \cot x \ln \sin x\, dx$

19. $\displaystyle\int \frac{(\ln x)^n}{x}\, dx$

20. $\displaystyle\int \frac{e^x}{\sqrt{e^x-1}}\, dx$

21. $\displaystyle\int_1^{e^{\pi/3}} \frac{dx}{x\cos(\ln x)}$

22. $\displaystyle\int \frac{\cot(3+\ln x)}{x}\, dx$

23. $\displaystyle\int_0^{\pi/6} \sin 2x \sqrt{\cos 2x}\, dx$

24. $\displaystyle\int \frac{\sin x \cos x}{\sqrt{1+\sin^2 x}}\, dx$

25. $\displaystyle\int \frac{2}{x\sqrt{1-4(\ln x)^2}}\, dx$

26. $\displaystyle\int \frac{\cos x}{\sqrt{3+\cos^2 x}}\, dx$

27. $\displaystyle\int \frac{\ln x}{x+4x(\ln x)^2}\, dx$

28. $\displaystyle\int \frac{dx}{x\ln x \ln(\ln x)}$

29. $\displaystyle\int 4^{e^x} e^x\, dx$

30. $\displaystyle\int_e^{e^4} \frac{dx}{x\sqrt{\ln x}}$

31. $\displaystyle\int \frac{3^{1/x}}{x^2}\, dx$

32. $\displaystyle\int \frac{2^{\tan x}}{\cos^2 x}\, dx$

33. $\displaystyle\int \sinh x \sqrt{2+\cosh x}\, dx$

34. $\displaystyle\int \frac{e^{\sinh x}}{\text{sech } x}\, dx$

35. $\displaystyle\int_0^{2\pi} \frac{x|\sin x|}{1+\cos^2 x}\, dx$

7-2 分部積分法

若 f 與 g 皆為可微分函數，則

$$\frac{d}{dx}[f(x)g(x)] = f'(x)g(x) + f(x)g'(x)$$

積分上式可得

$$\int [f'(x)g(x) + f(x)g'(x)]dx = f(x)g(x)$$

或

$$\int f'(x)g(x)\,dx + \int f(x)g'(x)\,dx = f(x)g(x)$$

上式可整理成

$$\int f(x)g'(x)\,dx = f(x)g(x) - \int f'(x)g(x)\,dx$$

若令 $u=f(x)$ 且 $v=g(x)$，則 $du=f'(x)\,dx$，$dv=g'(x)\,dx$，故上面的公式可寫成

$$\int u\,dv = uv - \int v\,du \tag{7-1}$$

在利用公式 (7-1) 時，如何選取 u 及 dv，並無一定的步驟可循。通常儘量將可積分的部分視為 dv，而其他式子視為 u。基於此理由，利用公式 (7-1) 求不定積分的方法稱為**分部積分法**。對於定積分所對應的公式為

$$\int_a^b f(x)g'(x)dx = f(x)g(x)\Big|_a^b - \int_a^b f'(x)g(x)dx \tag{7-2}$$

現在，我們提出可利用分部積分法計算的一些積分型：

1. $\int x^n e^{ax}\,dx$，$\int x^n \sin ax\,dx$，$\int x^n \cos ax\,dx$，其中 n 為正整數。

   此處，令 $u=x^n$，$dv=$ 剩下部分。

【例題 1】 利用分部積分法

求 $\int xe^x\,dx$.

【解】 令 $u=x$, $dv=e^x\,dx$, 則 $du=dx$, $v=\int e^x\,dx=e^x$,

故 $$\int xe^x\,dx = xe^x - \int e^x\,dx = xe^x - e^x + C.$$

註：在上面例題中，我們由 dv 計算 v 時，省略積分常數，而寫成 $v=\int e^x\,dx=e^x$. 假使我們放入一個積分常數，而寫成 $v=\int e^x\,dx=e^x+C_1$, 則常數 C_1 最後將抵消. 在分部積分法中總是如此，因此，我們由 dv 計算 v 時，通常省略常數.

讀者應注意，欲成功地利用分部積分法，必須選取適當的 u 與 dv, 使得新積分較原積分容易. 例如，假使我們在例題 1 中令 $u=e^x$, $dv=x\,dx$, 則 $du=e^x\,dx$, $v=\dfrac{1}{2}x^2$, 故

$$\int xe^x\,dx = \frac{1}{2}x^2 e^x - \frac{1}{2}\int x^2 e^x\,dx$$

上式右邊的積分比原積分複雜，這是由於 dv 的選取不當所致.

【例題 2】 利用分部積分法

求 $\int x\sin 2x\,dx$.

【解】 令 $u=x$, $dv=\sin 2x\,dx$, 則 $du=dx$, $v=-\dfrac{1}{2}\cos 2x$,

故 $$\int x\sin 2x\,dx = -\frac{x}{2}\cos 2x + \frac{1}{2}\int \cos 2x\,dx$$
$$= -\frac{x}{2}\cos 2x + \frac{1}{4}\sin 2x + C.$$

2. $\int x^m (\ln x)^n\,dx$, $m \neq -1$, n 為正整數.

此處，令 $u=(\ln x)^n$, $dv=x^m\,dx$.

【例題 3】 自然對數的不定積分

求 $\displaystyle\int \ln x\,dx$.

【解】 令 $u=\ln x$, $dv=dx$, 則 $du=\dfrac{dx}{x}$, $v=x$,

故
$$\int \ln x\,dx = x\ln x - \int x\cdot\dfrac{dx}{x}$$
$$= x\ln x - x + C.$$

另外，若 $p(x)$ 為 n 次多項式，且 $F_1(x)$, $F_2(x)$, $F_3(x)$, $\cdots$, $F_{n+1}(x)$ 為 $f(x)$ 之依次的積分，則我們可以重複地利用分部積分法證得

$$\int p(x)f(x)\,dx = p(x)F_1(x) - p'(x)F_2(x) + p''(x)F_3(x) - \cdots$$
$$+ (-1)^n p^{(n)}(x)F_{n+1}(x) + C \tag{7-3}$$

其證明如下：

令 $u=p(x)$, $dv=f(x)\,dx$, 則

$$du=p'(x)\,dx, \quad v=F_1(x).$$

利用分部積分法，可得

$$\int p(x)\,f(x)\,dx = p(x)\,F_1(x) - \int F_1(x)\,p'(x)\,dx$$

令 $u=p'(x)$, $dv=F_1(x)\,dx$, 則

$$du=p''(x)\,dx, \quad v=F_2(x).$$

故
$$\int p(x)\,f(x)\,dx = p(x)\,F_1(x) - \left[p'(x)F_2(x) - \int F_2(x)p''(x)\,dx\right]$$
$$= p(x)F_1(x) - p'(x)F_2(x) + \int F_2(x)p''(x)\,dx.$$

再令 $u=p''(x)$，$dv=F_2(x)\,dx$，則

$$du=p'''(x)\,dx,\quad v=F_3(x).$$

故 $\int p(x)f(x)\,dx=p(x)F_1(x)-p'(x)F_2(x)+p''(x)F_3(x)-\int F_3(x)p'''(x)\,dx.$

依此類推，可得

$$\int p(x)f(x)\,dx=p(x)F_1(x)-p'(x)F_2(x)+p''(x)F_3(x)-\cdots+(-1)^n p^{(n)}(x)F_{n+1}(x)+C.$$

(7-3) 式等號右邊的結果可用下面的處理方式去獲得．

首先，列出下表：

$p(x)$ 及其依次的導函數		$f(x)$ 及其依次的積分
$P(x)$	(+)	$F(x)$
$p'(x)$	(−)	$F_1(x)$
$p''(x)$	(+)	$F_2(x)$
$p'''(x)$	(−)	$F_3(x)$
$\vdots$	$\vdots$	$\vdots$
0		$F_{n+1}(x)$

表中 $p(x)\xrightarrow{(+)} F_1(x)$ 表示 $p(x)$ 與 $F_1(x)$ 相乘並取正號，其餘類推，依序求出乘積，再相加而得．

【例題 4】 利用列表形式

求 $\int (x^3-2x)e^x\,dx.$

【解】

x^3-2x	(+)	e^x
$3x^2-2$	(−)	e^x
$6x$	(+)	e^x
6	(−)	e^x
0		e^x

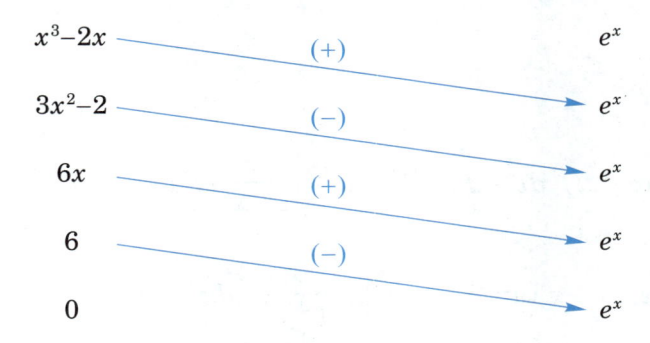

$$\int (x^3-2x)e^x\,dx = (x^3-2x)e^x - (3x^2-2)e^x + 6xe^x - 6e^x + C$$
$$= e^x[(x^3-2x)-(3x^2-2)+6x-6]+C.$$

【例題 5】 利用列表形式

求 $\int x^3 \cos x\,dx$.

【解】

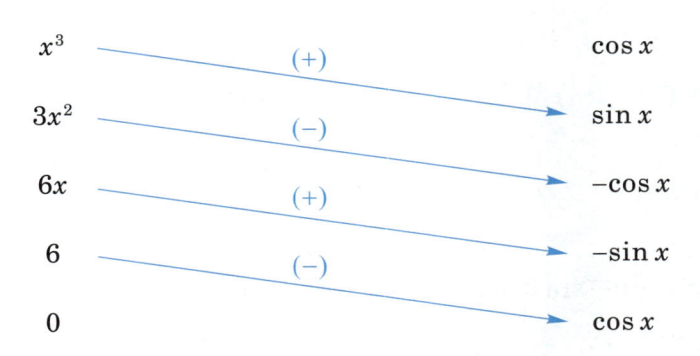

x^3	(+)	$\cos x$
$3x^2$	(−)	$\sin x$
$6x$	(+)	$-\cos x$
6	(−)	$-\sin x$
0		$\cos x$

$$\int x^3 \cos x\,dx = x^3 \sin x + 3x^2 \cos x - 6x \sin x - 6 \cos x + C$$

3. $\int x^n \sin^{-1} x\,dx$, $\int x^n \cos^{-1} x\,dx$, $\int x^n \tan^{-1} x\,dx$, 其中 n 爲非負整數.

此處，令 $dv = x^n\,dx$, $u =$ 剩下部分.

【例題 6】 反三角函數的積分 (利用分部積分法)

求 $\int_0^1 \tan^{-1} x \, dx$.

【解】 令 $u = \tan^{-1} x$, $dv = dx$, 則 $du = \dfrac{dx}{1+x^2}$, $v = x$, 故

$$\int_0^1 \tan^{-1} x \, dx = x \tan^{-1} x \Big|_0^1 - \int_0^1 \dfrac{x}{1+x^2} \, dx$$

$$= \tan^{-1} 1 - \tan^{-1} 0 - \dfrac{1}{2} \int_0^1 \dfrac{2x}{1+x^2} \, dx = \dfrac{\pi}{4} - \dfrac{1}{2} \left[\ln(1+x^2) \Big|_0^1 \right]$$

$$= \dfrac{\pi}{4} - \dfrac{1}{2}(\ln 2 - \ln 1) = \dfrac{\pi}{4} - \dfrac{1}{2} \ln 2.$$

4. $\int e^{ax} \sin bx \, dx$, $\int e^{ax} \cos bx \, dx$

此處，令 $u = e^{ax}$, $dv = $ 剩下部分；或令 $dv = e^{ax} \, dx$, $u = $ 剩下部分。

【例題 7】 重複利用分部積分法

求 $\int e^x \sin x \, dx$.

【解】 令 $u = e^x$, $dv = \sin x \, dx$, 則 $du = e^x \, dx$, $v = -\cos x$,

故 $$\int e^x \sin x \, dx = -e^x \cos x + \int e^x \cos x \, dx$$

其次，對上式右邊的積分再利用分部積分法。
令 $u = e^x$, $dv = \cos x \, dx$, 則 $du = e^x \, dx$, $v = \sin x$,

故 $$\int e^x \cos x \, dx = e^x \sin x - \int e^x \sin x \, dx$$

可得 $$\int e^x \sin x \, dx = -e^x \cos x + e^x \sin x - \int e^x \sin x \, dx$$

$$2\int e^x \sin x \, dx = -e^x \cos x + e^x \sin x$$

故 $$\int e^x \sin x \, dx = \frac{e^x}{2}(\sin x - \cos x) + C$$

【例題 8】 重複利用分部積分法

求 $\int \cos(\ln x) \, dx$。

【解】 方法 1：

令 $u = \cos(\ln x)$，$dv = dx$，

則 $du = d\cos(\ln x) = -\sin(\ln x)\dfrac{1}{x}dx$，$v = x$，

可得 $$\int \cos(\ln x) \, dx = x\cos(\ln x) + \int x \sin(\ln x) \frac{1}{x} dx$$

$$= x\cos(\ln x) + \int \sin(\ln x) \, dx$$

令 $u = \sin(\ln x)$，$dv = dx$，

則 $du = \cos(\ln x)\dfrac{1}{x}dx$，$v = x$，

可得 $$\int \sin(\ln x) \, dx = x\sin(\ln x) - \int x\cos(\ln x)\frac{1}{x}dx$$

$$= x\sin(\ln x) - \int \cos(\ln x) \, dx$$

因而 $$\int \cos(\ln x) \, dx = x\cos(\ln x) + x\sin(\ln x) - \int \cos(\ln x) \, dx$$

即， $$2\int \cos(\ln x) \, dx = x[\cos(\ln x) + \sin(\ln x)]$$

故 $$\int \cos(\ln x)\,dx = \frac{x}{2}[\cos(\ln x) + \sin(\ln x)] + C.$$

方法 2：

令 $$w = \ln x,\quad 則\ dw = \frac{dx}{x},$$

可得 $$x = e^w,\quad dx = e^w\,dw.$$

故 $$\int \cos(\ln x)\,dx = \int \cos w \cdot e^w\,dw = \int e^w \cos w\,dw$$

$$= \frac{1}{2}e^w(\sin w + \cos w) + C \quad (由分部積分法)$$

$$= \frac{x}{2}[\sin(\ln x) + \cos(\ln x)] + C.$$

分部積分法有時可用來求出積分的 **降冪公式**，這些公式能用來將含有三角函數乘冪項的積分以較低次乘冪項的積分表示。

【例題 9】 **正弦函數乘冪的積分** (利用分部積分法)

求 $\int \sin^n x\,dx$ 的降冪公式，此處 n 為正整數。

【解】 令 $u = \sin^{n-1} x$, $dv = \sin x\,dx$，則

$$du = (n-1)\sin^{n-2} x \cos x\,dx,\quad v = -\cos x,$$

故 $$\int \sin^n x\,dx = -\cos x \sin^{n-1} x + (n-1)\int \sin^{n-2} x \cos^2 x\,dx$$

$$= -\cos x \sin^{n-1} x + (n-1)\int \sin^{n-2} x\,dx - (n-1)\int \sin^n x\,dx.$$

可得 $$\int \sin^n x\,dx + (n-1)\int \sin^n x\,dx = -\cos x \sin^{n-1} x + (n-1)\int \sin^{n-2} x\,dx.$$

即，$$\int \sin^n x\,dx = -\frac{1}{n}\cos x \sin^{n-1} x + \frac{n-1}{n}\int \sin^{n-2} x\,dx.\quad (n \geq 2\ 之正整數)$$

【例題 10】 利用正弦函數乘冪的積分公式

求 $\int_0^{\pi/2} \sin^8 x \, dx$.

【解】 首先表為

$$\int_0^{\pi/2} \sin^n x \, dx = -\frac{\sin^{n-1} x \cos x}{n} \Big|_0^{\pi/2} + \frac{n-1}{n} \int_0^{\pi/2} \sin^{n-2} x \, dx$$

$$= \frac{n-1}{n} \int_0^{\pi/2} \sin^{n-2} x \, dx$$

因此, $\int_0^{\pi/2} \sin^8 x \, dx = \frac{7}{8} \int_0^{\pi/2} \sin^6 x \, dx = \frac{7}{8} \cdot \frac{5}{6} \int_0^{\pi/2} \sin^4 x \, dx$

$$= \frac{7}{8} \cdot \frac{5}{6} \cdot \frac{3}{4} \int_0^{\pi/2} \sin^2 x \, dx$$

$$= \frac{7}{8} \cdot \frac{5}{6} \cdot \frac{3}{4} \cdot \frac{1}{2} \int_0^{\pi/2} dx$$

$$= \frac{7}{8} \cdot \frac{5}{6} \cdot \frac{3}{4} \cdot \frac{1}{2} \cdot \frac{\pi}{2} = \frac{35}{256} \pi.$$

我們將下面公式留給讀者去證明.

$$\int \cos^n x \, dx = \frac{1}{n} \cos^{n-1} x \sin x + \frac{n-1}{n} \int \cos^{n-2} x \, dx \quad (n \geq 2 \text{ 之正整數}) \quad (7\text{-}4)$$

我們亦可利用分部積分法求反函數的積分, 如下面的形式:

$$\int f^{-1}(x) \, dx$$

令 $y = f^{-1}(x)$, 則 $x = f(y)$, 可得

$$dx = f'(y) \, dy$$

所以，
$$\int f^{-1}(x)\,dx = \int y\,f'(y)\,dy.$$

若令 $u=y$，$dv=f'(y)\,dy$，則 $du=dy$，$v=f(y)$，故

$$\int f^{-1}(x)\,dx = \int y\,f'(y)\,dy = y\,f(y) - \int f(y)\,dy$$

$$= x\,f^{-1}(x) - \int f(y)\,dy \quad (y=f^{-1}(x)) \tag{7-5}$$

【例題 11】 利用 (7-5) 式

求 $\displaystyle\int \sec^{-1} x\,dx$.

【解】
$$\int \sec^{-1} x\,dx = x\,\sec^{-1} x - \int \sec y\,dy \quad (y=\sec^{-1} x)$$

$$= x\,\sec^{-1} x - \ln|\sec y + \tan y| + C$$
$$= x\,\sec^{-1} x - \ln|\sec(\sec^{-1} x) + \tan(\sec^{-1} x)| + C$$

由圖 7-1 知，

$\sec(\sec^{-1} x) = x$，
$\tan(\sec^{-1} x) = \sqrt{x^2-1}$.

故

$$\int \sec^{-1} x\,dx = x\,\sec^{-1} x - \ln|x + \sqrt{x^2-1}| + C.$$

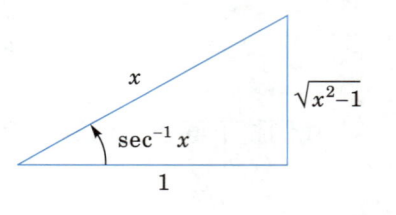

圖 7-1

習題 7.2

求 1～23 題中的積分.

1. $\displaystyle\int x\cos 2x\,dx$
2. $\displaystyle\int te^{2t}\,dx$
3. $\displaystyle\int_1^4 \sqrt{x}\,\ln x\,dx$

4. $\displaystyle\int x^3 e^x\,dx$
5. $\displaystyle\int e^{2x}\cos 3x\,dx$
6. $\displaystyle\int x^3 \ln x\,dx$

7. $\displaystyle\int \sin^{-1} x \, dx$

8. $\displaystyle\int (\ln x)^2 \, dx$

9. $\displaystyle\int x \tan^{-1} x \, dx$

10. $\displaystyle\int \theta \csc^2 3\theta \, d\theta$

11. $\displaystyle\int \sin x \ln \cos x \, dx$

12. $\displaystyle\int_0^1 x^3 e^{-x^2} \, dx$

13. $\displaystyle\int \csc^3 x \, dx$

14. $\displaystyle\int_0^1 \frac{x^3}{\sqrt{x^2+1}} \, dx$

15. $\displaystyle\int \sin \ln x \, dx$

16. $\displaystyle\int x^3 \cos x^2 \, dx$

17. $\displaystyle\int 3^x x \, dx$

18. $\displaystyle\int \cos \sqrt{x} \, dx$

19. $\displaystyle\int e^{ax} \cos bx \, dx$

20. $\displaystyle\int 4x \sec^2 2x \, dx$

21. $\displaystyle\int_0^{1/\sqrt{2}} 2x \sin^{-1}(x^2) \, dx$

22. $\displaystyle\int e^{-x} \cos x \, dx$

23. $\displaystyle\int \log_2 x \, dx$

導出 24～27 題中各積分的降冪公式，其中 n 爲正整數.

24. $\displaystyle\int x^n e^x \, dx = x^n e^x - n \int x^{n-1} e^x \, dx$

25. $\displaystyle\int x^n \sin x \, dx = -x^n \cos x + n \int x^{n-1} \cos x \, dx$

26. $\displaystyle\int (\ln x)^n \, dx = x(\ln x)^n - n \int (\ln x)^{n-1} \, dx$

27. $\displaystyle\int \sec^n x \, dx = \frac{\sec^{n-2} x \tan x}{n-1} + \frac{n-2}{n-1} \int \sec^{n-2} x \, dx, \, n \neq 1$

28. (1) 試證 $\displaystyle\int_0^{\pi/2} \sin^n x \, dx = \frac{n-1}{n} \int_0^{\pi/2} \sin^{n-2} x \, dx$，$n$ 爲正整數.

(2) 利用此結果導出 Wallis 正弦公式：

$$\int_0^{\pi/2} \sin^n x \, dx = \frac{\pi}{2} \cdot \frac{1 \cdot 3 \cdot 5 \cdot \cdots \cdot (n-1)}{2 \cdot 4 \cdot 6 \cdot \cdots \cdot n} \quad (n \text{ 爲正偶數})$$

$$\int_0^{\pi/2} \sin^n x\, dx = \frac{2\cdot 4\cdot 6\cdot \cdots \cdot (n-1)}{1\cdot 3\cdot 5\cdot \cdots \cdot n} \qquad (n\ 為正奇數且\ n\geqslant 3)$$

29. 利用上題的 Wallis 公式計算：

    (1) $\displaystyle\int_0^{\pi/2} \sin^3 x\, dx$ (2) $\displaystyle\int_0^{\pi/2} \sin^4 x\, dx$

30. 導出 Wallis 餘弦公式：

$$\int_0^{\pi/2} \cos^n x\, dx = \frac{2\cdot 4\cdot 6\cdot \cdots \cdot (n-1)}{1\cdot 3\cdot 5\cdot \cdots \cdot n} \qquad (n\ 為正奇數且\ n\geqslant 3)$$

$$\int_0^{\pi/2} \cos^n x\, dx = \frac{\pi}{2}\cdot \frac{1\cdot 3\cdot 5\cdot \cdots \cdot (n-1)}{2\cdot 4\cdot 6\cdot \cdots \cdot n} \qquad (n\ 為正偶數)$$

31. (1) 求整數 n 使得 $n\displaystyle\int_0^1 x\, f''(2x)\, dx = \int_0^2 x\, f''(x)\, dx$.

    (2) 已知 $f(0)=1$，$f(2)=3$，$f'(2)=5$，計算 $\displaystyle\int_0^1 x\, f''(2x)\, dx$.

32. 試將 $\displaystyle\lim_{n\to\infty} \sum_{k=1}^n \ln \sqrt[n]{1+\frac{k}{n}}$ 表成定積分並求其值.

33. 求下列的積分：

    (1) $\displaystyle\int (x^3+2x)e^x\, dx$ (2) $\displaystyle\int (x^2-3x-1)\cos x\, dx$

∑ 7-3　三角函數乘冪的積分

在本節裡，我們將利用三角恆等式去求被積分函數含有三角函數乘冪的積分.

$\displaystyle\int \sin^m x \cos^n x\, dx$ 型：

(1) 若 m 為正奇數，則保留一個因子 $\sin x$，並利用 $\sin^2 x = 1 - \cos^2 x$，可得

$$\int \sin^m x \cos^n x \, dx = \int \sin^{m-1} x \cos^n x \sin x \, dx$$
$$= \int (1-\cos^2 x)^{(m-1)/2} \cos^n x \sin x \, dx$$

然後以 $u = \cos x$ 代換.

(2) 若 n 為正奇數，則保留一個因子 $\cos x$，並利用 $\cos^2 x = 1 - \sin^2 x$，可得

$$\int \sin^m x \cos^n x \, dx = \int \sin^m x \cos^{n-1} x \cos x \, dx$$
$$= \int \sin^m x (1-\sin^2 x)^{(n-1)/2} \cos x \, dx$$

然後以 $u = \sin x$ 代換.

(3) 若 m 與 n 皆為正偶數，則利用半角公式

$$\sin^2 x = \frac{1}{2}(1-\cos 2x), \quad \cos^2 x = \frac{1}{2}(1+\cos 2x)$$

有時候，利用公式 $\sin x \cos x = \frac{1}{2} \sin 2x$ 是很有幫助的.

【例題 1】 作代換 $u = \cos x$

求 $\int \sin^3 x \cos^2 x \, dx$.

【解】 令 $u = \cos x$，則 $du = -\sin x \, dx$，並將 $\sin^3 x$ 寫成 $\sin^3 x = \sin^2 x \sin x$. 於是，

$$\int \sin^3 x \cos^2 x \, dx = \int \sin^2 x \cos^2 x \sin x \, dx$$
$$= \int (1-\cos^2 x) \cos^2 x \sin x \, dx$$
$$= \int (1-u^2) u^2 (-du)$$
$$= \int (u^4 - u^2) \, du$$

$$= \frac{1}{5} u^5 - \frac{1}{3} u^3 + C$$

$$= \frac{1}{5} \cos^5 x - \frac{1}{3} \cos^3 x + C$$

【例題 2】 作代換 $u = \sin x$

求 $\int \sin^2 x \cos^5 x \, dx$.

【解】 令 $u = \sin x$，則 $du = \cos x \, dx$，於是，

$$\int \sin^2 x \cos^5 x \, dx = \int \sin^2 x (1 - \sin^2 x)^2 \cos x \, dx$$

$$= \int u^2 (1 - u^2)^2 \, du$$

$$= \int (u^2 - 2u^4 + u^6) \, du$$

$$= \frac{1}{3} u^3 - \frac{2}{5} u^5 + \frac{1}{7} u^7 + C$$

$$= \frac{1}{3} \sin^3 x - \frac{2}{5} \sin^5 x + \frac{1}{7} \sin^7 x + C$$

$\int \tan^m x \sec^n x \, dx$ 型：

(1) 若 n 為正偶數，則保留一個因子 $\sec^2 x$，並利用 $\sec^2 x = 1 + \tan^2 x$，可得

$$\int \tan^m x \sec^n x \, dx = \int \tan^m x \sec^{n-2} x \sec^2 x \, dx$$

$$= \int \tan^m x (1 + \tan^2 x)^{(n-2)/2} \sec^2 x \, dx$$

然後以 $u = \tan x$ 代換.

(2) 若 m 為正奇數，則保留一個因子 $\sec x \tan x$，並利用 $\tan^2 x = \sec^2 x - 1$，可得

$$\int \tan^m x \sec^n x \, dx = \int \tan^{m-1} x \sec^{n-1} x \sec x \tan x \, dx$$

$$= \int (\sec^2 x - 1)^{(m-1)/2} \sec^{n-1} x \sec x \tan x \, dx$$

然後以 $u = \sec x$ 代換。

(3) 若 m 為正偶數且 n 為正奇數，則將被積分函數化成 $\sec x$ 之乘冪的和。$\sec x$ 的乘冪需利用分部積分法。

【例題 3】 作代換 $u = \tan x$

求 $\int \tan^6 x \sec^4 x \, dx$.

【解】 令 $u = \tan x$，則 $du = \sec^2 x \, dx$，

故
$$\int \tan^6 x \sec^4 x \, dx = \int \tan^6 x \sec^2 x \sec^2 x \, dx$$

$$= \int \tan^6 x (1 + \tan^2 x) \sec^2 x \, dx$$

$$= \int u^6 (1 + u^2) \, du$$

$$= \int (u^6 + u^8) \, du$$

$$= \frac{1}{7} u^7 + \frac{1}{9} u^9 + C$$

$$= \frac{1}{7} \tan^7 x + \frac{1}{9} \tan^9 x + C$$

【例題 4】 作代換 $u = \sec x$

求 $\displaystyle\int_0^{\pi/3} \tan^5 x \sec^3 x \, dx$.

【解】 令 $u = \sec x$, 則 $du = \sec x \tan x \, dx$.

當 $x = 0$ 時, $u = 1$；當 $x = \dfrac{\pi}{3}$ 時, $u = 2$

故

$$\int_0^{\pi/3} \tan^5 x \sec^3 x \, dx = \int_0^{\pi/3} (\sec^2 x - 1)^2 \sec^2 x \sec x \tan x \, dx$$

$$= \int_1^2 (u^2 - 1)^2 u^2 \, du$$

$$= \int_1^2 (u^6 - 2u^4 + u^2) \, du$$

$$= \left(\dfrac{1}{7} u^7 - \dfrac{2}{5} u^5 + \dfrac{1}{3} u^3 \right) \Big|_1^2$$

$$= \left(\dfrac{128}{7} - \dfrac{64}{5} + \dfrac{8}{3} \right) - \left(\dfrac{1}{7} - \dfrac{2}{5} + \dfrac{1}{3} \right)$$

$$= \dfrac{848}{105}$$

【例題 5】 利用分部積分法

求 $\displaystyle\int \sec^3 x \, dx$.

【解】 令 $u = \sec x$, $dv = \sec^2 x \, dx$, 則 $du = \sec x \tan x \, dx$, $v = \tan x$,

可得 $\displaystyle\int \sec^3 x \, dx = \sec x \tan x - \int \sec x \tan^2 x \, dx$

$$= \sec x \tan x - \int \sec x (\sec^2 x - 1) dx$$

$$= \sec x \tan x - \int \sec^3 x \, dx + \int \sec x \, dx$$

即，$$2\int \sec^3 x\, dx = \sec x \tan x + \int \sec x\, dx$$

故 $$\int \sec^3 x\, dx = \frac{1}{2}(\sec x \tan x + \ln |\sec x + \tan x|) + C$$

形如 $\int \cot^m x \csc^n x\, dx$ 的積分可用類似的方法計算。

【例題 6】 作代換 $u = \cot x$

求 $\int \cot^{3/2} x \csc^4 x\, dx$。

【解】
$$\int \cot^{3/2} x \csc^4 x\, dx = \int \cot^{3/2} x \csc^2 x \csc^2 x\, dx$$
$$= -\int \cot^{3/2} x (1 + \cot^2 x) d(\cot x)$$
$$= -\int (\cot^{3/2} x + \cot^{7/2} x)\, d(\cot x)$$
$$= -\frac{2}{5} \cot^{5/2} x - \frac{2}{9} \cot^{9/2} x + C$$

$\int \tan^n x\, dx$ 與 $\int \cot^n x\, dx$ 型 (其中正整數 $n \geq 2$)：

$$\int \tan^n x\, dx = \int \tan^{n-2} x \tan^2 x\, dx = \int \tan^{n-2} x (\sec^2 x - 1) dx$$
$$= \int \tan^{n-2} x \sec^2 x\, dx - \int \tan^{n-2} x\, dx$$
$$= \int \tan^{n-2} x\, d(\tan x) - \int \tan^{n-2} x\, dx$$
$$= \frac{\tan^{n-1} x}{n-1} - \int \tan^{n-2} x\, dx \quad (n \geq 2)$$

同理，

$$\int \cot^n x\, dx = -\frac{\cot^{n-1} x}{n-1} - \int \cot^{n-2} x\, dx \quad (n \geq 2)$$

以上兩公式稱為 $\int \tan^n x\, dx$ 與 $\int \cot^n x\, dx$ 的**降冪公式**。

【例題 7】 利用 $\int \tan^n x\, dx$ 的降冪公式

求 $\int \tan^5 x\, dx$。

【解】
$$\int \tan^5 x\, dx = \frac{\tan^4 x}{4} - \int \tan^3 x\, dx$$

$$= \frac{\tan^4 x}{4} - \left(\frac{\tan^2 x}{2} - \int \tan x\, dx \right)$$

$$= \frac{\tan^4 x}{4} - \frac{\tan^2 x}{2} + \ln |\sec x| + C$$

對於形如：(1) $\int \sin mx \cos nx\, dx$，(2) $\int \sin mx \sin nx\, dx$ 與 (3) $\int \cos mx \cos nx\, dx$ 等的積分，我們可以利用恆等式

$$\sin \alpha \cos \beta = \frac{1}{2} [\sin(\alpha+\beta) + \sin(\alpha-\beta)]$$

$$\sin \alpha \sin \beta = \frac{1}{2} [\cos(\alpha-\beta) - \cos(\alpha+\beta)]$$

$$\cos \alpha \cos \beta = \frac{1}{2} [\cos(\alpha+\beta) + \cos(\alpha-\beta)]$$

【例題 8】 利用積化和的公式

若 m 及 n 為正整數，證明

$$\int_{-\pi}^{\pi} \sin mx \sin nx\, dx = \begin{cases} 0, & \text{若 } n \neq m \\ \pi, & \text{若 } n = m. \end{cases}$$

【解】 若 $m \neq n$,

$$\int_{-\pi}^{\pi} \sin mx \sin nx\, dx = -\frac{1}{2} \int_{-\pi}^{\pi} [\cos(m+n)x - \cos(m-n)x] dx$$

$$= -\frac{1}{2} \left[\frac{1}{m+n} \sin(m+n)x - \frac{1}{m-n} \sin(m-n)x \right]\Big|_{-\pi}^{\pi}$$

$$= 0$$

若 $m = n$,

$$\int_{-\pi}^{\pi} \sin mx \sin nx\, dx = -\frac{1}{2} \int_{-\pi}^{\pi} (\cos 2mx - 1) dx$$

$$= -\frac{1}{2} \left(\frac{1}{2m} \sin 2mx - x \right)\Big|_{-\pi}^{\pi}$$

$$= -\frac{1}{2}(-2\pi) = \pi$$

習題 7.3

求 1～23 題之積分.

1. $\displaystyle\int \sin^2 x \cos^3 x\, dx$
2. $\displaystyle\int \cos^3 2x\, dx$
3. $\displaystyle\int \sin^6 x\, dx$
4. $\displaystyle\int \cos^7 x\, dx$
5. $\displaystyle\int_0^{\pi/4} \sqrt{1 + \cos 4x}\, dx$
6. $\displaystyle\int \sin^3 x \cos^2 x\, dx$
7. $\displaystyle\int \sin^5 x \cos^3 x\, dx$
8. $\displaystyle\int \sin^4 x \cos^2 x\, dx$
9. $\displaystyle\int \frac{\cos^3 x}{\sin^2 x}\, dx$
10. $\displaystyle\int \tan^3 x \sec^4 x\, dx$
11. $\displaystyle\int (\tan x + \cot x)^2\, dx$
12. $\displaystyle\int \cot^3 x \csc^3 x\, dx$
13. $\displaystyle\int \tan^4 x \sec^4 x\, dx$
14. $\displaystyle\int \tan^{5/2} x \sec^4 x\, dx$
15. $\displaystyle\int \tan^3 x \sqrt{\sec x}\, dx$

16. $\displaystyle\int \tan^6 x \sec^4 x \, dx$ 　　17. $\displaystyle\int \tan^3 x \, dx$ 　　18. $\displaystyle\int \frac{\sec x}{\cot^5 x} \, dx$

19. $\displaystyle\int \cos 2x \cos x \, dx$ 　　20. $\displaystyle\int \sin 4x \cos 5x \, dx$ 　　21. $\displaystyle\int \sin 2x \cos \frac{5x}{2} \, dx$

22. $\displaystyle\int_0^3 \cos \frac{2\pi x}{3} \cos \frac{5\pi x}{3} \, dx$

23. $\displaystyle\int_{-\pi/4}^{\pi/4} \sqrt{1+\tan^2 x} \, dx$

24. 試證：$\displaystyle\int \tan^{2k+1} \theta \, d\theta = \frac{1}{2k} \tan^{2k} \theta - \int \tan^{2k-1} \theta \, d\theta$，$k \in \mathbb{N}$。

25. 利用上題的結果求 $\displaystyle\int \tan^7 x \, dx$。

7-4　三角代換法

若被積分函數含有 $\sqrt{a^2-x^2}$ 或 $\sqrt{a^2+x^2}$ 或 $\sqrt{x^2-a^2}$，此處 $a>0$，則利用下表列出的三角代換可消去根號.

式子	三角代換	恆等式
$\sqrt{a^2-x^2}$	$x=a\sin\theta$，$-\dfrac{\pi}{2}\leq\theta\leq\dfrac{\pi}{2}$	$1-\sin^2\theta=\cos^2\theta$
$\sqrt{a^2+x^2}$	$x=a\tan\theta$，$-\dfrac{\pi}{2}<\theta<\dfrac{\pi}{2}$	$1+\tan^2\theta=\sec^2\theta$
$\sqrt{x^2-a^2}$	$x=a\sec\theta$，$0\leq\theta<\dfrac{\pi}{2}$ 或 $\pi\leq\theta<\dfrac{3\pi}{2}$	$\sec^2\theta-1=\tan^2\theta$

【例題 1】　作代換 $x=a\sin\theta$

求 $\displaystyle\int \sqrt{25-x^2} \, dx$。

【解】　令 $x=5\sin\theta$，$-\dfrac{\pi}{2}\leq\theta\leq\dfrac{\pi}{2}$，則

$$\sqrt{25-x^2}=\sqrt{25-25\sin^2\theta}=\sqrt{25\cos^2\theta}=5\,|\cos\theta|=5\cos\theta$$

又 $dx=5\cos\theta\,d\theta$，可得

$$\int\sqrt{25-x^2}\,dx=\int(5\cos\theta)(5\cos\theta)\,d\theta=25\int\cos^2\theta\,d\theta=25\int\frac{1+\cos 2\theta}{2}\,d\theta$$

$$=25\left(\frac{\theta}{2}+\frac{1}{4}\sin 2\theta\right)+C=\frac{25}{2}(\theta+\sin\theta\cos\theta)+C.$$

現在，需要還原到原積分變數 x，我們可以利用一個簡單的幾何方法。因 $\sin\theta=x/5$，故可作出銳角 θ 使其對邊是 x，並且斜邊是 5 的直角三角形，如圖 7-2 所示，參考該三角形，可知

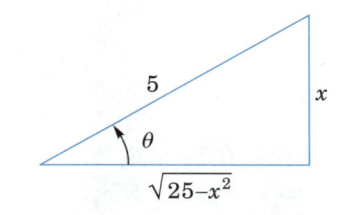

$$\cos\theta=\frac{\sqrt{25-x^2}}{5}$$

圖 7-2

故
$$\int\sqrt{25-x^2}\,dx=\frac{25}{2}\left[\sin^{-1}\left(\frac{x}{5}\right)+\left(\frac{x}{5}\right)\left(\frac{\sqrt{25-x^2}}{5}\right)\right]+C$$

$$=\frac{25}{2}\sin^{-1}\left(\frac{x}{5}\right)+\frac{1}{2}x\sqrt{25-x^2}+C.$$

利用上題，可導出一般公式如下：

$$\int\sqrt{a^2-x^2}\,dx=\frac{a^2}{2}\sin^{-1}\left(\frac{x}{a}\right)+\frac{1}{2}x\sqrt{a^2-x^2}+C. \tag{7-6}$$

【例題 2】 作代換 $x=a\sin\theta$

(1) 試證：$\int\dfrac{x^2}{\sqrt{a^2-x^2}}\,dx=\dfrac{a^2}{2}\sin^{-1}\left(\dfrac{x}{a}\right)-\dfrac{x}{2}\sqrt{a^2-x^2}+C\ (a>0)$

(2) 利用 (1) 的結果求 $\int\dfrac{\sin^2 x\cos x}{\sqrt{25-16\sin^2 x}}\,dx.$

【解】

(1) 令 $x = a \sin \theta$, $-\dfrac{\pi}{2} < \theta < \dfrac{\pi}{2}$,

則 $\sqrt{a^2 - x^2} = \sqrt{a^2 - a^2 \sin^2 \theta} = a|\cos \theta| = a \cos \theta$, $dx = a \cos \theta \, d\theta$,

故 $\displaystyle\int \dfrac{x^2}{\sqrt{a^2 - x^2}} \, dx = \int \dfrac{a^2 \sin^2 \theta}{a \cos \theta} \cdot a \cos \theta \, d\theta = a^2 \int \sin^2 \theta \, d\theta$

$\displaystyle = a^2 \int \dfrac{1 - \cos 2\theta}{2} \, d\theta = a^2 \left(\dfrac{\theta}{2} - \dfrac{1}{4} \sin 2\theta \right) + C$

$= a^2 \left(\dfrac{\theta}{2} - \dfrac{1}{2} \sin \theta \cos \theta \right) + C$

作一直角三角形如圖 7-3 所示,
參考該三角形, 可知

$\cos \theta = \dfrac{\sqrt{a^2 - x^2}}{a}$

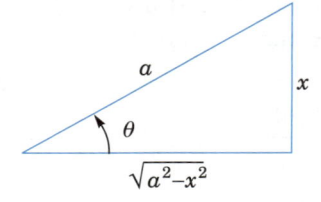

於是,

圖 7-3

$\displaystyle\int \dfrac{x^2}{\sqrt{a^2 - x^2}} \, dx = a^2 \left(\dfrac{1}{2} \sin^{-1} \left(\dfrac{x}{a} \right) - \dfrac{1}{2} \cdot \dfrac{x}{a} \cdot \dfrac{\sqrt{a^2 - x^2}}{a} \right) + C$

$= \dfrac{a^2}{2} \sin^{-1} \left(\dfrac{x}{a} \right) - \dfrac{x}{2} \sqrt{a^2 - x^2} + C.$

(2) 令 $u = 4 \sin x$, 則 $du = 4 \cos x \, dx$.
故

$\displaystyle\int \dfrac{\sin^2 x \cos x}{\sqrt{25 - 16 \sin^2 x}} \, dx = \int \dfrac{\left(\dfrac{u}{4} \right)^2 \dfrac{1}{4} du}{\sqrt{5^2 - u^2}} = \dfrac{1}{64} \int \dfrac{u^2}{\sqrt{5^2 - u^2}} \, du$

$= \dfrac{1}{64} \left[\dfrac{25}{2} \sin^{-1} \left(\dfrac{u}{5} \right) - \dfrac{u}{2} \sqrt{25 - u^2} \right] + C$

$= \dfrac{25}{128} \sin^{-1} \left(\dfrac{4 \sin x}{5} \right) - \dfrac{\sin x}{32} \sqrt{25 - 16 \sin^2 x} + C.$

【例題 3】 作代換 $x = a \tan \theta$

求 $\displaystyle\int_0^{3/2} \frac{x^3}{(4x^2+9)^{3/2}}\, dx$.

【解】 首先,

$$(4x^2+9)^{3/2} = (\sqrt{4x^2+9})^3, \quad \sqrt{4x^2+9} = \sqrt{4\left(x^2+\frac{9}{4}\right)} = 2\sqrt{x^2+\left(\frac{3}{2}\right)^2}.$$

令 $x = \dfrac{3}{2}\tan\theta$, $0 \leq \theta < \dfrac{\pi}{2}$, 則 $dx = \dfrac{3}{2}\sec^2\theta\, d\theta$, 可得

$$\sqrt{4x^2+9} = \sqrt{9\tan^2\theta + 9} = 3\sec\theta$$

當 $x = 0$ 時, $\theta = 0$; 當 $x = \dfrac{3}{2}$ 時, $\theta = \dfrac{\pi}{4}$.

所以, $\displaystyle\int_0^{3/2} \frac{x^3}{(4x^2+9)^{3/2}}\, dx = \int_0^{\pi/4} \frac{\frac{27}{8}\tan^3\theta}{27\sec^3\theta} \cdot \frac{3}{2}\sec^2\theta\, d\theta$

$$= \frac{3}{16}\int_0^{\pi/4} \frac{\tan^3\theta}{\sec\theta}\, d\theta = \frac{3}{16}\int_0^{\pi/4} \frac{\sin^3\theta}{\cos^2\theta}\, d\theta$$

$$= \frac{3}{16}\int_0^{\pi/4} \frac{(1-\cos^2\theta)}{\cos^2\theta}\sin\theta\, d\theta$$

現在, 我們令 $u = \cos\theta$, 則 $du = -\sin\theta\, d\theta$. 當 $\theta = 0$ 時, $u = 1$; 當 $\theta = \dfrac{\pi}{4}$ 時, $u = \dfrac{\sqrt{2}}{2}$. 所以,

$$\int_0^{3/2} \frac{x^3}{(4x^2+9)^{3/2}}\, dx = -\frac{3}{16}\int_1^{\sqrt{2}/2} \frac{1-u^2}{u^2}\, du = \frac{3}{16}\int_1^{\sqrt{2}/2}\left(1 - \frac{1}{u^2}\right) du$$

$$= \frac{3}{16}\left(u + \frac{1}{u}\right)\Big|_1^{\sqrt{2}/2} = \frac{3}{16}\left[\left(\frac{\sqrt{2}}{2} + \sqrt{2}\right) - (1+1)\right]$$

$$= \frac{3}{16}\left(\frac{3\sqrt{2}}{2} - 2\right).$$

【例題 4】 作代換 $x = a \sec \theta$

求 $\int \dfrac{dx}{\sqrt{4x^2-9}}$.

【解】 令 $x = \dfrac{3}{2} \sec \theta$, $0 < \theta < \dfrac{\pi}{2}$, 則 $dx = \dfrac{3}{2} \sec \theta \tan \theta \, d\theta$.

$$\sqrt{4x^2-9} = \sqrt{9 \sec^2 \theta - 9} = 3|\tan \theta| = 3 \tan \theta$$

於是,

$$\int \dfrac{dx}{\sqrt{4x^2-9}} = \int \dfrac{3/2 \sec \theta \tan \theta}{3 \tan \theta} d\theta = \dfrac{1}{2} \int \sec \theta \, d\theta$$

$$= \dfrac{1}{2} \ln |\sec \theta + \tan \theta| + C'$$

$$= \dfrac{1}{2} \ln \left| \dfrac{2x}{3} + \dfrac{\sqrt{4x^2-9}}{3} \right| + C'$$

$$= \dfrac{1}{2} \ln |2x + \sqrt{4x^2-9}| + C,$$

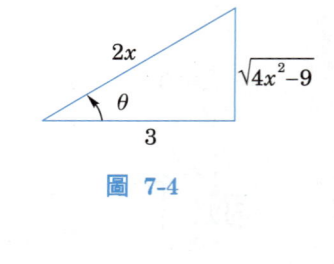

此處 $C = -\dfrac{1}{2} \ln 3 + C'$.

圖 7-4

習題 7.4

求 1～14 題中的積分.

1. $\int \dfrac{\sqrt{16-x^2}}{x} dx$
2. $\int \dfrac{dx}{x^2 \sqrt{16-x^2}}$
3. $\int \dfrac{x^2}{\sqrt{4-x^2}} dx$
4. $\int_0^5 \dfrac{dx}{\sqrt{25+x^2}}$
5. $\int \dfrac{x^2}{\sqrt{4+x^2}} dx$
6. $\int \dfrac{dx}{\sqrt{4x^2-9}}$
7. $\int \dfrac{dx}{x\sqrt{x^2+4}}$
8. $\int \dfrac{\sqrt{x^2-9}}{x} dx$
9. $\int \sqrt{4-(x+2)^2} \, dx$

10. $\displaystyle\int \frac{dx}{(4-x^2)^2}$ 　　11. $\displaystyle\int \frac{dx}{(36+x^2)^2}$ 　　12. $\displaystyle\int \frac{x^2}{(1-9x^2)^{3/2}} dx$

13. $\displaystyle\int e^x \sqrt{1-e^{2x}}\, dx$ 　　14. $\displaystyle\int \frac{e^x}{\sqrt{e^{2x}-e^{-2x}}} dx$

15. 以三角代換或代換 $u=x^2+4$ 可計算積分 $\displaystyle\int \frac{x}{x^2+4} dx$。利用此兩種方法求之並說明所得結果是相同的。

16. 求 $\displaystyle\int_{-a}^{a} \frac{x^4}{\sqrt{a^2-x^2}} dx \ (a>0)$ 　　17. 求 $\displaystyle\int_{0}^{1/4} \sqrt{\frac{x}{1-x}}\, dx$

∑ 7-5 配方法

若被積分函數中含有一個二次式 ax^2+bx+c，$a\neq 0$，$b\neq 0$，而無法利用前幾節的方法完成積分，則可以利用配方法，配成平方和或平方差，然後可利用積分的基本公式或三角代換完成積分。

【例題 1】 分母配成平方和

求 $\displaystyle\int \frac{2x+6}{x^2+4x+8} dx$。

【解】 配方可得
$$x^2+4x+8=(x+2)^2+4$$

令 $u=x+2$，則 $x=u-2$，$dx=du$，故

$$\int \frac{2x+6}{x^2+4x+8} dx = \int \frac{2u+2}{u^2+4} du = \int \frac{2u}{u^2+4} du + \int \frac{2}{u^2+2^2} du$$

$$= \ln(u^2+4) + \tan^{-1}\frac{u}{2} + C$$

$$= \ln(x^2+4x+8) + \tan^{-1}\left(\frac{x+2}{2}\right) + C.$$

【例題 2】 根號內配成平方差

求 $\int \dfrac{x}{\sqrt{3-2x-x^2}}\, dx$．

【解】 $\int \dfrac{x}{\sqrt{3-2x-x^2}}\, dx = \int \dfrac{x}{\sqrt{4-(x+1)^2}}\, dx$

令 $x+1 = 2\sin\theta$，$-\dfrac{\pi}{2} < \theta < \dfrac{\pi}{2}$，則 $dx = 2\cos\theta\, d\theta$．

所以，

$$\int \dfrac{x}{\sqrt{3-2x-x^2}}\, dx = \int \dfrac{2\sin\theta - 1}{2\cos\theta} 2\cos\theta\, d\theta$$

$$= \int (2\sin\theta - 1)\, d\theta = -2\cos\theta - \theta + C$$

由圖 7-5 可知，$\cos\theta = \dfrac{\sqrt{3-2x-x^2}}{2}$，

故 $\int \dfrac{x}{\sqrt{3-2x-x^2}}\, dx$

$= -\sqrt{3-2x-x^2} - \sin^{-1}\left(\dfrac{x+1}{2}\right) + C.$

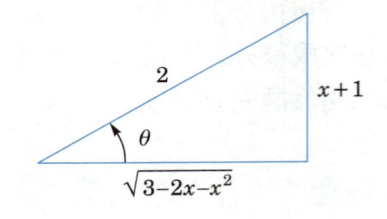

圖 7-5

【例題 3】 根號內配成平方和

求 $\displaystyle\int_4^7 \dfrac{dx}{\sqrt{x^2-8x+25}}$．

【解】 $\displaystyle\int_4^7 \dfrac{dx}{\sqrt{x^2-8x+25}} = \int_4^7 \dfrac{dx}{\sqrt{(x-4)^2+9}}$

令 $x-4 = 3\tan\theta$，$0 \leqslant \theta < \dfrac{\pi}{2}$，則 $dx = 3\sec^2\theta\, d\theta$．

所以，$\displaystyle\int_4^7 \dfrac{dx}{\sqrt{x^2-8x+25}} = \int_0^{\pi/4} \dfrac{3\sec^2\theta}{3\sec\theta}\, d\theta = \int_0^{\pi/4} \sec\theta\, d\theta$

$$= \ln |\sec\theta + \tan\theta|\Big|_0^{\pi/4} = \ln(1+\sqrt{2}).$$

習題 7.5

求下列各積分．

1. $\displaystyle\int \frac{dx}{x^2+6x+10}$
2. $\displaystyle\int \frac{x}{x^2-4x+8}\,dx$
3. $\displaystyle\int_1^2 \sqrt{3+2x-x^2}\,dx$
4. $\displaystyle\int_4^7 \frac{dx}{\sqrt{x^2-8x+25}}$
5. $\displaystyle\int_{-1}^0 \sqrt{x^2-2x}\,dx$
6. $\displaystyle\int \frac{x}{\sqrt{x^2-2x}}\,dx$
7. $\displaystyle\int_2^4 \frac{2}{x^2-6x+10}\,dx$
8. $\displaystyle\int \frac{dx}{\sqrt{-x^2+4x-3}}$
9. $\displaystyle\int \frac{\sqrt{x+1}-\sqrt{x-1}}{\sqrt{x+1}+\sqrt{x-1}}\,dx$

7-6 部分分式法

在代數裡，我們學得將兩個或更多的分式合併為一個分式．例如，

$$\frac{1}{x}+\frac{2}{x-1}+\frac{3}{x+2}=\frac{(x-1)(x+2)+2x(x+2)+3x(x-1)}{x(x-1)(x+2)}$$

$$=\frac{6x^2+2x-2}{x^3+x^2-2x}$$

然而，上式的左邊比右邊容易積分．於是，若我們知道如何從上式的右邊開始而獲得左邊，則將是很有幫助的．處理這個的方法稱為**部分分式法**．

若多項式 $P(x)$ 的次數小於多項式 $Q(x)$ 的次數，則有理函數 $\dfrac{P(x)}{Q(x)}$ 稱為**真有理函數**；否則，它稱為**假有理函數**．在理論上，實係數多項式恆可分解成實係數的一次因式與實係數的二次質因次之乘積．因此，若 $\dfrac{P(x)}{Q(x)}$ 為真有理函數，則

$$\frac{P(x)}{Q(x)}=F_1(x)+F_2(x)+\cdots+F_k(x)$$

此處每一 $F_i(x)$ 的形式為下列其中之一：

$$\frac{A}{(ax+b)^m} \quad 或 \quad \frac{Ax+B}{(ax^2+bx+c)^n}$$

其中 m 與 n 皆為正整數，而 ax^2+bx+c 為二次質因式，換句話說，$ax^2+bx+c=0$ 沒有實根，即，$b^2-4ac<0$。和 $F_1(x)+F_2(x)+\cdots+F_k(x)$ 稱為 $\frac{P(x)}{Q(x)}$ 的 部分分式分解，而每一 $F_i(x)$ 稱為 部分分式。

若 $\frac{P(x)}{Q(x)}$ 為眞有理函數，則可化成部分分式分解的形式，方法如下：

1. 先將 $Q(x)$ 完完全全地分解為一次因式 $px+q$ 與二次質因式 ax^2+bx+c 的乘積，然後集中所有的重複因式，因此，$Q(x)$ 表為形如 $(px+q)^m$ 與 $(ax^2+bx+c)^n$ 之不同因式的乘積，其中 m 與 n 皆為正整數。
2. 再應用下列的規則：

   規則 1. 對於形如 $(px+q)^m$ 的每一個因式，此處 $m \geq 1$，部分分式分解含有 m 個部分分式的和，其形式為

   $$\frac{A_1}{px+q}+\frac{A_2}{(px+q)^2}+\cdots+\frac{A_m}{(px+q)^m}$$

   其中 $A_1, A_2, \cdots, A_m$ 皆為待定常數。

   規則 2. 對於形如 $(ax^2+bx+c)^n$，此處 $n \geq 1$，且 $b^2-4ac<0$，部分分式分解含有 n 個部分分式的和，其形式為

   $$\frac{A_1x+B_1}{ax^2+bx+c}+\frac{A_2x+B_2}{(ax^2+bx+c)^2}+\cdots+\frac{A_nx+B_n}{(ax^2+bx+c)^n}$$

   其中 $A_1, A_2, \cdots, A_n$ 皆為待定係數；$B_1, B_2, \cdots, B_n$ 皆為待定常數。

【例題 1】 利用部分分式法

計算 $\int \frac{dx}{x^2-a^2}$，此處 $a \neq 0$。

【解】 令 $\frac{1}{x^2-a^2}=\frac{A}{x-a}+\frac{B}{x+a}$，則以 $(x-a)(x+a)$ 乘等號的兩邊，得到

$$1 = A(x+a) + B(x-a) = (A+B)x + (A-B)a \cdots\cdots (*)$$

可知，
$$\begin{cases} A+B=0 \\ A-B=\dfrac{1}{a} \end{cases}$$

解得：$A = \dfrac{1}{2a}$，$B = -\dfrac{1}{2a}$。

於是，
$$\frac{1}{x^2-a^2} = \frac{\dfrac{1}{2a}}{x-a} + \frac{-\dfrac{1}{2a}}{x+a}$$

所以，
$$\int \frac{dx}{x^2-a^2} = \frac{1}{2a}\int \frac{dx}{x-a} - \frac{1}{2a}\int \frac{dx}{x+a}$$
$$= \frac{1}{2a}\ln|x-a| - \frac{1}{2a}\ln|x+a|$$
$$= \frac{1}{2a}\ln\left|\frac{x-a}{x+a}\right| + C.$$

在例題 1 中，因式全部為一次式且不重複，利用使各因式為零的值代 x，可求出 A 與 B 的值。若在 (*) 式中令 $x=a$，可得 $1=2aA$ 或 $A=\dfrac{1}{2a}$。在 (*) 式中令 $x=-a$，可得 $1=-2aB$ 或 $B=-\dfrac{1}{2a}$。

讀者可利用例題 1 的結果，若 u 為 x 的可微分函數可導出下列的積分公式。

$$\int \frac{du}{u^2-a^2} = \frac{1}{2a}\ln\left|\frac{u-a}{u+a}\right| + C \tag{7-7}$$

$$\int \frac{du}{a^2-u^2} = \frac{1}{2a}\ln\left|\frac{u+a}{u-a}\right| + C \tag{7-8}$$

【例題 2】 先作 u-代換

計算 $\displaystyle\int \frac{e^x}{e^{2x}-4}\,dx$.

【解】 令 $u=e^x$，則 $du=e^x\,dx$，可得

$$\int \frac{e^x}{e^{2x}-4}\,dx = \int \frac{du}{u^2-4}$$

$$= \frac{1}{4}\ln\left|\frac{u-2}{u+2}\right|+C$$

$$= \frac{1}{4}\ln\left|\frac{e^x-2}{e^x+2}\right|+C.$$

【例題 3】 利用公式 (7-7)

計算 $\displaystyle\int \frac{\sin x}{1+\sin^2 x}\,dx$.

【解】 $\displaystyle\int \frac{\sin x}{1+\sin^2 x}\,dx = -\int \frac{d\cos x}{1+1-\cos^2 x} = -\int \frac{d\cos x}{2-\cos^2 x}$

$$= -\int \frac{d\cos x}{(\sqrt{2})^2-\cos^2 x} = \int \frac{d\cos x}{\cos^2 x-(\sqrt{2})^2}$$

$$= \frac{1}{2\sqrt{2}}\ln\left|\frac{\cos x-\sqrt{2}}{\cos x+\sqrt{2}}\right|+C.$$

【例題 4】 分母分解成不重複的一次因式

計算 $\displaystyle\int \frac{x^2+2x-1}{2x^3+3x^2-2x}\,dx$.

【解】 因 $2x^3+3x^2-2x = x(2x^2+3x-2) = x(2x-1)(x+2)$，故令

$$\frac{x^2+2x-1}{2x^3+3x^2-2x} = \frac{A}{x}+\frac{B}{2x-1}+\frac{C}{x+2}$$

可得 $x^2+2x-1 = A(2x-1)(x+2)+Bx(x+2)+Cx(2x-1)$ ……………… (*)

以 $x=0$ 代入 (*) 式，可得 $-1=-2A$，即，$A=\dfrac{1}{2}$.

以 $x=\dfrac{1}{2}$ 代入 (*) 式，可得 $\dfrac{1}{4}=\dfrac{5}{4}B$，即，$B=\dfrac{1}{5}$.

以 $x=-2$ 代入 (*) 式，可得 $-1=10C$，即，$C=-\dfrac{1}{10}$。

於是，$\dfrac{x^2+2x-1}{2x^3+3x^2-2x}=\dfrac{\frac{1}{2}}{x}+\dfrac{\frac{1}{5}}{2x-1}+\dfrac{-\frac{1}{10}}{x+2}$

所以，

$$\int\dfrac{x^2+2x-1}{2x^3+3x^2-2x}\,dx=\dfrac{1}{2}\int\dfrac{dx}{x}+\dfrac{1}{5}\int\dfrac{dx}{2x-1}-\dfrac{1}{10}\int\dfrac{dx}{x+2}$$

$$=\dfrac{1}{2}\ln|x|+\dfrac{1}{10}\ln|2x-1|-\dfrac{1}{10}\ln|x+2|+K,$$

此處 K 為任意常數。

【例題 5】 分母含有重複的一次因式

求 $\int\dfrac{x^2-6x+1}{(x+1)(x-1)^2}\,dx$。

【解】 令 $\dfrac{x^2-6x+1}{(x+1)(x-1)^2}=\dfrac{A}{x+1}+\dfrac{B}{x-1}+\dfrac{C}{(x-1)^2}$

則 $x^2-6x+1=A(x-1)^2+B(x+1)(x-1)+C(x+1)$
$\qquad\qquad\quad=(A+B)x^2+(-2A+C)x+(A-B+C)$

可知

$$\begin{cases}A+B=1\\-2A+C=-6\\A-B+C=1\end{cases}$$

解得：$A=2$，$B=-1$，$C=-2$。

所以，$\int\dfrac{x^2-6x+1}{(x+1)(x-1)^2}\,dx=\int\dfrac{2}{x+1}\,dx+\int\dfrac{-1}{x-1}\,dx+\int\dfrac{-2}{(x-1)^2}\,dx$

$$=2\ln|x+1|-\ln|x-1|+\dfrac{2}{x-1}+K.$$

【例題 6】 分母僅含有重複的一次因式

計算 $\int \dfrac{x^2}{(x+2)^3}\, dx$.

【解】 方法 1：令 $\dfrac{x^2}{(x+2)^3} = \dfrac{A}{x+2} + \dfrac{B}{(x+2)^2} + \dfrac{C}{(x+2)^3}$，則

$$x^2 = A(x+2)^2 + B(x+2) + C$$
$$= Ax^2 + (4A+B)x + (4A+2B+C)$$

可知 $\begin{cases} A=1 \\ 4A+B=0 \\ 4A+2B+C=0 \end{cases}$

解得：$A=1$，$B=-4$，$C=4$. 於是，

$$\dfrac{x^2}{(x+2)^3} = \dfrac{1}{x+2} + \dfrac{-4}{(x+2)^2} + \dfrac{4}{(x+2)^3}$$

所以，

$$\int \dfrac{x^2}{(x+2)^3}\, dx = \int \dfrac{dx}{x+2} - 4\int \dfrac{dx}{(x+2)^2} + 4\int \dfrac{dx}{(x+2)^3}$$
$$= \ln|x+2| + \dfrac{4}{x+2} - \dfrac{2}{(x+2)^2} + K$$

方法 2：令 $u=x+2$，則 $x=u-2$，可得

$$\dfrac{x^2}{(x+2)^3} = \dfrac{(u-2)^2}{u^3} = \dfrac{u^2-4u+4}{u^3} = \dfrac{1}{u} - \dfrac{4}{u^2} + \dfrac{4}{u^3}$$
$$= \dfrac{1}{x+2} - \dfrac{4}{(x+2)^2} + \dfrac{4}{(x+2)^3}$$

所以，

$$\int \dfrac{x^2}{(x+2)^3}\, dx = \int \dfrac{dx}{x+2} - 4\int \dfrac{dx}{(x+2)^2} + 4\int \dfrac{dx}{(x+2)^3}$$
$$= \ln|x+2| + \dfrac{4}{x+2} - \dfrac{2}{(x+2)^2} + K.$$

【例題 7】 分母含有不重複的二次質因式

計算 $\displaystyle\int \frac{x^2+3x+2}{x^3+2x^2+2x}\,dx$.

【解】 令 $\dfrac{x^2+3x+2}{x^3+2x^2+2x}=\dfrac{A}{x}+\dfrac{Bx+C}{x^2+2x+2}$,

則 $x^2+3x+2=A(x^2+2x+2)+x(Bx+C)=(A+B)x^2+(2A+C)x+2A$,

可知 $\begin{cases} A+B=1 \\ 2A+C=3 \\ 2A\quad\;=2 \end{cases}$ 解得：$A=1$, $B=0$, $C=1$.

所以, $\displaystyle\int \frac{x^2+3x+2}{x^3+2x^2+2x}\,dx=\int \frac{1}{x}\,dx+\int \frac{1}{x^2+2x+2}\,dx$

$\displaystyle\qquad =\ln|x|+\int \frac{dx}{1+(x+1)^2}$

$\displaystyle\qquad =\ln|x|+\tan^{-1}(x+1)+C$.

【例題 8】 分母僅含有重複的二次質因式

計算 $\displaystyle\int \frac{5x^3-3x^2+7x-3}{(x^2+1)^2}\,dx$.

【解】 因 $\dfrac{5x^3-3x^2+7x-3}{x^2+1}=5x-3+\dfrac{2x}{x^2+1}$

可得 $\dfrac{5x^3-3x^2+7x-3}{(x^2+1)^2}=\dfrac{5x-3}{x^2+1}+\dfrac{2x}{(x^2+1)^2}$

故 $\displaystyle\int \frac{5x^3-3x^2+7x-3}{(x^2+1)^2}\,dx=\int\left[\frac{5x-3}{x^2+1}+\frac{2x}{(x^2+1)^2}\right]dx$

$\displaystyle\qquad =\int \frac{5x}{x^2+1}\,dx-3\int \frac{dx}{x^2+1}+\int \frac{2x}{(x^2+1)^2}\,dx$

$\displaystyle\qquad =\frac{5}{2}\ln(x^2+1)-3\tan^{-1}x-\frac{1}{x^2+1}+C$.

【例題 9】 假有理函數的積分

計算 $\int \dfrac{3x^4+3x^3-5x^2+x+1}{x^2+x-2}\,dx$.

【解】 因被積分函數是假有理函數，故我們無法直接利用部分分式分解．然而，我們可利用長除法將被積分函數化成

$$\dfrac{3x^4+3x^3-5x^2+x+1}{x^2+x-2}=3x^2+1+\dfrac{3}{x^2+x-2}$$

於是，

$$\int \dfrac{3x^4+3x^3-5x^2+x+1}{x^2+x-2}\,dx = \int (3x^2+1)\,dx + \int \dfrac{3}{x^2+x-2}\,dx$$

$$= x^3+x+3\int \dfrac{dx}{\left(x+\dfrac{1}{2}\right)^2-\left(\dfrac{3}{2}\right)^2}$$

$$= x^3+x+\dfrac{3}{2\cdot\left(\dfrac{3}{2}\right)}\ln\left|\dfrac{x+\dfrac{1}{2}-\dfrac{3}{2}}{x+\dfrac{1}{2}+\dfrac{3}{2}}\right|+C$$

$$= x^3+x+\ln\left|\dfrac{x-1}{x+2}\right|+C$$

【例題 10】 分子與分母同乘某式子化成有理函數

計算 $\int \dfrac{dx}{1+e^x}$.

【解】 $\int \dfrac{dx}{1+e^x} = \int \dfrac{e^x}{e^x(1+e^x)}\,dx$

令 $u=e^x$，則 $du=e^x dx$，可得

$$\int \dfrac{e^x}{e^x(1+e^x)}\,dx = \int \dfrac{du}{u(1+u)}$$

因 $\int \dfrac{du}{u(1+u)} = \int \left(\dfrac{1}{u} + \dfrac{-1}{1+u}\right) du = \int \dfrac{du}{u} - \int \dfrac{du}{1+u}$

$$= \ln|u| - \ln|1+u| + C$$

$$= \ln\left|\dfrac{u}{1+u}\right| + C$$

故 $\int \dfrac{dx}{1+e^x} = \ln\left|\dfrac{e^x}{1+e^x}\right| + C = \ln \dfrac{e^x}{1+e^x} + C.$

【例題 11】 化成有理函數

計算 $\int \dfrac{\sec^2 \theta}{\tan^3 \theta - \tan^2 \theta} d\theta.$

【解】 令 $x = \tan \theta$，則 $dx = \sec^2 \theta \, d\theta$，可得

$$\int \dfrac{\sec^2 \theta}{\tan^3 \theta - \tan^2 \theta} d\theta = \int \dfrac{dx}{x^3 - x^2}$$

因 $\int \dfrac{dx}{x^3 - x^2} = \int \dfrac{dx}{x^2(x-1)} = \int \left(\dfrac{-1}{x} + \dfrac{-1}{x^2} + \dfrac{1}{x-1}\right) dx$

$$= -\ln|x| + \dfrac{1}{x} + \ln|x-1| + C = \dfrac{1}{x} + \ln\left|\dfrac{x-1}{x}\right| + C$$

故 $\int \dfrac{\sec^2 \theta}{\tan^3 \theta - \tan^2 \theta} d\theta = \dfrac{1}{\tan \theta} + \ln\left|\dfrac{\tan \theta - 1}{\tan \theta}\right| + C$

$$= \cot \theta + \ln|1 - \cot \theta| + C.$$

習題 7.6

1. $\int \dfrac{7x-2}{x^2-x-2} dx$
2. $\int \dfrac{x^2+1}{x^3-x} dx$
3. $\int \dfrac{dx}{x^3+x^2-2x}$
4. $\int \dfrac{x^2+1}{(3x+2)^3} dx$
5. $\int \dfrac{2x^3+3x^2+2x+2}{x^3(x+1)} dx$

6. $\displaystyle\int_0^{1/2} \frac{3x^2+2x+1}{x^3-2x^2-x+2}\,dx$

7. $\displaystyle\int \frac{5x^2+11x+17}{x^3+5x^2+4x+20}\,dx$

8. $\displaystyle\int \frac{x^4+2x^2+3}{x^3-4x}\,dx$

9. $\displaystyle\int \frac{x^5}{(x^2+4)^2}\,dx$

10. $\displaystyle\int \frac{dx}{e^x-e^{-x}}$

11. $\displaystyle\int \frac{3x^2-1}{(x-2)^4}\,dx$

12. $\displaystyle\int \frac{x^2}{(x^2+4)^2}\,dx$

13. $\displaystyle\int \frac{\sin x \cos^2 x}{5+\cos^2 x}\,dx$

14. $\displaystyle\int \frac{e^{2x}}{e^{2x}+3e^x+2}\,dx$

15. $\displaystyle\int \frac{\sin x}{\cos^2 x + \cos x - 2}\,dx$

7-7　其它的代換

我們已利用變數變換法去求定積分或不定積分．在本節中，我們將考慮其它很有用的代換方法，某些函數利用適當的代換可以變成有理函數，所以，可以用前一節的方法求積分．尤其，當被積分函數含有形如 $\sqrt[n]{f(x)}$ 的式子，則代換 $u=\sqrt[n]{f(x)}$（或 $u^n=f(x)$）可以用來化簡計算．更廣泛地，若被積分函數含有 $\sqrt[n_1]{ax+b}$，$\sqrt[n_2]{ax+b}$，$\cdots$，$\sqrt[n_k]{ax+b}$ 等項，則令 $u=\sqrt[n]{ax+b}$，此處 n 為 $n_1,n_2,\cdots,n_k$ 的最小公倍數．

【例題 1】　將單一根式作代換

計算 $\displaystyle\int \frac{\sqrt{x+4}}{x}\,dx$.

【解】　令 $u=\sqrt{x+4}$，則 $u^2=x+4$，可得 $x=u^2-4$，$dx=2u\,du$．所以，

$$\int \frac{\sqrt{x+4}}{x}\,dx = \int \frac{u}{u^2-4}\,2u\,du = 2\int \frac{u^2}{u^2-4}\,du = 2\int \left(1+\frac{4}{u^2-4}\right)du$$

$$= 2\int du + 8\int \frac{du}{u^2-4} = 2u + 2\ln\left|\frac{u-2}{u+2}\right| + C$$

$$= 2\left(\sqrt{x+4} + \ln\left|\frac{\sqrt{x+4}-2}{\sqrt{x+4}+2}\right|\right) + C.$$

若被積分函數是表成 $\sin x$ 及 $\cos x$ 的有理函數，則代換 $z = \tan\dfrac{x}{2}$，$-\dfrac{\pi}{2} < \dfrac{x}{2} < \dfrac{\pi}{2}$，可將它轉換成 z 的有理函數，我們從圖 7-6 可知：

$$\sin\frac{x}{2} = \frac{z}{\sqrt{1+z^2}}, \quad \cos\frac{x}{2} = \frac{1}{\sqrt{1+z^2}}.$$

利用二倍角公式，可得

$$\sin x = \sin 2\left(\frac{x}{2}\right) = 2\sin\frac{x}{2}\cos\frac{x}{2}$$

$$= 2\left(\frac{z}{\sqrt{1+z^2}}\right)\left(\frac{1}{\sqrt{1+z^2}}\right) = \frac{2z}{1+z^2}$$

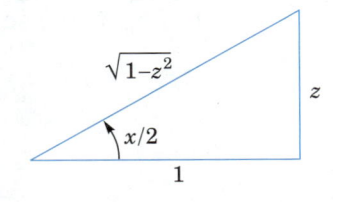

圖 7-6

$$\cos x = \cos 2\left(\frac{x}{2}\right) = 2\cos^2\frac{x}{2} - 1 = \frac{2}{1+z^2} - 1 = \frac{1-z^2}{1+z^2}$$

又因 $\dfrac{x}{2} = \tan^{-1} z$，可得 $dx = \dfrac{2}{1+z^2}\,dz$，故以 $\sin x = \dfrac{2z}{1+z^2}$，$\cos x = \dfrac{1-z^2}{1+z^2}$，$dx = \dfrac{2}{1+z^2}\,dz$ 分別代換 $\sin x$，$\cos x$ 及 dx，可得出一不定積分，且被積分函數為 z 的一個有理函數。

【例題 2】 作代換 $z = \tan\left(\dfrac{x}{2}\right)$

求 $\displaystyle\int \frac{dx}{\cos x - \sin x + 1}$.

【解】 令 $z = \tan\dfrac{x}{2}$，$-\dfrac{\pi}{2} < \dfrac{x}{2} < \dfrac{\pi}{2}$，則

$$\int \frac{dx}{\cos x - \sin x + 1} = \int \frac{\frac{2}{1+z^2}\,dz}{\frac{1-z^2}{1+z^2} - \frac{2z}{1+z^2} + 1} = \int \frac{\frac{2}{1+z^2}\,dz}{\frac{1-z^2-2z+1+z^2}{1+z^2}}$$

$$= \int \frac{dz}{1-z} = -\ln|1-z| + C = -\ln\left|1-\tan\frac{x}{2}\right| + C.$$

【例題 3】 化成含 $\sin x$ 及 $\cos x$ 的形式

求 $\int \frac{\sec x}{2\tan x + \sec x - 1}\, dx$.

【解】
$$\int \frac{\sec x}{2\tan x + \sec x - 1}\, dx = \int \frac{\dfrac{1}{\cos x}}{\dfrac{2\sin x}{\cos x} + \dfrac{1}{\cos x} - 1}\, dx$$

$$= \int \frac{1}{2\sin x - \cos x + 1}\, dx$$

令 $z = \tan\dfrac{x}{2}$, $-\dfrac{\pi}{2} < \dfrac{x}{2} < \dfrac{\pi}{2}$, 則

$$\int \frac{dx}{2\sin x - \cos x + 1} = \int \frac{\dfrac{2\,dz}{1+z^2}}{2\cdot\dfrac{2z}{1+z^2} - \dfrac{1-z^2}{1+z^2} + 1} = \int \frac{dz}{z(z+2)}$$

$$= \frac{1}{2}\int\left(\frac{1}{z} - \frac{1}{z+2}\right)dz = \frac{1}{2}\ln\left|\frac{z}{z+2}\right| + C$$

$$= \frac{1}{2}\ln\left|\frac{\tan\dfrac{x}{2}}{\tan\dfrac{x}{2} + 2}\right| + C.$$

習題 7.7

求 1~16 題中的積分.

1. $\int x^2\sqrt{2x+1}\, dx$
2. $\int x\sqrt[3]{x+9}\, dx$
3. $\int \dfrac{5x}{(x+3)^{2/3}}\, dx$
4. $\int \sqrt{x}\, e^{\sqrt{x}}\, dx$
5. $\int \dfrac{\sqrt{x}}{1+\sqrt[3]{x}}\, dx$
6. $\int_4^9 \dfrac{dx}{\sqrt{x}+4}$

7. $\displaystyle\int_0^{25} \frac{dx}{\sqrt{4+\sqrt{x}}}$ 8. $\displaystyle\int \frac{dx}{(x+1)\sqrt{x-2}}$ 9. $\displaystyle\int \sqrt{1+e^x}\, dx$

10. $\displaystyle\int \frac{dx}{2+\cos x}$ 11. $\displaystyle\int \frac{dx}{4\sin x - 3\cos x}$ 12. $\displaystyle\int \frac{dx}{\tan x + \sin x}$

13. $\displaystyle\int \frac{\sec x}{4-3\tan x}\, dx$ 14. $\displaystyle\int \frac{dx}{\sin x - \sqrt{3}\cos x}$ 15. $\displaystyle\int \frac{dx}{5-4\cos x}$

16. $\displaystyle\int_{\pi/3}^{\pi/2} \frac{dx}{1+\sin x - \cos x}$

17. (1) 試證：若 $x > 0$，則 $\displaystyle\int_x^1 \frac{1}{1+t^2}\, dt = \int_1^{1/x} \frac{1}{1+t^2}\, dt$. $\left[\text{提示：令 } u = \frac{1}{t}\right]$

(2) 利用 (1) 的結果證明 $\tan^{-1} x + \tan^{-1} \dfrac{1}{x} = \dfrac{\pi}{2}$.

7-8　積分近似值的求法

為了利用微積分基本定理計算 $\displaystyle\int_a^b f(x)\, dx$，必須先求出 f 的反導函數．可是，有時很難或甚至無法求出反導函數．例如，我們根本無法正確地計算下列的積分：

$$\int_0^1 e^{x^2}\, dx, \qquad \int_0^1 \sqrt{1+x^3}\, dx$$

因此，我們有必要求定積分的近似值．

因定積分定義為黎曼和的極限，故任一黎曼和可用來作為定積分的近似．尤其，假如我們將 $[a, b]$ 作一正規分割，其中 $\Delta x = \dfrac{b-a}{n}$，則

$$\int_a^b f(x)\, dx \approx \sum_{i=1}^n f(x_i^*)\, \Delta x$$

此處 x_i^* 為該分割的第 i 個子區間 $[x_{i-1}, x_i]$ 中的任一點．若取 x_i^* 為 $[x_{i-1}, x_i]$ 的左端點，即，$x_i^* = x_{i-1}$，則

$$\int_a^b f(x)\,dx \approx \sum_{i=1}^n f(x_{i-1})\,\Delta x \tag{7-9}$$

若取 x_i^* 為 $[x_{i-1},\ x_i]$ 的右端點，即，$x_i^* = x_i$，則

$$\int_a^b f(x)\,dx \approx \sum_{i=1}^n f(x_i)\,\Delta x \tag{7-10}$$

通常，將 (7-9) 式與 (7-10) 式等兩個近似值平均，可得到更精確的近似值，即，

$$\int_a^b f(x)\,dx \approx \frac{1}{2}\left[\sum_{i=1}^n f(x_{i-1})\,\Delta x + \sum_{i=1}^n f(x_i)\,\Delta x\right]$$

$$=\frac{\Delta x}{2}[(f(x_0)+f(x_1))+(f(x_1)+f(x_2))+\cdots+(f(x_{n-1})+f(x_n))]$$

$$=\frac{\Delta x}{2}[f(x_0)+2f(x_1)+2f(x_2)+\cdots+2f(x_{n-1})+f(x_n)]$$

$$=\frac{b-a}{2n}[f(x_0)+2f(x_1)+2f(x_2)+\cdots+2f(x_{n-1})+f(x_n)].$$

定理 7.1　梯形法則

若函數 f 在 $[a,\ b]$ 為連續，且 $a=x_0,\ x_1,\ x_2,\ \cdots,\ x_n=b$ 將 $[a,\ b]$ 作一正規分割，則

$$\int_a^b f(x)\,dx \approx \frac{b-a}{2n}[f(x_0)+2f(x_1)+2f(x_2)+\cdots+2f(x_{n-1})+f(x_n)].$$

"梯形法則"的名稱可由圖 7-7 得知，該圖說明了 $f(x)\geqslant 0$ 的情形，在第 i 個子區間上方的梯形面積為

$$\Delta x\left[\frac{f(x_{i-1})+f(x_i)}{2}\right]=\frac{\Delta x}{2}[f(x_{i-1})+f(x_i)]$$

且若將這些梯形的面積全部相加，即得到梯形法則的結果．

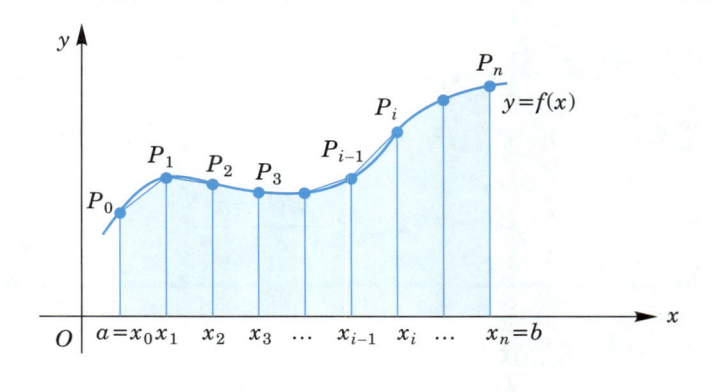

圖 7-7

【例題 1】 利用梯形法則

利用梯形法則及 $n=10$，計算 $\int_1^2 \dfrac{1}{x}\,dx$ 的近似值。

【解】 $\int_1^2 \dfrac{1}{x}\,dx \approx \dfrac{1}{20}\,[f(1)+2f(1.1)+2f(1.2)+2f(1.3)+2f(1.4)+2f(1.5)$

$\qquad\qquad +2f(1.6)+2f(1.7)+2f(1.8)+2f(1.9)+f(2)]$

$$= \dfrac{1}{20}\left(\dfrac{1}{1}+\dfrac{2}{1.1}+\dfrac{2}{1.2}+\dfrac{2}{1.3}+\dfrac{2}{1.4}+\dfrac{2}{1.5}+\dfrac{2}{1.6}\right.$$

$$\left.+\dfrac{2}{1.7}+\dfrac{2}{1.8}+\dfrac{2}{1.9}+\dfrac{1}{2}\right)$$

≈ 0.6938。

依微積分基本定理，

$$\int_1^2 \dfrac{1}{x}\,dx = \ln x\,\Big|_1^2 = \ln 2 \approx 0.69315$$

為了利用梯形法則獲得更精確的近似值，需要用很大的 n。

梯形法則之誤差 E_T 估計

若 f'' 為連續且 M 為 $|f''|$ 在 $[a, b]$ 上的任一上界，則

$$|E_T| \leqslant \frac{M(b-a)^3}{12n^2} \tag{7-11}$$

【例題 2】 利用梯形法則

利用梯形法則，取 $n=10$，求 $\int_0^1 e^{x^2} dx$ 的近似值並求此近似值的誤差上界。

【解】

(1) 因 $a=0$，$b=1$，且 $n=10$，可得 $h=0.1$，故

$$\int_0^1 e^{x^2} dx \approx \frac{1}{20} [f(0)+2f(0.1)+2f(0.2)+\cdots+2f(0.9)+f(1)]$$
$$= 0.05(e^0+2e^{0.01}+2e^{0.04}+2e^{0.09}+2e^{0.16}+2e^{0.25}+2e^{0.36}$$
$$\quad +2e^{0.49}+2e^{0.64}+2e^{0.81}+e^1)$$
$$\approx 1.467175.$$

(2) 令 $f(x)=e^{x^2}$，則 $f'(x)=2xe^{x^2}$，且 $f''(x)=(2+4x^2)e^{x^2}$，又 $0 \leqslant x \leqslant 1$，可得 $x^2 \leqslant 1$，所以，

$$0 \leqslant f''(x) \leqslant (2+4x^2)e^{x^2} \leqslant 6e$$

我們取 $M=6e$，$a=0$，$b=1$ 與 $n=10$ 代入誤差公式中，得梯形法則的誤差上界為

$$|E_T| \leqslant \frac{6e(1-0)^3}{12(10)^2} = \frac{e}{200} \approx 0.014.$$

為了計算曲線下方面積的近似值，計算定積分的近似值之另一法則是利用拋物線而不是梯形。同前，我們將 $[a, b]$ 作一正規分割，其中 $h=\Delta x = \frac{b-a}{n}$，但假設 n 為偶數。於是，在每一連續成對的子區間上，我們用一拋物線近似曲線 $y=f(x) \geqslant 0$，如圖 7-8 所示。若 $y_i=f(x_i)$，則 $P_i(x_i, y_i)$ 為在該曲線上位於 x_i 上方的點，典型的拋物線通過連續三個點 P_i，P_{i+1} 與 P_{i+2}。

為了簡化計算，我們首先考慮 $x_0=-h$，$x_1=0$ 與 $x_2=h$ 的情形（見圖 7-9）。我

圖 7-8

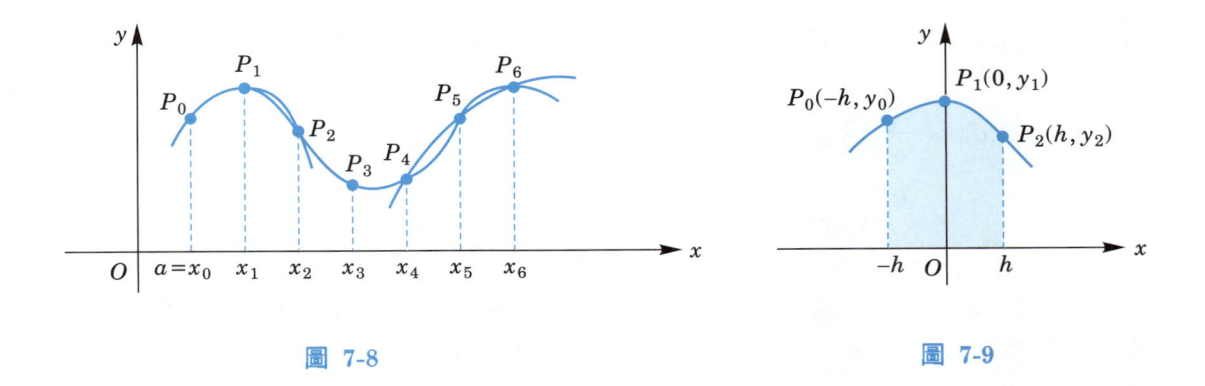

圖 7-9

們知道通過 P_0、P_1 與 P_2 等三點的拋物線的方程式為 $y=ax^2+bx+c$，故在此拋物線下方由 $x=-h$ 到 $x=h$ 的面積為

$$\int_{-h}^{h} (ax^2+bx+c)\,dx = \left(\frac{a}{3}x^3+\frac{b}{2}x^2+cx\right)\bigg|_{-h}^{h} = \frac{h}{3}(2ah^2+6c).$$

因該拋物線通過 $P_0(-h, y_0)$、$P_1(0, y_1)$ 與 $P_2(h, y_2)$，故得

$$y_0 = ah^2 - bh + c$$
$$y_1 = c$$
$$y_2 = ah^2 + bh + c$$

所以，
$$y_0 + 4y_1 + y_2 = 2ah^2 + 6c$$

於是，我們將拋物線下方的面積改寫成

$$\frac{h}{3}(y_0 + 4y_1 + y_2)$$

若將此拋物線沿著水平方向平移，則在它的下方的面積保持不變．這表示在通過 P_0、P_1 與 P_2 的拋物線下方由 $x=x_0$ 到 $x=x_2$ 的面積仍為

$$\frac{h}{3}(y_0 + 4y_1 + y_2)$$

同理，在通過 P_2、P_3 與 P_4 的拋物線下方由 $x=x_2$ 到 $x=x_4$ 的面積為

$$\frac{h}{3}(y_2 + 4y_3 + y_4)$$

若我們以此方法計算在所有拋物線下方的面積，並全部相加，則可得

$$\int_a^b f(x)\,dx \approx \frac{h}{3}(y_0+4y_1+y_2)+\frac{h}{3}(y_2+4y_3+y_4)+\cdots+\frac{h}{3}(y_{n-2}+4y_{n-1}+y_n)$$

$$=\frac{h}{3}(y_0+4y_1+2y_2+4y_3+2y_4+\cdots+2y_{n-2}+4y_{n-1}+y_n)$$

雖然我們是對 $f(x)\geq 0$ 的情形導出此近似公式，但是對任意連續函數 f 而言，它是一個合理的近似公式，並稱為**辛普森法則**，以英國數學家辛普森 (1710～1761) 命名，注意係數的形式：1, 4, 2, 4, 2, 4, 2, …, 4, 2, 4, 1。

定理 7.2　辛普森法則

若函數 f 在 $[a, b]$ 為連續，n 為正偶數，且 $a=x_0, x_1, x_2, \cdots, x_n=b$ 將 $[a, b]$ 作一正規分割，則

$$\int_a^b f(x)\,dx \approx \frac{b-a}{3n}[f(x_0)+4f(x_1)+2f(x_2)+4f(x_3)+\cdots \\ +2f(x_{n-2})+4f(x_{n-1})+f(x_n)].$$

辛普森法則之誤差 E_S 估計

若 $f^{(4)}$ 為連續且 M 為 $|f^{(4)}|$ 在 $[a, b]$ 上的任一上界，則

$$|E_S| \leq \frac{M(b-a)^5}{180n^4} \tag{7-12}$$

【例題 3】　利用辛普森法則

利用辛普森法則，取 $n=10$，求 $\int_0^1 e^{x^2}\,dx$ 的近似值並求此近似值的誤差上界。

【解】

(1) 因 $a=0$, $b=1$, 且 $n=10$, 可得 $h=0.1$, 故

$$\int_0^1 e^{x^2}\,dx \approx \frac{1}{30}[f(0)+4f(0.1)+2f(0.2)+\cdots+2f(0.8)+4f(0.9)+f(1)]$$

$$= \frac{1}{30}(e^0 + 4e^{0.01} + 2e^{0.04} + 4e^{0.09} + 2e^{0.16} + 4e^{0.25} + 2e^{0.36}$$
$$+ 4e^{0.49} + 2e^{0.64} + 4e^{0.81} + e^1)$$
$$\approx 1.462681.$$

(2) 令 $f(x) = e^{x^2}$，則四階導函數為

$$f^{(4)}(x) = (12 + 48x^2 + 16x^4)e^{x^2}$$

因為 $0 \leq x \leq 1$，可得 $x^2 \leq 1$，所以，

$$0 \leq f^{(4)}(x) \leq (12 + 48 + 16)e^1 = 76e$$

取 $M = 76e$，$a = 0$，$b = 1$ 與 $n = 10$ 代入誤差公式中，可得辛普森法則的誤差上界為

$$|E_S| \leq \frac{76e(1)^5}{180(10)^4} \approx 0.000115$$

習題 7.8

利用 (1) 梯形法則；(2) 辛普森法則，計算下列各定積分的近似值到小數第三位，其中 n 為所給的值。

1. $\displaystyle\int_0^3 \frac{1}{1+x}\,dx$, $n=8$

2. $\displaystyle\int_0^1 \frac{1}{\sqrt{1+x^2}}\,dx$, $n=4$

3. $\displaystyle\int_2^3 \sqrt{1+x^3}\,dx$, $n=4$

4. $\displaystyle\int_0^2 \frac{1}{4+x^2}\,dx$, $n=10$

5. $\displaystyle\int_0^\pi \sqrt{\sin x}\,dx$, $n=6$

6. $\displaystyle\int_4^{5.2} \ln x\,dx$, $n=6$

7. 試利用辛普森法則，取 $n=4$ 求 $\displaystyle\int_0^1 5x^4\,dx$ 的近似值及其誤差。

8. 若使用辛普森法則求 $\displaystyle\int_1^2 \frac{dx}{x}$ 的近似值精確到 0.0001 以內，試問 n 應取多大？

9. 利用關係式 $\dfrac{\pi}{4} = \tan^{-1} 1 = \displaystyle\int_0^1 \frac{dx}{1+x^2}$ 與辛普森法則 ($n=10$)，求 π 的估計值。

第 8 章　不定型，瑕積分

本章學習目標

- 能夠利用羅必達法則求函數的極限
- 瞭解瑕積分的意義與其計算

8-1 不定型 $\dfrac{0}{0}$ 與 $\dfrac{\infty}{\infty}$

在本節中，我們將詳述求函數極限的一個重要的新方法．

在極限 $\lim\limits_{x\to 2}\dfrac{x^2-4}{x-2}$ 與 $\lim\limits_{x\to 0}\dfrac{\sin x}{x}$ 的每一者中，分子與分母皆趨近 0．習慣上，將這種極限描述為不定型 $\dfrac{0}{0}$．使用"不定"這個字是因為要作更進一步的分析，才能對極限的存在與否下結論．第一個極限可用代數的處理而獲得，即，

$$\lim_{x\to 2}\dfrac{x^2-4}{x-2}=\lim_{x\to 2}\dfrac{(x+2)(x-2)}{x-2}=\lim_{x\to 2}(x+2)=4$$

又我們已在第三章中利用幾何證明 $\lim\limits_{x\to 0}\dfrac{\sin x}{x}=1$．因代數方法與幾何方法僅適合問題的限制範圍，我們介紹一個處理不定型的方法，稱為 羅必達法則．若 $\lim\limits_{x\to a}f(x)=0$ 且 $\lim\limits_{x\to a}g(x)=0$，則稱 $\lim\limits_{x\to a}\dfrac{f(x)}{g(x)}$ 為 不定型 $\dfrac{0}{0}$．若 $\lim\limits_{x\to a}f(x)=\infty$（或 $-\infty$）且 $\lim\limits_{x\to a}g(x)=\infty$ 或 $(-\infty)$，則稱 $\lim\limits_{x\to a}\dfrac{f(x)}{g(x)}$ 為 不定型 $\dfrac{\infty}{\infty}$．

此法則的證明需要均值定理的推廣定理，稱為 柯西均值定理，其以著名的法國數學家柯西 (1789～1857) 來命名．

定理 8.1　柯西均值定理

設兩函數 f 與 g 在 $[a,b]$ 皆為連續且在 (a,b) 皆為可微分．若 $g'(x)\neq 0$ 對於 (a,b) 中的所有 x 皆成立，則在 (a,b) 中存在一數 c 使得

$$\dfrac{f(b)-f(a)}{g(b)-g(a)}=\dfrac{f'(c)}{g'(c)}．$$

證　由於 $g'(x)\neq 0$，$\forall\, x\in(a,b)$，且 g 在 $[a,b]$ 為連續，故 $g(b)\neq g(a)$．否則，若 $g(b)=g(a)$，則依 洛爾定理 可知，存在一數 $x_0\in(a,b)$ 使得 $g'(x_0)=0$，此與假設矛盾．

定義函數

$$F(x)=f(x)-f(a)-\frac{f(b)-f(a)}{g(b)-g(a)}[g(x)-g(a)]$$

因 F 在 $[a, b]$ 為連續，在 (a, b) 為可微分，且 $F(a)=F(b)=0$，故依洛爾定理可知，存在一數 $c \in (a, b)$，使得

$$F'(c)=0$$

現在，

$$0=F'(c)=f'(c)-\frac{f(b)-f(a)}{g(b)-g(a)}g'(c)$$

則

$$\frac{f(b)-f(a)}{g(b)-g(a)}=\frac{f'(c)}{g'(c)}.$$

若取 $g(x)=x$，則 $g'(x)=1$，定理 8.1 的結果化成

$$\frac{f(b)-f(a)}{b-a}=f'(c)$$

此恰為均值定理的結果.

【例題 1】 利用柯西均值定理

試對函數 $f(x)=\sin x$，$g(x)=\cos x$，$x \in \left[0, \frac{\pi}{2}\right]$，求柯西均值定理中的 c 值.

【解】 $\dfrac{f(b)-f(a)}{g(b)-g(a)}=\dfrac{\sin \frac{\pi}{2}-\sin 0}{\cos \frac{\pi}{2}-\cos 0}=\dfrac{\cos c}{-\sin c}$

即，

$$-1 = -\cot c$$

$$c=\frac{\pi}{4}.$$

定理 8.2 羅必達法則

設兩函數 f 與 g 在某包含 a 的開區間 I 為可微分 (可能在 a 除外)，且 $x \neq a$

時，$g'(x) \neq 0$，又 $\lim\limits_{x \to a} \dfrac{f(x)}{g(x)}$ 為不定型 $\dfrac{0}{0}$ 或 $\dfrac{\infty}{\infty}$。若 $\lim\limits_{x \to a} \dfrac{f'(x)}{g'(x)}$ 存在或 $\lim\limits_{x \to a} \dfrac{f'(x)}{g'(x)} = \infty$（或 $-\infty$），則

$$\lim_{x \to a} \dfrac{f(x)}{g(x)} = \lim_{x \to a} \dfrac{f'(x)}{g'(x)}$$

證 設 $\lim\limits_{x \to a} f(x) = 0$ 且 $\lim\limits_{x \to a} g(x) = 0$。令

$$L = \lim_{x \to a} \dfrac{f'(x)}{g'(x)}$$

我們必須證明 $\lim\limits_{x \to a} \dfrac{f(x)}{g(x)} = L$。定義

$$F(x) = \begin{cases} f(x), & x \neq a \\ 0, & x = a \end{cases}, \quad G(x) = \begin{cases} g(x), & x \neq a \\ 0, & x = a \end{cases}$$

因 f 在 $\{x \in I \mid x \neq a\}$ 為連續，且

$$\lim_{x \to a} F(x) = \lim_{x \to a} f(x) = 0 = F(a)$$

故 F 在 I 為連續。同理，G 在 I 為連續。令 $x \in I$ 且 $x > a$，則 F 與 G 在 $[a, x]$ 皆為連續且在 (a, x) 皆為可微分，而對 $t \in (a, x)$，$G'(t) \neq 0$（因 $F' = f'$，$G' = g'$）。所以，依柯西均值定理，存在一數 y 使得當 $a < y < x$ 時，

$$\dfrac{F'(y)}{G'(y)} = \dfrac{F(x) - F(a)}{G(x) - G(a)} = \dfrac{F(x)}{G(x)}$$

今令 $x \to a^+$，則 $y \to a^+$（因 $a < y < x$），故

$$\lim_{x \to a^+} \dfrac{f(x)}{g(x)} = \lim_{x \to a^+} \dfrac{F(x)}{G(x)} = \lim_{y \to a^+} \dfrac{F'(y)}{G'(y)} = \lim_{y \to a^+} \dfrac{f'(y)}{g'(y)} = L$$

同理，可證得

$$\lim_{x \to a^-} \dfrac{f(x)}{g(x)} = L$$

故

$$\lim_{x \to a} \dfrac{f(x)}{g(x)} = L.$$

對於不定型 ∞/∞ 的證明較困難，可以在高等微積分教本中找到，在此從略。

註：1. 羅必達法則對於單邊極限與在正無限的極限或在負無限的極限也成立，即，在定理 8.2 中，$x \to a$ 可代以下列的任一者：$x \to a^+$，$x \to a^-$，$x \to \infty$，$x \to -\infty$。
2. 有時，在同一問題中，必須使用多次羅必達法則。
3. 若 $f(a) = g(a) = 0$，f' 與 g' 皆為連續，且 $g'(a) \neq 0$，則羅必達法則也成立。事實上，我們可得

$$\lim_{x \to a} \frac{f'(x)}{g'(x)} = \frac{f'(a)}{g'(a)} = \frac{\lim_{x \to a} \frac{f(x)-f(a)}{x-a}}{\lim_{x \to a} \frac{g(x)-g(a)}{x-a}} = \lim_{x \to a} \frac{\frac{f(x)-f(a)}{x-a}}{\frac{g(x)-g(a)}{x-a}}$$

$$= \lim_{x \to a} \frac{f(x)-f(a)}{g(x)-g(a)} = \lim_{x \to a} \frac{f(x)}{g(x)}$$

【例題 2】 不定型 $\dfrac{0}{0}$

求 $\lim\limits_{x \to 0} \dfrac{\cos x + 2x - 1}{3x}$。

【解】 $\lim\limits_{x \to 0} \dfrac{\dfrac{d}{dx}(\cos x + 2x - 1)}{\dfrac{d}{dx}(3x)} = \lim\limits_{x \to 0} \dfrac{-\sin x + 2}{3} = \dfrac{2}{3}$

於是，依羅必達法則，$\lim\limits_{x \to 0} \dfrac{\cos x + 2x - 1}{3x} = \dfrac{2}{3}$。

【例題 3】 不定型 $\dfrac{0}{0}$

求 $\lim\limits_{x \to 0} \dfrac{6^x - 3^x}{x}$。

【解】 依羅必達法則，

$$\lim_{x \to 0} \frac{6^x - 3^x}{x} = \lim_{x \to 0} \frac{6^x \ln 6 - 3^x \ln 3}{1} = \ln 6 - \ln 3 = \ln 2.$$

註：為了更加嚴密，在此計算中的第一個等式要到其右邊的極限存在才是正確的。然

而，為了簡便起見，當應用羅必達法則時，我們通常排列出所示的計算．

【例題 4】 不定型 $\dfrac{0}{0}$

求 $\lim\limits_{x \to 1} \dfrac{4x^3 - 12x^2 + 12x - 4}{4x^3 - 9x^2 + 6x - 1}$．

【解】 依羅必達法則，

$$\lim_{x \to 1} \dfrac{4x^3 - 12x^2 + 12x - 4}{4x^3 - 9x^2 + 6x - 1} = \lim_{x \to 1} \dfrac{12x^2 - 24x + 12}{12x^2 - 18x + 6}$$

然而，上式右邊的極限又為不定型 $\dfrac{0}{0}$，故再利用羅必達法則，可得

$$\lim_{x \to 1} \dfrac{12x^2 - 24x + 12}{12x^2 - 18x + 6} = \lim_{x \to 1} \dfrac{24x - 24}{24x - 18} = 0$$

於是，$\lim\limits_{x \to 1} \dfrac{4x^3 - 12x^2 + 12x - 4}{4x^3 - 9x^2 + 6x - 1} = 0$．

【例題 5】 不定型 $\dfrac{0}{0}$

求 $\lim\limits_{x \to 0} \dfrac{e^x + e^{-x} - 2}{1 - \cos 2x}$．

【解】 依羅必達法則，

$$\lim_{x \to 0} \dfrac{e^x + e^{-x} - 2}{1 - \cos 2x} = \lim_{x \to 0} \dfrac{e^x - e^{-x}}{2 \sin 2x} \quad \left(\dfrac{0}{0} \text{型}\right)$$

$$= \lim_{x \to 0} \dfrac{e^x + e^{-x}}{4 \cos 2x} = \dfrac{1}{2}$$

【例題 6】 不定型 $\dfrac{0}{0}$

計算 $\lim\limits_{x \to 1^-} \dfrac{x^2 - x}{x - 1 - \ln x}$．

【解】 依羅必達法則，

$$\lim_{x \to 1^-} \dfrac{x^2 - x}{x - 1 - \ln x} = \lim_{x \to 1^-} \dfrac{2x - 1}{1 - \dfrac{1}{x}} = \lim_{x \to 1^-} \dfrac{2x^2 - x}{x - 1} = -\infty$$

【例題 7】 不定型 $\dfrac{\infty}{\infty}$

求 $\lim\limits_{x \to 0^+} \dfrac{\ln x}{\ln (e^x - 1)}$.

【解】 因所予極限為不定型 ∞/∞，故依羅必達法則，

$$\lim_{x \to 0^+} \dfrac{\ln x}{\ln (e^x - 1)} = \lim_{x \to 0^+} \dfrac{\dfrac{1}{x}}{\dfrac{e^x}{e^x - 1}} = \lim_{x \to 0^+} \dfrac{1 - e^{-x}}{x} \quad \left(\dfrac{0}{0} \text{ 型}\right)$$

$$= \lim_{x \to 0} \dfrac{e^{-x}}{1} = 1$$

【例題 8】 不定型 $\dfrac{\infty}{\infty}$

計算 $\lim\limits_{x \to 0^+} \dfrac{\cot x}{\ln x}$.

【解】 依羅必達法則，

$$\lim_{x \to 0^+} \dfrac{\cot x}{\ln x} = \lim_{x \to 0^+} \dfrac{-\csc^2 x}{\dfrac{1}{x}} = -\lim_{x \to 0^+} \dfrac{x}{\sin^2 x} \quad \left(\dfrac{0}{0} \text{ 型}\right)$$

$$= -\lim_{x \to 0^+} \dfrac{1}{2 \sin x \cos x} = -\infty$$

【例題 9】 羅必達法則不適用

求 $\lim\limits_{x \to \infty} \dfrac{x + \sin x}{x}$.

【解】 所予極限為不定型 ∞/∞，但是

$$\lim_{x \to \infty} \dfrac{\dfrac{d}{dx}(x + \sin x)}{\dfrac{d}{dx}(x)} = \lim_{x \to \infty} \dfrac{1 + \cos x}{1}$$

此極限不存在．於是，羅必達法則在此不適用．我們另外處理如下：

$$\lim_{x\to\infty}\frac{x+\sin x}{x}=\lim_{x\to\infty}\left(1+\frac{\sin x}{x}\right)=1+\lim_{x\to\infty}\frac{\sin x}{x}=1$$

$$\left(因\ \lim_{x\to\infty}\frac{\sin x}{x}=0，可令\ x=\frac{1}{t}，利用夾擠定理證明之\right).$$

註：羅必達法則只說明當 $\lim\limits_{x\to a}\dfrac{f'(x)}{g'(x)}$ 存在且等於 L 時，那麼 $\lim\limits_{x\to a}\dfrac{f(x)}{g(x)}$ 也存在且為 L（有限或無限）．換句話說，在遇到 $\lim\limits_{x\to a}\dfrac{f'(x)}{g'(x)}$ 不存在時，並不能斷定 $\lim\limits_{x\to a}\dfrac{f(x)}{g(x)}$ 也不存在，只是此時不能利用羅必達法則，而需用其他方法去討論 $\lim\limits_{x\to a}\dfrac{f(x)}{g(x)}$．

【例題 10】 利用夾擠定理

求 $\lim\limits_{x\to\infty}\dfrac{\sin x\ln x}{\sqrt{x}}$．

【解】 因 $-1\leqslant \sin x\leqslant 1$，故

對 $x>1$，$-\dfrac{\ln x}{\sqrt{x}}\leqslant \dfrac{\ln x}{\sqrt{x}}\sin x\leqslant \dfrac{\ln x}{\sqrt{x}}$

又 $\lim\limits_{x\to\infty}\dfrac{\ln x}{\sqrt{x}}=\lim\limits_{x\to\infty}\dfrac{\dfrac{1}{x}}{\dfrac{1}{2}x^{-1/2}}=\lim\limits_{x\to\infty}\dfrac{2\sqrt{x}}{x}=\lim\limits_{x\to\infty}\dfrac{2}{\sqrt{x}}=0,$

同理，$\lim\limits_{x\to\infty}\left(-\dfrac{\ln x}{\sqrt{x}}\right)=0,$

可知 $\lim\limits_{x\to\infty}\dfrac{(\sin x)(\ln x)}{\sqrt{x}}=0.$

【例題 11】 不定型 $\dfrac{0}{0}$

求 $\displaystyle\lim_{x\to 0}\frac{1}{x}\int_a^{a+x}\frac{dt}{t+\sqrt{t^2+1}}$.

【解】 依羅必達法則，

$$\lim_{x\to 0}\frac{1}{x}\int_a^{a+x}\frac{dt}{t+\sqrt{t^2+1}}=\lim_{x\to 0}\frac{\dfrac{d}{dx}\left(\int_a^{a+x}\dfrac{dt}{t+\sqrt{t^2+1}}\right)}{\dfrac{d}{dx}x}$$

$$=\lim_{x\to 0}\frac{1}{a+x+\sqrt{(a+x)^2+1}}=\frac{1}{a+\sqrt{a^2+1}}.$$

【例題 12】 不定型 $\dfrac{0}{0}$

求 $\displaystyle\lim_{x\to\infty}\frac{\int_1^x \ln t\,dt}{x\ln x}$.

【解】 原式 $=\displaystyle\lim_{x\to\infty}\frac{\dfrac{d}{dx}\int_1^x \ln t\,dt}{\dfrac{d}{dx}(x\ln x)}=\lim_{x\to\infty}\frac{\ln x}{x\cdot\dfrac{1}{x}+\ln x}$

$$=\lim_{x\to\infty}\frac{\ln x}{1+\ln x}\quad\left(\frac{\infty}{\infty}\right)$$

$$=\lim_{x\to\infty}\frac{\dfrac{1}{x}}{\dfrac{1}{x}}=1.$$

【例題 13】 利用羅必達法則

求 a 的值使函數

$$f(x)=\begin{cases}\dfrac{9x-3\sin 3x}{5x^3}, & x\neq 0\\ a, & x=0\end{cases}$$

在 $x=0$ 為連續．

【解】 若 $f(x)$ 在 $x=0$ 為連續，則

$$\lim_{x\to 0} f(x) = f(0)$$

$$a = f(0) = \lim_{x\to 0} \frac{9x - 3\sin 3x}{5x^3} = \lim_{x\to 0} \frac{9 - 9\cos 3x}{15x^2}$$
$$= \lim_{x\to 0} \frac{27 \sin 3x}{30x} = \lim_{x\to 0} \frac{81 \cos 3x}{30} = \frac{27}{10}.$$

【例題 14】 **非不定型**

下列的極限計算使用 羅必達法則 是錯誤的，試說明錯誤的原因。

$$\lim_{x\to 0} \frac{x^2}{\cos x} = \lim_{x\to 0} \frac{2x}{-\sin x} = \lim_{x\to 0} \frac{2}{-\cos x} = -2.$$

【解】 因 $\lim_{x\to 0} \dfrac{x^2}{\cos x}$ 並非不定型 $\dfrac{0}{0}$ 或 $\dfrac{\infty}{\infty}$，故不能使用羅必達法則。正確的計算應為，

$$\lim_{x\to 0} \frac{x^2}{\cos x} = \frac{\lim_{x\to 0} x^2}{\lim_{x\to 0} \cos x} = \frac{0}{1} = 0.$$

【例題 15】 **不定型 $\dfrac{0}{0}$ 但羅必達法則不適用**

求 $\lim_{x\to 0} \dfrac{x^2 \sin(1/x)}{\sin x}$。

【解】 因 $\lim_{x\to 0} x^2 \sin(1/x) = 0$（可利用夾擠定理證明之），$\lim_{x\to 0} \sin x = 0$，可知極限具有不定型 $\dfrac{0}{0}$，故

$$\lim_{x\to 0} \frac{x^2 \sin\left(\dfrac{1}{x}\right)}{\sin x} = \lim_{x\to 0} \frac{\dfrac{d}{dx}\left(x^2 \sin\left(\dfrac{1}{x}\right)\right)}{\dfrac{d}{dx}(\sin x)}$$

$$= \lim_{x \to 0} \frac{2x \sin\left(\frac{1}{x}\right) - \cos\left(\frac{1}{x}\right)}{\cos x}$$

$$= -\lim_{x \to 0} \cos\left(\frac{1}{x}\right)$$

因 $\lim_{x \to 0} \cos(1/x)$ 不存在，所以羅必達法則失效。但是，原極限存在，計算如下：

$$\lim_{x \to 0} \frac{x^2 \sin\left(\frac{1}{x}\right)}{\sin x} = \lim_{x \to 0} \frac{x \sin\left(\frac{1}{x}\right)}{\frac{\sin x}{x}} = \frac{\lim_{x \to 0} x \sin\left(\frac{1}{x}\right)}{\lim_{x \to 0} \frac{\sin x}{x}} = \frac{0}{1} = 0.$$

【例題 16】 不方便利用羅必達法則

求 $\lim_{x \to \infty} \dfrac{2^x}{e^{x^2}}$．

【解】
$$\lim_{x \to \infty} \frac{2^x}{e^{x^2}} = \lim_{x \to \infty} \frac{2^x \ln 2}{2x e^{x^2}} = \lim_{x \to \infty} \frac{2^x (\ln 2)^2}{(4x^2 + 2) e^{x^2}} = \cdots$$

本題使用羅必達法則時，愈來愈繁，故改以其它方法解之。

令 $y = \dfrac{2^x}{e^{x^2}}$，則 $\lim_{x \to \infty} \ln y = \lim_{x \to \infty} (\ln 2^x - \ln e^{x^2}) = \lim_{x \to \infty} (x \ln 2 - x^2 \ln e)$

$$= \lim_{x \to \infty} x(\ln 2 - x) = -\infty$$

可得 $\lim_{x \to \infty} y = e^{\lim_{x \to \infty} \ln y} = e^{-\infty} = 0$．所以，$\lim_{x \to \infty} \dfrac{2^x}{e^{x^2}} = 0$．

習題 8.1

求 1～21 題中的極限。

1. $\lim_{x \to 5} \dfrac{\sqrt{x-1} - 2}{x^2 - 25}$
2. $\lim_{x \to 0} \dfrac{3^{\sin x} - 1}{x}$
3. $\lim_{x \to 1} \dfrac{\sin(x-1)}{x^2 + x - 2}$
4. $\lim_{x \to 0} \dfrac{\sin x - x}{\tan x - x}$
5. $\lim_{x \to 0} \dfrac{x + 1 - e^x}{x^2}$
6. $\lim_{x \to 0} \dfrac{x - \sin x}{x^3}$

7. $\lim\limits_{x \to \frac{\pi}{2}} \dfrac{1-\sin x}{\cos x}$

8. $\lim\limits_{x \to \left(\frac{\pi}{2}\right)^-} \dfrac{2+\sec x}{3\tan x}$

9. $\lim\limits_{x \to 0^+} \dfrac{\ln \sin x}{\ln \sin 2x}$

10. $\lim\limits_{x \to 0} \dfrac{e^x - e^{-x} - 2\sin x}{x \sin x}$

11. $\lim\limits_{x \to 0} \dfrac{x - \tan^{-1} x}{x \sin x}$

12. $\lim\limits_{x \to \infty} \dfrac{2x^2 + 3x + 1}{5x^2 + x - 4}$

13. $\lim\limits_{x \to \infty} \dfrac{\ln(\ln x)}{\ln x}$

14. $\lim\limits_{x \to \infty} \dfrac{x^3}{2^x}$

15. $\lim\limits_{x \to 0^+} \dfrac{\cot x}{\ln x}$

16. $\lim\limits_{x \to \infty} \dfrac{x}{(\ln x)^p}$ $(p \in \mathbb{N})$

17. $\lim\limits_{x \to 0} \dfrac{\int_{x^2}^{x^3} \sqrt{t^4+1}\, dt}{x^2}$

18. $\lim\limits_{x \to 0} \dfrac{1}{x^3} \int_0^x \sin t^2\, dt$

19. $\lim\limits_{x \to 3} \dfrac{x \int_3^x \dfrac{\sin t}{t}\, dt}{x - 3}$

20. $\lim\limits_{x \to 0} \dfrac{\int_0^{\sin x} \sqrt{t}\, dt}{\int_0^{\tan x} \sqrt{t}\, dt}$

21. 求 $\lim\limits_{h \to 0} \dfrac{\int_1^{x+h} \sqrt{\sin t}\, dt - \int_1^x \sqrt{\sin t}\, dt}{h}$.

22. 試證：$\lim\limits_{n \to \infty} \cos \dfrac{x}{2} \cos \dfrac{x}{4} \cos \dfrac{x}{8} \cdots \cos \dfrac{x}{2^n} = \dfrac{\sin x}{x}$.

23. 若 f 為可微分函數且 f' 為連續，利用羅必達法則證明：
$$\lim\limits_{h \to 0} \dfrac{f(x+h) - f(x-h)}{2h} = f'(x).$$

24. 若 $f(x) = \begin{cases} e^{-\frac{1}{x^2}}, & \text{若 } x \ne 0 \\ 0, & \text{若 } x = 0 \end{cases}$，求 $f'(0)$.

25. 若 $F(x) = e^{\int_0^x e^{t^2}\, dt}$，利用導數定義求 $F'(0)$.

26. 求 a 與 b 的值使得 $\lim\limits_{x \to 0} (x^{-3} \sin 3x + ax^{-2} + b) = 0$.

27. 求 a、b 與 c 的值使得 $\lim\limits_{x \to 1} \dfrac{ax^4 + bx^3 - 1}{(x-1)\sin \pi x} = c$.

28. 為什麼不能使用羅必達法則求 $\lim\limits_{x\to 0}\dfrac{x^2\sin\left(\dfrac{1}{x}\right)}{\tan x}$？試以其它方法求之.

8-2 不定型 $0\cdot\infty$ 與 $\infty-\infty$

若 $\lim\limits_{x\to a}f(x)=0$ 且 $\lim\limits_{x\to a}g(x)=\infty$ 或 $-\infty$，則稱 $\lim\limits_{x\to a}[f(x)\,g(x)]$ 為**不定型 $0\cdot\infty$**。通常，我們寫成 $f(x)\,g(x)=\dfrac{f(x)}{\dfrac{1}{g(x)}}$ 以便轉換成 $\dfrac{0}{0}$ 型，或寫成 $f(x)g(x)=\dfrac{g(x)}{\dfrac{1}{f(x)}}$ 以便轉換成 $\dfrac{\infty}{\infty}$ 型.

【例題 1】 不定型 $0\cdot\infty$

求 $\lim\limits_{x\to\infty}x\sin\dfrac{1}{x}$.

【解】 方法 1：因所予極限為不定型 $0\cdot\infty$，故將它轉換成 $\dfrac{0}{0}$ 型，並利用羅必達法則如下：

$$\lim_{x\to\infty}x\sin\frac{1}{x}=\lim_{x\to\infty}\frac{\sin\dfrac{1}{x}}{\dfrac{1}{x}}=\lim_{x\to\infty}\frac{-\dfrac{1}{x^2}\cos\dfrac{1}{x}}{-\dfrac{1}{x^2}}$$

$$=\lim_{x\to\infty}\cos\frac{1}{x}=\cos 0=1$$

方法 2：$\lim\limits_{x\to\infty}x\sin\dfrac{1}{x}=\lim\limits_{x\to\infty}\dfrac{\sin\dfrac{1}{x}}{\dfrac{1}{x}}$

$$=\lim_{h\to 0^+}\frac{\sin h}{h}\quad\left(令\ h=\dfrac{1}{x}\right)$$

$$=1$$

【例題 2】 不定型 $0 \cdot \infty$

求 $\lim_{x \to \pi/4} (1 - \tan x) \sec 2x$.

【解】 所予極限為不定型 $0 \cdot \infty$. 我們將它轉換成 $\dfrac{0}{0}$ 型, 並利用羅必達法則如下：

$$\lim_{x \to \pi/4} (1 - \tan x) \sec 2x = \lim_{x \to \pi/4} \frac{1 - \tan x}{\cos 2x} \quad \left(\frac{0}{0} \text{ 型}\right)$$

$$= \lim_{x \to \pi/4} \frac{-\sec^2 x}{-2 \sin 2x}$$

$$= \frac{-2}{-2}$$

$$= 1.$$

【例題 3】 不定型 $0 \cdot \infty$

求 $\lim_{x \to \infty} x \ln\left(\dfrac{x-1}{x+1}\right)$.

【解】 所予極限為不定型 $0 \cdot \infty$, 我們將它轉換成 $\dfrac{0}{0}$ 型, 並利用羅必達法則如下：

$$\lim_{x \to \infty} x \ln\left(\frac{x-1}{x+1}\right) = \lim_{x \to \infty} \frac{\ln\left(\frac{x-1}{x+1}\right)}{1/x} = \lim_{x \to \infty} \frac{\frac{x+1}{x-1} \frac{d}{dx}\left(\frac{x-1}{x+1}\right)}{-1/x^2}$$

$$= \lim_{x \to \infty} \frac{\frac{x+1}{x-1} \cdot \frac{2}{(x+1)^2}}{-1/x^2} = \lim_{x \to \infty} \frac{\frac{2}{x^2-1}}{-1/x^2} = \lim_{x \to \infty} \frac{-2x^2}{x^2-1}$$

$$= \lim_{x \to \infty} \frac{-2}{1 - \dfrac{1}{x^2}} = -2.$$

若 $\lim_{x \to a} f(x) = \infty$ 且 $\lim_{x \to a} g(x) = \infty$, 則稱 $\lim_{x \to a} [f(x) - g(x)]$ 為**不定型 $\infty - \infty$**. 在此情形下, 若適當改變 $f(x) - g(x)$ 的表示式, 則可利用前面幾種不定型之一來處理.

【例題 4】 不定型 $\infty - \infty$

求 $\lim\limits_{x \to 0} \left(\dfrac{1}{x} - \dfrac{1}{\sin x} \right)$.

【解】 因 $\lim\limits_{x \to 0^+} \dfrac{1}{x} = \infty$ 且 $\lim\limits_{x \to 0^+} \dfrac{1}{\sin x} = \infty$，又 $\lim\limits_{x \to 0^-} \dfrac{1}{x} = -\infty$ 且 $\lim\limits_{x \to 0^-} \dfrac{1}{\sin x} = -\infty$，故所予極限為不定型 $\infty - \infty$．利用通分可得

$$\lim_{x \to 0} \left(\dfrac{1}{x} - \dfrac{1}{\sin x} \right) = \lim_{x \to 0} \dfrac{\sin x - x}{x \sin x} \qquad \left(\dfrac{0}{0} \text{ 型} \right)$$

$$= \lim_{x \to 0} \dfrac{\cos x - 1}{x \cos x + \sin x} \qquad \left(\dfrac{0}{0} \text{ 型} \right)$$

$$= \lim_{x \to 0} \dfrac{-\sin x}{-x \sin x + \cos x + \cos x}$$

$$= \dfrac{0}{2} = 0.$$

【例題 5】 不定型 $\infty - \infty$

求 $\lim\limits_{x \to 0} \left(\dfrac{1}{x} - \dfrac{1}{e^x - 1} \right)$.

【解】 因 $\lim\limits_{x \to 0^+} \dfrac{1}{x} = \infty$ 且 $\lim\limits_{x \to 0^+} \dfrac{1}{e^x - 1} = \infty$，又 $\lim\limits_{x \to 0^-} \dfrac{1}{x} = -\infty$ 且 $\lim\limits_{x \to 0^-} \dfrac{1}{e^x - 1} = -\infty$，故所予極限為不定型 $\infty - \infty$．利用通分可得

$$\lim_{x \to 0} \left(\dfrac{1}{x} - \dfrac{1}{e^x - 1} \right) = \lim_{x \to 0} \dfrac{e^x - x - 1}{x e^x - x} \qquad \left(\dfrac{0}{0} \text{ 型} \right)$$

$$= \lim_{x \to 0} \dfrac{e^x - 1}{x e^x + e^x - 1} \qquad \left(\dfrac{0}{0} \text{ 型} \right)$$

$$= \lim_{x \to 0} \dfrac{e^x}{x e^x + e^x + e^x} = \dfrac{1}{2}.$$

【例題 6】 不定型 $\infty - \infty$

求 $\lim\limits_{x \to \left(\frac{\pi}{2}\right)^-} (\sec x - \tan x)$.

【解】
$$\lim_{x \to \left(\frac{\pi}{2}\right)^-} (\sec x - \tan x) = \lim_{x \to \left(\frac{\pi}{2}\right)^-} \left(\frac{1}{\cos x} - \frac{\sin x}{\cos x}\right)$$
$$= \lim_{x \to \left(\frac{\pi}{2}\right)^-} \frac{1 - \sin x}{\cos x} \qquad \left(\frac{0}{0} \text{ 型}\right)$$
$$= \lim_{x \to \left(\frac{\pi}{2}\right)^-} \frac{-\cos x}{-\sin x}$$
$$= 0.$$

習題 8.2

求 1~16 題中的極限。

1. $\lim\limits_{x \to (\pi/2)^-} \tan x \ln \sin x$
2. $\lim\limits_{x \to \infty} x(e^{1/x} - 1)$
3. $\lim\limits_{x \to 0+} \sin x \ln \sin x$

4. $\lim\limits_{x \to -\infty} x \sin \frac{1}{x}$
5. $\lim\limits_{x \to \infty} (\sqrt{x^2 + x} - x)$
6. $\lim\limits_{x \to 0+} x^\alpha \ln x,\ \alpha > 0$

7. $\lim\limits_{x \to 1+} (1-x) \tan \frac{\pi x}{2}$
8. $\lim\limits_{x \to 0+} x \ln \sin x$
9. $\lim\limits_{x \to 0+} (\cot x - \csc x)$

10. $\lim\limits_{x \to 1} \left(\frac{1}{x-1} - \frac{1}{\ln x}\right)$
11. $\lim\limits_{x \to 0} (\csc x - \cot x)$
12. $\lim\limits_{x \to 0} \left(\frac{1}{x^2} - \frac{1}{x^2 \sec x}\right)$

13. $\lim\limits_{n \to \infty} n(\sqrt[n]{a} - 1),\ a > 0$
14. $\lim\limits_{x \to \pi} (x - \pi) \cot x$

15. $\lim\limits_{x \to 0+} (\csc x - \cot x + \cos x)$
16. $\lim\limits_{x \to 0} \left(\frac{1}{x \sin^{-1} x} - \frac{1}{x^2}\right)$

17. 求 $\lim\limits_{x \to 0} \left(\frac{1}{x^2} - \frac{2}{1 - \cos x}\right)$.

18. 求 a 的值使 $\lim\limits_{x \to \infty} x^a e^{-2x} \int_0^x e^{2t} \sqrt{t^2 + 1}\ dt$ 存在 (定值) 且不為零，並求此極限值。

19. 作 $f(x) = x^2 \ln x$ 的圖形。

8-3 不定型 0^0, ∞^0 與 1^∞

不定型 0^0、∞^0 與 1^∞ 是由極限 $\lim_{x \to a} [f(x)]^{g(x)}$ 所產生.

1. 若 $\lim_{x \to a} f(x) = 0$ 且 $\lim_{x \to a} g(x) = 0$，則 $\lim_{x \to a} [f(x)]^{g(x)}$ 為**不定型 0^0**.

2. 若 $\lim_{x \to a} f(x) = \infty$ 且 $\lim_{x \to a} g(x) = 0$，則 $\lim_{x \to a} [f(x)]^{g(x)}$ 為**不定型 ∞^0**.

3. 若 $\lim_{x \to a} f(x) = 1$ 且 $\lim_{x \to a} g(x) = \infty$ 或 $-\infty$，則 $\lim_{x \to a} [f(x)]^{g(x)}$ 為**不定型 1^∞**.

上述任一情形可用自然對數處理如下：

令 $\quad\quad\quad\quad y = [f(x)]^{g(x)}$，則 $\ln y = g(x) \ln f(x)$

或將函數寫成指數形式：

$$[f(x)]^{g(x)} = e^{g(x) \ln f(x)}$$

在這兩個方法的任一者中，需要先求出 $\lim_{x \to a} [g(x) \ln f(x)]$，其為不定型 $0 \cdot \infty$.

在求極限時若為不定型為 0^0 或 ∞^0，或 1^∞，則求 $\lim_{x \to a} [f(x)]^{g(x)}$ 的步驟如下：

1. 令 $y = [f(x)]^{g(x)}$.
2. 取自然對數：$\ln y = \ln [f(x)]^{g(x)} = g(x) \ln f(x)$.
3. 求 $\lim_{x \to a} \ln y$ (若極限存在).
4. 若 $\lim_{x \to a} \ln y = L$，則 $\lim_{x \to a} y = e^L$.

若 $x \to \infty$，或 $x \to -\infty$，或對單邊極限，這些步驟仍可使用.

【例題 1】 不定型 0^0

求 $\lim_{x \to 0^+} x^x$.

【解】 方法 1：利用前述步驟，

(1) $y = x^x$

(2) $\ln y = \ln x^x = x \ln x$

(3) $\lim_{x \to 0^+} \ln y = \lim_{x \to 0^+} (x \ln x) = \lim_{x \to 0^+} \dfrac{\ln x}{\dfrac{1}{x}} = \lim_{x \to 0^+} \dfrac{\dfrac{1}{x}}{-\dfrac{1}{x^2}} = -\lim_{x \to 0^+} x = 0$

(4) $\lim_{x \to 0^+} x^x = \lim_{x \to 0^+} y = e^0 = 1$

方法 2：
$$\lim_{x\to 0^+} x^x = \lim_{x\to 0^+} e^{\ln x^x} = \lim_{x\to 0^+} e^{x\ln x} = e^{\lim_{x\to 0^+} x\ln x} = e^0 = 1.$$

【例題 2】 不定型 0^0

求 $\lim_{x\to 0^+} x^{\sin x}$.

【解】
$$\lim_{x\to 0^+} x^{\sin x} = \lim_{x\to 0^+} e^{\ln x^{\sin x}} = \lim_{x\to 0^+} e^{\sin x \ln x}$$
$$= e^{\lim_{x\to 0^+} \sin x \ln x} = e^{\lim_{x\to 0^+} \frac{\ln x}{\csc x}}$$
$$= e^{\lim_{x\to 0^+} \frac{\frac{1}{x}}{-\csc x \cot x}} = e^{-\left(\lim_{x\to 0^+} \frac{\sin x}{x}\right)\left(\lim_{x\to 0^+} \tan x\right)}$$
$$= e^0 = 1$$

【例題 3】 不定型 ∞^0

求 $\lim_{x\to\infty} (1+2x)^{\frac{1}{2\ln x}}$.

【解】
$$\lim_{x\to\infty} (1+2x)^{\frac{1}{2\ln x}} = \lim_{x\to\infty} e^{\frac{1}{2\ln x}\ln(1+2x)} = e^{\lim_{x\to\infty} \frac{\ln(1+2x)}{2\ln x}}$$

又 $\lim_{x\to\infty} \frac{\ln(1+2x)}{2\ln x}$ 爲不定型 $\frac{\infty}{\infty}$，故

$$\lim_{x\to\infty} \frac{\ln(1+2x)}{2\ln x} = \lim_{x\to\infty} \frac{\frac{2}{1+2x}}{2/x} = \lim_{x\to\infty} \frac{x}{1+2x} = \frac{1}{2}$$

所以，$\lim_{x\to\infty} (1+2x)^{\frac{1}{2\ln x}} = e^{\frac{1}{2}}$.

【例題 4】 不定型 1^∞

求 $\lim_{x\to 0} (1+x)^{\frac{1}{x}}$.

【解】
$$\lim_{x\to 0} (1+x)^{\frac{1}{x}} = \lim_{x\to 0} e^{\frac{\ln(1+x)}{x}} = e^{\lim_{x\to 0} \frac{\ln(1+x)}{x}} = e^{\lim_{x\to 0} \frac{1}{1+x}} = e.$$

【例題 5】 不定型 1^∞

求 $\lim_{n\to\infty} \left(1+\dfrac{3}{n}\right)^{2n}$.

【解】 方法 1：

$$\lim_{n\to\infty}\left(1+\frac{3}{n}\right)^{2n}=\lim_{n\to\infty}e^{2n\ln\left(1+\frac{3}{n}\right)}=e^{2\lim_{n\to\infty}n\ln\left(1+\frac{3}{n}\right)}$$

又 $\lim_{n\to\infty} n\ln\left(1+\dfrac{3}{n}\right)$ 為不定型 $\infty\cdot 0$，故

$$\lim_{n\to\infty} n\ln\left(1+\frac{3}{n}\right)=\lim_{n\to\infty}\frac{\ln\left(1+\frac{3}{n}\right)}{n^{-1}}=\lim_{n\to\infty}\frac{\dfrac{1}{1+\frac{3}{n}}\cdot\dfrac{-3}{n^2}}{-n^{-2}}$$

$$=3\lim_{n\to\infty}\frac{n}{n+3}\cdot\frac{1}{n^2}\cdot n^2=3\lim_{n\to\infty}\frac{n}{n+3}=3$$

所以 $\lim_{n\to\infty}\left(1+\dfrac{3}{n}\right)^{2n}=e^{2\cdot 3}=e^6$.

方法 2：

$$\left(1+\frac{3}{n}\right)^{2n}=\left[\left(1+\frac{3}{n}\right)^{n/3}\right]^6=\left[\left(1+\frac{1}{n/3}\right)^{n/3}\right]^6$$

由於 $n\to\infty$，可知 $\dfrac{n}{3}=m\to\infty$，故

$$\lim_{n\to\infty}\left(1+\frac{3}{n}\right)^{2n}=\lim_{n\to\infty}\left[\left(1+\frac{1}{n/3}\right)^{n/3}\right]^6=\lim_{m\to\infty}\left[\left(1+\frac{1}{m}\right)^m\right]^6$$

$$=\left[\lim_{m\to\infty}\left(1+\frac{1}{m}\right)^m\right]^6=e^6.$$

【例題 6】 作函數的圖形

作 $f(x)=x^x$ 的圖形.

【解】
(1) 定義域為 $(0,\infty)$.
(2) 無 x-截距與 y-截距.
(3) 無對稱性.
(4) 因 $\lim_{x\to\infty} x^x=\infty$，故無水平漸近線.

$$\lim_{x\to 0^+} x^x = \lim_{x\to 0^+} e^{x\ln x} = e^{\lim_{x\to 0^+} x\ln x} = e^{\lim_{x\to 0^+} \ln x/(1/x)} = e^{\lim_{x\to 0^+} (1/x)/(-1/x^2)}$$
$$= e^{\lim_{x\to 0^+} (-x)} = e^0 = 1.$$

(5) $f'(x) = x^x(1+\ln x)$

當 $x > 1/e$ 時, $f'(x) > 0$, 而當 $0 < x < 1/e$ 時, $f'(x) < 0$. 於是, f 在 $\left(0, \dfrac{1}{e}\right]$ 為遞減, 而在 $\left[\dfrac{1}{e}, 0\right)$ 為遞增.

(6) 由 $f'(x) = 0$, 可得 f 的臨界數為 $1/e$. 依一階導數判別法, $f(1/e) = e^{-1/e}$ 為 f 的相對極小值, 也為絕對極小值.

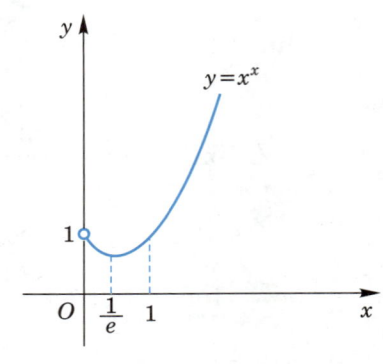

(7) $f''(x) = x^x(1+\ln x)^2 + x^{x-1} > 0, \ x > 0$. 因此, 圖形在 $(0, \infty)$ 為上凹, 而無反曲點. 圖形如圖 8-1 所示.

圖 8-1

習題 8.3

求 1～18 題中的極限.

1. $\lim\limits_{x\to 0^+} (\sin x)^x$
2. $\lim\limits_{x\to 0^+} (e^x - 1)^x$
3. $\lim\limits_{x\to 0^+} (1/x)^{\sin x}$
4. $\lim\limits_{x\to (\pi/2)^-} (\tan x)^{\cos x}$
5. $\lim\limits_{x\to 1^-} (1-x)^{\ln x}$
6. $\lim\limits_{x\to \infty} (1+e^x)^{e^{-x}}$
7. $\lim\limits_{x\to 0} (1+ax)^{1/x}$
8. $\lim\limits_{x\to 0} (1+ax)^{b/x}$
9. $\lim\limits_{x\to 0} \left(\dfrac{x}{\sin x}\right)^{1/x^2}$
10. $\lim\limits_{x\to 0} \left(\dfrac{2^x + 3^x}{2}\right)^{2/x}$
11. $\lim\limits_{x\to \infty} [\cos(x^{-2})]^{x^4}$
12. $\lim\limits_{x\to 0} (1+\sin x)^{2/x}$
13. $\lim\limits_{x\to 0} (\cos x)^{1/x^2}$
14. $\lim\limits_{x\to 0^+} (x^x)^x$
15. $\lim\limits_{x\to \infty} (x+e^x)^{1/x}$
16. $\lim\limits_{x\to \infty} (1+2x)^{1/\ln x}$
17. $\lim\limits_{x\to e^+} (\ln x)^{1/(x-e)}$
18. $\lim\limits_{x\to \infty} \dfrac{2^{1/x}}{\left(1-\dfrac{1}{x}\right)^x}$

19. 求 $\lim\limits_{x\to 0} \left(\dfrac{\sin x}{x}\right)^{\frac{1}{x^2}}$.

20. 當 $x \neq 0$ 時, $f(x) = (\cos x)^{1/x}$, 若 $f(x)$ 在 $x = 0$ 為連續, 則 $f(0) = ?$

21. (1) 利用羅必達法則證明：若 $c_1, c_2, \cdots, c_n > 0$, $\sum_{i=1}^{n} c_i = 1$, 且 $x_1, x_2, \cdots, x_n > 0$, 則 $\lim_{r \to 0^+} \left(\sum_{i=1}^{n} c_i x_i^r \right)^{1/r} = x_1^{c_1} x_2^{c_2} \cdots x_n^{c_n}$.

(2) 兩正數 a 與 b 的幾何平均數定義為 $\sqrt{ab}$。利用 (1) 的結果證明：
$$\sqrt{ab} = \lim_{n \to \infty} \left(\frac{a^{1/n} + b^{1/n}}{2} \right)^n$$

22. 求 a 的值使 $\lim_{x \to \infty} \left(\frac{x+a}{x-a} \right)^x = e^4$.

在 23～24 題中，作各函數的圖形。

23. $f(x) = e^{-x^2}$

24. $f(x) = xe^{-x}$

8-4 瑕積分

在第四章中，我們所涉及到的定積分具有兩個重要的假設：
(1) 區間 $[a, b]$ 必須為有限。
(2) 被積分函數 f 在 $[a, b]$ 必須為連續，或者，若不連續，也得在 $[a, b]$ 中為有界。

若不合乎此等假設之一者，就稱為**瑕積分**或**廣義積分**。

一、積分區間為無限的積分

因函數 $f(x) = \dfrac{1}{x^2}$ 在 $[1, \infty)$ 為連續且非負值，故在 f 的圖形下方由 1 到 t 的面積 $A(t)$ 為

$$A(t) = \int_1^t \frac{1}{x^2} dx = -\frac{1}{x} \Big|_1^t = 1 - \frac{1}{t}$$

其圖形如圖 8-2 所示。

無論我們選擇多大的 t 值，$A(t) < 1$，且

$$\lim_{t \to \infty} A(t) = \lim_{t \to \infty} \left(1 - \frac{1}{t} \right) = 1$$

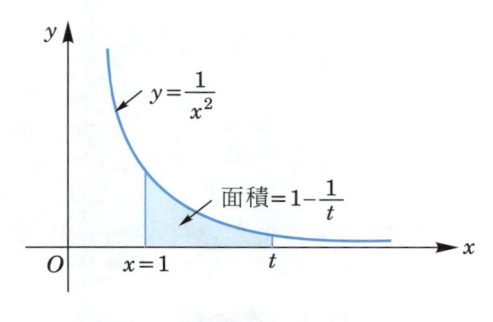

圖 8-2

424 微積分

上式的極限可以解釋為位於 f 的圖形下方與 x-軸上方以及 $x=1$ 右方的無界區域的面積，並以符號 $\int_{1}^{\infty} \frac{1}{x^2} dx$ 來表示此數值，故

$$\int_{1}^{\infty} \frac{1}{x^2} dx = \lim_{t \to \infty} \int_{1}^{t} \frac{1}{x^2} dx = 1$$

因此，我們有下面的定義.

定義 8.1

(1) 對每一數 $t \geq a$，若 $\int_{a}^{t} f(x) dx$ 存在，則定義

$$\int_{a}^{\infty} f(x) dx = \lim_{t \to \infty} \int_{a}^{t} f(x) dx$$

(2) 對每一數 $t \leq b$，若 $\int_{t}^{b} f(x) dx$ 存在，則定義

$$\int_{-\infty}^{b} f(x) dx = \lim_{t \to -\infty} \int_{t}^{b} f(x) dx$$

以上各式若極限存在，則稱該瑕積分為 收斂 或 收斂積分，而極限值即為積分的值. 若極限不存在，則稱該瑕積分為 發散 或 發散積分.

(3) 若 $\int_{c}^{\infty} f(x) dx$ 與 $\int_{-\infty}^{c} f(x) dx$ 皆為收斂，則稱瑕積分 $\int_{-\infty}^{\infty} f(x) dx$ 為 收斂 或 收斂積分，定義為

$$\int_{-\infty}^{\infty} f(x) dx = \int_{-\infty}^{c} f(x) dx + \int_{c}^{\infty} f(x) dx$$

若上式等號右邊任一積分發散，則稱 $\int_{-\infty}^{\infty} f(x) dx$ 為 發散 或 發散積分.

上述的瑕積分皆稱為 第一類型瑕積分.

【例題 1】 計算函數在 $[1, \infty)$ 上的瑕積分

求 $\displaystyle\int_1^\infty \frac{dx}{\sqrt{x}(1+x)}$.

【解】 $\displaystyle\int_1^\infty \frac{dx}{\sqrt{x}(1+x)} = \lim_{t\to\infty} \int_1^t \frac{dx}{\sqrt{x}(1+x)}$

令 $u = \sqrt{x}$,則 $u^2 = x$,$2u\,du = dx$,故

$$\lim_{t\to\infty} \int_1^t \frac{dx}{\sqrt{x}(1+x)} = \lim_{t\to\infty} \int_1^{\sqrt{t}} \frac{2u\,du}{u(1+u^2)} = 2\lim_{t\to\infty} \int_1^{\sqrt{t}} \frac{du}{1+u^2}$$

$$= 2\lim_{t\to\infty} \left(\tan^{-1} u \Big|_1^{\sqrt{t}}\right) = 2\lim_{t\to\infty}(\tan^{-1}\sqrt{t} - \tan^{-1} 1)$$

$$= 2\left(\frac{\pi}{2} - \frac{\pi}{4}\right) = \frac{\pi}{2}.$$

【例題 2】 計算函數在 $[0, \infty)$ 上的瑕積分

已知 $\displaystyle\int_0^\infty e^{-x^2}\,dx = \frac{\sqrt{\pi}}{2}$,試求下列瑕積分的值.

(1) $\displaystyle\int_0^\infty x\,e^{-x^2}\,dx$ (2) $\displaystyle\int_0^\infty x^2\,e^{-x^2}\,dx$

【解】

(1) $\displaystyle\int_0^\infty x\,e^{-x^2}\,dx = \lim_{t\to\infty} \int_0^t x\,e^{-x^2}\,dx = -\frac{1}{2}\lim_{t\to\infty}\int_0^t e^{-x^2}\,d(-x^2)$

$$= -\frac{1}{2}\lim_{t\to\infty} e^{-x^2}\Big|_0^t = -\frac{1}{2}\lim_{t\to\infty}(e^{-t^2}-1) = \frac{1}{2}.$$

(2) $\displaystyle\int_0^\infty x^2\,e^{-x^2}\,dx = \lim_{t\to\infty}\int_0^t x^2\,e^{-x^2}\,dx = -\frac{1}{2}\lim_{t\to\infty}\int_0^t x\,d(e^{-x^2})$

令 $u=x$, $dv=d(e^{-x^2})$, 則 $du=dx$, $v=e^{-x^2}$,

故 $-\dfrac{1}{2}\lim\limits_{t\to\infty}\displaystyle\int_0^t x\,d(e^{-x^2}) = -\dfrac{1}{2}\lim\limits_{t\to\infty}\left[xe^{-x^2}\Big|_0^t - \int_0^t e^{-x^2}\,dx\right]$

$= -\dfrac{1}{2}\lim\limits_{t\to\infty} te^{-t^2} + \dfrac{1}{2}\displaystyle\int_0^\infty e^{-x^2}\,dx$

$= -\dfrac{1}{2}\lim\limits_{t\to\infty}\dfrac{t}{e^{t^2}} + \dfrac{1}{2}\cdot\dfrac{\sqrt{\pi}}{2}$

$= -\dfrac{1}{2}\lim\limits_{t\to\infty}\dfrac{1}{2t\,e^{t^2}} + \dfrac{\sqrt{\pi}}{4} = \dfrac{\sqrt{\pi}}{4}$

所以，$\displaystyle\int_0^\infty x^2 e^{-x^2}\,dx = \dfrac{\sqrt{\pi}}{4}$.

【例題 3】 計算函數在 $(-\infty, 0]$ 上的瑕積分

計算 $\displaystyle\int_{-\infty}^0 xe^x\,dx$.

【解】 $\displaystyle\int_{-\infty}^0 xe^x\,dx = \lim\limits_{t\to-\infty}\int_t^0 xe^x\,dx$

利用分部積分法，令 $u=x$, $dv=e^x\,dx$, 則 $du=dx$, $v=e^x$, 所以

$$\int_t^0 xe^x\,dx = xe^x\Big|_t^0 - \int_t^0 e^x\,dx = -te^t - 1 + e^t$$

我們知道當 $t\to-\infty$ 時，$e^t\to 0$，利用羅必達法則可得

$$\lim\limits_{t\to-\infty} te^t = \lim\limits_{t\to-\infty}\dfrac{t}{e^{-t}} = \lim\limits_{t\to-\infty}\dfrac{1}{-e^{-t}} = \lim\limits_{t\to-\infty}(-e^t) = 0$$

故 $\displaystyle\int_{-\infty}^0 xe^x\,dx = \lim\limits_{t\to-\infty}(-te^t - 1 + e^t) = -1$.

【例題 4】 發散的瑕積分

試證：(1) $\displaystyle\int_{-\infty}^\infty \dfrac{1+x}{1+x^2}\,dx$ 爲發散。(2) $\lim\limits_{t\to\infty}\displaystyle\int_{-t}^t \dfrac{1+x}{1+x^2}\,dx = \pi$.

【解】

(1) 因 $\int_{-\infty}^{\infty} \dfrac{1+x}{1+x^2}\,dx = \int_{-\infty}^{0} \dfrac{1+x}{1+x^2}\,dx + \int_{0}^{\infty} \dfrac{1+x}{1+x^2}\,dx$

而 $\int_{0}^{\infty} \dfrac{1+x}{1+x^2}\,dx = \lim_{t\to\infty} \int_{0}^{t} \dfrac{1+x}{1+x^2}\,dx$

$= \lim_{t\to\infty} \left[\int_{0}^{t} \dfrac{1}{1+x^2}\,dx + \int_{0}^{t} \dfrac{x}{1+x^2}\,dx \right]$

$= \lim_{t\to\infty} \left[\tan^{-1} x \Big|_{0}^{t} + \dfrac{1}{2} \ln(1+x^2) \Big|_{0}^{t} \right]$

$= \lim_{t\to\infty} \left[\tan^{-1} t - \tan^{-1} 0 + \dfrac{1}{2} \ln(1+t^2) - \dfrac{1}{2} \ln 1 \right]$

$= \lim_{t\to\infty} \tan^{-1} t + \dfrac{1}{2} \lim_{t\to\infty} \ln(1+t^2) = \dfrac{\pi}{2} + \infty = \infty$

故 $\int_{0}^{\infty} \dfrac{1+x}{1+x^2}\,dx$ 為發散積分．因此，$\int_{-\infty}^{\infty} \dfrac{1+x}{1+x^2}\,dx$ 為發散．

(2) $\lim_{t\to\infty} \int_{-t}^{t} \dfrac{1+x}{1+x^2}\,dx = \lim_{t\to\infty} \left[\int_{-t}^{t} \dfrac{1}{1+x^2}\,dx + \int_{-t}^{t} \dfrac{x}{1+x^2}\,dx \right]$

$= \lim_{t\to\infty} \left[\tan^{-1} x \Big|_{-t}^{t} + \dfrac{1}{2} \ln(1+x^2) \Big|_{-t}^{t} \right]$

$= \lim_{t\to\infty} \left[\tan^{-1} t - \tan^{-1}(-t) + \dfrac{1}{2} \ln(1+t^2) - \dfrac{1}{2} \ln(1+t^2) \right]$

$= \lim_{t\to\infty} (2 \tan^{-1} t) = 2 \cdot \dfrac{\pi}{2} = \pi.$

讀者應特別注意我們不能定義 $\int_{-\infty}^{\infty} f(x)\,dx = \lim_{t\to\infty} \int_{-t}^{t} f(x)\,dx$，而 $\int_{-\infty}^{\infty} f(x)\,dx = \lim_{\substack{a\to\infty \\ b\to\infty}} \int_{-a}^{b} f(x)\,dx$ 是正確的．

【例題 5】 收斂性的確定

試求使瑕積分 $\int_1^\infty \frac{1}{x^p} dx$ 收斂的 p 值.

【解】 I. 設 $p \neq 1$, 則 $\int_1^\infty \frac{1}{x^p} dx = \lim_{t\to\infty} \int_1^t \frac{1}{x^p} dx = \lim_{t\to\infty} \left(\frac{x^{-p+1}}{-p+1} \bigg|_1^t \right)$

$$= \lim_{t\to\infty} \frac{1}{1-p} \left(\frac{1}{t^{p-1}} - 1 \right)$$

(1) 若 $p > 1$, 則 $p-1 > 0$, 而當 $t \to \infty$ 時, $\frac{1}{t^{p-1}} \to 0$. 所以,

$$\int_1^\infty \frac{1}{x^p} dx = \lim_{t\to\infty} \int_1^t \frac{1}{x^p} dx = \frac{1}{p-1}.$$

(2) 若 $p < 1$, 則 $1-p > 0$, 而當 $t \to \infty$ 時, $\frac{1}{t^{p-1}} = t^{1-p} \to \infty$. 所以,

$$\int_1^\infty \frac{1}{x^p} dx = \lim_{t\to\infty} \int_1^t \frac{1}{x^p} dx = \infty.$$

II. 若 $p = 1$, 則 $\int_1^\infty \frac{1}{x} dx = \lim_{t\to\infty} \int_1^t \frac{1}{x} dx = \lim_{t\to\infty} \left(\ln x \bigg|_1^t \right)$

$$= \lim_{t\to\infty} (\ln t - \ln 1) = \infty.$$

綜合此例題的結果，可得下面的結論：

若 $p > 1$, 則 $\int_1^\infty \frac{1}{x^p} dx$ 收斂；若 $p \leq 1$, 則 $\int_1^\infty \frac{1}{x^p} dx$ 發散.

【例題 6】 gamma 函數

gamma 函數定義為

$$\Gamma(x) = \int_0^\infty t^{x-1} e^{-t} dt, \ x > 0$$

試證：(1) $\Gamma(x+1) = x\Gamma(x)$ (2) $\Gamma(n+1) = n!$, $n \in \mathbb{N}$

【解】

(1) 利用分部積分法，可得

$$\Gamma(x+1)=\int_0^\infty t^x e^{-t} dx = \lim_{b\to\infty} \int_0^b t^x e^{-t} dt$$

$$=\lim_{b\to\infty}\left[-t^x e^{-t}\Big|_0^b - \int_0^b (-e^{-t})(xt^{x-1}) dt\right]$$

$$=\lim_{b\to\infty}\left(-b^x e^{-b} + x\int_0^b t^{x-1} e^{-t} dt\right)$$

$$=-\lim_{b\to\infty}\frac{b^x}{e^b} + x\int_0^\infty t^{x-1} e^{-t} dt = 0 + x\Gamma(x)$$

(第一項的極限利用羅必達法則).

(2) 因 $\Gamma(1)=\int_0^\infty e^{-t} dt = \lim_{b\to\infty}\int_0^b e^{-t} dt = \lim_{b\to\infty}\left(-e^{-t}\Big|_0^b\right) = -\lim_{b\to\infty}(e^{-b}-e^0) = 1$

故 $\Gamma(n+1) = n\Gamma(n) = n(n-1)\Gamma(n-1) = n(n-1)(n-2)\Gamma(n-2)$
$= \cdots = n(n-1)(n-2)(n-3)\cdots 3\cdot 2\cdot 1\cdot\Gamma(1)$
$= n!\,\Gamma(1) = n! \quad (n\in\mathbb{N})$.

【例題 7】 利用 gamma 函數

求 $\int_0^\infty x^6 e^{-2x} dx$.

【解】 令 $y=2x$，則 $dx=\dfrac{1}{2} dy$，故

$$\int_0^\infty x^6 e^{-2x} dx = \frac{1}{2}\int_0^\infty \left(\frac{y}{2}\right)^6 e^{-y} dy = \frac{1}{2^7}\int_0^\infty y^6 e^{-y} dy$$

$$=\frac{\Gamma(7)}{2^7} = \frac{6!}{2^7} = \frac{45}{8}.$$

二、瑕積分比較檢驗法

有時候，我們無法求得瑕積分的正確值，但想知道瑕積分是收斂抑或發散的確很重

要，在此情況之下，我們可利用下列定理來檢驗，但其證明省略．

定理 8.3　比較檢驗法

令 f 與 g 在 $[a, \infty)$ 為連續，且對所有 $x \geq a$，$0 \leq f(x) \leq g(x)$，則

(1) 若 $\displaystyle\int_a^\infty g(x)\,dx$ 收斂，則 $\displaystyle\int_a^\infty f(x)\,dx$ 收斂．

(2) 若 $\displaystyle\int_a^\infty f(x)\,dx$ 發散，則 $\displaystyle\int_a^\infty g(x)\,dx$ 發散．

【例題 8】　利用比較檢驗法

判斷 $\displaystyle\int_1^\infty \frac{\sin^2 x}{x^2}\,dx$ 的斂散性．

【解】　因 $0 \leq \dfrac{\sin^2 x}{x^2} \leq \dfrac{1}{x^2}$　$\forall\, x \in [1, \infty)$，

又 $\displaystyle\int_1^\infty \frac{1}{x^2}\,dx$ 收斂，故 $\displaystyle\int_1^\infty \frac{\sin^2 x}{x^2}\,dx$ 亦收斂．

【例題 9】　利用比較檢驗法

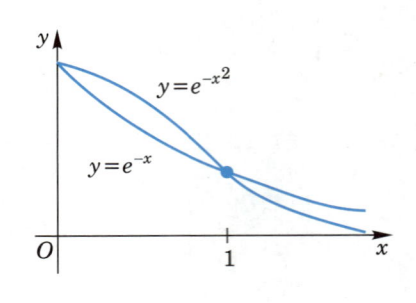

試證：$\displaystyle\int_0^\infty e^{-x^2}\,dx$ 為收斂．

【解】　$\displaystyle\int_0^\infty e^{-x^2}\,dx = \int_0^1 e^{-x^2}\,dx + \int_1^\infty e^{-x^2}\,dx$

$\displaystyle\int_0^1 e^{-x^2}\,dx$ 表曲線 $y = e^{-x^2}$ 與 $x = 0$ 及 $x = 1$ 所圍成區域面積，故為定值．在第二個積分中，對 $x \geq 1$，我們得知 $x^2 \geq x$，故 $-x^2 \leq -x$，於是 $e^{-x^2} \leq e^{-x}$，如圖 8-3 所示．

圖 8-3

$\displaystyle\int_1^\infty e^{-x}\,dx = \lim_{t \to \infty} \int_1^t e^{-x}\,dx = \lim_{t \to \infty} \left(-e^{-x}\Big|_1^t\right) = -\lim_{t \to \infty}(e^{-t} - e^{-1}) = \frac{1}{e}$

可知 $\int_1^\infty e^{-x} dx$ 為收斂，所以，$\int_1^\infty e^{-x^2} dx$ 亦收斂。因此，

$\int_0^\infty e^{-x^2} dx$ 為收斂。

定理 8.4　極限比較檢驗法

若正值函數 f 與 g 在 $[a, \infty)$ 皆為連續，且

$$\lim_{x\to\infty} \frac{f(x)}{g(x)} = L \quad (0 < L < \infty),$$

則 $\int_a^\infty f(x)\, dx$ 與 $\int_a^\infty g(x)\, dx$ 同時收斂抑或同時發散。

【例題 10】　利用極限比較檢驗法

判斷 $\int_1^\infty \dfrac{3}{e^x + 5}\, dx$ 的斂散性。

【解】　因 $\displaystyle\lim_{x\to\infty} \frac{1/e^x}{\dfrac{3}{e^x+5}} = \lim_{x\to\infty} \frac{e^x+5}{3e^x} = \lim_{x\to\infty}\left(\frac{1}{3} + \frac{5}{3e^x}\right) = \frac{1}{3} > 0,$

又 $\int_1^\infty \dfrac{1}{e^x}\, dx$ 收斂，故 $\int_1^\infty \dfrac{3}{e^x+5}\, dx$ 亦收斂。

三、不連續被積分函數的積分

若函數 f 在閉區間 $[a, b]$ 為連續，則定積分 $\int_a^b f(x)dx$ 存在。若 f 在區間內某一數的值為無限，則仍有可能求得積分值。例如，我們假設 f 在半開區間 $[a, b)$ 為連續且不為負值而 $\displaystyle\lim_{x\to b^-} f(x) = \infty$。若 $a < t < b$，則在 f 的圖形下方由 a 到 t 的面積 $A(t)$ 為

$$A(t)=\int_a^t f(x)dx$$

如圖 8-4 所示，當 $t\to b^-$ 時，若 $A(t)$ 趨近一個定數 A，則

$$\int_a^b f(x)dx = \lim_{t\to b^-} \int_a^t f(x)dx$$

若 $\lim_{t\to b^-}\int_a^t f(x)dx$ 存在，則此極限可解釋為在 f 的圖形下方且在 x-軸上方以及 $x=a$ 與 $x=b$ 之間的無界區域的面積。

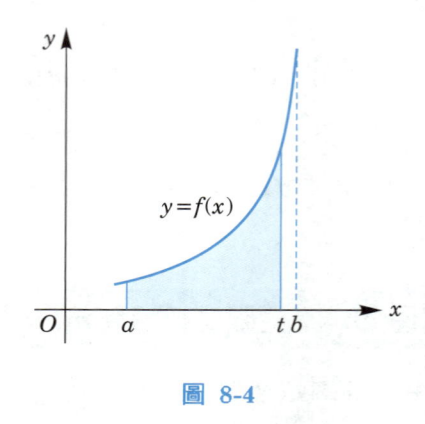

圖 8-4

定義 8.2

(1) 若 f 在 $[a, b)$ 為連續且當 $x\to b^-$ 時，$|f(x)|\to\infty$，則定義

$$\int_a^b f(x)\,dx = \lim_{t\to b^-}\int_a^t f(x)\,dx$$

(2) 若 f 在 $(a, b]$ 為連續且當 $x\to a^+$ 時，$|f(x)|\to\infty$，則定義

$$\int_a^b f(x)\,dx = \lim_{t\to a^+}\int_t^b f(x)\,dx$$

以上各式若極限存在，則稱該瑕積分為 收斂 或 收斂積分，而極限值即為積分的值。若極限不存在，則稱該瑕積分為 發散 或 發散積分。

(3) 若 $x\to c$ 時，$|f(x)|\to\infty$，且 $\int_a^c f(x)\,dx$ 與 $\int_c^b f(x)\,dx$ 皆為收斂，則稱瑕積分 $\int_a^b f(x)\,dx$ 為 收斂 或 收斂積分，定義為

$$\int_a^b f(x)\,dx = \int_a^c f(x)\,dx + \int_c^b f(x)\,dx$$

若上式等號右邊任一積分發散，則稱 $\int_a^b f(x)\,dx$ 為 發散 或 發散積分。

上述的瑕積分皆稱為 第二類型瑕積分。

【例題 11】 不連續被積分函數的積分

計算 $\int_0^1 \dfrac{dx}{\sqrt{1-x^2}}$.

【解】 $\int_0^1 \dfrac{dx}{\sqrt{1-x^2}} = \lim_{t \to 1^-} \int_0^t \dfrac{dx}{\sqrt{1-x^2}} = \lim_{t \to 1^-} \left(\sin^{-1} x \Big|_0^t \right)$

$= \lim_{t \to 1^-} \sin^{-1} t = \dfrac{\pi}{2}$.

【例題 12】 發散的瑕積分

判斷 $\int_1^3 \dfrac{dx}{(x-1)^{4/3}}$ 的斂散性.

【解】 因被積分函數在 $x=1$ 的值變為無限大，則利用定義 8.2(2) 如下：

$\int_1^3 \dfrac{dx}{(x-1)^{4/3}} = \lim_{t \to 1^+} \int_t^3 \dfrac{dx}{(x-1)^{4/3}} = \lim_{t \to 1^+} \left(-\dfrac{3}{(x-1)^{1/3}} \Big|_t^3 \right)$

$= -\lim_{t \to 1^+} \left(\dfrac{3}{\sqrt[3]{2}} - \dfrac{3}{(t-1)^{1/3}} \right) = -\dfrac{3}{\sqrt[3]{2}} + \infty = \infty$.

故所予瑕積分發散.

【例題 13】 收斂的瑕積分

判斷 $\int_0^\pi \dfrac{\cos x}{\sqrt{1-\sin x}} \, dx$ 的斂散性.

【解】 因被積分函數在 $x = \pi/2$ 的值變為無限大，則利用定義 8.2(3) 如下：

$\int_0^\pi \dfrac{\cos x}{\sqrt{1-\sin x}} \, dx = \int_0^{\frac{\pi}{2}} \dfrac{\cos x}{\sqrt{1-\sin x}} \, dx + \int_{\frac{\pi}{2}}^\pi \dfrac{\cos x}{\sqrt{1-\sin x}} \, dx$

$= \lim_{t \to \left(\frac{\pi}{2}\right)^-} \int_0^t \dfrac{\cos x}{\sqrt{1-\sin x}} \, dx + \lim_{t \to \left(\frac{\pi}{2}\right)^+} \int_t^\pi \dfrac{\cos x}{\sqrt{1-\sin x}} \, dx$

$= -\lim_{t \to \left(\frac{\pi}{2}\right)^-} \int_0^t \dfrac{d(1-\sin x)}{\sqrt{1-\sin x}} - \lim_{t \to \left(\frac{\pi}{2}\right)^+} \int_t^\pi \dfrac{d(1-\sin x)}{\sqrt{1-\sin x}}$

$$= -\lim_{t\to\left(\frac{\pi}{2}\right)^-} \left(2\sqrt{1-\sin x}\,\Big|_0^t\right) - \lim_{t\to\left(\frac{\pi}{2}\right)^+} \left(2\sqrt{1-\sin x}\,\Big|_t^\pi\right)$$

$$= -\lim_{t\to\left(\frac{\pi}{2}\right)^-} (2\sqrt{1-\sin t}-2) - \lim_{t\to\left(\frac{\pi}{2}\right)^+} (2\sqrt{1-\sin \pi}-2\sqrt{1-\sin t})$$

$$= 2-2=0$$

故所予瑕積分收斂.

【例題 14】 利用定義 8.2(3)

求 $\int_{-1}^{1} \ln |x|\, dx$.

【解】 $\int_{-1}^{1} \ln |x|\, dx = \int_{-1}^{0} \ln(-x)\, dx + \int_{0}^{1} \ln x\, dx$.

$\int_{0}^{1} \ln x\, dx = \lim_{t\to 0^+} \int_{t}^{1} \ln x\, dx = \lim_{t\to 0^+}\left(x\ln x - x\,\Big|_t^1\right) = -1 - \lim_{t\to 0^+}(t\ln t - t)$

又 $\quad \lim_{t\to 0^+} t\ln t = \lim_{t\to 0^+} \dfrac{\ln t}{1/t} = \lim_{t\to 0^+} \dfrac{1/t}{-1/t^2} = -\lim_{t\to 0^+} t = 0$

故 $\int_{0}^{1} \ln x\, dx = -1$.

令 $u=-x$，則 $dx=-du$，可得

$$\int_{-1}^{0} \ln(-x)\, dx = \int_{1}^{0} \ln u(-du) = \int_{0}^{1} \ln u\, du = \int_{0}^{1} \ln x\, dx = -1.$$

所以，$\int_{-1}^{1} \ln |x|\, dx = -2$.

【例題 15】 收斂性的確定

試求使 $\displaystyle\int_0^1 \frac{1}{x^p}\,dx$ 收斂的 p 值。

【解】

I. 若 $p \neq 1$，則

$$\int_0^1 \frac{1}{x^p}\,dx = \lim_{t \to 0^+} \int_t^1 \frac{1}{x^p}\,dx = \lim_{t \to 0^+} \left(\frac{x^{-p+1}}{-p+1} \bigg|_t^1 \right)$$

$$= \lim_{t \to 0^+} \frac{1}{1-p}\left(1 - \frac{1}{t^{p-1}}\right) = \begin{cases} \dfrac{1}{1-p}, & \text{若 } p < 1 \\ \infty, & \text{若 } p > 1 \end{cases}$$

II. 若 $p = 1$，則

$$\int_0^1 \frac{1}{x}\,dx = \lim_{t \to 0^+} \int_t^1 \frac{1}{x}\,dx = \lim_{t \to 0^+} \left(\ln x \bigg|_t^1 \right) = \lim_{t \to 0^+} (-\ln t) = \infty.$$

綜合此例題的結果，可得下面的結論：

若 $p < 1$，則 $\displaystyle\int_0^1 \frac{1}{x^p}\,dx$ 收斂；若 $p \geq 1$，則 $\displaystyle\int_0^1 \frac{1}{x^p}\,dx$ 發散。

習題 8.4

在 1～23 題中，何者為收斂積分？發散積分？並計算收斂積分的值

1. $\displaystyle\int_1^\infty \frac{dx}{x^{4/3}}$
2. $\displaystyle\int_0^\infty \frac{dx}{x^2+a^2}$
3. $\displaystyle\int_{-\infty}^0 \frac{dx}{(2x-1)^3}$
4. $\displaystyle\int_{-\infty}^\infty \frac{x}{x^4+9}\,dx$
5. $\displaystyle\int_2^\infty \frac{dx}{x(\ln x)^2}$
6. $\displaystyle\int_{-\infty}^\infty \frac{x}{e^{|x|}}\,dx$
7. $\displaystyle\int_3^\infty \frac{dx}{x^2-1}$
8. $\displaystyle\int_0^\infty xe^{-x}\,dx$
9. $\displaystyle\int_{-\infty}^0 \frac{dx}{x^2-3x+2}$
10. $\displaystyle\int_0^{1/2} \frac{x^2}{\sqrt{1-4x^2}}\,dx$
11. $\displaystyle\int_0^{\pi/2} \frac{\sin x}{1-\cos x}\,dx$
12. $\displaystyle\int_0^1 \frac{\ln x}{x}\,dx$

13. $\displaystyle\int_0^{1/2} \frac{dx}{x(\ln x)^2}$
14. $\displaystyle\int_0^2 \frac{dx}{(x-1)^2}$
15. $\displaystyle\int_0^4 \frac{dx}{x^2-x-2}$

16. $\displaystyle\int_{-\infty}^{\infty} \frac{dx}{1+x^2}$
17. $\displaystyle\int_2^{\infty} \frac{x+3}{(x-1)(x^2+1)}\,dx$
18. $\displaystyle\int_0^{\pi/2} \frac{dx}{1-\cos x}$

19. $\displaystyle\int_0^1 \sqrt{\frac{1+x}{1-x}}\,dx$
20. $\displaystyle\int_0^{\infty} \frac{dx}{\sqrt{x}(1+x)}$
21. $\displaystyle\int_0^{\infty} \frac{\ln x}{x^2}\,dx$

22. $\displaystyle\int_{-\infty}^{\infty} \frac{dx}{x^2+2x+10}$

23. 求 p 的值使 $\displaystyle\int_e^{\infty} \frac{1}{x(\ln x)^p}\,dx$ 收斂。

24. 利用瑕積分的比較檢驗法判斷下列積分的斂散性。

(1) $\displaystyle\int_1^{\infty} \frac{dx}{\sqrt{x^2-0.1}}$ (2) $\displaystyle\int_0^1 \frac{e^{-x}}{\sqrt{x}}\,dx$ (3) $\displaystyle\int_1^{\infty} \frac{dx}{x+e^{2x}}$

25. 利用極限比較檢驗法證明 $\displaystyle\int_1^{\infty} \frac{dx}{1+x^2}$ 收斂。

26. 已知 $\displaystyle\int_0^{\infty} e^{-x^2}\,dx = \frac{\sqrt{\pi}}{2}$，求 $\Gamma\left(\dfrac{1}{2}\right)$。
27. 求 $\displaystyle\int_0^{\infty} \sqrt{y}\,e^{-y^3}\,dy$。

第 9 章　積分的應用

本章學習目標

- 能夠求平面區域之面積
- 瞭解立體體積之求法
  - (1) 切薄片法
  - (2) 圓盤法
  - (3) 墊圈法
  - (4) 圓柱殼法
- 瞭解平面曲線弧長的求法
- 瞭解旋轉曲面面積的求法
- 瞭解液壓與力
- 瞭解功的意義與計算
- 瞭解平面區域的力矩與形心

9-1　平面區域的面積

　　到目前為止，我們已定義並計算位於函數圖形下方的區域面積．在本節裡，我們將利用定積分來討論求面積之各種方法．

一、曲線與 x-軸所圍成區域的面積

　　若函數 $y=f(x)$ 在 $[a, b]$ 為連續，對每一 $x \in [a, b]$，$f(x) \geq 0$，則由曲線 $y=f(x)$、x-軸與直線 $x=a$ 及 $x=b$ 所圍成平面區域之面積為

$$A = \int_a^b f(x)\, dx \tag{9-1}$$

如圖 9-1 所示．

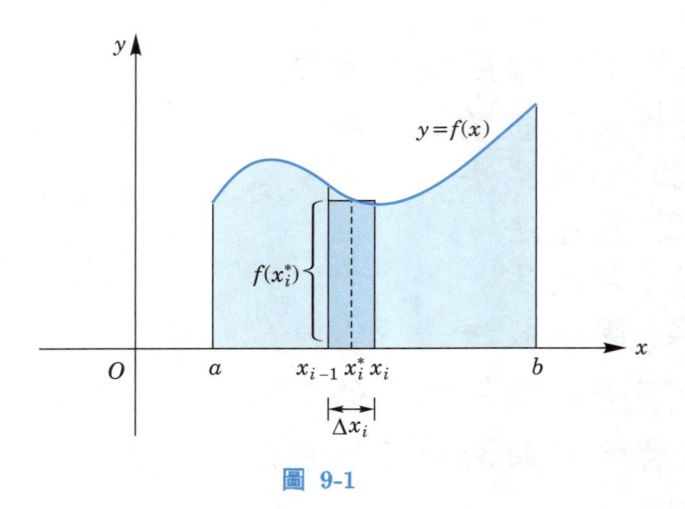

圖 9-1

　　假設對每一 $x \in [a, b]$，$f(x) \leq 0$，則由曲線 $y=f(x)$、x-軸與直線 $x=a$ 及 $x=b$ 所圍成平面區域之面積為

$$A = -\int_a^b f(x)\, dx \tag{9-2}$$

但有時，若 $f(x)$ 在 $[a, b]$ 內一部分為正值，一部分為負值，即曲線一部分在 x-軸之上方，一部分在 x-軸之下方．如圖 9-2 所示，則面積為

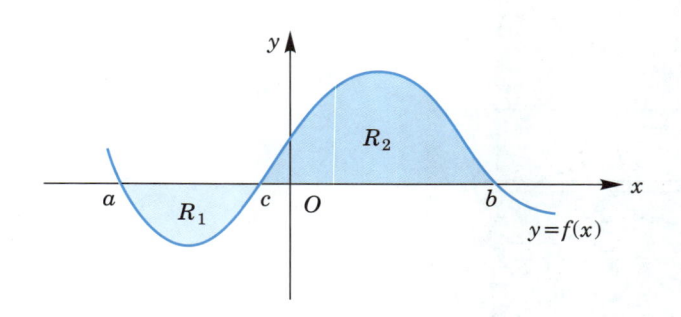

圖 9-2

$$A = \int_a^b |f(x)|\, dx = -\int_a^c f(x)\, dx + \int_c^b f(x)\, dx \tag{9-3}$$

其中 $-\int_a^c f(x)\, dx$ 表區域 R_1 之面積，$\int_c^b f(x)\, dx$ 表區域 R_2 之面積．

【例題 1】 利用 (9-1) 式求面積

求曲線 $\sqrt{x} + \sqrt{y} = \sqrt{a}$ $(a > 0)$ 與兩坐標軸所圍成區域的面積．

【解】 區域如圖 9-3 所示．

對 $\sqrt{x} + \sqrt{y} = \sqrt{a}$ 解 y，可得 $y = (\sqrt{a} - \sqrt{x})^2 = a - 2\sqrt{ax} + x$，所求的面積為

$$\begin{aligned}
A &= \int_0^a (a - 2\sqrt{ax} + x)\, dx \\
&= \left. ax - \frac{4\sqrt{a}}{3} x^{3/2} + \frac{x^2}{2} \right|_0^a \\
&= a^2 - \frac{4a^2}{3} + \frac{a^2}{2} \\
&= \frac{a^2}{6}
\end{aligned}$$

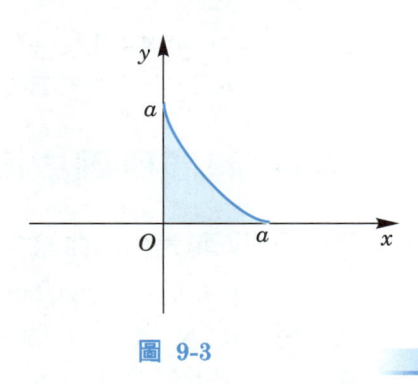

圖 9-3

二、曲線與 y-軸所圍成區域的面積

若函數 $x = f(y)$ 在 $[c, d]$ 為連續，對每一 $y \in [c, d]$，$f(y) \geq 0$，則由曲線 $x = f(y)$、y-軸，與直線 $y = c$ 及 $y = d$ 所圍成平面區域（見圖 9-4）的面積為

圖 9-4　　　　　　　　　　　　　　圖 9-5

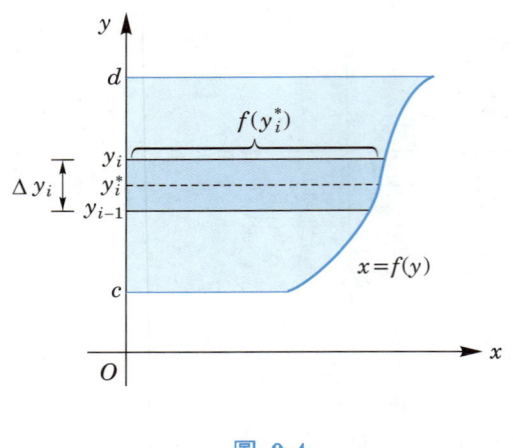

$$A = \int_c^d f(y)\, dy \tag{9-4}$$

【例題 2】　利用 (9-4) 式求面積

求由曲線 $y^2=x-1$，y-軸與兩直線 $y=-2$、$y=2$ 所圍成區域的面積.

【解】　區域如圖 9-5 所示，所求的面積可以表示為函數 $x=f(y)=y^2+1$ 之定積分，故面積為

$$A = \int_{-2}^{2} (y^2+1)\, dy = \left(\frac{y^3}{3}+y\right)\Big|_{-2}^{2} = \frac{8}{3}+2-\left(-\frac{8}{3}-2\right) = \frac{28}{3}$$

三、兩曲線間所圍成區域的面積

設一平面區域是由兩曲線 $y=f(x)$、$y=g(x)$ 與兩直線 $x=a$、$x=b$ $(a<b)$ 所圍成，且對任一 $x\in[a,b]$，皆有 $f(x)\geqslant g(x)$，如圖 9-6 所示。

我們將 $[a,b]$ 分成 n 個子區間，分點為 x_i，並取 $[x_{i-1},x_i]$ 中的點 x_i^*。則每一個長條形之面積近似於 $[f(x_i^*)-g(x_i^*)]\Delta x_i$，如圖 9-7 所示。

這些 n 個長條形面積的和為

$$\sum_{i=1}^{n}[f(x_i^*)-g(x_i^*)]\Delta x_i$$

因 $f(x)$ 與 $g(x)$ 在 $[a,b]$ 連續，可知 $f(x)-g(x)$ 在 $[a,b]$ 亦連續且極限存在，故平

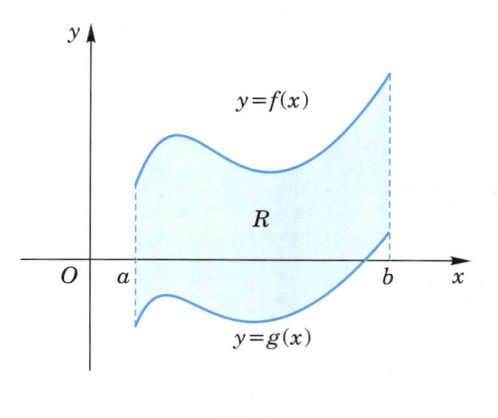

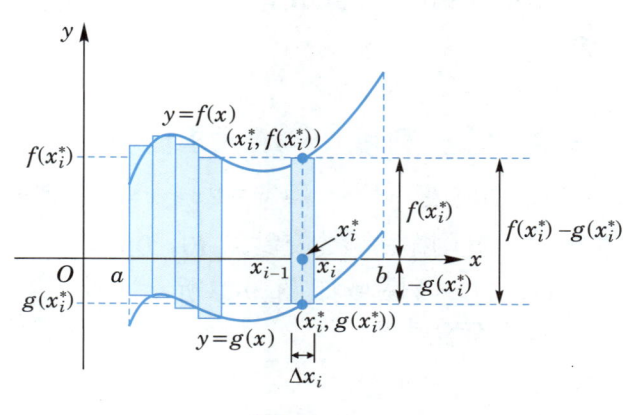

圖 9-6

圖 9-7

面區域的面積為：

$$A=\lim_{n\to\infty}\sum_{i=1}^{n}[f(x_i^*)-g(x_i^*)]\Delta x_i=\int_a^b[f(x)-g(x)]\,dx \tag{9-5}$$

讀者應注意 $f(x)-g(x)$ 表示每一細條矩形之高度，甚至於當 $g(x)$ 之圖形位於 x-軸之下方亦是．此時由於 $g(x)<0$，所以減去 $g(x)$ 等於加上一個正數．倘若 $f(x)$ 及 $g(x)$ 皆為負的時候，$f(x)-g(x)$ 亦為細條矩形之高度．

如果 $f(x)\geqslant g(x)$ 對於某些 x 成立，而 $g(x)\geqslant f(x)$ 對於某些 x 成立，則將所予區域 R 分割成許多子區域 $R_1, R_2, \cdots, R_n$，面積分別為 $A_1, A_2, \cdots, A_n$，如圖 9-8 所示．最後，我們定義區域 R 的面積 A 為子區域 $R_1, R_2, \cdots, R_n$ 的面積和：

$$A=A_1+A_2+\cdots+A_n$$

因

$$|f(x)-g(x)|=\begin{cases}f(x)-g(x), & \text{當 } f(x)\geqslant g(x)\\ g(x)-f(x), & \text{當 } g(x)\geqslant f(x)\end{cases}$$

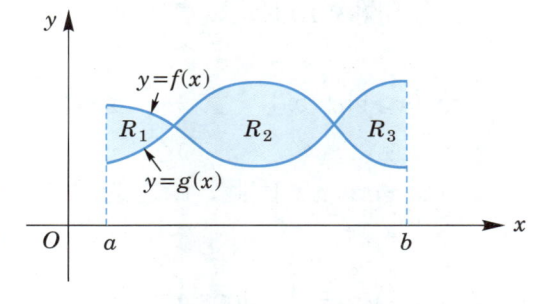

圖 9-8

所以，區域 R 的面積為

$$A=\int_a^b|f(x)-g(x)|\,dx \tag{9-6}$$

可是，當我們計算 (9-6) 式中的積分時，仍然需要將它分成對應 $A_1, A_2, \cdots, A_n$ 的積分．

【例題 3】 利用 (9-5) 式求面積

求兩拋物線 $y = x^2$ 與 $y = 2x - x^2$ 所圍成區域的面積．

【解】 此兩拋物線的交點為 $(0, 0)$ 與 $(1, 1)$，而區域如圖 9-9 所示．所求的面積為

$$A = \int_0^1 [(2x - x^2) - x^2] \, dx$$

$$= \int_0^1 (2x - 2x^2) \, dx$$

$$= x^2 - \frac{2}{3}x^3 \Big|_0^1 = 1 - \frac{2}{3} = \frac{1}{3}$$

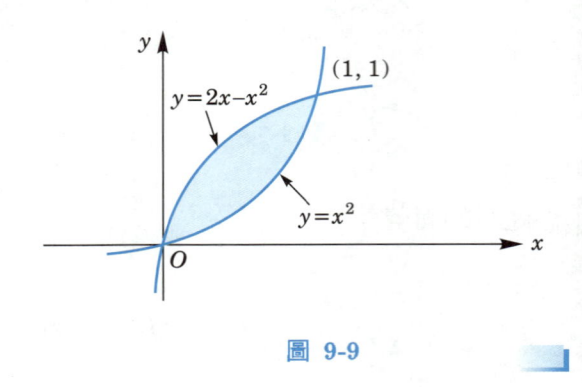

圖 9-9

【例題 4】 利用 (9-6) 式求面積

求由兩曲線 $y = \sin x$，$y = \cos x$ 與兩直線 $x = 0$，$x = \dfrac{\pi}{2}$ 所圍成區域的面積．

【解】 此兩曲線的交點為 $\left(\dfrac{\pi}{4}, \dfrac{\sqrt{2}}{2}\right)$，區域如圖 9-10 所示．當 $0 \leq x \leq \dfrac{\pi}{4}$ 時，$\cos x \geq \sin x$；當 $\dfrac{\pi}{4} \leq x \leq \dfrac{\pi}{2}$ 時，$\sin x \geq \cos x$．因此，所求的面積為

$$A = \int_0^{\pi/2} |\cos x - \sin x| \, dx$$

$$= \int_0^{\pi/4} (\cos x - \sin x) \, dx + \int_{\pi/4}^{\pi/2} (\sin x - \cos x) \, dx$$

圖 9-10

$$= (\sin x + \cos x)\Big|_0^{\pi/4} + (-\cos x - \sin x)\Big|_{\pi/4}^{\pi/2}$$

$$= \left(\frac{\sqrt{2}}{2} + \frac{\sqrt{2}}{2} - 1\right) + \left(-1 + \frac{\sqrt{2}}{2} + \frac{\sqrt{2}}{2}\right) = 2(\sqrt{2} - 1)$$

【例題 5】 圓的面積

求半徑為 r 之圓區域的面積.

【解】 圓區域如圖 9-11 所示. 所求的面積為

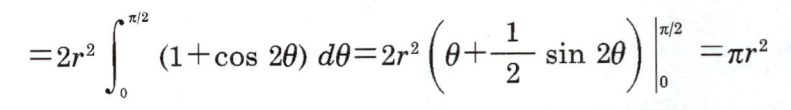

$$A = 4\int_0^r \sqrt{r^2 - x^2}\, dx$$

令 $x = r\sin\theta$, $0 \leq \theta \leq \dfrac{\pi}{2}$, 則 $dx = r\cos\theta\, d\theta$,

故 $A = 4\displaystyle\int_0^{\pi/2} \sqrt{r^2 - r^2\sin^2\theta}\ r\cos\theta\, d\theta$

$$= 4\int_0^{\pi/2} r^2\cos^2\theta\, d\theta = 4r^2\int_0^{\pi/2} \frac{1+\cos 2\theta}{2}\, d\theta$$

$$= 2r^2\int_0^{\pi/2}(1+\cos 2\theta)\, d\theta = 2r^2\left(\theta + \frac{1}{2}\sin 2\theta\right)\Big|_0^{\pi/2} = \pi r^2$$

圖 9-11

【例題 6】 橢圓的面積

求橢圓 $\dfrac{x^2}{a^2} + \dfrac{y^2}{b^2} = 1$ ($a > 0$, $b > 0$) 如圖 9-12 所示, 所圍成區域的面積.

【解】 對 $\dfrac{x^2}{a^2} + \dfrac{y^2}{b^2} = 1$ 解 y, 可得

$$y = \pm\frac{b}{a}\sqrt{a^2 - x^2}.$$

因橢圓對稱於 x-軸, 故所求的面積為

$$A = 2\int_{-a}^{a} \frac{b}{a}\sqrt{a^2 - x^2}\, dx$$

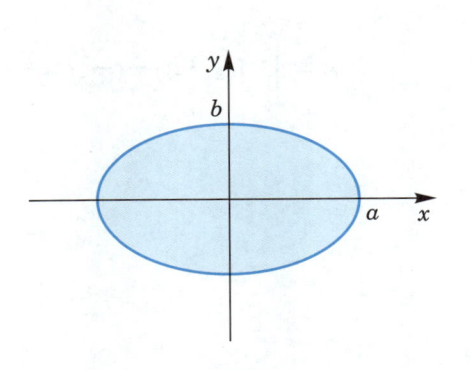

圖 9-12

$$= \frac{2b}{a} \int_{-a}^{a} \sqrt{a^2-x^2}\, dx$$

$$= \frac{2b}{a} \cdot \frac{\pi a^2}{2} = \pi ab$$

$\left(\int_{-a}^{a} \sqrt{a^2-x^2}\, dx = \text{圓心在原點且半徑為 } a \text{ 的上半圓區域的面積} \right)$

【例題 7】 利用 (9-5) 式

求 $y=2^x$, $x+y=1$, $x=1$ 等圖形所圍成平面區域的面積.

【解】 如圖 9-13 所示，所求面積為

$$A = \int_0^1 [2^x - (1-x)]\, dx$$

$$= \left(\frac{2^x}{\ln 2} - x + \frac{x^2}{2} \right) \Big|_0^1$$

$$= \frac{2}{\ln 2} - 1 + \frac{1}{2} - \frac{1}{\ln 2}$$

$$= \frac{1}{\ln 2} - \frac{1}{2} = \frac{2 - \ln 2}{2 \ln 2}.$$

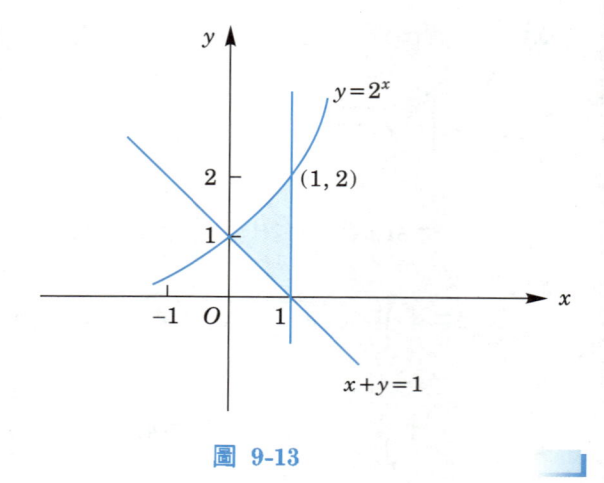

圖 9-13

【例題 8】 分段積分

求拋物線 $y^2 = 9-x$ 與直線 $y=x-3$ 所圍成區域的面積.

【解】 求 $y^2 = 9-x$ 與 $y=x-3$ 之解，可得 $x=0$ 或 5，於是，交點為 $(0, -3)$ 與 $(5, 2)$，區域如圖 9-14 所示. 所求的面積為

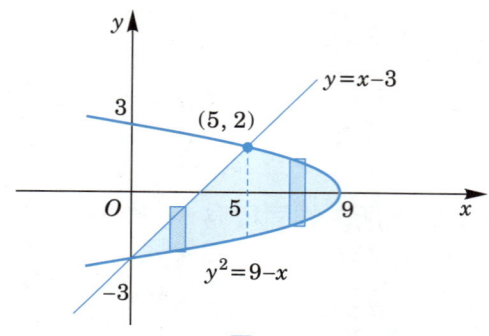

$$A = \int_0^5 [(x-3) - (-\sqrt{9-x})]\, dx + \int_5^9 [\sqrt{9-x} - (-\sqrt{9-x})]\, dx$$

圖 9-14

$$= \left[\frac{x^2}{2} - 3x - \frac{2}{3}(9-x)^{3/2} \right] \Big|_0^5 - \frac{4}{3}(9-x)^{3/2} \Big|_5^9 = \frac{125}{6}.$$

求解例題 8 有一個比較簡易的方法．我們不用視 y 為 x 的函數，而是視 x 為 y 的函數．一般，若一區域是由兩曲線 $x=f(y)$，$x=g(y)$ 與兩直線 $y=c$，$y=d$ 所圍成，此處 f 與 g 在 $[c, d]$ 皆為連續，且 $f(y) \geq g(y)$ 對於 $c \leq y \leq d$ 皆成立（圖 9-15），則其面積為

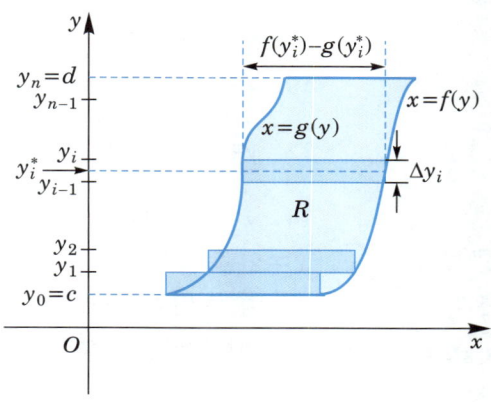

圖 9-15

$$A = \lim_{\|P\| \to 0} \sum_{i=1}^{n} [f(y_i^*) - g(y_i^*)] \Delta y_i = \int_c^d [f(y) - g(y)] \, dy \tag{9-7}$$

【例題 9】 利用 (9-7) 式求面積

求例題 8 的面積．

【解】 區域的左邊界為 $x=y+3$ 而右邊界為 $x=9-y^2$，如圖 9-16 所示．由 (9-7) 式可得

$$A = \int_{-3}^{2} [9 - y^2 - (y+3)] \, dy$$

$$= \int_{-3}^{2} (-y^2 - y + 6) \, dy$$

$$= \left(-\frac{y^3}{3} - \frac{y^2}{2} + 6y \right) \Big|_{-3}^{2}$$

$$= \frac{125}{6}.$$

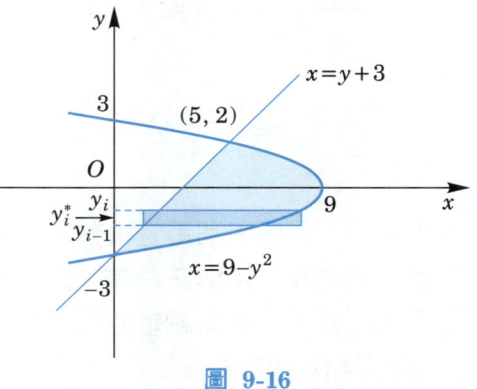

圖 9-16

習題 9.1

在 1～14 題中，繪出所予方程式的圖形所圍成的區域，並求其面積．

1. $y=\sqrt{x}$，$y=-x$，$x=1$，$x=4$
2. $x=y^2$，$x-y=-2$，$y=-2$，$y=3$
3. $y=4-x^2$，$y=-4$
4. $y=x^3$，$y=x^2$
5. $y=x^2$，$y=x^3+2x^2-2x$
6. $x+y=3$，$x^2+y=3$
9. $x=y^2$，$x-y-2=0$
8. $x-y+1=0$，$7x-y-17=0$，$2x+y+2=0$
9. $x=y^{2/3}$，$x=y^2$
10. $y=\sqrt{x}$，$y=-x+6$，$y=1$
11. $y=x$，$y=4x$，$y=-x+2$
12. $y=2+|x-1|$，$y=-\dfrac{1}{5}x+7$
13. $x=y^3-y$，$x=0$
14. $y=x^3-2x^2$，$y=2x^2-3x$，$x=0$，$x=3$
15. 求一垂直線 $x=k$ 使得由 $x=\sqrt{y}$，$x=2$ 與 $y=0$ 所圍成區域分成兩等分．
16. 求一水平線 $y=k$ 使得在 $y=x^2$ 與 $y=9$ 之間的區域分成兩等分．
17. 求曲線 $\sqrt{x}+\sqrt{y}=\sqrt{a}$ $(a>0)$ 與兩坐標軸所圍成區域的面積．
18. 求橢圓 $\dfrac{x^2}{a^2}+\dfrac{y^2}{b^2}=1$ $(a>0,\ b>0)$ 所圍成區域的面積．
19. 求曲線 $y=\sin x$，$y=\cos x$，$x=0$ 與 $x=2\pi$ 所圍成區域的面積．
20. 利用面積的比較，證明 $\dfrac{1}{2}+\dfrac{1}{3}+\cdots+\dfrac{1}{n}<\ln n<1+\dfrac{1}{2}+\dfrac{1}{3}+\cdots+\dfrac{1}{n-1}$．
21. (1) 利用面積的比較，證明 $\ln 2<1<\ln 3$．
    (2) 導出 $2<e<3$．
22. 求 $y=e^{-x}$，$xy=1$，$x=1$ 與 $x=2$ 等圖形所圍成平面區域的面積．
23. 求 $y=\dfrac{x^2+x+1}{x^2+1}$ 的圖形與兩坐標軸及直線 $x=3$ 所圍成平面區域的面積．

9-2 體 積

在本節中，我們將利用定積分求三維空間中立體的體積．

我們定義柱體（或稱正柱體）爲沿著與平面區域垂直的直線或軸移動該區域所生成的立體．在柱體中，與其軸垂直的所有截面的大小與形狀皆相同．若一柱體是由將面積 A 的平面區域移動距離 h 而生成的（圖 9-17），則柱體的體積 V 爲

$$V=Ah$$

體積 $V=Ah$

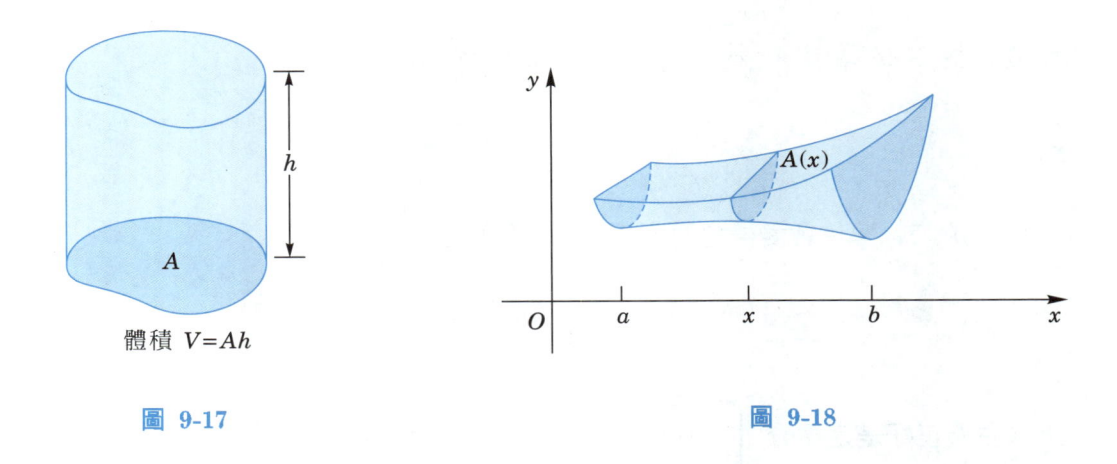

圖 9-17

圖 9-18

一、薄片法

不是柱體也不是由有限個柱體所組成的立體體積可由所謂"薄片法"求得．我們假設立體 S 沿著 x-軸延伸而左界與右界分別為在 $x=a$ 與 $x=b$ 處垂直於 x-軸的平面，如圖 9-18 所示．因 S 並非假定為一柱體，故與 x-軸垂直的截面會改變，我們以 $A(x)$ 表示在 x 處的截面面積（圖 9-18）．

我們用點 x_i 作區間 $[a, b]$ 的分割 P，使得 $a=x_0<x_1<x_2<\cdots<x_n=b$，將 $[a, b]$ 分割成寬為 Δx_1, Δx_2, $\cdots$, Δx_n 的 n 個子區間，並通過每一分割點作出垂直於 x-軸的平面，如圖 9-19 所示，這些平面將立體 S 截成 n 個薄片 S_1, S_2, $\cdots$, S_n，我們現在考慮典型的薄片 S_i．一般，此薄片可能不是柱體，因它的截面會改變．然而，若薄片很薄，則截面不會改變很多．所以若我們在第 i 個子區間 $[x_{i-1}, x_i]$ 中任取一點 x_i^*，則薄片 S_i 的每一截面大約與在 x_i^* 處的截面相同，而我們以厚為 Δx_i 且截面面積為 $A(x_i^*)$ 的柱體近似薄片 S_i．於是，薄片 S_i 的體積 V_i 約為 $A(x_i^*) \Delta x_i$，即，

$$V_i \approx A(x_i^*) \Delta x_i$$

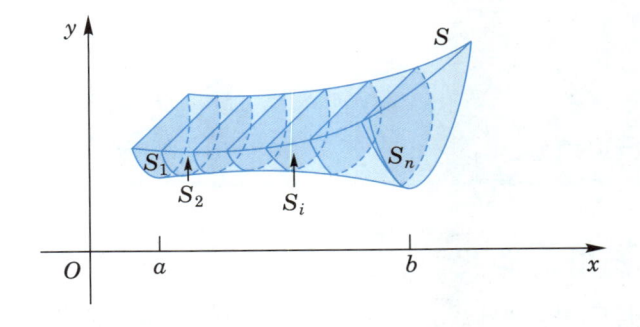

圖 9-19

而整個立體 S 的體積 V 約為 $\sum_{i=1}^{n} A(x_i^*) \Delta x_i$，即，

$$V \approx \sum_{i=1}^{n} A(x_i^*) \Delta x_i$$

當 $\|P\| \to 0$ 時，薄片會變得愈薄而近似值變得更佳，於是，

$$V = \lim_{\|P\| \to 0} \sum_{i=1}^{n} A(x_i^*) \Delta x_i$$

因上式右邊正好是定積分 $\int_a^b A(x)\, dx$，故我們有下面的定義。

定義 9.1

若一有界立體夾在兩平面 $x=a$ 與 $x=b$ 之間，且在 $[a, b]$ 中的每一 x 處垂直於 x-軸之截面的面積為 $A(x)$，則該立體的體積為

$$V = \int_a^b A(x)\, dx$$

倘若 $A(x)$ 為可積分。

對垂直於 y-軸的截面有一個類似的結果。

定義 9.2

若一有界立體夾在兩平面 $y=c$ 與 $y=d$ 之間，且在 $[c, d]$ 中的每一 y 處垂直於 y-軸之截面的面積為 $A(y)$，則該立體的體積為

$$V = \int_c^d A(y)\, dy$$

倘若 $A(y)$ 為可積分。

【例題 1】 利用定義 9.1

求高為 h 且底是邊長為 a 之正方形的正角錐體的體積。

(ⅰ)　　　　　　　　　　　(ⅱ)

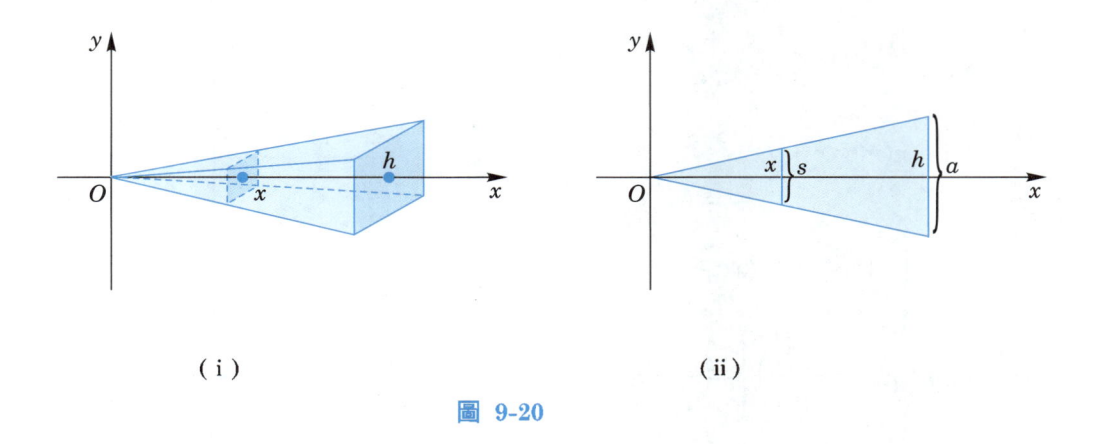

圖 9-20

【解】　如圖 9-20(ⅰ) 所示，我們將原點 O 置於角錐的頂點且 x-軸沿著它的中心軸．在 x 處垂直於 x-軸的平面截交角錐所得截面為一正方形區域，而令 s 表示此正方形一邊的長，則由相似三角形 (圖 9-20(ⅱ)) 可知

$$\frac{s}{a}=\frac{x}{h} \quad 或 \quad s=\frac{a}{h}x$$

於是，在 x 處之截面的面積為

$$A(x)=s^2=\frac{a^2}{h^2}x^2$$

故角錐的體積為

$$V=\int_0^h A(x)\,dx=\int_0^h \frac{a^2}{h^2}x^2\,dx=\frac{a^2}{3h^2}x^3\Big|_0^h=\frac{1}{3}a^2h$$

【例題 2】　利用定義 9.1

試證：半徑為 r 之球的體積為 $V=\dfrac{4}{3}\pi r^3$．

【解】　若我們將球心置於原點，如圖 9-21 所示，則在 x 處垂直於 x-軸的平面截交該球所得截面為一圓區域，其半徑為 $y=\sqrt{r^2-x^2}$，故截面的面積為

$$A(x)=\pi y^2=\pi(r^2-x^2)$$

所以，球的體積為

$$V = \int_{-r}^{r} A(x)\,dx$$

$$= \int_{-r}^{r} \pi(r^2 - x^2)\,dx$$

$$= 2\pi \int_{0}^{r} (r^2 - x^2)\,dx$$

$$= 2\pi \left(r^2 x - \frac{x^3}{3}\right)\Big|_{0}^{r} = \frac{4}{3}\pi r^3$$

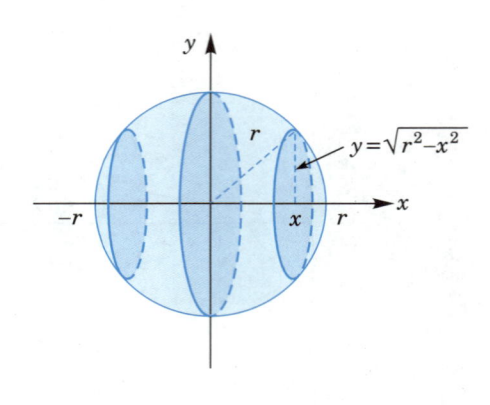

圖 9-21

【例題 3】 利用定義 9.1

已知一立體的底為在 xy-平面上由 $x^2 + y^2 = r^2$ ($r > 0$) 的圖形所圍成的圓形區域，若垂直於底的每一截面為正三角形區域，求此立體的體積。

【解】 距離原點 x 的一個典型截面示於圖 9-22，若點 $P(x, y)$ 在此圓上，則正三角形的一邊長為 $2y$ 而高為 $\sqrt{3}y$。因此，三角形的面積為

$$A(x) = \frac{1}{2}(2y)(\sqrt{3}y) = \sqrt{3}y^2 = \sqrt{3}(r^2 - x^2)$$

故立體的體積為

$$V = \int_{-r}^{r} \sqrt{3}(r^2 - x^2)\,dx = \sqrt{3}\left(r^2 x - \frac{x^3}{3}\right)\Big|_{-r}^{r} = \frac{4\sqrt{3}}{3}r^3.$$

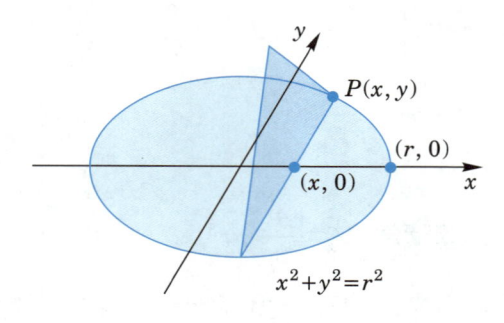

圖 9-22

【例題 4】 利用定義 9.1

求兩圓柱體 $x^2+y^2 \leq r^2$ 與 $x^2+z^2 \leq r^2$ 所共有的體積.

【解】　圖 9-23 所示為第一卦限中共有的部分，其體積為所要求體積的 1/8. 通過點 $M(x, 0, 0)$ 作垂直於 x-軸的截面，可得一正方形區域，其邊長為 $\sqrt{r^2-x^2}$，故截面的面積為

$$A(x) = r^2 - x^2$$

因此，所求的體積為

$$\begin{aligned} V &= 8 \int_0^r A(x)\, dx \\ &= 8 \int_0^r (r^2 - x^2)\, dx \\ &= 8 \left(r^2 x - \frac{x^3}{3} \right) \Big|_0^r \\ &= \frac{16}{3} r^3 \end{aligned}$$

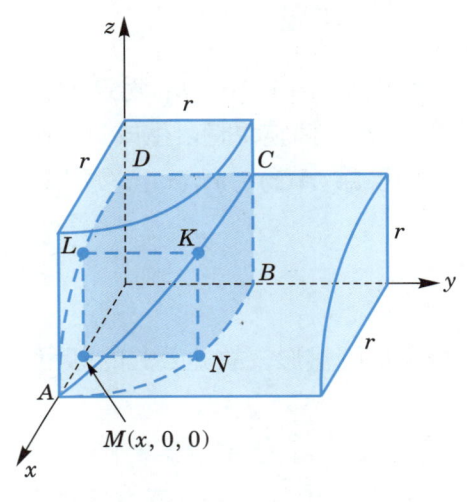

圖 9-23

平面上一區域繞此平面上一直線 (區域位於直線的一側) 旋轉一圈所得的立體稱為**旋轉體**，而此立體稱為由該區域所產生，該直線稱為**旋轉軸**. 若 f 在 $[a, b]$ 為非負值且連續的函數，則由 f 的圖形、x-軸、兩直線 $x=a$ 與 $x=b$ 所圍成區域 (圖 9-24(ⅰ)) 繞 x-軸旋轉所產生的立體如圖 9-24(ⅱ) 所示. 例如，若 f 為常數函數，則區域

(ⅰ)　　　　　　　　　　　　(ⅱ)

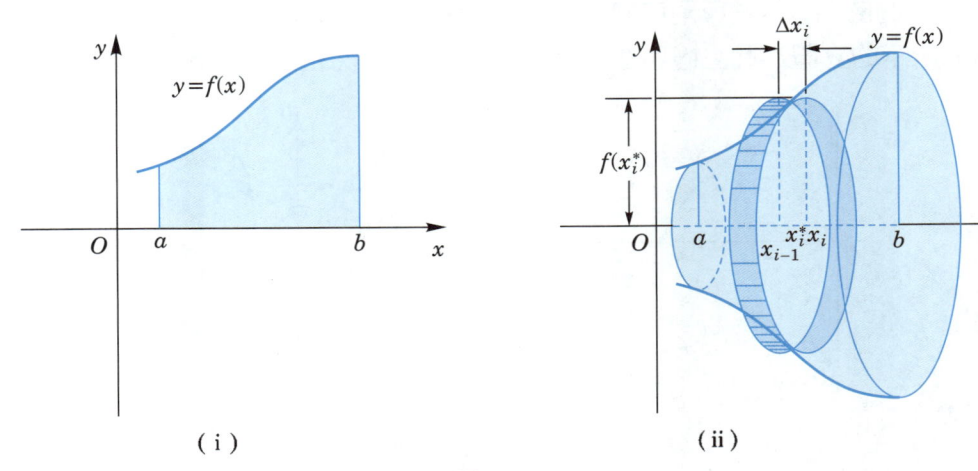

圖 9-24

為矩形，而所產生的立體為一正圓柱。若 f 的圖形是直徑兩端點在點 $(a, 0)$ 與點 $(b, 0)$ 的半圓，其中 $b>a$，則旋轉體為直徑 $b-a$ 的球。若已知區域為一直角三角形，其底在 x-軸上，兩頂點在點 $(a, 0)$ 與 $(b, 0)$，且直角位在此兩點中的一點，則產生正圓錐。

二、圓盤法

令函數 f 在 $[a, b]$ 為連續，則由曲線 $y=f(x)$、x-軸與兩直線 $x=a$、$x=b$ 所圍成區域繞 x-軸旋轉時，生成具有圓截面的立體。因在 x 處之截面的半徑為 $f(x)$，故截面的面積為 $A(x)=\pi[f(x)]^2$。所以，由定義 9.1 可知旋轉體的體積為

$$V=\int_a^b \pi[f(x)]^2\, dx \tag{9-8}$$

因截面為圓盤形，故此公式的應用稱為 圓盤法。

【例題 5】 利用 (9-8) 式

求在曲線 $y=\sqrt{x}$ 下方且在區間 $[1, 4]$ 上方的區域繞 x-軸旋轉所得旋轉體的體積。

【解】 體積為

$$V=\int_1^4 \pi (\sqrt{x})^2\, dx = \int_1^4 \pi x\, dx = \left.\frac{\pi x^2}{2}\right|_1^4 = 8\pi - \frac{\pi}{2} = \frac{15\pi}{2}$$

(9-8) 式中的函數 f 不必為非負，若 f 對某一 x 的值為負，如圖 9-25(ⅰ) 所示，且由 f 的圖形、x-軸與兩直線 $x=a$、$x=b$ 所圍成區域繞 x-軸旋轉，則得圖 9-25(ⅱ) 所示的立體。此立體與在 $y=|f(x)|$ 的圖形下方由 a 到 b 所圍成區域繞 x-軸

(ⅰ)   (ⅱ)

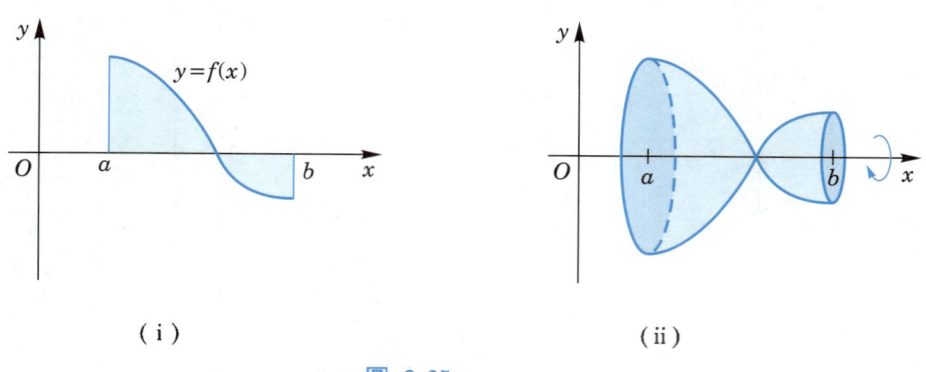

圖 9-25

旋轉所產生的立體相同．因 $|f(x)|^2=[f(x)]^2$，故其體積與 (9-8) 中的公式相同．

【例題 6】 利用 (9-8) 式

求由 $y=x^3$，x-軸，$x=-1$ 與 $x=2$ 等圖形所圍成區域繞 x-軸旋轉所得旋轉體的體積．

【解】 所求的體積為

$$V=\int_{-1}^{2} \pi (x^3)^2 \, dx = \pi \int_{-1}^{2} x^6 \, dx = \frac{\pi}{7} x^7 \Big|_{-1}^{2}$$

$$= \frac{\pi}{7}(128+1) = \frac{129\pi}{7}$$

公式 (9-8) 僅適用於旋轉軸是 x-軸的情形．但如圖 9-26 所示，若由 $x=g(y)$ 的圖形、y-軸與兩直線 $y=c$、$y=d$ 所圍成區域繞 y-軸旋轉，則由定義 9.2 可得所產生旋轉體的體積為

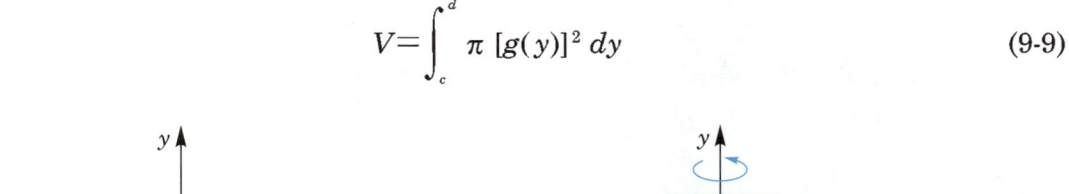

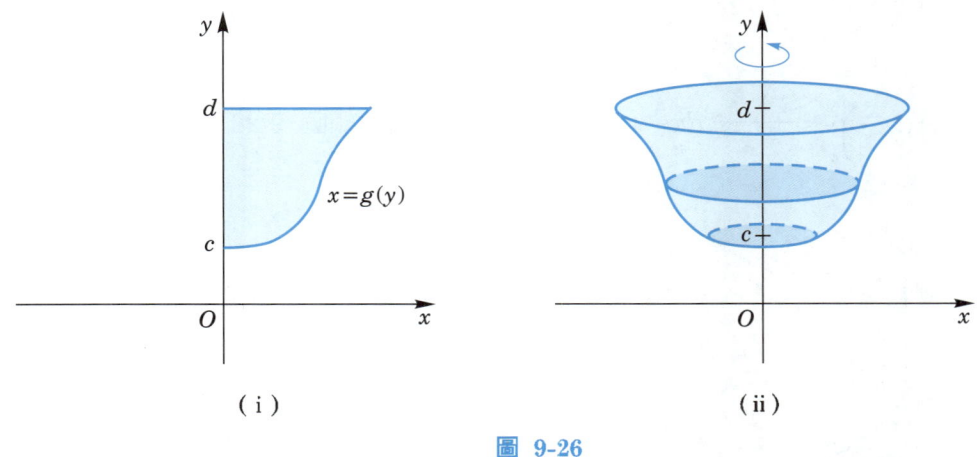

$$V=\int_{c}^{d} \pi [g(y)]^2 \, dy \tag{9-9}$$

圖 9-26

【例題 7】 利用 (9-9) 式

求由 $y=\sqrt{x}$，$y=2$ 與 $x=0$ 等圖形所圍成區域繞 y-軸旋轉所得旋轉體的體積．

【解】 圖形如圖 9-27 所示．

(i) (ii)

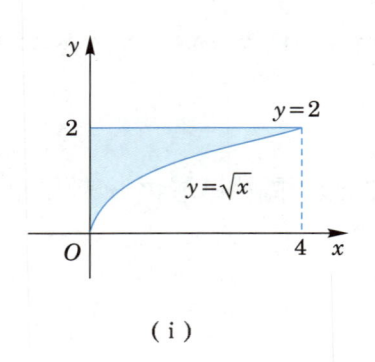

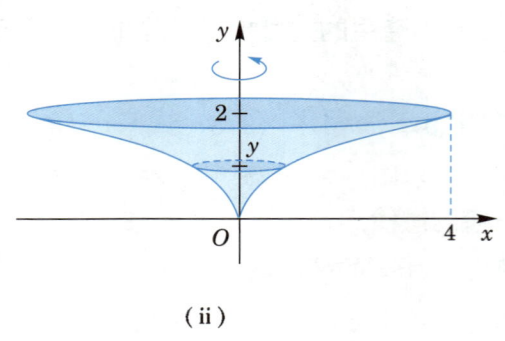

圖 9-27

我們首先必須改寫 $y=\sqrt{x}$ 為 $x=y^2$。令 $g(y)=y^2$，可得所求的體積為

$$V=\int_0^2 \pi(y^2)^2\,dy=\pi\int_0^2 y^4\,dy=\frac{\pi}{5}y^5\Big|_0^2=\frac{32\pi}{5}$$

【例題 8】 先求面積函數與體積函數

設平面區域 $R(t)=\left\{(x,\ y)\Big|0\leqslant x\leqslant t,\ 0\leqslant y\leqslant\dfrac{1}{1+x^2}\right\}$，$A(t)$ 為 $R(t)$ 的面積，

且令 $V(t)$ 為 $R(t)$ 繞 x-軸旋轉所得旋轉體的體積，試求：

(1) $\lim\limits_{t\to\infty} A(t)$　　(2) $\lim\limits_{t\to\infty} V(t)$

【解】

(1) $A(t)=\displaystyle\int_0^t \frac{1}{1+x^2}\,dx=\tan^{-1} x\Big|_0^t=\tan^{-1} t$，如圖 9-28 所示。

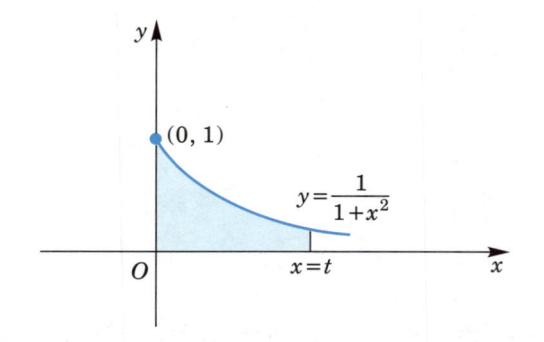

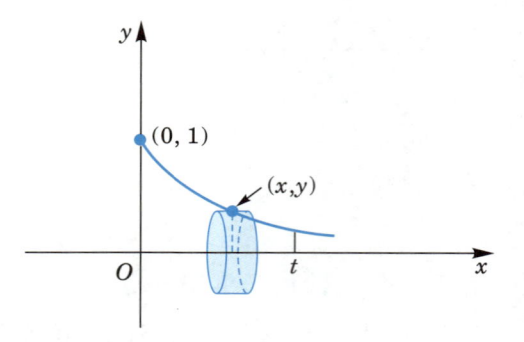

圖 9-28　　　　　　　　　　　　圖 9-29

$$\lim_{t\to\infty} A(t) = \lim_{t\to\infty} \tan^{-1} t = \frac{\pi}{2}.$$

(2) 如圖 9-29 所示，

$$V(t) = \int_0^t \pi(f(x))^2 \, dx = \pi \int_0^t \frac{1}{(1+x^2)^2} \, dx$$

令 $x = \tan\theta$，$-\dfrac{\pi}{2} < \theta < \dfrac{\pi}{2}$，則 $dx = \sec^2\theta \, d\theta$，

可得
$$\int \frac{dx}{(1+x^2)^2} = \int \frac{\sec^2\theta \, d\theta}{(\sec^2\theta)^2} = \int \frac{d\theta}{\sec^2\theta} = \int \cos^2\theta \, d\theta$$

$$= \frac{1}{2} \int (1 + \cos 2\theta) \, d\theta$$

$$= \frac{1}{2}\left(\theta + \frac{1}{2}\sin 2\theta\right) = \frac{1}{2}(\theta + \sin\theta \cos\theta)$$

$$= \frac{1}{2}\left(\tan^{-1} x + \frac{x}{\sqrt{1+x^2}} \frac{1}{\sqrt{1+x^2}}\right)$$

$$= \frac{1}{2}\left(\tan^{-1} x + \frac{x}{1+x^2}\right)$$

所以

$$V(t) = \int_0^t \pi(f(x))^2 \, d\theta = \pi \left(\frac{1}{2} \tan^{-1} x + \frac{1}{2} \frac{x}{1+x^2}\right) \Big|_0^t$$

$$= \pi\left(\frac{1}{2}\tan^{-1} t + \frac{1}{2}\frac{t}{1+t^2}\right)$$

$$\lim_{t\to\infty} V(t) = \frac{\pi}{2} \lim_{t\to\infty} \tan^{-1} t = \frac{\pi^2}{4}.$$

【例題 9】 利用 (9-9) 式

導出底半徑爲 r 且高爲 h 的正圓錐體的體積公式.

【解】 我們以 $(0, 0)$，$(0, h)$ 與 (r, h) 爲三頂點的三角形繞 y-軸旋轉可得該正圓錐. 利用相似三角形，

$$\frac{x}{r}=\frac{y}{h} \quad 或 \quad x=\frac{r}{h}y$$

於是，在 y 處之截面的面積為

$$A(y)=\pi x^2=\frac{\pi r^2}{h^2}y^2$$

故體積為 $\displaystyle V=\frac{\pi r^2}{h^2}\int_0^h y^2\,dy=\frac{1}{3}\pi r^2 h$

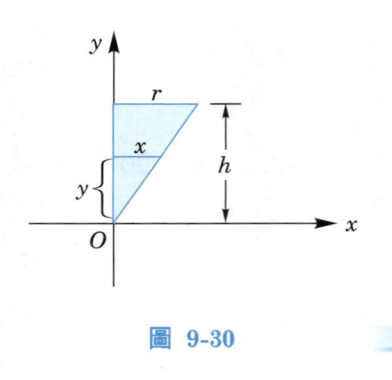

圖 9-30

三、墊圈法

我們現在考慮更一般的旋轉體。假設 f 與 g 在 $[a, b]$ 皆為非負值且連續的函數使得對於 $a\leq x\leq b$，恆有 $g(x)\leq f(x)$，並令 R 為這些函數的圖形，兩直線 $x=a$ 與 $x=b$ 所圍成的區域（圖 9-31(i)）。當此區域繞 x-軸旋轉時，生成具有環形或墊圈形截面的立體（圖 9-31(ii)），因在 x 處的截面之內半徑為 $g(x)$ 而外半徑為 $f(x)$，故其面積為

$$A(x)=\pi[f(x)]^2-\pi[g(x)]^2=\pi\{[f(x)]^2-[g(x)]^2\}$$

所以，由定義 9.1 可得立體的體積為

$$V=\int_a^b \pi\,\{[f(x)]^2-[g(x)]^2\}\,dx \tag{9-10}$$

此公式的應用稱為**墊圈法**。

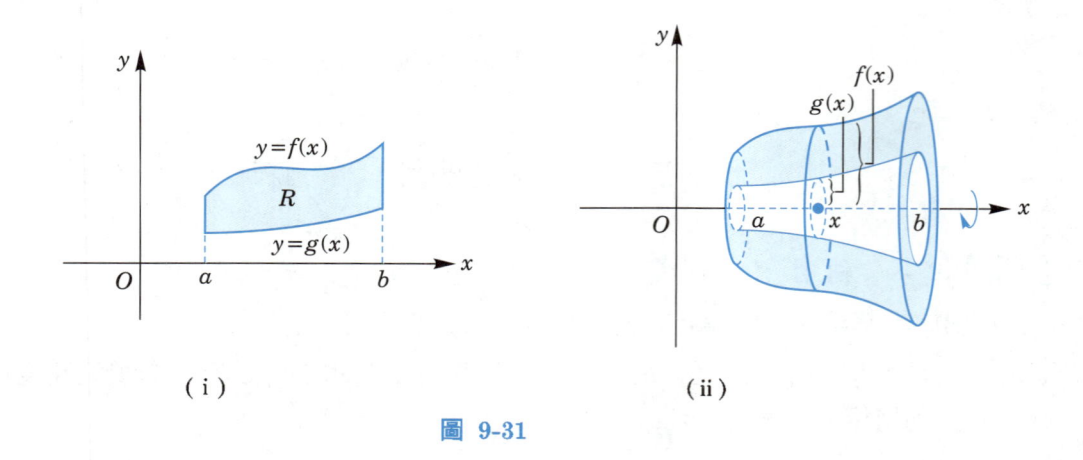

(i)   (ii)

圖 9-31

【例題 10】 利用 (9-10) 式

求由曲線 $y=x^2+1$ 與直線 $y=-x+3$ 所圍成區域繞 x-軸旋轉所得旋轉體的體積.

【解】 解 $x^2+1=-x+3$，可得

$$x^2+x-2=0$$
$$(x+2)(x-1)=0$$
$$x=-2, \; x=1.$$

當 $x=-2$ 時，$y=5$；當 $x=1$ 時，$y=2$. 因在 x 處的截面為環形，其內半徑為 x^2+1 而外半徑為 $-x+3$，如圖 9-32(i) 所示. 截面的面積為

$$A(x)=\pi(-x+3)^2-\pi(x^2+1)^2=\pi(8-6x-x^2-x^4)$$

可得體積為

$$V=\int_{-2}^{1}\pi(8-6x-x^2-x^4)\,dx=\pi\left(8x-3x^2-\frac{x^3}{3}-\frac{x^5}{5}\Bigg|_{-2}^{1}\right)=\frac{117\pi}{5}.$$

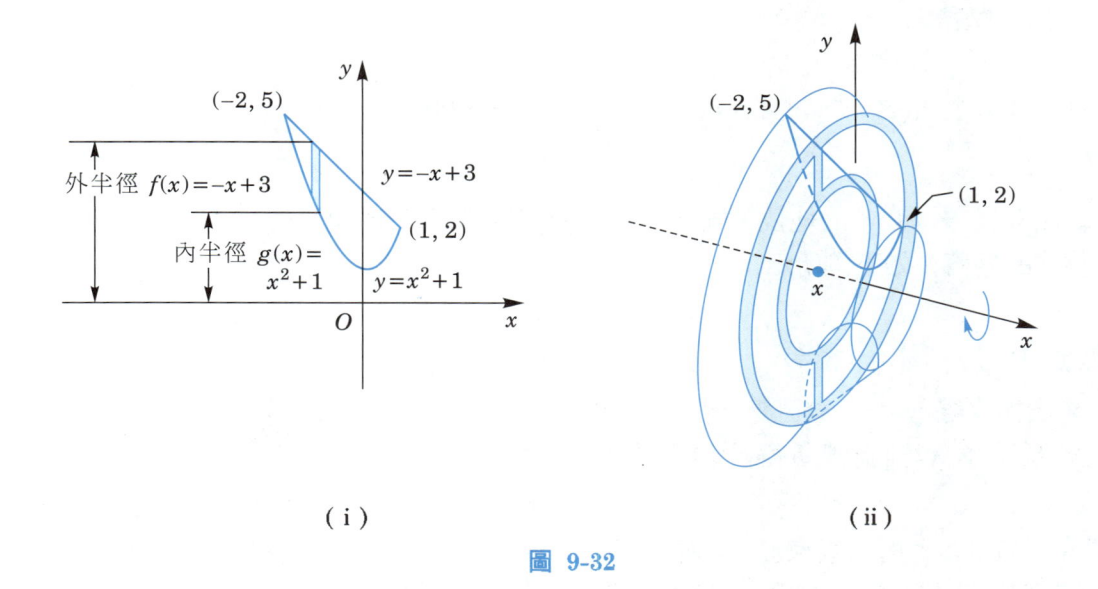

(i)　　　　　　　　　(ii)

圖 9-32

【例題 11】 利用 (9-10) 式

求由拋物線 $y=x^2$ 與直線 $y=x$ 所圍成區域繞直線 $y=2$ 旋轉所得旋轉體的體積.

【解】 立體與截面示於圖 9-33 中. 因截面為環形，其內半徑為 $2-x$ 而外半徑為

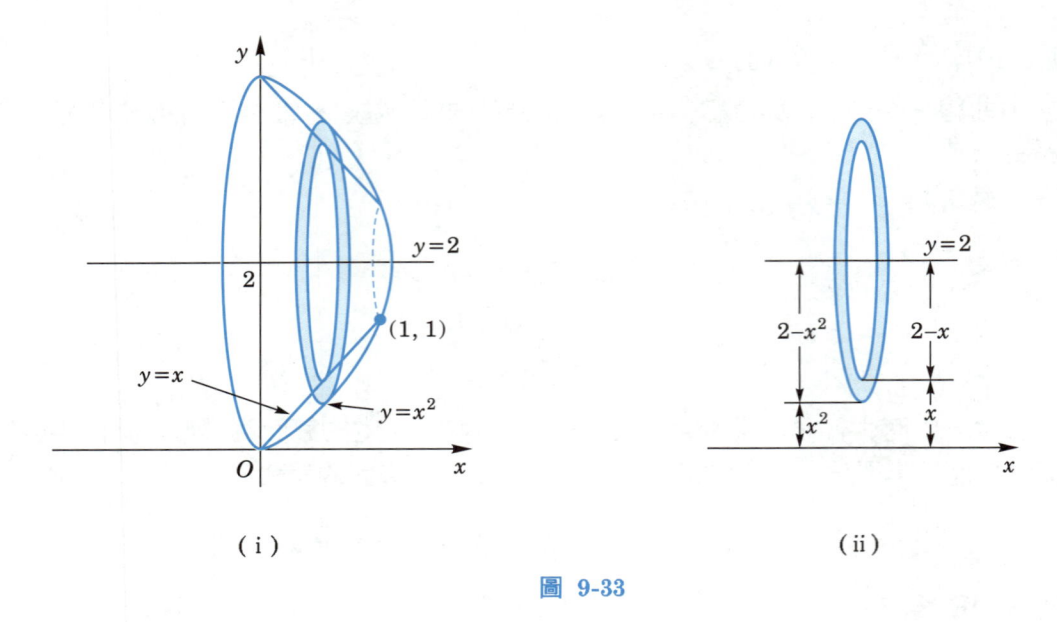

（i） （ii）

圖 9-33

$2-x^2$，故截面的面積為

$$A(x)=\pi(2-x^2)^2-\pi(2-x)^2=\pi(x^4-5x^2+4x)$$

所以，體積為

$$V=\int_0^1 \pi(x^4-5x^2+4x)\,dx=\pi\left(\frac{1}{5}x^5-\frac{5}{3}x^3+2x^2\right)\Big|_0^1=\frac{8\pi}{15}.$$

經由互換 x 與 y 的地位，同樣可以去求以區域繞 y-軸或平行 y-軸的直線旋轉所產生立體的體積，如下例所示。

【例題 12】 對 y 積分

求由拋物線 $y=x^2$ 與直線 $y=x$ 所圍成區域繞 y-軸旋轉所得旋轉體的體積。

【解】 圖 9-34 指出垂直於 y-軸的截面為圓環形，其內半徑為 y 而外半徑為 $\sqrt{y}$，故截面的面積為

$$A(y)=\pi(\sqrt{y})^2-\pi y^2=\pi(y-y^2)$$

所以，體積為

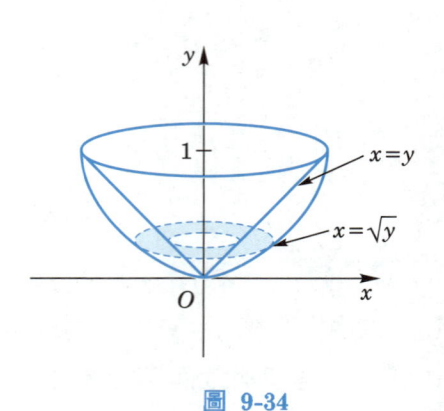

圖 9-34

$$V = \int_0^1 \pi(y - y^2)\, dy = \pi\left(\frac{y^2}{2} - \frac{y^3}{3}\right)\bigg|_0^1 = \frac{\pi}{6}.$$

四、圓柱殼法

求旋轉體體積的另一方法在某些情形下較前面所討論的方法簡單，稱為**圓柱殼法**。

一圓柱殼是介於兩個同心正圓柱之間的立體（圖 9-35）。內半徑為 r_1 且外半徑為 r_2，以及高為 h 的圓柱殼體積為

$$\begin{aligned}V &= \pi r_2^2 h - \pi r_1^2 h \\ &= \pi(r_2^2 - r_1^2)\, h \\ &= \pi(r_2 + r_1)(r_2 - r_1) h \\ &= 2\pi\left(\frac{r_2 + r_1}{2}\right) h(r_2 - r_1)\end{aligned}$$

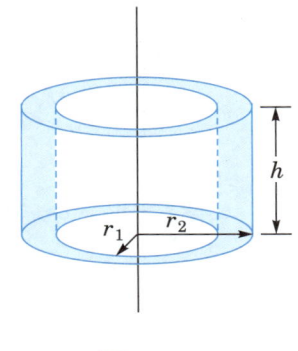

圖 9-35

若令 $\Delta r = r_2 - r_1$（殼的厚度），$r = \dfrac{1}{2}(r_1 + r_2)$（殼的平均半徑），則圓柱殼的體積變成

$$V = 2\pi r h\, \Delta r$$

即， 殼的體積 $= 2\pi$（平均半徑）(高度)(厚度)

設 S 為由連續曲線 $y = f(x) \geq 0$ 與 $y = 0$、$x = a$、$x = b$ 等圖形所圍成區域 R（圖 9-36(ⅰ)）繞 y-軸旋轉所產生的立體，該立體的體積近似於圓柱殼體積的和。一典型圓柱殼的平均半徑為 $x_i^* = \dfrac{1}{2}(x_{i-1} + x_i)$，高為 $f(x_i^*)$，厚為 Δx_i，其體積為

$$\Delta V_i = 2\pi\,(\text{平均半徑}) \cdot (\text{高度}) \cdot (\text{厚度}) = 2\pi\, x_i^* f(x_i^*)\, \Delta x_i$$

所以，S 的體積 V 近似於 $\sum\limits_{i=1}^{n} \Delta V_i$，即，

$$V \approx \sum_{i=1}^{n} \Delta V_i = \sum_{i=1}^{n} 2\pi x_i^* f(x_i^*)\, \Delta x_i$$

所得旋轉體的體積為

(i)　　　　　　　　　　　　　　(ii)

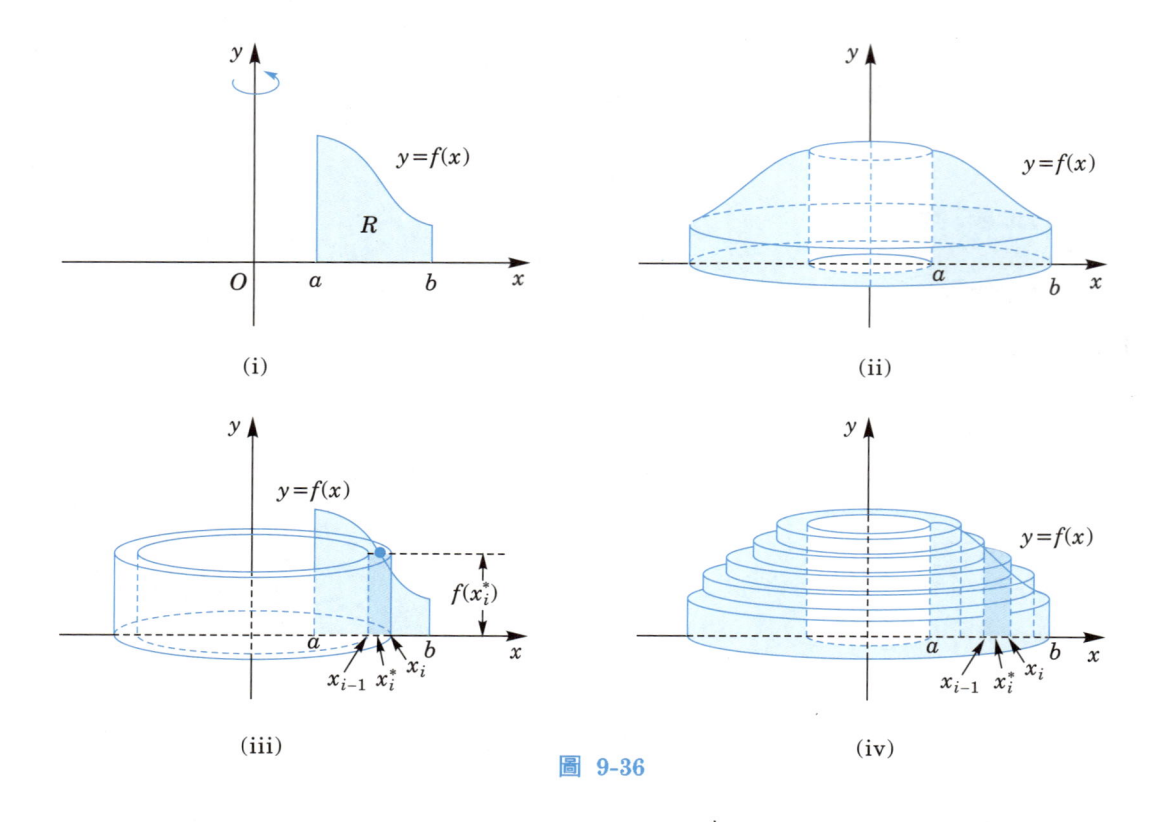

(iii)　　　　　　　　　　　　　(iv)

圖 9-36

$$V = \lim_{\|P\| \to 0} \sum_{i=1}^{n} 2\pi x_i^* f(x_i^*) \, \Delta x_i = \int_a^b 2\pi x \, f(x) \, dx$$

依此，我們有下面的定義.

定義 9.3

令函數 $y = f(x)$ 在 $[a, b]$ 為連續，此處 $0 \leq a < b$，則由 f 的圖形、x-軸與兩直線 $x = a$、$x = b$ 所圍成區域繞 y-軸旋轉所得旋轉體的體積為

$$V = \int_a^b 2\pi x \, f(x) \, dx$$

【例題 13】　利用定義 9.3

求由 $y = 2x - x^2$ 的圖形與 x-軸所圍成區域繞 y-軸旋轉所得旋轉體的體積.

【解】　$y = 2x - x^2$ 的圖形與 x-軸的交點為 $(0, 0)$ 與 $(2, 0)$，如圖 9-37 所示. 於是，所求體積為

$$V = \int_0^2 2\pi x\,(2x - x^2)\,dx$$

$$= 2\pi \int_0^2 (2x^2 - x^3)\,dx$$

$$= 2\pi \left(\frac{2}{3} x^3 - \frac{1}{4} x^4 \right) \Big|_0^2$$

$$= \frac{8\pi}{3}$$

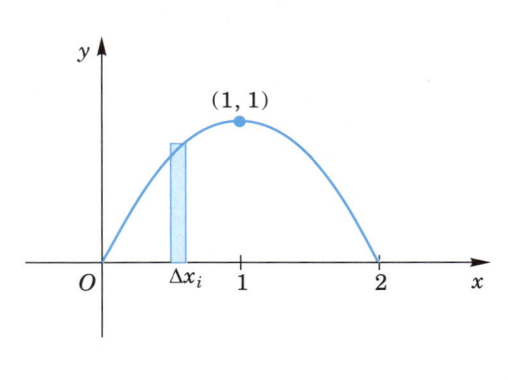

圖 9-37

一般，在兩曲線 $y = f(x)$ 與 $y = g(x)$ 之間由 a 到 b 的區域 (此處 $f(x) \geq g(x)$，且 $0 \leq a < b$) 繞 y-軸旋轉所得旋轉體的體積為

$$V = \int_a^b 2\pi x\,[f(x) - g(x)]\,dx \tag{9-11}$$

【例題 14】 利用 (9-11) 式

求由 $y = x$ 與 $y = x^2$ 等圖形所圍成區域繞 y-軸旋轉所得旋轉體的體積.

【解】 所求的體積為

$$V = \int_0^1 2\pi x\,(x - x^2)\,dx = 2\pi \int_0^1 (x^2 - x^3)\,dx$$

$$= 2\pi \left(\frac{x^3}{3} - \frac{x^4}{4} \right) \Big|_0^1 = \frac{\pi}{6}$$

定義 9.4

令函數 $x = g(y)$ 在 $[c, d]$ 為連續，此處 $0 \leq c < d$，則由 g 的圖形、y-軸與兩直線 $y = c$、$y = d$ 所圍成區域繞 x-軸旋轉所得旋轉體的體積為

$$V = \int_c^d 2\pi y\,g(y)\,dy$$

【例題 15】 利用定義 9.4

利用圓柱殼法求橢圓 $\dfrac{x^2}{a^2}+\dfrac{y^2}{b^2}=1$ ($a>0$，$b>0$) 在第一象限內所圍成區域繞 x-軸旋轉所得旋轉體的體積．

【解】 如圖 9-38 所示，可得

$$x=g(y)=\frac{a}{b}\sqrt{b^2-y^2}$$

故旋轉體的體積為

$$V=\int_0^b 2\pi y\, g(y)\, dy = 2\pi \int_0^b y\left(\frac{a}{b}\sqrt{b^2-y^2}\right) dy$$

$$=\frac{\pi a}{b}\int_b^0 (b^2-y^2)^{1/2}(-2y)\, dy$$

$$=\frac{\pi a}{b}\int_b^0 (b^2-y^2)^{1/2}\, d(b^2-y^2) = \frac{\pi a}{b}\left[\frac{2}{3}(b^2-y^2)^{3/2}\Big|_b^0\right] = \frac{2\pi ab^2}{3}.$$

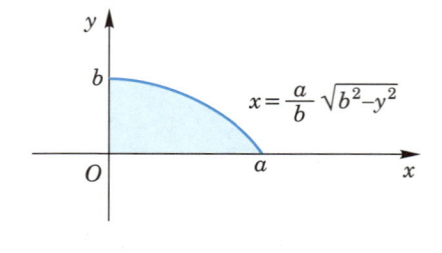

圖 9-38

一般，在兩曲線 $y=f(x)$ 與 $y=g(x)$ 之間由 a 到 b 的區域（此處 $f(x)\geq g(x)$，且 $0\leq a<b$）繞 y-軸旋轉所得旋轉體的體積為

$$V=\int_a^b 2\pi x[f(x)-g(x)]\, dx \tag{9-12}$$

【例題 16】 利用 (9-12) 式

求由 $y=x$ 與 $y=x^2$ 等圖形所圍成區域繞 y-軸旋轉所得旋轉體的體積．

【解】 所求的體積為

$$V=\int_0^1 2\pi x(x-x^2)\, dx = 2\pi \int_0^1 (x^2-x^3)\, dx = 2\pi\left(\frac{x^3}{3}-\frac{x^4}{4}\right)\Big|_0^1 = \frac{\pi}{6}.$$

習題 9.2

1. 半徑皆為 r 的兩個實心球互相通過對方的球心，求該兩個球相交部分的體積．

2. 已知某立體的底是半徑為 3 的圓區域且垂直於 x-軸的每一個截面是一個其中有一邊為橫過底的等邊三角形區域，求該立體的體積。

3. 如右圖所示，一楔子是以兩平面從半徑為 r 的正圓柱截得，其中一平面垂直於圓柱的軸，而另一平面沿著截面的直徑與第一個平面形成一個角 θ，求楔子的體積。

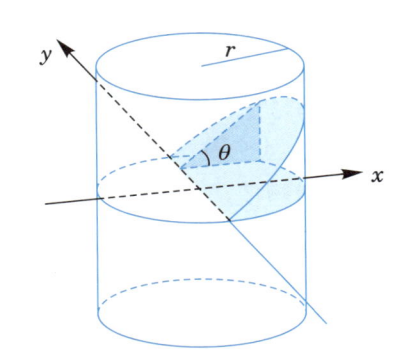

4. 某立體的底是由曲線 $y=\sin x$ 與兩直線 $x=\dfrac{\pi}{4}$ 及 $x=\dfrac{3\pi}{4}$ 所圍成的區域，且垂直於 x-軸的每一橫截面是其中有一個邊橫過該底的正方形區域，求該立體的體積。

在 5～10 題中，求由所予方程式的圖形所圍成區域繞 x-軸旋轉所得旋轉體的體積。

5. $y=\dfrac{1}{x}$，$y=0$，$x=1$，$x=4$

6. $y=\sin x$，$y=\cos x$，$x=0$，$x=\dfrac{\pi}{4}$

7. $y=x^2+1$，$y=x+3$

8. $y=x^2$，$y=x^3$

9. $y=3-x$，$y=0$，$x=1$，$x=2$

10. $y=\sec x$，$y=0$，$x=-\dfrac{\pi}{3}$，$x=\dfrac{\pi}{3}$

在 11～16 題中，求由所予方程式的圖形所圍成區域繞 y-軸旋轉所得旋轉體的體積。

11. $x=\sqrt{\cos y}$，$x=0$，$y=0$，$y=\dfrac{\pi}{2}$

12. $y=\dfrac{2}{x}$，$y=1$，$y=3$，$x=0$

13. $x=\sqrt{9-y^2}$，$x=0$，$y=1$，$y=3$

14. $y=x^2$，$x=y^2$

15. $y=e^{-x^2}$，$y=0$，$x=0$，$x=1$

16. $x=\csc y$，$x=0$，$y=\dfrac{\pi}{4}$，$y=\dfrac{3\pi}{4}$

17. 求由 $x=y^2$ 與 $x=y$ 所圍成區域繞下列直線旋轉所得旋轉體的體積。
    (1) 直線 $x=-1$
    (2) 直線 $y=-1$

18. 求在 x-軸上方且在曲線 $\dfrac{x^2}{a^2}+\dfrac{y^2}{b^2}=1$ ($a>0$，$b>0$) 下方的區域繞 x-軸旋轉所得旋轉體的體積。

在 19～20 題中，利用圓柱殼法求由所予方程式的圖形所圍成區域繞 x-軸旋轉所得旋轉體的體積。

19. $y^2=x$，$y=1$，$x=0$

20. $y=x^2$，$x=1$，$y=0$

在 21～22 題中，利用圓柱殼法求由所予方程式的圖形所圍成區域繞 y-軸旋轉所得旋轉體的體積.

21. $y=\sqrt{x}$, $x=4$, $x=9$, $y=0$
22. $x=y^2$, $y=x^2$
23. 求由 $y=x-x^2$ 的圖形與 x-軸所圍成區域繞直線 $x=2$ 旋轉所得旋轉體的體積.
24. 利用圓柱殼法求在 $y=x^2$ 下方且在區間 $[0, 2]$ 上方的區域繞 x-軸旋轉所得旋轉體的體積.
25. 求由 $y=4-x^2$ 與 $y=0$ 等圖形所圍成區域繞下列的軸旋轉所得旋轉體的體積.
    (1) 直線 $x=2$
    (2) 直線 $x=-3$
26. 利用圓柱殼法求頂點為 $(0, 0)$、$(0, r)$ 與 $(h, 0)$ 的三角形繞 x-軸旋轉所得圓錐的體積，此處 $r>0$ 且 $h>0$.
27. 利用圓盤法及圓柱殼法求曲線 $y=e^{-x^2}$ 與 x-軸所圍成區域繞 y-軸旋轉所得旋轉體的體積.
28. 若半徑為 a 的孔道穿過半徑為 r 的球心並使孔道的軸與球的直徑重合，試利用圓柱殼法求剩下部分的體積（假設 $r>a$）.
29. 求由圓 $x^2+y^2=a^2$ 所圍成區域繞直線 $x=b$ 旋轉所得旋轉體的體積，此處 $0<a<b$.
30. 已知半徑為 r 的半球體容器裝滿了水，今慢慢地將它傾斜 $30°$，求流出水量的體積.

∑ 9-3 平面曲線的長度

欲解某些科學上的問題，考慮函數圖形的長度是絕對必要的．例如，一拋射體沿著一拋物線方向運動，我們希望決定它在某指定時間區間內所經過的距離．同理，求一條易彎曲的扭曲電線的長度，只需將它拉直而用直尺（或距離公式）求其長度；然而，求一條不易彎曲的扭曲電線的長度，必須利用其它方法．我們將看出，定義函數圖形之長度的關鍵是將函數圖形分成許多小段，然後，以線段近似每一小段．其次，我們將所有如此線段的長度的和取極限，可得一個定積分．欲保證積分存在，我們必須對函數加以限制．

若函數 f 的導函數 f' 在某區間為連續，則稱 $y=f(x)$ 的圖形在該區間為一**平滑曲線**（或 f 為**平滑函數**）．在本節裡，我們將討論平滑曲線的長度．

若函數 f 在 $[a, b]$ 為平滑，則如圖 9-39 所示，我們考慮由 $a=x_0$, x_1, x_2, $\cdots$, $x_n=b$ 對 $[a, b]$ 所決定的分割 P，且令點 P_i 的坐標為 $(x_i, f(x_i))$．若以線段連接這些點，則可得一條多邊形路徑，它可視為曲線 $y=f(x)$ 的近似．假使再增加點數使得所有線段的長趨近零，那麼多邊形路徑的長將趨近曲線的長．

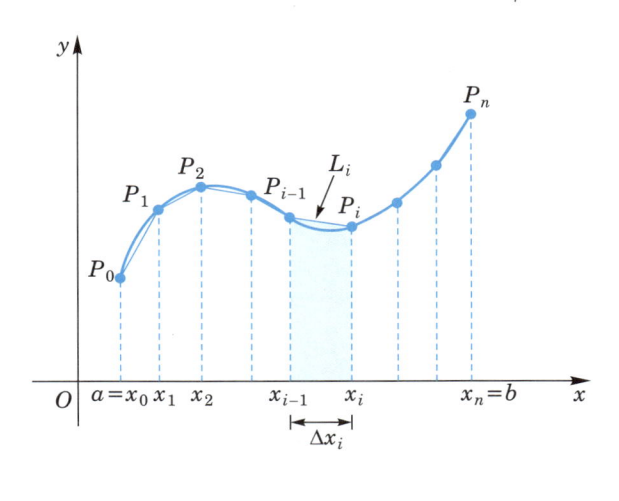

圖 9-39

在多邊形路徑的第 i 個線段的長 L_i 為

$$L_i = \sqrt{(\Delta x_i)^2 + [f(x_i) - f(x_{i-1})]^2} \tag{9-13}$$

利用均值定理，在 x_{i-1} 與 x_i 之間存在一點 x_i^* 使得

$$f(x_i) - f(x_{i-1}) = f'(x_i^*) \Delta x_i$$

於是，(9-13) 式可改寫成

$$L_i = \sqrt{1 + [f'(x_i^*)]^2} \Delta x_i$$

這表示整個多邊形路徑的長為

$$\sum_{i=1}^{n} L_i = \sum_{i=1}^{n} \sqrt{1 + [f'(x_i^*)]^2} \Delta x_i$$

當 $\|P\| \to 0$ 時，多邊形路徑的長將趨近曲線 $y = f(x)$ 在 $[a, b]$ 上方的長度。於是，

$$L = \lim_{\|P\| \to 0} \sum_{i=1}^{n} \sqrt{1 + [f'(x_i^*)]^2} \Delta x_i \tag{9-14}$$

因 (9-14) 式的右邊正是定積分 $\int_a^b \sqrt{1 + [f'(x)]^2}\, dx$，故我們有下面的定義．

> **定義 9.5**
>
> 若 f 在 $[a, b]$ 為平滑函數，則曲線 $y=f(x)$ 由 $x=a$ 到 $x=b$ 的長度（或弧長）為
>
> $$L=\int_a^b \sqrt{1+[f'(x)]^2}\,dx = \int_a^b \sqrt{1+\left(\frac{dy}{dx}\right)^2}\,dx.$$

【例題 1】 利用定義 9.5

求半立方拋物線 $y^2=x^3$ 由 $x=1$ 到 $x=4$ 的長度.

【解】 圖形如圖 9-40 所示。曲線的上半部為 $y=x^{3/2}$，可得 $\dfrac{dy}{dx}=\dfrac{3}{2}x^{1/2}$. 所以，弧長為

$$L=\int_1^4 \sqrt{1+\left(\frac{dy}{dx}\right)^2}\,dx = \int_1^4 \sqrt{1+\frac{9}{4}x}\,dx$$

$$=\frac{8}{27}\left(1+\frac{9}{4}x\right)^{3/2}\bigg|_1^4 = \frac{8}{27}\left[10^{3/2}-\left(\frac{13}{4}\right)^{3/2}\right]$$

$$=\frac{1}{27}(80\sqrt{10}-13\sqrt{13}).$$

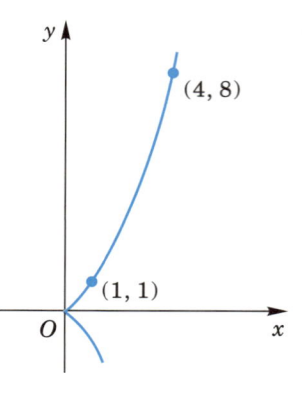

圖 9-40

【例題 2】 利用定義 9.5

求曲線 $y=\ln\sin x$ 由 $x=\dfrac{\pi}{6}$ 到 $x=\dfrac{\pi}{3}$ 的長度.

【解】 $\dfrac{dy}{dx}=\dfrac{\cos x}{\sin x}=\cot x$，$1+\left(\dfrac{dy}{dx}\right)^2=1+\cot^2 x=\csc^2 x.$

所以，長度為

$$L=\int_{\pi/6}^{\pi/3}\sqrt{1+\left(\frac{dy}{dx}\right)^2}=\int_{\pi/6}^{\pi/3}\csc x\,dx$$

$$=\ln|\csc x-\cot x|\Big|_{\pi/6}^{\pi/3}$$

$$=\ln\left|\frac{2}{\sqrt{3}}-\frac{1}{\sqrt{3}}\right|-\ln|2-\sqrt{3}|$$

$$= \ln \frac{1}{\sqrt{3}(2-\sqrt{3})} = \ln \frac{2+\sqrt{3}}{\sqrt{3}}$$

$$= \ln \left(1 + \frac{2}{\sqrt{3}}\right)$$

【例題 3】 **利用定義 9.5**

求曲線 $y = \int_1^x \sqrt{t^3-1}\ dt\ (1 \leqslant x \leqslant 4)$ 的長度．

【解】 $y = \int_1^x \sqrt{t^3-1} \Rightarrow \dfrac{dy}{dx} = \sqrt{x^3-1}$

$$\Rightarrow 1 + \left(\frac{dy}{dx}\right)^2 = 1 + (x^3-1) = x^3$$

所以，長度為

$$L = \int_1^4 \sqrt{1+\left(\frac{dy}{dx}\right)^2}\ dx = \int_1^4 x^{3/2}\ dx$$

$$= \frac{2}{5} x^{5/2} \Big|_1^4 = \frac{2}{5}(32-1) = \frac{62}{5}$$

【例題 4】 **利用第二類型瑕積分**

求半徑為 r 之圓的周長．

【解】

$$L = 4\int_0^r \sqrt{1+\left(\frac{dy}{dx}\right)^2}\ dx = 4\int_0^r \frac{r}{\sqrt{r^2-x^2}}\ dx$$

$$= 4\lim_{t \to r^-} \int_0^t \frac{r}{\sqrt{r^2-x^2}}\ dx$$

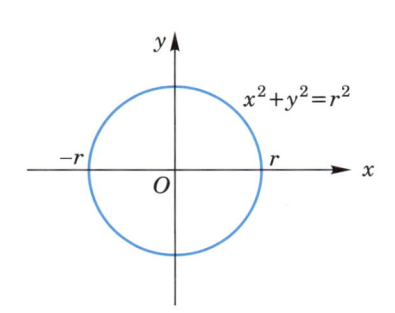

令 $x = r\sin\theta,\ 0 \leqslant \theta < \pi/2$，則 $dx = r\cos\theta\ d\theta$，

圖 9-41

故

$$L = 4\lim_{t \to r^-} \int_0^{\sin^{-1}(t/r)} \frac{r}{r\cos\theta}\ r\cos\theta\ d\theta$$

$$= 4r \lim_{t \to r^-} \int_0^{\sin^{-1}(t/r)} d\theta = 4r \lim_{t \to r^-} \sin^{-1}\left(\frac{t}{r}\right)$$

$$= 4r \left(\frac{\pi}{2}\right) = 2\pi r$$

定義 9.6

令函數 g 定義為 $x = g(y)$，此處 g 在 $[c, d]$ 為平滑，則曲線 $x = g(y)$ 由 $y = c$ 到 $y = d$ 的長度為

$$L = \int_c^d \sqrt{1 + [g'(y)]^2}\, dy = \int_c^d \sqrt{1 + \left(\frac{dx}{dy}\right)^2}\, dy.$$

【例題 5】 利用定義 9.6

求曲線 $y = x^{2/3}$ 由 $x = 0$ 到 $x = 8$ 的長度.

【解】 對 $y = x^{2/3}$ 求解 x，可得 $x = y^{3/2}$，於是，$\dfrac{dx}{dy} = \dfrac{3}{2} y^{1/2}$.

當 $x = 0$ 時，$y = 0$；當 $x = 8$ 時，$y = 4$. 於是，所求的弧長為

$$L = \int_0^4 \sqrt{1 + \left(\frac{dx}{dy}\right)^2}\, dy = \int_0^4 \sqrt{1 + \frac{9}{4} y}\, dy$$

$$= \frac{8}{27} \left(1 + \frac{9}{4} y\right)^{3/2} \bigg|_0^4 = \frac{8}{27} (10\sqrt{10} - 1)$$

【例題 6】 利用定義 9.6

求曲線 $x = \displaystyle\int_0^y \sqrt{\sec^4 t - 1}\, dt \left(-\dfrac{\pi}{4} \leq y \leq \dfrac{\pi}{4}\right)$ 的長度.

【解】 $\dfrac{dx}{dy} = \dfrac{d}{dy} \displaystyle\int_0^y \sqrt{\sec^4 t - 1}\, dt = \sqrt{\sec^4 y - 1} \Rightarrow \left(\dfrac{dx}{dy}\right)^2 = \sec^4 y - 1$,

故 $L = \displaystyle\int_{-\pi/4}^{\pi/4} \sqrt{1 + \left(\dfrac{dx}{dy}\right)^2}\, dy = \int_{-\pi/4}^{\pi/4} \sqrt{1 + (\sec^4 y - 1)}\, dy$

$$= \int_{-\pi/4}^{\pi/4} \sec^2 y \, dy = \tan y \Big|_{-\pi/4}^{\pi/4} = \tan\left(\frac{\pi}{4}\right) - \tan\left(-\frac{\pi}{4}\right)$$
$$= 1 - (-1) = 2.$$

【例題 7】 利用弧長函數

試證：通過原點的曲線自原點至其上面任一點 (x, y) 之間的長度為 $L = e^x + y - 1$.

【解】 設 $y = f(x)$ 表所求的曲線，則

$$\int_0^x \sqrt{1 + [f'(t)]^2} \, dt = e^x + f(x) - 1$$

等號兩端對 x 微分，可得

$$\sqrt{1 + [f'(x)]^2} = e^x + f'(x)$$
$$1 + [f'(x)]^2 = e^{2x} + 2e^x f'(x) + [f'(x)]^2$$

即，

$$f'(x) = \frac{1 - e^{2x}}{2e^x} = \frac{e^{-x} - e^x}{2}$$

因此，

$$f(x) = \frac{-e^{-x} - e^x}{2} + C = -\frac{e^x + e^{-x}}{2} + C$$

又 $f(0) = -1 + C = 0$，可得 $C = 1$.

故所求曲線方程式為 $y = -\frac{e^x + e^{-x}}{2} + 1$.

習題 9.3

在 1～3 題中，求所予方程式的圖形由 A 到 B 的長度.

1. $(y+1)^2 = (x-4)^3$；$A(5, 0)$, $B(8, 7)$
2. $y = 5 - \sqrt{x^3}$；$A(1, 4)$, $B(4, -3)$
3. $x = \frac{y^4}{16} + \frac{1}{2y^2}$；$A\left(\frac{9}{8}, -2\right)$, $B\left(\frac{9}{16}, -1\right)$
4. 求曲線 $y = 3x^{3/2} - 1$ 由 $x = 0$ 到 $x = 1$ 的長度.

5. 求曲線 $x=\dfrac{1}{3}(y^2+2)^{3/2}$ 由 $y=0$ 到 $y=1$ 的長度.

6. 求曲線 $y=\dfrac{x^3}{6}+\dfrac{1}{2x}$ 在區間 $\left[\dfrac{1}{2},\ 2\right]$ 中的長度.

7. 求曲線 $(y-1)^3=x^2$ 在區間 $[0,\ 8]$ 中的長度.

8. 求曲線 $y=\ln(\cos x)$ 由 $x=0$ 到 $x=\dfrac{\pi}{4}$ 的長度.

9. 求曲線 $y=2\sqrt{x}$ 由 $x=0$ 到 $x=1$ 的長度.

10. 求曲線 $y=\displaystyle\int_{\pi/6}^{x}\sqrt{64\sin^2 u\cos^4 u-1}\ du$ $\left(\dfrac{\pi}{6}\leqslant x\leqslant\dfrac{\pi}{3}\right)$ 的長度.

11. 求曲線 $6xy-y^4-3=0$ 由 $\left(\dfrac{19}{12},\ 2\right)$ 到 $\left(\dfrac{14}{3},\ 3\right)$ 之間的長度.

12. 已知一曲線通過點 $(1,\ 1)$ 且其長度為 $L=\displaystyle\int_{1}^{4}\sqrt{1+\dfrac{1}{4x}}\ dx$，求該曲線的方程式.

13. 求曲線 $x^{2/3}+y^{2/3}=a^{2/3}$ $(a>0)$ 的長度.

9-4 旋轉曲面的面積

在同一平面上，若一平面曲線 C 繞一直線旋轉，則會產生一**旋轉曲面**。例如，若一圓繞其直徑旋轉，則可獲得一個球面。假設 C 是相當規則，則可求得曲面的面積公式.

首先，我們以某些簡單的曲面開始。底半徑為 r 且高為 h 的圓柱的側表面積為 $S=2\pi rh$，因我們可將圓柱切開並展開（見圖 9-42），而獲得具有尺寸為 $2\pi r$ 與 h 的矩形.

同樣地，我們將底半徑為 r 且斜高為 ℓ 的圓錐沿著虛線切開，如圖 9-43 所示，並將它放平形成半徑為 ℓ 且圓心角為 $\theta=2\pi r/\ell$ 的扇形。因半徑為 ℓ 且圓心角為 θ 之扇形的面積為 $\dfrac{1}{2}\ell^2\theta$，故

$$S=\dfrac{1}{2}\ell^2\theta=\dfrac{1}{2}\ell^2\left(\dfrac{2\pi r}{\ell}\right)=\pi r\ell \tag{9-15}$$

圖 9-42　　　　　　　　　　　　　　圖 9-43

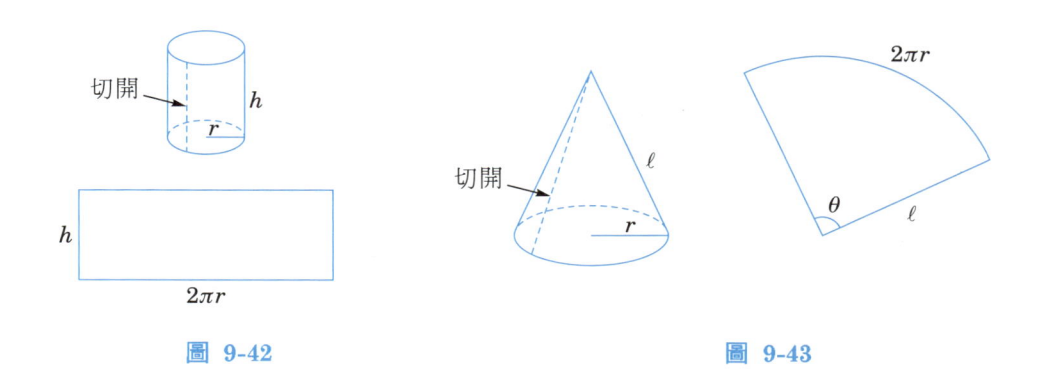

所以，圓錐的側表面積為 $S=\pi r \ell$．

圖 9-44 所示者為斜高 ℓ 且上半徑 r_1，下半徑 r_2 的圓錐台，側表面積為

$$S=\pi r_2(\ell_1+\ell)-\pi r_1 \ell_1 = \pi[(r_2-r_1)\ell_1+r_2\ell]$$

由相似三角形可得

$$\frac{\ell_1}{r_1}=\frac{\ell_1+\ell}{r_2}$$

即　　　　　$r_2\ell_1=r_1\ell_1+r_1\ell$
或　　　　　$(r_2-r_1)\ell_1=r_1\ell$
可得　　　　$A=\pi(r_1+r_2)\ell$

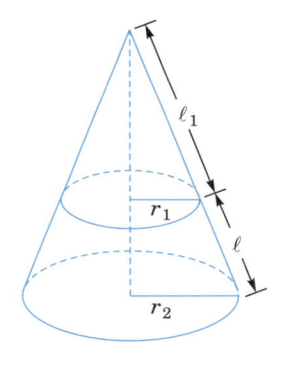

圖 9-44

現在，我們考慮由曲線 $y=f(x)$ $(a \leq x \leq b)$（圖 9-45(i)）繞 x-軸旋轉所得的旋轉曲面（圖 9-45(ii)），此處 f 為正值函數且有連續的導函數。為了定義此曲面的面積，我們利用類似於弧長的方法。考慮由 $a=x_0,\ x_1,\ x_2,\ \cdots,\ x_n=b$ 對 $[a,\ b]$ 所決定的分割 P，並令 $y_i=f(x_i)$ 使得 $P_i(x_i,\ y_i)$ 位於該曲線上。曲面在 x_{i-1} 與 x_i 之間的部分可由線段 $P_{i-1}P_i$ 繞 x-軸旋轉所得的曲面來近似，因此，第 i 個圓錐台的側表面積為

$$S_i=\pi[f(x_{i-1})+f(x_i)]\sqrt{(\Delta x_i)^2+[f(x_i)-f(x_{i-1})]^2}$$

依均值定理，在 $[x_{i-1},\ x_i]$ 中存在一數 x_i^* 使得

$$f'(x_i^*)=\frac{f(x_i)-f(x_{i-1})}{x_i-x_{i-1}}$$

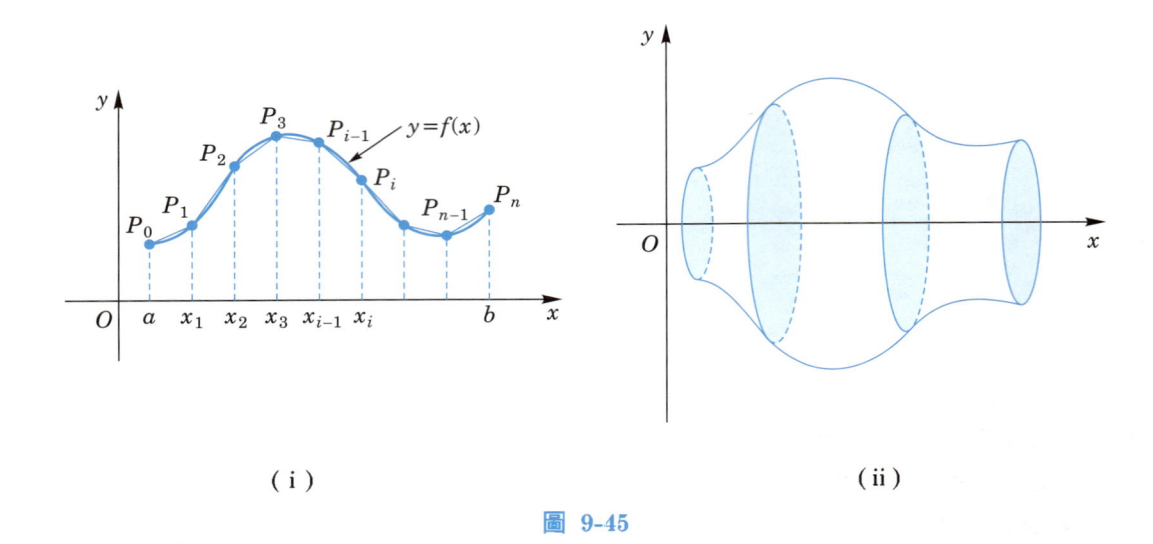

（i）　　　　　　　　　　　　　　（ii）

圖 9-45

或
$$f(x_i)-f(x_{i-1})=f'(x_i^*)\Delta x_i$$

於是，
$$S_i=\pi[f(x_{i-1})+f(x_i)]\sqrt{1+[f'(x_i^*)]^2}\Delta x_i$$

依 f 的連續性，當 $\Delta x\to 0$ 時，$f(x_i)\approx f(x_i^*)$，且 $f(x_{i-1})\approx f(x_i^*)$。所以，
$$S_i\approx 2\pi f(x_i^*)\sqrt{1+[f'(x_i^*)]^2}\Delta x_i$$

整個旋轉曲面的面積為
$$S\approx \sum_{i=1}^{n} 2\pi f(x_i^*)\sqrt{1+[f'(x_i^*)]^2}\Delta x_i$$

當 $\|P\|\to 0$ 時，可得該旋轉曲面的面積為
$$\lim_{\|P\|\to 0}\sum_{i=1}^{n} 2\pi f(x_i^*)\sqrt{1+[f'(x_i^*)]^2}\Delta x_i=\int_a^b 2\pi f(x)\sqrt{1+[f'(x)]^2}\,dx$$

於是，我們有下面的定義．

定義 9.7

令 f 在 $[a, b]$ 為平滑且非負值函數，則曲線 $y=f(x)$ 在 $x=a$ 與 $x=b$ 之間的

部分繞 x-軸旋轉所得旋轉曲面的面積為

$$S=\int_a^b 2\pi f(x)\sqrt{1+[f'(x)]^2}\,dx.$$

【例題 1】 利用定義 9.7

求曲線 $y=2\sqrt{x}$ $(1\leq x\leq 2)$ 繞 x-軸旋轉所得旋轉曲面的面積.

【解】 $\dfrac{dy}{dx}=\dfrac{1}{\sqrt{x}}$，則

$$\sqrt{1+\left(\dfrac{dy}{dx}\right)^2}=\sqrt{1+\left(\dfrac{1}{\sqrt{x}}\right)^2}=\sqrt{1+\dfrac{1}{x}}=\dfrac{\sqrt{x+1}}{\sqrt{x}},$$

故旋轉曲面的面積為

$$S=\int_1^2 2\pi\cdot 2\sqrt{x}\,\dfrac{\sqrt{x+1}}{\sqrt{x}}\,dx=4\pi\int_1^2 \sqrt{x+1}\,dx$$

$$=\dfrac{8\pi}{3}(x+1)^{3/2}\bigg|_1^2=\dfrac{8\pi}{3}(3\sqrt{3}-2\sqrt{2}).$$

對於曲線 $x=g(y)$ 而言，若 g 在 $[c,d]$ 為平滑且非負值函數，則曲線 $x=g(y)$ 由 $y=c$ 到 $y=d$ 的部分繞 y-軸旋轉所得旋轉曲面的面積 S 為

$$S=\int_c^d 2\pi g(y)\sqrt{1+[g'(y)]^2}\,dy$$

定義 9.8

令 f 在 $[a,b]$ 為平滑且非負值函數，若 $a\geq 0$，則曲線 $y=f(x)$ 由 $x=a$ 到 $x=b$ 的部分繞 y-軸旋轉所得旋轉曲面的面積為

$$S=\int_a^b 2\pi x\sqrt{1+[f'(x)]^2}\,dx.$$

【例題 2】 利用定義 9.8

求曲線 $y=x^2$ 由 $x=0$ 到 $x=\sqrt{6}$ 的部分繞 y-軸旋轉所得旋轉曲面的面積.

【解】 旋轉曲面的面積爲

$$S=\int_0^{\sqrt{6}} 2\pi x\sqrt{1+4x^2}\,dx = \frac{\pi}{6}(1+4x^2)^{3/2}\Big|_0^{\sqrt{6}} = \frac{62\pi}{3}.$$

【例題 3】 利用兩種不同的方法

求半徑爲 r 之球的表面積.

【解】 方法 1：將圓的上半部繞 x-軸旋轉，可得球的表面積.

若 $y=f(x)=\sqrt{r^2-x^2}$, $-r \leqslant x \leqslant r$, 則 $\dfrac{dy}{dx} = \dfrac{-x}{\sqrt{r^2-x^2}}$,

故 $S = 2\pi \displaystyle\int_{-r}^{r} \sqrt{r^2-x^2}\,\sqrt{1+\left(\dfrac{-x}{\sqrt{r^2-x^2}}\right)^2}\,dx$

$= 2\pi \displaystyle\int_{-r}^{r} \sqrt{r^2-x^2}\,\sqrt{\dfrac{r^2}{r^2-x^2}}\,dx = 2\pi \int_{-r}^{r} r\,dx = 2\pi r \int_{-r}^{r} dx = 4\pi r^2.$

方法 2：將圓的右半部繞 y-軸旋轉，亦可得球的表面積.

若 $x=g(y)=\sqrt{r^2-y^2}$, $-r \leqslant y \leqslant r$, 則 $\dfrac{dx}{dy} = \dfrac{-y}{\sqrt{r^2-y^2}}$,

故 $S = 2\pi \displaystyle\int_{-r}^{r} \sqrt{r^2-y^2}\,\sqrt{1+\left(\dfrac{-y}{\sqrt{r^2-y^2}}\right)^2}\,dy$

$= 2\pi \displaystyle\int_{-r}^{r} \sqrt{r^2-y^2}\,\dfrac{r}{\sqrt{r^2-y^2}}\,dy = 2\pi r \int_{-r}^{r} dy = 4\pi r^2.$

習題 9.4

在 1～4 題中，求由所予曲線繞 x-軸旋轉所得旋轉曲面的面積.

1. $y=\sqrt{x}$；由 $x=1$ 到 $x=4$
2. $x=\sqrt[3]{y}$；由 $x=1$ 到 $x=2$
3. $y=\sqrt{2-x^2}$；由 $x=-1$ 到 $x=1$
4. $y=e^{-x}$；由 $x=0$ 到 $x=1$

在 5～8 題中，求由所予曲線繞 y-軸旋轉所得旋轉曲面的面積。

5. $x^2 = 16y$；由點 $(0, 0)$ 到點 $(8, 4)$
6. $8x = y^3$；由點 $(1, 2)$ 到點 $(8, 4)$
7. $y = \ln x$；由 $x = 1$ 到 $x = 2$
8. $x = |y - 11|$；由 $y = 0$ 到 $y = 2$
9. 求曲線 $y = \sqrt[3]{3x}$ $(0 \leq y \leq 2)$ 繞 y-軸旋轉所得旋轉曲面的面積。
10. 求曲線 $y = e^x$ $(0 \leq x \leq 1)$ 繞 x-軸旋轉所得旋轉曲面的面積。
11. 求曲線 $x = \dfrac{1}{2\sqrt{2}} (y^2 - \ln y)$ $(1 \leq y \leq 2)$ 繞 y-軸旋轉所得旋轉曲面的面積。
12. 求曲線 $x = a \cosh \left(\dfrac{y}{a} \right)$ $(-a \leq y \leq a)$ 繞 y-軸旋轉所得旋轉曲面的面積。
13. 求曲線 $y = \dfrac{x^2}{4} - \dfrac{\ln x}{2}$ $(1 \leq x \leq 4)$ 繞 x-軸旋轉所得旋轉曲面的面積。
14. 試證：底半徑為 r 且高為 h 的正圓錐的側表面積為 $\pi r \sqrt{r^2 + h^2}$。
15. 求曲線 $y = e^{-x}$ $(x \geq 0)$ 繞 x-軸旋轉所得旋轉曲面的面積。

∑ 9-5 液壓與力

在物理學中，若面積 (以平方呎計) 為 A 的平坦薄板水平浸入密度為 ρ (以磅/立方呎計) 的液體內的深度 h (以呎計) 處，則在該板上方的液體重量施於表面的力 F (以磅計) 為

$$F = \rho h A \qquad (9\text{-}16)$$

在 (9-16) 式中的力 F 與容器的形狀及大小無關是一個物理的事實。於是，若圖 9-46 中的三個容器有相同面積的底且裝有相同高度 h 的液體，則在每個容器的底部具有相同的力，水的密度為 62.5 磅/立方呎。

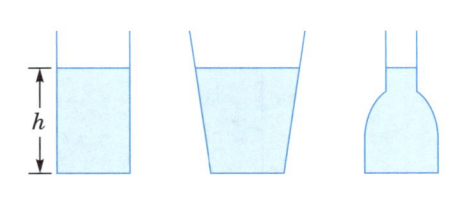

圖 9-46

壓力定義為每單位面積的力。 於是，由 (9-16) 式，若面積 A 的平板水平浸於深度 h 之處，則施於其上面每一點的壓力為

$$P = \dfrac{F}{A} = \rho h \qquad (9\text{-}17)$$

【例題 1】 利用 (9-16) 式

若半徑為 2 呎的圓平板水平浸於水中使得上表面在 5 呎的深度，則在平板上表面的力為

$$F = \rho h A = \rho h (\pi r^2) = (62.5)(5)(4\pi) = 1250\pi \text{ 磅}$$

而在平板面上每一點的壓力為

$$P = \rho h = (62.5)(5) = 312.5 \text{ 磅/平方呎}.$$

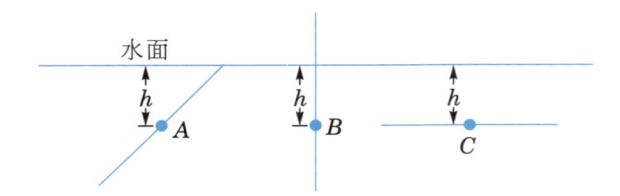

依巴斯卡原理，在三點 A、B 與 C 的壓力皆相同

圖 9-47

由實驗可證明，在相同的深度，各方向的壓力相等，於是，若平板水平 (或垂直或傾斜) 浸入，則在深為 h 之點處的壓力皆相同 (圖 9-47)，然而，我們不能利用 (9-16) 式去求作用在不是水平浸入的平板上的總力，因在表面上點到點的深度 h 會改變。

假設我們要計算正對著浸入的垂直面的力，如圖 9-48 所示，我們引進一垂直 x-

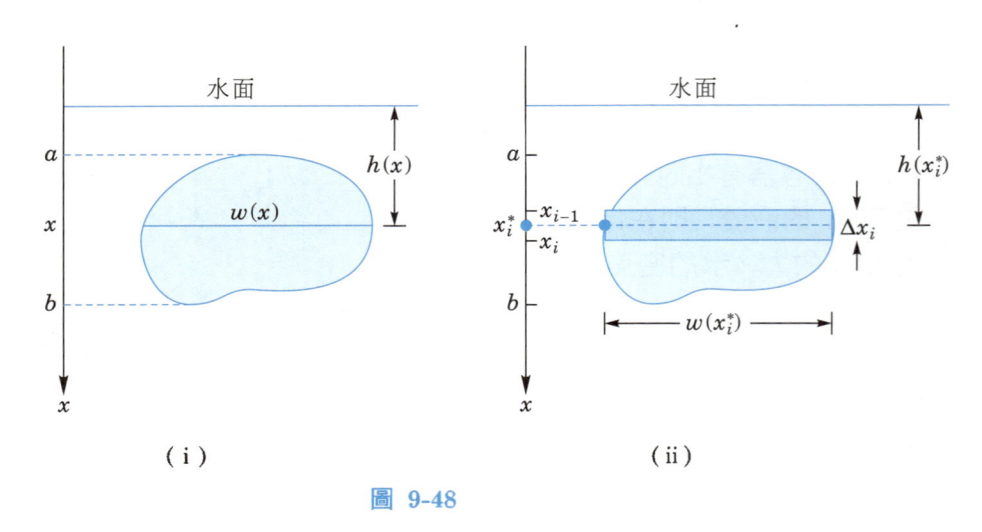

(i)　　　　　　　　　　　(ii)

圖 9-48

軸，其正方向為向下且原點在任何方便的點。如圖 9-48(i) 所示，我們假設平板浸入的部分在 x-軸上由 $x=a$ 延伸到 $x=b$，x-軸上的一點 x 位於水面下方 $h(x)$ 處且平板在 x 處的寬為 $w(x)$。

其次，我們將 $[a, b]$ 分割成長為 $\Delta x_1, \Delta x_2, \cdots, \Delta x_n$ 的 n 個子區間且在每一個子區間中選取任意點 x_i^*。我們利用長為 $w(x_i^*)$ 且寬為 Δx_i 的矩形去近似沿著第 i 個子區間的部分平板 (圖 9-48(ii))，因為這個矩形的上邊與下邊在不同的深度，故我們無法利用 (9-16) 式計算在此矩形上的力。然而，若 Δx_i 趨近 0，則上邊與下邊的深度差趨近 0，我們可以假設整個矩形集中在深度 $h(x_i^*)$ 處，利用此假設 (9-16) 式可用來近似在第 i 個矩形上的力 F_i。於是，得到

$$F_i \approx \rho h(x_i^*) w(x_i^*) \Delta x_i$$

而在平板上的力為

$$F = \sum_{i=1}^n F_i \approx \sum_{i=1}^n \rho h(x_i^*) w(x_i^*) \Delta x_i$$

當 $\|P\| \to 0$ 時，可得

$$F = \lim_{\|P\| \to 0} \sum_{i=1}^n \rho h(x_i^*) w(x_i^*) \Delta x_i = \int_a^b \rho h(x) w(x) \, dx$$

定義 9.9

設一平板垂直浸入密度為 ρ 的液體中且浸入部分是由垂直的 x-軸上由 $x=a$ 延伸到 $x=b$。對於 $a \leq x \leq b$，令 $w(x)$ 為平板在 x 的寬，且 $h(x)$ 為在點 x 的深，則在平板上的力為

$$F = \int_a^b \rho h(x) w(x) \, dx.$$

【例題 2】 利用定義 9.9

某壩面是高為 100 呎且寬為 200 呎的垂直矩形，當水面與壩頂成水平時，求施於壩面的力。

【解】 我們引進 x-軸使得原點在水面，如圖 9-49 所示。在此軸上的點 x 處，壩的寬為 $w(x) = 200$ (以呎計) 且深為 $h(x) = x$ (以呎計)。於是，利用 $\rho = 62.5$ 磅/立方呎 (水的密度)，可得壩面上的力為

$$F = \int_0^{100} (62.5)(x)(200)\, dx$$
$$= 12500 \int_0^{100} x\, dx = 6250x^2 \Big|_0^{100}$$
$$= 62{,}500{,}000 \text{ 磅}.$$

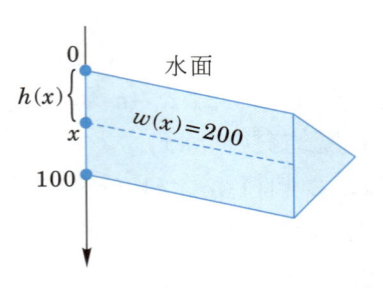

圖 9-49

【例題 3】 利用定義 9.9

底為 10 呎且高為 4 呎的等腰三角形平板垂直浸入油中，如圖 9-50 所示．若油的密度為 $\rho = 30$ 磅/立方呎，求正對平板表面的力．

【解】 我們引進 x-軸，如圖 9-51 所示．利用相似三角形，平板在深為 $h(x) = 3 + x$ 呎處的寬 $w(x)$ 滿足

$$\frac{w(x)}{10} = \frac{x}{4}$$

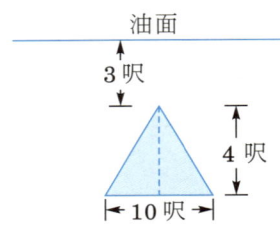

圖 9-50

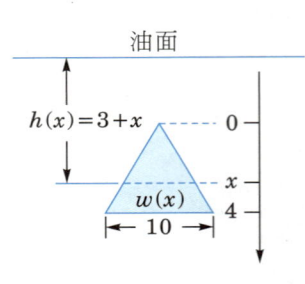

圖 9-51

故
$$w(x) = \frac{5}{2}x$$

於是，在平板上的力為

$$F = \int_0^4 30(3+x)\left(\frac{5}{2}x\right) dx = 75 \int_0^4 (3x + x^2)\, dx$$
$$= 75 \left(\frac{3}{2}x^2 + \frac{1}{3}x^3\right)\Big|_0^4 = 3400 \text{ 磅}.$$

【例題 4】 利用定義 9.9

一水壩的面是由一邊長 200 呎，另一邊為 100 呎所形成的矩形，其與水平方向

夾 60° 角，如圖 9-52 所示．當水面達到水壩的頂端時，求此水壩所承受的總壓力．

【解】 考慮水壩的末端在坐標系中，如圖 9-53 所示．注意水壩的垂直高度為 $100 \sin 60° = 50\sqrt{3}$．

所承受之力為

$$F = (62.5)(200)\left(\frac{2}{\sqrt{3}}\right)\int_0^{50\sqrt{3}}(50\sqrt{3}-y)\,dy$$

$$= \frac{25000}{\sqrt{3}}\left(50\sqrt{3}\,y - \frac{y^2}{2}\right)\Big|_0^{50\sqrt{3}} \approx 54{,}137{,}000 \text{ 磅．}$$

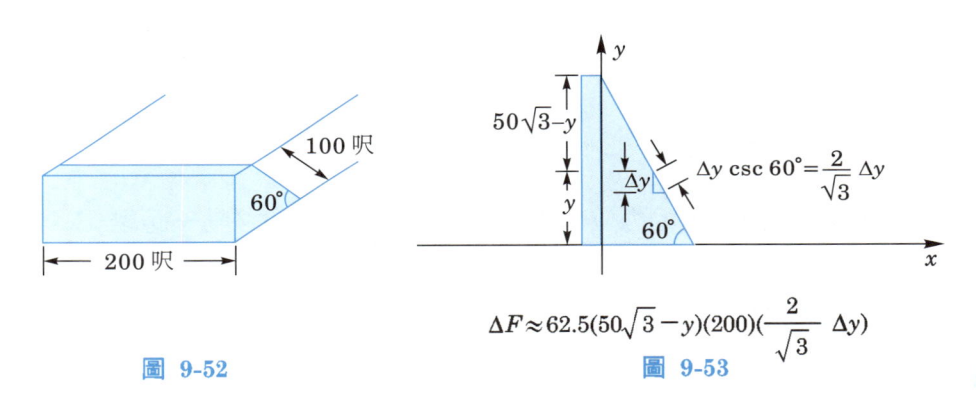

$$\Delta F \approx 62.5(50\sqrt{3}-y)(200)\left(\frac{2}{\sqrt{3}}\Delta y\right)$$

圖 9-52　　　　　　　　　　　　　圖 9-53

習題 9.5

在 1～4 題中，所示平板垂直浸入水中，求正對平板表面的力．

1.

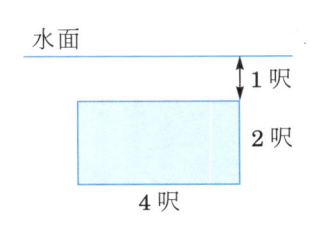

2.

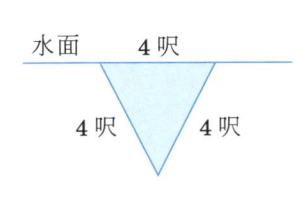

3.

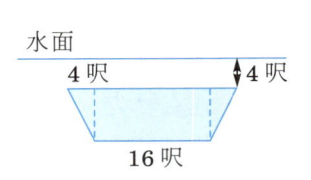

4.

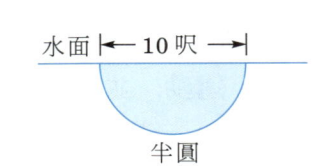

5. 一水槽的兩端相距 8 呎，且各端為下底 4 呎，上底 6 呎，高 4 呎的等腰梯形，若水槽裝滿水，求在一端的力。

6. 直徑為 6 呎且長為 10 呎的圓柱槽橫放著。若此槽裝有重 30 磅/立方呎的半滿的油，求油施予此槽一端的力。

7. 若邊長為 a 呎的正方形平板浸入密度為 ρ (以磅/立方呎計) 的液體中，其中一個頂點在液面且一對角線垂直液面，求在平板上的力。

8. 將底半徑為 r 呎且高為 h 呎的正圓柱浸入水中，使得其頂部與水面成水平，求在該圓柱側表面上的力。

9. 一薄板其形狀為 3 呎高，4 呎寬之等腰三角形，垂直浸入水中，底面朝下，且底面距水面 5 呎，試求水對此薄板所施之壓力。

∑ 9-6 功

若一物體受一個不變的力 F 之作用，在此力的方向移動一距離 d，則其由 F 所作的功為

$$W = F \cdot d \tag{9-18}$$

意即

$$功 = (力) \cdot (位移)$$

若力以磅計，位移以呎計，則功以呎-磅計。例如，若用 500 磅的力推動一汽車行 60 呎，則推力所作的功稱為 30000 呎-磅。在公制中，若力的單位是達因，距離的單位是厘米，則功的單位是達因-厘米；若力的單位是牛頓，距離的單位是米，則功的單位是牛頓-米。

【例題 1】 利用 (9-18) 式

若某物體受到沿著運動方向之不變的力 50 牛頓移動 10 米，則所作的功為

$$W = Fd = (50)(10) = 500 \text{ 牛頓-米}$$

在一般的實用情況中，力不是常數，而是沿直線運動而改變。現在，我們假定物體沿一直線 ℓ 運動。並在 ℓ 上引進一坐標系且考慮一連續變力 $f(x)$ 作用在物體上，由坐標為 a 的點 A 移動到坐標為 b 的點 B，此處 $b > a$。為了處理此問題，假設 P 為區間 $[a, b]$ 的分割

$$P=\{a=x_0<x_1<x_2<\cdots<x_{n-1}<x_n=b\}$$

且 $\Delta x_i = x_i - x_{i-1}$ 為第 i 個子區間 $[x_{i-1}, x_i]$ 的長度，如圖 9-54 所示．

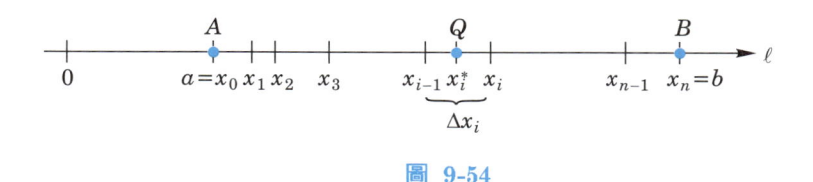

圖 9-54

令 $x_i^* \in [x_{i-1}, x_i]$，則在坐標為 x_i^* 之 Q 點處的力為 $f(x_i^*)$．若 Δx_i 很小，由於 f 為連續，我們可視作用在每一個區間上的力為一常數 (不變的力)．因此，由 x_{i-1} 至 x_i 對物體所作之功 ΔW_i 為

$$\Delta W_i \approx f(x_i^*) \Delta x_i$$

於是，移動物體由 a 至 b 所作之功近似於 $\sum_{i=1}^{n} f(x_i^*) \Delta x_i$，即

$$W \approx \sum_{i=1}^{n} f(x_i^*) \Delta x_i$$

若當 $\|P\| \to 0$ 時，由 f 在區間所作實際之功為

$$W = \lim_{\|P\| \to 0} \sum_{i=1}^{n} f(x_i^*) \Delta x_i.$$

定義 9.10

令 f 在 $[a, b]$ 為連續且 $f(x)$ 表在此區間內 x 處之力，則此力由 a 移動一物體到 b 所作的功為

$$W = \int_a^b f(x)\, dx \tag{9-19}$$

若 f 為常數，$f(x) = k$ 對所有的 x 在區間內，則 (9-19) 式變成 $W = \int_a^b f(x)\, dx = k(b-a)$，此與 (9-18) 式一致．見圖 9-55(i) 及 (ii)．

(9-19) 式能用來求出拉長或壓縮一彈簧所作的功，為了解決此類物理問題，我們必

（i）不變的力
$$W = F(b-a)$$

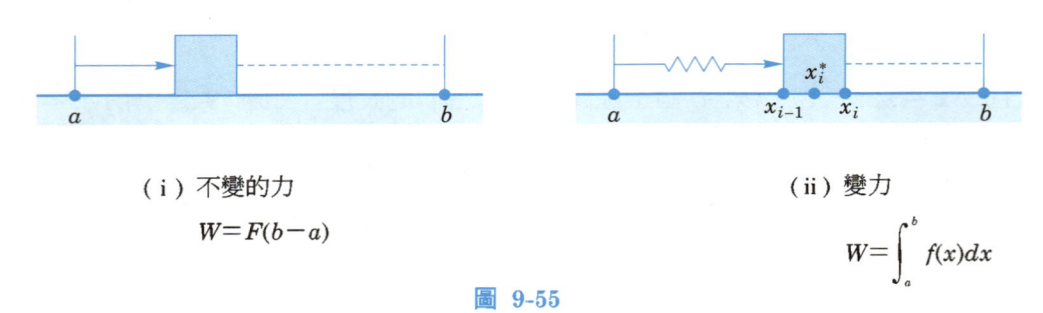

（ii）變力
$$W = \int_a^b f(x)dx$$

圖 9-55

須瞭解下列物理定律．

虎克定律

將一彈簧拉長到與它的自然長度間之距離爲 x 單位的力 $f(x)$ 爲

$$f(x) = kx \qquad (9\text{-}20)$$

此處 k 爲常數，稱爲**彈簧常數**．

彈簧常數爲一正數，依所考慮的彈簧線而不同．線愈硬，k 值愈大，(9-20) 式亦可用來求出將彈簧壓縮到距離它的自然長度爲 x 單位所作之功．

【例題 2】 利用虎克定律及 (9-19) 式

將自然長度爲 16 厘米的彈簧拉長 5 厘米所需的力爲 60 達因．
(1) 求彈簧常數 k．
(2) 將彈簧由自然長度拉到 56 厘米的長度需要多少功？

【解】
(1) 依虎克定律，$f(x) = kx$，當 $x = 5$ 厘米時，$f(x) = 60$ 達因，故 $5k = 60$．於是，彈簧常數爲 $k = 60/5 = 12$，此表示將彈簧拉長 x 吋所需的力爲 $f(x) = 12x$．
(2) 我們引進一坐標軸 x-軸，如圖 9-56 所示，其中彈簧的一端繫於原點左邊某一

圖 9-56

點而被拉的另一端位在原點。所需的功為

$$W=\int_0^{40} 12x\ dx = 6x^2 \Big|_0^{40} = 9600 \text{ 達因-厘米}.$$

【例題 3】 利用 (9-19) 式

若半徑為 10 呎且高為 30 呎的圓柱形水槽裝有一半的水，則需要多少功才能將所有的水抽到水槽的頂端？

【解】 如圖 9-57 所示，我們引進坐標軸 x-軸，並想像成將水分割成厚為 Δx_1, Δx_2, $\cdots$, Δx_n 的 n 個薄層，移動第 i 層所需的力，等於該層的重量，它可由水的密度乘其體積而求得。因第 i 層是半徑為 $r=10$ 呎且高為 Δx_i 的圓柱，故移動它所需的力為 $(62.5)(\pi r^2 \Delta x_i) = 6250\ \pi \Delta x_i$。

因第 i 層的厚為有限，故上表面與下表面各與原點的距離不同。然而，若該層很薄，則它們之間的距離差很小，而我們可合理地假設整層集中在與原點的距離為 x_i^* 之處 (圖 9-57)。以此假設，將第 i 層抽到頂部所需的功 W_i 約為 $(30-x_i^*)(6250\ \pi \Delta x_i)$，且所有 n 層的水抽出所需的功約為

$$\sum_{i=1}^n (30-x_i^*)(6250\ \pi)\Delta x_i,$$

故

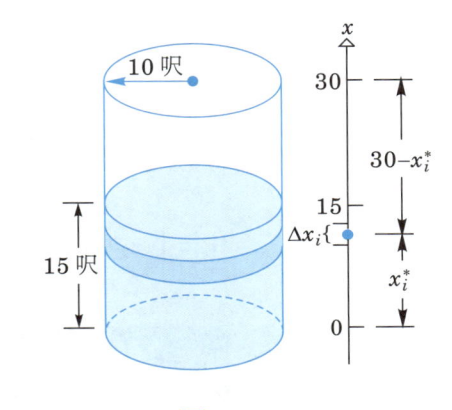

圖 9-57

$$W=\int_0^{15} (30-x)(6250\pi)\ dx = 6250\ \pi \left(30x - \frac{x^2}{2}\right)\Big|_0^{15} = 2109375\pi \text{ 呎-磅}.$$

【例題 4】 利用 (9-19) 式

密閉膨脹氣體的壓力 P (磅/平方吋) 與體積 V (立方吋) 的關係式為 $PV^k=c$，此處 c 與 k 皆為常數。若該氣體由 $V=a$ 膨脹到 $V=b$，試證所作的功 (吋-磅) 為

$$W=\int_a^b P\ dV$$

【解】 因所作的功與容器的形狀無關，我們可假定氣體是密閉在底半徑為 r 的正圓

柱內而膨脹是發生在朝著活塞的方向，如圖 9-58 所示。令由 $a=V_0, V_1, V_2$, $\cdots, V_n=b$ 對 $[a, b]$ 作一分割，且 $\Delta V_i=V_i-V_{i-1}$。我們視膨脹的體積增量為 $\Delta V_1, \Delta V_2, \cdots, \Delta V_n$，又令 $d_1, d_2, \cdots, d_n$ 為活塞頭移動的對應距離（圖 9-58），則對每一 i，

$$\Delta V_i = \pi r^2 d_i \quad \text{或} \quad d_i = \frac{\Delta V_i}{\pi r^2}$$

若 P_i 代表壓力 P 對應於第 i 個增量的值，則活塞頭所受的力為 P_i 與活塞頭面積的乘積，則 $P_i \pi r^2$。因此，在第 i 個增量所作的功為

$$P_i \pi r^2 d_i = P_i \pi r^2 \left(\frac{\Delta V_i}{\pi r^2} \right) = P_i \Delta V_i$$

所以，

$$W \approx \sum_{i=1}^{n} P_i \Delta V_i$$

因當分割的範數趨近零時，此近似值更佳，故

$$W = \int_a^b P \, dV.$$

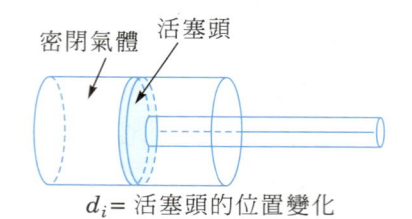

圖 9-58

習題 9.6

1. 已知一彈簧的自然長度為 15 厘米，當拉長到 20 厘米時，所施予的力為 45 達因。
   (1) 求彈簧常數。
   (2) 求由自然長度拉長 3 厘米所作的功。
   (3) 求由 20 厘米長拉到 25 厘米長所作的功。
2. 假設彈簧從 4 米的自然長度壓縮到 3.5 米時，需要 6 牛頓的力，求由自然長度壓縮到 2 米的長度所需的功。(虎克定律適用於伸長也適用於壓縮)
3. 設半徑為 5 呎且高為 9 呎的圓柱槽裝有三分之二的水，求將所有的水抽到頂端所需的功。
4. 若每呎重 15 磅的 100 呎長的鏈子自某滑輪懸吊著，則將鏈子捲到滑輪上需要多少的功？
5. 一個 170 磅重的人爬上 15 呎高的垂直電線桿。若他 (1) 10 秒鐘；(2) 5 秒鐘到達頂點，則作功多少？

6. 裝有水的桶子用不計重量的繩子以一定速率 1.5 呎/秒垂直升高，當它上升時，水以 0.25 磅/秒的速率漏出。若水桶空重 4 磅，且若在剛開始的一瞬間，它裝了 20 磅的水，求舉起水桶 12 呎所作的功。
7. 若一錨在船下 30 呎處，錨重 1000 磅，錨鏈每呎重 5 磅，問起錨需作多少功？
8. 已知重 3 噸的火箭裝載 40 噸的液體燃料。若燃料以每 1000 呎的垂直高度為 2 噸的一定速率燃燒，則將火箭升到 3000 呎處所作的功多少？
9. 在電學中，依庫侖定律可知兩個相同靜電荷的斥力與它們之間的距離平方成反比。假設兩電荷 A 與 B 分別位於點 $(-a, 0)$ 與點 $(a, 0)$ 時的斥力為 k 磅，若電荷 B 保持不動，求將電荷 A 沿著 x-軸移到原點所需的功。

∑ 9-7 平面區域的力矩與形心

本節的主要目的是在找出任意形狀的薄片上的一點，使該薄片在該點能保持水平平衡，此點稱為薄片的 **質心** (或 **重心**)。

首先，我們考慮簡單的情形，如圖 9-59 所示，其中兩質點 m_1 與 m_2 附在質量可忽略的細桿的兩端，且與支點的距離分別為 d_1 及 d_2。若 $m_1 d_1 = m_2 d_2$，則此細桿會平衡。

現在，假設細桿沿 x-軸，m_1 在 x_1，m_2 在 x_2，質心在 $\bar{x}$，如圖 9-60 所示。我們得知 $d_1 = \bar{x} - x_1$，$d_2 = x_2 - \bar{x}$，於是，

$$m_1(\bar{x} - x_1) = m_2(x_2 - \bar{x})$$
$$m_1 \bar{x} + m_2 \bar{x} = m_1 x_1 + m_2 x_2$$

$$\bar{x} = \frac{m_1 x_1 + m_2 x_2}{m_1 + m_2}$$

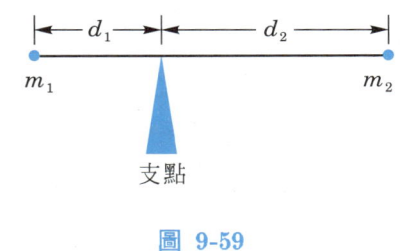

圖 9-59

數 $m_1 x_1$ 與 $m_2 x_2$ 分別稱為質量 m_1 與 m_2 的 **力矩** (對原點)。

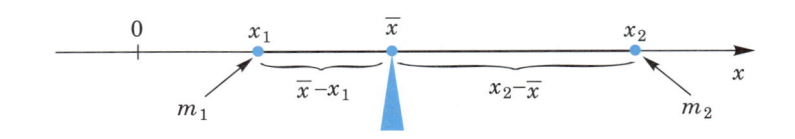

圖 9-60

定義 9.11

令質量為 $m_1, m_2, \cdots, m_n$ 的質點分別位於 x-軸上坐標為 $x_1, x_2, \cdots, x_n$ 的點。

(1) 系統對原點的力矩定義為

$$M = \sum_{i=1}^{n} m_i x_i$$

(2) 系統的質心 (或重心) 為坐標 $\bar{x}$ 的點使得

$$\bar{x} = \frac{\sum_{i=1}^{n} m_i x_i}{\sum_{i=1}^{n} m_i} = \frac{\sum_{i=1}^{n} m_i x_i}{m}$$

此處 $m = \sum_{i=1}^{n} m_i$ 為系統的總質量。

定義 9.11(2) 中的式子可改寫成 $m\bar{x} = M$，這說明了若總質量視為集中在質心 $\bar{x}$，則它的力矩與系統的力矩相同。

【例題 1】 利用定義 9.11

設質量為 10 單位、45 單位與 32 單位的物體置於 x-軸上坐標分別為 -4、2 與 3 的點，求該系統的質心。

【解】 應用定義 9.11(2)，質心的坐標 $\bar{x}$ 為

$$\bar{x} = \frac{10(-4) + 45(2) + 32(3)}{10 + 45 + 32} = \frac{146}{87}.$$

在定義 9.11 中的概念可以推廣到二維的情形。

定義 9.12

令質量為 $m_1, m_2, \cdots, m_n$ 的 n 個質點分別位於 xy-平面上的點 (x_1, y_1), (x_2, y_2), $\cdots$, (x_n, y_n)。

(1) 系統對 x-軸的力矩為

第 9 章 積分的應用

$$M_x = \sum_{i=1}^{n} m_i y_i$$

系統對 y-軸的力矩為

$$M_y = \sum_{i=1}^{n} m_i x_i$$

(2) 系統的質心（或重心）為點 $(\bar{x}, \bar{y})$ 使得

$$\bar{x} = \frac{M_y}{m}, \quad \bar{y} = \frac{M_x}{m}$$

此處 $m = \sum_{i=1}^{n} m_i$ 為總質量．

因 $m\bar{x} = M_y$, $m\bar{y} = M_x$, 故質心 $(\bar{x}, \bar{y})$ 為質量 m 的單一質點與系統有相同力矩的點．

【例題 2】 利用定義 9.12

設質量為 3、4 與 8 的質點分別置於點 $(-1, 1)$、$(2, -1)$ 與 $(3, 2)$，求系統的力矩與質心．

【解】 $M_x = 3(1) + 4(-1) + 8(2) = 15$
$M_y = 3(-1) + 4(2) + 8(3) = 29$
因 $m = 3 + 4 + 8 = 15$, 故

$$\bar{x} = \frac{M_y}{m} = \frac{29}{15}, \qquad \bar{y} = \frac{M_x}{m} = \frac{15}{15} = 1$$

於是，質心為 $\left(\frac{29}{15}, 1\right)$．

其次，我們考慮具有均勻密度 ρ 的薄片，它佔有平面的某區域 R．我們希望找出薄片的質心，稱為 R 的**形心**．我們將使用下面的**對稱原理**：若 R 對稱於直線 ℓ，則 R 的形心位於 ℓ 上．（若 R 關於 ℓ 作對稱，則 R 保持一樣，故它的形心保持固定，唯一的固定點位於 ℓ 上．）於是，矩形區域的形心是它的中心．若區域在 xy-平面上，則我們假定區域的質量能集中在質心而使得它對 x-軸與 y-軸的力矩並沒有改變．

首先，我們考慮圖 9-61(i) 所示的區域 R，即，R 位於 f 的圖形下方且在 x-軸上方與兩直線 $x = a$, $x = b$ 之間，此處 f 在 $[a, b]$ 為連續．我們用點 x_i 作分割 P

(i)   (ii)

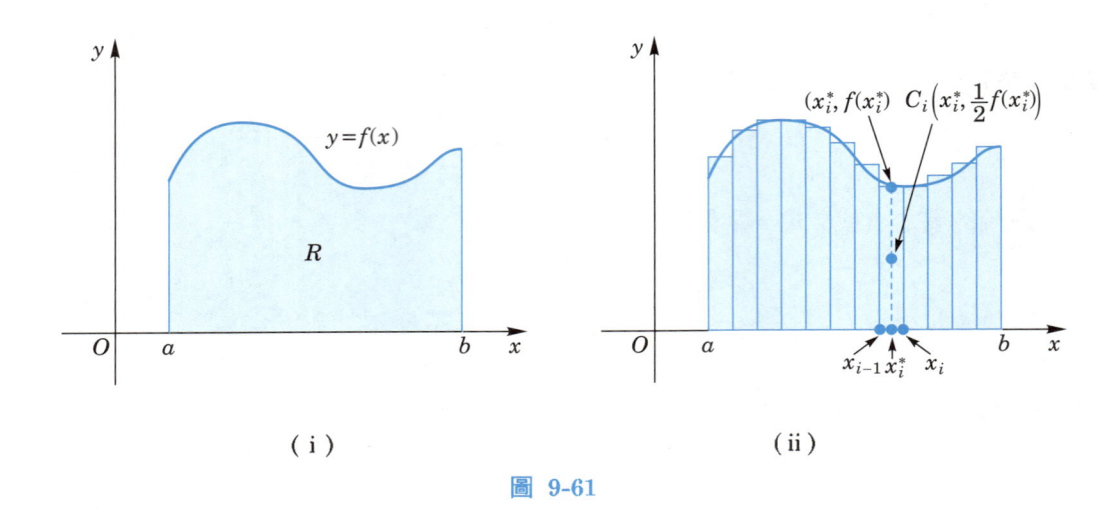

圖 9-61

使得 $a=x_0<x_1<x_2<\cdots<x_n=b$，並選取 x_i^* 為第 i 個子區間的中點，即，$x_i^*=(x_{i-1}+x_i)/2$，這決定了 R 的多邊形近似，如圖 9-61(ii) 所示，第 i 個近似矩形的形心是它的中心 $C_i(x_i^*, \frac{1}{2}f(x_i^*))$，它的面積為 $f(x_i^*)\Delta x_i$，質量為 $\rho f(x_i^*)\Delta x_i$，於是，R_i 對 x-軸的力矩為

$$M_x(R_i)=(\rho f(x_i^*)\Delta x_i)\frac{1}{2}f(x_i^*)=\rho \cdot \frac{1}{2}[f(x_i^*)]^2\Delta x_i$$

將這些力矩相加，然後令 $\|P\|\to 0$，再取極限，可得 R 對 x-軸的力矩為

$$M_x=\lim_{\|P\|\to 0}\sum_{i=1}^n \rho \cdot \frac{1}{2}[f(x_i^*)]^2\Delta x_i=\rho \int_a^b \frac{1}{2}[f(x)]^2\,dx \tag{9-21}$$

同理，R_i 對 y-軸的力矩為

$$M_y(R_i)=(\rho f(x_i^*)\Delta x_i)x_i^*=\rho x_i^* f(x_i^*)\Delta x_i$$

將這些力矩相加，並令 $\|P\|\to 0$，再取極限，可得 R 對 y-軸的力矩為

$$M_y=\lim_{\|P\|\to 0}\sum_{i=1}^n \rho x_i^* f(x_i^*)\Delta x_i=\rho \int_a^b xf(x)\,dx \tag{9-22}$$

正如質點所組成的系統一樣，薄片的質心坐標 $\bar{x}$ 與 $\bar{y}$ 定義為使得 $m\bar{x}=M_y$，$m\bar{y}=M_x$，但

$$m = \rho A = \rho \int_a^b f(x)\, dx$$

故 $\bar{x} = \dfrac{M_y}{m} = \dfrac{\rho \int_a^b x f(x)\, dx}{\rho \int_a^b f(x)\, dx} = \dfrac{\int_a^b x f(x)\, dx}{\int_a^b f(x)\, dx} = \dfrac{1}{A}\int_a^b x f(x)\, dx$

(9-23)

$\bar{y} = \dfrac{M_x}{m} = \dfrac{\rho \int_a^b \frac{1}{2}[f(x)]^2\, dx}{\rho \int_a^b f(x)\, dx} = \dfrac{\int_a^b \frac{1}{2}[f(x)]^2\, dx}{\int_a^b f(x)\, dx} = \dfrac{1}{A}\int_a^b \frac{1}{2}[f(x)]^2\, dx$

依 (9-23) 式，我們得知均勻薄片的質心坐標與密度 ρ 無關，即，它們僅與薄片的形狀有關而與密度 ρ 無關。基於此理由，點 $(\bar{x}, \bar{y})$ 有時視為平面區域的形心。

【例題 3】 利用 (9-23) 式

求半徑為 r 的半圓形均勻薄片的質心。

【解】 圖形如圖 9-62 所示。依對稱原理，質心必定位於 y-軸上，故 $\bar{x} = 0$。半圓區域的面積為 $A = \pi r^2 / 2$，故

$$\bar{y} = \dfrac{1}{A}\int_{-r}^{r} \dfrac{1}{2}[f(x)]^2\, dx$$

$$= \dfrac{2}{\pi r^2} \cdot \dfrac{1}{2}\int_{-r}^{r} (r^2 - x^2)\, dx$$

$$= \dfrac{1}{\pi r^2}\int_{-r}^{r} (r^2 - x^2)\, dx$$

$$= \dfrac{1}{\pi r^2}\left(r^2 x - \dfrac{x^3}{3}\right)\bigg|_{-r}^{r} = \dfrac{4r}{3\pi}$$

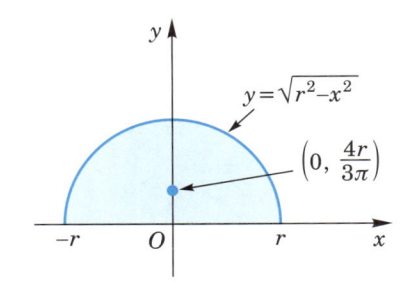

圖 9-62

所以，質心位於點 $\left(0, \dfrac{4r}{3\pi}\right)$。

【例題 4】 利用 (9-23) 式

求由曲線 $y = \cos x$ 與直線 $y = 0$，$x = 0$ 及 $x = \pi/2$ 所圍成區域的形心。

【解】 區域的面積為

$$A = \int_0^{\pi/2} \cos x \, dx = \sin x \Big|_0^{\pi/2} = 1$$

於是，$\bar{x} = \dfrac{1}{A} \int_0^{\pi/2} x f(x) \, dx = \int_0^{\pi/2} x \cos x \, dx$

$$= x \sin x \Big|_0^{\pi/2} - \int_0^{\pi/2} \sin x \, dx = \dfrac{\pi}{2} - 1 = \dfrac{\pi - 2}{2}$$

$$\bar{y} = \dfrac{1}{A} \int_0^{\pi/2} \dfrac{1}{2} [f(x)]^2 \, dx$$

$$= \dfrac{1}{2} \int_0^{\pi/2} \cos^2 x \, dx$$

$$= \dfrac{1}{4} \int_0^{\pi/2} (1 + \cos 2x) \, dx$$

$$= \dfrac{1}{4} \left(x + \dfrac{1}{2} \sin 2x \right) \Big|_0^{\pi/2} = \dfrac{\pi}{8}$$

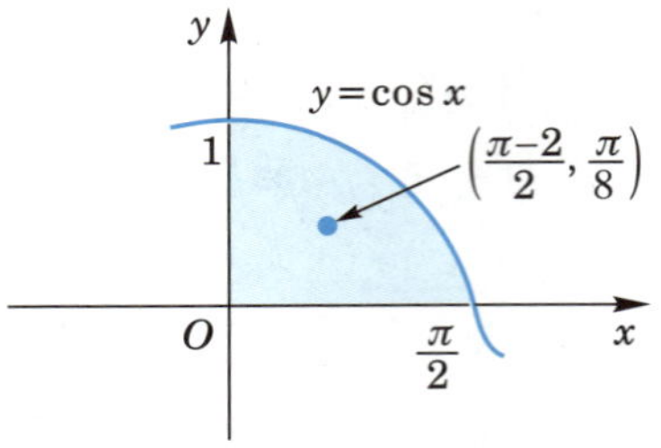

圖 9-63

形心為點 $\left(\dfrac{\pi - 2}{2}, \dfrac{\pi}{8} \right)$，如圖 9-63 所示。

令區域 R 位於兩曲線 $y = f(x)$ 與 $y = g(x)$ 之間，如圖 9-64 所示，其中 $f(x) \geq g(x)$ $(a \leq x \leq b)$。若 R 的形心為 (x, y)，則參考 (9-23) 式，可知

$$\bar{x} = \dfrac{1}{A} \int_a^b x[f(x) - g(x)] dx$$

$$\bar{y} = \dfrac{1}{A} \int_a^b \dfrac{1}{2} \{[f(x)]^2 - [g(x)]^2\} \, dx$$

(9-24)

第 9 章 積分的應用

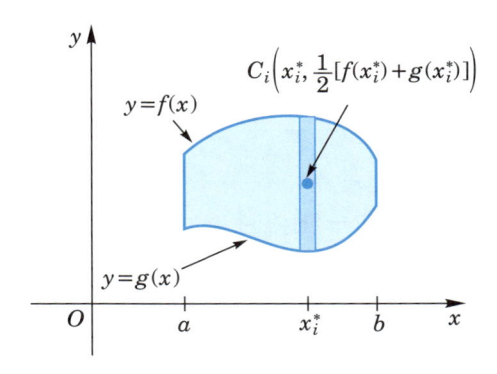

圖 9-64

【例題 5】 利用 (9-24) 式

求由拋物線 $y=x^2$ 與直線 $y=x$ 所圍成區域的形心.

【解】 圖形繪於圖 9-65 中. 我們在 (9-24) 式中取 $f(x)=x$, $g(x)=x^2$, $a=0$, $b=1$.
區域的面積為

$$A=\int_0^1 (x-x^2)\, dx = \left(\frac{x^2}{2}-\frac{x^3}{3}\right)\bigg|_0^1 = \frac{1}{6}$$

所以,

$$\bar{x}=\frac{1}{A}\int_0^1 x[f(x)-g(x)]\, dx$$

$$=6\int_0^1 x(x-x^2)\, dx = 6\int_0^1 (x^2-x^3)\, dx$$

$$=6\left(\frac{x^3}{3}-\frac{x^4}{4}\right)\bigg|_0^1 = \frac{1}{2}$$

$$\bar{y}=\frac{1}{A}\int_0^1 \frac{1}{2}\{[f(x)]^2-[g(x)]^2\}\, dx = 6\int_0^1 \frac{1}{2}(x^2-x^4)\, dx$$

$$=3\left(\frac{x^3}{3}-\frac{x^5}{5}\right)\bigg|_0^1 = \frac{2}{5}$$

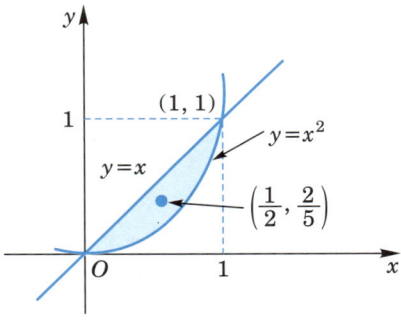

圖 9-65

形心為 $\left(\dfrac{1}{2},\ \dfrac{2}{5}\right)$.

我們也可利用形心去求旋轉體的體積．下面定理是以希臘數學家**帕卜**命名，稱為**帕卜定理**．

> **定理 9.1　帕卜定理**
>
> 若一區域 R 位於平面上一直線的一側，且繞此直線旋轉，則所得旋轉體的體積等於 R 的面積乘以其形心繞行的距離．

【例題 6】　利用帕卜定理

求直線 $y=\frac{1}{2}x-1$，$x=4$ 與 x-軸所圍成的三角形區域繞直線 $y=x$ 旋轉所得旋轉體的體積．三角形區域如圖 9-66 所示．

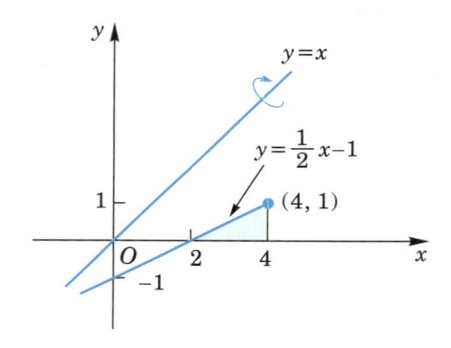

圖 9-66

【解】　三角形區域的形心為 $\left(\frac{2+4+4}{3}, \frac{0+0+1}{3}\right)=\left(\frac{10}{3}, \frac{1}{3}\right)$，其面積為

$$A=\frac{1}{2}(2)(1)=1，且形心至直線 y=x 的垂直距離為 d=\frac{\left|\frac{10}{3}-\frac{1}{3}\right|}{\sqrt{1+1}}$$

$$=\frac{3}{\sqrt{2}}．旋轉體的體積為$$

$$V=2\pi\, dA=2\pi\left(\frac{3}{\sqrt{2}}\right)(1)=3\sqrt{2}\pi．$$

習題 9.7

1. 設質量為 2、7 與 5 單位的質點分別位於三點 $A(4, -1)$、$B(-2, 0)$ 與 $C(-8, -5)$，求系統的力矩 M_x、M_y 與質心。

在 2～7 題中，求所予方程式的圖形所圍成區域的形心。

2. $y = x^3$，$y = 0$，$x = 1$
3. $y = \sin x$，$y = 0$，$x = 0$，$x = \pi$
4. $y = 1 - x^2$，$y = x - 1$
5. $y = \dfrac{1}{\sqrt{16 + x^2}}$，$y = 0$，$x = 0$，$x = 3$
6. $y = e^{2x}$，$y = 0$，$x = -1$，$x = 0$
7. $y = \cosh x$，$y = 0$，$x = -1$，$x = 1$
8. 求在第一象限中由圓 $x^2 + y^2 = a^2$ $(a > 0)$ 與兩坐標軸所圍成區域的形心。
9. 求邊長為 $2a$ 的正方形區域上方緊接著一個半徑為 a 的半圓區域的形心。
10. 求頂點為 $(1, 1)$、$(4, 1)$ 與 $(3, 2)$ 的三角形區域繞 x-軸旋轉所得旋轉體的體積。

第 10 章　參數方程式，極坐標

本章學習目標

- 瞭解如何描繪參數方程式的圖形
- 瞭解如何求參數方程式圖形的切線
- 利用參數方程式求面積與弧的長度
- 瞭解極坐標的意義
- 瞭解極坐標與直角坐標的關係
- 瞭解極方程式的作圖
- 利用極坐標求面積與弧的長度

10-1 平面曲線的參數方程式

若一質點在 xy-平面上運動的路徑如圖 10-1 所示的曲線，有時候我們不可能直接藉用 x 表 y，或 y 表 x 的直角坐標形式去描述該路徑。但是，我們可將該質點的各坐標表成時間 t 的函數，而用一對方程式 $x=f(t)$，$y=g(t)$ 描述該路徑。

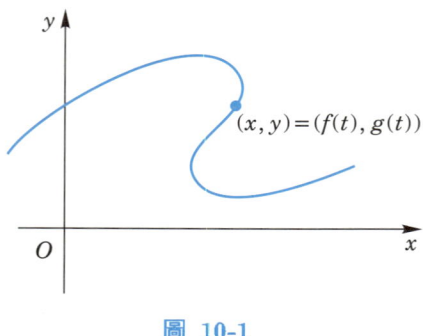

圖 10-1

定義 10.1

平面曲線是形如 $(f(t), g(t))$ 的有序數對所成的集合 C，其中函數 f 與 g 在區間 I 皆為連續。

圖 10-2 的圖形說明在閉區間 $[a, b]$ 的平面曲線。在圖 10-2(ⅰ) 中，若 $P(a) \neq P(b)$，則 $P(a)$ 與 $P(b)$ 稱為曲線 C 的**端點**，而且，對兩相異的 t 值可得出相同的點，故圖 10-2(ⅰ) 中的曲線自交。如圖 10-2(ⅱ) 中所示，若 $P(a)=P(b)$，則曲線 C 稱為封閉曲線。如圖 10-2(ⅲ) 中所示，若 $P(a)=P(b)$，且曲線 C 在任一其它點不自交，則曲線 C 稱為**簡單封閉曲線**。

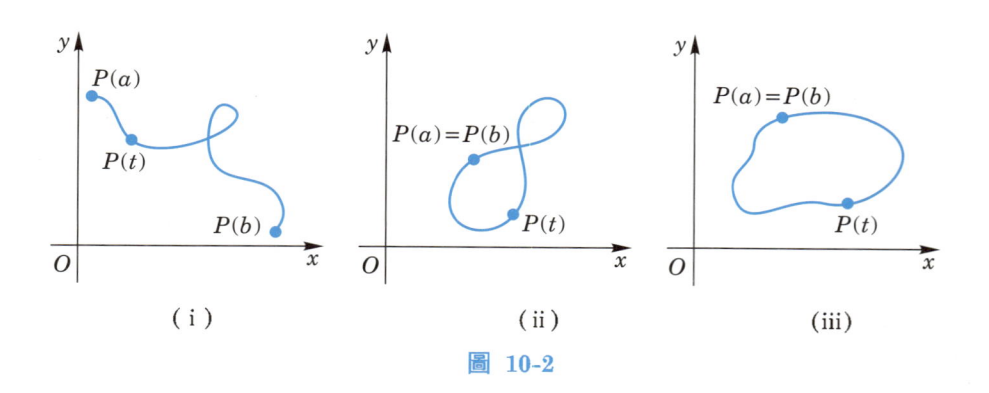

(ⅰ)   (ⅱ)   (ⅲ)

圖 10-2

定義 10.2

令 C 為所有有序數對 $(f(t), g(t))$ 組成的曲線，此處 f 與 g 在區間 I 皆為連續．方程式

$$x = f(t), \quad y = g(t)$$

稱為 C 的**參數方程式**，此處 t 在 I 中，而 t 稱為**參數**．I 稱為**參數區間**．

例如，
$$\begin{cases} x = 2 + t \\ y = 2 - 3t \end{cases}, \quad t \in \mathbb{R}$$

為直線 $3x + y - 8 = 0$ 的參數方程式．

註：若我們將參數 t 看作時間，則參數方程式 $x = f(t)$ 與 $y = g(t)$ 能詳加敘述某正在移動的點的 x-坐標與 y-坐標如何隨時間改變．我們使用參數方程式而非直角坐標方程式以描述物體運動情形的方便之處，是參數方程式幫助我們詳加敘述該物體經過何處與它何時到達任何已知位置，但直角坐標方程式僅告訴我們該物體經過的路徑．

【例題 1】 擺線的參數方程式

當一半徑為 a 的圓沿著一直線滾動時，該圓之圓周上的定點 P 所經過的軌跡稱為**擺線**，求其參數方程式．

【解】 假設此圓沿 x-軸的正方向滾動．若 P 所經過的位置有一處是原點，則圖 10-3 所示者為擺線的一部分．令 K 表所予圓的圓心而 T 為與 x-軸相切的點，我們指定參數 t 表示 $\angle TKP$ 的弧度量．因為 $d(O, T)$ 是所予圓滾動的距離，$d(O, T) = at$．因此，K 的坐標為 (at, a)．現在，考慮以 $K(at, a)$ 為原點的 $x'y'$-坐標系．若以 $P(x', y')$ 表示在此坐標系中的 P 點，則利用坐標軸平移關係：

$$x = x' + h, \quad y = y' + k$$

以及 $h = at$，$k = a$，可得

$$x = x' + at, \quad y = y' + a$$

如圖 10-4 所示，若 θ 表示在 $x'y'$-坐標系上標準位置中的角度，則 $\theta = \dfrac{3\pi}{2} - t$，因此，

圖 10-3　　　　　　　　　　　　　　圖 10-4

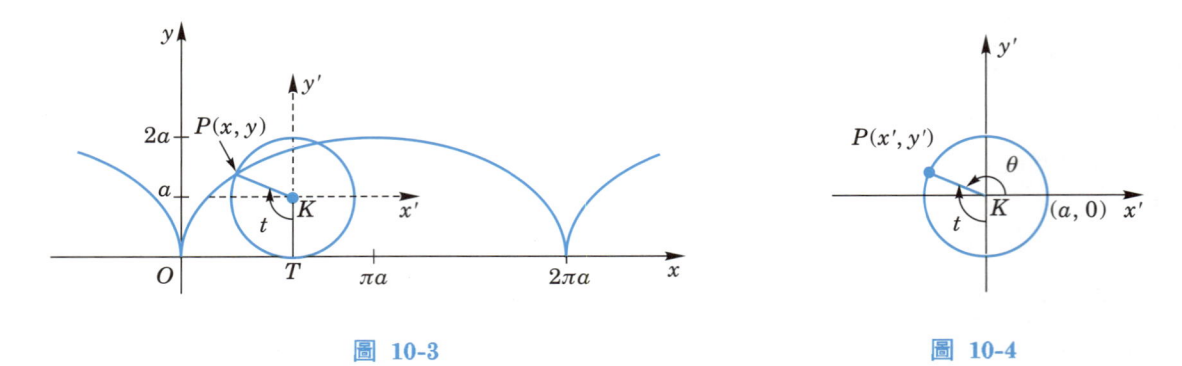

$$x' = a\cos\theta = a\cos\left(\frac{3\pi}{2} - t\right) = -a\sin t$$

$$y' = a\sin\theta = a\sin\left(\frac{3\pi}{2} - t\right) = -a\cos t$$

代入 $x = x' + at$ 與 $y = y' + a$ 中，可得擺線的參數方程式為

$$\begin{matrix} x = a(t - \sin t) \\ y = a(1 - \cos t) \end{matrix}, \quad t \in \mathbb{R} \tag{10-1}$$

對於定義 10.2 中所給予的參數方程式，當 t 在整個區間 I 變化時，它們可描出所予的曲線。有時，我們可以消去參數而獲得含變數 x 與 y 的方程式。例如，

$$\begin{cases} x = r\cos t \\ y = r\sin t \end{cases} \tag{10-2}$$

為圓的參數方程式，t 為參數。因當 t 由 0 變到 2π 時，即描出一完整的圓周。將 (10-2) 式的二式平方後相加，則其直角坐標方程式為

$$x^2 + y^2 = r^2$$

又在參數方程式

$$\begin{cases} x = \cos 2\theta \\ y = \cos\theta \end{cases} \tag{10-3}$$

中，θ 為參數，且 $|x| \leq 1$，$|y| \leq 1$。由此二式將 θ 消去，可得

$$x = \cos 2\theta = 2\cos^2\theta - 1 = 2y^2 - 1$$

故 (10-3) 式所表曲線上各點皆在曲線

$$y^2 = \frac{1}{2}(x+1) \tag{10-4}$$

之上．但 (10-4) 式所表曲線上各點未必全在 (10-3) 式所表的曲線上．因 (10-4) 式爲以 $(-1, 0)$ 爲頂點，x-軸爲其軸而開口向右的拋物線，而在 (10-3) 式中，當 θ 由 0 變到 $\pi/2$ 時，點由 $A(1, 1)$ 移動到 $B(-1, 0)$，畫出 $\overparen{AB}$．當 θ 由 $\pi/2$ 變到 π 時，點由 $B(-1, 0)$ 移動到 $C(1, -1)$，畫出 $\overparen{BC}$．當 θ 由 π 變到 2π 時，點又沿著 $\overparen{CBA}$ 回到 A，如此往返不已，如圖 10-5 所示．因此，由上述的討論得知 參數方程式所表的曲線有時僅爲其直角坐標方程式所表曲線的一部分．

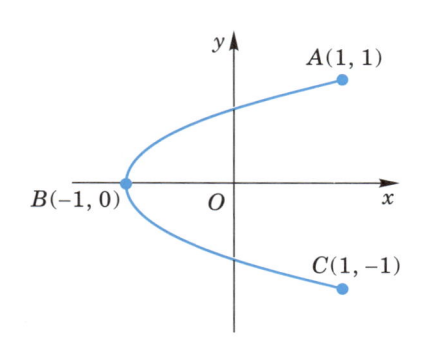

圖 10-5

【例題 2】 消去參數

化下列參數方程式

$$\begin{cases} x = 2 - 3t^2 \\ y = -1 + 2t^2 \end{cases}, t \in \mathbb{R}$$

爲直角坐標方程式．

【解】 由第一式可得

$$t^2 = \frac{2-x}{3}$$

由第二式可得

$$t^2 = \frac{1+y}{2}$$

故

$$t^2 = \frac{2-x}{3} = \frac{1+y}{2}$$

可得

$$2x + 3y = 1$$

上式的圖形表一直線．因 $t^2 \geq 0$，故必須 $2 - x \geq 0$ 且 $y + 1 \geq 0$，而實際的圖形爲直線 $2x + 3y = 1$ 在 $x \leq 2$ 且 $y \geq -1$ 之一部分．

化直角坐標方程式爲參數方程式並無一定法則可循，而不同組的參數方程式可有相同的圖形，茲舉幾個例子說明如下．

【例題 3】 化直角坐標方程式為參數方程式

化 $4x^2+y^2=16$ 為參數方程式.

【解】 以 $x=2\cos t$ 代入原方程式，可得

$$y^2=16(1-\cos^2 t)=16\sin^2 t$$
$$y=\pm 4\sin t$$

取 $y=4\sin t$，則參數方程式為

$$\begin{cases} x=2\cos t \\ y=4\sin t \end{cases}, t\in \mathbb{R}$$

取 $y=-4\sin t$，則參數方程式為

$$\begin{cases} x=2\cos t \\ y=-4\sin t \end{cases}, t\in \mathbb{R}.$$

【例題 4】 化直角坐標方程式為參數方程式

求四尖內擺線 $x^{2/3}+y^{2/3}=a^{2/3}$ $(a>0)$ 的參數方程式.

【解】 以 $x=a\cos^3\theta$ 代入原方程式，
可得

$$y^{2/3}=a^{2/3}-x^{2/3}=a^{2/3}(1-\cos^2\theta)=a^{2/3}\sin^2\theta$$
$$y=\pm a\sin^3\theta$$

取 $y=a\sin^3\theta$，則參數方程式為

$$\begin{cases} x=a\cos^3\theta \\ y=a\sin^3\theta \end{cases}, \theta\in \mathbb{R}$$

取 $y=-a\sin^3\theta$，則參數方程式為

$$\begin{cases} x=a\cos^3\theta \\ y=-a\sin^3\theta \end{cases}, \theta\in \mathbb{R}$$

圖 10-6

四尖內擺線的圖形如圖 10-6 所示.

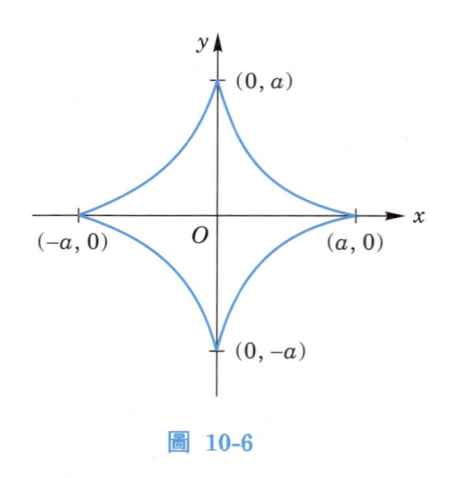

描繪參數方程式圖形的方法

1. 消去方程式中的參數，即得一含 x 與 y 的方程式，再依直角坐標的方法描出圖形．
2. 若參數不消去，則可給予參數若干適當值，求出 x、y 的各對應值，列表描繪之．

【例題 5】 消去參數

繪出參數方程式

$$\begin{cases} x=t+2 \\ y=t^2+4t \end{cases}, t \in \mathbb{R}$$

所表曲線的圖形．

【解】 由第一式可得 $t=x-2$，代入第二式化簡後，可得

$$y=x^2-4$$

其為一拋物線，頂點為 $(0, -4)$，如圖 10-7 所示．

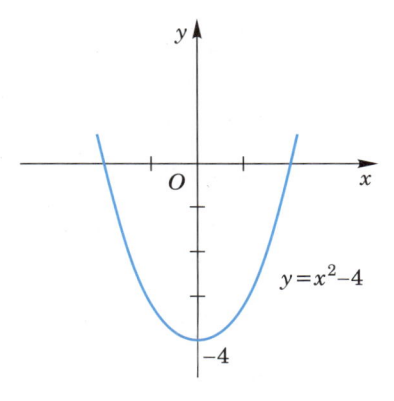

圖 10-7

【例題 6】 消去參數

繪出參數方程式

$$\begin{cases} x=\sec t \\ y=\tan t \end{cases}, -\frac{\pi}{2}<t<\frac{\pi}{2}$$

所表曲線的圖形．

【解】 利用第一式平方減去第二式平方，可得

$$x^2-y^2=\sec^2 t-\tan^2 t=1$$

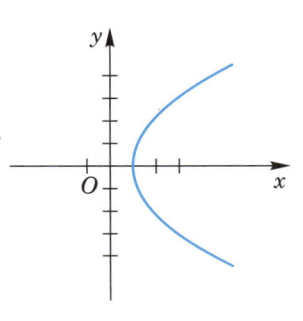

若 $-\dfrac{\pi}{2}<t<\dfrac{\pi}{2}$，則 $x=\sec t>0$；

若 $-\dfrac{\pi}{2}<t\leqslant 0$，則 $y=\tan t\leqslant 0$；

圖 10-8

若 $0 \leq t < \dfrac{\pi}{2}$，則 $y = \tan t \geq 0$。

圖形如圖 10-8 所示。

【例題 7】 按點描圖

繪出參數方程式

$$\begin{cases} x = \dfrac{1}{2}t^2 \\ y = \dfrac{1}{4}t^3 \end{cases}, t \in \mathbb{R}$$

所表曲線的圖形。

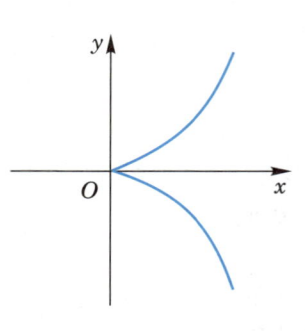

圖 10-9

【解】 取參數 t 的適當值，求出 x 與 y 的對應值，列表如下：

t	-3	-2	-1	0	1	2	3	4
x	4.5	2	0.5	0	0.5	2	4.5	8
y	-6.75	-2	-0.25	0	0.25	2	6.75	16

描出各點，可得如圖 10-9 所示的圖形。

習題 10.1

求 1～5 題曲線的直角坐標方程式。

1. $x = 4t$, $y = 6t - t^2$
2. $x = 1 - \dfrac{1}{t}$, $y = t + \dfrac{1}{t}$
3. $x = t^2 - t$, $y = t^2$
4. $x = \dfrac{1}{(t-1)^2}$, $y = 2t + 1$
5. $x = 2\sin^2 t \cos t$, $y = 2\sin t \cos^2 t$

繪出 6～12 題參數方程式所表曲線的圖形。

6. $x = 4t^2 - 5$, $y = 2t + 3$；$t \in \mathbb{R}$
7. $x = e^t$, $y = e^{-2t}$；$t \in \mathbb{R}$
8. $x = 2\sin t$, $y = 3\cos t$；$0 \leq t \leq 2\pi$
9. $x = \cos t - 2$, $y = \sin t + 3$；$0 \leq t \leq 2\pi$
10. $x = \cos 2t$, $y = \sin t$；$-\pi \leq t \leq \pi$
11. $x = t$, $y = \sqrt{t^2 - 1}$；$|t| \geq 1$
12. $x = -2\sqrt{1 - t^2}$, $y = t$；$|t| \leq 1$

下列參數方程式給予點 $P(x, y)$ 的位置，其中 t 代表時間，試描述此點在指定區間中的運動情形。

13. $x=\cos t$, $y=\sin t$; $0 \leq t \leq \pi$
14. $x=\sin t$, $y=\cos t$; $0 \leq t \leq \pi$
15. $x=t$, $y=\sqrt{1-t^2}$; $-1 \leq t \leq 1$
16. 設半徑為 b 的圓 C 在方程式為 $x^2+y^2=a^2$ 的圓內滾動，其中 $b<a$。令 P 為 C 上的一定點且令 P 點的初始位置為 $A(a, 0)$，如圖所示。若參數 t 是由 x-軸的正方向到由 O 到圓 C 的圓心的線段間之角度，試證 P 的軌跡（稱為內擺線）的參數方程式為

$$x=(a-b)\cos t + b\cos\frac{a-b}{b}t$$

$$y=(a-b)\sin t - b\sin\frac{a-b}{b}t$$

其中 $0 \leq t \leq 2\pi$。若 $b=a/4$，試證：

$$x=a\cos^3 t, \quad y=a\sin^3 t$$

並描繪此曲線的圖形。

17. 若 16 題的圓 C 在圓外滾動，如右圖所示，則其軌跡稱為外擺線。試證該曲線的參數方程式為

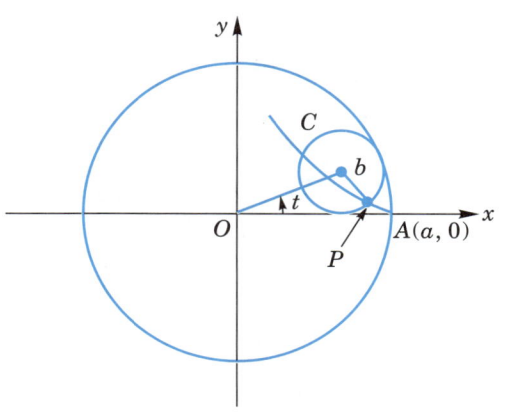

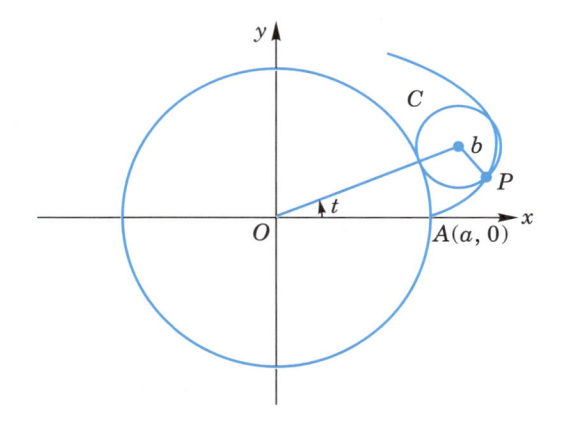

$$x=(a+b)\cos t - b\cos\frac{a+b}{b}t$$

$$y=(a+b)\sin t - b\sin\frac{a+b}{b}t.$$

10-2　參數方程式圖形的切線

在本節中，我們將討論如何求參數方程式所表曲線在某處之切線的斜率。如果我們消去參數，則 $\dfrac{dy}{dx}$ 可以由曲線的直角坐標方程式直接求得。若不能求得曲線直角坐標方程式，則我們可由參數方程式間接地求出 $\dfrac{dy}{dx}$。

定理 10.1

若 $x=f(t)$，$y=g(t)$ 皆為 t 的可微分函數，且 $\dfrac{dx}{dt} \neq 0$，則

$$\frac{dy}{dx} = \frac{\frac{dy}{dt}}{\frac{dx}{dt}}.$$

證 如圖 10-10 所示，考慮 $\Delta t > 0$，且令

$$\Delta x = f(t+\Delta t) - f(t),$$
$$\Delta y = g(t+\Delta t) - g(t)$$

依定義

$$\frac{dy}{dx} = \lim_{\Delta x \to 0} \frac{\Delta y}{\Delta x}$$

由於當 $\Delta t \to 0$ 時，$\Delta x \to 0$，上式可以寫成

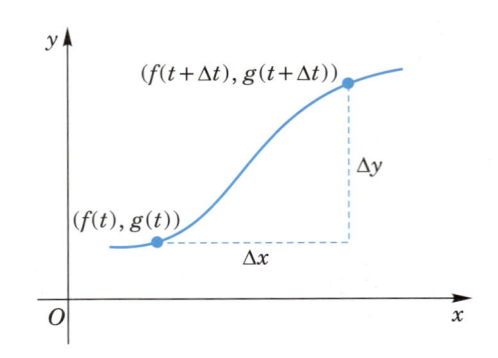

圖 10-10

$$\frac{dy}{dx} = \lim_{\Delta t \to 0} \frac{g(t+\Delta t) - g(t)}{f(t+\Delta t) - f(t)} \tag{10-5}$$

最後將 (10-5) 式之分子與分母同除以 Δt，可得

$$\frac{dy}{dx} = \lim_{\Delta t \to 0} \frac{\frac{g(t+\Delta t) - g(t)}{\Delta t}}{\frac{f(t+\Delta t) - f(t)}{\Delta t}} = \frac{\lim_{\Delta t \to 0} \frac{g(t+\Delta t) - g(t)}{\Delta t}}{\lim_{\Delta t \to 0} \frac{f(t+\Delta t) - f(t)}{\Delta t}} = \frac{g'(t)}{f'(t)} = \frac{\frac{dy}{dt}}{\frac{dx}{dt}}$$

若曲線以參數方程式表示，則我們可以應用定理 10.1 求 $\frac{d^2y}{dx^2}$ 如下：

$$\frac{d^2y}{dx^2} = \frac{d}{dx}\left(\frac{dy}{dx}\right) = \frac{\frac{d}{dt}\left(\frac{dy}{dx}\right)}{\frac{dx}{dt}} = \frac{\frac{dx}{dt}\frac{d^2y}{dt^2} - \frac{dy}{dt}\frac{d^2x}{dt^2}}{\left(\frac{dx}{dt}\right)^2}{\frac{dx}{dt}}$$

$$= \frac{\dfrac{dx}{dt}\dfrac{d^2y}{dt^2} - \dfrac{dy}{dt}\dfrac{d^2x}{dt^2}}{\left(\dfrac{dx}{dt}\right)^3} \tag{10-6}$$

【例題 1】 利用定理 10.1

求曲線 $x = 2\cos t$, $y = 3\sin t$, 在 $t = \dfrac{\pi}{3}$ 處之切線的方程式.

【解】 當 $t = \dfrac{\pi}{3}$ 時，點的坐標為 $\left(1, \dfrac{3\sqrt{3}}{2}\right)$，可得

$$\frac{dy}{dx} = \frac{\dfrac{dy}{dt}}{\dfrac{dx}{dt}} = \frac{3\cos t}{-2\sin t} = -\frac{3}{2}\cot t$$

$$m = \frac{dy}{dx}\bigg|_{t=\frac{\pi}{3}} = -\frac{3}{2}\cot t\bigg|_{t=\frac{\pi}{3}} = -\frac{\sqrt{3}}{2}$$

所以，切線方程式為

$$y - \frac{3\sqrt{3}}{2} = -\frac{\sqrt{3}}{2}(x-1) \text{ 或 } \sqrt{3}x + 2y = 4\sqrt{3}.$$

【例題 2】 利用 (10-6) 式

試證：擺線 $x = a(t - \sin t)$, $y = a(1 - \cos t)$ 恆為下凹 $(a > 0)$.

【解】 因 $dx/dt = a(1-\cos t)$, $dy/dt = a\sin t$, 可得

$$\frac{d^2x}{dt^2} = a\sin t, \quad \frac{d^2y}{dt^2} = a\cos t$$

故

$$\frac{d^2y}{dx^2} = \frac{\dfrac{dx}{dt}\dfrac{d^2y}{dt^2} - \dfrac{dy}{dt}\dfrac{d^2x}{dt^2}}{\left(\dfrac{dx}{dt}\right)^3}$$

$$= \frac{a(1-\cos t)(a\cos t) - (a\sin t)(a\sin t)}{a^3(1-\cos t)^3}$$

$$=\frac{-1}{a(1-\cos t)^2}$$

因 $a>0$，故不論 t 值如何，上式恆為負，所以擺線為下凹。

【例題 3】 利用定理 10.1

設曲線 C 的參數方程式為 $x=t^2$，$y=t^3-3t$，試證 C 在點 $P(3, 0)$ 有兩條切線並求其切線方程式。

【解】

當 $t=0$ 或 $t=\pm\sqrt{3}$ 時，$y=t^3-3t=t(t^2-3)=0$，故兩個不同的參數值 $t=\sqrt{3}$ 與 $t=-\sqrt{3}$ 皆產生曲線 C 上一點 $P(3, 0)$。這說明曲線 C 在 $P(3, 0)$ 自交，如圖 10-11 所示。

$$\frac{dy}{dx}=\frac{\frac{dy}{dt}}{\frac{dx}{dt}}=\frac{3t^2-3}{2t}$$

當 $t=\pm\sqrt{3}$ 時，切線的斜率為

$$\frac{dy}{dx}=\pm\frac{6}{2\sqrt{3}}=\pm\sqrt{3},$$

所以，在 $P(3, 0)$ 之切線的方程式為

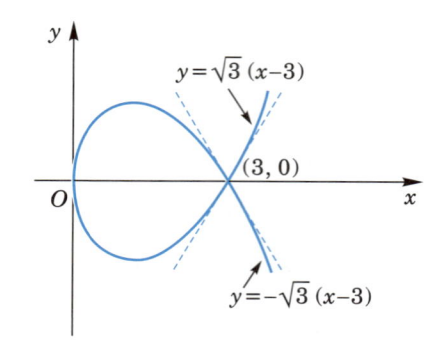

$$y=\sqrt{3}(x-3) \quad \text{與} \quad y=-\sqrt{3}(x-3)$$

圖 10-11

令曲線的參數方程式為

$$\begin{cases} x=f(t) \\ y=g(t) \end{cases}$$

由前面可知

$$\frac{dy}{dx}=\frac{\frac{dy}{dt}}{\frac{dx}{dt}}=\frac{g'(t)}{f'(t)}.$$

假設 $f'(t)$ 與 $g'(t)$ 在 $t=t_0$ 處皆為連續。

(1) 若 $g'(t_0)=0$，$f'(t_0)\neq 0$，則 $\dfrac{dy}{dx}=0$，故曲線在 t_0 處有一條水平切線。

(2) 若 $g'(t_0) \neq 0$, $f'(t_0) = 0$, 則 $\dfrac{dx}{dy} = 0$, 故曲線在 t_0 處有一條垂直切線。

(3) 若 $g'(t_0) = 0$, $f'(t_0) = 0$, 則曲線在 t_0 處之切線的斜率不定，此時需另加討論。

【例題 4】 利用定理 10.1

求曲線 $x = 5t + 2$, $y = 2t^3 + 3t^2 + 6$ 上水平切線所在位置的切點。

【解】 因 $\dfrac{dy}{dx} = \dfrac{\dfrac{dy}{dt}}{\dfrac{dx}{dt}}$, 故 $\dfrac{dy}{dx} = \dfrac{6t^2 + 6t}{5}$

令 $6t^2 + 6t = 0$, 解得 $t = -1$ 或 0。
當 $t = -1$ 時，可得水平切線所在位置的切點為 $(-3, 7)$；
當 $t = 0$ 時，可得水平切線所在位置的切點為 $(2, 6)$。

【例題 5】 利用 (10-6) 式

作曲線 $x = t^2$, $y = t^3$ 的圖形。

【解】 由 $dx/dt = 2t$ 可知，當 $-\infty < t < 0$ 時，$dx/dt < 0$, 故 x 為遞減。又 $0 < t < \infty$ 時，$dx/dt > 0$, 故 x 為遞增。由 $dy/dt = 3t^2$ 可知，當 $-\infty < t < \infty$ 時，$dy/dt > 0$, 故 y 為遞增。

又 $\dfrac{dy}{dx} = \dfrac{dy/dt}{dx/dt} = \dfrac{3t^2}{2t} = \dfrac{3}{2}t$, $t \neq 0$。

$\dfrac{d^2y}{dx^2} = \dfrac{\dfrac{d}{dt}\left(\dfrac{dy}{dx}\right)}{\dfrac{dx}{dt}} = \dfrac{\dfrac{d}{dt}\left(\dfrac{3}{2}t\right)}{2t} = \dfrac{3}{4t}$

當 $-\infty < t < 0$ 時，$\dfrac{d^2y}{dx^2} < 0$, 故圖形為下凹；

當 $0 < t < \infty$ 時，$\dfrac{d^2y}{dx^2} > 0$, 故圖形為上凹。

綜合以上所述，其圖形如圖 10-12 所示。

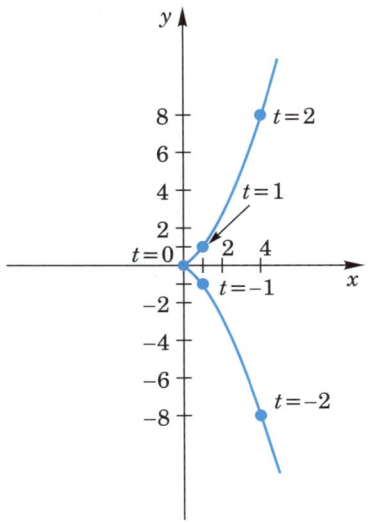

圖 10-12

習題 10.2

在 1～6 題中，不用消去參數直接求 $\dfrac{dy}{dx}$ 與 $\dfrac{d^2y}{dx^2}$．

1. $x=3t^2$, $y=2t^3$; $t\neq 0$
2. $x=2t-\dfrac{3}{t}$, $y=2t+\dfrac{3}{t}$; $t\neq 0$
3. $x=1-\cos t$, $y=2+3\sin t$; $t\neq n\pi$，此處 n 為整數．
4. $x=\sqrt{t+1}$, $y=t^2-3t$; $t\geq -1$
5. $x=e^{-t}$, $y=te^{2t}$
6. $x=3\tan t-1$, $y=5\sec t+2$; $t\neq \dfrac{(2n+1)\pi}{2}$，此處 n 為整數．

在 7～11 題中，不用消去參數直接求所予曲線在指定處之切線的方程式．

7. $x=3t$, $y=8t^3$; $t=-\dfrac{1}{2}$
8. $x=2\sec t$, $y=2\tan t$; $t=-\dfrac{\pi}{6}$
9. $x=2e^t$, $y=\dfrac{1}{3}e^{-t}$; $t=0$
10. $x=t^2+t$, $y=\sqrt{t}$; $t=4$
11. $x=2\sin\theta$, $y=3\cos\theta$; $\theta=\dfrac{\pi}{4}$

在 12～15 題中，求各曲線上水平切線與垂直切線所在位置的切點．

12. $x=4t^2$, $y=t^3-12t$; $t\in\mathbb{R}$
13. $x=t^3+1$, $y=t^2-2t$; $t\in\mathbb{R}$
14. $x=t(t^2-3)$, $y=3(t^2-3)$; $t\in\mathbb{R}$
15. $x=\dfrac{3t}{1+t^3}$, $y=\dfrac{3t^2}{1+t^3}$; $t\neq -1$

16. 試證曲線 $x=\cos t$, $y=\sin t\cos t$ 在點 $(0, 0)$ 有兩條切線，並求其切線的方程式．

17. 在擺線 $x=a(t-\sin t)$, $y=a(1-\cos t)$（其中 $t\in\mathbb{R}$, $a>0$）上點 P 之切線的斜率為何？在哪些點的切線是水平或垂直？何處之切線的斜率為 1？

18. 求下列的積分值．

    (1) $\displaystyle\int_0^1 (x^2-4y)dx$；其中 $x=t+1$, $y=t^3+4$

    (2) $\displaystyle\int_1^{\sqrt{3}} xy\,dy$；其中 $x=\sec t$, $y=\tan t$

    (3) $\displaystyle\int_1^3 xy^2\,dx$；其中 $x=2t-1$, $y=t^2+2$．

10-3　面積與弧長

我們知道在曲線 $y=f(x)$ 下方由 a 到 b 的面積為 $A=\int_a^b f(x)\,dx$，此處 $f(x) \geq 0$。若曲線以參數方程式 $x=f(t)$，$y=g(t)$ $(\alpha \leq t \leq \beta)$ 表示之，則

$$A=\int_a^b y\,dx = \int_\alpha^\beta g(t)f'(t)\,dt \tag{10-7}$$

【例題 1】　利用 (10-7) 式

求橢圓 $\dfrac{x^2}{a^2}+\dfrac{y^2}{b^2}=1$ $(a>0, b>0)$ 所圍成區域的面積。

【解】　橢圓 $\dfrac{x^2}{a^2}+\dfrac{y^2}{b^2}=1$ 的參數方程式為 $x=a\cos t$，$y=b\sin t$，$0 \leq t \leq 2\pi$，所求面積為

$$A=4\int_0^a y\,dx$$

當 $x=0$ 時，$t=\dfrac{\pi}{2}$；當 $x=a$ 時，$t=0$；又 $dx=-a\sin t\,dt$，故

$$A=4\int_{\pi/2}^0 b\sin t(-a\sin t)dt = -4ab\int_{\pi/2}^0 \sin^2 t\,dt$$

$$=4ab\int_0^{\pi/2}\frac{1-\cos 2t}{2}dt = 2ab\left(t-\frac{1}{2}\sin 2t\right)\Big|_0^{\pi/2}$$

$$=2ab\cdot\frac{\pi}{2}=\pi ab.$$

【例題 2】　利用 (10-7) 式

求在擺線 $x=a(\theta-\sin\theta)$，$y=a(1-\cos\theta)$ 之一拱下方的面積。

【解】　擺線的一拱如圖 10-13 所示，其中 $0 \leq \theta \leq 2\pi$。

$$A=\int_0^{2\pi a} y\,dx$$

$$= \int_0^{2\pi} a(1-\cos\theta)a(1-\cos\theta)d\theta$$

$$= a^2 \int_0^{2\pi} (1-\cos\theta)^2 d\theta$$

$$= a^2 \int_0^{2\pi} (1-2\cos\theta+\cos^2\theta) d\theta$$

$$= a^2 \int_0^{2\pi} \left(1-2\cos\theta+\frac{1+\cos 2\theta}{2}\right) d\theta$$

$$= a^2 \left(\frac{3\theta}{2}-2\sin\theta+\frac{1}{4}\sin 2\theta\right)\bigg|_0^{2\pi} = a^2\left(\frac{3}{2}\cdot 2\pi\right) = 3\pi a^2.$$

圖 10-13

假設曲線 C 的參數方程式為 $x=f(t)$, $y=g(t)$, 其中 f 與 g 在區間 $[a, b]$ 有連續的導函數, 且曲線 C 本身不相交. 考慮 $[a, b]$ 的分割 P, 而

$$a=t_0<t_1<t_2<\cdots<t_{n-1}<t_n=b,$$

又令 $\Delta t_i=t_i-t_{i-1}$ 且 $P_i=(f(t_i), g(t_i))$ 為曲線 C 上由 t_i 所決定的點. 若 $d(P_{i-1}, P_i)$ 為 $\overline{P_{i-1}P_i}$ 的長度, 則圖 10-14 所示折線的長度 L_P 為

$$L_P = \sum_{i=1}^n d(P_{i-1}, P_i)$$

故

$$L = \lim_{\|P\|\to 0} L_P$$

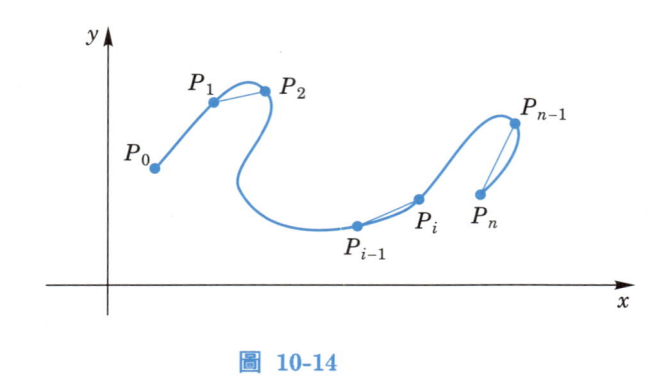

圖 10-14

由距離公式知

$$d(P_{i-1}, P_i) = \sqrt{[f(t_i)-f(t_{i-1})]^2+[g(t_i)-g(t_{i-1})]^2} \qquad (10\text{-}8)$$

利用均值定理，在開區間 (t_{i-1}, t_i) 中存在兩數 w_i 及 z_i 使得

$$f(t_i)-f(t_{i-1})=f'(w_i)\Delta t_i$$
$$g(t_i)-g(t_{i-1})=g'(z_i)\Delta t_i$$

代入 (10-8) 式中，可得

$$d(P_{i-1}, P_i)=\sqrt{[f'(w_i)]^2+[g'(z_i)]^2}\,\Delta t_i$$

所以

$$L=\lim_{\|P\|\to 0} L_P=\lim_{\|P\|\to 0}\sum_{i=1}^n \sqrt{[f'(w_i)]^2+[g'(z_i)]^2}\,\Delta t_i$$

如果對所有的 i，$w_i=z_i$，則此和是對於定義為

$$H(t)=\sqrt{[f'(t)]^2+[g'(t)]^2}$$

之函數的黎曼和。若曲線 C 是平滑的，則此和的極限存在且由 P_0 到 P_n 的長度為

$$L=\int_a^b \sqrt{[f'(t)]^2+[g'(t)]^2}\,dt \tag{10-9}$$

或

$$L=\int_a^b \sqrt{\left(\frac{dx}{dt}\right)^2+\left(\frac{dy}{dt}\right)^2}\,dt \tag{10-10}$$

【例題 3】 利用 (10-10) 式

求擺線 $x=a(\theta-\sin\theta)$，$y=a(1-\cos\theta)$ 之一拱的長度 $(a>0)$。

【解】 因 $\dfrac{dx}{d\theta}=a(1-\cos\theta)$，$\dfrac{dy}{d\theta}=a\sin\theta$，

故 $L=\displaystyle\int_0^{2\pi}\sqrt{\left(\frac{dx}{d\theta}\right)^2+\left(\frac{dy}{d\theta}\right)^2}\,d\theta=\int_0^{2\pi}\sqrt{a^2(1-\cos\theta)^2+a^2\sin^2\theta}\,d\theta$

$=\displaystyle\int_0^{2\pi}\sqrt{a^2(1-2\cos\theta+\cos^2\theta+\sin^2\theta)}\,d\theta=a\int_0^{2\pi}\sqrt{2(1-\cos\theta)}\,d\theta$

$=a\displaystyle\int_0^{2\pi}\sqrt{4\sin^2\frac{\theta}{2}}\,d\theta$

又 $0 \leq \theta \leq 2\pi$，可得 $0 \leq \frac{\theta}{2} \leq \pi$，故 $\sin \frac{\theta}{2} \geq 0$。於是，

$$\sqrt{2(1-\cos\theta)} = \sqrt{4\sin^2\frac{\theta}{2}} = 2\left|\sin\frac{\theta}{2}\right| = 2\sin\frac{\theta}{2}$$

所以，$L = 2a \int_0^{2\pi} \sin\frac{\theta}{2} d\theta = 2a\left(-2\cos\frac{\theta}{2}\right)\Big|_0^{2\pi} = 2a(2+2) = 8a$.

習題 10.3

1. 求曲線 $x = e^{2t}$，$y = e^{-t}$ 由 $t = 0$ 到 $t = \ln 5$ 的部分與 x-軸所圍成區域的面積。

2. 求曲線 $x = t + \frac{1}{t}$，$y = t - \frac{1}{t}$ 與直線 $x = \frac{10}{3}$ 所圍成區域的面積。

3. 求曲線 $x = \sin\theta$，$y = \cos 2\theta$ 與 x-軸所圍成區域的面積。

4. 求曲線 $x = t$，$y = t^2$ ($0 \leq t \leq 1$) 的長度。

5. 求曲線 $x = e^t \cos t$，$y = e^t \sin t$ ($0 \leq t \leq \pi$) 的長度。

6. 求曲線 $x = \ln \sin t$，$y = t$ $\left(\frac{\pi}{4} \leq t \leq \frac{\pi}{2}\right)$ 的長度。

7. 求曲線 $x = 2 - 3\sin^2\theta$，$y = \cos 2\theta$ $\left(0 \leq \theta \leq \frac{\pi}{2}\right)$ 的長度。

8. 求四尖內擺線 $x = a\cos^3 t$，$y = a\sin^3 t$ 的長度 ($a > 0$)。

∑ 10-4 極坐標

我們知道直角坐標可用來指定平面上的點，若用有序數對 (a, b) 表一點，則它到 x-軸與 y-軸的有向距離分別為 b 與 a。另外一種表示平面上一點的方法是用極坐標。為了在平面上引進一極坐標系，我們可以由一固定點 O (稱為原點或極) 與由 O 向右的射線 (稱為極軸) 開始。然後，我們考慮在平面上異於 O 的點 P，如圖 10-15 所示。若 $r = d(O, P)$，且 θ 表示由極軸與射線 OP 所決定的角，則 r 與 θ 稱為 P 點的極坐標而用符號 (r, θ) 或 $P(r, \theta)$ 來表示 P。通常，我們規定，若角是由極軸的逆時鐘方向旋轉所產生，則 θ 視為正；若旋轉是順時鐘方向，則 θ 視為負。弧度或度皆可用來表 θ 的度量。

在圖 10-16 中，另有兩射線，一個是與極軸成 θ 角，稱為射線 θ．相反的射線與極軸成 $\theta+\pi$ 角，稱為射線 $\theta+\pi$．

圖 10-17 中指出，若干個沿著同一射線的點用極坐標表示．

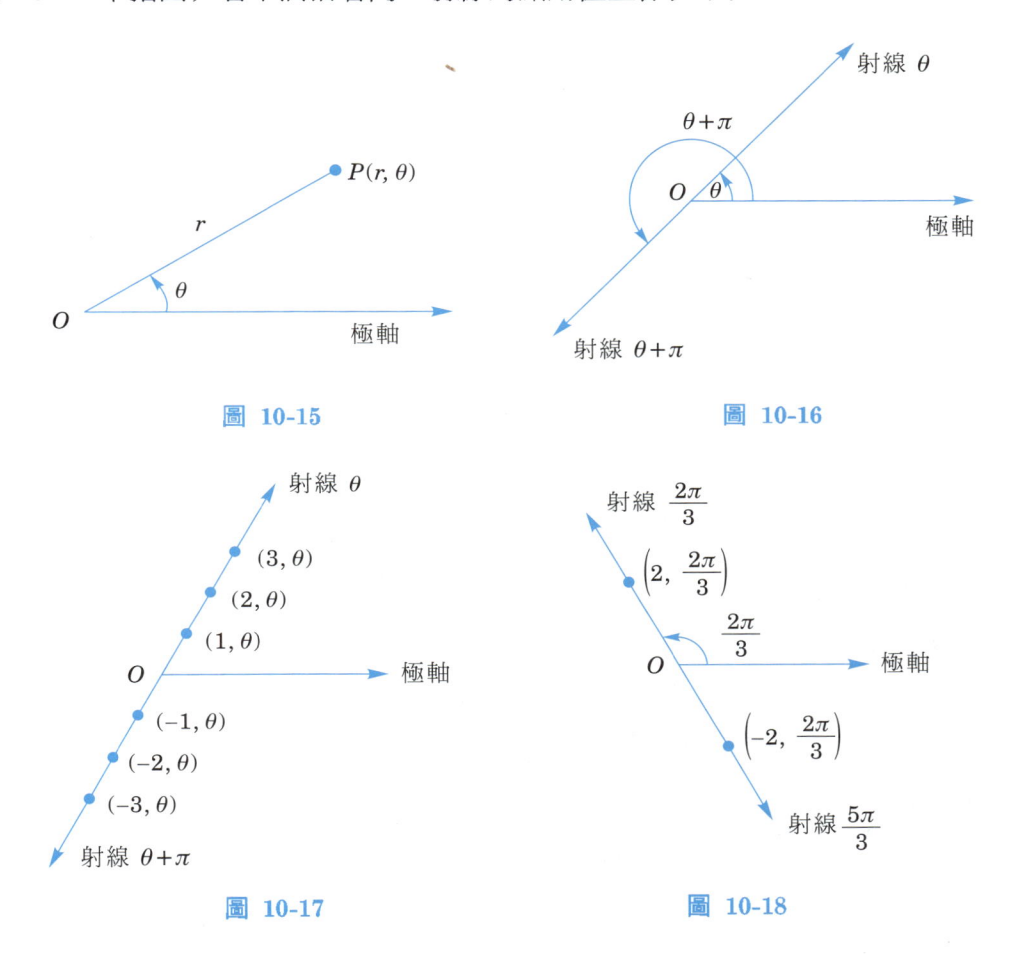

圖 10-15

圖 10-16

圖 10-17

圖 10-18

> 已知一個點的**極坐標**為 (r, θ)．
> 若 $r \geq 0$，則點 (r, θ) 位於射線 θ 上；若 $r < 0$，則點 (r, θ) 位於射線 $\theta+\pi$ 上．

例如，$\left(2, \dfrac{2\pi}{3}\right)$ 位於射線 $\dfrac{2\pi}{3}$ 上，它與極的距離為 2 個單位．點 $\left(-2, \dfrac{2\pi}{3}\right)$ 也是與極的距離為 2 個單位，但不是位於射線 $\dfrac{2\pi}{3}$ 上，而是位於其相反的射線上，如圖 10-18 所示．一點的極坐標表示法不是唯一的．例如，

図 10-19

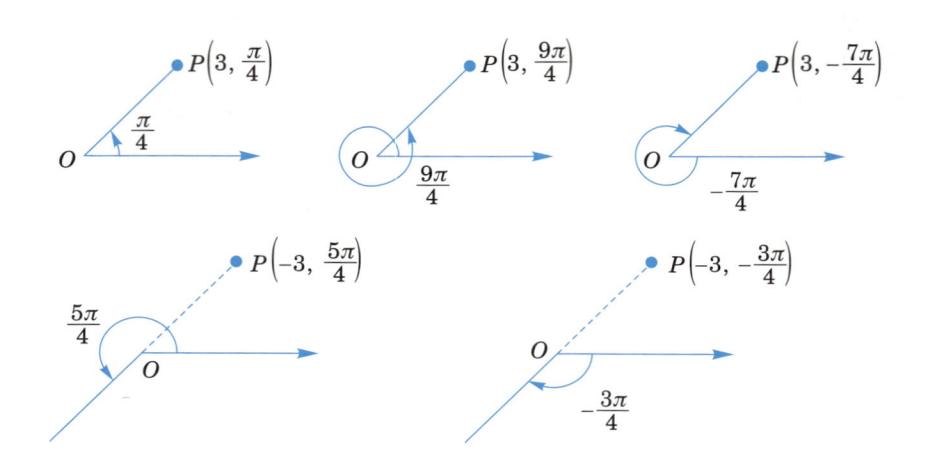

$$P\left(3, \frac{\pi}{4}\right)、P\left(3, \frac{9\pi}{4}\right)、P\left(3, -\frac{7\pi}{4}\right)、P\left(-3, \frac{5\pi}{4}\right) 與 P\left(-3, -\frac{3\pi}{4}\right)$$

皆表同一點，如圖 10-19 所示。

讀者應注意下列諸點：

1. 若 $r=0$，則無論選擇什麼 θ，皆是極，故對所有 θ，$O=(0, \theta)$。
2. 相差 2π 之整數倍的兩角並無差別。因此，對所有整數 n，
$$(r, \theta)=(r, \theta+2n\pi)$$
如圖 10-20 所示。
3. $(r, \theta+\pi)=(-r, \theta)$，如圖 10-21 所示。

如圖 10-22 所示，若將極坐標系疊置在直角坐標系上，極放在原點而極軸沿著 x-軸的正方向，則極坐標 (r, θ) 與直角坐標 (x, y) 之間的關係為

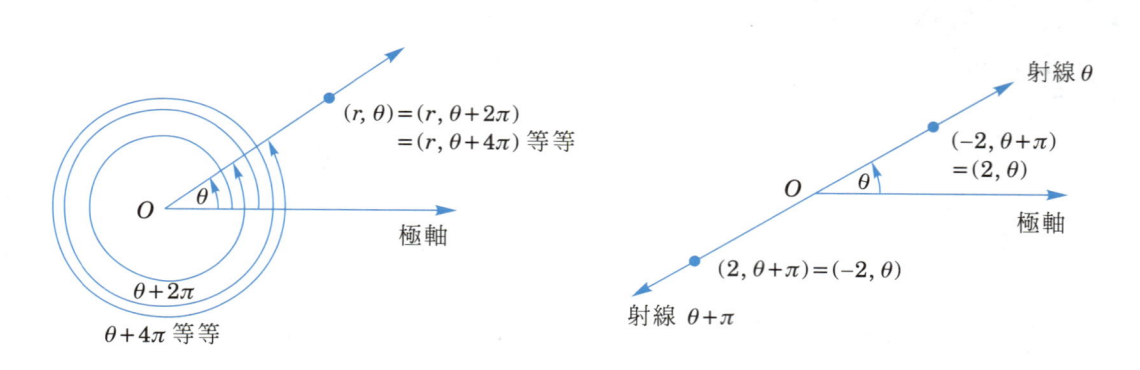

圖 10-20

圖 10-21

第 10 章　參數方程式，極坐標　　**515**

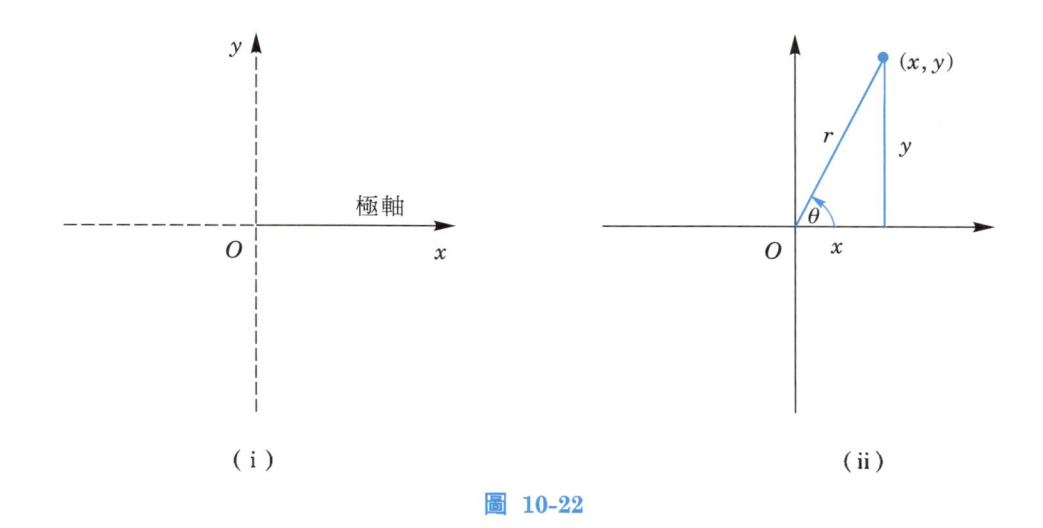

(ⅰ)　　　　　　　　　　　　　　(ⅱ)

圖 10-22

$$x = r\cos\theta,\ y = r\sin\theta \tag{10-11}$$

由 (10-11) 式可知

$$x^2 + y^2 = r^2 \tag{10-12}$$

$$\tan\theta = \frac{y}{x} \tag{10-13}$$

【例題 1】　將極坐標轉換成直角坐標

求點 $\left(-2,\ \dfrac{\pi}{3}\right)$ 的直角坐標.

【解】 利用 $x = r\cos\theta,\ y = r\sin\theta$，可得

$$x = -2\cos\frac{\pi}{3} = -2\left(\frac{1}{2}\right) = -1$$

$$y = -2\sin\frac{\pi}{3} = -2\left(\frac{\sqrt{3}}{2}\right) = -\sqrt{3}$$

於是，直角坐標為 $(-1,\ -\sqrt{3})$.

【例題 2】　將直角坐標轉換成極坐標

若一點的直角坐標為 $(-2,\ 2\sqrt{3})$，求此點所有可能的極坐標.

【解】　$-2 = r\cos\theta,\ 2\sqrt{3} = r\sin\theta$

因而，
$$r^2 = r^2\cos^2\theta + r^2\sin^2\theta = (-2)^2 + (2\sqrt{3})^2 = 16$$

若令 $r=4$，則
$$-2 = 4\cos\theta, \quad 2\sqrt{3} = 4\sin\theta$$

即，
$$-\frac{1}{2} = \cos\theta, \quad \frac{\sqrt{3}}{2} = \sin\theta$$

可取 $\theta = \dfrac{2\pi}{3}$ 或 $\theta = \dfrac{2\pi}{3} + 2n\pi$，此處 n 為任意整數。

若令 $r = -4$，則可取

$$\theta = \frac{2\pi}{3} + \pi = \frac{5\pi}{3} \text{ 或 } \theta = \frac{5\pi}{3} + 2n\pi, \text{ 此處 } n \text{ 為任意整數}.$$

於是，極坐標為 $\left(4, \dfrac{2\pi}{3} + 2n\pi\right)$ 或 $\left(-4, \dfrac{5\pi}{3} + 2n\pi\right)$，此處 n 為任意整數。

【例題 3】 利用 (10-11) 及 (10-12) 式

試證：方程式 $r = 2a\cos\theta$ 代表一圓。

【解】 兩邊乘以 r 可得

$$r^2 = 2ar\cos\theta$$
$$x^2 + y^2 = 2ax$$
$$x^2 - 2ax + y^2 = 0$$
$$x^2 - 2ax + a^2 + y^2 = a^2$$
$$(x-a)^2 + y^2 = a^2$$

這是半徑為 a 且圓心在直角坐標為 $(a, 0)$ 的圓。

極方程式是以 r 與 θ 表示的方程式，它的圖形為在 $r\theta$-平面（極坐標平面）上滿足所予方程式之所有點的集合。描繪極方程式的圖形除了需計算一些 θ 與 r 的對應值之外，若能再了解圖形的**對稱性**，將更有助於作圖。

定理 10.2 對稱性判別法

(1) 若在極方程式中，以 $-r$ 代 r 使得原方程式不變，則其圖形對稱於極（原點)，如圖 10-23(ⅰ) 所示．

(2) 若在極方程式中，以 $-\theta$ 代 θ 使得原方程式不變，則其圖形對稱於極軸，如圖 10-23(ⅱ) 所示．

(3) 若在極方程式中，以 $\pi-\theta$ 代 θ 使得原方程式不變，則其圖形對稱於 $\theta=\pi/2$，如圖 10-23(ⅲ) 所示．

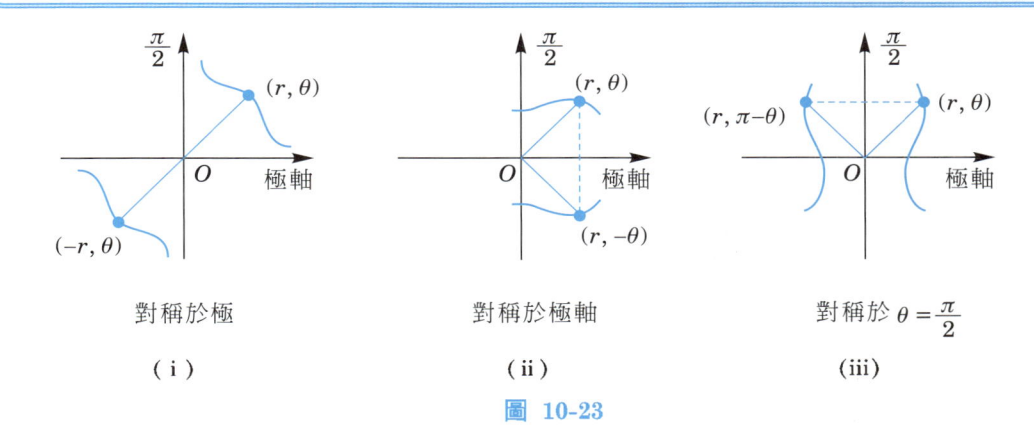

對稱於極
（ⅰ）

對稱於極軸
（ⅱ）

對稱於 $\theta=\dfrac{\pi}{2}$
（ⅲ）

圖 10-23

【例題 4】 利用定理 10.2(3)

作極方程式 $r=4\sin\theta$ 的圖形．

【解】 若 θ 以 $\pi-\theta$ 取代，則 r 不變．因此，極方程式的圖形對稱於 $\theta=\pi/2$．所以，當 θ 由 0 變到 $\pi/2$ 時，r 由 0 增到 4．為了有助於描點，下表中列出一些由 0 到 $\pi/2$ 的 θ 值及與其對應的 r 值，然後利用對稱性，可作出圖 10-24 所示的圖形．

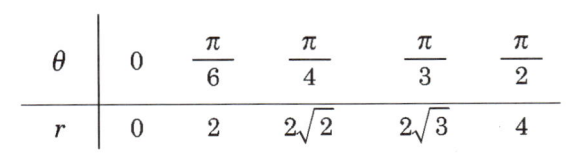

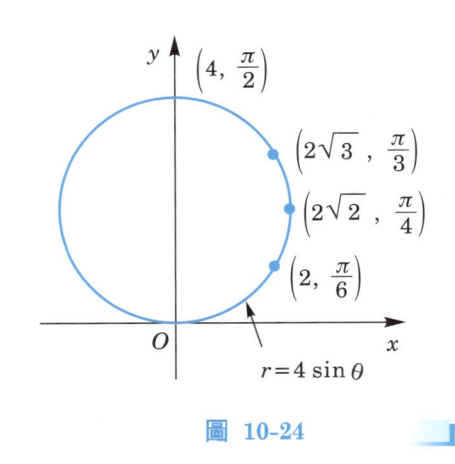

θ	0	$\dfrac{\pi}{6}$	$\dfrac{\pi}{4}$	$\dfrac{\pi}{3}$	$\dfrac{\pi}{2}$
r	0	2	$2\sqrt{2}$	$2\sqrt{3}$	4

圖 10-24

【例題 5】 利用定理 10.2(2)

作極方程式 $r=a(1+\cos\theta)$ $(a>0)$ 的圖形．

【解】 因餘弦函數為偶函數，即 $\cos(-\theta)=\cos\theta$，故對應於 $-\theta$ 的 r 值與對應於 θ 的 r 值相同，由此可知曲線對稱於極軸．我們只需作出 θ 由 0 到 π 的部分，其餘部分可由對稱而得．下表中列出一些 0 到 π 的 θ 值及與其對應的 r 值．θ

由 0 增到 π，$\cos\theta$ 由 1 減到 -1，r 由 $2a$ 減到 0. 由 0 到 π 的圖形如圖 10-25 所示．

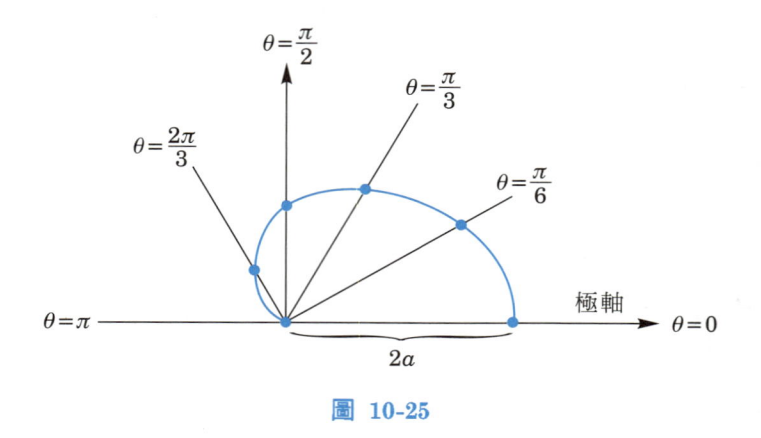

θ	0	$\dfrac{\pi}{6}$	$\dfrac{\pi}{3}$	$\dfrac{\pi}{2}$	$\dfrac{2\pi}{3}$	π
r	$2a$	$\left(1+\dfrac{\sqrt{3}}{2}\right)a$	$\dfrac{3}{2}a$	a	$\dfrac{1}{2}a$	0

圖 10-25

利用對稱性可得全部的圖形，如圖 10-26 中所示之心臟形的圖形，稱為 **心臟線**．一般而言，形如

$$r=a(1+\cos\theta),\ r=a(1+\sin\theta)$$
$$r=a(1-\cos\theta),\ r=a(1-\sin\theta)$$

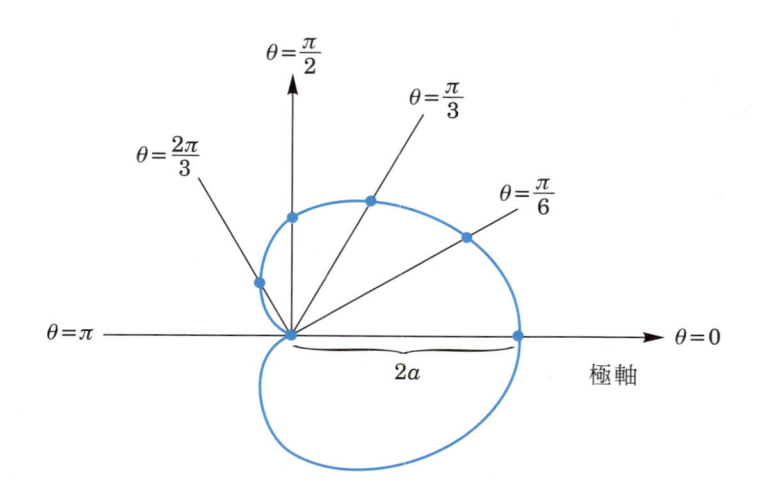

圖 10-26

中任一者的圖形是一心臟線，其中 a 是一實數．又形如

$$r = a + b \cos \theta, \quad r = a + b \sin \theta$$

中任一者的圖形稱爲蚶線，此處 $a \neq b$．該圖形的形狀類似於心臟線；然而，有一個添加的"廻圈"，如下面的例子所示．

【例題 6】 蚶線

作極方程式 $r = 2(1 + 2 \cos \theta)$ 的圖形．

【解】 對於 $0 \leq \theta \leq \pi$ 的一些點列表如下：

θ	0	$\frac{\pi}{6}$	$\frac{\pi}{4}$	$\frac{\pi}{3}$	$\frac{\pi}{2}$	$\frac{2\pi}{3}$	$\frac{3\pi}{4}$	$\frac{5\pi}{6}$	π
r	6	$2+2\sqrt{3}$	$2+2\sqrt{2}$	4	2	0	$2-2\sqrt{2}$	$2-2\sqrt{3}$	-2

注意，在 $\theta = \frac{2\pi}{3}$ 時，$r = 0$．若 $\frac{2\pi}{3} < \theta \leq \pi$，則 r 的值爲負，而由此可得圖 10-27 中小廻圈的下半部．令 θ 的範圍是由 π 到 2π，則可得小廻圈的上半部與大廻圈的下半部．

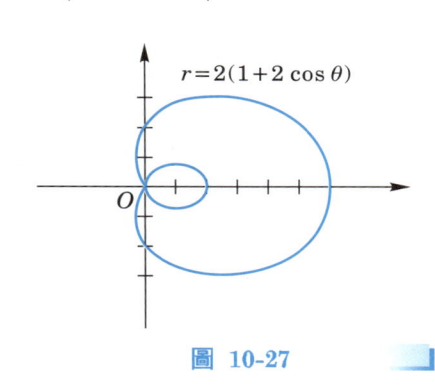

圖 10-27

【例題 7】 三瓣玫瑰線

作極方程式 $r = a \sin 3\theta \ (a > 0)$ 的圖形．

【解】 當 θ 由 0 增到 $\frac{\pi}{6}$ 時，r 由 0 增到 a；當 θ 由 $\frac{\pi}{6}$ 增到 $\frac{\pi}{3}$ 時，r 減到 0．如圖 10-28 所示．

當 θ 由 $\frac{\pi}{3}$ 增到 $\frac{\pi}{2}$ 時，r 由 0 減

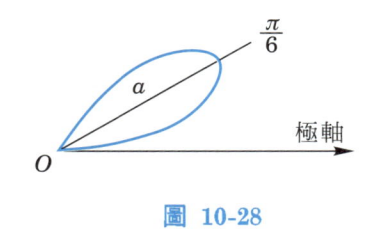

圖 10-28

到 $-a$；當 θ 由 $\frac{\pi}{2}$ 增到 $\frac{2\pi}{3}$ 時，r 增到 0．如圖 10-29 所示．(於 θ 在 $\frac{\pi}{3}$ 到 $\frac{2\pi}{3}$ 之間，$r = a \sin 3\theta$ 爲負，點在相反的射線上．)

圖 10-29　　　　　　　　　　　圖 10-30

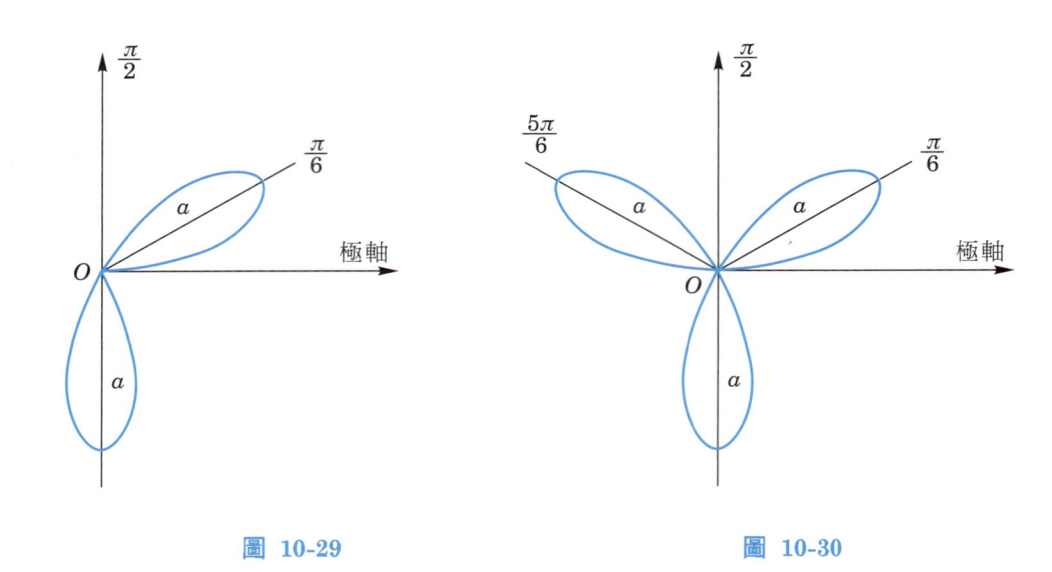

當 θ 由 $\dfrac{2\pi}{3}$ 增到 $\dfrac{5\pi}{6}$ 時，r 由 0 增到 a；當 θ 由 $\dfrac{5\pi}{6}$ 增到 π，r 減到 0。如圖 10-30 所示。

從這個值以後，曲線又再重複。

$$(a\sin 3(\theta+\pi),\ \theta+\pi)=(-a\sin 3\theta,\ \theta+\pi)=(a\sin 3\theta,\ \theta)$$

最後的一個等號是由於 $(r,\ \theta+\pi)=(-r,\ \theta)$。

註：形如 $r=a\sin n\theta$ 或 $r=a\cos n\theta$ 的方程式表示花卉形的曲線，稱為**玫瑰線**。若 n 為正奇數，則玫瑰線有 n 個等間隔花瓣（或稱廻圈）；而若 n 為正偶數，則有 $2n$ 個等間隔花瓣。尤其，當 $n=1$ 時即為一圓，它可被視為單瓣玫瑰線。

對兩個極方程式的圖形，我們可求出它們是否有交點。現在，藉下面的例題以說明之。

【例題 8】　規避的交點——極

求 $r=\sin\theta$ 與 $r=\cos\theta$ $(0\leqslant\theta<2\pi)$ 等圖形的交點。

【解】　由 $\sin\theta=\cos\theta$，可得 $\tan\theta=1$，所以 $\theta=\dfrac{\pi}{4}$ 或 $\dfrac{5\pi}{4}$。由 $r=\sin\theta$ 與 $r=\cos\theta$，我們得知交點為 $\left(\dfrac{\sqrt{2}}{2},\ \dfrac{\pi}{4}\right)$。點 $\left(-\dfrac{\sqrt{2}}{2},\ \dfrac{5\pi}{4}\right)$ 也滿足每個方程式，

但與 $\left(\dfrac{\sqrt{2}}{2}, \dfrac{\pi}{4}\right)$ 表同一點，故捨去。

如圖 10-31 所示，$r=\sin\theta$ 與 $r=\cos\theta$ 的圖形皆為圓，兩圖形交於點 $\left(\dfrac{\sqrt{2}}{2}, \dfrac{\pi}{4}\right)$ 與極。點 $(0, 0)$ 在 $r=\sin\theta$ 的圖形上，而點 $\left(0, \dfrac{\pi}{2}\right)$ 在 $r=\cos\theta$ 的圖形上。事實上，找不到一個有關極的唯一坐標序對能滿足所有的方程式。

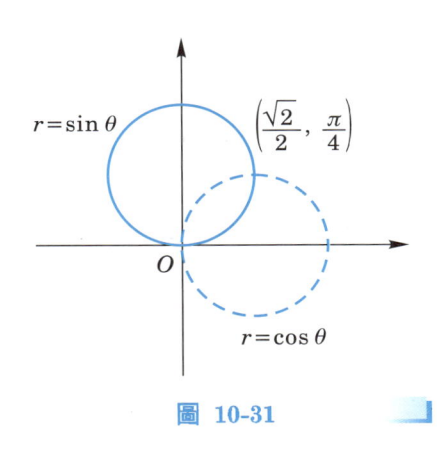

圖 10-31

【例題 9】 規避的交點——極

求 $r=\cos 2\theta$ 與 $r=\cos\theta$ $(0\leq\theta<2\pi)$ 等圖形的交點。

【解】 由 $\cos 2\theta=\cos\theta$，並利用三角恆等式 $\cos 2\theta=2\cos^2\theta-1$，可得

$$2\cos^2\theta-1=\cos\theta$$
$$2\cos^2\theta-\cos\theta-1=0$$
$$(\cos\theta-1)(2\cos\theta+1)=0$$

於是，$\cos\theta=1$ 或 $\cos\theta=-\dfrac{1}{2}$。

因此，$\theta=0, \dfrac{2\pi}{3}, \dfrac{4\pi}{3}$，故交點坐標為 $(1, 0)$、$\left(-\dfrac{1}{2}, \dfrac{2\pi}{3}\right)$ 與 $\left(-\dfrac{1}{2}, \dfrac{4\pi}{3}\right)$。在每個方程式中，若令 $r=0$，則對於 $r=\cos 2\theta$，$\cos 2\theta=0$，故 $\theta=\dfrac{\pi}{4}$。所以，極為圖形上的點。對於 $r=\cos\theta$，$\cos\theta=0$，故 $\theta=\dfrac{\pi}{2}$。極為圖形上的點。如圖 10-32 所示。

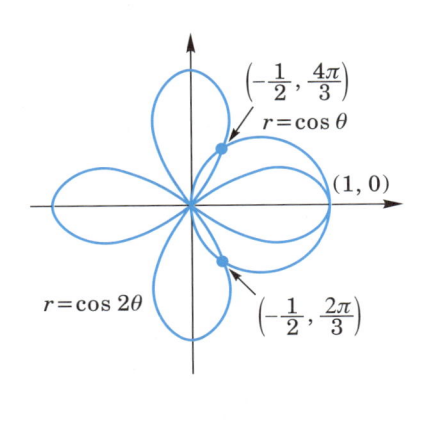

圖 10-32

【例題 10】 解方程組

求心臟線 $r = 2(1+\cos\theta)$ 與圓 $r = 3$ $(0 \leq \theta < 2\pi)$ 等圖形的交點.

【解】 令 $2(1+\cos\theta) = 3$, 則

$2\cos\theta = 1$, 可得 $\cos\theta = \dfrac{1}{2}$.

因此, $\theta = \dfrac{\pi}{3}$, $\theta = \dfrac{5\pi}{3}$. 兩交點為 $\left(3, \dfrac{\pi}{3}\right)$ 與 $\left(3, \dfrac{5\pi}{3}\right)$. 極不是交點, 如圖 10-33 所示.

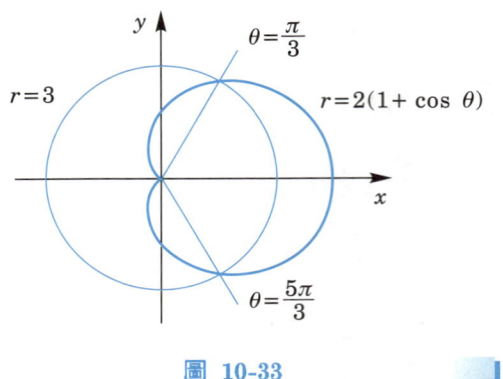

圖 10-33

註：欲求兩個極方程式圖形的交點, 可先求解該兩方程式, 然後畫出該兩圖形以發現其它可能的交點.

極方程式圖形的切線可藉下面的定理求出.

定理 10.3

極方程式 $r = f(\theta)$ 的圖形在點 $P(r, \theta)$ 之切線的斜率為

$$m = \dfrac{\dfrac{dr}{d\theta}\sin\theta + r\cos\theta}{\dfrac{dr}{d\theta}\cos\theta - r\sin\theta}.$$

證 若 (x, y) 為 $P(r, \theta)$ 的直角坐標, 則依 (10-11) 式,

$$x = r\cos\theta = f(\theta)\cos\theta$$
$$y = r\sin\theta = f(\theta)\sin\theta$$

這些可視為圖形的參數方程式, 其中 θ 為參數. 應用定理 10.1, 在點 (x, y) 之切線的斜率為

$$\dfrac{dy}{dx} = \dfrac{\dfrac{dy}{d\theta}}{\dfrac{dx}{d\theta}} = \dfrac{f'(\theta)\sin\theta + f(\theta)\cos\theta}{f'(\theta)\cos\theta - f(\theta)\sin\theta} = \dfrac{\dfrac{dr}{d\theta}\sin\theta + r\cos\theta}{\dfrac{dr}{d\theta}\cos\theta - r\sin\theta}.$$

若定理 10.3 中 m 之公式中的分子爲 0 且分母不爲 0，則有水平切線．若分母爲 0 且分子不爲 0，則有垂直切線．我們需特別注意 $\dfrac{0}{0}$ 的情形．欲求切線在極的斜率，需要決定 θ 的值使 $r=0$．對於這種值（以及 $r=0$），在定理 10.3 中的公式可化成 $m=\tan\theta$．

【例題 11】 求心臟線的切線

已知心臟線 $r=2(1+\cos\theta)$，求

(1) 切線在 $\theta=\dfrac{\pi}{6}$ 的斜率 　　(2) 切線在極的斜率

(3) 所有點使得切線在該處爲水平　(4) 所有點使得切線在該處爲垂直．

【解】 $r=2(1+\cos\theta)$ 的圖形如圖 10-34 所示．若應用定理 10.3，則切線的斜率爲

$$m=\frac{(-2\sin\theta)\sin\theta+2(1+\cos\theta)\cos\theta}{(-2\sin\theta)\cos\theta-2(1+\cos\theta)\sin\theta}=\frac{2(\cos^2\theta-\sin^2\theta)+2\cos\theta}{-2(2\sin\theta\cos\theta)-2\sin\theta}$$

$$=-\frac{\cos 2\theta+\cos\theta}{\sin 2\theta+\sin\theta}$$

(1) 在 $\theta=\dfrac{\pi}{6}$，

$$m=-\frac{\cos\dfrac{\pi}{3}+\cos\dfrac{\pi}{6}}{\sin\dfrac{\pi}{3}+\sin\dfrac{\pi}{6}}=-\frac{\dfrac{1}{2}+\dfrac{\sqrt{3}}{2}}{\dfrac{\sqrt{3}}{2}+\dfrac{1}{2}}=-1$$

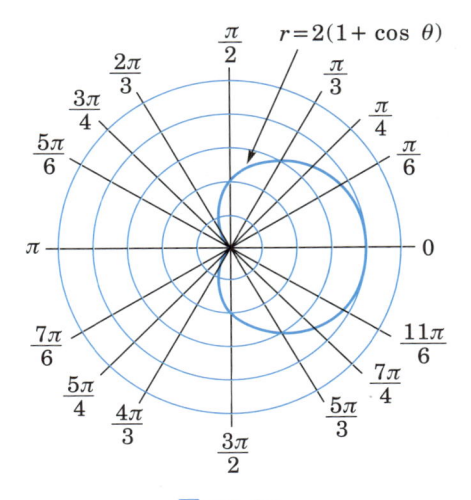

圖 10-34

(2) 欲求切線在極的斜率，我們需要 θ 值使得 $r=2(1+\cos\theta)=0$. 由此可得 $\cos\theta=-1$，或 $\theta=\pi$，但是，代入 m 的公式中產生無意義的式子 $\dfrac{0}{0}$. 因此，在定理 10.3 中令 $r=0$，可得 $m=\tan\theta$. 所以，在極處，$m=\tan\pi=0$.

(3) 欲求水平切線，令 $\cos 2\theta+\cos\theta=0$，則
$$2\cos^2\theta-1+\cos\theta=0$$
或
$$(2\cos\theta-1)(\cos\theta+1)=0$$

我們從 $\cos\theta=\dfrac{1}{2}$ 可得 $\theta=\dfrac{\pi}{3}$ 與 $\theta=\dfrac{5\pi}{3}$. 對應點為 $\left(3,\dfrac{\pi}{3}\right)$ 與 $\left(3,\dfrac{5\pi}{3}\right)$.

利用 $\cos\theta=-1$，可得 $\theta=\pi$. 因在 m 之公式中的分母於 $\theta=\pi$ 時為 0，故需要更進一步的檢查. 其實，我們在 (2) 中看出在點 $(0,\pi)$ 有一條水平切線.

(4) 欲求垂直切線，可令 $\sin 2\theta+\sin\theta=0$，則
$$2\sin\theta\cos\theta+\sin\theta=0$$
或
$$\sin\theta(2\cos\theta+1)=0$$

故得下列的 θ 值：

0, π, $\dfrac{2\pi}{3}$ 與 $\dfrac{4\pi}{3}$. 我們在 (3) 中已求出由 π 可得水平切線. 利用其餘的值可得點 $(4,0)$、$\left(1,\dfrac{2\pi}{3}\right)$ 與 $\left(1,\dfrac{4\pi}{3}\right)$，圖形在該處有垂直切線.

習題 10.4

在 1~3 題中，將各點的極坐標化成直角坐標.

1. $\left(4,\dfrac{\pi}{3}\right)$ 2. $\left(-3,\dfrac{5\pi}{4}\right)$ 3. $\left(-5,\dfrac{\pi}{6}\right)$

在 4~6 題，將各點的直角坐標化成極坐標.

4. $(1,\sqrt{3})$ 5. $(-2\sqrt{3},-2)$ 6. $\left(-\dfrac{\sqrt{2}}{2},\dfrac{\sqrt{2}}{2}\right)$

在 7~13 題中，將直角坐標方程式化成極方程式.

7. $x=0$ 8. $y=-5$ 9. $x+y=0$ 10. $y^2=4px$
11. $x^2=8y$ 12. $x^2-y^2=16$ 13. $9x^2+4y^2=36$

在 14～18 題中，將極方程式化成直角坐標方程式，並作其圖形。

14. $r\cos\theta+6=0$
15. $r-6\cos\theta=0$
16. $r^2-8r\cos\theta-4r\sin\theta+11=0$
17. $r=6/(2-\cos\theta)$
18. $r^2\sin 2\theta=4$

在 19～23 題中，作極方程式的圖形。

19. $r=4(1-\sin\theta)$
20. $r=4(1+\sin\theta)$
21. $r^2=4\cos 2\theta$
22. $r=2\sin 4\theta$
23. $r=e^{\theta/2}$, $\theta\geq 0$

在 24～26 題中，求極方程式之圖形的交點。

24. $r=6$, $r=4(1+\cos\theta)$
25. $r=1-\cos\theta$, $r=1+\cos\theta$
26. $r^2=4\cos 2\theta$, $r=2\sqrt{2}\sin\theta$

求下列極方程式的圖形在指定 θ 值之切線的斜率。

27. $r=4\cos\theta$, $\theta=\dfrac{\pi}{3}$
28. $r=4(1-\sin\theta)$, $\theta=0$
29. $r=8\cos 3\theta$, $\theta=\dfrac{\pi}{4}$
30. $r=2^\theta$, $\theta=\pi$

∑ 10-5 利用極坐標求面積與弧長

某些由極方程式的圖形所圍成區域的面積可以應用一些扇形區域面積之和的極限而求得。假設非負值的函數 $r=f(\theta)$ 在 $[\alpha,\beta]$ 為連續。我們要求 $r=f(\theta)$ 的圖形與兩條射線 $\theta=\alpha$ 與 $\theta=\beta$ 所圍成區域的面積，如圖 10-35 所示。令 P 表 $[\alpha,\beta]$ 的一分割，其由

$$\alpha=\theta_0<\theta_1<\theta_2<\cdots<\theta_n=\beta \text{ 所決定}$$

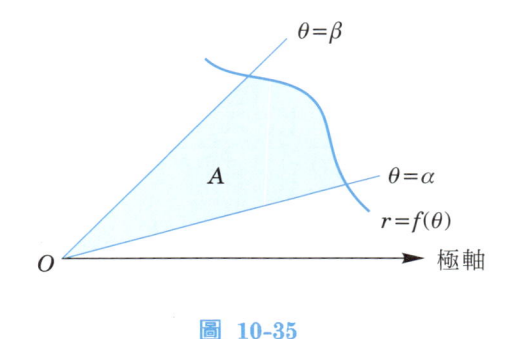

圖 10-35

圖 10-36

且令 $\Delta\theta_i = \theta_i - \theta_{i-1}$, $i = 1, 2, \cdots, n$. 若 θ_i^* 為第 i 個子區間 $[\theta_{i-1}, \theta_i]$ 中的任一數，則半徑為 $r_i^* = f(\theta_i^*)$ 的扇形面積 (見圖 10-36) 為

$$\Delta A_i = \frac{1}{2}[f(\theta_i^*)]^2 \Delta\theta_i$$

而 $\Delta\theta_i$ 為扇形的圓心角．於是，黎曼和

$$\sum_{i=1}^{n} \frac{1}{2}[f(\theta_i^*)]^2 \Delta\theta_i \tag{10-14}$$

近似於區域的面積 A．

我們定義 A 為 (10-14) 式在 $\|P\| \to 0$ 時的極限，即

$$A = \lim_{\|P\| \to 0} \sum_{i=1}^{n} \frac{1}{2}[f(\theta_i^*)]^2 \Delta\theta_i = \int_{\alpha}^{\beta} \frac{1}{2}[f(\theta)]^2 d\theta$$

或

$$A = \int_{\alpha}^{\beta} \frac{1}{2} r^2 \, d\theta$$

定義 10.3

若正值函數 $r = f(\theta)$ 在 $[\alpha, \beta]$ 為連續，則由曲線 $r = f(\theta)$ 與兩射線 $\theta = \alpha$, $\theta = \beta$ 所圍成區域的面積為

$$A = \int_{\alpha}^{\beta} \frac{1}{2}[f(\theta)]^2 \, d\theta = \int_{\alpha}^{\beta} \frac{1}{2} r^2 \, d\theta \tag{10-15}$$

【例題 1】 利用 (10-15) 式

求心臟線 $r = 2(1 + \cos\theta)$ 所圍成區域的面積．

【解】 區域繪於圖 10-37 中．利用對稱性，我們將求此區域的上半部面積而將結果乘以 2 倍．於是，

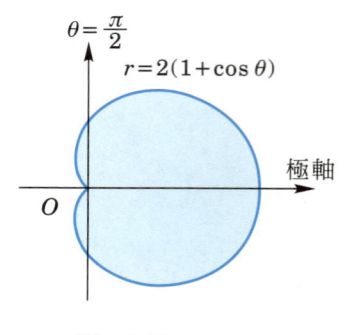

$$A = 2\int_{0}^{\pi} \frac{1}{2} [2(1 + \cos\theta)]^2 \, d\theta$$

圖 10-37

$$= \int_0^\pi (4+8\cos\theta+4\cos^2\theta)d\theta$$

$$= \int_0^\pi (6+8\cos\theta+2\cos 2\theta)d\theta$$

$$=(6\theta+8\sin\theta+\sin 2\theta)\Big|_0^\pi =6\pi.$$

【例題 2】 利用 (10-15) 式

求三瓣玫瑰線 $r=2\cos 3\theta$ 所圍成區域的面積.

【解】 三瓣玫瑰線的圖形如圖 10-38 所示.
當 θ 由 0 變到 π 時,則得三瓣玫瑰線右瓣上半部的圖形,其佔全部面積的 1/6,故其面積為

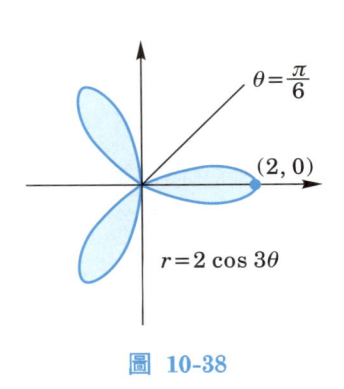

$$A=6\int_0^{\pi/6}\frac{1}{2}(4\cos^2 3\theta)d\theta$$

$$=12\int_0^{\pi/6}\frac{1+\cos 6\theta}{2}d\theta$$

$$=12\left(\frac{\theta}{2}+\frac{\sin 6\theta}{12}\right)\Big|_0^{\pi/6}=12\left(\frac{\pi}{12}\right)=\pi.$$

圖 10-38

若我們想計算兩曲線

$$r=f(\theta),\ r=g(\theta)\quad (0\leq g(\theta)\leq f(\theta))$$

與兩射線

$$\theta=\alpha,\ \theta=\beta\quad (0\leq\alpha<\beta<2\pi)$$

所圍成區域的面積,如圖 10-39 所示,則我們首先計算 $r=f(\theta)$ 與兩射線所圍成的面積,然後再減去 $r=g(\theta)$ 與兩射線所圍成的面積,可得下面公式

$$A=\frac{1}{2}\int_\alpha^\beta \{[f(\theta)]^2-[g(\theta)]^2\}d\theta \tag{10-16}$$

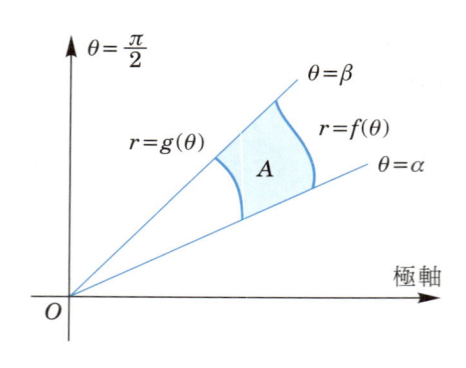

圖 10-39

【例題 3】 利用 (10-16) 式

求同時在心臟線 $r=1+\cos\theta$ 外部與圓 $r=3\cos\theta$ 內部的區域面積.

【解】 如圖 10-40 所示區域的面積 A 即為所欲求者. 首先求交點, 令

$$1+\cos\theta=3\cos\theta$$

可得

$$\cos\theta=\frac{1}{2}, \text{ 故 } \theta=\pm\frac{\pi}{3}.$$

依對稱性, 我們計算極軸上半部的面積, 然後再乘以 2, 即為所欲求的面積. 所以,

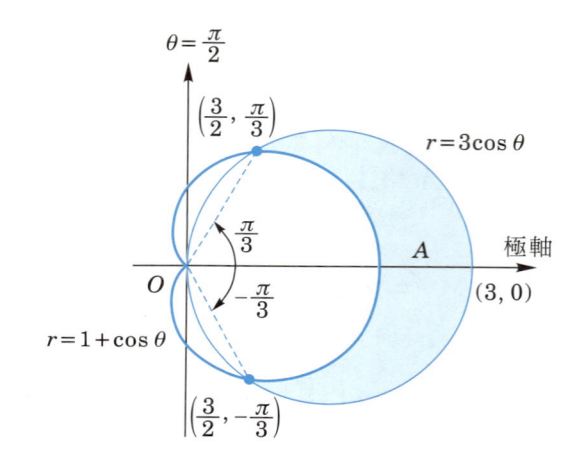

圖 10-40

$$A=2\int_0^{\pi/3}\frac{1}{2}[(3\cos\theta)^2-(1+\cos\theta)^2]d\theta$$

$$=\int_0^{\pi/3}(9\cos^2\theta-1-2\cos\theta-\cos^2\theta)d\theta$$

$$=\int_0^{\pi/3}(8\cos^2\theta-2\cos\theta-1)d\theta$$

$$=\int_0^{\pi/3}\left[8\left(\frac{1+\cos 2\theta}{2}\right)-2\cos\theta-1\right]d\theta$$

$$=(4\theta+2\sin 2\theta-2\sin\theta-\theta)\Big|_0^{\pi/3}=\pi.$$

假設曲線 C 所定義的極方程式為 $r=f(\theta)$，此處 f 在 $[\alpha, \beta]$ 為連續且具有連續的導函數．利用直角坐標與極坐標的關係，可得曲線 C 的參數方程式如下：

$$x = r\cos\theta = f(\theta)\cos\theta$$
$$y = r\sin\theta = f(\theta)\sin\theta, \quad \alpha \leq \theta \leq \beta$$

此為曲線 C 的參數方程式．利用 (10-10) 式，先求出

$$\frac{dx}{d\theta} = -r\sin\theta + \frac{dr}{d\theta}\cos\theta$$

$$\frac{dy}{d\theta} = r\cos\theta + \frac{dr}{d\theta}\sin\theta$$

$$\left(\frac{dx}{d\theta}\right)^2 + \left(\frac{dy}{d\theta}\right)^2 = r^2 + \left(\frac{dr}{d\theta}\right)^2$$

故

$$L = \int_\alpha^\beta \sqrt{\left(\frac{dx}{d\theta}\right)^2 + \left(\frac{dy}{d\theta}\right)^2}\, d\theta = \int_\alpha^\beta \sqrt{r^2 + \left(\frac{dr}{d\theta}\right)^2}\, d\theta \tag{10-17}$$

【例題 4】 利用 (10-17) 式

求心臟線 $r = a(1-\cos\theta)$ 的全長 $(a>0)$．

【解】
$$L = 2\int_0^\pi \sqrt{r^2 + \left(\frac{dr}{d\theta}\right)^2}\, d\theta = 2\int_0^\pi \sqrt{a^2(1-\cos\theta)^2 + a^2\sin^2\theta}\, d\theta$$

$$= 2\sqrt{2}\,a \int_0^\pi \sqrt{1-\cos\theta}\, d\theta = 2\sqrt{2}\,a \int_0^\pi \sqrt{2\sin^2\frac{\theta}{2}}\, d\theta$$

$$= 4a\int_0^\pi \left|\sin\frac{\theta}{2}\right| d\theta = 4a\int_0^\pi \sin\frac{\theta}{2}\, d\theta = 8a.$$

假設一平滑曲線 C 的極方程式為 $r=f(\theta)$，$\alpha \leq \theta \leq \beta$．若此曲線的一組參數方程式為

$$x = r\cos\theta = f(\theta)\cos\theta$$
$$y = r\sin\theta = f(\theta)\sin\theta$$

則
$$\frac{dx}{d\theta}=\frac{dr}{d\theta}\cos\theta-r\sin\theta,\quad \frac{dr}{d\theta}=\frac{dr}{d\theta}\sin\theta+r\cos\theta$$

$$\left(\frac{dx}{d\theta}\right)^2+\left(\frac{dy}{d\theta}\right)^2=r^2+\left(\frac{dr}{d\theta}\right)^2$$

故由曲線 C 繞極軸旋轉所得旋轉曲面的面積爲

$$S=2\pi\int_{\alpha}^{\beta} r\sin\theta \sqrt{r^2+\left(\frac{dr}{d\theta}\right)^2}\, d\theta \tag{10-18}$$

同理，繞 $\theta=\dfrac{\pi}{2}$ 旋轉所得旋轉曲面的面積爲

$$S=2\pi\int_{\alpha}^{\beta} r\cos\theta \sqrt{r^2+\left(\frac{dr}{d\theta}\right)^2}\, d\theta \tag{10-19}$$

【例題 5】 利用 (10-18) 式

求將對數螺線 $r=e^{\theta/2}$ 由 $\theta=0$ 到 $\theta=\pi$ 的部分繞極軸旋轉所得曲面的面積。

【解】 $S=2\pi\displaystyle\int_{0}^{\pi} e^{\theta/2}\sin\theta \sqrt{(e^{\theta/2})^2+\left(\frac{1}{2}e^{\theta/2}\right)^2}\, d\theta$

$=2\pi\displaystyle\int_{0}^{\pi} e^{\theta/2}\sin\theta \sqrt{\frac{5}{4}e^{\theta}}\, d\theta$

$=\sqrt{5}\pi\displaystyle\int_{0}^{\pi} e^{\theta}\sin\theta\, d\theta=\dfrac{\sqrt{5}}{2}\pi\left[e^{\theta}(\sin\theta-\cos\theta)\right]\Big|_{0}^{\pi}=\dfrac{\sqrt{5}}{2}\pi(e^{\pi}+1)$.

習題 10.5

在 1～7 題中，求極方程式圖形所圍成區域的面積。

1. $r=4(1-\cos\theta)$
2. $r=7(1-\sin\theta)$
3. $r^2=5\cos 2\theta$
4. $r^2=4\sin 2\theta$
5. $r=3+\cos\theta$
6. $r=\sin 2\theta$
7. $r=4+\sin\theta$
8. 求同時在圓 $r=3\sin\theta$ 內部與心臟線 $r=1+\sin\theta$ 外部之區域的面積。
9. 求同時在圓 $r=2$ 外部與雙紐線 $r^2=8\cos 2\theta$ 內部之區域的面積。

10. 求同時在圓 $r=2$ 外部與圓 $r=4\cos\theta$ 內部之區域的面積。

11. 於第二象限中，求同時在心臟線 $r=2(1+\sin\theta)$ 內部與心臟線 $r=2(1+\cos\theta)$ 外部之區域的面積。

12. 求對數螺線 $r=e^{-\theta}$ 由 $\theta=0$ 到 $\theta=2\pi$ 的長度。

13. 求螺線 $r=2^\theta$ 由 $\theta=0$ 到 $\theta=\pi$ 的長度。

14. 求曲線 $r=\cos^2\dfrac{\theta}{2}$ 由 $\theta=0$ 到 $\theta=\pi$ 的長度。

求由下列曲線繞極軸旋轉所產生曲面的面積。

15. $r=2(1+\cos\theta)$
16. $r^2=4\cos 2\theta$
17. $r=2a\sin\theta$

第 11 章　無窮級數

本章學習目標

- 能夠判斷數列的斂散性
- 如何檢驗正項級數的斂散性
- 如何檢驗交錯級數的斂散性
- 瞭解絕對收斂與條件收斂的意義
- 如何求冪級數的收斂區間與收斂半徑
- 如何將一函數展開成泰勒級數或麥克勞林級數
- 能夠瞭解泰勒級數的應用
- 能夠瞭解二項級數與其收斂區間

11-1　無窮數列

無窮級數的理論是建立在無窮數列上，所以，我們先討論無窮數列的觀念，再來討論無窮級數．

定義 11.1

無窮數列是一個定義域為正整數集合的函數．

若 f 為一無窮數列，則對每一正整數 n 恰有一實數 $f(n)$ 與其對應．

$$\begin{array}{ccccccc} 1, & 2, & 3, & 4, & \cdots, & n, & \cdots \\ \downarrow & \downarrow & \downarrow & \downarrow & & \downarrow & \\ f(1), & f(2), & f(3), & f(4), & \cdots, & f(n), & \cdots \end{array}$$

若令 $a_n = f(n)$，則上式可寫成

$$a_1, a_2, a_3, \cdots, a_n, \cdots$$

其中 a_1 稱為無窮數列的**首項**，a_2 稱為第二項，a_n 稱為**第 n 項**．有時候，我們將上面的數列表成 $\{a_n\}$ 或 $\{a_n\}_{n=1}^{\infty}$．例如，$\{4^n\}$ 表示第 n 項為 $a_n = 4^n$ 的數列，由定義 11.1，數列 $\{4^n\}$ 為對每一正整數 n 滿足 $f(n) = 4^n$ 的函數 f．

定義 11.2

給予數列 $\{a_n\}$，若對任一 $\varepsilon > 0$，存在一正整數 N，使得 $n > N$ 時，$|a_n - L| < \varepsilon$ 恆成立，則稱 L 為數列 $\{a_n\}$ 的**極限**，以 $\lim\limits_{n \to \infty} a_n = L$ 表之．

若 $\lim\limits_{n \to \infty} a_n = L$ 成立，則稱 $\{a_n\}$ **收斂**到 L．倘若 $\lim\limits_{n \to \infty} a_n$ 不存在，則稱數列 $\{a_n\}$ **發散**．

$\lim\limits_{n \to \infty} a_n = L$ 也可寫成：當 $n \to \infty$ 時，$a_n \to L$；或表成 $a_n \to L$．

【例題 1】　利用定義 11.2

試證：數列 $\left\{\dfrac{1}{n}\right\}$ 收斂到 0．

【解】 令 $a_n = \dfrac{1}{n}$，$L = 0$。欲證明 $\dfrac{1}{n} \to 0$，我們必須證明對任意 $\varepsilon > 0$，存在一正整數 N 使得對所有 n，

$$n > N \Rightarrow \left| \dfrac{1}{n} - 0 \right| < \varepsilon$$

因為

$$\left| \dfrac{1}{n} - 0 \right| = \left| \dfrac{1}{n} \right| = \dfrac{1}{n}$$

所以我們想得知

$$\dfrac{1}{n} < \varepsilon, \ \forall\, n > N$$

亦即，

$$n > \dfrac{1}{\varepsilon}, \ \forall\, n > N$$

我們只要選擇正整數 N 大於 $\dfrac{1}{\varepsilon}$，則對大於 N 的任意 n 會大於 $\dfrac{1}{\varepsilon}$，故 $\lim\limits_{n \to \infty} a_n = \lim\limits_{n \to \infty} \dfrac{1}{n} = 0$，即，$\left\{ \dfrac{1}{n} \right\}$ 收斂到 0。

定理 11.1　唯一性

若 $\lim\limits_{n \to \infty} a_n = L$ 且 $\lim\limits_{n \to \infty} a_n = M$，則 $L = M$。

【例題 2】 發散數列

試證：$\{(-1)^n\}$ 為發散數列。

【解】

(1) 若 n 為正偶數，則 $(-1)^n = 1$，故

$$\lim\limits_{n \to \infty} (-1)^n = 1.$$

(2) 若 n 為正奇數，則 $(-1)^n = -1$，故

$$\lim\limits_{n \to \infty} (-1)^n = -1.$$

由 (1) 與 (2) 可知，當 $n \to \infty$ 時，$a_n = (-1)^n$ 不能趨近一個定值 L。因此，極

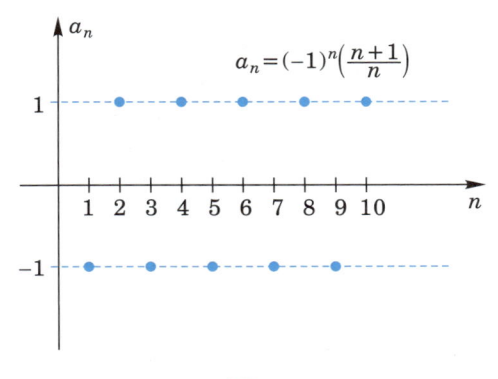

圖 11-1

限不存在. 如圖 11-1 所示.

定義 11.3

$\lim\limits_{n\to\infty} a_n = \infty$ 意即對每一正數 P，存在一正整數 N，使得 $n > N$ 時，$a_n > P$.

定理 11.2

(1) $\lim\limits_{n\to\infty} r^n = 0$ (若 $|r| < 1$).　　(2) $\lim\limits_{n\to\infty} |r^n| = \infty$ (若 $|r| > 1$).

【例題 3】　利用定理 11.2

求下列各數列的極限.

(1) $\left\{\left(-\dfrac{2}{5}\right)^n\right\}$.　　(2) $\{(1.05)^n\}$.

【解】

(1) 因 $|r| = \left|-\dfrac{2}{5}\right| < 1$，故 $\lim\limits_{n\to\infty}\left(-\dfrac{2}{5}\right)^n = 0$.

(2) 因 $|r| = |1.05| > 1$，故 $\lim\limits_{n\to\infty}(1.05)^n = \infty$.

有關無窮數列的極限定理與函數在無限大處極限定理相類似，故下面的定理只敘述而不予以證明.

定理 11.3

令 $\{a_n\}$ 與 $\{b_n\}$ 皆為收斂數列. 若 $\lim\limits_{n\to\infty} a_n = A$ 且 $\lim\limits_{n\to\infty} b_n = B$，則

(1) $\lim\limits_{n\to\infty} k a_n = k \lim\limits_{n\to\infty} a_n = kA$，$k$ 為常數

(2) $\lim\limits_{n\to\infty}(a_n + b_n) = \lim\limits_{n\to\infty} a_n + \lim\limits_{n\to\infty} b_n = A + B$

(3) $\lim\limits_{n\to\infty} a_n b_n = (\lim\limits_{n\to\infty} a_n)(\lim\limits_{n\to\infty} b_n) = AB$

(4) $\lim\limits_{n\to\infty} \dfrac{a_n}{b_n} = \dfrac{\lim\limits_{n\to\infty} a_n}{\lim\limits_{n\to\infty} b_n} = \dfrac{A}{B}$，$B \neq 0$.

【例題 4】 利用定理 11.3

判斷數列 $\left\{\dfrac{n}{9n+1}\right\}$ 的斂散性.

【解】 因 $\displaystyle\lim_{n\to\infty}\dfrac{n}{9n+1}=\lim_{n\to\infty}\dfrac{1}{9+\dfrac{1}{n}}=\dfrac{\displaystyle\lim_{n\to\infty}1}{\displaystyle\lim_{n\to\infty}9+\lim_{n\to\infty}\dfrac{1}{n}}=\dfrac{1}{9+0}=\dfrac{1}{9}$

故此數列收斂.

【例題 5】 利用瑕積分

已知 $a_n=\displaystyle\int_1^n \dfrac{1}{x^p}\,dx$，$p>1$，則數列 $\{a_n\}$ 是否收斂？

【解】 因 $\displaystyle\lim_{n\to\infty}a_n=\lim_{n\to\infty}\int_1^n\dfrac{1}{x^p}\,dx=\lim_{n\to\infty}\left(\dfrac{1}{1-p}\cdot\dfrac{1}{x^{p-1}}\bigg|_1^n\right)$

$=\displaystyle\lim_{n\to\infty}\left[\dfrac{1}{1-p}\left(\dfrac{1}{n^{p-1}}-1\right)\right]=\dfrac{1}{p-1}$

故數列 $\{a_n\}$ 收斂.

【例題 6】 利用定理 11.3

求下列各數列的極限.

(1) $\left\{\dfrac{2-3e^{-n}}{6+4e^{-n}}\right\}$ (2) $\left\{\dfrac{1}{n^3}\displaystyle\sum_{i=1}^n i^2\right\}$ (3) $\left\{\sin\dfrac{n\pi}{2}\right\}$

【解】

(1) $\displaystyle\lim_{n\to\infty}\dfrac{2-3e^{-n}}{6+4e^{-n}}=\dfrac{\displaystyle\lim_{n\to\infty}(2-3e^{-n})}{\displaystyle\lim_{n\to\infty}(6+4e^{-n})}=\dfrac{2}{6}=\dfrac{1}{3}$.

(2) 因 $\displaystyle\sum_{i=1}^n i^2=\dfrac{n(n+1)(2n+1)}{6}$，

故 $\dfrac{1}{n^3}\displaystyle\sum_{i=1}^n i^2=\dfrac{n(n+1)(2n+1)}{6n^3}=\dfrac{1}{6}\left(1+\dfrac{1}{n}\right)\left(2+\dfrac{1}{n}\right)$

$$\lim_{n\to\infty} \frac{1}{n^3} \sum_{i=1}^{n} i^2 = \lim_{n\to\infty} \left[\frac{1}{6}\left(2+\frac{1}{n}\right)\left(1+\frac{1}{n}\right)\right] = \frac{1}{3}.$$

(3) $\lim\limits_{n\to\infty} \sin\dfrac{n\pi}{2} = \begin{cases} 1, & \text{若 } n=4m+1 \\ 0, & \text{若 } n=4m \text{ 或 } 4m+2 \text{；此處 } m \in N. \\ -1, & \text{若 } n=4m+3 \end{cases}$

因 $\lim\limits_{n\to\infty} \sin\dfrac{n\pi}{2}$ 不定，故極限不存在。

下面的重要結果對於求數列的極限非常有用。

定理 11.4

設 f 為定義在 $x \geq n_0$ (n_0 為某固定正整數) 的函數，且 $\{a_n\}$ 為一數列使得對 $n \geq n_0$，$a_n = f(n)$ 成立。
(1) 若 $\lim\limits_{x\to\infty} f(x) = L$，則 $\lim\limits_{n\to\infty} a_n = L$。
(2) 若 $\lim\limits_{x\to\infty} f(x) = \infty$ (或 $-\infty$)，則 $\lim\limits_{n\to\infty} a_n = \infty$ (或 $-\infty$)。

證明見附錄。

但讀者應注意定理 11.4 的逆敘述一般不一定成立，例如：

$$\lim_{n\to\infty} \sin \pi n = 0 \text{ 但 } \lim_{x\to\infty} \sin \pi x \text{ 並不存在。}$$

定理 11.4 的結論使得我們能夠應用函數的極限定理 (當 $x \to \infty$) 求數列的極限。最重要的是我們可對數列的極限使用羅必達法則。若 $a_n = f(n)$，$b_n = g(n)$ 且當 $x \to \infty$ 時，$\lim\limits_{x\to\infty} \dfrac{f(x)}{g(x)}$ 為不定型 $\dfrac{\infty}{\infty}$，則 $\lim\limits_{n\to\infty} \dfrac{a_n}{b_n} = \lim\limits_{x\to\infty} \dfrac{f(x)}{g(x)} = \lim\limits_{x\to\infty} \dfrac{f'(x)}{g'(x)}$，倘若右端的極限存在。

【例題 7】 利用羅必達法則

試證：$\lim\limits_{n\to\infty} \dfrac{\ln n}{n} = 0$。

【解】 令函數 $f(x) = \dfrac{\ln x}{x}$，$x \geq 1$，則

$$\lim_{x\to\infty}\frac{\ln x}{x}=\lim_{x\to\infty}\frac{1/x}{1}=0$$

故
$$\lim_{n\to\infty}\frac{\ln n}{n}=0.$$

當我們使用羅必達法則去求數列的極限時，我們往往視 n 為一連續實變數且對 n 直接微分．

【例題 8】 利用羅必達法則

求下列各數列的極限．

(1) $\left\{\dfrac{\ln n}{n^2}\right\}$ (2) $\left\{\dfrac{e^n}{n+4e^n}\right\}$ (3) $\left\{\dfrac{1}{n}\int_1^n \dfrac{1}{x}\,dx\right\}$

【解】

(1) $$\lim_{n\to\infty}\frac{\ln n}{n^2}=\lim_{n\to\infty}\frac{1/n}{2n}=\lim_{n\to\infty}\frac{1}{2n^2}=0.$$

(2) $$\lim_{n\to\infty}\frac{e^n}{n+4e^n}=\lim_{n\to\infty}\frac{e^n}{1+4e^n}=\lim_{n\to\infty}\frac{e^n}{4e^n}=\lim_{n\to\infty}\frac{1}{4}=\frac{1}{4}.$$

(3) $$\lim_{n\to\infty}\frac{1}{n}\int_1^n\frac{1}{x}\,dx=\lim_{n\to\infty}\frac{\int_1^n\frac{1}{x}\,dx}{n}=\lim_{n\to\infty}\frac{\frac{1}{n}}{1}=0.$$

下列的極限非常重要，在求數列的極限時常會被用到．

1. $\lim\limits_{n\to\infty}\dfrac{\ln n}{n}=0.$ 2. $\lim\limits_{n\to\infty}\sqrt[n]{n}=1.$

3. $\lim\limits_{n\to\infty}x^{1/n}=1\ (x>0).$ 4. $\lim\limits_{n\to\infty}x^n=0\ (|x|<1).$

5. $\lim\limits_{n\to\infty}\left(1+\dfrac{x}{n}\right)^n=e^x.$ 6. $\lim\limits_{n\to\infty}\dfrac{x^n}{n!}=0.$

定理 11.5

假設 $\lim\limits_{n\to\infty} a_n = L$，且每一數 a_n 皆在函數 f 的定義域內。若 f 在 $x=L$ 為連續，則

$$\lim_{n\to\infty} f(a_n) = f(L)$$

即

$$\lim_{n\to\infty} f(a_n) = f(\lim_{n\to\infty} a_n).$$

【例題 9】 利用定理 11.5

求數列 $\left[\tan\left(\dfrac{\pi n^2+1}{3-4n^2}\right)\right]$ 的極限。

【解】 由於 $f(x) = \tan x$ 在 $\left(-\dfrac{\pi}{2}, \dfrac{\pi}{2}\right)$ 為連續，

故

$$\lim_{n\to\infty}\tan\left(\dfrac{\pi n^2+1}{3-4n^2}\right) = \tan\left[\lim_{n\to\infty}\left(\dfrac{\pi n^2+1}{3-4n^2}\right)\right]$$

$$= \tan\left(-\dfrac{\pi}{4}\right) = -1.$$

定理 11.6　無窮數列的夾擠定理

設 $\{a_n\}$、$\{b_n\}$ 與 $\{c_n\}$ 皆為無窮數列，且對所有正整數 $n \geq n_0$ (n_0 為某固定正整數) 恆有 $a_n \leq b_n \leq c_n$。

若 $\lim\limits_{n\to\infty} a_n = \lim\limits_{n\to\infty} c_n = L$，則 $\lim\limits_{n\to\infty} b_n = L$。

【例題 10】 利用夾擠定理

求數列 $\left\{\dfrac{\cos^2 n}{3^n}\right\}$ 的極限。

【解】 因對每一正整數 n 皆有 $0 < \cos^2 n < 1$，故

$$0 < \frac{\cos^2 n}{3^n} < \frac{1}{3^n}$$

由定理 11.2 及 $r = \frac{1}{3}$，可得

$$\lim_{n \to \infty} \frac{1}{3^n} = \lim_{n \to \infty} \left(\frac{1}{3}\right)^n = 0$$

又 $\lim_{n \to \infty} 0 = 0$，所以，

$$\lim_{n \to \infty} \frac{\cos^2 n}{3^n} = 0$$

故數列的極限為 0。

定理 11.7

令 $\{a_n\}$ 為一數列，若 $\lim_{n \to \infty} |a_n| = 0$，則 $\lim_{n \to \infty} a_n = 0$。

證 因 $-|a_n| \leq a_n \leq |a_n|$，$\forall n \in N$，
又 $\lim_{n \to \infty} (-|a_n|) = \lim_{n \to \infty} |a_n| = 0$，故 $\lim_{n \to \infty} a_n = 0$。

【例題 11】 利用定理 11.7

若數列的第 n 項為 $a_n = (-1)^n \frac{1}{n}$，試證：$\lim_{n \to \infty} a_n = 0$。

【解】 此數列的各項為正負交錯。例如，前五項為

$$-1, \frac{1}{2}, -\frac{1}{3}, \frac{1}{4}, -\frac{1}{5}$$

因 $\left|(-1)^n \frac{1}{n}\right| = \frac{1}{n}$，且 $\lim_{n \to \infty} \frac{1}{n} = 0$

故 $\lim_{n \to \infty} a_n = 0$。

定義 11.4

若數列 $\{a_n\}$ 是
(1) **遞增**：$a_1 < a_2 < a_3 < \cdots < a_n < a_{n+1} < \cdots$，或
(2) **遞減**：$a_1 > a_2 > a_3 > \cdots > a_n > a_{n+1} > \cdots$，或
(3) **非遞減**：$a_1 \leqslant a_2 \leqslant a_3 \leqslant \cdots \leqslant a_n \leqslant a_{n+1} \leqslant \cdots$，或
(4) **非遞增**：$a_1 \geqslant a_2 \geqslant a_3 \geqslant \cdots \geqslant a_n \geqslant a_{n+1} \geqslant \cdots$
則稱數列 $\{a_n\}$ 為**單調**。

【例題 12】 利用定義 11.4

數列
$$4,\ 6,\ 8,\ 10,\ \cdots$$

$$1,\ \frac{1}{2},\ \frac{1}{4},\ \frac{1}{8},\ \cdots$$

$$5,\ 5,\ 4,\ 4,\ 4,\ 3,\ 3,\ 3,\ 3,\ \cdots$$

皆為單調，它們分別是遞增、遞減與非遞增。

數列 $-1,\ \dfrac{1}{2},\ -\dfrac{1}{3},\ \dfrac{1}{4},\ -\dfrac{1}{5},\ \cdots$ 為非單調數列。

定理 11.8 單調數列判別法

假設 $f(x)$ 對 $x \geqslant n_0$ 有定義並可微分，且對所有正整數 $n \geqslant n_0$，$f(n) = a_n$。
(1) 若 $f'(x) \geqslant 0$ 對 $x \geqslant n_0$ 成立，則 $a_n \leqslant a_{n+1}$，$\forall\, n \geqslant n_0$。
(2) 若 $f'(x) \leqslant 0$ 對 $x \geqslant n_0$ 成立，則 $a_n \geqslant a_{n+1}$，$\forall\, n \geqslant n_0$。

【例題 13】 利用單調數列判別法

試證數列 $\left\{\dfrac{n}{n^2+1}\right\}$ 為遞減數列。

【解】 令 $f(x) = \dfrac{x}{x^2+1}$，則 $f(n) = a_n$。

又 $f'(x) = \dfrac{x^2+1 - x \cdot 2x}{(x^2+1)^2} = \dfrac{1-x^2}{(x^2+1)^2} < 0 \quad (x^2 > 1)$

可知 f 在 $[1, \infty)$ 為遞減. 於是, $f(n) > f(n+1)$,

即, $a_n > a_{n+1}$, 所以 $\left\{\dfrac{n}{n^2+1}\right\}$ 為遞減數列.

【例題 14】 利用單調數列判別法

已知無窮數列 $\{a_n\}_{n=2}^{\infty}$, a_n 定義為 $a_n = 1 + \dfrac{1}{2} + \dfrac{1}{3} + \cdots + \dfrac{1}{n-1} - \ln n$,

試證 $\{a_n\}_{n=2}^{\infty}$ 為遞增數列.

【解】 $a_{n+1} - a_n = \left[1 + \dfrac{1}{2} + \dfrac{1}{3} + \cdots + \dfrac{1}{n} - \ln(n+1)\right]$

$\qquad\qquad\quad - \left[1 + \dfrac{1}{2} + \dfrac{1}{3} + \cdots + \dfrac{1}{n-1} - \ln n\right]$

$\qquad\quad = \dfrac{1}{n} + \ln n - \ln(n+1)$

$\qquad\quad = \dfrac{1}{n} - [\ln(n+1) - \ln n]$

$\qquad\quad = \dfrac{1}{n} - \ln\left(1 + \dfrac{1}{n}\right)$

令 $f(x) = x - \ln(1+x)$, 則

$$f'(x) = 1 - \dfrac{1}{1+x}$$

$$= \dfrac{x}{1+x} > 0, \ \forall \ x > 0$$

可知 f 為遞增函數, 而 $f(x) > f(0) = 0$.

所以, $\qquad\qquad x > \ln(1+x), \ \forall \ x > 0$

$\Rightarrow \dfrac{1}{n} > \ln\left(1 + \dfrac{1}{n}\right) \Rightarrow \{a_n\}_{n=2}^{\infty}$ 為遞增數列.

定義 11.5

(1) 若存在一數 M 使得 $a_n \leq M$ 對所有 n 皆成立，則數列 $\{a_n\}$ 為**上有界**。
(2) 若存在一數 m 使得 $a_n \geq m$ 對所有 n 皆成立，則數列 $\{a_n\}$ 為**下有界**。
若數列 $\{a_n\}$ 為上有界且為下有界，則 $\{a_n\}$ 稱為**有界數列**。

【例題 15】 有界數列

數列 $\left\{\dfrac{2n+1}{n+1}\right\}$ 以 2 為上界，因為 $\dfrac{2n+1}{n+1} < \dfrac{2n+2}{n+1} = \dfrac{2(n+1)}{n+1} = 2$。

又 $\dfrac{2n+1}{n+1} > 0$，這說明此數列以 0 為下界。於是，對每一 $n \geq 1$，$0 < \dfrac{2n+1}{n+1}$

< 2，可知此數列為有界。當然，數列的項也以 -2 為下界，故我們可以寫成

$$\left|\dfrac{2n+1}{n+1}\right| < 2, \quad n \geq 1.$$

定理 11.9

收斂數列必為有界。

證明見附錄。

註：有界數列不一定收斂。

定理 11.10

有界單調數列必收斂。

直覺上，圖 11-2 幫助我們瞭解定理 11.10 對上有界的遞增數列是成立的。因該數列是遞增而無法越過 M，故往後的項被迫群集在某數 L 的附近並接近 L。

【例題 16】 利用定理 11.10

試證數列 $\left\{\dfrac{1 \cdot 3 \cdot 5 \cdots (2n-1)}{2 \cdot 4 \cdot 6 \cdots (2n)}\right\}$ 為收斂。

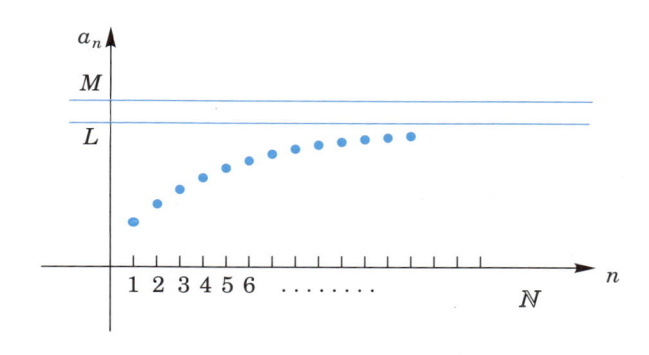

圖 11-2

【解】 首先，

$$\frac{a_{n+1}}{a_n} = \frac{1 \cdot 3 \cdot 5 \cdots (2n-1)(2n+1)}{2 \cdot 4 \cdot 6 \cdots (2n)(2n+2)} \cdot \frac{2 \cdot 4 \cdot 6 \cdots (2n)}{1 \cdot 3 \cdot 5 \cdots (2n-1)}$$

$$= \frac{2n+1}{2n+2} < 1$$

於是，$a_{n+1} < a_n$，$n \geq 1$。由於此數列為遞減，故其為單調。其次，因

$$0 < \frac{1 \cdot 3 \cdot 5 \cdot 7 \cdots (2n-1)}{2 \cdot 4 \cdot 6 \cdot 8 \cdots (2n)} = \frac{1}{2} \cdot \frac{3}{4} \cdot \frac{5}{6} \cdot \frac{7}{8} \cdots \frac{2n-1}{2n} < 1$$

(何故？)

故數列為有界。於是，此數列為收斂。

【例題 17】 利用定理 11.10

已知數列：

$$x_1 = \sqrt{a}, \quad x_2 = \sqrt{a + \sqrt{a}}, \quad x_3 = \sqrt{a + \sqrt{a + \sqrt{a}}}, \quad \cdots,$$

$$x_n = \sqrt{a + \sqrt{a + \sqrt{a + \cdots \sqrt{a}}}}, \quad \cdots,$$

其中 $a > 0$。試證數列 $\{x_n\}$ 為收斂。

【解】 (1) 此數列為單調遞增。

(2) 顯然，$x_2=\sqrt{a+x_1}$, $x_3=\sqrt{a+x_2}$, $\cdots$, $x_n=\sqrt{a+x_{n-1}}$, $\cdots$

因而，
$$x_n^2 = a + x_{n-1}.$$

因 $x_n > 0$，可得
$$x_n = \frac{a}{x_n} + \frac{x_{n-1}}{x_n},$$

又 $x_{n-1} < x_n$，故 $x_n < \frac{a}{x_n} + 1$.

對每一正整數 n，$x_n \geqslant \sqrt{a}$，則 $\frac{a}{x_n} \leqslant \sqrt{a}$，於是，$x_n < \sqrt{a} + 1$，

即，數列 $\{x_n\}$ 為有界.

綜合 (1) 與 (2)，所予數列為收斂.

習題 11.1

在 1～20 題中，求各數列的極限（若其存在）.

1. $\left\{\dfrac{n^2(n+1)}{2n^3+n^2+n-3}\right\}$
2. $\left\{\dfrac{2^n}{3^n}\right\}$
3. $\left\{\dfrac{(n+1)^3-1}{(n-1)^3+1}\right\}$

4. $\left\{\dfrac{100n}{n^{3/2}}\right\}$
5. $\left\{(-1)^{n+1}\dfrac{\sqrt{n}}{n+1}\right\}$
6. $\left\{(-1)^n\dfrac{\ln n}{n}\right\}$

7. $\left\{\left(1+\dfrac{1}{n}\right)^n\right\}$
8. $\{\sqrt{n^2+n}-n\}$
9. $\{e^{-n}\ln n\}$

10. $\{2^{-n}\sin n\}$
11. $\left\{\dfrac{n^2}{2n-1}-\dfrac{n^2}{2n+1}\right\}$
12. $\left\{n\sin\dfrac{1}{n}\right\}$

13. $\left\{\dfrac{n^2}{2^n}\right\}$
14. $\{\sqrt[n]{3^n+5^n}\}$
15. $\{\sqrt[n]{n}\}$

16. $\left\{(-1)^n\dfrac{\cos n}{n^2}\right\}$
17. $\left\{\dfrac{2^n}{n!}\right\}$
18. $\left\{\dfrac{n!}{n^n}\right\}$

19. $\left\{\dfrac{\sin n}{n^2}\right\}$
20. $\left\{\left(\dfrac{5}{n}\right)^{1/n}\right\}$

在 21～25 題中，求每一數列的第 n 項. 確定哪些數列收斂？發散？若收斂，則求 $\lim\limits_{n\to\infty} a_n$.

21. $\left\{\dfrac{1}{2^2},\ \dfrac{2}{2^3},\ \dfrac{3}{2^4},\ \dfrac{4}{2^5},\ \cdots\right\}$ 22. $\left\{-1,\ \dfrac{2}{3},\ -\dfrac{3}{5},\ \dfrac{4}{7},\ -\dfrac{5}{9},\ \cdots\right\}$

23. $\left\{1,\ \dfrac{2}{2^2-1^2},\ \dfrac{3}{3^2-2^2},\ \dfrac{4}{4^2-3^2},\ \cdots\right\}$

24. $\left\{1-\dfrac{1}{2},\ \dfrac{1}{2}-\dfrac{1}{3},\ \dfrac{1}{3}-\dfrac{1}{4},\ \dfrac{1}{4}-\dfrac{1}{5},\ \cdots\right\}$

25. $\left\{2,\ 1,\ \dfrac{2^3}{3^2},\ \dfrac{2^4}{4^2},\ \dfrac{2^5}{5^2},\ \cdots\right\}$

26. 若某數列的第 n 項為 $a_n=\left(\dfrac{n+1}{n-1}\right)^n$，試問此數列是否收斂？若收斂，則求 $\lim\limits_{n\to\infty} a_n$。

27. 利用極限的定義，證明 $\lim\limits_{n\to\infty}\dfrac{n}{n+1}=1$，即，對於所給予的 $\varepsilon>0$，求出正整數 N，使得若 $n>N$，則 $\left|\dfrac{n}{n+1}-1\right|<\varepsilon$。

28. 利用數列的定義證明數列 $\left\{\dfrac{1}{n^2}\right\}$ 收斂到 0。

29. 數列 $\{a_n\}$ 的第 n 項為 $a_n=\dfrac{1}{n^m}$，$n\geqslant 1$。試證：當 m 為正整數時，數列 $\{a_n\}$ 收斂到 0。

30. 利用數列的定義證明數列 $\left\{\dfrac{2n-1}{n+2}\right\}$ 收斂到 2。

在 31~36 題中，各數列為遞增或遞減，或非單調數列？

31. $a_n=\dfrac{1}{3n+5}$ 32. $a_n=\dfrac{n-2}{n+2}$ 33. $a_n=\cos\left(\dfrac{n\pi}{2}\right)$

34. $a_n=\dfrac{n}{n^2+n-1}$ 35. $a_n=\dfrac{n}{n+1}$ 36. $\left\{\dfrac{n!}{e^n}\right\}$

37. 試證：數列 $\left\{\dfrac{3-4n^2}{n^2+1}\right\}$ 為有界。

38. 試證：數列 $\left\{\dfrac{3n}{n+1}-\dfrac{1}{10^n}\right\}$ 為收斂。

39. 試證：數列 $\{\sqrt[n]{3^n+5^n}\}$ 為收斂．

40. (1) 若 $\{a_n\}$ 為收斂數列，試證：$\lim\limits_{n\to\infty} a_{n+1} = \lim\limits_{n\to\infty} a_n$．

   (2) 求數列 $\{\sqrt{2},\ \sqrt{2\sqrt{2}},\ \sqrt{2\sqrt{2\sqrt{2}}},\ \cdots\}$ 的極限．

   (3) 求數列 $\{\sqrt{2},\ \sqrt{2+\sqrt{2}},\ 2+\sqrt{2+\sqrt{2}},\ \cdots\}$ 的極限．

41. (1) 試證：半徑為 r 的圓內接正 n 邊形的周長為 $P_n = 2rn\sin\dfrac{\pi}{n}$．

   (2) 利用數列 $\{P_n\}$ 的極限求法，試證：當 n 增加時，其周長趨近圓周長．

∑ 11-2　無窮級數

若 $\{a_n\}$ 為無窮數列，則形如

$$a_1 + a_2 + a_3 + \cdots + a_n + \cdots$$

的式子稱為**無窮級數**，或簡稱為**級數**。級數可用求和記號表之，寫成

$$\sum_{n=1}^{\infty} a_n \quad \text{或} \quad \sum a_n$$

而後一個和之求和變數為 n。每一數 a_n，$n=1, 2, 3, \cdots$，稱為級數的**項**，a_n 稱為**通項**。現在我們考慮一級數的**前 n 項部分和** S_n：

$$S_n = a_1 + a_2 + a_3 + \cdots + a_n$$

故

$$\begin{aligned}S_1 &= a_1 \\ S_2 &= a_1 + a_2 \\ S_3 &= a_1 + a_2 + a_3 \\ S_4 &= a_1 + a_2 + a_3 + a_4\end{aligned}$$

等等，無窮數列

$$S_1,\ S_2,\ S_3,\ \cdots,\ S_n,\ \cdots$$

稱為無窮級數 $\sum\limits_{n=1}^{\infty} a_n$ 的**部分和數列**。

定義 11.6

若存在一實數 S 使得無窮級數 $\sum_{n=1}^{\infty} a_n$ 的部分和數列 $\{S_n\}$ 收斂，即，

$$\lim_{n\to\infty} S_n = \lim_{n\to\infty} \sum_{k=1}^{n} a_k = S$$

則 S 稱為級數的和，而級數為**收斂**。若 $\lim_{n\to\infty} S_n$ 不存在，級數稱為**發散**，發散級數不能求和。

【例題 1】 化成部分分式和

證明級數 $\sum_{n=1}^{\infty} \dfrac{4}{(4n-3)(4n+1)}$ 收斂，並求其和。

【解】 令 $a_n = \dfrac{4}{(4n-3)(4n+1)} = \dfrac{A}{4n-3} + \dfrac{B}{4n+1}$，則

$$\dfrac{4}{(4n-3)(4n+1)} = \dfrac{A(4n+1)+B(4n-3)}{(4n-3)(4n+1)}$$

$$= \dfrac{(4A+4B)n+A-3B}{(4n-3)(4n+1)}$$

可知 $(4A+4B)n+A-3B=4$

$\Rightarrow \begin{cases} A-3B=4 \\ 4A+4B=0 \end{cases} \Rightarrow \begin{cases} A-3B=4 \\ A+B=0 \end{cases} \Rightarrow A=1,\ B=-1$

所以，$a_n = \dfrac{4}{(4n-3)(4n+1)} = \dfrac{1}{4n-3} - \dfrac{1}{4n+1}$

因而 $S_n = \left(1-\dfrac{1}{5}\right) + \left(\dfrac{1}{5}-\dfrac{1}{9}\right) + \left(\dfrac{1}{9}-\dfrac{1}{13}\right) + \cdots + \left(\dfrac{1}{4n-7}-\dfrac{1}{4n-3}\right)$

$+ \left(\dfrac{1}{4n-3}-\dfrac{1}{4n+1}\right) = 1 - \dfrac{1}{4n+1}$

可得 $\lim_{n\to\infty} S_n = \lim_{n\to\infty}\left(1-\dfrac{1}{4n+1}\right) = 1$，故此級數收斂且其和為 1。

定理 11.11

若 $\sum_{n=1}^{\infty} a_n$ 收斂，則 $\lim_{n \to \infty} a_n = 0$。

證 假設 $\sum a_n$ 收斂，即 $\lim_{n \to \infty} S_n = S$，而 S 為一實數。級數 $\sum a_n$ 的前 n 項和與前 $(n-1)$ 項和之差為

$$S_n - S_{n-1} = (a_1 + a_2 + \cdots + a_{n-1} + a_n) - (a_1 + a_2 + \cdots + a_{n-1}) = a_n$$

$$\lim_{n \to \infty} a_n = \lim_{n \to \infty} (S_n - S_{n-1}) = \lim_{n \to \infty} S_n - \lim_{n \to \infty} S_{n-1}$$

若
$$\lim_{n \to \infty} S_n = S, \text{ 則 } \lim_{n \to \infty} S_{n-1} = S$$

所以，
$$\lim_{n \to \infty} a_n = \lim_{n \to \infty} (S_n - S_{n-1}) = \lim_{n \to \infty} S_n - \lim_{n \to \infty} S_{n-1} = S - S = 0$$

讀者應注意 $\lim_{n \to \infty} a_n = 0$ 為級數收斂的**必要條件**，但非**充分條件**。也就是說，即使若第 n 項趨近零，級數也未必收斂。請看下例：

【例題 2】 調和級數

試證調和級數 $\sum_{n=1}^{\infty} \dfrac{1}{n} = 1 + \dfrac{1}{2} + \dfrac{1}{3} + \cdots + \dfrac{1}{n} + \cdots$ 為發散。

【解】 考慮部分和 S_{2^n}，

$$S_{2^n} = 1 + \frac{1}{2} + \frac{1}{3} + \frac{1}{4} + \cdots + \frac{1}{2^n}$$

則 $S_{2^n} = 1 + \dfrac{1}{2} + \left(\dfrac{1}{3} + \dfrac{1}{4}\right) + \left(\dfrac{1}{5} + \dfrac{1}{6} + \dfrac{1}{7} + \dfrac{1}{8}\right)$

$\qquad + \left(\dfrac{1}{9} + \dfrac{1}{10} + \cdots + \dfrac{1}{16}\right) + \cdots + \left(\dfrac{1}{2^{n-1}+1} + \cdots + \dfrac{1}{2^n}\right)$

$\qquad > 1 + \dfrac{1}{2} + 2\left(\dfrac{1}{4}\right) + 4\left(\dfrac{1}{8}\right) + 8\left(\dfrac{1}{16}\right) + \cdots + 2^{n-1}\left(\dfrac{1}{2^n}\right)$

$$= 1 + \underbrace{\frac{1}{2} + \frac{1}{2} + \cdots + \frac{1}{2}}_{n \text{ 項}} = 1 + \frac{n}{2}$$

當 $n \to \infty$ 時，$S_{2^n} \to \infty$。所以，$\{S_n\}$ 為發散。於是，$\sum_{n=1}^{\infty} \frac{1}{n}$ 為發散。

利用定理 11.11，很容易得到下面的結果。

定理 11.12　發散檢驗法

若 $\lim_{n \to \infty} a_n \neq 0$，則級數 $\sum_{n=1}^{\infty} a_n$ 發散。

【例題 3】　利用發散檢驗法

試證級數 $\sum_{n=1}^{\infty} \frac{n}{2n+1}$ 為發散。

【解】　因 $\lim_{n \to \infty} a_n = \lim_{n \to \infty} \frac{n}{2n+1} = \frac{1}{2} \neq 0$，

故可知級數為發散。

【例題 4】　利用發散檢驗法

$\sum_{n=1}^{\infty} \frac{1}{\sqrt[n]{n}}$ 為發散級數，因為 $\lim_{n \to \infty} \frac{1}{\sqrt[n]{n}} = 1$。(請參考習題 11-1 的第 15 題)。

【例題 5】　利用發散檢驗法

試證級數 $\sum_{n=1}^{\infty} \left(1 - \frac{1}{n}\right)^n$ 為發散。

【解】　令 $a_n = \left(1 - \frac{1}{n}\right)^n$，則

$$\lim_{n \to \infty} a_n = \lim_{n \to \infty} e^{n \ln\left(1 - \frac{1}{n}\right)} = e^{\lim_{n \to \infty} n \ln\left(1 - \frac{1}{n}\right)}$$

$$\lim_{n\to\infty} n\ln\left(1-\frac{1}{n}\right) = \lim_{n\to\infty} \frac{\ln\left(1-\frac{1}{n}\right)}{n^{-1}} = \lim_{n\to\infty} \frac{\frac{1}{1-\frac{1}{n}}\cdot\frac{1}{n^2}}{-n^{-2}}$$

$$= -\lim_{n\to\infty} \frac{1}{1-\frac{1}{n}} = -1$$

所以，
$$\lim_{n\to\infty} a_n = e^{-1} = \frac{1}{e} \neq 0$$

故知 $\sum_{n=1}^{\infty}\left(1-\frac{1}{n}\right)^n$ 為發散．

形如 $\sum_{n=0}^{\infty} ar^n = a + ar + ar^2 + \cdots + ar^n + \cdots$ （此處 $a \neq 0$）的級數稱為 **幾何級數**．

定理 11.13

已知幾何級數 $\sum_{n=0}^{\infty} ar^n$，其中 $a \neq 0$．

(1) 若 $|r| < 1$，則級數收斂且 $\sum_{n=0}^{\infty} ar^n = \frac{a}{1-r}$．

(2) 若 $|r| \geq 1$，則級數發散．

【例題 6】 利用定理 11.13(1)

試證幾何級數 $\sum_{n=1}^{\infty}\frac{(-1)^n 5}{4^n} = -\frac{5}{4} + \frac{5}{16} - \frac{5}{64} + \cdots$ 收斂，並求其和．

【解】 因 $\left|-\frac{1}{4}\right| < 1$，故級數收斂，其和為 $S = \dfrac{-\frac{5}{4}}{1-\left(-\frac{1}{4}\right)} = -1$．

【例題 7】 利用定理 11.13(1)

化循環小數 $5.232323\cdots$ 為有理數．

【解】
$$5.232323\cdots = 5 + \frac{23}{100} + \frac{23}{(100)^2} + \frac{23}{(100)^3} + \cdots$$
$$= 5 + \frac{23}{100}\left[1 + \frac{1}{100} + \left(\frac{1}{100}\right)^2 + \cdots\right]$$
$$= 5 + \frac{23}{100}\left(\frac{1}{1-\frac{1}{100}}\right)$$
$$= 5 + \frac{23}{99} = \frac{518}{99}.$$

定理 11.14

若 $\sum a_n$ 與 $\sum b_n$ 皆為收斂級數，其和分別為 A 與 B，則
(1) $\sum (a_n + b_n)$ 收斂且和為 $A + B$。
(2) 若 c 為常數，則 $\sum c a_n$ 收斂且和為 cA。
(3) $\sum (a_n - b_n)$ 收斂且和為 $A - B$。

定理 11.15

若 $\sum_{n=1}^{\infty} a_n$ 發散且 $c \neq 0$，則 $\sum_{n=1}^{\infty} c a_n$ 也發散。

定理 11.16

若 $\sum_{n=1}^{\infty} a_n$ 收斂且 $\sum_{n=1}^{\infty} b_n$ 發散，則 $\sum_{n=1}^{\infty} (a_n + b_n)$ 發散。

【例題 8】 利用定理 11.13(1)

試證 $\sum_{n=1}^{\infty} \frac{3^{n-1}-1}{6^{n-1}}$ 為收斂級數。

【解】 $\sum_{n=1}^{\infty} \frac{3^{n-1}-1}{6^{n-1}} = \sum_{n=1}^{\infty} \left(\frac{1}{2^{n-1}} - \frac{1}{6^{n-1}}\right) = \sum_{n=1}^{\infty} \frac{1}{2^{n-1}} - \sum_{n=1}^{\infty} \frac{1}{6^{n-1}}$

$$= \sum_{n=1}^{\infty} \left(\frac{1}{2}\right)^{n-1} - \sum_{n=1}^{\infty} \left(\frac{1}{6}\right)^{n-1} = \frac{1}{1-\frac{1}{2}} - \frac{1}{1-\frac{1}{6}}$$

$$= 2 - \frac{6}{5} = \frac{4}{5}$$

故 $\sum_{n=1}^{\infty} \frac{3^{n-1}-1}{6^{n-1}}$ 收斂.

習題 11.2

在 1~9 題中的級數何者收斂？何者發散？若收斂，則求其和.

1. $\sum_{n=1}^{\infty} \left(\frac{5}{n+2} - \frac{5}{n+3}\right)$
2. $\sum_{n=1}^{\infty} \frac{2}{(3n+1)(3n-2)}$
3. $\sum_{n=3}^{\infty} \left(\frac{e}{\pi}\right)^{n-1}$

4. $\sum_{n=1}^{\infty} \left[\left(\frac{3}{2}\right)^n + \left(\frac{2}{3}\right)^n\right]$
5. $\sum_{n=1}^{\infty} \frac{3^{n+1}}{5^{n-1}}$
6. $\sum_{n=0}^{\infty} \left[2\left(\frac{1}{3}\right)^n + 3\left(\frac{1}{6}\right)^n\right]$

7. $\sum_{n=1}^{\infty} \frac{1}{4n^2-1}$
8. $\sum_{n=1}^{\infty} n \sin \frac{1}{n}$
9. $\sum_{n=1}^{\infty} \frac{\sqrt{n+1}-\sqrt{n}}{\sqrt{n^2+n}}$

10. 求級數 $\sum_{n=1}^{\infty} \left[\frac{4}{(4n-3)(4n+1)} + \frac{1}{2^n}\right]$ 的和.

11. 已知一級數的前 n 項和為 $S_n = \frac{2n}{n+2}$，則 (1) 此級數是否收斂？(2) 求此級數.

12. 利用幾何級數證明：

    (1) $\sum_{n=0}^{\infty} (-1)^n x^n = \frac{1}{1+x}$ $(-1 < x < 1)$

    (2) $\sum_{n=0}^{\infty} (-1)^n x^{2n} = \frac{1}{1+x^2}$ $(-1 < x < 1)$

    (3) $\sum_{n=0}^{\infty} (x-3)^n = \frac{1}{4-x}$ $(2 < x < 4)$.

13. 化下列各循環小數為有理數.

    (1) $0.784784784\cdots$
    (2) $0.21212121\cdots$
    (3) $0.125125125\cdots$

14. 在下面"證明"中發散的幾何級數 $\sum_{n=1}^{\infty} (-1)^{n+1}$ 的和為 0，為何錯誤？

    $$\sum_{n=1}^{\infty} (-1)^{n+1} = [1+(-1)] + [1+(-1)] + [1+(-1)] + \cdots$$

$$=0+0+0+\cdots=0.$$

15. 試證：$\sum_{n=2}^{\infty} \ln\left(1-\frac{1}{n^2}\right)=-\ln 2$。

16. **費波納契**數列 $\{a_n\}$ 以遞迴公式定義如下：$a_{n+2}=a_{n+1}+a_n$，$a_1=a_2=1$。

   (1) 列出此數列的前十項

   (2) $\lim\limits_{n\to\infty}\dfrac{a_{n+1}}{a_n}$（此值稱為**黃金比值**）

   (3) 計算 $\sum_{n=1}^{\infty}\dfrac{1}{a_n a_{n+2}}$。

∑ 11-3 正項級數

若級數的每一項皆為正，則稱為**正項級數**。若 $\{S_n\}$ 表正項級數的部分和數列，則我們得到 $S_1<S_2<S_3<\cdots<S_n<\cdots$，故 $\{S_n\}$ 為單調數列。**一正項級數為收斂，若且唯若其部分和數列有一上界**。

定理 11.17

若 $\sum_{n=1}^{\infty} a_n$ 為正項級數，且存在一正數 M 使得所有的 $S_n<M$，則此正項級數收斂，其和 $S\leqslant M$。若不存在此正數 M，則此級數發散。

【例題 1】 利用定理 11.17

試證 $\sum_{n=0}^{\infty}\dfrac{1}{n!}$ 為收斂。

【解】 因 $n!=1\cdot 2\cdot 3\cdot 4\cdot\cdots\cdot n\geqslant 1\cdot 2\cdot 2\cdot 2\cdot\cdots\cdot 2=2^{n-1}$，可得

$$\frac{1}{n!}\leqslant \frac{1}{2^{n-1}}，於是，$$

$$S_n=\frac{1}{0!}+\frac{1}{1!}+\frac{1}{2!}+\frac{1}{3!}+\cdots+\frac{1}{n!}\leqslant 1+1+\frac{1}{2}+\frac{1}{2^2}+\cdots+\frac{1}{2^{n-1}}$$

$$\leq 1+\sum_{n=0}^{\infty}\left(\frac{1}{2}\right)^{n}=1+\frac{1}{1-\frac{1}{2}}=3$$

所以，部分和 S_n 形成一遞增數列且以 3 為上界，而證得此級數為收斂，且 $\sum_{n=0}^{\infty}\frac{1}{n!}\leq 3$。

定理 11.18　積分檢驗法

已知 $\sum_{n=N}^{\infty}a_n$ 為正項級數，令 $f(n)=a_n$, $n=N, N+1, N+2,\cdots$。

若 f 在區間 $[N,\infty)$ 為正值且連續的遞減函數，則 $\sum_{n=N}^{\infty}a_n$ 與 $\int_{N}^{\infty}f(x)\,dx$ 同時收斂抑或同時發散。

證　若 n 為大於 1 的正整數，則圖 11-3 所示內接矩形的面積為

$$\sum_{k=2}^{n}a_k=a_2+a_3+a_4+\cdots+a_n$$

又圖 11-4 所示外接矩形的面積為

$$\sum_{k=1}^{n-1}a_k=a_1+a_2+a_3+\cdots+a_{n-1}$$

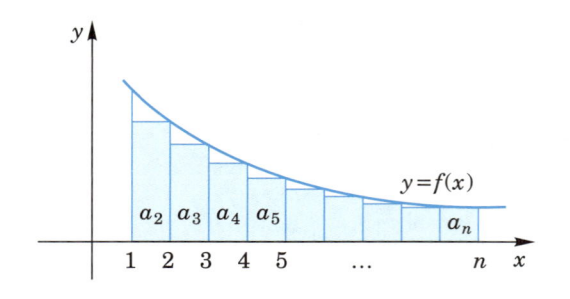

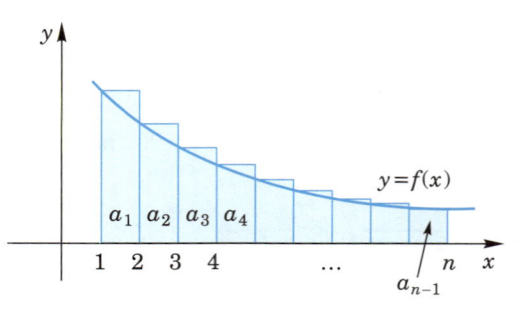

圖 11-3　　　　　　　　　　圖 11-4

因 $\int_1^n f(x)\,dx$ 表示在 f 的圖形下由 1 到 n 的面積，故

$$\sum_{k=2}^{n} a_k \leq \int_1^n f(x)\,dx \leq \sum_{k=1}^{n-1} a_k \tag{11-1}$$

現在假設 $\int_1^\infty f(x)\,dx$ 收斂，則由 (11-1) 式左端不等式，可得：

$$S_n = a_1 + \sum_{k=2}^{n} a_k \leq a_1 + \int_1^n f(x)\,dx \leq a_1 + \int_1^\infty f(x)\,dx$$

因此，利用定理 11.17 知，$\sum_{k=1}^{\infty} a_k$ 收斂．

另外，又假設 $\sum_{k=1}^{\infty} a_k$ 收斂，則由 (11-1) 式右端不等式知，如果 $p \leq n$，則

$$\int_1^p f(x)\,dx \leq \int_1^n f(x)\,dx \leq \sum_{k=1}^{n-1} a_k \leq \sum_{k=1}^{\infty} a_k$$

因 $\int_1^p f(x)\,dx$ 隨 p 遞增且有上界，則 $\lim_{p\to\infty} \int_1^p f(x)\,dx$ 必定存在，即 $\int_1^\infty f(x)\,dx$ 收斂．

讀者應注意：級數 $\sum_{k=1}^{\infty} a_k$ 與瑕積分 $\int_1^\infty f(x)\,dx$ 的斂散性是一致的．

如果我們將一收斂之正項級數充分多的項相加之後的部分和 S_n 去近似級數 $\sum a_n$ 的和 S，則 S 與 S_n 的差稱為剩餘 R_n，且

$$R_n = S - S_n = a_{n+1} + a_{n+2} + a_{n+3} + \cdots \tag{11-2}$$

此一剩餘 R_n 即為以部分和 S_n 去預估正確和 S 所造成的誤差．

我們可以比較矩形的面積與 $y = f(x)$ 對於 $x > n$ 下方的面積，如圖 11-5 所示，可得

$$R_n = a_{n+1} + a_{n+2} + a_{n+3} + \cdots \leq \int_n^\infty f(x)\,dx.$$

同理，如圖 11-6 所示，可得

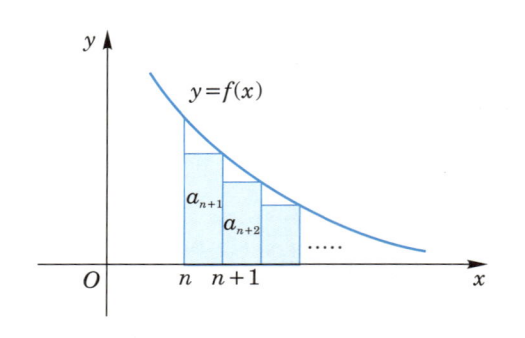

圖 11-5 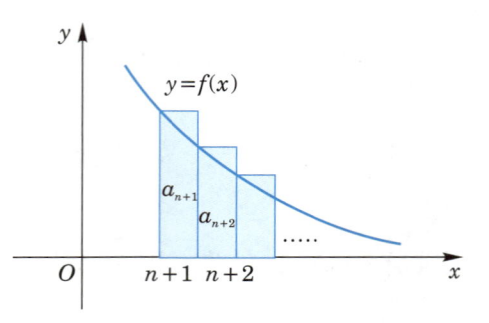　　　　　　　　　圖 11-6

$$R_n = a_{n+1} + a_{n+2} + a_{n+3} + \cdots \geq \int_{n+1}^{\infty} f(x)\,dx.$$

故得下列的誤差估計定理.

定理 11.19　積分檢驗法的剩餘估計

假設

$$\sum_{n=1}^{\infty} a_n \text{ 與 } \int_{1}^{\infty} f(x)\,dx$$

滿足積分檢驗法的條件，且皆收斂，則

$$\int_{n+1}^{\infty} f(x)\,dx \leq R_n \leq \int_{n}^{\infty} f(x)\,dx$$

此處 $R_n = S - S_n$.

利用定理 11.19 中的不等式，可得

$$S_n + \int_{n+1}^{\infty} f(x)\,dx \leq R_n + S_n \leq S_n + \int_{n}^{\infty} f(x)\,dx$$

即

$$S_n + \int_{n+1}^{\infty} f(x)\,dx \leq S \leq S_n + \int_{n}^{\infty} f(x)\,dx \tag{11-3}$$

(11-3) 式提供了 S 的下界與上界.

【例題 2】 利用積分檢驗法

判斷級數 $\sum_{n=1}^{\infty} \dfrac{1}{n^2}$ 的斂散性。

【解】 函數 $f(x) = \dfrac{1}{x^2}$ 在 $[1, \infty)$ 為正值且連續的遞減函數。

$$\int_1^{\infty} \dfrac{1}{x^2} \, dx = \lim_{t \to \infty} \int_1^t \dfrac{1}{x^2} \, dx = \lim_{t \to \infty} \left(-\dfrac{1}{x} \bigg|_1^t \right)$$

$$= \lim_{t \to \infty} \left(-\dfrac{1}{t} + 1 \right) = 1$$

因積分收斂，故級數收斂。

註：在例題 2 中，不可從 $\int_1^{\infty} \dfrac{1}{x^2} \, dx = 1$ 錯誤地推斷 $\sum_{n=1}^{\infty} \dfrac{1}{n^2} = 1$。(欲知這是錯誤的，我們將級數寫成：$1 + \dfrac{1}{2^2} + \dfrac{1}{3^2} + \cdots$；它的和顯然超過 1)

【例題 3】 利用積分檢驗法

判斷級數 $\sum_{n=1}^{\infty} \dfrac{1}{n[1+(\ln n)^2]}$ 的斂散性。

【解】 函數 $f(x) = \dfrac{1}{x[1+(\ln x)^2]}$ 在 $[1, \infty)$ 為正值且連續的遞減函數。於是，

$$\int_1^{\infty} \dfrac{1}{x[1+(\ln x)^2]} \, dx = \lim_{t \to \infty} \int_1^t \dfrac{1}{x[1+(\ln x)^2]} \, dx = \lim_{t \to \infty} \int_1^t \dfrac{d(\ln x)}{1+(\ln x)^2}$$

$$= \lim_{t \to \infty} \left(\tan^{-1} (\ln x) \bigg|_1^t \right)$$

$$= \lim_{t \to \infty} [\tan^{-1} (\ln t) - \tan^{-1} (\ln 1)] = \dfrac{\pi}{2} - 0 = \dfrac{\pi}{2}$$

故級數 $\sum_{n=1}^{\infty} \dfrac{1}{n[1+(\ln n)^2]}$ 收斂。

【例題 4】 利用定理 11.18 及 11.19

判斷級數 $\sum_{n=1}^{\infty} e^{-n}$ 的斂散性；若收斂，試利用前六項估計其和。

【解】 令 $f(x)=e^{-x}$，則 f 在 $[1, \infty)$ 為正值且連續的遞減函數。於是，

$$\int_1^{\infty} e^{-x}\,dx = \lim_{t \to \infty} \int_1^t e^{-x}\,dx = \lim_{t \to \infty}\left(-e^{-x}\Big|_1^t\right) = -\lim_{t \to \infty}(e^{-t}-e^{-1}) = \frac{1}{e}$$

故級數 $\sum_{n=1}^{\infty} e^{-n}$ 收斂。

又由於 $R_6 \leq \int_6^{\infty} e^{-x}\,dx = \lim_{t \to \infty} \int_6^t e^{-x}\,dx = \lim_{t \to \infty}\left(-e^{-x}\Big|_6^t\right) = e^{-6} \approx 0.0025$

且 $S_6 = e^{-1}+e^{-2}+e^{-3}+e^{-4}+e^{-5}+e^{-6} \approx 0.5805$

故 $0.5805 < S < 0.5830$

而 $\sum_{n=1}^{\infty} e^{-n}$ 的總和為 $\dfrac{1}{e}\left(\dfrac{1}{1-e^{-1}}\right) \approx 0.581976706$。

【例題 5】 利用定理 11.19

試決定 n 的值使級數 $\sum_{n=1}^{\infty} \dfrac{1}{n^2+1}$ 的部分和 S_n 近似於 $S = \sum_{n=1}^{\infty} \dfrac{1}{n^2+1}$ 精確到 0.005 以內。

【解】 令 $f(x) = \dfrac{1}{x^2+1}$，則 f 在 $[1, \infty)$ 為正值且連續的遞減函數。於是，

$$\int_1^{\infty} \frac{1}{x^2+1}\,dx = \lim_{t \to \infty} \int_1^t \frac{1}{x^2+1}\,dx = \lim_{t \to \infty}\left(\tan^{-1} x \Big|_1^t\right)$$

$$= \lim_{t \to \infty}(\tan^{-1} t - \tan^{-1} 1) = \frac{\pi}{2} - \frac{\pi}{4} = \frac{\pi}{4}$$

故級數 $\sum_{n=1}^{\infty} \dfrac{1}{n^2+1}$ 收斂。

又 $R_n \leq \int_n^{\infty} \dfrac{1}{x^2+1}\,dx = \lim_{t \to \infty} \int_n^t \dfrac{1}{x^2+1}\,dx = \lim_{t \to \infty}(\tan^{-1} t - \tan^{-1} n)$

$$= \frac{\pi}{2} - \tan^{-1} n$$

由

$$\frac{\pi}{2} - \tan^{-1} n < 0.005$$

解 n 可得

$$n > \tan\left(\frac{\pi}{2} - 0.005\right) \approx 199.998$$

故 $n \geq 200$ 才能使 $0 \leq S - S_n \leq 0.005$。

【例題 6】 利用定理 11.18 及 11.19

判斷級數 $\sum_{n=1}^{\infty} \frac{1}{n^3}$ 的斂散性，若收斂，利用 S_n 去近似 $S = \sum_{n=1}^{\infty} \frac{1}{n^3}$，$n$ 應該取多大，才能使其誤差不超過 0.01？

【解】 令 $f(x) = \frac{1}{x^3}$，則 f 在 $[1, \infty)$ 為正值且連續的遞減函數。於是，

$$\int_1^\infty \frac{1}{x^3} dx = \lim_{t \to \infty} \int_1^t \frac{1}{x^3} dx = \lim_{t \to \infty} \left(-\frac{x^{-2}}{2} \Big|_1^t \right)$$

$$= -\lim_{t \to \infty} \left(\frac{t^{-2}}{2} - \frac{1}{2} \right) = \frac{1}{2}$$

故級數 $\sum_{n=1}^{\infty} \frac{1}{n^3}$ 收斂。

又 $R_n \leq \int_n^\infty \frac{1}{x^3} dx = \lim_{t \to \infty} \int_n^t x^{-3} dx = \frac{1}{2n^2}$

由 $\frac{1}{2n^2} < 0.01$，可得 $2n^2 > 100$，$n > 7.07$。

取 $n \geq 8$，則

$$S_8 = \frac{1}{1^3} + \frac{1}{2^3} + \frac{1}{3^3} + \frac{1}{4^3} + \frac{1}{5^3} + \frac{1}{6^3} + \frac{1}{7^3} + \frac{1}{8^3} \approx 1.1951$$

故 $S_8 \approx S$，其誤差不超過 0.01。

形如 $1 + \dfrac{1}{2^p} + \dfrac{1}{3^p} + \dfrac{1}{4^p} + \cdots + \dfrac{1}{n^p} + \cdots \ (p>0)$ 的級數稱為 **p-級數**。當 $p=1$ 時，則為**調和級數**。

定理 11.20　p-級數檢驗法

p-級數 $\displaystyle\sum_{n=1}^{\infty} \dfrac{1}{n^p}$ 具有下列的性質：

(1) 若 $p>1$，則 p-級數收斂。
(2) 若 $0<p\leq 1$，則 p-級數發散。
(3) 若 $\displaystyle\sum_{n=1}^{\infty} \dfrac{1}{n^p} = S$，則剩餘 $R_n = S - S_n$ 滿足：

$$0 < R_n < \int_n^{\infty} \dfrac{1}{x^p}\, dx = \dfrac{n^{1-p}}{p-1}$$

證　當 $p>0$ 時，令 $f(x) = \dfrac{1}{x^p}$，則 f 在 $[1, \infty)$ 為正值且連續的遞減函數，於是，

$$\int_1^{\infty} \dfrac{1}{x^p}\, dx = \lim_{t\to\infty} \int_1^t x^{-p}\, dx = \lim_{t\to\infty} \left(\dfrac{x^{1-p}}{1-p} \bigg|_1^t \right)$$

$$= \dfrac{1}{1-p} \lim_{t\to\infty} (t^{1-p} - 1) = \dfrac{1}{1-p} \lim_{t\to\infty} \left(\dfrac{1}{t^{p-1}} - 1 \right)$$

現分成下列三種情形來討論：

(1) 當 $p>1$ 時，$p-1>0$。

因 $\displaystyle\lim_{t\to\infty} \dfrac{1}{t^{p-1}} = \lim_{t\to\infty} t^{1-p} = 0$，可得 $\displaystyle\int_1^{\infty} \dfrac{dx}{x^p} = \dfrac{1}{p-1}$，故此級數收斂。

(2) 當 $p=1$ 時，$\displaystyle\sum_{n=1}^{\infty} \dfrac{1}{n^p} = \sum_{n=1}^{\infty} \dfrac{1}{n}$ 為調和級數，故知其發散。

(3) 當 $0<p<1$ 時，$1-p>0$，可得

$$\dfrac{1}{1-p} \lim_{t\to\infty} (t^{1-p} - 1) = \infty$$

故此級數發散.

註：若 $p \leq 0$，則 $\lim\limits_{n \to \infty} \dfrac{1}{n^p} \neq 0$，且由定理 11.12 可知 $\sum\limits_{n=1}^{\infty} \dfrac{1}{n^p}$ 發散.

最後，對 $p > 1$，得

$$\int_n^{\infty} \frac{1}{x^p}\, dx = \lim_{t \to \infty} \int_n^t \frac{1}{x^p}\, dx = \lim_{t \to \infty} \left(\frac{x^{1-p}}{1-p} \bigg|_n^t \right) = \frac{-n^{1-p}}{1-p} = \frac{n^{1-p}}{p-1}.$$

【例題 7】 利用 p-級數檢驗法

下列級數何者收斂？何者發散？

(1) $1 + \dfrac{1}{2^3} + \dfrac{1}{3^3} + \cdots + \dfrac{1}{n^3} + \cdots$ \quad (2) $2 + \dfrac{2}{\sqrt{2}} + \dfrac{2}{\sqrt{3}} + \cdots + \dfrac{2}{\sqrt{n}} + \cdots$

【解】

(1) 因級數 $\sum\limits_{n=1}^{\infty} \dfrac{1}{n^3}$ 為 p-級數且 $p = 3 > 1$，故級數收斂.

(2) 因級數 $\sum\limits_{n=1}^{\infty} \dfrac{1}{\sqrt{n}}$ 為 p-級數且 $p = \dfrac{1}{2} < 1$，可知此級數發散，故 $\sum\limits_{n=1}^{\infty} \dfrac{2}{\sqrt{n}}$ 也發散.

【例題 8】 利用積分檢驗法

(1) 試證 $\displaystyle\int_2^{\infty} \dfrac{dx}{x(\ln x)^p}$ 收斂，若且唯若 $p > 1$.

(2) p 為何值時，級數 $\sum\limits_{n=2}^{\infty} \dfrac{1}{n(\ln n)^p}$ 收斂？

【解】

(1) $\displaystyle\int_2^{\infty} \frac{dx}{x(\ln x)^p} = \lim_{t \to \infty} \int_2^t \frac{dx}{x(\ln x)^p} = \lim_{t \to \infty} \int_2^t (\ln x)^{-p}\, d(\ln x)$

$= \displaystyle\lim_{t \to \infty} \left[\frac{1}{1-p} (\ln x)^{1-p} \bigg|_2^t \right]$

$$= \lim_{t \to \infty} \frac{1}{1-p} [(\ln t)^{1-p} - (\ln 2)^{1-p}]$$

$$= \begin{cases} \dfrac{-1}{1-p} (\ln 2)^{1-p}, & p > 1 \\ \infty, & p < 1 \end{cases}$$

$$\int_2^\infty \frac{dx}{x \ln x} = \lim_{t \to \infty} \int_2^t \frac{d(\ln x)}{\ln x} = \lim_{t \to \infty} \left[\ln(\ln x) \Big|_2^t \right]$$

$$= \lim_{t \to \infty} [\ln(\ln t) - \ln(\ln 2)] = \infty$$

因此，$\displaystyle\int_2^\infty \frac{dx}{x(\ln x)^p}$ 收斂，若且唯若 $p > 1$。

(2) 由於無窮級數與瑕積分同時收斂或同時發散，

故 $\displaystyle\sum_{n=2}^\infty \frac{1}{n(\ln n)^p}$ 收斂，若且唯若 $p > 1$。

【例題 9】 利用定理 11.20

判斷級數 $\displaystyle\sum_{n=1}^\infty \left(\frac{1}{n^3}\right)$ 的斂散性。若為收斂，試估計五項後的剩餘。

【解】 因 $p = 3 > 1$，故此級數收斂。五項後的剩餘滿足：

$$0 < R_5 < \frac{5^{1-3}}{3-1} = \frac{1}{2 \cdot 5^2} = \frac{1}{50} = 0.02$$

用這剩餘的估計值，我們知級數的和可近似於

$$S_5 < S < S_5 + 0.02$$

最後，由於

$$S_5 = \frac{1}{1^3} + \frac{1}{2^3} + \frac{1}{3^3} + \frac{1}{4^3} + \frac{1}{5^3} \approx 1.186$$

故 $\qquad 1.186 < S < 1.206$。

將一級數與一收斂或發散級數的對應項比較之，以判斷級數的收斂或發散，稱為比

較檢驗法. 使用比較檢驗法時，常以 p-級數或幾何級數做為比較的對象.

定理 11.21　比較檢驗法

假設 $\sum a_n$ 與 $\sum b_n$ 皆為正項級數.
(1) 若 $\sum b_n$ 收斂且對所有正整數 $n \geq n_0$（n_0 為某固定正整數），$a_n \leq b_n$，則 $\sum a_n$ 收斂.
(2) 若 $\sum b_n$ 發散且對所有正整數 $n \geq n_0$（n_0 為某固定正整數），$a_n \geq b_n$，則 $\sum a_n$ 發散.

證　我們僅證明 $n_0 = 1$ 的情形. 令 $S_n = a_1 + a_2 + a_3 + \cdots + a_n$ 與 $T_n = b_1 + b_2 + b_3 + \cdots + b_n$ 分別為 $\sum_{n=1}^{\infty} a_n$ 與 $\sum_{n=1}^{\infty} b_n$ 的部分和數列.

(1) 若 $\sum_{n=1}^{\infty} b_n$ 為一收斂數列且 $a_n \leq b_n$，則 $S_n \leq T_n$. 由於 $\lim_{n \to \infty} T_n$ 存在，$\{S_n\}$ 為一有界遞增數列，故由定理 11.10 知此數列收斂. 因此，級數 $\sum_{n=1}^{\infty} a_n$ 收斂.

(2) 若 $\sum_{n=1}^{\infty} b_n$ 發散且 $a_n \geq b_n$，則 $S_n \geq T_n$. 因 n 趨向無限大時，T_n 也增加到無限大，所以 S_n 必跟著增加到無限大. 因此，可知 $\sum_{n=1}^{\infty} a_n$ 發散.

由於刪掉有限個項，不會影響到無窮級數的斂散性，所以上述定理的 $a_n \leq b_n$ 或 $a_n \geq b_n$ 的條件只要從第 k 項以後成立即可.

【例題 10】　利用比較檢驗法

判斷下列級數何者收斂？何者發散？

(1) $\sum_{n=1}^{\infty} \dfrac{n}{n^3 + 2}$　　(2) $\sum_{n=1}^{\infty} \dfrac{\ln(n+2)}{n}$　　(3) $\sum_{n=1}^{\infty} \dfrac{\sqrt{n} - 1}{n^2 + 2}$.

【解】

(1) 對每一 $n \geq 1$，

$$\dfrac{n}{n^3 + 2} < \dfrac{n}{n^3} = \dfrac{1}{n^2}$$

因 $\sum_{n=1}^{\infty} \dfrac{1}{n^2}$ 為收斂的 p-級數，故級數 $\sum_{n=1}^{\infty} \dfrac{n}{n^3 + 2}$ 收斂.

(2) 對每一 $n \geq 1$, $\ln(n+2) > 1$

故
$$\frac{\ln(n+2)}{n} > \frac{1}{n}$$

因 $\sum\limits_{n=1}^{\infty} \frac{1}{n}$ 為發散級數，故 $\sum\limits_{n=1}^{\infty} \frac{\ln(n+2)}{n}$ 發散。

(3) 對每一 $n \geq 1$,

$$\frac{\sqrt{n}-1}{n^2+2} < \frac{\sqrt{n}}{n^2+2} < \frac{\sqrt{n}}{n^2} = \frac{1}{n^{3/2}}.$$

因 $\sum\limits_{n=1}^{\infty} \frac{1}{n^{3/2}}$ 為收斂的 p-級數 $\left(p=\frac{3}{2}>1\right)$，故級數 $\sum\limits_{n=1}^{\infty} \frac{\sqrt{n}-1}{n^2+2}$ 收斂。

定理 11.22　極限比較檢驗法

假設 $a_n > 0$ 且 $b_n > 0$, $\forall n > N$ (N 為正整數)。

(1) 若 $\lim\limits_{n \to \infty} \frac{a_n}{b_n} = L$, $0 < L < \infty$，則 $\sum a_n$ 與 $\sum b_n$ 同時收斂或同時發散。

(2) 若 $\lim\limits_{n \to \infty} \frac{a_n}{b_n} = 0$ 且 $\sum b_n$ 收斂，則 $\sum a_n$ 收斂。

(3) 若 $\lim\limits_{n \to \infty} \frac{a_n}{b_n} = \infty$ 且 $\sum b_n$ 發散，則 $\sum a_n$ 發散。

證明見附錄。

為了求得適當的級數 $\sum b_n$ 以便與 $\sum a_n$ 相比較，當 a_n 為一分式時，我們有一簡捷的方法來求 $\sum b_n$，即，保留在分子及分母中對於數值大小最有"影響力"的項，而刪去分子及分母中的所有其他項。例如，

$$a_n = \frac{n}{\sqrt[3]{8n^5+7}}$$

我們保留分子及分母中 n 的最大乘冪項而刪去其他項，可得

$$\frac{n}{\sqrt[3]{n^5}} = \frac{n}{n^{5/3}} = \frac{1}{n^{2/3}}$$

我們可取 $b_n = \dfrac{1}{n^{2/3}}$，故

$$\lim_{n\to\infty} \frac{a_n}{b_n} = \lim_{n\to\infty} \frac{\dfrac{n}{\sqrt[3]{8n^5+7}}}{\dfrac{1}{n^{2/3}}} = \lim_{n\to\infty} \left(\frac{n^5}{8n^5+7}\right)^{1/3} = \frac{1}{2}$$

因 $\sum b_n$ 為發散的 p-級數且 $p = \dfrac{2}{3} < 1$，故由定理 11.22(1) 得知 $\displaystyle\sum_{n=1}^{\infty} \dfrac{n}{\sqrt[3]{8n^5+7}}$ 為發散。

【例題 11】 利用極限比較檢驗法

判斷級數 $\displaystyle\sum_{n=2}^{\infty} \dfrac{1+n\ln n}{n^2+5}$ 的斂散性。

【解】 令 $a_n = \dfrac{1+n\ln n}{n^2+5}$，則當 n 很大時，

$$a_n = \frac{1+n\ln n}{n^2+5} \approx \frac{n\ln n}{n^2} = \frac{\ln n}{n},$$

且 $\dfrac{\ln n}{n} > \dfrac{1}{n}$ $(n \geq 3)$。

取 $b_n = \dfrac{1}{n}$，則

$$\lim_{n\to\infty} \frac{a_n}{b_n} = \lim_{n\to\infty} \frac{\dfrac{1+n\ln n}{n^2+5}}{1/n} = \lim_{n\to\infty} \frac{n+n^2\ln n}{n^2+5} \quad \left(\frac{\infty}{\infty} \text{ 型}\right)$$

$$= \lim_{n\to\infty} \frac{1+n+2n\ln n}{2n} \quad \left(\frac{\infty}{\infty} \text{ 型}\right)$$

$$= \lim_{n\to\infty} \frac{1+2+2\ln n}{2} = \lim_{n\to\infty} \frac{3+2\ln n}{2} = \infty$$

因 $\displaystyle\sum_{n=2}^{\infty} b_n = \sum_{n=2}^{\infty} \dfrac{1}{n}$ 發散，故 $\displaystyle\sum_{n=2}^{\infty} \dfrac{1+n\ln n}{n^2+5}$ 發散。

【例題 12】 利用極限比較檢驗法

判斷級數 $\sum_{n=1}^{\infty} \sin\left(\dfrac{\pi}{n}\right)$ 的斂散性。

【解】 令 $b_n = \dfrac{\pi}{n}$，則 $\displaystyle\lim_{n\to\infty} \dfrac{a_n}{b_n} = \lim_{n\to\infty} \dfrac{\sin\left(\dfrac{\pi}{n}\right)}{\dfrac{\pi}{n}}$。

因為當 $n \to \infty$ 時，$\left(\dfrac{\pi}{n}\right) \to 0^+$，故

$$\lim_{n\to\infty} \dfrac{\sin\left(\dfrac{\pi}{n}\right)}{\dfrac{\pi}{n}} = \lim_{x\to 0^+} \dfrac{\sin x}{x} = 1$$

由於 $\sum_{n=1}^{\infty} \dfrac{\pi}{n} = \pi \sum_{n=1}^{\infty} \dfrac{1}{n}$，而 $\sum_{n=1}^{\infty} \dfrac{1}{n}$ 為發散的調和級數，可知 $\sum_{n=1}^{\infty} \dfrac{\pi}{n}$ 亦為發散，故原級數 $\sum_{n=1}^{\infty} \sin(\pi/n)$ 發散。

定理 11.23　比值檢驗法

設 $\sum a_n$ 為正項級數且令

$$\lim_{n\to\infty} \dfrac{a_{n+1}}{a_n} = L$$

(1) 若 $L < 1$，則級數收斂。
(2) 若 $L > 1$，或 $L = \infty$，則級數發散。

證明見附錄。

註：若 $\displaystyle\lim_{n\to\infty} \dfrac{a_{n+1}}{a_n} = 1$，則定理 11.23 失效，而必須利用其他的檢驗法。

例如，我們知道 $\sum \dfrac{1}{n}$ 發散，但 $\sum \dfrac{1}{n^2}$ 收斂。對前者而言，

$$\lim_{n\to\infty} \dfrac{a_{n+1}}{a_n} = \lim_{n\to\infty} \dfrac{\dfrac{1}{n+1}}{1/n} = \lim_{n\to\infty} \dfrac{n}{n+1} = 1$$

對後者而言，
$$\lim_{n\to\infty}\frac{a_{n+1}}{a_n}=\lim_{n\to\infty}\frac{1/(n+1)^2}{1/n^2}=\lim_{n\to\infty}\frac{n^2}{(n+1)^2}=1$$

【例題 13】 利用比值檢驗法

判斷下列各級數的斂散性．

(1) $\sum_{n=1}^{\infty}\frac{n!}{n^n}$ (2) $\sum_{n=1}^{\infty}\frac{(2n)!}{(n!)^2}$ (3) $\sum_{n=1}^{\infty}\frac{4^n n!n!}{(2n)!}$

【解】

(1) $L=\lim_{n\to\infty}\frac{a_{n+1}}{a_n}=\lim_{n\to\infty}\left[\frac{(n+1)!}{(n+1)^{n+1}}\cdot\frac{n^n}{n!}\right]=\lim_{n\to\infty}\left(\frac{n}{n+1}\right)^n$

$=\lim_{n\to\infty}\frac{1}{\left(\frac{n+1}{n}\right)^n}=\frac{1}{\lim_{n\to\infty}\left(1+\frac{1}{n}\right)^n}=\frac{1}{e}<1$

故級數收斂．

(2) $L=\lim_{n\to\infty}\frac{a_{n+1}}{a_n}=\lim_{n\to\infty}\frac{\frac{(2n+2)!}{[(n+1)!]^2}}{\frac{(2n)!}{(n!)^2}}=\lim_{n\to\infty}\frac{(n!)^2(2n+2)!}{[(n+1)!]^2(2n)!}$

$=\lim_{n\to\infty}\frac{(2n+2)(2n+1)}{(n+1)(n+1)}=\lim_{n\to\infty}\frac{2(2n+1)}{n+1}=4>1$

故級數發散．

(3) $L=\lim_{n\to\infty}\frac{a_{n+1}}{a_n}=\lim_{n\to\infty}\frac{4^{n+1}(n+1)!(n+1)!}{(2n+2)(2n+1)(2n)!}\cdot\frac{(2n)!}{4^n n!n!}$

$=\lim_{n\to\infty}\frac{4(n+1)(n+1)}{(2n+2)(2n+1)}=\lim_{n\to\infty}\frac{2(n+1)}{2n+1}=1.$

因為 $L=1$，故無法利用比值檢驗法判斷已知級數是收斂抑或發散．但讀者應注意到，因 $a_{n+1}/a_n=(2n+2)/(2n+1)$ 恆大於 1，故 a_{n+1} 恆大於 a_n．因此，所有的項均大於或等於 $a_1=2$，且當 $n\to\infty$ 時，第 n 項的極限不會趨近於零，故依定理 11.12，知此級數發散．

定理 11.24　n 次方根檢驗法

設 $\sum a_n$ 為一正項級數且令

$$\lim_{n\to\infty} \sqrt[n]{a_n} = L$$

(1) 若 $L < 1$，則級數收斂.
(2) 若 $L > 1$，則級數發散.

註：若 $\lim_{n\to\infty} \sqrt[n]{a_n} = 1$，則定理 11.24 失效，而必須利用其他的檢驗法.

【例題 14】　利用 n 次方根檢驗法

判斷下列級數的斂散性.

(1) $\sum_{n=1}^{\infty} \dfrac{n^2}{2^n}$　　　　(2) $\sum_{n=1}^{\infty} \dfrac{2^n}{n^2}$

【解】

(1) $\lim_{n\to\infty} \sqrt[n]{a_n} = \lim_{n\to\infty} \sqrt[n]{\dfrac{n^2}{2^n}} = \lim_{n\to\infty} \dfrac{\sqrt[n]{n^2}}{2}$

$= \lim_{n\to\infty} \dfrac{n^{2/n}}{2} = \dfrac{1}{2} < 1.$ $\left(\text{因 } \lim_{n\to\infty} n^{2/n} = e^{2\lim_{n\to\infty} \frac{\ln n}{n}} = e^{2\lim_{n\to\infty} \frac{1/n}{1}} = e^0 = 1\right)$

故 $\sum_{n=1}^{\infty} \dfrac{n^2}{2^n}$ 收斂.

(2) $\lim_{n\to\infty} \sqrt[n]{a_n} = \lim_{n\to\infty} \sqrt[n]{\dfrac{2^n}{n^2}} = \lim_{n\to\infty} \dfrac{(2^n)^{1/n}}{\sqrt[n]{n^2}} = \lim_{n\to\infty} \dfrac{2}{n^{2/n}} = 2 > 1$

故 $\sum_{n=1}^{\infty} \dfrac{2^n}{n^2}$ 發散.

習題 11.3

在 1～13 題中，利用積分檢驗法判斷何者收斂？何者發散？

1. $\sum_{n=1}^{\infty} \dfrac{1}{n(n+1)}$　　**2.** $\sum_{n=2}^{\infty} \dfrac{1}{\sqrt{n^2-1}}$　　**3.** $\sum_{n=1}^{\infty} \dfrac{1}{10n+3}$

4. $\displaystyle\sum_{n=2}^{\infty} \frac{1}{n(\ln n)^2}$ 　　5. $\displaystyle\sum_{n=1}^{\infty} \frac{\tan^{-1} n}{1+n^2}$ 　　6. $\displaystyle\sum_{n=1}^{\infty} \frac{n}{e^n}$

7. $\displaystyle\sum_{n=1}^{\infty} \frac{n^2}{1+n^3}$ 　　8. $\displaystyle\sum_{n=3}^{\infty} \frac{1}{n \ln n \ln (\ln n)}$ 　　9. $\displaystyle\sum_{n=1}^{\infty} \frac{1}{n(n+1)(n+2)}$

10. $\displaystyle\sum_{n=2}^{\infty} \frac{1}{n\sqrt{n^2-1}}$ 　　11. $\displaystyle\sum_{n=1}^{\infty} n^2 \sin^2\left(\frac{1}{n}\right)$ 　　12. $\displaystyle\sum_{n=1}^{\infty} \frac{1}{(n+1)[\ln (n+1)]^2}$

13. $\displaystyle\sum_{n=1}^{\infty} \frac{1}{(4+2n)^{3/2}}$

14. 試證：若 $p>1$，則 $\displaystyle\sum_{n=3}^{\infty} \frac{1}{n (\ln n)(\ln \ln n)^p}$ 收斂；若 $p \leqslant 1$，則

$\displaystyle\sum_{n=3}^{\infty} \frac{1}{n (\ln n)(\ln \ln n)^p}$ 發散。

15. 利用積分檢驗法判斷級數 $\displaystyle\sum_{n=1}^{\infty} \frac{n}{e^n}$ 的斂散性，若收斂，試用前十項估計其和。

16. 試決定 n 的值使 $\displaystyle\sum_{n=2}^{\infty} \frac{1}{n(\ln n)^2}$ 的部分和 S_n 近似於 $S=\displaystyle\sum_{n=2}^{\infty} \frac{1}{n(\ln n)^2}$ 精確到 0.01 以內。

17. (1) 利用前十項的和去預估級數 $\displaystyle\sum_{n=1}^{\infty} \frac{1}{n^2}$ 的和，此預估的精確度如何？

(2) 利用 $S_n + \displaystyle\int_{n+1}^{\infty} f(x)\,dx \leqslant S \leqslant S_n + \displaystyle\int_{n}^{\infty} f(x)\,dx$，取 $n=10$，修正此一估計值。

(3) 試求 n 的值使近似式 $S \approx S_n$ 的誤差小於 0.001。

18. 已知 $\displaystyle\sum_{n=1}^{\infty} \frac{1}{n^4} = \frac{\pi^4}{90}$，試利用積分檢定法剩餘估計與此級數之前十項和去證明

$\pi = 3.1416$ 捨入到小數第四位。

19. 利用前十項和求下列級數和的近似值並決定近似值的最大誤差。

$$\frac{2}{1} + \frac{2}{4} + \frac{2}{9} + \frac{2}{16} + \cdots$$

在 20～30 題中，利用比較檢驗法判斷何者收斂？何者發散？

20. $1 + \dfrac{1}{\sqrt{3}} + \dfrac{1}{\sqrt{8}} + \dfrac{1}{\sqrt{15}} + \cdots + \dfrac{1}{\sqrt{n^2-1}} + \cdots,\ n \geqslant 2$

21. $\dfrac{1}{1\cdot 2}+\dfrac{1}{2\cdot 3}+\dfrac{1}{3\cdot 4}+\cdots+\dfrac{1}{n(n+1)}+\cdots$

22. $\displaystyle\sum_{n=1}^{\infty}\dfrac{1}{n^4+n^2+1}$
23. $\displaystyle\sum_{n=1}^{\infty}\dfrac{1}{n\,3^n}$
24. $\displaystyle\sum_{n=1}^{\infty}\dfrac{n^2}{n^3+1}$

25. $\displaystyle\sum_{n=1}^{\infty}\dfrac{\sin^2 n}{2^n}$
26. $\displaystyle\sum_{n=1}^{\infty}\dfrac{1+2^n}{1+3^n}$
27. $\displaystyle\sum_{n=1}^{\infty}\dfrac{1}{\sqrt{n(n+1)(n+2)}}$

28. $\displaystyle\sum_{n=1}^{\infty}\dfrac{2+\cos n}{n^2}$
29. $\displaystyle\sum_{n=1}^{\infty}\dfrac{n(n+3)}{(n+1)(n+2)(n+5)}$
30. $\displaystyle\sum_{n=1}^{\infty}\dfrac{2+\sqrt{n}}{(n+1)^3-1}$

在 31～42 題中，利用極限比較檢驗法判斷何者收斂？何者發散？

31. $\displaystyle\sum_{n=1}^{\infty}\dfrac{1}{\sqrt[3]{n^2+1}}$
32. $\displaystyle\sum_{n=1}^{\infty}\dfrac{n+1}{(n+2)(n+3)}$
33. $\displaystyle\sum_{n=1}^{\infty}\dfrac{n+\ln n}{n^2+1}$

34. $\displaystyle\sum_{n=1}^{\infty}\dfrac{1}{2^n-1}$
35. $\displaystyle\sum_{n=1}^{\infty}\dfrac{\ln n}{n}$
36. $\displaystyle\sum_{n=1}^{\infty}\dfrac{2n^2+3n}{\sqrt{5+n^7}}$

37. $\displaystyle\sum_{n=1}^{\infty}\sin\left(\dfrac{1}{n}\right)$
38. $\displaystyle\sum_{n=1}^{\infty}\dfrac{1}{n^{1+(1/n)}}$
39. $\displaystyle\sum_{n=1}^{\infty}\sin^2\left(\dfrac{1}{n}\right)$

40. $\displaystyle\sum_{n=1}^{\infty}\tan\dfrac{1}{n}$
41. $\displaystyle\sum_{n=1}^{\infty}\dfrac{1}{2^n-1}$
42. $\displaystyle\sum_{n=1}^{\infty}\dfrac{100+n}{n^3+2}$

在 43～50 題中，利用比值檢驗法判斷何者收斂？何者發散？

43. $\displaystyle\sum_{n=1}^{\infty}\dfrac{2n+1}{3^n}$
44. $\displaystyle\sum_{n=1}^{\infty}\dfrac{n^n}{n!}$
45. $\displaystyle\sum_{n=1}^{\infty}\dfrac{1}{n^n}$

46. $\displaystyle\sum_{n=1}^{\infty}\dfrac{n^2}{3^n}$
47. $\displaystyle\sum_{n=1}^{\infty}\dfrac{4^n}{n!}$
48. $\displaystyle\sum_{n=1}^{\infty}\dfrac{7^{2n}}{(2n)!}$

49. $\displaystyle\sum_{n=1}^{\infty}\dfrac{n^2+1}{3^n}$
50. $\displaystyle\sum_{n=1}^{\infty}\dfrac{n!\,n!}{(2n)!}$

51. 令 a、b 與 p 皆為正數，則 $\displaystyle\sum_{n=1}^{\infty}\dfrac{1}{(a+bn)^p}$ 對於何種 p 值收斂？

52. 求 p 的值使 $\displaystyle\sum_{n=2}^{\infty}\dfrac{1}{n^p \ln n}$ 收斂。

53. 求 p 的值使 $\displaystyle\sum_{n=2}^{\infty}\dfrac{1}{n(\ln n)^p}$ 收斂。

54. 求 p 的值使 $\sum_{n=3}^{\infty} \dfrac{1}{n \ln n [\ln (\ln n)]^p}$ 收斂.

55. 試證：$\lim\limits_{n \to \infty} \left(1+\dfrac{1}{2}+\dfrac{1}{3}+\cdots+\dfrac{1}{n}-\ln n\right)$ 存在.

    (此極限值約 0.5772156649，稱爲**歐勒常數**，有時記爲 γ.)

56. 求 p 的值使 $\sum_{n=1}^{\infty} \dfrac{1}{n^p}\left(1+\dfrac{1}{2^p}+\dfrac{1}{3^p}+\cdots+\dfrac{1}{n^p}\right)$ 收斂.

在 57～64 題中，利用 n 次方根檢驗法判斷何者收斂？何者發散？

57. $\sum_{n=1}^{\infty} \dfrac{e^n}{n^n}$ 58. $\sum_{n=1}^{\infty} \left(\dfrac{2}{n}\right)^n$ 59. $\sum_{n=1}^{\infty} \dfrac{3^n}{n^2}$

60. $\sum_{n=1}^{\infty} \left(2-\dfrac{1}{2}\right)^n$ 61. $\sum_{n=1}^{\infty} \dfrac{3^n}{n^3 2^n}$ 62. $\sum_{n=1}^{\infty} \dfrac{n^n}{2^{n^2}}$

63. $\sum_{n=1}^{\infty} \dfrac{n^n}{(2^n)^2}$ 64. $\sum_{n=1}^{\infty} \dfrac{1}{(\ln (1+n))^n}$

$\sum$ 11-4 交錯級數

形如
$$a_1 - a_2 + a_3 - a_4 + \cdots + (-1)^{n-1} a_n + \cdots = \sum_{n=1}^{\infty} (-1)^{n-1} a_n$$

或
$$-a_1 + a_2 - a_3 + a_4 + \cdots + (-1)^n a_n + \cdots = \sum_{n=1}^{\infty} (-1)^n a_n$$

(此處 $a_n > 0$，$n=1, 2, 3, \cdots$) 的級數稱爲**交錯級數**.

定理 11.25　交錯級數檢驗法

若 (1) $a_n \geq a_{n+1} > 0$，$\forall n \geq N$ (N 爲某固定正整數)

    (2) $\lim\limits_{n \to \infty} a_n = 0$，

則 $\sum_{n=1}^{\infty} (-1)^{n-1} a_n$ 收斂.

證　考慮前 $2n$ 項的部分和：

$$S_{2n} = a_1 - a_2 + a_3 - a_4 + \cdots + a_{2n-1} - a_{2n}$$
$$= (a_1 - a_2) + (a_3 - a_4) + \cdots + (a_{2n-1} - a_{2n}) \cdots\cdots (*)$$

因為 $a_n - a_{n+1} \geq 0$，$n = 1, 2, 3, \cdots$，故我們得到

$$S_2 \leq S_4 \leq S_6 \leq \cdots \leq S_{2n} \leq \cdots$$

於是，數列 $\{S_{2n}\}$ 包含級數的偶數項，為一單調數列。將 (*) 式改寫成

$$S_{2n} = a_1 - (a_2 - a_3) - (a_4 - a_5) - \cdots - a_{2n}$$

對每一正整數 n 而言，

$$S_{2n} < a_1$$

因此，$\{S_{2n}\}$ 為有界。依定理 11.10 可知 $\{S_{2n}\}$ 收斂到極限 S。現在，

$$S_{2n+1} = S_{2n} + a_{2n+1}$$

於是，$\lim\limits_{n \to \infty} S_{2n+1} = \lim\limits_{n \to \infty} S_{2n} + \lim\limits_{n \to \infty} a_{2n+1} = S + 0 = S$。

此證明了包含奇數項的部分和數列也收斂到 S。

【例題 1】 利用交錯級數檢驗法

試證交錯調和級數 $\sum\limits_{n=1}^{\infty} \dfrac{(-1)^{n-1}}{n}$ 是收斂。

【解】 若欲應用交錯級數檢驗法，則必須證明：
(1) 對每一正整數 n 皆有 $a_{n+1} \leq a_n$
(2) $\lim\limits_{n \to \infty} a_n = 0$

現在 $a_n = \dfrac{1}{n}$，$a_{n+1} = \dfrac{1}{n+1}$

可得 $\dfrac{1}{n+1} < \dfrac{1}{n}$ 對所有的 $n \geq 1$ 成立。

又 $\lim\limits_{n \to \infty} a_n = \lim\limits_{n \to \infty} \dfrac{1}{n} = 0$

故證得此交錯級數收斂。

【例題 2】　利用交錯級數檢驗法

試證交錯級數 $\sum_{n=1}^{\infty} \dfrac{n}{(-2)^{n-1}}$ 是收斂.

【解】　對 $n \geq 1$，則 $\dfrac{1}{2} \leq \dfrac{n}{n+1}$，

$$\Rightarrow \dfrac{2^{n-1}}{2^n} \leq \dfrac{n}{n+1} \Rightarrow (n+1)2^{n-1} \leq n2^n \Rightarrow \dfrac{n+1}{2^n} \leq \dfrac{n}{2^{n-1}}$$

故 $a_{n+1} = \dfrac{n+1}{2^n} \leq \dfrac{n}{2^{n-1}} = a_n$ $\forall n \in N$. 利用羅必達法則,

$$\lim_{n \to \infty} a_n = \lim_{n \to \infty} \dfrac{n}{2^{n-1}} = \lim_{n \to \infty} \dfrac{1}{2^{n-1}(\ln 2)} = 0,$$

因此, 所予交錯級數收斂.

【例題 3】　利用交錯級數檢驗法

試證交錯級數 $\sum_{n=1}^{\infty} \dfrac{(-1)^n \ln n}{\sqrt[3]{n}}$ 是收斂.

【解】　設 $a_n = \dfrac{\ln n}{\sqrt[3]{n}}$, 令 $f(x) = \dfrac{\ln x}{\sqrt[3]{x}}$, $x \geq 1$, 則 $f'(x) = \dfrac{3 - \ln x}{3x^{4/3}}$.

若 $f'(x) < 0$, 則 $\ln x > 3$, 可得 $x > e^3$.

故　　　　　　　　　　　$0 < a_{n+1} \leq a_n$, $\forall n \geq 27$.

又 $\lim_{n \to \infty} a_n = \lim_{n \to \infty} \dfrac{\ln n}{\sqrt[3]{n}} = \lim_{n \to \infty} \dfrac{1/n}{\dfrac{1}{3} n^{-2/3}} = \lim_{n \to \infty} \dfrac{3}{\sqrt[3]{n}} = 0.$

可知 $\sum_{n=27}^{\infty} \dfrac{(-1)^n \ln n}{\sqrt[3]{n}}$ 為收斂,

故 $\sum_{n=1}^{\infty} \dfrac{(-1)^n \ln n}{\sqrt[3]{n}}$ 為收斂.

定理 11.26　交錯級數估計定理

若交錯級數 $\sum (-1)^{n-1} a_n$ 滿足：
(1) 對所有正整數 n，$a_n \geq a_{n+1} > 0$
(2) $\lim\limits_{n \to \infty} a_n = 0$

則其和 S 與部分和 S_N 之差的絕對值不大於 a_{N+1}，即，$|R_N| = |S - S_N| \leq a_{N+1}$。

證　將已知級數前 N 項刪掉，所得級數滿足交錯級數檢驗的條件，故具有剩餘 R_N 的和。

$$R_N = S - S_N = \sum_{n=1}^{\infty} (-1)^{n+1} a_n - \sum_{n=1}^{N} (-1)^{n+1} a_n$$
$$= (-1)^N a_{N+1} + (-1)^{N+1} a_{N+2} + (-1)^{N+2} a_{N+3} + \cdots$$
$$= (-1)^N (a_{N+1} - a_{N+2} + a_{N+3} - \cdots)$$
$$|R_N| = a_{N+1} - a_{N+2} + a_{N+3} - a_{N+4} + a_{N+5} - a_{N+6} + \cdots$$
$$= a_{N+1} - (a_{N+2} - a_{N+3}) - (a_{N+4} - a_{N+5}) - \cdots \leq a_{N+1}$$

因此，$|S - S_N| = |R_N| \leq a_{N+1}$。

【例題 4】　利用交錯級數檢驗法

試證交錯級數 $\sum\limits_{n=0}^{\infty} \dfrac{(-1)^n}{(2n)!}$ 收斂，且求其和的近似值，使其誤差小於 10^{-4}。

【解】

(1) 設 $a_n = \dfrac{1}{(2n)!}$，則 $0 < a_{n+1} \leq a_n$，$\forall n \geq 1$。又 $\lim\limits_{n \to \infty} a_n = \lim\limits_{n \to \infty} \dfrac{1}{(2n)!} = 0$。

故知 $\sum\limits_{n=0}^{\infty} \dfrac{(-1)^n}{(2n)!}$ 收斂。

(2) $\sum\limits_{n=0}^{\infty} \dfrac{(-1)^n}{(2n)!} = 1 - \dfrac{1}{2!} + \dfrac{1}{4!} - \dfrac{1}{6!} + \dfrac{1}{8!} + \cdots$

因為 $\dfrac{1}{8!} = \dfrac{1}{40320} < \dfrac{1}{10000} = 10^{-4}$，

所以 $\sum\limits_{n=0}^{\infty} \dfrac{(-1)^n}{(2n)!} \approx 1 - \dfrac{1}{2!} + \dfrac{1}{4!} - \dfrac{1}{6!} = 1 - \dfrac{1}{2} + \dfrac{1}{24} - \dfrac{1}{720}$

$$\approx 0.54028.$$

【例題 5】 利用定理 11.26

求收斂交錯級數 $\sum_{n=1}^{\infty} \dfrac{(-1)^{n-1}}{n^2}$ 的和，使其誤差不超過 0.01。

【解】 $|S-S_N| \leqslant a_{N+1}$，$\forall N \geqslant 1$。

又 $a_{N+1} = \dfrac{1}{(N+1)^2} < 0.01 \Leftrightarrow (N+1)^2 > 100 \Leftrightarrow N > 9$，所以．

$$S \approx S_{10} = \sum_{n=1}^{10} (-1)^{n-1} \dfrac{1}{n^2} \approx 0.8179621\cdots$$

且 $\qquad\qquad\qquad\qquad |S-S_{10}| < 0.01$

故 $S \approx 0.817$ 且 $|S-0.817| < 0.01$。

習題 11.4

在 1~14 題中，判斷何者收斂？何者發散？

1. $\sum_{n=1}^{\infty} (-1)^{n-1} \dfrac{1}{\sqrt{n}}$
2. $\sum_{n=1}^{\infty} (-1)^{n-1} \dfrac{1}{\sqrt{2n+1}}$
3. $\sum_{n=1}^{\infty} (-1)^{n-1} \dfrac{1}{\ln(n+1)}$

4. $\sum_{n=1}^{\infty} (-1)^{n-1} \dfrac{n}{n^2+1}$
5. $\sum_{n=1}^{\infty} (-1)^{n-1} \dfrac{\ln n}{n}$
6. $\sum_{n=1}^{\infty} (-1)^{n-1} \dfrac{n+4}{n^2+n}$

7. $\sum_{n=1}^{\infty} (-1)^n \dfrac{e^n}{n^4}$
8. $\sum_{n=0}^{\infty} (-1)^n \dfrac{1+4^n}{1+3^n}$
9. $\sum_{n=1}^{\infty} (-1)^{n-1} \dfrac{n^2+1}{n^3+1}$

10. $\sum_{n=1}^{\infty} (-1)^{n-1} \dfrac{\sqrt[3]{n}}{2n+5}$
11. $\sum_{n=1}^{\infty} (-1)^{n-1} \dfrac{\sqrt{n}}{n+1}$
12. $\sum_{n=2}^{\infty} \dfrac{(-1)^n}{n \ln n}$

13. $\sum_{n=1}^{\infty} \dfrac{(-1)^n}{\sqrt{n(n+1)}}$
14. $\sum_{n=1}^{\infty} (-1)^{n+1} \dfrac{n^2}{n^3+1}$

15. 利用前六項求下列級數和的近似值。

$$\sum_{n=1}^{\infty}(-1)^{n+1}\left(\frac{1}{n!}\right)=\frac{1}{1!}-\frac{1}{2!}+\frac{1}{3!}-\frac{1}{4!}+\frac{1}{5!}-\frac{1}{6!}+\cdots$$

16. 求下列收斂級數的和到指定的精確度.

(1) $\displaystyle\sum_{n=0}^{\infty}\frac{(-2)^n}{n!}$ (誤差 < 0.01) (2) $\displaystyle\sum_{n=0}^{\infty}\frac{(-1)^n n}{4^n}$ (誤差 < 0.002)

∑ 11-5 絕對收斂

定義 11.7

若 $\sum |a_n|$ 收斂，則級數 $\sum a_n$ 稱為**絕對收斂**.

【例題 1】 絕對收斂

交錯級數 $\displaystyle\sum_{n=1}^{\infty}\frac{(-1)^{n-1}}{n^2}$ 為絕對收斂，因

$$\sum_{n=1}^{\infty}\left|\frac{(-1)^{n-1}}{n^2}\right|=\sum_{n=1}^{\infty}\frac{1}{n^2}$$

為一收斂的 p-級數 ($p=2>1$).

定義 11.8

若 $\sum |a_n|$ 發散且 $\sum a_n$ 收斂，則級數 $\sum a_n$ 稱為**條件收斂**.

【例題 2】 條件收斂

證明級數

$$1-\frac{1}{\sqrt{2}}+\frac{1}{\sqrt{3}}-\frac{1}{\sqrt{4}}+\cdots+(-1)^{n+1}\frac{1}{\sqrt{n}}+\cdots$$

為條件收斂.

【解】 由交錯級數檢驗法知，所予的級數收斂。但是，對每項取絕對值所得的級數為

$$\sum_{n=1}^{\infty} \frac{1}{\sqrt{n}}$$

其為發散的 p-級數 $\left(p=\frac{1}{2}<1\right)$，故所予的級數為條件收斂。

定理 11.27

若 $\sum |a_n|$ 收斂，則 $\sum a_n$ 收斂。(即，絕對收斂一定收斂)

證 若 $c_n = a_n + |a_n|$，則 $0 \leq c_n \leq 2|a_n|$。因 $\sum |a_n|$ 收斂，故由比較檢驗法知 $\sum c_n$ 也收斂。又

$$\sum (c_n - |a_n|)$$

收斂，因 $\sum c_n$ 與 $\sum |a_n|$ 皆收斂。但

$$\sum a_n = \sum (c_n - |a_n|)$$

所以，$\sum a_n$ 收斂。

【例題 3】 利用比較檢驗法

試證級數 $\sum_{n=1}^{\infty} \frac{\cos n}{n^2}$ 收斂。

【解】 因對所有的 n，$|\cos n| \leq 1$

故

$$\left|\frac{\cos n}{n^2}\right| \leq \frac{1}{n^2}.$$

因 $\sum_{n=1}^{\infty} \frac{1}{n^2}$ 為收斂的 p-級數 $(p=2>1)$，故知 $\sum_{n=1}^{\infty} \left|\frac{\cos n}{n^2}\right|$ 收斂，所以，$\sum_{n=1}^{\infty} \frac{\cos n}{n^2}$ 收斂。

定理 11.28　比值檢驗法

令 $\sum a_n$ 為各項皆不為零的無窮級數且 $L = \lim\limits_{n \to \infty} \left| \dfrac{a_{n+1}}{a_n} \right|$.

(1) 若 $L < 1$，則 $\sum a_n$ 絕對收斂．
(2) 若 $L > 1$（或 $L = \infty$），則 $\sum a_n$ 發散．

讀者可仿照定理 11.23 的證法證明定理 11.28．

註：若 $\lim\limits_{n \to \infty} \left| \dfrac{a_{n+1}}{a_n} \right| = 1$，則定理 11.28 失效，而必須利用其他的檢驗法．

【例題 4】　利用定理 11.28

判斷級數 $\sum\limits_{n=1}^{\infty} (-1)^{n-1} \dfrac{2^{2n-1}}{n3^n}$ 是否收斂？

【解】　$\lim\limits_{n \to \infty} \left| \dfrac{a_{n+1}}{a_n} \right| = \lim\limits_{n \to \infty} \left| \dfrac{(-1)^n 2^{2n+1}}{(n+1)3^{n+1}} \cdot \dfrac{n3^n}{(-1)^{n-1} 2^{2n-1}} \right|$

$= \lim\limits_{n \to \infty} \dfrac{4n}{3(n+1)} = \dfrac{4}{3}$

因 $L = \dfrac{4}{3} > 1$，故所予級數發散．

【例題 5】　利用定理 11.28

下列級數何者絕對收斂？何者條件收斂？何者發散？

(1) $\sum\limits_{n=1}^{\infty} (-1)^n \dfrac{3^n}{n!}$　　　(2) $\sum\limits_{n=1}^{\infty} (-1)^{n-1} \dfrac{\sqrt{n}}{n+1}$

【解】
(1) 因

$\lim\limits_{n \to \infty} \left| \dfrac{a_{n+1}}{a_n} \right| = \lim\limits_{n \to \infty} \left| \dfrac{3^{n+1}}{(n+1)!} \cdot \dfrac{n!}{3^n} \right| = \lim\limits_{n \to \infty} \dfrac{3}{n+1} = 0 < 1$

故所予級數絕對收斂．

(2) 每項皆取絕對值，可得級數 $\sum_{n=1}^{\infty} \dfrac{\sqrt{n}}{n+1}$。

對於任一 $n \geq 1$，$\dfrac{\sqrt{n}}{n+1} > \dfrac{\sqrt{n}}{n+n} = \dfrac{1}{2\sqrt{n}} = \dfrac{1}{2n^{1/2}}$

因 $\sum_{n=1}^{\infty} \dfrac{1}{n^{1/2}}$ 為發散的 p-級數（$p=1/2<1$），故 $\sum_{n=1}^{\infty} \dfrac{1}{2n^{1/2}}$ 也發散，而由比較檢驗法知 $\sum_{n=1}^{\infty} \dfrac{\sqrt{n}}{n+1}$ 發散。

令 $f(x) = \dfrac{\sqrt{x}}{x+1}$，$x \geq 1$，則 $f'(x) = \dfrac{1-x}{2\sqrt{x}(x+1)^2} < 0 \ (x>1)$，

故知 f 在 $[1, \infty)$ 為遞減函數，因此，對所有 $n \geq 1$，

$$a_{n+1} = \dfrac{\sqrt{n+1}}{n+2} < \dfrac{\sqrt{n}}{n+1} = a_n$$

又 $\lim_{n \to \infty} a_n = \lim_{n \to \infty} \dfrac{\sqrt{n}}{n+1} = \lim_{n \to \infty} \dfrac{\sqrt{1/n}}{1+\dfrac{1}{n}} = 0$

依交錯級數檢驗法知，$\sum_{n=1}^{\infty} (-1)^{n-1} \dfrac{\sqrt{n}}{n+1}$ 收斂。

綜合以上，得知 $\sum_{n=1}^{\infty} (-1)^{n-1} \dfrac{\sqrt{n}}{n+1}$ 為條件收斂。

定理 11.29　重排定理

絕對收斂級數的項可以重新排列而不會影響其收斂及和。

例如，級數 $1 - \dfrac{1}{4} + \dfrac{1}{9} + \dfrac{1}{16} + \dfrac{1}{25} - \dfrac{1}{36} + \dfrac{1}{49} + \dfrac{1}{64} + \dfrac{1}{81} - \dfrac{1}{100} + \cdots$ 絕對收斂，而重新排列後的級數 $1 + \dfrac{1}{9} + \dfrac{1}{16} + \dfrac{1}{25} - \dfrac{1}{4} + \dfrac{1}{49} + \dfrac{1}{64} + \dfrac{1}{81} - \dfrac{1}{36} + \cdots$ 也收斂，且其和與原級數相同。

> **定理 11.30** n 次方根檢驗法
>
> 令 $\sum a_n$ 為各項皆不為零的無窮級數，$L = \lim_{n \to \infty} \sqrt[n]{|a_n|}$。
>
> (1) 若 $L < 1$，則 $\sum a_n$ 為絕對收斂。
>
> (2) 若 $L > 1$ 或 $L = \infty$，則 $\sum a_n$ 發散。

證 此定理的證明與比值檢驗法相似。如 (1)，若 $L < 1$，則我們考慮任一數 r 滿足 $L < r < 1$。依極限的定義，存在一正整數 N，使得 $n > N$ 時，

$$\sqrt[n]{|a_n|} < r < 1$$

於是，當 $n > N$ 時，$|a_n| < r^n$。因 $\sum r^n$ 為幾何級數且 $|r| < 1$，故由比較檢驗法知 $\sum |a_n|$ 收斂。定理的其餘部分請讀者自行證之。

註：若 $\lim_{n \to \infty} \sqrt[n]{|a_n|} = 1$，則定理 11.30 失效，而必須利用其他的檢驗法。

【例題 6】 利用 n 次方根檢驗法

判斷 $\sum_{n=1}^{\infty} \dfrac{e^{2n}}{n^n}$ 是否收斂？

【解】 $\lim_{n \to \infty} \sqrt[n]{|a_n|} = \lim_{n \to \infty} \sqrt[n]{\dfrac{e^{2n}}{n^n}} = \lim_{n \to \infty} \dfrac{e^{2n/n}}{n^{n/n}} = \lim_{n \to \infty} \dfrac{e^2}{n} = 0 < 1$

故此級數為絕對收斂，因而為收斂。

習題 11.5

在 1～13 題中，判斷何者絕對收斂？何者條件收斂？何者發散？

1. $\sum_{n=1}^{\infty} (-1)^n \dfrac{n}{n^2 + 1}$
2. $\sum_{n=1}^{\infty} (-1)^n \dfrac{1}{n\sqrt{n}}$
3. $\sum_{n=1}^{\infty} (-1)^{n-1} \dfrac{n^2}{e^n}$
4. $\sum_{n=2}^{\infty} (-1)^n \dfrac{1}{n \ln n}$
5. $\sum_{n=1}^{\infty} \dfrac{(-100)^n}{n!}$
6. $\sum_{n=1}^{\infty} (-1)^{n-1} \dfrac{\sqrt{n}}{n+1}$
7. $\sum_{n=2}^{\infty} (-1)^n \dfrac{1}{n(\ln n)^5}$
8. $\sum_{n=1}^{\infty} \dfrac{\cos(n\pi/6)}{n^2}$
9. $\sum_{n=1}^{\infty} \dfrac{\sin n}{n\sqrt{n}}$

10. $\displaystyle\sum_{n=1}^{\infty} \frac{\sin\sqrt{n}}{\sqrt{n^3+1}}$ 　　11. $\displaystyle\sum_{n=1}^{\infty} (-1)^{n+1}\frac{2^n}{n!}$ 　　12. $\displaystyle\sum_{n=1}^{\infty} \frac{(-1)^n n}{2^n}$

13. $\displaystyle\sum_{n=1}^{\infty} \frac{(-1)^n n^3}{e^n}$

14. 試證：$\displaystyle\int_0^{\infty} \frac{\sin x}{x}\,dx$ 收斂。　　15. 試證：$\displaystyle\int_0^{\infty} \frac{|\sin x|}{x}\,dx$ 發散。

在 16～19 題中，利用根值檢驗法判斷各級數的斂散性。

16. $\displaystyle\sum_{n=2}^{\infty} \frac{1}{(\ln n)^n}$ 　　17. $\displaystyle\sum_{n=1}^{\infty} \frac{(2n)^n}{(5n+3n^{-1})^n}$

18. $\displaystyle\sum_{n=1}^{\infty} \frac{2^{3n+1}}{n^n}$ 　　19. $\displaystyle\sum_{n=1}^{\infty} \left(\frac{2n+3}{3n+2}\right)^n$

20. 試證：若 $\displaystyle\sum_{n=1}^{\infty} a_n^2$ 與 $\displaystyle\sum_{n=1}^{\infty} b_n^2$ 皆收斂，則 $\displaystyle\sum_{n=1}^{\infty} a_n b_n$ 絕對收斂。

    ［提示：$2|a_n b_n| \leqslant a_n^2 + b_n^2$］

21. 試證：若 $\sum a_n$ 絕對收斂，則 $\sum a_n^2$ 收斂。

11-6　冪級數

在前面幾節中，我們研究常數項級數　在本節中，我們將考慮含有變數項的級數，這種級數在許多數學分支與物理科學裡相當重要。

若 $c_0, c_1, c_2, \cdots$ 皆為常數且 x 為一變數，則形如

$$\sum_{n=0}^{\infty} c_n x^n = c_0 + c_1 x + c_2 x^2 + \cdots + c_n x^n + \cdots$$

的級數為**冪級數**。例如：

$$\sum_{n=0}^{\infty} x^n = 1 + x + x^2 + x^3 + \cdots$$

$$\sum_{n=0}^{\infty} \frac{x^n}{n!} = 1 + x + \frac{x^2}{2!} + \frac{x^3}{3!} + \cdots$$

$$\sum_{n=0}^{\infty} (-1)^n \frac{x^{n+1}}{n+1} = x - \frac{x^2}{2} + \frac{x^3}{3} - \frac{x^4}{4} + \cdots$$

$$\sum_{n=0}^{\infty} (-1)^n \frac{x^{2n}}{(2n)!} = 1 - \frac{x^2}{2!} + \frac{x^4}{4!} - \frac{x^6}{6!} + \cdots$$

$$\sum_{n=0}^{\infty} (-1)^n \frac{x^{2n+1}}{(2n+1)!} = x - \frac{x^3}{3!} + \frac{x^5}{5!} - \frac{x^7}{7!} + \cdots$$

若在冪級數 $\sum c_n x^n$ 中以數值代 x，則可得收斂抑或發散的常數項級數。由此，產生了一個基本的問題，即，所予冪級數對於何種 x 值收斂的問題。

本節的主要目的是在決定使冪級數收斂的所有 x 值。通常，我們利用比值檢驗法以求得 x 的值。

【例題 1】 收斂的幾何級數

冪級數 $\sum_{n=0}^{\infty} x^n = 1 + x + x^2 + \cdots + x^n + \cdots$ 為一幾何級數，其公比 $r = x$，因此，當 $|x| < 1$ 時，此冪級數收斂。

【例題 2】 利用定理 11.28

求所有的 x 值使得冪級數 $\sum_{n=0}^{\infty} \frac{x^n}{n!}$ 絕對收斂。

【解】 令 $a_n = \frac{x^n}{n!}$，則

$$\lim_{n \to \infty} \left| \frac{a_{n+1}}{a_n} \right| = \lim_{n \to \infty} \left| \frac{x^{n+1}}{(n+1)!} \cdot \frac{n!}{x^n} \right| = \lim_{n \to \infty} \frac{|x|}{n+1} = 0 < 1$$

對所有實數 x 皆成立，故知所予冪級數對所有實數皆絕對收斂。

【例題 3】 利用定理 11.28

求所有的 x 值使得冪級數 $\sum_{n=0}^{\infty} n! x^n$ 收斂。

【解】 令 $a_n = n! x^n$，若 $x \neq 0$，則

$$\lim_{n \to \infty} \left| \frac{a_{n+1}}{a_n} \right| = \lim_{n \to \infty} \left| \frac{(n+1)! \, x^{n+1}}{n! \, x^n} \right| = \lim_{n \to \infty} |(n+1)x| = \infty$$

因此，只有 $x=0$ 才能使級數收斂．

由上面三個例子的結果，歸納出下面的定理．

定理 11.31

對於冪級數 $\sum_{n=0}^{\infty} c_n x^n$ 而言，下列當中恰有一者成立：
(1) 級數僅對 $x=0$ 收斂．
(2) 級數對所有 x 絕對收斂．
(3) 存在一正數 r 使得級數在 $|x|<r$ 時絕對收斂，而在 $|x|>r$ 時發散．在 $x=r$ 與 $x=-r$，級數可能絕對收斂、或條件收斂、或發散．

在情形 (3) 中，我們稱 r 為**收斂半徑**．在情形 (1) 中，級數僅對 $x=0$ 收斂，我們定義收斂半徑為 $r=0$；在情形 (2) 中，級數對所有 x 絕對收斂，我們定義收斂半徑為 $r=\infty$．**使得冪級數收斂的所有 x 值所構成的區間稱為收斂區間**，示於圖 11-7．

圖 11-7

【例題 4】 利用定理 11.28

求冪級數 $\sum_{n=0}^{\infty} \dfrac{(-1)^n x^{2n}}{2^{2n}(n!)^2}$ 的收斂區間．

【解】 令 $a_n = \dfrac{(-1)^n x^{2n}}{[2^{2n}(n!)^2]}$，則

$$\lim_{n\to\infty}\left|\frac{a_{n+1}}{a_n}\right| = \lim_{n\to\infty}\left|\frac{(-1)^{n+1}x^{2(n+1)}}{2^{2(n+1)}[(n+1)!]^2}\cdot\frac{2^{2n}(n!)^2}{(-1)^n x^{2n}}\right|$$

$$= \lim_{n\to\infty}\frac{1}{4(n+1)^2}x^2 = 0 < 1.$$

對所有實數 x 皆成立．所以，所予冪級數對所有實數皆收斂．換言之，冪級數的收斂區間為 $(-\infty,\infty)$．

【例題 5】 利用定理 11.28

求冪級數 $\sum_{n=1}^{\infty} \dfrac{x^n}{\sqrt{n}}$ 的收斂區間.

【解】 令 $a_n = \dfrac{x^n}{\sqrt{n}}$，則

$$\lim_{n \to \infty} \left| \dfrac{a_{n+1}}{a_n} \right| = \lim_{n \to \infty} \left| \dfrac{x^{n+1}}{\sqrt{n+1}} \cdot \dfrac{\sqrt{n}}{x^n} \right|$$

$$= \lim_{n \to \infty} \left| \dfrac{\sqrt{n}}{\sqrt{n+1}} x \right| = \lim_{n \to \infty} \dfrac{\sqrt{n}}{\sqrt{n+1}} |x| = |x|$$

可知冪級數在 $|x| < 1$ 時絕對收斂. 今將 $x = \pm 1$ 直接代入原級數檢驗. 令 $x = 1$，代入可得 $\sum_{n=1}^{\infty} \dfrac{1}{\sqrt{n}}$，此為發散的 p-級數，令 $x = -1$，代入可得 $\sum_{n=1}^{\infty} (-1)^n \dfrac{1}{\sqrt{n}}$，此為收斂的交錯級數. 於是，所予級數的收斂區間為 $[-1, 1)$.

除了冪級數 $\sum_{n=0}^{\infty} c_n x^n$ 之外，我們對形如

$$\sum_{n=0}^{\infty} c_n (x-a)^n = c_0 + c_1(x-a) + c_2(x-a)^2 + \cdots + c_n(x-a)^n + \cdots$$

的冪級數感到興趣，其中 c_0, c_1, c_2, $\cdots$ 與 a 皆為常數. 將定理 11.31 中的 x 改為 $x-a$，則可得下列的結果.

定理 11.32

對於冪級數 $\sum_{n=0}^{\infty} c_n (x-a)^n$ 而言，下列當中恰有一者成立：
(1) 級數僅對 $x = a$ 收斂.
(2) 級數對所有 x 絕對收斂.
(3) 存在一正數 r 使得級數在 $|x-a| < r$ 時絕對收斂，而在 $|x-a| > r$ 時發散. 在 $x = a-r$ 與 $x = a+r$，級數可能絕對收斂、或條件收斂、或發散.

在定理 11.32 (1)、(2) 與 (3) 的情形中，我們稱級數的收斂半徑分別為 0、∞ 與

r. 使得冪級數收斂的所有 x 值所構成的區間稱為收斂區間，示於圖 11-8．

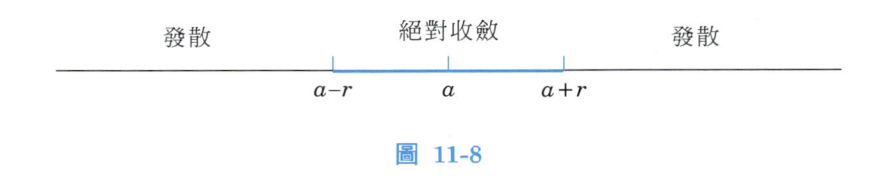

```
     發散        |   絕對收斂   |      發散
              a-r      a      a+r
```

圖 11-8

收斂半徑一般可用比值檢驗法或 n 次方根檢驗法求得。例如，假設

$$\lim_{n\to\infty}\left|\frac{c_{n+1}}{c_n}\right|=L$$

則

$$\lim_{n\to\infty}\frac{|c_{n+1}(x-a)^{n+1}|}{|c_n(x-a)^n|}=L|x-a|$$

對於 $|x-a|<\dfrac{1}{L}$，$\sum_{n=0}^{\infty}c_n(x-a)^n$ 絕對收斂。

對於 $|x-a|>\dfrac{1}{L}$，$\sum_{n=0}^{\infty}c_n(x-a)^n$ 發散。

收斂半徑 $r=\dfrac{1}{L}=\lim_{n\to\infty}\left|\dfrac{c_n}{c_{n+1}}\right|$． (11-4)

【例題 6】 利用 (11-4) 式

求冪級數 $\sum_{n=0}^{\infty}\dfrac{n(x+2)^n}{3^{n+1}}$ 的收斂半徑與收斂區間。

【解】 因 $\lim_{n\to\infty}\left|\dfrac{c_{n+1}}{c_n}\right|=\lim_{n\to\infty}\left|\dfrac{\dfrac{n+1}{3^{n+2}}}{\dfrac{n}{3^{n+1}}}\right|=\lim_{n\to\infty}\left|\dfrac{n+1}{3^{n+2}}\cdot\dfrac{3^{n+1}}{n}\right|$

$$=\lim_{n\to\infty}\left|\dfrac{n+1}{3n}\right|=\dfrac{1}{3}$$

故收斂半徑為 $r=\dfrac{1}{L}=3$．所以，當 $|x-(-2)|<3$ 時，即 $-5<x<1$，此冪級數

絕對收斂。因此，在 $x<-5$ 或 $x>1$ 時，冪級數發散。但是，在 $x=-5$ 或 $x=1$，必須代入原級數檢驗之。令 $x=-5$，則

$$\sum_{n=0}^{\infty} \frac{n(-5+2)^n}{3^{n+1}} = \sum_{n=0}^{\infty} \frac{n(-3)^n}{3^{n+1}} = \frac{1}{3}\sum_{n=0}^{\infty} (-1)^n n$$

由發散檢驗法得知此級數發散。
令 $x=1$，則

$$\sum_{n=0}^{\infty} \frac{n(x+2)^n}{3^{n+1}} = \sum_{n=0}^{\infty} \frac{n(3)^n}{3^{n+1}} = \frac{1}{3}\sum_{n=0}^{\infty} n$$

由發散檢驗法得知此級數亦發散。因此，所予冪級數的收斂區間為 $(-5, 1)$。

【例題 7】 利用定理 11.28

求 $\sum_{n=0}^{\infty} \frac{(-1)^n x^{2n+1}}{(2n+1)!}$ 的收斂半徑。

【解】 令 $a_n = \frac{(-1)^n x^{2n+1}}{(2n+1)!}$，則

$$\lim_{n\to\infty}\left|\frac{a_{n+1}}{a_n}\right| = \lim_{n\to\infty}\left|\frac{[(-1)^{n+1}x^{2n+3}]/(2n+3)!}{[(-1)^n x^{2n+1}]/(2n+1)!}\right| = \lim_{n\to\infty} \frac{x^2}{(2n+3)(2n+2)}$$

對任何固定的 x 值，$\lim_{n\to\infty}\left|\frac{a_{n+1}}{a_n}\right|=0$，可知此級數對所有的 x 皆收斂，故收斂半徑 $r=\infty$。

【例題 8】 利用定理 11.28

求冪級數 $\sum_{n=1}^{\infty} \frac{2^n(x-3)^n}{\sqrt{n+3}}$ 的收斂區間。

【解】 令 $a_n = \frac{2^n(x-3)^n}{\sqrt{n+3}}$，則 $a_{n+1} = \frac{2^{n+1}(x-3)^{n+1}}{\sqrt{n+4}}$。

$$\lim_{n\to\infty}\left|\frac{a_{n+1}}{a_n}\right| = \lim_{n\to\infty}\left|\frac{2^{n+1}(x-3)^{n+1}}{\sqrt{n+4}} \cdot \frac{\sqrt{n+3}}{2^n(x-3)^n}\right|$$

$$= \lim_{n \to \infty} 2\sqrt{\frac{n+3}{n+4}}\,|x-3|$$

$$= 2\,|x-3| < 1 \text{ (因為收斂)}$$

$$\Rightarrow -\frac{1}{2} < x-3 < \frac{1}{2} \Rightarrow \frac{5}{2} < x < \frac{7}{2}$$

(1) 以 $x = \frac{5}{2}$ 代入原式，可得

$$\sum_{n=1}^{\infty} \frac{2^n \left(\frac{5}{2}-3\right)^n}{\sqrt{n+3}} = \sum_{n=1}^{\infty} \frac{2^n \left(-\frac{1}{2}\right)^n}{\sqrt{n+3}} = \sum_{n=1}^{\infty} (-1)^n \frac{1}{\sqrt{n+3}}$$

此交錯級數為收斂。

(2) 以 $x = \frac{7}{2}$ 代入原式，可得

$$\sum_{n=1}^{\infty} \frac{2^n \left(\frac{7}{2}-3\right)^n}{\sqrt{n+3}} = \sum_{n=1}^{\infty} \frac{2^n \left(\frac{1}{2}\right)^n}{\sqrt{n+3}} = \sum_{n=1}^{\infty} \frac{1}{\sqrt{n+3}}$$

令 $p = n+3$，則

$$\sum_{n=1}^{\infty} \frac{1}{\sqrt{n+3}} = \sum_{p=4}^{\infty} \frac{1}{\sqrt{p}} \quad (p \text{ 級數，} p = \frac{1}{2} < 1 \text{ 發散})$$

故收斂區間為 $\left[\frac{5}{2}, \frac{7}{2}\right)$。

冪級數可以用來定義一函數，而其定義域為該級數的收斂區間。明確地說，對收斂區間中的每一 x，令

$$f(x) = \sum_{n=0}^{\infty} c_n x^n$$

若由此來定義函數 f，則稱 $\sum_{n=0}^{\infty} c_n x^n$ 為 $f(x)$ 的**冪級數表示式**，也可稱 f 由這冪級數表示。例如，$\frac{1}{1-x}$ 的冪級數表示式為幾何級數 $1 + x + x^2 + \cdots$ $(-1 < x < 1)$，即，

$$\frac{1}{1-x} = 1 + x + x^2 + \cdots, \quad |x| < 1$$

函數 $f(x)$ 的冪級數表示式可以用來求得 $f'(x)$ 與 $\int f(x)\,dx$ 等的冪級數表示式. 下面定理告訴我們, 對 $f(x)$ 的冪級數表示式逐項微分或逐項積分可以求得 $f'(x)$ 或 $\int f(x)\,dx$ 等的冪級數表示式.

定理 11.33

若冪級數 $\sum_{n=0}^{\infty} c_n(x-a)^n$ 有非零的收斂半徑 r, 又對於收斂區間 $(a-r, a+r)$ 中的每一 x, 恆有 $f(x) = \sum_{n=0}^{\infty} c_n(x-a)^n$, 則

(1) 級數 $\sum_{n=0}^{\infty} \frac{d}{dx}[c_n(x-a)^n] = \sum_{n=1}^{\infty} nc_n(x-a)^{n-1}$ 的收斂半徑為 r, 且對於區間 $(a-r, a+r)$ 中所有 x, 恆有

$$f'(x) = \sum_{n=1}^{\infty} nc_n(x-a)^{n-1}.$$

(2) 級數 $\sum_{n=0}^{\infty} \left[\int c_n(x-a)^n\,dx \right] = \sum_{n=0}^{\infty} \frac{c_n}{n+1}(x-a)^{n+1}$ 的收斂半徑為 r, 且對於區間 $(a-r, a+r)$ 中所有 x, 恆有

$$\int f(x)\,dx = \sum_{n=0}^{\infty} \frac{c_n}{n+1}(x-a)^{n+1} + C.$$

(3) 對於區間 $(a-r, a+r)$ 中所有 α 與 β, 級數 $\sum_{n=0}^{\infty} \left[\int_{\alpha}^{\beta} c_n(x-a)^n\,dx \right]$ 絕對收斂且

$$\int_{\alpha}^{\beta} f(x)\,dx = \sum_{n=0}^{\infty} \left[\frac{c_n}{n+1}(x-a)^{n+1} \bigg|_{\alpha}^{\beta} \right].$$

【例題 9】 利用逐項微分

若 $f(x)=\sum_{n=1}^{\infty}\dfrac{x^n}{n}$，求 $f'(x)$ 的收斂區間。

【解】 $f'(x)=\sum_{n=1}^{\infty} n\cdot\dfrac{x^{n-1}}{n}=\sum_{n=1}^{\infty} x^{n-1}=1+x+x^2+x^3+\cdots$

$f'(x)$ 在 $x=\pm 1$ 為發散，故其收斂區間為 $(-1, 1)$。

【例題 10】 利用逐項微分

試證：函數

$$f(x)=\sum_{n=0}^{\infty}\dfrac{(-1)^n x^{2n}}{(2n)!}$$

為微分方程式 $f''(x)+f(x)=0$ 的解。

【解】 $f'(x)=\sum_{n=0}^{\infty}\dfrac{d}{dx}\left[\dfrac{(-1)^n x^{2n}}{(2n)!}\right]=\sum_{n=1}^{\infty}\dfrac{(-1)^n 2n\, x^{2n-1}}{(2n)!}$

$f''(x)=\sum_{n=1}^{\infty}\dfrac{d}{dx}\left[\dfrac{(-1)^n 2n\, x^{2n-1}}{(2n)!}\right]=\sum_{n=1}^{\infty}\dfrac{(-1)^n(2n)(2n-1)x^{2n-2}}{(2n)!}$

$=\sum_{n=1}^{\infty}\dfrac{(-1)^n x^{2(n-1)}}{[2(n-1)]!}=\sum_{n=0}^{\infty}\dfrac{(-1)^{n+1} x^{2n}}{(2n)!}$ （以 $n+1$ 代替 n）

$=-\sum_{n=0}^{\infty}\dfrac{(-1)^n x^{2n}}{(2n)!}=-f(x)$

所以，$f''(x)+f(x)=0$。

【例題 11】 利用逐項積分

令函數 f 定義為 $f(x)=\sum_{n=1}^{\infty}\dfrac{(-1)^n(x-2)^n}{n}$，求 $\int f(x)\,dx$ 的收斂區間。

【解】 $\int f(x)\,dx=\int\sum_{n=1}^{\infty}\dfrac{(-1)^n(x-2)^n}{n}\,dx=\sum_{n=1}^{\infty}\dfrac{(-1)^n}{n}\dfrac{(x-2)^{n+1}}{n+1}$

令 $a_n = \dfrac{(-1)^n}{n} \dfrac{(x-2)^{n+1}}{n+1}$，則

$$\lim_{n \to \infty} \left| \dfrac{a_{n+1}}{a_n} \right| = \lim_{n \to \infty} \left| \dfrac{\dfrac{(-1)^{n+1}(x-2)^{n+2}}{(n+1)(n+2)}}{\dfrac{(-1)^n(x-2)^{n+1}}{n(n+1)}} \right|$$

$$= \lim_{n \to \infty} \dfrac{n(n+1)}{(n+1)(n+2)} |x-2| = |x-2|$$

由比值檢驗法知 $|x-2|<1$，即 $1<x<3$ 為絕對收斂。

(1) 以 $x=3$ 代入 $\displaystyle\sum_{n=1}^{\infty} \dfrac{(-1)^n}{n} \cdot \dfrac{(x-2)^{n+1}}{n+1}$ 中，可得

$$\sum_{n=1}^{\infty} (-1)^n \dfrac{1}{n(n+1)}$$

此交錯級數為收斂。

(2) 以 $x=1$ 代入 $\displaystyle\sum_{n=1}^{\infty} \dfrac{(-1)^n}{n} \cdot \dfrac{(x-2)^{n+1}}{n+1}$ 中，可得

$$\sum_{n=1}^{\infty} \dfrac{-1}{n(n+1)}$$

令 $S_n = \displaystyle\sum_{k=1}^{n} \dfrac{1}{k(k+1)} = \sum_{k=1}^{n} \left(\dfrac{1}{k} - \dfrac{1}{k+1} \right)$

$$= \dfrac{1}{1} - \dfrac{1}{2} + \dfrac{1}{2} - \dfrac{1}{3} + \cdots + \left(\dfrac{1}{n} - \dfrac{1}{n+1} \right)$$

$$= 1 - \dfrac{1}{n+1}$$

則 $\displaystyle\lim_{n \to \infty} S_n = \lim_{n \to \infty} \left(1 - \dfrac{1}{n+1} \right) = 1$

所以 $\displaystyle\sum_{n=1}^{\infty} \dfrac{-1}{n(n+1)} = -1$

故 $\sum_{n=1}^{\infty} \dfrac{-1}{n(n+1)}$ 為收斂級數.

於是，$\int f(x)\,dx$ 的收斂區間為 $[1, 3]$.

【例題 12】 利用逐項積分

求 $\ln(1+x)$ 在 $|x|<1$ 時的冪級數表示式.

【解】 若 $|x|<1$，則

$$\ln(1+x) = \int_0^x \dfrac{dt}{1+t} = \int_0^x [1-t+t^2-t^3+\cdots+(-1)^n t^n+\cdots]\,dt$$

將上式逐項積分，可得

$$\ln(1+x) = t\Big|_0^x - \dfrac{t^2}{2}\Big|_0^x + \dfrac{t^3}{3}\Big|_0^x + \cdots + (-1)^n \dfrac{t^{n+1}}{n+1}\Big|_0^x + \cdots$$

所以，$\ln(1+x) = x - \dfrac{x^2}{2} + \dfrac{x^3}{3} - \dfrac{x^4}{4} + \cdots + (-1)^n \dfrac{x^{n+1}}{n+1} + \cdots$，$|x|<1$.

【例題 13】 利用逐項積分

求 $f(x)=\tan^{-1} x$ 的冪級數表示式與其收斂半徑.

【解】 因 $f(x)=\tan^{-1} x$,

又 $$\dfrac{1}{1-x} = 1+x+x^2+\cdots,\ |x|<1$$

以 $-x^2$ 代入上式

$$\dfrac{1}{1+x^2} = 1-x^2+x^4-x^6+x^8-\cdots,\ |x|<1$$

故 $$\tan^{-1} x = \int \dfrac{dx}{1+x^2} = \int (1-x^2+x^4-x^6+\cdots)\,dx$$

$$= C + x - \dfrac{x^3}{3} + \dfrac{x^5}{5} - \dfrac{x^7}{7} + \cdots$$

令 $x=0$，則 $C=\tan^{-1} 0 = 0$. 所以，

$$\tan^{-1} x = x - \frac{x^3}{3} + \frac{x^5}{5} - \frac{x^7}{7} + \cdots = \sum_{n=0}^{\infty} (-1)^n \frac{x^{2n+1}}{2n+1}, \quad |x| \leq 1$$

因為冪級數 $\dfrac{1}{1+x^2} = \sum_{n=0}^{\infty} (-1)^n x^{2n}$ 的收斂半徑為 1，

所以 $\tan^{-1} x = \sum_{n=0}^{\infty} (-1)^n \dfrac{x^{2n+1}}{2n+1}$ 的收斂半徑亦為 1。

習題 11.6

在 1～13 題中，求各冪級數的收斂區間。

1. $\sum_{n=0}^{\infty} (-1)^n \dfrac{x^{2n}}{(2n)!}$
2. $\sum_{n=1}^{\infty} n x^n$
3. $\sum_{n=1}^{\infty} \dfrac{x^n}{\sqrt{n}}$

4. $\sum_{n=1}^{\infty} (-1)^n \dfrac{x^n}{n(n+2)}$
5. $\sum_{n=0}^{\infty} (-1)^n \dfrac{x^n}{2^n}$
6. $\sum_{n=1}^{\infty} \dfrac{(x-1)^n}{n}$

7. $\sum_{n=0}^{\infty} \dfrac{(x+2)^n}{n!}$
8. $\sum_{n=1}^{\infty} \dfrac{(x-2)^n}{n^2}$
9. $\sum_{n=1}^{\infty} \dfrac{(x+5)^n}{n(n+1)}$

10. $\sum_{n=1}^{\infty} \dfrac{(x-2)^n}{n(n+1)}$
11. $\sum_{n=0}^{\infty} \dfrac{n!}{100^n} x^n$
12. $\sum_{n=1}^{\infty} (-1)^{n-1} \dfrac{x^n}{\sqrt[3]{n}\, 3^n}$

13. $\sum_{n=0}^{\infty} \dfrac{n}{3^{2n-1}} (x-1)^{2n}$

在 14～18 題中，求各冪級數的收斂半徑。

14. $\sum_{n=1}^{\infty} (-1)^n \dfrac{1 \cdot 3 \cdot 5 \cdot \cdots (2n-1)}{3 \cdot 6 \cdot 9 \cdot \cdots (3n)} x^n$

15. $\sum_{n=1}^{\infty} \dfrac{n!}{(1)(4)(7)\cdots(3n-2)} x^n$

16. $\sum_{n=1}^{\infty} \dfrac{2 \cdot 4 \cdot 6 \cdot \cdots (2n)}{4 \cdot 7 \cdot 10 \cdot \cdots (3n+1)} x^n$

17. $\sum_{n=1}^{\infty} \dfrac{n^n}{n!} x^n$

18. $\sum_{n=0}^{\infty} \dfrac{(n+1)!}{10^n} (x-5)^n$

19. 若 $\sum a_n x^n$ 的收斂半徑為 r，試證 $\sum a_n x^{2n}$ 的收斂半徑為 $\sqrt{r}$．

20. 參考習題 11-2 第 16 題的費波納契數列 $\{a_n\}$，求 $\sum_{n=1}^{\infty} a_n x^n$ 的收斂半徑．

21. 已知費波納契數列 $\{a_n\}$，若 $F(x) = \sum_{n=1}^{\infty} a_n x^n$，試證：$F(x) - xF(x) - x^2 F(x) = x$．

22. 求 $f(x) = x \tan^{-1} x$ 在 $x = 0$ 的冪級數．

23. (1) 若 α 為正整數，α 階第一類型貝索函數 (Bessel Function) $J_\alpha(x)$，定義為
$$J_\alpha(x) = \sum_{n=0}^{\infty} \frac{(-1)^n}{n!(n+\alpha)!} \left(\frac{x}{2}\right)^{2n+\alpha},$$ 試證此冪級數對任意實數 x 皆為收斂．

(2) 若 $J_0(x)$ 與 $J_1(x)$ 分別為 0 階與 1 階的第一類型貝索函數，試證 $\dfrac{d}{dx}(J_0(x)) = -J_1(x)$．

(3) 若 $J_2(x)$ 與 $J_3(x)$ 分別為 2 階與 3 階的第一類型貝索函數，試證
$$\int x^3 J_2(x) dx = x^3 J_3(x) + C.$$

24. (1) 試證 0 階貝索函數 $J_0(x) = \sum_{n=0}^{\infty} \dfrac{(-1)^n x^{2n}}{2^{2n}(n!)^2}$ 對任意實數 x 皆為收斂．

(2) 試證 $J_0(x)$ 滿足微分方程式 $x^2 J''_0(x) + x J'_0(x) + x^2 J_0(x) = 0$．

(3) 計算 $\int_0^1 J_0(x) dx$ 精確到小數第三位．

25. 藉著 "當 $N \to \infty$ 時，$\left| -\ln 2 - \sum_{n=1}^{N} \dfrac{(-1)^n}{n} \right| \to 0$" 的證明，試證：$\sum_{n=1}^{\infty} \dfrac{(-1)^n}{n} = -\ln 2$．

26. (1) 若函數 g 定義為 $g(t) = \begin{cases} \dfrac{e^t - 1}{t}, & \text{若 } t \neq 0 \\ 1, & \text{若 } t = 0 \end{cases}$，試證 g 在 0 為連續．

(2) 求 $\int_0^x g(t) dt$ 所表示的函數的冪級數表示式．

27. 試證：e^x 的冪級數表示式為
$$e^x = 1 + x + \frac{x^2}{2!} + \frac{x^3}{3!} + \cdots + \frac{x^n}{n!} + \cdots.$$

11-7 泰勒級數與麥克勞林級數

若函數 $f(x)$ 是由冪級數 $\sum_{n=0}^{\infty} c_n(x-a)^n$ 所表示，即

$$f(x) = \sum_{n=0}^{\infty} c_n(x-a)^n, \text{ 其收斂區間為 } (a-r, a+r), 0 < r \leq \infty$$

則由定理 11.33 知，f 的 n 階導函數在 $|x-a| < r$ 時存在，於是，由連續微分可得

$$f'(x) = \sum_{n=1}^{\infty} nc_n(x-a)^{n-1} = c_1 + 2c_2(x-a) + 3c_3(x-a)^2 + \cdots$$

$$f''(x) = \sum_{n=2}^{\infty} n(n-1)c_n(x-a)^{n-2} = 2c_2 + 6c_3(x-a) + 12c_4(x-a)^2 + \cdots$$

$$f'''(x) = \sum_{n=3}^{\infty} n(n-1)(n-2)c_n(x-a)^{n-3} = 6c_3 + 24c_4(x-a) + \cdots$$

$$\vdots$$

對任何正整數 n，

$$f^{(n)}(x) = \sum_{k=n}^{\infty} k(k-1)(k-2)\cdots(k-n+1)c_k(x-a)^{k-n}$$

$$= n!\, c_n + (n+1)!\, c_{n+1}(x-a) + \cdots$$

現在，我們以 $x=a$ 代入上式可得

$$c_n = \frac{f^{(n)}(a)}{n!}, \quad n \geq 0$$

此即 $f(x)$ 的冪級數表示式之 n 次項的係數，於是，我們有下面的定理。

定理 11.34

若 $f(x) = \sum_{n=0}^{\infty} c_n(x-a)^n$，$|x-a| < r$，則其係數為

$$c_n = \frac{f^{(n)}(a)}{n!}$$

且

$$f(x) = \sum_{n=0}^{\infty} \frac{f^{(n)}(a)}{n!}(x-a)^n = f(a) + f'(a)(x-a) + \frac{f''(a)}{2}(x-a)^2$$

$$+\frac{f'''(a)}{3!}(x-a)^3+\cdots \qquad (11\text{-}5)$$

(11-5) 式的冪級數稱為 $f(x)$ 在 $x=a$ 處的**泰勒級數**。若 $a=0$，則變成

$$f(x)=\sum_{n=0}^{\infty}\frac{f^{(n)}(0)}{n!}x^n \qquad (11\text{-}6)$$

(11-6) 式的冪級數稱為**麥克勞林級數**。

【例題 1】 利用 (11-5) 式

求 $f(x)=\sin x$ 在 $x=\dfrac{\pi}{4}$ 處的泰勒級數並求其收斂區間。

【解】
$$f(x)=\sin x \qquad\qquad f\left(\frac{\pi}{4}\right)=\frac{\sqrt{2}}{2}$$

$$f'(x)=\cos x \qquad\qquad f'\left(\frac{\pi}{4}\right)=\frac{\sqrt{2}}{2}$$

$$f''(x)=-\sin x \qquad\qquad f''\left(\frac{\pi}{4}\right)=-\frac{\sqrt{2}}{2}$$

$$f'''(x)=-\cos x \qquad\qquad f'''\left(\frac{\pi}{4}\right)=-\frac{\sqrt{2}}{2}$$

$$f^{(4)}(x)=\sin x \qquad\qquad f^{(4)}\left(\frac{\pi}{4}\right)=\frac{\sqrt{2}}{2}$$

$$\vdots$$

故泰勒級數為 $\dfrac{\sqrt{2}}{2}+\dfrac{\sqrt{2}}{2}\cdot\left(x-\dfrac{\pi}{4}\right)-\dfrac{\sqrt{2}}{2}\cdot\dfrac{\left(x-\dfrac{\pi}{4}\right)^2}{2}$

$-\dfrac{\sqrt{2}}{2}\cdot\dfrac{\left(x-\dfrac{\pi}{4}\right)^3}{3!}+\dfrac{\sqrt{2}}{2}\cdot\dfrac{\left(x-\dfrac{\pi}{4}\right)^4}{4!}+\cdots$。現求此冪級數的收斂區間。

令 $|a_n|=\left|\dfrac{\sqrt{2}}{2}\cdot\dfrac{\left(x-\dfrac{\pi}{4}\right)^n}{n!}\right|$，利用比值檢驗法，可得

$$\lim_{n\to\infty}\left|\frac{a_{n+1}}{a_n}\right|=\lim_{n\to\infty}\left|\frac{\sqrt{2}}{2}\frac{\left(x-\frac{\pi}{4}\right)^{n+1}}{(n+1)!}\cdot\frac{2n!}{\sqrt{2}\left(x-\frac{\pi}{4}\right)^n}\right|$$

$$=\left|x-\frac{\pi}{4}\right|\lim_{n\to\infty}\frac{1}{n+1}=0<1,\ \forall\ x\in\mathbb{R}.$$

故收斂區間為 $(-\infty,\infty)$。

【例題 2】 利用 (11-5) 式

求 $f(x)=\ln x$ 在 $x=1$ 處的泰勒級數。

【解】 對 $f(x)=\ln x$ 連續微分得

$$f(x)=\ln x, \qquad f(1)=0$$
$$f'(x)=\frac{1}{x}, \qquad f'(1)=1$$
$$f''(x)=-\frac{1}{x^2}, \qquad f''(1)=-1$$
$$f'''(x)=\frac{1\cdot 2}{x^3}, \qquad f'''(1)=2!$$
$$\vdots$$
$$f^{(n)}(x)=(-1)^{n-1}\frac{(n-1)!}{x^n}, \qquad f^{(n)}(1)=(-1)^{n-1}(n-1)!$$

於是，泰勒級數為

$$(x-1)-\frac{1}{2}(x-1)^2+\frac{1}{3}(x-1)^3-\cdots+\frac{(-1)^{n-1}}{n}(x-1)^n+\cdots$$
$$=\sum_{n=1}^{\infty}\frac{(-1)^{n-1}}{n}(x-1)^n$$

【例題 3】 利用 (11-6) 式

求 $f(x)=e^{2x}$ 的麥克勞林級數。

【解】
$$f(x)=e^{2x}, \qquad f(0)=1$$
$$f'(x)=2e^{2x}, \qquad f'(0)=2$$

$$f''(x)=2^2e^{2x}, \qquad f''(0)=2^2$$
$$f'''(x)=2^3e^{2x}, \qquad f'''(0)=2^3$$
$$f^{(4)}(x)=2^4e^{2x}, \qquad f^{(4)}(0)=2^4$$
$$\vdots \qquad\qquad \vdots$$
$$f^{(n)}(x)=2^ne^{2x}, \qquad f^{(n)}(0)=2^n$$

因 $e^{2x}=f(0)+f'(0)x+\dfrac{f''(0)}{2!}x^2+\dfrac{f'''(0)}{3!}x^3+\dfrac{f^{(4)}(0)}{4!}x^4+\cdots$

故麥克勞林級數為
$$1+2x+\frac{2^2}{2!}x^2+\frac{2^3}{3!}x^3+\frac{2^4}{4!}x^4+\cdots+\frac{2^n}{n!}x^n+\cdots$$
$$=\sum_{n=0}^{\infty}\frac{2^n}{n!}x^n, \quad -\infty<x<\infty.$$

【例題 4】 利用 (11-6) 式

求 $f(x)=\sin x$ 的麥克勞林級數.

【解】 對 $f(x)=\sin x$ 連續微分可得：

$$f(x)=\sin x \qquad f(0)=0$$
$$f'(x)=\cos x \qquad f'(0)=1$$
$$f''(x)=-\sin x \qquad f''(0)=0$$
$$f'''(x)=-\cos x \qquad f'''(0)=-1$$
$$f^{(4)}(x)=\sin x \qquad f^{(4)}(0)=0$$
$$\vdots \qquad\qquad \vdots$$

於是，麥克勞林級數為

$$x-\frac{1}{3!}x^3+\frac{1}{5!}x^5-\frac{1}{7!}x^7+\cdots=\sum_{n=0}^{\infty}\frac{(-1)^n x^{2n+1}}{(2n+1)!}.$$

由比值檢驗法可得知此級數的收斂區間為 (0，2]．但讀者應注意 $f(x)=\ln x$ 的麥克勞林級數表示式並不存在 (何故？)．又，即使 $f(x)$ 的各階導數存在且在某區間產生一收斂的泰勒級數，但我們無法確知此級數是否代表 $f(x)$．

【例題 5】 不具有麥克勞林級數表示式的函數

令函數 f 定義為

$$f(x)=\begin{cases} e^{-1/x^2}, & \text{若 } x \neq 0 \\ 0, & \text{若 } x=0 \end{cases}$$

試證 $f(x)$ 不具有麥克勞林級數表示式．

【解】 依導數的定義，

$$f'(0)=\lim_{h\to 0}\frac{f(0+h)-f(0)}{h}=\lim_{h\to 0}\frac{e^{-1/h^2}}{h}=\lim_{h\to 0}\frac{1/h}{e^{1/h^2}},$$

上述極限具有不定型 $\dfrac{\infty}{\infty}$，故利用羅必達法則如下：

$$f'(0)=\lim_{h\to 0}\frac{\dfrac{1}{h}}{e^{1/h^2}}=\lim_{h\to 0}\frac{\left(-\dfrac{1}{h^2}\right)}{\left(-\dfrac{2}{h^3}\right)e^{1/h^2}}=\lim_{h\to 0}\frac{h}{2e^{1/h^2}}=0$$

因此，對每一個正整數 n，我們有 $f''(0)=0$，$f'''(0)=0$，$\cdots$ $f^{(n)}(0)=0$．依定理 11.34，若 $f(x)$ 具有一麥克勞林級數表示式，則必為

$$f(x)=f(0)+f'(0)x+\frac{f''(0)}{2!}x^2+\cdots=0+0+0+\cdots$$

所以，對於整個包含 0 的區間，$f(x)=0$．然而此與 $f(x)$ 的定義矛盾，故 $f(x)$ 不具有麥克勞林級數表示式．

讀者應注意，此一函數的麥克勞林級數在每一 x 皆收斂（因其和為零），但僅在 $x=0$ 才會收斂到 $f(x)$．

定理 11.35 （泰勒定理）帶有餘式的泰勒公式

設函數 f 在包含 a 的區間 I 中的每一 x 皆為 $n+1$ 次可微分，則對該區間 I 中的每一 x，

$$f(x)=P_n(x)+R_n(x) \tag{11-7}$$

此處

$$P_n(x)=f(a)+f'(a)(x-a)+\frac{f''(a)}{2!}(x-a)^2+\cdots+\frac{f^{(n)}(a)}{n!}(x-a)^n,$$

稱為 $f(x)$ 在 $x=a$ 的 n 次泰勒多項式，而

$$R_n(x) = \frac{f^{(n+1)}(z)}{(n+1)!}(x-a)^{n+1} \quad (z \text{ 介於 } x \text{ 與 } a \text{ 之間})$$

稱為**拉格蘭吉餘式**．另 $R_n(x)$ 亦可表示為積分式

$$R_n(x) = \int_a^x \frac{f^{(n+1)}(t)}{n!}(x-t)^n \, dt \tag{11-8}$$

證 若 x 為區間 I 內的任意數且異於 a，我們定義 $R_n(x)$ 如下：

$$R_n(x) = f(x) - P_n(x)$$

上式亦可改寫成

$$f(x) = P_n(x) + R_n(x)$$

若 t 為區間 I 內的任意數，令函數 g 定義為

$$g(t) = f(t) - \left[f(t) + f'(t)(x-t) + \frac{f''(t)}{2!}(x-t)^2 + \cdots + \frac{f^{(n)}(t)}{n!}(x-t)^n \right]$$
$$- R_n(x) \frac{(x-t)^{n+1}}{(x-a)^{n+1}}$$

現在將上述方程式等號兩端對 t 微分（並視 x 為常數），可得

$$g'(t) = -f'(t) + [f'(t) - f''(t)(x-t)] + \left[f''(t)(x-t) - \frac{f'''(t)}{2!}(x-t)^2 \right] + \cdots$$
$$+ \left[\frac{f^{(n)}(t)}{(n-1)!}(x-t)^{n-1} - \frac{f^{(n+1)}(t)}{n!}(x-t)^n \right]$$
$$+ R_n(x) \cdot (n+1) \frac{(x-t)^n}{(x-a)^{n+1}}$$

上式各相同項相消之後，可化簡為

$$g'(t) = -\frac{f^{(n+1)}(t)}{n!}(x-t)^n + R_n(x) \cdot (n+1) \frac{(x-t)^n}{(x-a)^{n+1}}$$

以 $t=x$ 代入 $g(t)$ 中，可得

$$g(x) = f(x) - f(x) - f'(x)(0) - \frac{f''(x)}{2!}(0)^2 - \cdots - \frac{f^{(n)}(x)}{n!}(0)^n$$

$$-R_n(x)\frac{(0)^{n+1}}{(x-a)^{n+1}} = 0$$

又 $g(a) = f(x) - [P_n(x)] - R_n(x)\frac{(x-a)^{n+1}}{(x-a)^{n+1}} = f(x) - P_n(x) - R_n(x)$

$$= f(x) - [P_n(x) + R_n(x)] = f(x) - f(x) = 0$$

因此，由洛爾定理得知，介於 a 與 x 之間，存在一數 z 使 $g'(z) = 0$，亦即，

$$0 = g'(z) = -\frac{f^{(n+1)}(z)}{n!}(x-z)^n + R_n(x) \cdot (n+1)\frac{(x-z)^n}{(x-a)^{n+1}}$$

由上式解得

$$R_n(x) = \frac{f^{(n+1)}(z)}{(n+1)!}(x-a)^{n+1}, \quad a < z < x \text{ 或 } x < z < a$$

又由於 $\int_a^x g'(t)\,dt = g(x) - g(a) = 0 - 0 = 0$，可得

$$\int_a^x \left[-\frac{f^{(n+1)}(t)}{n!}(x-t)^n + R_n(x) \cdot (n+1)\frac{(x-t)^n}{(x-a)^{n+1}}\right] dt = 0$$

$$\Rightarrow \int_a^x R_n(x) \cdot (n+1)\frac{(x-t)^n}{(x-a)^{n+1}}\,dt = \int_a^x \frac{f^{(n+1)}(t)}{n!}(x-t)^n\,dt$$

$$\Rightarrow \frac{R_n(x)(n+1)}{(x-a)^{n+1}} \int_a^x (x-t)^n\,dt = \int_a^x \frac{f^{(n+1)}(t)}{n!}(x-t)^n\,dt$$

$$\Rightarrow \frac{R_n(x)(n+1)}{(x-a)^{n+1}} \left(-\frac{(x-t)^{n+1}}{n+1}\bigg|_a^x\right) = \int_a^x \frac{f^{(n+1)}(t)}{n!}(x-t)^n\,dt$$

$$\Rightarrow \frac{R_n(x)(n+1)}{(x-a)^{n+1}} \left(0 + \frac{(x-a)^{n+1}}{n+1}\right) = \int_a^x \frac{f^{(n+1)}(t)}{n!}(x-t)^n\,dt$$

$$\Rightarrow R_n(x) = \int_a^x \frac{f^{(n+1)}(t)}{n!}(x-t)^n\,dt$$

如果我們令 $x=a+h$，代入 (11-7) 式中，可得

$$f(a+h)=f(a)+f'(a)h+\frac{f''(a)}{2!}h^2+\frac{f'''(a)}{3!}h^3+\cdots+\frac{f^{(n)}(a)}{n!}h^n+R_n \qquad (11\text{-}9)$$

此處

$$R_n=\frac{f^{(n+1)}(a+\theta h)}{(n+1)!}h^{n+1},\ 0<\theta<1.$$

註：1. (11-7) 式稱為**泰勒公式**，函數 $R_n(x)$ 即為 $P_n(x)$ 近似於 $f(x)$ 的誤差項。

2. 若 $a=0$，則 n 次**泰勒多項式**變成 n 次**麥克勞林多項式**。

3. 若 $a=0$，我們稱定理 11.35 為帶有餘式的**麥克勞林公式**，且

$$R_n(x)=\frac{f^{(n+1)}(z)}{(n+1)!}x^{n+1}$$ 為 f 的**麥克勞林餘式**。

4. (11-9) 式為均值定理的推廣。

定理 11.36　餘式估計定理

若有正數 M 與 r，對介於 a 與 x 之間的 z 值，恆有

$$|f^{(n+1)}(z)|\leqslant Mr^{n+1}$$

則泰勒定理中的餘式滿足下列不等式：

$$|R_n(x)|=\left|\frac{f^{(n+1)}(z)}{(n+1)!}(x-a)^{n+1}\right|\leqslant\frac{Mr^{n+1}}{(n+1)!}|(x-a)|^{n+1}.$$

現在我們來討論 $R_n(x)$ 在何種條件之下，$f(x)$ 方可用級數

$$f(x)=f(a)+\frac{f'(a)}{1!}(x-a)+\frac{f''(a)}{2!}(x-a)^2+\cdots+\frac{f^{(n)}(a)}{n!}(x-a)^n+\cdots$$
$$=\sum_{n=0}^{\infty}\frac{f^{(n)}(a)}{n!}(x-a)^n$$

表示之。

定理 11.37　泰勒級數的收斂

若函數 f 在區間 $(a-r, a+r)$ 中的每一 x 具有各階導數且對區間中的每一 x，等式

$$f(x) = \sum_{n=0}^{\infty} \frac{f^{(n)}(a)}{n!}(x-a)^n$$

成立，若且唯若存在一數 z 介於 x 與 a 之間使得

$$\lim_{n \to \infty} R_n(x) = \lim_{n \to \infty} \frac{f^{(n+1)}(z)}{(n+1)!}(x-a)^{n+1} = 0$$

對每一個 $x \in (a-r, a+r)$ 皆成立。

證　對一泰勒級數，n 項部分和與 n 項泰勒多項式完全一致，即，$S_n(x) = P_n(x)$。又因

$$P_n(x) = f(x) - R_n(x)$$

故

$$\lim_{n \to \infty} S_n(x) = \lim_{n \to \infty} P_n(x) = \lim_{n \to \infty} [f(x) - R_n(x)] = f(x) - \lim_{n \to \infty} R_n(x)$$

因此，對一已知的 x，泰勒級數（部分和數列）收斂於 $f(x)$，若且唯若當 $n \to \infty$ 時，$R_n(x) \to 0$。

【例題 6】　利用定理 11.37

試證 e^x 等於其泰勒級數的和。

【解】　若 $f(x) = e^x$，則 $f^{(n+1)}(x) = e^x$，故泰勒公式的餘式為

$$R_n(x) = \frac{e^z}{(n+1)!} x^{n+1}$$

此處 z 介於 0 與 x 之間（注意，無論如何 z 與 n 有關）若 $x > 0$，則 $0 < z < x$，可得 $e^z < e^x$。所以，

$$0 < R_n(x) = \frac{e^z}{(n+1)!} x^{n+1} < e^x \frac{x^{n+1}}{(n+1)!}$$

由於 $\lim_{n \to \infty} \frac{x^n}{n!} = 0$，$\forall x \in \mathbb{R}$，所以，$\lim_{n \to \infty} \left[e^x \frac{x^{n+1}}{(n+1)!} \right] = 0$。依夾擠定理知，

$$\lim_{n\to\infty} R_n(x) = 0.$$

若 $x<0$，則 $x<z<0$，可得 $e^z<e^0=1$。所以，

$$|R_n(x)| < \frac{|x|^{n+1}}{(n+1)!}$$

因而

$$\lim_{n\to\infty} R_n(x) = 0.$$

故

$$e^x = \sum_{n=0}^{\infty} \frac{x^n}{n!}, \quad \forall\, x \in \mathbb{R}.$$

【例題 7】 利用定理 11.37

求 $\cos x$ 的麥克勞林級數，並證明此級數等於 $\cos x$。

【解】 因

$$\begin{aligned}
f(x) &= \cos x, & f(0) &= 1 \\
f'(x) &= -\sin x, & f'(0) &= 0 \\
f''(x) &= -\cos x, & f''(0) &= -1 \\
f'''(x) &= \sin x, & f'''(0) &= 0 \\
&\vdots & &\vdots
\end{aligned}$$

於是，

$$\cos x = 1 - \frac{x^2}{2!} + \frac{x^4}{4!} - \frac{x^6}{6!} + \cdots = \sum_{n=0}^{\infty} (-1)^n \frac{x^{2n}}{(2n)!} \quad\cdots\cdots(*)$$

由比值檢驗法知 (*) 式中的冪級數對所有的實數 x 為絕對收斂。若想證明 (*) 式中的冪級數等於 $\cos x$，我們必須證明 $\lim_{n\to\infty} R_n(x)=0$。現在，

$$|f^{(n+1)}(x)| = \begin{cases} |\sin x|, & n\text{ 為偶數} \\ |\cos x|, & n\text{ 為奇數} \end{cases}$$

因 $|\sin x| \leq 1$，$|\cos x| \leq 1$，故 $|f^{(n+1)}(x)| \leq 1$。

因而，對任何實數 z，我們得到 $|f^{(n+1)}(z)| \leq 1$。

所以，

$$|R_n(x)| = \frac{|f^{(n+1)}(z)|}{(n+1)!} |x|^{n+1} \leq \frac{|x|^{n+1}}{(n+1)!}$$

但是，$\lim_{n\to\infty} \dfrac{x^n}{n!} = 0$，故 $\lim_{n\to\infty} R_n(x) = 0$。因此，

冪級數 $\sum_{n=0}^{\infty} \dfrac{(-1)^n}{(2n)!} x^{2n}$ 對所有的 x 等於 $\cos x$。

在例題 7 中，當 $n \to \infty$ 時，其圖形變得愈來愈近似於 $\cos x$ 的圖形。為了使讀者瞭解泰勒多項式的圖形，我們考慮在 $x=0$ 時之泰勒多項式的圖形，如圖 11-9 (ⅰ)、(ⅱ)、(ⅲ)、(ⅳ) 所示，並列表如下 (表 11-1)。

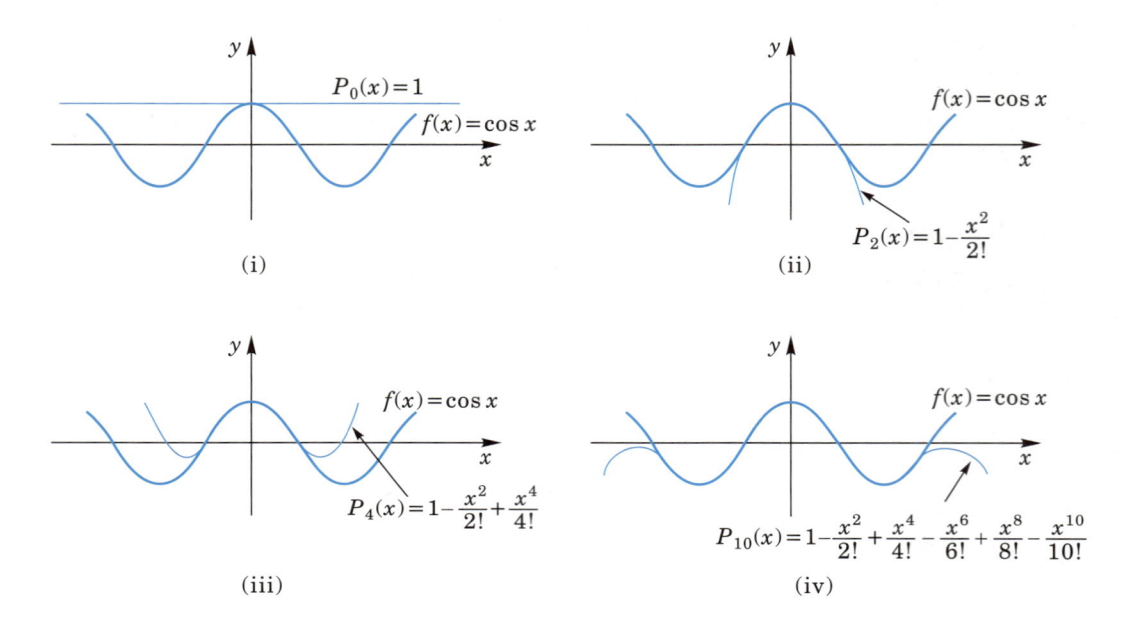

(ⅰ) $P_0(x)=1$，$f(x)=\cos x$

(ⅱ) $P_2(x)=1-\dfrac{x^2}{2!}$，$f(x)=\cos x$

(ⅲ) $P_4(x)=1-\dfrac{x^2}{2!}+\dfrac{x^4}{4!}$，$f(x)=\cos x$

(ⅳ) $P_{10}(x)=1-\dfrac{x^2}{2!}+\dfrac{x^4}{4!}-\dfrac{x^6}{6!}+\dfrac{x^8}{8!}-\dfrac{x^{10}}{10!}$，$f(x)=\cos x$

圖 11-9

為了參考方便，我們在表 11-1 中列出一些重要函數的**麥克勞林級數**，並指出使級數收斂到該函數的區間。

【例題 8】 利用 $1/(1-x)$ 的麥克勞林級數

求 $f(x)=\dfrac{x^2}{1+3x}$ 的麥克勞林級數。

【解】 $\dfrac{x^2}{1+3x} = \dfrac{x^2}{1-(-3x)} = x^2 \sum_{n=0}^{\infty} (-3x)^n$

$= x^2 \sum_{n=0}^{\infty} (-1)^n \, 3^n \, x^n$

$= \sum_{n=0}^{\infty} (-1)^n \, 3^n \, x^{n+2}, \quad -\dfrac{1}{3} < x < \dfrac{1}{3}$

表 11-1

麥克勞林級數	收斂區間
$\dfrac{1}{1-x}=\sum\limits_{n=0}^{\infty} x^n=1+x+x^2+x^3+\cdots$	$(-1, 1)$
$e^x=\sum\limits_{n=0}^{\infty} \dfrac{x^n}{n!}=1+x+\dfrac{x^2}{2!}+\dfrac{x^3}{3!}+\cdots$	$(-\infty, \infty)$
$\sin x=\sum\limits_{n=0}^{\infty} (-1)^n \dfrac{x^{2n+1}}{(2n+1)!}=x-\dfrac{x^3}{3!}+\dfrac{x^5}{5!}-\dfrac{x^7}{7!}+\cdots$	$(-\infty, \infty)$
$\cos x=\sum\limits_{n=0}^{\infty} (-1)^n \dfrac{x^{2n}}{(2n)!}=1-\dfrac{x^2}{2!}+\dfrac{x^4}{4!}-\dfrac{x^6}{6!}+\cdots$	$(-\infty, \infty)$
$\ln(1+x)=\sum\limits_{n=0}^{\infty} (-1)^n \dfrac{x^{n+1}}{n+1}=x-\dfrac{x^2}{2}+\dfrac{x^3}{3}-\dfrac{x^4}{4}+\cdots$	$(-1, 1]$
$\tan^{-1} x=\sum\limits_{n=0}^{\infty} (-1)^n \dfrac{x^{2n+1}}{2n+1}=x-\dfrac{x^3}{3}+\dfrac{x^5}{5}-\dfrac{x^7}{7}+\cdots$	$[-1, 1]$
$\sinh x=\sum\limits_{n=0}^{\infty} \dfrac{x^{2n+1}}{(2n+1)!}=x+\dfrac{x^3}{3!}+\dfrac{x^5}{5!}+\dfrac{x^7}{7!}+\cdots$	$(-\infty, \infty)$
$\cosh x=\sum\limits_{n=0}^{\infty} \dfrac{x^{2n}}{(2n)!}=1+\dfrac{x^2}{2!}+\dfrac{x^4}{4!}+\dfrac{x^6}{6!}+\cdots$	$(-\infty, \infty)$

【例題 9】 利用 e^x 的麥克勞林級數

求 $\displaystyle\int_0^1 e^{-x^2} dx$ 的近似值。

【解】 我們無法直接計算積分

$$\int_0^1 e^{-x^2} dx$$

因為 e^{-x^2} 的反導函數不存在。然而，我們可用 e^{-x^2} 的麥克勞林級數，再逐項積分即可求得積分值。欲求 e^{-x^2} 的麥克勞林級數的最簡單方法是將

$$e^x=1+x+\dfrac{x^2}{2!}+\dfrac{x^3}{3!}+\dfrac{x^4}{4!}+\cdots$$

中的 x 換成 $-x^2$，而得

$$e^{-x^2} = 1 - x^2 + \frac{x^4}{2!} - \frac{x^6}{3!} + \frac{x^8}{4!} - \cdots$$

所以，
$$\int_0^1 e^{-x^2} dx = \int_0^1 \left(1 - x^2 + \frac{x^4}{2!} - \frac{x^6}{3!} + \frac{x^8}{4!} - \cdots\right) dx$$

$$= x - \frac{x^3}{3} + \frac{x^5}{5 \cdot 2!} - \frac{x^7}{7 \cdot 3!} + \frac{x^9}{9 \cdot 4!} - \cdots \Big|_0^1$$

$$= 1 - \frac{1}{3} + \frac{1}{5 \cdot 2!} - \frac{1}{7 \cdot 3!} + \frac{1}{9 \cdot 4!} - \cdots$$

取此級數的前三項，可得

$$\int_0^1 e^{-x^2} dx = 1 - \frac{1}{3} + \frac{1}{5 \cdot 2!} = 1 - \frac{1}{3} + \frac{1}{10} = \frac{23}{30} \approx 0.767$$

【例題 10】 利用 e^x 的麥克勞林級數

求 $\lim\limits_{x \to 0} \dfrac{e^x - x - 1}{2x^2}$。

【解】
$$\lim_{x \to 0} \frac{e^x - x - 1}{2x^2} = \lim_{x \to 0} \frac{\left(1 + x + \frac{x^2}{2!} + \frac{x^3}{3!} + \cdots\right) - x - 1}{2x^2}$$

$$= \lim_{x \to 0} \frac{\frac{x^2}{2!} + \frac{x^3}{3!} + \cdots}{2x^2}$$

$$= \frac{1}{2} \lim_{x \to 0} \left(\frac{1}{2} + \frac{x}{3!} + \frac{x^2}{4!} + \cdots\right) = \frac{1}{4}$$

我們由表 11-1 可知

$$e^x = 1 + x + \frac{x^2}{2!} + \frac{x^3}{3!} + \cdots + \frac{x^n}{n!} + \cdots$$

對於所有 x 皆成立。尤其，若令 $x = 1$，則得到下面式子：

$$e = 1 + 1 + \frac{1}{2!} + \frac{1}{3!} + \cdots + \frac{1}{n!} + \cdots \tag{11-10}$$

我們在前面曾經提過，e 為無理數，今證明如下：

首先，將 (11-10) 式改寫成

$$e-1-1-\frac{1}{2!}-\frac{1}{3!}-\cdots-\frac{1}{n!}$$
$$=\frac{1}{(n+1)!}+\frac{1}{(n+2)!}+\cdots \qquad (11\text{-}11)$$

可知 (11-11) 式對每一正整數 n 皆為正。假設 e 為有理數，則 $e=\dfrac{p}{q}$，此處 p 與 q 皆為某正整數。在 (11-11) 式中取夠大的 n 使 $n>q$，並定義一數 a 為

$$a=n!\left(e-1-1-\frac{1}{2!}-\frac{1}{3!}-\cdots-\frac{1}{n!}\right)$$

因 q 整除 $n!$，故 a 為正整數。然而，利用 (11-11) 式，可得

$$a=n!\left[\frac{1}{(n+1)!}+\frac{1}{(n+2)!}+\cdots\right]$$
$$=\frac{1}{n+1}+\frac{1}{(n+1)(n+2)}+\cdots$$
$$<\frac{1}{n+1}+\frac{1}{(n+1)^2}+\cdots$$
$$=\frac{1}{n+1}\left[1+\frac{1}{n+1}+\frac{1}{(n+1)^2}+\cdots\right]$$
$$=\frac{1}{n+1}\cdot\frac{n+1}{n}=\frac{1}{n}$$

這顯然矛盾。(因不存在正整數 $<\dfrac{1}{n}$) 所以，我們證得 e 為無理數。

利用 (11-10) 式，e 的近似值如下：

$$e\approx 1+1+\frac{1}{2!}+\frac{1}{3!}+\cdots+\frac{1}{n!} \qquad (11\text{-}12)$$

(11-12) 式中的 n 值是隨意取的，我們取的 n 愈大，近似值愈精確。就實際應用而言，我們對於 e 的近似值到指定的精確度感到興趣，在該情形中，決定應該取多大的 n 以獲得所要的精確度是很重要的。例如，在 (11-12) 式中應該取多大的 n 才能保證誤差

至多為 0.00005？我們現在說明如何利用**拉格蘭吉餘式**公式來回答這種問題．

根據泰勒定理，當 $f(x)$ 是由其在 $x=a$ 的 n 次泰勒多項式近似時，所得誤差的絕對值為

$$|R_n(x)|=|f(x)-P_n(x)|=\left|\frac{f^{(n+1)}(z)}{(n+1)!}(x-a)^{(n+1)}\right| \tag{11-13}$$

在此公式中，z 為 a 與 x 之間的未知數，故 $f^{(n+1)}(z)$ 的值通常無法決定．然而，決定 $|f^{(n+1)}(z)|$ 的上限是可能的，即，我們可以找到一常數 M 使得 $|f^{(n+1)}(z)|\leq M$．對於這種 M，由 (11-13) 式可得

$$|R_n(x)|=|f(x)-P_n(x)|\leq \frac{M}{(n+1)!}|x-a|^{n+1} \tag{11-14}$$

此給出誤差 $R_n(x)$ 之絕對值的上限．下面例題說明此結果的有效性．

若近似值誤差的絕對值小於 0.5×10^{-n}，則近似值精確到小數第 n 位．例如：

若誤差的絕對值小於 $0.05=0.5\times 10^{-1}$，則近似值精確到小數第一位．

若誤差的絕對值小於 $0.005=0.5\times 10^{-2}$，則近似值精確到小數第二位．

若誤差的絕對值小於 $0.0005=0.5\times 10^{-3}$，則近似值精確到小數第三位．

【例題 11】 利用定理 11.35

求 e 的近似值精確到小數第四位．

【解】
$$e^x=1+x+\frac{x^2}{2!}+\cdots+\frac{x^n}{n!}+\frac{e^z}{(n+1)!}x^{n+1}$$

此處 z 在 0 與 x 之間．於是，在 $x=1$ 的情形，得到

$$e=1+1+\frac{1}{2!}+\cdots+\frac{1}{n!}+\frac{e^z}{(n+1)!}$$

此處 z 在 0 與 1 之間．這告訴我們，

$$|R_n|=\left|\frac{e^z}{(n+1)!}\right|=\frac{e^z}{(n+1)!} \quad\cdots\cdots\cdots\cdots\cdots\cdots\cdots\cdots\cdots\cdots① $$

此處 $0<z<1$．因

$$z<1$$

故

$$e^z < e^1 = e$$

由 ① 式，

$$|R_n| = \frac{e}{(n+1)!} \quad \cdots\cdots\cdots\cdots\cdots\cdots\cdots\cdots\cdots\cdots\cdots\cdots\cdots\cdots ②$$

若利用 $e < 3$ 的事實，則以更有用的結果

$$|R_n| < \frac{3}{(n+1)!}$$

代入 ② 式．我們可得，若取 n 使得

$$|R_n| < \frac{3}{(n+1)!} < 0.5 \times 10^{-4} = 0.00005 \cdots\cdots\cdots\cdots\cdots\cdots ③$$

則近似值 (11-12) 式會精確到小數第四位．用嘗試錯誤法可以求出 n 的近似值．例如，利用袖珍型計算機，對 n 可以計算 $3/(n+1)!$，直到滿足 ③ 式的 n 值獲得為止．我們留給讀者去證明 $n = 8$ 為滿足 ③ 式的第一個正整數．於是，精確到小數第四位，

$$e \approx 1 + 1 + \frac{1}{2!} + \frac{1}{3!} + \frac{1}{4!} + \frac{1}{5!} + \frac{1}{6!} + \frac{1}{7!} + \frac{1}{8!} \approx 2.7183.$$

【例題 12】 利用定理 11.35

利用 $\sin x$ 的麥克勞林級數求 $\sin 3°$ 的近似值精確到小數第五位．

【解】 在麥克勞林級數

$$\sin x = x - \frac{x^3}{3!} + \frac{x^5}{5!} - \frac{x^7}{7!} + \cdots$$

中，角 x 是以弧度計 (因三角函數的導函數是在此假設下導出)．因 $3° = \pi/60$，故可得

$$\sin 3° = \sin \frac{\pi}{60} = \left(\frac{\pi}{60}\right) - \frac{\left(\frac{\pi}{60}\right)^3}{3!} + \frac{\left(\frac{\pi}{60}\right)^5}{5!} - \frac{\left(\frac{\pi}{60}\right)^7}{7!} + \cdots \quad (*)$$

為了得到精確到小數第五位，我們現在必須在此級數中決定保留多少項．我們考慮兩種可能方法，一者是利用 拉格蘭吉餘式公式，而另一者是利用"(*) 式滿足

交錯級數檢驗法的假設"的事實.

若令 $f(x)=\sin x$, 則當 $\sin x$ 是由其 n 次麥克勞林多項式近似時, 所得誤差的絕對值為

$$|R_n|=\left|\frac{f^{(n+1)}(z)}{(n+1)!}x^{n+1}\right|$$

此處 z 在 0 與 x 之間. 因 $f^{(n+1)}(z)$ 或為 $\pm\sin z$ 或為 $\pm\cos z$, 可得 $|f^{(n+1)}(z)|\leq 1$, 所以,

$$|R_n|=\frac{|x|^{n+1}}{(n+1)!}$$

尤其, 若 $x=\pi/60$, 則

$$|R_n|\leq\frac{\left(\dfrac{\pi}{60}\right)^{n+1}}{(n+1)!}$$

於是, 對於精確到小數第五位而言, 必須取 n 使得

$$\frac{\left(\dfrac{\pi}{60}\right)^{n+1}}{(n+1)!}<0.5\times 10^{-5}=0.000005.$$

讀者利用袖珍計算機, 以嘗試錯誤法, 可以驗算 $n=3$ 為最小的 n. 於是, 在例題 12 的 (*) 式中, 為了精確到小數第五位, 我們僅需保留到三次的項, 即,

$$\sin 3°\approx\left(\frac{\pi}{60}\right)-\frac{\left(\dfrac{\pi}{60}\right)^3}{3!}\approx 0.0523$$

決定 n 的另一方法是利用"例題 12 的 (*) 式滿足交錯級數檢驗法的假設"的事實驗證. 於是, 若我們只利用一直到含有

$$\pm\frac{\left(\dfrac{\pi}{60}\right)^m}{m!}\quad(m\text{ 為正奇數})$$

的項，則誤差的絕對值至多為

$$\frac{\left(\dfrac{\pi}{60}\right)^{m+2}}{(m+2)!}$$

於是，對於精確到小數第五位而言，找出第一個正奇數 m 使得

$$\frac{\left(\dfrac{\pi}{60}\right)^{m+2}}{(m+2)!} < 0.5 \times 10^{-5} = 0.000005$$

依嘗試錯誤法，$m=3$ 為第一個這樣的整數。於是，精確到小數第五位，

$$\sin 3° \approx \left(\frac{\pi}{60}\right) - \frac{\left(\dfrac{\pi}{60}\right)^3}{3!} \approx 0.05234$$

此與前面的結果相同。

習題 11.7

在 1～5 題中，求各函數的泰勒級數（以 a 為中心）。

1. $f(x) = \cos x$, $a = \dfrac{\pi}{3}$
2. $f(x) = \tan x$, $a = \dfrac{\pi}{4}$
3. $f(x) = \ln(1+x)$, $a = 0$
4. $f(x) = e^{2x}$, $a = -1$
5. $f(x) = \ln \cos x$, $a = \dfrac{\pi}{3}$

在 6～8 題中，求各函數的麥克勞林級數，並證明此級數對所有的 x 皆等於該函數。

6. $f(x) = e^{-x}$
7. $f(x) = e^{2x}$
8. $f(x) = \sin x$

9. 試證：$\tan^{-1} x = \displaystyle\int_0^x \frac{1}{1+t^2}\, dt = \sum_{n=0}^{\infty} (-1)^n \frac{x^{2n+1}}{2n+1}$, $|x| \leq 1$.

10. 若 $f(x) = \sin x$，利用 $P_3(0.1)$ 去近似於 $\sin 0.1$ 時，試決定其精確度。

11. 試證：$\ln \dfrac{1}{1-x} = x + \dfrac{x^2}{2} + \dfrac{x^3}{3} + \cdots + \dfrac{x^n}{n} + \displaystyle\int_0^x \frac{t^n}{1-t}\, dt$.

在 12～15 題中，求各函數的麥克勞林級數，並求其收斂半徑．

12. $f(x)=xe^{-2x}$
13. $f(x)=\cos x \ln(1+x)$
14. $f(x)=e^{-x}\cos x$
15. $f(x)=\sin^2 x$
16. 求下列各極限．

(1) $\lim\limits_{x\to 0} \dfrac{1-\cos x}{x^2}$ (2) $\lim\limits_{x\to 0} \dfrac{\ln(1+x)}{x}$ (3) $\lim\limits_{x\to 0} \dfrac{\sin x - \tan x}{x^3}$

(4) $\lim\limits_{x\to 0} \dfrac{\ln\sqrt{1+x} - \sin 2x}{x}$

17. 求 $f(x)=\displaystyle\int_0^x \dfrac{e^t-1}{t}dt$ 的冪級數表示式．

18. 求 $f(x)=\displaystyle\int_0^x \ln(1+t^2)dt$ 的冪級數表示式．

19. 求 $\displaystyle\int_0^{0.1} e^{-x^2}dx$ 的近似值精確到小數第五位．

20. 求 $\displaystyle\int_0^{0.5} \dfrac{\tan^{-1} x}{x}dx$ 的近似值使其誤差小於 0.001．

21. 求 $\displaystyle\int_0^1 \sin(x^2)dx$ 的近似值到小數第四位．

22. 令 $f(x)=\tan^{-1}(x^2)$，求 $f^{(10)}(0)$．

23. 試證：$\displaystyle\sum_{n=0}^{\infty}(-1)^n\left[\dfrac{1}{(2n+1)!}\right]=\sin 1$．

在 24～27 題中，估計所給的數到小數第四位．

24. $\sqrt{e}$ 25. $\sin 1°$ 26. $\ln(1.5)$ 27. $\displaystyle\int_0^1 e^{-x^2}dx$

28. 求 $\tan^{-1}\dfrac{1}{2}$ 與 $\tan^{-1}\dfrac{1}{3}$ 的近似值精確到小數第三位，然後利用恆等式 $\dfrac{\pi}{4}=\tan^{-1}\dfrac{1}{2}+\tan^{-1}\dfrac{1}{3}$，求 π 的近似值．

11-8 二項級數

在二項式定理中，若 m 為正整數，則對所有數 a 與 b，

$$(a+b)^m = a^m + ma^{m-1}b + \cdots + b^m = \sum_{k=0}^{m} \binom{m}{k} a^{m-k} b^k \tag{11-15}$$

此處

$$\binom{m}{k} = \frac{m(m-1)(m-2)\cdots(m-k+1)}{k!}$$

若令 $a=1$，$b=x$，則 (11-15) 式變成

$$(1+x)^m = 1 + mx + \frac{m(m-1)}{2} x^2 + \cdots + mx^{m-1} + x^m$$

若 m 為非正的整數，則可求得關於 $f(x)=(1+x)^m$ 的麥克勞林級數如下：

$$f(x) = (1+x)^m \qquad\qquad f(0) = 1$$
$$f'(x) = m(1+x)^{m-1} \qquad\qquad f'(0) = m$$
$$f''(x) = m(m-1)(1+x)^{m-2} \qquad\qquad f''(0) = m(m-1)$$
$$\vdots \qquad\qquad\qquad \vdots$$
$$f^{(n)}(x) = m(m-1)(m-2)\cdots \qquad f^{(n)}(0) = m(m-1)(m-2)\cdots$$
$$(m-n+1)(1+x)^{m-n}, \qquad\qquad (m-n+1)$$

故麥克勞林級數為

$$(1+x)^m = 1 + mx + \frac{m(m-1)}{2!} x^2 + \frac{m(m-1)(m-2)}{3!} x^3 + \cdots + \binom{m}{n} x^n + \cdots$$

$$= \sum_{k=0}^{\infty} \binom{m}{k} x^k \tag{11-16}$$

上式稱為二項級數．讀者可證得

$$\lim_{k\to\infty} \left| \frac{\binom{m}{k+1} x^{k+1}}{\binom{m}{k} x^k} \right| = \lim_{k\to\infty} \frac{|m-k|}{k+1} |x| = |x|$$

因此，由比值檢驗法知，若 $|x|<1$，則 (11-16) 式絕對收斂；若 $|x|>1$，則 (11-16) 式發散．於是，二項級數可表示一函數 f，而

$$f(x)=\sum_{k=0}^{\infty}\binom{m}{k}x^k,\ |x|<1 \tag{11-17}$$

現在我們想證明對每一實數 m，(11-17) 式恆成立．

將 (11-17) 式逐項微分可得

$$f'(x)=\sum_{k=1}^{\infty} k\binom{m}{k}x^{k-1}$$

又

$$xf'(x)=\sum_{k=1}^{\infty} k\binom{m}{k}x^k$$

所以，

$$f'(x)+xf'(x)=\sum_{k=1}^{\infty} k\binom{m}{k}x^{k-1}+\sum_{k=1}^{\infty} k\binom{m}{k}x^k$$

$$=\sum_{k=0}^{\infty}(k+1)\binom{m}{k+1}x^k+\sum_{k=1}^{\infty} k\binom{m}{k}x^k$$

$$=m+\sum_{k=1}^{\infty}\left[(m-k)\binom{m}{k}+k\binom{m}{k}\right]x^k$$

$$=m+m\sum_{k=1}^{\infty}\binom{m}{k}x^k=m\sum_{k=0}^{\infty}\binom{m}{k}x^k=mf(x)$$

可得

$$\int\frac{f'(x)}{f(x)}dx=\int\frac{m}{1+x}dx$$

故

$$\ln|f(x)|=m\ln|1+x|+C=\ln|1+x|^m+C,\ |x|<1 \tag{11-18}$$

由 (11-17) 式可知 $f(0)=1$，所以，令 $x=0$ 代入 (11-18) 式，可得

$$0=\ln 1=\ln|1+0|^m+C=\ln 1+C=C$$

於是，$\ln|f(x)|=\ln|1+x|^m$，可知 $|f(x)|=|1+x|^m$．

所以，$f(x)=\pm(1+x)^m$．但是 $f(0)=1$，所以只取正號，

$$f(x)=(1+x)^m,\ |x|<1$$

綜合以上所述，可得下面的定理．

定理 11.38

若 m 為任意實數，則二項級數 $\sum_{k=0}^{\infty} \binom{m}{k} x^k$ 的收斂半徑為 1 且對 $|x|<1$ 表示 $(1+x)^m$．對正整數 n，級數 $\sum_{k=0}^{n} \binom{n}{k} x^k$ 對所有的 x 皆收斂到 $(1+x)^m$．

【例題 1】 利用定理 11.38

求 $\sqrt[3]{1+x}$ 的冪級數表示式．

【解】 因 $m = \dfrac{1}{3}$，故

$$\sqrt[3]{1+x} = 1 + \frac{1}{3}x + \frac{\frac{1}{3}\left(\frac{1}{3}-1\right)}{2!}x^2 + \frac{\frac{1}{3}\left(\frac{1}{3}-1\right)\left(\frac{1}{3}-2\right)}{3!}x^3 + \cdots$$

$$+ \frac{\frac{1}{3}\left(\frac{1}{3}-1\right)\left(\frac{1}{3}-2\right)\cdots\left(\frac{1}{3}-n+1\right)}{n!}x^n + \cdots$$

上式也可寫成

$$\sqrt[3]{1+x} = 1 + \frac{1}{3}x - \frac{2}{3^2 \cdot 2!}x^2 + \frac{1 \cdot 2 \cdot 5}{3^3 \cdot 3!}x^3 + \cdots$$

$$+ (-1)^{n+1} \frac{1 \cdot 2 \cdots (3n-4)}{3^n \cdot n!} x^n + \cdots$$

其中 $|x|<1$，此級數的第 n 項公式在 $n \geq 2$ 時成立．

【例題 2】 利用定理 11.38

求 $f(x) = \sin^{-1} x$ 的冪級數表示式．

【解】 因為

$$\frac{1}{\sqrt{1-x}}=(1-x)^{-1/2}=1+\frac{\left(-\frac{1}{2}\right)}{1!}(-x)+\frac{\left(-\frac{1}{2}\right)\left(-\frac{3}{2}\right)}{2!}(-x)^2$$
$$+\cdots+\frac{1\cdot 3\cdot 5\cdot\cdots\cdot(2n-1)}{n!2^n}x^n+\cdots$$

所以，
$$\frac{1}{\sqrt{1-x}}=1+\sum_{n=1}^{\infty}\frac{1\cdot 3\cdot 5\cdot\cdots\cdot(2n-1)}{2\cdot 4\cdot 6\cdot\cdots\cdot(2n)}x^n$$

令 $x=t^2$ 代入上式，可得

$$\frac{1}{\sqrt{1-t^2}}=1+\sum_{n=1}^{\infty}\frac{1\cdot 3\cdot 5\cdot\cdots\cdot(2n-1)}{2\cdot 4\cdot 6\cdot\cdots\cdot(2n)}t^{2n},\ |t|<1.$$

又 $\dfrac{d}{dt}\sin^{-1}t=\dfrac{1}{\sqrt{1-t^2}}$，將上述級數由 $t=0$ 到 $t=x$ 積分，可得

$$\sin^{-1}x=\int_0^x\frac{1}{\sqrt{1-t^2}}\,dt=x+\int_0^x\sum_{n=1}^{\infty}\frac{1\cdot 3\cdot 5\cdot\cdots\cdot(2n-1)}{2\cdot 4\cdot 6\cdot\cdots\cdot(2n)}t^{2n}\,dt$$
$$=x+\sum_{n=1}^{\infty}\frac{1\cdot 3\cdot 5\cdot\cdots\cdot(2n-1)}{2\cdot 4\cdot 6\cdot\cdots\cdot(2n)}\cdot\frac{x^{2n+1}}{2n+1},\ |x|<1.$$

習題 11.8

在 1～4 題中，求 $f(x)$ 的冪級數表示式，並求其收斂半徑.

1. $f(x)=\sqrt{1+x}$
2. $f(x)=\sqrt{1-x^3}$
3. $f(x)=\dfrac{1}{(1+x)^3}$
4. $f(x)=\dfrac{1}{\sqrt[3]{1+x}}$
5. 求 $\displaystyle\int_0^{0.3}\sqrt[3]{1+x^4}\,dx$ 的近似值.

第 12 章　三維空間，向量

本章學習目標

- 認識向量之內積與叉積
- 認識三維空間中之直線與平面
- 認識三維空間中之曲面與柱面
- 熟悉直角坐標與柱面坐標的互換
- 熟悉直角坐標與球面坐標的互換

12-1　三維直角坐標系

我們知道，在平面上，任何一點可用實數序對 (a, b) 表示，此處 a 稱為 x-坐標，b 稱為 y-坐標。在三維空間中，我們將用有序三元組表示三維空間中任意點。我們先取定一個固定點 O，稱為原點，經過 O 取定三條互相垂直的數線，分別稱為 x-軸、y-軸與 z-軸，即得如圖 12-1 所示的一個直角坐標系 (右手坐標系)。它們也決定三個坐標平面，如圖 12-2 所示，其中 xy-平面為包含 x-軸與 y-軸的平面，yz-平面包含 y-軸與 z-軸，而 xz-平面包含 x-軸與 z-軸；這三個平面將三維空間分成八個部分，每一部分稱為卦限。

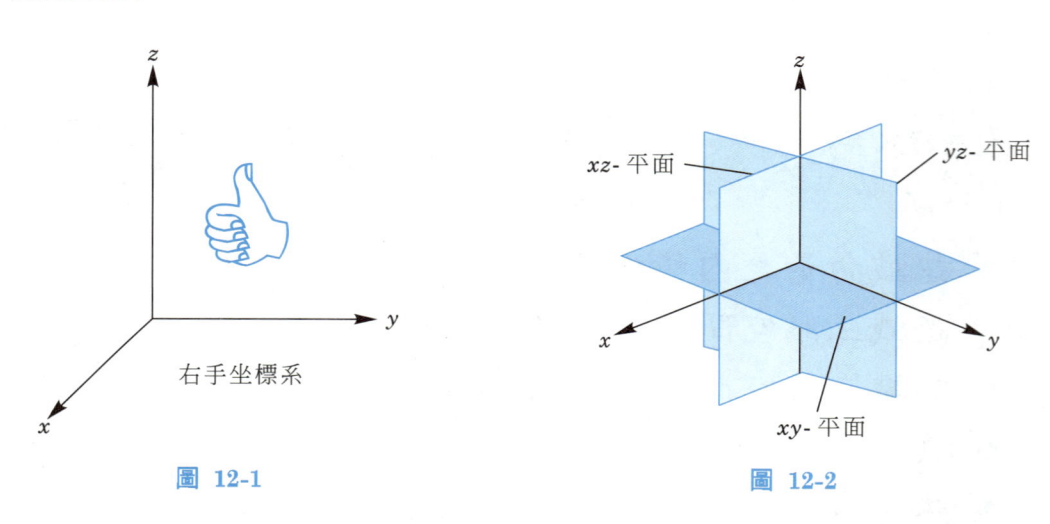

圖 12-1

圖 12-2

若 P 為三維空間中任一點，令 a 為自 yz-平面至 P 的 (有向) 距離，b 為自 xz-平面至 P 的距離，c 為自 xy-平面至 P 的距離。我們用有序實數三元組表示點 P，稱 a、b 與 c 為 P 的坐標；a 為 x-坐標，b 為 y-坐標，c 為 z-坐標。因此，欲找出點 (a, b, c) 的位置，首先自原點 O 出發，沿 x-軸移動 a 單位，然後平行 y-軸移動 b 單位，再平行 z-軸移動 c 單位，如圖 12-3 所示。點 $P(a, b, c)$ 決定了一個矩形體框框，如圖 12-4 所示。若自 P 對 xy-平面作垂足，則得到坐標為 $(a, b, 0)$ 的點，稱為空間中 P 在 xy-平面上的投影；同理，$R(0, b, c)$ 與 $S(a, 0, c)$ 分別為 P 在 yz-平面與 xz-平面上的投影。

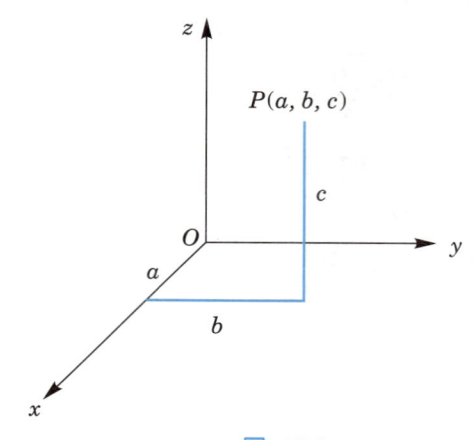

圖 12-3

第 12 章 三維空間, 向量

圖 12-4

圖 12-5

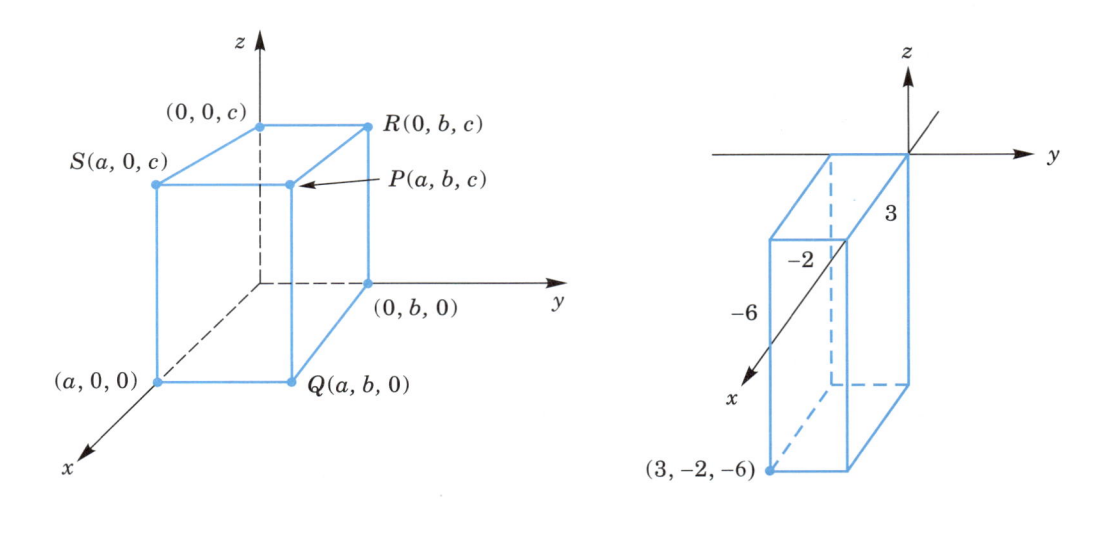

所有有序實數三元組所構成的集合稱為**笛卡兒積** $\mathbb{R} \times \mathbb{R} \times \mathbb{R} = \{(x, y, z) | x, y, z \in \mathbb{R}\}$，記為 $\mathbb{R}^3$，稱為**三維直角坐標系**．在三維空間 $\mathbb{R}^3$ 中的點與有序實數三元組作一一對應，例如，點 $(3, -2, -6)$ 如圖 12-5 所示。

定理 12.1

兩點 $P_1(x_1, y_1, z_1)$ 與 $P_2(x_2, y_2, z_2)$ 之間的距離為

$$|P_1P_2| = \sqrt{(x_2-x_1)^2 + (y_2-y_1)^2 + (z_2-z_1)^2}.$$

利用三維空間中兩點間的距離公式，可知到某一定點 $C(h, k, \ell)$ 之距離為 r 的所有點所成的集合 (或軌跡) 為一球面，其方程式為

$$(x-h)^2 + (y-k)^2 + (z-\ell)^2 = r^2 \tag{12-1}$$

而當 $(h, k, \ell) = (0, 0, 0)$，也就是說，球心位於原點時，球面方程式為

$$x^2 + y^2 + z^2 = r^2$$

如果我們將 (12-1) 式展開，可知球面的方程式恆可寫成下述的形式：

$$x^2 + y^2 + z^2 + ax + by + cz + d = 0 \tag{12-2}$$

此式稱為球面的**通式** (或**一般式**)。

反之，由 (12-2) 式可配方得

$$\left(x+\frac{a}{2}\right)^2+\left(y+\frac{b}{2}\right)^2+\left(z+\frac{c}{2}\right)^2=\frac{a^2}{4}+\frac{b^2}{4}+\frac{c^2}{4}-d$$

此式與 (12-1) 式比較，可得

$$h=-\frac{a}{2},\ k=-\frac{b}{2},\ \ell=-\frac{c}{2},\ r^2=\frac{a^2+b^2+c^2-4d}{4}.$$

定理 12.2

方程式 (12-2) 為一球面方程式的充要條件為

$$a^2+b^2+c^2-4d>0,$$

在此時，其球心為 $\left(-\frac{a}{2},\ -\frac{b}{2},\ -\frac{c}{2}\right)$，半徑為 $\frac{1}{2}\sqrt{a^2+b^2+c^2-4d}$；當 $a^2+b^2+c^2-4d=0$ 時，(12-2) 式軌跡只有一點 $\left(-\frac{a}{2},\ -\frac{b}{2},\ -\frac{c}{2}\right)$；當 $a^2+b^2+c^2-4d<0$ 時，(12-2) 式的軌跡為空集合。

【例題 1】 利用距離公式

試證：以 $P_1(3,\ 2,\ 0)$、$P_2(6,\ 0,\ 1)$ 與 $P_3(4,\ 1,\ 2)$ 為頂點的三角形為一等腰三角形．

【解】 因

$$|P_1P_2|^2=(6-3)^2+(0-2)^2+(1-0)^2=14$$
$$|P_2P_3|^2=(4-6)^2+(1-0)^2+(2-1)^2=6$$
$$|P_3P_1|^2=(3-4)^2+(2-1)^2+(0-2)^2=6$$

故 $|P_2P_3|=|P_3P_1|$，即三角形 $P_1P_2P_3$ 是一個等腰三角形．

【例題 2】 利用配方

討論方程式 $x^2+y^2+z^2+4x-6y+2z+6=0$ 的圖形．

【解】 將方程式化成

$$(x^2+4x+4)+(y^2-6y+9)+(z^2+2z+1)=-6+4+9+1$$

或
$$(x+2)^2+(y-3)^2+(z+1)^2=8$$
故此方程式的圖形為以 $(-2, 3, -1)$ 為球心且 $2\sqrt{2}$ 為半徑的球面。

習題 12.1

1. 繪出點 $P(-4, 3, -5)$。
2. 試證：三點 $A(-4, 3, 2)$、$B(0, 1, 4)$ 與 $C(-6, 4, 1)$ 共線。
3. 試證：$P_1(4, 5, 2)$、$P_2(1, 7, 3)$ 與 $P_3(2, 4, 5)$ 為一等邊三角形的三頂點。
4. 試證：$P(2, 4, -1)$、$Q(3, 2, 4)$ 與 $R(5, 13, 8)$ 為一直角三角形的三頂點。
5. 討論方程式 $x^2+y^2+z^2-6x+2y-z-\dfrac{23}{4}=0$ 的圖形。
6. 討論方程式 $x^2+y^2+z^2-2y+4z+5=0$ 的圖形。
7. 求球心為 $(2, 4, 5)$ 且切於 xy-平面之球的方程式。
8. 求以兩點 $(-2, 3, 6)$ 及 $(4, -1, 5)$ 所連線段為直徑的球的方程式。

12-2 向 量

一般在自然科學中所用之量，皆表示其數值的大小與單位。如長度、質量、時間、面積、體積、功等，這樣的量稱為**純量**。如果一個量除了大小之外，尚需考慮其方向，則稱此量為**向量**。如速度、加速度、電場強度、力等均屬此類。

在幾何學中，向量可以用自某點至另一點的帶有箭頭之有向線段來表示，此線段之長度稱為向量的**長度**或**大小**，而箭頭則表示向量的**方向**。向量亦可用粗體的英文字母 **A**, **B**, **C**, $\cdots$, **a**, **b**, **c**, $\cdots$, **i**, **j**, **k**, $\cdots$ 等表示。

設 $P(a_1, b_1, c_1)$ 與 $Q(a_2, b_2, c_2)$ 為三維空間 $\mathbb{R}^3$ 中任意兩點，則從 P 到 Q 所形成的向量 $\overrightarrow{PQ}$ 為
$$\overrightarrow{PQ} = <a_2-a_1, b_2-b_1, c_2-c_1>$$
其中 P 和 Q 分別稱為向量 $\overrightarrow{PQ}$ 的**始點**與**終點**；而 $a_2-a_1, b_2-b_1, c_2-c_1$ 分別稱為向量 $\overrightarrow{PQ}$ 的 **x-分量**、**y-分量**、**z-分量**。而向量 $\overrightarrow{PQ}$ 的**大小**，或**長度**，定義為

$$|\overrightarrow{PQ}| = \sqrt{(a_2-a_1)^2 + (b_2-b_1)^2 + (c_2-c_1)^2}$$

在三維空間 $\mathbb{R}^3$ 中，點 $P(a_1, a_2, a_3)$ 的位置向量為

$$\mathbf{a} = <a_1, a_2, a_3>$$

如圖 12-6 所示．

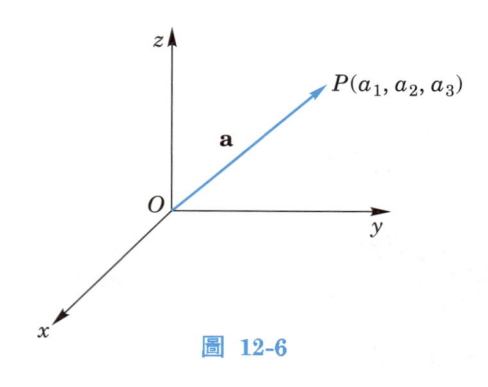

圖 12-6

定義 12.1

設 $\mathbf{a} = <a_1, a_2, a_3>$，$\mathbf{b} = <b_1, b_2, b_3>$，$k$ 為純量．
(1) $\mathbf{a} = \mathbf{b} \Leftrightarrow a_1 = b_1, a_2 = b_2, a_3 = b_3$
(2) $\mathbf{a}$ 與 $\mathbf{b}$ 平行 $\Leftrightarrow$ 存在一常數 c 使 $a_1 = cb_1, a_2 = cb_2, a_3 = cb_3$
(3) $\mathbf{a} + \mathbf{b} = <a_1+b_1, a_2+b_2, a_3+b_3>$
(4) $\mathbf{a}$ 的逆向量 $-\mathbf{a}$ 為 $-\mathbf{a} = <-a_1, -a_2, -a_3>$
(5) $\mathbf{a} - \mathbf{b} = \mathbf{a} + (-\mathbf{b}) = <a_1-b_1, a_2-b_2, a_3-b_3>$
(6) $k\mathbf{a} = <ka_1, ka_2, ka_3>$．

長度為零的向量稱為**零向量**，記為 $\mathbf{0}$，即 $\mathbf{0} = <0, 0, 0>$．長度為 1 的向量稱為**單位向量**．任一向量 $\mathbf{a}$ 皆可用與 $\mathbf{a}$ 同方向的單位向量 $\mathbf{u}$ 表示，即 $\mathbf{u} = \dfrac{\mathbf{a}}{|\mathbf{a}|}$．$\mathbf{i} = <1, 0, 0>$，$\mathbf{j} = <0, 1, 0>$ 與 $\mathbf{k} = <0, 0, 1>$ 稱為三維空間 $\mathbb{R}^3$ 中的三個**基本單位向量**，這三個向量的始點皆在原點，且其長度皆為 1．三維空間 $\mathbb{R}^3$ 中的任何向量 $\mathbf{v}$ 皆可以用 $\mathbf{i}$、$\mathbf{j}$ 與 $\mathbf{k}$ 的線性組合方式表示，如圖 12-7 所示．

【例題 1】 利用向量長度的定義

設 $\mathbf{a} = 2\mathbf{i} - 5\mathbf{j} + \mathbf{k}$，$\mathbf{b} = -3\mathbf{i} + 3\mathbf{j} + 2\mathbf{k}$，$\mathbf{c} = 5\mathbf{i} + 3\mathbf{j}$，求 $|2\mathbf{a} + 3\mathbf{b} - \mathbf{c}|$．

【解】 因 $2\mathbf{a} + 3\mathbf{b} - \mathbf{c} = 2(2\mathbf{i} - 5\mathbf{j} + \mathbf{k}) + 3(-3\mathbf{i} + 3\mathbf{j} + 2\mathbf{k}) - (5\mathbf{i} + 3\mathbf{j})$
$= (4 - 9 - 5)\mathbf{i} + (-10 + 9 - 3)\mathbf{j} + (2 + 6)\mathbf{k}$
$= -10\mathbf{i} - 4\mathbf{j} + 8\mathbf{k}$

故 $|2\mathbf{a} + 3\mathbf{b} - \mathbf{c}| = \sqrt{(-10)^2 + (-4)^2 + 8^2} = 6\sqrt{5}$．

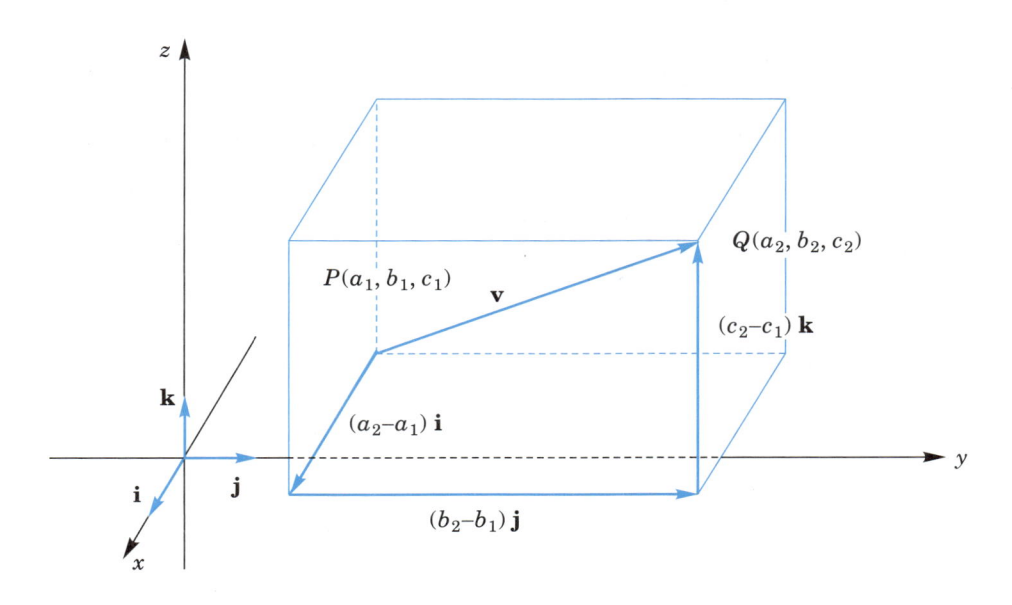

$$\mathbf{v} = \overrightarrow{PQ} = <a_2-a_1,\ b_2-b_1,\ c_2-c_1> = (a_2-a_1)\mathbf{i} + (b_2-b_1)\mathbf{j} + (c_2-c_1)\mathbf{k}$$

圖 12-7

定理 12.3

設 **a**、**b** 與 **c** 為三維空間 $\mathbb{R}^3$ 中的向量,且 k 與 ℓ 皆為純量,則
(1) $\mathbf{a}+\mathbf{b}=\mathbf{b}+\mathbf{a}$
(2) $(\mathbf{a}+\mathbf{b})+\mathbf{c}=\mathbf{a}+(\mathbf{b}+\mathbf{c})$
(3) $\mathbf{a}+\mathbf{0}=\mathbf{0}+\mathbf{a}=\mathbf{a}$
(4) 存在 $-\mathbf{a}$ 使得 $\mathbf{a}+(-\mathbf{a})=(-\mathbf{a})+\mathbf{a}=\mathbf{0}$
(5) $k(\mathbf{a}+\mathbf{b})=k\mathbf{a}+k\mathbf{b}$
(6) $(k+\ell)\mathbf{a}=k\mathbf{a}+\ell\mathbf{a}$
(7) $(k\ell)\mathbf{a}=k(\ell\mathbf{a})=\ell(k\mathbf{a})$
(8) $1\mathbf{a}=\mathbf{a}$.

習題 12.2

1. 設 $\mathbf{u}=<-3,\ 1,\ 2>$,$\mathbf{v}=<4,\ 0,\ -8>$ 與 $\mathbf{w}=<6,\ -1,\ -4>$,求一向量 $\mathbf{x}$ 使滿足方程式 $2\mathbf{u}-\mathbf{v}+\mathbf{x}=7\mathbf{x}+\mathbf{w}$。

2. 令 $\mathbf{v}=<-1, 2, 5>$，求所有滿足 $|k\mathbf{v}|=4$ 的 k 值.
3. 令 $\mathbf{u}=<2, -2, 3>$，$\mathbf{v}=<1, -3, 4>$，$\mathbf{w}=<3, 6, -4>$，求 $|3\mathbf{u}-5\mathbf{v}+\mathbf{w}|$.
4. 求一單位向量 $\mathbf{u}$ 使其平行於 $\mathbf{a}=2\mathbf{i}+4\mathbf{j}-5\mathbf{k}$ 與 $\mathbf{b}=\mathbf{i}+2\mathbf{j}+3\mathbf{k}$ 的和向量.
5. 設 a 為實數，$\mathbf{v}$ 為三維空間 $I\!R^3$ 中任一向量，試證：$|a\mathbf{v}|=|a||\mathbf{v}|$.
6. 試以 $\mathbf{i}$、$\mathbf{j}$ 與 $\mathbf{k}$ 來表示下列的向量：
   (1) $<1, 2, -3>$ (2) $<0, 1, 2>$ (3) $<0, 0, -2>$
7. 若 $\mathbf{a}_1=2\mathbf{i}-\mathbf{j}+\mathbf{k}$，$\mathbf{a}_2=\mathbf{i}+3\mathbf{j}-2\mathbf{k}$，$\mathbf{a}_3=-2\mathbf{i}+\mathbf{j}-3\mathbf{k}$ 且 $\mathbf{a}_4=3\mathbf{i}+2\mathbf{j}+5\mathbf{k}$，求純量 a、b 與 c 使得 $\mathbf{a}_4=a\mathbf{a}_1+b\mathbf{a}_2+c\mathbf{a}_3$.

∑ 12-3 點 積

在本節中，我們探討兩向量的一種新的乘積運算，稱為點積（或稱內積，或稱純量積），其結果是一個純量.

定義 12.2

設 $\mathbf{a}$ 與 $\mathbf{b}$ 為三維空間 $I\!R^3$ 中始點重合的任意兩向量，則 $\mathbf{a}$ 與 $\mathbf{b}$ 的點積定義為

$$\mathbf{a}\cdot\mathbf{b}=\begin{cases} |\mathbf{a}||\mathbf{b}|\cos\theta, & \text{若 } \mathbf{a}\neq\mathbf{0} \text{ 且 } \mathbf{b}\neq\mathbf{0} \\ 0, & \text{若 } \mathbf{a}=\mathbf{0} \text{ 或 } \mathbf{b}=\mathbf{0} \end{cases}$$

其中 θ 為 $\mathbf{a}$ 與 $\mathbf{b}$ 之間的夾角，且 $0\leq\theta\leq\pi$.

證 令 $\mathbf{a}=<a_1, a_2, a_3>$ 與 $\mathbf{b}=<b_1, b_2, b_3>$ 為兩非零向量，如圖 12-8 所示，若 θ 為 $\mathbf{a}$ 與 $\mathbf{b}$ 之間的夾角，則由餘弦定理可得

$$|\overrightarrow{PQ}|^2=|\mathbf{a}|^2+|\mathbf{b}|^2-2|\mathbf{a}||\mathbf{b}|\cos\theta$$

因 $\overrightarrow{PQ}=\mathbf{b}-\mathbf{a}$，故上式改寫成

$$|\mathbf{a}||\mathbf{b}|\cos\theta=\frac{1}{2}(|\mathbf{a}|^2+|\mathbf{b}|^2-|\mathbf{b}-\mathbf{a}|^2)$$

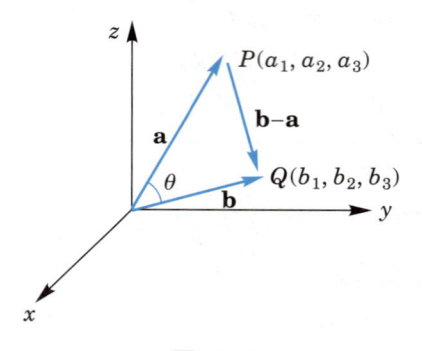

圖 12-8

即
$$\mathbf{a}\cdot\mathbf{b} = \frac{1}{2}(|\mathbf{a}|^2 + |\mathbf{b}|^2 - |\mathbf{b}-\mathbf{a}|^2)$$

代換　　　　　$|\mathbf{a}|^2 = a_1^2 + a_2^2 + a_3^2$,　$|\mathbf{b}|^2 = b_1^2 + b_2^2 + b_3^2$

與　　　　　　$|\mathbf{b}-\mathbf{a}|^2 = (b_1-a_1)^2 + (b_2-a_2)^2 + (b_3-a_3)^2$

化簡後，可得

$$\mathbf{a}\cdot\mathbf{b} = a_1 b_1 + a_2 b_2 + a_3 b_3.$$

定理 12.4

若 $\mathbf{a} = <a_1, a_2, a_3>$ 與 $\mathbf{b} = <b_1, b_2, b_3>$ 為兩非零向量，則

$$\mathbf{a}\cdot\mathbf{b} = a_1 b_1 + a_2 b_2 + a_3 b_3 \tag{12-3}$$

【例題 1】　利用定義 12.2 及定理 12.3

求兩向量 $\mathbf{a} = 2\mathbf{i} - \mathbf{j} + \mathbf{k}$ 與 $\mathbf{b} = -\mathbf{i} + \mathbf{j}$ 之間的夾角.

【解】
$$\mathbf{a}\cdot\mathbf{b} = (2)(-1) + (-1)(1) + (1)(0) = -3$$
$$|\mathbf{a}| = \sqrt{4+1+1} = \sqrt{6}$$
$$|\mathbf{b}| = \sqrt{1+0+1} = \sqrt{2}$$

所以
$$\cos\theta = \frac{\mathbf{a}\cdot\mathbf{b}}{|\mathbf{a}||\mathbf{b}|} = \frac{-3}{\sqrt{6}\sqrt{2}} = -\frac{\sqrt{3}}{2}$$

因 $0 \leq \theta \leq \pi$，故夾角 $\theta = \dfrac{5\pi}{6}$.

定理 12.5

設 $\mathbf{a}$ 與 $\mathbf{b}$ 為空間 $I\!R^3$ 中兩非零向量，則
(1) $\mathbf{a}$ 與 $\mathbf{b}$ 互相垂直 $\Leftrightarrow \mathbf{a}\cdot\mathbf{b} = 0$
(2) $\mathbf{a}$ 與 $\mathbf{b}$ 平行且同方向 $\Leftrightarrow \mathbf{a}\cdot\mathbf{b} = |\mathbf{a}||\mathbf{b}|$
(3) $\mathbf{a}$ 與 $\mathbf{b}$ 平行但方向相反 $\Leftrightarrow \mathbf{a}\cdot\mathbf{b} = -|\mathbf{a}||\mathbf{b}|$.

【例題 2】　利用定理 12.5(1)

試證 $\mathbf{a} = <1, 2, -3>$ 與 $\mathbf{b} = <2, 2, 2>$ 互相垂直.

【解】 因 $\mathbf{a}\cdot\mathbf{b}=(1)(2)+(2)(2)+(-3)(2)=0$，故 $\mathbf{a}$ 與 $\mathbf{b}$ 互相垂直。

定理 12.6

設 $\mathbf{a}$，$\mathbf{b}$ 與 $\mathbf{c}$ 為三維空間 $I\!R^3$ 中任意向量，且 k 為純量，則
(1) $\mathbf{a}\cdot\mathbf{b}=\mathbf{b}\cdot\mathbf{a}$
(2) $\mathbf{a}\cdot(\mathbf{b}+\mathbf{c})=\mathbf{a}\cdot\mathbf{b}+\mathbf{a}\cdot\mathbf{c}$
(3) $(\mathbf{a}+\mathbf{b})\cdot\mathbf{c}=\mathbf{a}\cdot\mathbf{c}+\mathbf{b}\cdot\mathbf{c}$
(4) $k(\mathbf{a}\cdot\mathbf{b})=(k\mathbf{a})\cdot\mathbf{b}$
(5) $\mathbf{a}\cdot\mathbf{a}=|\mathbf{a}|^2$
(6) $|\mathbf{a}\cdot\mathbf{b}|\leq|\mathbf{a}||\mathbf{b}|$ （柯西-希瓦茲不等式）
(7) $|\mathbf{a}+\mathbf{b}|\leq|\mathbf{a}|+|\mathbf{b}|$ （三角不等式）。

在物理中，功可以用向量的內積來表示。若我們對某物體施予一定的力 F 經過一段距離 d，則其所作的功為 $W=Fd$，此公式相當嚴謹，因為它只能應用於當力是沿著運動之直線。一般先設向量 $\overrightarrow{PQ}$ 代表一力，它的施力點沿著向量 $\overrightarrow{PR}$ 移動，如圖 12-9 所示，其中力 $\overrightarrow{PQ}$ 被用來沿著由 P 到 R 的水平路線去牽引一物體，而向量 $\overrightarrow{PQ}$ 是向量 $\overrightarrow{PS}$ 與 $\overrightarrow{SQ}$ 的和。由於 $\overrightarrow{SQ}$ 對水平的位移沒有作用，我們可以假設由 P 到 R 的運動僅為 $\overrightarrow{PS}$ 所致。依公式 $W=Fd$，功 W 是由 $\overrightarrow{PQ}$ 在 $\overrightarrow{PR}$ 方向的分量乘以距離 $|\overrightarrow{PR}|$ 而求得，即

$$W=(|\overrightarrow{PQ}|\cos\theta)|\overrightarrow{PR}|=\overrightarrow{PQ}\cdot\overrightarrow{PR}$$

這導出下面的定義：

當施力點沿著向量 $\overrightarrow{PR}$ 移動時，定力 $\overrightarrow{PQ}$ 所作的功為 $W=\overrightarrow{PQ}\cdot\overrightarrow{PR}$。

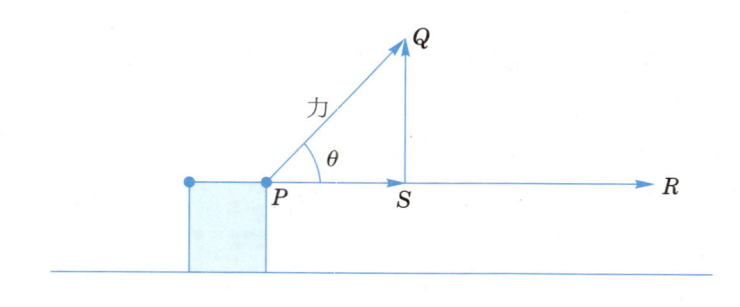

圖 12-9

【例題 3】 利用功的定義

設某定力為 $\mathbf{a}=5\mathbf{i}+2\mathbf{j}+6\mathbf{k}$，試求當此力的施力點由 $P(1,-1,2)$ 移到 $R(4,3,-1)$ 時所作的功．

【解】 在空間 $\mathbb{R}^3$ 中對應於 $\overrightarrow{PR}$ 的向量是 $\mathbf{b}=<4-1,3-(-1),(-1)-2>=<3,4,-3>$．若 $\overrightarrow{PQ}$ 是 $\mathbf{a}$ 的幾何表示，則功為

$$W=\overrightarrow{PQ}\cdot\overrightarrow{PR}=\mathbf{a}\cdot\mathbf{b}=15+8-18=5$$

例如，若長度的單位為呎且力的大小以磅計，則功為 5 呎-磅．若長度以米計而力以牛頓計，則所作的功為 5 焦耳．

非零向量 $\mathbf{a}=<a_1,a_2,a_3>$ 與正 x-軸、正 y-軸及正 z-軸所形成的角 α，β，γ（$\alpha,\beta,\gamma\in[0,\pi]$）稱為 $\mathbf{a}$ 的方向角（圖 12-10），而 $\cos\alpha$，$\cos\beta$ 與 $\cos\gamma$ 稱為 $\mathbf{a}$ 的方向餘弦．

利用定義 12.2 可得

$$\cos\alpha=\frac{\mathbf{a}\cdot\mathbf{i}}{|\mathbf{a}||\mathbf{i}|}=\frac{a_1}{|\mathbf{a}|}$$

同理，

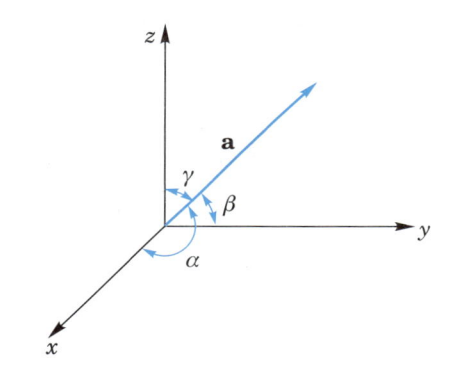

$$\cos\beta=\frac{a_2}{|\mathbf{a}|},\quad\cos\gamma=\frac{a_3}{|\mathbf{a}|}$$

圖 12-10

由上面可知

$$\cos^2\alpha+\cos^2\beta+\cos^2\gamma=1$$

因而
$$\mathbf{a}=<a_1,a_2,a_3>=<|\mathbf{a}|\cos\alpha,|\mathbf{a}|\cos\beta,|\mathbf{a}|\cos\gamma>$$
$$=|\mathbf{a}|<\cos\alpha,\cos\beta,\cos\gamma>$$

所以

$$\frac{1}{|\mathbf{a}|}\mathbf{a}=<\cos\alpha,\cos\beta,\cos\gamma>$$

換句話說，$\mathbf{a}$ 的方向餘弦為 $\mathbf{a}$ 的單位向量的分量．

【例題 4】 利用方向餘弦

求向量 $\mathbf{a}=2\mathbf{i}-4\mathbf{j}+4\mathbf{k}$ 的方向角.

【解】 因 $|\mathbf{a}|=\sqrt{4+16+16}=6$,可得

$$\cos\alpha=\frac{1}{3},\ \cos\beta=-\frac{2}{3},\ \cos\gamma=\frac{2}{3}$$

故

$$\alpha=\cos^{-1}\left(\frac{1}{3}\right)\approx 71°,\ \beta=\cos^{-1}\left(-\frac{2}{3}\right)\approx 132°,$$

$$\gamma=\cos^{-1}\left(\frac{2}{3}\right)\approx 48°.$$

若 $\overrightarrow{PQ}$ 與 $\overrightarrow{PR}$ 具有相同的始點,且 Q 在通過 P 與 R 之直線上的投影為 S,如圖 12-11 所示,則 $\overrightarrow{PS}$ 稱為 $\overrightarrow{PQ}$ 在 $\overrightarrow{PR}$ 上的向量投影,記為 $\text{proj}_{\overrightarrow{PR}}\overrightarrow{PQ}$. 純量 $|\overrightarrow{PQ}|\cos\theta$ 稱為 $\overrightarrow{PQ}$ 在 $\overrightarrow{PR}$ 上的純量投影,記為 $\text{comp}_{\overrightarrow{PR}}\overrightarrow{PQ}$,其中 θ 為 $\overrightarrow{PQ}$ 與 $\overrightarrow{PR}$ 之間的夾角,如圖 12-12 所示.

注意,若 $0\leq\theta<\dfrac{\pi}{2}$,則 $|\overrightarrow{PQ}|\cos\theta$ 為正;若 $\dfrac{\pi}{2}<\theta\leq\pi$,則 $|\overrightarrow{PQ}|\cos\theta$ 為

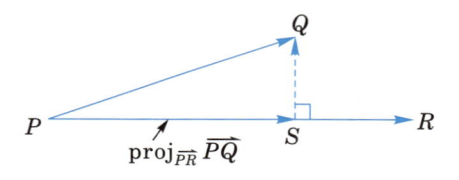

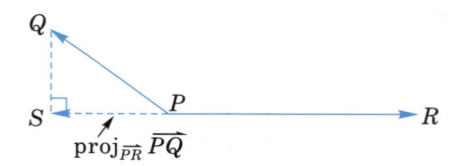

圖 12-11

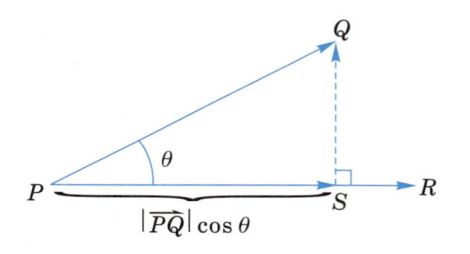

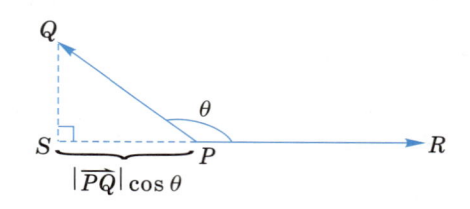

圖 12-12

負；若 $\theta = \dfrac{\pi}{2}$，則純量投影為 0。因此，

$$\text{comp}_{\overrightarrow{PR}} \overrightarrow{PQ} = |\overrightarrow{PQ}| \cos\theta = \overrightarrow{PQ} \cdot \dfrac{\overrightarrow{PR}}{|\overrightarrow{PR}|}.$$

定義 12.3

令 **a** 與 **b** 為三維空間 $\mathbb{R}^3$ 中的非零向量，則 **b** 在 **a** 上的 **純量投影**，記作 $\text{comp}_\mathbf{a} \mathbf{b}$，定義為

$$\text{comp}_\mathbf{a} \mathbf{b} = \dfrac{\mathbf{a} \cdot \mathbf{b}}{|\mathbf{a}|}$$

b 在 **a** 上的 **向量投影**，記作 $\text{proj}_\mathbf{a} \mathbf{b}$，定義為

$$\text{proj}_\mathbf{a} \mathbf{b} = \left(\dfrac{\mathbf{a} \cdot \mathbf{b}}{|\mathbf{a}|} \right) \dfrac{\mathbf{a}}{|\mathbf{a}|} = \dfrac{\mathbf{a} \cdot \mathbf{b}}{|\mathbf{a}|^2} \mathbf{a}$$

我們亦可從定義 12.3 得知：

1. 若 $\mathbf{a} \cdot \mathbf{b} > 0$，則 $\text{proj}_\mathbf{a} \mathbf{b}$ 與 **a** 同方向。
2. 若 $\mathbf{a} \cdot \mathbf{b} < 0$，則 $\text{proj}_\mathbf{a} \mathbf{b}$ 與 **a** 反方向。

如圖 12-13 所示．

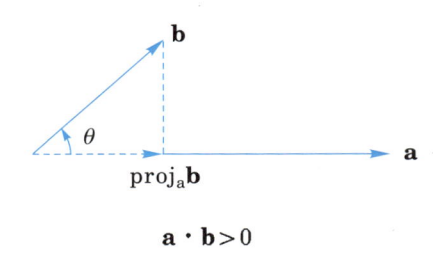

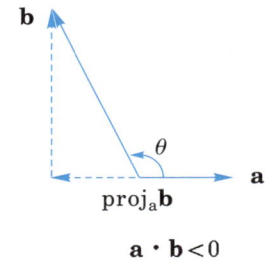

圖 12-13

定理 12.7

若 **a** 與 **b** 為三維空間 $\mathbb{R}^3$ 中的非零向量，則 $\mathbf{b} - \text{proj}_\mathbf{a} \mathbf{b}$ 垂直於 **a**。

證　$(\mathbf{b}-\text{proj}_\mathbf{a}\mathbf{b})\cdot\mathbf{a}=\left(\mathbf{b}-\dfrac{\mathbf{a}\cdot\mathbf{b}}{|\mathbf{a}|^2}\mathbf{a}\right)\cdot\mathbf{a}=\mathbf{b}\cdot\mathbf{a}-\dfrac{(\mathbf{a}\cdot\mathbf{b})(\mathbf{a}\cdot\mathbf{a})}{|\mathbf{a}|^2}$

$=\mathbf{a}\cdot\mathbf{b}-\dfrac{(\mathbf{a}\cdot\mathbf{b})|\mathbf{a}|^2}{|\mathbf{a}|^2}=\mathbf{a}\cdot\mathbf{b}-\mathbf{a}\cdot\mathbf{b}=0.$

【例題 5】　利用定義 12.3

求 $\mathbf{b}=2\mathbf{i}+\mathbf{j}+2\mathbf{k}$ 在 $\mathbf{a}=-2\mathbf{i}+3\mathbf{j}+\mathbf{k}$ 上的純量投影與向量投影．

【解】　因 $|\mathbf{a}|=\sqrt{4+9+1}=\sqrt{14}$，故 $\mathbf{b}$ 在 $\mathbf{a}$ 上的純量投影為

$$\text{comp}_\mathbf{a}\mathbf{b}=\dfrac{\mathbf{a}\cdot\mathbf{b}}{|\mathbf{a}|}=\dfrac{-4+3+2}{\sqrt{14}}=\dfrac{1}{\sqrt{14}}$$

向量投影為

$$\text{proj}_\mathbf{a}\mathbf{b}=\dfrac{1}{\sqrt{14}}\dfrac{\mathbf{a}}{|\mathbf{a}|}=\dfrac{1}{14}\mathbf{a}=-\dfrac{1}{7}\mathbf{i}+\dfrac{3}{14}\mathbf{j}+\dfrac{1}{14}\mathbf{k}.$$

習題 12.3

1. 設三維空間 $I\!R^3$ 中的三點分別為 $A(2,-3,4)$、$B(-2,6,1)$ 與 $C(2,0,2)$，求 $\angle ABC$．

2. 判斷 $\mathbf{a}$ 與 $\mathbf{b}$ 之間的夾角為鈍角、銳角抑或直角？
   (1) $\mathbf{a}=<6,1,4>$，$\mathbf{b}=<2,0,-3>$
   (2) $\mathbf{a}=<0,0,-1>$，$\mathbf{b}=<1,1,1>$
   (3) $\mathbf{a}=<-6,0,4>$，$\mathbf{b}=<3,1,6>$
   (4) $\mathbf{a}=<2,4,-8>$，$\mathbf{b}=<5,3,7>$．

3. 求 $\mathbf{a}=4\mathbf{i}-3\mathbf{j}+2\mathbf{k}$ 的方向餘弦．

4. 假設 $\mathbf{a}$ 與 $\mathbf{b}$，$\mathbf{c}$ 皆垂直，試證 $\mathbf{a}$ 亦與 $r\mathbf{b}+s\mathbf{c}$ 垂直，其中 r 與 s 皆為純量．

5. 若有一固定的力 $\mathbf{F}=3\mathbf{i}-6\mathbf{j}+7\mathbf{k}$ (以磅計) 作用於一物體，使其由 $P(2,1,3)$ 移到 $Q(9,4,6)$，而距離單位為呎，求所作的功．

6. 試證：$|\mathbf{a}+\mathbf{b}|\leqslant|\mathbf{a}|+|\mathbf{b}|$．

7. 試證：$\mathbf{a}\cdot\mathbf{b}=\dfrac{1}{4}|\mathbf{a}+\mathbf{b}|^2-\dfrac{1}{4}|\mathbf{a}-\mathbf{b}|^2$．

8. 試證平行四邊形定律：$|\mathbf{a}+\mathbf{b}|^2+|\mathbf{a}-\mathbf{b}|^2=2|\mathbf{a}|^2+2|\mathbf{b}|^2$．

9. 求 $\mathbf{b}=-4\mathbf{i}+\mathbf{j}-2\mathbf{k}$ 在 $\mathbf{a}=\mathbf{i}+3\mathbf{j}-3\mathbf{k}$ 上的向量投影與純量投影.
10. 令 $\mathbf{u}=2\mathbf{i}-\mathbf{j}+3\mathbf{k}$ 與 $\mathbf{v}=4\mathbf{i}-\mathbf{j}+2\mathbf{k}$,求 $\mathbf{u}-\text{proj}_{\mathbf{v}}\mathbf{u}$.

∑ 12-4 叉 積

在三維空間 $I\!R^3$ 中,兩向量 $\mathbf{a}$ 與 $\mathbf{b}$ 的**叉積**不是純量,而是向量,有時也稱為**向量積**,或**外積**.

定義 12.4

若 $\mathbf{a}=<a_1, a_2, a_3>$,$\mathbf{b}=<b_1, b_2, b_3>$,則 $\mathbf{a}$ 與 $\mathbf{b}$ 的**叉積**定義為

$$\mathbf{a}\times\mathbf{b}=<a_2b_3-a_3b_2,\ a_3b_1-a_1b_3,\ a_1b_2-a_2b_1> \tag{12-4}$$

(12-4) 式可以寫成下面的形式來記憶.

$$\mathbf{a}\times\mathbf{b}=\begin{vmatrix}a_2 & a_3\\ b_2 & b_3\end{vmatrix}\mathbf{i}-\begin{vmatrix}a_1 & a_3\\ b_1 & b_3\end{vmatrix}\mathbf{j}+\begin{vmatrix}a_1 & a_2\\ b_1 & b_2\end{vmatrix}\mathbf{k}=\begin{vmatrix}\mathbf{i} & \mathbf{j} & \mathbf{k}\\ a_1 & a_2 & a_3\\ b_1 & b_2 & b_3\end{vmatrix} \tag{12-5}$$

(12-5) 式的右邊並非真正的行列式,這只是有助於記憶的設計,因行列式中的元素必須是純量,而非向量.但是,對它化簡時,可按行列式的法則處理.

定理 12.8

向量 $\mathbf{a}\times\mathbf{b}$ 同時垂直於 $\mathbf{a}$ 與 $\mathbf{b}$.

$\mathbf{a}\times\mathbf{b}$ 的方向可用右手定則來決定:若右手除拇指外的四指指向 $\mathbf{a}$ 的方向,然後旋轉到 $\mathbf{b}$ (旋轉角小於 180°),則拇指的指向為 $\mathbf{a}\times\mathbf{b}$ 的方向 (圖 12-14).

定理 12.9

若 θ 為三維空間 $I\!R^3$ 中兩非零向量 $\mathbf{a}$ 與 $\mathbf{b}$ 之間的夾角,則

$$|\mathbf{a}\times\mathbf{b}|=|\mathbf{a}||\mathbf{b}|\sin\theta \tag{12-6}$$

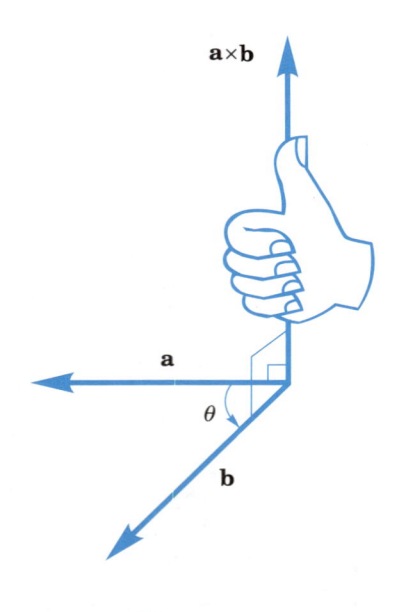

圖 12-14

證 令 $\mathbf{a}=<a_1, a_2, a_3>$，$\mathbf{b}=<b_1, b_2, b_3>$，則

$$\begin{aligned}|\mathbf{a}\times\mathbf{b}|^2 &= (\mathbf{a}\times\mathbf{b})\cdot(\mathbf{a}\times\mathbf{b}) \\ &= (a_2 b_3 - a_3 b_2)^2 + (a_3 b_1 - a_1 b_3)^2 + (a_1 b_2 - a_2 b_1)^2 \\ &= a_2^2 b_3^2 - 2a_2 a_3 b_2 b_3 + a_3^2 b_2^2 + a_3^2 b_1^2 - 2a_1 a_3 b_1 b_3 + a_1^2 b_3^2 \\ &\quad + a_1^2 b_2^2 - 2a_1 a_2 b_1 b_2 + a_2^2 b_1^2 \\ &= (a_1^2 + a_2^2 + a_3^2)(b_1^2 + b_2^2 + b_3^2) - (a_1 b_1 + a_2 b_2 + a_3 b_3)^2 \\ &= |\mathbf{a}|^2 |\mathbf{b}|^2 - (\mathbf{a}\cdot\mathbf{b})^2 \\ &= |\mathbf{a}|^2 |\mathbf{b}|^2 - |\mathbf{a}|^2 |\mathbf{b}|^2 \cos^2\theta \\ &= |\mathbf{a}|^2 |\mathbf{b}|^2 (1 - \cos^2\theta) \\ &= |\mathbf{a}|^2 |\mathbf{b}|^2 \sin^2\theta\end{aligned}$$

因 $0\leq\theta\leq\pi$，可得 $\sin\theta\geq 0$，故 $|\mathbf{a}\times\mathbf{b}|=|\mathbf{a}||\mathbf{b}|\sin\theta$.

由 (12-6) 式，$\mathbf{a}\times\mathbf{b}=\mathbf{0}$，若且唯若 $\mathbf{a}=\mathbf{0}$，或 $\mathbf{b}=\mathbf{0}$，或 $\sin\theta=0$. 在所有情形中，$\mathbf{a}$ 與 $\mathbf{b}$ 平行. 對於前兩個情形，這是成立的，因 $\mathbf{0}$ 平行於每一向量，而在第三個情形，$\sin\theta=0$ 蘊涵 $\mathbf{a}$ 與 $\mathbf{b}$ 之間的夾角為 $\theta=0$，或 $\theta=\pi$. 因此，我們可得下面的結論：

$\mathbf{a}\times\mathbf{b}=\mathbf{0} \Leftrightarrow \mathbf{a}$ 與 $\mathbf{b}$ 平行

$|\mathbf{a} \times \mathbf{b}|$ 有一個很有用的幾何解釋.
若 $\mathbf{a}$ 與 $\mathbf{b}$ 有相同始點，則它們決定了底為 $|\mathbf{a}|$，高為 $|\mathbf{b}| \sin \theta$，而面積為 $A = |\mathbf{a}|(|\mathbf{b}| \sin \theta) = |\mathbf{a} \times \mathbf{b}|$ 的平行四邊形 (圖 12-15). 換句話說，$\mathbf{a} \times \mathbf{b}$ 的長度在數值上等於由 $\mathbf{a}$ 與 $\mathbf{b}$ 所決定平行四邊形的面積.

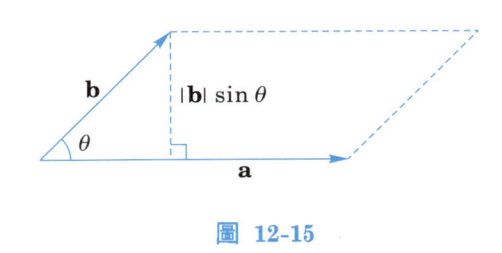

圖 12-15

【例題 1】 利用 (12-6) 式

求兩向量 $\mathbf{a} = <2, 3, -6>$ 與 $\mathbf{b} = <2, 3, 6>$ 間之夾角的正弦值.

【解】
$$\mathbf{a} \times \mathbf{b} = \begin{vmatrix} \mathbf{i} & \mathbf{j} & \mathbf{k} \\ 2 & 3 & -6 \\ 2 & 3 & 6 \end{vmatrix} = 36\mathbf{i} - 24\mathbf{j}$$

可得 $|\mathbf{a} \times \mathbf{b}| = \sqrt{(36)^2 + (-24)^2} = 12\sqrt{13}$

因 $|\mathbf{a} \times \mathbf{b}| = |\mathbf{a}||\mathbf{b}| \sin \theta$

故 $\sin \theta = \dfrac{|\mathbf{a} \times \mathbf{b}|}{|\mathbf{a}||\mathbf{b}|} = \dfrac{12\sqrt{13}}{\sqrt{2^2 + 3^2 + (-6)^2}\sqrt{2^2 + 3^2 + 6^2}} = \dfrac{12\sqrt{13}}{49}$.

【例題 2】 利用 (12-6) 式

求頂點為 $A(2, 3, 4)$、$B(-1, 3, 2)$、$C(1, -4, 3)$ 與 $D(4, -4, 5)$ 之平行四邊形的面積.

【解】 此平行四邊形是以 $\overrightarrow{AB}$ 與 $\overrightarrow{AD}$ 為相鄰兩邊 (為什麼 $\overrightarrow{AB}$ 與 $\overrightarrow{AC}$ 不是?)

而 $\overrightarrow{AB} = (-1-2)\mathbf{i} + (3-3)\mathbf{j} + (2-4)\mathbf{k} = -3\mathbf{i} - 2\mathbf{k}$

$\overrightarrow{AD} = (4-2)\mathbf{i} + (-4-3)\mathbf{j} + (5-4)\mathbf{k} = 2\mathbf{i} - 7\mathbf{j} + \mathbf{k}$

所以，$\overrightarrow{AB} \times \overrightarrow{AD} = \begin{vmatrix} \mathbf{i} & \mathbf{j} & \mathbf{k} \\ -3 & 0 & -2 \\ 2 & -7 & 1 \end{vmatrix} = -14\mathbf{i} - \mathbf{j} + 21\mathbf{k}$

因此，平行四邊形的面積為

$$|\overrightarrow{AB} \times \overrightarrow{AD}| = \sqrt{(-14)^2 + (-1)^2 + (21)^2} = \sqrt{638}.$$

【例題 3】 利用 (12-6) 式

求點 R 到直線 L 的最短距離 d 的公式.

【解】 如圖 12-16 所示，令 P 及 Q 為 L 上的點，且令 θ 為 $\overrightarrow{PQ}$ 及 $\overrightarrow{PR}$ 之間的夾角.

因 $d = |\overrightarrow{PR}| \sin \theta$,

且 $|\overrightarrow{PQ} \times \overrightarrow{PR}| = |\overrightarrow{PQ}||\overrightarrow{PR}| \sin \theta$,

故 $d = \dfrac{1}{|\overrightarrow{PQ}|} |\overrightarrow{PQ} \times \overrightarrow{PR}|$.

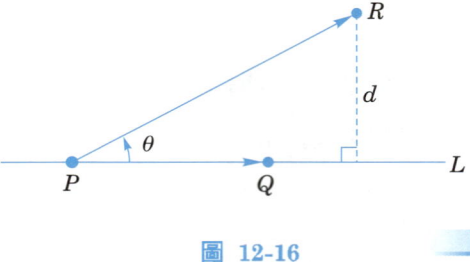

圖 12-16

【例題 4】 利用純量投影

設空間中有一平面經過三點 $A(2, 4, 1)$、$B(-1, 0, 1)$ 與 $C(-1, 4, 2)$，求點 $P(1, -2, 1)$ 到此平面的最短距離.

【解】 如圖 12-17 所示，設 D 為 P 在此平面上的垂足，E 為 P 在 $\overrightarrow{AB} \times \overrightarrow{AC}$ 上的垂足，則

$$|PD| = |AE| = |\overrightarrow{AP}| \cos \theta$$

但 $(\overrightarrow{AB} \times \overrightarrow{AC}) \cdot \overrightarrow{AP}$
$= |\overrightarrow{AB} \times \overrightarrow{AC}||\overrightarrow{AP}| \cos \theta$

即 $|\overrightarrow{AP}| \cos \theta = \dfrac{(\overrightarrow{AB} \times \overrightarrow{AC}) \cdot \overrightarrow{AP}}{|\overrightarrow{AB} \times \overrightarrow{AC}|}$

故 $|PD| = \dfrac{(\overrightarrow{AB} \times \overrightarrow{AC}) \cdot \overrightarrow{AP}}{|\overrightarrow{AB} \times \overrightarrow{AC}|}$

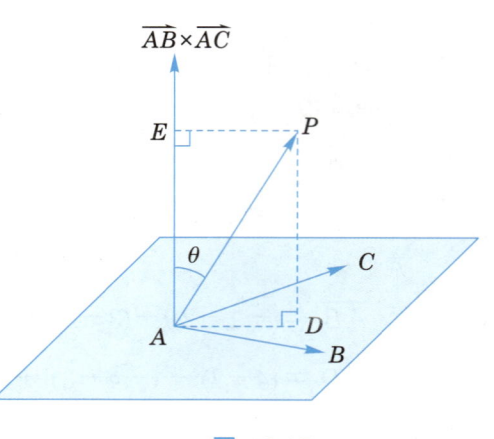

圖 12-17

現在 $\overrightarrow{AB} = (-1, 0, 1) - (2, 4, 1) = \langle -3, -4, 0 \rangle$

$\overrightarrow{AC} = (-1, 4, 2) - (2, 4, 1) = \langle -3, 0, 1 \rangle$

$\overrightarrow{AP} = (1, -2, 1) - (2, 4, 1) = \langle -1, -6, 0 \rangle$

而 $\overrightarrow{AB} \times \overrightarrow{AC} = \begin{vmatrix} \mathbf{i} & \mathbf{j} & \mathbf{k} \\ -3 & -4 & 0 \\ -3 & 0 & 1 \end{vmatrix} = -4\mathbf{i} + 3\mathbf{j} - 12\mathbf{k}$

$$|\overrightarrow{AB} \times \overrightarrow{AC}| = \sqrt{(-4)^2 + 3^2 + (-12)^2} = 13$$

所以，

$$|PD| = \frac{<-4, 3, -12> \cdot <-1, -6, 0>}{13} = \frac{4-18}{13} = -\frac{14}{13}.$$

其中負號表示 P 點位於圖 12-17 所示平面的下方．因此，P 到此平面的最短距離為 $\frac{14}{13}$．讀者應特別注意，例題 4 中的 A、B、C 三點不在同一直線上．如果 A、B、C 在同一直線上，則 $\overrightarrow{AB} \times \overrightarrow{AC} = \mathbf{0}$（何故？）．所以，當 $\overrightarrow{AB} \times \overrightarrow{AC} = \mathbf{0}$ 時，並不表示 P 到平面的距離為 0，而是其距離無法確定．

定理 12.10

若 $\mathbf{a}$、$\mathbf{b}$ 與 $\mathbf{c}$ 為三維空間 $I\!R^3$ 中的向量，且 k 為純量，則
(1) $\mathbf{a} \times \mathbf{b} = -(\mathbf{b} \times \mathbf{a})$
(2) $\mathbf{a} \times (\mathbf{b} + \mathbf{c}) = \mathbf{a} \times \mathbf{b} + \mathbf{a} \times \mathbf{c}$
(3) $(\mathbf{a} + \mathbf{b}) \times \mathbf{c} = \mathbf{a} \times \mathbf{c} + \mathbf{b} \times \mathbf{c}$
(4) $k(\mathbf{a} \times \mathbf{b}) = (k\mathbf{a}) \times \mathbf{b} = \mathbf{a} \times (k\mathbf{b})$
(5) $\mathbf{a} \times \mathbf{0} = \mathbf{0} \times \mathbf{a} = \mathbf{0}$
(6) $\mathbf{a} \times \mathbf{a} = \mathbf{0}.$

單位向量 $\mathbf{i}$、$\mathbf{j}$ 與 $\mathbf{k}$ 的叉積特別重要，例如，

$$\mathbf{i} \times \mathbf{j} = \begin{vmatrix} \mathbf{i} & \mathbf{j} & \mathbf{k} \\ 1 & 0 & 0 \\ 0 & 1 & 0 \end{vmatrix} = \begin{vmatrix} 0 & 0 \\ 1 & 0 \end{vmatrix}\mathbf{i} - \begin{vmatrix} 1 & 0 \\ 0 & 0 \end{vmatrix}\mathbf{j} + \begin{vmatrix} 1 & 0 \\ 0 & 1 \end{vmatrix}\mathbf{k} = \mathbf{k}$$

同理，讀者應該很容易求得下列的結果：

$$\mathbf{i} \times \mathbf{j} = \mathbf{k} \qquad \mathbf{j} \times \mathbf{k} = \mathbf{i} \qquad \mathbf{k} \times \mathbf{i} = \mathbf{j}$$

$$j \times i = -k \qquad k \times j = -i \qquad i \times k = -j$$
$$i \times i = 0 \qquad j \times j = 0 \qquad k \times k = 0$$

注意：一般 $a \times (b \times c) \neq (a \times b) \times c$. 例如

$$i \times (j \times j) = i \times 0 = 0$$

而
$$(i \times j) \times j = k \times j = -i$$
故
$$i \times (j \times j) \neq (i \times j) \times j.$$

定義 12.5

若 a、b 與 c 為三維空間 $\mathbb{R}^3$ 中的非零向量，則

$$a \cdot (b \times c)$$

稱為 a、b 與 c 的**純量三重積**.

關於 $a = <a_1, a_2, a_3>$，$b = <b_1, b_2, b_3>$，$c = <c_1, c_2, c_3>$ 的純量三重積可由下列的公式計算.

$$a \cdot (b \times c) = \begin{vmatrix} a_1 & a_2 & a_3 \\ b_1 & b_2 & b_3 \\ c_1 & c_2 & c_3 \end{vmatrix} \tag{12-7}$$

上式是藉由 (12-5) 式求得，因為

$$a \cdot (b \times c) = a \cdot \left(\begin{vmatrix} b_2 & b_3 \\ c_2 & c_3 \end{vmatrix} i - \begin{vmatrix} b_1 & b_3 \\ c_1 & c_3 \end{vmatrix} j + \begin{vmatrix} b_1 & b_2 \\ c_1 & c_2 \end{vmatrix} k \right)$$

$$= \begin{vmatrix} b_2 & b_3 \\ c_2 & c_3 \end{vmatrix} a_1 - \begin{vmatrix} b_1 & b_3 \\ c_1 & c_3 \end{vmatrix} a_2 + \begin{vmatrix} b_1 & b_2 \\ c_1 & c_2 \end{vmatrix} a_3$$

$$= \begin{vmatrix} a_1 & a_2 & a_3 \\ b_1 & b_2 & b_3 \\ c_1 & c_2 & c_3 \end{vmatrix}$$

【例題 5】 利用 (12-7) 式

計算 $a = 3i - 2j - 5k$，$b = i + 4j - 4k$，$c = 3j + 2k$ 的純量三重積.

【解】
$$\mathbf{a}\cdot(\mathbf{b}\times\mathbf{c})=\begin{vmatrix} 3 & -2 & -5 \\ 1 & 4 & -4 \\ 0 & 3 & 2 \end{vmatrix}=3\begin{vmatrix} 4 & -4 \\ 3 & 2 \end{vmatrix}-(-2)\begin{vmatrix} 1 & -4 \\ 0 & 2 \end{vmatrix}+(-5)\begin{vmatrix} 1 & 4 \\ 0 & 3 \end{vmatrix}$$

$$=60+4-15=49.$$

利用 **a**、**b** 與 **c** 的純量三重積，可求出以 **a**、**b** 與 **c** 為三鄰邊的平行六面體的體積。由圖 12-18 所示，平行六面體的底面積為 $A=|\mathbf{b}\times\mathbf{c}|$，高為

$$h=\text{comp}_{\mathbf{b}\times\mathbf{c}}\mathbf{a}=\frac{|\mathbf{a}\cdot(\mathbf{b}\times\mathbf{c})|}{|\mathbf{b}\times\mathbf{c}|}$$

故平行六面體的體積 V 為

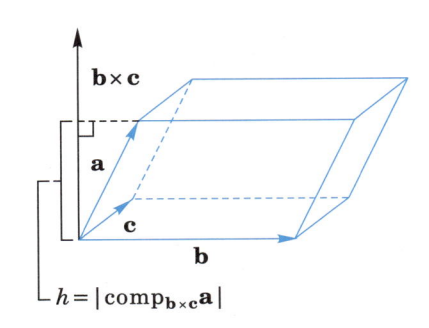

圖 12-18

$$V=(\text{底面積})\times\text{高}=|\mathbf{b}\times\mathbf{c}|\frac{|\mathbf{a}\cdot(\mathbf{b}\times\mathbf{c})|}{|\mathbf{b}\times\mathbf{c}|}=|\mathbf{a}\cdot(\mathbf{b}\times\mathbf{c})| \tag{12-8}$$

由 (12-8) 式，得知 $\mathbf{a}\cdot(\mathbf{b}\times\mathbf{c})=\pm V$，其中 + 或 − 取決於 **a** 與 **b**×**c** 所成的夾角為銳角或鈍角。

【例題 6】 利用 (12-8) 式

已知四點 $A(2, 1, -1)$、$B(3, 0, 2)$、$C(4, -2, 1)$ 及 $D(5, -3, 0)$ 求以 $\overrightarrow{AB}$、$\overrightarrow{AC}$ 及 $\overrightarrow{AD}$ 為三鄰邊的平行六面體的體積。

【解】 令 $\mathbf{a}=\overrightarrow{AB}=<3-2, 0-1, 2-(-1)>=<1, -1, 3>$
$\mathbf{b}=\overrightarrow{AC}=<4-2, -2-1, 1-(-1)>=<2, -3, 2>$
$\mathbf{c}=\overrightarrow{AD}=<5-2, -3-1, 0-(-1)>=<3, -4, 1>$

因 $\mathbf{a}\cdot(\mathbf{b}\times\mathbf{c})=\begin{vmatrix} 1 & -1 & 3 \\ 2 & -3 & 2 \\ 3 & -4 & 1 \end{vmatrix}=(1)(-3+8)-(-1)(2-6)+3(-8+9)=4$

故所求體積為 $|\mathbf{a}\cdot(\mathbf{b}\times\mathbf{c})|=|4|=4.$

定理 12.11

若三向量 $\mathbf{a}=<a_1, a_2, a_3>$，$\mathbf{b}=<b_1, b_2, b_3>$ 與 $\mathbf{c}=<c_1, c_2, c_3>$ 具有共同的始點，則此三向量共平面的充要條件為

$$\mathbf{a} \cdot (\mathbf{b} \times \mathbf{c}) = \begin{vmatrix} a_1 & a_2 & a_3 \\ b_1 & b_2 & b_3 \\ c_1 & c_2 & c_3 \end{vmatrix} = 0 \tag{12-9}$$

【例題 7】

試證三維空間 $\mathbb{R}^3$ 中四點 $A(1, 0, 1)$、$B(2, 2, 4)$、$C(5, 5, 7)$ 與 $D(8, 8, 10)$ 共平面。

【解】 我們考慮以 $\overrightarrow{AB}$、$\overrightarrow{AC}$、$\overrightarrow{AD}$ 為三鄰邊的平行六面體，若證得其體積為 0，則 $\overrightarrow{AB}$、$\overrightarrow{AC}$ 與 $\overrightarrow{AD}$ 共平面，故 A、B、C 與 D 在同一平面上，即共平面。

令 $\mathbf{a} = \overrightarrow{AB} = <2-1, 2-0, 4-1> = <1, 2, 3>$
$\mathbf{b} = \overrightarrow{AC} = <5-1, 5-0, 7-1> = <4, 5, 6>$
$\mathbf{c} = \overrightarrow{AD} = <8-1, 8-0, 10-1> = <7, 8, 9>$

$$\mathbf{a} \cdot (\mathbf{b} \times \mathbf{c}) = \begin{vmatrix} 1 & 2 & 3 \\ 4 & 5 & 6 \\ 7 & 8 & 9 \end{vmatrix} = 1(45-48) - 2(36-42) + 3(32-35)$$

$$= 45 - 48 - 2(-6) + 3(-3) = 0$$

所以，A、B、C 與 D 共平面。

習題 12.4

1. 令 $\mathbf{u}=<3, 2, -1>$、$\mathbf{v}=<0, 2, -3>$、$\mathbf{w}=<2, 6, 7>$，求
   (1) $\mathbf{u} \times (\mathbf{v} - 2\mathbf{w})$　　(2) $\mathbf{u} \times (\mathbf{v} \times \mathbf{w})$

2. 求兩個單位向量使它們同時垂直於 $\mathbf{v}_1 = 3\mathbf{i} + 4\mathbf{j} - 2\mathbf{k}$ 與 $\mathbf{v}_2 = -3\mathbf{i} + 4\mathbf{j} + \mathbf{k}$。

3. 若 θ 是 $\mathbf{a}$ 與 $\mathbf{b}$ 之間的夾角，試證：$\tan \theta = \dfrac{|\mathbf{a} \times \mathbf{b}|}{\mathbf{a} \cdot \mathbf{b}}$，此處 $\mathbf{a} \cdot \mathbf{b} \neq 0$。

4. 求以 $\mathbf{u} = -2\mathbf{i} + \mathbf{j} + 4\mathbf{k}$ 與 $\mathbf{v} = 4\mathbf{i} - 2\mathbf{j} - 5\mathbf{k}$ 為鄰邊之平行四邊形的面積。

5. 求由三點 $P(2, 6, -1)$、$Q(1, 1, 1)$ 與 $R(4, 6, 2)$ 為頂點的三角形的面積。
6. (1) 計算三頂點為 $P(1, 0, 1)$、$Q(0, 2, 3)$ 及 $R(2, 1, 0)$ 的三角形的面積。
   (2) 利用 (1) 的結果計算 $\overline{PQ}$ 上的高。
7. 求點 $C(2, 1, -2)$ 到通過兩點 $A(3, -4, 1)$ 及 $B(-1, 2, 5)$ 之直線的最短距離。
8. 求出以 $\mathbf{u}=<2, -6, 2>$、$\mathbf{v}=<0, 4, -2>$ 與 $\mathbf{w}=<2, 2, -4>$ 為三鄰邊的平行六面體的體積。
9. 試判斷 $\mathbf{u}$、$\mathbf{v}$ 與 $\mathbf{w}$ 是否共平面？
   (1) $\mathbf{u}=<-1, -2, 1>$，$\mathbf{v}=<3, 0, -2>$，$\mathbf{w}=<5, -4, 0>$
   (2) $\mathbf{u}=<5, -2, 1>$，$\mathbf{v}=<4, -1, 1>$，$\mathbf{w}=<1, -1, 0>$
10. 試證：$(\mathbf{u}\times\mathbf{v})\cdot\mathbf{w}=\mathbf{u}\cdot(\mathbf{v}\times\mathbf{w})$。
11. 試證：$|\mathbf{u}\times\mathbf{v}|^2+(\mathbf{u}\cdot\mathbf{v})^2=|\mathbf{u}|^2|\mathbf{v}|^2$。

12-5 直線與平面

在三維空間 R^3 中任何兩相異點可決定一條直線。令 $\mathbf{v}=<a, b, c>$ 為三維空間 R^3 中的非零向量，且 $P_0(x_0, y_0, z_0)$ 為一已知點，若點 $P(x, y, z)$ 位於已通過 P_0 的直線 L 上且 $\overrightarrow{P_0P}$ 與 $\mathbf{v}$ 平行，如圖 12-19 所示，則我們必有下面的關係：

$$\overrightarrow{P_0P}=t\mathbf{v}, \ t\in I\!R \tag{12-10}$$

但 $\overrightarrow{P_0P}=<x-x_0, y-y_0, z-z_0>$，且 $t\mathbf{v}=<ta, tb, tc>$，所以，

$$x-x_0=ta, \ y-y_0=tb, \ z-z_0=tc \tag{12-11}$$

或

$$x=x_0+at, \ y=y_0+bt, \ z=z_0+ct$$

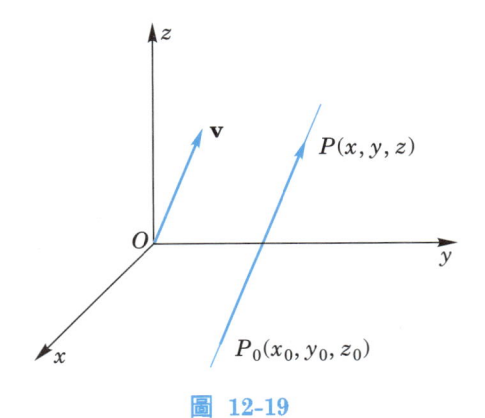

圖 12-19

(12-10) 式稱為三維空間 $I\!R^3$ 中直線 L 的**向量方程式**，(12-11) 式稱為直線 L 的**參數方程式**. 由 (12-11) 式中消去參數 t，可得

$$\frac{x-x_0}{a}=\frac{y-y_0}{b}=\frac{z-z_0}{c} \tag{12-12}$$

(12-12) 式稱為直線 L 的**對稱方程式**.

【例題 1】 利用 (12-11) 式

　　　　求通過點 $(2, -1, 8)$ 與 $(5, 6, -3)$ 之直線的參數方程式.

【解】　因 $\mathbf{v}=<2-5, (-1)-6, 8-(-3)>=<-3, -7, 11>$ 的方向為直線的方向，故直線的參數方程式為

$$x=2-3t, \quad y=-1-7t, \quad z=8+11t$$

直線的另一參數方程式可寫成

$$x=5+3t, \quad y=6+7t, \quad z=-3-11t.$$

【例題 2】 利用 (12-12) 式

　　　　求包含點 $P_1(3, -2, 1)$ 與 $P_2(1, -5, 2)$ 之直線 L 的對稱方程式.

【解】　我們必須求一向量 $\mathbf{v}$ 平行於 L. 因 P_1 與 P_2 為位於 L 上的相異點，故 $\overrightarrow{P_1P_2}$ 可用來視作 $\mathbf{v}$. 所以，$\mathbf{v}=-2\mathbf{i}-3\mathbf{j}+\mathbf{k}$. 如果我們用 P_1 的坐標代入 (12-12) 式中，可得對稱方程式

$$\frac{x-3}{-2}=\frac{y+2}{-3}=\frac{z-1}{1}$$

如果我們用 $P_2=(1, -5, 2)$ 代替 P_1，則得另外一組對稱方程式

$$\frac{x-1}{-2}=\frac{y+5}{-3}=\frac{z-2}{1}$$

以上任一式皆為正確.

【例題 3】 利用 (12-12) 式

　　　　求通過點 $(1, -1, 2)$ 且平行於 $5\mathbf{i}-2\mathbf{j}+3\mathbf{k}$ 之直線的對稱方程式.

【解】 於 (12-12) 式中，令 $a=5$, $b=-2$, $c=3$, $x_0=1$, $y_0=-1$, $z_0=2$，可得對稱方程式

$$\frac{x-1}{5}=\frac{y+1}{-2}=\frac{z-2}{3}$$

有關直線的對稱方程式並非唯一。例如，由於向量 $-10\mathbf{i}+4\mathbf{j}-6\mathbf{k}$ 平行於 $5\mathbf{i}-2\mathbf{j}+3\mathbf{k}$，我們可將上式的對稱方程式寫成

$$\frac{x-1}{-10}=\frac{y+1}{4}=\frac{z-2}{-6}.$$

【例題 4】 利用 (12-12) 式

求通過點 $(5, -2, 3)$ 且平行於 $3\mathbf{j}-2\mathbf{k}$ 之直線的對稱方程式。

【解】 因 $a=0$, $b=3$, $c=-2$，故直線的對稱方程式為

$$x=5, \quad \frac{y+2}{3}=\frac{z-3}{-2}.$$

在三維空間 $\mathbb{R}^3$ 中，我們知道通過一已知點 $P_1(x_1, y_1, z_1)$ 有無數個平面，如圖 12-20 所示。

又如圖 12-21 所示，若一點 $P_1(x_1, y_1, z_1)$ 與一向量 $\mathbf{n}$ 已確定，則僅能決定一平面 Γ，它包含 P_1 且具有一非零之法向量 $\mathbf{n}$，此處 $\mathbf{n}$ 垂直於平面 Γ。

令 $P(x, y, z)$ 為平面上任意點，且點 P_1 與 P 的位置向量分別表為 $\mathbf{r}_1$ 與 $\mathbf{r}$。利用兩非零向量垂直的充要條件得知 P 在 Γ 上，若且唯若 $(\mathbf{r}-\mathbf{r}_1)\cdot\mathbf{n}=0$。因此，包

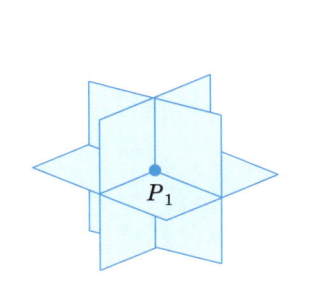

圖 12-20

圖 12-21

含點 P_1 且垂直於向量 **n** 之平面的向量方程式為

$$(\mathbf{r}-\mathbf{r}_1) \cdot \mathbf{n} = 0 \tag{12-13}$$

若向量 $\mathbf{n}=a\mathbf{i}+b\mathbf{j}+c\mathbf{k}$，則

$$[(x-x_1)\mathbf{i}+(y-y_1)\mathbf{j}+(z-z_1)\mathbf{k}] \cdot (a\mathbf{i}+b\mathbf{j}+c\mathbf{k}) = 0$$

故

$$a(x-x_1)+b(y-y_1)+c(z-z_1)=0 \tag{12-14}$$

或

$$ax+by+cz=d \tag{12-15}$$

此處

$$d=ax_1+by_1+cz_1$$

(12-15) 式稱為平面的**一般方程式**。讀者應注意平面之一般方程式中的 x、y 與 z 的係數為法向量 **n** 的分量。反之，任何形如 $ax+by+cz=d$ 的方程式 ($a^2+b^2+c^2 \neq 0$) 為平面的方程式且向量 $a\mathbf{i}+b\mathbf{j}+c\mathbf{k}$ 垂直於此平面。

【例題 5】 利用 (12-14) 式

求通過三點 $A(1, -1, 2)$、$B(3, 0, 0)$ 與 $C(4, 2, 1)$ 之平面的方程式。

【解】 兩向量 $\overrightarrow{AB}=2\mathbf{i}+\mathbf{j}-2\mathbf{k}$ 與 $\overrightarrow{AC}=3\mathbf{i}+3\mathbf{j}-\mathbf{k}$ 應在所求的平面上，因而

$$\mathbf{n}=\overrightarrow{AB} \times \overrightarrow{AC} = \begin{vmatrix} \mathbf{i} & \mathbf{j} & \mathbf{k} \\ 2 & 1 & -2 \\ 3 & 3 & -1 \end{vmatrix} = 5\mathbf{i}-4\mathbf{j}+3\mathbf{k}$$

又它同時垂直於 $\overrightarrow{AB}$ 與 $\overrightarrow{AC}$，故可視其為法線上的一個向量，利用此向量及點 A，可得平面方程式

$$5(x-1)-4(y+1)+3(z-2)=0$$

或

$$5x-4y+3z=15.$$

【例題 6】 利用 (12-14) 式

求通過點 $(-2, 1, 5)$ 且同時垂直於兩平面 $4x-2y+2z=-1$ 與 $3x+3y-6z=5$ 之平面的方程式。

【解】 因所求平面垂直於 $4x-2y+2z=-1$ 與 $3x+3y-6z=5$，故所求平面的法向量 **n** 垂直於 $\mathbf{n}_1=<4, -2, 2>$ 與 $\mathbf{n}_2=<3, 3, -6>$。

$$\mathbf{n} = \begin{vmatrix} \mathbf{i} & \mathbf{j} & \mathbf{k} \\ 4 & -2 & 2 \\ 3 & 3 & -6 \end{vmatrix} = 6\mathbf{i} + 30\mathbf{j} + 18\mathbf{k}$$

故所求平面的方程式為 $6(x+2)+30(y-1)+18(z-5)=0$，
即 $x+5y+3z=18$.

【例題 7】 利用 (12-14) 式

求包含點 $(1, -1, 2)$ 與直線 $x=t, y=1+t, z=-3+2t$ 之平面的方程式.

【解】 令點 P 的坐標為 $(1, -1, 2)$，當 $t=0$ 時，$Q=(0, 1, -3)$ 位於直線上，又當 $t=1$ 時，$Q'=(1, 2, -1)$ 亦位於直線上，令 $\mathbf{V}=\overrightarrow{QQ'}=<1, 1, 2>$，又 $\overrightarrow{QP}=<1, -2, 5>$，故平面的法向量為

$$\mathbf{n} = \mathbf{V} \times \overrightarrow{PQ} = \begin{vmatrix} \mathbf{i} & \mathbf{j} & \mathbf{k} \\ 1 & 1 & 2 \\ 1 & -2 & 5 \end{vmatrix} = 9\mathbf{i} - 3\mathbf{j} - 3\mathbf{k}$$

所求平面的方程式為 $9(x-1)-3(y+1)-3(z-2)=0$，
即 $3x-y-z=2$.

習題 12.5

1. 求通過點 $P(3, -1, 2)$ 且平行於 $\mathbf{v}=<2, 1, 3>$ 之直線的參數方程式.
2. 求通過點 $P(1, -1, 2)$ 且平行於 $5\mathbf{i}-2\mathbf{j}+3\mathbf{k}$ 之直線的對稱方程式.
3. 求通過點 $P(4, 0, 6)$ 且垂直於平面 $x-5y+2z=10$ 之直線的對稱方程式.
4. 試判斷直線 $\dfrac{x+5}{-4}=\dfrac{y-1}{-1}=\dfrac{z-3}{2}$ 與平面 $x+2y+3z=9$ 是否平行？
5. 求直線 $\dfrac{x-9}{-5}=\dfrac{y+1}{-1}=\dfrac{z-3}{1}$ 與平面 $2x-3y+4z+7=0$ 的交點.
6. 求通過點 $P(-11, 4, -2)$ 且法向量為 $6\mathbf{i}-5\mathbf{j}-\mathbf{k}$ 之平面的方程式.
7. 求包含直線 $x=-1+3t, y=5+2t, z=2-t$ 且垂直於平面 $2x-4y+2z=9$ 之平面的方程式.
8. 求兩平面 $2x+y-2z=5$ 與 $3x-6y-2z=7$ 之間的夾角.
9. 試證：點 $P_0(x_0, y_0, z_0)$ 到平面 $ax+by+cz+d=0$ 的最短距離為

$$D = \frac{|ax_0 + by_0 + cz_0 + d|}{\sqrt{a^2 + b^2 + c^2}}.$$

10. 求點 $P(2, -3, 4)$ 到平面 $x + 2y + 2z = 13$ 的最短距離.

12-6 二次曲面

在三維空間中，含 x、y 與 z 的二次方程式

$$Ax^2 + By^2 + Cz^2 + Dxy + Exz + Fyz + Gx + Hy + Iz + J = 0 \qquad (12\text{-}16)$$

(其中，A、B 及 C 不全為零) 所表示的曲面稱為 **二次曲面**，在本節中我們將研究二次曲面的標準式.

1. 橢球面

$$\frac{x^2}{a^2} + \frac{y^2}{b^2} + \frac{z^2}{c^2} = 1 \qquad (12\text{-}17)$$

其中 a、b 與 c 皆為正數. 此曲面在三坐標平面上的軌跡皆為橢圓. 例如，我們在 (12-17) 式中令 $z = 0$，可得在 xy-平面上的軌跡為橢圓 $\frac{x^2}{a^2} + \frac{y^2}{b^2} = 1$. 同理，可得在 xy-平面與 yz-平面上的軌跡也為橢圓，圖形如圖 12-22 所示.

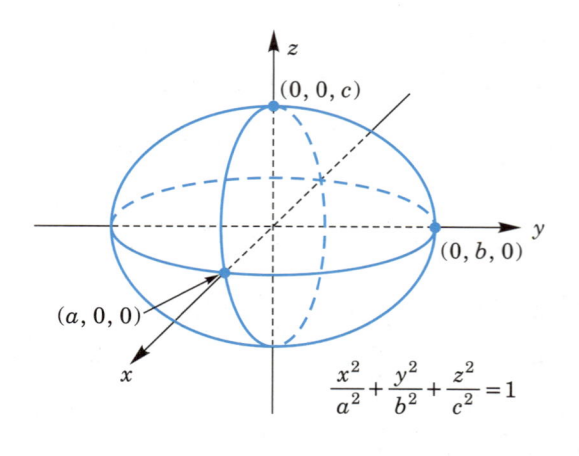

圖 12-22

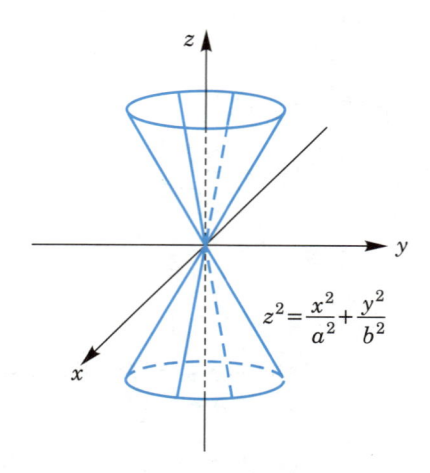

圖 12-23

2. 橢圓錐面

$$z^2 = \frac{x^2}{a^2} + \frac{y^2}{b^2} \tag{12-18}$$

此曲面在 xy-平面上的軌跡為原點，在 yz-平面上的軌跡為一對相交直線 $z = \pm \frac{y}{b}$，在 xz-平面上的軌跡為一對相交直線 $z = \pm \frac{x}{a}$，在平行於 xy-平面之平面上的軌跡皆為橢圓。(何故？)(12-18) 式的圖形如圖 12-23 所示。

3. 橢圓拋物面

$$z = \frac{x^2}{a^2} + \frac{y^2}{b^2} \tag{12-19}$$

此曲面在 xy-平面上的軌跡為原點，在 yz-平面上的軌跡為拋物線 $z = \frac{y^2}{b^2}$，在 xz-平面上的軌跡為 $z = \frac{x^2}{a^2}$，在平行於 xy-平面之平面上的軌跡皆為橢圓，在平行於其他坐標平面之平面上的軌跡皆為拋物線。又因 $z \geq 0$，故曲面位於 xy-平面的上方，圖形如圖 12-24 所示。

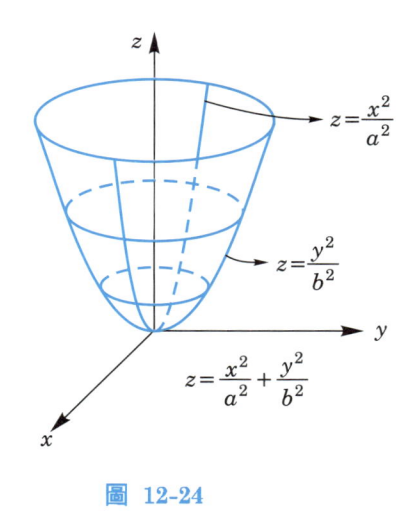

圖 12-24

圖 12-25

4. 雙曲拋物面

$$z = \frac{y^2}{b^2} - \frac{x^2}{a^2} \tag{12-20}$$

此曲面在 xy-平面上的軌跡為一對交於原點的直線 $\dfrac{y}{b}=\pm\dfrac{x}{a}$，在 yz-平面上的軌跡為拋物線 $z=\dfrac{y^2}{b^2}$，在 xz-平面上的軌跡為開口向下的拋物線 $z=-\dfrac{x^2}{a^2}$，在平行於 xy-平面之平面上的軌跡為雙曲線，在平行於其他坐標平面之平面上的軌跡為拋物線。讀者應注意，原點為此曲面在 yz-平面上之軌跡的最低點且為在 xz-平面上之軌跡的最高點，此點稱為曲面的鞍點。圖形如圖 12-25 所示。

5. 單葉雙曲面

$$\dfrac{x^2}{a^2}+\dfrac{y^2}{b^2}-\dfrac{z^2}{c^2}=1 \tag{12-21}$$

此曲面在 xy-平面上的軌跡為橢圓 $\dfrac{x^2}{a^2}+\dfrac{y^2}{b^2}=1$，在 yz-平面上的軌跡為雙曲線 $\dfrac{y^2}{b^2}-\dfrac{z^2}{c^2}=1$，在 xz-平面上的軌跡為雙曲線 $\dfrac{x^2}{a^2}-\dfrac{z^2}{c^2}=1$，在平行於 xy-平面之平面上的軌跡為橢圓，在平行於其他坐標平面之平面上的軌跡為雙曲線。圖形如圖 12-26 所示。

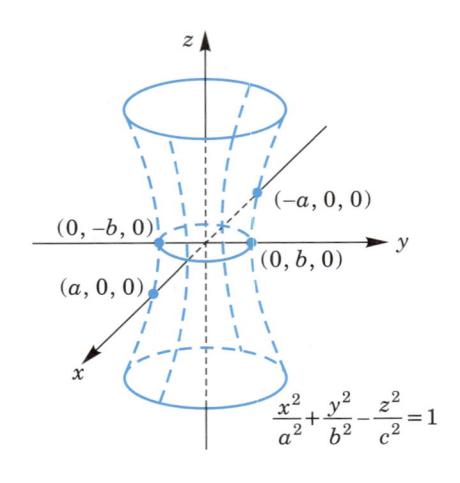

圖 12-26

單葉雙曲面的方程式尚有下面兩種形式：

$$\dfrac{x^2}{a^2}-\dfrac{y^2}{b^2}+\dfrac{z^2}{c^2}=1 \quad 與 \quad \dfrac{x^2}{a^2}-\dfrac{y^2}{b^2}-\dfrac{z^2}{c^2}=-1 \tag{12-22}$$

6. 雙葉雙曲面

$$\frac{x^2}{a^2}+\frac{y^2}{b^2}-\frac{z^2}{c^2}=-1 \tag{12-23}$$

此曲面在 xy-平面上無軌跡，在 yz-平面上的軌跡為雙曲線 $\frac{z^2}{c^2}-\frac{y^2}{b^2}=1$，在 xz-平面上的軌跡也為雙曲線 $\frac{z^2}{c^2}-\frac{x^2}{a^2}=1$，在平行於 xy-平面之平面上的軌跡為橢圓，在平行於其他坐標平面之平面上的軌跡為雙曲線。讀者應注意此曲面包含兩部分，一部分的曲面位於 $z \geq c$ 上方，而另一部分的曲面位於 $z \leq -c$ 下方。圖形如圖 12-27 所示。另圖形 12-28 所示者，係 $x \geq a$ 或 $x \leq -a$ 所示的曲面。

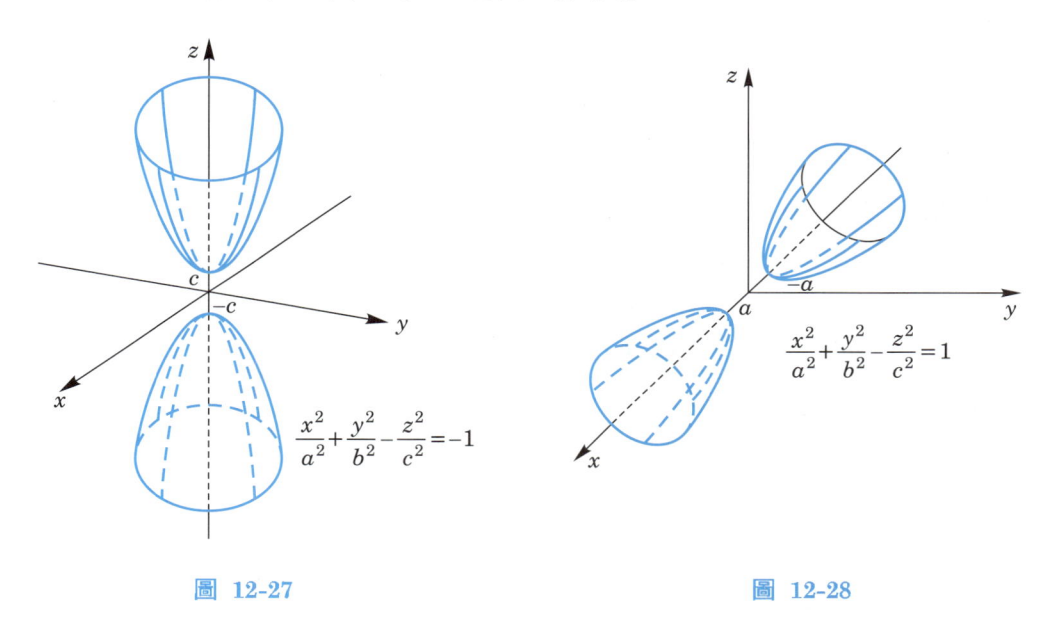

圖 12-27 $\qquad$ 圖 12-28

雙葉雙曲面的方程式尚有下面兩種形式：

$$\frac{x^2}{a^2}-\frac{y^2}{b^2}-\frac{z^2}{c^2}=1 \ \text{與} \ \frac{x^2}{a^2}-\frac{y^2}{b^2}+\frac{z^2}{c^2}=-1 \tag{12-24}$$

另外尚有三種二次曲面，稱為**柱面**。

定義 12.6

若 C 為平面上的曲線且 L 為不在此平面上的直線，則所有交於 C 且平行於 L 之直線上的點之集合稱為**柱面**。

圖 12-29　　　　　　　　　圖 12-30

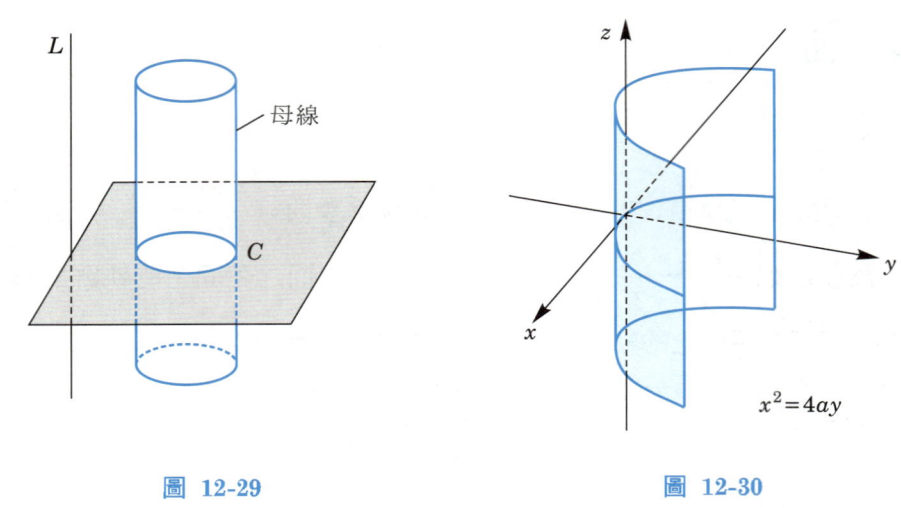

於上述定義中，曲線 C 稱為柱面的**準線**，每一通過 C 且平行於 L 的直線為柱面的**母線**．例如，**正圓柱面**如圖 12-29 所示．

7. 拋物柱面

$$x^2 = 4ay \tag{12-25}$$

此曲面是由平行於 z-軸的直線 L 且沿著拋物線 $x^2=4ay$ 移動所形成者，如圖 12-30 所示．

8. 橢圓柱面

$$\frac{x^2}{a^2}+\frac{y^2}{b^2}=1 \tag{12-26}$$

此曲面是由平行於 z-軸的直線 L 且沿著橢圓 $\frac{x^2}{a^2}+\frac{y^2}{b^2}=1$ 移動所形成者，如圖 12-31 所示．

9. 雙曲柱面

$$\frac{x^2}{a^2}-\frac{y^2}{b^2}=1 \tag{12-27}$$

此曲面是由平行於 z-軸的直線 L 且沿著雙曲線 $\frac{x^2}{a^2}-\frac{y^2}{b^2}=1$ 移動所形成者，如圖 12-32 所示．

第 12 章　三維空間，向量　　**651**

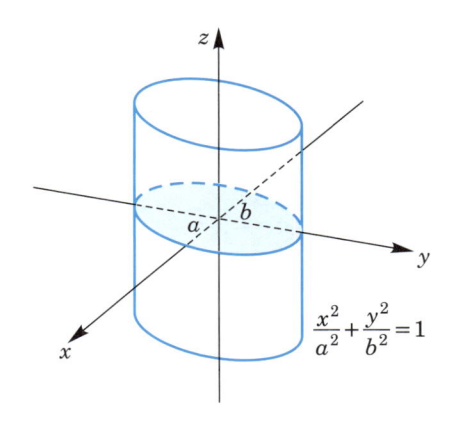

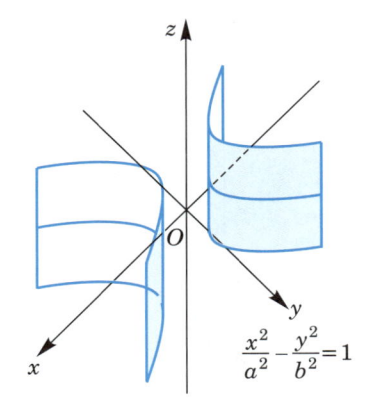

圖 12-31

圖 12-32

習題 12.6

繪出下列各方程式的圖形並確定曲面的類型。

1. $4x^2 + 9y^2 = 36z$
2. $16x^2 + 100y^2 - 25z^2 = 400$
3. $3x^2 - 4y^2 - z^2 = 12$
4. $4x^2 + y^2 = 9z^2$
5. $x^2 - z^2 + y = 0$
6. $y = \cos x$
7. $y = e^x$

12-7　柱面坐標與球面坐標

一、柱面坐標

　　令三維空間中一點 P 的直角坐標為 (x, y, z)，若將 P 點投影到 xy-平面上，其極坐標為 (r, θ)，則 P 點可藉**有序三元組** (r, θ, z) 以決定其位置，(r, θ, z) 稱為 P 的**柱面坐標**，如圖 12-33 所示，此處 $r \geq 0$ 且 $0 \leq \theta \leq 2\pi$。

　　在直角坐標系中，平面

$$x = x_0, \quad y = y_0, \quad z = z_0$$

是三個互相垂直的平面。但是在柱面坐標系中，它們的形式為

$$r = r_0, \quad \theta = \theta_0, \quad z = z_0$$

如圖 12-34 所示，第一個面是半徑 r_0 的圓柱面，其軸為 z-軸；$\theta = \theta_0$ 是掛在 z-軸上

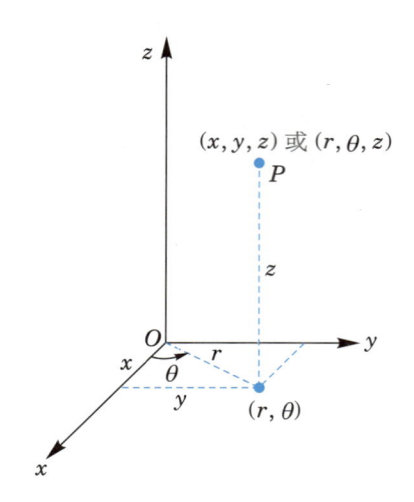

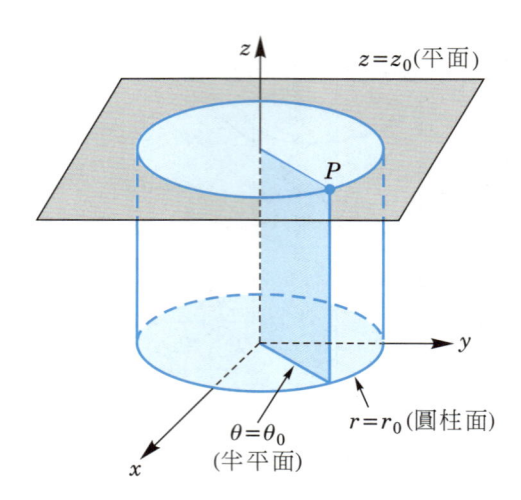

圖 12-33

圖 12-34

的垂直半平面，從 x-軸的正向到此平面的角為 θ_0；$z=z_0$ 是一平面。

我們從圖 12-33 可知，空間一點的柱面坐標 (r, θ, z) 可藉下式轉換成直角坐標 (x, y, z)。

$$x=r\cos\theta,\ y=r\sin\theta,\ z=z \tag{12-28}$$

【例題 1】 利用 (12-28) 式

若一點 P 的柱面坐標為 $\left(6, \dfrac{\pi}{3}, -2\right)$，求該點的直角坐標。

【解】 $x=6\cos\dfrac{\pi}{3}=3,\ y=6\sin\dfrac{\pi}{3}=3\sqrt{3},\ z=-2.$

下表列出在直角坐標系中的一些方程式在柱面坐標系中所對應的方程式。

曲　面	直角坐標	柱面坐標
(1) 半平面	$y=x\tan k$	$\theta=k$
(2) 平面	$z=k$	$z=k$
(3) 圓柱面	$x^2+y^2=a^2$	$r=a$
(4) 球面	$x^2+y^2+z^2=R^2$	$r^2+z^2=R^2$
(5) 圓錐面	$x^2+y^2=a^2z^2$	$r=az$
(6) 圓拋物面	$x^2+y^2=az$	$r^2=az$

每一個方程式的圖形如圖 12-35 所示。

(i)　　　　　(ii)　　　　　(iii)

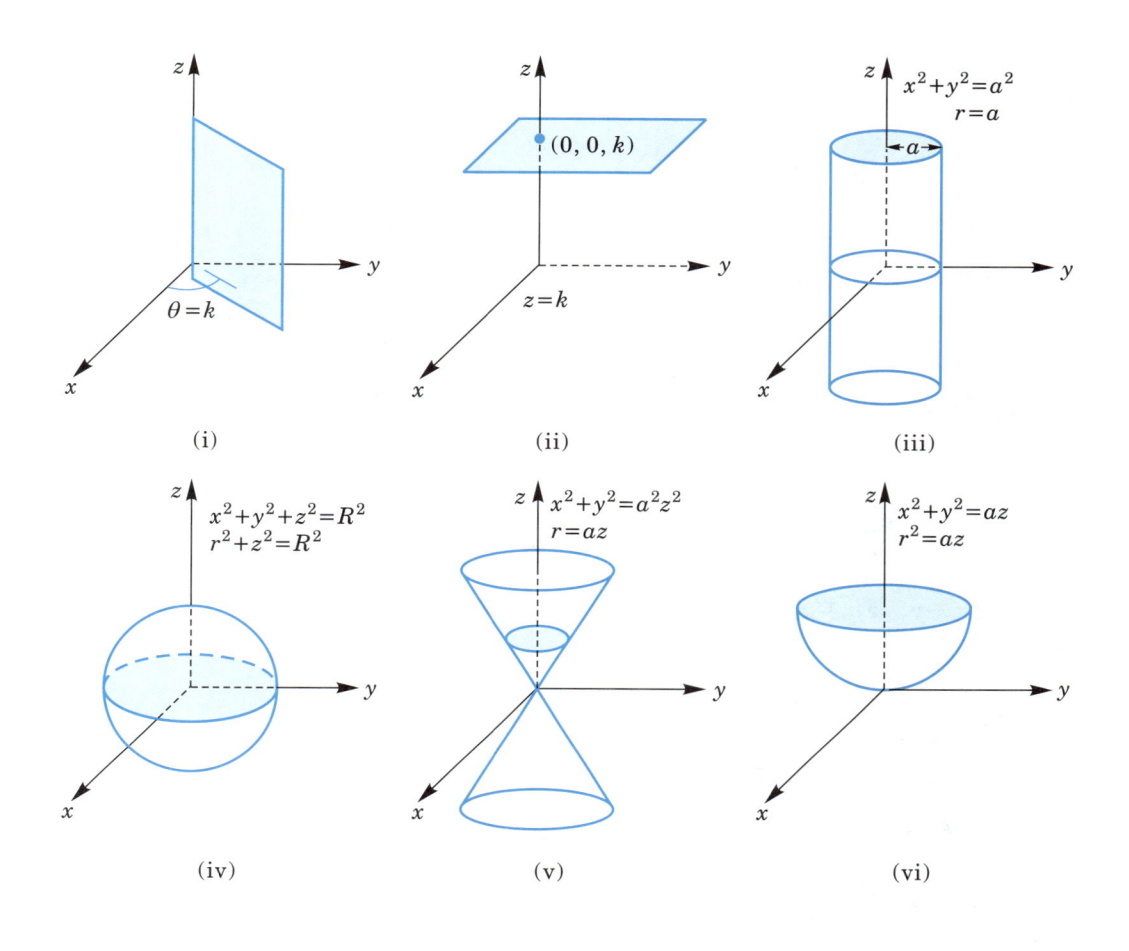

(iv)　　　　　(v)　　　　　(vi)

圖 12-35

空間一點的直角坐標 (x, y, z) 可藉由下式轉換成柱面坐標 (r, θ, z)

$$r^2 = x^2 + y^2, \quad \tan \theta = \frac{y}{x}, \quad z = z \tag{12-29}$$

【例題 2】 利用 (12-29) 式

若一點的直角坐標為 (1，1，1)，求該點的柱面坐標。

【解】　　　　$r^2 = 1^2 + 1^2 = 2$ 或 $r = \sqrt{2}$

$\tan \theta = 1$, 故 $\theta = \dfrac{\pi}{4}$

$z = 1$

故該點的柱面坐標為 $\left(\sqrt{2},\ \dfrac{\pi}{4},\ 1\right)$．

【例題 3】 利用 (12-29) 式

求橢球面 $4x^2+4y^2+z^2=1$ 的柱面坐標方程式．

【解】 由 $r^2=x^2+y^2$，可得

$$z^2=1-4(x^2+y^2)=1-4r^2$$

故柱面坐標的方程式為 $z^2=1-4r^2$．

二、球面坐標

假設 $(x,\ y,\ z)$ 為三維空間中一點 P（異於原點）的直角坐標．我們定義數 ρ、θ 與 ϕ 分別為

$\rho=|OP|$（由 O 到 P 的距離）

$\theta=x$-軸的正方向與 $\overrightarrow{OP'}$ 的夾角，此處 P' 為 P 在 xy-平面上的投影．

$\phi=z$-軸的正方向與 $\overrightarrow{OP}$ 的夾角，$0\leqslant\phi\leqslant\pi$．

如圖 12-36(i) 所示，P 點可藉**有序三元組** $(\rho,\ \theta,\ \phi)$ 決定其位置，$(\rho,\ \theta,\ \phi)$ 稱為 P 點的 **球面坐標**．

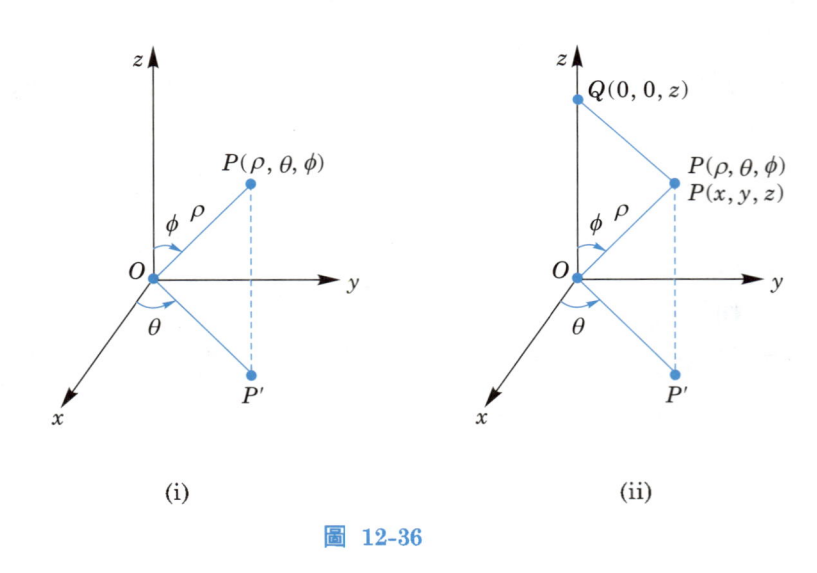

圖 12-36

空間中一點 P 的球面坐標與直角坐標的關係，可藉圖 12-36(ii) 得知：

$$x=|OP'|\cos\theta,\ y=|OP'|\sin\theta$$

又因 $|OP'|=|QP|=\rho\sin\phi$，$|OQ|=z=\rho\cos\phi$
故得
$$\begin{aligned}x&=\rho\sin\phi\cos\theta,\\ y&=\rho\sin\phi\sin\theta,\\ z&=\rho\cos\phi\end{aligned} \qquad (12\text{-}30)$$

由上式可得

$$\rho=\sqrt{x^2+y^2+z^2},$$
$$\tan\theta=\frac{y}{x},$$
$$\cos\phi=\frac{z}{\rho}=\frac{z}{\sqrt{x^2+y^2+z^2}} \qquad (12\text{-}31)$$

在球面坐標系中，$\rho=\rho_0$（常數）表一球面，$\theta=\theta_0$（常數）表一半平面，$\phi=\phi_0$（常數）表一圓錐面，如圖 12-37 所示。

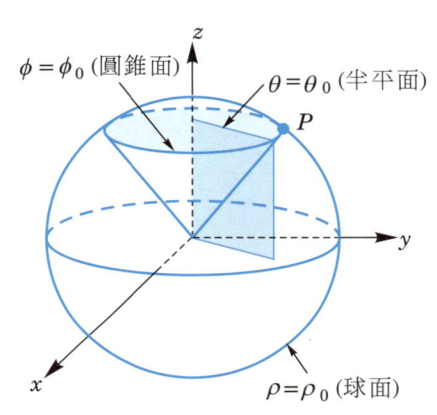

圖 12-37

【例題 4】 利用 (12-30) 式

已知空間一點 P 的球面坐標為 $\left(6,\ \dfrac{\pi}{3},\ \dfrac{\pi}{4}\right)$，求其所對應的直角坐標與柱面坐標。

【解】 由於 $\rho=6$，$\theta=\dfrac{\pi}{3}$，$\phi=\dfrac{\pi}{4}$，故

$$x=6\sin\frac{\pi}{4}\cos\frac{\pi}{3}=6\left(\frac{\sqrt{2}}{2}\right)\left(\frac{1}{2}\right)=\frac{3\sqrt{2}}{2}$$

$$y=6\sin\frac{\pi}{4}\sin\frac{\pi}{3}=6\left(\frac{\sqrt{2}}{2}\right)\left(\frac{\sqrt{3}}{2}\right)=\frac{3\sqrt{6}}{2}$$

$$z=6\cos\frac{\pi}{4}=6\left(\frac{\sqrt{2}}{2}\right)=3\sqrt{2}$$

於是，P 的直角坐標為 $\left(\dfrac{3\sqrt{2}}{2},\ \dfrac{3\sqrt{6}}{2},\ 3\sqrt{2}\right)$。我們由 (12-29) 式得知，

$$r^2 = \left(\frac{3\sqrt{2}}{2}\right)^2 + \left(\frac{3\sqrt{6}}{2}\right)^2 = 18, \text{ 故 } r = 3\sqrt{2}. \text{ 因此, } P \text{ 點的柱面坐標為}$$

$$\left(3\sqrt{2}, \frac{\pi}{3}, 3\sqrt{2}\right).$$

【例題 5】 利用 (12-31) 式

已知空間一點 P 的直角坐標為 $(1, \sqrt{3}, -2)$，求其所對應的球面坐標.

【解】
$$\rho = \sqrt{x^2 + y^2 + z^2} = \sqrt{1+3+4} = 2\sqrt{2}$$

$$\tan\theta = \frac{y}{x} = \sqrt{3}, \quad \theta = \frac{\pi}{3}$$

$$\cos\phi = \frac{-1}{\sqrt{2}}, \quad \phi = \frac{3\pi}{4}$$

於是，P 點的球面坐標為 $\left(2\sqrt{2}, \frac{\pi}{3}, \frac{3\pi}{4}\right)$.

【例題 6】 利用 (12-30) 及 (12-31) 式

已知曲面的球面坐標方程式為 $\rho = \sin\theta \sin\phi$，求其直角坐標方程式.

【解】
$$x^2 + y^2 + z^2 = \rho^2 = \rho \sin\theta \sin\phi = y$$

或
$$x^2 + \left(y - \frac{1}{2}\right)^2 + z^2 = \frac{1}{4}.$$

習題 12.7

1. 已知下列各點的柱面坐標，求其所對應的直角坐標.

    (1) $\left(2, \frac{2\pi}{3}, 1\right)$ (2) $\left(\sqrt{2}, \frac{\pi}{4}, \sqrt{2}\right)$ (3) $\left(2, \frac{4\pi}{3}, 8\right)$

2. 已知下列各點的直角坐標，求其所對應的柱面坐標.

    (1) $(-1, 0, 0)$ (2) $(\sqrt{3}, 1, 4)$ (3) $(4, 4, 4)$

3. 試將下列的方程式以柱面坐標方程式表示.

    (1) $x^2 + y^2 + z^2 = 16$ (2) $x + 2y + 3z = 6$ (3) $x^2 + y^2 + z^2 - 2x = 0$

4. 已知下列各點的球面坐標，求其所對應的直角坐標.

(1) $\left(2, \dfrac{\pi}{4}, \dfrac{\pi}{3}\right)$ (2) $\left(1, \dfrac{\pi}{6}, \dfrac{\pi}{6}\right)$ (3) $\left(2, \dfrac{\pi}{2}, \dfrac{3\pi}{4}\right)$

5. 已知下列各點的直角坐標，求其所對應的球面坐標．
   (1) $(1, 1, \sqrt{2})$ (2) $(1, -1, -\sqrt{2})$
6. 若球的直角坐標方程式為 $x^2+y^2+z^2-2x=0$，求其球面坐標方程式．

第 13 章　偏導函數

本章學習目標

- 瞭解多變數函數的極限
- 熟悉求多變數函數的偏導函數
- 瞭解偏導數的幾何意義
- 瞭解曲面 $z=f(x, y)$ 上一點之切平面的求法
- 能夠利用全微分求近似值
- 熟悉連鎖法則與隱函數微分法
- 瞭解方向導數的意義以及曲面 $F(x, y, z)=0$ 之切平面的求法
- 能夠利用二階偏導數判別法求二變數函數的極值
- 能夠利用拉格蘭吉法求受限制條件函數的極值

13-1　多變數函數

前面幾節所考慮的函數僅涉及到一個自變數，然而，在許多應用中，出現多個自變數。例如，地球表面上某點處的溫度 T 與該點的經度 x 及緯度 y 有關，我們可視 T 為二變數 x 與 y 的函數，寫成 $T=f(x, y)$。正圓柱體的體積 V 與它的底半徑 r 及高度 h 有關，事實上，我們知道 $V=\pi r^2 h$，故稱 V 為 r 與 h 的函數，寫成 $V(r, h)=\pi r^2 h$。又若物體位於三維空間 $I\!R^3$ 中，則在物體內點 P 的溫度 T 與 P 的三個直角坐標 x, y, z 有關，我們寫成 $T=f(x, y, z)$。

定義 13.1

二變數函數是由二維空間 $I\!R^2$ 的某集合 A 映到 $I\!R$ (可視為 z-軸) 中的某集合 B 的一種對應關係，其中對 A 中的每一元素 (x, y)，在 B 中僅有唯一的實數 z 與其對應，以符號

$$z=f(x, y)$$

表示之．集合 A 稱為函數 f 的定義域，$f(A)$ 稱為 f 的值域．

圖 13-1 為二變數函數的圖示．
同理，我們可以定義 n 變數函數如下：

$$f: I\!R^n \to I\!R$$

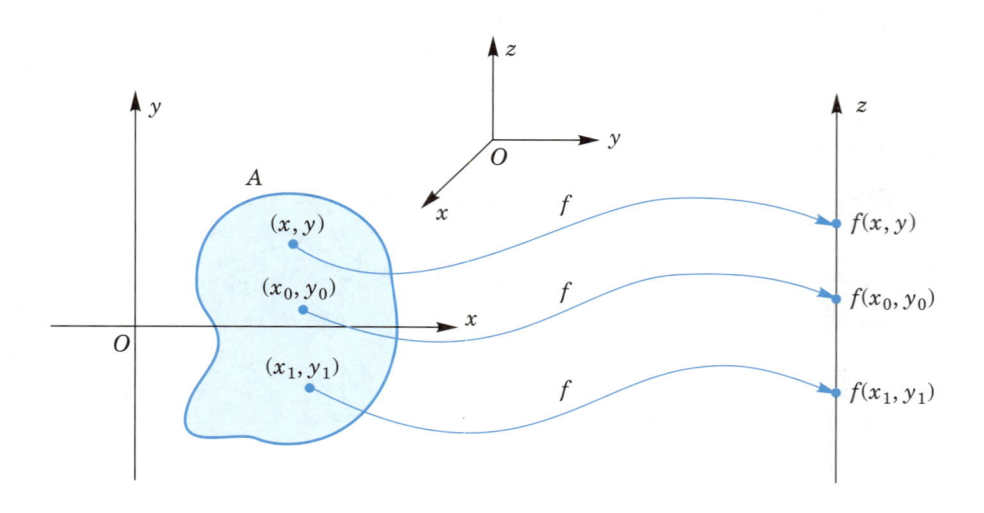

圖 13-1

可表成
$$w = f(x_1, x_2, \ldots, x_n).$$

【例題 1】 確定定義域

若一平面方程式為 $ax+by+cz=d$，$c \neq 0$，則

$$z = -\frac{a}{c}x - \frac{b}{c}y + \frac{d}{c} \text{ 或 } f(x, y) = -\frac{a}{c}x - \frac{b}{c}y + \frac{d}{c}$$

為一函數，其定義域為 $\mathbb{R}^2$。

【例題 2】 確定定義域

確定函數 $f(x, y) = \dfrac{\sqrt{x+y+1}}{x-1}$ 的定義域，並計算 $f(2, 1)$。

【解】 欲使 $\sqrt{x+y+1}$ 的值有意義，必須是 $x+y+1 \geq 0$，故 f 的定義域為 $\{(x, y) \mid x+y+1 \geq 0, x \neq 1\}$。

$$f(2, 1) = \frac{\sqrt{2+1+1}}{2-1} = \sqrt{4} = 2$$

【例題 3】 確定定義域及值域

確定函數 $f(x, y) = \ln(y^2 - 4x)$ 的定義域與值域。

【解】 因為對數函數僅定義在正數，所以 $f(x, y) = \ln(y^2 - 4x)$ 的定義域為 $\{(x, y) \mid y^2 > 4x\}$，值域為 $(-\infty, \infty)$。

對於單變數函數 f 而言，$f(x)$ 的圖形定義為方程式 $y = f(x)$ 的圖形。同理，若 f 為二變數函數，則我們定義 $f(x, y)$ 的圖形為方程式 $z = f(x, y)$ 的圖形，它是三維空間中的曲面 (包括平面)。

水平面 $z = k$ 與曲面 $z = f(x, y)$ 的交線在 xy-平面上的垂直投影稱為函數 f 的等值曲線，其方程式為 $f(x, y) = k$，如圖 13-2 所示。

【例題 4】 等值曲線

試繪出函數 $f(x, y) = 25 - x^2 - y^2$ 的等值曲線。

【解】 在 xy-平面上，等值曲線是形如 $f(x, y) = k$ 之方程式的圖形，亦即，

$$25 - x^2 - y^2 = k$$

或 $$x^2+y^2=25-k$$

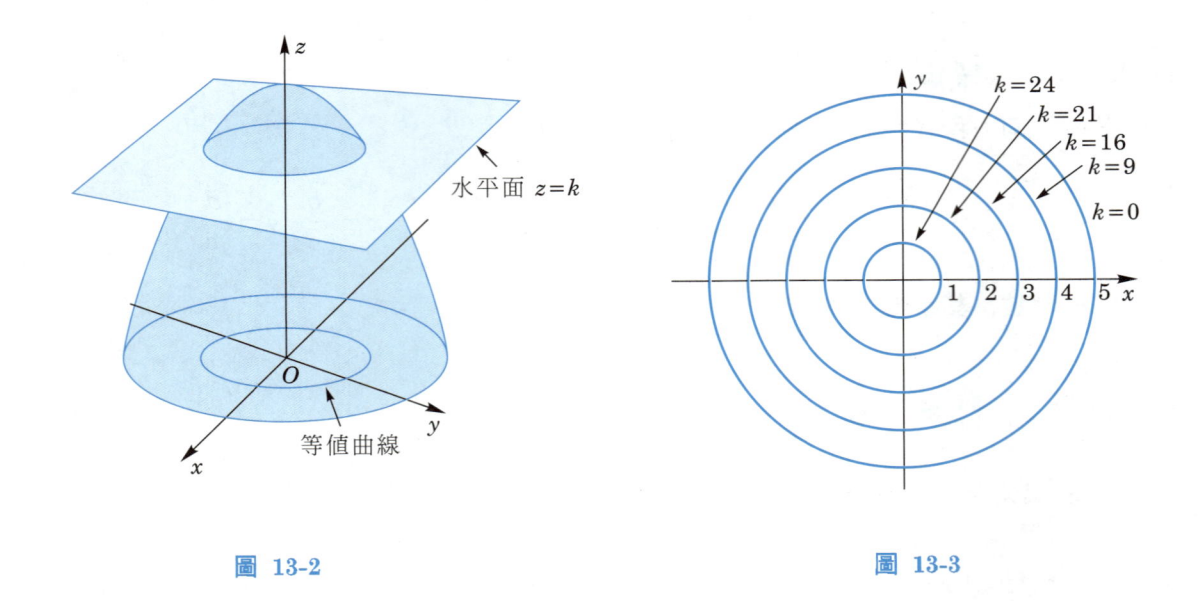

這些皆是圓，倘若 $0 \leqslant k < 25$。在圖 13-3 中，我們繪出對應於 $k=24, 21, 16, 9$ 與 0 的等值曲線。

若 f 為三變數 x, y 與 z 的函數，則 f 的**等值曲面**為 $f(x, y, z)=k$ 的圖形，此處 k 取某適當值。如果我們令 $k=0, 1$ 與 2，則分別得到曲面 S_0, S_1 與 S_2，如圖 13-4 所示。當一點 (x, y, z) 沿著其中一曲面上移動時，$f(x, y, z)$ 並不改變。

在應用上，若 $f(x, y, z)$ 為在點 (x, y, z) 的溫度，則等值曲面稱為**等溫曲面**。若 $f(x, y, z)$ 代表電位，則等值曲面稱為**等位曲面**，因為若點 (x, y, z) 停留在這樣的曲面上，則電壓不變。

【例題 5】 等值曲面

試繪出 $f(x, y, z)=x^2+y^2+z^2$ 的等值曲面。

【解】 在三維空間 $\mathbb{R}^3$ 中，等值曲面是形如 $f(x, y, z)=k$ 的方程式，亦即，
$$x^2+y^2+z^2=k$$

此處 $k > 0$。上述方程式的圖形為球心在原點且半徑等於 $\sqrt{k}$ 的球面。若 $k=0$，圖形為一點 $(0, 0, 0)$，如圖 13-5 所示。

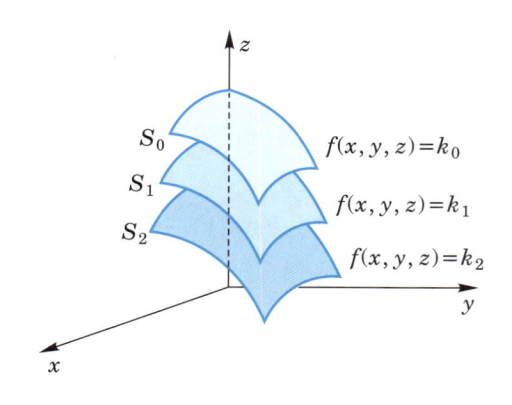

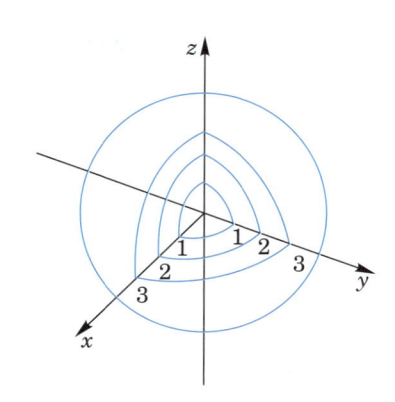

第 13 章　偏導函數

▲ 圖 13-4　　　　　　　　　　　　　　　▲ 圖 13-5

多變數函數的四則運算的定義比照單變數函數的四則運算的定義。例如，若 f 與 g 皆為二變數 x 及 y 的函數，則 $f+g$、$f-g$ 與 $f \cdot g$ 定義為：

1. $(f+g)(x, y) = f(x, y) + g(x, y)$.
2. $(f-g)(x, y) = f(x, y) - g(x, y)$.
3. $(f \cdot g)(x, y) = f(x, y) g(x, y)$.
4. $(cf)(x, y) = cf(x, y)$，c 為常數。

$f+g$、$f-g$ 與 $f \cdot g$ 等函數的定義域為 f 與 g 的交集，cf 的定義域為 f 的定義域。

5. $\left(\dfrac{f}{g}\right)(x, y) = \dfrac{f(x, y)}{g(x, y)}$.

此商的定義域是由同時在 f 與 g 的定義域內使 $g(x, y) \neq 0$ 的有序數對所組成。

我們也可定義二變數函數的合成，例如（已知 $g : \mathbb{R}^2 \to \mathbb{R}$，$f : \mathbb{R} \to \mathbb{R}$），則合成函數 $f \circ g : \mathbb{R}^2 \to \mathbb{R}$ 為二變數函數。同理，若 $g : \mathbb{R}^n \to \mathbb{R}$，$f : \mathbb{R} \to \mathbb{R}$，則 $f \circ g : \mathbb{R}^n \to \mathbb{R}$ 為 n 變數函數。

【例題 6】　合成函數的計算

設 $g(x, y) = 2x + 3y$，且 $f(x) = \sqrt{x}$，求 $(f \circ g)(x, y)$。

【解】　$(f \circ g)(x, y) = f(g(x, y)) = f(2x + 3y) = \sqrt{2x + 3y}$。

習題 13.1

在 1~7 題中，確定各函數 f 的定義域。

1. $f(x, y) = \dfrac{y+2}{x}$
2. $f(x, y) = \dfrac{xy}{x-2y}$
3. $f(x, y) = \sqrt{1-x} - e^{x/y}$
4. $f(x, y, z) = \sqrt{25-x^2-y^2-z^2}$
5. $f(x, y) = \dfrac{\sqrt{1-x^2-y^2}}{x^2}$
6. $f(x, y) = \ln(4-x-y)$
7. $f(x, y) = \sin^{-1}(x+y)$
8. 試繪 $f(x, y) = e^{\frac{1}{x^2+y^2}}$ 的等值曲線。
9. 試繪 $f(x, y) = x - y^2$ 的等值曲線。
10. 試繪 $f(x, y) = x^2 + \dfrac{1}{4}y^2$ 的等值曲線。
11. 試繪 $f(x, y, z) = z^2 - x^2 - y^2$ 的等值曲面。
12. 若 $g(x, y) = \sqrt{x^2+2y^2}$，且 $f(x) = x^2$，求 $(f \circ g)(x, y)$。
13. 若 $g(x, y) = \sin(x^2+y^2)$，且 $f(x) = x^2$，求 $(f \circ g)(x, y)$。
14. 若 $g(x, y, z) = 3xy + 3yz + xz$，且 $f(x) = 2x+1$，求 $(f \circ g)(x, y, z)$。

13-2　極限與連續

多變數函數的極限與連續，可由單變數函數的極限與連續的觀念推廣而得。

定義 13.2

令二變數函數 f 定義在以點 (a, b) 為圓心之圓的內部，可能在點 (a, b) 除外，且 L 為一實數。當點 (x, y) 趨近點 (a, b) 時，$f(x, y)$ 的極限為 L（或稱 $f(x, y, z)$ 在點 (a, b) 的極限為 L），記為：

$$\lim_{(x, y) \to (a, b)} f(x, y) = L$$

其意義為：若對每一 $\varepsilon >$，存在一 $\delta > 0$，使得當 $0 < \sqrt{(x-a)^2+(y-b)^2} < \delta$ 時，$|f(x, y) - L| < \varepsilon$ 恆成立。

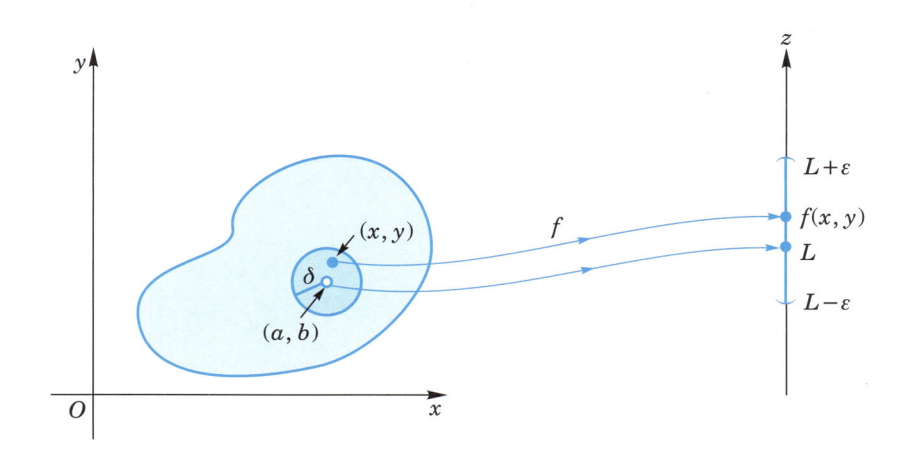

第 13 章 偏導函數

$$\lim_{(x,\ y)\to(a,\ b)} f(x,\ y) = L$$

圖 13-6

定義 13.2 的說明如圖 13-6 所示。

仿照定義 13.2，我們可以定義三個自變數的函數的極限。如下：

定義 13.3

令三變數函數 f 定義在以 $(a,\ b,\ c)$ 為球心之球的內部，可能在點 $(a,\ b,\ c)$ 除外，且 L 為一實數。當點 $(x,\ y,\ z)$ 趨近點 $(a,\ b,\ c)$ 時，$f(x,\ y,\ z)$ 的極限為 L (或稱 $f(x,\ y,\ z)$ 在點 $(a,\ b,\ c)$ 的極限為 L)，記為

$$\lim_{(x,\ y,\ z)\to(a,\ b,\ c)} f(x,\ y,\ z) = L.$$

其意義為：若對每一 $\varepsilon > 0$，存在一 $\delta > 0$，使得當 $0 < \sqrt{(x-a)^2+(y-b)^2+(z-c)^2} < \delta$ 時，$|f(x,\ y,\ z) - L| < \varepsilon$ 恆成立。

【例題 1】 利用定義 13.2

試證 $\displaystyle\lim_{(x,\ y)\to(0,\ 0)} \frac{5x^2 y}{x^2+y^2} = 0$。

【解】 令 $\varepsilon > 0$，我們要找出 $\delta > 0$，使得當 $0 < \sqrt{x^2+y^2} < \delta$ 時，

$$\left|\frac{5x^2y}{x^2+y^2}-0\right|<\varepsilon$$

即,當 $0<\sqrt{x^2+y^2}<\delta$ 時,

$$\frac{5x^2|y|}{x^2+y^2}<\varepsilon$$

但 $x^2\leq x^2+y^2$,故

$$\frac{5x^2|y|}{x^2+y^2}\leq 5|y|=5\sqrt{y^2}\leq 5\sqrt{x^2+y^2}$$

於是,若我們選取 $\delta=\varepsilon/5$,且令 $0<\sqrt{x^2+y^2}<\delta$,則

$$\left|\frac{5x^2y}{x^2+y^2}-0\right|\leq 5\sqrt{x^2+y^2}<5\delta=5\left(\frac{\varepsilon}{5}\right)=\varepsilon$$

故 $\lim\limits_{(x,y)\to(0,0)}\dfrac{5x^2y}{x^2+y^2}=0$.

有關單變數函數的一些極限性質可推廣到二或三變數函數,而二變數函數的極限定理如下:

定理 13.1

若 $\lim\limits_{(x,y)\to(a,b)}f(x,y)=L$,$\lim\limits_{(x,y)\to(a,b)}g(x,y)=M$,此處 L 與 M 皆為實數,則

(1) $\lim\limits_{(x,y)\to(a,b)}[f(x,y)\pm g(x,y)]=\lim\limits_{(x,y)\to(a,b)}f(x,y)\pm\lim\limits_{(x,y)\to(a,b)}g(x,y)$
$\qquad\qquad =L\pm M$

(2) $\lim\limits_{(x,y)\to(a,b)}[cf(x,y)]=c\lim\limits_{(x,y)\to(a,b)}f(x,y)=cL$ (c 為常數)

(3) $\lim\limits_{(x,y)\to(a,b)}[f(x,y)g(x,y)]=[\lim\limits_{(x,y)\to(a,b)}f(x,y)][\lim\limits_{(x,y)\to(a,b)}g(x,y)]=LM$

(4) $\lim\limits_{(x,y)\to(a,b)}\dfrac{f(x,y)}{g(x,y)}=\dfrac{\lim\limits_{(x,y)\to(a,b)}f(x,y)}{\lim\limits_{(x,y)\to(a,b)}g(x,y)}=\dfrac{L}{M}$,$M\neq 0$

(5) $\lim\limits_{(x,y)\to(a,b)}[f(x,y)]^{m/n}=[\lim\limits_{(x,y)\to(a,b)}f(x,y)]^{m/n}=L^{m/n}$ (m 與 n 皆為整數),

倘若 $L^{m/n}$ 為實數.

【例題 2】 有理化分子

求 $\lim\limits_{(x, y) \to (4, 3)} \dfrac{\sqrt{x}-\sqrt{y+6}}{x-y-6}$.

【解】
$$\lim_{(x, y) \to (4, 3) \atop x-y \neq 1} \dfrac{\sqrt{x}-\sqrt{y+6}}{x-y-6} = \lim_{(x, y) \to (4, 3)} \dfrac{\sqrt{x}-\sqrt{y+6}}{(\sqrt{x}+\sqrt{y+6})(\sqrt{x}-\sqrt{y+6})}$$

$$= \lim_{(x, y) \to (4, 3)} \dfrac{1}{\sqrt{x}+\sqrt{y+6}}$$

$$= \dfrac{\lim\limits_{(x, y) \to (4, 3)} 1}{\sqrt{\lim\limits_{(x, y) \to (4, 3)} x} + \sqrt{\lim\limits_{(x, y) \to (4, 3)} y + \lim\limits_{(x, y) \to (4, 3)} 6}}$$

$$= \dfrac{1}{\sqrt{4}+\sqrt{3+6}} = \dfrac{1}{5}.$$

【例題 3】 利用定理 13.1

求 $\lim\limits_{(x, y, z) \to (2, -1, 2)} \dfrac{xz^2}{\sqrt{x^2+y^2+z^2}}$.

【解】
$$\lim_{(x, y, z) \to (2, -1, 2)} \dfrac{xz^2}{\sqrt{x^2+y^2+z^2}} = \dfrac{\lim\limits_{(x, y, z) \to (2, -1, 2)} xz^2}{\lim\limits_{(x, y, z) \to (2, -1, 2)} \sqrt{x^2+y^2+z^2}}$$

$$= \dfrac{2(2)^2}{\sqrt{2^2+(-1)^2+2^2}} = \dfrac{8}{3}.$$

【例題 4】 利用夾擠定理

試證 $\lim\limits_{(x, y) \to (0, 0)} \dfrac{y^4}{x^2+y^2} = 0$.

【解】 因 $y^4 \leqslant (\sqrt{x^2+y^2})^4 = (x^2+y^2)^2$,

可得 $$0 \leqslant \dfrac{y^4}{x^2+y^2} \leqslant \dfrac{(x^2+y^2)^2}{x^2+y^2} = x^2+y^2$$

又 $$\lim_{(x, y) \to (0, 0)} (x^2+y^2) = 0$$

故，
$$\lim_{(x,y)\to(0,0)} \frac{y^4}{x^2+y^2} = 0.$$

讀者可以回憶，在單變數函數的情形，$f(x)$ 在 $x=a$ 處的極限存在，若且唯若 $\lim_{x\to a^-} f(x) = \lim_{x\to a^+} f(x) = L$。但有關二變數函數的極限情況，就比較複雜，因為點 (x, y) "趨近" 點 (a, b) 就不像單一變數 x "趨近" a 那麼容易。事實上，在 xy-平面上，點 (x, y) 趨近點 (a, b) 之方式有很多種，如圖 13-7 所示。

註：如果在坐標平面上，點 (x, y) 沿著無數條不同曲線（我們稱其為**路徑**）"趨近" 點 (a, b) 時，所求得 $f(x, y)$ 的極限值皆為 L，我們稱極限存在且
$$\lim_{(x,y)\to(a,b)} f(x, y) = L.$$
反之，若點 (x, y) 沿著至少兩個不同的路徑 "趨近" 點 (a, b)，所得的極限值不同，則 $\lim_{(x,y)\to(a,b)} f(x, y)$ 不存在。

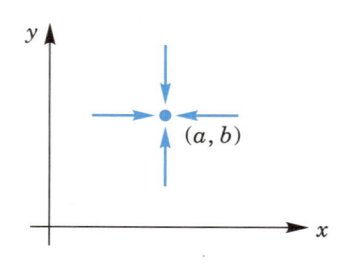

(i) 沿著通過點 (a, b) 的水平與垂直線

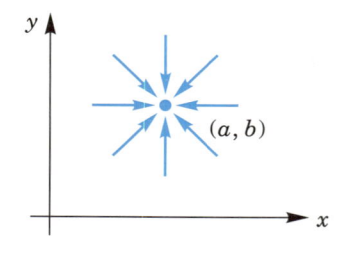

(ii) 沿著通過點 (a, b) 的每一條直線

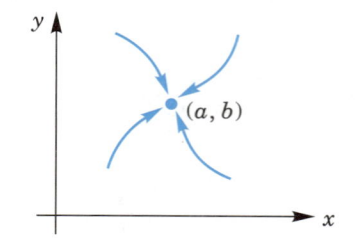

(iii) 沿著通過點 (a, b) 的每一條曲線

圖 13-7

【例題 5】　取不同的路徑求極限

若 $f(x, y) = \dfrac{xy}{x^2+y^2}$，則 $\lim_{(x,y)\to(0,0)} f(x, y)$ 是否存在？

【解】

(1) 若點 (x, y) 沿著直線 $y=x$ 趨近點 $(0, 0)$，則
$$\lim_{(x,y)\to(0,0)} \frac{xy}{x^2+y^2} = \lim_{x\to 0} \frac{x^2}{x^2+x^2} = \frac{1}{2}$$

(2) 若點 (x, y) 沿著直線 $y=-x$ 趨近點 $(0, 0)$，則

$$\lim_{(x, y) \to (0, 0)} \frac{xy}{x^2+y^2} = \lim_{x \to 0} \frac{-x^2}{x^2+x^2} = -\frac{1}{2}$$

由 (1) 與 (2)，可知 $\lim_{(x, y) \to (0, 0)} f(x, y)$ 不存在.

【例題 6】 取不同的路徑求極限

求 $\lim_{(x, y) \to (0, 0)} \frac{x^3 y}{x^6+y^2}$.

【解】
(1) 令 $y=x$ 代入，則

$$\lim_{(x, y) \to (0, 0)} \frac{x^3 y}{x^6+y^2} = \lim_{x \to 0} \frac{x^4}{x^6+x^2} = \lim_{x \to 0} \frac{x^2}{x^4+1} = 0.$$

(2) 令 $y=x^3$ 代入，則

$$\lim_{(x, y) \to (0, 0)} \frac{x^3 y}{x^6+y^2} = \lim_{x \to 0} \frac{x^6}{x^6+x^6} = \lim_{x \to 0} \frac{x^6}{2x^6} = \frac{1}{2}.$$

故 $\lim_{(x, y) \to (0, 0)} \frac{x^3 y}{x^6+y^2}$ 不存在.

【例題 7】 利用極坐標求極限

求 $\lim_{(x, y) \to (0, 0)} (x^2+y^2) \ln (x^2+y^2)$.

【解】 令 (r, θ) 爲點 (x, y) 的極坐標且 $r \geq 0$，則
$$x=r \cos \theta, \quad y=r \sin \theta, \quad r^2=x^2+y^2$$

因此，我們將極限寫成

$$\lim_{(x, y) \to (0, 0)} (x^2+y^2) \ln (x^2+y^2) = \lim_{r \to 0^+} r^2 \ln r^2 = \lim_{r \to 0^+} \frac{\ln r^2}{1/r^2} \quad \left(\frac{\infty}{\infty} \text{型}\right)$$

$$= \lim_{r \to 0^+} \frac{2/r}{-2/r^3} \quad \text{(羅必達法則)}$$

$$= \lim_{r \to 0^+} (-r^2) = 0.$$

【例題 8】 利用麥克勞林級數求極限

設 $f(x, y) = \dfrac{\sin^2 x + \sin^2 y}{x^2 + y^2}$，求 $\lim\limits_{(x, y) \to (0, 0)} f(x, y)$。

【解】 因

$$\sin x = x - \frac{x^3}{3!} + \cdots, \ \sin y = y - \frac{y^3}{3!} + \cdots$$

故 $\lim\limits_{(x, y) \to (0, 0)} \dfrac{\sin^2 x + \sin^2 y}{x^2 + y^2} = \lim\limits_{(x, y) \to (0, 0)} \dfrac{\left(x - \dfrac{x^3}{3!} + \cdots\right)^2 + \left(y - \dfrac{y^3}{3!} + \cdots\right)^2}{x^2 + y^2}$

$= \lim\limits_{(x, y) \to (0, 0)} \dfrac{(x^2 + y^2) - \dfrac{2}{3!}(x^4 + y^4) + \cdots}{x^2 + y^2}$

令 $x = r \cos \theta$，$y = r \sin \theta$ 代入上式，可得

$$\lim\limits_{(x, y) \to (0, 0)} f(x, y) = \lim\limits_{r \to 0} \dfrac{r^2 - \dfrac{2}{3!}(r^4 \cos^4 \theta + r^4 \sin^4 \theta) + \cdots}{r^2}$$

$$= \lim\limits_{r \to 0} \left[1 - \dfrac{2}{3!}(r^2 \cos^4 \theta + r^2 \sin^4 \theta) + \cdots\right] = 1.$$

如果我們考慮 C 為 xy-平面上之一平滑曲線，其參數方程式為

$$x = x(t), \ y = y(t)$$

且 $(x_0, y_0) = (x(t_0), y(t_0))$ 為曲線 C 上一點。當點 (x, y) 沿著曲線 C 趨近點 (x_0, y_0) 時，$f(x, y)$ 的極限記為

$$\lim\limits_{\substack{(x, y) \to (x_0, y_0) \\ (\text{沿 } C)}} f(x, y)$$

定義為

$$\lim\limits_{\substack{(x, y) \to (x_0, y_0) \\ (\text{沿 } C)}} f(x, y) = \lim\limits_{t \to t_0} f(x(t), y(t)) \tag{13-1}$$

簡而言之，當沿著曲線 C 求 $f(x, y)$ 的極限時，只要將曲線 C 的參數方程式代入函數 f 中並計算單變數函數的極限。

同理，沿著三維空間 $I\!R^3$ 中的平滑曲線 C，函數 $f(x, y, z)$ 的極限定義爲

$$\lim_{\substack{(x, y, z)\to(x_0, y_0, z_0) \\ (\text{沿 } C)}} f(x, y, z) = \lim_{t\to t_0} f(x(t), y(t), z(t)) \tag{13-2}$$

【例題 9】 利用 (13-1) 式

求 $\displaystyle\lim_{\substack{(x, y)\to(0, 0) \\ (\text{沿 } C)}} \frac{xy}{x^2+y^2}$，此處 C 爲拋物線，其參數方程式爲 $x=t, y=t^2$。

【解】 點 $(0, 0)$ 對應於參數 $t=0$，故

$$\lim_{\substack{(x, y)\to(0, 0) \\ (\text{沿 } C)}} f(x, y) = \lim_{t\to 0} f(t, t^2) = \lim_{t\to 0} \frac{t^3}{t^2+t^4} = \lim_{t\to 0} \frac{t}{1+t^2} = 0.$$

【例題 10】 利用 (13-2) 式

試問：$\displaystyle\lim_{(x, y, z)\to(0, 0, 0)} \frac{xy+yz+xz}{x^2+y^2+z^2}$ 是否存在？

【解】 所給予函數除了在 $(0, 0, 0)$ 無定義外，其他各點皆有定義。假設我們令點 (x, y, z) 沿著 x-軸趨近點 $(0, 0, 0)$，則

$$\lim_{(x, y, z)\to(0, 0, 0)} \frac{xy+yz+xz}{x^2+y^2+z^2} = \lim_{(x, 0, 0)\to(0, 0, 0)} \frac{0+0+0}{x^2+0+0} = \lim_{x\to 0} 0 = 0.$$

又令點 (x, y, z) 沿著直線 $x=t, y=t, z=t$，趨近點 $(0, 0, 0)$，則

$$\lim_{(x, y, z)\to(0, 0, 0)} \frac{xy+yz+xz}{x^2+y^2+z^2} = \lim_{(t, t, t)\to(0, 0, 0)} \frac{t^2+t^2+t^2}{t^2+t^2+t^2} = \lim_{t\to 0} 1 = 1.$$

故知極限不存在。

二或三變數函數的連續性定義與單變數函數的連續性定義是類似的。

定義 13.4

若二變數函數 f 滿足下列條件：
（i）$f(a, b)$ 有定義

(ii) $\lim\limits_{(x,\,y)\to(a,\,b)} f(x,\,y)$ 存在

(iii) $\lim\limits_{(x,\,y)\to(a,\,b)} f(x,\,y)=f(a,\,b)$

則稱 f 在點 $(a,\,b)$ 為連續．

若二變數函數在區域 R 的每一點為連續，則稱該函數在區域 R 為連續。
正如單變數函數一樣，連續的二變數函數的和、差與積也是連續，而連續函數的商是連續，其中分母為零除外。

【例題 11】 確定 $f(x,\,y)$ 連續的範圍

(1) 設 $f(x,\,y)=\ln(x-y-3)$，則 f 在 $\{(x,\,y)|x-y>3\}$ 為連續。

(2) 設 $f(x,\,y)=\sqrt{x}\cos\sqrt{x+y}$，則 f 在 $\{(x,\,y)|x,\,y\in\mathbb{R},\,x\geq 0,\,x+y\geq 0\}$ 為連續。

如果二變數函數 f 在點 $(a,\,b)$ 為不連續，但可重新定義 f 在點 $(a,\,b)$ 的值 $f(a,\,b)$，使得 f 在點 $(a,\,b)$ 為連續，則稱這樣的點 $(a,\,b)$ 為 f 的可移去不連續點。

【例題 12】 利用可移去不連續性

試決定 $f(0,\,0)$ 的值使函數 $f(x,\,y)=\dfrac{x^2y^2}{x^2+y^2}$ 在點 $(0,\,0)$ 處為連續。

【解】 函數 $f(x,\,y)=\dfrac{x^2y^2}{x^2+y^2}$ 在點 $(0,\,0)$ 沒有定義。將點 $(x,\,y)$ 轉換成極坐標，可得

$$\lim_{(x,\,y)\to(0,\,0)}\dfrac{x^2y^2}{x^2+y^2}=\lim_{r\to 0}\dfrac{(r^2\cos^2\theta)(r^2\sin^2\theta)}{r^2(\cos^2\theta+\sin^2\theta)}=\cos^2\theta\sin^2\theta\lim_{r\to 0}r^2=0$$

故只要定義 $f(0,\,0)=0$，則函數 $f(x,\,y)$ 在點 $(0,\,0)$ 為連續。點 $(0,\,0)$ 即為 $f(x,\,y)$ 的可移去不連續點。

讀者應特別注意，若 $f(x,\,y)$ 在點 $(a,\,b)$ 為連續，則

$$\lim_{x\to a}[\lim_{y\to b}f(x,\,y)]=\lim_{y\to b}[\lim_{x\to a}f(x,\,y)]=f(a,\,b).$$

但其逆敘述不一定成立，這是因為當 $\lim\limits_{x\to a}[\lim\limits_{y\to b}f(x,\,y)]=\lim\limits_{y\to b}[\lim\limits_{x\to a}f(x,\,y)]$ 成立時並

不能保證 $\lim_{(x, y) \to (a, b)} f(x, y)$ 一定存在。例如，令 $f(x, y) = \begin{cases} \dfrac{xy}{x^2+y^2}, & (x, y) \neq (0, 0) \\ 0, & 若 (x, y) = (0, 0) \end{cases}$.

當 $y \neq 0$ 時，$\lim_{x \to 0} \dfrac{xy}{x^2+y^2} = 0$，因而

$$\lim_{y \to 0} \left(\lim_{x \to 0} \dfrac{xy}{x^2+y^2} \right) = 0$$

同理，
$$\lim_{x \to 0} \left(\lim_{y \to 0} \dfrac{xy}{x^2+y^2} \right) = 0.$$

但，$\lim_{(x, y) \to (0, 0)} \dfrac{xy}{x^2+y^2}$ 卻不存在。

【例題 13】 兩極限存在但不相等

試證函數 $f(x, y) = \begin{cases} \dfrac{x-y+x^2+y^2}{x+y}, & 若 (x, y) \neq (0, 0) \\ 0, & 若 (x, y) = (0, 0) \end{cases}$

在點 $(0, 0)$ 不連續。

【解】 因 $\lim_{y \to 0} \left(\lim_{x \to 0} \dfrac{x-y+x^2+y^2}{x+y} \right) = \lim_{y \to 0} \dfrac{y^2-y}{y} = \lim_{y \to 0} (y-1) = -1$,

$$\lim_{x \to 0} \left(\lim_{y \to 0} \dfrac{x-y+x^2+y^2}{x+y} \right) = \lim_{x \to 0} \dfrac{x+x^2}{x} = \lim_{x \to 0} (1+x) = 1.$$

以上兩極限存在但不相等，故 $\lim_{(x, y) \to (0, 0)} f(x, y)$ 不存在。

所以，$f(x, y)$ 在點 $(0, 0)$ 不連續。

二變數的多項式函數是由形如 $cx^m y^n$（c 為常數，m 與 n 皆為非負整數）的項相加而得；二變數的有理函數是兩個二變數的多項式函數之商。例如，

$$f(x, y) = x^3 + 2x^2 y + xy^2 - 5$$

為多項式函數，而

$$g(x, y) = \dfrac{5xy - 6}{3x^2 + y^2}$$

為有理函數. 又, 所有二變數的多項式函數在 $I\!R^2$ 為連續, 二變數的有理函數在其定義域為連續.

【例題 14】 利用函數的連續

計算 (1) $\lim_{(x,\ y)\to(1,\ 2)} (x^2y^2+xy^2+3x-y)$ (2) $\lim_{(x,\ y)\to(-1,\ 2)} \dfrac{xy}{x^2+y^2}$.

【解】 (1) 因 $f(x,\ y)=x^2y^2+xy^2+3x-y$ 為處處連續, 故直接代換可求得極限:

$$\lim_{(x,\ y)\to(1,\ 2)} (x^2y^2+xy^2+3x-y)=(1^2)(2^2)+(1)(2^2)+(3)(1)-2=9$$

(2) 因 $f(x,\ y)=\dfrac{xy}{x^2+y^2}$ 在點 $(-1,\ 2)$ 為連續 (何故?), 故

$$\lim_{(x,\ y)\to(-1,\ 2)} \dfrac{xy}{x^2+y^2}=\dfrac{(-1)(2)}{(-1)^2+2^2}=-\dfrac{2}{5}$$

定理 13.2

若二變數函數 h 在點 $(x_0,\ y_0)$ 為連續且單變數函數 g 在 $h(x_0,\ y_0)$ 為連續, 則合成函數 $(g\circ h)(x,\ y)=g(h(x,\ y))$ 在點 $(x_0,\ y_0)$ 亦為連續, 即,

$$\lim_{(x,\ y)\to(x_0,\ y_0)} g(h(x,\ y))=g(h(x_0,\ y_0)).$$

【例題 15】 利用定理 13.2

若 $f(x,\ y)=\tan^{-1}\left(\dfrac{x^2+2xy-y^2}{x^2+y^2+2}\right)$, 求 $\lim_{(x,\ y)\to(0,\ 0)} f(x,\ y)$.

【解】 $\lim_{(x,\ y)\to(0,\ 0)} f(x,\ y)=\lim_{(x,\ y)\to(0,\ 0)} \tan^{-1}\left(\dfrac{x^2+2xy-y^2}{x^2+y^2+2}\right)$

$$=\tan^{-1}\left(\lim_{(x,\ y)\to(0,\ 0)} \dfrac{x^2+2xy-y^2}{x^2+y^2+2}\right)=\tan^{-1}0=0$$

習題 13.2

在 1~20 題中的極限是否存在? 若存在, 則求之.

1. $\lim\limits_{(x, y)\to(-1, 2)} \dfrac{xy-y^3}{(x+y+1)^2}$
2. $\lim\limits_{(x, y)\to(2, 2)} \dfrac{x^3-y^3}{x^2-y^2}$
3. $\lim\limits_{(x, y)\to(0, 0)} \dfrac{\tan(x^2+y^2)}{x^2+y^2}$

4. $\lim\limits_{(x, y)\to(0, 0)} \dfrac{xy+y^3}{x^2+y^2}$
5. $\lim\limits_{(x, y)\to(0, 0)} \dfrac{x^2-2xy+5y^2}{3x^2+4y^2}$
6. $\lim\limits_{(x, y)\to(0, 0)} \dfrac{xy+y^3}{x^2+y^2}$

7. $\lim\limits_{(x, y)\to(0, 0)} \dfrac{1-\cos(x^2+y^2)}{x^2+y^2}$
8. $\lim\limits_{(x, y)\to(0, 0)} \dfrac{x^2-xy}{\sqrt{x}-\sqrt{y}}$
9. $\lim\limits_{(x, y)\to(0, 0)} \dfrac{\sin\sqrt{x^2+y^2}}{\sqrt{x^2+y^2}}$

10. $\lim\limits_{(x, y)\to(0, 0)} y\ln(x^2+y^2)$
11. $\lim\limits_{(x, y)\to(0, 0)} \sin(\ln(1+x+y))$

12. $\lim\limits_{(x, y)\to(0, 0)} \dfrac{x^2+y^2}{|x|+|y|}$
13. $\lim\limits_{(x, y)\to(0, 0)} \dfrac{xy^2}{x^2+y^4}$
14. $\lim\limits_{(x, y, z)\to(\pi, 0, 3)} ze^{-2y}\cos 2x$

15. $\lim\limits_{(x, y, z)\to(2, 2, -1)} \dfrac{x^2-y^2-2yz-z^2}{x-y-z}$
16. $\lim\limits_{(x, y, z)\to(2, 3, 0)} [xe^z+\ln(2x-y)]$

17. $\lim\limits_{(x, y)\to(1, 2)} \left(e^{xy}\sin\dfrac{\pi y}{4}+xy\ln\sqrt{y-x}\right)$
18. $\lim\limits_{(x, y, z)\to(0, 0, 0)} \dfrac{xyz}{x^2+y^2+z^2}$

19. $\lim\limits_{(x, y, z)\to(0, 0, 0)} \dfrac{yz}{x^2+y^2+z^2}$
20. $\lim\limits_{(x, y, z)\to(0, 0, 0)} \dfrac{\sin(x^2+y^2+z^2)}{\sqrt{x^2+y^2+z^2}}$

21. 設 $f(x, y)=\begin{cases} \dfrac{xy^4}{x^2+y^8}, & (x, y)\neq(0, 0) \\ 0, & (x, y)=(0, 0) \end{cases}$

　　求 (1) $\lim\limits_{x\to 0}[\lim\limits_{y\to 0} f(x, y)]$ (2) $\lim\limits_{y\to 0}[\lim\limits_{x\to 0} f(x, y)]$ (3) $\lim\limits_{(x, y)\to(0, 0)} f(x, y)$.

22. 利用極限的定義證明 $\lim\limits_{(x, y)\to(0, 0)} \dfrac{2xy^2}{x^2+y^2}=0$.

23. 試證 $\lim\limits_{(x, y)\to(0, 0)} \dfrac{3x^2-x^3+3y^2-y^3}{x^2+y^2}=3$.

24. 試求 $\lim\limits_{\substack{(x, y, z)\to(-1, 0, \pi) \\ (\text{沿} C)}} \dfrac{x^2+y^2+x}{z-\pi}$, 此處 C 為一圓螺旋線，其參數方程式為 $x=\cos t$, $y=\sin t$, $z=t$.

25. (1) 試證：若點 (x, y, z) 沿著直線 $x=at$, $y=bt$, $z=ct$ 趨近點 $(0, 0, 0)$, 則

$$\lim\limits_{(x, y, z)\to(0, 0, 0)} \dfrac{xyz}{x^2+y^4+z^4}=0.$$

(2) 試證 $\lim\limits_{(x,y,z)\to(0,0,0)} \dfrac{xyz}{x^2+y^4+z^4}$ 不存在，此處點 (x, y, z) 沿著曲線 $x=t^2$, $y=t$, $z=t$ 趨近點 $(0, 0, 0)$。

26. 試證 $\lim\limits_{(x,y,z)\to(1,2,-1)} \dfrac{(x+y+3z)^2}{(x-1)^2+(y-2)^2+(z+1)^2}$ 不存在。

討論 27～32 題中函數 f 的連續性。

27. $f(x, y) = \ln(1-x^2-y^2)$

28. $f(x, y) = \dfrac{xy}{x^2-y^2}$

29. $f(x, y) = \dfrac{1}{\sqrt{4-x^2-y^2}}$

30. $f(x, y, z) = \sqrt{xy} \tan z$

31. $f(x, y) = \begin{cases} \dfrac{\sin(xy)}{xy}, & xy \neq 0 \\ 1, & xy = 0 \end{cases}$

32. $f(x, y) = \begin{cases} \dfrac{x^2 y^3}{2x^2+y^2}, & (x, y) \neq (0, 0) \\ 1, & (x, y) = (0, 0) \end{cases}$

33. 令 $f(x, y) = \begin{cases} \dfrac{x^2-4y^2}{x-2y}, & x \neq 2y \\ g(x), & x = 2y \end{cases}$，若 f 在整個坐標平面為連續函數，試問函數 $g(x)$ 為何？

34. 設 $f(x, y) = \begin{cases} \dfrac{xy}{x^2+y^2}, & (x, y) \neq (0, 0) \\ 0, & (x, y) = (0, 0) \end{cases}$，試討論 $f(x, y)$ 在點 $(0, 0)$ 處的連續性。

∑ 13-3 偏導函數

對於單變數 x 的函數 $f(x)$，當我們探討 $f(x)$ 對於 x 的變化率時，並不含糊，因為 x 必受限制於 x-軸上移動；然而，當我們研究二變數函數變化率時，情況就變得複雜多了。例如，二變數函數 $z=f(x, y)$ 的定義域 D 為 xy-平面上的某區域，如圖 13-8 所示，若 $P(a, b)$ 為 $f(x, y)$ 定義域內任一點，則便有無限多個方向可以趨近該點 P，所以我們可求函數 f 在 P 點沿這些方向中任一方向時的變化率。

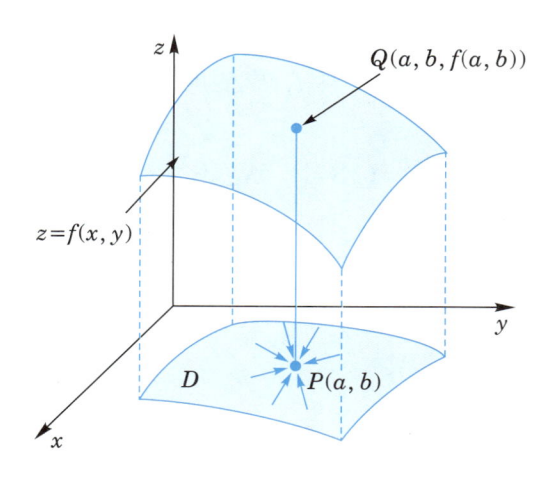

圖 13-8

然而，我們並不探討此一般性的問題，而僅研究 $f(x, y)$ 在 $P(a, b)$ 沿著 x-軸方向或 y-軸方向的變化率。令 $y=b$，而 b 為常數，則 $f(x, b)$ 就變成 x 的單變數函數，亦即，$g(x)=f(x, b)$。若函數 g 在 $x=a$ 有導數，則我們稱它為 **f 對 x 在點 (a, b) 的偏導數**且記為 $f_x(a, b)$，於是

$$f_x(a, b)=g'(a)，此處 g(x)=f(x, b)$$

依導數的定義，我們知

$$g'(a)=\lim_{h \to 0} \frac{g(a+h)-g(a)}{h}$$

所以，
$$f_x(a, b)=\lim_{h \to 0} \frac{f(a+h, b)-f(a, b)}{h} \tag{13-3}$$

符號 $f_x(a, b)$ 亦可記為 $\left.\dfrac{\partial z}{\partial x}\right|_{(a, b)}$ 或 $\left.\dfrac{\partial f}{\partial x}\right|_{(a, b)}$。

同理，令 $x=a$，則 $f(a, y)$ 就變成 y 的單變數函數，亦即，$h(y)=f(a, y)$。若函數 h 在 $y=b$ 有導數，則我們稱它為 **f 對 y 在點 (a, b) 的偏導數**且記為 $f_y(a, b)$。於是，

$$f_y(a, b)=h'(b)，此處 h(y)=f(a, y)$$

所以，
$$f_y(a, b)=\lim_{h \to 0} \frac{f(a, b+h)-f(a, b)}{h} \tag{13-4}$$

符號 $f_y(a, b)$ 亦可記為 $\left.\dfrac{\partial z}{\partial y}\right|_{(a, b)}$ 或 $\left.\dfrac{\partial f}{\partial y}\right|_{(a, b)}$．

如果我們讓點 (a, b) 變動，f_x 與 f_y 就變成兩個變數的函數．

【例題 1】 利用 (13-3) 及 (13-4) 式

設 $f(x, y)=\begin{cases}(x^2+y^2)\sin\dfrac{1}{x^2+y^2}, & (x, y)\neq(0, 0)\\ 0, & (x, y)=(0, 0)\end{cases}$

求 $f_x(0, 0)$ 及 $f_y(0, 0)$．

【解】 $f_x(0, 0)=\lim\limits_{h\to 0}\dfrac{f(0+h, 0)-f(0, 0)}{h}=\lim\limits_{h\to 0}\dfrac{h^2\sin\dfrac{1}{h^2}}{h}$

$=\lim\limits_{h\to 0} h\sin\dfrac{1}{h^2}=0$

$f_y(0, 0)=\lim\limits_{h\to 0}\dfrac{f(0, 0+h)-f(0, 0)}{h}=\lim\limits_{h\to 0}\dfrac{h^2\sin\dfrac{1}{h^2}}{h}$

$=\lim\limits_{h\to 0} h\sin\dfrac{1}{h^2}=0$

定義 13.5

若 $f(x, y)$ 為二變數函數，則 f 對 x 的偏導函數 f_x 與 f 對 y 的偏導函數 f_y，分別定義如下：

$$f_x(x, y)=\lim_{h\to 0}\dfrac{f(x+h, y)-f(x, y)}{h}$$

$$f_y(x, y)=\lim_{h\to 0}\dfrac{f(x, y+h)-f(x, y)}{h}$$

倘若極限存在．

欲求 $f_x(x, y)$，我們視 y 為常數而依一般的方法，將 $f(x, y)$ 對 x 微分；同理，欲求 $f_y(x, y)$，可視 x 為常數而將 $f(x, y)$ 對 y 微分．例如，若 $f(x, y)=3xy^2$，則

$f_x(x, y)=3y^2$, $f_y(x, y)=6xy$. 求偏導函數的過程稱為 **偏微分**。

其他偏導函數的記號為

$$f_x = \frac{\partial f}{\partial x}, \quad f_y = \frac{\partial f}{\partial y}$$

若 $z=f(x, y)$，則寫成

$$f_x(x, y) = \frac{\partial}{\partial x} f(x, y) = \frac{\partial z}{\partial x} = z_x$$

$$f_y(x, y) = \frac{\partial}{\partial y} f(x, y) = \frac{\partial z}{\partial y} = z_y$$

定理 13.3

若 $u=u(x, y)$，$v=v(x, y)$，且 u 與 v 的偏導函數皆存在，r 為實數，則

(1) $\dfrac{\partial}{\partial x}(u \pm v) = \dfrac{\partial u}{\partial x} \pm \dfrac{\partial v}{\partial x}$ $\qquad \dfrac{\partial}{\partial y}(u \pm v) = \dfrac{\partial u}{\partial y} \pm \dfrac{\partial v}{\partial y}$

(2) $\dfrac{\partial}{\partial x}(cu) = c \dfrac{\partial u}{\partial x}$ $\qquad \dfrac{\partial}{\partial y}(cu) = c \dfrac{\partial u}{\partial y}$ （c 為常數）

(3) $\dfrac{\partial}{\partial x}(uv) = u \dfrac{\partial v}{\partial x} + v \dfrac{\partial u}{\partial x}$ $\qquad \dfrac{\partial}{\partial y}(uv) = u \dfrac{\partial v}{\partial y} + v \dfrac{\partial u}{\partial y}$

(4) $\dfrac{\partial}{\partial x}\left(\dfrac{u}{v}\right) = \dfrac{v \dfrac{\partial u}{\partial x} - u \dfrac{\partial v}{\partial x}}{v^2}$ $\qquad \dfrac{\partial}{\partial y}\left(\dfrac{u}{v}\right) = \dfrac{v \dfrac{\partial u}{\partial y} - u \dfrac{\partial v}{\partial y}}{v^2}$

(5) $\dfrac{\partial}{\partial x}(u^r) = r u^{r-1} \dfrac{\partial u}{\partial x}$ $\qquad \dfrac{\partial}{\partial y}(u^r) = r u^{r-1} \dfrac{\partial u}{\partial y}$。

【例題 2】 利用定理 13.3

已知函數 $f(x, y)=x^2-xy^2+y^3$，求 $\dfrac{\partial f}{\partial x}$ 與 $\dfrac{\partial f}{\partial y}$。$f$ 在點 $(1, 3)$ 沿著 x 方向的變化率為何？f 在點 $(1, 3)$ 沿著 y 方向的變化率為何？

【解】 $\dfrac{\partial f}{\partial x}=2x-y^2$，$\dfrac{\partial f}{\partial y}=-2xy+3y^2$

f 在點 (1, 3) 沿著 x 方向的變化率為

$$f_x(1, 3) = \frac{\partial f}{\partial x}\bigg|_{(1, 3)} = 2 - 3^2 = -7$$

亦即，當 y 恆為 3 時，在 x 方向每增加 1 單位，函數 f 便減少 7 單位。f 在點 (1, 3) 沿著 y 方向的變化率為

$$f_y(1, 3) = \frac{\partial f}{\partial y}\bigg|_{(1, 3)} = -2(1)(3) + 3(3)^2 = 21$$

亦即，當 x 恆為 1 時，在 y 方向每增加 1 單位，函數 f 便增加 21 單位。

【例題 3】 利用定理 13.3

若 $f(x, y) = xe^{x^2y}$，求 $f_x(x, y)$ 與 $f_y(x, y)$。

【解】 $f_x(x, y) = \dfrac{\partial}{\partial x}(xe^{x^2y}) = x\dfrac{\partial}{\partial x}(e^{x^2y}) + e^{x^2y}\dfrac{\partial}{\partial x}(x)$

$\qquad\qquad = xe^{x^2y}(2xy) + e^{x^2y}$

$\qquad\qquad = e^{x^2y}(2x^2y + 1)$

$f_y(x, y) = \dfrac{\partial}{\partial y}(xe^{x^2y}) = x\dfrac{\partial}{\partial y}(e^{x^2y}) + e^{x^2y}\dfrac{\partial}{\partial y}(x)$

$\qquad\qquad = xe^{x^2y}\dfrac{\partial}{\partial y}(x^2y)$

$\qquad\qquad = xe^{x^2y}x^2$

$\qquad\qquad = x^3e^{x^2y}$

【例題 4】 利用定理 13.3

若 $z = x^2 \sin(xy^2)$，求 $\dfrac{\partial z}{\partial x}$ 與 $\dfrac{\partial z}{\partial y}$。

【解】 $\dfrac{\partial z}{\partial x} = \dfrac{\partial}{\partial x}[x^2 \sin(xy^2)] = x^2 \dfrac{\partial}{\partial x}\sin(xy^2) + \sin(xy^2)\dfrac{\partial}{\partial x}(x^2)$

$\qquad\qquad = x^2 \cos(xy^2)y^2 + \sin(xy^2)(2x)$

$\qquad\qquad = x^2y^2 \cos(xy^2) + 2x \sin(xy^2)$

$$\frac{\partial z}{\partial y} = \frac{\partial}{\partial y}[x^2 \sin(xy^2)] = x^2 \frac{\partial}{\partial y}\sin(xy^2) + \sin(xy^2)\frac{\partial}{\partial y}(x^2)$$

$$= x^2 \cos(xy^2)(2xy) + \sin(xy^2) \cdot 0$$
$$= 2x^3 y \cos(xy^2)$$

【例題 5】 利用微積分基本定理

若 $f(x, y) = \int_x^y (2t+1)\, dt + \int_y^x (2t-1)\, dt$,求 $\dfrac{\partial f}{\partial x}$ 與 $\dfrac{\partial f}{\partial y}$.

【解】 $\dfrac{\partial f}{\partial x} = \dfrac{\partial}{\partial x}\int_x^y (2t+1)\, dt + \dfrac{\partial}{\partial x}\int_y^x (2t-1)\, dt$

$$= -\frac{\partial}{\partial x}\int_y^x (2t+1)\, dt + \frac{\partial}{\partial x}\int_y^x (2t-1)\, dt$$

$$= -(2x+1) + (2x-1) = -2$$

$$\frac{\partial f}{\partial y} = \frac{\partial}{\partial y}\int_x^y (2t+1)\, dt + \frac{\partial}{\partial y}\int_y^x (2t-1)\, dt$$

$$= (2y+1) - \frac{\partial}{\partial y}\int_x^y (2t-1)\, dt = (2y+1) - (2y-1) = 2.$$

【例題 6】 利用隱偏微分法

若方程式 $yz + \ln z = x - y$ 定義 z 為二自變數 x 與 y 的函數且偏導函數存在,求 $\dfrac{\partial z}{\partial x}$.

【解】 $\dfrac{\partial}{\partial x}(yz + \ln z) = \dfrac{\partial}{\partial x}(x - y)$

$$\frac{\partial}{\partial x}(yz) + \frac{\partial}{\partial x}\ln z = \frac{\partial x}{\partial x} - \frac{\partial y}{\partial x}$$

可得 $y\dfrac{\partial z}{\partial x} + \dfrac{1}{z}\dfrac{\partial z}{\partial x} = 1 - 0 = 1$

即 $\left(y + \dfrac{1}{z}\right)\dfrac{\partial z}{\partial x} = 1$

故 $$\frac{\partial z}{\partial x}=\frac{z}{yz+1}.$$

【例題 7】 利用偏導數

電阻分別為 R_1 歐姆與 R_2 歐姆的兩個電阻器並聯後的總電阻為 R（以歐姆計），其關係如下：

$$\frac{1}{R}=\frac{1}{R_1}+\frac{1}{R_2}$$

若 $R_1=10$ 歐姆，$R_2=15$ 歐姆時，求 R 對 R_2 的變化率。

【解】 $\dfrac{\partial}{\partial R_2}\left(\dfrac{1}{R}\right)=\dfrac{\partial}{\partial R_2}\left(\dfrac{1}{R_1}+\dfrac{1}{R_2}\right)$，可得

$$-\frac{1}{R^2}\frac{\partial R}{\partial R_2}=0-\frac{1}{R_2^2}=-\frac{1}{R_2^2},$$

故 $\dfrac{\partial R}{\partial R_2}=\dfrac{R^2}{R_2^2}=\left(\dfrac{R}{R_2}\right)^2.$

當 $R_1=10$，$R_2=15$ 時，

$$\frac{1}{R}=\frac{1}{10}+\frac{1}{15}=\frac{3+2}{30}=\frac{5}{30}=\frac{1}{6}, \text{ 可得 } R=6,$$

故 $\dfrac{\partial R}{\partial R_2}\bigg|_{R_2=15,\ R=6}=\left(\dfrac{6}{15}\right)^2=\left(\dfrac{2}{5}\right)^2=\dfrac{4}{25}.$

就單變數函數 $y=f(x)$ 而言，在幾何上，$f'(x_0)$ 意指曲線 $y=f(x)$ 在點 (x_0, y_0) 之切線的斜率。今討論二變數函數 $z=f(x, y)$ 之偏導數的幾何意義。

已知曲面 $z=f(x, y)$，若平面 $y=y_0$ 與曲面相交所成的曲線 C_1 通過 P 點，如圖 13-9 所示，則

$$f_x(x_0, y_0)=\lim_{h\to 0}\frac{f(x_0+h, y_0)-f(x_0, y_0)}{h}$$

代表曲線 C_1 在 $P(x_0, y_0, z_0)$ 沿著 x 方向之切線的斜率。又 C_1 通過 P 點，且在平面 $y=y_0$ 上，故它在 P 點之切線的方程式為

$$\begin{cases} y=y_0 \\ z-z_0=f_x(x_0,\ y_0)(x-x_0) \end{cases} \tag{13-5}$$

同理，若平面 $x=x_0$ 與曲面相交所成的曲線 C_2 通過 P 點，如圖 13-10 所示，則

$$f_y(x_0,\ y_0)=\lim_{h\to 0}\frac{f(x_0,\ y_0+h)-f(x_0,\ y_0)}{h}$$

代表曲線 C_2 在 $P(x_0,\ y_0,\ z_0)$ 沿著 y 方向之切線的斜率。又 C_2 通過 P 點，且在平面 $x=x_0$ 上，故它在 P 點之切線的方程式為

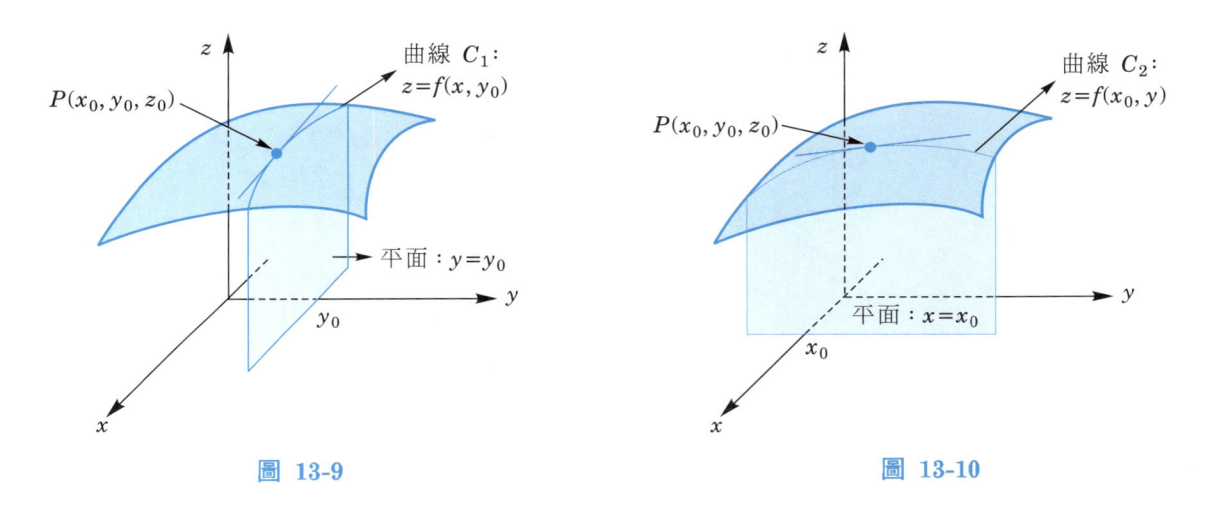

圖 13-9

圖 13-10

$$\begin{cases} x=x_0 \\ z-z_0=f_y(x_0,\ y_0)(y-y_0) \end{cases} \tag{13-6}$$

【例題 8】 利用 (13-5) 式

求球面 $x^2+y^2+z^2=9$ 與平面 $y=2$ 的交線在點 $(1,\ 2,\ 2)$ 的切線方程式.

【解】 因 $z=f(x,\ y)=\sqrt{9-x^2-y^2}$，可知切線在點 $(1,\ 2,\ 2)$ 沿著 x-軸方向的斜率為

$$f_x(1,\ 2)=\frac{-x}{\sqrt{9-x^2-y^2}}\bigg|_{(1,\ 2)}=-\frac{1}{2}$$

故所求的切線方程式為

$$\begin{cases} y=2 \\ z-2=-\dfrac{1}{2}(x-1) \end{cases}$$

即 $\begin{cases} y=2 \\ x+2z=5 \end{cases}$．

假設函數 $f(x, y)$ 在 xy-平面上包含點 (x_0, y_0) 的某區域內部具有連續偏導函數，則在曲面 $z=f(x, y)$ 上一點 $P(x_0, y_0, z_0)$ 的切平面為通過 P 點之一平面且包含下列兩曲線 (如圖 13-11 所示)：

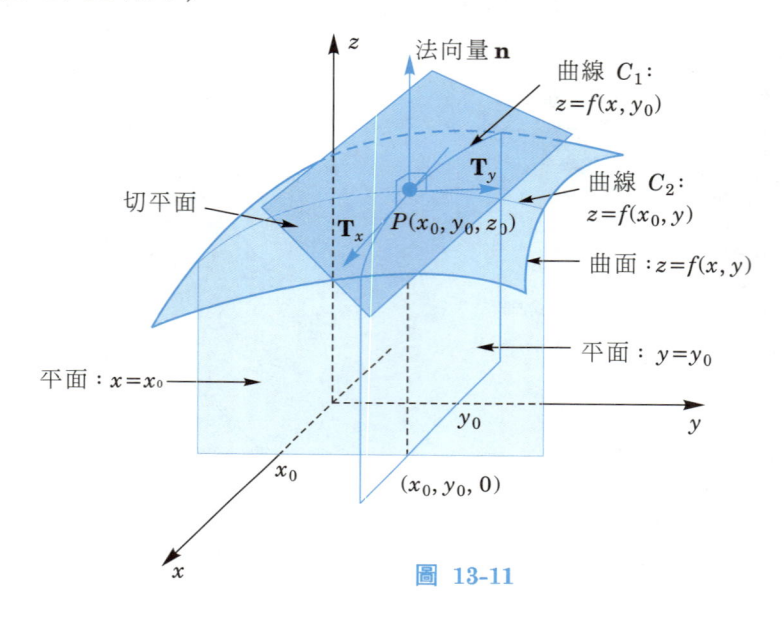

圖 13-11

$$z=f(x, y_0),\ y=y_0 \tag{13-7}$$

與

$$z=f(x_0, y),\ x=x_0 \tag{13-8}$$

的切線．

為了求得切平面的方程式，需要一向量 $\mathbf{n}$ 垂直於此一平面．我們可利用曲線 (13-7) 與 (13-8) 在 P 點之切向量的叉積求得此向量，此向量就稱為平面的 **法向量**．

由於曲線 (13-7) 之切線的斜率為 $f_x(x_0, y_0)$，故令

$$\mathbf{T}_x = \mathbf{i} + f_x(x_0, y_0)\mathbf{k}$$

為在 P 點沿著 x-軸方向的切向量，如圖 13-12(ⅰ) 所示．

同理，曲線 (13-8) 之切線的斜率為 $f_y(x_0, y_0)$，故令

$$\mathbf{T}_y = \mathbf{j} + f_y(x_0, y_0)\mathbf{k}$$

為在 P 點沿著 y-軸方向的切向量,如圖 13-12(ii) 所示.

由兩向量叉積的定義知,$\mathbf{n} = \mathbf{T}_x \times \mathbf{T}_y$ 垂直於切平面.

$$\mathbf{n} = \begin{vmatrix} \mathbf{i} & \mathbf{j} & \mathbf{k} \\ 1 & 0 & f_x(x_0, y_0) \\ 0 & 1 & f_y(x_0, y_0) \end{vmatrix} = -f_x(x_0, y_0)\mathbf{i} - f_y(x_0, y_0)\mathbf{j} + \mathbf{k}$$

故求得切平面的法向量 $\mathbf{n}$ 為

(i)　　　　　　　　　　　　(ii)

圖 13-12

$$<-f_x(x_0, y_0),\ -f_y(x_0, y_0),\ 1>$$

或

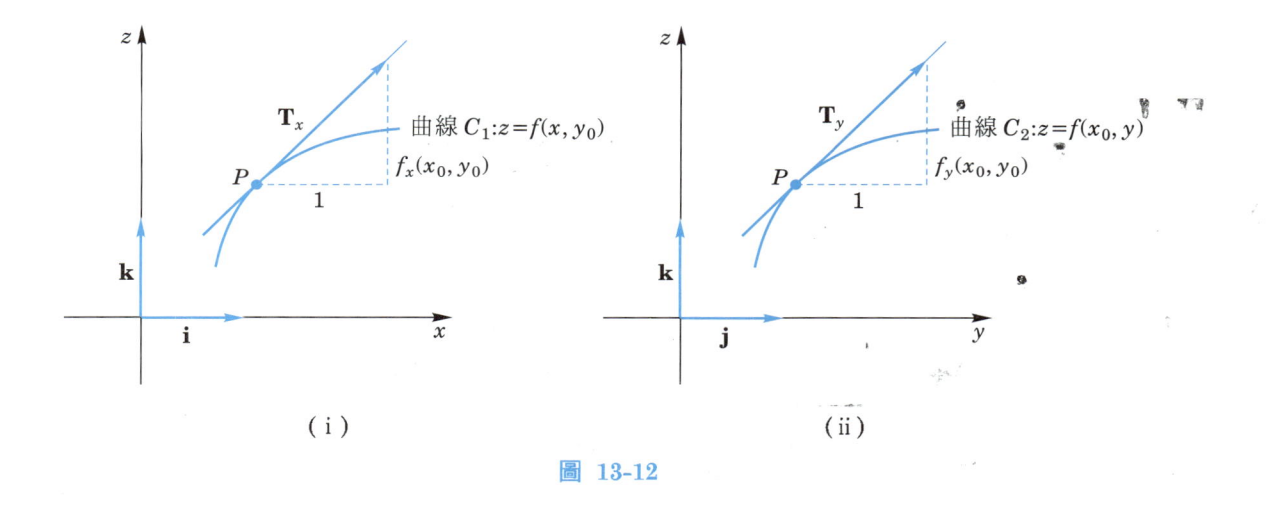

$$<f_x(x_0, y_0),\ f_y(x_0, y_0),\ -1>$$

可得切平面的方程式為

$$z - f(x_0, y_0) = f_x(x_0, y_0)(x - x_0) + f_y(x_0, y_0)(y - y_0).$$

定理 13.4

曲面 $z = f(x, y)$ 在點 (x_0, y_0, z_0) 之切平面方程式為

$$z - z_0 = f_x(x_0, y_0)(x - x_0) + f_y(x_0, y_0)(y - y_0)$$

【例題 9】 利用定理 13.4

求曲面 $z=f(x, y)=x\cos y - ye^x$ 在點 $(0, 0, 0)$ 的切平面方程式.

【解】 首先求 $f_x(0, 0)$ 與 $f_y(0, 0)$. 因為

$$f_x(x, y)=\cos y - ye^x, \quad f_y(x, y)=-x\sin y - e^x,$$

所以,

$$f_x(0, 0)=1, \quad f_y(0, 0)=-1$$

求得切平面方程式為

$$z-0=1(x-0)-1(y-0) \quad \text{或} \quad x-y-z=0.$$

由於一階偏導函數 f_x 與 f_y 皆為 x 與 y 的函數, 所以, 可以再對 x 或 y 微分. f_x 與 f_y 的偏導函數稱為 f 的**二階偏導函數**, 如下所示:

$$(f_x)_x = f_{xx} = \frac{\partial f_x}{\partial x} = \frac{\partial}{\partial x}\left(\frac{\partial f}{\partial x}\right) = \frac{\partial^2 f}{\partial x^2}$$

$$(f_x)_y = f_{xy} = \frac{\partial f_x}{\partial y} = \frac{\partial}{\partial y}\left(\frac{\partial f}{\partial x}\right) = \frac{\partial^2 f}{\partial y \partial x}$$

$$(f_y)_x = f_{yx} = \frac{\partial f_y}{\partial x} = \frac{\partial}{\partial x}\left(\frac{\partial f}{\partial y}\right) = \frac{\partial^2 f}{\partial x \partial y}$$

$$(f_y)_y = f_{yy} = \frac{\partial f_y}{\partial y} = \frac{\partial}{\partial y}\left(\frac{\partial f}{\partial y}\right) = \frac{\partial^2 f}{\partial y^2}$$

讀者應注意, 在 f_{xy} 中的 x 與 y 的順序是先對 x 作偏微分, 再對 y 作偏微分. 但在 $\partial^2 f/\partial x \partial y$ 中, 是先對 y 作偏微分, 再對 x 作偏微分.

【例題 10】 計算二階偏導函數

若 $w=e^x+x\ln y+y\ln x$, 試證 $w_{xy}=w_{yx}$.

【解】 $w_x = \dfrac{\partial}{\partial x}(e^x+x\ln y+y\ln x) = e^x+\ln y+\dfrac{y}{x}$

$$w_{xy} = \frac{\partial}{\partial y}\left(e^x + \ln y + \frac{y}{x}\right) = \frac{1}{y} + \frac{1}{x}$$

$$w_y = \frac{\partial}{\partial y}(e^x + x \ln y + y \ln x) = \frac{x}{y} + \ln x$$

$$w_{yx} = \frac{\partial}{\partial x}\left(\frac{x}{y} + \ln x\right) = \frac{1}{y} + \frac{1}{x}$$

故 $w_{xy} = w_{yx}$.

下面定理給出二變數函數的混合二階偏導數相等的充分條件.

定理 13.5

若 f, f_x, f_y, f_{xy} 與 f_{yx} 在開區域 R 皆為連續, 則對 R 中任一點 (a, b),

$$f_{xy}(a, b) = f_{yx}(a, b).$$

證明見附錄.

讀者應注意, 各階偏導函數若不連續, 有可能 $f_{xy}(x, y) \neq f_{yx}(x, y)$, 見下面的例題.

【例題 11】 利用偏導數的定義

設 $f(x, y) = \begin{cases} \dfrac{xy(x^2 - y^2)}{x^2 + y^2}, & \text{若 } (x, y) \neq (0, 0) \\ 0, & \text{若 } (x, y) = (0, 0) \end{cases}$

試證 $f_{xy}(0, 0) \neq f_{yx}(0, 0)$.

【解】 $f_x(0, y) = \lim\limits_{h \to 0} \dfrac{f(0+h, y) - f(0, y)}{h} = \lim\limits_{h \to 0} \dfrac{\dfrac{hy(h^2 - y^2)}{h^2 + y^2} - 0}{h}$

$= \lim\limits_{h \to 0} \dfrac{y(h^2 - y^2)}{h^2 + y^2} = -y$

$f_{xy}(0, 0) = \lim\limits_{h \to 0} \dfrac{f_x(0, 0+h) - f_x(0, 0)}{h} = \lim\limits_{h \to 0} \dfrac{-h - 0}{h} = -1$

$f_y(x, 0) = \lim\limits_{h \to 0} \dfrac{f(x, 0+h) - f(x, 0)}{h} = \lim\limits_{h \to 0} \dfrac{\dfrac{xh(x^2 - h^2)}{x^2 + h^2} - 0}{h}$

$$= \lim_{h \to 0} \frac{x(x^2-h^2)}{x^2+h^2} = x$$

$$f_{yx}(0, 0) = \lim_{h \to 0} \frac{f_y(0+h, 0) - f_y(0, 0)}{h} = \lim_{h \to 0} \frac{h-0}{h} = 1$$

故 $f_{xy}(0, 0) \neq f_{yx}(0, 0)$。

有關三階或更高階的偏導函數可仿照二階的情形，依此類推。例如：

$$f_{xxx} = \frac{\partial}{\partial x}\left(\frac{\partial^2 f}{\partial x^2}\right) = \frac{\partial^3 f}{\partial x^3}, \quad f_{xxy} = \frac{\partial}{\partial y}\left(\frac{\partial^2 f}{\partial x^2}\right) = \frac{\partial^3 f}{\partial y \partial x^2},$$

$$f_{xyy} = \frac{\partial}{\partial y}\left(\frac{\partial^2 f}{\partial y \partial x}\right) = \frac{\partial^3 f}{\partial y^2 \partial x}, \quad f_{yyy} = \frac{\partial}{\partial y}\left(\frac{\partial^2 f}{\partial y^2}\right) = \frac{\partial^3 f}{\partial y^3}.$$

對於三變數函數 $f(x, y, z)$ 而言，欲求 $f_x(x, y, z)$，我們視 y 與 z 為常數而將 $f(x, y, z)$ 對 x 微分；欲求 $f_y(x, y, z)$，可視 x 與 z 為常數而將 $f(x, y, z)$ 對 y 微分；欲求 $f_z(x, y, z)$，可視 x 與 y 為常數而將 $f(x, y, z)$ 對 z 微分。

【例題 12】 計算偏導函數

若 $f(x, y, z) = x^2 \sin y + y e^{xz}$，則
$f_x(x, y, z) = 2x \sin y + yz e^{xz}$
$f_y(x, y, z) = x^2 \cos y + e^{xz}$
$f_z(x, y, z) = xy e^{xz}$
$f_y(1, 0, 1) = 1 + e$

【例題 13】 計算偏導函數

若 $u = (x^2 y + xy)^z$，求 $\dfrac{\partial u}{\partial x}$, $\dfrac{\partial u}{\partial y}$ 與 $\dfrac{\partial u}{\partial z}$。

【解】 $\dfrac{\partial u}{\partial x} = \dfrac{\partial}{\partial x}(x^2 y + xy)^z = z(x^2 y + xy)^{z-1} \dfrac{\partial}{\partial x}(x^2 y + xy)$
$\qquad = z(x^2 y + xy)^{z-1}(2xy + y)$

$\dfrac{\partial u}{\partial y} = \dfrac{\partial}{\partial y}(x^2 y + xy)^z = z(x^2 y + xy)^{z-1} \dfrac{\partial}{\partial y}(x^2 y + xy) = z(x^2 y + xy)^{z-1}(x^2 + x)$

$$\frac{\partial u}{\partial z} = \frac{\partial}{\partial z}(x^2y+xy)^z = (x^2y+xy)^z \ln(x^2y+xy).$$

若 $f(x, y, z)$ 為三變數的函數且具有連續二階偏導函數，則

$$\frac{\partial^2 f}{\partial x \partial y} = \frac{\partial^2 f}{\partial y \partial x}, \quad \frac{\partial^2 f}{\partial x \partial z} = \frac{\partial^2 f}{\partial z \partial x}, \quad 且 \quad \frac{\partial^2 f}{\partial y \partial z} = \frac{\partial^2 f}{\partial z \partial y}.$$

【例題 14】 計算混合偏導函數

若 $w = \rho^2 \cos\phi \sin\theta$，則
$w_\rho = 2\rho \cos\phi \sin\theta$, $w_{\rho\phi} = -2\rho \sin\phi \sin\theta$,
$w_\phi = -\rho^2 \sin\phi \sin\theta$, $w_{\phi\rho} = -2\rho \sin\phi \sin\theta$.

我們回憶一下，對單變數函數 $y = f(x)$ 而言，若 x 自 a 變至 $a + \Delta x$，則 y 的增量為

$$\Delta y = f(a + \Delta x) - f(a)$$

我們也曾在第 2 章中提過，若 f 在 a 為可微分，則

$$\Delta y = f'(a) \Delta x + \varepsilon \Delta x$$

其中當 $\Delta x \to 0$ 時，$\varepsilon \to 0$。

現在，考慮二變數函數 $z = f(x, y)$，若 x 自 a 變至 $a + \Delta x$ 而 y 自 b 變至 $b + \Delta y$，則 z 的**增量**為

$$\Delta z = f(a + \Delta x, b + \Delta y) - f(a, b)$$

定理 13.6

設 f_x 與 f_y 在各邊皆平行於坐標軸且包含點 (a, b) 與 $(a + \Delta x, b + \Delta y)$ 之矩形區域 R 中各點皆存在，又 f_x 與 f_y 在點 (a, b) 皆為連續，並令 $\Delta z = f(a + \Delta x, b + \Delta y) - f(a, b)$ 則

$$\Delta z = f_x(a, b) \Delta x + f_y(a, b) \Delta y + \varepsilon_1 \Delta x + \varepsilon_2 \Delta y$$

此處 ε_1 與 ε_2 皆為 Δx 與 Δy 的函數，當 $(\Delta x, \Delta y) \to (0, 0)$ 時，$\varepsilon_1 \to 0$, $\varepsilon_2 \to 0$。

證明見附錄。

對於單變數函數，"可微分" 一詞的意義為導數存在。至於二變數函數，我們使用

下面定義中所述的較強條件.

> **定義 13.6**
>
> 令 $z=f(x, y)$，若 Δz 可以表成
> $$\Delta z = f_x(a, b)\Delta x + f_y(a, b)\Delta y + \varepsilon_1 \Delta x + \varepsilon_2 \Delta y,$$
> 則 f 在點 (a, b) 為**可微分**，此處 ε_1 與 ε_2 皆為 Δx 與 Δy 的函數，當 $(\Delta x, \Delta y) \to (0, 0)$ 時，$\varepsilon_1 \to 0$，$\varepsilon_2 \to 0$.

【例題 15】 利用定義 13.6

試證函數 $z=f(x, y)=x^2-5xy$ 在點 $P(1, 2)$ 為可微分.

【解】 $\Delta z = f(1+\Delta x, 2+\Delta y) - f(1, 2) = (1+\Delta x)^2 - 5(1+\Delta x)(2+\Delta y) - (-9)$
$= 2\Delta x + \Delta x^2 - 5\Delta y - 10\Delta x - 5\Delta x \Delta y$
$= (2-10)\Delta x + (-5)\Delta y + \Delta x \cdot \Delta x + (-5\Delta x)(\Delta y)$
$= f_x(1, 2)\Delta x + f_y(1, 2)\Delta y + \varepsilon_1 \Delta x + \varepsilon_2 \Delta y.$

此處當 $(\Delta x, \Delta y) \to (0, 0)$ 時，$\varepsilon_1 = \Delta x$ 與 $\varepsilon_2 = -5\Delta x$ 皆趨近 0，故 $f(x, y) = x^2 - 5xy$ 在點 $P(1, 2)$ 為可微分.

若二變數函數 f 在區域 R 的每一點皆為可微分，則稱 f 在區域 R 為可微分. 下面定理可直接由定理 13.6 與定義 13.6 得到，其中"矩形區域"為定理 13.6 所述類型的區域.

> **定理 13.7　可微分的充分條件**
>
> 若二變數函數 f 的偏導函數 f_x 與 f_y 在矩形區域 R 皆為連續，則 f 在 R 為可微分.

> **定理 13.8　可微分蘊涵連續**
>
> 若二變數函數 f 在點 (a, b) 為可微分，則 f 在點 (a, b) 為連續.

證　我們首先將定義 13.6 中的 Δz 寫成如下：
$$\Delta z = [f_x(a, b) + \varepsilon_1]\Delta x + [f_y(a, b) + \varepsilon_2]\Delta y$$

令 $x=a+\Delta x$, $y=b+\Delta y$, 則

$$\Delta z = f(x, y) - f(a, b)$$
$$= [f_x(a, b) + \varepsilon_1](x-a) + [f_y(a, b) + \varepsilon_2](y-b)$$

所以,
$$\lim_{(x, y) \to (a, b)} [f(x, y) - f(a, b)] = 0$$

或
$$\lim_{(x, y) \to (a, b)} f(x, y) = f(a, b)$$

因此, f 在點 (a, b) 為連續.

【例題 16】 利用偏導數的定義

令 $f(x, y) = \begin{cases} \dfrac{xy}{x^2+y^2}, & \text{若 } (x, y) \neq (0, 0) \\ 0, & \text{若 } (x, y) = (0, 0) \end{cases}$

試證 $f_x(0, 0)$, $f_y(0, 0)$ 皆存在, 但 f 在點 $(0, 0)$ 不可微分.

【解】 $f_x(0, 0) = \lim\limits_{h \to 0} \dfrac{f(h, 0) - f(0, 0)}{h} = \lim\limits_{h \to 0} \dfrac{0-0}{h} = 0$

$f_y(0, 0) = \lim\limits_{h \to 0} \dfrac{f(0, h) - f(0, 0)}{h} = \lim\limits_{h \to 0} \dfrac{0-0}{h} = 0$

當點 (x, y) 沿著直線 $y=x$ 趨近點 $(0, 0)$ 時,

$$\lim_{(x, y) \to (0, 0)} \dfrac{xy}{x^2+y^2} = \lim_{x \to 0} \dfrac{x^2}{x^2+x^2} = \dfrac{1}{2}$$

當點 (x, y) 沿著直線 $y=2x$ 趨近點 $(0, 0)$ 時,

$$\lim_{(x, y) \to (0, 0)} \dfrac{xy}{x^2+y^2} = \lim_{x \to 0} \dfrac{2x^2}{x^2+4x^2} = \dfrac{2}{5}$$

可知 $\lim\limits_{(x, y) \to (0, 0)} \dfrac{xy}{x^2+y^2}$ 不存在,

故 f 在點 $(0, 0)$ 為不連續, 當然不可微分.

我們將二變數函數的可微分定義推廣至三變數函數。

定義 13.7

令 $w=f(x, y, z)$，若 Δw 可以表成

$$\Delta w = f_x(a, b, c)\Delta x + f_y(a, b, c)\Delta y + f_z(a, b, c)\Delta z$$
$$+ \varepsilon_1 \Delta x + \varepsilon_2 \Delta y + \varepsilon_3 \Delta z,$$

則 f 在點 (a, b, c) 為可微分，此處 ε_1, ε_2 與 ε_3 皆為 Δx, Δy 與 Δz 的函數，且當 $(\Delta x, \Delta y, \Delta z) \to (0, 0, 0)$ 時，$\varepsilon_1 \to 0$, $\varepsilon_2 \to 0$, $\varepsilon_3 \to 0$。

習題 13.3

在 1～12 題中，求函數 f 的一階偏導函數。

1. $f(x, y) = \sqrt{3x^2 + y^2}$

2. $f(x, y) = \ln(x^2 - y^2)$

3. $f(x, y) = \tan^{-1}\left(\dfrac{y^2}{x}\right)$

4. $f(x, y, t) = \dfrac{x^2 - t^2}{1 + \sin 3y}$

5. $f(x, y, z) = (y^2 + z^2)^x$

6. $f(x, y, z) = xe^z - ye^x + ze^{-y}$

7. $f(x, y, z) = x^{y/z}$

8. $f(x, y) = \displaystyle\int_x^y \dfrac{e^t}{t}\, dt$

9. $f(x, y) = xe^y - \sin\left(\dfrac{x}{y}\right) + x^3 y^2$

10. $f(x, y) = y^2 + \tan\left(ye^{1/x}\right)$

11. $f(x, y) = \displaystyle\int_x^{x+y} \cos t^2\, dt$

12. $f(x, y, z) = \displaystyle\int_z^x \sqrt{t^3 + 1}\, dt - \int_y^z \sqrt{t^3 + 1}\, dt$

13. 若 $f(x, y) = \displaystyle\sum_{n=0}^{\infty} (xy)^n$ ($|xy| < 1$)，求 $\dfrac{\partial f}{\partial x}$ 與 $\dfrac{\partial f}{\partial y}$。

14. 試證函數 $u = \ln(e^x + e^y + e^z)$ 滿足方程式 $\dfrac{\partial u}{\partial x} + \dfrac{\partial u}{\partial y} + \dfrac{\partial u}{\partial z} = 1$。

15. 試證函數 $f(x, y) = \sin xy$ 滿足方程式 $x\dfrac{\partial f(x, y)}{\partial x} - y\dfrac{\partial f(x, y)}{\partial y} = 0$。

16. 求曲面 $36z = 4x^2 + 9y^2$ 與平面 $x = 3$ 的交線在點 $(3, 2, 2)$ 之切線的斜率。

17. 求曲面 $2z=\sqrt{9x^2+9y^2-36}$ 與平面 $y=1$ 之交線在點 $\left(2, 1, \dfrac{3}{2}\right)$ 之切線的方程式．

18. 求曲面 $36z=4x^2+9y^2$ 與平面 $x=3$ 之交線在點 $(3, 2, 2)$ 之切線的方程式．

在 19～25 題中，求所予方程式的圖形在指定點 P 的切平面方程式．

19. $z=xe^{-y}$；$P(1, 0, 1)$
20. $z=\ln\sqrt{x^2+y^2}$；$P(-1, 0, 0)$
21. $z=2e^{-x}\sin y$；$P\left(0, \dfrac{\pi}{6}, 1\right)$
22. $z=e^x\ln y$；$P(3, 1, 0)$
23. $z=\sin(x+y)$；$P(1, -1, 0)$
24. $z=\ln(2x+y)$；$P(-1, 3, 0)$
25. $z=\ln\left(\dfrac{y-x}{y+x}\right)$；$P(0, e, 0)$

26. 求曲面 $z=9-x^2-y^2$ 在點 $(1, 2, 4)$ 之切平面與 xy-坐標平面的交線．
27. 求曲面 $z=-x^2+xy+2y^2$ 上一點使在該點的切平面平行於平面 $x-14y+z=4$．
28. 若 $z=(x^2+y^2)^{3/2}$，求 z_{xx}、z_{xy} 與 z_{yy}．
29. 若 $z=t\sin^{-1}\sqrt{x}$，求 z_{tt}、z_{tx} 與 z_{xx}．
30. 若 $V=y\ln(x^2+z^4)$，求 V_{zzy}．
31. 若 $w=\sin xyz$，求 $\dfrac{\partial^3 w}{\partial z\partial y\partial x}$．
32. 若 $f(x, y)=\tan^{-1}(xy)$，試證 $f_{xy}=f_{yx}$．
33. 若 $w=\tan uv+2\ln(u+v)$，試證 $w_{uvv}=w_{vuv}=w_{vvu}$．
34. 試證函數 $f(x, y)=\sin xy$ 滿足方程式 $x^2\dfrac{\partial^2 f}{\partial x^2}-y^2\dfrac{\partial^2 f}{\partial y^2}=0$．
35. 設 $f(x, t)=\displaystyle\int_0^{\frac{x}{\sqrt{2t}}} e^{-\frac{t^2}{2}}\,dt$，$x>0$，$t>0$，試證 $f(x, t)$ 滿足**熱方程式** $f_t=f_{xx}$．
36. 試證 $f(r, \theta)=r^n\sin n\theta$ 滿足 $f_{rr}+\left(\dfrac{1}{r}\right)f_r+\left(\dfrac{1}{r^2}\right)f_{\theta\theta}=0$．
    (此為極坐標中的拉普拉斯方程式)
37. 試證函數 $f_n(x, t)=\sin n\pi x\cos n\pi ct$ 滿足**波動方程式** $c^2\dfrac{\partial^2 f_n}{\partial x^2}=\dfrac{\partial^2 f_n}{\partial t^2}$，此處 n 為任意正整數，c 為任意常數．
38. 在絕對溫度 T，壓力 P 與體積 V 的情況下，理想氣體定律為：$PV=nRT$，此處 n 是氣體的莫耳數，R 是氣體常數．試證：$\dfrac{\partial P}{\partial V}\dfrac{\partial V}{\partial T}\dfrac{\partial T}{\partial P}=-1$．

39. 電阻分別爲 R_1 與 R_2 的兩個電阻器並聯後的總電阻 R (以歐姆計) 爲 $R = \dfrac{R_1 R_2}{R_1 + R_2}$，

    試證：$\left(\dfrac{\partial^2 R}{\partial R_1^2}\right)\left(\dfrac{\partial^2 R}{\partial R_2^2}\right) = \dfrac{4R^2}{(R_1+R_2)^4}$.

若 $\dfrac{\partial^2 f}{\partial x^2} + \dfrac{\partial^2 f}{\partial y^2} = 0$，則二變數 x 與 y 的函數 f 稱爲 **調和函數**。試證 40～43 題中各函數爲調和函數。

40. $f(x, y) = \ln\sqrt{x^2 + y^2}$
41. $f(x, y) = e^{-x}\cos y + e^{-y}\cos x$
42. $f(x, y) = \tan^{-1}(y/x)$
43. $f(x, y) = \sin x \cosh y + \cos x \sinh y$

在 44 與 45 題中，證明函數 u 與 v 皆滿足 **柯西-黎曼方程式**：$u_x = v_y$ 與 $u_y = -v_x$。

44. $u(x, y) = \dfrac{y}{x^2+y^2}$，$v(x, y) = \dfrac{x}{x^2+y^2}$.

45. $u(x, y) = e^x \cos y$，$v(x, y) = e^x \sin y$.

46. 試證 $z = f(x, y) = x^2 y - 1$ 爲可微分。

47. 設 $f(x, y) = \begin{cases} \dfrac{xy(1+y^2)}{x^2+y^2}, & 若 (x, y) \neq (0, 0) \\ 0, & 若 (x, y) = (0, 0) \end{cases}$，試證 f 在點 $(0, 0)$ 的偏導數存在，但 f 在點 $(0, 0)$ 不可微分。

48. 設 $f(x, y) = \begin{cases} \dfrac{x^2 y^2}{x^4+y^4}, & 若 (x, y) \neq (0, 0) \\ 0, & 若 (x, y) = (0, 0) \end{cases}$，試證 $f_x(0, 0)$ 與 $f_y(0, 0)$ 皆存在，但 f 在點 $(0, 0)$ 不可微分。

49. 設 $f(x, y) = \begin{cases} \dfrac{xy-1}{x^2+y^2-2}, & 若 x^2+y^2 \neq 2 \\ \dfrac{1}{2}, & 若 x^2+y^2 = 2 \end{cases}$，試證 $f_x(1, 1)$ 與 $f_y(1, 1)$ 皆存在，但 f 在點 $(1, 1)$ 不可微分。

50. 令 $f(x, y, z) = \begin{cases} \dfrac{xyz}{x^3+y^3+z^3}, & 若 (x, y, z) \neq (0, 0, 0) \\ 0, & 若 (x, y, z) = (0, 0, 0) \end{cases}$

    試證 $f_x(0, 0, 0)$、$f_y(0, 0, 0)$ 與 $f_z(0, 0, 0)$ 皆存在。

13-4　全微分

若 $y=f(x)$ 為可微分，則 $dy=f'(a)\,dx$ 代表沿著在點 $(a, f(a))$ 的切線時由 x 的變化 Δx 所產生的 y 變化，而 $\Delta y=f(a+\Delta x)-f(a)$ 代表沿著曲線 $y=f(x)$ 時由 x 的變化 Δx 所產生的 y 變化。同理，若 $z=f(x, y)$ 為二變數函數，則定義 dz 為沿著在曲面 $z=f(x, y)$ 上點 $(a, b, f(a, b))$ 的切平面時由 x 的變化 dx 與 y 的變化 dy 所產生的 z 變化。它與

$$\Delta z=f(a+\Delta x, b+\Delta y)-f(a, b)$$

大大不同，此式代表沿著曲面時由 x 的變化 Δx 與 y 的變化 Δy 所產生的 z 變化。dz 與 Δz 示於圖 13-13 中，其中 $dx=\Delta x$，$dy=\Delta y$。

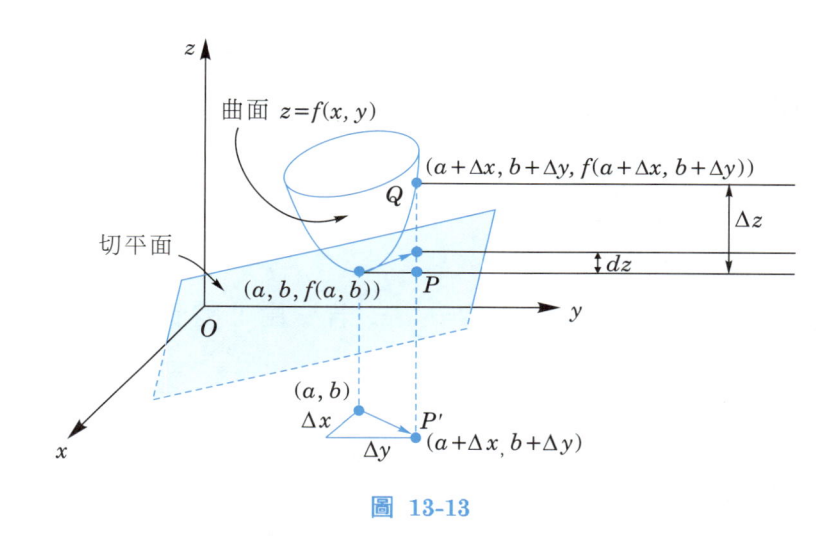

圖 13-13

令 $P(a, b, f(a, b))$ 為曲面 $z=f(x, y)$ 上的一點。假設 f 在點 (a, b) 為可微分，則曲面在 P 處有一切平面，其方程式為

$$z-f(a, b)=f_x(a, b)(x-a)+f_y(a, b)(y-b)$$

或

$$z=f(a, b)+f_x(a, b)(x-a)+f_y(a, b)(y-b)$$

當 (x, y) 由 (a, b) 變到 $(a+dx, b+dy)$ 時，切平面高度的變化為

$$dz=f_x(a, b)\,dx+f_y(a, b)\,dy$$

定義 13.8

令 $z=f(x, y)$，且 dx 與 dy 分別為 x 與 y 的微分，因變數 z 的**全微分**定義為

$$dz = f_x(x, y)\, dx + f_y(x, y)\, dy = \frac{\partial z}{\partial x} dx + \frac{\partial z}{\partial y} dy.$$

有時，記號 df 用來代替 dz。

若在定理 13.6 中以 (x, y) 代換 (a, b)，則可知

$$\Delta z - dz = \varepsilon_1 \Delta x + \varepsilon_2 \Delta y$$

此處當 $(\Delta x, \Delta y) \to (0, 0)$ 時，$\varepsilon_1 \to 0$，$\varepsilon_2 \to 0$。所以，若 $\Delta x \to 0$，$\Delta y \to 0$，則 $\Delta z - dz \approx 0$，即，

$$dz \approx \Delta z$$

此事實可以用來對 x 與 y 的微小變化求 z 的變化之近似值。所以，

$$f(a+dx, b+dy) \approx f(a, b) + dz \tag{13-9}$$

【例題 1】 利用全微分

設 $z = f(x, y) = x^3 + xy - y^2$，求全微分 dz。若 x 由 2 變到 2.05，且 y 由 3 變到 2.96，計算 Δz 與 dz 的值。

【解】 $dz = \dfrac{\partial z}{\partial x} dx + \dfrac{\partial z}{\partial y} dy = (3x^2 + y)dx + (x - 2y)dy$

取 $x = 2$, $y = 3$, $dx = \Delta x = 0.05$, $dy = \Delta y = -0.04$，可得

$$\Delta z = f(2.05, 2.96) - f(2, 3)$$
$$= [(2.05)^3 + (2.05)(2.96) - (2.96)^2] - (8 + 6 - 9)$$
$$= 0.921525$$

$$dz = f_x(2, 3)(0.05) + f_y(2, 3)(-0.04)$$
$$= [3(2^2) + 3](0.05) + [2 - 2(3)](-0.04)$$
$$= 0.91.$$

【例題 2】 利用 (13-9) 式

求 $\sqrt{9(1.95)^2+(8.1)^2}$ 的近似值。

【解】 令 $f(x, y)=\sqrt{9x^2+y^2}$，則 $f_x(x, y)=\dfrac{9x}{\sqrt{9x^2+y^2}}$，$f_y(x, y)=\dfrac{y}{\sqrt{9x^2+y^2}}$。

取 $x=2$，$y=8$，$dx=\Delta x=-0.05$，$dy=\Delta y=0.1$，可得

$$\begin{aligned}\sqrt{9(1.95)^2+(8.1)^2}=f(1.95, 8.1) &\approx f(2, 8)+dz \\ &=f(2, 8)+f_x(2, 8)\,dx+f_y(2, 8)\,dy \\ &=10+\frac{9}{5}(-0.05)+\frac{4}{5}(0.1)=9.99.\end{aligned}$$

【例題 3】 利用 (13-9) 式

求 $f(x, y)=\ln(x-3y)$ 在點 $(6.9, 2.06)$ 的近似值。

【解】 $f_x(x, y)=\dfrac{1}{x-3y}$，$f_y(x, y)=\dfrac{-3}{x-3y}$，

$$dz=f_x(x, y)\,dx+f_y(x, y)\,dy=\frac{1}{x-3y}\,dx+\frac{-3}{x-3y}\,dy.$$

取 $x=7$，$y=2$，$dx=\Delta x=-0.1$，$dy=\Delta y=0.06$，故

$$f(6.9, 2.06)=\ln 0.72 \approx f(7, 2)+dz=0+(1)(-0.1)+(-3)(0.06)=-0.28.$$

【例題 4】 利用全微分

已知一正圓柱的底半徑與高分別測得 10 厘米與 15 厘米，可能的測量誤差皆為 ± 0.05 厘米，求該圓柱體積之最大誤差的近似值。

【解】 底半徑為 r 且高為 h 的正圓柱的體積為

$$V=\pi r^2 h$$

因而，

$$dV=\frac{\partial V}{\partial r}dr+\frac{\partial V}{\partial h}dh=2\pi rh\,dr+\pi r^2\,dh$$

現在，取 $r=10$，$h=15$，$dr=dh=\pm 0.05$，圓柱體積的誤差 ΔV 近似於 dV。

所以， $|\Delta V|\approx |dV|=|300\pi(\pm 0.05)+100\pi(\pm 0.05)|$

$$\leqslant |300\pi(\pm 0.05)| + |100\pi(\pm 0.05)| = 20\pi$$

於是，最大誤差約為 20π 立方厘米．

【例題 5】 利用全微分

根據理想氣體定律，密閉氣體的壓力 P、溫度 T 與體積 V 的關係為 $P = \dfrac{kT}{V}$，此處 k 為常數．若某氣體的溫度增加 3%，體積增加 5%，估計該氣體壓力的百分變化．

【解】 $dP = \dfrac{k}{V}dT - \dfrac{kT}{V^2}dV,\ \dfrac{dP}{P} = \dfrac{k}{PV}dT - \dfrac{kT}{PV^2}dV = \dfrac{dT}{T} - \dfrac{dV}{V}$

依題意，$\dfrac{dT}{T} = 0.03$，$\dfrac{dV}{V} = 0.05$，則 $\dfrac{dP}{P} = 0.03 - 0.05 = -0.02$，

故壓力大約以 2% 減少．

定義 13.9

設函數 $f(x, y)$ 在點 (a, b) 為可微分，則 f 在該點的**線性化**為函數

$$L(x, y) = f(a, b) + f_x(a, b)(x - a) + f_y(a, b)(y - b)$$

【例題 6】 利用定義 13.9

求函數 $f(x, y) = x^2 - xy + 2y^2 + 3$ 在點 $(3, 2)$ 的線性化．

【解】 $f(3, 2) = 3^2 - (3)(2) + 2(2)^2 + 3 = 14$

$f_x(x, y) = 2x - y \Rightarrow f_x(3, 2) = 4$

$f_y(x, y) = -x + 4y \Rightarrow f_y(3, 2) = 5$

可得

$$L(x, y) = f(3, 2) + f_x(3, 2)(x - 3) + f_y(3, 2)(y - 2)$$
$$= 14 + 4(x - 3) + 5(y - 2) = 4x + 5y - 8$$

故函數 f 在點 $(3, 2)$ 的線性化為 $L(x, y) = 4x + 5y - 8$．

全微分可以類似的方法，推廣到多於二個變數的函數．例如，若 $w = f(x, y, z)$，

則 w 的增量為

$$\Delta w = f(x+\Delta x, y+\Delta y, z+\Delta z) - f(x, y, z)$$

全微分 dw 定義為

$$dw = \frac{\partial w}{\partial x}dx + \frac{\partial w}{\partial y}dy + \frac{\partial w}{\partial z}dz$$

若 $dx=\Delta x \approx 0$，$dy=\Delta y \approx 0$，$dz=\Delta z \approx 0$，且 f 有連續的偏導函數，則 dw 可以用來近似 Δw。

習題 13.4

在 1～5 題，求 dw。

1. $w = x^2 \sin y + \dfrac{y}{x}$
2. $w = x^2 e^{xy} + \dfrac{x}{y^2}$
3. $w = \ln(x^2+y^2) + x \tan^{-1} y$
4. $w = x^2 e^{yz} + y \ln z$
5. $w = e^t (\ln xy + \ln xz + \ln yz)$
6. 若 (x, y) 由 $(-2, 3)$ 變到 $(-2.02, 3.01)$，利用微分求 $f(x, y) = x^2 - 3x^3y^2 + 4x - 2y^3 + 6$ 之變化量的近似值。
7. 若 (x, y, z) 由 $(1, 4, 2)$ 變到 $(1.02, 3.97, 1.96)$，利用微分求 $f(x, y, z) = x^2z^3 - 3yz^2 + x^{-3} + 2y^{1/2}z$ 之變化量的近似值。
8. 利用微分求 (1) $\sqrt[3]{26.98}\sqrt{36.04}$　(2) $\sin 44° \cos 31°$ 的近似值。
9. 利用微分求 $\sqrt{(0.98)^2+(2.01)^2+(1.94)^2}$ 的近似值。
10. 測得一矩形體盒子各邊的誤差為 0.02 厘米。若盒子所測得的尺寸分別為 100 厘米、200 厘米與 50 厘米，求計算此盒子的體積時所產生的相對誤差。
11. 已知等腰三角形的兩相等邊的每一邊自 100 增至 101，且它們之間的夾角自 120° 減至 119°，求該三角形面積之變化量的近似值。
12. 電線的電阻 R 與其長度成正比且與其直徑平方成反比。若所測長度的最大誤差為 1% 且所測直徑的最大誤差為 3%，則 R 的計算值的最大百分誤差為多少？
13. 求函數 $f(x, y) = e^{2y-x}$ 在點 $(1, 2)$ 的線性化。
14. 求函數 $f(x, y) = 1 + y + x \cos y$ 在點 $(0, 0)$ 的線性化。

15. 求函數 $f(x, y, z) = e^x + \cos(y+z)$ 在點 $\left(0, \dfrac{\pi}{2}, 0\right)$ 的線性化.

13-5　連鎖法則

在單變數函數中，我們曾藉 f 與 g 之導函數以表示合成函數 $f(g(t))$ 的導函數如下：

$$\frac{d}{dt}f(g(t)) = f'(g(t))g'(t)$$

若令 $y = f(x)$ 且 $x = g(t)$，則依連鎖法則，

$$\frac{dy}{dt} = \frac{dy}{dx}\frac{dx}{dt}$$

現在，我們討論關於多變數函數的合成函數的偏導函數.

定理 13.9

若 f 為 x 與 y 的可微分函數，且 x 與 y 皆為 t 的可微分函數，則 f 為 t 的可微分函數，且

$$\frac{df}{dt} = \frac{\partial f}{\partial x}\frac{dx}{dt} + \frac{\partial f}{\partial y}\frac{dy}{dt}.$$

證　因 x 與 y 皆為 t 的可微分函數，當 t 變化 Δt 時，則導致 x 的變化 Δx 與 y 的變化 Δy. 依定理 13.6，可知

$$\Delta f = f_x(x, y)\Delta x + f_y(x, y)\Delta y + \varepsilon_1 \Delta x + \varepsilon_2 \Delta y$$

此處，當 $\Delta x \to 0$ 與 $\Delta y \to 0$（亦即，當 $\Delta t \to 0$）時，$\varepsilon_1 \to 0$ 且 $\varepsilon_2 \to 0$. 於是，對 $\Delta t \neq 0$，可得

$$\frac{\Delta f}{\Delta t} = f_x(x, y)\frac{\Delta x}{\Delta t} + f_y(x, y)\frac{\Delta y}{\Delta t} + \varepsilon_1 \frac{\Delta x}{\Delta t} + \varepsilon_2 \frac{\Delta y}{\Delta t}$$

當 $\Delta t \to 0$ 時，上式兩端取極限，可得

$$\lim_{\Delta t \to 0} \frac{\Delta f}{\Delta t} = f_x(x, y) \lim_{\Delta t \to 0} \frac{\Delta x}{\Delta t} + f_y(x, y) \lim_{\Delta t \to 0} \frac{\Delta y}{\Delta t} + (\lim_{\Delta t \to 0} \varepsilon_1)\left(\lim_{\Delta t \to 0} \frac{\Delta x}{\Delta t}\right)$$
$$+ (\lim_{\Delta t \to 0} \varepsilon_2)\left(\lim_{\Delta t \to 0} \frac{\Delta y}{\Delta t}\right)$$

故

$$\frac{df}{dt} = \frac{\partial f}{\partial x}\frac{dx}{dt} + \frac{\partial f}{\partial y}\frac{dy}{dt} + 0\left(\frac{dx}{dt}\right) + 0\left(\frac{dy}{dt}\right)$$
$$= \frac{\partial f}{\partial x}\frac{dx}{dt} + \frac{\partial f}{\partial y}\frac{dy}{dt}.$$

定理 13.9 中的公式可用下面"樹形圖"(圖 13-14) 來幫助記憶。

同理，若 f 為三個自變數 x、y 與 z 的可微分函數，且 x、y 與 z 又皆為 t 的可微分函數，則 f 為 t 的可微分函數，且

$$\frac{df}{dt} = \frac{\partial f}{\partial x}\frac{dx}{dt} + \frac{\partial f}{\partial y}\frac{dy}{dt} + \frac{\partial f}{\partial z}\frac{dz}{dt} \tag{13-10}$$

公式 (13-10) 的"樹形圖"如圖 13-15 所示。

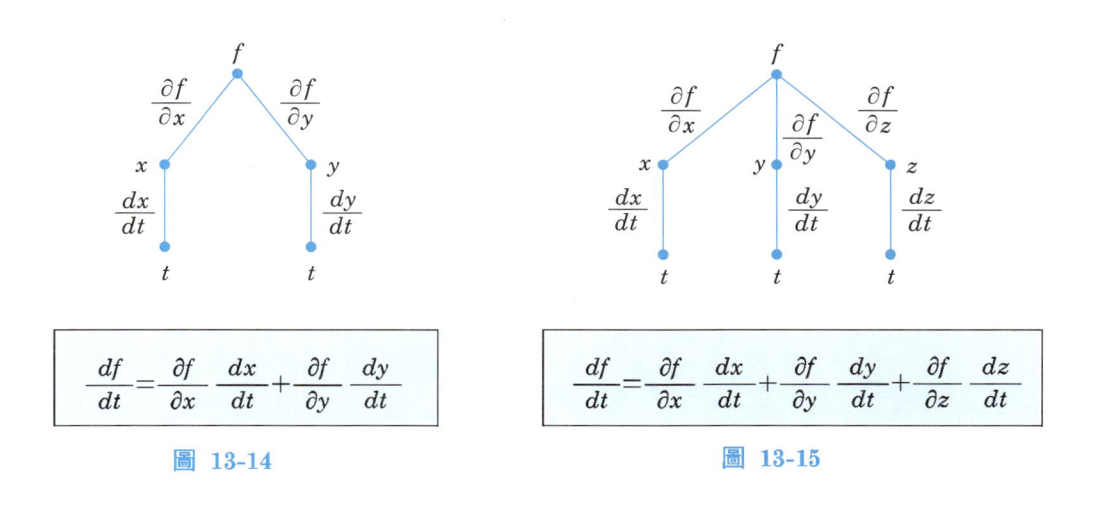

圖 13-14

圖 13-15

【例題 1】 利用定理 13.9

若 $z = x^2 y + e^y$，$x = \cos t$，$y = t^2$，求 $\left.\dfrac{dz}{dt}\right|_{t=0}$。

【解】 $\dfrac{dz}{dt} = \dfrac{\partial z}{\partial x}\dfrac{dx}{dt} + \dfrac{\partial z}{\partial y}\dfrac{dy}{dt} = (2xy)(-\sin t) + (x^2 + e^y)(2t)$

$\qquad\qquad = -2t^2 \sin t \cos t + 2t(\cos^2 t + e^{t^2})$

$\dfrac{dz}{dt}\bigg|_{t=0} = 0 + 0 = 0.$

【例題 2】 利用定理 13.9

設一正圓錐體的高為 100 厘米，每秒鐘縮減 10 厘米，其底半徑為 50 厘米，每秒鐘增加 5 厘米，求其體積的變化率。

【解】 設正圓錐的高為 y，底半徑為 x，體積為 V，則

$$V = \dfrac{1}{3}\pi x^2 y.$$

$\dfrac{\partial V}{\partial x} = \dfrac{2}{3}\pi xy$，$\dfrac{\partial V}{\partial y} = \dfrac{1}{3}\pi x^2$，由連鎖法則可得

$$\dfrac{dV}{dt} = \dfrac{\partial V}{\partial x}\dfrac{dx}{dt} + \dfrac{\partial V}{\partial y}\dfrac{dy}{dt} = \left(\dfrac{2}{3}\pi xy\right)\left(\dfrac{dx}{dt}\right) + \left(\dfrac{1}{3}\pi x^2\right)\left(\dfrac{dy}{dt}\right)$$

依題意，$x=50$，$y=100$，$\dfrac{dx}{dt}=5$，$\dfrac{dy}{dt}=-10$，代入上式可得

$$\dfrac{dV}{dt} = \dfrac{2}{3}\pi(50)(100)(5) + \dfrac{1}{3}\pi(50)^2(-10) = \dfrac{25000\pi}{3}$$

即，體積每秒鐘增加 $\dfrac{25000\pi}{3}$ 立方厘米。

定理 13.10

令 $z=f(x, y)$ 為可微分函數，且 $x=g(u, v)$ 與 $y=h(u, v)$ 皆為可微分函數，則 f 為 u 與 v 的可微分函數，且

$$\dfrac{\partial f}{\partial u} = \dfrac{\partial f}{\partial x}\dfrac{\partial x}{\partial u} + \dfrac{\partial f}{\partial y}\dfrac{\partial y}{\partial u}, \quad \dfrac{\partial f}{\partial v} = \dfrac{\partial f}{\partial x}\dfrac{\partial x}{\partial v} + \dfrac{\partial f}{\partial y}\dfrac{\partial y}{\partial v}.$$

證明見附錄。

定理 13.10 中的公式可用下面 "樹形圖" (圖 13-16、13-17) 來幫助記憶。

同理，若 f 為自變數 $x_1, x_2, x_3, \cdots, x_m$ 的可微分函數，且每一個 x_i 為 n 個變數 $t_1, t_2, \cdots, t_n$ 的可微分函數，則

$$\frac{\partial f}{\partial t_i} = \frac{\partial f}{\partial x_1}\frac{\partial x_1}{\partial t_i} + \frac{\partial f}{\partial x_2}\frac{\partial x_2}{\partial t_i} + \cdots + \frac{\partial f}{\partial x_m}\frac{\partial x_m}{\partial t_i}, \quad 1 \leqslant i \leqslant n \tag{13-11}$$

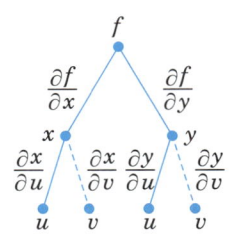

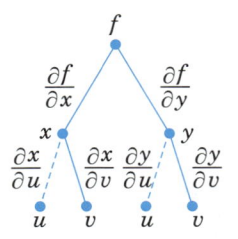

$$\frac{\partial f}{\partial u} = \frac{\partial f}{\partial x}\frac{\partial x}{\partial u} + \frac{\partial f}{\partial y}\frac{\partial y}{\partial u}$$

圖 13-16

$$\frac{\partial f}{\partial v} = \frac{\partial f}{\partial x}\frac{\partial x}{\partial v} + \frac{\partial f}{\partial y}\frac{\partial y}{\partial v}$$

圖 13-17

【例題 3】 利用定理 13.10

若 $z = xy + y^2$，$x = u \sin v$，$y = v \sin u$，求 $\dfrac{\partial z}{\partial u}$ 與 $\dfrac{\partial z}{\partial v}$。

【解】 依連鎖法則，可得

$$\frac{\partial z}{\partial u} = \frac{\partial z}{\partial x}\frac{\partial x}{\partial u} + \frac{\partial z}{\partial y}\frac{\partial y}{\partial u}$$
$$= y \sin v + (x + 2y) v \cos u$$
$$= v \sin u \sin v + v(u \sin v + 2v \sin u)\cos u$$

$$\frac{\partial z}{\partial v} = \frac{\partial z}{\partial x}\frac{\partial x}{\partial v} + \frac{\partial z}{\partial y}\frac{\partial y}{\partial v}$$
$$= yu \cos v + (x + 2y)\sin u$$
$$= uv \sin u \cos v + (u \sin v + 2v \sin u)\sin u$$

【例題 4】 利用定理 13.10

設 $w = r^2 \cos 2\theta$，其中 $x = r \cos \theta$，$y = r \sin \theta$，$r = \sqrt{x^2 + y^2}$，

$\theta = \tan^{-1}\left(\dfrac{y}{x}\right)$，求 $\dfrac{\partial w}{\partial x}$ 與 $\dfrac{\partial w}{\partial y}$．

【解】 $\dfrac{\partial w}{\partial x} = \dfrac{\partial w}{\partial r}\dfrac{\partial r}{\partial x} + \dfrac{\partial w}{\partial \theta}\dfrac{\partial \theta}{\partial x}$

$= (2r\cos 2\theta)\dfrac{x}{\sqrt{x^2+y^2}} + (-2r^2 \sin 2\theta) \cdot \dfrac{-\dfrac{y}{x^2}}{1+\left(\dfrac{y}{x}\right)^2}$

$= 2x\cos 2\theta + (2r^2 \sin 2\theta)\dfrac{y}{x^2+y^2} = 2x\cos 2\theta + 2y\sin 2\theta$

$= 2r(\cos\theta \cos 2\theta + \sin\theta \sin 2\theta) = 2r\cos\theta = 2x$

$\dfrac{\partial w}{\partial y} = \dfrac{\partial w}{\partial r}\dfrac{\partial r}{\partial y} + \dfrac{\partial w}{\partial \theta}\dfrac{\partial \theta}{\partial y}$

$= (2r\cos 2\theta)\dfrac{y}{\sqrt{x^2+y^2}} + (-2r^2 \sin 2\theta)\dfrac{\dfrac{1}{x}}{1+\left(\dfrac{y}{x}\right)^2}$

$= 2y\cos 2\theta + (-2r^2 \sin 2\theta)\dfrac{x}{x^2+y^2} = 2y\cos 2\theta - 2x\sin 2\theta$

$= 2r\sin\theta \cos 2\theta - 2r\cos\theta \sin 2\theta$
$= 2r(\sin\theta \cos 2\theta - \cos\theta \sin 2\theta)$
$= -2r\sin\theta = -2y.$

【例題 5】 利用 (13-11) 式

若 $w = x^2 + y^2 - z^2$，$x = \rho \cos\theta \sin\phi$，$y = \rho \sin\theta \sin\phi$，$z = \rho \cos\phi$，求 $\dfrac{\partial w}{\partial \rho}$ 與 $\dfrac{\partial w}{\partial \theta}$．

【解】 $\dfrac{\partial w}{\partial \rho} = \dfrac{\partial w}{\partial x}\dfrac{\partial x}{\partial \rho} + \dfrac{\partial w}{\partial y}\dfrac{\partial y}{\partial \rho} + \dfrac{\partial w}{\partial z}\dfrac{\partial z}{\partial \rho}$

$= 2x\cos\theta \sin\phi + 2y\sin\theta \sin\phi - 2z\cos\phi$
$= 2\rho \cos^2\theta \sin^2\phi + 2\rho \sin^2\theta \sin^2\phi - 2\rho \cos^2\phi$
$= 2\rho \sin^2\phi(\cos^2\theta + \sin^2\theta) - 2\rho \cos^2\phi$
$= 2\rho(\sin^2\phi - \cos^2\phi) = -2\rho \cos 2\phi$

$$\frac{\partial w}{\partial \theta} = \frac{\partial w}{\partial x}\frac{\partial x}{\partial \theta} + \frac{\partial w}{\partial y}\frac{\partial y}{\partial \theta} + \frac{\partial w}{\partial z}\frac{\partial z}{\partial \theta}$$
$$= 2x(-\rho \sin\theta \sin\phi) + 2y\rho \cos\theta \sin\phi$$
$$= -2\rho^2 \sin\theta \cos\theta \sin^2\phi + 2\rho^2 \sin\theta \cos\theta \sin^2\phi$$
$$= 0$$

【例題 6】 利用定理 13.10

若 $z=f(x+at)+g(x-at)$ (a 為常數)，且 f 與 g 皆有二階偏導函數，試證 z 滿足波動方程式 $\dfrac{\partial^2 z}{\partial t^2}=a^2\dfrac{\partial^2 z}{\partial x^2}$．

【解】 令 $u=x+at$，$v=x-at$，則 $z=f(u)+g(v)$，故

$$\frac{\partial z}{\partial u}=f'(u),\quad \frac{\partial z}{\partial v}=g'(v).\ 於是,$$

$$\frac{\partial z}{\partial t}=\frac{\partial z}{\partial u}\frac{\partial u}{\partial t}+\frac{\partial z}{\partial v}\frac{\partial v}{\partial t}=af'(u)-ag'(v)$$

$$\frac{\partial^2 z}{\partial t^2}=af''(u)\frac{\partial u}{\partial t}-ag''(v)\frac{\partial v}{\partial t}=a^2f''(u)+a^2g''(v)$$

同理，$\dfrac{\partial z}{\partial x}=f'(u)\dfrac{\partial u}{\partial x}+g'(v)\dfrac{\partial v}{\partial x}=f'(u)+g'(v)$

$$\frac{\partial^2 z}{\partial x^2}=f''(u)+g''(v)$$

於是，$\dfrac{\partial^2 z}{\partial t^2}=a^2\dfrac{\partial^2 z}{\partial x^2}$．

【例題 7】 利用隱函數偏微分法

若方程式 $x=v\ln u$ 與 $y=u\ln v$ 定義 u 與 v 皆為自變數 x 與 y 的可微分函數，且若 v_x 存在，則用 u 與 v 表 v_x．

【解】
$$1=v_x \ln u + \left(\frac{v}{u}\right)u_x$$

$$0=u_x \ln v + \left(\frac{u}{v}\right)v_x$$

或
$$\begin{cases} (\ln u)v_x + \left(\dfrac{v}{u}\right)u_x = 1 & \cdots\cdots\cdots\text{①} \\ \left(\dfrac{u}{v}\right)v_x + (\ln v)u_x = 0 & \cdots\cdots\cdots\text{②} \end{cases}$$

解 ① 與 ② 可得

$$v_x = \dfrac{\begin{vmatrix} 1 & \dfrac{v}{u} \\ 0 & \ln v \end{vmatrix}}{\begin{vmatrix} \ln u & \dfrac{v}{u} \\ \dfrac{u}{v} & \ln v \end{vmatrix}} = \dfrac{\ln v}{(\ln u)(\ln v) - 1}.$$

定理 13.11

若方程式 $F(x, y) = 0$ 定義 y 為 x 的可微分函數，則

$$\dfrac{dy}{dx} = -\dfrac{\dfrac{\partial F}{\partial x}}{\dfrac{\partial F}{\partial y}} \qquad \left(\text{其中 } \dfrac{\partial F}{\partial y} \neq 0\right).$$

證 因方程式 $F(x, y) = 0$ 定義 y 為 x 的可微分函數，故將其等號兩邊對 x 微分，可得

$$\dfrac{\partial F}{\partial x} \dfrac{dx}{dx} + \dfrac{\partial F}{\partial y} \dfrac{dy}{dx} = 0$$

即

$$\dfrac{\partial F}{\partial x} + \dfrac{\partial F}{\partial y} \dfrac{dy}{dx} = 0$$

若 $\dfrac{\partial F}{\partial y} \neq 0$，則

$$\dfrac{dy}{dx} = -\dfrac{\dfrac{\partial F}{\partial x}}{\dfrac{\partial F}{\partial y}}.$$

【例題 8】 利用定理 13.11

若 $y=f(x)$ 為滿足方程式 $x^2y^4+\sin y=0$ 的可微分函數，求 $\dfrac{dy}{dx}$。

【解】 令 $F(x, y)=x^2y^4+\sin y$，則 $F(x, y)=0$。

因 $\dfrac{\partial F}{\partial x}=2xy^4$，$\dfrac{\partial F}{\partial y}=4x^2y^3+\cos y$，

故 $$\dfrac{dy}{dx}=-\dfrac{\dfrac{\partial F}{\partial x}}{\dfrac{\partial F}{\partial y}}=-\dfrac{2xy^4}{4x^2y^3+\cos y}.$$

定理 13.12

若方程式 $F(x, y, z)=0$ 定義 z 為二變數 x 與 y 的可微分函數，則

$$\dfrac{\partial z}{\partial x}=-\dfrac{\dfrac{\partial F}{\partial x}}{\dfrac{\partial F}{\partial z}},$$

$$\dfrac{\partial z}{\partial y}=-\dfrac{\dfrac{\partial F}{\partial y}}{\dfrac{\partial F}{\partial z}}.$$

(其中 $\dfrac{\partial F}{\partial z}\neq 0$)

證 因方程式 $F(x, y, z)=0$ 定義 z 為二變數 x 與 y 的可微分函數，故將其等號兩邊對 x 偏微分，可得

$$\dfrac{\partial F}{\partial x}\dfrac{\partial x}{\partial x}+\dfrac{\partial F}{\partial y}\dfrac{\partial y}{\partial x}+\dfrac{\partial F}{\partial z}\dfrac{\partial z}{\partial x}=0$$

但 $$\dfrac{\partial x}{\partial x}=1,\ \dfrac{\partial y}{\partial x}=0,$$

於是， $$\dfrac{\partial F}{\partial x}+\dfrac{\partial F}{\partial z}\dfrac{\partial z}{\partial x}=0$$

若 $\dfrac{\partial F}{\partial z}\neq 0$，則

$$\frac{\partial z}{\partial x} = -\frac{\frac{\partial F}{\partial x}}{\frac{\partial F}{\partial z}} \quad 同理，\quad \frac{\partial z}{\partial y} = -\frac{\frac{\partial F}{\partial y}}{\frac{\partial F}{\partial z}}.$$

【例題 9】 利用定理 13.12

若 $z=f(x, y)$ 為滿足方程式 $xyz+\ln(x+y+z)=0$ 的可微分函數，求 $\dfrac{\partial z}{\partial x}$ 與 $\dfrac{\partial z}{\partial y}$.

【解】 令 $F(x, y, z)=xyz+\ln(x+y+z)$，則 $F(x, y, z)=0$.

又 $\dfrac{\partial F}{\partial x}=yz+\dfrac{1}{x+y+z}=\dfrac{xyz+y^2z+yz^2+1}{x+y+z}$,

$\dfrac{\partial F}{\partial y}=xz+\dfrac{1}{x+y+z}=\dfrac{x^2z+xyz+xz^2+1}{x+y+z}$,

$\dfrac{\partial F}{\partial z}=xy+\dfrac{1}{x+y+z}=\dfrac{x^2y+xy^2+xyz+1}{x+y+z}$.

故 $\dfrac{\partial z}{\partial x}=-\dfrac{\frac{\partial F}{\partial x}}{\frac{\partial F}{\partial z}}=-\dfrac{xyz+y^2z+yz^2+1}{x^2y+xy^2+xyz+1}$,

$\dfrac{\partial z}{\partial y}=-\dfrac{\frac{\partial F}{\partial y}}{\frac{\partial F}{\partial z}}=-\dfrac{x^2z+xyz+xz^2+1}{x^2y+xy^2+xyz+1}$.

【例題 10】 利用定理 13.12

若 $z=f(x, y)$ 為滿足方程式 $\sin(x+y)+\sin(y+z)+\sin(x+z)=0$ 的可微分函數，求 $\dfrac{\partial z}{\partial x}\bigg|_{x=\pi, y=\pi, z=\pi}$ 與 $\dfrac{\partial z}{\partial y}\bigg|_{x=\pi, y=\pi, z=\pi}$.

【解】 令 $F(x, y, z)=\sin(x+y)+\sin(y+z)+\sin(x+z)$，則 $F(x, y, z)=0$.

又 $F_x(x, y, z)=\cos(x+y)+\cos(x+z)$,

$$F_y(x,\ y,\ z)=\cos\ (x+y)+\cos\ (y+z),$$
$$F_z(x,\ y,\ z)=\cos\ (y+z)+\cos\ (x+z),$$

可得

$$\frac{\partial z}{\partial x}=-\frac{F_x}{F_z}=-\frac{\cos\ (x+y)+\cos\ (x+z)}{\cos\ (y+z)+\cos\ (x+z)}$$

故 $\left.\dfrac{\partial z}{\partial x}\right|_{x=\pi,\ y=\pi,\ z=\pi}=-1.$

又

$$\frac{\partial z}{\partial y}=-\frac{F_y}{F_z}=-\frac{\cos\ (x+y)+\cos\ (y+z)}{\cos\ (y+z)+\cos\ (x+z)}$$

故 $\left.\dfrac{\partial z}{\partial y}\right|_{x=\pi,\ y=\pi,\ z=\pi}=-1.$

習題 13.5

在 1~4 題中，求 $\dfrac{dw}{dt}$。

1. $w=x^3-y^3$；$x=\dfrac{1}{t+1}$, $y=\dfrac{t}{t+1}$

2. $w=\ln\left(\dfrac{x}{y}\right)$；$x=\tan t$, $y=\sec^2 t$

3. $w=\sqrt{x^2+y^2}$, $x=e^{2t}$, $y=e^{-2t}$

4. $w=r^2-s\tan v$；$r=\sin^2 t$, $s=\cos t$, $v=4t$

5. 令 $G(t)=\displaystyle\int_{g(t)}^{h(t)}f(v)dv$，此處 f 為連續且 g 與 h 為可微分。

   (1) 試證 $G'(t)=f(h(t))\ h'(t)-f(g(t))\ g'(t).$

   (2) 利用 (1) 的結果，若 $G(t)=\displaystyle\int_{\cos\pi t}^{t^2}\sqrt{9+v^2}\ dv$，求 $G'(1)$。

6. 已知空間中一點 $(x,\ y,\ z)$ 的溫度 $T(x,\ y,\ z)$ 定義為

$$T(x,\ y,\ z)=\lambda\sqrt{x^2+y^2+z^2}$$

其中 λ 為常數。試求溫度對於時間 t 沿橢圓螺旋線 $\mathbf{r}(t)=a\cos t\mathbf{i}+b\sin t\mathbf{j}+ct\mathbf{k}$ 的變化率。

7. 假設 $w=F(t^2+2t+1, t^3-t+2)$，此處 $F(u, v)$ 為可微分且 $F_u(1, 2)=3$，$F_v(1, 2)=4$，求 $\dfrac{dw}{dt}\bigg|_{t=0}$．

8. 若 $r=x \ln y$；$x=3u+vt$，$y=uvt$，求 $\dfrac{\partial r}{\partial u}$、$\dfrac{\partial r}{\partial v}$ 與 $\dfrac{\partial r}{\partial t}$．

9. 設 $z=x^2y^2$，$x=r\cos\theta$，$y=r\sin\theta$，計算 $\dfrac{\partial z}{\partial r}$ 與 $\dfrac{\partial z}{\partial \theta}$ 在點 $\left(1, \dfrac{\pi}{3}\right)$ 的值．

10. 若 $w=\sqrt{x^2+y^2+z^2}$，$x=\cos st$，$y=\sin st$，$z=s^2t$，求 $\dfrac{\partial w}{\partial t}$．

11. 若 $z=x^2y$；$x=2t+s$，$y=1-st^2$，求 $\dfrac{\partial z}{\partial t}\bigg|_{s=1,\ t=-2}$．

12. 若 $z=xy+x+y$；$x=r+s+t$，$y=rst$，求 $\dfrac{\partial z}{\partial s}\bigg|_{r=1,\ s=-1,\ t=2}$．

13. 若 $w=x^2y+z^2$，$x=\rho\cos\theta\sin\phi$，$y=\rho\sin\theta\sin\phi$，$z=\rho\cos\phi$，求 $\dfrac{\partial w}{\partial \theta}\bigg|_{\rho=2,\ \theta=\pi,\ \phi=\frac{\pi}{2}}$．

14. 若 $z=\dfrac{1}{x}f\left(\dfrac{y}{x}\right)$，試證 $x\dfrac{\partial z}{\partial x}+y\dfrac{\partial z}{\partial y}+z=0$．

15. 若 $z=f\left(\dfrac{x-y}{x+y}\right)$，試證 $x\dfrac{\partial z}{\partial x}+y\dfrac{\partial z}{\partial y}=0$．

16. 若 $z=f\left(\dfrac{u}{v}, \dfrac{v}{w}\right)$，試證 $u\left(\dfrac{\partial z}{\partial u}\right)+v\left(\dfrac{\partial z}{\partial v}\right)+w\left(\dfrac{\partial z}{\partial w}\right)=0$．

17. 令 $r=f(v-w, v-u, u-w)$ 為可微分函數，試證 $\dfrac{\partial r}{\partial u}+\dfrac{\partial r}{\partial v}+\dfrac{\partial r}{\partial w}=0$．

18. 若 $z=f(x, y)$ 且 $x=u\cos\theta-v\sin\theta$，$y=u\sin\theta+v\cos\theta$，$\theta$ 為常數，試證
$$\left(\dfrac{\partial f}{\partial u}\right)^2+\left(\dfrac{\partial f}{\partial v}\right)^2=\left(\dfrac{\partial f}{\partial x}\right)^2+\left(\dfrac{\partial f}{\partial y}\right)^2.$$

19. 令 $y=f(a, b)$，$a=h(s, t)$，$b=k(s, t)$．當 $s=1$ 且 $t=3$ 時，
$$\dfrac{\partial h}{\partial s}=4,\ \dfrac{\partial k}{\partial s}=-3,\ \dfrac{\partial h}{\partial t}=1,\ \dfrac{\partial k}{\partial t}=-5,$$

又 $h(1, 3)=6$, $k(1, 3)=2$, $f_a(6, 2)=7$, $f_b(6, 2)=2$, 求 $\left.\dfrac{\partial y}{\partial s}\right|_{(1,3)}$ 與 $\left.\dfrac{\partial y}{\partial t}\right|_{(1,3)}$.

20. 若 $z=f(x, y)$, 且 $x=e^r \cos \theta$, $y=e^r \sin \theta$, 試證

$$\frac{\partial^2 z}{\partial x^2}+\frac{\partial^2 z}{\partial y^2}=e^{-2r}\left(\frac{\partial^2 z}{\partial r^2}+\frac{\partial^2 z}{\partial \theta^2}\right).$$

21. 若 $z=f(x, y)$, $x=r \cos \theta$, 且 $y=r \sin \theta$, 試證

$$\left(\frac{\partial z}{\partial x}\right)^2+\left(\frac{\partial z}{\partial y}\right)^2=\left(\frac{\partial z}{\partial r}\right)^2+\frac{1}{r^2}\left(\frac{\partial z}{\partial \theta}\right)^2.$$

22. 若 $z=f(x, y)$, 此處 $x=r \cos \theta$, $y=r \sin \theta$. 試證

$$\frac{\partial^2 f}{\partial x^2}+\frac{\partial^2 f}{\partial y^2}=\frac{\partial^2 f}{\partial r^2}+\frac{1}{r}\left(\frac{\partial f}{\partial r}\right)+\frac{1}{r^2}\left(\frac{\partial^2 f}{\partial \theta^2}\right).$$

23. 若 $z=f(x^2+y^2)$, 試證 $y\dfrac{\partial z}{\partial x}-x\dfrac{\partial z}{\partial y}=0$.

在 24～26 題中, 若 $y=f(x)$ 為滿足所予方程式的可微分函數, 求 $\dfrac{dy}{dx}$.

24. $2x^3+x^2y+y^3=1$ 25. $6x+\sqrt{xy}=3y-4$
26. $x \sin y + y \cos x = 0$

在 27～29 題中, 若 $z=f(x, y)$ 為滿足所予方程式的可微分函數, 求 $\dfrac{\partial z}{\partial x}$ 與 $\dfrac{\partial z}{\partial y}$.

27. $xe^{yz}+ye^{xz}-y^2+3=0$ 28. $x^2y+z^2+\cos xyz=4$
29. $xz^2+2x^2y-4y^2z+3y-2=0$

30. 若 $f(x, y, z)=0$, 試證 $\left(\dfrac{\partial x}{\partial y}\right)\left(\dfrac{\partial y}{\partial z}\right)\left(\dfrac{\partial z}{\partial x}\right)=-1$.

31. 若 $f(tx, ty)=t^n f(x, y)$ 對每一 t 恆成立, 其中 (tx, ty) 在 f 的定義域內, 則稱 f 為 **n 次齊次函數**. 試證: 若 f 為 n 次齊次函數, 則 $xf_x(x, y)+yf_y(x, y)=nf(x, y)$.
    〔提示: 將 $f(tx, ty)$ 對 t 作微分.〕

在習題 32～35 中, 求齊次函數 f 的次 (見 31 題), 並驗證公式
$$xf_x(x, y)+yf_y(x, y)=nf(x, y).$$

32. $f(x, y) = 2x^3 + x^2y + 3y^3$

33. $f(x, y) = \dfrac{x^3y}{x^2 + 2y^2}$

34. $f(x, y) = xye^{x/y}$

35. $f(x, y) = \tan^{-1}\dfrac{y}{x}$

13-6 方向導數，梯度

我們回憶一下，若 $z = f(x, y)$，則

$$f_x(x_0, y_0) = \lim_{h \to 0} \frac{f(x_0+h, y_0) - f(x_0, y_0)}{h}$$

$$f_y(x_0, y_0) = \lim_{h \to 0} \frac{f(x_0, y_0+h) - f(x_0, y_0)}{h}$$

它們分別表示 z 在 x 方向（即，$\mathbf{i}$ 的方向）與 y 方向（即，$\mathbf{j}$ 的方向）的變化率.

如今，我們希望求得 z 在點 (x_0, y_0) 沿著任意單位向量 $\mathbf{u} = <u_1, u_2>$ 的變化率. 首先，考慮方程式為 $z = f(x, y)$ 的曲面 S，且令 $z_0 = f(x_0, y_0)$，則點 $P(x_0, y_0, z_0)$ 在 S 上，而通過 P 沿著 $\mathbf{u}$ 的方向的垂直平面與 S 的交集為曲線 C（見圖 13-18）. 在 C 上 P 處的切線 T 的斜率為 z 沿著 $\mathbf{u}$ 的方向的變化率.

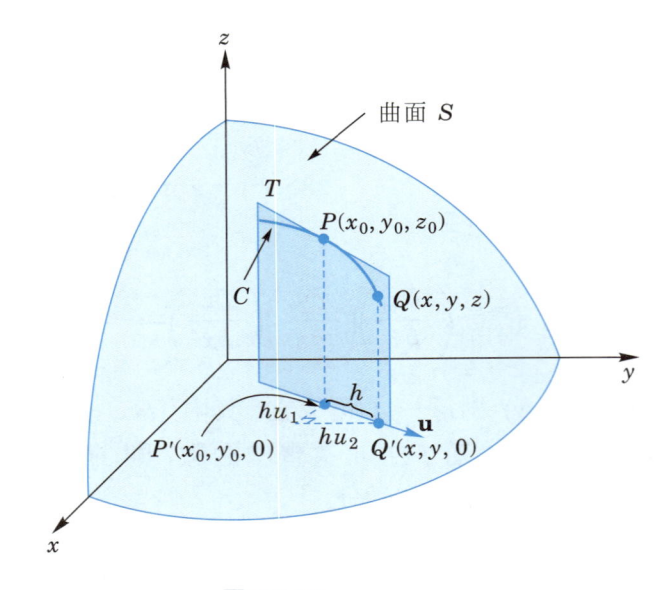

圖 13-18

若 $Q(x, y, z)$ 為 C 上另一點，且 P' 與 Q' 分別為 P 與 Q 在 xy-平面上的投影，則 $\overrightarrow{P'Q'}$ 平行於 $\mathbf{u}$，故 $\overrightarrow{P'Q'} = h\mathbf{u} = <hu_1, hu_2>$，因而，$x - x_0 = hu_1$，$y - y_0 = hu_2$，可知 $x = x_0 + hu_1$，$y = y_0 + hu_2$。於是，

$$\frac{\Delta z}{h} = \frac{z - z_0}{h} = \frac{f(x_0 + hu_1, y_0 + hu_2) - f(x_0, y_0)}{h}$$

若取在 $h \to 0$ 時的極限，則可得 z (對距離) 沿著 $\mathbf{u}$ 的方向的變化率。

定義 13.10

函數 f 在點 (x_0, y_0) 沿著單位向量 $\mathbf{u} = u_1\mathbf{i} + u_2\mathbf{j}$ 的方向的**方向導數**為

$$D_\mathbf{u} f(x_0, y_0) = \lim_{h \to 0} \frac{f(x_0 + hu_1, y_0 + hu_2) - f(x_0, y_0)}{h}$$

倘若此極限存在。

若 $\mathbf{u} = \mathbf{i} = <1, 0>$，則 $D_\mathbf{i} f = f_x$；若 $\mathbf{u} = \mathbf{j} = <0, 1>$，則 $D_\mathbf{j} f = f_y$，換言之，f 對 x 或 y 的偏導數正是方向導數的特例。

為了方便計算，我們通常利用下面定理給予的公式。

定理 13.13

若 f 為二變數 x 與 y 的可微分函數，且 $\mathbf{u} = u_1\mathbf{i} + u_2\mathbf{j}$ 為單位向量，則

$$D_\mathbf{u} f(x, y) = f_x(x, y)u_1 + f_y(x, y)u_2$$

證 若定義函數 g 如下：

$$g(h) = f(x_0 + hu_1, y_0 + hu_2)$$

則

$$g'(0) = \lim_{h \to 0} \frac{g(h) - g(0)}{h} = \lim_{h \to 0} \frac{f(x_0 + hu_1, y_0 + hu_2) - f(x_0, y_0)}{h}$$
$$= D_\mathbf{u} f(x_0, y_0)$$

另一方面，我們寫成 $g(h) = f(x, y)$，此處 $x = x_0 + hu_1$，$y = y_0 + hu_2$，則依連鎖法則 (定理 13.9)，可得

$$g'(h) = \frac{\partial f}{\partial x}\frac{dx}{dh} + \frac{\partial f}{\partial y}\frac{dy}{dh} = f_x(x, y)u_1 + f_y(x, y)u_2$$

令 $h = 0$，則 $x = x_0$，$y = y_0$，而

$$g'(0) = f_x(x_0, y_0)u_1 + f_y(x_0, y_0)u_2$$

所以，$D_\mathbf{u}f(x_0, y_0) = f_x(x_0, y_0)u_1 + f_y(x_0, y_0)u_2$。

若單位向量 $\mathbf{u}$ 與正 x-軸的夾角為 θ，則可寫成 $\mathbf{u} = \cos\theta\mathbf{i} + \sin\theta\mathbf{j}$，於是，定理 13.13 中的公式變成

$$D_\mathbf{u}f(x, y) = f_x(x, y)\cos\theta + f_y(x, y)\sin\theta \tag{13-12}$$

定理 13.13 中的公式可以改寫如下：

$$\begin{aligned}D_\mathbf{u}f(x, y) &= f_x(x, y)u_1 + f_y(x, y)u_2 \\ &= (f_x(x, y)\mathbf{i} + f_y(x, y)\mathbf{j}) \cdot (u_1\mathbf{i} + u_2\mathbf{j}) \\ &= <f_x(x, y), f_y(x, y)> \cdot \mathbf{u}\end{aligned} \tag{13-13}$$

定義 13.11

若 f 為二變數 x 與 y 的可微分函數，則 f 的**梯度**，記成 ∇f（讀作 "del f"），或 **grad** f，定義為

$$\nabla f(x, y) = <f_x(x, y), f_y(x, y)> = \frac{\partial f}{\partial x}\mathbf{i} + \frac{\partial f}{\partial y}\mathbf{j}$$

利用梯度，(13-13) 式可以改寫成：

$$D_\mathbf{u}f(x, y) = \nabla f(x, y) \cdot \mathbf{u} \tag{13-14}$$

【例題 1】 利用 (13-12) 式

若 $f(x, y) = x^2 - xy + 2y^2$，且單位向量 $\mathbf{u}$ 與正 x-軸的夾角為 $\dfrac{\pi}{6}$，求 $D_\mathbf{u}f(1, 2)$。

【解】

$$\begin{aligned}D_\mathbf{u}f(x, y) &= f_x(x, y)\cos\frac{\pi}{6} + f_y(x, y)\sin\frac{\pi}{6} \\ &= (2x-y)\left(\frac{\sqrt{3}}{2}\right) + (-x+4y)\left(\frac{1}{2}\right)\end{aligned}$$

$$=\left(\sqrt{3}-\frac{1}{2}\right)x+\left(2-\frac{\sqrt{3}}{2}\right)y$$

故　　$D_\mathbf{u} f(1, 2)=\sqrt{3}-\frac{1}{2}+2\left(2-\frac{\sqrt{3}}{2}\right)=\frac{7}{2}.$

【例題 2】 利用 (13-14) 式

求 $f(x, y)=x^3 y^4$ 在點 $(2, -1)$ 沿著 $\mathbf{v}=2\mathbf{i}+5\mathbf{j}$ 的方向的方向導數.

【解】 $\nabla f(x, y)=3x^2 y^4 \mathbf{i}+4x^3 y^3 \mathbf{j}$, $\nabla f(2, -1)=12\mathbf{i}-32\mathbf{j}$. 在 $\mathbf{v}=2\mathbf{i}+5\mathbf{j}$ 的方向的單位向量為 $\mathbf{u}=\dfrac{\mathbf{v}}{|\mathbf{v}|}=\dfrac{2}{\sqrt{29}}\mathbf{i}+\dfrac{5}{\sqrt{29}}\mathbf{j}.$

$$D_\mathbf{u} f(2, -1)=\nabla f(2, -1)\cdot \mathbf{u}=(12\mathbf{i}-32\mathbf{j})\cdot\left(\frac{2}{\sqrt{29}}\mathbf{i}+\frac{5}{\sqrt{29}}\mathbf{j}\right)$$

$$=\frac{24}{\sqrt{29}}-\frac{160}{\sqrt{29}}=-\frac{136}{\sqrt{29}}.$$

對於三變數的函數，我們也可用類似的方式定義方向導數. $D_\mathbf{u} f(x, y, z)$ 可解釋為函數 f 沿著單位向量 $\mathbf{u}$ 的方向的變化率.

定義 13.12

函數 f 在點 (x_0, y_0, z_0) 沿著單位向量 $\mathbf{u}=u_1\mathbf{i}+u_2\mathbf{j}+u_3\mathbf{k}$ 的方向的**方向導數**為

$$D_\mathbf{u} f(x_0, y_0, z_0)=\lim_{h\to 0}\frac{f(x_0+hu_1, y_0+hu_2, z_0+hu_3)-f(x_0, y_0, z_0)}{h}$$

倘若此極限存在.

若 $f(x, y, z)$ 為可微分，且 $\mathbf{u}=u_1\mathbf{i}+u_2\mathbf{j}+u_3\mathbf{k}$ 為單位向量，則證明定理 13.13 的方法也可用來證明

$$D_\mathbf{u} f(x, y, z)=f_x(x, y, z)u_1+f_y(x, y, z)u_2+f_z(x, y, z)u_3 \tag{13-15}$$

對於三變數 x、y 與 z 的函數 f 的**梯度**，記成 ∇f，或 **grad** f，定義為

$$\nabla f(x, y, z)=<f_x(x, y, z), f_y(x, y, z), f_z(x, y, z)>$$

$$=\frac{\partial f}{\partial x}\mathbf{i}+\frac{\partial f}{\partial y}\mathbf{j}+\frac{\partial f}{\partial z}\mathbf{k}$$

公式 (13-15) 也可改寫成：

$$D_u f(x, y, z) = \nabla f(x, y, z) \cdot \mathbf{u} \tag{13-16}$$

【例題 3】 利用 (13-16) 式

若 $f(x, y, z) = x \sin(yz)$，求 f 在點 $(1, 3, 0)$ 沿著 $\mathbf{v} = \mathbf{i} + 2\mathbf{j} - \mathbf{k}$ 的方向的方向導數.

【解】
$$\nabla f(x, y, z) = \frac{\partial f}{\partial x}\mathbf{i} + \frac{\partial f}{\partial y}\mathbf{j} + \frac{\partial f}{\partial z}\mathbf{k}$$
$$= \sin(yz)\mathbf{i} + xz\cos(yz)\mathbf{j} + xy\cos(yz)\mathbf{k},$$

可得 $\nabla f(1, 3, 0) = 3\mathbf{k}$. 在 $\mathbf{v} = \mathbf{i} + 2\mathbf{j} - \mathbf{k}$ 的方向的單位向量為

$$\mathbf{u} = \frac{1}{\sqrt{6}}\mathbf{i} + \frac{2}{\sqrt{6}}\mathbf{j} + \frac{1}{\sqrt{6}}\mathbf{k},$$

所以，$D_u f(1, 3, 0) = \nabla f(1, 3, 0) \cdot \mathbf{u} = 3\mathbf{k} \cdot \left(\frac{1}{\sqrt{6}}\mathbf{i} + \frac{2}{\sqrt{6}}\mathbf{j} - \frac{1}{\sqrt{6}}\mathbf{k}\right)$

$$= 3\left(-\frac{1}{\sqrt{6}}\right) = -\frac{\sqrt{6}}{2}.$$

定理 13.14　二變數函數梯度的性質

令 f 在點 (x_0, y_0) 為可微分，且 $\mathbf{u}$ 為任意單位向量.
(1) 若 $\nabla f(x_0, y_0) = \mathbf{0}$，則 $D_u f(x_0, y_0) = 0$.
(2) f 的最大遞增方向為 $\nabla f(x_0, y_0)$，$D_u f(x_0, y_0)$ 的最大值為 $|\nabla f(x_0, y_0)|$.
(3) f 的最大遞減方向為 $-\nabla f(x_0, y_0)$，$D_u f(x_0, y_0)$ 的最小值為 $-|\nabla f(x_0, y_0)|$.

證　(1) 若 $\nabla f(x_0, y_0) = \mathbf{0}$，則對任意方向 (任何 $\mathbf{u}$)，有：

$$D_u f(x_0, y_0) = \nabla f(x_0, y_0) \cdot \mathbf{u} = 0$$

(2) 若 $\nabla f(x_0, y_0) \neq \mathbf{0}$，則令 ϕ 為 $\nabla f(x_0, y_0)$ 與單位向量 $\mathbf{u}$ 之間的夾角，利用向量的內積，可得

$$D_u f(x_0, y_0) = \nabla f(x_0, y_0) \cdot \mathbf{u}$$

$$= |\nabla f(x_0, y_0)| |\mathbf{u}| \cos \phi$$
$$= |\nabla f(x_0, y_0)| \cos \phi$$

當 $\phi=0$ 時，$\cos \phi$ 的最大值為 1，所以 $D_{\mathbf{u}} f(x_0, y_0)$ 的最大值為 $|\nabla f(x_0, y_0)|$，且它發生在 $\phi=0$ 時，亦即，當 $\mathbf{u}$ 與 $\nabla f(x_0, y_0)$ 同方向時，$D_{\mathbf{u}} f(x_0, y_0)$ 有最大值。

(3) 同理，若令 $\phi=\pi$，可得 $D_{\mathbf{u}} f(x_0, y_0)$ 的最小值，故 $\mathbf{u}$ 指向 $\nabla f(x_0, y_0)$ 的相反方向時，$D_{\mathbf{u}} f(x_0, y_0)$ 的最小值為 $-|\nabla f(x_0, y_0)|$。

【例題 4】 利用定理 13.14(2)

有一金屬薄板的表面溫度 (以 °C) 計為

$$T(x, y) = 20 - 4x^2 - y^2$$

此處 x, y 以公分計。試問從點 $(2, -3)$ 沿著什麼方向，溫度遞增得最快？其遞增率為何？

【解】 溫度 T 的梯度為

$$\nabla T(x, y) = T_x(x, y)\mathbf{i} + T_y(x, y)\mathbf{j} = -8x\mathbf{i} - 2y\mathbf{j}$$

故最大遞增的方向為

$$\nabla T(2, -3) = -16\mathbf{i} + 6\mathbf{j}$$

遞增率為

$$|\nabla T(2, -3)| = \sqrt{(-16)^2 + 6^2} = \sqrt{292} \approx 17.09 °C/公分。$$

定理 13.15　三變數函數梯度的性質

令 f 在點 (x_0, y_0, z_0) 為可微分，且 $\mathbf{u}$ 為任意單位向量。
(1) 若 $\nabla f(x_0, y_0, z_0) = \mathbf{0}$，則 $D_{\mathbf{u}} f(x_0, y_0, z_0) = 0$。
(2) f 的最大遞增方向為 $\nabla f(x_0, y_0, z_0)$，$D_{\mathbf{u}} f(x_0, y_0, z_0)$ 的最大值為 $|\nabla f(x_0, y_0, z_0)|$。
(3) f 的最大遞減方向為 $-\nabla f(x_0, y_0, z_0)$，$D_{\mathbf{u}} f(x_0, y_0, z_0)$ 的最小值為 $-|\nabla f(x_0, y_0, z_0)|$。

【例題 5】 利用定理 13.15(2)

若 $f(x, y, z) = xe^{yz}$,求 f 在點 $(1, 0, 2)$ 的最大方向導數．

【解】 $\nabla f(x, y, z) = e^{yz}\mathbf{i} + xze^{yz}\mathbf{j} + xye^{yz}\mathbf{k}$,$\nabla f(1, 0, 2) = \mathbf{i} + 2\mathbf{j}$,可得最大方向導數為 $|\nabla f(1, 0, 2)| = \sqrt{5}$．

【例題 6】 利用定理 13.15(2) 及 (3)

求函數 $f(x, y, z) = \ln(xy) + \ln(yz) + \ln(xz)$ 在點 $(1, 1, 1)$ 遞增與遞減最快的方向，並求函數在這些方向的方向導數．

【解】 因 $f_x(x, y, z) = \dfrac{y}{xy} + \dfrac{z}{xz} = \dfrac{2}{x}$,$f_y(x, y, z) = \dfrac{x}{xy} + \dfrac{z}{yz} = \dfrac{2}{y}$,

$$f_z(x, y, z) = \dfrac{y}{yz} + \dfrac{x}{xz} = \dfrac{2}{z},$$

故

$$\nabla f(x, y, z) = \dfrac{2}{x}\mathbf{i} + \dfrac{2}{y}\mathbf{j} + \dfrac{2}{z}\mathbf{k}.$$

$$\nabla f(1, 1, 1) = 2\mathbf{i} + 2\mathbf{j} + 2\mathbf{k}$$

$$\mathbf{u} = \dfrac{\nabla f}{|\nabla f|} = \dfrac{1}{\sqrt{3}}\mathbf{i} + \dfrac{1}{\sqrt{3}}\mathbf{j} + \dfrac{1}{\sqrt{3}}\mathbf{k}$$

f 遞增最快的方向為 $\mathbf{u} = \dfrac{1}{\sqrt{3}}\mathbf{i} + \dfrac{1}{\sqrt{3}}\mathbf{j} + \dfrac{1}{\sqrt{3}}\mathbf{k}$,

f 遞減最快的方向為 $-\mathbf{u} = -\dfrac{1}{\sqrt{3}}\mathbf{i} - \dfrac{1}{\sqrt{3}}\mathbf{j} - \dfrac{1}{\sqrt{3}}\mathbf{k}$.

$$D_{\mathbf{u}}f(1, 1, 1) = \nabla f(1, 1, 1) \cdot \mathbf{u} = |\nabla f(1, 1, 1)| = 2\sqrt{3}$$
$$D_{-\mathbf{u}}f(1, 1, 1) = \nabla f(1, 1, 1) \cdot (-\mathbf{u}) = -2\sqrt{3}.$$

今假設曲面 S 的方程式為 $F(x, y, z) = k$,且令 $P = (x_0, y_0, z_0)$ 為 S 上一點,C 為 S 上通過 P 的任一曲線．C 的參數方程式可表為

$$x = x(t), \quad y = y(t), \quad z = z(t) \tag{13-17}$$

我們可將 C 想像成在時間 t 的位置是 $(x(t), y(t), z(t))$ 的某運動質點所經過的路徑,所以,曲線 C 也可用位置向量表為

$$\mathbf{R}(t) = x(t)\mathbf{i} + y(t)\mathbf{j} + z(t)\mathbf{k} \tag{13-18}$$

將 (13-17) 式代入 $F(x, y, z) = k$ 中，

$$F(x(t), y(t), z(t)) = k$$

將上式等號兩端對 t 微分，可得

$$\frac{\partial F}{\partial x}\frac{dx}{dt} + \frac{\partial F}{\partial y}\frac{dy}{dt} + \frac{\partial F}{\partial z}\frac{dz}{dt} = 0$$

$$\left(\frac{\partial F}{\partial x}\mathbf{i} + \frac{\partial F}{\partial y}\mathbf{j} + \frac{\partial F}{\partial z}\mathbf{k}\right) \cdot \left(\frac{dx}{dt}\mathbf{i} + \frac{dy}{dt}\mathbf{j} + \frac{dz}{dt}\mathbf{k}\right) = 0$$

故

$$\nabla F \cdot \frac{d\mathbf{R}}{dt} = 0$$

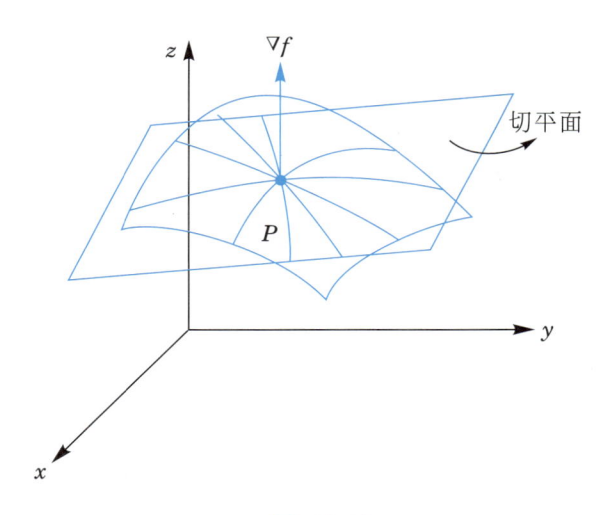

圖 13-19

其中 $\dfrac{d\mathbf{R}}{dt}$ 為曲線的**切向量**。因曲線是在曲面上所任取，故 ∇f 與通過 P 點的任意切線垂直，即 ∇f 垂直於通過 P 點的**切平面**，而 ∇f 的方向即為該曲面的法線方向，如圖 13-19 所示。

定理 13.16

在曲面 $F(x, y, z) = 0$ 上點 (x_0, y_0, z_0) 的**切平面**方程式為

$$F_x(x_0, y_0, z_0)(x-x_0)+F_y(x_0, y_0, z_0)(y-y_0)+F_z(x_0, y_0, z_0)(z-z_0)=0$$

法線方程式為

$$\frac{x-x_0}{F_x(x_0, y_0, z_0)}=\frac{y-y_0}{F_y(x_0, y_0, z_0)}=\frac{z-z_0}{F_z(x_0, y_0, z_0)}$$

或

$$x=x_0+F_x(x_0, y_0, z_0)t$$
$$y=y_0+F_y(x_0, y_0, z_0)t,\ t\in\mathbb{R}$$
$$z=z_0+F_z(x_0, y_0, z_0)t.$$

【例題 7】 利用定理 13.16

求在曲面 $\cos \pi x - x^2 y + e^{xz} + yz = 4$ 上點 $(0, 1, 2)$ 之切平面與法線的方程式.

【解】 令 $F(x, y, z)=\cos \pi x - x^2 y + e^{xz} + yz + 4$，則
$$F_x(x, y, z)=-\pi \sin \pi x - 2xy + ze^{xz},$$
$$F_y(x, y, z)=-x^2+z,$$
$$F_z(x, y, z)=xe^{xz}+y.$$

因此,
$$F_x(0, 1, 2)=2,\quad F_y(0, 1, 2)=2,\quad F_z(0, 1, 2)=1$$

可得切平面方程式為
$$2(x-0)+2(y-1)+1(z-2)=0$$

即
$$2x+2y+z=4$$

又法線方程式為
$$\frac{x}{2}=\frac{y-1}{2}=\frac{z-2}{1}$$

或
$$x=2t$$
$$y=1+2t,\ t\in\mathbb{R}$$
$$z=2+t.$$

習題 13.6

在 1～2 題中，求 f 在所予點 P 沿著所予角 θ 的方向的方向導數.

1. $f(x, y) = x^2 + 2xy - y^2$, $P(2, -3)$, $\theta = \dfrac{5\pi}{6}$

2. $f(x, y) = x^3 - 3xy + 4y^2$, $P(1, 2)$, $\theta = \dfrac{\pi}{6}$

在 3~8 題中，求 f 在所予點 P 沿著所予向量的方向的方向導數．

3. $f(x, y) = x^3 - 4x^2 y + y^2$, $P(0, -1)$, $\mathbf{v} = \dfrac{3}{5}\mathbf{i} + \dfrac{4}{5}\mathbf{j}$

4. $f(x, y) = \sqrt{x - y}$, $P(5, 1)$, $\mathbf{v} = 12\mathbf{i} + 5\mathbf{j}$

5. $f(x, y) = xe^{xy}$, $P(-3, 0)$, $\mathbf{v} = 2\mathbf{i} + 3\mathbf{j}$

6. $f(x, y, z) = \sqrt{xyz}$, $P(2, 4, 2)$, $\mathbf{v} = 4\mathbf{i} + 2\mathbf{j} - 4\mathbf{k}$

7. $f(x, y, z) = xe^{yz} + xye^z$, $P(-2, 1, 1)$, $\mathbf{v} = \mathbf{i} - 2\mathbf{j} + 3\mathbf{k}$

8. $f(x, y, z) = x\tan^{-1}\left(\dfrac{y}{z}\right)$, $P(1, 2, -2)$, $\mathbf{v} = \mathbf{i} + \mathbf{j} - \mathbf{k}$

在 9~12 題中，求 f 在所予點的最大方向導數．

9. $f(x, y) = \sqrt{x^2 + 2y}$, $(4, 10)$

10. $f(x, y) = \ln(x^2 + y^2)$, $(1, 2)$

11. $f(x, y) = \cos(3x + 2y)$, $\left(\dfrac{\pi}{6}, -\dfrac{\pi}{8}\right)$

12. $f(x, y, z) = \dfrac{x}{y} + \dfrac{y}{z}$, $(4, 2, 1)$

13. 假設分佈在三維空間某區域的電位 V 為

$$V(x, y, z) = 5x^2 - 3xy + xyz$$

 (1) 求電位在點 $P(3, 4, 5)$ 沿著 $\mathbf{v} = \mathbf{i} + \mathbf{j} - \mathbf{k}$ 的方向的變化率．
 (2) V 在 P 沿著什麼方向變化最快？
 (3) 在 P 的最大變化率為何？

14. 求函數 $f(x, y, z) = \ln(x^2 + y^2 - 1) + y + 6z$ 在點 $(1, 1, 0)$ 遞增與遞減最快的方向，並求函數在這些方向的方向導數．

15. 若在三維空間 $\mathbb{R}^3$ 中點 (x, y, z) 的溫度 T 為 $T = \dfrac{100}{x^2 + y^2 + z^2}$，此處 x, y 以公分計，溫度 T 以 °C 計．

(1) 求 T 在點 $P(1, 3, -2)$ 沿著向量 $\mathbf{a}=\mathbf{i}-\mathbf{j}+\mathbf{k}$ 方向的變化率。

(2) 從 P 沿著什麼方向，T 增加得最快？T 在 P 點的最大變化率為何？

16. 若 $u=f(x, y)$ 且 $v=g(x, y)$，此處 f 與 g 皆為可微分函數，試證下列各式：

    (1) $\nabla(cu)=c\nabla u$，此處 c 為常數。

    (2) $\nabla(au+bv)=a\nabla u+b\nabla v$，此處 a 與 b 皆為常數。

    (3) $\nabla(uv)=u\nabla v+v\nabla u$。

    (4) $\nabla\left(\dfrac{u}{v}\right)=\dfrac{v\nabla u - u\nabla v}{v^2}$。

17. 求在橢球面 $\dfrac{x^2}{4}+y^2+\dfrac{z^2}{9}=3$ 上點 $(-2, 1, -3)$ 之切平面與法線方程式。

18. 試證：在橢球面 $\dfrac{x^2}{a^2}+\dfrac{y^2}{b^2}+\dfrac{z^2}{c^2}=1$ 上點 (x_0, y_0, z_0) 之切平面的方程式為

    $$\dfrac{x_0 x}{a^2}+\dfrac{y_0 y}{b^2}+\dfrac{z_0 z}{c^2}=1.$$

19. 試證：球面 $x^2+y^2+z^2=1$ 的每一條法線通過原點。

20. 試證：圓錐面 $z=\sqrt{x^2+y^2}$ 的每一條法線穿過 z-軸。

21. 已知點 $P(1, -1, 2)$ 位於拋物面 $F(x, y, z)=x^2+y^2-z=0$ 上又位於橢球面 $G(x, y, z)=2x^2+3y^2+z^2-9=0$ 之上，求通過 P 點並垂直於此兩曲面之相交曲線的平面方程式。

13-7 極大值與極小值

在第三章中，我們已學會了如何求解單變數函數的極值問題，在本節中，我們將討論二變數函數的極值問題。

定義 13.13

設 f 為二變數 x 與 y 的函數。

(1) 若存在以 (a, b) 為圓心的一圓使得

$$f(a, b) \geq f(x, y)$$

對該圓內的所有點 (x, y) 皆成立，則稱 f 在點 (a, b) 有**相對極大值** (或**局部極大值**)。

(2) 若存在以 (a, b) 為圓心的一圓使得

$$f(a, b) \leq f(x, y)$$

對該圓內的所有點 (x, y) 皆成立，則稱 f 在點 (a, b) 有**相對極小值** (或**局部極小值**)。

仿照二變數函數相對極值的定義，我們可定義二變數函數的絕對極大值與絕對極小值。

定義 13.14

設 f 為二變數函數，且點 (a, b) 在 f 的定義域內。
若 $f(a, b) \geq f(x, y)$ 對 f 的定義域內的所有點 (x, y) 皆成立，則稱 $f(a, b)$ 為 f 的**絕對極大值**。
若 $f(a, b) \leq f(x, y)$ 對 f 的定義域內的所有點 (x, y) 皆成立，則稱 $f(a, b)$ 為 f 的**絕對極小值**。

在第三章裡，我們曾經討論過單變數函數 f 在可微分之處 c 有相對極值的必要條件為 $f'(c)=0$。對二變數函數 f 而言，也有這樣的類似結果。假設 $f(x, y)$ 在點 (a, b) 有相對極大值，且 $f_x(a, b)$ 與 $f_y(a, b)$ 皆存在，則 $f_x(a, b)=0$，$f_y(a, b)=0$。在幾何上，曲面 $z=f(x, y)$ 與平面 $x=a$ 的交線 C_1 在點 (a, b) 有一條水平切線；曲面 $z=f(x, y)$ 與平面 $y=b$ 的交線 C_2 在點 (a, b) 有一條水平切線 (見圖 13-20)。

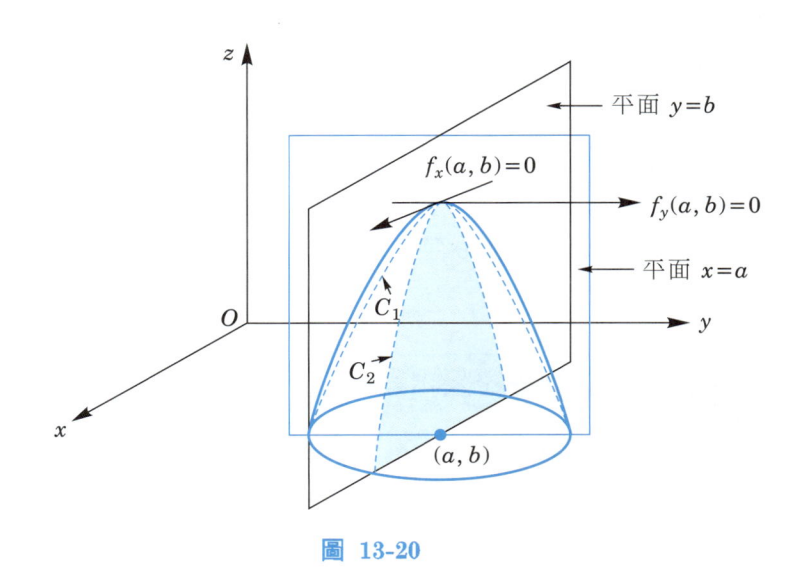

圖 13-20

定理 13.17

假設函數 f 在點 (a, b) 有相對極大值或相對極小值，且偏導數 $f_x(a, b)$ 與 $f_y(a, b)$ 皆存在，則

$$f_x(a, b) = f_y(a, b) = 0$$

證 令 $G(x) = f(x, b)$。

依假設，f 在 $x = a$ 有相對極值，且在 $x = a$ 為可微分。因此，

$$G'(a) = \lim_{h \to 0} \frac{G(a+h) - G(a)}{h} = \lim_{h \to 0} \frac{f(a+h, b) - f(a, b)}{h}$$

$$= f_x(a, b) = 0$$

同理，令 $H(y) = f(a, y)$，則它在 $y = b$ 有相對極值，且在 $y = b$ 為可微分。因此，

$$H'(b) = \lim_{k \to 0} \frac{H(b+k) - H(b)}{k} = \lim_{k \to 0} \frac{f(a, b+k) - f(a, b)}{k}$$

$$= f_y(a, b) = 0.$$

於是，若 $f(a, b)$ 為 f 的**相對極值**，則 $f_x(a, b) = f_y(a, b) = 0$ 與單變數函數類似，而 $f_x(a, b) = f_y(a, b) = 0$ 為 f 在點 (a, b) 有相對極值的**必要條件**而非充分條件。

定義 13.15

令 f 定義在包含點 (a, b) 的開區域 R 中。若下列兩條件中有一者成立，則點 (a, b) 稱為 f 的**臨界點**。

(1) $f_x(a, b) = 0$ 與 $f_y(a, b) = 0$。

(2) $f_x(a, b)$ 或 $f_y(a, b)$ 有一者不存在。

定理 13.18　相對極值僅發生在臨界點

若 f 在點 (a, b) 具有相對極值，則 (a, b) 為 f 的**臨界點**。

讀者應注意，在臨界點處並不一定有極值發生。使函數 f 沒有相對極值的臨界點稱為

f 的鞍點.

【例題 1】 唯一的極值

若 $f(x, y) = 4 - x^2 - y^2$,求 f 的相對極值.

【解】 $f_x(x, y) = -2x$,$f_y(x, y) = -2y$,令 $f_x(x, y) = 0$ 且 $f_y(x, y) = 0$,可得 $x = 0$,$y = 0$. 因此,$f(0, 0) = 4$ 為 f 僅有的極值. 若 $(x, y) \neq (0, 0)$,則 $f(x, y) = 4 - (x^2 + y^2) < 4$,故 f 在點 $(0, 0)$ 有相對極大值 4,但 4 也是絕對極大值.

【例題 2】 相對極值不存在

若 $f(x, y) = y^2 - x^2$,求 f 的相對極值.

【解】 由 $f_x(x, y) = -2x = 0$ 與 $f_y(x, y) = 2y = 0$,可得 $x = 0$,$y = 0$. 然而,f 在 $(0, 0)$ 無相對極值. 若 $y \neq 0$,則 $f(0, y) = y^2 > 0$;並且,若 $x \neq 0$,則 $f(x, 0) = -x^2 < 0$. 因此,在 xy-平面上圓心為 $(0, 0)$ 的任一圓內,存在一些點 (在 y-軸上) 使 f 的值為正,且存在一些點 (在 x-軸上) 使 f 的值為負. 因此,$f(0, 0) = 0$ 不是 $f(x, y)$ 在圓內的最大值也不是最小值,其圖形為雙曲拋物面,$(0, 0)$ 稱為 f 的鞍點,如圖 13-21 所示.

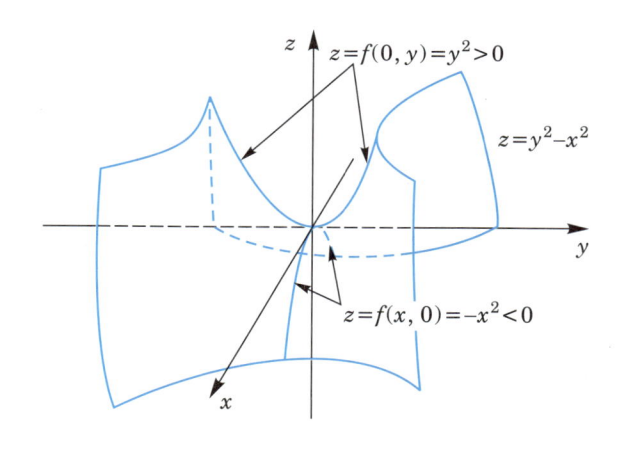

圖 13-21

【例題 3】 唯一的極值

求函數 $f(x, y) = \sqrt{x^2 + y^2}$ 的所有相對極值.

【解】 偏導函數為

$$f_x(x, y) = \frac{\partial}{\partial x}\sqrt{x^2+y^2} = \frac{x}{\sqrt{x^2+y^2}},$$

$$f_y(x, y) = \frac{\partial}{\partial y}\sqrt{x^2+y^2} = \frac{y}{\sqrt{x^2+y^2}}.$$

兩個偏導函數在 $(x, y) = (0, 0)$ 皆無定義。對所有其他點，偏導數至少有一不為零，因此，很容易知道 $f(0, 0) = 0 < f(x, y)\; \forall\, (x, y) \neq (0, 0)$，故 $f(0, 0) = 0$ 為相對極小值。圖形如圖 13-22 所示。

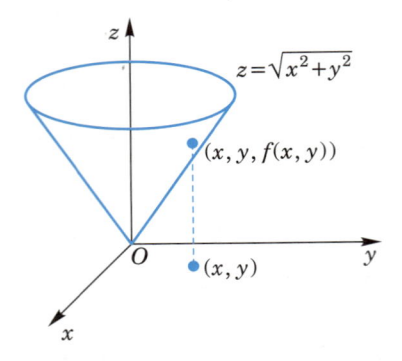

$f(0, 0) < f(x, y),\; \forall\, (x, y) \neq (0, 0)$；
$f(0, 0)$ 為相對極小值

圖 13-22

【例題 4】 利用配方法

求 $f(x, y) = 2x^2 + y^2 + 8x - 6y + 20$ 的相對極值。

【解】 因

$$f_x(x, y) = 4x + 8$$
$$f_y(x, y) = 2y - 6$$

故由 $f_x(x, y) = 0$ 與 $f_y(x, y) = 0$，解得 $x = -2, y = 3$。所以，f 的臨界點為 $(-2, 3)$。

$\forall\, (x, y) \neq (-2, 3)$，利用配方法，可得

$$f(x, y) = 2(x+2)^2 + (y-3)^2 + 3 > 3.$$

所以，f 的相對極小值發生在 $(-2, 3)$，而相對極小值為 $f(-2, 3) = 3$。

在定理 13.17 中，$f_x(a, b) = f_y(a, b) = 0$ 係 f 在 (a, b) 有相對極值的**必要條件**。至於**充分條件**可由下述定理得知。

定理 13.19　二階偏導數判別法

設二變數函數 f 的二階偏導函數在以臨界點 (a, b) 為圓心的某圓內皆為連續，又令

$$\Delta = f_{xx}(a, b)f_{yy}(a, b) - [f_{xy}(a, b)]^2$$

(1) 若 $\Delta>0$ 且 $f_{xx}(a, b)>0$，則 $f(a, b)$ 為 f 的相對極小值。
(2) 若 $\Delta>0$ 且 $f_{xx}(a, b)<0$，則 $f(a, b)$ 為 f 的相對極大值。
(3) 若 $\Delta<0$，則 f 在 (a, b) 無相對極值，(a, b) 為 f 的鞍點。
(4) 若 $\Delta=0$，則無法確定 $f(a, b)$ 是否為 f 的相對極值。

證 我們僅證明 (1)，其餘留給讀者自證。

我們計算 f 沿著單位向量 $\mathbf{u}=<h, k>$ 的方向的二階方向導數。依定理 13.13

$$D_{\mathbf{u}} f = f_x h + f_y k$$

可得 $D_{\mathbf{u}}^2 f = D_{\mathbf{u}}(D_{\mathbf{u}} f) = \dfrac{\partial}{\partial x}(D_{\mathbf{u}} f) h + \dfrac{\partial}{\partial y}(D_{\mathbf{u}} f) k$

$$= (f_{xx} h + f_{yx} k)h + (f_{xy} h + f_{yy} k)k$$
$$= f_{xx} h^2 + 2f_{xy} hk + f_{yy} k^2$$
$$= f_{xx}\left(h + \dfrac{f_{xy}}{f_{xx}} k\right)^2 + \dfrac{k^2}{f_{xx}}(f_{xx} f_{yy} - f_{xy}^2) \cdots\cdots\cdots\cdots\cdots (*)$$

因 $f_{xx}(a, b)>0$ 且 $\Delta>0$，又 f_{xx} 與 $f_{xx} f_{yy}-f_{xy}^2$ 皆為連續，故存在以 (a, b) 為圓心且半徑 $\delta>0$ 的一個圓區域 B 使得 $f_{xx}(x, y)>0$ 與 $\Delta>0$ 對 B 中所有點 (x, y) 皆成立。所以，$D_{\mathbf{u}}^2 f(x, y)>0$ 對 B 中所有點 (x, y) 皆成立。此表示若 f 的圖形與沿著 $\mathbf{u}$ 的方向而通過點 $(a, b, f(a, b))$ 之平面的交線為 C，則 C 在長度 2δ 的區間為上凹。這對每一向量 $\mathbf{u}$ 皆成立，因此，若我們限制點 (x, y) 在 B 中，則 f 的圖形位於其在點 $(a, b, f(a, b))$ 之水平切平面的上方。於是，$f(x, y) \geq f(a, b)$ 對 B 中所有點皆成立，而 $f(a, b)$ 為相對極小值。

【例題 5】 利用定理 13.19(1)

求 $f(x, y) = x^3 - 4xy + 2y^2$ 的相對極值。

【解】 $f_x(x, y) = 3x^2 - 4y$，$f_y(x, y) = -4x + 4y$。令 $f_x(x, y) = 0$ 與 $f_y(x, y) = 0$，解方程組

$$\begin{cases} 3x^2 - 4y = 0 \\ -4x + 4y = 0 \end{cases}$$

可得 $x=0$ 或 $x=\dfrac{4}{3}$. 所以, 臨界點為 $(0, 0)$ 與 $\left(\dfrac{4}{3}, \dfrac{4}{3}\right)$.

$f_{xx}(x, y)=6x$, $f_{yy}(x, y)=4$, $f_{xy}(x, y)=-4$.

(1) 若 $x=0$, $y=0$, 則
$$\Delta=24(0)-16=-16<0$$

所以, 點 $(0, 0)$ 為 f 的鞍點.

(2) 若 $x=\dfrac{4}{3}$, $y=\dfrac{4}{3}$, 則
$$\Delta=24\left(\dfrac{4}{3}\right)-16=32-16=16>0$$

且
$$f_{xx}\left(\dfrac{4}{3}, \dfrac{4}{3}\right)=6\left(\dfrac{4}{3}\right)=8>0$$

於是, $f\left(\dfrac{4}{3}, \dfrac{4}{3}\right)=-\dfrac{32}{27}$ 為 f 的相對極小值.

【例題 6】 $\Delta=0$

求 $f(x, y)=25+(x-y)^4+(y-1)^4$ 的相對極值 (若存在).

【解】
$$f_x=4(x-y)^3, \quad f_y=-4(x-y)^3+4(y-1)^3$$
$$f_{xx}=12(x-y)^2, \quad f_{yy}=12(x-y)^2+12(y-1)^2$$
$$f_{xy}=-12(x-y)^2, \quad f_{yx}=-12(x-y)^2$$

解方程組
$$\begin{cases} 4(x-y)^3=0 \\ -4(x-y)^3+4(y-1)^3=0 \end{cases}$$

可得 $x=y=1$

因此, 臨界點為 $(1, 1)$.

因
$$f_{xx}(1, 1)=0, \ f_{xy}(1, 1)=0, \ f_{yy}(1, 1)=0$$

可得 $\Delta=0$, 故無法判斷 f 在點 $(1, 1)$ 處是否有相對極值.

假設 h 與 k 是任意很小的正數或負數，則

$$f(1+h, 1+k)-f(1, 1)=25+[(1+h)-(1+k)]^4+[(1+k)-1]^4-25$$
$$=(h-k)^4+k^4$$

但是，對任意 h 與 k，

$$(h-k)^4+k^4>0$$

因而

$$f(1+h, 1+k)>f(1, 1)$$

故函數 f 在點 $(1, 1)$ 處有極小值，其值為

$$f(1, 1)=25.$$

【例題 7】 利用定理 13.19(1)

求原點至曲面 $z^2=x^2y+4$ 的最短距離。

【解】 設 $P(x, y, z)$ 為曲面上任一點，則原點至 P 之距離的平方為 $d^2=x^2+y^2+z^2$，我們欲求 P 點的坐標使得 d^2 (d 亦是) 為最小值。

因 P 點在曲面上，故其坐標滿足曲面方程式。將 $z^2=x^2y+4$ 代入 $d^2=x^2+y^2+z^2$ 中，且令

$$d^2=f(x, y)=x^2+y^2+x^2y+4 \cdots\cdots\cdots\cdots\cdots\cdots\cdots ①$$

可得 $f_x(x, y)=2x+2xy$, $f_y(x, y)=2y+x^2$

$$f_{xx}(x, y)=2+2y, f_{yy}(x, y)=2, f_{xy}(x, y)=2x$$

欲求臨界點，我們可令 $f_x(x, y)=0$ 且 $f_y(x, y)=0$，即

$$\begin{cases} 2x+2xy=0 \\ 2y+x^2=0 \end{cases}$$

解得：$\begin{cases} x=0 \\ y=0 \end{cases}$, $\begin{cases} x=\sqrt{2} \\ y=-1 \end{cases}$, $\begin{cases} x=-\sqrt{2} \\ y=-1 \end{cases}$

(1) $\Delta=f_{xx}(0, 0)f_{yy}(0, 0)-[f_{xy}(0, 0)]^2=4>0$ 且 $f_{xx}(0, 0)=2>0$

所以 $(0, 0)$ 會產生最短距離，以 $(0, 0)$ 代入 ① 式中，求出 $d^2=4$。故原點與已知曲面之間最短距離為 2。

(2) $\Delta = f_{xx}(\pm\sqrt{2}, -1) f_{yy}(\pm\sqrt{2}, -1) - [f_{xy}(\pm\sqrt{2}, -1)]^2 = -8 < 0$.

故 $f(x, y)$ 在 $(\sqrt{2}, -1)$ 與 $(-\sqrt{2}, -1)$ 無相對極值，而 $(\sqrt{2}, -1)$ 與 $(-\sqrt{2}, -1)$ 為 f 的鞍點。

【例題 8】 在閉區域上求函數的絕對極值

設 $f(x, y) = x^2 + xy + y^2$；R 為具頂點 $(1, 2)$，$(1, -2)$ 與 $(-1, -2)$ 的三角形區域，求 f 在 R 上的絕對極大值與絕對極小值。

【解】 $f_x(x, y) = 2x + y$，$f_y(x, y) = x + 2y$，
$f_{xx}(x, y) = 2$，$f_{xy}(x, y) = 1$，
$f_{yy}(x, y) = 2$。

解方程組：$\begin{cases} 2x + y = 0 \\ x + 2y = 0 \end{cases}$，可得 $x = 0$，$y = 0$。

若 $x = 0$，$y = 0$，則

$\Delta = f_{xx}(0, 0) f_{yy}(0, 0) - [f_{xy}(0, 0)]^2$
$= 4 - 1 = 3 > 0$，

且 $f_{xx}(0, 0) = 2 > 0$，故 $f(0, 0) = 0$ 為 f 的相對極小值。

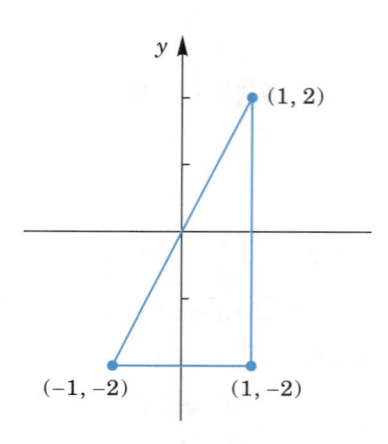

圖 13-23

但因點 $(0, 0)$ 不在 f 之定義域 R 的內部，故在 R 的內部無相對極值。R 的三個邊界分別為 $x = 1$，$y = -2$ 及 $y = 2x$，如圖 13-23 所示。

因在各邊界上，f 可表成一單變數函數，故在邊界上的極值可依第四章所述方法求得，如下：

(1) 在邊界 $x = 1$ 上，$f(1, y) = 1 + y + y^2$，由 $\dfrac{d}{dy}(1 + y + y^2) = 1 + 2y = 0$，可得 $y = -\dfrac{1}{2}$。

又 $\dfrac{d}{dy}(1 + 2y) = 2 > 0$，故依二階導數判別法，$f$ 在點 $\left(1, -\dfrac{1}{2}\right)$ 有極小值 $f\left(1, -\dfrac{1}{2}\right) = \dfrac{3}{4}$。

(2) 在邊界 $y = -2$ 上，$f(x, -2) = x^2 - 2x + 4$，由 $\dfrac{d}{dx}(x^2 - 2x + 4) = 2x - 2 = 0$，可得 $x = 1$。

又 $\dfrac{d}{dx}(2x-2)=2>0$，故依二階導數判別法，f 在點 $(1,-2)$ 有極小值 $f(1,-2)=3$。

(3) 在邊界 $y=2x$ 上，$f(x,2x)=7x^2$，

由 $\dfrac{d}{dx}(7x^2)=14x=0$，可得 $x=0$。

又 $\dfrac{d}{dx}(14x)=14>0$，故依二階導數判別法，f 在點 $(0,0)$ 有極小值 $f(0,0)=0$。

在三個頂點處，$f(1,2)=7$，$f(1,-2)=3$，$f(-1,-2)=7$。
比較上面各值，我們可得絕對極大值為 $f(1,2)=f(-1,-2)=7$，絕對極小值為 $f(0,0)=0$。

【例題 9】 **在閉區域上求函數的極值**

求函數 $f(x,y)=x^2+y^2-2x-2y+4$ 在區域 $R=\{(x,y)|x^2+y^2\leqslant 4\}$ 上的極值。

【解】 $f(x,y)=x^2+y^2-2x-2y+4 \Rightarrow f_x(x,y)=2x-2,\ f_y(x,y)=2y-2$

極值可能發生在臨界點 $(1,1)$。另外，封閉區域 R 的邊界為一圓，即 $x^2+y^2=4$，可用參數方程式表為

$$\begin{matrix} x=2\cos t \\ y=2\sin t \end{matrix} \quad 0\leqslant t\leqslant 2\pi$$

所以，函數可用單變數 t 表為

$$g(t)=f(2\cos t,\ 2\sin t)$$

利用連鎖法則，可得

$$g'(t)=\dfrac{\partial f}{\partial x}\dfrac{dx}{dt}+\dfrac{\partial f}{\partial y}\dfrac{dy}{dt}$$

$$=(2x-2)(-2\sin t)+(2y-2)(2\cos t)$$
$$=(4\cos t-2)(-2\sin t)+(4\sin t-2)(2\cos t)$$

$$= 4\sin t - 4\cos t$$

極值可能發生在 $g'(t)=0$ 處，即

$$4\sin t - 4\cos t = 0, \quad \tan t = 1, \quad t = \frac{\pi}{4} \text{ 或 } t = \frac{5\pi}{4}.$$

當 $t = \frac{\pi}{4}$ 時，

$$x = 2\cos\frac{\pi}{4} = \sqrt{2}, \quad y = 2\sin\frac{\pi}{4} = \sqrt{2}$$

故邊界上須判斷的臨界點為 $(\sqrt{2}, \sqrt{2})$。

當 $t = \frac{5\pi}{4}$ 時，

$$x = 2\cos\frac{5\pi}{4} = -\sqrt{2}, \quad y = 2\sin\frac{5\pi}{4} = -\sqrt{2}$$

故邊界上須判斷的臨界點為 $(-\sqrt{2}, -\sqrt{2})$。

當 $t = 0$ 或 2π 時，$x = 2$，$y = 0$，

故邊界上須判斷的臨界點為 $(2, 0)$。

現將函數的臨界點 $(1, 1)$ 以及須判斷的臨界點均代入函數 $f(x, y)$ 中，可得

$$f(1, 1) = 1 + 1 - 2 - 2 + 4 = 2$$
$$f(\sqrt{2}, \sqrt{2}) = 2 + 2 - 2\sqrt{2} - 2\sqrt{2} + 4 = 8 - 4\sqrt{2}$$
$$f(-\sqrt{2}, -\sqrt{2}) = 2 + 2 + 2\sqrt{2} + 2\sqrt{2} + 4 = 8 + 4\sqrt{2}$$
$$f(2, 0) = 4 + 0 - 4 - 0 + 4 = 4$$

所以，函數 f 在區域 R 上的極值為

$$f(-\sqrt{2}, -\sqrt{2}) = 8 + 4\sqrt{2} \quad \text{(絕對極大值)}$$
$$f(1, 1) = 2 \quad \text{(絕對極小值)}$$

習題 13.7

在 1～8 題中，求函數 f 的相對極值。若沒有，則指出何點為鞍點。

1. $f(x, y) = x^2 + 4y^2 - 2x + 8y - 1$
2. $f(x, y) = xy$
3. $f(x, y) = x^3 + y^3 - 6xy$
4. $f(x, y) = xy + \dfrac{2}{x} + \dfrac{4}{y}$
5. $f(x, y) = e^{-(x^2 + y^2 - 4y)}$
6. $f(x, y) = e^x \cos y$
7. $f(x, y) = x \sin y$
8. $f(x, y) = xye^{-x^2 - y^2}$

在 9～10 題中，若定義域為所指定區域 R，求 f 的絕對極大值與絕對極小值。

9. $f(x, y) = x^3 + 3xy - y^3$；$R$ 為具頂點 $(1, 2)$、$(1, -2)$ 與 $(-1, -2)$ 的三角形區域。
10. $f(x, y) = x^2 - 6x + y^2 - 8y + 7$；$R = \{(x, y) | x^2 + y^2 \leq 1\}$
11. 求函數 $f(x, y) = x^2 + y^2 - 2x - 2y - 2$ 在 $x = 0$、$y = 0$ 與 $y = 9 - x$ 所圍成三角形閉區域內的極值。
12. 求點 $(2, 1, -1)$ 到平面 $4x - 3y + z = 5$ 的最短距離。
13. 求三正數 x、y 與 z 使其和為 32 而且使 $P = xy^2z$ 的值為最大。
14. 求在球面 $x^2 + y^2 + z^2 = 4$ 上離點 $(1, 2, 3)$ 最近的點。
15. 窗的形狀為一矩形上加一等腰三角形，如圖所示。若窗的周長為 12 呎，則當 x、y 與 θ 為何值時可使其全部面積為最大？
16. 求二直線 $L_1: \begin{array}{l} x = 3t \\ y = 2t \\ z = t \end{array}$ 與 $L_2: \begin{array}{l} x = 2t \\ y = 2t + 3 \\ z = 2t \end{array}$ 之間的最短距離。

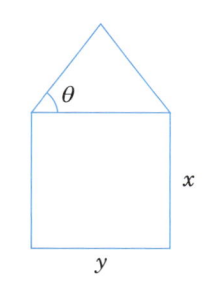

13-8 拉格蘭吉乘數

前一節所述二變數函數的極值求法當中，變數 x 與 y 並沒有受到任何限制，如果變數 x 與 y 須滿足限制條件 $g(x, y) = 0$，這類問題就稱為受限制之極大值與極小值問題。例如下面的例子分別屬於不受限制的極值問題與受限制的極值問題，讀者應比較兩者之不同。

【例題 1】 判斷極小值

函數 $f(x, y) = x^2 + y^2$ 的極小值為 $f(0, 0) = 0$，如圖 13-24 所示。

图 13-24

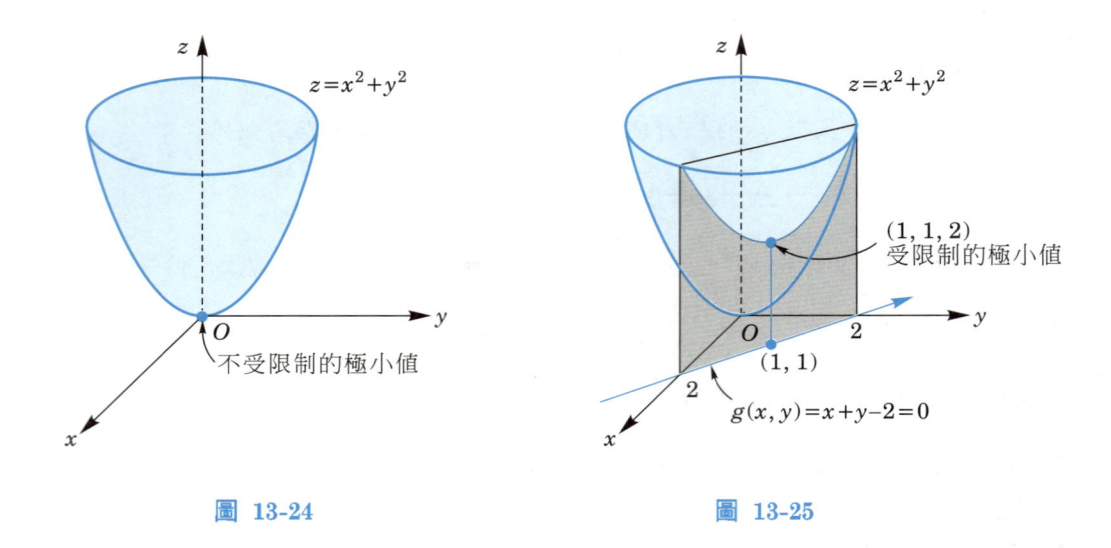

图 13-25

函數 $f(x, y) = x^2 + y^2$ 的極小值受限制於 $x + y = 2$。該函數的極小值發生在曲面與平面之交線的最低點處，如圖 13-25 所示。

【例題 2】 判斷極大值

函數 $f(x, y) = 25 - x^2 - y^2$ 的極大值受限制於 $x + y = 4$。該函數的極大值發生在曲面與平面之交線的最高點處，如圖 13-26 所示。

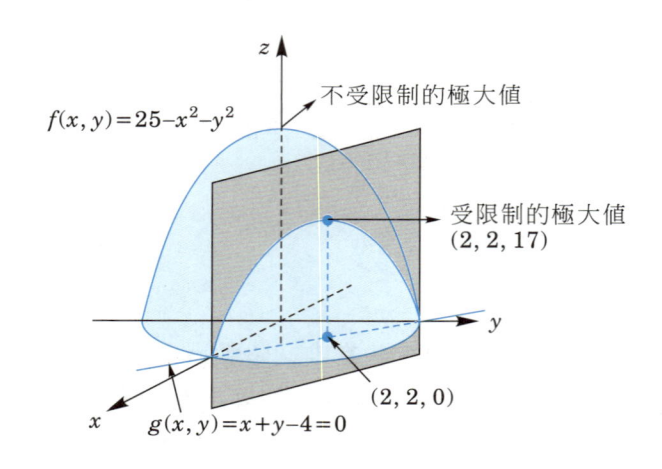

图 13-26

有時，由受限制條件所獲得的方程式，可以代入二變數函數中，以求得極大值或極小值，因而就變成不受限制的極值問題，並且可以用前一節之方法求解函數之極值。但

图 13-27

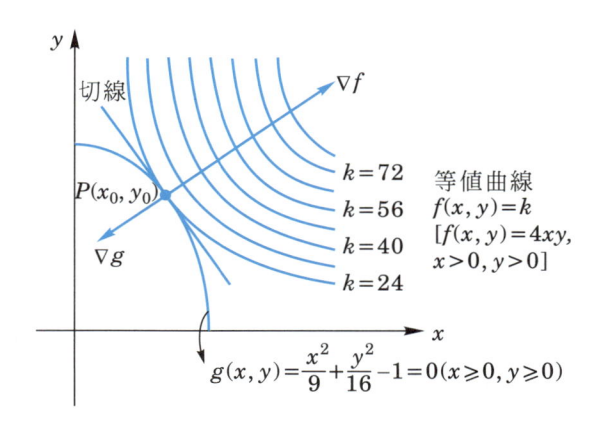

是，這種方法往往不切實際，尤其是求極大值或極小值的函數包含兩個變數或數個限制因素時為然。求受限制函數之極大值或極小值，最常用的方法為拉格蘭吉乘數法，此法係由法國大數學家拉格蘭吉 (1736～1813) 發現。

我們先說明此方法的幾何意義，然後再給予理論上的證明。圖 13-27 提供此一問題的幾何意義，其中等高曲線 $f(x, y) = k$，k 為常數，且限制條件 $g(x, y) = 0$ 的圖形亦為曲線，如圖 13-27 中紅色的曲線。欲求 f 的極大值受限制於條件 $g(x, y) = 0$，亦即，求具有可能最大 k 值的等值曲線，使它相交於限制條件的曲線。由圖 13-27 中很顯然得知其幾何意義，即，這些等值曲線當中有一條等值曲線在 $P_0(x_0, y_0)$ 與限制條件的曲線相切，因此，f 在限制條件 $g(x, y) = 0$ 之下的極大值為 $f(x_0, y_0)$。因為在此點，等值曲線與限制條件的曲線相切 (亦即，具有共同切線)，兩曲線具有共同的垂直線。但在等值曲線上任一點，梯度 ∇f 垂直於等值曲線，同理，∇g 垂直於限制條件的曲線，於是 ∇f 與 ∇g 在 $P_0(x_0, y_0)$ 互相平行。因此，存在一常數 $\lambda \neq 0$ 使得

$$\nabla f(x_0, y_0) = \lambda \nabla g(x_0, y_0)$$

定理 13.20 拉格蘭吉定理

令 $f(x, y)$ 與 $g(x, y)$ 具有連續一階偏導函數使得 $f(x, y)$ 在平滑曲線 $g(x, y) = 0$ 上一點 $P(x_0, y_0)$ 處具有極值。若 $\nabla g(x_0, y_0) \neq \mathbf{0}$，則存在一實數 λ 使得

$$\nabla f(x_0, y_0) = \lambda \nabla g(x_0, y_0).$$

證 由於曲線 $g(x, y) = 0$ 是平滑的，故它可以用向量函數

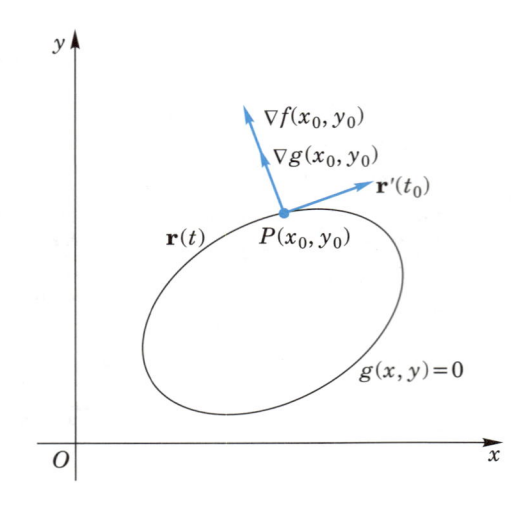

圖 13-28

$$\mathbf{r}(t) = x(t)\mathbf{i} + y(t)\mathbf{j}$$

表示，其中 $x'(t)$ 與 $y'(t)$ 在開區間 I 為連續，且令 t_0 為 t 的值使得 $x(t_0) = x_0$，$y(t_0) = y_0$。如圖 13-28 所示。

如果定義函數 h 為 $h(t) = f(x(t), y(t))$，則因為 $f(x_0, y_0)$ 為 f 的極值，所以我們得知

$$h(t_0) = f(x(t_0), y(t_0)) = f(x_0, y_0)$$

為 h 的極值，這蘊涵 $h'(t_0) = 0$，又依連鎖法則，可得

$$\begin{aligned} D_t\, h(t)|_{t=t_0} &= f_x(x_0, y_0)\, x'(t_0) + f_y(x_0, y_0)\, y'(t_0) \\ &= (f_x(x_0, y_0)\mathbf{i} + f_y(x_0, y_0)\mathbf{j}) \cdot (x'(t_0)\mathbf{i} + y'(t_0)\mathbf{j}) \\ &= \nabla f(x_0, y_0) \cdot \mathbf{r}'(t_0) = 0 \end{aligned}$$

所以，$\nabla f(x_0, y_0)$ 垂直於切向量 $\mathbf{r}'(t_0)$。

又因為 $\mathbf{r}(t)$ 位於曲線 $g(x, y) = 0$ 上，則合成函數 $g(x(t), y(t))$ 為常數函數，所以，

$$D_t\, g(x(t), y(t))|_{t=t_0} = g_x(x_0, y_0)\, x'(t_0) + g_y(x_0, y_0)\, y'(t_0) = 0$$

亦即，$\nabla g(x_0, y_0) \cdot \mathbf{r}'(t_0) = 0$。

所以，$\nabla g(x_0, y_0)$ 亦垂直於切向量 $\mathbf{r}'(t_0)$。因此，梯度 $\nabla f(x_0, y_0)$ 與 $\nabla g(x_0, y_0)$ 互相平行，故存在一純量 λ 使得

$$\nabla f(x_0, y_0) = \lambda \nabla g(x_0, y_0).$$

定理 13.21　三變數的拉格蘭吉定理

設 $f(x, y, z)$ 與 $g(x, y, z)$ 具有連續一階偏導函數且在曲面 $g(x, y, z)=0$ 上一點 $P(x_0, y_0, z_0)$ 處具有極值．若 $\nabla g(x_0, y_0, z_0) \neq \mathbf{0}$，則存在一實數 λ 使得

$$\nabla f(x_0, y_0, z_0) = \lambda \nabla g(x_0, y_0, z_0).$$

拉格蘭吉乘數法

令 f 與 g 滿足拉格蘭吉定理的性質，f 具有極小值或極大值且受限制於條件 $g(x, y)=0$ 或 $g(x, y, z)=0$．欲求 f 的極小值或極大值，可利用下面的步驟求之．

(1) 首先解方程組

$$\begin{cases} f_x(x, y) = \lambda g_x(x, y) \\ f_y(x, y) = \lambda g_y(x, y) \\ g(x, y) = 0 \end{cases} \quad \text{或} \quad \begin{cases} f_x(x, y, z) = \lambda g_x(x, y, z) \\ f_y(x, y, z) = \lambda g_y(x, y, z) \\ f_z(x, y, z) = \lambda g_z(x, y, z) \\ g(x, y, z) = 0 \end{cases}$$

此處 λ 稱為**拉格蘭吉乘數**．

(2) 計算 f 在步驟 (1) 中所求得每一個點的函數值，最大值則為 f 在限制條件下 $g(x, y)=0$ 或 $g(x, y, z)=0$ 的極大值，而最小值則為 f 在限制條件下 $g(x, y)=0$ 或 $g(x, y, z)=0$ 的極小值．

定理 13.22　拉格蘭吉定理（兩個限制條件）

設 $f(x, y, z)$, $g(x, y, z)$ 與 $h(x, y, z)$ 具有連續一階偏導函數．
若 f 在兩個條件

$$g(x, y, z) = 0 \text{ 與 } h(x, y, z) = 0$$

的限制之下的極大值或極小值發生在一點 (x, y, z)，此處梯度 $\nabla g(x, y, z) \neq \mathbf{0}$，$\nabla h(x, y, z) \neq \mathbf{0}$，且它們不平行，則對某兩常數 λ 與 μ，

$$\nabla f(x, y, z) = \lambda \nabla g(x, y, z) + \mu \nabla h(x, y, z)$$

成立．

【例題 3】 利用定理 13.20

試求在雙曲線 $xy=1$ 上最接近 $(0, 0)$ 之點的坐標．

【解】 令點 $P(x, y)$ 位於雙曲線上，依題意，我們須求原點至雙曲線上一點 $P(x, y)$ 的最短距離 $d=\sqrt{x^2+y^2}$．亦即，求 $d^2=f(x, y)=x^2+y^2$ 受限制於條件 $g(x, y)=xy-1=0$ 的極小值．我們須解

$$\begin{cases} f_x(x, y)=\lambda g_x(x, y) \\ f_y(x, y)=\lambda g_y(x, y) \\ g(x, y)=0 \end{cases}$$

亦即，解

$$\begin{cases} 2x=\lambda y \quad \cdots\cdots ① \\ 2y=\lambda x \quad \cdots\cdots ② \\ xy-1=0 \quad \cdots\cdots ③ \end{cases}$$

將 ① 式乘以 x 而 ② 式乘以 y，則得，

$$2x^2=\lambda xy=2y^2$$

但由於 $xy=1>0$，則 x 與 y 必為同號．因此，$x^2=y^2$，解得 $x=y$，代入 $xy=1$ 中，可得

$$x=y=1 \text{ 或 } x=y=-1$$

故雙曲線 $xy=1$ 上 $P(-1, -1)$ 或 $P(1, 1)$ 最接近原點 $(0, 0)$，如圖 13-29 所示．

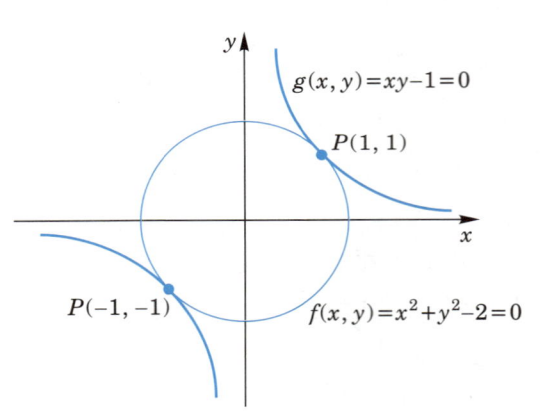

圖 13-29

【例題 4】 利用定理 13.20

求 $f(x, y)=x^2+y^2+4x-4y+3$ 在 $x^2+y^2 \leq 2$ 上的絕對極大值與絕對極小值．

【解】

$$f_x(x, y)=2x+4, \quad f_y(x, y)=2y-4$$

令 $f_x(x, y)=0$ 且 $f_y(x, y)=0$，解得 $x=-2, y=2$．

但不等式 $x^2+y^2 \leq 2$ 在 $x=-2, y=2$ 不能滿足，故點 $(-2, 2)$ 位於函數定義域之外．於是，函數無臨界點，因而極值必發生在定義域的邊界上（即，在曲線

$x^2+y^2=2$ 上) 我們利用拉格蘭吉乘數法且限制條件為

$$g(x, y)=x^2+y^2-2=0.$$

我們須解
$$\begin{cases} f_x(x, y)=\lambda g_x(x, y) \\ f_y(x, y)=\lambda g_y(x, y) \\ g(x, y)=0 \end{cases}$$

即，解
$$\begin{cases} 2x+4=2\lambda x & \cdots\cdots\cdots\cdots\cdots\cdots\cdots\cdots\cdots\cdots\cdots\cdots\cdots \text{①} \\ 2y-4=2\lambda y & \cdots\cdots\cdots\cdots\cdots\cdots\cdots\cdots\cdots\cdots\cdots\cdots\cdots \text{②} \\ x^2+y^2=2 & \cdots\cdots\cdots\cdots\cdots\cdots\cdots\cdots\cdots\cdots\cdots\cdots\cdots \text{③} \end{cases}$$

由 ① 與 ② 解得 $x=\dfrac{2}{\lambda-1}$, $y=\dfrac{2}{1-\lambda}$ 代入 ③ 中得

$$\left(\frac{2}{\lambda-1}\right)^2+\left(\frac{2}{1-\lambda}\right)^2=2$$

解得：$\lambda=-1$ 與 $\lambda=3$.
當 $\lambda=-1$ 時，代入 ①，②，可得：$x=-1$, $y=1$.
當 $\lambda=3$ 時，代入 ①，②，可得：$x=1$, $y=-1$.

$f(-1, 1)=1+1-4-4+3=-3$,
$f(1, -1)=1+1+4+4+3=13$.

所以，$f(1, -1)=13$ 為絕對極大值, $f(-1, 1)=-3$ 為絕對極小值.

【例題 5】 利用定理 13.22

平面 $x+y+z=12$ 與拋物面 $z=x^2+y^2$ 的交線為一橢圓，求在此橢圓上的最高點與最低點.

【解】 點 (x, y, z) 的高度為 z, 故我們想求

$$f(x, y, z)=z \text{ 在受限制條件}$$
$$g(x, y, z)=x+y+z-12=0$$
與 $$h(x, y, z)=x^2+y^2-z=0$$

之下的極大值與極小值.
利用拉格蘭吉乘數法，我們須解

$$\begin{cases} f_x(x, y, z) = \lambda g_x(x, y, z) + \mu h_x(x, y, z) \\ f_y(x, y, z) = \lambda g_y(x, y, z) + \mu h_y(x, y, z) \\ f_z(x, y, z) = \lambda g_z(x, y, z) + \mu h_z(x, y, z) \\ g(x, y, z) = 0 \\ h(x, y, z) = 0 \end{cases}$$

亦即，解

$$\begin{cases} 0 = \lambda + 2\mu x & \text{①} \\ 0 = \lambda + 2\mu y & \text{②} \\ 1 = \lambda - \mu & \text{③} \\ x + y + z - 12 = 0 & \text{④} \\ x^2 + y^2 - z = 0 & \text{⑤} \end{cases}$$

若 $\mu = 0$，則 ① 式蘊涵 $\lambda = 0$，此與 ③ 式矛盾。因此，$\mu \neq 0$，由 ① 與 ② 可得

$$2\mu x = -\lambda = 2\mu y$$

蘊涵 $x = y$，代入 ⑤ 式中，可得 $2x^2 = z$，所以 ④ 式變成

$$x + x + 2x^2 - 12 = 0$$

即，
$$2x^2 + 2x - 12 = 0$$
$$x^2 + x - 6 = 0$$
$$(x+3)(x-2) = 0$$

於是，解得 $x = -3$ 與 $x = 2$。因 $y = x$ 與 $z = 2x^2$，故求得橢圓上的對應點為 $P_1(2, 2, 8)$ 與 $P_2(-3, -3, 18)$。P_1 顯然為橢圓上的最低點，P_2 顯然為橢圓上的最高點。

習題 13.8

1. 求函數 $f(x, y) = 2x^2 + y^2$ 在限制條件 $g(x, y) = x + y - 1 = 0$ 之下的相對極小值。
2. 求函數 $f(x, y) = 200x^{3/4}y^{1/4}$ 在限制條件 $250x + 400y = 120{,}000$ 之下的極大值。
3. 求函數 $f(x, y) = 4xy$，$x > 0$，$y > 0$ 在限制條件 $\dfrac{x^2}{9} + \dfrac{y^2}{16} = 1$ 之下的極大值。
4. 求函數 $f(x, y, z) = xyz$ ($x \geq 0$，$y \geq 0$，$z \geq 0$) 的極大值，其中 x，y 與 z 滿足

$x^3+y^3+z^3=1$.

5. 求 $f(x, y, z)=3x+2y+z+5$ 在限制條件 $9x^2+4y^2-z=0$ 之下的極小值。

6. 求 $f(x, y, z)=2xy+6yz+8xz$ 在限制條件 $xyz=12{,}000$ 之下的極小值。

7. 有一矩形的盒子位於 xy-平面上，且矩形盒子有三頂點分別位於 x-軸，y-軸與 z-軸之正向上，第四頂點位於平面 $6x+4y+3z=24$ 上，求矩形盒子的最大體積。

8. 求內接於橢球 $\dfrac{x^2}{a^2}+\dfrac{y^2}{b^2}+\dfrac{z^2}{c^2}=1$ 之最大矩形體的體積。

9. 若 $f(x, y, z)=4x^2+y^2+5z^2$，求平面 $2x+3y+4z=12$ 上一點使 $f(x, y, z)$ 在該點有極小值。

10. 求在球面 $x^2+y^2+z^2=4$ 上離點 $(2, 2, 2)$ 最近的點。

11. 求 $f(x, y, z)=x^2+2y^2+3z^2$ 在限制條件 $x+y+z=1$ 與 $x-y+2z=2$ 之下的極值。

12. 欲製造能裝 108 立方米液體之無蓋矩形體水箱，試問可使表面積材料最省的長、寬、高各多少米？

13. 求在錐面 $z^2=x^2+y^2$ 與平面 $z=x+y+1$ 所圍成的體積中離原點最近與最遠的點。

第 14 章　重積分

本章學習目標

- 瞭解二重積分的意義與其計算的方法
- 瞭解二重積分之幾何意義以及利用二重積分求三維空間立體的體積
- 能夠利用極坐標計算二重積分
- 能夠利用二重積分計算曲面之面積
- 瞭解三重積分的意義與其計算的方法
- 能夠利用柱面坐標與球面坐標計算三重積分
- 能夠利用重積分求薄片的質心，以及立體的形心
- 瞭解重積分的變數變換

14-1　二重積分

　　我們可將單變數函數的積分觀念推廣到二個或更多個變數的積分，其觀念可用來計算體積、曲面面積、質量、形心，⋯ 等等。二變數函數的積分是在 xy-平面上的某區域 R 進行，這樣的積分稱為二重積分。往後，我們假設所涉及到的平面區域為包含整個邊界 (此為封閉曲線) 的有界區域。

　　今考慮用一組水平及垂直的直線，將 xy-平面上的一區域 R 任意分割成許多小區域，如圖 14-1 所示，並令那些完全落在 R 內部的小矩形區域，分別標以 R_1, R_2, R_3, ⋯, R_n, 如圖 14-1 所示的陰影部分，則我們稱集合 $P=\{R_i \mid i=1, 2, 3, \cdots, n\}$ 為 R 的內分割。R_i 之對角線的最大長度記為 $\|P\|$，稱為分割 P 的範數，符號 ΔA_i 用來表示 R_i 的面積。

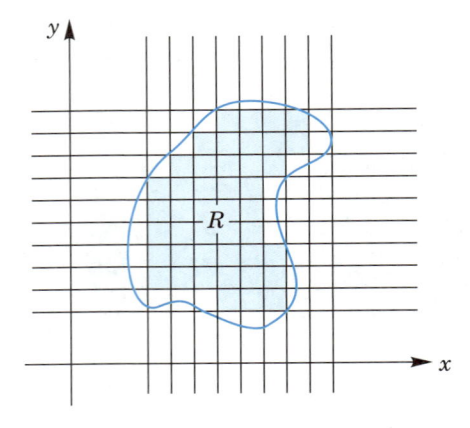

圖 14-1

定義 14.1

令 f 為定義在區域 R 的二變數函數，且 $P=\{R_i \mid i=1, 2, 3, \cdots, n\}$ 為 R 的一內分割，若 (x_i^*, y_i^*) 為 R_i 中的任一點，則 $\sum_{i=1}^{n} f(x_i^*, y_i^*) \Delta A_i$ 稱為 f 對內分割 P 的黎曼和。

　　讀者應注意，二變數函數的黎曼和為：在 R 之內分割中的第 i 個小矩形區域內之一有序數對 (x_i^*, y_i^*) 上計算二變數函數 $f(x, y)$ 的值，再以該小矩形區域的面積 ΔA_i 乘以此數，而後將每一項 $f(x_i^*, y_i^*) \Delta A_i$ 相加。

定義 14.2

令 f 為定義在區域 R 的二變數函數，若 $\lim_{\|P\| \to 0} \sum_{i=1}^{n} f(x_i^*, y_i^*) \Delta A_i$ 存在，則稱此極限為 f 在 R 的二重積分，記成

$$\iint_R f(x, y)\, dA$$

定義為 $\iint_R f(x, y)\, dA = \lim_{\|P\| \to 0} \sum_{i=1}^{n} f(x_i^*, y_i^*) \Delta A_i.$

若定義 14.2 的極限存在，則稱 f 在區域 R 為**可積分**。此外，若 f 在 R 為連續，則 f 在 R 為可積分.

定理 14.1

若二變數函數 f 與 g 在區域 R 皆為連續，則

(1) $\iint_R c\, f(x, y)\, dA = c \iint_R f(x, y)\, dA$，此處 c 為常數.

(2) $\iint_R [f(x, y) \pm g(x, y)]\, dA = \iint_R f(x, y)\, dA \pm \iint_R g(x, y)\, dA.$

(3) 若對整個 R 皆有 $f(x, y) \geq 0$，則 $\iint_R f(x, y)\, dA \geq 0.$

(4) 若對整個 R 皆有 $f(x, y) \geq g(x, y)$，則

$$\iint_R f(x, y)\, dA \geq \iint_R g(x, y)\, dA.$$

(5) $\iint_R f(x, y)\, dA = \iint_{R_1} f(x, y)\, dA + \iint_{R_2} f(x, y)\, dA.$

此處 R 為二個不重疊子區域 R_1 與 R_2 的聯集.

【例題 1】 利用黎曼和

令 R 是由頂點為 $(0, 0)$、$(4, 0)$、$(0, 8)$ 與 $(4, 8)$ 之矩形所圍成的區域，且 P 為 R 的內分割，其由具有 x-截距為 $0, 2, 4$ 的垂直線與具有 y-截距為 $0, 2, 4,$

6，8 的水平線所決定．若取 (x_i^*, y_i^*) 為 R_i 的中心點，求 $f(x, y) = x^2 - 3y$ 在區域 R 之二重積分的近似值．

【解】　區域 R 如圖 14-2 所示．

R_i 的中心點坐標與函數在中心點的函數值分別為：

$(x_1^*, y_1^*) = (1, 1),\quad f(x_1^*, y_1^*) = -2$

$(x_2^*, y_2^*) = (1, 3),\quad f(x_2^*, y_2^*) = -8$

$(x_3^*, y_3^*) = (1, 5),\quad f(x_3^*, y_3^*) = -14$

$(x_4^*, y_4^*) = (1, 7),\quad f(x_4^*, y_4^*) = -20$

$(x_5^*, y_5^*) = (3, 1),\quad f(x_5^*, y_5^*) = 6$

$(x_6^*, y_6^*) = (3, 3),\quad f(x_6^*, y_6^*) = 0$

$(x_7^*, y_7^*) = (3, 5),\quad f(x_7^*, y_7^*) = -6$

$(x_8^*, y_8^*) = (3, 7),\quad f(x_8^*, y_8^*) = -12$

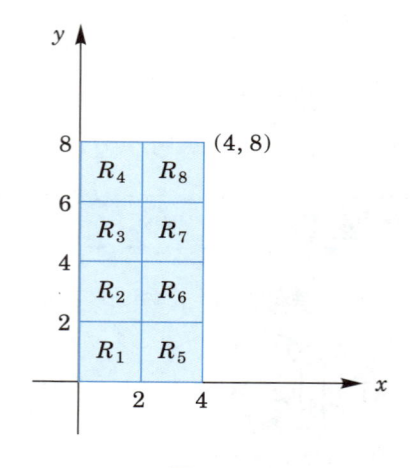

圖 14-2

則 $\iint_R f(x, y)\, dA \approx \sum_{i=1}^{8} f(x_i^*, y_i^*)\, \Delta A_i$

因每一個小正方形的面積為 $\Delta A_i = 4$，$i = 1, 2, 3, \cdots, 8$，故

$\sum_{i=1}^{8} f(x_i^*, y_i^*) \Delta A_i = 4 \sum_{i=1}^{8} f(x_i^*, y_i^*)$

$\qquad = 4(-2 - 8 - 14 - 20 + 6 + 0 - 6 - 12)$

$\qquad = -224$

所以，$\iint_R f(x, y)\, dA \approx -224$．

在整個區域 R 中，若 $f(x, y) \geq 0$，如圖 14-3 所示，則直立矩形柱體的體積 ΔV_i 為 $f(x_i^*, y_i^*)\, \Delta A_i$，故所有直立矩形柱體體積的和 $\sum_{i=1}^{n} f(x_i^*, y_i^*)\, \Delta A_i$ 為介於平面區域 R 與曲面 $z = f(x, y)$ 之間的立體體積 V 的近似值．當 $\|P\| \to 0$ 時，若黎曼和的極限存在，則其代表立體的體積，即，

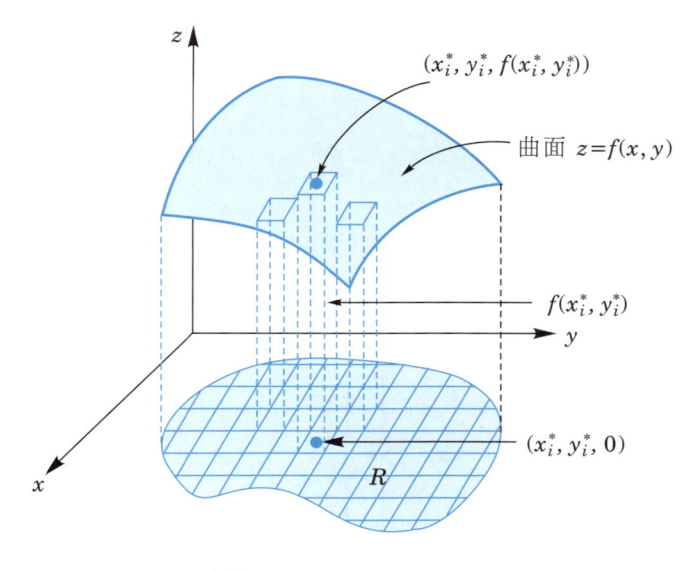

$$V = \iint_R f(x, y) \, dA$$

在整個區域 R 中，若 $f(x, y) = 1$，則

$$\iint_R 1 \, dA = \iint_R dA$$

代表在區域 R 上方且具有一定高度 1 之立體的體積。在數值上，此與區域 R 的面積相同。於是，

$$R \text{ 的面積} = \iint_R dA$$

除了在非常簡單的情形之外，事實上，我們不可能由定義 14.2 去求二重積分的值。

在本節裡，我們將討論如何使用微積分基本定理去計算二重積分。

首先，我們僅討論限制 R 是矩形區域的情形。

針對於偏微分的逆過程，我們可以定義**偏積分**。假設二變數函數 $f(x, y)$ 在矩形區域 $R = \{(x, y) | a \leq x \leq b, c \leq y \leq d\}$ 為連續。符號 **$f(x, y)$ 對 y 的偏積分** $\int_c^d f(x, y) dy$

是依據使 x 保持固定並對 y 積分的方式去計算，而 $\int_c^d f(x, y)dy$ 的結果是 x 的函數。同理，$\int_a^b f(x, y)dx$ 是 **$f(x, y)$ 對 x 的偏積分**，它是依據使 y 保持固定並對 x 積分的方式去計算，而 $\int_a^b f(x, y)dx$ 的結果是 y 的函數。基於這種情形，我們可以考慮下列的計算類型：

$$\int_a^b \left[\int_c^d f(x, y)dy\right]dx$$

$$\int_c^d \left[\int_a^b f(x, y)dx\right]dy$$

在第一個式子中，內積分 $\int_c^d f(x, y)dy$ 產生 x 的函數，然後在區間 $[a, b]$ 被積分；在第二個式子中，內積分 $\int_a^b f(x, y)dx$ 產生 y 的函數，然後在區間 $[c, d]$ 被積分。這兩個式子皆稱為**疊積分** (或**累次積分**)，通常省略方括號而寫成

$$\int_a^b \int_c^d f(x, y)dy\,dx = \int_a^b \left[\int_c^d f(x, y)dy\right]dx \tag{14-1}$$

$$\int_c^d \int_a^b f(x, y)dx\,dy = \int_c^d \left[\int_a^b f(x, y)dx\right]dy \tag{14-2}$$

【例題 2】 利用 (14-1) 及 (14-2) 式

計算 (1) $\int_0^{\pi/2} \int_0^{\pi/2} \sin(x+y)dy\,dx$ (2) $\int_1^2 \int_0^1 \dfrac{1}{(x+y)^2}dx\,dy$。

【解】 (1) $\int_0^{\pi/2} \int_0^{\pi/2} \sin(x+y)dy\,dx = -\int_0^{\pi/2} \cos(x+y)\Big|_0^{\pi/2} dx$

$= \int_0^{\pi/2} \left[\cos x - \cos\left(x+\dfrac{\pi}{2}\right)\right]dx$

$$= \int_0^{\pi/2} (\cos x + \sin x) dx$$

$$= (\sin x - \cos x)\Big|_0^{\pi/2}$$

$$= (1-0) - (0-1) = 2$$

(2) $\displaystyle\int_1^2 \int_0^1 \frac{1}{(x+y)^2} dx\, dy = \int_1^2 \left(-\frac{1}{x+y}\right)\Big|_0^1 dy = \int_1^2 \left(\frac{1}{y} - \frac{1}{1+y}\right) dy$

$$= (\ln|y| - \ln|1+y|)\Big|_1^2 = \ln 2 - \ln 3 + \ln 2$$

$$= \ln \frac{4}{3}$$

【例題 3】 分離變數

(1) 試證：若 $f(x, y) = g(x)h(y)$，g 與 h 皆為連續函數，則

$$\int_a^b \int_c^d f(x, y) dy\, dx = \left(\int_a^b g(x)\, dx\right)\left(\int_c^d h(y)\, dy\right).$$

(2) 利用 (1) 的結果計算 $\displaystyle\int_0^1 \int_0^1 xy e^{x^2+y^2}\, dy\, dx$.

【解】 (1) $\displaystyle\int_a^b \int_c^d f(x, y)\, dy\, dx = \int_a^b \int_c^d g(x) h(y)\, dy\, dx$

$$= \int_a^b g(x) \left[\int_c^d h(y)\, dy\right] dx$$

$$= \left(\int_c^d h(y)\, dy\right)\left(\int_a^b g(x)\, dx\right)$$

$$= \left(\int_a^b g(x)\, dx\right)\left(\int_c^d h(y)\, dy\right)$$

(2) $\displaystyle\int_0^1 \int_0^1 xy e^{x^2+y^2}\, dy\, dx = \int_0^1 \int_0^1 x e^{x^2} \cdot y e^{y^2}\, dy\, dx$

$$= \left(\int_0^1 xe^{x^2}\,dx\right)\left(\int_0^1 ye^{y^2}\,dy\right)$$

$$= \left(\int_0^1 xe^{x^2}\,dx\right)^2$$

$$= \left(\frac{1}{2}e^{x^2}\bigg|_0^1\right)^2 = \frac{1}{4}(e-1)^2$$

定理 14.2 富比尼定理

若函數 f 在矩形區域 $R=\{(x, y)\mid a\leqslant x\leqslant b,\ c\leqslant y\leqslant d\}$ 為連續，則

$$\iint_R f(x,\ y)\,dA = \int_c^d\int_a^b f(x,\ y)\,dx\,dy = \int_a^b\int_c^d f(x,\ y)\,dy\,dx.$$

有關**富比尼定理**的證明超出本教科書的範圍，我們現在以體積的觀念來說明此定理是成立的．若 $f(x, y) \geqslant 0$ 對所有 $(x, y) \in R$ 皆成立，則二重積分代表體積，故

$$V = \iint_R f(x,\ y)\,dA \tag{14-3}$$

現在我們利用平行於 xz-坐標面的平面將此立體截成薄片，此薄片的表面積為

$$A(y) = \int_a^b f(x,\ y)\,dx \tag{14-4}$$

如圖 14-4 所示．
但此立體的體積為

$$V = \int_c^d A(y)\,dy \tag{14-5}$$

將 (14-4) 式代入 (14-5) 式中，可得

$$V = \int_c^d A(y)\,dy = \int_c^d\left[\int_a^b f(x,\ y)\,dx\right]dy \tag{14-6}$$

當 (14-3) 式與 (14-6) 式同表 V 時，我們得到

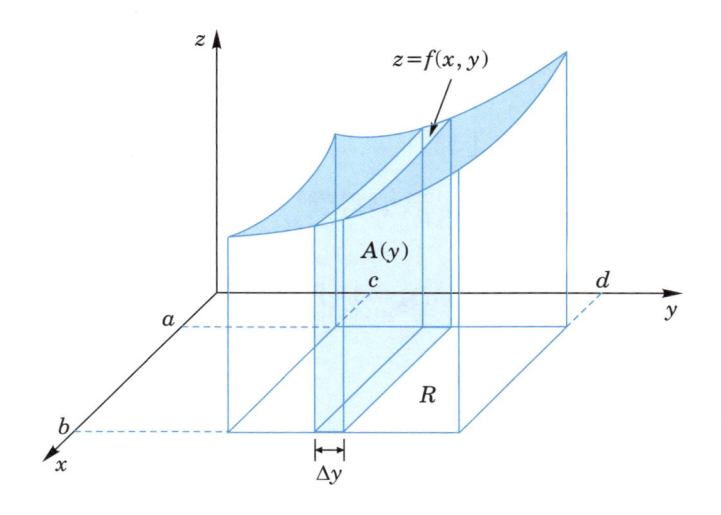

圖 14-4

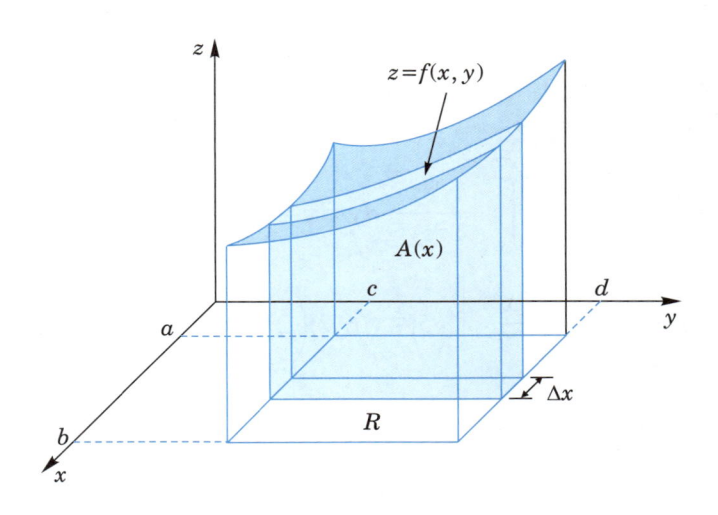

圖 14-5

$$\iint_R f(x,\ y)\ dA = \int_c^d \int_a^b f(x,\ y) dx\ dy \tag{14-7}$$

倘若我們利用平行於 yz-坐標面的平面將此立體截成很多薄片，則在 x 處之薄片的面積為

$$A(x) = \int_c^d f(x,\ y) dy \tag{14-8}$$

如圖 14-5 所示。

故此立體的體積為

$$V = \int_a^b A(x)\,dx = \int_a^b \left[\int_c^d f(x,y)\,dy\right]dx = \int_a^b \int_c^d f(x,y)\,dy\,dx \qquad (14\text{-}9)$$

當 (14-3) 式與 (14-9) 式同表 V 時，我們得到

$$\iint_R f(x,y)\,dA = \int_a^b \int_c^d f(x,y)\,dy\,dx \qquad (14\text{-}10)$$

故由 (14-7) 式與 (14-10) 式知，

$$\iint_R f(x,y)\,dA = \int_c^d \int_a^b f(x,y)\,dx\,dy = \int_a^b \int_c^d f(x,y)\,dy\,dx$$

【例題 4】 利用富比尼定理

求 $\iint_R \dfrac{1+x}{1+y}\,dA$，其中 $R=\{(x,y)\mid -1 \leqslant x \leqslant 2,\ 0 \leqslant y \leqslant 1\}$。

【解】 $\displaystyle\iint_R \frac{1+x}{1+y}\,dA = \int_{-1}^2 \int_0^1 \frac{1+x}{1+y}\,dy\,dx = \left(\int_0^1 \frac{1}{1+y}\,dy\right)\left(\int_{-1}^2 (1+x)\,dx\right)$

$\displaystyle = \left(\ln|1+y|\,\Big|_0^1\right)\left(x+\frac{x^2}{2}\,\Big|_{-1}^2\right) = (\ln 2)\left(2+2+1-\frac{1}{2}\right) = \frac{9}{2}\ln 2.$

【例題 5】 利用富比尼定理

求在平面 $z = 4-x-y$ 下方且在矩形區域 $R=\{(x,y)\mid 0 \leqslant x \leqslant 1,\ 0 \leqslant y \leqslant 2\}$ 上方之立體的體積。

【解】 體積 $\displaystyle V = \iint_R z\,dA = \int_0^2 \int_0^1 (4-x-y)\,dx\,dy$

$\displaystyle = \int_0^2 \left(4x - \frac{x^2}{2} - xy\right)\Big|_0^1 dy = \int_0^2 \left(\frac{7}{2} - y\right)dy$

$\displaystyle = \left(\frac{7}{2}y - \frac{y^2}{2}\right)\Big|_0^2 = 5$

到目前為止，我們僅說明如何計算在矩形區域上的疊積分。現在，我們將計算推廣至非矩形區域上的疊積分：

$$\int_a^b \int_{g_1(x)}^{g_2(x)} f(x, y) dy\, dx = \int_a^b \left[\int_{g_1(x)}^{g_2(x)} f(x, y) dy \right] dx$$

$$\int_c^d \int_{h_1(y)}^{h_2(y)} f(x, y) dx\, dy = \int_c^d \left[\int_{h_1(y)}^{h_2(y)} f(x, y) dx \right] dy$$

【例題 6】 計算疊積分

計算 $\displaystyle\int_1^5 \int_0^x \frac{3}{x^2+y^2}\, dy\, dx$。

【解】
$$\int_1^5 \int_0^x \frac{3}{x^2+y^2}\, dy\, dx = \int_1^5 \frac{3}{x} \tan^{-1} \frac{y}{x} \Big|_0^x dx$$

$$= \int_1^5 \frac{3\pi}{4x}\, dx = \frac{3\pi}{4} \ln |x| \Big|_1^5 = \frac{3\pi}{4} \ln 5$$

【例題 7】 計算疊積分

計算 $\displaystyle\int_0^\pi \int_0^{\cos y} x \sin y\, dx\, dy$。

【解】
$$\int_0^\pi \int_0^{\cos y} x \sin y\, dx\, dy = \int_0^\pi \frac{1}{2} x^2 \sin y \Big|_0^{\cos y} dy$$

$$= \frac{1}{2} \int_0^\pi \cos^2 y \sin y\, dy$$

$$= -\frac{1}{2} \int_0^\pi \cos^2 y\, d(\cos y)$$

$$= -\frac{1}{6} \cos^3 y \Big|_0^\pi = \frac{1}{3}$$

如果我們想直接由定義 14.2 計算二重積分的值，並非一件容易的事。現在，我們將討論如何利用疊積分計算二重積分的值。在討論疊積分與二重積分之關係前，我們先討論如圖 14-6 所示之 xy-平面上的各型區域。若區域 R 為

$$R=\{(x, y) \mid a \leq x \leq b, g_1(x) \leq y \leq g_2(x)\}$$

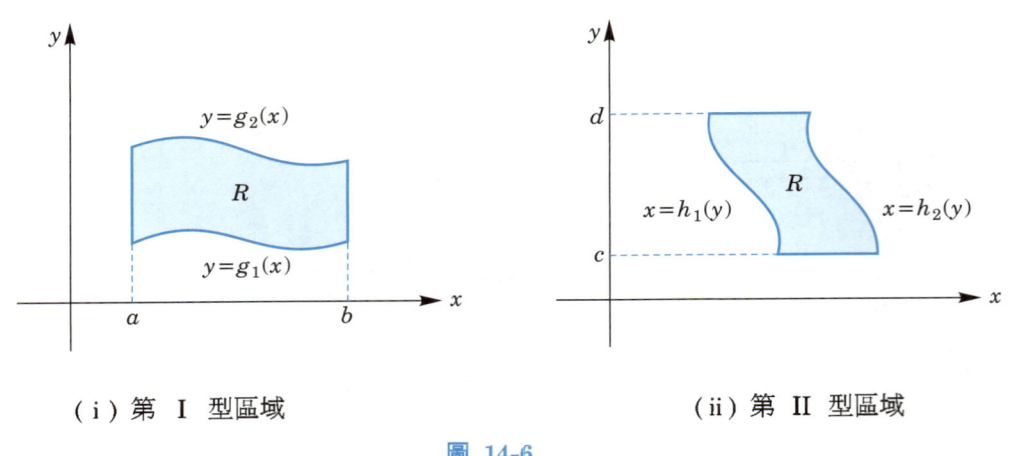

其中函數 $g_1(x)$ 與 $g_2(x)$ 皆為連續函數，則我們稱它為第 I 型區域。又若 $R=\{(x, y) \mid h_1(y) \leq x \leq h_2(y), c \leq y \leq d\}$，其中 $h_1(y)$ 與 $h_2(y)$ 皆為連續函數，則稱它為第 II 型區域。

（i）第 I 型區域　　　　　　　　　（ii）第 II 型區域

圖 14-6

下面定理使我們能夠利用疊積分計算在第 I 型與第 II 型區域上的二重積分。

定理 14.3

假設 f 在區域 R 為連續，若 R 為第 I 型區域，則

$$\iint_R f(x, y)\, dA = \int_a^b \int_{g_1(x)}^{g_2(x)} f(x, y)\, dy\, dx$$

若 R 為第 II 型區域，則

$$\iint_R f(x, y)\, dA = \int_c^d \int_{h_1(y)}^{h_2(y)} f(x, y)\, dx\, dy$$

欲應用定理 14.3，通常從區域 R 的二維圖形開始（不需要作 $f(x, y)$ 的圖形）。

對第 I 型區域，我們可以求得公式

$$\iint_R f(x, y)dA = \int_a^b \int_{g_1(x)}^{g_2(x)} dy\, dx$$

中的積分界限如下：

步驟 1：我們在任一點 x 畫出穿過區域 R 的一條垂直線（圖 14-7(i)），此直線交 R 的邊界兩次，最低交點在曲線 $y=g_1(x)$ 上，而最高交點在曲線 $y=g_2(x)$ 上，這些交點決定了公式中 y 的積分界限。

步驟 2：將在步驟 1 所畫出的直線先向左移動（圖 14-7(ii)），然後向右移動（圖 14-7(iii)），直線與區域 R 相交的最左邊位置為 $x=a$，而相交的最右邊位置為 $x=b$，由此可得公式中 x 的積分界限。

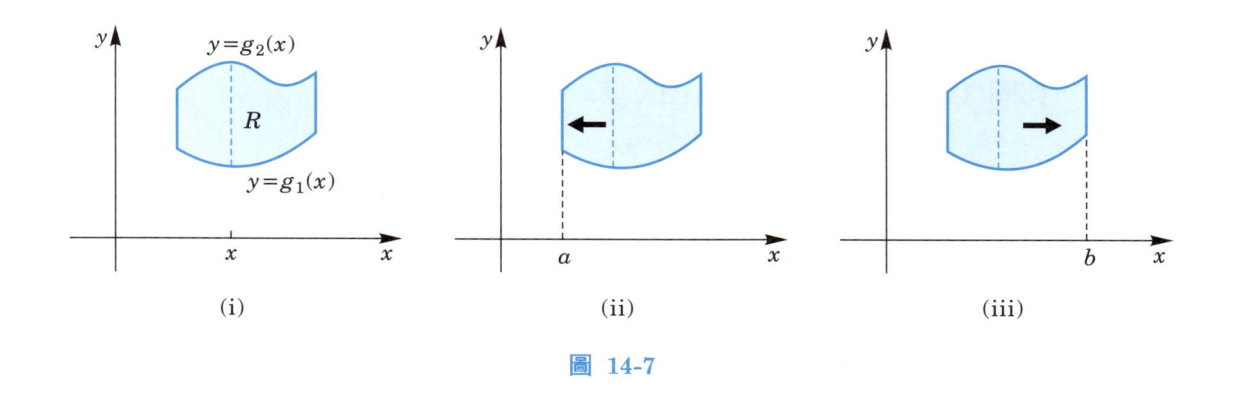

圖 14-7

若 R 為第 II 型區域，則求得公式

$$\iint_R f(x, y)dA = \int_c^d \int_{h_1(y)}^{h_2(y)} f(x, y)dx\, dy$$

中的積分界限如下：

步驟 1：我們在任一點 y 畫出穿過區域 R 的一條水平線（圖 14-8(i)），此直線交 R 的邊界兩次，最左邊的交點在曲線 $x=h_1(y)$ 上，而最右邊的交點在曲線 $x=h_2(y)$ 上，這些交點決定了公式中 x 的積分界限。

步驟 2：將在步驟 1 所畫出的直線先向下移動（圖 14-8(ii)），然後向上移動（圖 14-8(iii)），直線與區域 R 相交的最低位置為 $y=c$，而相交的最高位置為 $y=d$，由此可得公式中 y 的積分界限。

(i)　　　　　　　(ii)　　　　　　　(iii)

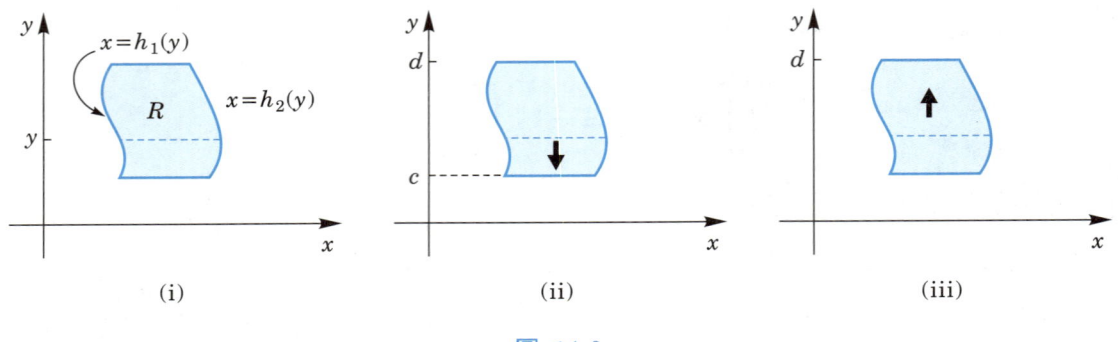

圖 14-8

【例題 8】 採用第 I 型區域

求 $\iint_R xy\, dA$，其中 R 是由曲線 $y=\sqrt{x}$ 與直線 $y=\dfrac{x}{2}$、$x=1$、$x=4$ 所圍成的區域．

【解】 如圖 14-9 所示，R 為第 I 型區域．於是，

$$\iint_R xy\, dA = \int_1^4 \int_{x/2}^{\sqrt{x}} xy\, dy\, dx = \int_1^4 \left.\frac{1}{2} xy^2 \right|_{x/2}^{\sqrt{x}} dx$$

$$= \int_1^4 \left(\frac{x^2}{2} - \frac{x^3}{8}\right) dx = \left.\left(\frac{x^3}{6} - \frac{x^4}{32}\right)\right|_1^4$$

$$= \frac{32}{3} - 8 - \left(\frac{1}{6} - \frac{1}{32}\right) = \frac{81}{32}$$

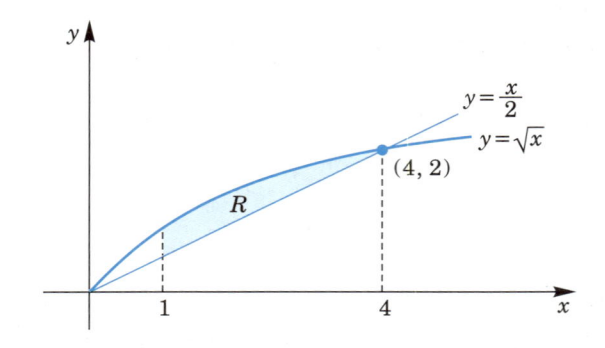

圖 14-9

【例題 9】 採用第 II 型區域或第 I 型區域

求 $\iint_R (2x-y^2)\, dA$，其中 R 為由直線 $y=-x+1$，$y=x+1$ 與 $y=3$ 所圍成的三角形區域。

【解】 方法 1：視 R 為第 II 型區域，如圖 14-10 所示。

$$\iint_R (2x-y^2)\, dA = \int_1^3 \int_{1-y}^{y-1} (2x-y^2)\, dx\, dy = \int_1^3 (x^2-y^2 x)\Big|_{1-y}^{y-1} dy$$

$$= \int_1^3 [(1-2y+2y^2-y^3)-(1-2y+y^3)]\, dy$$

$$= \int_1^3 (2y^2-2y^3)\, dy = \left(\frac{2y^3}{3}-\frac{y^4}{2}\right)\Big|_1^3 = -\frac{68}{3}.$$

方法 2：

我們亦可將 R 視為兩個第 I 型區域 R_1 與 R_2 的聯集，如圖 14-11 所示。

$$\iint_R (2x-y^2)\, dA = \iint_{R_1}(2x-y^2)\, dA + \iint_{R_2}(2x-y^2)\, dA$$

$$= \int_{-2}^0 \int_{-x+1}^3 (2x-y^2)\, dy\, dx + \int_0^2 \int_{x+1}^3 (2x-y^2)\, dy\, dx$$

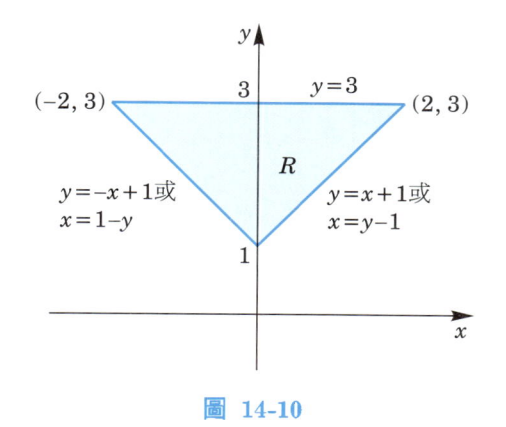

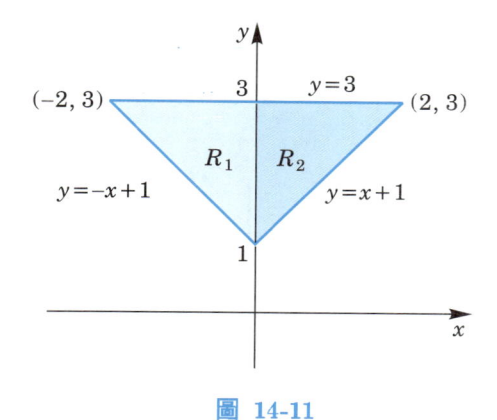

圖 14-10

圖 14-11

$$= \int_{-2}^{0} \left(2xy - \frac{y^3}{3}\right)\Big|_{-x+1}^{3} dx + \int_{0}^{2} \left(2xy - \frac{y^3}{3}\right)\Big|_{x+1}^{3} dx$$

$$= \int_{-2}^{0} \left[2x^2 + 4x - 9 + \frac{(1-x)^3}{3}\right] dx + \int_{0}^{2} \left[\frac{(x+1)^3}{3} - 2x^2 + 4x - 9\right] dx$$

$$= \left[\frac{2}{3}x^3 + 2x^2 - 9x - \frac{(1-x)^4}{12}\right]\Big|_{-2}^{0} + \left[\frac{(x+1)^4}{12} - \frac{2}{3}x^3 + 2x^2 - 9x\right]\Big|_{0}^{2}$$

$$= -\frac{68}{3}.$$

【例題 10】 分區積分

設 $R = \{(x, y) \mid |x| + |y| \leq 1\}$，求 $\iint_R e^{x+y} \, dA$。

【解】 區域 R 如圖 14-12 所示。

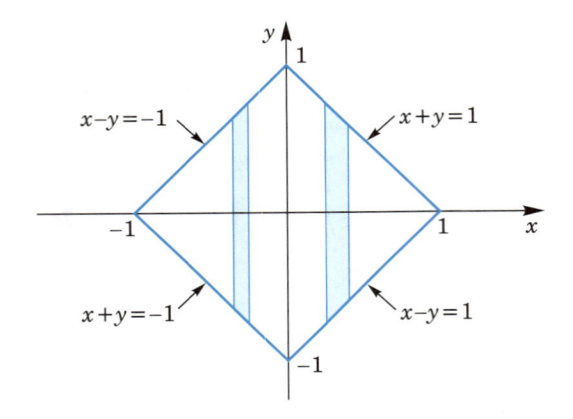

圖 14-12

$$\iint_R e^{x+y} \, dA = \int_{-1}^{0} \int_{-x-1}^{x+1} e^x e^y \, dy \, dx + \int_{0}^{1} \int_{x-1}^{-x+1} e^x e^y \, dy \, dx$$

$$= \int_{-1}^{0} e^x \left(e^y \Big|_{-x-1}^{x+1}\right) dx + \int_{0}^{1} e^x \left(e^y \Big|_{x-1}^{-x+1}\right) dx$$

$$= \int_{-1}^{0} e^x (e^{x+1} - e^{-x-1}) \, dx + \int_{0}^{1} e^x (e^{-x+1} - e^{x-1}) \, dx$$

$$= \int_{-1}^{0} (e \cdot e^{2x} - e^{-1})\, dx + \int_{0}^{1} (e - e^{2x} \cdot e^{-1})\, dx$$

$$= \left(\frac{1}{2} e \cdot e^{2x} - e^{-1} x\right)\Big|_{-1}^{0} + \left(ex - \frac{1}{2} e^{2x} \cdot e^{-1}\right)\Big|_{0}^{1}$$

$$= \frac{1}{2} e - \frac{1}{2} e^{-1} - e^{-1} + \left(e - \frac{1}{2} e + \frac{1}{2} e^{-1}\right)$$

$$= e - \frac{1}{e}$$

雖然二重積分可利用定理 14.3 來計算。一般而言，選擇 $dy\,dx$ 或 $dx\,dy$ 的積分順序往往與 $f(x, y)$ 的形式及區域 R 有關，有時，所予二重積分的計算非常地困難，或甚至不可能；然而，若變換 $dy\,dx$ 或 $dx\,dy$ 的積分順序，或許可能求得易於計算之等值的二重積分。

【例題 11】 顛倒積分的順序

計算 $\int_{0}^{1}\int_{2x}^{2} e^{y^2}\, dy\, dx$。

【解】 因所予的積分順序為 $dy\,dx$，故區域 R 為第 I 型區域：$y=2x$ 至 $y=2$；$x=0$ 至 $x=1$。今變換積分順序為 $dx\,dy$，則 x 自 0 至 $\frac{y}{2}$；y 自 0 至 2，如圖 14-13 所示。

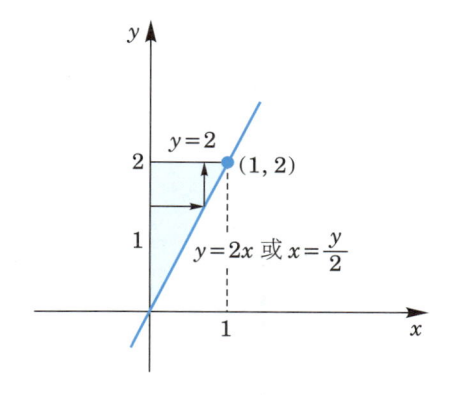

圖 14-13

所以，$\int_{0}^{1}\int_{2x}^{2} e^{y^2} dy\, dx = \int_{0}^{2}\int_{0}^{y/2} e^{y^2} dx\, dy = \int_{0}^{2} xe^{y^2}\Big|_{0}^{y/2} dy = \int_{0}^{2} \frac{1}{2} y e^{y^2} dy$

$$= \frac{1}{4}\int_{0}^{2} e^{y^2} d(y^2) = \frac{1}{4} e^{y^2}\Big|_{0}^{2} = \frac{1}{4}(e^4 - 1).$$

【例題 12】 顛倒積分的順序

計算 $\int_0^{2\sqrt{\ln 3}} \int_{y/2}^{\sqrt{\ln 3}} e^{x^2} \, dx \, dy$．

【解】 因所予的積分順序為 $dx \, dy$，故視區域 R 為第 II 型區域：

$x = \dfrac{y}{2}$ 至 $x = \sqrt{\ln 3}$；$y = 0$ 至 $y = 2\sqrt{\ln 3}$．

今變換積分順序為 $dy \, dx$，則 y 自 0 至 $y = 2x$；x 自 0 至 $\sqrt{\ln 3}$，如圖 14-14 所示．

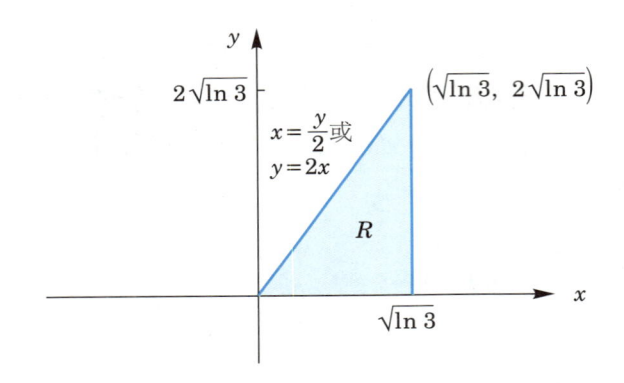

圖 14-14

所以，$\int_0^{2\sqrt{\ln 3}} \int_{y/2}^{\sqrt{\ln 3}} e^{x^2} \, dx \, dy = \int_0^{\sqrt{\ln 3}} \int_0^{2x} e^{x^2} \, dy \, dx = \int_0^{\sqrt{\ln 3}} 2x e^{x^2} \, dx$

$= \int_0^{\sqrt{\ln 3}} d(e^{x^2}) = e^{x^2} \Big|_0^{\sqrt{\ln 3}} = e^{\ln 3} - e^0 = 3 - 1 = 2$．

【例題 13】 顛倒積分的順序

計算 $\int_0^3 \int_{y^2}^9 y \cos x^2 \, dx \, dy$．

【解】 積分區域為 $R = \{(x, y) | y^2 \leqslant x \leqslant 9, \ 0 \leqslant y \leqslant 3\}$
$= \{(x, y) | 0 \leqslant x \leqslant 9, \ 0 \leqslant y \leqslant \sqrt{x}\}$

於是，

$$\int_0^3 \int_{y^2}^9 y \cos x^2 \, dx \, dy$$

$$= \int_0^9 \int_0^{\sqrt{x}} y \cos x^2 \, dy \, dx$$

$$= \int_0^9 \cos x^2 \left(\frac{y^2}{2} \bigg|_0^{\sqrt{x}} \right) dx$$

$$= \int_0^9 \frac{1}{2} x \cos x^2 \, dx$$

$$= \frac{1}{4} \sin x^2 \bigg|_0^9 = \frac{1}{4} \sin 81$$

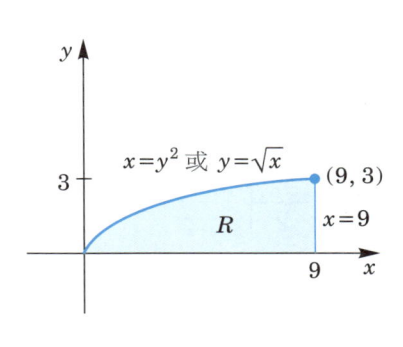

圖 14-15

【例題 14】 利用二重積分

求由兩拋物線 $y = x^2$ 與 $y = 8 - x^2$ 所圍成區域的面積.

【解】 區域 R 如圖 14-16 所示，其為第 I 型區域. 所以

$$R \text{ 的面積} = \iint_R dA = \int_{-2}^2 \int_{x^2}^{8-x^2} dy \, dx$$

$$= \int_{-2}^2 y \bigg|_{x^2}^{8-x^2} dx$$

$$= \int_{-2}^2 (8 - 2x^2) \, dx$$

$$= \left(8x - \frac{2}{3} x^3 \right) \bigg|_{-2}^2 = \frac{64}{3}$$

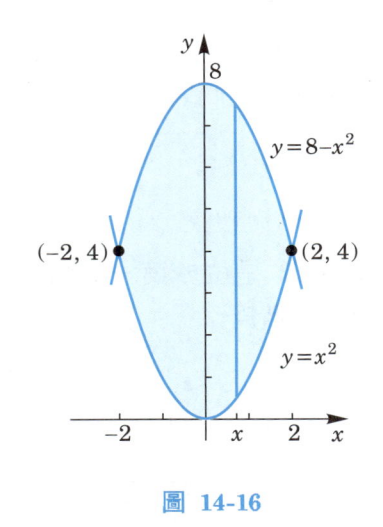

圖 14-16

【例題 15】 採用第 I 型區域

求由圓柱面 $x^2 + y^2 = 4$ 與兩平面 $y + z = 5$、$z = 0$ 所圍成立體的體積.

【解】 如圖 14-17 所示，該立體的上邊界為平面 $z = 5 - y$，而下邊界為位於圓 $x^2 + y^2 = 4$ 內部的區域 R，視 R 為第 I 型區域，可得體積為

$$V = \iint_R z \, dA$$

$$= \int_{-2}^{2} \int_{-\sqrt{4-x^2}}^{\sqrt{4-x^2}} (5-y) \, dy \, dx$$

$$= \int_{-2}^{2} \left. 5y - \frac{y^2}{2} \right|_{-\sqrt{4-x^2}}^{\sqrt{4-x^2}} dx$$

$$= \int_{-2}^{2} 10\sqrt{4-x^2} \, dx = 10 \cdot 2\pi = 20\pi$$

$$\left(\int_{-2}^{2} \sqrt{4-x^2} \, dx = \text{半徑為 2 的半圓區域面積} \right)$$

圖 14-17

【例題 16】 採用第 I 型區域

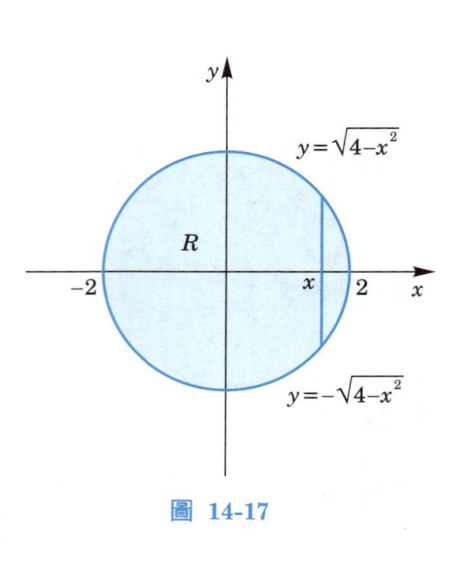

求兩圓柱體 $x^2+y^2 \leq r^2$ 與 $x^2+z^2 \leq r^2$ $(r>0)$ 所共有的體積．

【解】 兩圓柱體所共有的立體，僅繪出第一卦限的部分，如圖 14-18(i) 所示．依對稱性，我們只要求出此部分的體積，然後將結果再乘以 8，即，

$$V = 8 \iint_R z \, dA = 8 \iint_R \sqrt{r^2-x^2} \, dA$$

此處 R 是位於第一象限在圓 $x^2+y^2=r^2$ 內部的區域，如圖 14-18(ii) 所示．所以，體積為

(i)   (ii)

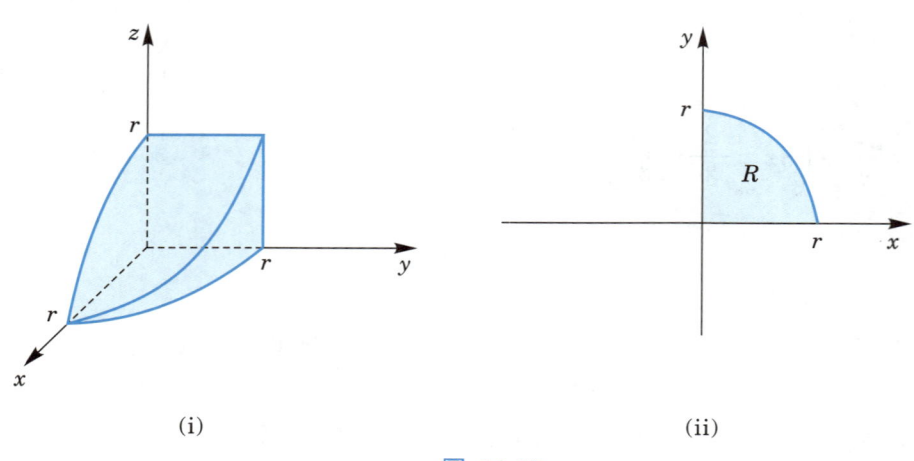

圖 14-18

$$V = 8\int_0^r \int_0^{\sqrt{r^2-x^2}} \sqrt{r^2-x^2}\, dy\, dx = 8\int_0^r y\sqrt{r^2-x^2}\Big|_0^{\sqrt{r^2-x^2}} dx$$

$$= 8\int_0^r (r^2-x^2)dx = 8\left(r^2 x - \frac{x^3}{3}\right)\Big|_0^r = \frac{16}{3}r^3$$

習題 14.1

1. 設 $R = \{(x, y) \mid 0 \leqslant x \leqslant 3,\ 0 \leqslant y \leqslant 3\}$，並定義

$$f(x, y) = \begin{cases} 1, & 0 \leqslant x \leqslant 3,\ 0 \leqslant y < 1 \\ 2, & 0 \leqslant x \leqslant 3,\ 1 \leqslant y < 2 \\ 3, & 0 \leqslant x \leqslant 3,\ 2 \leqslant y \leqslant 3 \end{cases}$$

試計算 $\iint_R f(x, y)\, dA$。

2. 設 $m \leqslant f(x, y) \leqslant M$ 對所有 $(x, y) \in R$ 皆成立，試證

$$mA(R) \leqslant \iint_R f(x, y)\, dA \leqslant MA(R).$$

3. 令 R 是由頂點為 $(0, 0)$、$(4, 4)$、$(8, 4)$ 與 $(12, 0)$ 之梯形所圍成的區域，且 P 為 R 的內分割，其由具有 x-截距為 $0, 2, 4, 6, 8, 10, 12$ 的垂直線與具有 y-截距為 $0, 2, 4$ 的水平線所決定。若 $f(x, y) = xy$，且取 (u_i, v_i) 為 R_i 的中心點，求 f 對 P 的黎曼和。

4. 若 $R = \{(x, y) \mid a \leqslant x \leqslant b,\ c \leqslant y \leqslant d\}$，且對 R 中的所有 (x, y) 恆有 $f(x, y) = k$，試利用定義 15.2，證明 f 佈於 R 的二重積分等於 $k(b-a)(d-c)$。

5. 如右圖所示，計算：

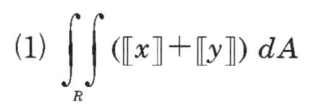

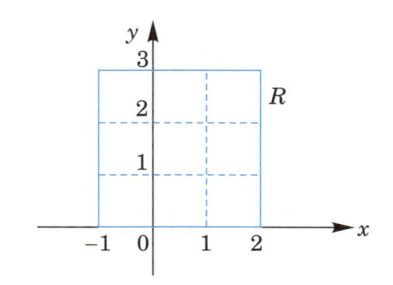

　(1) $\iint_R (\llbracket x \rrbracket + \llbracket y \rrbracket)\, dA$

　(2) $\iint_R \llbracket x \rrbracket \llbracket y \rrbracket\, dA$。

6. 若 $R=\{(x, y) \mid 0 \leqslant x \leqslant 1, 0 \leqslant y \leqslant 1\}$, 則為何 $\iint_R e^{xy}\, dA$ 存在？

我們有
$$\iint_R e^{xy}\, dA = \int_0^1 \int_0^1 e^{xy}\, dy\, dx$$

$\int_0^1 e^{xy}\, dy$ 為 x 的連續函數嗎？

7. 計算下列各積分.

(1) $\int_{-3}^3 \int_{-1}^1 |x^2 y^3|\, dy\, dx$ (2) $\int_{-3}^3 \int_{-2}^2 [\![x^2]\!] y^3\, dy\, dx$ (3) $\int_{-2}^2 \int_{-1}^1 [\![x^2]\!] |y^3|\, dy\, dx$

8. 計算 $\int_0^{\sqrt{\ln 2}} \int_0^1 \dfrac{xy e^{x^2}}{1+y^2}\, dy\, dx$

計算 9～21 題中的疊積分.

9. $\int_{-1}^2 \int_1^4 (2x + 6x^2 y)\, dx\, dy$

10. $\int_0^{\pi/4} \int_0^2 x \cos y\, dx\, dy$

11. $\int_0^2 \int_0^{\pi/2} e^y \sin x\, dx\, dy$

12. $\int_1^2 \int_{-\pi/2}^{\pi/2} \dfrac{\sin y}{x}\, dy\, dx$

13. $\int_0^{\ln 3} \int_0^{\ln 2} e^{x+y}\, dy\, dx$

14. $\int_0^1 \int_0^1 \dfrac{xy}{\sqrt{x^2+y^2+1}}\, dy\, dx$

15. $\int_0^1 \int_0^1 xy e^{xy^2}\, dy\, dx$

16. $\int_0^{\pi/2} \int_0^{\pi/3} (x \sin y - y \sin x)\, dy\, dx$

17. $\int_0^1 \int_{-1}^1 \sqrt{4-x^2}\, dy\, dx$

18. $\int_{-\pi/3}^{\pi/4} \int_0^1 x \cos y\, dx\, dy$

19. $\int_0^1 \int_2^3 \dfrac{x^2}{(y-1)^{2/3}}\, dy\, dx$

20. $\int_{-\infty}^{\infty} \int_{-\infty}^{\infty} \dfrac{1}{(x^2+1)(y^2+1)}\, dx\, dy$

21. $\int_0^{\infty} \int_0^{\infty} xe^{-(x+2y)}\, dx\, dy$

在 22～25 題中, 將在區域 R 上的二重積分表成疊積分, 並求其值.

22. $\iint_R (2x+y)\, dA$，此處 $R=\{(x, y) \mid -1 \leqslant x \leqslant 2,\ -1 \leqslant y \leqslant 4\}$

23. $\iint_R y^2 x\, dA$，此處 $R=\{(x, y) \mid -3 \leqslant x \leqslant 2,\ 0 \leqslant y \leqslant 1\}$

24. $\iint_R x \sin(x+y)\, dA$，此處 $R=\left\{(x, y) \mid 0 \leqslant x \leqslant \dfrac{\pi}{6},\ 0 \leqslant y \leqslant \dfrac{\pi}{3}\right\}$

25. $\iint_R x \cos(xy) \cos^2 \pi x\, dA$，此處 $R=\left\{(x, y) \mid 0 \leqslant x \leqslant \dfrac{1}{2},\ 0 \leqslant y \leqslant \pi\right\}$

26. 求由各坐標平面與平面 $x=5$ 及 $y+2z-4=0$ 所圍成楔形體的體積。

27. 求由橢圓拋物面 $z=1+(x-1)^2+4y^2$ 與平面 $x=3$，$y=2$ 及坐標平面所圍成立體的體積。

計算 28～41 題中的疊積分。

28. $\displaystyle\int_1^3 \int_{\pi/6}^{y^2} 2y \cos x\, dx\, dy$

29. $\displaystyle\int_1^2 \int_{x^3}^x e^{y/x}\, dy\, dx$

30. $\displaystyle\int_{1/2}^1 \int_0^{2x} \cos(\pi x^2)\, dy\, dx$

31. $\displaystyle\int_0^{\pi/9} \int_{\pi/4}^{3r} \sec^2 \theta\, d\theta\, dr$

32. $\displaystyle\int_0^{\pi/2} \int_0^{\cos y} x \sin y\, dx\, dy$

33. $\displaystyle\int_0^2 \int_0^{\sqrt{4-x^2}} (x+y)\, dy\, dx$

34. $\displaystyle\int_1^e \int_0^x \ln x\, dy\, dx$

35. $\displaystyle\int_0^1 \int_y^1 \dfrac{1}{1+y^2}\, dx\, dy$

36. $\displaystyle\int_1^{e^2} \int_0^{1/y} e^{xy}\, dx\, dy$

37. $\displaystyle\int_0^3 \int_0^y \sqrt{y^2+16}\, dx\, dy$

38. $\displaystyle\int_1^3 \int_{\pi/6}^{y^2} 2y \cos x\, dx\, dy$

39. $\displaystyle\int_2^3 \int_0^{1/y} \ln y\, dx\, dy$

40. $\displaystyle\int_1^2 \int_0^{\ln x} xe^y\, dy\, dx$

41. $\displaystyle\int_0^{\pi/2} \int_0^{\sin y} e^x \cos y\, dx\, dy$

在 42～48 題中，顛倒積分的順序，並計算所得的積分。

42. $\displaystyle\int_0^1 \int_{3y}^3 e^{x^2}\, dx\, dy$

43. $\displaystyle\int_0^2 \int_{y^2}^4 y \cos x^2\, dx\, dy$

44. $\displaystyle\int_0^1 \int_{2x}^2 e^{y^2} \, dy \, dx$

45. $\displaystyle\int_1^e \int_0^{\ln x} y \, dy \, dx$

46. $\displaystyle\int_0^1 \int_{\sqrt{y}}^1 \sqrt{x^3+1} \, dx \, dy$

47. $\displaystyle\int_0^1 \int_y^1 \frac{1}{1+x^4} \, dx \, dy$

48. $\displaystyle\int_0^2 \int_{y/2}^1 y e^{x^3} \, dx \, dy$

求 49～54 題的二重積分.

49. $\displaystyle\iint_R (y - xy^2) \, dA$, $R = \{(x, y) \mid 0 \leq y \leq 1,\ -y \leq x \leq 1+y\}$.

50. $\displaystyle\iint_R e^{x/y} \, dA$, 此處 $R = \{(x, y) \mid 1 \leq y \leq 2,\ y \leq x \leq y^3\}$.

51. $\displaystyle\iint_R xy^2 \, dA$, 此處 R 為具有頂點 $(0, 0)$、$(3, 1)$ 與 $(-2, 1)$ 的三角形區域.

52. $\displaystyle\iint_R \frac{y}{1+x^2} \, dA$, 此處 R 是由 $y=0$, $y=\sqrt{x}$ 與 $x=4$ 等圖形所圍成的區域.

53. $\displaystyle\iint_R (x^2+2y) \, dA$, 此處 R 是介於 $y=x^2$ 與 $y=\sqrt{x}$ 等圖形之間的區域.

54. $\displaystyle\iint_R x \cos y \, dA$, 此處 R 是介於 $y=0$, $y=x^2$ 與 $x=1$ 等圖形之間的區域.

55. 求由各坐標平面與平面 $z=6-2x-3y$ 所圍成四面體的體積.

56. 求由各坐標平面及曲面 $z=9-x^2-y^2$ 在第一卦限內所圍成立體的體積.

57. 求在第一卦限內由各坐標平面與 $z=x^2+y^2+1$ 以及 $2x+y=2$ 等圖形所圍成立體的體積.

58. 求圓柱面 $x^2+y^2=9$ 與兩平面 $2x+3y+4z=12$ 及 $z=0$ 所圍成立體的體積.

59. 求圓柱體 $x^2+y^2=4$ 與平面 $y+z=4$, 與 $z=0$ 所圍成立體的體積.

60. 求在第一卦限內由 $x^2+z^2=9$, $y=2x$, $y=0$, 與 $z=0$ 等圖形所圍成立體的體積.

在 61～64 題中, 利用二重積分求各方程式的圖形所圍成區域的面積.

61. $y = 8 - \dfrac{x^2}{2}$, $x + 2y - 4 = 0$

62. $y = x$, $y = 3x$, $x + y = 4$

63. $x = y^3$, $x + y = 2$, $y = 0$

64. $y = \ln|x|$, $y = 0$, $y = 1$

65. 計算 $\displaystyle\int_0^\infty \dfrac{e^{-px} - e^{-qx}}{x}\,dx$，其中 $p > 0$，$q > 0$。

14-2　用極坐標表二重積分

在極坐標平面上的區域 R 如圖 14-19 所示，它是由中心在極而半徑為 r_1 與 r_2 的二圓弧以及由極射出的二射線所圍成，稱為**極矩形區域**。若 $\Delta\theta$ 代表兩射線之間夾角的弧度量，且 $\Delta r = r_2 - r_1$，則該極矩形區域的面積 ΔA 為

$$\Delta A = \dfrac{1}{2} r_2^2 \Delta\theta - \dfrac{1}{2} r_1^2 \Delta\theta$$

$$= \dfrac{1}{2}(r_1 + r_2)(r_2 - r_1)\Delta\theta$$

若我們以 $\bar{r}$ 代表平均半徑 $\dfrac{1}{2}(r_1 + r_2)$，則

$$\Delta A = \bar{r}\Delta r\Delta\theta \qquad (14\text{-}11)$$

假設 f 為極坐標 r 與 θ 的函數，且在圖 14-20(i) 所示的極區域

$$R = \{(r, \theta) | g_1(\theta) \leqslant r \leqslant g_2(\theta),\ \alpha \leqslant \theta \leqslant \beta\}$$

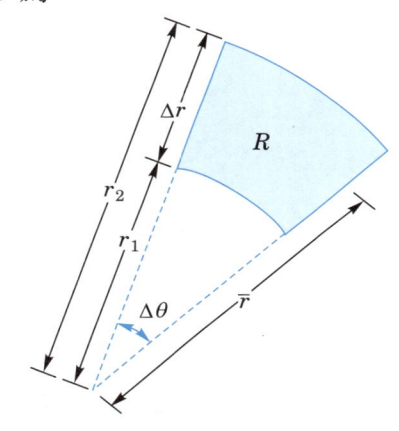

圖 14-19

(i)　　　　　　　　(ii)

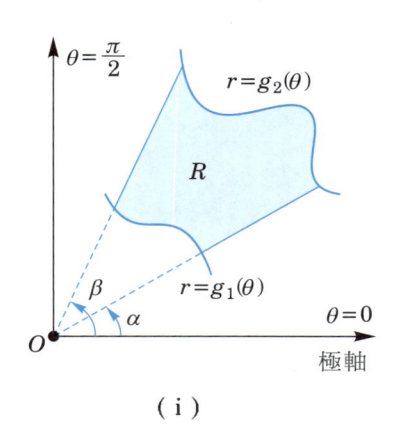

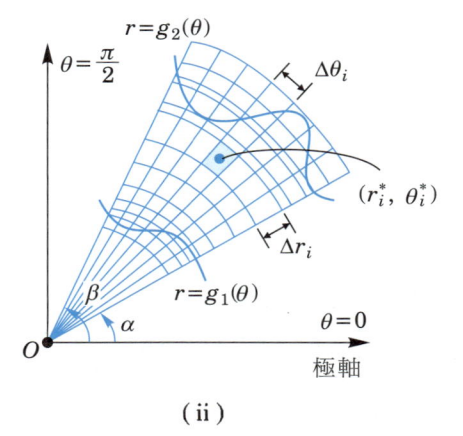

圖 14-20

為連續，我們可仿照直角坐標黎曼和的極限，定義 f 在 R 的二重積分．

設函數 $g_1(\theta)$ 與 $g_2(\theta)$ 為連續函數，且對於區間 $[\alpha, \beta]$ 中所有 θ 而言，$g_1(\theta) \leq g_2(\theta)$．若藉如圖 14-20(ⅱ) 所示的圓弧與射線將 R 再予以細分，則完全位於 R 內的極矩形區域 $R_1, R_2, R_3, \cdots, R_n$ 的集合稱為 R 的<u>極內分割 P</u>，P 的<u>範數 $\|P\|$</u> 為 R_i 之最長對角線的長度．若我們在 R_i 內選擇一點 (r_i, θ_i) 使得 r_i 為平均半徑，則依 (14-11) 式，R_i 的面積 ΔA_i 為 $r_i \Delta r_i \Delta \theta_i$．若 f 為二變數 r 與 θ 的連續函數，則

$$\lim_{\|P\| \to 0} \sum_{i=1}^{n} f(r_i, \theta_i) \Delta A_i$$

存在，且定義

$$\iint_R f(r, \theta) \, dA = \lim_{\|P\| \to 0} \sum_{i=1}^{n} f(r_i, \theta_i) \Delta A_i \tag{14-12}$$

上式的二重積分可藉疊積分計算如下：

$$\iint_R f(r, \theta) \, dA = \int_\alpha^\beta \int_{g_1(\theta)}^{g_2(\theta)} f(r, \theta) \, r \, dr \, d\theta \tag{14-13}$$

另一方面，若區域 R 如圖 14-21 所示，則

$$\iint_R f(r, \theta) \, dA = \int_a^b \int_{h_1(r)}^{h_2(r)} f(r, \theta) \, r \, d\theta \, dr \tag{14-14}$$

有時，在適當的條件下，直角坐標的二重積分可以轉換成極坐標的二重積分．首先，將被積分函數中的變數 x 與 y 分別換成 $r \cos \theta$ 與 $r \sin \theta$，其次，將 $dy \, dx$ (或 $dx \, dy$) 換成 $r \, dr \, d\theta$ (或 $r \, d\theta \, dr$)，並將積分的界限變換到極坐標，即，

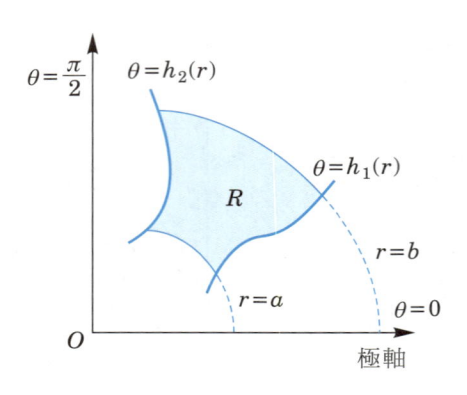

圖 14-21

$$\iint_R f(x,\ y)\ dA = \int_\alpha^\beta \int_{g_1(\theta)}^{g_2(\theta)} f(r\cos\theta,\ r\sin\theta)\ r\ dr\ d\theta \tag{14-15}$$

【例題 1】 利用極坐標

設 $R = \{(x,\ y) \mid \pi^2 \leqslant x^2 + y^2 \leqslant 4\pi^2\}$，求 $\iint_R \sin\sqrt{x^2+y^2}\ dx\ dy$。

【解】
$$\iint_R \sin\sqrt{x^2+y^2}\ dx\ dy = \iint_R \sin(x^2+y^2)^{1/2}\ dx\ dy = \int_0^{2\pi} \int_\pi^{2\pi} (\sin r)\ r\ dr\ d\theta$$

$$= \left(\int_0^{2\pi} d\theta\right)\left(\int_\pi^{2\pi} (\sin r)\ r\ dr\right) = 2\pi \int_\pi^{2\pi} (\sin r)\ r\ dr$$

令 $u = r$, $dv = \sin r\ dr$，則 $du = dr$, $v = -\cos r$，可得

$$\int_\pi^{2\pi} (\sin r)\ r\ dr = -r\cos r\Big|_\pi^{2\pi} + \int_\pi^{2\pi} \cos r\ dr$$

$$= -(2\pi\cos 2\pi - \pi\cos\pi) + \sin r\Big|_\pi^{2\pi}$$

$$= -(2\pi + \pi) = -3\pi$$

故 $\iint \sin\sqrt{x^2+y^2}\ dx\ dy = -6\pi^2$。

【例題 2】 利用極坐標

求圓柱面 $x^2+y^2=9$ 與兩平面 $2x+3y+4z=12$ 及 $z=0$ 所圍成立體之體積。

【解】 立體的體積如圖 14-22 所示。

令 $x = r\cos\theta$, $y = r\sin\theta$，則

$$z = \frac{1}{4}(12 - 2x - 3y)$$

$$= \frac{1}{4}(12 - 2r\cos\theta - 3r\sin\theta)$$

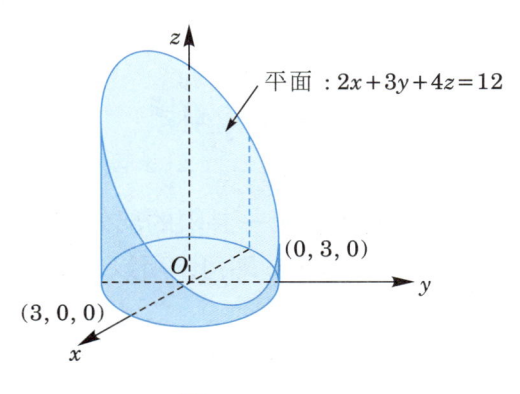

圖 14-22

$= f(r, \theta)$

故體積為

$$V = \frac{1}{4} \int_0^{2\pi} \int_0^3 (12 - 2r\cos\theta - 3r\sin\theta) r \, dr \, d\theta$$

$$= \frac{1}{4} \int_0^{2\pi} \left(6r^2 - \frac{2}{3} r^3 \cos\theta - r^3 \sin\theta \right) \Big|_0^3 d\theta$$

$$= \frac{1}{4} \int_0^{2\pi} (54 - 18\cos\theta - 27\sin\theta) \, d\theta = 27\pi.$$

【例題 3】 利用極坐標

計算 $\int_{-2}^{2} \int_0^{\sqrt{4-x^2}} (x^2 + y^2)^{3/2} \, dy \, dx$.

【解】 由積分的界限得知,積分的區域是由 $y = \sqrt{4-x^2}$ 與 $y = 0$ 等圖形所圍成,如圖 14-23 所示。在被積分函數中以 r^2 代換 $x^2 + y^2$,又以 $r \, dr \, d\theta$ 代換 $dy \, dx$,並改變積分的界限,可得

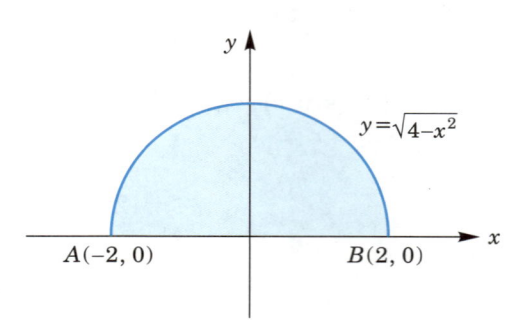

$$\int_{-2}^{2} \int_0^{\sqrt{4-x^2}} (x^2 + y^2)^{3/2} \, dy \, dx = \int_0^{\pi} \int_0^{2} r^3 \cdot r \, dr \, d\theta$$

圖 14-23

$$= \int_0^{\pi} \int_0^2 r^4 \, dr \, d\theta = \frac{32}{5} \int_0^{\pi} d\theta = \frac{32\pi}{5}.$$

【例題 4】 利用極坐標

求拋物面 $z = 4 - x^2 - y^2$ 與 xy-平面所圍成立體的體積。

【解】 立體在第一卦限的部分如圖 14-24 所示。依對稱性,只要求此部分的體積並將結果乘以 4 即可。所以,體積為

$$V = 4 \iint_R (4 - x^2 - y^2) \, dA = 4 \int_0^2 \int_0^{\sqrt{4-x^2}} (4 - x^2 - y^2) \, dy \, dx$$

我們將上式轉換成極坐標，可得

$$V = 4\int_0^{\pi/2}\int_0^2 (4-r^2)r\,dr\,d\theta$$

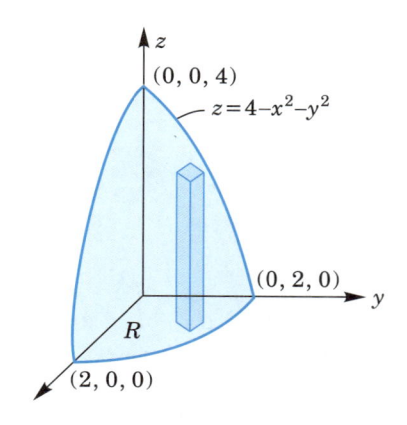

$$= 4\int_0^{\pi/2}\left(2r^2 - \frac{r^4}{4}\right)\bigg|_0^2 d\theta$$

$$= 4\int_0^{\pi/2} 4\,d\theta = 16\,\theta\bigg|_0^{\pi/2} = 8\pi.$$

圖 14-24

【例題 5】 利用極坐標

(1) 令 R_a 是由圓 $x^2+y^2=a^2$ 所圍成的區域。若我們定義

$$\int_{-\infty}^{\infty}\int_{-\infty}^{\infty} e^{-(x^2+y^2)}\,dx\,dy = \lim_{a\to\infty}\int\int_{R_a} e^{-(x^2+y^2)}\,dA$$

則計算此瑕積分．

(2) 利用

$$\int_{-\infty}^{\infty}\int_{-\infty}^{\infty} e^{-(x^2+y^2)}\,dx\,dy = \left(\int_{-\infty}^{\infty} e^{-x^2}\,dx\right)\left(\int_{-\infty}^{\infty} e^{-y^2}\,dy\right)$$

證明 $$\int_{-\infty}^{\infty} e^{-x^2}\,dx = \sqrt{\pi}$$

(3) 利用 (2) 證明 $\displaystyle\frac{1}{\sqrt{2\pi}}\int_{-\infty}^{\infty} e^{-x^2/2}\,dx = 1$

(此結果在統計學裡很重要)．

【解】

(1) 隨著圓半徑的增加，其積分區域將為整個 xy-平面；事實上，我們亦以這整個平面作積分。若用極坐標表示，則

$$\int_{-\infty}^{\infty}\int_{-\infty}^{\infty} e^{-(x^2+y^2)}\,dx\,dy = \int_0^{\infty}\int_0^{2\pi} e^{-r^2} r\,d\theta\,dr$$

$$= 2\pi\int_0^{\infty} re^{-r^2}\,dr = 2\pi\lim_{a\to\infty}\int_0^a re^{-r^2}\,dr$$

$$= 2\pi \lim_{a \to \infty} \left(-\frac{1}{2} e^{-r^2} \Big|_0^a \right)$$

$$= -\pi \lim_{a \to \infty} (e^{-a^2} - 1)$$

$$= -\pi(0-1) = \pi$$

(2) 因 $\int_{-\infty}^{\infty} e^{-x^2} dx = \int_{-\infty}^{\infty} e^{-y^2} dy$，可得

$$\int_{-\infty}^{\infty}\int_{-\infty}^{\infty} e^{-(x^2+y^2)} dx\, dy = \left(\int_{-\infty}^{\infty} e^{-x^2} dx\right)\left(\int_{-\infty}^{\infty} e^{-y^2} dy\right)$$

$$= \left(\int_{-\infty}^{\infty} e^{-x^2} dx\right)^2 = \pi$$

故 $\int_{-\infty}^{\infty} e^{-x^2} dx = \sqrt{\pi}$.

(3) 令 $u = \dfrac{x}{\sqrt{2}}$，則 $du = \dfrac{1}{\sqrt{2}} dx$，$dx = \sqrt{2}\, du$，

故 $\int_{-\infty}^{\infty} e^{-x^2/2} dx = \sqrt{2} \int_{-\infty}^{\infty} e^{-u^2} du = \sqrt{2\pi}$，

即，$\dfrac{1}{\sqrt{2\pi}} \int_{-\infty}^{\infty} e^{-x^2/2} dx = 1$.

習題 14.2

計算 1～3 題中的疊積分．

1. $\int_0^{\pi/2} \int_0^{\sin\theta} r\, dr\, d\theta$

2. $\int_0^{\pi/2} \int_0^{\cos\theta} r^2 \sin\theta\, dr\, d\theta$

3. $\int_0^{\pi} \int_0^{1-\cos\theta} r \sin\theta\, dr\, d\theta$

在 4～9 題中，先變換成極坐標再計算積分．

4. $\displaystyle\int_{-a}^{a}\int_{0}^{\sqrt{a^2-x^2}} e^{-(x^2+y^2)}\, dy\, dx$

5. $\displaystyle\int_{1}^{2}\int_{0}^{x} \frac{1}{\sqrt{x^2+y^2}}\, dy\, dx$

6. $\displaystyle\int_{0}^{1}\int_{0}^{\sqrt{1-x^2}} e^{\sqrt{x^2+y^2}}\, dy\, dx$

7. $\displaystyle\int_{0}^{1}\int_{0}^{\sqrt{1-x^2}} \frac{1}{\sqrt{4-x^2-y^2}}\, dy\, dx$

8. $\displaystyle\int_{0}^{1}\int_{0}^{\sqrt{1-y^2}} \sin(x^2+y^2)\, dx\, dy$

9. $\displaystyle\int_{0}^{1}\int_{0}^{\sqrt{1-x^2}} \frac{1}{\sqrt{x^2+y^2}}\, dy\, dx$

10. 求 $\displaystyle\iint_{R} \frac{1}{\sqrt{x^2+y^2}}\, dA$，此處 R 為同時位於心臟線 $r=1+\sin\theta$ 內部與圓 $r=1$ 外部的區域．

11. 求 $\displaystyle\iint_{R} x\, dA$，此處 R 為第一象限中介於兩圓 $x^2+y^2=4$ 與 $x^2+y^2=2x$ 之間的區域．

12. 求 $\displaystyle\iint_{R} e^{x^2+y^2}\, dA$，此處 $R=\{(x, y)\mid 0\leq y\leq x,\ x^2+y^2\leq 1\}$．

13. 求同時位於圓 $r=4\cos\theta$ 內部與圓 $r=2$ 外部之區域的面積．

14. 若區域 R 在第一象限內且同時位於圓 $r=a(\sin\theta+\cos\theta)$ 內部與心臟線 $r=a(1-\sin\theta)$ 外部，試求其面積．

15. 求曲線 $r=a\cos 2\theta$ 中的一個迴圈所圍成區域的面積．

16. 求心臟線 $r=6(1-\sin\theta)$ 所圍成區域的面積．

17. 求同時位於圓 $r=2$ 外部與雙紐線 $r^2=9\cos 2\theta$ 內部之區域的面積．

18. 利用極坐標計算 $\displaystyle\iint_{R} \sqrt{4-x^2-y^2}\, dA$，此處 $R=\{(x, y)\mid x^2+y^2\leq 4,\ 0\leq y\leq x\}$．

19. 利用極坐標計算 $\displaystyle\iint_{R} \frac{1}{4+x^2+y^2}\, dA$，此處 R 如同上題．

20. 求由曲面 $z=x^2+y^2+1$，$x^2+y^2=4$ 與平面 $z=0$ 所圍成立體的體積．

21. 求同時位於球 $x^2+y^2+z^2=25$ 內部與圓柱 $x^2+y^2=9$ 外部之立體的體積．

22. 求圓柱體 $x^2+y^2\leq 1$ 與橢球體 $4x^2+4y^2+z^2\leq 16$ 所共有立體的體積．

23. 求兩橢圓拋物面 $z=3x^2+3y^2$ 與 $z=4-x^2-y^2$ 所圍成立體的體積．

14-3　曲面面積

在 9-4 節中，我們已說明如何求出旋轉曲面的面積．在本節中，我們考慮更一般的曲面面積問題．

定理 14.4

若 xy-平面上的閉矩形區域 R 的邊長為 l 與 w，且在平面 $z=ax+by+c$ 上的一部分 Ω 正好投影到區域 R，則 Ω 的面積為 $S=\sqrt{1+a^2+b^2}\,lw$．

證　如圖 14-25 所示，Ω 是平行四邊形．若我們能找出構成平行四邊形 Ω 的兩鄰邊 $\mathbf{a}$ 與 $\mathbf{b}$，則由公式 $A=|\mathbf{a}\times\mathbf{b}|$ 可得 Ω 的面積．假設矩形 R 的四個頂點為 $E(x_0, y_0)$、$F(x_0+l, y_0)$、$G(x_0, y_0+w)$ 與 $H(x_0+l, y_0+w)$．在平面 $z=ax+by+c$ 上位於 E、F 與 G 上方的點為 $E'(x_0, y_0, ax_0+by_0+c)$，$F'(x_0+l, y_0, ax_0+by_0+al+c)$ 與 $G'(x_0, y_0+w, ax_0+by_0+aw+c)$ 於是，兩向量

$$\mathbf{a}=\overrightarrow{E'F'}=l\mathbf{i}+al\mathbf{k}$$

與

$$\mathbf{b}=\overrightarrow{E'G'}=w\mathbf{j}+bw\mathbf{k}$$

構成 Ω 的兩鄰邊．因

$$\mathbf{a}\times\mathbf{b}=\begin{vmatrix} \mathbf{i} & \mathbf{j} & \mathbf{k} \\ l & 0 & al \\ 0 & w & bw \end{vmatrix}=-alw\mathbf{i}-blw\mathbf{j}+lw\mathbf{k}$$

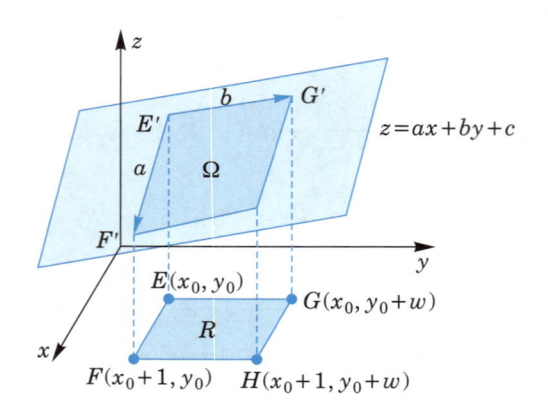

圖 14-25

故可得 $S=|\mathbf{a}\times\mathbf{b}|=\sqrt{(-alw)^2+(-blw)^2+(lw)^2}=\sqrt{1+a^2+b^2}\ lw$

現在，我們提出曲面面積的求法如下：

1. 利用平行於 x-軸與 y-軸的直線，將 R 任意分割成許多小區域，並令那些完全落在 R 內部的小矩形區域，分別表為 $R_1, R_2, \cdots, R_n$，並設矩形 R_i 的邊長為 Δx_i 與 Δy_i，如圖 14-26 所示。

2. 當各小矩形被投影到曲面 $z=f(x, y)$ 時，決定了曲面上一小片的面積 (見圖 14-26)。若將這些小片的面積記為 S_1, $S_2, \cdots, S_n$，則以 $S_1+S_2+\cdots+S_n$ 近似全部曲面的面積，即，

$$S \approx S_1+S_2+\cdots+S_n$$

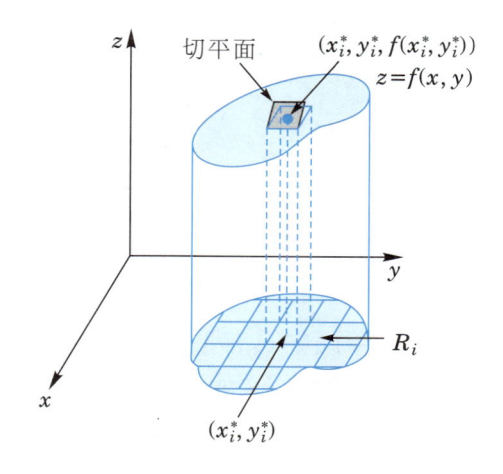

圖 14-26

3. 令 (x_i^*, y_i^*) 為第 i 個小矩形中任一點，並在此點上方作曲面 $z=f(x, y)$ 的切平面 (圖 14-26)，則可得此切平面的方程式為 $z=f_x(x_i^*, y_i^*)x+f_y(x_i^*, y_i^*)y+c$，此處 c 為適當常數。若矩形 R_i 很小，則可利用在切平面上位於 R_i 上方的部分面積近似在曲面上第 i 片的面積 S_i (圖 14-26)。於是，依定理 14.4，可得：

$$S_i=\sqrt{1+[f_x(x_i^*, y_i^*)]^2+[f_y(x_i^*, y_i^*)]^2}\ \Delta x_i\, \Delta y_i$$

因而

$$S \approx \sum_{i=1}^{n} \sqrt{1+[f_x(x_i^*, y_i^*)]^2+[f_y(x_i^*, y_i^*)]^2}\ \Delta A_i$$

當 $n\to\infty$ 時，取極限，則

$$S=\lim_{n\to\infty}\sum_{i=1}^{n} \sqrt{1+[f_x(x_i^*, y_i^*)]^2+[f_y(x_i^*, y_i^*)]^2}\ \Delta A_i$$

若上式的極限存在，則

$$S=\iint_R \sqrt{1+\left(\frac{\partial f}{\partial x}\right)^2+\left(\frac{\partial f}{\partial y}\right)^2}\ dA.$$

定理 14.5

若 f 在 xy-平面上的閉區域 R 有連續的一階偏導函數，且曲面 $z=f(x, y)$ 的一部分投影到 R，則該部分的面積為

$$S=\iint_R \sqrt{1+\left(\frac{\partial f}{\partial x}\right)^2+\left(\frac{\partial f}{\partial y}\right)^2}\, dA \tag{14-16}$$

【例題 1】 利用 (14-16) 式

求在 xy-平面中具有頂點 $(0, 0)$、$(2, 0)$、$(2, 3)$ 與 $(0, 3)$ 的矩形區域上方圓柱面 $x^2+z^2=9$ 之部分的面積.

【解】 如圖 14-27 所示，$x^2+z^2=9 \Rightarrow z=\sqrt{9-x^2}$.

令 $f(x, y)=\sqrt{9-x^2}$，

則 $\dfrac{\partial f}{\partial x}=-\dfrac{x}{\sqrt{9-x^2}}$, $\dfrac{\partial f}{\partial y}=0$，

可得

$$S=\iint_R \sqrt{1+\left(\frac{\partial f}{\partial x}\right)^2+\left(\frac{\partial f}{\partial y}\right)^2}\, dA$$

$$=\iint_R \sqrt{1+\left(-\frac{x}{\sqrt{9-x^2}}\right)^2}\, dA$$

$$=\iint_R \frac{3}{\sqrt{9-x^2}}\, dA=\int_0^2 \int_0^3 \frac{3}{\sqrt{9-x^2}}\, dy\, dx$$

$$=\int_0^2 \frac{3y}{\sqrt{9-x^2}}\bigg|_0^3 dx=9\int_0^2 \frac{dx}{\sqrt{9-x^2}}=9\sin^{-1}\frac{x}{3}\bigg|_0^2=9\sin^{-1}\frac{2}{3}.$$

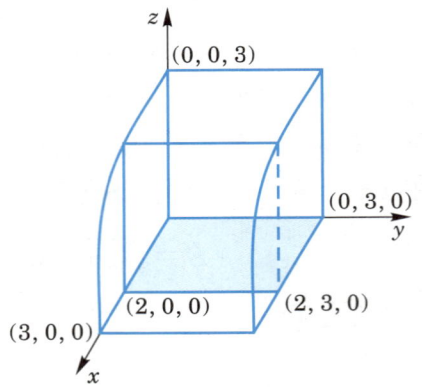

圖 14-27

【例題 2】 利用 (14-16) 式

試求在拋物面 $z=x^2+y^2$ 之上，平面 $z=2$ 之下方的部分曲面的面積.

【解】 曲面如圖 14-28 所示，拋物面 $z=x^2+y^2$ 與平面 $z=2$ 相交的圓在 xy-平面

上的投影的方程式為 $x^2+y^2=2$，因此，我們所要求的曲面面積，係由該曲面投影到由這個圓所圍成的區域 R。所以，

$$S=\iint_R \sqrt{1+\left(\frac{\partial f}{\partial x}\right)^2+\left(\frac{\partial f}{\partial y}\right)^2}\, dA$$

$$=\iint_R \sqrt{1+4x^2+4y^2}\, dA$$

$$=\int_0^{2\pi}\int_0^{\sqrt{2}} \sqrt{1+4r^2}\, r\, dr\, d\theta$$

$$=\int_0^{2\pi} \frac{1}{12}(1+4r^2)^{3/2}\Big|_0^{\sqrt{2}}\, d\theta$$

$$=\frac{1}{12}\int_0^{2\pi} 26\, d\theta=\frac{13\pi}{3}.$$

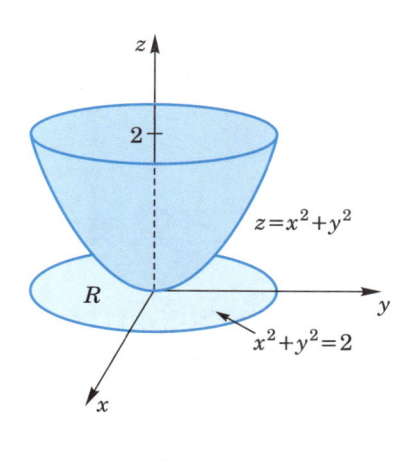

圖 14-28

習題 14.3

1. 求圓柱面 $y^2+z^2=9$ 在長方形區域 $R=\{(x,y)|0\leqslant x\leqslant 2,\ -3\leqslant y\leqslant 3\}$ 上方的部分曲面面積。

2. 若圓柱面 $x^2+z^2=4$ 的一部分在 xy-平面上長方形區域 $R=\{(x,y)|0\leqslant x\leqslant 1,\ 0\leqslant y\leqslant 3\}$ 的上方，求該部分的面積。

3. 求曲面 $z=y^2-x^2$ 在圓柱體 $x^2+y^2\leqslant 1$ 內部的部分曲面面積。

4. 求圓錐面 $z=\sqrt{x^2+y^2}$ 位於圓柱體 $x^2+y^2\leqslant 2x$ 內部的部分曲面面積。

5. 求拋物面 $z=1-x^2-y^2$ 在 xy-平面上方的部分曲面面積。

6. 求曲面 $z=2x+y^2$ 在具有三頂點 $(0,0)$、$(0,1)$ 與 $(1,1)$ 的三角形區域上方的部分曲面面積。

7. 設第一象限中由直線 $y=\dfrac{x}{\sqrt{3}}$，$y=0$ 與圓 $x^2+y^2=9$ 所圍成的扇形區域為 R，求曲面 $z=xy$ 在 R 上方的部分曲面面積。

8. 求拋物面 $2z=x^2+y^2$ 在圓柱體 $x^2+y^2\leqslant 8$ 內部的部分曲面面積。

9. 求球面 $x^2+y^2+z^2=16$ 在平面 $z=1$ 與 $z=2$ 之間的部分曲面面積。

10. 利用二重積分導出半徑為 r 之球的表面積公式。

11. 求半球面 $f(x,y)=\sqrt{25-x^2-y^2}$ 在區域 $R=\{(x,y)\mid x^2+y^2\leqslant 9\}$ 上方的部分曲面

面積.

12. 求圓柱體 $x^2+z^2 \leq 16$ 與圓柱體 $x^2+y^2 \leq 16$ 所共有部分立體的表面積.

13. 令 R 為三維空間中的平面區域，其在各坐標平面上的投影分別為 R_{xy}, R_{xz}, R_{yz}. 試證：
$$(R \text{ 的面積})^2 = (R_{xy} \text{ 的面積})^2 + (R_{xz} \text{ 的面積})^2 + (R_{yz} \text{ 的面積})^2.$$

14-4 三重積分

在本節中，我們將沿用二重積分的方法——疊積分，來討論三重積分，其計算也將仿照二重積分．但讀者應特別注意二重積分與三重積分基本上的不同為：二重積分中的函數是定義在平面區域上的二變數函數 $f(x, y)$，而三重積分中的函數是定義在三維空間中的立體上的三變數函數 $f(x, y, z)$．往後，我們所涉及到的立體區域為包含整個邊界的有界立體．

假設立體區域 $G = \{(x, y, z) | (x, y) \in \mathbb{R}, u_1(x, y) \leq z \leq u_2(x, y)\}$，其中 R 為 G 在 xy-平面上的投影，它可以分割成第 I 型與第 II 型的子區域，u_1 與 u_2 皆為 x 與 y 的連續函數，如圖 14-29 所示．注意，立體 G 的上邊界為曲面 $z = u_2(x, y)$ 而下邊界為曲面 $z = u_1(x, y)$．

若用平行於三個坐標平面的平面將 G 分割成完完整整位於 G 的內部的 n 個小矩形體 $G_1, G_2, G_3, \cdots, G_n$，則 $P = \{G_1, G_2, G_3, \cdots, G_n\}$ 構成 G 的一<u>內分割</u>，P 的<u>範數</u> $\|P\|$ 為所有 G_i 中最長對角線的長度．若 Δx_i, Δy_i 與 Δz_i 分別表 G_i 的尺寸，則 G_i 的體積為 $\Delta V_i = \Delta x_i \Delta y_i \Delta z_i$．設 (x_i^*, y_i^*, z_i^*) 為 G_i 中任一點，則

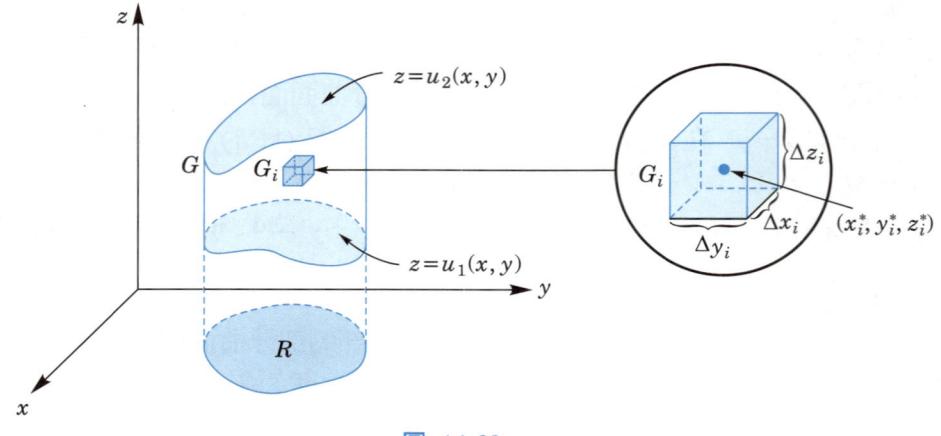

圖 14-29

$$\sum_{i=1}^{n} f(x_i^*, y_i^*, z_i^*) \Delta V_i$$

稱為 f 對 P 的**黎曼和**．

> **定義 14.3**
>
> 設三變數函數定義在立體區域 $G=\{(x, y, z)|(x, y) \in \mathbb{R}, u_1(x, y) \leqslant z \leqslant u_2(x, y)\}$ 上，(x_i^*, y_i^*, z_i^*) 為 G_i 中任一點，若 $\lim\limits_{\|P\| \to 0} \sum_{i=1}^{n} f(x_i^*, y_i^*, z_i^*) \Delta V_i$ 存在，則稱此極限為 f 在 G 上的**三重積分**，定義為
>
> $$\iiint_G f(x, y, z)\, dV = \lim_{\|P\| \to 0} \sum_{i=1}^{n} f(x_i^*, y_i^*, z_i^*) \Delta V_i$$

在 $f(x, y, z)=1$ 的特殊情形中，

$$G \text{ 的體積} = \iiint_G dV$$

三重積分具有單積分與二重積分的一些性質：

(1) $\iiint_G cf(x, y, z)\, dV = c \iiint_G f(x, y, z)\, dV$ （c 為常數）

(2) $\iiint_G [f(x, y, z) \pm g(x, y, z)]\, dV = \iiint_G f(x, y, z)\, dV \pm \iiint_G g(x, y, z)\, dV$

(3) $\iiint_G f(x, y, z)\, dV = \iiint_{G_1} f(x, y, z)\, dV + \iiint_{G_2} f(x, y, z)\, dV$

其中立體區域 G 分割成兩個子區域 G_1 與 G_2．

若 f 在整個 G 為連續，則

$$\iiint_G f(x, y, z)\, dV = \iint_R \left[\int_{u_1(x, y)}^{u_2(x, y)} f(x, y, z)\, dz \right] dA \tag{14-17}$$

若區域 R 為第 I 型區域，則 (14-17) 式變成

$$\iiint_G f(x, y, z) \, dV = \int_a^b \int_{g_1(x)}^{g_2(x)} \int_{u_1(x,y)}^{u_2(x,y)} f(x, y, z) \, dz \, dy \, dx \qquad (14\text{-}18)$$

上式等號的右邊稱為**疊積分**，其計算的步驟是 $f(x, y, z)$ 依 z、y、x 的順序作偏積分，再按一般方法代入所指定的界限而計算。同理，若 R 為第 II 型區域，則 (14-17) 式變成

$$\iiint_G f(x, y, z) \, dV = \int_c^d \int_{h_1(y)}^{h_2(y)} \int_{u_1(x,y)}^{u_2(x,y)} f(x, y, z) \, dz \, dx \, dy \qquad (14\text{-}19)$$

【例題 1】 依順序 $dz \, dy \, dx$ 積分

若 $G = \{(x, y, z) \mid -1 \leq x \leq 3, \ 1 \leq y \leq 4, \ 0 \leq z \leq 2\}$，計算 $\iiint_G 2xy^3z^2 \, dV$。

【解】
$$\iiint_G 2xy^3z^2 \, dV = \int_{-1}^{3} \int_1^4 \int_0^2 2xy^3z^2 \, dz \, dy \, dx$$

$$= \int_{-1}^{3} \int_1^4 \frac{2}{3} xy^3 z^3 \Big|_0^2 \, dy \, dx = \int_{-1}^{3} \int_1^4 \frac{16}{3} xy^3 \, dy \, dx$$

$$= \int_{-1}^{3} \frac{4}{3} xy^4 \Big|_1^4 \, dx = \int_{-1}^{3} 340 \, x \, dx$$

$$= 170 \, x^2 \Big|_{-1}^{3} = 1360.$$

【例題 2】 依順序 $dz \, dy \, dx$ 積分

求由圓柱面 $x^2 + y^2 = 9$ 與兩平面 $z = 1$ 及 $x + z = 5$ 所圍成立體的體積。

【解】 立體 G 與其在 xy-平面上的投影示於圖 14-30 中，此立體的上邊界為平面 $x + z = 5$ 或 $z = 5 - x$ 而下邊界為平面 $z = 1$.

$$G \text{ 的體積} = \iiint_G dV = \iint_R \left(\int_1^{5-x} dz \right) dA$$

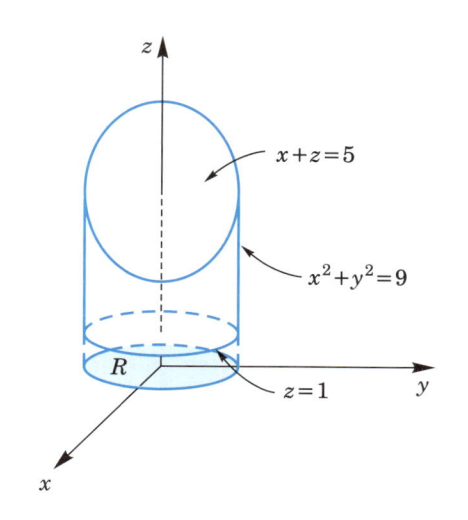

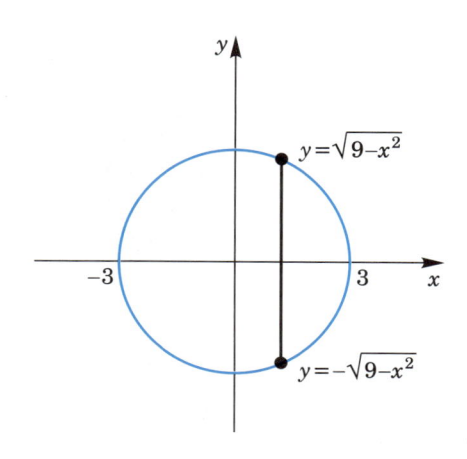

$$= \int_{-3}^{3} \int_{-\sqrt{9-x^2}}^{\sqrt{9-x^2}} \int_{1}^{5-x} dz\, dy\, dx = \int_{-3}^{3} \int_{-\sqrt{9-x^2}}^{\sqrt{9-x^2}} z \Big|_{1}^{5-x} dy\, dx$$

$$= \int_{-3}^{3} \int_{-\sqrt{9-x^2}}^{\sqrt{9-x^2}} (4-x)\, dy\, dx = \int_{-3}^{3} (8-2x)\sqrt{9-x^2}\, dx$$

$$= 8 \int_{-3}^{3} \sqrt{9-x^2}\, dx - 2 \int_{-3}^{3} x\sqrt{9-x^2}\, dx$$

$$= 8\left(\frac{9\pi}{2}\right) - 0 = 36\pi$$

【例題 3】 依順序 $dz\, dx\, dy$ 積分

令 G 為在第一卦限中用兩平面 $y=x$ 與 $x=0$ 自圓柱體 $x^2+z^2 \leq 1$ 切出的楔形體，求 $\iiint\limits_{G} z\, dV$ 的值。

【解】 立體 G 與其在 xy-平面上的投影 R 示於圖 14-31 中，此立體的上邊界為圓柱面而下邊界為 xy-平面。因圓柱面 $y^2+z^2=1$ 位於 xy-平面上方之部分的方程式為 $z=\sqrt{1-y^2}$，而 xy-平面的方程式為 $z=0$，故

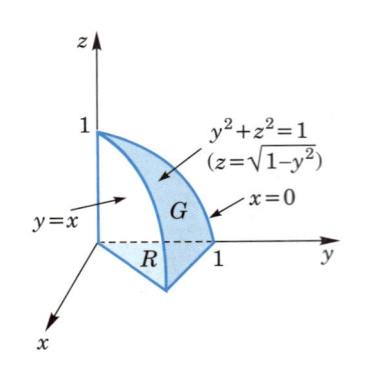

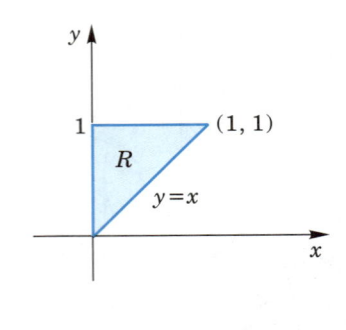

圖 14-31

$$\iiint_G z\,dV = \iint_R \left(\int_0^{\sqrt{1-y^2}} z\,dz \right) dA = \int_0^1 \int_0^y \int_0^{\sqrt{1-y^2}} z\,dz\,dx\,dy$$

$$= \int_0^1 \int_0^y \frac{z^2}{2} \Big|_0^{\sqrt{1-y^2}} dx\,dy = \int_0^1 \int_0^y \frac{1}{2}(1-y^2)\,dx\,dy$$

$$= \frac{1}{2} \int_0^1 (1-y^2)\,x \Big|_0^y dy = \frac{1}{2} \int_0^1 (y-y^3)\,dy$$

$$= \frac{1}{2} \left(\frac{y^2}{2} - \frac{y^4}{4} \right) \Big|_0^1 = \frac{1}{8}$$

對於某些立體區域而言，計算三重積分時最好先對 x 或 y 積分而不是 z。例如，若立體區域 $G=\{(x, y, z)|(x, z)\in R, u_1(x, z)\leq y\leq u_2(x, z)\}$，其中 R 在 xz-平面上的投影，如圖 14-32 所示，則可得

$$\iiint_G f(x, y, z)\,dV = \iint_R \left[\int_{u_1(x, z)}^{u_2(x, z)} f(x, y, z)\,dy \right] dA \qquad (14\text{-}20)$$

若 $R=\{(x, z)|a\leq x\leq b,\ g_1(x)\leq z\leq g_2(x)\}$，則 (14-20) 式變成

$$\iiint_G f(x, y, z)\,dV = \int_a^b \int_{g_1(x)}^{g_2(x)} \int_{u_1(x, z)}^{u_2(x, z)} f(x, y, z)\,dy\,dz\,dx \qquad (14\text{-}21)$$

若 $R=\{(x, z)|h_1(z)\leq x\leq h_2(z),\ k\leq z\leq l\}$，則 (14-20) 式變成

圖 14-32

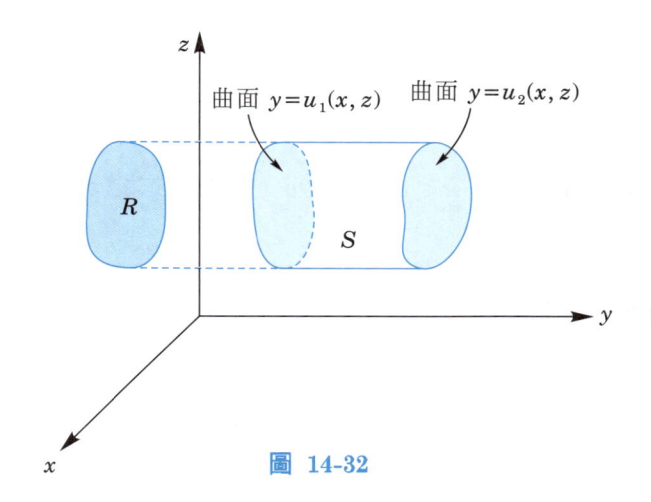

$$\iiint_G f(x,\ y,\ z)\ dV = \int_k^l \int_{h_1(z)}^{h_2(z)} \int_{u_1(x,\ z)}^{u_2(x,\ z)} f(x,\ y,\ z)\ dy\ dx\ dz \qquad (14\text{-}22)$$

最後，若立體區域 $G = \{(x,\ y,\ z) | (y,\ z) \in R,\ u_1(y,\ z) \leq x \leq u_2(y,\ z)\}$，其中 R 為 G 在 yz-平面上的投影，如圖 14-33 所示，則可得

$$\iiint_G f(x,\ y,\ z)\ dV = \iint_R \left[\int_{u_1(y,\ z)}^{u_2(y,\ z)} f(x,\ y,\ z)\ dx \right] dA \qquad (14\text{-}23)$$

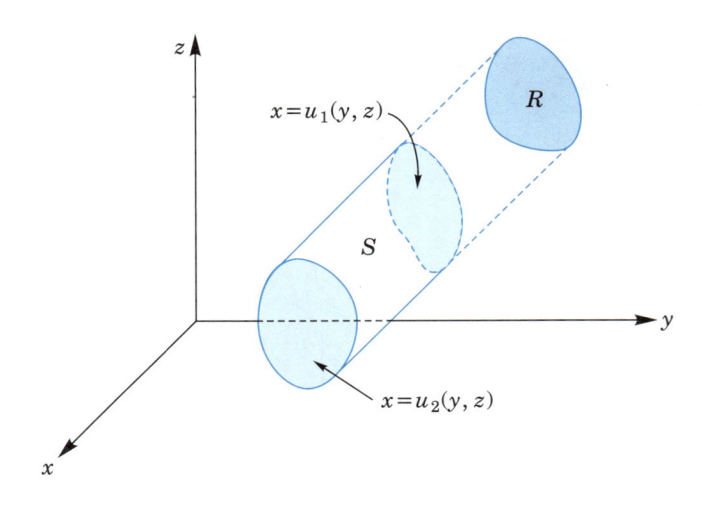

若 $R = \{(y,\ z) | c \leq y \leq d,\ g_1(y) \leq z \leq g_2(y)\}$，則 (14-23) 式變成

圖 14-33

$$\iiint_G f(x, y, z)\,dV = \int_c^d \int_{g_1(y)}^{g_2(y)} \int_{u_1(y,z)}^{u_2(y,z)} f(x, y, z)\,dx\,dz\,dy \tag{14-24}$$

若 $R = \{(y, z) | h_1(z) \leqslant y \leqslant h_2(z),\ k \leqslant z \leqslant l\}$，則 (14-23) 式變成

$$\iiint_G f(x, y, z)\,dV = \int_k^l \int_{h_1(z)}^{h_2(z)} \int_{u_1(y,z)}^{u_2(y,z)} f(x, y, z)\,dx\,dy\,dz \tag{14-25}$$

【例題 4】 變換積分的順序

計算 $\displaystyle\int_0^4 \int_0^1 \int_{2y}^2 \frac{4\cos(x^2)}{2\sqrt{z}}\,dx\,dy\,dz$。

【解】 $\displaystyle\int_0^4 \int_0^1 \int_{2y}^2 \frac{4\cos(x^2)}{2\sqrt{z}}\,dx\,dy\,dz = \int_0^4 \int_0^2 \int_0^{x/2} \frac{4\cos(x^2)}{2\sqrt{z}}\,dy\,dx\,dz$

$\displaystyle = \int_0^4 \int_0^2 \frac{4\cos(x^2)}{2\sqrt{z}} \cdot \frac{x}{2}\,dx\,dz = \int_0^4 \int_0^2 \frac{x\cos(x^2)}{\sqrt{z}}\,dx\,dz$

$\displaystyle = \int_0^4 \frac{\sin(x^2)}{2\sqrt{z}} \Big|_0^2 dz = \int_0^4 \frac{\sin 4}{2\sqrt{z}}\,dz$

$\displaystyle = (\sin 4) z^{1/2} \Big|_0^4 = 2\sin 4.$

習題 14.4

計算 1～7 題中的疊積分。

1. $\displaystyle\int_0^2 \int_0^1 \int_1^2 x^2 yz\,dx\,dy\,dz$

2. $\displaystyle\int_{-3}^7 \int_0^{2x} \int_y^{x-1} dz\,dy\,dx$

3. $\displaystyle\int_0^{\pi/2} \int_0^z \int_0^y \sin(x+y+z)\,dx\,dy\,dz$

4. $\displaystyle\int_0^1 \int_0^{1-x^2} \int_3^{4-x^2-y} x\,dz\,dy\,dx$

5. $\displaystyle\int_2^3 \int_0^{3y} \int_1^{yz} (2x+y+z)\,dx\,dz\,dy$

6. $\displaystyle\int_0^1 \int_0^{\ln x} \int_0^{x+y} e^{x+y+z}\,dz\,dy\,dx$

7. $\int_1^2 \int_3^x \int_0^{\sqrt{3}y} \dfrac{y}{y^2+z^2}\, dz\, dy\, dx$

8. 求 $\iiint_G \dfrac{1}{(x+y+z+1)^3}\, dV$，其中 $G=\{(x, y, z) \mid x\geq 0, y\geq 0, z\geq 0, x+y+z\leq 1\}$。

9. 求由方程式 $y=x^2$，$y+z=4$，$x=0$ 與 $z=0$ 等圖形所圍成立體的體積。
10. 求由兩拋物面 $x^2=y$ 與 $z^2=y$ 及平面 $y=1$ 所圍成立體的體積。
11. 求由拋物面 $y=x^2+2$ 與平面 $y=4$，$z=0$ 及 $3y-4z=0$ 所圍成立體的體積。
12. 求由兩曲面 $x^2+y^2=36$ 與 $x^2+4z=36$ 所圍成的立體在第一卦限內的體積。
13. 求由圓柱面 $y^2+z^2=1$ 與平面 $x+y+z=2$ 及 $x=0$ 所圍成立體的體積。
14. 求橢圓拋物面 $z=x^2+y^2$ 與 $z=18-x^2-y^2$ 所圍成立體的體積。
15. 求橢圓柱面 $4x^2+z^2=4$ 與平面 $y=0$ 及 $y=z+2$ 所圍成立體的體積。

∑ 14-5 用柱面坐標與球面坐標表三重積分

一、用柱面坐標表三重積分

我們已在 14-2 節中知道某些二重積分利用極坐標比較容易求值。在本節中，我們將討論某些三重積分利用柱面坐標或球面坐標一樣會比較容易求值。

假設立體區域 $G=\{(r, \theta, z) \mid (r, \theta)\in R, u_1(r, \theta)\leq z\leq u_2(r, \theta)\}$，其中 R 為立體 G 在 xy-平面上的投影而用極坐標表示，u_1 與 u_2 皆為連續函數，如圖 14-34 所示。若 f 為柱面坐標 r、θ 與 z 的函數，且在 G 為連續，則可得

$$\iiint_G f(r, \theta, z)\, dV = \iint_R \left[\int_{u_1(r, \theta)}^{u_2(r, \theta)} f(r, \theta, z)\, dz\right] dA \qquad (14\text{-}26)$$

若 $R=\{(r, \theta) \mid \alpha\leq\theta\leq\beta, g_1(\theta)\leq r\leq g_2(\theta)\}$，則 (14-26) 式變成

$$\iiint_G f(r, \theta, z)\, dV = \int_\alpha^\beta \int_{g_1(\theta)}^{g_2(\theta)} \int_{u_1(r, \theta)}^{u_2(r, \theta)} f(r, \theta, z)\, r\, dz\, dr\, d\theta \qquad (14\text{-}27)$$

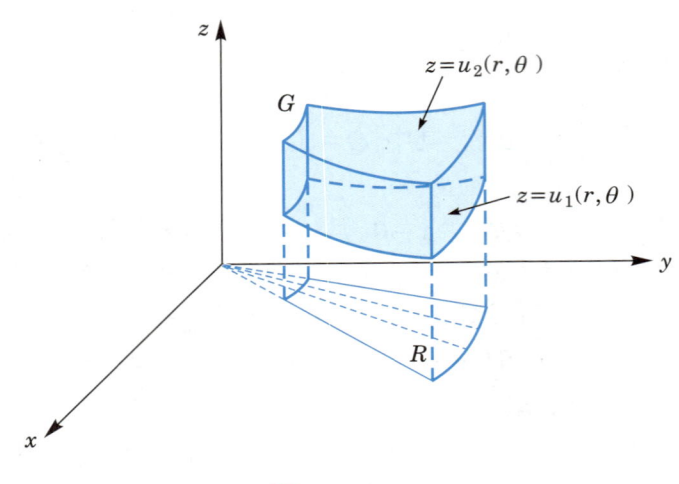

圖 14-34

若 $R=\{(r, \theta)|h_1(r) \leq \theta \leq h_2(r), a \leq r \leq b, \}$，則 (14-26) 式變成

$$\iiint_G f(r, \theta, z) \, dV = \int_a^b \int_{h_1(r)}^{h_2(r)} \int_{u_1(r, \theta)}^{u_2(r, \theta)} f(r, \theta, z) \, r \, dz \, d\theta \, dr \tag{14-28}$$

通常，在以直角坐標表示的三重積分中，若被積分函數或積分的界限含有形如 x^2+y^2 或 $\sqrt{x^2+y^2}$ 的式子時，我們用柱面坐標表示會比較容易計算，因 x^2+y^2 或 $\sqrt{x^2+y^2}$ 可用柱面坐標分別化成 r^2 或 r。

【例題 1】 依順序 $dz \, dr \, d\theta$ 積分

計算 $\int_{-1}^{1} \int_{-\sqrt{1-x^2}}^{\sqrt{1-x^2}} \int_{0}^{2\sqrt{1-x^2-y^2}} dz \, dy \, dx$。

【解】 我們由 z 的積分界限可知 G 為橢球體 $4x^2+4y^2+z^2=4$ 的上半部，由 x 與 y 的積分界限，在 xy-平面上的投影 R 是由圓 $x^2+y^2=1$ 所圍成，如圖 14-35 所示。

積分的區域 G 與其在 xy-平面上的投影可用不等式敍述如下：

$$0 \leq z \leq 2\sqrt{1-x^2-y^2}, \quad -\sqrt{1-x^2} \leq y \leq \sqrt{1-x^2}, \quad -1 \leq x \leq 1$$

即，

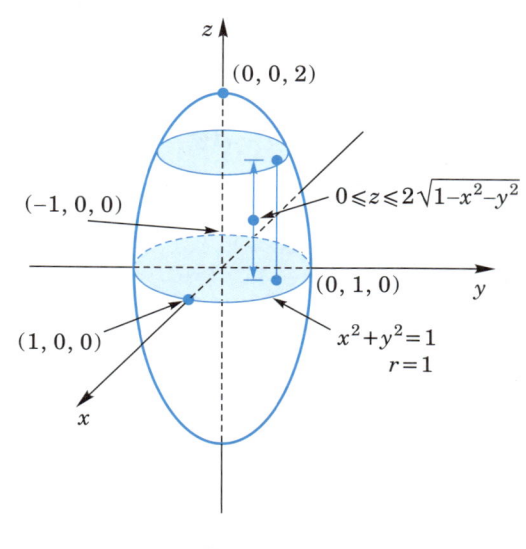

圖 14-35

$$G=\{(r, \theta, z)|0\leq r\leq 1, 0\leq \theta\leq 2\pi, 0\leq z\leq 2\sqrt{1-r^2}\}$$

於是，

$$原式=\int_0^{2\pi}\int_0^1\int_0^{2\sqrt{1-r^2}} r\,dz\,dr\,d\theta=\int_0^{2\pi}\int_0^1 zr\Big|_0^{2\sqrt{1-r^2}}\,dr\,d\theta$$

$$=\int_0^{2\pi}\int_0^1 2r\sqrt{1-r^2}\,dr\,d\theta=\int_0^{2\pi}\left[-\frac{2}{3}(1-r^2)^{3/2}\Big|_0^1\right]d\theta=\frac{4\pi}{3}.$$

讀者應注意此三重疊積分的幾何意義表示橢球體上半部的體積。

【例題 2】 依順序 $dz\,dr\,d\theta$ 積分

計算 $\int_{-2}^{2}\int_{-\sqrt{4-x^2}}^{\sqrt{4-x^2}}\int_{\sqrt{x^2+y^2}}^{2}(x^2+y^2)\,dz\,dy\,dx.$

【解】 此疊積分係在下列立體區域的三重積分。

$$G=\{(x, y, z)|-2\leq x\leq 2, -\sqrt{4-x^2}\leq y\leq \sqrt{4-x^2}, \sqrt{x^2+y^2}\leq z\leq 2\}$$

如圖 14-36 所示。

此立體區域經轉換成柱面坐標較容易計算。因

$$G = \{(r, \theta, z) | 0 \leq \theta \leq 2\pi,\ 0 \leq r \leq 2,\ r \leq z \leq 2\}$$

故 $\displaystyle\int_{-2}^{2}\int_{-\sqrt{4-x^2}}^{\sqrt{4-x^2}}\int_{\sqrt{x^2+y^2}}^{2}(x^2+y^2)\,dz\,dy\,dx = \iiint_G (x^2+y^2)\,dV$

$$= \int_0^{2\pi}\int_0^{2}\int_r^{2} r^2 r\,dz\,dr\,d\theta$$

$$= \int_0^{2\pi}\int_0^{2} r^3 z \Big|_r^{2} dr\,d\theta$$

$$= \int_0^{2\pi}\int_0^{2} r^3(2-r)\,dr\,d\theta$$

$$= \left(\int_0^{2} r^3(2-r)\,dr\right)\left(\int_0^{2\pi} d\theta\right)$$

$$= \left[\left(\frac{r^4}{2} - \frac{r^5}{5}\Big|_0^{2}\right)\right](2\pi) = \frac{16\pi}{5}.$$

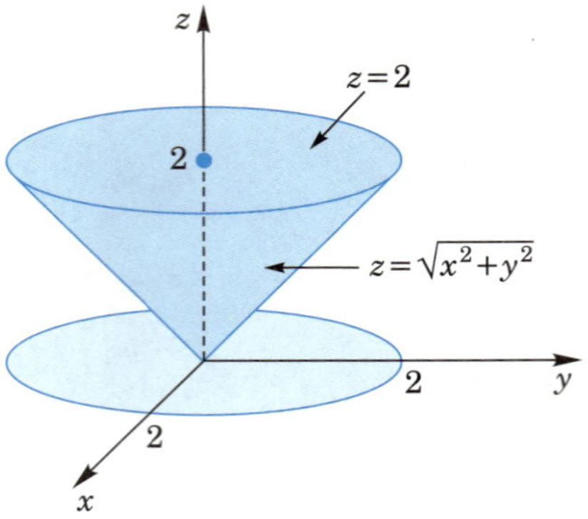

圖 14-36

二、用球面坐標表三重積分

三重積分也可在球面坐標中考慮。假設含 ρ、θ 與 ϕ 的函數 f 在形如 $G = \{(\rho, \theta, \phi) | a \leq \rho \leq b,\ \alpha \leq \theta \leq \beta,\ c \leq \phi \leq d\}$ 的區域上為連續。我們藉方程式 $\rho = \rho_i$，$\theta = \theta_i$ 及 $\phi = \phi_i$ 的圖形將 G 分割成 n 個球形楔 G_1, G_2, $\cdots$, G_n，一典型的球形楔如圖 14-37 所示。

若 ΔV_i 為 G_i 的體積，則

$$\Delta V_i \approx (\rho_i \Delta \phi_i)(\Delta \rho_i)(\rho_i \sin \phi_i\, \Delta \theta_i) = \rho_i^2 \sin \phi_i\, \Delta \rho_i\, \Delta \theta_i\, \Delta \phi_i$$

令 $(\rho_i^*, \theta_i^*, \phi_i^*)$ 為 G_i 中任一點，並計算 f 在該點的值，定義

$$\iiint_G f(\rho, \theta, \phi)\,dV = \lim_{\|P\|\to 0}\sum_{i=1}^{n} f(\rho_i^*, \theta_i^*, \phi_i^*)\,\Delta V_i$$

若 f 在 G 為連續，則我們可得

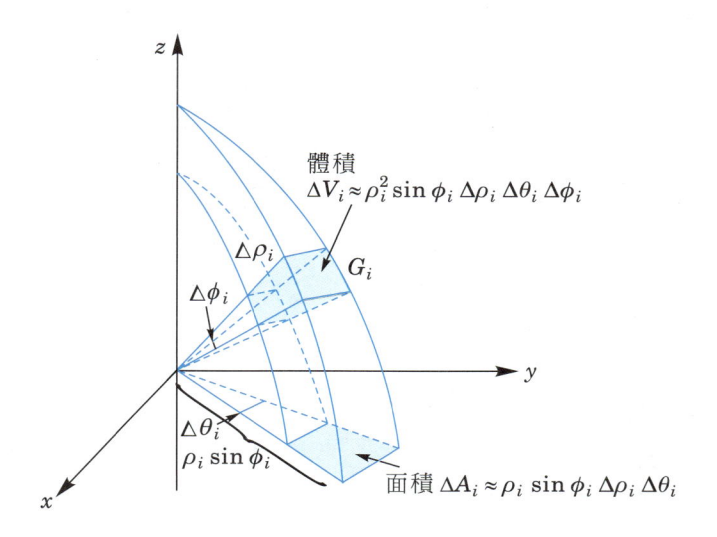

圖 14-37

$$\iiint_G f(\rho, \theta, \phi) \, dV = \int_c^d \int_\alpha^\beta \int_a^b f(\rho, \theta, \phi) \, \rho^2 \sin \phi \, d\rho \, d\theta \, d\phi \tag{14-29}$$

若立體區域 $G = \{(\rho, \theta, \phi) | u_1(\theta, \phi) \leq \rho \leq u_2(\theta, \phi), \alpha \leq \theta \leq \beta, c \leq \phi \leq d\}$，則我們可將 (14-29) 式推廣如下：

$$\iiint_G f(\rho, \theta, \phi) \, dV = \int_c^d \int_\alpha^\beta \int_{u_1(\theta, \phi)}^{u_2(\theta, \phi)} f(\rho, \theta, \phi) \, \rho^2 \sin \phi \, d\rho \, d\theta \, d\phi \tag{14-30}$$

在三重積分中，當積分區域的邊界是由圓錐面與球面所構成時，通常利用球面坐標去計算．

【例題 3】 利用球面坐標

計算 $\displaystyle\int_{-3}^{3} \int_{-\sqrt{9-x^2}}^{\sqrt{9-x^2}} \int_{0}^{\sqrt{9-x^2-y^2}} z^2 \sqrt{x^2+y^2+z^2} \, dz \, dy \, dx$．

【解】 積分區域 G 的上邊界為半球面 $z = \sqrt{9-x^2-y^2}$，而下邊界為 xy-平面，即 $z = 0$．立體 G 在 xy-平面上的投影是由圓 $x^2 + y^2 = 9$ 所圍成的區域，如圖 14-38 所示．於是，

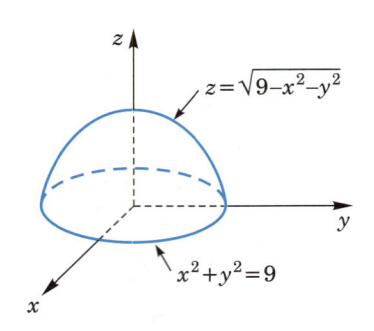

图 14-38

$$\int_{-3}^{3}\int_{-\sqrt{9-x^2}}^{\sqrt{9-x^2}}\int_{0}^{\sqrt{9-x^2-y^2}} z^2\sqrt{x^2+y^2+z^2}\,dz\,dy\,dx = \iiint_{G} z^2\sqrt{x^2+y^2+z^2}\,dV$$

$$=\int_{0}^{\pi/2}\int_{0}^{2\pi}\int_{0}^{3}(\rho\cos\phi)^2\,\rho\cdot\rho^2\sin\phi\,d\rho\,d\theta\,d\phi$$

$$=\int_{0}^{\pi/2}\int_{0}^{2\pi}\int_{0}^{3}\rho^5\cos^2\phi\sin\phi\,d\rho\,d\theta\,d\phi$$

$$=\int_{0}^{\pi/2}\int_{0}^{2\pi}\frac{243}{2}\cos^2\phi\sin\phi\,d\theta\,d\phi$$

$$=243\pi\int_{0}^{\pi/2}\cos^2\phi\sin\phi\,d\phi = 243\pi\left(-\frac{1}{3}\cos^3\phi\Big|_{0}^{\pi/2}\right)$$

$$=81\pi$$

【例题 4】 利用球面坐标

求上邊界為半徑是 1 的球面且下邊界為圓錐面 $\phi=\dfrac{\pi}{6}$ 之立體的體積.

【解】 參考圖 14-39，可知積分變數 ρ、θ 與 ϕ 的界限為

$0\leq\rho\leq 1$, $0\leq\theta\leq 2\pi$, $0\leq\phi\leq\dfrac{\pi}{6}$.

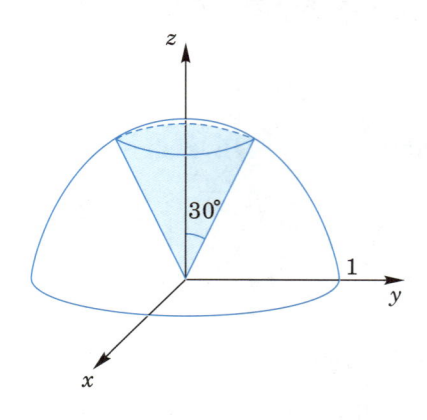

於是，體積為

图 14-39

$$V = \int_0^{\pi/6} \int_0^{2\pi} \int_0^1 \rho^2 \sin\phi \, d\rho \, d\theta \, d\phi$$

$$= \int_0^{\pi/6} \int_0^{2\pi} \frac{1}{3} \sin\phi \, d\theta \, d\phi$$

$$= \int_0^{\pi/6} \frac{2\pi}{3} \sin\phi \, d\phi$$

$$= \frac{2\pi}{3}\left(1 - \frac{\sqrt{3}}{2}\right).$$

習題 14.5

1. 計算下列各疊積分。

(1) $\displaystyle\int_{\pi/6}^{\pi/2} \int_0^3 \int_0^{r\sin\theta} r\csc^3\theta \, dz \, dr \, d\theta$　　(2) $\displaystyle\int_0^{\pi/3} \int_0^{\sin\theta} \int_0^{r\sin\theta} r \, dz \, dr \, d\theta$

(3) $\displaystyle\int_0^{\pi/2} \int_0^{2\sin\theta} \int_{-\sqrt{4-r^2}}^{\sqrt{4-r^2}} 2r \, dz \, dr \, d\theta$　　(4) $\displaystyle\int_0^1 \int_0^{\sqrt{z}} \int_0^{2\pi} (r^2\cos^2\theta + z^2) r \, d\theta \, dr \, dz$

(5) $\displaystyle\int_0^{\pi/2} \int_0^{\pi} \int_0^{2\sin\phi} \rho^2 \sin\phi \, d\rho \, d\phi \, d\theta$　　(6) $\displaystyle\int_0^{2\pi} \int_0^{\pi/4} \int_0^{\sec\phi} \rho^3 \sin\phi \cos\phi \, d\rho \, d\phi \, d\theta$

2. 計算 $\iiint_G (x^2 + y^2) \, dV$，此處 G 是由圓柱面 $x^2 + y^2 = 4$ 與平面 $z = -1$ 及 $z = 2$ 所圍成的立體。

3. 求由圓拋物面 $z = x^2 + y^2$ 及平面 $z = 4$ 所圍成立體的體積。

4. 求上邊界為球面 $x^2 + y^2 + z^2 = 8$，且下邊界為圓拋物面 $2z = x^2 + y^2$ 的立體的體積。

5. 求由 $z = x^2 + y^2$，$x^2 + y^2 = 4$ 與 $z = 0$ 等圖形所圍成立體的體積。

6. 求由 $x^2 + y^2 - z^2 = 0$ 與 $x^2 + y^2 = 4$ 等圖形所圍成立體的體積。

7. 計算 $\iiint_G e^{x^2+y^2} \, dV$，此處 G 為由圓柱面 $x^2 + y^2 = 9$、xy-平面與平面 $z = 5$ 所圍成的立體。

8. 計算疊積分 $\int_{-1}^{1}\int_{-\sqrt{1-x^2}}^{\sqrt{1-x^2}}\int_{x^2+y^2}^{2-x^2-y^2}(x^2+y^2)^{3/2}\,dz\,dy\,dx$.

9. 計算 $\iiint_G \sqrt{x^2+y^2+z^2}\,dV$，此處 G 是由圓錐面 $\phi=\dfrac{\pi}{6}$ 的下方與球面 $\rho=2$ 的上方所圍成的立體.

10. 計算 $\iiint_G y^2\,dV$，此處 G 是單位球 $x^2+y^2+z^2\leq 1$ 位於第一卦限內的部分.

11. 求同時在球 $x^2+y^2+z^2=16$ 內部，圓錐 $z=\sqrt{x^2+y^2}$ 外部與 xy-平面的上方之立體的體積.

12. 求同時位於圓錐面 $z=\sqrt{x^2+y^2}$ 上方與球面 $x^2+y^2+z^2=z$ 下方之立體的體積.

13. 計算 $\iiint_G \dfrac{z^2}{\sqrt{x^2+y^2+z^2}}\,dx\,dy\,dz$，此處 $G=\{(x,y,z)\mid 1\leq x^2+y^2+z^2\leq 4$ 且 $z\geq 0\}$.

14. 先將直角坐標變換成柱面坐標再計算 $\int_0^1\int_0^{\sqrt{1-y^2}}\int_0^{\sqrt{4-x^2-y^2}} z\,dz\,dx\,dy$.

15. 先將直角坐標變換成球面坐標再計算

$$\int_{-2}^{2}\int_{-\sqrt{4-x^2}}^{\sqrt{4-x^2}}\int_{-\sqrt{x^2+y^2}}^{\sqrt{8-x^2-y^2}}(x^2+y^2+z^2)\,dz\,dy\,dx$$

16. 將下列柱面坐標的積分變換為直角坐標的積分，但不必計算.

$$\int_0^{2\pi}\left[\int_0^4\left(\int_{-r}^{\sqrt{16-r^2}} z^2\,r^5\cos^4\theta\,dz\right)dr\right]d\theta$$

*14-6 重積分的應用

若我們考慮一均勻（即，密度為常數）薄片，則其質量 m 為 ρA，此處 A 為該薄片的面積且 ρ 為其面積密度（即，每單位面積的質量）. 一般，由於物質並非均勻，故面積密度是可變的. 假設一薄片可用 xy-平面上某一區域 R 來表示，且其面積密度

函數 $\rho=\rho(x, y)$ 在 R 為連續。欲求該薄片的**總質量** m，我們可使用二重積分。

首先，令 $P=\{R_1, R_2, \cdots, R_n\}$ 為 R 的內分割。若在面積為 ΔA_i 的矩形區域 R_i 內，選取一點 (x_i^*, y_i^*)，則對應於 R_i 的小薄片之質量的近似值為

$$(\text{面積密度}) \cdot (\text{面積}) = \rho(x_i^*, y_i^*)\Delta A_i$$

將所有的質量相加，薄片的總質量近似於

$$\sum_{i=1}^{n} \rho(x_i^*, y_i^*)\Delta A_i$$

若分割 P 的範數 $\|P\| \to 0$，則薄片的總質量 m 為

$$m = \lim_{\|P\| \to 0} \sum_{i=1}^{n} \rho(x_i^*, y_i^*)\Delta A_i = \iint_R \rho(x, y)\, dA \tag{14-31}$$

由 (14-31) 式可知，若面積密度 ρ 為常數，則

$$m = \iint_R \rho\, dA = \rho \iint_R dA = \rho A$$

若一質量 m 的質點置於距定軸 L 的距離為 d，則對該軸的**力矩** M_L 為

$$M_L = md$$

令一非均勻密度的薄片具有平面區域 R 的形狀，並假設在點 (x, y) 的面積密度 $\rho(x, y)$ 在 R 為連續。若 $P=\{R_1, R_2, \cdots, R_n\}$ 為 R 的內分割，則在 R_i 內選取一點 (x_i^*, y_i^*)，如圖 14-40 所示。若假設對應於 R_i 的小薄片的質量集中在點 (x_i^*, y_i^*)，則其對 x-軸的力矩為乘積 $y_i^*\rho(x_i^*, y_i^*)\Delta A_i$。若將這些力矩相加，且取範數 $\|P\| \to 0$ 時的極限，則整個薄片對 x-軸的**力矩** M_x 為

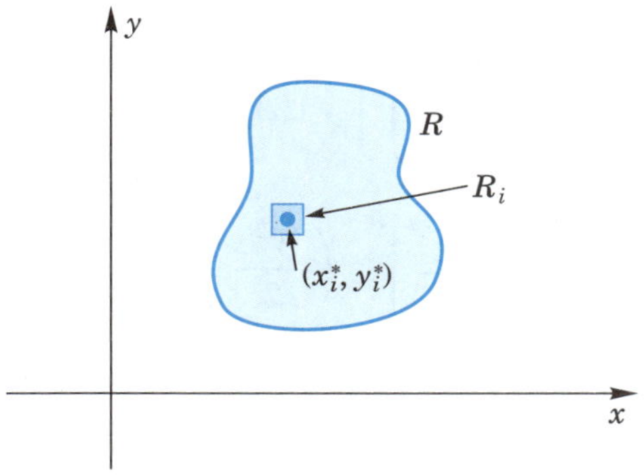

圖 14-40

$$M_x = \lim_{\|P\| \to 0} \sum_{i=1}^{n} y_i^*\rho(x_i^*, y_i^*)\Delta A_i = \iint_R y\rho(x, y)\, dA \tag{14-32}$$

同理，整個薄片對 y-軸的**力矩** M_y 為

$$M_y = \lim_{\|P\| \to 0} \sum_{i=1}^{n} x_i^* \rho(x_i^*, y_i^*) \Delta A_i = \iint_R x\rho(x, y)\, dA \tag{14-33}$$

若我們定義薄片的 質心 的坐標為

$$\bar{x} = \frac{M_y}{m}, \quad \bar{y} = \frac{M_x}{m}$$

則

$$\bar{x} = \frac{\iint_R x\rho(x, y)\, dA}{\iint_R \rho(x, y)\, dA}, \quad \bar{y} = \frac{\iint_R y\rho(x, y)\, dA}{\iint_R \rho(x, y)\, dA} \tag{14-34}$$

讀者應注意，若 $\rho(x, y)$ 為常數，則薄片的質心稱為 形心．

【例題 1】 利用 (14-34) 式

一薄片係位於第一象限內在 $y = \sin x$ 與 $y = \cos x$ 等圖形之間由 $x = 0$ 到 $x = \dfrac{\pi}{4}$ 的區域．若密度為 $\rho(x, y) = y$，求此薄片的質心．

【解】 由圖 14-41 可知

$$m = \iint_R y\, dA = \int_0^{\pi/4} \int_{\sin x}^{\cos x} y\, dy\, dx$$

$$= \int_0^{\pi/4} \left(\frac{y^2}{2} \Big|_{\sin x}^{\cos x} \right) dx$$

$$= \frac{1}{2} \int_0^{\pi/4} (\cos^2 x - \sin^2 x)\, dx$$

$$= \frac{1}{2} \int_0^{\pi/4} \cos 2x\, dx = \frac{1}{4} \sin 2x \Big|_0^{\pi/4} = \frac{1}{4}.$$

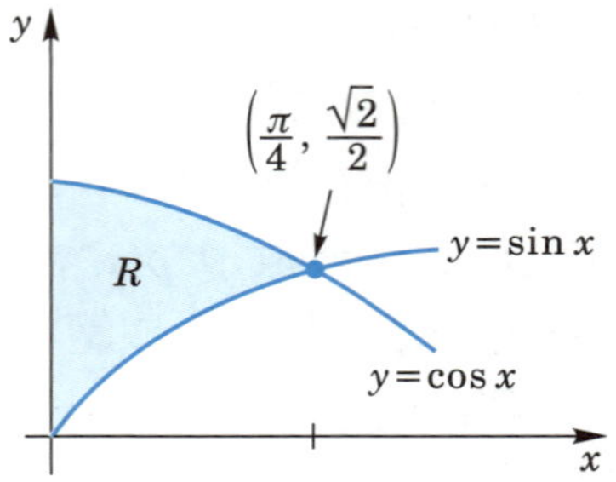

圖 14-41

現在，

$$M_y = \iint_R xy\, dA = \int_0^{\pi/4} \int_{\sin x}^{\cos x} xy\, dy\, dx = \int_0^{\pi/4} \frac{1}{2} xy^2 \Big|_{\sin x}^{\cos x} dx$$

$$= \frac{1}{2} \int_0^{\pi/4} x \cos 2x\, dx = \left(\frac{1}{4} x \sin 2x + \frac{1}{8} \cos 2x \right) \Big|_0^{\pi/4} = \frac{\pi - 2}{16}.$$

同理，

$$M_x = \iint_R y^2\, dA = \int_0^{\pi/4} \int_{\sin x}^{\cos x} y^2\, dy\, dx = \frac{1}{3} \int_0^{\pi/4} (\cos^3 x - \sin^3 x)\, dx$$

$$= \frac{1}{3} \int_0^{\pi/4} [\cos x(1 - \sin^2 x) - \sin x(1 - \cos^2 x)]\, dx$$

$$= \frac{1}{3} \left(\sin x - \frac{1}{3} \sin^3 x + \cos x - \frac{1}{3} \cos^3 x \right) \Big|_0^{\pi/4} = \frac{5\sqrt{2} - 4}{18}.$$

因此，

$$\bar{x} = \frac{M_y}{m} = \frac{\frac{\pi-2}{16}}{1/4} = \frac{\pi-2}{4} \qquad \bar{y} = \frac{M_x}{m} = \frac{\frac{5\sqrt{2}-4}{18}}{1/4} = \frac{10\sqrt{2}-8}{9}$$

於是，薄片的質心為 $\left(\dfrac{\pi-2}{4},\ \dfrac{10\sqrt{2}-8}{9} \right)$。

若一立體具有三維空間區域 G 的形狀，且在點 (x, y, z) 的**密度**為 $\rho(x, y, z)$，此處 ρ 在 G 為連續，則此立體 G 的**質量**為

$$m = \iiint_S \rho(x, y, z)\, dV \tag{14-35}$$

若質量 m 的質點位於點 (x, y, z)，則其對 xy-平面、xz-平面與 yz-平面的**力矩**分別為

$$M_{xy} = \iiint_S z\rho(x, y, z)\, dV$$

$$M_{xz} = \iiint_S y\rho(x, y, z)\, dV \tag{14-36}$$

$$M_{yz} = \iiint_S x\rho(x, y, z)\, dV$$

立體 G 之質心的坐標分別為

$$\bar{x} = \frac{M_{yz}}{m},\ \bar{y} = \frac{M_{xz}}{m},\ \bar{z} = \frac{M_{xy}}{m} \tag{14-37}$$

【例題 2】 利用 (14-37) 式

某立體的形狀為底半徑 a 與高 h 的正圓柱．若在一點 P 的密度與由底面到 P 的距離成正比，求該立體的質心．

【解】 若我們引入如圖 14-42 的坐標系，則該立體是由 $x^2+y^2=a^2$，$z=0$ 與 $z=h$ 等圖形所圍成．依假設，我們可以假設在點 (x, y, z) 的密度為 $\rho(x, y, z) = kz$，k 為一常數．顯然，質心在 z-軸上，所以，只要求 $\bar{z} = \dfrac{M_{xy}}{m}$ 即可．再者，依 ρ 的形式與立體的對稱性，我們可以對於第一卦限內的部分計算 m 與 M_{xy}，然後乘以 4．

利用 (14-35) 式可得

$$\begin{aligned}
m &= 4\int_0^a \int_0^{\sqrt{a^2-x^2}} \int_0^h kz\, dz\, dy\, dx \\
&= 4k \int_0^a \int_0^{\sqrt{a^2-x^2}} \frac{h^2}{2}\, dy\, dx \\
&= 2kh^2 \int_0^a \sqrt{a^2-x^2}\, dx \\
&= 2kh^2 \left(\frac{\pi a^2}{4}\right) = \frac{k\pi h^2 a^2}{2}
\end{aligned}$$

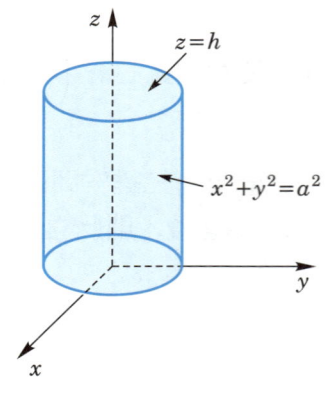

圖 14-42

其次，利用 (14-36) 式可得

$$M_{xy} = 4\int_0^a \int_0^{\sqrt{a^2-x^2}} \int_0^h z(kz)\, dz\, dy\, dx = 4k \int_0^a \int_0^{\sqrt{a^2-x^2}} \frac{h^3}{3}\, dy\, dx$$

$$= \frac{4kh^3}{3} \int_0^a \sqrt{a^2-x^2}\, dx = \frac{4kh^3}{3} \left(\frac{\pi a^2}{4}\right) = \frac{k\pi h^3 a^2}{3}$$

最後，可得

$$\bar{z} = \frac{M_{xy}}{m} = \frac{k\pi h^3 a^2}{3} \left(\frac{2}{k\pi h^2 a^2}\right) = \frac{2}{3}h$$

因此，質心是在圓柱的中心軸上，距下底 $\frac{2}{3}$ 高度處.

若一質量 m 的質點置於距定軸 L 的距離為 d，則其對該軸的**轉動慣量** I_L 定義為

$$I_L = md^2$$

若一可變面積密度 $\rho(x, y)$ 的薄片可藉 xy-平面上一區域 R 表示，則其對 x-軸的轉動慣量為

$$I_x = \lim_{\|P\| \to 0} \sum_{i=1}^n \underbrace{[\rho(x_i^*, y_i^*)\Delta A_i]}_{\text{質量}} \underbrace{(y_i^*)^2}_{\substack{\text{距離的}\\\text{平方}}} = \iint_R y^2 \rho(x, y)\, dA \tag{14-38}$$

同理，對 y-軸的轉動慣量 I_y 定義為

$$I_y = \lim_{\|P\| \to 0} \sum_{i=1}^n \underbrace{[\rho(x_i^*, y_i^*)\Delta A_i]}_{\text{質量}} \underbrace{(x_i^*)^2}_{\substack{\text{距離的}\\\text{平方}}} = \iint_R x^2 \rho(x, y)\, dA \tag{14-39}$$

若我們將 $\rho(x_i^*, y_i^*)\Delta A_i$ 乘以自原點至點 (x_i^*, y_i^*) 的距離的平方和 $(x_i^*)^2+(y_i^*)^2$，且將這種項的和取極限，則可得薄片對原點的轉動慣量 I_o。因此，

$$I_o = \lim_{\|P\| \to 0} \sum_{i=1}^n \underbrace{[\rho(x_i^*, y_i^*)\Delta A_i]}_{\text{質量}} \underbrace{[(x_i^*)^2+(y_i^*)^2]}_{\substack{\text{距離的}\\\text{平方和}}} = \iint_R (x^2+y^2)\rho(x, y)\, dA \tag{14-40}$$

注意，$I_o = I_x + I_y$.

若 $\rho = \rho(x, y, z)$ 為立體 G 上的連續密度函數，則 G 對 x-軸、y-軸與 z-軸的轉動慣量分別為

$$I_x = \iiint_G (y^2 + z^2) \rho(x, y, z)\, dV$$

$$I_y = \iiint_G (x^2 + z^2) \rho(x, y, z)\, dV \tag{14-41}$$

$$I_z = \iiint_G (x^2 + y^2) \rho(x, y, z)\, dV$$

若 I 為薄片對一已知軸的轉動慣量，則其對該軸的迴轉半徑定義為

$$R_g = \sqrt{\dfrac{I}{m}} \tag{14-42}$$

【例題 3】 利用 (14-38) 式

一薄片 T 具有如圖 14-43(ⅰ) 所示的半圓形狀. 若在點 P 的密度與由直徑 AB 到 P 的距離成正比，求此薄片對通過 A 與 B 之直線的轉動慣量.

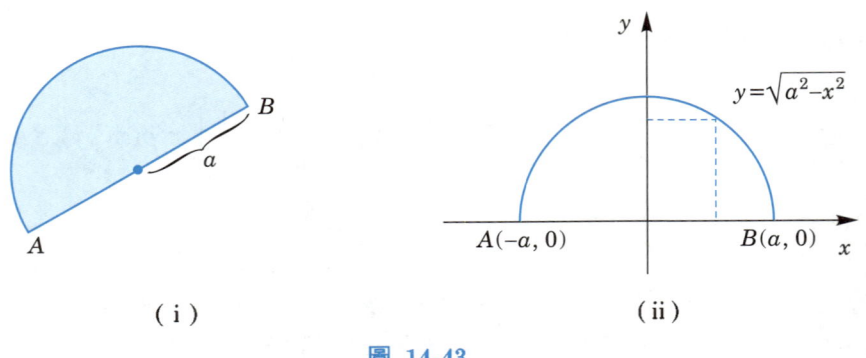

圖 14-43

【解】 如果我們導入一個如圖 14-43(ⅱ) 的坐標系，則在點 (x, y) 的密度為
$\rho(x, y) = ky$.
所欲求的轉動慣量為

$$I_x = \int_{-a}^{a} \int_{0}^{\sqrt{a^2-x^2}} y^2(ky)\,dy\,dx = k\int_{-a}^{a} \frac{1}{4} y^4 \Big|_{0}^{\sqrt{a^2-x^2}} dx$$

$$= \frac{k}{4} \int_{-a}^{a} (a^4 - 2a^2 x^2 + x^4)\,dx = \frac{4ka^5}{15}.$$

【例題 4】 利用 (14-41) 式

求例題 2 中的立體對其對稱軸的轉動慣量與迴轉半徑。

【解】 此立體繪於圖 14-42 中，其中 $\rho(x, y, z) = kz$。

$$I_z = 4\int_{0}^{a} \int_{0}^{\sqrt{a^2-x^2}} \int_{0}^{h} (x^2+y^2)kz\,dz\,dy\,dx = 4k \int_{0}^{a} \int_{0}^{\sqrt{a^2-x^2}} (x^2+y^2) \frac{h^2}{2}\,dy\,dx$$

$$= 2kh^2 \int_{0}^{a} \left(x^2 y + \frac{y^3}{3}\right) \Big|_{0}^{\sqrt{a^2-x^2}} dx$$

$$= 2kh^2 \int_{0}^{a} \left[x^2 \sqrt{a^2-x^2} + \frac{1}{3}(a^2-x^2)^{3/2}\right] dx$$

最後的積分可以用三角代換或積分表來計算，可得出 $I_z = \dfrac{k\pi h^2 a^4}{4}$。若 R_g 爲迴轉半徑，則 $R_g^2 = \dfrac{I_z}{m}$。利用例題 2 中所求得的 m 值，我們得到

$$R_g^2 = \frac{k\pi h^2 a^4}{4} \cdot \frac{2}{k\pi h^2 a^2} = \frac{a^2}{2}$$

因此，$R_g = \dfrac{a}{\sqrt{2}} \approx 0.7a$，即，迴轉半徑爲一距圓柱的軸大約爲圓柱半徑之 $\dfrac{7}{10}$ 的距離。

習題 14.6

在 1～9 題中，求薄片的質量與質心 $(\bar{x}, \bar{y})$，其中該薄片具有所予方程式的圖形所圍成區域 R 的形狀與所指定的密度。

1. $x=0,\ x=4,\ y=0,\ y=3$；$\rho(x, y) = y+1$。
2. $y=0,\ y=\sqrt{4-x^2}$；$\rho(x, y) = y$
3. $y=0,\ y=\sin x,\ 0 \leqslant x \leqslant \pi$；$\rho(x, y) = y$

4. $y=x^2$, $y=4$；在點 $P(x, y)$ 的密度與由 y-軸到 P 的距離成正比

5. $y=e^{-x^2}$, $y=0$, $x=-1$, $x=1$；$\rho(x, y)=|xy|$

6. $y=e^x$, $y=0$, $x=0$, $x=1$；$\rho(x, y)=2-x+y$

7. $r=1+\cos\theta$；$\rho(r, \theta)=r$

8. $r=2\cos\theta$；在點 $P(r, \theta)$ 的密度與由極點到 P 的距離成正比

9. $r=4\cos\theta$ 之圖形的內部與 $r=2$ 之圖形的外部；在點 $P(r, \theta)$ 的密度與由極軸到 P 的距離成正比

10. 一立體具有由 $4-z=9x^2+y^2$, $y=4x$, $z=0$ 與 $y=0$ 等圖形在第一卦限內所圍成區域的形狀。若在點 $P(x, y, z)$ 的密度與由原點到 P 的距離成正比，試寫出求 $\bar{x}$ 所需的積分公式。

11. 若密度是與點的坐標之和成正比，求由平面 $x+y+z=1$, $x=0$, $y=0$ 與 $z=0$ 所圍成四面體的質心。

12. 若密度與距原點距離的平方成正比，求由圓柱面 $x^2+y^2=9$ 與平面 $z=0$ 及 $z=4$ 所圍成立體的質心。

13. 求由球面 $x^2+y^2+z^2=a^2$ 與各坐標平面在第一卦限內所圍成的均勻立體的質心。

14. 求由 $z=x^2+y^2$, $x^2+y^2=4$ 與 $z=0$ 等圖形所圍成立體的質心。

15. 求由 $x^2+y^2-z^2=0$ 與 $x^2+y^2=4$ 等圖形所圍成立體的質心。

16. 令 $Q=\{(x, y, z) | 1 \leq z \leq 5-x^2-y^2, 1 \leq x^2+y^2\}$。若在點 $P(x, y, z)$ 的密度與由 xy-平面到 P 的距離成正比，求 Q 的質量與質心。

17. 若密度與距球心的距離成正比，求一半徑為 a 之半球體的質心。

18. 若在 P 點的密度與由球心到 P 的距離平方成正比，求位於球 $x^2+y^2+z^2=1$ 外部與球 $x^2+y^2+z^2=2$ 內部之立體的質量。

19. 若一薄片係由方程式 $y=x^{1/3}$, $x=8$ 與 $y=0$ 等圖形所圍成的區域且密度為 $\rho(x, y)=y^2$，求此薄片的 I_x, I_y 與 I_o。

20. 設一薄片的形狀為一三角形，其頂點為 $(0, 0)$、$(0, a)$ 與 $(a, 0)$，且密度為 $\rho(x, y)=x^2+y^2$，求此薄片的 I_x, I_y 與 I_o。

21. 設一薄片的形狀為一正方形，其頂點分別為 $(0, 0)$、$(0, a)$、(a, a) 與 $(a, 0)$，且密度為 $\rho(x, y)=x+y$，求此薄片對 x-軸的迴轉半徑 $(a>0)$。

22. 求半徑為 a 的均勻（ρ 為常數）圓形薄片對一直徑的迴轉半徑與轉動慣量。

23. 若在點 P 的密度與由 z-軸到 P 的距離成正比，求由 $z=\sqrt{x^2+y^2}$ 與 $z=4$ 等圖形所圍成的圓錐體對 z-軸的轉動慣量與迴轉半徑。

*14-7　重積分的變數變換

我們曾在第四章提出如何利用變數變換化簡積分，然而，變數變換在二重積分中也很有用。例如，若新變數 r 及 θ 與原變數 x 及 y 的關係為：

$$x = r\cos\theta, \quad y = r\sin\theta$$

則變數變換公式 (14-15) 可寫成

$$\iint_R f(x, y)\, dA = \iint_S f(r\cos\theta, r\sin\theta)\, r\, dA$$

此處 R 為 xy-平面上的區域，而 S 為 $r\theta$-平面上對應於 R 的區域。

一般，我們考慮自 uv-平面至 xy-平面的一個變換 T：

$$T(u, v) = (x, y)$$

此處

$$x = x(u, v), \quad y = y(u, v) \tag{14-43}$$

通常，我們假設 T 為 C^1 變換，其表示 x 與 y 皆有連續一階偏導函數。

變換 T 實際上正是一個函數，其定義域與值域皆為 $\mathbb{R}^2$ 的子集合。若 $T(u_1, v_1) = (x_1, y_1)$，則點 (x_1, y_1) 稱為點 (u_1, v_1) 的像。若無任何兩點有相同的像，則 T 稱為一對一。如圖 14-44 所示，若變換 T 將 uv-平面上的區域 S 變換到 xy-平面上的區域 R，則稱 R 為 S 的像。

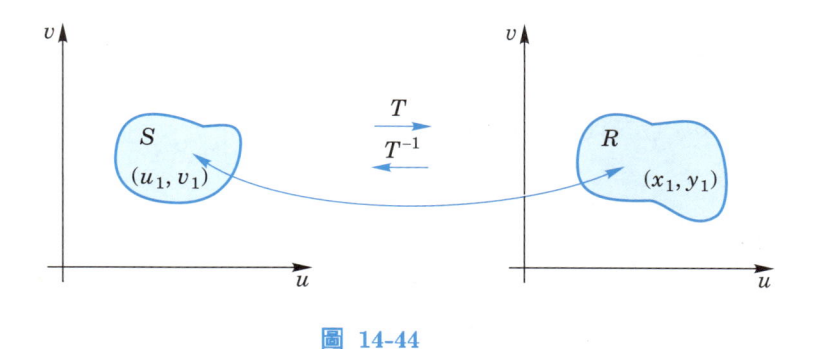

圖 14-44

若 T 為一對一變換，則它有一個自 xy-平面至 uv-平面的逆變換 T^{-1}，可由 (14-43) 式解得：

$$u = u(x, y), \quad v = v(x, y) \tag{14-44}$$

【例題 1】 變換後的像

求長方形區域 $S = \{(u, v) | 0 \leq u \leq 2, 0 \leq v \leq 1\}$ 在變換 $x = u - 2v$, $y = 2u - v$ 下的像。

【解】 首先，找出 S 的四個邊的像。

第一個邊為 $S_1 : v = 0, 0 \leq u \leq 2$，可得 $x = u, y = 2u$，故 $y = 2x$。

第二個邊為 $S_2 : u = 2, 0 \leq v \leq 1$，可得 $x = 2 - 2v, y = 4 - v$，故 $x = 2y - 6$。

第三個邊為 $S_3 : v = 1, 0 \leq u \leq 2$，可得 $x = u - 2, y = 2u - 1$，故 $y = 2x + 3$。

第四個邊為 $S_4 : u = 0, 0 \leq v \leq 1$，可得 $x = -2v, y = -v$，故 $x = 2y$。

綜合上面的討論，可知 S 的像是在 xy-平面上由直線 $y = 2x$，$x = 2y - 6$，$y = 2x + 3$ 及 $x = 2y$ 所圍成的區域 R，如圖 14-45 所示。

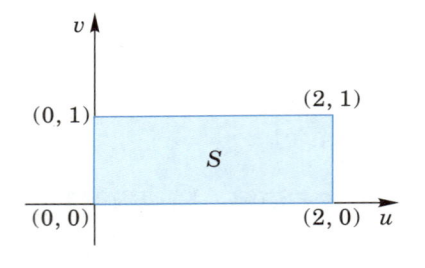

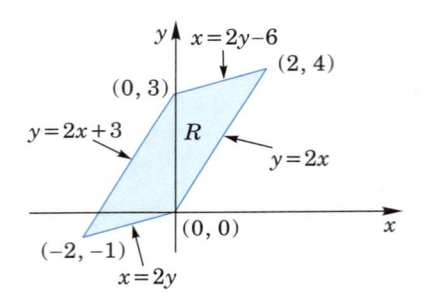

圖 14-45

定義 14.4

變換 $x = x(u, v), y = y(u, v)$ 的雅可比行列式 $\dfrac{\partial(x, y)}{\partial(u, v)}$ 為

$$\frac{\partial(x, y)}{\partial(u, v)} = \begin{vmatrix} \dfrac{\partial x}{\partial u} & \dfrac{\partial x}{\partial v} \\ \dfrac{\partial y}{\partial u} & \dfrac{\partial y}{\partial v} \end{vmatrix} = \frac{\partial x}{\partial u} \frac{\partial y}{\partial v} - \frac{\partial x}{\partial v} \frac{\partial y}{\partial u}.$$

下面定理提供了二重積分的變數變換公式。

定理 14.6

設一對一的 C^1 變換將 uv-平面上的區域 S 映到 xy-平面上的區域 R，且 $\dfrac{\partial(x,y)}{\partial(u,v)} \neq 0$. 若函數 f 在 R 為連續，R 與 S 為第 I 型或第 II 型區域，則

$$\iint_R f(x,\ y)\ dx\ dy = \iint_S f(x(u,\ v),\ y(u,\ v)) \left| \frac{\partial(x,\ y)}{\partial(u,\ v)} \right|\ du\ dv \tag{14-45}$$

【例題 2】 利用極坐標

求下列的積分值.

(1) $\displaystyle\int_0^{\frac{a}{\sqrt{2}}} \int_y^{\sqrt{a^2-y^2}} x\ dx\ dy$ 　　(2) $\displaystyle\int_0^\infty \int_0^\infty e^{-(x^2+y^2)}\ dx\ dy$

【解】

(1) 變數 x 的積分範圍：自 $x=y$ 至 $x=\sqrt{a^2-y^2}$，

　　變數 y 的積分範圍：自 $y=0$ 至 $y=\dfrac{a}{\sqrt{2}}$.

由以上的界限，可以找出 xy-坐標平面上的積分區域，如圖 14-46 所示.
利用雅可比行列式，可得

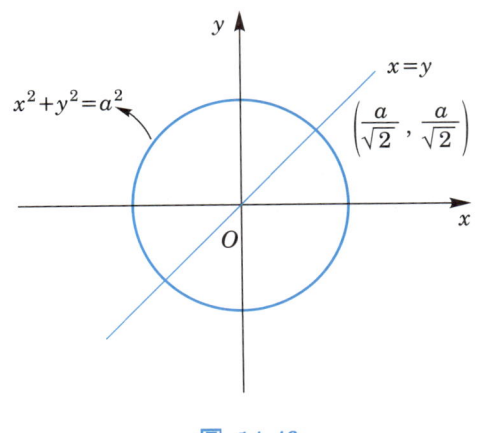

圖 14-46

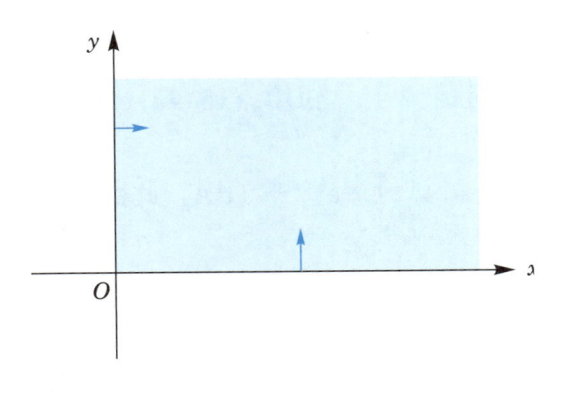

圖 14-47

$$\int_0^{\frac{a}{\sqrt{2}}} \int_y^{\sqrt{a^2-y^2}} x\, dx\, dy = \int_0^{\pi/4} \int_0^a (r\cos\theta) r\, dr\, d\theta = \int_0^{\pi/4} \int_0^a r^2 \cos\theta\, dr\, d\theta$$

$$= \int_0^{\pi/4} \frac{1}{3} r^3 \cos\theta \bigg|_0^a d\theta = \frac{a^3}{3} \int_0^{\pi/4} \cos\theta\, d\theta$$

$$= \frac{a^3}{3} \left(\sin\theta \bigg|_0^{\pi/4} \right) = \frac{\sqrt{2}}{6} a^3.$$

(2) 變數 x 的積分範圍：自 0 至 ∞。
變數 y 的積分範圍：自 0 至 ∞。
由以上的界限，可找出 xy-坐標平面上的積分區域，如圖 14-47 所示。利用雅可比行列式，可得

$$\int_0^\infty \int_0^\infty e^{-(x^2+y^2)}\, dx\, dy = \int_0^{\pi/2} \int_0^\infty e^{-r^2} r\, dr\, d\theta$$

內層積分為

$$\int_0^\infty e^{-r^2} r\, dr = -\frac{1}{2} \lim_{t\to\infty} \int_0^t e^{-r^2}\, d(-r^2)$$

$$= -\frac{1}{2} \lim_{t\to\infty} \left(e^{-r^2} \bigg|_0^t \right) = -\frac{1}{2} \lim_{t\to\infty} (e^{-t^2} - 1) = \frac{1}{2}$$

故 $\int_0^\infty \int_0^\infty e^{-(x^2+y^2)}\, dx\, dy = \frac{1}{2} \int_0^{\pi/2} d\theta = \frac{\pi}{4}.$

【例題 3】 利用 (15-45) 式

計算 $\iint_R e^{(y-x)/(y+x)}\, dA$，此處 R 是由直線 $x+y=2$ 與二坐標軸所圍成的三角形區域。

【解】 令 $u = y-x$，$v = y+x$，可得 $x = \frac{1}{2}(v-u)$，$y = \frac{1}{2}(v+u)$。雅可比行列式為

$$\frac{\partial(x,y)}{\partial(u,v)}=\begin{vmatrix}\dfrac{\partial x}{\partial u} & \dfrac{\partial x}{\partial v}\\ \dfrac{\partial y}{\partial u} & \dfrac{\partial y}{\partial v}\end{vmatrix}=\begin{vmatrix}-\dfrac{1}{2} & \dfrac{1}{2}\\ \dfrac{1}{2} & \dfrac{1}{2}\end{vmatrix}=-\dfrac{1}{2}.$$ 欲在 uv-平面上求出 R 的像 S，我們先注意 R 的三個邊。直線 $x=0$ 映到直線 $u=v$，直線 $y=0$ 映到直線 $u=-v$，直線 $x+y=2$ 映到直線 $v=2$。因此，三直線 $u=v$，$u=-v$ 與 $v=2$ 形成三角形區域 S 的邊界，如圖 14-48 所示。我們也可證得 R 內部的點映到 S 內部的點。因 $S=\{(u,v)|-v\leqslant u\leqslant v,\ 0\leqslant v\leqslant 2\}$，故

$$\iint_R e^{(y-x)/(y+x)}\,dx\,dy = \iint_S e^{u/v}\left|\frac{\partial(x,y)}{\partial(u,v)}\right|\,du\,dv$$
$$=\frac{1}{2}\int_0^2\int_{-v}^v e^{u/v}\,du\,dv = \frac{1}{2}\int_0^2 \left(e-\frac{1}{e}\right)v\,dv$$
$$=e-\frac{1}{e}$$

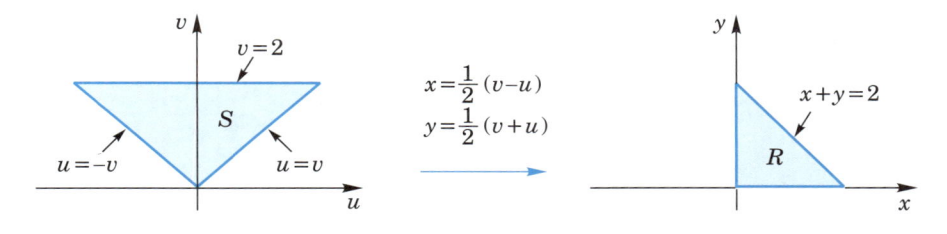

圖 14-48

另外，我們也可得到三重積分的變數變換公式。令 uvw-空間中的區域 S 映到 xyz-空間中的區域 R 的變換 T 為：

$$x=g(u,v,w),\ y=h(u,v,w),\ z=k(u,v,w)$$

T 的**雅可比行列式**為：

$$\frac{\partial(x,y,z)}{\partial(u,v,w)}=\begin{vmatrix}\dfrac{\partial x}{\partial u} & \dfrac{\partial x}{\partial v} & \dfrac{\partial x}{\partial w}\\ \dfrac{\partial y}{\partial u} & \dfrac{\partial y}{\partial v} & \dfrac{\partial y}{\partial w}\\ \dfrac{\partial z}{\partial u} & \dfrac{\partial z}{\partial v} & \dfrac{\partial z}{\partial w}\end{vmatrix}$$

在類似於定理 14.6 的假設下，我們得到下面的公式：

$$\iiint_R f(x, y, z)\,dx\,dy\,dz = \iiint_S f(g(u, v, w), h(u, v, w), k(u, v, w)) \left|\frac{\partial(x, y, z)}{\partial(u, v, w)}\right| du\,dv\,dw \tag{14-46}$$

若利用球面坐標與直角坐標的關係式：

$$x = \rho \sin\phi \cos\theta,\; y = \rho \sin\phi \sin\theta,\; z = \rho \cos\phi$$

我們計算雅可比行列式如下：

$$\frac{\partial(x, y, z)}{\partial(\rho, \theta, \phi)} = \begin{vmatrix} \sin\phi \cos\theta & -\rho \sin\phi \sin\theta & \rho \cos\phi \cos\theta \\ \sin\phi \sin\theta & \rho \sin\phi \cos\theta & \rho \cos\phi \sin\theta \\ \cos\phi & 0 & -\rho \sin\phi \end{vmatrix}$$

$$= -\rho^2 \sin\phi \cos^2\phi - \rho^2 \sin\phi \sin^2\phi = -\rho^2 \sin\phi$$

因 $0 \leq \phi \leq \pi$，可得 $\sin\phi \geq 0$，故

$$\left|\frac{\partial(x, y, z)}{\partial(\rho, \theta, \phi)}\right| = |-\rho^2 \sin\phi| = \rho^2 \sin\phi$$

依公式 (14-46)，可得

$$\iiint_R f(x, y, z)\,dx\,dy\,dz$$

$$= \iiint_S f(\rho \sin\phi \cos\theta,\; \rho \sin\phi \sin\theta,\; \rho \cos\phi)\,\rho^2 \sin\phi\,d\rho\,d\theta\,d\phi$$

此與 (14-30) 式一致。

習題 14.7

在 1～5 題中，求各變換的雅可比行列式。

1. $x = u^2 - v^2,\; y = 2uv$
2. $x = u - v^2,\; y = u + v^2$

3. $x=e^{2u}\cos v$, $y=e^{2u}\sin v$
4. $x=u+v+w$, $y=u+v-w$, $z=u-v+w$
5. $x=3u$, $y=2v^2$, $z=4w^3$
6. 計算 $\iint\limits_R \dfrac{x-y}{x+y}\,dA$，此處 R 為具頂點 $(0, 2)$、$(1, 1)$、$(2, 2)$ 與 $(1, 2)$ 的正方形區域。

7. 計算 $\iint\limits_R \cos\left(\dfrac{y-x}{y+x}\right)dA$，此處 R 為具頂點 $(1, 0)$、$(2, 0)$、$(0, 2)$ 與 $(0, 1)$ 的梯形區域。

8. 計算 $\iint\limits_R \dfrac{x+2y}{\cos(x-y)}\,dA$，此處 R 為直線 $y=x$, $y=x-1$, $x+2y=0$ 與 $x+2y=2$ 所圍成的平行四邊形。

9. 計算 $\iint\limits_R \sin(9x^2+4y^2)\,dA$，此處 $R=\{(x, y)\mid 9x^2+4y^2\leq 1,\ x\geq 0,\ y\geq 0\}$。

10. 計算 $\iint\limits_R e^{x+y}\,dA$，此處 $R=\{(x, y)\mid |x|+|y|\leq 1\}$。

11. 利用變換：$x=u^2$, $y=v^2$, $z=w^2$，求位於第一卦限中由曲面 $\sqrt{x}+\sqrt{y}+\sqrt{z}=1$ 與各坐標平面所圍成立體的體積。

12. 求橢球體 $\dfrac{x^2}{a^2}+\dfrac{y^2}{b^2}+\dfrac{z^2}{c^2}\leq 1$ $(a>0,\ b>0,\ c>0)$ 的體積。